AF834578

MEINEM VEREHRTEN LEHRER

PROFESSOR DR. FRIEDRICH BLOCHMANN

GEWIDMET

BIOLOGISCHE STUDIENBÜCHER
HERAUSGEGEBEN VON WALTHER SCHOENICHEN · BERLIN
XI

BIOLOGIE DER HEMIPTEREN

EINE NATURGESCHICHTE DER SCHNABELKERFE

VON

DR. HERMANN WEBER
PRIVATDOZENT · INSTITUT FÜR PFLANZENKRANKHEITEN
BONN-POPPELSDORF

MIT 329 ABBILDUNGEN

BERLIN
VERLAG VON JULIUS SPRINGER
1930

ISBN 978-3-642-50534-8 ISBN 978-3-642-50844-8 (eBook)
DOI 10.1007/978-3-642-50844-8

Vorwort.

Mit dem vorliegenden Buch wird zum erstenmal der Versuch gemacht, eine in sich abgeschlossene Darstellung der Hemipterenbiologie einem größeren Leserkreise darzubieten. Leider ist der Verfasser nicht in derselben glücklichen Lage wie die Bearbeiter der bereits in der gleichen Sammlung erschienenen Biologien der Schmetterlinge und der Hautflügler, die sich an einen großen Kreis von Liebhabern und Sammlern wenden konnten. Um so höher ist das Entgegenkommen des Herausgebers und des Verlegers einzuschätzen, das es ermöglichte, das Buch in Umfang und Illustration den andern Biologien gleichzustellen. Dafür sei der Dank des Verfassers hier an erster Stelle ausgesprochen.

Die Schwierigkeiten, mit denen jeder zu kämpfen hat, der die Biologie einer Tiergruppe zu schreiben unternimmt, und die sich vor allem auf die Auswahl und Begrenzung des Stoffs, sowie auf die Art der Darstellung erstrecken, können hier im einzelnen nicht dargelegt werden. Nur soviel sei gesagt, daß Vollständigkeit in der Stoffdarbietung nicht erstrebt werden konnte, da praktische Rücksichten eine Beschränkung des Umfangs des Buches geboten erscheinen ließen. So wurde denn in erster Linie Wert auf eine Darstellung der allgemein wichtigen Probleme gelegt und mehr mit Beispielen als mit vollständigen Aufzählungen und Listen gearbeitet. Vielleicht wird gerade dadurch das Buch für den mehr generell interessierten Biologen, den Lehrer und den Praktiker um so brauchbarer. Gerade dem Praktiker hofft der Verfasser manches bieten zu können; insbesondere auf die Kapitel über den Massenwechsel und die ökologischen Beziehungen sei in diesem Zusammenhang hingewiesen. Doch wird auch der wissenschaftlich arbeitende Entomologe auf den folgenden Seiten manches Neue finden können, das, dem eigenen Arbeitsgebiet des Verfassers entstammend, bisher noch nicht an die Öffentlichkeit kam.

Insbesondere gilt das von der Illustration des Buchs, die die mannigfachen Beziehungen zwischen Bau und Lebensweise aufdecken und den Text vor allem hinsichtlich der anatomischen Verhältnisse, die dort nur gestreift werden konnten, ergänzen soll.

Zum Schluß möchte der Verfasser die Gelegenheit wahrnehmen, den Herren, die durch Übersendung von Literatur und andere Hilfe zum Zustandekommen des Buches beitrugen, herzlich zu danken. Besonders richtet sich dieser Dank an die Herren Prof. Dr. Bodenheimer, Prof. Dr. Eidmann, Reg.-Rat Dr. Speyer und Dr. Titschack, die die Liebenswürdigkeit hatten, Abbildungen, Manuskripte oder Korrekturen vor der Publikation dem Verfasser zur Einsicht zur Verfügung zu stellen. Dank gebührt ferner Herrn Prof. Dr. Reichensperger, der einige Präparate als Vorlagen zur Verfügung stellte und den Verfasser mit wertvollen Hinweisen und Ratschlägen unterstützte.

Bonn, 2. März 1930.

Dr. H. Weber.

Inhaltsverzeichnis.

Einführung.

Der Sammelbegriff „Hemiptera“ (Rhynchota) ist in weiteren Kreisen so gut wie unbekannt, vor allem im Vergleich mit den jedem Kind vertrauten Namen „Schmetterlinge“ und „Käfer“. Auch die deutsche Bezeichnung „Schnabelkerfe“ ist nicht aus den Schulbüchern in den Sprachgebrauch übergegangen, wohl aber sind die Worte Wanzen, Zikaden, Blattläuse und Schildläuse jedermann geläufig. Schon daraus geht hervor, daß die uralte Gruppe der Hemipteren, die ihr wesentliches Merkmal, den Bau der Mundwerkzeuge, seit dem Paläozoikum fast unverändert beibehalten hat, im übrigen so vielgestaltig wie nur möglich ist; keine andere Insektengruppe von gleichem systematischen Rang enthält so grundverschiedene Typen, grundverschieden nicht nur dem Bau, sondern auch der Lebensweise nach. Da gibt es gute Flieger und ganz unbewegliche Formen, gibt es Räuber, Blutsauger und Fellparasiten, Aasfresser und Pflanzenparasiten in allen Graden der Abhängigkeit von der Pflanze, Nachttiere und Sonnensiedler, unterirdisch lebende Formen, Wasserbewohner und Baumbewohner. Die Häufigkeit und den Formenreichtum der Hemipteren sowie die Verschiedenheit ihrer Lebensgewohnheiten können wir auf jedem Gang ins Freie feststellen. Wohl führen auch mitten im Getriebe der Stadt Hemipteren ihr heimliches Leben — die Larve der Raubwanze *Reduvius personatus* schleicht, wie ein Schmutzklümpchen anzusehen, des Nachts durch unsere Wohnung, Bettwanzen nähern sich unter dem Schutz der Dunkelheit dem Schläfer, der so unvorsichtig war, nicht hinter die Bilderrahmen und in die Tapetenrisse seines Quartiers zu sehen —, draußen in der freien Natur aber entfaltet sich erst die ganze Formenfülle des Hemipterenstammes, überall finden wir die Tiere selbst oder wenigstens die Spuren ihrer Tätigkeit. Der Hagrosenbusch am Wege hat auf seinen Blättern weißliche Flecken, Folgen des Stiches von Kleinzikaden (*Typhlocyba rosae*), deren Larven und Geschlechtstiere man auf der Unterseite der Blätter sitzen sehen kann. Die jungen Triebe des Holunderstrauches sind von den bläulichschwarzen dichten Kolonien der Holunderblattlaus (*Aphis sambuci*) wie von dunklen Ringen umgeben, krustenartig bedecken die halbkugeligen, unbeweglichen Weibchen der Schildlaus *Lecanium corni* die absterbenden Zweige des Pfirsichbaumes. Auf einem Kartoffelfelde sind die Blätter mit kleinen Löchern übersät, die vom Stich einer Blindwanze (*Lygus pabulinus*) herrühren, auf der benachbarten Parzelle stehen Ackerbohnen, deren Stengel und Blätter dichte Massen von Blattläusen der Art *Aphis fabae* besetzt halten. An einem Ulmengebüsch, dem wir begegnen, fallen zwischen den Blättern große, hellgrüne Gallen auf. Schneiden wir sie auf, so finden wir in ihrer weiten Höhlung neben Massen flüssiger Exkremente hellgrüne Blattläuse, die der Art *Schizoneura lanuginosa* angehören. Eine Pappelallee führt uns dem Wald entgegen, die Pappelblätter tragen an ihren Stielen Gallen, teils blasenförmig, teils eigentümlich spiralig gedreht; auch sie enthalten Blattläuse (*Pemphigus*-Arten), deren Stich die Gallen hervorruft. Ein Ahorn steht zwischen den Pappeln; von seinen Blättern rieselt ununterbrochen, im Sonnenschein glänzend, ein feiner Sprühregen hernieder, der auf dem Boden große, klebrige Platten bildet. Die zuckerhaltige Flüssigkeit, Honigtau genannt, besteht aus den Exkrementen von großen Blattläusen (*Drepanosiphum platanoides*), die man in Scharen auf den Unterseiten der Blätter sitzen sieht. Ein Weg führt von der Landstraße ab in eine Fichtenschonung. An den Zweigspitzen der jungen Bäumchen sind wieder Verbildungen, kleinen Tannenzapfen nicht unähnlich, zu sehen; sie sind durch Galläuse, Chermesiden, hervorgerufen. Ein Bach fließt durch den Wald, schäumt und läßt sein Wasser an den Steinen des Ufers kreisen. Im Wirbel treibt ein flinkes Tierchen, das sich auf der Oberfläche des Wassers zu Hause zu fühlen scheint, ein Wasserläufer der Gattung *Velia*. Auf der Oberfläche des schilfumgebenen Tümpels, dem wir nun begegnen, treiben nah verwandte Wanzen ihr Wesen. Da gibt es die langbeinigen *Gerris*-Arten, die ruckweise über das Wasser schießen, und Hydrometren, die langsam und bedächtig dahinschreiten. Unter Wasser kriecht am Grund der träge Wasserskorpion *Nepa cinerea*, ein Rückenschwimmer steigt mit weit gespreizten Ruderbeinen zur Oberfläche empor, um Luft zu schöpfen. Und wieder ein Stück weiter, am Waldrand, ertönt ein schnarrendes Geräusch, verstummt, erhebt sich aufs neue, verstummt wieder; ein Insekt fliegt auf, ein Netzschlag bringt das Männchen unserer kleinsten einheimischen Singzikade, *Cicadetta montana*, in unseren Besitz. An den Gräsern einer Waldwiese sieht man in weitem Umkreis weiße, schaumige Tröpfchen, sie enthalten im Innern je ein grüngelbes, zartes Tierchen, die Larve einer Schaumzikade (*Philaenus lineatus*), deren Aftersekret das als Kuckucksspeichel bekannte Schaumtröpfchen bildet. Unter den vielen Wanzen und Kleinzikaden, die wir zu Gesicht bekommen, wenn wir Wiesenpflanzen mit einem Käscher abstreifen, befindet sich häufig auch ein schwarz-rot geflecktes Tierchen, das durch seine Sprungfähigkeit auffällt — die Imago einer Schaumzikadenart *Triecphora vulnerata*. Der Weg führt durch ein Dorf — über eine Gartenmauer drängt sich ein Buchsbaum, dessen Blätter blasig verkrümmt sind. Rütteln wir an den Zweigen, so springen von ihnen viele kleine grünliche Tierchen ab, die sich nach kurzem Flug wieder niederlassen — die Geschlechtstiere eines Vertreters der Psylliden, *Psylla buxi*. Die Verbildungen der Blätter sind aber nicht durch die Imagines, sondern durch die Larven hervorgerufen, die im Frühjahr oft in riesigen Massen an Buchs zu finden sind und durch eine lange, spiralig gerollte, die Exkremente enthaltende Wachsröhre auffallen, die von ihrem Hinterende herabhängt. Wir treten in das Gewächshaus eines Gärtners ein, und bei unserem Eintritt fliegen von den Pflanzen dichte Wolken winziger weißer Insekten auf. Es sind die Geschlechtstiere der weißen Fliege, *Trialeurodes vaporariorum*, deren Larven und Eier an der Unterseite der Blätter der Gewächshauspflanzen Kolonien bilden. Im Freien können wir die Art nur in den heißesten Sommermonaten beobachten; sie stammt aus den Tropen, wo die Aleurodiden in riesiger Arten- und Individuenzahl an den verschiedensten Pflanzen vorkommen, und ist wahrscheinlich mit Orchideen aus Mittelamerika bei uns eingeschleppt worden.

Fast allgegenwärtig sind die Hemipteren; selbst auf offenem Meere trifft man die *Halobates*-Arten, als die einzigen Insekten, die sich zu wahren Meeresbewohnern umgebildet haben.

Wen möchte es nicht reizen, den Lebensäußerungen einer so vielgestaltigen Gruppe nachzugehen, die zwar viel weniger bunt und auffällig als die Käfer und Schmetterlinge, aber keineswegs weniger interessant in theoretischer und praktischer Hinsicht ist.

Wir wollen versuchen, im folgenden den Problemen, die sich an die Biologie der Hemipteren knüpfen, gerecht zu werden und beginnen mit einer kurzen Übersicht über das System.

Wie das ganze Insektensystem, so ist auch das System der Hemipteren noch sehr strittig. Da es uns hier nicht auf phylogenetische Spekulationen ankommt, sondern lediglich auf eine übersichtliche Ordnung der behandelten Formen, brauchen wir uns nicht in den Streit der Meinungen zu mischen. Wir wollen uns vielmehr damit begnügen, die einzelnen Gruppen auf Grund von HANDLIRSCHS System, unter Berücksichtigung der Einteilung von BÖRNER und der von HEYMONS, nacheinander aufzuzählen und ihre wichtigsten Merkmale an Hand einiger Abbildungen anzugeben. So wird es dem Leser möglich sein, die im speziellen Teil genannten Formen aufzusuchen und einzuordnen.

Überordnung: Hemiptera (Rhynchota, Schnabelkerfe).

Die Gruppe ist morphologisch und biologisch weit weniger einheitlich als andere Gruppen von gleichem systematischen Rang (Lepidoptera, Hymenoptera), sie enthält Land- und Wasserbewohner von sehr verschiedenem Bau, mit fast immer unvollkommener Metamorphose. Die Mundteile bilden einen Stech- und Saugrüssel, der aus einer gegliederten Rinne besteht, welche von den 2. Maxillen gebildet wird und im Innern die zu Stechborsten umgewandelten Mandibeln und 1. Maxillen enthält. Die beiden hierher gehörigen Ordnungen: Heteroptera und Homoptera sind heute scharf geschieden; sie stammen vermutlich nicht voneinander ab, sondern von einer gemeinsamen Stammgruppe, den Protohemipteren (HANDLIRSCH).

Ordnung: Heteroptera (Wanzen).

Die Wanzen sind vorwiegend depresse Tiere mit freiem, meist horizontal, seltener mehr vertikal gerichtetem Kopf. Der Rüssel sitzt am Vorderende des Kopfes und kann meist bauchwärts zurückgeschlagen werden. Der Prothorax ist frei, mit einem großen Halsschild versehen, der mitunter (Abb. 2f) eigentümliche Erweiterungen hat. Der Mesothorax ist größer als der Metathorax, sein Schildchen (Scutellum) ist häufig sehr groß, den Hinterleib ganz oder teilweise überlappend (Abb. 9). Die Flügel sind ungleich, die Vorderflügel (Hemielytren) fast immer mit stärker chitinisiertem Basalteil (Corium) versehen, ihr Analteil (Clavus) von einer Falte abgegrenzt. Das Corium ist meist deutlich von dem häutigen Endteil, der Membran, geschieden, dazwischen oft ein gelenkiger Teil, der Cuneus, eingeschoben (Abb. 1). Die Hinterflügel sind häutig und faltbar und liegen in der Ruhe unter den Vorderflügeln flach auf dem Hinterleibsrücken.

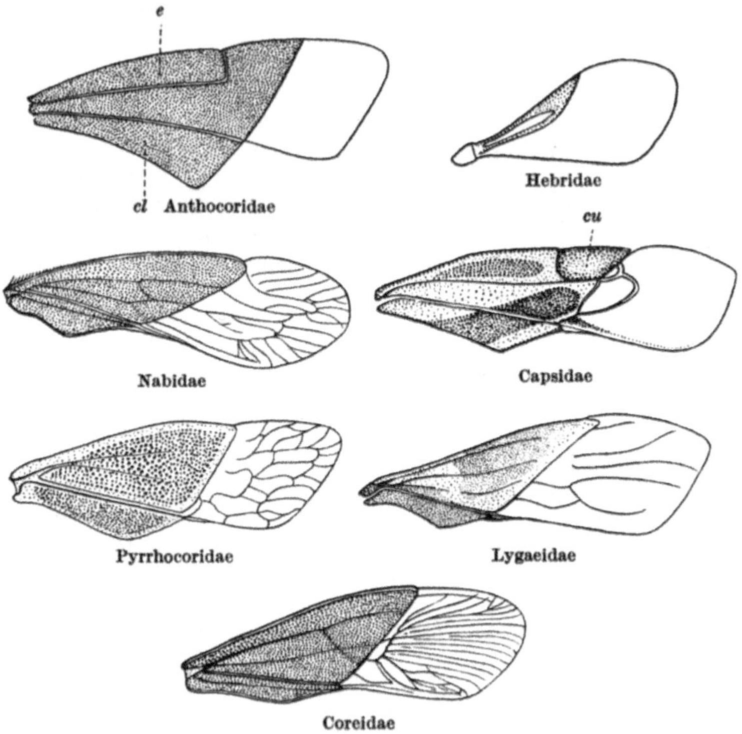

Abb. 1. Vorderflügel verschiedener Wanzen nach COMSTOCK. *cl* Clavus, *cu* Cuneus, *e* Embolium.

Die alte Gliederung der Wanzen in Land- und Wasserwanzen (Gymnoceraten und Cryptoceraten) scheint trotz neuerer Versuche, das Gegenteil zu beweisen, berechtigt zu sein; auch die Corixiden, die „Sandaliorhynchen" BÖRNERS, sind offenbar nichts anderes als ein hoch spezialisiertes Endglied der Cryptoceraten.

Unterordnung: Geocorisae (Gymnocerata, Landwanzen).

Die Landwanzen sind landbewohnende oder auf der Oberfläche des Wassers lebende Tiere mit freiliegenden, nur selten stark verkürzten, niemals in Gruben versteckt liegenden Fühlern. Sie werden von HANDLIRSCH in mehrere Überfamilien eingeteilt; hier sollen nur die wichtigsten Familien genannt werden:

Familie: Saldidae (Uferwanzen, Springwanzen) (Abb. 2a). Vorderflügel mit Clavus, Corium und Membran, ohne Cuneus.

Familie: Anthocoridae (Abb. 2b). Vorderflügel mit deutlich geschiedener Membran, mit deutlichem Clavus und meistens mit Cuneus.

Familie: Cimicidae (Bettwanzen). Kurzflügelige, an Warmblütern saugende Formen (Abb. 240a).

Familie: Polyctenidae (Abb. 23). Blinde Fledermausparasiten der Tropen, deren Fühler und Flügel stark verkürzt sind.

Familie: Capsidae (Miridae). Artenreiche Familie, deren Angehörige meist einen deutlichen Cuneus (Abb. 2c) und stets einen großen Clavus haben. In den Tropen gibt es einige Formen mit seltsamen Anhängen am Thorax (*Helopeltis*).

Familie: Nabidae. Kleine, schlanke, räuberische Tiere mit verdickten Vorderbeinen und frei beweglichem Kopf (Abb. 2d), Rüssel vier-, selten nur dreigliedrig. Vorderflügel ohne Cuneus.

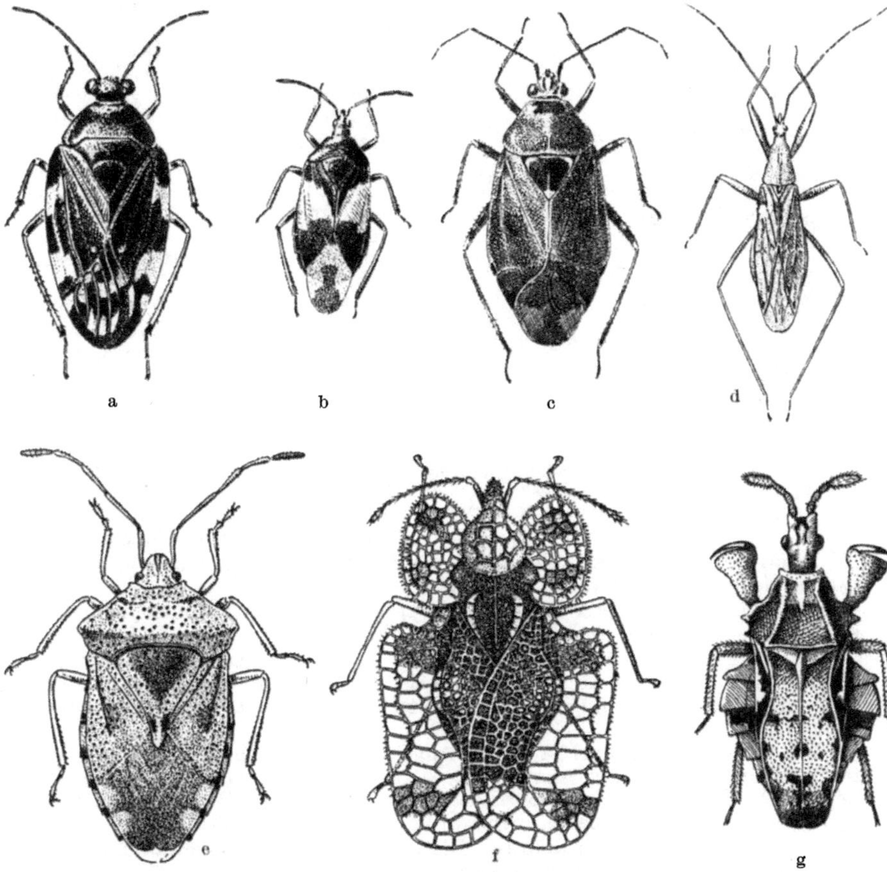

Abb. 2. Vertreter verschiedener Wanzenfamilien. a) *Saldula confluenta* (Saldiden); b) *Anthocoris borealis* (Anthocoriden); c) *Deraeocoris borealis* (Capsiden); d) *Nabis refusculus* (Nabiden); e) *Meadorus lateralis* (Pentatomiden); f) *Corythucha seguyi* (Tingididen); g) *Macrocephalus rugosipes* (Phymatiden). a—e (nach OSBORN, f) nach DRAKE, g) nach HANDLIRSCH.

Familie: Joppeicidae. Kleine artenarme Gruppe, der vorhergehenden und folgenden Familie ähnlich.

Familie: Reduviidae (Raubwanzen) (Abb. 120). Mittelgroße bis große Tiere mit verdickten, als Raubbeine dienenden Vorderbeinen. Rüssel dreigliedrig. Flügel ohne Cuneus. Die Glieder dieser artenreichen Familie sind sehr verschieden gestaltet; es gibt platte, breite und ganz schlank stäbchenförmige Wanzen unter ihnen (Emesinae).

Familie: Phymatidae. Räuberische Tiere mit charakteristisch ausgebildeten Raubbeinen (Abb. 2g). Das Scutellum oft sehr lang.

Familie: Henicocephalidae (Enicocephalidae). Den Phymatiden ähnlich, vor allem auch bezüglich der Raubbeine, von ihnen unterschieden durch den langen, hinter den Augen eingeschnürten Kopf (Abb. 3b).

Die Familien Mesoveliidae, Hebridae, Veliidae, Gerridae und Hydrometridae bilden die im folgenden oft erwähnte und abgebildete biologische Gruppe der Wasserläufer. Für die Gerriden und Hydrometriden sind sehr lange, seitlich artikulierende Beine charakteristisch, für die Hydrometriden außerdem noch der stark verlängerte Kopf.

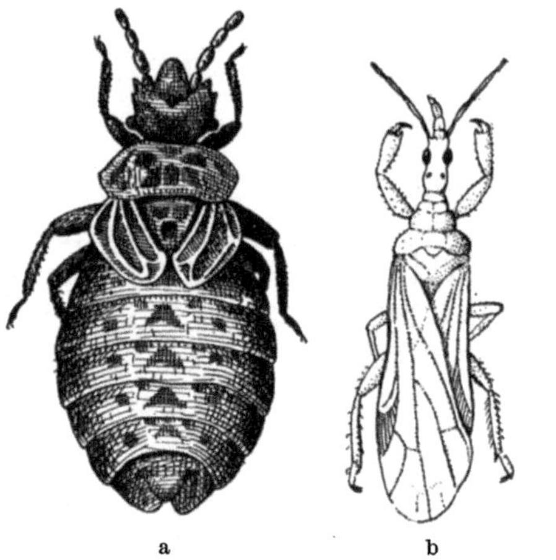

Abb. 3. a) *Aradus cinnamomeus* (Aradiden), kurzflügeliges ♀, nach STRAWINSKI; b) *Systelloderus biceps* (Henicocephaliden), nach JOHANNSEN aus COMSTOCK.

Familie: Aradidae. Flache, mit sehr langen, in der Ruhe innerhalb des Kopfes gerollt getragenen Stechborsten versehene Rindenbewohner (Abb. 3a).

Familie: Lygaeidae. Artenreiche Gruppe, aus kleinen bis mittelgroßen, oft bunt gefärbten Formen bestehend. Hierher die Aphaninae (Abb. 249a), Blissini (Abb. 287) usw.

Familie: Pyrrhocoridae (Feuerwanzen). Mittelgroße bunte Tiere. Flügel ohne Cuneus, sonst typisch (Abb. 190a).

Familie: Coreidae. Mittelgroße bis große Tiere, den Pentatomiden ähnelnd, aber mit nicht vergrößertem Scutellum und seitlich nicht gerundetem Kopf. Adern der Membran reich verzweigt, sonst Flügel typisch, ohne Cuneus.

Familie: Berytidae. Schlanke, stabförmige Tierchen mit sehr langen, zweimal keulenförmig verdickten Fühlern.

Familie: Piesmidae. Artenarme Gruppe, der folgenden ähnlich, aber ohne verlängertes Pronotum und mit normalen Flügeln.

Familie: Tingididae (Gitterwanzen). Zarte Tierchen, mit gitterartiger Skulptur des Integuments, Pronotum meist nach hinten über das Scutellum verlängert und seitlich flügelartig verbreitert, Flügel ohne normale Membran (Abb. 2f).

Familie: Pentatomidae. Die Angehörigen dieser artenreichen Gruppe zeichnen sich durch ein fast immer großes, oft sehr stark verlängertes Schildchen, seitlich gerandeten Kopf und meist depressen Körper aus. Hierher gehören die Cydniden, Asopiden, Phloeiden (Abb. 312), Scutelleriden (Abb. 9a, b) usw.

Familie: Termitaphididae. Die artenarme Familie umfaßt flügellose, blinde Termitengäste von flacher Form.

Unterordnung: Hydrocorisae (Cryptocerata, Wasserwanzen).

Die Unterordnung umfaßt ufer- oder wasserbewohnende Tiere mit stark verkürzten, versteckt liegenden Fühlern. Die Vorderbeine sind oft zu Raubbeinen, die Hinterbeine zu Rudern umgewandelt.

Familie: Pelogonidae.

Familie: Mononychidae (Gelastocoridae).

Die beiden ersten Familien stellen Uferbewohner von verschiedenem Bau, biologisch den Saldiden ähnelnd.

Familie: Peloridiidae. Die einzige Art der Gattung Peloridium ähnelt so sehr einem Homopteron, daß HANDLIRSCH nicht sicher zu entscheiden wagt, ob es sich hier um eine aberrante Homopterengruppe handelt.

Familie: Naucoridae (Ruderwanzen). Flache Ruderer mit ausgeprägten Raubbeinen.

Familie: Belostomatidae. Die Familie enthält große bis sehr große Formen, mit Raub- und Ruderbeinen und von flacher Form. Einziehbare Atemröhre.

Familie: Nepidae, Wasserskorpione. Schlanke oder breit-flache Tiere mit freier Atemröhre am Hinterende und ausgeprägten Raubbeinen, aber ohne Ruderbeine.

Familie: Notonectidae, Rückenschwimmer. Mittelgroße bis kleine Tiere mit Ruderbeinen. Die beiden vorderen Beinpaare dienen als Raubbeine, sind aber nicht verdickt. Die Tiere, denen eine Atemröhre fehlt, schwimmen auf dem Rücken.

Familie: Corixidae. Kleine bis mittelgroße Formen, mit geneigtem Kopf und auffallend kurzen Stechborsten. Vorderbeine zu kurzen flachen Schaufeln umgewandelt (Abb. 65), Hinterleib der Männchen asymmetrisch.

Ordnung: Homoptera (Pflanzensauger).

Die Homopteren sind sehr verschiedenartig aussehende Tiere, deren Kopf zwar in den wesentlichen Merkmalen mit dem der Wanzen übereinstimmt, aber so sehr hypognath ist, daß die Basis des Rüssels bis an die Kehle oder sogar bis zum Prosternum hinabgerückt ist. Bei den Vorderflügeln gibt es mit seltenen Ausnahmen keine Scheidung zwischen Corium und Membran, meist sind beide Flügelpaare häutig, selten der vordere lederartig. Ein Clavus ist vorhanden. Durchweg handelt es sich um Landbewohner, die sich von Pflanzensäften ernähren.

Unterordnung: Cicadina (Zikaden).

Bei den Zikaden sitzt der Kopf mit breiter Basis am Rumpf und ist nicht aufgespalten. Die Fühler bestehen aus zwei bis drei größeren Grundgliedern und

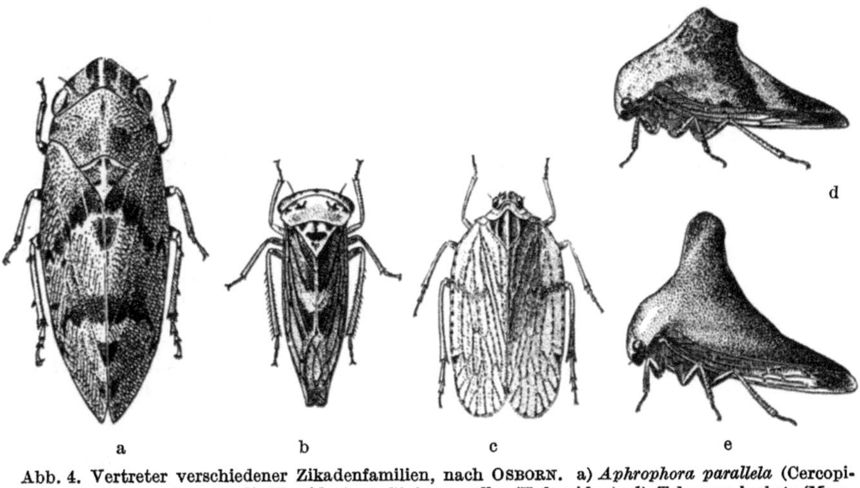

a b c d e

Abb. 4. Vertreter verschiedener Zikadenfamilien, nach OSBORN. a) *Aphrophora parallela* (Cercopiden); b) *Idiocerus lachrymalis* (Jassiden); c) *Cixius mesellus* (Fulgoriden); d) *Telamona barbata* (Membraciden); e) *Telamona declivata* (Membraciden).

einer gegliederten Endborste. Die Flugorgane sind sehr gut entwickelt, die Vorderflügel nicht immer häutig, die Hinterbeine sind häufig zu Sprungbeinen umgewandelt. Die Tarsen sind dreigliedrig und zweiklauig.

Familie: Fulgoridae. Bei den oft großen und buntgefärbten Vertretern dieser Familie ist der Kopf vielfach sehr bizarr gestaltet, mit Stirnfortsätzen, starken Kielen usw. versehen. Das Pronotum ist flach. Hierher gehören die Cixiinen (Abb. 4c), die Issinen, die Flatinen, Fulgorinen (Abb. 10a), Delphacinen usw.

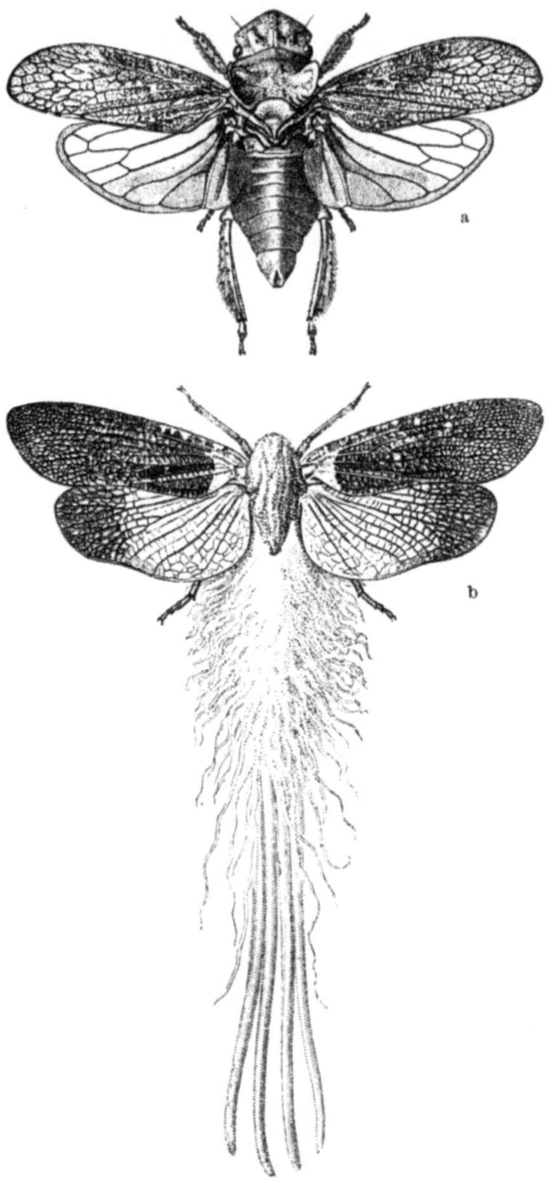

Abb. 5. a) *Ledra aurita* (Jassiden); b) *Lystra sp.* mit Wachsanhängen (Fulgoriden), nach BURMEISTER.

Familie: Cercopidae (Schaumzikaden). Diese sind kleine bis mittelgroße Tiere mit zwei Ocellen, schildförmigem Pronotum, normalem Rüssel, lederartigen Vorderflügeln, stark gefalteten Hinterflügeln mitgroßem Analteil und ziemlich großem Schildchen (Abb. 4a). Die Larven umhüllen sich mit einem schaumartigen Sekret.

Familie: Cicadidae (Stridulantes), Singzikaden. Große oder sehr große Tiere mit drei Ocellen, großen Augen, stark gewölbtem Clypeus und gezähnten Hinterschienen. Die Flügel sind groß und mit Randader versehen. Männchen mit abdominalem Trommelorgan, Larven mit Grabbeinen.

Familie: Jassidae. Kleine bis sehr kleine Tiere mit an der Außenseite bedornten, aber selten gezähnten, oft langen Hinterschienen (Abb. 4b), Pronotum nie mit unpaaren Anhängen, bei den Ledrini aber mit seitlichen Auswüchsen (Ohrzikaden, Abb. 5a). Bei den Scarini ist das Scutellum hinten spießartig ausgezogen.

Familie: Membracidae (Buckelzirpen). Kleine oder mittelgroße Tiere, deren Pronotum immer unpaare Anhänge trägt. Diese sind vielfach sehr groß (Abb. 4e, d), oft größer als der ganze Körper, und sehr abenteuerlich gestaltet (Abb. 10b, c).

Unterordnung: Psyllina (Blattflöhe).

Die Unterordnung ist so einheitlich, daß man einzelne Familien nicht unterscheiden kann. Es handelt sich durchweg um kleine Tiere mit ausgeprägtem Sprungvermögen (Abb. 6). Der Vorderkopf ist auf die Bauchseite gerückt, das

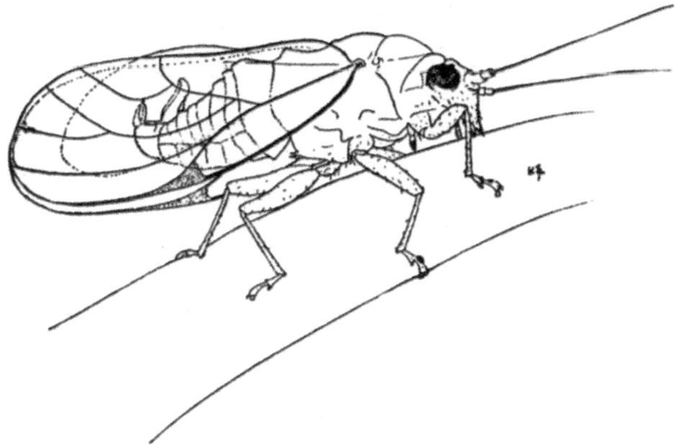

Abb. 6. *Psylla mali* ♂, nach SPEYER.

Labium wird vom Prosternum umgeben und liegt sehr weit hinten. Die Stirn bildet zwei bauchwärts gerichtete Kegel (Frontalkegel). Die Fühler sind nicht so deutlich in Grundglieder und Geißel geteilt wie bei den Cicadina. Die Flügel sind häutig und werden in der Ruhe dachförmig getragen. Die Hüften der Hinterbeine sind enorm vergrößert.

Unterordnung: Aleurodina (Weiße Fliegen).

Die Aleurodiden sind sehr kleine, zarte Tierchen, die mit Wachs fein bestäubt sind und daher ganz weiß erscheinen; ihr Kopf ähnelt dem der Zikaden mehr als dem der Psylliden, abgesehen von den Fühlern. Der Thorax, der vom Hinterleib durch eine Einschnürung getrennt ist, trägt zwei fast gleiche Flügelpaare mit sehr spärlicher Aderung. Die Larven sind unbeweglich außer der Junglarve (Abb. 250, 279).

Unterordnung: Aphidina (Blattläuse, Aphiden).

Die Blattläuse sind meist kleine bis sehr kleine, geflügelte oder ungeflügelte Tiere. Der Kopf ähnelt dem der Cicadina, die Fühler denen der Psyllina. Die Vorderflügel sind viel größer als die Hinterflügel, haben nur wenige Adern und keinen Clavus (Abb. 289). Die Beine haben zwei Klauen. Die Hinterbeine sind niemals zum Springen geeignet. Parthenogenese ist häufig.

Familie: Aphididae. Unter den Aphididen sind die Männchen stets geflügelt, die amphigonen Weibchen mit seltenen Ausnahmen ungeflügelt. Auch die parthenogenetischen Weibchen sind oft ungeflügelt. Stets haben die Geschlechtstiere Mundwerkzeuge und sind nicht zwerghaft. Die Flügel werden dachförmig getragen.

Hierher gehören die Unterfamilien Callipterinae, Lachninae, Aphidinae, von denen die letzte die artenreichste ist.

Familie: Pemphigidae. Bei den Pemphigiden sind die Sexuales flügellos, zwerghaft und ohne Mundwerkzeuge, die parthenogenetischen Weibchen geflügelt oder ungeflügelt. Hierher die Unterfamilien Vacuninae, Hormaphidinae, Mindarinae, Pemphiginae (Abb. 194, 293).

Familie: Chermesidae. Geschlechtstiere flügellos und klein, aber mit funktionsfähigen Mundwerkzeugen und offenem After. Parthenogenetische Weibchen geflügelt oder ungeflügelt, Flügel werden in der Ruhe dachförmig getragen. Nur auf Nadelhölzern lebend.

Familie: Phylloxeridae. Flügel werden in der Ruhelage flach auf das Abdomen gelegt, Geschlechtstiere flügellos, zwerghaft, ohne Mundteile und mit verkümmertem Darm. Geflügelte parthenogenetische Weibchen kommen vor. Bei allen Formen After geschlossen (Abb. 296).

Unterordnung: Coccidae (Schildläuse).

Bei den Schildläusen sind nur die Männchen geflügelt, und zwar haben sie nur ein Flügelpaar, die Hinterflügel sind zu kleinen Stummeln reduziert (Abb. 7a, b).

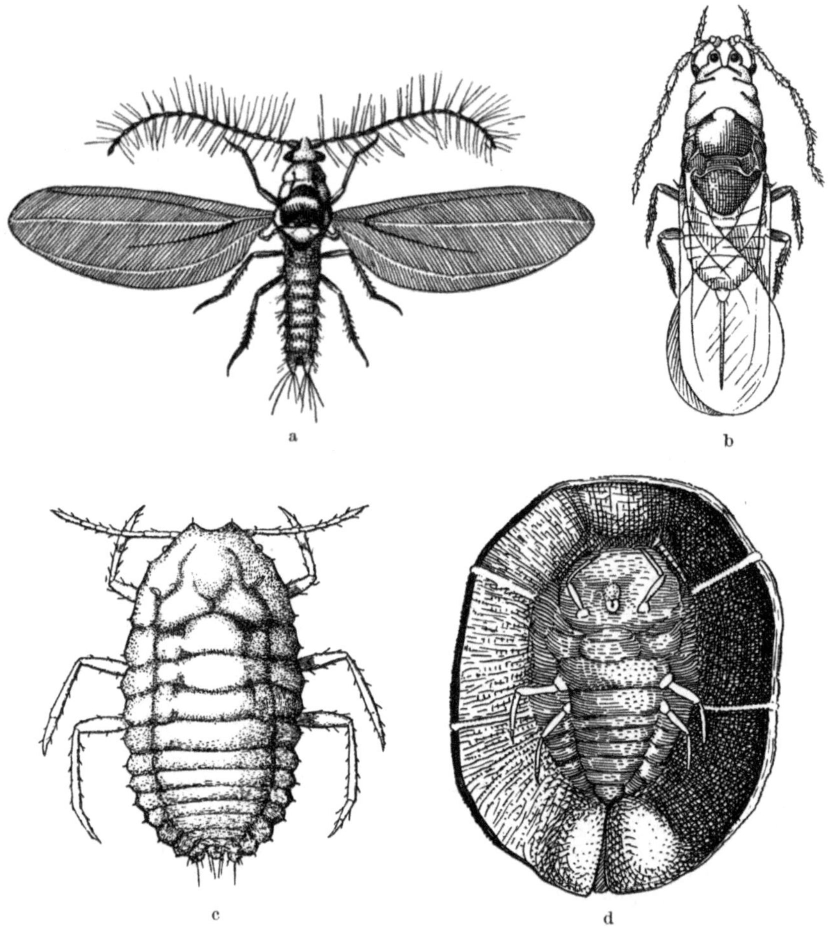

Abb. 7. Cocciden. a) *Icerya purchasi* ♂, nach Riley aus Imms; b) *Lepidosaphes ulmi* (*Mytilaspis pomorum*) ♂, nach Berlese; c) *Pseudococcus adonidum*, junges ♀ nach Berlese; d) *Lecanium oleae*, ♀ vor der Eiablage, von unten, nach Berlese.

In der Ruhe werden die Flügel wie bei den Phylloxeridae getragen. Die Weibchen der primitiven Gruppen ähneln Blattläusen (Abb. 7c), haben aber niemals Rückenröhren. Die Fühler sind gleichmäßig gegliedert und tragen niemals Riechplatten. Bei anderen Schildläusen sind die Weibchen mehr oder weniger unbeweglich (Lecaniinae, Abb. 7d), oft sind die Beine völlig reduziert (Tachardiinae, Diaspidinae, Abb. 273), und auch die Segmentierung schwindet häufig im Lauf der Entwicklung vollständig, so daß Gebilde zustande kommen, die in nichts mehr an Insekten erinnern. Schutzhüllen werden aus verschiedenartigen Hautsekreten bei vielen Formen gebildet.

Wichtigste Unterfamilien: Ortheziinae, Monophlebinae, Coccinae, Tachardiinae, Lecaniinae, Kermesinae, Diaspidinae.

Die vorstehende Übersicht, die natürlich keine Bestimmungstabelle darstellt, gibt nur einen schwachen Begriff von dem unendlichen Vielerlei von Formen, das dem Hemipterenforscher entgegentritt, denn sie ist nicht geeignet, die bei den Hemipteren vorkommenden Trachten zur Darstellung zu bringen. Unter Tracht verstehen wir nach dem Vorgang HANDLIRSCHS das äußere, in der Form des Körpers, der Oberflächenstruktur und der Färbung der Haut zum Ausdruck kommende Gesamtgepräge der Tiere. Da die die Tracht bestimmenden Merkmale trotz ihrer unendlichen Mannigfaltigkeit in der Regel keinen hohen systematischen Wert haben, figurieren sie auch nicht unter den die systematische Stellung eines Tieres bestimmenden, im Vorstehenden aufgeführten Merkmalen. Andererseits sind sie aber meist auch nicht biologisch erklärbar und werden daher in den folgenden Kapiteln nur gelegentlich erwähnt werden können. Es ist daher nötig, hier auf die Tracht in aller Kürze einzugehen, wobei wir uns an die Einteilung halten, die HANDLIRSCH im Handbuch der Entomologie (Bd. I) gegeben hat.

Im Normalfall ist der Körper der Insekten breiter als hoch und mäßig lang. Das trifft in der Regel auch auf die Hemipteren zu, ganz besonders auf die Heteropteren, die ja durch einen depressen Körper charakterisiert sind.

Bei vielen Wanzen ist die Abflachung des Körpers aber sehr weit getrieben, z. B. bei den Phymatiden, den Tingididen, den Aradiden (Abb. 3a) und ganz besonders bei den Phloeinen unter den Pentatomiden (Abb. 312). Auch die Polyvenniden (Abb. 23) und die Termitaphididen haben einen sehr flachen Körper, ebenso wie unter den Homopteren die Aleurodidenlarven, manche Aphidinen und Cocciden.

Eine Verbreiterung und Verkürzung des Körpers kommt schon bei diesen Formen zum Ausdruck, deutlicher aber noch bei solchen Hemipteren, deren Dorsalseite stark gewölbt ist. Solche halbkugeligen Formen finden sich nicht nur unter den Cocciden (*Lecanium* [Abb. 130]; *Kermes* bildet fast eine Vollkugel), sondern auch unter den Wanzen (Scutelleriden, Plataspinen unter den Pentatomiden) und sogar unter den Cicadinen (Issinen unter den Fulgoriden, *Hemisphaerius*).

Starke Verlängerung des Körpers und meist gleichzeitig der Beine tritt bei vielen Wanzengruppen auf, ohne daß eine phylogenetische Beziehung zwischen den verschiedenen stabförmigen Wanzen möglich ist. Stabform gibt es z. B. bei den Hydrometriden, den Emesinen unter den Reduviiden (Abb. 234b), bei Coreiden, Colobathrystiden, Berytiden, Lygaeiden, Capsiden und Nepiden (*Ranatra*, Abb. 112).

Große und auffallend gestaltete Formen sind unter den Hemipteren nicht allzu häufig. Wirkliche Rieseninsekten, wie sie z. B. unter den Käfern häufig vorkommen, gibt es hier nur unter den Singzikaden und den Wasserwanzen; manche Belostomiden reichen in der Körpergröße an kleine Säugetiere heran (Abb. 126). Auch unter den Landwanzen,

z. B. den Coreiden, gibt es große Tiere, ebenso unter den Fulgoriden. Von da bis zu den winzigen Aleurodiden gibt es alle Abstufungen, doch sind die kleinen und kleinsten Formen weitaus in der Mehrzahl vertreten.

Wenn auch die große Masse der Hemipteren nicht von auffallenden Gestalten gebildet wird, so gibt es doch, wenigstens unter den Wanzen und Zikaden, genug seltsame, ja sogar bizarre Erscheinungen. Man braucht bloß an die oben schon erwähnten Phloeinen mit ihrem papierdünnen, platten Körper (Abb. 312), an die dornigen, flachen Phyllomorphen (Abb. 262), an die Phymatiden (Abb. 2g) mit ihrem oftmals grotesk breitgezogenen Hinterleib, an die blattartig verbreiterten Schienen vieler Coreiden und Pentatomiden (Abb. 8) oder an die Laternenköpfe der Fulgoriden zu erinnern (Abb. 10a). Den Vogel schießen aber die Membraciden ab, deren Pronotum meist enorm vergrößert und zu den sonderbarsten Gebilden umgestaltet ist. Da gibt es senkrecht stehende, segelartige Flächen (Abbild. 10c), Anker, Dornen und Blasen (Abb. 10b), gestielte Kugeln und andere Dinge, ja eine Membracidenlarve trägt sogar ein Pronotum mit sich herum, das weit länger als ihr ganzer Körper ist und in der Form an eine Ameise erinnert. Daß diese Bildungen hypothesenfreudige Forscher zu mehr oder minder phantasievollen Deutungen verlockten, kann nicht verwundern. Wir werden daher weiter unten (S. 484) nochmals auf sie zurückkommen müssen, können aber hier schon bemerken, daß bis jetzt eine einwandfreie Erklärung der biologischen Bedeutung dieser Anhänge nicht gelungen ist. Wir müssen sie, ebenso wie die Anhänge des Tingididenthorax und die „Ohrenlappen" von *Ledra* (Abb. 5a) mit HANDLIRSCH zu den atelischen Bildungen rechnen.

Abb. 8. *Holocneria spinosa*, nach BERLESE, nat. Größe.

Dasselbe gilt sicher vielfach von der Färbung und Zeichnung, die bei den Hemipteren bei weitem nicht so bunt und lebhaft zu sein pflegt, wie etwa bei den Schmetterlingen und Käfern. Metallglanz ist im ganzen selten, kommt aber z. B. bei tropischen Scutelleriden öfters vor. Unter diesen gibt es sogar ganz prächtige Formen, deren grün- oder rotgoldener Glanz auch die schönsten Buprestiden in den Schatten stellen kann. Überhaupt sind die Wanzen noch die buntesten Vertreter der Hemipteren. Bei ihnen ist die Fleckenzeichnung häufig, auch Streifenzeichnung und Bindenzeichnung kommen oft vor (Abb. 9), erstere vor allem bei den Bewohnern der wärmeren Zonen. Sehr seltsam sind die Zeichnungsmuster der in Abb. 9b dargestellten afrikanischen Scutelleride, die auf matt ledergelbem Grund in schwarz und rot hervortreten und geradezu an die ornamentalen Künste primitiver Völker gemahnen. Vielleicht ist das so wenig ein Zufall wie die Tatsache, daß eine Sammlung japanischer Insekten lebhaft an japanische Kunst erinnert; vielleicht haben hier die Naturformen anregend auf die Künstler gewirkt.

Abb. 9. Verschieden gezeichnete Wanzen. a) *Graphosoma italicum* mit Streifenzeichnung. Original; b) *Sphaerocoris argus* mit Augenflecken, Grundfarbe ledergelb, schwarze und rote Zeichnung (Scuteleriden) aus Ostafrika. Original; c) *Lygaeus Kalmii* mit Fleckenzeichnung (Lygaeiden) nach OSBORN; d) *Pilophorus amoenus* mit Bindenzeichnung (Capsiden) nach OSBORN. *Scl* Scutellum, *VFl* Vorderflügel.

Auf den Flügeln einiger Fulgoriden treten Augenflecken auf (Abb. 10a), die denen vieler Schmetterlinge gleichen, Fleckenzeichnung gibt es bei den Cercopiden auf den Flügeln, Bindenzeichnung auf dem Körper von Singzikaden und Psylliden.

Abgesehen von der Zeichnung ist auch die Färbung selbst sehr verschieden. Grüne, rote, schwarze und graue bis braune Töne herrschen vor, seltener ist reines Gelb und Blau. Der Sitz des Farbstoffes ist wie bei den anderen Insekten meist die Haut und zwar entweder die Cuticula

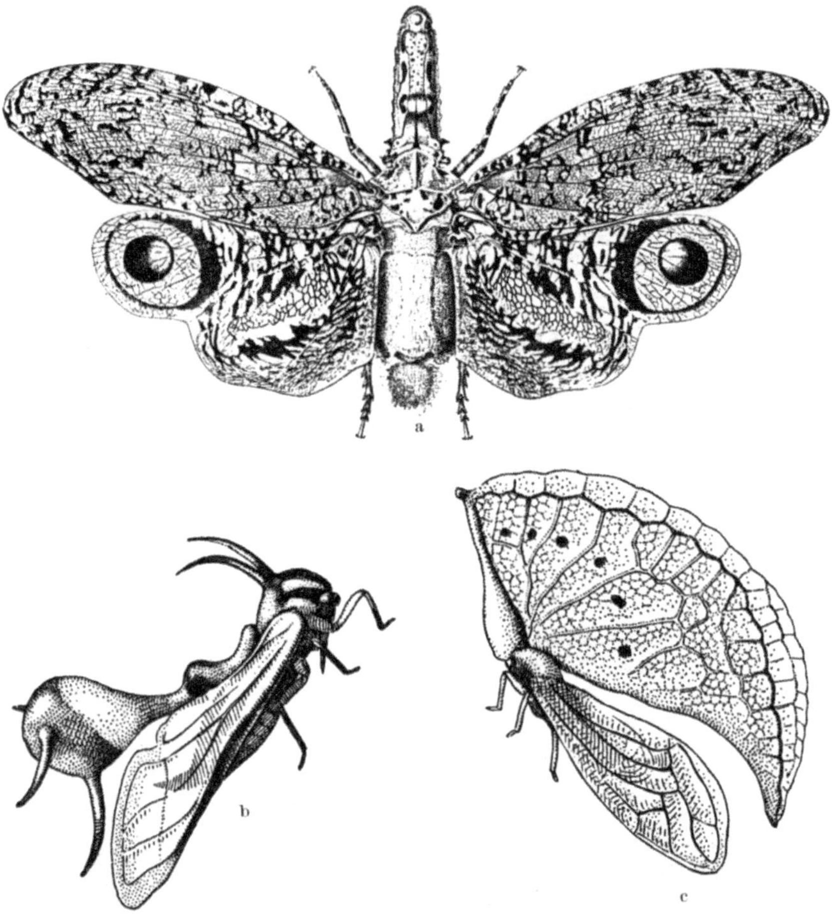

Abb. 10. Auffallend gefärbte und geformte Zikaden. a) *Fulgora laternaria* nach Burmeister (Fulgoriden, Niederländisch-Indien); b) *Heteronotus clavatus* nach Heymons (Membraciden); c) *Oeda inflata* nach Heymons (Membraciden).

oder die Epidermis selbst; die grüne Farbe rührt häufig vom Körperinhalt her, der durch die Haut schimmert. Wir werden auf diese Dinge unten zurückkommen müssen, wenn wir an die Besprechung der Veränderlichkeit von Form und Färbung gehen. Es sind mit diesen Problemen Stoffwechsel- und Entwicklungsvorgänge so eng verbunden, daß eine ausreichende Klärung der ersteren erst nach Behandlung der letzteren möglich ist. Auch die biologische Bedeutung des Farbenkleides ist zweckmäßiger in anderem Zusammenhang zu betrachten.

A. Bewegung und Sinnesleben.

Wenn wir von den in einem folgenden Kapitel besprochenen Wachstums- und Entwicklungsvorgängen absehen, so beantwortet der tierische Organismus die Reize, die von außen an ihn herantreten oder von inneren Faktoren, wie etwa der Reife der Geschlechtsdrüsen, dem Füllungszustand des Darms bedingt sind, entweder mit Bewegungen oder mit der Abgabe von Sekreten. So besteht z. B. bei der einfachsten Form der Reizbeantwortung, dem Reflex, der ganze Vorgang aus folgenden Komponenten: Der von einem Sinnesorgan oder Rezeptor aufgenommene Reiz wird über das Zentralnervensystem auf einer bestimmten Nervenbahn nach dem Effektor, einem Muskel oder einer Drüse geleitet und löst dort die Muskelkontraktion bzw. die Abgabe von Sekret aus. Von diesem ganzen Vorgang ist nur der letzte Teil der Beobachtung unmittelbar zugänglich, die Muskelkontraktion also bzw. die Sekretion. Alles übrige, die Rolle des Sinnesorgans, des peripheren und zentralen Nervensystems kann nur auf dem Weg über komplizierte Versuche erschlossen und analysiert werden. Der Sekretionsvorgang und die Bewegung, die durch Kontraktion von einzelnen Muskeln oder von Muskelgruppen bewirkt wird, liegen dagegen offen zutage, ihr Eintreten oder Ausbleiben wird bei der Analyse des ganzen Vorganges immer als Kriterium dienen müssen.

Wenn wir uns im folgenden Abschnitt den Bewegungen zuwenden, so müssen wir uns demnach immer vor Augen halten, daß die Bewegung selbst nur ein Teil einer viel umfangreicheren Folge von Erscheinungen ist, und daß ein volles Verständnis des Bewegungsmechanismus nur möglich wird, wenn auf dem Weg über das Experiment der Auslösungsreiz und seine Weiterleitung ermittelt ist. Mit dem Verständnis des Bewegungsmechanismus allein ist aber für den Biologen noch nichts gewonnen, denn ihm erwächst nun die Aufgabe, nach der Bedeutung der Bewegung im Leben des Tieres zu forschen.

Ein wichtiger Teil dieser Aufgabe besteht in der Feststellung der Zusammenhänge zwischen Bau und Funktion der Bewegungsorgane, wobei zunächst die Frage offen zu lassen ist, ob die Form von der Funktion bedingt ist, wie man gemeinhin annimmt, oder umgekehrt, wie neuerdings HANDLIRSCH meint. Die gegenseitige Bedingtheit ist unleugbar da, wenn auch nicht in dem strengen Sinne, wie er DAHL vorschwebt, wenn er sagt, daß „jedes Härchen, wenn es sich konstant bei jedem Individuum einer Art findet, mit bestimmten Eigenschaften in der Lebensweise dieser Art zusammenfällt".

Die Feststellung dieser Zusammenhänge führt auf die Erforschung der Dinge, mit denen das Tier im Lauf seines Lebens in Berührung kommt, um mit v. UEXKÜLL zu sprechen, auf seine Merkwelt und seine Wirkungswelt: Selbst wenn wir — was natürlich nicht annähernd erreicht ist — für jede Bewegung den Auslösungsreiz und seine Umwandlung in Nervenerregung und Muskelarbeit kennten, hätten wir damit nur den nerven- und muskelphysiologischen Teil des Problems gelöst, nicht seinen biologischen Teil. Eine Bewegung spielt im Leben eines Tieres eine ganz bestimmte Rolle. Seine Sinnesorgane vermögen nur bestimmte, ihnen adäquate Reize zu rezipieren, die Muskeln in bestimmter, im Bauplan des Tieres begründeter Form auf sie zu reagieren. Das Auftreten der Reize hängt von der Umwelt ab, die Reizbeantwortung vom Bauplan des Tieres. Daß Umwelt und Bauplan eine harmonische Einheit bilden, daß also die Art der Reizbeantwortung „zweckmäßig" im landläufigen Sinne ist, das ist ein Problem, dessen Lösung trotz aller Theorien immer noch nicht gesichert ist (s. S. 451). Mit v. UEXKÜLL kann man sagen, der Innenwelt des Tieres, ihrem planmäßigen Gefüge, steht das Gegengefüge der Umwelt gegenüber, das sich darin kundgibt, daß die Merkmalsträger, von denen die Reize ausgehen, gleichzeitig Angriffsflächen für die „Werkzeuge" des Tieres, Wirkungsträger sind. Die Aufgabe der Forschung besteht einmal in der Kennzeichnung des Gefüges der Innenwelt der Tiere, dann aber in einer Kennzeichnung des Gegengefüges der Umwelt. Wendet man dies speziell auf die Bewegungen an, so wird man also die Forderung aufstellen müssen, daß einerseits der oben gekennzeichnete Mechanismus der Bewegung klargestellt wird, und daß andererseits der biologische Zusammenhang zwischen dem auslösenden Faktor und dem Ausfall der Bewegung hergestellt wird. Damit kommen wir dann zu der Steuerung der Bewegungen durch Umweltsfaktoren, und auch zu den Zusammenhängen zwischen mehreren zeitlich aufeinanderfolgenden, teils untereinander mechanisch verketteten, teils durch wechselnde Außen- und Innenfaktoren bedingten Bewegungen.

Der Gang unserer Untersuchung, in deren Verlauf es sich zeigen wird, daß das gesteckte Ziel heute bei weitem noch nicht erreicht ist, wird der folgende sein:

Zunächst werden die Bewegungen unserer Untersuchungsobjekte in verschiedene Gruppen eingeteilt, von denen nur die Ortsbewegungen und einige andere Sondergruppen im folgenden Kapitel behandelt sind. Die mit der Nahrungsaufnahme, der Atmung, dem Geschlechtsleben, der Entwicklung und den Beziehungen zu anderen Organismen zusammenhängenden Bewegungen werden dagegen erst in folgenden Abschnitten behandelt, da sie sonst aus dem biologischen Zusammenhang gerissen werden würden. Als Beispiel für die Untersuchung der Bewegungen in obigem Sinne dient die Gruppe der Ortsbewegungen; sie werden zunächst einfach als mechanische Phänomene behandelt, wobei die Zusammenhänge zwischen Form und Funktion aufgedeckt werden sollen. Nach Besprechung des Nervensystems und der Sinnesorgane kann dann die biologische Steuerung der Bewegungen und ihre Einpassung in die Umwelt, soweit unsere Kenntnisse reichen, besprochen werden.

Einteilen kann man die Bewegungen nach den beteiligten Organen, indem man etwa Bein-, Flügel-, Fühlerbewegungen usw. unterscheidet. Diese Einteilung, die für physiologische Betrachtungen manche Vorzüge hat, ist vom biologischen Standpunkt aus wenig vorteilhaft. Wir halten uns daher besser an folgende Gruppierung:

1. Ortsbewegungen, bringen den ganzen Körper von der Stelle, greifen naturgemäß in die meisten Lebensäußerungen des Tieres ein. Hierher gehören auch Fluchtbewegungen usw.

2. Bewegungen einzelner Körperorgane ohne Bewegung von der Stelle.

a) Bewegungen, die mit der Ernährung zusammenhängen, z. B. Fangbewegungen, Bewegungen der Mundgliedmaßen, des Schlundes, des Darmes, des Afterapparates.

b) Atembewegungen, bei Wassertieren vielfach in 1. übergreifend.

c) Bewegungen, die mit der Wirkung der Sinnesorgane zusammenhängen — Kopfbewegungen, Fühlerbewegungen usw.

d) Bewegungen zur Lauterzeugung.

e) Bewegungen zur Reinigung des Körpers und zur Verteilung von Sekreten.

f) Bewegungen, die mit dem Geschlechtsleben zusammenhängen.

g) Bewegungen, die mit der Entwicklung zusammenhängen — die die Häutung begleitenden Bewegungen, Auskriechen usw.

Von diesen Bewegungen werden die unter 1., 2. d) und e) erwähnten im folgenden Abschnitt, die anderen im Zusammenhang mit den betreffenden Lebenserscheinungen abgehandelt.

Natürlich kann man die Bewegungen auch nach den Auslösungsreizen einteilen und etwa als Phototropismen, Thermo- und Chemotropismen bezeichnen. Diese Einteilung wäre aber nur angängig, wenn das Gebiet gründlich durchforscht wäre, was durchaus nicht der Fall ist; sie wird daher nur für einen Teil der Ortsbewegungen angewandt werden können.

I. Die Ortsbewegungen als mechanische Phänomene.

Träger der Fortbewegungsorgane bei den Hemipteren wie bei den Insekten überhaupt ist der Thorax. Da der Insektenthorax im Gegensatz zum Kopf in den gebräuchlichen Lehrbüchern sehr stiefmütterlich behandelt zu werden pflegt, kann die Kenntnis seines Baues nicht als bekannt vorausgesetzt werden. Zum Verständnis der folgenden Ausführungen ist es daher notwendig, wenigstens die Grundzüge klarzulegen, um so mehr, als in der Benennung der einzelnen Teile, insbesondere der Muskulatur, eine babylonische Sprachverwirrung herrscht.

Jedes der drei Thoraxsegmente — Prothorax, Mesothorax und Metathorax — trägt ein Paar Beine, der Meso- und Metathorax in der Regel außerdem je ein Paar Flügel. Den Bau eines typischen geflügelten Segments zeigt Abb. 11. Zwischen dem Dach des Segments, dem Tergum, und seinen Seitenwänden, den Pleuren, artikulieren die Flügel und zwar so, daß das tergale Gelenk weiter medial liegt als das pleurale. Jede Bewegung des Tergums übt daher ihren Einfluß auf die Stellung der Flügel; Muskeln, die das Tergum bewegen, heißen daher indirekte Flugmuskeln. Die Beine artikulieren mit ihren Grundgliedern, den Hüften, zwischen den Pleuren und dem Segmentboden, dem Sternum. Die Gelenkköpfe liegen so, daß die Hüfte im wesentlichen parallel der Medianebene, von vorn nach hinten also, zu schwingen vermag. Der nächste Abschnitt des Beines zerfällt in der Regel in einen ringförmigen Teil, den Schenkelring (Trochanter), und einen langen Teil, den Schenkel

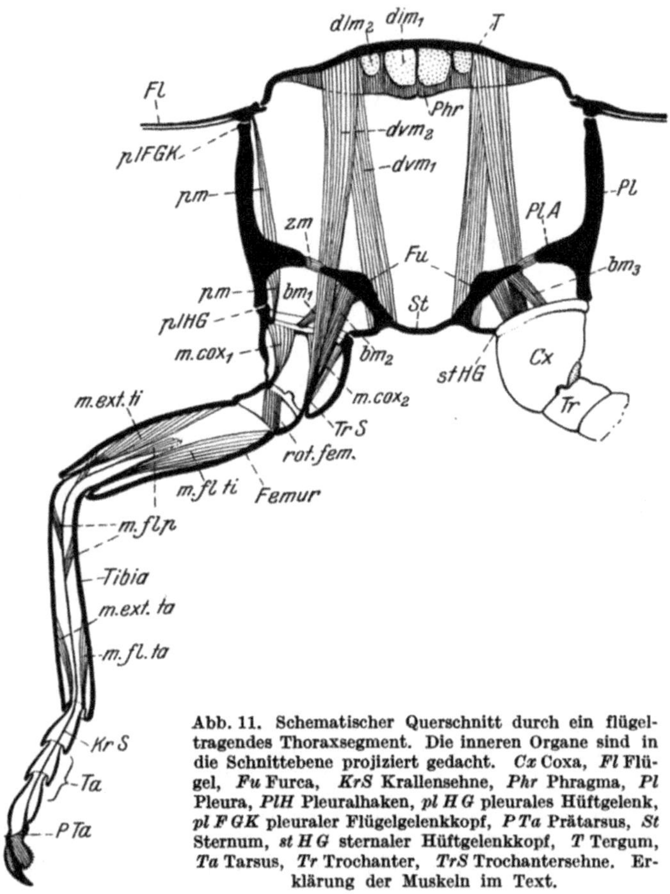

Abb. 11. Schematischer Querschnitt durch ein flügeltragendes Thoraxsegment. Die inneren Organe sind in die Schnittebene projiziert gedacht. ***Cx*** **Coxa,** ***Fl*** **Flügel,** ***Fu*** **Furca,** ***KrS*** **Krallensehne,** ***Phr*** **Phragma,** ***Pl*** **Pleura,** ***PlH*** **Pleuralhaken,** ***pl H G*** **pleurales Hüftgelenk,** ***pl F GK*** **pleuraler Flügelgelenkkopf,** ***P Ta*** **Prätarsus,** ***St*** **Sternum,** ***st H G*** **sternaler Hüftgelenkkopf,** ***T*** **Tergum,** ***Ta*** **Tarsus,** ***Tr*** **Trochanter,** ***TrS*** **Trochantersehne. Erklärung der Muskeln im Text.**

(Femur). Zwischen Hüfte und Schenkel ist ein zweiköpfiges Gelenk eingeschaltet, die Köpfe liegen vorn und hinten, so daß eine Beweglichkeit in einer, zur Median- und zur Horizontalebene annähernd senkrechten Ebene zustande kommt.

Die Verbindung zwischen Schenkelring und Schenkel gestattet eine nicht sehr weitgehende Rotation, alle anderen Bewegungen des Beines vollziehen sich in der gleichen Ebene wie die im Hüft-Schenkelringgelenk. Mit dem Schenkel ist die Schiene (Tibia) und mit dieser wieder

der Fuß (Tarsus) gelenkig verbunden. Der letztere besteht aus mehreren Gliedern, am Endglied artikuliert der Prätarsus, der eine oder zwei Klauen und häufig Haftapparate trägt. Am Prätarsus greift mit einer sehr langen Sehne der Krallenbeuger (M. flexor praetarsi) an, der Muskel selbst ist in der Regel in vier Köpfe geteilt, die in der aus der Abb. 11 ersichtlichen Weise an der Schiene und dem Schenkel entspringen. Das Grundglied des Tarsus kann durch einen Flexor und Extensor bewegt werden, ebenso die Schiene; die Rotation des Schenkels wird durch einen besonderen Muskel (M. rotator femoris) vermittelt, die Bewegungen des Trochanters werden durch zwei in der Hüfte gelegene Musculi coxales bewirkt, außerdem ist an ihnen ein sternaler Beinmuskel (bm_2) und ein Dorsoventralmuskel (dvm_2) beteiligt.

Kommen wir auf den Stamm des Segments zurück, so sind zunächst noch einige Innenskelettgebilde zu erwähnen. Das Sternum trägt ein Paar Fortsätze, die häufig auf eine gemeinsame Basis gestellt sind und als Gabelapophyse oder Furca bezeichnet werden. In der Pleura zieht sich vom pleuralen Hüftgelenk zum pleuralen Flügelgelenk eine Versteifungsleiste, die Pleuralleiste, die einen nach innen gerichteten Fortsatz, den Pleuralhaken, trägt. Das Tergum hat außer verschiedenen Versteifungsleisten an seinem Vorder- und Hinterrand je eine ins Segmentlumen, also ventralwärts vorspringende Platte (Phragma). Die beiden Phragmen werden durch zwei Paar von dorsalen Längsmuskeln (*dlm* 1 und 2) verbunden, deren Kontraktion eine Hochwölbung des Tergums verursacht. Ihnen entgegen wirken die Dorsoventralmuskeln (*dvm*), deren einer vom Tergum nach dem Sternum zieht, während der andere mit einer besonderen Sehne, der Trochantersehne, am proximalen Trochanterrande angreift. Der letztere Muskel ist also gleichzeitig ein Beinmuskel und ein Flugmuskel, denn das Wechselspiel der Dorsoventralmuskeln und der dorsalen Längsmuskeln ergibt durch Übertragung der Bewegungen des Tergums auf die Flügelfläche die Hebung und Senkung der Flügel. Unterstützt werden diese indirekten Flugmuskeln durch die direkten, die von der Fläche der Pleura nach der Flügelbasis gehen. Ebenfalls von der Pleura aus gehen die pleuralen Beinmuskeln (*st pm*) nach dem proximalen Hüftrand. Sie bewirken zusammen mit zwei von der Furca an den Hüftrand gehenden sternalen Beinmuskeln (*bm*) die Bewegung der Hüfte. Ein dritter sternaler Beinmuskel geht ebenfalls von der Furca nach der Trochantersehne, unterstützt also den zweiten Dorsoventralmuskel in der Bewegung des Trochanterofemurs.

Den Zusammenhang aller geschilderten Teile sichert ein Zwischenmuskel, der vom Pleuralhaken nach der Furca geht (*zm*). Außerdem ist meist noch ein Verbindungsmuskel zwischen Furca und Phragma vorhanden (*ism*).

Je nach der Art der mechanischen Beanspruchung, je nach der speziellen Aufgabe des Beinpaares bzw. der Flügel, ist dieses Grundschema mehr oder weniger stark abgeändert. Das normale Schreitbein z. B. zeigt die im Vorstehenden geschilderten Bewegungsmöglichkeiten — ein Schwingen um eine horizontale Achse im Rumpf-Hüftgelenk — und eine mehr oder weniger weitgehende Bewegungsfähigkeit der distalen

Teile in einer senkrechten Ebene, dazu eine Rotationsfähigkeit des Femurs, die eine Variation der Schwingungsrichtungen gestattet.

Schon bei einem konstruktiven Schema muß indes berücksichtigt werden, daß die drei Beinpaare im Verhältnis zum Rumpf sich nicht ganz gleich verhalten. Die Artikulation der Hüften ist in der Regel etwas verschieden und erlaubt dem vorderen Beinpaar weitergehende Bewegungen nach vorn, den beiden hinteren Beinpaaren nach hinten, letzteres am deutlichsten beim dritten Beinpaar. Dies hängt damit zusammen, daß die beiden hinteren Beinpaare im wesentlichen als Schubbeine arbeiten, sie stoßen den Körper nach vorn, während das Vorderbein Stütz- und Zugbein ist, d. h. den Schub auffängt und, nach vorn weitergreifend, den Körper nachzieht. Dementsprechend ist auch die Muskulatur nicht ganz gleich, doch kann davon hier zunächst abgesehen werden.

Auffallender sind die Unterschiede in der Länge der Beinpaare. Am längsten sind in der Regel die Hinterbeine, am kürzesten die Vorderbeine; Änderungen treten hier nur in Sonderfällen auf, z. B. wenn dem vorderen oder mittleren Beinpaar eine eigene Aufgabe, wie etwa das Abstoßen des Körpers von der Unterlage zufällt.

1. Die Schreitbewegung.

Das Schreiten auf fester Unterlage ist ohne Frage die bei den Insekten ursprüngliche Art der Fortbewegung, sie kann höchstens sekundär verloren gehen oder von einer anderen Bewegungsform ersetzt werden. Sie kommt denn auch den allermeisten Hemipteren zu und zwar entweder als einzige Art der Ortsbewegung oder als eine unter mehreren Formen.

Im ersteren Fall haben die Beine den typischen Bau, sie sind Schreitbeine ohne besondere Spezialeinrichtungen. Dieser Fall trifft z. B. für die meisten Wanzen (Abb. 12), für die Aphidinen und für manche Cicadinen zu, sowie für diejenigen Coccidenweibchen, die überhaupt beweglich sind, für die Coccidenmännchen und das erste Larvenstadium der Aleurodiden und aller Cocciden.

In der Regel treten bei der Schreitbewegung alle sechs Beine in Tätigkeit, nur wenn die Vorderbeine zu ganz ausgesprochenen Raub- oder Greifbeinen umgewandelt sind, wie bei den Phymatiden, den Nepiden und manchen Reduviiden (*Emesa*), werden nur die Mittel- und Hinterbeine gebraucht. Auch die im Fell von Fledermäusen lebenden Polycteniden benutzen nur die beiden hinteren Beinpaare, das erste Beinpaar ist verkürzt und wird an die Bauchseite des Körpers gepreßt. Eine wenigstens zeitweise eintretende Nichtbenutzung der Hinterbeine ist bei manchen springenden Cicadinen, z. B. den Cercopiden zu verzeichnen. Unsere einheimische Blutzikade *Triecphora vulnerata* trägt, wie man besonders an ermüdeten Exemplaren beobachten kann, häufig die Hinterbeine beim Gehen an den Hinterleib angelegt und ist so auch während des Schreitens immer in Bereitschaft zum Absprung.

Werden alle sechs Beine verwendet, so geschieht das so, daß immer Vorder- und Hinterbein der einen Seite gleichzeitig mit dem Mittelbein der anderen Seite vorgesetzt werden, während die übrigen drei Beine sich auf den Boden stützen. Abb. 13b zeigt diese Form der Ortsbewegung, als Beispiel ist die Blutzikade gewählt. Die Fortbewegung mit nur vier Beinen zeigt am selben Objekt Abb. 13a, man sieht, daß hier immer nur zwei Beine fest auf dem Boden ruhen, was dem Gang etwas schwankendes gibt. Auch bei der normalen Bewegungsform ist der Gang indessen nicht ganz geradlinig, vielmehr ergibt die Art der Bewegung

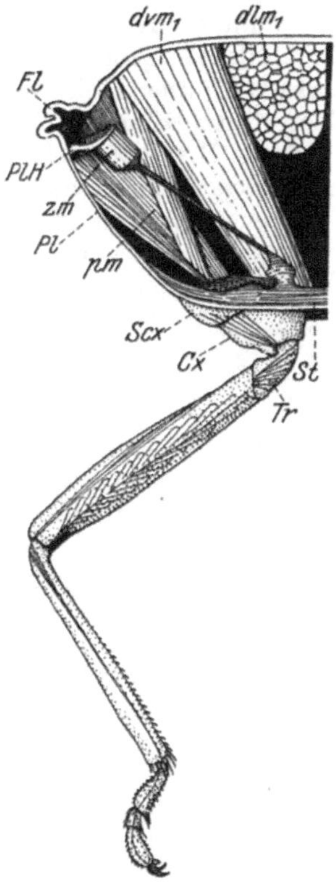

Abb. 12. Querschnitt durch den Mesothorax von *Palomena prasina* (Pentatomiden) als Beispiel für ein Schreit- (und Kletter-)Bein. *Scx* Subcoxalplatte, sonstige Bezeichnungen wie in Abb. 11.

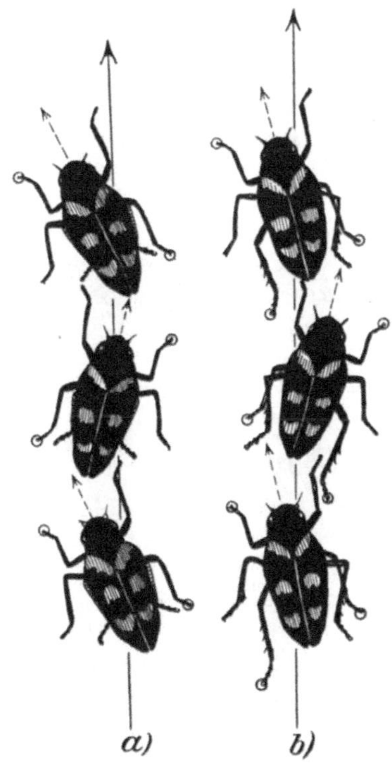

Abb. 13. *Triecphora vulnerata* (Cercopiden). Schematische Darstellung der Schreitbewegung. a) Ohne, b) mit Benutzung der Hinterbeine. Die auf dem Boden aufgesetzten Beine sind mit Kreischen bezeichnet.

der Beine eine mehr oder weniger ausgeprägte Zickzacklinie, die allerdings, da die beiderseitigen Ausschläge normalerweise gleich sind, im ganzen geradeaus führt.

Bei den Aphiden scheint das Schreiten nicht immer in der eben geschilderten regelmäßigen Weise zu geschehen, wenigstens gibt Uichanco (1922) an, daß *Macrosiphum tanaceti* L. keine regelmäßige Reihenfolge im Gebrauch der Beine erkennen läßt.

Die Bewegung jedes einzelnen Beines vollzieht sich folgendermaßen: Bei jedem Schritt schwingen die die Hüfte bewegenden Muskeln, die meist etwa die schematische Anordnung von Abb. 11 haben, zunächst die Hüfte und das mit ihr verbundene Bein nach vorn, die Flexoren der übrigen Beinabschnitte kontrahieren sich mehr oder weniger, der Fuß wird aufgesetzt, und nun folgt die Streckung des Beines, besonders im Knie- und im Hüft-Trochantergelenk, die den Körper vorwärts schiebt. Dabei sind vor allem die an der Trochantersehne angreifenden Muskeln beteiligt, sie leisten die Hauptarbeit. Beim Vorderbein allerdings handelt es sich, wie oben angedeutet, nicht um eine Schubwirkung. Das Vorderbein schwingt beim Schreiten wohl auch nach vorn, es wird aber im Kniegelenk gestreckt und zieht nach dem Aufsetzen des Fußes durch die Wirkung des Flexors der Tibia den Körper nach vorn. Das Vorderbein ist also, abgesehen von seiner Stützfunktion, „Zugbein“, während das Mittelbein und ganz besonders das Hinterbein als „Schubbeine“ bezeichnet werden müßten. Dementsprechend sind bei den Vorderbeinen in der Regel die Extensoren der Tibia schwächer als die Flexoren, beim Mittel- und Hinterbein umgekehrt. Eine Ausnahme machen gewisse Aphiden (z. B. *Drepanosiphum platanoides*), deren ungewöhnlich lange Vorderbeine (Abb. 32b) ein sprungartiges Abstemmen von der Unterlage bewirken können. Ziemlich gleich stark sind die Flexoren und Extensoren bei den Aleurodiden, deren Beine eine für die Verteilung des Wachssekrets über die Körperoberfläche erforderliche ungewöhnlich weitgehende Beweglichkeit haben.

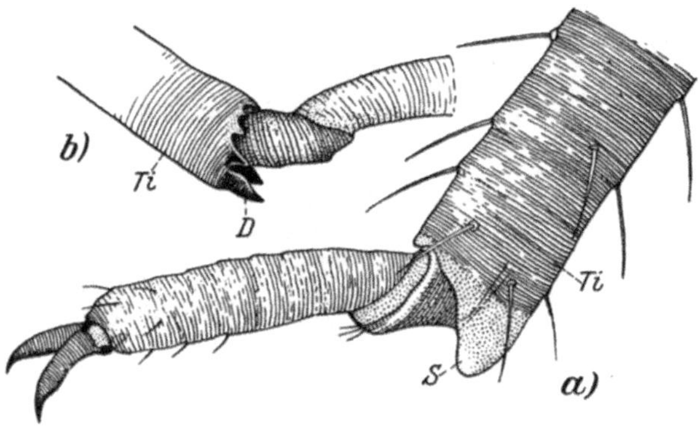

Abb. 14. a) Ende der Tibia und Tarsus des Mittelbeins einer Larve von *Aphis fabae* (geflügeltes ♀, 4. Stadium) mit Sohlenbläschen *S*. *Ti* Tibia. b) Tibiotarsalgelenk des Vorderbeins von *Drepanosiphum platanoides* (agames ♀) mit Dornen *D*.

Infolge der eigentümlichen Stellung der Vorderbeine ist in der Ausbildung der an der Trochantersehne angreifenden Muskeln kein Unterschied gegenüber den Mittel- und Hinterbeinen zu verzeichnen. Bei allen Beinen ziehen diese Muskeln den distalen Teil des Beines nach der Medianebene, die Stellung der Gelenkköpfe des Hüft-Trochantergelenks entscheidet darüber, wie dieser Zug sich auf die Körperstellung auswirkt. Bei den nach vorn gerichteten Vorderbeinen wird eine Zugwirkung, bei den nach hinten gerichteten Hinterbeinen eine Schubwirkung daraus.

Besondere Erwähnung verdient noch der Fuß, der dem Boden unmittelbar aufliegt und dem daher die wichtige Aufgabe zukommt, das Bein während seiner Zug- oder Schubtätigkeit auf der Unterlage zu fixieren. In der Regel ruht beim aufgesetzten Bein der ganze Tarsus auf dem Boden, die Krallen greifen in die Unebenheiten der Unterlage ein, die Spitze der Schiene ist gegen den Boden gestemmt, so daß nicht die ganze Last des Körpers vom Tarsus getragen werden muß. Die Schienenspitze ist vielfach mit dornartigen Borsten versehen (Abb. 12), die ein Ausgleiten unmöglich machen; bei vielen Aphiden trägt sie an der Sohlenseite sogar eine weichhäutige, unpigmentierte Erweiterung, das Sohlenbläschen, das ebenfalls sicheren Halt gewährt (Abb. 14a). Dem Sohlenbläschen entspricht funktionell ein an der Sohlenseite des ersten Tarsalglieds von *Psylla* auftretender, weichhäutiger Vorsprung, der in Abb. 30 sichtbar ist. Ähnliche Funktion haben die häufig an den Tarsengliedern vorkommenden starken Haare sowie die verschiedenen zum Prätarsus gehörigen Haftvorrichtungen, die man als Pulvillus und Empodium zu bezeichnen pflegt und die weiter unten bei der Kletterbewegung noch näher beschrieben werden sollen.

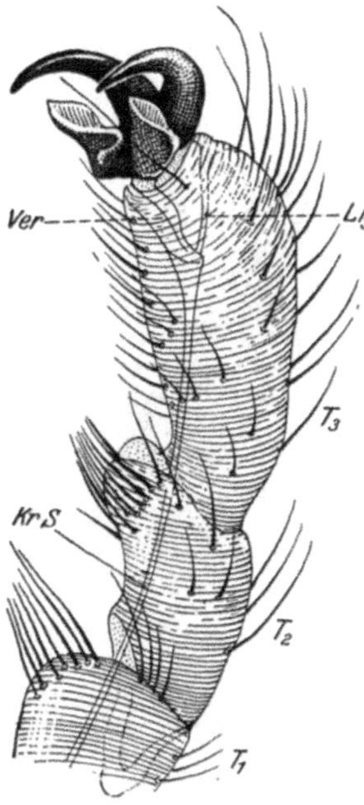

Abb. 15. Fuß von *Palomena prasina* (Pentatomiden, mit Krallensehne *KrS*, Verbindungsstück *Ver*, Ligament *Lig*. T_1—T_3 Tarsenglieder.

Das Anlegen des Tarsus an die Unterlage ist nicht immer mit Muskelarbeit verknüpft. Wohl ist sein Grundglied in der Regel durch zwei einander entgegenarbeitende Muskeln beweglich, das zweite und dritte Glied besitzen aber niemals eigene Muskeln, und erst der Prätarsus ist wieder aktiver Bewegung fähig. Die letztere besteht aber in weitaus den meisten Fällen nur in einer Flexion der Krallen, an deren Basis die lange Sehne des Krallenbeugers angreift. Die eigene Elastizität der Krallenbasis, in manchen Fällen (Abb. 15) unterstützt von einem vom distalen Teil der Krallensehne nach dem Ende des Tarsus ziehenden elastischen Ligament (*Lig*), wirkt, zusammen mit dem Widerstand der Unterlage, dem Zug des Krallenbeugers entgegen.

Eine ähnliche Ersetzung eines Muskels durch elastische Gelenkverbindung findet man beim Tarsus der Aphiden (nach Uichanco) und der Cocciden, deren Beine überhaupt sehr einfach gebaut und nur mit einer Kralle versehen sind. In beiden Fällen greift an der Basis des Tarsus nur ein Muskel, ein Flexor an (Abb. 16), ihm entgegen wirkt, neben dem Widerstand der Unterlage, nur die Elastizität des Chitins, welches das an der Streckseite gelegene Tibiotarsalgelenk (*G*) bildet.

Die Aleurodiden zeichnen sich vor den meisten anderen Hemipteren dadurch aus, daß sie stets „auf den Zehen gehen“, d. h. bei ihnen ruht nur der Prätarsus auf dem Boden, der Tarsus steht annähernd senkrecht zur Unterlage. Voraussetzung dafür ist eine feste und doch elastische Verbindung der beiden Tarsalglieder untereinander und des ersten Tarsalgliedes mit der Tibia. Den Bau der beiden Gelenke zeigt Abb. 17c, beim Tibiotarsalgelenk ist die Festigung durch tiefe Einfaltung und mehrfache Wellung der kräftigen Verbindungshaut erreicht, beim Tarsalgelenk ist in einer besonderen, festen Gelenkkapsel des ersten Tarsalgliedes ein schlanker Chitinfortsatz des zweiten Gliedes eingeschlossen. Da die Kapsel den Fortsatz an seiner Basis fest umfaßt, ihm aber oben einige Bewegungsfreiheit erlaubt, wird die Verbindung nicht nur fest, sondern auch elastisch. Der Gang der winzigen Tierchen bekommt durch die eigentümliche Haltung des Tarsus auch auf sehr ungünstigem Boden, z. B. auf stark behaarten Blättern, etwas merkwürdig Sicheres, trotz der ungemeinen Schnelligkeit der Beinbewegungen.

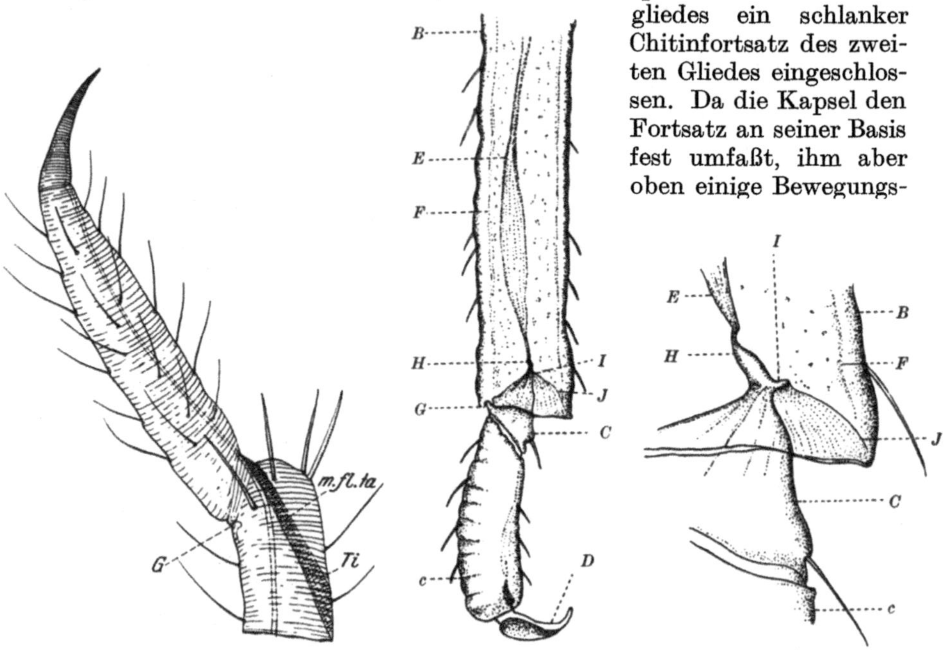

Abb. 16. a) *Pseudococcus adonidum* ♂, Hinterfuß. *Ti* Tibia, *m.fl.ta.m.* Flexor tarsi, *G* Tibiotarsalgelenk; b) *Myzoides persicae* (Aphididae), Beinspitze; c) Sohlenseite des Tibiotarsalgelenks nach UICHANCO. *B* Tibia, *C* 1. Tarsenglied, *c* 2. Tarsenglied, *D* Krallen, *E* Flexor tarsi, *F* Hypodermis der Tibia, *G* Tibiotarsalgelenk, *H* sehnenartiges Apodem des Tarsus, *I* Fortsatz dieses Apodems, an dem *J* die Gelenkhaut angreift.

2. Klettern.

Das Schreiten auf glattem Boden ist, wie oben schon angedeutet, dadurch erleichtert, daß der Fuß außer den Krallen, die natürlich nur dann von Nutzen sind, wenn die Unterlage rauh ist, verschiedenartige Haftvorrichtungen trägt. Außer den schon erwähnten Sohlenbläschen gehören hierher die als Empodien oder Pulvillen bezeichneten Haftläppchen des Prätarsus. Sie fehlen nur bei verhältnismäßig wenigen Hemipterengruppen, wie z. B. den Wasserwanzen, den Reduviiden und den

Wasserläufern, bei den Cocciden und Aphidinen, bei denen sie teilweise durch geknöpfte Haare ersetzt werden. Besonders ausgeprägt sind sie bei den springenden Formen, z. B. den Psylliden, den Aleurodiden und den Cercopiden. Bei den letzteren kann man sogar von einem regelrechten Haftballen reden, der funktionell den Haftballen an den Zehenspitzen des Laubfrosches entspricht (SCHOENICHEN). Wie Abb. 18 zeigt, springt dieser Haftballen ziemlich weit vor und ist mit regelmäßig angeordneten Chitinplättchen und Haaren besetzt. Die Krallensehne wirkt

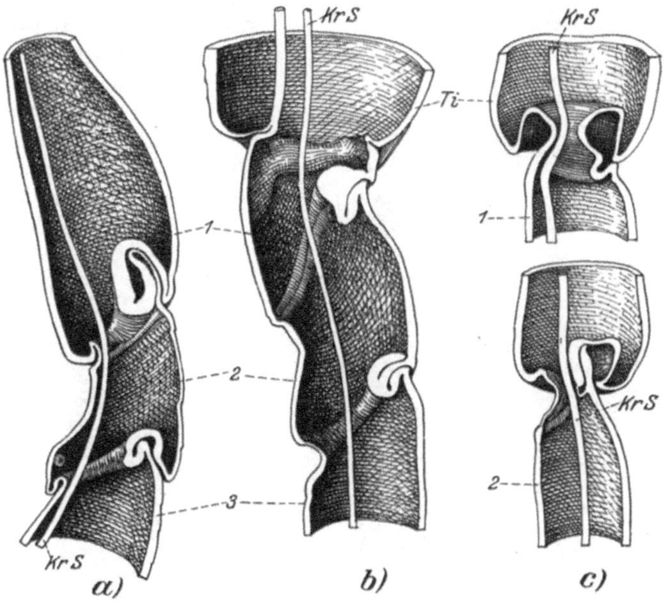

Abb. 17. Längsschnitte durch die Tarsen von: a) *Palomena prasina*; b) *Triecphora vulnerata*; c) *Aleurodes protetella*. *1*, *2*, *3* Tarsenglieder, *KrS* Krallensehne.

nicht nur auf die an der Basis sehr breiten Krallen ein, sondern ist durch ein Verbindungsstück (*Ver*) auch mit dem Haftballen (*Pul*) so verbunden, daß ein Anziehen der Krallensehne die Krallen beugt, den Haftballen aber von der Unterlage abzieht. Finden die Krallen auf rauher oder weicher Unterlage sofort Halt, so tritt der Haftballen gar nicht in Aktion. Gleiten dagegen auf glatter oder harter Unterlage die Krallen aus, so preßt sich vermöge des Verbindungsmechanismus der Haftballen auf die Unterlage und zwar um so fester, je mehr Widerstand die Krallen finden. Durch starkes Anziehen der Krallensehne kann der Ballen von der Unterlage abgelöst werden.

Unpaar wie die Haftballen der Cercopiden sind die schwalbenschwanzförmigen Haftläppchen der Psyllidenlarven (Abb. 19). Wie jene legen sie sich mit ihrer, wahrscheinlich durch ein Drüsensekret feuchten Fläche an die Unterlage, sind aber nicht in dem Maß aktiv beweglich, wie das bei den Haftballen der Cercopiden der Fall ist. Die trägen Psyllidenlarven können dementsprechend ihren Fuß auch nur langsam von der Unterlage abziehen, während die Cercopiden sehr gewandte Kletterer und Springer sind. Dasselbe gilt von den Imagines der Psylliden und der Aleurodiden. Die ersteren besitzen paarige Pulvillen, die blattartig dünn und eng an die beiden Krallen angeschlossen sind (Abb. 30), bei letzteren ist der Pulvillus unpaar, krallenförmig und lang behaart. Paarig sind auch die Pulvillen der Landwanzen (Pentatomiden, Pyrrhocoriden z. B., Abb. 15), die zwischen der Lappen- und der Krallenform die Mitte halten.

All diese Haftvorrichtungen ermöglichen ihren Besitzern auch ein mehr oder weniger gewandtes Kriechen auf geneigten und senkrechten Flächen. Überhängende, glatte Flächen vermögen nicht alle Hemipteren so leicht zu begehen wie z. B. die Aleurodiden, die sich im Glasschälchen mit Vorliebe am Deckel aufhalten. Das hängt wohl damit zusammen, daß sie auch an ihrer Wirtspflanze immer die Unterseite der Blätter aufsuchen und dort ihre ganze Entwicklung durchmachen.

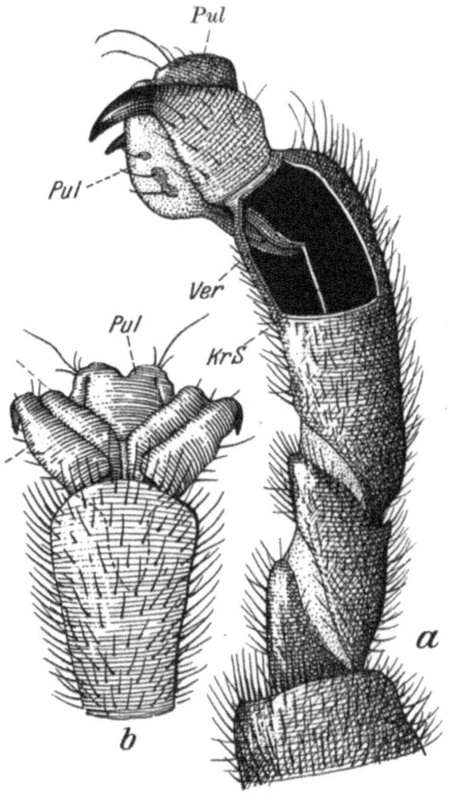

Abb. 18. Mittelfuß von *Triecphora vulnerata*, a) lateral, b) dorsal. *KrS* Krallensehne, *Pul Pulvillus*, *Ver* Verbindungsstück.

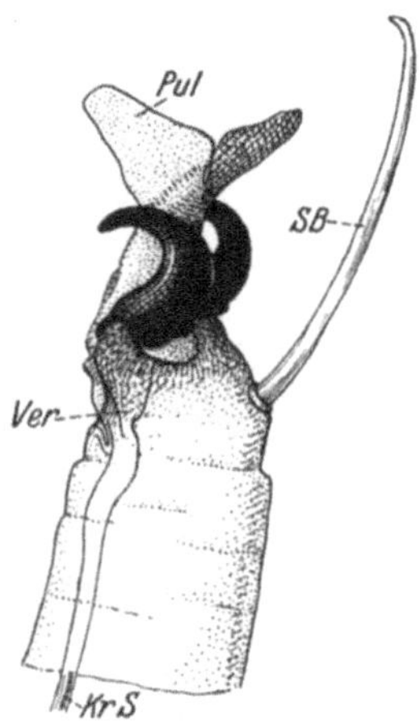

Abb. 19. Mittelbein des vierten Larvenstadiums von *Psylla mali*. Klammerbein mit Pulvillus *Pul*, Sinnesborste *SB*, Krallensehne *KrS* und Verbindungsstück *Ver*.

Von Klettern im eigentlichen Sinne des Wortes kann man aber nur sprechen, wenn das Tier auch fähig ist, an dünnen Gegenständen, Zweigen, Halmen usw. emporzukriechen. Dabei sind natürlich die genannten Haftvorrichtungen eine wesentliche Hilfe, es muß aber außerdem noch eine ziemlich starke Flexionsfähigkeit der Beine dazukommen, wenn ein dünner Gegenstand soll umfaßt werden können. Bei den Pentatomiden, die auch an Halmen sehr gewandt emporklettern, ist es in erster Linie der stark behaarte Fuß (Abb. 12, 15), der zum Umfassen dient. Wie Abb. 17a zeigt, sind die tarsalen Gelenkhäute auf der Streckseite sehr stark eingefaltet, und die Tarsen vermögen daher, wenn die Krallensehne angezogen ist, sich eng um den stützenden Gegenstand „herumzuschlingen". Wenn der Zug der Krallensehne aufhört, machen die ziemlich starren Gelenkhäute selbsttätig die Bewegung wieder rückgängig. Hier arbeiten die Füße geradezu wie Steigeisen, wobei die Krallen den Spitzen der Eisen, die Schienenspitze ihrem Fußteil entsprechen, während der um den Gegenstand geschlungene Tarsus den gebogenen Teil des Steigeisens darstellt. Dementsprechend spielen die Pulvillen hier nur eine nebensächliche Rolle, während sie beim Emporklettern an flächigen Gegenständen sehr wesentlich sind.

Bei solchen Kletterern, die nebenbei auch noch mehr oder weniger gewandte Läufer sind, sind die Beine im Bau kaum besonders ausgezeichnet. Anders bei solchen, die ganz ausschließlich auf das Anklammern an einen Fremdkörper angewiesen sind. Ein solch extremes Beispiel, wie es die Tierläuse für diese Art der Fortbewegung bilden, gibt es zwar unter den Hemipteren nicht, doch können wir auf die Larven der Psylliden verweisen, die als extreme Pflanzenparasiten ihr ganzes Larvenleben auf einer und derselben Pflanze verbringen. Die Larve des Apfelsaugers (*Psylla mali*) z. B. kriecht im Frühjahr aus dem vom Weibchen im Herbst an einem Apfelzweig befestigten Ei, klettert dann zu einer nahegelegenen, sich entfaltenden Knospe empor und hält sich nun bis zur letzten Häutung ohne wesentliche Ortsbewegungen dort auf. Nur das erste Larvenstadium hat also eine größere Strecke zu überwinden, die anderen vier Stadien sind praktisch sessil. Das erste Stadium (Abb. 20a) unterscheidet sich denn auch von den folgenden (Abb. 20b) durch die Stellung der Beine recht erheblich. Schon beim zweiten Stadium sind die Hüften einander stark genähert, die Beine sind ganz typische Klammerbeine geworden, insofern die Artikulation der Hüften und ihre Muskelversorgung nur eine ganz geringe Schwenkung der Beine von vorn nach hinten erlaubt. Die Flexion der Tibia, die durch sehr starke Muskeln bewirkt wird, kann sich kaum für die Lokomotion auswirken, weil die Beine fast ganz seitlich gestellt sind. Außerdem sind die Beine, wie Abb. 21 zeigt, wenig gegliedert, Tibiotarsalgelenk und Trochanter-Femurgelenk fehlen während des ganzen Larvenlebens, ebenso die Trochantersehne. So ist denn der Gang der Psyllidenlarve, die durch irgendein Mißgeschick aus ihrem beschaulichen Leben gerissen wird, langsam und ungeschickt, während in der natürlichen Umgebung die Fortbewegungsorgane den an sie herantretenden Anforderungen völlig gewachsen sind.

Die bei der Psyllidenlarve schon angedeutete Rückbildung der Beine und ihrer Muskulatur ist bei anderen Pflanzenparasiten, wie z. B. den Larven der Aleurodiden und den Larven und Weibchen vieler Cocciden, noch deutlicher. Bei den Aleurodidenlarven (mit Ausnahme des ersten Stadiums) sind die Beine kurze, plumpe, mit kleinen Saugscheibchen versehene Stummel, eben noch geeignet, sich in die Unebenheiten des Blattes, an dem die Larve sitzt, einzustemmen. Das Prinzip des wenig gegliederten, zur Ortsveränderung ungeeigneten Klammerbeines ist hier zur höchsten Vollendung gediehen.

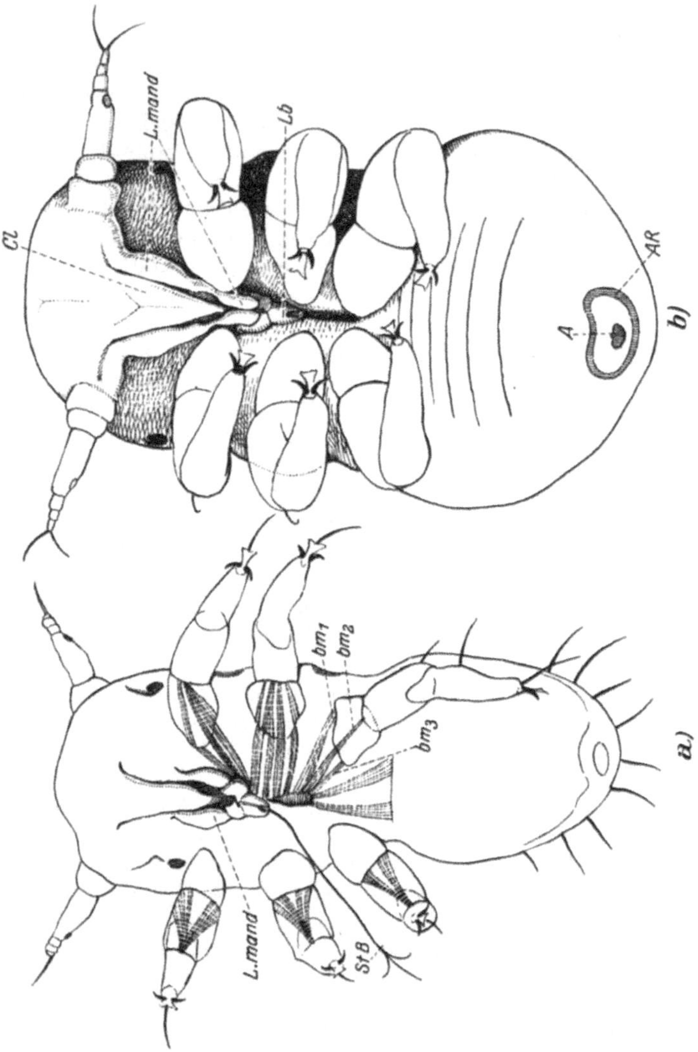

Abb. 20. Erstes und zweites Larvenstadium von *Psylla mali*, Ventralansicht nach Weber. *A* After, *AR* Analer Wachsdrüsenring, *Cl* Clypeus, *Lb* Labium, *L. mand.* Lamina mandibularis, *StB* Stechborstenbündel (in a ausgestreckt, in b an der Spitze des Labiums abgeschnitten).

Eine auf ganz anderer Grundlage erfolgte Umwandlung eines normalen Schreitbeines zum Klammerbein zeigen die Mittelbeine der Wasserwanzen *Corixa* (Abb. 22). Von Reduktionserscheinungen ist hier nicht die Rede, vielmehr sind alle Gelenke normal ausgebildet, die Krallen sind extrem verlängert, sehr spitz und leicht gebogen. Auffallend ist die enge Verbindung zwischen dem Flexor der Tibia und dem Krallenbeuger, sowie das ganz ungewöhnliche Auftreten eines Krallenstreckers (*m.ext.p*). Bei *Corixa* stehen die Vorderbeine im Dienste der Nahrungsaufnahme und der Stridulation, die Hinterbeine sind starke Ruder (siehe S. 49); für eine normal schreitende Fortbewegung sind weder die mechanischen noch die nervösen Grundlagen vorhanden. Da das Tier am Grunde des Wassers seine Nahrung sucht, aber spezifisch leichter ist als das Wasser, muß es sich am Boden oder an Pflanzenteilen festklammern. Dies Fest-

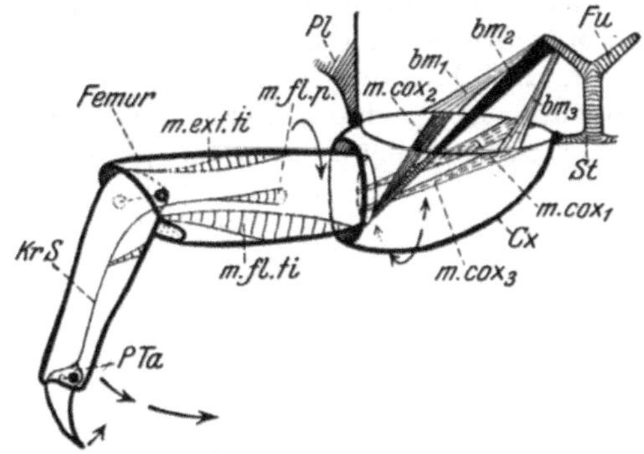

Abb. 21. Schema eines Hinterbeines des vierten Larvenstadiums von *Psylla mali*, von hinten gesehen, Bezeichnungen wie in Abb. 11. Mögliche Bewegungsrichtungen mit Pfeilen angegeben.

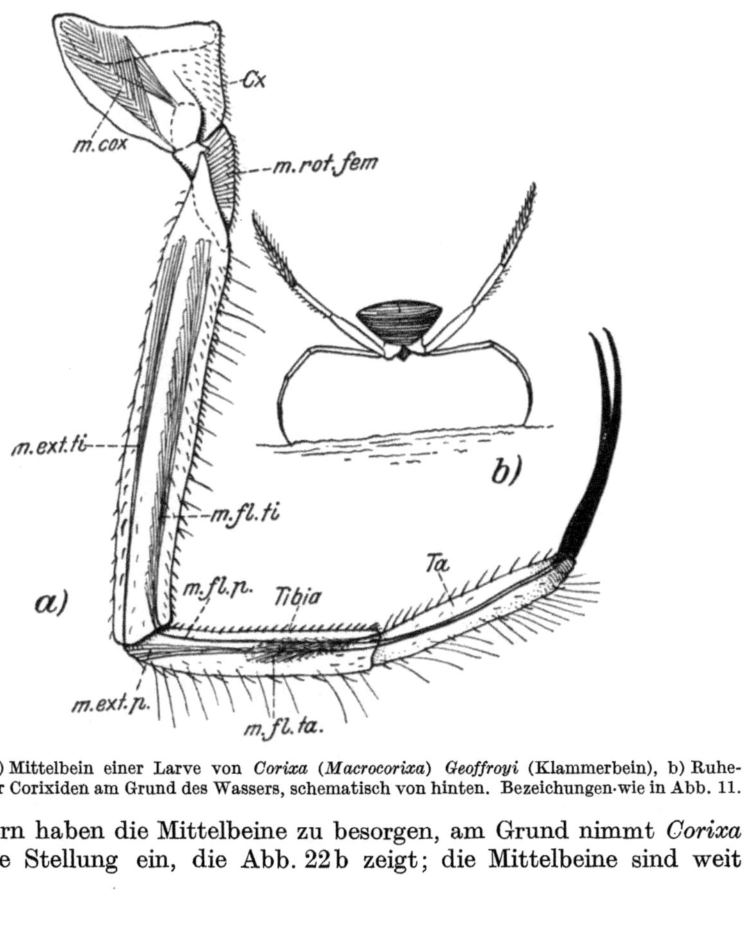

Abb. 22. a) Mittelbein einer Larve von *Corixa* (*Macrocorixa*) *Geoffroyi* (Klammerbein), b) Ruhestellung der Corixiden am Grund des Wassers, schematisch von hinten. Bezeichungen wie in Abb. 11.

klammern haben die Mittelbeine zu besorgen, am Grund nimmt *Corixa* stets die Stellung ein, die Abb. 22b zeigt; die Mittelbeine sind weit gespreizt, die feinen Spitzen der Krallen greifen in Unebenheiten der Unterlage ein, die Ruderbeine sind schlagbereit erhoben. Hält das Tier sich an Pflanzenteilen fest, was nicht selten vorkommt, so greifen die Mittelbeine wie die Backen einer Zange um den betreffenden Gegenstand. Daß hier ein Beinpaar genügt, um eine stabile Körperlage zu erreichen, hängt damit zusammen, daß der Auftrieb des Wassers als immer gleichmäßig nach oben gerichtete Kraft auf den genau ausbalancierten Körper einwirkt, während bei kletternden Landtieren die Schwerkraft jeden Augenblick anders auf den bewegten Körper einwirkt. Näheres wird weiter unten in dem der Körperhaltung gewidmeten Abschnitt folgen. Auch der Rückenschwimmer *Notonecta* vermag sich mit seinen vorderen, zu Raubbeinen umgewandelten beiden Beinpaaren an Pflanzenteilen unter Wasser festzuhalten, wobei er immer die Rückenlage beibehält. Die zum Greifen bestimmten Raubbeine können hier also auch als Klammerbeine gebraucht werden.

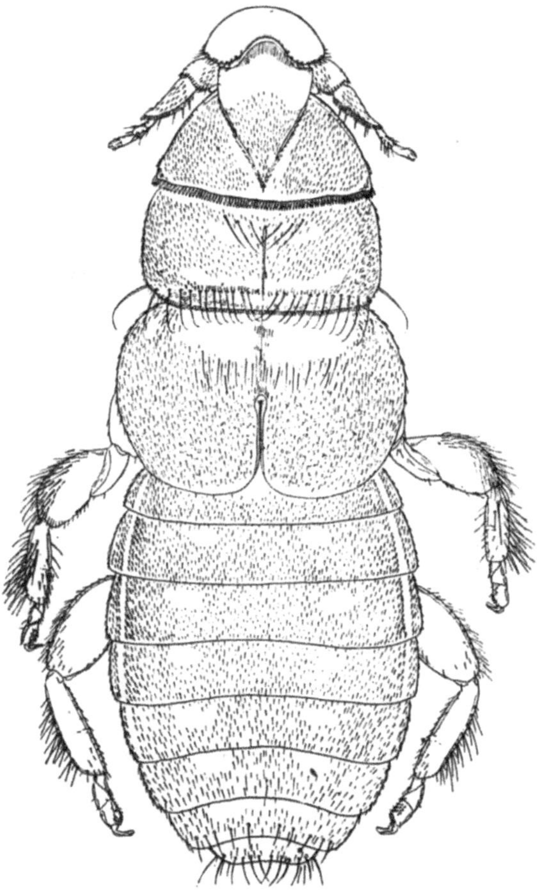

Abb. 23. *Androctenus horvathi* ♀ (Polycteniden) nach JORDAN.

3. Fortbewegung im Pelz von Säugetieren.

An das Klettern schließt sich am besten eine Art der Fortbewegung an, die unter den Hemipteren nur bei einer Gruppe, den Polycteniden, vorkommt. Die Polycteniden sind typische Fellparasiten, sie leben ausschließlich im Pelz tropischer Fledermäuse, und über ihre Lebensweise ist nur außerordentlich wenig bekannt. Ihr ganzer Körperbau weist aber darauf hin, daß sie nicht etwa langsam kletternd wie die Läuse sich im Haarwald bewegen, sie sind vielmehr offenbar wie die Flöhe befähigt, das Haardickicht in schnellem Lauf zu durchstoßen. Zwar ist der Körper nicht seitlich zusammengedrückt wie der der

Flöhe, aber er ist, wie Abb. 23 zeigt, vorn keilförmig verschmälert, die zahlreichen Borsten, die in Kämmen oder vereinzelt über den Körper verteilt sind, zeigen sämtlich nach hinten, keine vorspringende Kante ist an dem flügellosen Körper zu sehen, die Fühler können nach hinten angelegt werden, und auch die verkürzten Vorderbeine, deren Funktion (nach Jordan) ungewiß ist, können an die gehöhlte Unterseite des Prothorax angelegt werden (Abb. 315). So ist der ganze Vorderkörper ein glatt nach vorwärts, aber, infolge der Stellung der Haare, nicht nach rückwärts das Haardickicht durchdringender Keil, der durch die sehr starken, nach hinten gestellten Hinterbeine getrieben wird. Schenkel und Hüften der Hinterbeine sind stark verdickt und zweifellos sehr muskelkräftig. Die Krallen sind (Abb. 315) meist unsymmetrisch und besitzen wie die der Flöhe einen auf der Sohlenseite gelegenen Einschnitt, der vermutlich beim Festhalten an den Haaren der Fledermäuse und beim Anstemmen an deren Haut von Vorteil ist. Möglicherweise spielen beim Festhalten an den Haaren auch die Vorderbeine eine gewisse Rolle.

Ob die verdickten Hüften und Schenkel der Mittel- und Hinterbeine, die denen der Flöhe ziemlich ähnlich sind, den Polycteniden auch zu springen gestatten, ist nicht bekannt. Ein Bedarf dazu liegt nicht in dem Maße vor wie bei den Flöhen, da die Polycteniden nach Jordan vivipar sind und daher höchstens in der Art wie die Läuse fremde Wirtsindividuen aufsuchen.

4. Springen.

Die Fähigkeit des Springens hängt nicht nur von einer besonders kräftigen Ausbildung der Muskulatur und der Gelenke der Hinterbeine ab, sondern auch von der Möglichkeit, beide Beine des hinteren Paares gleichsinnig und gleichzeitig zu verwenden. Da die normale Schreitbewegung, wie oben gezeigt wurde, eine solche Verwendung der Beine nicht einschließt, bedingt die Erwerbung der Sprungfähigkeit eine ganz erhebliche Änderung des Reflexmechanismus der Ortsbewegung. Diese Änderung ist offenbar in der Stammesgeschichte der Hemipteren mehrfach aufgetreten, wenigstens findet sich Sprungfähigkeit bei mehreren systematisch einander nicht besonders nahestehenden Gruppen. Auch ist die anatomische Grundlage des Sprunges recht verschieden.

Gute Springer sind z. B. die meisten Zikaden, besonders die Jassiden, Fulgoriden, Membraciden und Cercopiden. Sie halten in der Ruhelage die Schenkel der Hinterbeine an den Metathorax gelegt, die Schienen sind schief nach hinten gegen den Boden gestemmt. Als Beispiel zeigt Abb. 24 eine amerikanische Fulgoridenlarve (siehe auch Abb. 4, 5). Die Schenkel der Sprungbeine sind nicht besonders dick, die Beine im ganzen wohl etwas länger als die Mittelbeine, aber nicht über das normale Maß hinaus. In beiden Punkten unterscheiden sich sämtliche springenden Hemipteren von den langbeinigen, dickschenkligen springenden Orthopteren (Heuschrecken usw.). Wohl gibt es auch unter den Hemipteren Formen mit stark verdickten Hinterschenkeln oder abnorm verlängerten Hinterbeinen, wie z. B. viele exotische Coreiden, doch handelt es sich, soweit man weiß, um Arten, denen das Sprungvermögen abgeht. Derartige „atelische“ Bildungen an den Gliedmaßen und sonstigen Körperteilen (siehe z. B. die Vorderbeine der Larve von Abb. 24) sind gerade bei den Hemipteren außerordentlich häufig (siehe S. 12, Abb. 4, 10).

Die geringe Dicke der Schenkel bei den Sprungbeinen der Zikaden erklärt sich daraus, daß die wichtigsten Sprungmuskeln nicht an der Tibia, sondern am Trochanter angreifen. Es handelt sich um die Muskeln der Trochantersehne und zwar um den dorsoventralen Zug, der, wie Abb. 25 zeigt, die ganze hintere Fläche des Mesopostphragmas (*Phr*$_3$) einnimmt, sowie um einen pleuralen Zug, der, einen großen Teil der Metapleura einnehmend, an der Trochantersehne endet. Diese Muskeln vermögen die Schenkel der beiden Sprungbeine zugleich mit großer Kraft nach hinten unten zu bewegen; gleichzeitig streckt die im Femur enthaltene Muskulatur das Bein im Kniegelenk, und der Körper wird, da

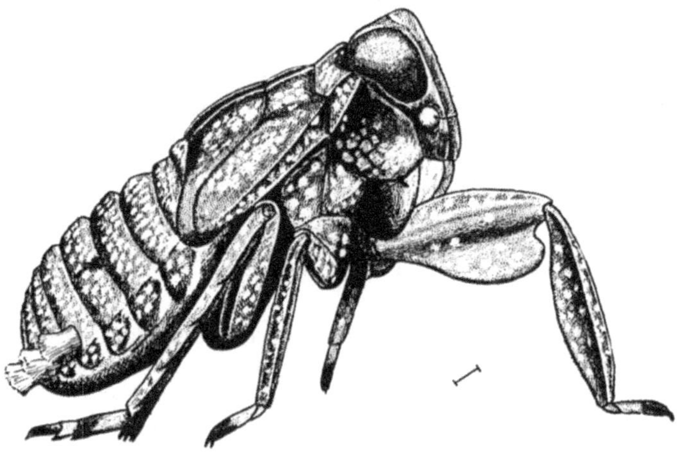

Abb. 24. *Phylloscelis atra* (Fulgoriden). Fünftes Larvenstadium nach FULTON.

die Schienenspitze und die Fußglieder mit nach hinten gerichteten starren Borsten in den Boden eingreifen, nach vorn oben emporgeschleudert. Die genannten Sprungdornen oder -zapfen sind für die Sprungbeine der Hemipteren überhaupt besonders charakteristisch, sie fehlen nur bei den Aleurodiden, die, wie oben erwähnt, beim Gehen wie beim Sprung nur den Prätarsus auf den Boden aufsetzen. Im übrigen ähneln die Sprungbeine der Aleurodiden denen der Zikaden im Bau und in der Verwendung sehr. Auch bei ihnen greifen, wie Abb. 26 zeigt, die wichtigsten Sprungmuskeln an der Trochantersehne an und ziehen den Schenkel nach hinten unten. Es spielt aber bei den Aleurodiden neben einem dorsoventralen (*dvm*) und einem pleuralen (*pm*$_2$) Muskelzug noch ein in Abb. 26 unsichtbarer sternaler Beinmuskel eine Rolle, der von der eigentümlich umgestalteten, aber nicht besonders vergrößerten Furca nach der Trochantersehne geht (der *bm* von Abb. 11). Insofern leiten die Aleurodiden zu den Psylliden über, deren Sprungbeine eine ganz eigentümliche Ausbildung zeigen.

Bei den Psylliden greifen nämlich die wichtigsten Sprungmuskeln wohl wie bei den vorgenannten Formen an der Trochantersehne wirksam an, sie gehen aber nicht vom Tergum oder von der Pleura aus, sondern von der Furca, die im Metathorax extrem vergrößert ist (Abb. 27). Es handelt sich also scheinbar nur um den sternalen Beinmuskel bm_2, der, entsprechend der ungeheuren Größe der das ganze Segmentlumen ausfüllenden Furca, außergewöhnlich verstärkt ist. In der Tat sind aber, wie Verfasser durch morphogenetische Untersuchungen zeigen konnte, in dem an der Trochantersehne angreifenden Muskelkomplex außer dem bm_2 noch der bm_1 und ein Coxalmuskel enthalten (Abb. 28).

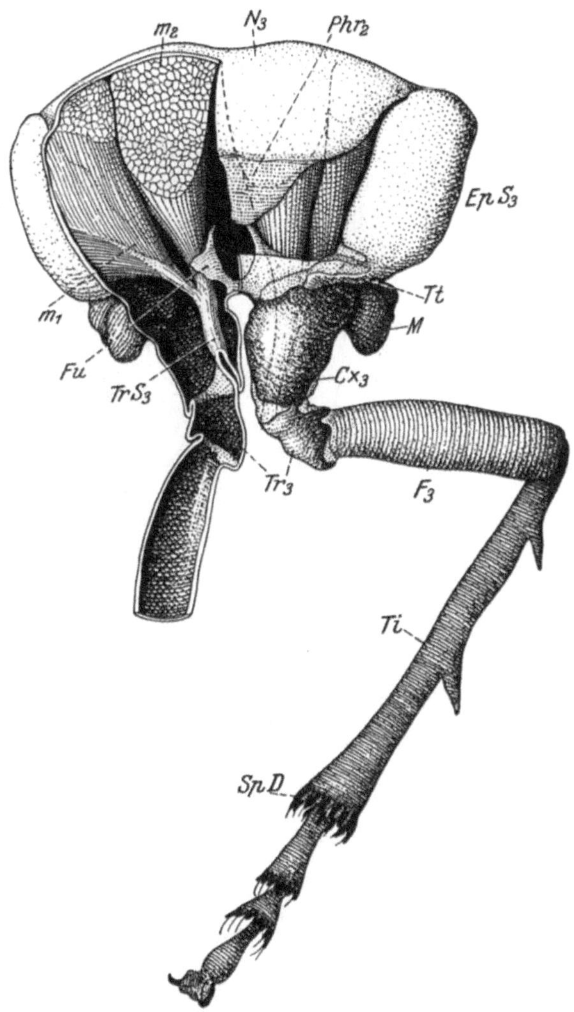

Abb. 25. *Triecphora vulnerata*. Metathorax von vorn gesehen, auf der (im Bild) linken Seite quer durchschnitten. Cx_3 Hinterhüfte, Eps_3 Metepisternum, F_3 Femur, Fu Furca, M_3 Meron, m_1 pleuraler Trochantermuskel, m_2 tergaler Trochantermuskel ($III\ dvm_2$), N_3 Notum, Phr_2 Mesopostphragma = Metapraephragma, SpD Sprungdornen, Tr_3 Trochanter, TrS Trochantersehne, Ti Tibia, Tt Trochantinus.

Charakteristisch für *Psylla* ist außerdem die Vergrößerung der Hüfte (Abbild. 54, 102) und ihre feste Verbindung mit dem Thorax, während bei den Aleurodiden und mehr noch bei den Cicadinen eine, wenn auch geringe Beweglichkeit gewahrt bleibt. Charakteristisch ist ferner der Bau des Hüfttrochantergelenks, der *Psylla* geradezu zum Schulbeispiel eines springenden Insektes macht. Während nämlich beim Mittelbein von *Psylla*, das ein normal gebautes Schreit-

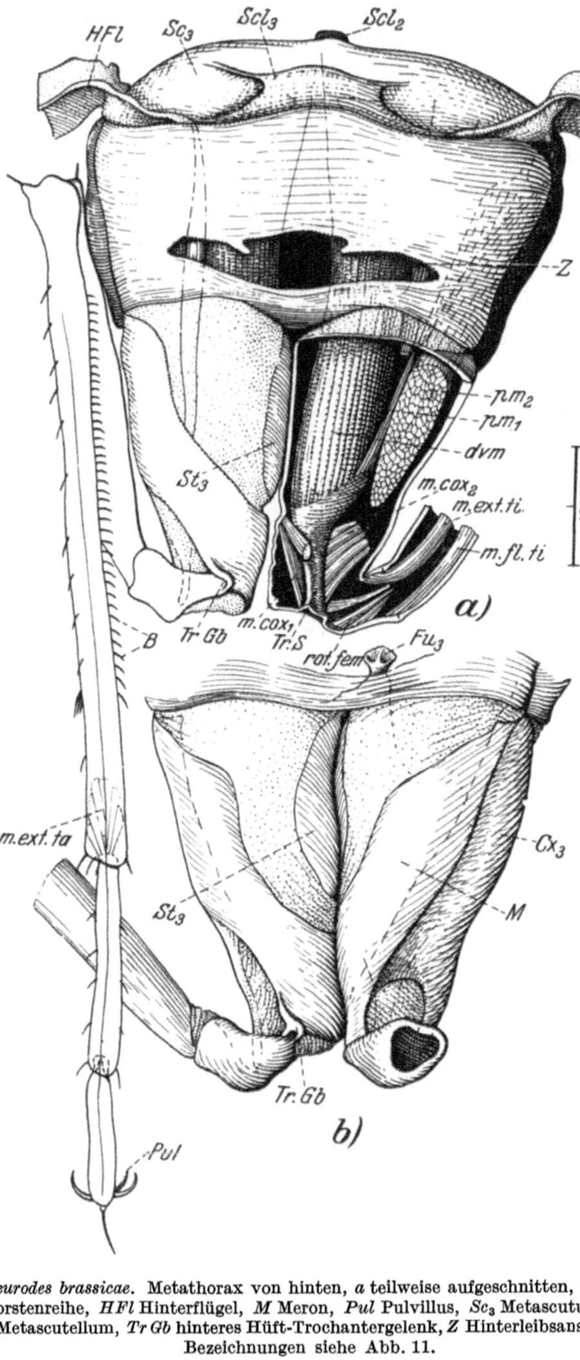

Abb. 26. *Aleurodes brassicae.* Metathorax von hinten, *a* teilweise aufgeschnitten, *b* etwas schief gesehen. *B* Borstenreihe, *HFl* Hinterflügel, *M* Meron, *Pul* Pulvillus, Sc_3 Metascutum, Scl_2 Mesoscutellum, Scl_3 Metascutellum, *Tr Gb* hinteres Hüft-Trochantergelenk, *Z* Hinterleibsansatz. Alle anderen Bezeichnungen siehe Abb. 11.

bein ist (Abb. 29) und das dementsprechend auch eine normale Furca hat, die beiden Gelenkköpfe des Hüfttrochantergelenks an der vorderen und hinteren Fläche der Hüfte liegen, sind diese (siehe Abb. 27) beim Hinterbein so verschoben, daß der ursprünglich hintere Gelenkkopf (*tr Gb*) medial, der ursprünglich vordere (*tr Ga*) lateral zu liegen kommt. Diese Verschiebung, die nachweislich während des letzten Larvenstadiums (WEBER 1929) durch eine Torsion des distalen Hüftteils zustande kommt, legt die Schwingungsebene des Hinterbeines parallel zur Medianebene. Bei *Aleurodes* und bei den Cicadinen sind die Gelenkköpfe zwar auch etwas verschoben (Abbild. 25, 26), aber nicht mehr, als dies bei den Hinterbeinen der meisten Insekten der Fall ist. Dazu kommt, daß die Verbindung zwischen Hüfte und Stamm einerseits, Hüfte und Trochanter andererseits bei den Aleurodiden und den Cicadinen loser ist als bei *Psylla*; bei letzterer geschieht dementsprechend die Bewegung des Sprungbeins völlig zwangsläufig in einer Ebene, nur im Trochanterfemurgelenk sind kleine, die Richtung des Sprunges wohl etwas beeinflussende Drehungen möglich, die durch den wohlausgebildeten Rotator femoris ausgeführt werden (Abb. 28). Da ferner mit dem Abschnellen des Schenkels keine Streckung, sondern eine Beugung des Kniegelenkes Hand in Hand geht, schnellt sich *Psylla* nicht nach vorn oben, sondern nach hinten oben ab und überschlägt sich in der Luft. Da die Lebensweise des Tieres es mit sich bringt, daß es meistens von der Unterseite von Blättern oder von überhängenden Zweigen abspringen muß, ist diese Richtung des Sprunges keineswegs ungünstig, bringt vielmehr das Tier möglichst schnell in eine Lage, in der es von seiner Flugfähigkeit Gebrauch machen kann.

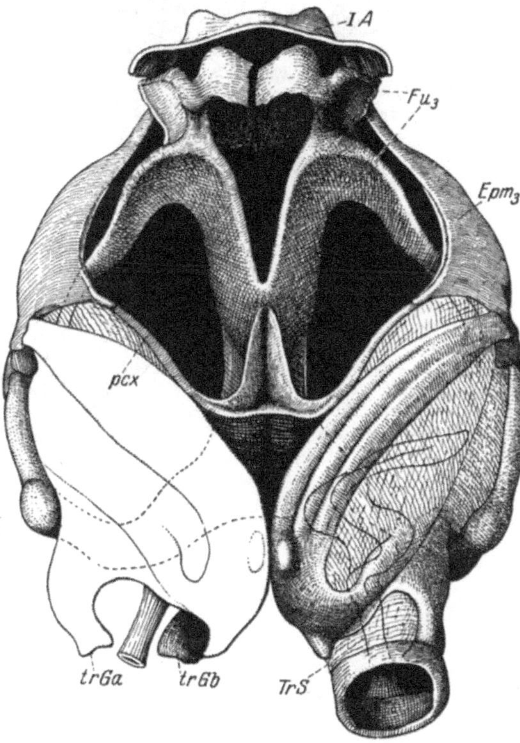

Abb. 27. *Psylla mali*. Metathorax von hinten nach WEBER. *Epm*$_3$ Metepimerum, *Fu*$_3$ Furca, *pcx* postcoxale pleuralsternale Brücke, *tr Ga, b* vorderes und hinteres Hüft-Trochantergelenk, *TrS* Trochantersehne, *IA* erstes abdominales Tergit.

Im Gegensatz zu den Aleurodiden liegt der Fuß des Sprungbeins von *Psylla* der Unterlage flach an, wobei er durch besondere Extensoren

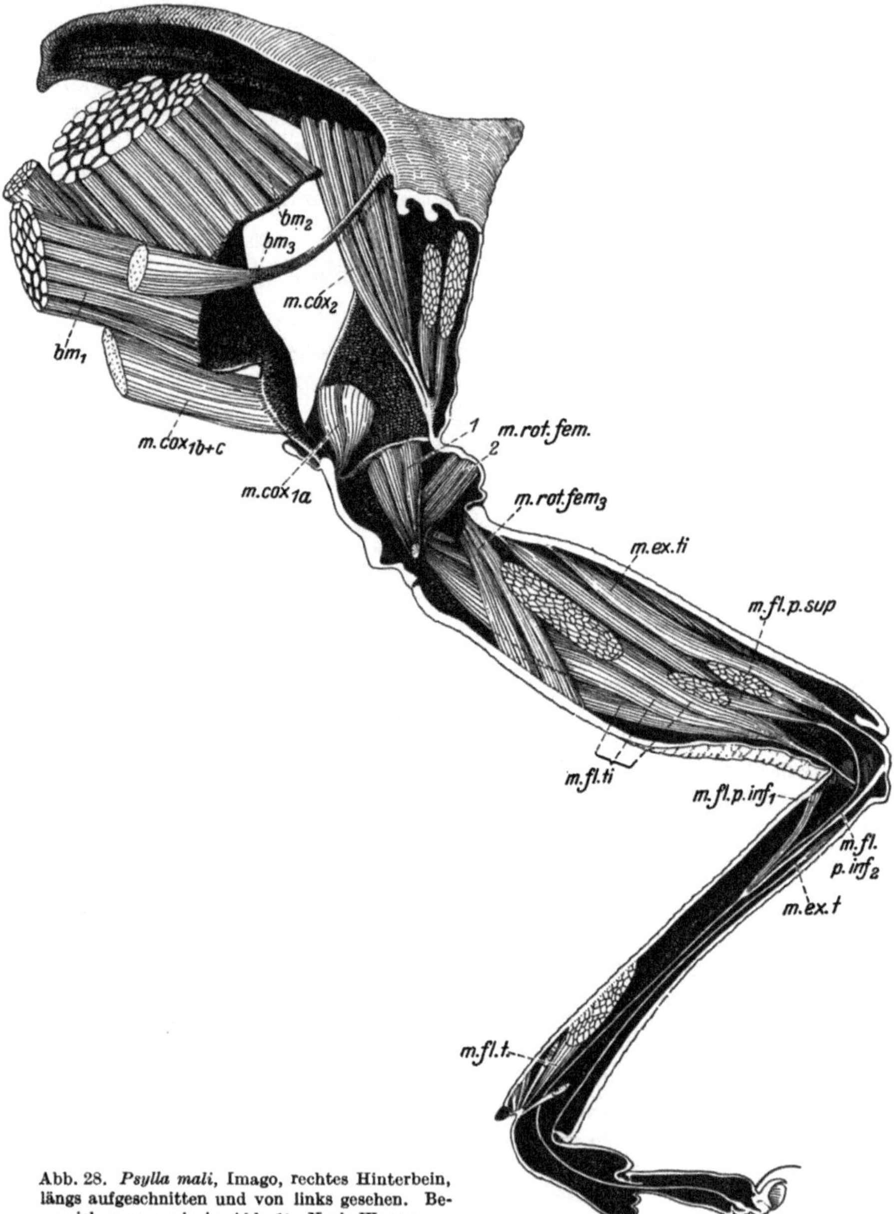

Abb. 28. *Psylla mali*, Imago, rechtes Hinterbein, längs aufgeschnitten und von links gesehen. Bezeichnungen wie in Abb. 11. Nach WEBER.

(Abb. 28 *m.ex.t*) so stark überstreckt werden kann, wie Abb. 30 zeigt. Dasselbe Bild zeigt auch die wohlausgebildete Sohlenblase am ersten Tarsenglied und die starken, beim Absprung wie Hufe in die Unebenheiten der Unterlage sich einstemmenden Sprungzapfen *Za*.

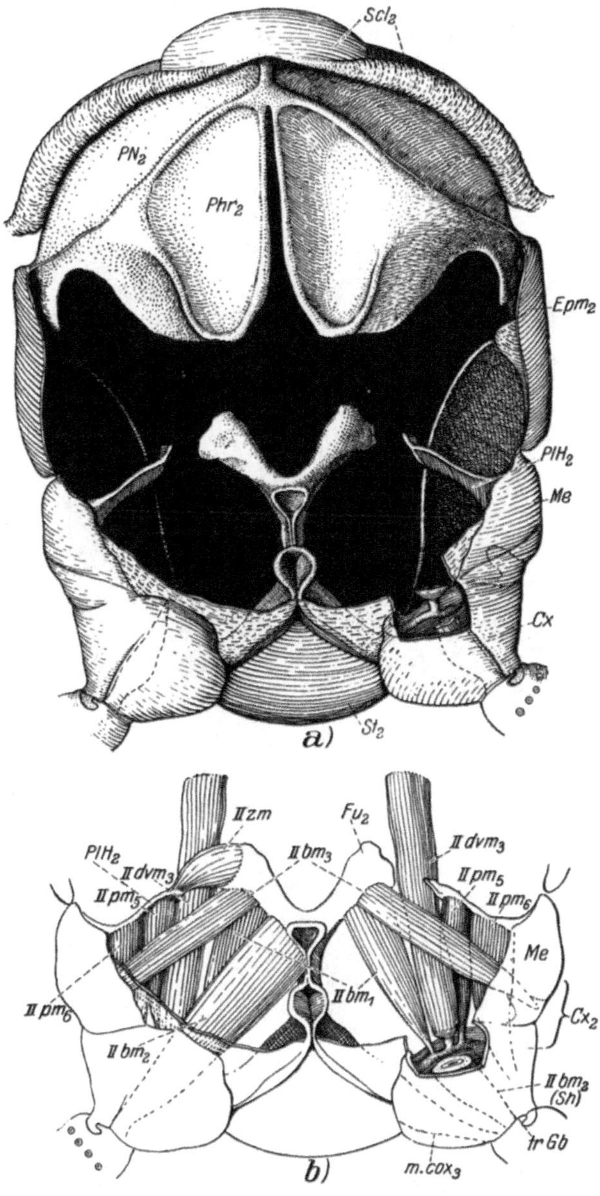

Abb. 29. *Psylla mali*, Imago. Mesothorax von hinten gesehen, a) Skelett, aus einer Hüfte ist ein Teil der Hinterfläche ausgeschnitten; b) ventraler Teil von a) mit den Muskeln. *Me* Meron, PN_2 Postnotum, Phr_2 Mesopostphragma, *Sh* Trochantersehne, die anderen Bezeichnungen wie in Abb. 11. Nach WEBER.

Der Metathorax von *Psylla*, der sich in ganz eigentümlicher Weise unter der Haut des letzten Larvenstadiums aus dem prinzipiell anders gebauten Segment der Larve herausbildet, zeigt, welcher Veränderung ein Thoraxsegment fähig ist, wenn es eine Spezialaufgabe zu leisten hat, zeigt aber auch, daß ein derartig spezialisiertes Segment eben auch nur noch für seine Spezialaufgabe geeignet ist — *Psylla* ist auf ebenem Boden ein recht ungeschickter Läufer.

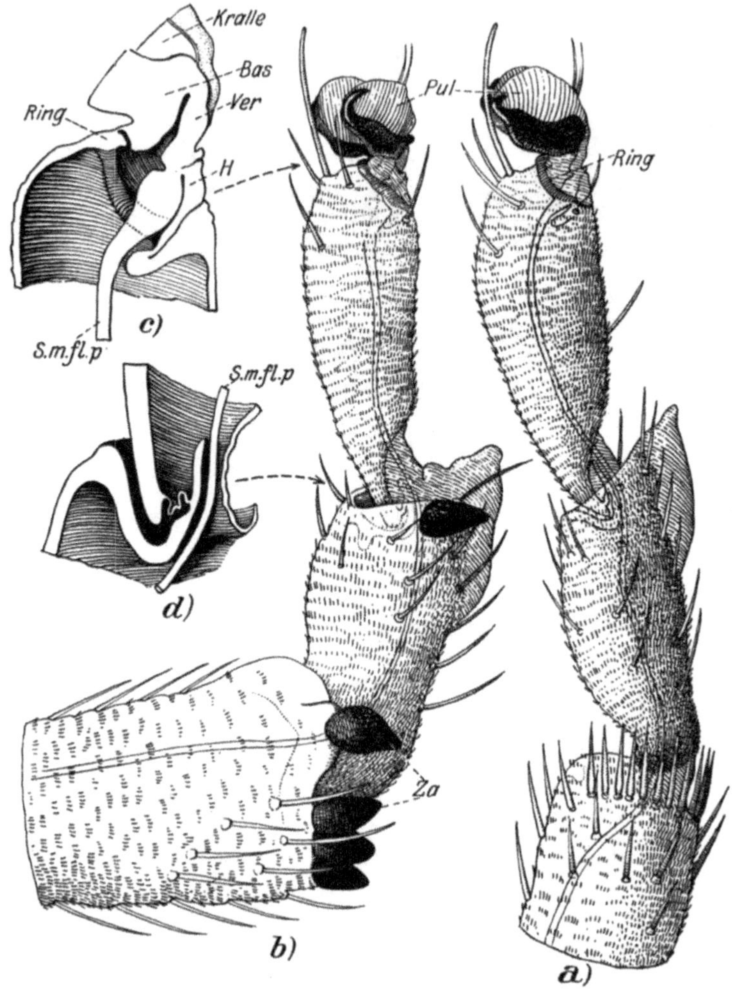

Abb. 30. *Psylla mali*, Imago. a) Ende der Schiene und Tarsus des Mittelbeines; b) des Hinterbeines; c) Prätarso-Tarsalgelenk längs. *ds* Tarsalgelenk längs, *Bas* Basalstück der Krallen, *H* weiche Haut, *Pul* Pulvillus, *S.m.fl.p.* Krallensehne, *Ver* Verbindungsstück, *Za* Sprungzapfen. Nach WEBER.

Auch unter den Wanzen gibt es einige sprungfähige Formen, so z. B. die Saldiden und die *Halticus*-Arten (Capsiden). Auch die zu den Cryptoceraten zählenden Gelastocoriden, die auf Sandbänken leben, erhaschen ihre Beute im Sprung. Bei all diesen Formen sind die Schenkel nicht verdickt, dagegen wie bei den springenden Homopteren die Hüften vergrößert. Ein Vergleich ihrer Sprungmuskeln mit denen der Homopteren, der an sich interessant wäre, ist nicht möglich, weil keinerlei Untersuchungen darüber vorliegen. Bei *Gelastocoris* werden offenbar nicht nur die Tarsalglieder, sondern auch der größte Teil der Schiene auf die Unterlage aufgelegt, die zahlreichen starken Dornen, die die Sohlenseite des Tarsus und der Schiene besetzen (Abb. 31) und die sämtlich nach hinten gerichtet sind, vermögen dem Bein beim Absprung auch auf dem lockeren Sandboden, der die Heimstätte des Tieres bildet, sicheren Halt zu geben und ein Ausgleiten nach hinten zu verhindern. Der Unterschied, der zwischen den springenden Sandtieren mit ihren langen, unregelmäßig angeordneten, über eine möglichst große Fläche verteilten Sprungdornen und den kletternden Cercopiden und Psylliden mit ihren verhältnismäßig wenig zahlreichen, auf eng begrenzte Stellen konzentrierten, kurzen Zapfen besteht, liegt auf der Hand.

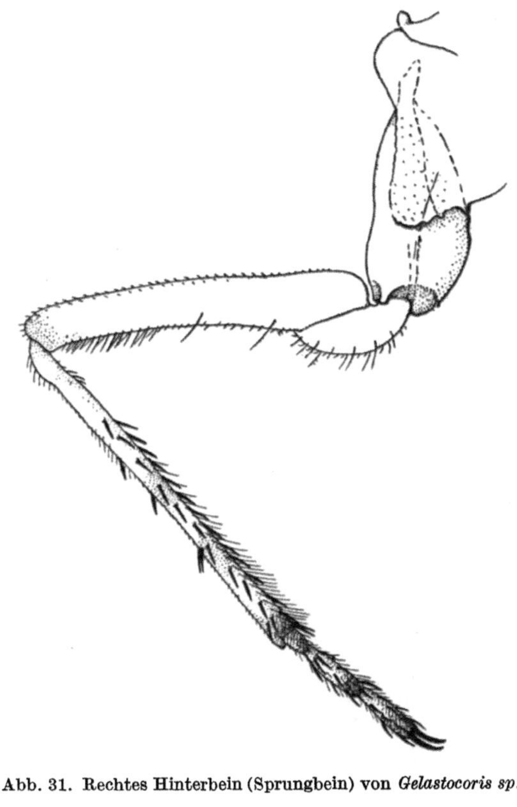

Abb. 31. Rechtes Hinterbein (Sprungbein) von *Gelastocoris sp.*

Eine sehr sonderbare Art des Sprunges findet sich bei gewissen Aphiden, die an der Unterseite von Blättern leben, wie z. B. unsere einheimische Ahornlaus *Drepanosiphum platanoides*. Den meisten Aphiden fällt ein rasches Verlassen der Wirtspflanzen im Falle einer Störung deshalb schwer, weil die Stechborsten beim Saugen tief im Pflanzengewebe verankert sind und nur langsam herausgezogen werden können. Bei *Drepanosiphum* genügt schon ein Schattenreiz, um die gewöhnlich in großer Zahl gleichmäßig über das Blatt verteilten Tiere zum Abflug zu bewegen. Beobachtet man genau, so sieht man, daß der rasche Abflug dadurch ermöglicht wird, daß die beiden Vorderbeine sich zugleich kräftig gegen die Unterlage stemmen und, indem sie die Stechborsten mit einem Ruck herausreißen, den Körper vom Blatt abstoßen. So wird ein regelrechter Sprung vermittels der Vorderbeine erreicht, eine bei den Insekten recht seltene Erscheinung. Der Bau der Beine entspricht dieser eigentümlichen Verwendung. Einmal sind keine Sohlenbläschen vorhanden, die

Schienenspitzen greifen vielmehr (siehe Abb. 14) mit einer Reihe von spitzen, starren Zapfen in die Unebenheiten des Blattes. Ferner sind die Schenkel der Vorderbeine stark verlängert und verdickt (Abb. 32 b), und der Extensor der Tibia, der das Abstemmen besorgt, ist ungewöhnlich stark, besonders im Vergleich mit dem entsprechenden Muskel des Mittelbeines. Normal sind dagegen Hüfte, Schiene und Fuß. Abb. 32

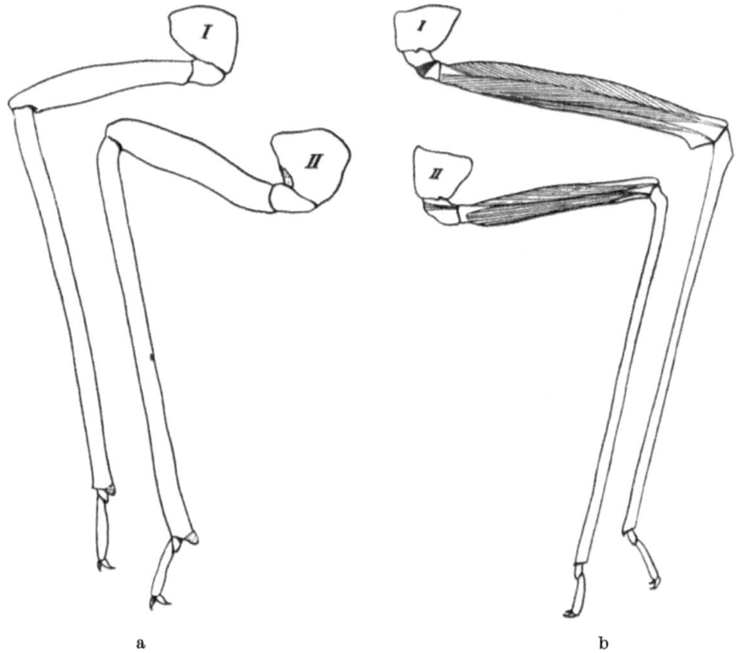

Abb. 32. Vorder- und Mittelbein (*I*, *II*) von: a) *Aphis fabae* (gefl. ♀); b) *Drepanosiphum platanoides* (gefl. ♀) zum Vergleich. In b) sind die Schenkelmuskeln eingezeichnet.

ermöglicht einen Vergleich zwischen *Drepanosiphum* und *Aphis*; bei letzterer ist das Vorderbein normal, d. h. nicht länger und stärker als das Mittelbein.

Die ungeschickten Sprünge, die *Notonecta* vollführt, wenn sie unverhofft an Land gebracht wird, sind darauf zurückzuführen, daß das Tier die wichtigste ihm zur Verfügung stehende Art der Bewegung der Beine — einen gleichzeitigen kräftigen Ausschlag der zu Rudern umgebildeten Hinterbeine — auch in der ungewohnten Umgebung anwendet und dabei den Körper immer wieder hochschnellt. Von einem regelrechten Sprung kann man daher hier nicht reden; ebensowenig bei *Corixa*, die sich an Land ähnlich verhält. Geschickter springt *Gerris*, deren rudernde Mittelbeine ebenfalls gleichzeitig nach hinten stoßen können und daher dem Tier auf festem Land und auf schwimmenden Gegenständen zu springen erlauben.

5. Bewegung auf dem Wasser.

Ehe wir auf das Schwimmen der echten Wasserwanzen eingehen, muß eine eigentümliche Art der Fortbewegung erwähnt werden, die der sogenannten Wasserläufer nämlich. Sämtliche Vertreter dieser zu den Gymnoceraten gehörigen Wanzengruppe, zu der z. B. die einheimischen Gattungen *Gerris*, *Velia* und *Hydrometra* gehören, vermögen mit großem Geschick auf der Wasseroberfläche zu gleiten. Bekanntlich sinkt ein nicht benetzbarer Gegenstand, auch wenn er spezifisch schwerer ist als Wasser, nur dann ins Wasser ein, wenn sein Gewicht groß genug ist, die Oberflächenspannung zu überwinden. Anders ausgedrückt: die Oberflächenspannung vereinigt die an der Grenze zwischen Luft und Wasser liegenden Wasserteilchen so, daß eine Art Häutchen — der surface film der Engländer — entsteht. Dieses Häutchen hat die Eigenschaft, sich an benetzbare Gegenstände fest anzulegen und diese gewissermaßen ins Wasser hereinzuziehen, unbenetzbare dagegen geradezu abzustoßen, bzw. ihrem Durchdringen einen gewissen Widerstand entgegenzusetzen. Auf diesem Prinzip beruht das bekannte Experiment mit der eingefetteten Nähnadel, die, wenn man sie vorsichtig flach aufs Wasser legt, trotz ihres hohen spezifischen Gewichts nicht untersinkt. Das geringe absolute Gewicht bei verhältnismäßig großer Oberfläche genügt eben nicht, die Oberflächenspannung zu überwinden.

Auf diesem Prinzip beruht auch die Fortbewegung der Wasserläufer. Ihr ganzer Körper und ihre Gliedmaßen sind mit äußerst feinen, dichtstehenden Härchen bedeckt, die zusammen mit einem fein verteilten, wachsähnlichen Sekret eine Benetzung unmöglich machen. Gewaltsam unter Wasser gebracht, bleiben die Tiere daher stets mit einer dünnen, silberglänzenden Luftschicht überzogen. Genau wie bei der Nähnadel ist das Gewicht der durchweg schlank gebauten Tierchen sehr gering und verteilt sich auf sechs Stützpunkte, da die sechs Beine immer (z. B. bei *Hydrometra*) oder wenigstens meist (bei *Gerris*) zugleich auf dem Wasser ruhen. So kommt es, daß die Beine wohl kleine Dellen in das Oberflächenhäutchen drücken, es aber nicht durchstoßen (Abb. 35). Einige Wasserläufer, wie z. B. die *Hebrus*-Arten und *Hydrometra*, gehen auf der Wasseroberfläche ziemlich bedächtig dahin und gebrauchen die Beine abwechselnd, ganz wie die Landwanzen. Es ist klar, daß bei der geringen Reibung, die die Wasseroberfläche bietet, diese Bewegungsart wenig fördert. Die genannten Tiere leben auch nur auf stehenden oder langsam fließenden Gewässern und scheinen (siehe S. 162) ausschließlich auf tote Tiere als Beute angewiesen zu sein. Auch verlassen sie vielfach ihr Wohngewässer und gehen auf dem festen Land umher.

Ganz anders verhalten sich die *Gerris*- und *Velia*-Arten. Es sind dies die wohl auch als Wasserspinnen bezeichneten Tiere, die auf der Oberfläche stehender und fließender Gewässer mit pfeilschnellen Ruderstößen dahinschnellen und dabei ihre Beute, die hauptsächlich aus allerhand auf das Wasser fallendem Getier besteht, erhaschen. Der Gebrauch der Beine unterscheidet sich bei diesen Arten (die übrigens auch auf dem Land sich gut fortbewegen können) recht erheblich von den entsprechenden Verhältnissen bei den Landwanzen (Abb. 33). Die Vorderbeine dienen als Raubbeine und sind verhältnismäßig kurz, bei der Lokomotion werden sie so gehalten, daß die Fußspitze das Wasser berührt. Als Stütze und gleichzeitig als Steuer dienen die Hinterbeine, die nach der Seite und nach hinten gerichtet gehalten werden und bei denen der Tarsus dem Wasser aufliegt. Als Ruder dienen die Mittelbeine, sie sind ungewöhnlich lang, besonders bei *Gerris*; aber auch bei *Velia* (Abb. 121) sind sie viel länger als die Vorderbeine. Sie liegen mit dem Tarsus dem

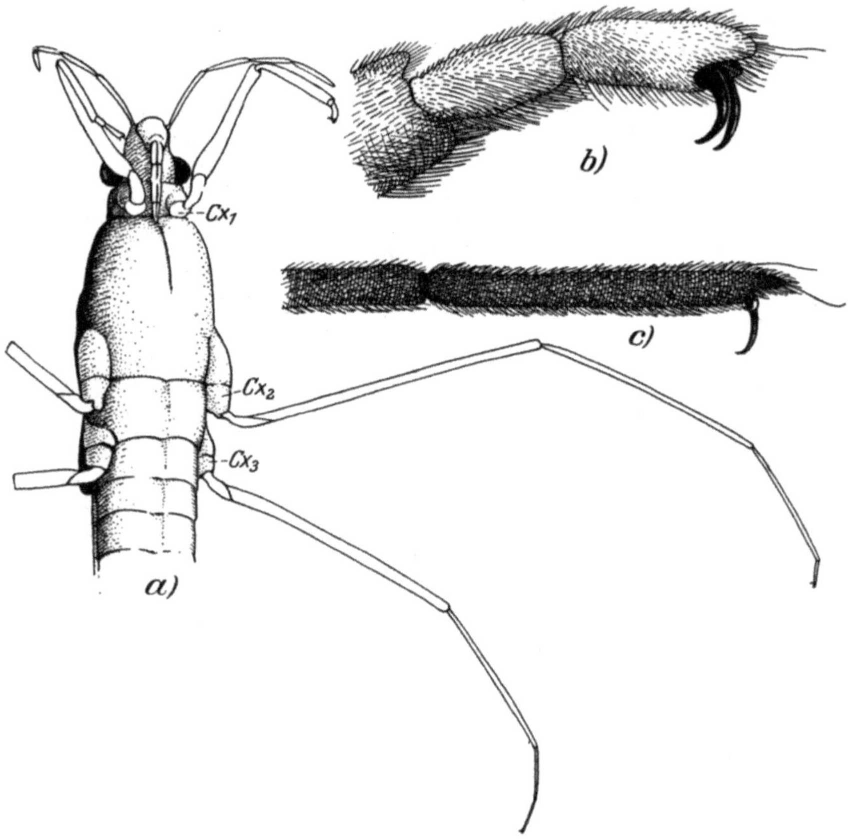

Abb. 33. *Gerris sp.* a) von oben; b) Spitze des Vorderbeines; c) Spitze des Mittelbeines. *Cx* Hüften.

Wasser auf, ihre Bewegung besteht bei *Gerris* in einem gleichzeitigen raschen Stoß nach hinten und einem langsameren, ebenfalls gleichzeitigen Vorziehen. Bei *Velia* sollen nach Ekblom die Ruderbeine nicht ganz gleichzeitig arbeiten, doch soll der Unterschied so gering sein, daß gewöhnlich der Anschein einer gleichzeitigen Rückwärtsbewegung erweckt wird. Nach der Größe des Ausschlags richtet sich die Geschwindigkeit der Fortbewegung, ihre Richtung wird nicht nur von den Hinterbeinen, sondern auch von den Mittelbeinen beeinflußt. Daß die beiden hinteren Beinpaare so außerordentlich weit spreizbar und so sehr nach hinten exkursionsfähig sind, liegt an der eigentümlichen Stellung ihrer Hüften. Diese liegen ganz an den Seiten des Körpers und am Hinterrand der Segmente, so daß die Schwingungsebene der Beine fast ganz in eine horizontale Ebene verlagert ist. Damit bilden die Beine der Wasserläufer (auch die Hüften von *Hydrometra* sind ähnlich gelegen), die möglichst weit ausgestreckt den Körper zu tragen haben, den geraden Gegensatz zu dem typischen Klammerbein der *Psylla*-Larve einerseits (siehe S. 27), das zwar auch nach der Seite exkursionsfähig, aber in einer senkrechten Ebene schwenkbar ist und bei dem die Hüften einander genähert sind, sowie zu dem typischen Sprungbein der Imago von *Psylla* andererseits, dessen Schwingung sich in einer zur Medianebene parallelen Ebene vollzieht. Eine genauere Untersuchung der Beinmuskulatur der Wasserläufer liegt leider nicht vor, sie würde zweifellos weitere interessante Vergleiche erlauben.

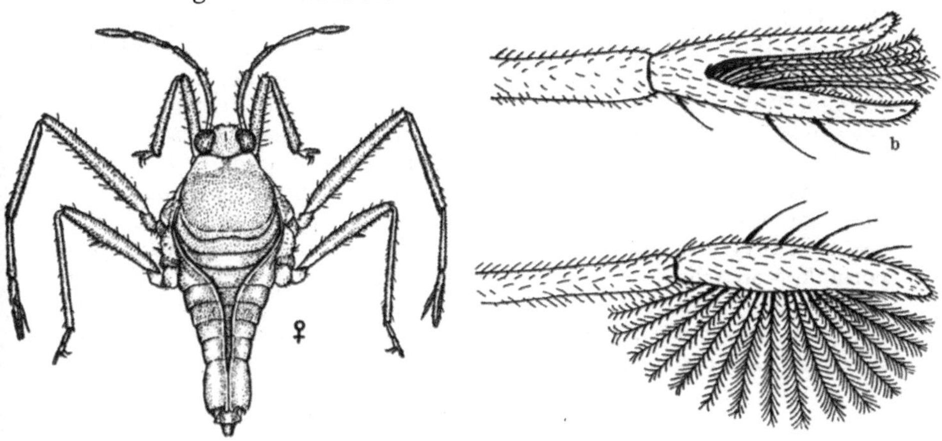

Abb. 34. *Rhagovelia obesa.* a) apteres Weibchen, Dorsalansicht nach HUNGERFORD; b) und c) Mittelbeinspitze; b) Dorsalansicht, c) von hinten gesehen, Fächer gespreizt.

Auch die Spitzen der Beine sind bei den Wasserläufern (einschließlich *Hydrometra*), im Zusammenhang mit der eigentümlichen Fortbewegungsweise, stark abgeändert, wie Abb. 33b und c zeigt. Die Krallen liegen nicht ganz am Ende des letzten Tarsengliedes, vielmehr ist dessen dorsaler Teil vorgezogen und bildet einen stark behaarten Fortsatz, die Krallen liegen subapikal und sind weitgehend einschlagbar, außerdem beim Mittel- und Hinterbein ziemlich schwach, Haftvorrichtungen fehlen völlig.

Die auf tropischen Meeren häufigen *Halobates*-Arten bewegen sich ganz wie die *Gerris*-Arten fort, Untertauchen soll gelegentlich vorkommen (BUCHANAN WHITE).

Besondere Weiterbildungen zeigen die Mittelbeine der nord- und mittelamerikanischen Gattung *Rhagovelia* (nach BUENO). Diese Wasserläufer bevorzugen Gewässer mit reißender Strömung, BUENO fand sie z. B. in größeren Gesellschaften auf dem Rio Santa Catharina in Mexiko, gegen den Strom schwimmend und dabei scheinbar mühelos von der Stelle kommend. Im Ganzen ähnelt diese Gattung unserer *Velia* (Abb. 34a), das Endglied des Tarsus des Mittelbeines ist aber zangenartig tief eingeschnitten und mit einem ausbreitbaren Fächer von gefiederten Borsten versehen (Abb. 34b, c). Dieser Fächer ist in der Ruhelage zusammengefaltet zwischen den Backen der Zange verborgen; über den Mechanismus seiner Ausbreitung ist leider nichts bekannt, doch handelt es sich vermutlich um eine bei Berührung mit dem Wasser selbsttätig arbeitende Vorrichtung ohne besondere Muskeln. Natürlich wird durch diesen Fächer das Bein zu einem viel wirksameren Ruder, das dem Tier die Überwindung starker Strömung und sogar, wie unten noch näher beschrieben werden soll, ein Untertauchen und Schwimmen unter Wasser gestattet[1].

Eine sehr eigentümliche Gestalt ist das Männchen des ebenfalls in Amerika vorkommenden Wasserläufers *Rheumatobates Rileyi*, dessen Hinterbeine, wie Abb. 223 zeigt, stark umgebildet sind. Wahrscheinlich stehen die gekrümmten Schenkel im Dienste des Geschlechtslebens (siehe S. 300). Die Mittelbeine sind normale Ruderbeine, und auch die distalen Teile der Hinterbeine sind normal entwickelt. Über die Fortbewegung dieses sonderbaren Tieres ist nichts Näheres bekannt.

Die bei den Gerriden und Veliiden mehr oder weniger stark verkürzten oder wenigstens nicht verlängerten Vorderbeine sind neben ihrer Funktion als Stützen bei der Fortbewegung ausgeprägte Raubbeine (siehe S. 161) und als solche in Hüftstellung und Exkursionsfähigkeit normale Vorderbeine mit ziemlich vielseitiger Beweglichkeit. Solange sie mit dem Festhalten einer Beute beschäftigt sind, müssen die beiden hinteren Beinpaare allein den Körper tragen, was die Beweglichkeit natürlich beeinträchtigt.

6. Bewegung unter Wasser.

Abgesehen von der schon oben erwähnten Wasserläuferart *Rhagovelia obesa*, die nach BUENO im Aquarium regelmäßig bei Nacht unter die Wasseroberfläche taucht und im Wasser mit Hilfe ihrer rudernden Mittelbeine umherschwimmt, kommt Fortbewegung unter Wasser nur in einer Hemipterengruppe, bei den Cryptoceraten, vor.

Sie können wir nach der Art der Fortbewegung in zwei Gruppen sondern, deren erste bei uns durch die Genera *Nepa* und *Ranatra* vertreten ist. Diese beiden sind normalerweise[2] spezifisch schwerer als das Wasser, ziemlich träge und lauern am Boden oder zwischen Wasserpflanzen versteckt auf Beute. Ihre Vorderbeine sind ausgesprochene Raubbeine und für die Fortbewegung völlig unbrauchbar (siehe Abb. 124, 125). Die beiden hinteren Beinpaare sind dagegen gewöhnliche Schreitbeine, ohne Haftvorrichtungen, die ja im Wasser ohnehin unnütz wären, und mit zwei

---

[1] Nach MEINERT soll auch *Velia* gelegentlich unter Wasser schwimmen, doch ist das wohl kein normales Verhalten.

[2] Eine Regulation des spezifischen Gewichts ist ihnen innerhalb gewisser Grenzen insofern möglich, als die Rektalblase (siehe S. 228) stets etwas Luft enthält und, indem sie diese Luftmenge verändert, als hydrostatischer Apparat fungiert.

kräftigen Krallen. Ihre Beugungs- und Exkursionsfähigkeit nach hinten ist ziemlich bedeutend, sie ermöglichen daher nicht nur eine schreitende Fortbewegung am Grund, sondern auch ein Klettern an Wasserpflanzen und ein allerdings nicht sehr geschicktes Schwimmen durch abwechselnde, paddelnde Bewegung der beiden Beinpaare. Der Reflexmechanismus ist für die Schreitbewegung und die Schwimmbewegung also ungefähr gleich, die Reihenfolge der Exkursionen der Beine erleidet durch das Leben im Wasser keine Abänderung. Das hängt damit zusammen, daß beide Genera auch im Wasser typische Bodenbewohner bleiben und daß ein plötzliches Aufsteigen zur Oberfläche in der Regel nicht erforderlich ist, weil die Tiere meist nur soweit sich von der Oberfläche entfernen, daß sie diese entweder mit der langen analen Atemröhre oder durch Kriechen zu erreichen vermögen. Auch fehlt ihnen eine ausgesprochene Fluchtreaktion, die durch eine reflektorische Starrereaktion ersetzt ist.

Ganz anders verhalten sich die übrigen Cryptoceraten, *Notonecta*, *Naucoris*, die Belostomiden und die Corixiden. Sie nehmen es mit den besten Schwimmern unter den Wasserinsekten, den Dytisciden, auf und bewegen sich im Wasser mit vollkommener Sicherheit, gänzlich unabhängig von der Entfernung von der Oberfläche, die zu erreichen ihnen im Gegensatz zu den Wasserskorpionen ihr geringes spezifisches Gewicht jederzeit mühelos gestattet. Dafür sind sie auf dem festen Land sehr ungeschickt und kaum einer geregelten Fortbewegung fähig, sogar das Abfliegen besorgen sie, soweit bekannt, von der Wasseroberfläche aus (*Notonecta*, nach LEHMANN, *Corixa*).

In den Einzelheiten ist die Schwimmbewegung bei den genannten Formen recht verschieden, was vor allem mit der verschiedenen Atmung und Körperhaltung zusammenhängt. *Notonecta* und ihre nächsten Verwandten (*Plea*) schwimmen mit dem Rücken nach unten, die übrigen in normaler Haltung; *Corixa* kommt zur Atmung mit dem Prothorax an die Oberfläche, die übrigen Formen mit dem Hinterende.

Am besten bekannt ist die Schwimmbewegung von *Notonecta*, die mehrere Forscher (BROCHER, LEHMANN, ALVERDES) zum Gegenstand genaueren Studiums gemacht haben. Der Bau der Beine von *Notonecta* ist aus den Abb. 36, 127 und 214 ersichtlich.

Die beiden vorderen Beinpaare sind ziemlich kurz und annähernd gleich gebaut. Ihre Hüften sind zylindrisch und ventralwärts und nach hinten gerichtet, die Schenkel bilden, da der Trochanter gewinkelt ist, in der Ruhelage einen spitzen Winkel zu den Hüften, die Schienen können eng an die Schenkel gelegt werden. Da die Innenseiten der Schienen rinnenförmig ausgehöhlt und mit starken Borsten bewehrt sind, sind die beiden vorderen Beinpaare zum Ergreifen der Beute sehr geeignet. Das ist aber nicht ihre einzige Funktion. Sie dienen nämlich, ähnlich wie die Vorder- und Hinterbeine der Wasserläufer, auch als Stützen bei der Bewegung an der Wasseroberfläche. Während aber die Wasserläufer von der Luftseite her sich auf das Oberflächenhäutchen stützen, ruht *Notonecta*, wie BROCHER erstmals festgestellt hat, von der Wasserseite, also von unten her, an der Oberfläche (Abb. 35). Bei den

Wasserläufern sind die Beine unbenetzbar und werden deshalb vom Wasser infolge der Oberflächenspannung abgestoßen, sie drücken daher zwar Dellen in das Wasser, sinken aber nicht ein, trotzdem die Schwerkraft das Tier ins Wasser hineindrückt. Bei *Notonecta*, deren spezifisches Gewicht geringer als das des Wassers ist[1], sucht der Auftrieb das mit dem Bauch nach oben emporkommende Tier aus dem Wasser auftauchen zu lassen; da die Beine aber benetzbar sind, so verhindert die Oberflächenspannung ein Auftauchen dann, wenn die Beine zuerst das Oberflächenhäutchen berühren. Benetzbare Gegenstände sucht die Oberflächenspannung ja im Wasser zurückzuhalten, und das Auftauchen gelingt nur, wenn der Auftrieb groß genug ist, die Oberflächenspannung zu überwinden. Bei *Notonecta* ist der Auftrieb zu gering hierzu. Auftauchen ist nur möglich, wenn die Hinterbeine mitarbeiten. Bei dem ohne Schwimmbewegung emporsteigenden Tier ist der Körper ungefähr unter 45° zur Horizontalen geneigt, die beiden vorderen Beinpaare sind nach oben (also ventral) gespreizt, und so berühren ihre Spitzen und die Hinterleibsspitze zugleich das Oberflächenhäutchen. Da alle fünf Stützpunkte benetzbar sind, drücken sie wohl das Oberflächenhäutchen von unten her etwas ein, drücken also sozusagen Dellen in die Luft, das Häutchen wird aber nicht durchbrochen, das Tier befindet sich in stabilem Gleichgewicht und ruht an der Unterseite der Wasseroberfläche. Die Hinterbeine sind dabei schlagbereit ausgestreckt, das Tier kann durch leichte Schwimmstöße sich an der Wasserfläche gleitend fortbewegen, wobei die Vorder- und Mittelbeine immer gespreizt und somit griffbereit bleiben und das stabile Gleichgewicht nie gestört wird. Wird mit den beiden vorderen Beinpaaren eine Beute ergriffen, so bewegen sich die Hinterbeine nach oben, bis sie mit ihren Spitzen die Oberfläche berühren, und nun stützt sich, während der Rüssel das festgehaltene Opfer aussaugt, das Tier auf sie und die Hinterleibsspitze, wobei der Körper zur Wasseroberfläche einen weniger spitzen Winkel bildet als bei der vorgenannten Stellung.

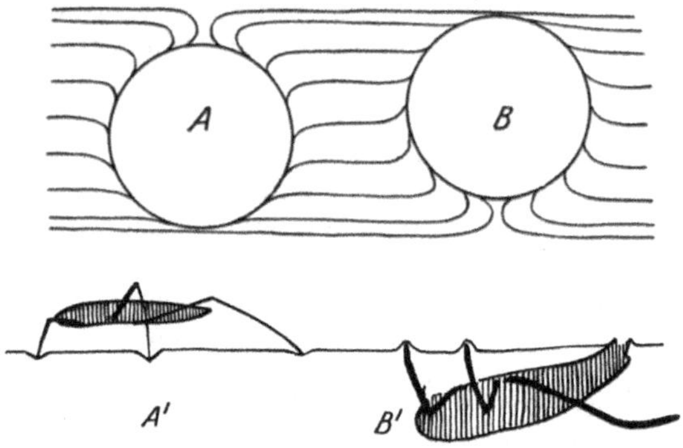

Abb. 35. Eintauchen einer unbenetzbaren (*A*) und einer benetzbaren (*B*) Kugel ins Wasser (verschiedene Niveaus untereinander gezeichnet) zum Vergleich mit *A'* Schema eines Wasserläufers, in Laufstellung auf dem Wasserspiegel ruhend und *B'* Schema eines Rückenschwimmers, an der Wasseroberfläche hängend.

[1] Eine Ausnahme macht die eben aus dem Ei geschlüpfte Larve, deren Tracheen noch nicht luftgefüllt sind und die daher erst einmal durch angestrengtes Rudern die Oberfläche erreichen muß.

Diese Art der Fortbewegung, die durch das geringe spezifische Gewicht und die eigentümliche Gestalt und Stellung der Vorderbeine begünstigt wird, ist aber nicht die einzige, die *Notonecta* zur Verfügung steht. Einmal kann sie durch einen kräftigen Ausschlag der Hinterbeine sich über die Wasseroberfläche emporschnellen und treibt dann mit dem Rücken nach oben wie ein Boot an der Oberfläche. Aus dieser Stellung, in der auch lebhaftes Umherschwimmen erfolgen kann, erhebt

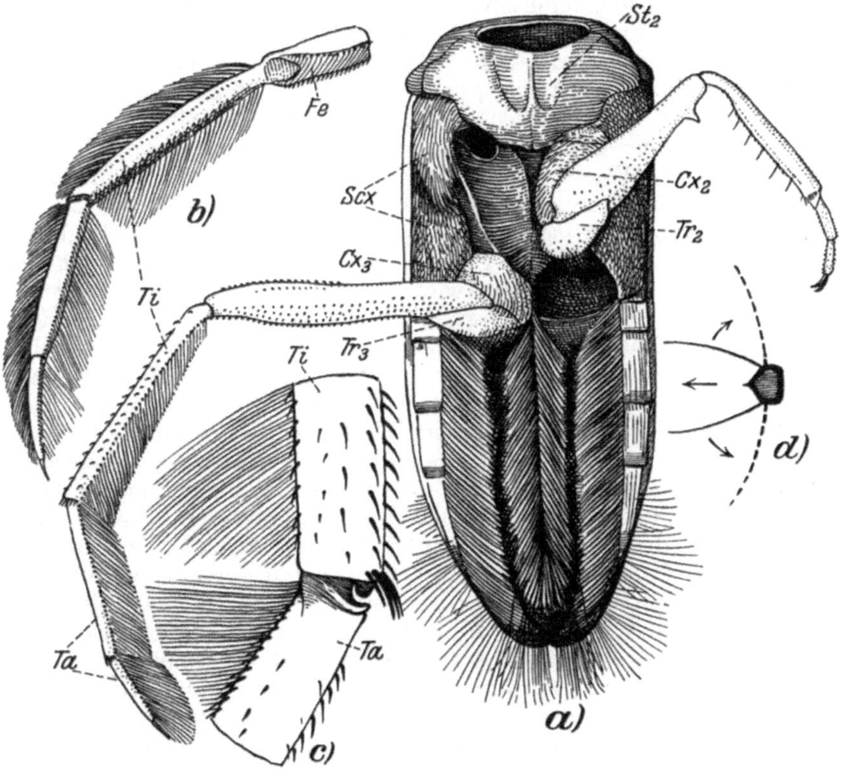

Abb. 36. *Notonecta glauca.* a) Ventralansicht, Kopf, Prothorax, rechtes Mittelbein und linkes Hinterbein vollständig entfernt; b) Hinterbein mehr von hinten gesehen, Borstenbesatz gespreizt; c) Tibiotarsalgelenk mit Hemmvorrichtung; d) Querschnitt durch das erste Tarsenglied des Hinterbeines mit Ruderborsten in Vorbringstellung (—) und beim Rückschlag (- - - - - - -). Bezeichnungen wie gewöhnlich, *Scx* Subcoxalplatten.

sich das Tier zum Flug in die Luft. Da der Körper unbenetzbar ist, erfordert das Durchbrechen des Oberflächenhäutchens einen großen Kraftaufwand, wenn das Tier von dieser Stellung aus tauchen will; es ist also ein kräftiger Schlag mit den Hinterbeinen dazu nötig, genau wie beim Auftauchen aus dem Wasser.

Damit kommen wir auf die Funktion der Hinterbeine, die bei *Notonecta* zu äußerst kräftigen Rudern geworden sind (Abb. 36). Der Ausschlag erfolgt in der Hauptsache im Hüfttrochantergelenk, das Rumpf-Hüftgelenk ist, da die Hüfte in einer ziemlich tiefen Höhle artikuliert, wenig ausgiebig, es erlaubt eine beschränkte Verschiebung der Schwingungsebene des Beines, die im wesentlichen horizontal liegt, und in der auch das Kniegelenk und die übrigen Gelenke sich bewegen. Fast völlig unbeweglich ist die Trochanter-Femur-Verbindung, während die weiter distal gelegenen Gelenke eine ziemlich weitgehende Beugung gestatten. Die Streckung geht dagegen nur so weit, daß das Bein vom Schenkel ab eine Gerade bildet, eine weitergehende Streckung verhindern besondere Hemmvorrichtungen, deren eine, am Tibiotarsalgelenk gelegene, Abb. 36c zeigt. Die Tibia und die beiden Tarsenglieder sind mit zwei Reihen von äußerst dicht stehenden, seidig glänzenden Haaren bedeckt, die, wie Abb. 36d im Querschnitt zeigt, passiv, durch den Widerstand des Wassers gespreizt werden können. Beim Schwimmen arbeiten die beiden Hinterbeine immer gleichzeitig, sie greifen zuerst sehr weit nach vorn, wobei durch den Wasserwiderstand der Haarbesatz gefaltet, die Beingelenke gebeugt werden (so wie in Abb. 36a). Sind die Beine fast bis zum Kopf gekommen, so werden sie im Hüfttrochantergelenk gleichzeitig kräftig nach rückwärts geschlagen, der Borstenbesatz breitet sich aus (Abb. 36b), und das Bein wird durch den Wasserwiderstand gestreckt. Ein Überstrecken verhindern die genannten Hemmvorrichtungen, beim Rückschlag ist das Bein also ein völlig starres, durch den Borstenbesatz verbreitertes Ruder. Die Verringerung des Wasserwiderstandes beim Vorstoßen geschieht ganz ohne Muskelarbeit, einfach durch die Reibung selbst, die das Bein im Wasser erfährt, vermöge der Anordnung der Beingelenke und des Borstenbesatzes. So ist das Ruderbein von *Notonecta,* ein so kompliziertes Instrument es auf den ersten Blick zu sein scheint, in der Tat ein äußerst einfacher, im wesentlichen nur von zwei Muskeln, dem Adduktor und Abduktor des Trochanters betätigter Apparat. Natürlich sind auch im Schenkel und der Schiene Muskeln vorhanden, doch spielen sie für die Ruderbewegung keine Rolle. Sie treten in Tätigkeit, wenn das Hinterbein als Putzorgan gebraucht wird.

Die Schwimmbewegung ist äußerst lebhaft, die Schwimmstöße folgen rasch aufeinander und fördern sehr. Die Kahnform des Körpers begünstigt das Durchdringen des Wassers und macht *Notonecta* zu einem der gewandtesten Schwimmer unter den Wasserinsekten. Die Steuerung erfolgt einerseits durch Verlegung der Schwingungsebene der Hinterbeine im Rumpf-Hüftgelenk (Höhensteuer), andererseits durch ungleiche Ausschläge der beiden Hinterbeine (Seitensteuer). Die Regulierung der Körperhaltung und der Beinbewegungen durch äußere Reize wird weiter unten noch zu besprechen sein (S. 131).

Es ist noch zu erwähnen, daß *Notonecta* sich mit Hilfe der beiden vorderen Beinpaare auch an Pflanzenteile anklammern und am festen Land sich, allerdings sehr ungeschickt, vorwärtsbewegen kann. Die Hinterbeine bleiben dabei untätig, der Körper wird auf dem Boden nachgeschleppt. Der Sprung, den *Notonecta* durch ungeregelte Stöße mit den Hinterbeinen auf festem Boden ausführen kann, wurde oben schon erwähnt.

Ganz ähnlich wie *Notonecta* bewegt sich auch *Plea,* nur sind die Hinterbeine schwach behaart (Abb. 47).

Die Corixiden ähneln, was Körperform und Ruderbewegung betrifft, den Rückenschwimmern *Notonecta*, *Buenoa* und *Plea* sehr, schwimmen aber stets mit dem Rücken nach oben. Der Rückschlag der Hinterbeine erfolgt wie bei *Notonecta* in der Hauptsache im Hüft-Trochantergelenk, der wirksame Muskel greift an der sehr langen und starken Trochantersehne an (Abb. 37), sein Antagonist ist ein Coxalmuskel (*m. cox*$_2$), der von der Lateralfläche der seitlich stark erweiterten Hüfte nach dem Trochanter geht und das Bein vorzieht. Außer der Bewegung im Hüft-Trochantergelenk sind noch Bewegungen in drei anderen Gelenken möglich. Zwei davon, die im Kniegelenk und die im Tibiotarsalgelenk, gestatten wie beim Ruderbein von *Notonecta* ein ziemlich weitgehendes Beugen, aber nur ein Strecken bis zur Geraden, die Bewegung im Trochanterfemurgelenk ist sehr wenig ausgiebig, eine Rotation des Femurs wie beim normalen Schreitbein ist unmöglich, weil das Gelenk dikondyl ist.

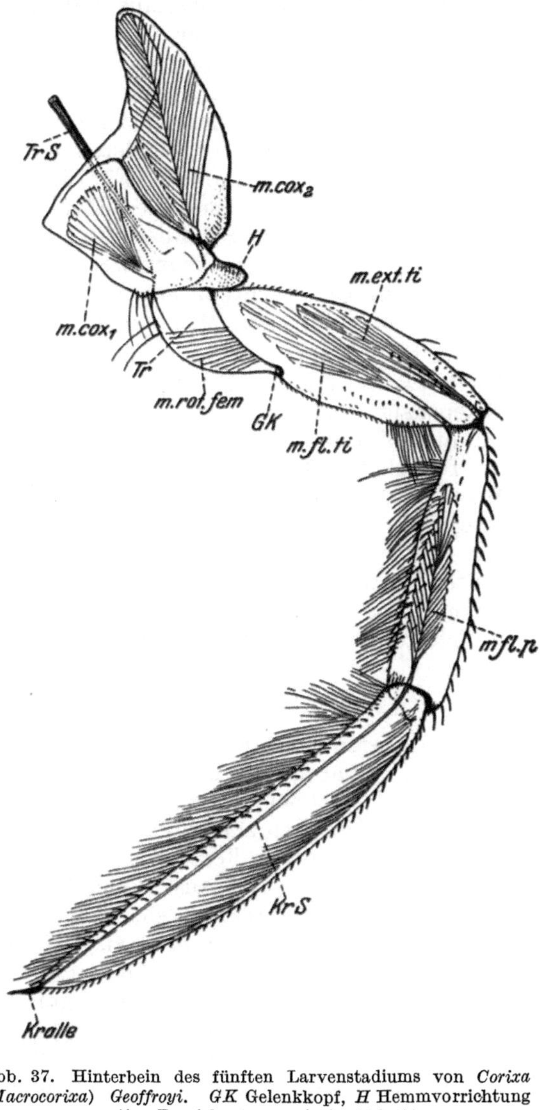

Abb. 37. Hinterbein des fünften Larvenstadiums von *Corixa* (*Macrocorixa*) *Geoffroyi*. *GK* Gelenkkopf, *H* Hemmvorrichtung sonstige Bezeichnungen wie in Abb. 11.

Daß wie bei *Notonecta* das Strecken des Beines beim Rückschlag und das Beugen beim Vorbringen fast ausschließlich passiv erfolgt, zeigt die im Verhältnis zur Dicke des Beines außergewöhnliche Schwäche der Muskulatur. Der eingliedrige Tarsus ist sogar ganz ohne eigene Muskeln.

Im Gegensatz zum Ruderbein von *Notonecta* ist das von *Corixa* abgeflacht. Insbesondere gilt das von dem Tarsus, der außerdem noch zweizeilig behaart ist, während die ebenfalls flache Tibia nur eine Reihe von Haaren aufweist. Diese „Schwimmhaare" breiten sich natürlich wie bei *Notonecta* beim Rückschlag aus und legen sich beim Vorbringen des Beines eng an die Beinglieder.

Trotzdem auch *Corixa* leichter ist als Wasser, hält sie sich nie lang an der Wasseroberfläche auf, taucht vielmehr nur zum Atmen für Sekunden empor, um sofort wieder auf den Grund zu streben und dort in der oben beschriebenen und abgebildeten (Abb. 22) Weise mit Hilfe der Mittelbeine sich festzuklammern. Für die Fortbewegung sind diese völlig bedeutungslos geworden; sie sind nichts als Klammerorgane, während die Vorderbeine teils der Stridulation, teils dem Herbeischaffen der Nahrung dienen. Mit der Ernährungsweise von *Corixa* (siehe S. 167) hängt auch der ständige Aufenthalt am Grund zusammen und daher natürlich auch die Ausbildung der Mittelbeine.

Gute Schwimmer sind auch die Naucoriden und die Belostomiden (*Belostoma, Lethocerus, Abedus, Benacus*). Beide schwimmen mit dem Rücken nach oben, ihr Körper ist flacher und breiter als der der vorgenannten Formen, ihre Vorderbeine sind ausgesprochene Raubbeine, ihre Hinterbeine Ruder. Bei *Naucoris* sind die Hinterbeine kaum abgeflacht und wenig behaart, bei den Belostomiden bilden sie dagegen breite, stark behaarte und im Verhältnis zu der Körpergröße ziemlich kurze Ruder und machen diese Riesen unter den Wasserwanzen zu gewandten Räubern, die auch größeren Tieren gefährlich werden können. Von *Naucoris* ist außerdem bekannt, daß sie sich auch auf dem Land ziemlich gewandt kriechend fortbewegen kann (Bueno 1916).

7. Grabbewegung.

Verhältnismäßig nur wenige Hemipteren dringen grabend in den Boden ein. Wohl gibt es unter den Aphidinen und den Cocciden zahlreiche wurzelbewohnende Arten und manche Bodenbewohner unter den Wanzen (die Cydniden z. B. graben gelegentlich [Comstock]), im Bau der Gliedmaßen und in der Fortbewegung prägt sich die unterirdische Lebensweise aber nur selten aus. Beim Weibchen von *Margarodes meridionalis* (Cocciden, Margarodiden, Abb. 38), das in sandigem Boden an Wurzeln lebt, sind die Vorderbeine zu kräftigen, eigentümlich gestalteten Grabbeinen geworden, deren starke Spitze nach hinten gerichtet ist, und die zweifellos geeignet sind, dem Tier grabendes Vordringen im Boden zu erleichtern. Da die zahlreichen Borsten, die über die ganze Körperoberfläche verteilt sind, nach hinten zeigen, wird die Vorwärtsbewegung im Sand erleichtert, ein Zurückgleiten unmöglich.

Bei den Larven der Singzikaden, die ihr ganzes Leben bis kurz vor die letzte Häutung im Boden zubringen, weisen der ganze Körperbau, der gedrungene, niedrige Körper, die Stellung der Beine, besonders aber der Bau der Vorderbeine darauf hin, daß wir es mit vollkommenen Wühlern zu tun haben. Von der nordamerikanischen 17jährigen Zikade, *Tibicen septendecim,* die überhaupt die bestbekannte und meistuntersuchte Art unter den Singzikaden ist, sind durch MARLATT und SNODGRASS Einzelheiten über die Grabtätigkeit bekannt geworden, die im Folgenden verarbeitet sind: Die 17jährige Zikade macht nach dem Abstreifen der Embryonalhülle (siehe S. 357) noch sechs Häutungen durch, man kann also sechs Larvenstadien unterscheiden. Bei den letzten beiden, die von den amerikanischen Autoren als „Puppen" bezeichnet werden, sowie beim ersten Stadium stimmen die Vorderbeine insofern überein, als sie einen wohlausgebildeten Tarsus besitzen (Abb. 39a, c, d). Beim zweiten und dritten Stadium ist der Tarsus bis auf einen kleinen Stummel reduziert (Abb. 39b). Im übrigen sind die Vorderbeine bei sämtlichen Stadien annähernd gleich, der sehr verdickte Schenkel ist ventral und distal mit kräftigen, schaufelförmigen Zacken versehen, die gebogene und daher senkrecht abwärts zeigende Schiene ist ebenfalls in Zacken ausgezogen; wenn ein Tarsus vorhanden ist, artikuliert er an der Rückseite der Schiene und kann an diese angelegt werden, so daß er beim Graben nicht stört (Abb. 39c). Die gebogenen, scharf zugespitzten Schienen können so ungehindert als Picken dienen; sie graben, abwechselnd arbeitend, den Boden vor dem Tier auf. Ist ein kleiner Haufen lockerer Erde aufgehäuft, so treten (die Beschreibung betrifft das letzte Larvenstadium) die Tarsi in Aktion. Sie dienen, im rechten Winkel zu den Schienen gestellt, als Rechen und harken die Erde nach hinten. Hier wird sie von der durch die spitzen Fortsätze des Schenkels und der Schiene gebildeten Zange ergriffen, das Bein schlägt kräftig nach außen und stampft das lose Material nach hinten in die umgebende Erde

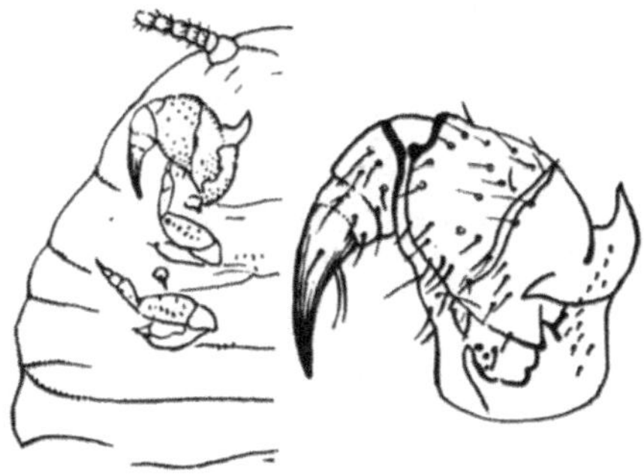

Abb. 38. *Margarodes meridionalis* ♀. Beine der einen Seite und Vorderbein allein, nach MORRISON.

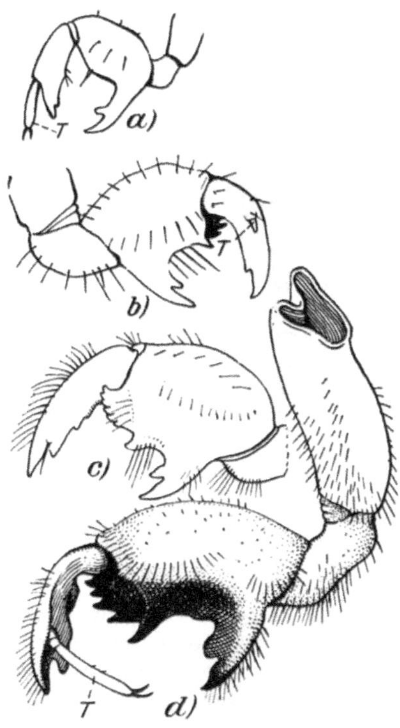

Abb. 39. *Tibicen septendecim*. Vorderbein der: a) 1. Larve; b) 2. Larve; c) 5. Larve; d) 6. Larve. a) und c) von der Außenseite, b) und d) von der Medialseite, d nach SNODGRASS, a—c nach MARLATT. *T* Tarsus.

hinein. So sieht (nach SNODGRASS) die grabende Zikadenlarve wie ein Boxer aus, der am „punching ball“ arbeitet. Nach MARLATT soll, wenn die Larve aufwärts gräbt, sich das Verhalten insofern etwas ändern, als die lose Erde naturgemäß leicht nach hinten unter das arbeitende Tier fällt. Sie wird dann mit dem Hinterleib und den Hinterbeinen gegen die Wände des Schachts gepreßt. Mit dem Hinterende stemmt sich das Tier beim Graben immer gegen die Erde, die Hinterbeine sind eng an den Leib gestellt, die Mittelbeine greifen so weit nach vorn, daß ihre Knie die Vorderbeine erreichen. Sie tun also für die Fortbewegung vertretungsweise die Dienste von Vorderbeinen. Ein Durchdringen von lockerer Erde mittels des vorgewölbten Kopfschildes kommt nicht vor, immer arbeitet sich das Tier vielmehr in der geschilderten Weise mit den Vorderbeinen vorwärts. Ab und zu unterbricht es seine Arbeit, um die an den Vorderbeinen haftenden Erdteilchen abzuputzen und die Beine so funktionsfähig zu erhalten. Es benimmt sich dabei (nach MARLATT) wie eine Katze, die sich mit den Pfoten das Gesicht wäscht, denn es reibt die Vorderbeine so lange an der rauhen und mit steifen Haaren besetzten Vorderseite des Kopfes, bis sie rein sind.

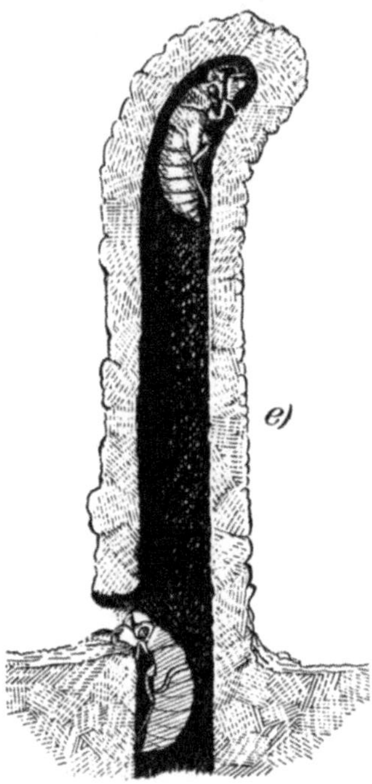

Abb. 40. Erwachsene Larven von *Tibicen septendecim* in ihrem Erdkamin, nach MARLATT.

Die eigentümliche Grabmethode der Zikadenlarve, die sich von der anderer grabender Insekten erheblich unterscheidet, ermöglicht ihr wohl das Herrichten von unterirdischen Kammern, in denen sie sich aufhält, nicht aber eine rasche Fortbewegung im Boden, die sie, soweit bekannt ist, auch nicht nötig hat. Große Strecken braucht sie im Boden nicht zu überwinden, auch das erstmalige Eindringen in die Erde geht, der geringen Größe der frisch geschlüpften Larve entsprechend, wohl nur langsam vor sich. Auch der Ausbau der der reifen Larve als Aufenthaltsort dienenden unterirdischen oder gelegentlich auch oberirdischen Erdröhren (Abb. 40) geschieht in der geschilderten Weise, ein rasches Herausgraben aus dem Boden kommt also nicht in Betracht.

Mit der Grabfähigkeit hängt es zusammen, daß die Bewegung der Cicadidenlarven an der Oberfläche und besonders beim Klettern nicht sehr geschickt ist. Vom ersten Stadium, das, auf Baumzweigen aus dem Ei gekrochen, zunächst dem Licht zustrebt, sagt SNODGRASS ausdrücklich, daß seine Klammerfähigkeit sehr gering ist und daß es daher sehr bald vom Baum zu fallen pflegt und so auf die natürlichste Weise sein heimisches Element erreicht.

Immerhin haben das erste und das letzte Stadium, die beide unter natürlichen Bedingungen auch außerhalb der Erde sich bewegen müssen, die Tarsen der Vorderbeine, die dem zweiten und dritten Stadium so gut wie ganz fehlen. Da aber die Tarsen, wenn sie vorhanden sind, als Rechen auch in den Ablauf der Grabbewegung eingreifen, so ist ein Kausalzusammenhang zwischen den obigen beiden Tatsachen kaum zu konstruieren, um so weniger als das vorletzte Larvenstadium, das dauernd unterirdisch lebt, ebenfalls Vordertarsen besitzt.

8. Flug.

Unter den fliegenden Insekten pflegt man nach v. LENDENFELDS Vorgang außer einem „primitiven" Typ mit annähernd gleich entwickelten Flügelpaaren und Thoraxsegmenten zwei Reihen von Flugtypen zu unterscheiden, bei denen eines der beiden geflügelten Segmente mehr oder weniger reduziert ist. Bei der einen Reihe ist es der Mesothorax, hierher rechnet man die Orthopteren, die Coleopteren und als extremstes Glied der Reihe die Strepsipteren. Die andere Reihe, bei der der Metathorax immer kleiner wird, ist durch die Lepidopteren, die Hymenopteren und die Dipteren repräsentiert. Daß selbst noch in modernen Handbüchern die Hemipteren in die Orthopterenreihe eingeordnet werden, beruht auf einem falschen Analogieschluß von den Flügeldecken der Käfer auf die Halbdecken der Wanzen und zeigt, daß der äußere Schein auch bei Insekten trügen kann. Tatsächlich ist, wie sämtliche Homopteren auch dem oberflächlichen Beobachter zeigen müssen, bei den Hemipteren der Metathorax reduziert, die Vorderflügel tragen die Hauptlast des Fluges, die Hinterflügel machen mehr oder weniger passiv die Bewegungen der Vorderflügel mit. Da auch die Wanzen hierin keine Ausnahme machen, ist demnach der Flug sämtlicher Hemipteren prinzipiell wenig verschieden. Trotzdem ist das Flugbild der Hemipteren bei weitem nicht so einheitlich wie etwa das der Hymenopteren oder der Dipteren. Ein Blick in eine Insektensammlung oder ein Vergleich der Habitusbilder des vorliegenden Buches belehrt ohne weiteres darüber, daß zwischen einer Zikade und einer Baumwanze, was den Bau der Flugorgane betrifft, größere Unterschiede bestehen, als etwa zwischen einer Fliege und einer Mücke, einer Blattwespe und einer Honigbiene. Im folgenden soll wenigstens der Versuch gemacht werden, diese Unterschiede nach der funktionellen Seite hin auszuwerten. Wir werden dabei auf zahlreiche Schwierigkeiten stoßen, weil dieses Gebiet noch sehr wenig beackert und nur zum geringsten Teil überhaupt bekannt ist. Am besten wissen wir noch — durch Untersuchungen von AMANS, von BERLESE, SNODGRASS und durch einen ganz neuerdings erschienenen Aufsatz von HAUPT — über die Flugmechanik der Singzikaden Bescheid, sowie durch Arbeiten des Verfassers über die Funktion der Flugorgane der Psylliden und der Aphiden. Über die Wanzen ist dagegen außerordentlich wenig bekannt; was im Folgenden gebracht wird, beruht großenteils auf eigenen Studien, ebenso das, was über die Aleurodiden und Cocciden angeführt werden kann. Die wichtigsten morphologischen Merkmale der Flügel der verschiedenen Hemipterengruppen wurden eingangs bereits auseinandergesetzt, wir können daher hier gleich auf ihre Funktion eingehen und dabei zunächst das Zusammenwirken der beiden Flügelpaare betrachten.

Bei den Wanzen sind die Flügel in der Ruhelage flach auf die Dorsalseite des Hinterleibes gelegt, wobei die zur Hälfte membranösen Vorderflügel (Hemielytren), mit den Spitzen übereinandergreifend, die längsgefalteten Hinterflügel bedecken. Werden die Vorderflügel in Flugstellung gebracht, d. h. wagrecht nach vorn geschwungen, so gleitet ihr Hinterrand über die Hinterflügel weg, und es tritt, wenn der Hinterrand

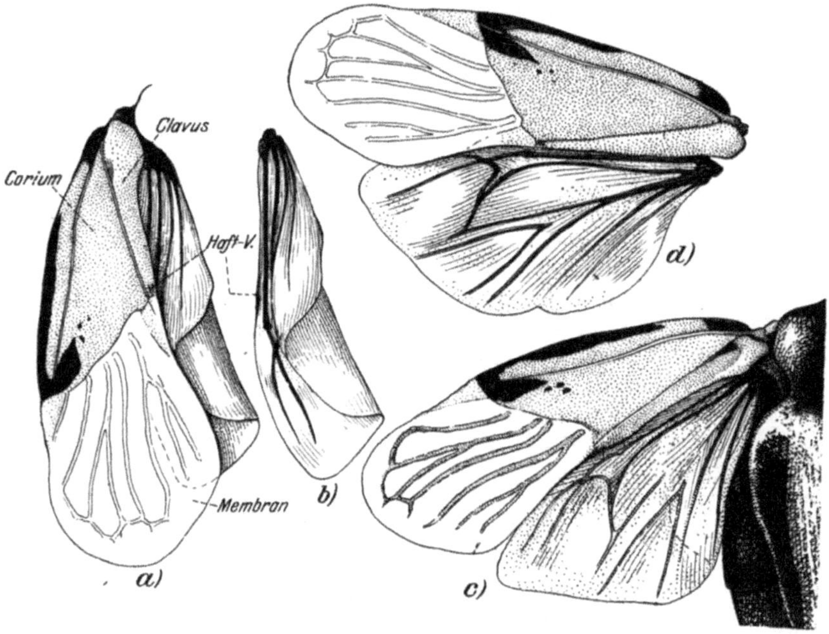

Abb. 41. *Graphosoma italicum* (vgl. Abb. 9a). a) Vorderflügel und Hinterflügel zusammen in Ruhestellung isoliert; b) Hinterflügel allein; c) Flügel im Begriff, sich zu entfalten; d) Flügel entfaltet. *HaftV* Haftvorrichtung (durchschimmernd).

der Decke den Vorderrand des Hinterflügels berührt, eine eigentümliche, von Poisson entdeckte Haftvorrichtung in Tätigkeit, deren Lage Abb. 41 zeigt. Bei schwacher Vergrößerung erkennt man nur zwei auf der Unterseite der Decke gelegene, dem Hinterrand parallele dunkle Leisten, erst bei starker Vergrößerung werden die in Abb. 42 dargestellten Einzelheiten sichtbar. Die vordere Leiste ist ein glatter, länglicher Höcker, dessen Hinterfläche mehrere Reihen nach hinten gerichteter, dichtstehender Borsten trägt. Die hintere Leiste ist ein länglicher Wulst, dessen Oberfläche schuppig differenziert ist. Die Borsten des vorderen Höckers erreichen den Wulst nicht, zwischen beiden bleibt ein leerer Raum, in den eine Vorrichtung des Vorderrandes des Hinterflügels genau paßt. Dieser Vorderrand ist an der entsprechenden Stelle nach oben umgeschlagen, schienenartig verdickt und mit schuppigen Auswüchsen bedeckt. Diese Schiene stößt, wenn die Halbdecke über den Hinterflügel weggleitet, an den proximalen, vorderen Rand des Wulstes und gleitet im weiteren Verlauf der Bewegung in den Raum zwischen Wulst und Borstenhöcker ohne Schwierigkeiten hinein, da die Schuppen des Wulstes und der Schiene gleiche Richtung haben. Daß die Verbindung zwischen Halbdecke und Hinterflügel durch diese Vorrichtung genügend gesichert ist, zeigt der Querschnitt Abb. 42c, ein Herausgleiten der Schiene ist, solange die Flügel in Flugstellung sind, völlig unmöglich; erst wenn der Vorderflügel wieder in Ruhestellung geht, löst sich die Verbindung an

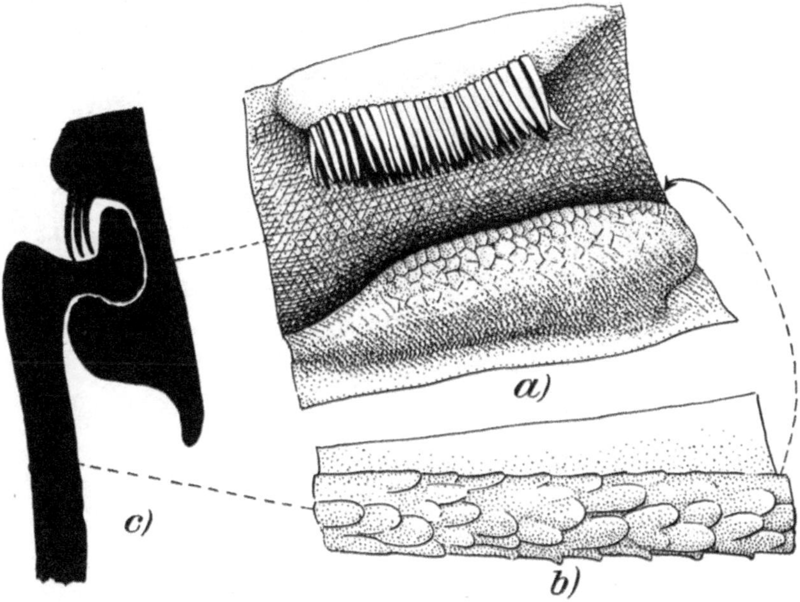

Abb. 42. *Graphosoma italicum.* a) Haftvorrichtung am Hinterrand des Vorderflügels; b) Vorderrand des Hinterflügels, stark vergrößert; c) Querschnitt durch die Haftvorrichtung bei vereinigten Flügeln, Schema.

derselben Stelle wieder, wo sie beim Vorbringen zustande kam. Das Hinein- und Herausgleiten der Schiene im Lauf des Vorbringens bzw. Zurückgehens der Flügel kommt dadurch zustande, daß die Gelenke der beiden Flügel hintereinander gelegen sind und die Flügelränder daher bei jenen Bewegungen sich zwangsläufig in ihrer Längsrichtung gegeneinander verschieben. Die Entfaltung des Hinterflügels geht im Verlauf des Vorbringens selbsttätig vor sich, der hintere (Anal-)Teil des Hinterflügels ist wenig beweglich und ändert seine Lage, wie Abb. 41 zeigt, kaum, er übt also einen dem durch die Halbdecke ausgeübten Zug entgegengesetzten Gegenzug aus und garantiert daher die Ausbreitung des Hinterflügels nicht nur während des Vorbringens, sondern auch während der Flugbewegung. Ebenso bewirkt er beim Zurückgehen wieder die Faltung des Hinterflügels.

Die eben geschilderten Haftvorrichtungen scheinen allen geflügelten Wanzen zuzukommen, wenigstens sind sie bei so entfernt verwandten Formen wie den Cryptoceraten, den Gerriden, den Pyrrhocoriden und den Pentatomiden bestimmt vorhanden (nach POISSON und nach eigenen Beobachtungen). Sogar bei Individuen mit halb reduzierten Decken finden sie sich trotz völliger Funktionslosigkeit gelegentlich (n. P. SCHULZE bei *Pyrrhocoris*).

Ähnlich wirkende, aber offenbar phylogenetisch andersartige Einrichtungen besitzen auch die Homopteren. Bei den Cercopiden (Abb. 43) ist ein vorgezogener Lappen des Hinterflügelrandes mit mehreren hakenförmigen Auswüchsen versehen, die in den umgebogenen Hinterrand

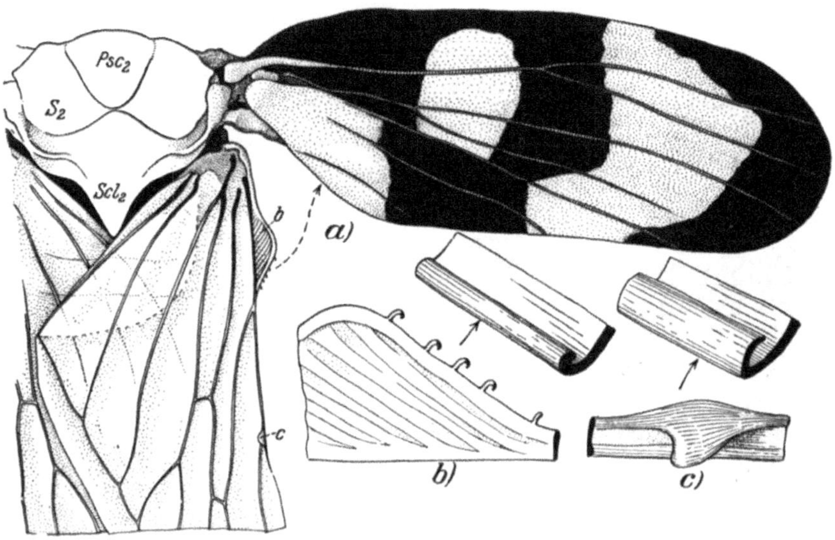

Abb. 43. *Triecphora vulnerata.* a) Thorax, Vorderflügel ausgebreitet, Hinterflügel in Ruhelage; b) und c) die beiden Haftvorrichtungen stärker vergrößert (oben jeweils Ausschnitte aus dem Hinterrand des Vorderflügels). *Psc* Präscutum, S_2 Scutum, *Scl* Scutellum.

des Vorderflügels greifen; außerdem ist weiter distal noch ein nach oben hinten umgeschlagener, in den an der entsprechenden Stelle umgebogenen Hinterrand eingreifender Vorsprung der Vorderrandader vorhanden. Die Funktion dieser und der folgenden Haftvorrichtungen entspricht völlig der bei den Wanzen geschilderten.

Bei den Singzikaden (Abb. 45) greift der nach unten umgeschlagene Hinterrand des Vorderflügels in den nach oben umgebogenen Vorderrand des Hinterflügels; hier wie bei den Cercopiden wird durch Vermittlung dieses Haftapparates beim Vorbringen des Vorderflügels der Hinterflügel entfaltet.

Bei den Psylliden ist es eine auf der Oberseite des Vorderrandes des Hinterflügels stehende, stark hakenförmig gekrümmte Borste, die über den umgebogenen Hinterrand des Vorderflügels greift (Abb. 44a, b), bei den Aphidinen erfüllen mehrere, dicht nebeneinander stehende Borsten dieselbe Aufgabe (Abb. 44c, d). Hier wie dort ist das Zurückgleiten der Borsten auf dem umgeschlagenen Hinterrand durch besondere Vorrichtungen erschwert; bei *Psylla* ist der umgeschlagene Rand des Vorderflügels ausgezackt, bei den Aphiden schuppig, ähnlich wie bei den Wanzen. Diese hemmenden Zacken bzw. Schuppen sind aber nur so lange wirksam, als der Zug des Vorderflügels anhält, also nur beim Vorbringen und während des Fluges (siehe die Querschnitte Abb. 44b, d).

Während die geschilderten Haftapparate eine Vereinigung der beiden Flügelpaare zu einer physiologischen Einheit bezwecken und nur für die Zeit des Fluges in Betracht kommen, ist eine andere Gruppe von Einrichtungen dazu bestimmt, die Flügel in der Ruhelage fest am Körper zu halten. Dies Ziel wird auf verschiedene Art erreicht. Bei den Singzikaden z. B. schnappt der stark chitinisierte proximale Teil des Hinterrandes des Vorderflügels, der ventral leistenartig vorspringt, so fest in

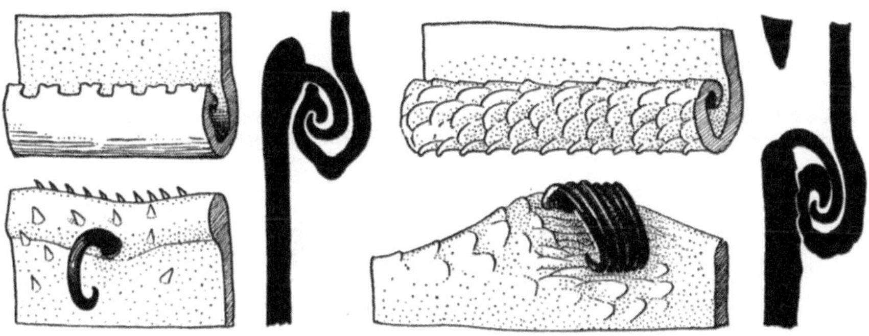

Abb. 44 .a) und b) *Psylla buxi*; c) und d) *Drepanosiphum platanoides*, Haftvorrichtungen, wie in Abb. 43 b und c dargestellt, daneben schematische Querschnitte.

eine entsprechende Ausfräsung des seitlichen Teiles des Mesoscutellums ein (Abb. 45), daß es bei einer toten Zikade eines bestimmten Griffes und einer gewissen Kraftanstrengung bedarf, den Flügel in Flugstellung zu bringen. Auch bei den Cercopiden und den meisten Landwanzen sind ähnliche Verbindungen zwischen den Vorderflügeln und dem Scutellum regelmäßig vorhanden. Ob die biologische Bedeutung dieser Vereinigung darin zu suchen ist, daß die Vorderflügel, wenn sie in der Ruhe fest mit dem Rumpf verbunden sind, besser ihrer Aufgabe als schützende Decken gerecht werden können, wie BREDDIN meint, ist nicht sicher zu entscheiden. Sicher ist aber, daß die entsprechenden Apparate, die bei sämtlichen Wasserwanzen einen engen Anschluß der Hemielytren an den Rumpf bewirken (nach POISSON), für den dichten Abschluß des unter den Flügeln befindlichen, für die Atmung im Wasser unentbehrlichen Luftraumes sorgen. Als Beispiel möge die in Abb. 46a, b dargestellte *Nepa* dienen. Hier paßt der rinnenartig vertiefte Vorderrand der Halbdecken genau auf die scharfe Randleiste des Hinterleibes, die Vereinigung wird dadurch vollkommen, daß die Rinne in einer rundlichen Vertiefung endet, in die ein knopfartiger Vorsprung des Epime-

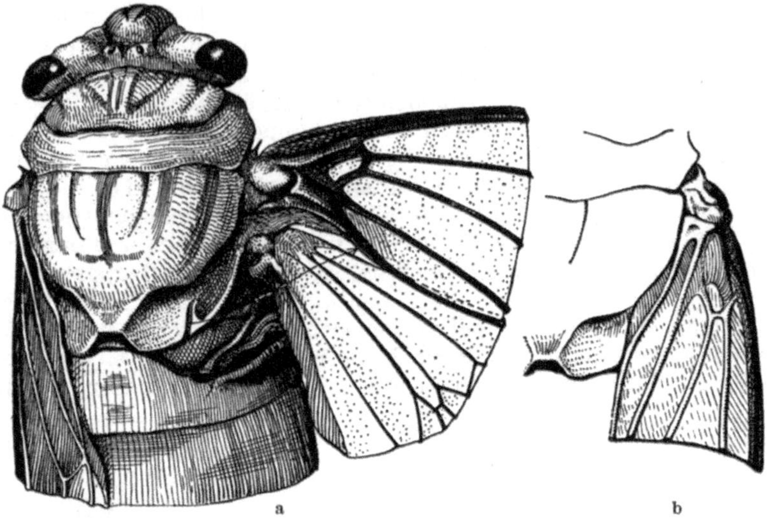

Abb. 45. *Quesada gigas* (südamerikanische Singzikade). a) von oben, rechts mit ausgebreiteten Flügeln, die Sperrvorrichtung des Mesonotums zeigend; b) Flügel in Ruhe, Sperrvorrichtung in Tätigkeit.

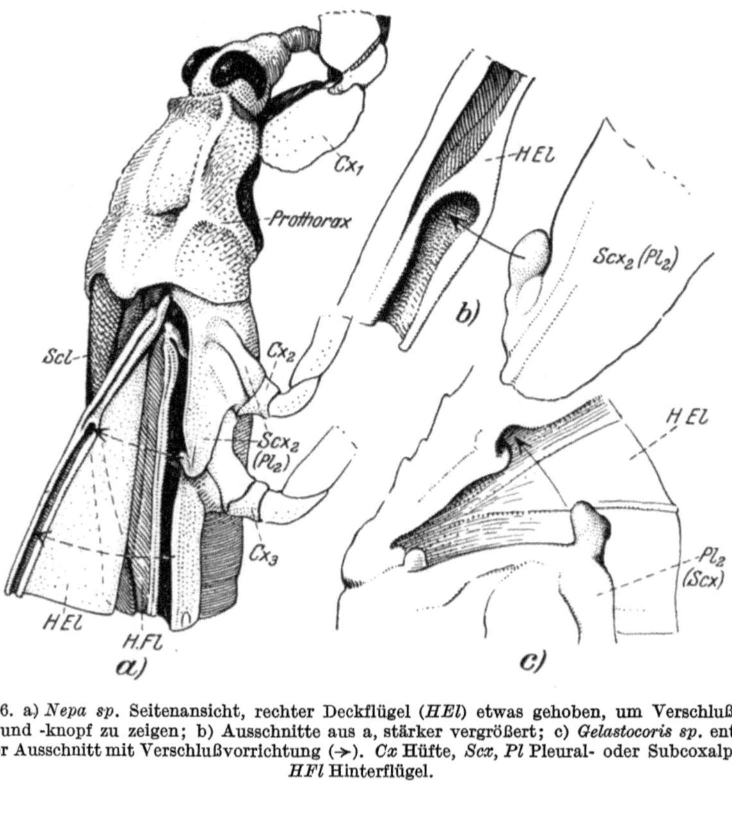

Abb. 46. a) *Nepa sp.* Seitenansicht, rechter Deckflügel (*HEl*) etwas gehoben, um Verschlußfalte, -leiste und -knopf zu zeigen; b) Ausschnitte aus a, stärker vergrößert; c) *Gelastocoris sp.* entsprechender Ausschnitt mit Verschlußvorrichtung (→). *Cx* Hüfte, *Scx*, *Pl* Pleural- oder Subcoxalplatte, *HFl* Hinterflügel.

rums des Mesothorax wie ein Druckknopf eingepaßt ist. Genau ebenso verhält sich *Notonecta*, während bei *Corixa* und ebenso bei der in Abb. 46c gezeichneten *Gelastocoris* ein knopfartiger Auswuchs des Metepimerums in einen entsprechenden Ausschnitt des nach unten umgebogenen Vorderrandes der Halbdecke eingreift und so den Verschluß herstellt. Bei *Naucoris* kommt nach POISSON die Befestigung der Hemielytren dadurch zustande, daß ihr Clavusteil nahe der Basis je einen schlitzförmigen Ausschnitt hat, und daß in der Ruhelage die beiden Ausschnitte sich ineinanderschieben. So wird eine Trennung der Halbdecken durch Anheben unmöglich gemacht. Bei der amerikanischen *Plea striola*, deren Hinterflügel zu kurzen Stummeln reduziert sind, haben nach HUNGERFORD die Vorderflügel, die in der Form den Decken der Käfer sehr ähneln, die ganze Naht entlang beiderseits Auszackungen, die genau ineinandergreifen und die die beiden Halbdecken fest miteinander verbinden (Abb. 47). Der weiche Hinterleib des flugunfähigen Tierchens ist dadurch von einem nicht abhebbaren, festen Schild dauernd gedeckt.

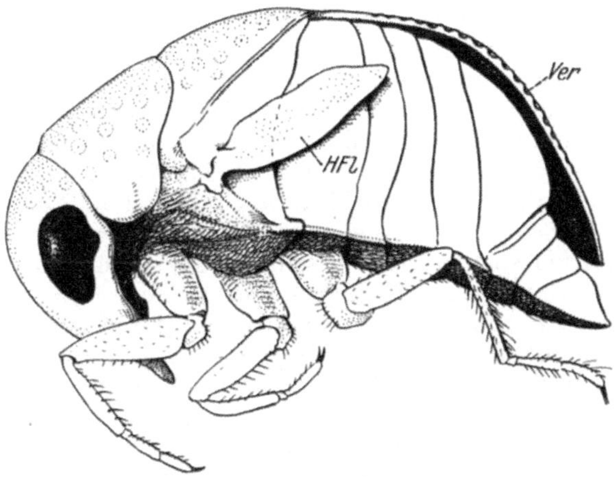

Abb. 47. *Plea striola* (Nordamerika), nach HUNGERFORD; linker Deckflügel entfernt. *Ver* Verschlußvorrichtung (Verzahnung), *HFl* Hinterflügel, bei diesem Individuum besonders stark reduziert.

Wie eingangs dieses Kapitels bereits dargelegt wurde, unterscheiden wir unter den Muskeln, die die Flügel bewegen, direkte und indirekte Flugmuskeln, je nachdem sie an der Flügelwurzel selbst oder, nur mittelbar auf sie einwirkend, an der Segmentwand angreifen. Auf dieser Unterscheidung fußend, gruppiert VOSS (1913) die geflügelten Insekten in drei Haupttypen, den Orthopterentyp, den Odonatentyp und den Hymenopterentyp. Der Hymenopterentyp, zu dem VOSS die Lepidopteren, die Hymenopteren und die Dipteren rechnet, ist dadurch charakterisiert, daß die beiden Flügelpaare als kinematische Einheit wirken und die direkten Flugmuskeln den indirekten gegenüber zurücktreten. Der Odonatentyp, vertreten durch die Libellen, ist durch vornehmlich direkte Flugmuskeln (n. LENDENFELD) und getrennt wirkende Flügelpaare gekennzeichnet, während beim Orthopterentyp die direkten und indirekten Flugmuskeln sich die Waage halten und die beiden Flügelpaare beim Flug mehr oder weniger vereinigt arbeiten. In die letzte Gruppe, die sehr viel heterogene Elemente enthält, nimmt VOSS auch die Hemipteren auf und zwar zu Unrecht; denn wie oben schon festgestellt wurde, sind die beiden Flügelpaare der Hemipteren beim Flug durchaus zu einer festen, kinematischen Einheit verbunden; die Flugmuskeln sind ganz vorwiegend indirekt, die Muskulatur der Hinterflügel ist ganz wie bei den Hymenopteren äußerst schwach, verhältnismäßig viel schwächer als z. B. bei den zum Hymenopterentyp zu rechnenden Lepidopteren. Wir können also mit vollem Recht die Hemipteren als zum Hymenopterentyp gehörig bezeichnen, ohne daß damit aber irgend etwas über ihre systematische Stellung gesagt werden soll. Die obige Einteilung ist ja ausschließlich nach Funktionstypen getroffen und nicht etwa von phylogenetischen oder auch nur morphologischen Erwägungen diktiert.

Das Vorwiegen der indirekten Flugmuskeln ist bei sämtlichen Hemipterengruppen gleich deutlich, es bestehen aber im einzelnen in der Funktion der indirekten Muskeln weit größere Unterschiede als bei irgendeiner anderen Insektenordnung.

Den normalen Funktionstyp, der zweifellos für die Hemipteren relativ ursprünglich ist, verkörpern z. B. die Aphiden (Abb. 48). Weitaus das größte Segment ist hier der Mesothorax, dessen Tergum in die hintereinander gelegenen Abschnitte Praescutum, Scutum, Scutellum und Postnotum zerfällt. Die drei ersten Abschnitte sind unter sich verwachsen, nur zwischen Scutum und Scutellum ist durch eine sekundäre Naht eine beschränkte Beweglichkeit hergestellt. Das Postnotum dagegen ist gegen das Scutum scharnierartig beweglich. Zwischen Präscutum und Postnotum spannt sich ein sehr starker Muskel, der dorsale Längsmuskel, der durch seine Kontraktion das ganze Tergum hochwölbt. Da das Präscutum sowohl wie das Postnotum durch leistenförmige Stützen in bestimmtem Abstand von der Pleura gehalten werden (Abb. 49c, d), so muß die Kontraktion des dorsalen Längsmuskels den mittleren Teil des Tergums heben. Mit den Rändern dieses mittleren Teiles ist aber die Flügelbasis durch zwei Gelenke, das vordere und das hintere Tergalgelenk, verbunden (*vTG*, *h.TG*). Der Flügel selbst ist ein zweiarmiger Hebel mit sehr kurzem Kraftarm und langem, durch die Flügelfläche gebildetem Lastarm. Den Drehpunkt bildet das obere zum Gelenkkopf umgestaltete Ende einer vom Hüftgelenk emporziehenden „Pleuralleiste“ (*Pl L*), auf dem das Mittelgelenkstück des Flügels artikuliert. Eine Hebung der Flügelbasis muß demnach, wie Abb. 49 zeigt, eine Senkung der Flügelfläche bewirken. Dem entgegen wirkt eine Gruppe von Dorsoventralmuskeln, die dem dvm_1 unseres Schemas Abb. 11 entsprechen und in Abb. 48 als $II\ dvm_1$ und $II\ dvm_2$ bezeichnet sind. Sie gehen vom Sternum nach dem Scutum und suchen, wenn sie sich kontrahieren, das letztere dem ersteren zu nähern. Ein Herabziehen des ganzen Tergums wird von den beiden oben genannten tergalpleuralen Stützen verhindert; so bewirken die Dorsoventralmuskeln nur eine Abflachung des Tergums und damit eine Senkung von dessen mittlerem Teil, eine Hebung der Flügelfläche also (Abb. 49b, d).

Soweit entspricht die Bewegung der Flügel völlig dem üblichen Schema, und auch die neben den bisher genannten indirekten noch wirksamen direkten Muskeln unterscheiden sich in Anordnung und Funktion kaum von denen der niederen Hymenopteren, sie sind sogar schwächer

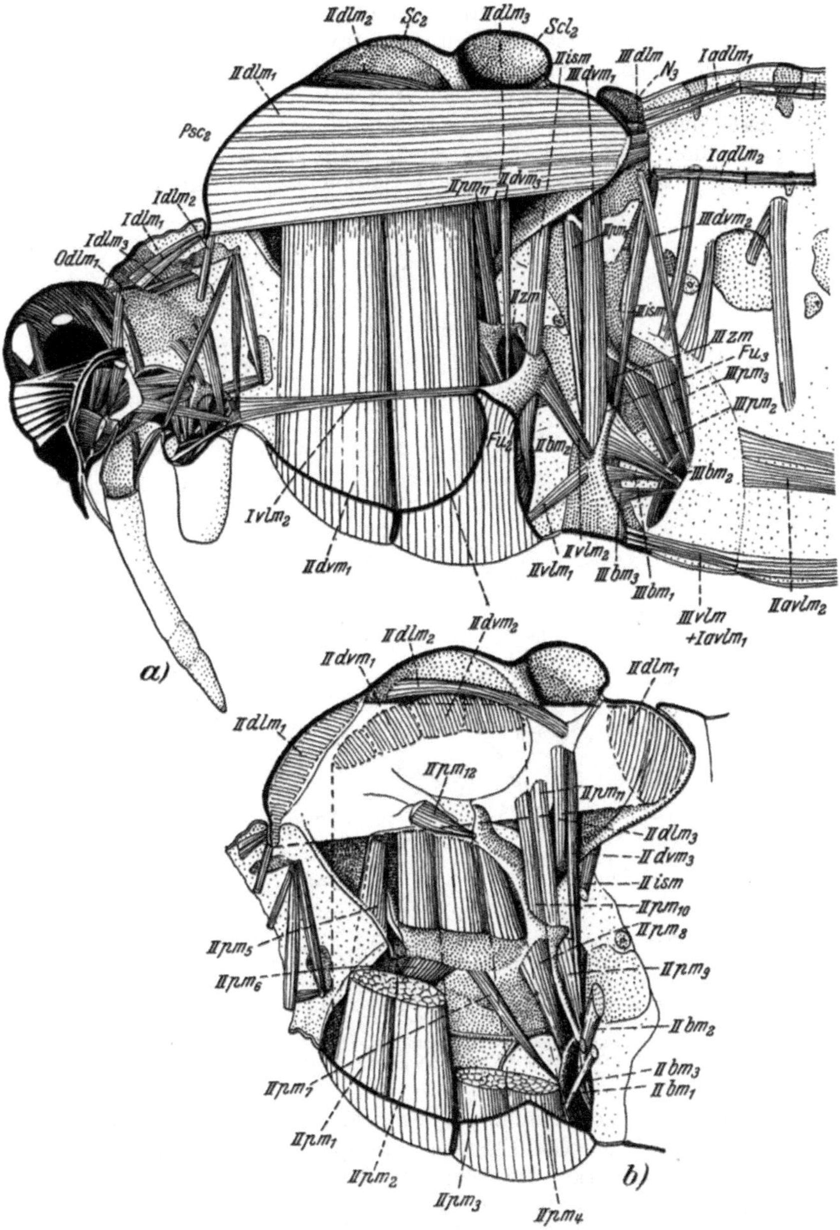

Abb. 48. *Aphis fabae*, geflügeltes Weibchen. Rechte Hälfte nach WEBER. a) Kopf und Thorax, sowie Hinterleibsansatz mit allen Muskeln; b) Meso- und Metathorax, Furca und einige Muskeln ganz oder teilweise entfernt, um die tieferen Muskellagen zu zeigen. Bezeichnung der Muskeln wie in Abb. 11. *I*, *II*, *III* bedeutet Zugehörigkeit zu einem Thoraxsegment, *Ia*, *IIa* usw. zu einem Abdominalsegment. N_3 Metanotum, $Psc_2 + Sc_2 + Scl_2$ Mesonotum.

und weniger zahlreich als die direkten Flugmuskeln der Lepidopteren. Es handelt sich, wenn man von einigen schwachen, für die Flügelbewegung unbedeutenden Muskeln absieht, um einen aus vier starken Bündeln bestehenden Muskelzug (*II* pm_{1-4}), der vom seitlichen Teil des Sternums nach dem vorderen, besonders abgegrenzten Teil des Pleura, dem Präepisternum, geht und dieses nach innen unten zu ziehen vermag (Abb. 48b). Da der dorsale Rand des Präepisternums durch eine straffe

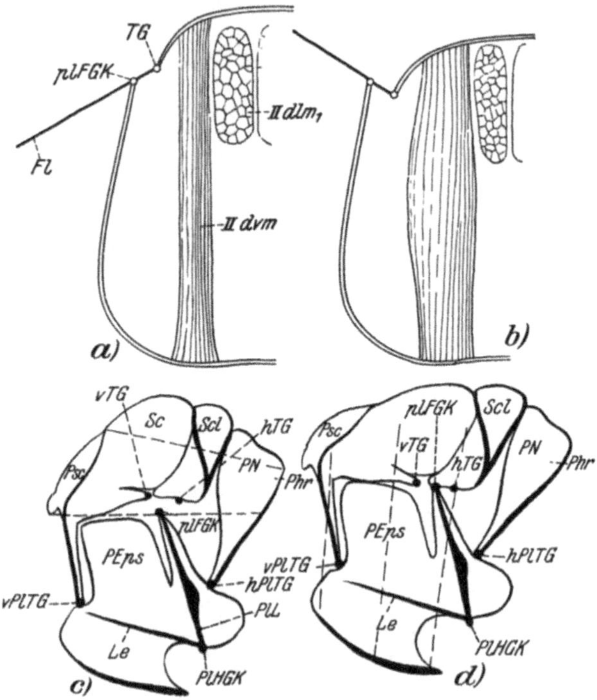

Abb. 49. a) und b) Querschnitt durch den Mesothorax von *Aphis*, nach WEBER; schematisch, um die Wirkung der indirekten Flugmuskeln zu zeigen. a) Senkung; b) Hebung des Flügels; c) und d) schematische Seitenansichten des Mesothorax. c) bei Flügelsenkung (wie a); d) bei Flügelhebung (wie b). Innenskelettete Leisten sind schwarz. *hPlTG* hinteres Pleural-Tergalgelenk, *hTG* hinteres Tergalgelenk des Flügels, *Le* Leiste, *PEps* Präepisternum, *Phr* Phragma, *plFGK* pleuraler Flügelgelenkkopf, *PlHGK* pleurales Hüftgelenk, *PlL* Pleuralleiste, *PN* Postnotum, *Psc* Präscutum, *Sc* Scutum, *Scl* Scutellum, *vPlTG* vorderes Pleuraltergalgelenk, *vTG* vorderes tergales Flügelgelenk.

Haut (*H*) mit dem Vorderrande des Flügels verbunden ist und da diese Haut distal vom pleuralen Flügelgelenkkopf am Flügel angreift, muß eine kräftige Kontraktion des Pleuralmuskels pm_{1-4}, wie Abb. 50 zeigt, den Flügel senken. Da aber die Haut nicht nur seitlich, sondern auch vor dem Pleuralgelenkkopf angreift, muß sich die Kontraktion des Muskels dahin auswirken, daß der Flügel mit der Vorderkante voran nach unten geht. Der einzige starke direkte Flugmuskel ist also ein Flügelsenker und unterstützt den dorsalen Längsmuskel. Er hat aber außerdem noch eine wichtige Aufgabe, nämlich das Vorbringen des Flügels zu besorgen. Die Flügel liegen bei den Aphididen, Pemphigiden und Chermesiden in der Ruhe dem Hinterleib seitlich an, das Vorschwingen geschieht durch Vermittlung des Präepisternums und eines kleinen Gelenkstückes, das bogenförmig vom pleuralen Flügelgelenkkopf nach dem Präepisternum geht und mit dem Mittelgelenkstück des Flügels gelenkig verbunden ist. Wie Abb. 51 im schematischen Grundriß zeigt, genügt eine durch leichte Kontraktion der Muskeln $II\ pm_{1-4}$ erzielte Verschiebung des Präepisternums nach innen, um das Mittelgelenkstück (schraffiert) soweit zu drehen, daß der Flügel in Flugstellung kommt. Damit wird gleichzeitig die Verbindungshaut *H* (Abb. 50) zwischen Präepisternum und Flügel gespannt, und jede weitere Kontraktion des *pm* muß sich nun in einer Senkung des Flügels auswirken.

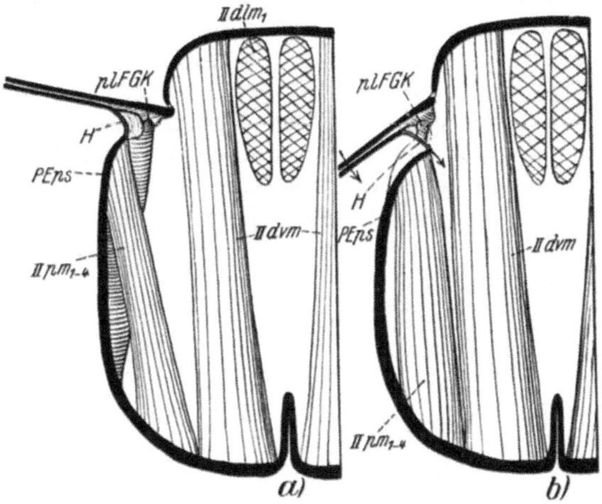

Abb. 50. Schema der Einwirkung des pm_{1-4} von *Aphis* auf die Hebung und Senkung des Flügels nach WEBER. *H* Verbindungshaut, die übrigen Bezeichnungen wie in Abb. 11 und 49.

Das Zurückbringen des Flügels in die Ruhestellung wird von den in Abb. 48b als $II\ pm_{10}$ und $II\ pm_{11}$ bezeichneten Muskeln besorgt.

Der Hinterflügel ist nur geringfügiger eigener Bewegungen fähig. Ein Senker in Gestalt eines direkten Pleuralmuskels ($III\ pm_1$) und ein Heber in Gestalt eines indirekten Dorsoventralmuskels ($III\ dvm_1$) sind die einzigen, noch dazu verhältnismäßig sehr schwachen Muskeln, die dafür in Betracht kommen. Sie genügen naturgemäß nicht annähernd, den Hinterflügel zu den weitreichenden Flugbewegungen zu veranlassen, vielmehr wird der Hinterflügel in der Hauptsache vom Vorderflügel mitgerissen und bildet ein fast nur passiv bewegliches, für den Luftwiderstand daher besonders empfindliches Hinterrandfeld, auf dessen Bedeutung weiter unten noch eingegangen werden muß.

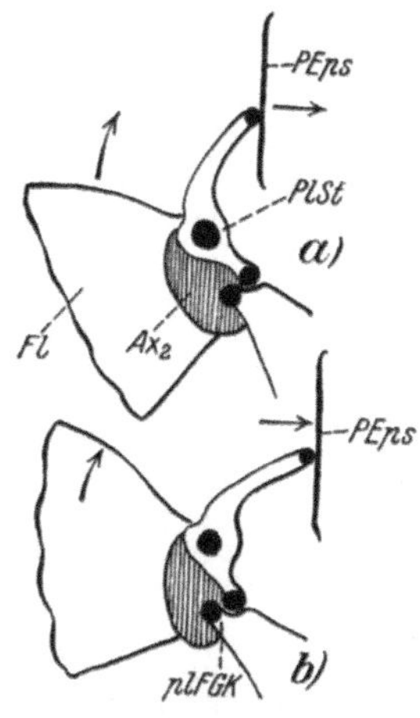

Abb. 51. Grundrißschemata, das Vorbringen des Vorderflügels von *Aphis* zeigend. *PlSt* Pleuralbogenstück, das, wenn *PEps*, das Präepisternum, von pm_{1-4} nach innen gezogen wird, den Flügel *Fl* durch Vermittlung von Ax_1, dem Tergalgelenkstück, um *plF GK*, den pleuralen Flügelgelenkkopf, dreht; nach WEBER.

Im Ganzen betrachtet, unterscheidet sich die Flügelbewegung der Aphiden nur sehr wenig von der der Hymenopteren. Vorwiegend indirekte Flugmuskeln beim Vorderflügel, fast ausschließlich passive Beweglichkeit des Hinterflügels sind die Hauptmerkmale. Die hierin angedeutete Entwicklungstendenz erreicht ihren Höhepunkt bei den Männchen der Cocciden, bei denen die Hinterflügel ähnlich wie die der Dipteren fast völlig reduziert sind. Sie sind nur noch längliche, schmale Läppchen, die durch eine oder drei geschwungene Borsten mit den Vorderflügeln verbunden sind und über deren Funktion nichts Sicheres bekannt ist. Der Metathorax der männlichen Cocciden ist dementsprechend aufs äußerste reduziert, besonders in seinem medianen Teil, ebenso der Prothorax, wogegen der Mesothorax außerordentlich mächtig und muskulös

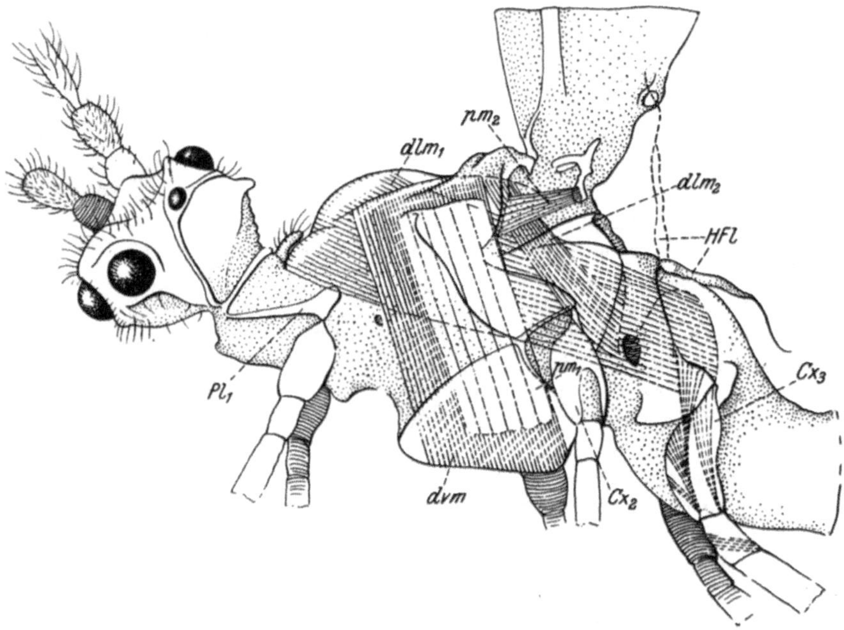

Abb. 52. Seitenansicht des ♂ von *Pseudococcus adonidum*, Hinterleib weggelassen, nach einem durchsichtigen Präparat. Bezeichnungen wie gewöhnlich (Abb. 11), die benannten Muskeln gehören sämtlich zum Mesothorax. Der Kopf ist nicht genau von der Seite, sondern etwas von unten gesehen.

ist (Abb. 52). Die Muskelverteilung (Abb. 52) ist ähnlich wie bei *Aphis*; außer einem sehr starken indirekten Flügelsenker (dlm_1) und einem indirekten Flügelheber (dvm) findet sich ein direkter Flügelsenker (pm_1), ein Rückzieher (pm_2) und ein Vorbringer (dlm_2). Letzterer ist kein Pleuralmuskel, sondern entspricht dem lateralen dorsalen Längsmuskel dlm_2 unseres Grundschemas. Der Thorax der Coccidenmännchen ist ein schönes Beispiel für eine außerordentlich hochwertige, spezialisierte und doch einfache Flugmuskulatur, ein Beispiel für die bei den Insekten allgemein verbreitete Tendenz, ein Flügelpaar samt seinen Muskeln verschwinden zu lassen und dafür das andere unter äußerster Ausnützung des Prinzips der indirekten Flugmuskeln leistungsfähig zu machen.

Die Flügelbewegung der Wanzen ist, soweit wir wissen, nicht sehr von der der Aphiden verschieden; der verbreitete Irrtum, die Halbdecken der Wanzen funktionierten ähnlich wie die Elytren der Käfer, ist leicht zu widerlegen, wenn man die flügeltragenden Segmente bei einem Käfer und einer Wanze vergleicht. Beim Käfer ist der Mesothorax kleiner als der Metathorax, die Muskulatur der Elytren schwächer, und die Hinterflügel sind durch starke Muskeln durchaus selbständig beweglich. Bei den Wanzen dagegen (Abb. 53) ist der Metathorax

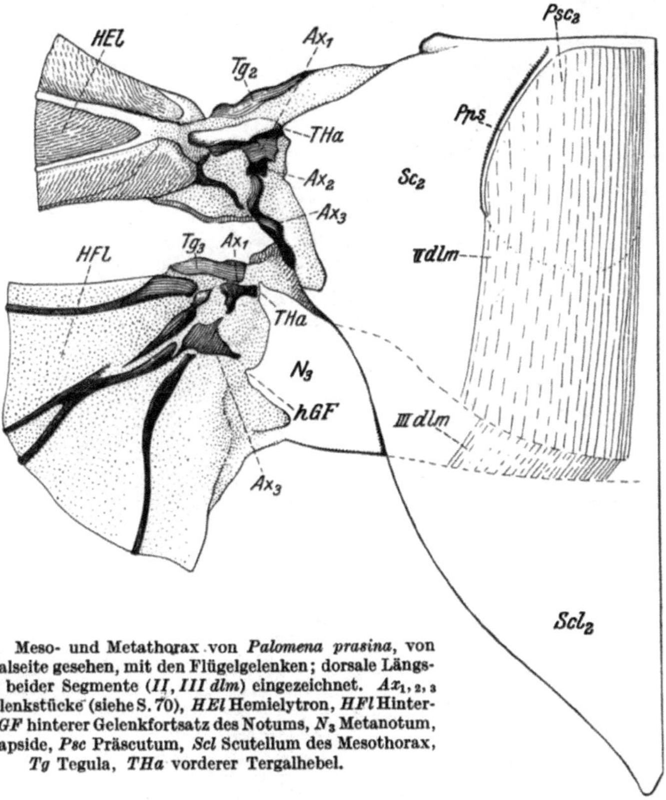

Abb. 53. Meso- und Metathorax von *Palomena prasina*, von der Dorsalseite gesehen, mit den Flügelgelenken; dorsale Längsmuskeln beider Segmente (*II*, *III dlm*) eingezeichnet. $Ax_{1,2,3}$ Flügelgelenkstücke (siehe S. 70), *HEl* Hemielytron, *HFl* Hinterflügel, *hGF* hinterer Gelenkfortsatz des Notums, N_3 Metanotum, *Pps* Parapside, *Psc* Präscutum, *Scl* Scutellum des Mesothorax, *Tg* Tegula, *THa* vorderer Tergalhebel.

deutlich reduziert, sein Tergum bildet nur ein ganz schmales Band unter dem häufig nach hinten stark überstehenden Meso-Scutellum. Dementsprechend sind die dorsalen Längsmuskeln im Mesothorax unverhältnismäßig viel länger und stärker als die des Metathorax, die letzteren haben wie bei *Aphis* nur insofern Bedeutung, als sie das Phragma nach hinten ziehen, wenn der *II dlm* erschlafft, und diesen so wieder kontraktionsbereit machen. Auch das Flügelgelenk des Mesothorax ist besser ausgebildet, reicher mit Gelenkstücken versehen als das des Metathorax.

Einen erheblich anderen Typ verkörpern die Zikaden und die Psylliden, deren Flugmuskeln im wesentlichen übereinstimmend gebaut sind und funktionieren.

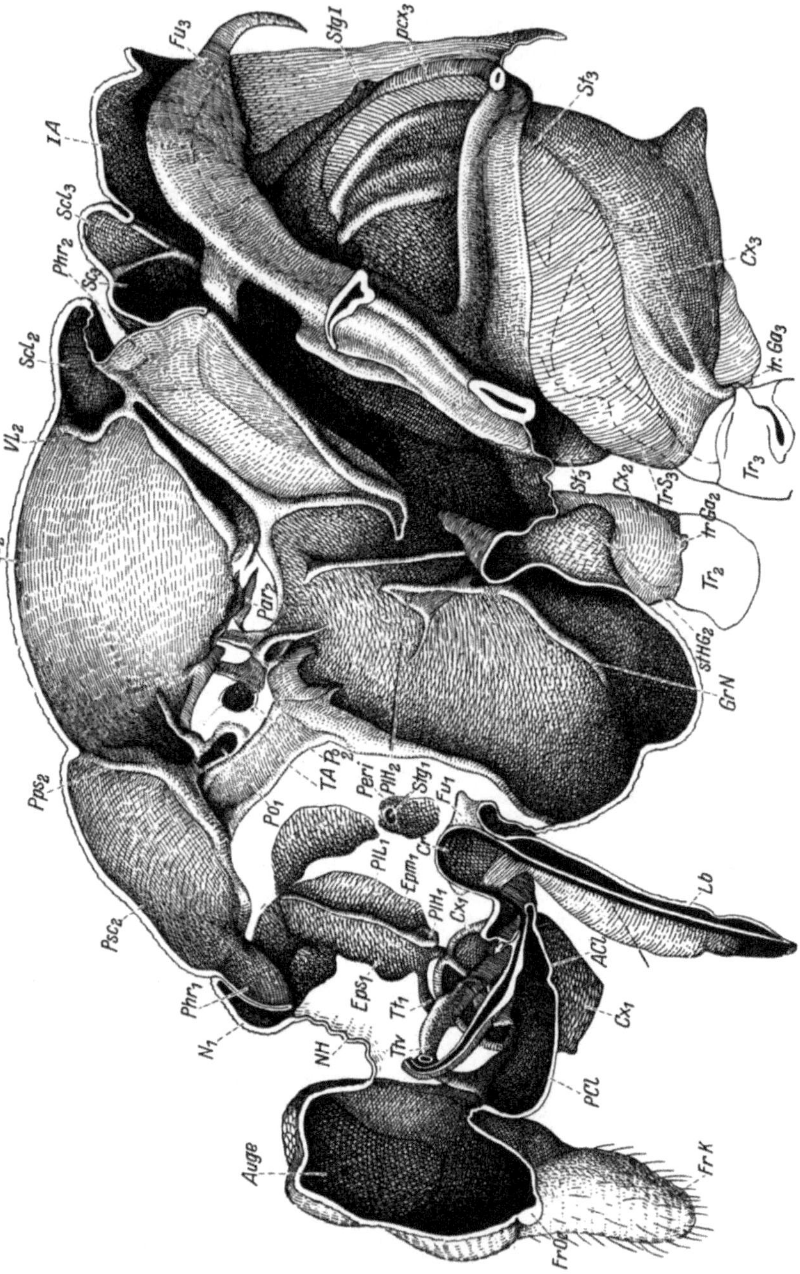

Abb. 54. *Psylla mali*, Imago. Rechte Hälfte des Kopfes und des Thorax, durch einen Mediananschnitt von der linken getrennt und von links gesehen. Das Metasternum ist nicht median geschnitten, ein medialer Teil ist ganz gelassen, nach Weber. *AC* Anteclypeus, *Cr* Crumena, *Cx* Coxa, *Epm* Epimerum, *Eps* Episternum, *FrK* Frontalkegel, *FrOc* Frontalocellus, *Fu* Furca, *GrN* Grenzleiste, *Lb* Labium, N_1 Pronotum, *NH* Nackenhaut, Par_2 Subalare, *PCl* Postclypeus, *pcx* postcoxale Brücke, *Peri* Peritrema, *Phr* Phragma, *PlH* Pleuralhaken, Po_1 Hautpolster der Flügelbasis, Po_2 Tegula, Pp_1 Parapside, *Psc* Präscutum, *Sc* Scutum, *Scl* Scutellum, *St* Sternum, *Stg* Stigma, *stHG* sternales Hüftgelenk, *TA* Tergalarm, *Tr* Trochanter, *Tt* Trochantinus, *Ttv* Ventralarm des Tentoriums, *VL* V-Leiste. Die Indizes 1, 2, 3 bedeuten Zugehörigkeit zu den Thoraxsegmenten. *IA* erstes abdominales Tergit, St_I erstes

Den Thorax von *Psylla mali*, die wir als Beispiel für die Psylliden wählen wollen, zeigt im Längsschnitt ohne Muskeln Abb. 54, mit Muskeln Abb. 55. Die Einteilung des Mesotergums ist ähnlich wie bei *Aphis*;

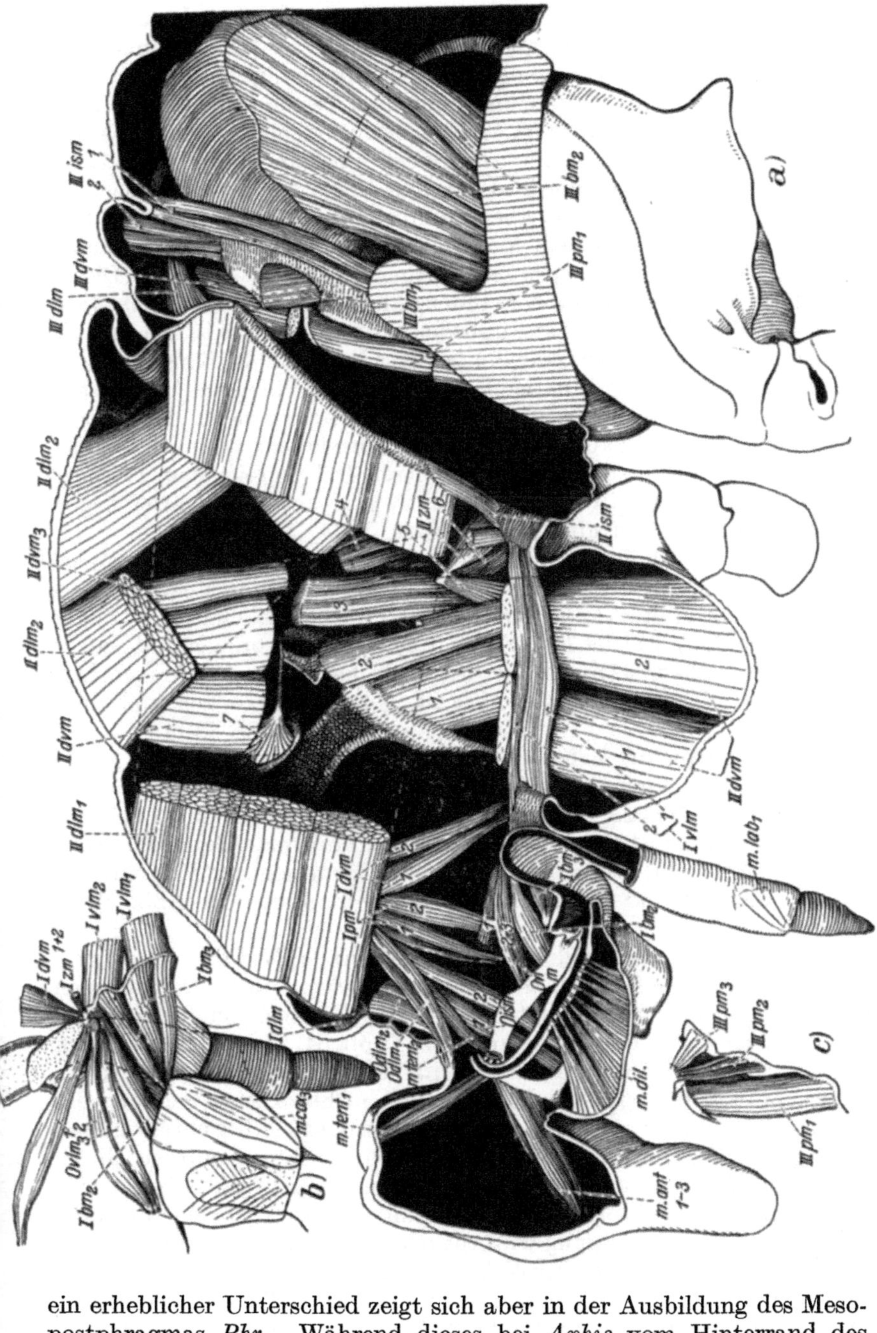

Abb. 55. a) Wie Abb. 54, aber auch das Metasternum median geschnitten, Muskeln eingezeichnet, Bezeichnungen wie üblich, von den großen Flugmuskeln sind im Mesothorax nur Stümpfe belassen, um die tieferen Muskeln zu zeigen; b) Seitenansicht (von links) des Labiums mit dem Prosternum und der linken Vorderhüfte; c) die in a) verdeckten lateralen Muskeln des Metathorax, nach WEBER.

ein erheblicher Unterschied zeigt sich aber in der Ausbildung des Mesopostphragmas *Phr*$_2$. Während dieses bei *Aphis* vom Hinterrand des Mesotergums nach hinten unten in die Thoraxhöhle vorspringt (Abb. 48), ist es bei *Psylla* nach vorn unten gerichtet und schließt sich außerdem seitlich noch an den Hinterrand der Pleura an, so daß Phragma und Pleura zu einem fest verbundenen Komplex werden, gegen den der vordere, aus Präscutum, Scutum und Scutellum bestehende Teil des Tergums scharnierartig drehbar ist. Dieser eigentümlichen Ausbildung des Skeletts entspricht eine ganz ungewöhnliche Anordnung der hauptsächlichen Flugmuskeln. Der dorsale Längsmuskel zieht sich vom Präscutum nach dem Phragma, nimmt aber nur dessen mittleren Teil ein. Der seitliche Teil wird von einem Muskel eingenommen, der dem lateralen dorsalen Längsmuskel dlm_2 unseres Grundschemas entspricht. Dieser Muskel ist bei *Aphis* wohl vorhanden, aber sehr schwach (Abb. 48b, *II* dlm_2) und für den Flug ganz unbedeutend. Bei *Psylla* ist der Muskel außerordentlich stark, in zwei hintereinander liegende Bänder geteilt und im Zusammenhang mit der Verlagerung des Phragmas und dessen Anschluß an den sternopleuralen Komplex in seiner Lage und Funktion so verändert, daß er kaum mehr als Längsmuskel zu erkennen ist. Er vermag das Tergum, an dem er im mittleren Teil angreift, dem Sternum zu nähern und unterstützt so den relativ schwachen, aus zwei Zügen bestehenden Dorsoventralmuskel (*II* $dvm_{1,2}$).

Außer diesen indirekten Flugmuskeln ist noch ein den ventralen Zipfel des Phragmas mit der Furca Fu_2 verbindender Muskel *II ism* zu nennen, sowie eine Anzahl von direkten Flugmuskeln, deren erster und zweiter (*1*, *2*), wie der *II* pm_{1-4} von *Aphis*, als Vorbringer und Senker des Flügels wirken, während der dritte (*3*) den Flügel in die Ruhelage befördert. Die Muskulatur des Hinterflügels entspricht fast völlig der von *Aphis*.

Die Flugorgane der Zikaden, von denen nur die der Cicadiden genau untersucht sind, entsprechen in allen Punkten denen von *Psylla*, nur ist der laterale dorsale Längsmuskel (dlm_2) auch relativ noch stärker, der Dorsoventralmuskel schwächer, und das Phragma geht noch weiter herunter (Abb. 56a). Wir können also die Funktion der Flugmuskeln bei den Zikaden und Psylliden auf einmal an Hand der Abb. 56 erledigen.

Die Kontraktion des dorsalen Längsmuskels *II* dlm_1 nähert, wie Abb. 56b zeigt, das Tergum dem Phragma, was infolge der gelenkigen Verbindung beider Teile leicht möglich ist. Da aber der vordere Teil des Tergums durch den Tergalarm *TA* (Abb. 54, 56a) in bestimmtem Abstand von der Pleura gehalten wird, kann diese Annäherung trotz der eigentümlichen Stellung des Phragmas nicht zu einer Senkung des Tergums führen, die natürlich eine Flügelhebung herbeiführen müßte. Es folgt vielmehr, indem das Phragma sich um seinen unteren, durch den *II ism* fest mit der Furca verbundenen Zipfel etwas dreht, eine Hebung des ganzen Komplexes und damit wie bei *Aphis* eine Senkung des Flügels. Diese Bewegung wird rückgängig gemacht, wenn die beiden dorsoventral verlaufenden Muskelzüge *II dvm* und *II* dlm_2 sich kontrahieren. Der letztere Muskel ist also zu einem Flügelheber geworden — eine ganz einzig dastehende Funktion für einen dorsalen Längsmuskel. Der Hinterflügel ist wie bei *Aphis* keiner nennenswerten Eigenbewegung fähig und wird bei der Hebung und Senkung des Vorderflügels mitgerissen, wie bei allen seither beschriebenen Hemipteren.

Eine Ausnahme scheinen hierin die Aleurodiden zu machen, bei denen die Vorderflügel nach demselben Prinzip bewegt werden wie bei den Zikaden und Psylliden. Sie besitzen im Metathorax nicht nur sehr starke Dorsoventralmuskeln, die nur teilweise an der Bewegung der Sprungbeine beteiligt sind, sondern auch einen sehr wohl ausgebildeten dorsalen Längsmuskel, sowie starke direkte Pleuralmuskeln. Auch die skelettalen Teile des Metathorax sind hier durchaus nicht in dem Maße reduziert, wie bei den anderen Hemipteren, wie denn auch die Hinterflügel den Vorderflügeln an Gestalt und Größe beinahe gleichkommen. Es scheint, daß die Aleurodiden einen vom normalen Hemipterentyp

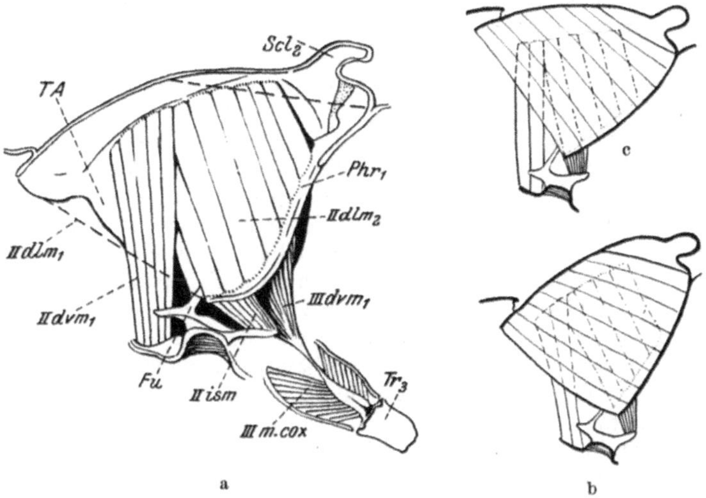

Abb. 56. a) Muskeln der rechten Hälfte des Mesothorax und der Hinterhüfte von *Tibicen septendecim* nach SNODGRASS, Bezeichnungen wie in Abb. 11, 54, 55; b) Schema zur Hebung des Tergums durch Kontraktion des *II* dlm_1; c) zur Senkung des Tergums durch Kontraktion von *II* dvm_1 und *II* dlm_2 (vgl. a), nach WEBER.

recht abweichenden Flugtyp verkörpern, dessen genaue, vom Verfasser bereits in Angriff genommene Untersuchung sicher viel Interessantes zutage fördern wird.

Nachdem wir im vorstehenden das Zustandekommen der hauptsächlichsten Bewegungen der Flügelmuskulatur kennengelernt haben, wird es nun unsere Aufgabe sein, die Rolle, die die Flügel selbst beim Flug spielen, das Ergebnis der Flügelbewegungen also, mechanisch verständlich zu machen. Leider sind die Hemipteren, im Gegensatz zu anderen Insektengruppen, in dieser Beziehung noch weniger bearbeitet, als bezüglich der Flugmuskulatur und ihrer Funktion. Chronophotographische Studien, wie wir sie z. B. von den Libellen, den Dipteren und den Hymenopteren besitzen, liegen von den Hemipteren nicht vor, und die übrigen Angaben der Literatur sind mit großer Vorsicht aufzunehmen. Die Zahl der Flügelschläge hat Voss für zwei Vertreter der Hemipteren, eine Capside und eine *Typhlocyba* (Jassiden), auf 100—109 bzw. 120 pro Sekunde für das festgehaltene Tier angegeben. Diese Zahlen sind ziemlich hoch, denn bei den Hymenopteren und den Dipteren, den besten Fliegern unter den Insekten, schwankt die Schwingungszahl zwischen 50 und 600 in der Sekunde, während z. B. die Libellen nur 20—28 Flügelschläge haben. Diese geringe Zahl bei so gewandten Fliegern erklärt sich daraus, daß die Flügel der Libellen abwechselnd arbeiten und daher eine ganz andere Wirkung ausüben als die Flügel derjenigen Insekten, bei denen nur eine einzige Flugfläche wirkt. Bei dem letzteren Funktionstyp, zu dem ja auch die Hemipteren gehören, bewegen sich die Flügel nicht senkrecht von oben nach unten, sondern von oben hinten nach unten vorn, wobei teils dank dem Bau der Gelenke, teils durch die Wirkung des Luftwiderstandes der Vorderrand des Vorderflügels vorangeht. Die Spitzen der Vorderflügel beschreiben dabei eine Achterkurve (Marey) oder auch eine flache Null (Prell), die Neigung der Flügelflächen ändert sich in jedem Punkt der Bahn. Weder diese Kurve noch die Flügelneigung ist bei einer bestimmten Art ein für allemal fixiert, vielmehr sind je nach der Flugrichtung zahlreiche Abänderungen möglich, die dadurch bewirkt werden, daß die kleinen, direkt am Flügelgelenk angreifenden Pleuralmuskeln das Gelenk in sehr verschiedener Weise einstellen können. Das Flügelgelenk ist ja bei den Insekten keineswegs ein fester Komplex, es ist vielmehr aus vielen kleinen, teils aus den Flügeladern, teils aus der Körperwand hervorgegangenen Gelenkstücken (Axillaria) aufgebaut, die zwar bei den verschiedenen Insektengruppen genetisch gleich und daher morphologisch vergleichbar, im einzelnen aber so mannigfacher Abänderungen fähig sind, daß die genaue Erforschung der Flügelgelenke für jedes Insekt ein Spezialstudium bedeutet.

Den Mittelpunkt des Gelenkes bildet stets das Axillare 2 oder Mittelgelenkstück, das auf dem pleuralen Flügelgelenkkopf ruht. Seine Verbindung mit dem Tergum wird durch das Axillare 1 (vorderes Tergalgelenkstück) hergestellt, das am seitlichen Teil des Scutums an einem meist deutlich ausgeprägten Hebel, dem vorderen Tergalhebel, artikuliert und die Bewegungen des Tergums auf die Flügelwurzel überträgt. Die mittleren Adern des Flügels (Radius, Media und Cubitus) stehen mit dem Axillare 2, die vorderen (Costa, Subcosta) mit dem Axillare 1 unmittelbar in Verbindung. Das hintere Feld des Flügels ist dagegen durch ein weiteres Gelenkstück, das Axillare 3 oder Analwurzelstück, mit dem hinteren Teil des Scutums verbunden, doch ähnelt diese Verbindung insofern wenig der zwischen Axillare 1 und Scutum, als sie zu wenig fest ist, um die Bewegungen des letzteren auf das Analfeld zu übertragen. Es besteht ferner eine Verbindung zwischen dem Analfeld und dem hinteren Teil der Pleura, die durch ein unterhalb des Flügels gelegenes Plättchen, das Subalare (Epimeralgelenkstück), bewerkstelligt wird, und eine Verbindung zwischen dem vorderen Teil der Pleura und dem vorderen Feld des Flügels, die ein vor dem pleuralen Flügelgelenkkopf gelegenes Basalare herstellt. Diesem Schema entspricht das Flügelgelenk von *Aphis* in fast allen Punkten (Abb. 57a), nur ist das Basalare nicht, wie das sonst der Fall zu sein pflegt, Ansatzpunkt für die Protraktoren des Flügels, diese sind vielmehr, wie oben schon angedeutet, auf das Präepisternum abgeglitten, und das Basalare ist als Pleuralbogenstück nur noch eine Brücke zwischen Präepisternum und Axillare 2 (siehe S. 62). Ein Subalare fehlt bei *Aphis* ganz, ist dagegen ebenso wie ein normales Basalare sowohl bei den Psylliden wie bei den Cicadinen vorhanden (Abb. 54, 57, 94) und dient dem Remotor des Flügels zum Ansatz. Dieser sowohl wie der Promotor und die mehr oder weniger zahlreichen, am Axillare 2 und auch 3 angreifenden Muskeln können durch Verstellung der einzelnen Teile des Gelenkes die Neigung der Flügel

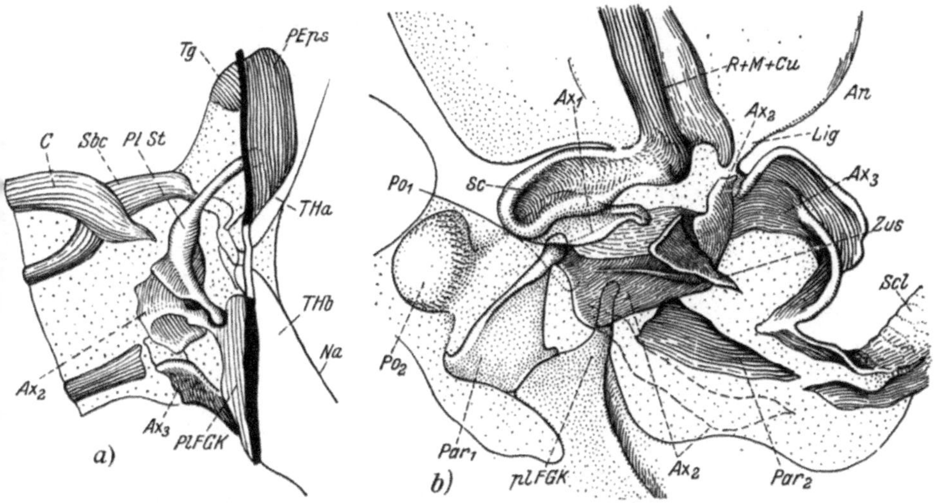

Abb. 57. a) Gelenk des rechten Vorderflügels eines ♀ von *Aphis fabae*, von der Ventralseite gesehen, Pleura durchgeschnitten, nach WEBER; b) Gelenk des (maximal gehobenen) linken Vorderflügels von *Psylla mali*, von der linken Seite gesehen, nach WEBER. $Ax_{1,2,3}$ Gelenkstücke (siehe S. 70), *An* Analader, *C* Costalader, *Cu* Cubitus, *Lig* Flügelligament, *M* Medialader, *Na* Naht des Scutums, Par_1 Basalare, Par_2 Subalare, *PEps* Präepisternum, Po_1 Polster, Po_2 Tegula, *plF GK* pleuraler Flügelgelenkkopf, *R* Radialader, *Sbc-Sc* Subcostalader, *Scl* Scutellum, *THa, b* Tergalhebel, *Tg* Tegula, *Zus* Zusatzgelenkstück.

während des Fluges, die Lage der Schwingungsebene und damit die Höhensteuerung weitgehend beeinflussen, denn die Größe des durch die Flügelschwingungen erzeugten Hubs ist von der Neigung der Flügelfläche und von der Richtung des Flügelschlages abhängig (Abb. 58). Besonders wirksam als Versteller der Flügelfläche ist der in Abb. 48b bei *Aphis* als *II* pm_{12}, in Abb. 55 bei *Psylla* mit *7* bezeichnete Muskel, der, auch bei *Aleurodes* und bei den Coccidenmännchen vorkommend (Abb. 52, pm_2), von einem vor dem Flügel gelegenen polster- oder sehnenartigen Gebilde aus an die Flügelbasis geht. Ihn kann man daher wohl vor allen anderen als einen Steuermuskel bezeichnen.

Die Seitensteuerung scheint dagegen nicht durch besondere Muskeln, sondern durch ungleiche Ausschläge der beiderseitigen Flügel bewirkt zu werden.

Während der mehr passiv bewegliche Analteil des Flügels bei manchen Insekten, z. B. bei den Orthopteren, sehr groß ist, ist er beim Vorderflügel der Hemipteren (Clavus) schmal und für den Flug selbst von geringer Bedeutung. Er besorgt die Führung des Flügels beim Vorbringen, und bei den Cicadiden ist seine Basis sogar zu einer Gelenkpfanne umgestaltet, die auf einen vom Axillare 1 gebildeten Gelenkkopf paßt und eine reibungslose Drehung der Flügelbasis ermöglicht (Abb. 45). Außerdem übernimmt der Clavus, wie oben schon gesagt wurde, die Verkoppelung des Hinterflügels mit dem Vorderflügel. Die für den Flug wesentliche Rolle des wenig beweglichen Hinterrandfeldes übernimmt bei den Hemipteren der Hinterflügel, der (Abb. 53) weniger eng an den Rumpf angeschlossen, im Gelenk weniger aktiv verstellbar und daher den Einflüssen des Luftwiderstandes mehr ausgesetzt ist, als der Vorderflügel. Da der Hinterflügel zudem meist erheblich kürzer ist als der

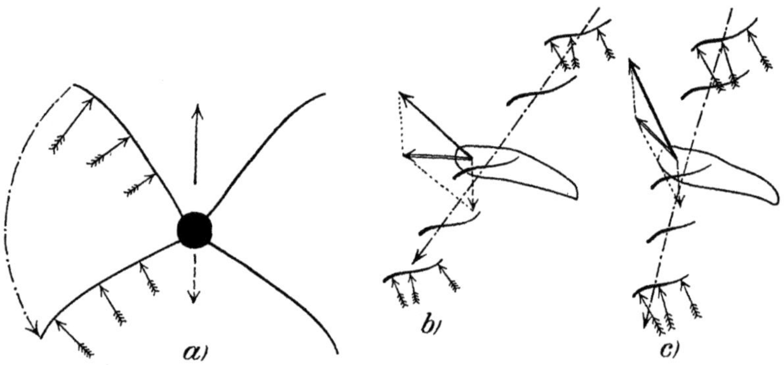

Abb. 58. a) Schema der Hubwirkung beim Flug. Gestrichelte Pfeile = Schwere, gefiederte Pfeile = Richtung des Luftwiderstandes zur Fläche, ausgezogener Pfeil = Hubwirkung; b) und c) Schemata des Einflusses einer Verstellung der Schwingungsebene der Flügel auf die Höhensteuerung, doppelter Pfeil = Bewegungsrichtung, sonst wie in a).

Vorderflügel (Ausnahme: Aleurodiden, siehe S. 69), ähnelt er auch in der Form dem Analfeld des Orthopterenflügels oder auch des Hinterflügels der Perliden erheblich. Funktionell wirkt sich die geringere Widerstandsfähigkeit des Clavus und des Hinterflügels gegen den Luftdruck dahin aus, daß bei der Senkung der Flügel ihr hinteres Feld nach vorn geneigt ist; die Abwärtsbewegung der Flügel erzeugt den Hub, die geneigte Stellung des hinteren Feldes den Schub. „Der unter dem abwärts schlagenden Flügel sich bildende Stauhügel erzeugt einen Druck, der stets senkrecht zu den einzelnen Flächenteilen wirkt" (Stellwaag), die Resultante aus diesen Einzelkräften ist nach vorn oben gerichtet (Abb. 58). Dazu kommen natürlich immer noch Luftwirbel, die von der Form der Flügeladern und vom Flügelquerschnitt überhaupt nach Richtung und Intensität abhängen. So wird z. B., wie Haupt bei den Cicadiden feststellt, der Vorderflügel infolge seiner Wölbung auch als Segelfläche wirken, wobei die hinter seinem Vorderrande nach oben stoßenden Luftwirbel ihre Tragwirkung auf das Mittelfeld des Flügels ausüben. Wenn Haupt weiterhin den Vorderflügel — speziell bei den

Cicadiden — mit einem Propeller vergleicht, die Hinterflügel mit Tragflächen, so kann man dem die Ausführungen entgegenhalten, die PROCHNOW sehr mit Recht gegen die Übertragung des Begriffes „Schraubenflug" auf die Insekten vorbringt (SCHRÖDERS Handbuch der Entomologie Bd. I, S. 554). PROCHNOW stellt fest, daß trotz der wenigstens gelegentlich auftretenden Achterbahn der Flügelspitze und trotz der Flügelneigungen die Bewegungen der Flügel selbst bei den höheren Hautflüglern nur oberflächliche Ähnlichkeit mit einer Luftschraubenbewegung haben und daß man gut daran tun würde, jene leicht mißdeutbare Analogisierung fallen zu lassen und den normalen Insektenflug als Ruderflug zu bezeichnen, bei dem im Sinne der Abb. 58 die Flügel außer der vertikalen noch eine vorwärtstreibende Kraftkomponente entwickeln.

9. Stridulationsbewegungen und verwandte Erscheinungen.

Während alle bisher geschilderten Bewegungen der Ortsveränderung dienten, sollen im folgenden anhangsweise noch zwei Gruppen von Bewegungen geschildert werden, deren Einordnung in einen biologischen Zusammenhang schwierig oder strittig ist und die daher zunächst besser vom rein mechanischen Gesichtspunkt betrachtet werden. Zur ersten Gruppe zusammengefaßt sind Bewegungen, durch die ein Ton erzeugt wird. Lauterzeugung ist ja unter den Insekten weit verbreitet, und zwar entweder als Begleiterscheinung irgendwelcher anderer Bewegungen oder als selbständige Tätigkeit. Als Beispiel für den ersten Fall, den wir im übrigen beiseite lassen können, ist der Flugton zu nennen, der als Folge der raschen Bewegung der Flügel bzw. der Thoraxwände entsteht (Haupt- und Nebenflugton) und als mehr oder weniger deutliches Brummen wahrnehmbar ist. Selbständige biologische Bedeutung kommt ihm, soweit wir wissen, nicht zu.

Der zweite Fall, die Erzeugung von Geräuschen durch besondere Organe, ist bei den Hemipteren häufig und erfordert genauere Besprechung. Nach der Art der Entstehung des Tones können wir zweierlei Organe unterscheiden: Stridulationsorgane und Trommelorgane, dementsprechend auch Stridulationsbewegungen und Trommelbewegungen.

Stridulationsbewegungen bestehen immer darin, daß ein Chitinteil am anderen gerieben wird. Ein hörbarer Ton kann dabei nur entstehen, wenn der eine der beiden Teile gerauht, gerieft oder gezähnt, der andere scharfkantig, spitz oder ebenfalls gezähnt ist. Der erste Teil wird nach der gebräuchlichen Nomenklatur als „Plektrum", der zweite als „Pars stridens" bezeichnet. Die Töne entstehen, physikalisch betrachtet, nach dem Prinzip der SAVARTschen Sirene (Zahnradsirene), bei der ein Zahnrad unter einem federnden Sperrhaken läuft (PROCHNOW). Das Plektrum entspricht dem Zahnrad, die Pars stridens dem Sperrhaken; es ist dabei natürlich gleichgültig, welcher der beiden Teile in Ruhe bleibt. Speziell bei den Hemipteren sind Stridulationsbewegungen der verschiedensten Art an einer ganzen Menge von Formen durch zahlreiche Autoren beschrieben. Nicht wenige von diesen Angaben sind ganz unzuverlässig oder unvollständig, so ist vielfach nur ein als Stridulationsorgan gedeutetes Organ beschrieben, ohne daß entsprechende biologische Beobachtungen vorliegen; oder es ist von einer Tonerzeugung die Rede, ohne daß die Art der Entstehung der Töne geklärt wird. Wir werden uns daher im folgenden nur mit den Fällen beschäftigen können, die einigermaßen gesichert erscheinen.

Der bekannteste Fall, von dem jedermann sich gelegentlich überzeugen kann, ist die Stridulationsbewegung der Reduviiden und Phymatiden. Bei diesen (nicht aber bei ihren nächsten Verwandten, den Nabiden, siehe S. 75) ist nach HANDLIRSCH in beiden Geschlechtern und, wie Verfasser selbst feststellen konnte, auch bei älteren Larven das Prosternum median rinnenartig vertieft, der Boden der Rinne ist wenig konkav und mit zahlreichen, sehr feinen Querrillen versehen. Bei *Coranus subapterus* (Abb. 59) z. B. ist die gerillte Fläche 0,85 mm lang, 0,14 mm breit und trägt etwa 150 Rillen. Dieser ventralen Furche, die natürlich das Plektrum darstellt, entspricht als Pars stridens die Spitze des Labiums. Diese trägt auf ihrer dem Plektrum zugewandten Seite einige kleine Zähnchen (Abb. 59b) und kann, da der Rüssel der Reduviiden eine sehr weitgehende Eigenbeweglichkeit hat, mit großer Geschwindigkeit über das Plektrum gerieben werden, wobei ein heller, scharfer Ton erzeugt wird. Das Geräusch lassen die Tiere vor allem dann ertönen, wenn sie irgendwie bedroht sind, z. B. wenn sie mit der Pinzette angefaßt werden. Wenn nach länger dauernden Insulten die Bewegung eingestellt wird, so genügt ein weiterer Reiz, um sie erneut hervorzurufen. HANDLIRSCH erzählt z. B., daß er auf einer Sammelreise einige Reduviiden lebend in eine Schachtel gespießt habe und daß diese jedesmal, wenn die Schachtel geöffnet wurde, wieder ihren Ruf ertönen ließen.

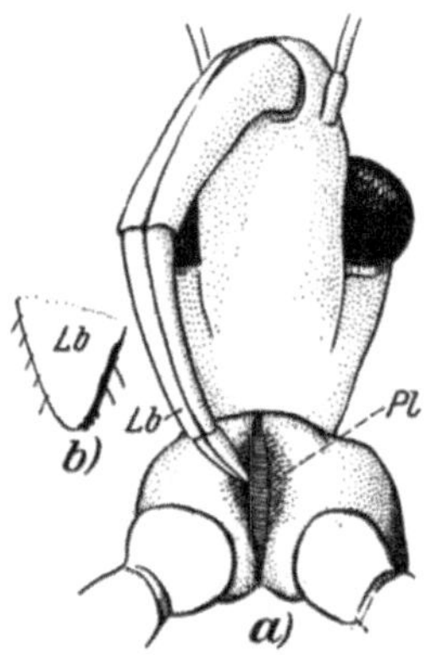

Abb. 59. Kopf und Prothorax von *Coranus subapterus* von der Ventralseite mit *Pl* Plektrum, *Lb* Labium, daneben die Spitze des Labiums mit der Pars stridens lateral, nach HANDLIRSCH.

Die Art der Auslösung der Bewegung macht es schon sehr unwahrscheinlich, daß der erzeugte Ton zur gegenseitigen Anlockung der Geschlechter dient. Die Tatsache, daß die Tonerzeugung auch bei den Larven vorkommt, schließt diese Deutung vollends aus. Es bleibt also, wenn man dem Ton überhaupt eine biologische Bedeutung zuerkennen will, kaum etwas anderes übrig, als ihn im Sinne HANDLIRSCHS als Schreckmittel zu deuten. Über den Erfolg dieses Mittels liegen keinerlei Beobachtungen oder Experimente vor. Man könnte sich aber immerhin vorstellen, daß ein Räuber, der eine Reduviide ergriffen hat, durch das plötzlich einsetzende Geräusch überrascht, die Wanze fallen läßt und ihr so Gelegenheit zur Flucht gibt.

Eine ganz andere Art der Stridulation zeigen die den Reduviiden nächstverwandten Nabiden. Genaueres ist nur von *Nabis flavomarginatus* durch EKBLOM bekannt geworden. Bei dieser Art, und zwar nur beim Männchen, trägt das Hinterleibsende jederseits eine Reihe von dicht stehenden, an der Spitze geknickten Borsten (Abb. 60b). Auf diesem

Plektrum bewegt sich als Pars stridens die Hinterschiene. Wenn das Männchen im Begriff ist, seinen Tonapparat zu gebrauchen, biegt es erst seinen Hinterleib nach der einen Seite und reibt dann mit dem Hinterbein derselben Seite rasch über das Plektrum (Abb. 60a). Das andere Hinterbein bleibt in Ruhe. Während dieser Bewegung, die mit nur sekundenlangen Pausen 1 Stunde lang fortgesetzt werden kann, bleibt das Männchen ruhig auf seinem Platz sitzen. Ein Ton konnte von Ekblom nicht gehört werden, vermutlich weil er zu schwach oder zu fein für das menschliche Ohr ist.

Da die Tonerzeugung nur dem einen Geschlecht zukommt, liegt die Vermutung nahe, daß es sich hier um einen sexuellen Lock- oder Reizton handelt. Sicher ist das aber nicht, denn Ekblom konnte nicht feststellen, daß die Bewegung irgendeinen Eindruck auf das Weibchen machte.

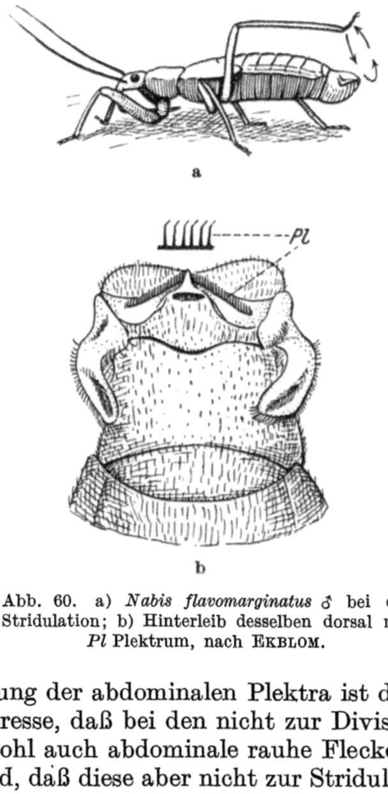

Abb. 60. a) *Nabis flavomarginatus* ♂ bei der Stridulation; b) Hinterleib desselben dorsal mit *Pl* Plektrum, nach Ekblom.

Bei allen Scutelleriden der Divisio Tetyraria (*Tetyra*, *Pachycoris*, *Polytes*, *Ascanius*, *Achates*, *Coptochilus*, *Orsilochus*, *Demoleus*, *Dioleus* usw.) fand Handlirsch ein abdominales Stridulationsorgan. Das Plektrum besteht aus einem sehr fein längs gerillten Fleck auf der Unterseite des Abdomens, als Pars stridens dient die Dorsalseite der Hinterschiene, die, wie Abb. 61b zeigt, mit einer Reihe fester, spitz zulaufender Schrillzäpfchen besetzt ist (*c*). Die vermutliche Haltung des Hinterbeines bei der Stridulation zeigt Abb. 61a. Biologische Beobachtungen liegen nicht vor; es ist daher unmöglich, über die Bedeutung des Schrillens auch nur Vermutungen zu äußern.

Für die Frage nach der Entstehung der abdominalen Plektra ist die Feststellung Handlirschs von Interesse, daß bei den nicht zur Divisio Tetyraria gehörigen Scutelleriden wohl auch abdominale rauhe Flecken an der gleichen Stelle vorhanden sind, daß diese aber nicht zur Stridulation sich eignen. Da matte Flecken im sonst glatten Chitin der Unterseite des Abdomens auch bei ganz anderen Wanzen vorkommen (*Pyrrhocoris*), ist hier wenigstens ein Hinweis dafür gegeben, wie Stridulationsflächen aus besonders differenzierten, aber anders funktionierenden Stellen der Cuticula entstehen können.

Bei beiden Geschlechtern von *Tesseratoma papillosa* findet sich nach Muir (1907) jederseits auf der Rückenseite des Abdomens nahe dem Thorax ein gerieftes Plektrum. Als Pars stridens dient eine an der

Unterseite jedes Flügels nahe der Basis gelegene Reihe von starken Zähnen. Das das Plektrum tragende Skelettstück kann vorwärts und rückwärts quer über die Zahnreihe geführt werden (angeführt nach IMMS).

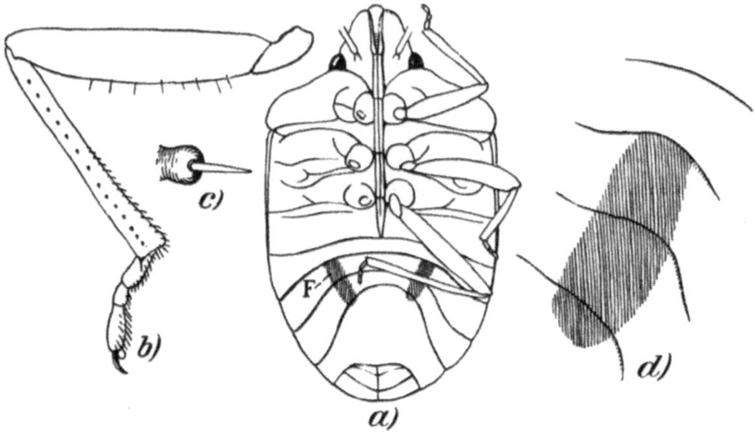

Abb. 61. a) *Pachycoris torridus*, ventral mit *F* dem Plektrum; b) Hinterbein dorsal mit den Schrillzapfen; c) ein Schrillzapfen stark vergrößert; d) das Plektrum vergrößert, nach HANDLIRSCH.

Auch bei den *Phyllomorpha*-Arten unter den Coreiden kommt nach SHARP Tonerzeugung vor, ebenso bei *Piesma quadrata* nach SCHNEIDER. Im letzteren Falle kann nur das Männchen zirpen, das Zirporgan liegt an der Flügeldecke.

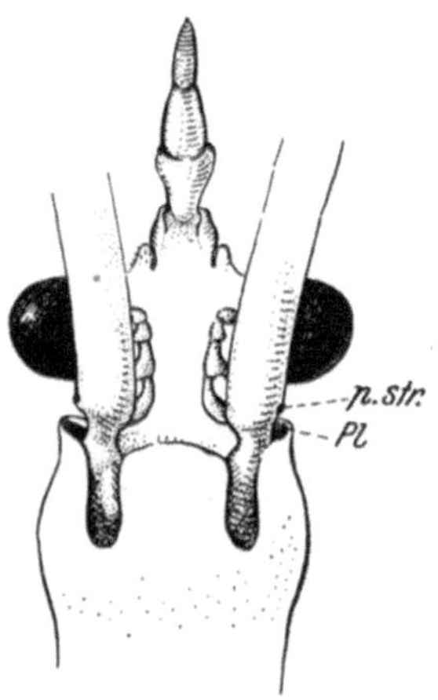

Abb. 62. *Ranatra sp.*, Kopf und Prothorax, ventral mit *p.str* Pars stridens und *Pl* Plektrum, nach HUNGERFORD.

Besonders verbreitet sind Stridulationsbewegungen bei den Wasserwanzen.

Ranatra hat nach BUENO und HUNGERFORD an der lateralen Innenfläche seines vorstehenden Halsschildes ein aus feinen Leisten bestehendes Plektrum, dem eine an der Außenseite der verlängerten Vorderhüften sitzende Pars stridens entspricht (Abb. 62). Einzelheiten über die Bedeutung der Stridulation sind aber nicht bekannt.

Beim Männchen von *Naucoris* hat FRISCH vor vielen Jahren eine Tonerzeugung beobachtet und, in Übereinstimmung mit SWINTON, das tonerzeugende Organ im Pronotum vermutet. HANDLIRSCH, der *Naucoris cimicoides* daraufhin erneut prüfte, konnte zwar am Pronotum keine Andeutung eines Stridulationsorgans feststellen, fand aber dafür auf der Rückenseite des männlichen Hinterleibs zwei feingeriefte Felder, die beim Weibchen fehlen und die HANDLIRSCH als Plektra auffaßt (Abb. 63). Als Partes stridentes müßte man wohl die scharfen Kanten der vorhergehenden beiden Hinterleibssegmente auffassen. Biologische Beobachtungen fehlen außer den Angaben FRISCHS; immerhin müßte, da das Organ nur dem Männchen zukommt, wieder an einen sexuellen, Lockton gedacht werden.

Ein sehr eigentümliches Stridulationsorgan besitzt nach WEFELSCHEID unsere einheimische kleinste Wasserwanze *Plea minutissima*. Der Hinterrand des Prothorax ist (Abbild. 64) seitlich von den Hüften jederseits in eine dünne, scharfkantige Platte ausgezogen, die in eine entsprechende, taschenartige Vertiefung des Mesothorax eingepaßt ist. Die Tasche ist das Plektrum, sie ist innen mit sehr feinen Leistchen versehen, auf denen als Pars stridens die Platte gleitet. Das Organ wird durch rasche, nickende Bewegungen des Prothorax in Tätigkeit gesetzt; es entsteht ein Ton, der so fein ist, daß er nur wahrgenommen werden kann, wenn mehr als sieben Tiere in einem Aquarium zugleich geigen. Da das Stridulationsvermögen beiden Geschlechtern zukommt, glaubt WEFELSCHEID nicht daran, daß der Ton als sexueller Lockton zu deuten ist. Wohl aber kann er dazu dienen, die Tierchen, die sich zur Paarungszeit scharenweise an bestimmten Stellen ihres Wohngewässers zusammenzufinden pflegen, auf ihre Genossen aufmerksam zu machen und so diese geselligen Gewohnheiten erst zu ermöglichen. Dafür spricht unter anderen auch das Vorhandensein eines Gehörorgans (siehe S. 111).

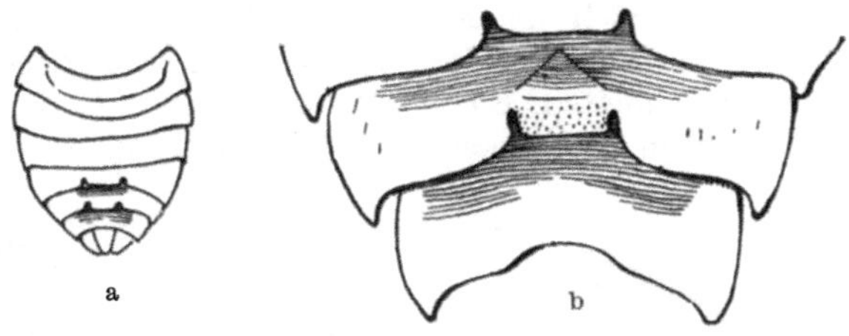

Abb. 63. *Naucoris cimicoides* ♂, Hinterleib dorsal mit den Stridulationsflächen: a) schwach; b) stärker vergrößert, nach HANDLIRSCH.

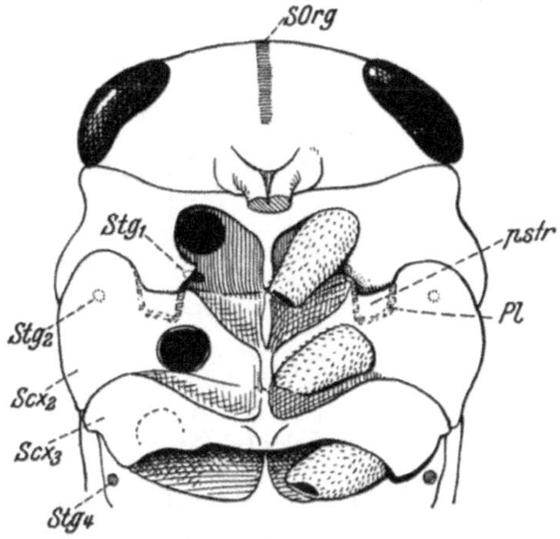

Abb. 64. *Plea minutissima*, Imago ventral mit *pstr* Pars stridens und *Pl* Plektrum. *Stg* Stigmen, *Scx* Subcoxalplatten des Meso- und Metathorax; links (im Bild) sind die Beine vollständig entfernt, rechts die Hüften belassen, nach WEFELSCHEID.

Das Männchen der kleinen nordamerikanischen Rückenschwimmerart *Buenoa margaritacea* erzeugt nach HUNGERFORD einen Ton, indem es die Kniegegend des Vorderbeins, die am Schenkel und an der Schiene je eine Stridulationsfläche besitzt, an der Basis des Labiums reibt. Der Ton, der nach BARE auf mehrere Meter Entfernung vernehmbar ist, hat vermutlich für das Geschlechtsleben Bedeutung (siehe Abb. 128).

Die bekanntesten Musikanten unter den Wasserwanzen sind die Männchen der Corixiden. Schon 1845 wurde von BALL festgestellt, daß diese nicht nur zu zirpen vermögen, sondern daß sie sogar über zwei verschiedene Töne verfügen. Das eine Mal handelt es sich um ein mehrmaliges kurzes Zirpen, das andere Mal um ein länger dauerndes, weniger lautes Geräusch, das an das Schleifen eines Messers erinnert. Über die Art, wie diese beiden Geräusche erzeugt werden, bestehen noch Meinungsverschiedenheiten. Sicher ist, daß das erste Geräusch von dem am Grund verankerten Tier (siehe S. 29) dadurch erzeugt wird, daß die Vorder-

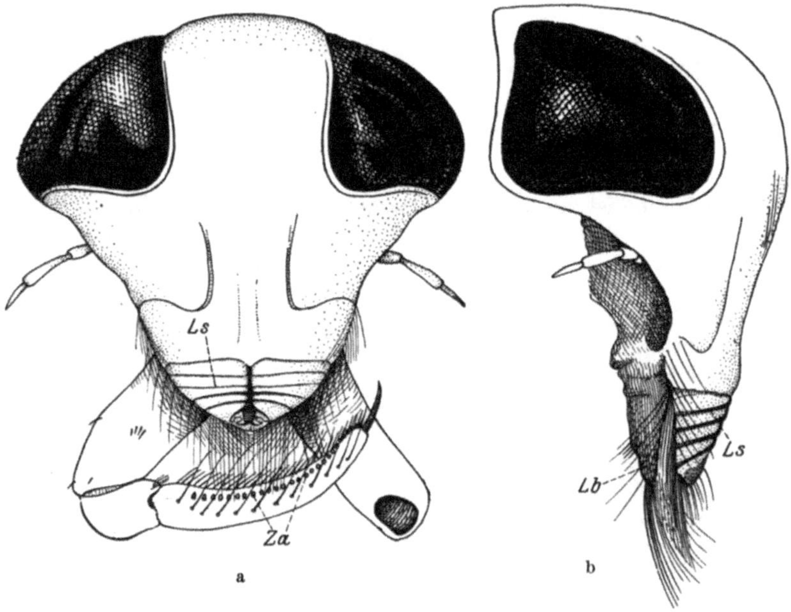

Abb. 65. *Corixa* (*Macrocorixa*) *Geoffroyi* ♂. Kopf: a) von vorn mit den Vorderbeinen; b) von der Seite. *Ls* Leisten des Labiums *Lb*, *Za* Schrillzapfen an der Pala.

beine sehr rasch vor dem Kopf bewegt werden, das zweite Geräusch soll von einer wedelnden Bewegung des Hinterleibes begleitet sein. Für HANDLIRSCH, der *Corixa* als erster genau auf die Stridulationsorgane untersuchte, handelte es sich also darum, an den Vorderbeinen und am Hinterleib je ein Organ zu finden.

Die Vorderbeine, die bei den Corixiden allgemein im Dienste der Nahrungsaufnahme stehen und zu eigentümlichen Schaufeln umgebildet sind, tragen bei den Männchen aller Corixiden mit Ausnahme von *Sigara* an der konkaven Innenseite des Endgliedes, der „Pala", eine Reihe von starken, kurzen Zapfen, deren feineren Bau Abb. 84 zeigt. Diese Zapfenreihe, die dem Weibchen fehlt, stellt zweifellos die Pars stridens dar. Als Plektrum wird die Vorderseite des verkürzten Labiums bezeichnet, die, allerdings auch beim Weibchen, einige annähernd parallele Leisten trägt (Abb. 65). Außerdem ist aber an den Schenkeln der Vorderbeine noch eine mit mehreren parallelen Reihen von kurzen Borsten bestandene Fläche zu erkennen, die, beim Weibchen fehlend, durchaus den Eindruck eines Plektrums macht (Abb. 129a).

An der Rückenseite des Hinterleibes, der bei den Corixidenmännchen asymmetrisch gebaut ist, fand HANDLIRSCH ein eigentümliches Organ, das er als Striegel bezeichnet und das in der Tat einem solchen sehr ähnelt. Es besteht aus einer auf einem festen Stiel sitzenden Platte, die mehrere Reihen steifer, regelmäßig kammartig angeordneter Zähne trägt und je nach der Lage des für die Kopulation wichtigen seitlichen Ausschnittes des Abdomens (siehe S. 315) links oder rechts am Hinterleibsrande liegt. Diesen Striegel betrachtet HANDLIRSCH als Plektrum, den Rand der Halbdecke als Pars stridens.

HAGEMANN, der *Corixa* eingehend untersucht hat, bestätigt zwar BALLS Angabe, daß zwei verschiedene Töne vorkommen, hat aber den zweiten Ton wahrgenommen, ohne dabei eine Bewegung des Abdomens zu beobachten. Da HANDLIRSCH nur durch jene Angabe BALLS dazu kam, am Hinterleib von *Corixa* ein Stridulationsorgan zu suchen, kann

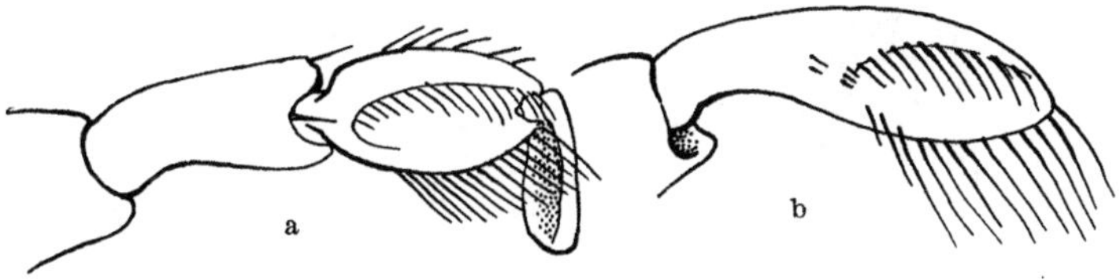

Abb. 66. Vorderbein des ♂ (a) und ♀ (b) von *Sigara minutissima*, nach HANDLIRSCH.

man HAGEMANN recht geben, wenn er den Striegel als Musikinstrument ablehnt, um so mehr als *Callicorixa praeusta* zwar beide Töne hervorbringt, aber keinen Striegel besitzt.

Nach HAGEMANN wird der intermittierende zirpende Ton durch abwechselndes schnelles Reiben der Palae über das Labium hervorgerufen, der zweite, schärfere Ton entsteht durch glcheizeitiges Reiben beider Palae über das Labium.

Wenn auch manches für diese Annahme spricht, scheint es doch möglich, daß wenigstens der eine, langgezogene Ton gar nicht durch Reiben der Palae am Labium, sondern durch Aneinanderreiben der beiden Vorderbeine erzeugt wird, wie REDFERN und THOMPSON meinen, und daß dabei die Zapfenreihen der Palae als Partes stridentes, die beborsteten Flächen der Schenkel als Plektra arbeiten (Abb. 129a, *BF*).

Von Interesse für diese immer noch nicht einwandfrei gelöste Frage sind die Verhältnisse bei den kleinsten Corixiden der Gattung *Sigara*. Den Männchen dieser Gattung kommt zweifellos ein Stridulationsvermögen zu, nach BRYANT soll sich sogar die Anwesenheit von *Sigara* in einem Tümpel durch das Zirpen bemerkbar machen. Am Vorderbein der *Sigara*-Männchen fehlt aber die oben bei *Corixa* beschriebene Zapfenreihe völlig. Dafür ist eine eigentümlich umgeformte, in Abb. 66a sichtbare Klaue vorhanden, die den Weibchen (Abb. 66b) fehlt. HAGEMANN hält diese Klaue für das tonerzeugende Organ, ohne nähere Angaben über seine Funktion zu machen. HANDLIRSCH läßt diese ebenfalls offen, hält aber außerdem noch den Striegel, der bei *Sigara* nur **eine** Zahnreihe trägt, für ein Musikorgan, während HAGEMANN ihm eine Rolle bei der Copula zuteilt.

Einig sind sich die Autoren über die biologische Bedeutung des Zirpens der Corixiden. Da nur die Männchen Töne erzeugen, und da das Vorhandensein eines Tympanalorganes bei beiden Geschlechtern (siehe S. 110) die Möglichkeit einer Geräuschwahrnehmung wahrscheinlich macht, wird die Stridulation als Hilfsmittel für die Anlockung des Weibchens gedeutet. Ein experimenteller Nachweis der Richtigkeit dieser Annahme fehlt aber noch.

Schließlich ist zur Tonerzeugung der Wanzen eine Beobachtung HARVEYS zu erwähnen. Die amerikanische Wasserwanze *Pedinocoris macronyx* soll nämlich, wenn sie zum Atmen an die Oberfläche kommt, durch

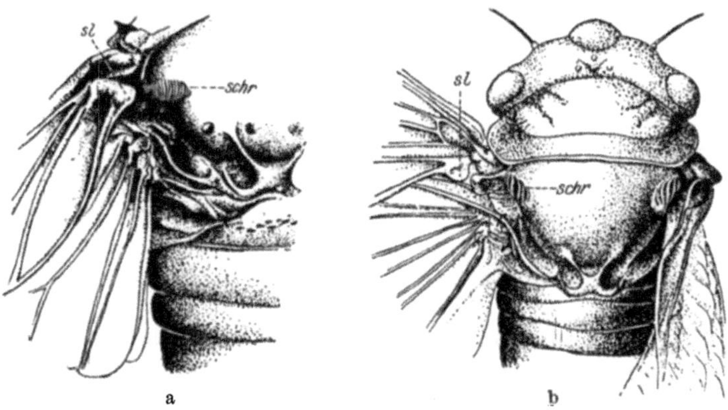

Abb. 67. a) Flügelbasen von *Tettigades chilensis*; b) *Babras sonorivox* (Cicadidae) mit Schrillapparat. *schr* Plektrum, *sl* Pars stridens, nach JACOBI.

„rhythmische Kontraktion" der Stigmen ein zirpendes Geräusch hervorbringen. Eine Bestätigung dieser sehr vereinzelt dastehenden und recht unwahrscheinlich klingenden Beobachtung steht noch aus.

Ein Stridulationsorgan kommt nach JACOBI auch bei manchen Singzikaden vor, nämlich bei den Arten der Gattungen *Tettigades, Chonosia* und *Babras*. Es besteht aus einer am Seitenrand des Mesonotum gelegenen ovalen Platte, die bei *Tettigades* und *Chonosia* 15—35, bei *Babras* etwa 6 Längsleisten trägt. Diesem Plektrum entspricht als Pars stridens die Clavuswurzel, die bei den Cicadiden sonst hinten ungefähr einen rechten Winkel bildet (Abb. 45), bei *Tettigades* und *Chonosia* aber in einen Vorsprung ausgezogen, bei *Babras* sogar zu einem rundlichen Lappen vergrößert ist (Abb. 67). An der äußersten Rundung ist dieser Vorsprung nach unten umgebogen und endigt in einer scharfen Kante, die bei der Ruhestellung des Deckflügels gerade auf der Schrillschwiele und parallel zu deren Leisten liegt. „Man kann sich also leicht vorstellen, daß der etwas in der Senkrechten auf und nieder bewegte Vorderflügel die Kante des Pars stridens auf jenen Leisten hin und her wetzen macht, wodurch ein zirpendes Geräusch entstehen dürfte. In der Tat läßt sich dieses ohne weiteres erzeugen, wenn man mit der Spitze einer nicht zu dünnen Insektennadel über die Schwiele hin und her fährt, es wurde auch dann deutlich vernehmbar, wenn man bei einer aufgeweichten *Tettigades chilensis* die Schrillkante möglichst rasch über das Plektrum gleiten ließ. Nach alledem dürfte es sich hier wirklich um einen Schrillapparat handeln, obgleich keine Beobachtungen an lebenden Tieren über seine Tätigkeit gemacht sind" (JACOBI).

Eine Bedeutung für das Geschlechtsleben scheint dem Organ nicht zuzukommen, da es bei beiden Geschlechtern völlig gleich ist. Vielleicht ist nach JACOBI das Zirpen aber, ähnlich wie das der Reduviiden, als Schreckmittel aufzufassen, welches das von einem Vogel oder einem anderen Feind erfaßte Tier anwendet. Da die Singzikaden unter der Verfolgung durch Vögel viel zu leiden haben, wäre die biologische Grundlage für diese Deutung gegeben.

Im übrigen scheinen die Zikaden sowohl wie die anderen Homopteren, mit Ausnahme einiger Kleinzikaden (nach KIRKALDY 1907), kein Stridulationsvermögen zu besitzen.

Ein nach einem ganz anderen Prinzip gebautes Stimmorgan besitzen dagegen die Männchen der Cicadiden. Wenn man den gewölbten elastisch biegsamen Deckel einer Blechdose rasch hintereinander eindrückt und wieder zurückschnellen läßt, so entsteht ein trommelndes Geräusch, dessen Stärke und Klangfärbung von der Wölbung und der Dicke des Bleches abhängt. Eine ganz entsprechend wirkende Einrichtung haben die Cicadidenmännchen an den Seiten der Hinterleibsbasis, und das damit erzeugte Geräusch ist so laut und auffallend, daß es die Zikaden zu den bestbekannten Musikanten unter den Insekten gemacht hat. Was über den Zikadengesang seit HOMER geschrieben und gedichtet wurde, könnte ein Buch füllen, und auch das Musikorgan selbst ist seit MALPIGHI und RÉAUMUR unzählige Male beschrieben und abgebildet worden (LANDOIS, FABRE, CARLET, MARLATT, BERLESE, SNODGRASS, VOGEL, PROCHNOW u. a.).

Der Bau des Schallapparates ist im wesentlichen bei allen Arten gleich; immer besteht er aus einer kugelschalenartig gewölbten, hellen, elastischen Membran, die durch mehrere geschwungene Chitinleisten versteift wird. Die Membran ist aus den Seitenteilen des ersten Hinterleibsringes hervorgegangen und liegt entweder offen da, wie z. B. nach FABRE bei *Cicada plebeja*, oder wird, wie bei der in den Abb. 94 und 68 dargestellten *Quesada gigas*, durch einen vom zweiten Hinterleibsring gebildeten Deckel ganz oder zum Teil verborgen. Der Deckel kann, wie das z. B. bei *Cicada orni* (FABRE) der Fall ist, in einen dünnen Fortsatz ausgezogen sein, dessen freies Ende die Schallplatte berührt und den Ton dem einer Rätsche ähnlich macht. Der feinere Bau der Schallplatte — diesen Ausdruck wollen wir anstatt des mißverständlichen Namens „Tympanum" einführen — ist bei den verschiedenen Arten verschieden, Zahl und Form der Leisten wechseln und beeinflussen, wie auch der Bau des Deckels, die Eigenschaften des Tones erheblich.

An der dorsalen Hälfte der Schallplatte greift, wie Abb. 68 und 69 zeigen, vermittels einer kräftigen Sehne, die am Ende plattenförmig erweitert ist, der außerordentlich starke Schallplattenmuskel an (*SchM*). Die beiden Muskeln des Paares entspringen an einer medianen, plattenförmig verbreiterten Erhöhung des ersten abdominalen Sternums und gehen, divergierend und also eine V-förmige Figur bildend, an den platten Teil der Sehne. Die Kontraktion dieser Muskeln, die in sehr raschem Rhythmus erfolgt, beult die Schallplatte ein; läßt der Muskel nach, so

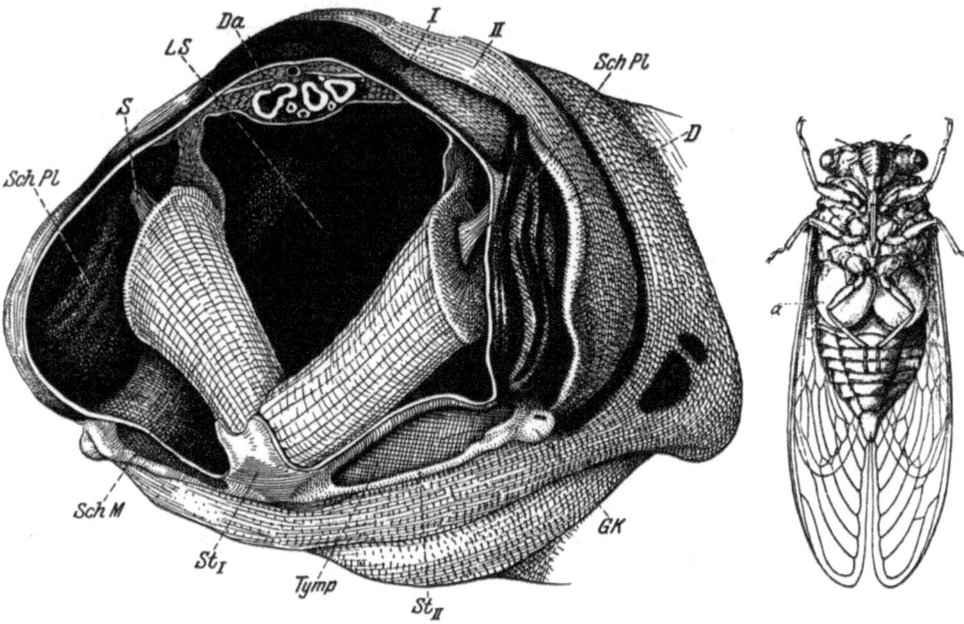

a b

Abb. 68. a) Blick auf die Vorderfläche des abgeschnittenen Hinterleibes (Schnittflächen weiß) des ♂ von *Quesada gigas*. *D* Deckel über der Schallplatte, *Da* Darm, *Gk* Gehörkapsel, *LS* luftgefüllte Blase des Hinterleibes, *S* Sehne des Schallplattenmuskels *SchM*, der aus der Schallplatte *SchPl* angreift, *StI, II* erstes und zweites abdominales Sternit, *Tymp* Tympanum, *I, II* erstes und zweites abdominales Tergit. Original. b) ♂ von *Cicada plebeja*, ventral mit den Opercula *a*, nach Berlese.

schwingt die Platte in ihre Ausgangslage zurück, dank ihrer eigenen Elastizität und auf Grund der Anordnung der die Platte versteifenden Chitinleisten. Wahrscheinlich entsteht der Ton nur durch die schnelle Bewegung der Plattenfläche, nicht durch Aneinanderreiben der Leisten.

Zur Verstärkung des Tones dienen verschiedene Einrichtungen, die wieder bei den einzelnen Formen in Größe und Anordnung wechseln. Betrachtet man die Unterseite einer männlichen Zikade, so fallen zuerst die meist großen, vom Hinterrand der mesothorakalen Pleura (Epimerum) aus nach hinten über den Ansatz des Abdomens greifenden Opercula auf (Abb. 68b). Entfernt man sie, wie in Abb. 94 geschehen ist, so sieht man unter ihnen einen Hohlraum, der nach oben direkt in den Schallplattenraum übergeht. Den vorderen Teil dieses Hohlraums kleidet eine weiche, faltbare, gelbliche Membran aus, die als Verbindungshaut zwischen Metathorax und erstem Abdominalsegment anzusprechen ist und dem Hinterleib eine ziemlich weitgehende Beweglichkeit verleiht. Auf sie folgt nach hinten jederseits eine schmale Spange, die den vorderen Teil eines ovalen Rahmens bildet.

In diesen Rahmen, der bei verschiedenen Arten von verschiedener Größe ist, ist eine spröde, in Farbkreisen irisierende Membran eingespannt, die früher allgemein als Irishaut oder Spiegel bezeichnet und für ein tonverstärkendes Organ gehalten wurde. VOGELS neueren Untersuchungen ist es zu verdanken, daß diese Membran als ein echtes, mit einem außergewöhnlich großen stiftführenden Organ verbundenes Tympanum (Trommelfell) erkannt wurde (siehe S. 113). Wir werden daher die vom Operculum bedeckte Höhle als Tympanalhöhle (*Tym H*) bezeichnen; sie wirkt, zusammen mit den Opercula, zweifellos als Tonverstärker. Je nach ihrer Größe und dem Bau der Opercula wird der Ton an Stärke und Klangfarbe verschieden sein können. Als Resonanzboden dient aber außerdem bei vielen, wenn nicht bei allen Arten der Hinterleib. Dieser ist nämlich beim Zikadenmännchen keineswegs mit Flüssigkeit gefüllt, er wird vielmehr zum allergrößten Teil von einer riesigen Tracheenblase (Abb. 211) eingenommen, die vom Phragma des Mesothorax bis in die Hinterleibsspitze reicht. Sie legt sich so eng an die Seitenwände des Hinterleibes, daß dazwischen kein Raum für irgendwelche inneren Organe außer einigen flachen Muskeln bleibt. Der Darm und der Fettkörper werden auf einen schmalen dorsalen und ventralen Raum zusammengepreßt, die Geschlechtsorgane in die äußerste Spitze des Hinterleibes gedrängt, die ganze Mitte des Hinterleibes ist, wie Abb. 68 zeigt, hohl, auch die Schallplattenmuskeln sind mit der feinen Haut der Tracheenblase bekleidet, die sich auch an die Innenseiten der Schallplatten und der Tympana legt. Letztere sind daher auf beiden Seiten von Luft umgeben. Die Größe der Tracheenblase ist nicht bei allen Arten gleich, wenigstens glaubt FABRE einen diesbezüglichen Unterschied zwischen *Cicada plebeja* und *orni* gefunden zu haben und bringt diesen Unterschied in Zusammenhang mit der Verschiedenheit des Gesanges der beiden Arten. Bei *Cicada orni* soll der Hinterleib völlig hohl, die Tympanalhöhle klein sein, bei *Cicada plebeja*, wo die Tympanalhöhle groß ist, erwähnt FABRE nichts von einer Luftfüllung des Hinterleibes. Vielleicht erstreckt sich die Tracheenblase, die bestimmt in der Tympanalgegend vorhanden ist, nicht so weit nach hinten, wie bei *Cicada orni*. (Zur Tracheenblase siehe auch S. 277).

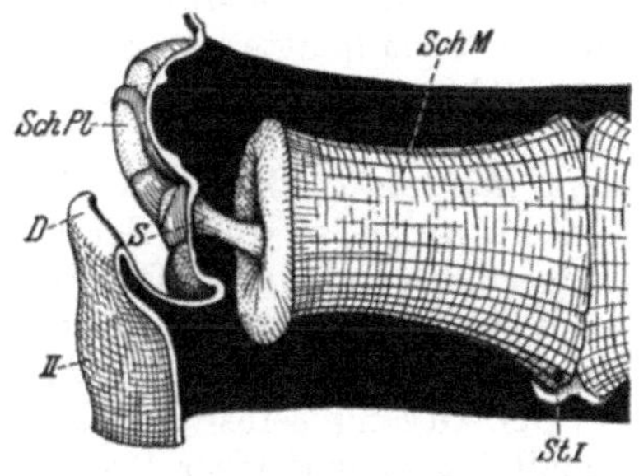

Abb. 69. Horizontalschnitt (Lage ➛ Abb. 94) durch die Gegend der Schallplatten von *Quesada gigas*, von der Dorsalseite gesehen. Schnittflächen weiß. Bezeichnungen wie in Abb. 68a.

Den Weibchen fehlt die Schallplatte oder kommt ihnen doch nur in unvollkommener Ausbildung zu, so z. B. (nach VOGEL) bei einigen tropischen Arten. Auch Schallplattenmuskeln sind nicht vorhanden, dagegen sind die Tympana mit den zugehörigen Sinnesorganen wohl entwickelt. Ein Stimmvermögen haben also die Zikadenweibchen nicht, wie übrigens schon ARISTOTELES wußte. Den unhöflichen Spötter XENARCHOS von Rhodos hat diese Tatsache sogar zu dem bekannten Seufzer veranlaßt: „Glücklich leben die Zikaden, denn sie haben stumme Weiber."

Die Funktion der einzelnen Teile des Schallapparates, die aus dem Bau schon erschlossen werden kann, läßt sich auch experimentell erweisen. FABRE hat bei *Cicada plebeja* durch Zerstörung der Opercula, der Tympana und der gelben Haut der Tympanalhöhle höchstens eine Abschwächung des Tones zu erzielen vermocht. Dagegen genügt ein durch die untere Hälfte der Schallplatte geführter Schnitt, um das Tier für alle Zeit stumm zu machen. Zu allem Überfluß läßt sich selbst am toten Tier durch Anziehen des Schallplattenmuskels der Ton erzeugen. Es besteht also kein Zweifel darüber, daß an der Entstehung des Tones nur die Schallplatte, an seiner Verstärkung außerdem noch die Tympanalhöhle beteiligt ist. Auch die Rolle der Tracheenblase hat FABRE an *Cicada orni* studiert und festgestellt, daß der Ton schwächer wird, wenn man ein Loch in den Hinterleib schneidet. Hielt er das Loch mit dem Finger zu, so wurde der Ton wieder stärker; steckte er in das Loch ein gerolltes Stückchen Papier und stülpte darüber ein Reagenzglas, so wurde aus dem harmlosen Can-can-can ein so stiermäßiges Gebrüll, daß seine zuschauenden Kinder vor Schreck davonliefen.

Der Gesang selbst ist, entsprechend dem verschiedenen Bau der Schallplatten und ihrer Umgebung, bei den einzelnen Arten sehr verschieden und klingt dem menschlichen Ohr bald angenehm, bald unangenehm. Das hängt natürlich, wie TASCHENBERG sehr richtig bemerkt hat, außer von der musizierenden Art in hohem Grad von der Zahl und Entfernung der Musikanten, sowie von der Umgebung und der Stimmung des Zuhörers ab. Wer süditalienische Landstriche im Hochsommer durchstreift hat, dem wird in der Erinnerung das ununterbrochen schwingende Gezirp der *Cicada plebeja*, das um die Mittagsstunde wie ein Nebel von Tönen geradezu greifbar die Luft erfüllt, so untrennbar mit der ganzen Landschaft, der glühenden Sonne und dem goldenen Dunst am Horizont verbunden sein, daß er es so wenig missen möchte, wie das Geigen der Grillen im heimatlichen Feld. Ganz ähnliches drückt auch ein amerikanischer Beobachter, G. B. SMITH aus, wenn er von *Tibicen septendecim* sagt: „Der Sang dieser Myriaden von Insekten ist wundervoll. Er ist nicht betäubend, wie viele sagen; selbst an seinen Höhepunkten unterbricht er gewöhnliches Gespräch nicht. Er ist wie eine Atmosphäre von planlosem, monotonem Geräusch, in der alle anderen Klänge vollkommen unterscheidbar schwimmen. Erst nach 1 oder 2 Tagen wirkt diese Musik ermüdend und traurig, auf manche Menschen sogar sehr unangenehm." Von tropischen Zikaden wird dagegen berichtet, daß sie zu großen Gesellschaften vereint, wahrhaft ohrenbetäubende Konzerte veranstalten, die eine Wortverständigung in der Nähe unmöglich machen. Der „Gesang" einer javanischen Zikade wird mit Eselsgebrüll, der der südamerikanischen *Quesada gigas* gar mit dem Pfiff einer Lokomotive verglichen (nach brieflicher Mitteilung von LINDNER). Gehen aus diesen Angaben schon die großen Unterschiede in der Lautäußerung der verschiedenen Arten hervor, so ist dem hinzuzufügen, daß auch die einzelne Art häufig über verschiedene Töne verfügt. Hierzu sei zunächst wieder FABRE zitiert: „Wenn das Wetter um Mittag ruhig und warm ist, so teilt sich der Gesang der *Cicada plebeja* in einzelne durch kurze Pausen getrennte Strophen von einigen Sekunden Dauer. Die Strophe beginnt plötzlich und erreicht durch ein rapides Ansteigen — wobei das Abdomen immer schneller auf und ab schwingt — ihren Höhepunkt, um nach einigen Sekunden wieder abzufallen und in ein Schwirren auszulaufen, das in dem Maß schwächer wird, wie der Hinterleib zur Ruhe kommt. Mit den letzten Schwingungen des Abdomens hört auch der Gesang auf, und es folgt, je nach dem Wetter, eine längere oder kürzere Pause. Gelegentlich nehmen die Tiere auch an lauen Abenden gegen 7 Uhr ihren Gesang wieder auf, doch ist er dann kontinuierlich, immer aber abwechselnd an Stärke zu- und abnehmend. Mit dem letzten Schein der Dämmerung verstummen die Tiere. Bedeckter Himmel und kühler Wind lassen keine Lautäußerung aufkommen.“ Über die verschiedenen Strophen der *Tibicen septendecim* berichtet MARLATT wie folgt: „Die lauteste und am besten bekannte Strophe kann durch die Buchstaben tsch-i-i-**i**-**i**-**i**-i-i-au ausgedrückt werden, ihr mittlerer Teil ist schrill und durchdringend laut, gegen Ende wird sie immer leiser, bis der Ton erstirbt. Gewöhnlich ist ihre Dauer nicht länger als 20 Sekunden. Die Strophe hört man hauptsächlich zur ‚Hauptsaison‘, wenn viele Männchen zusammen singen, selten wird sie von einzelnen oder wenigen Individuen angestimmt. Die zweite wichtige Strophe wird gewöhnlich durch das Wort ‚Pharaoh‘ ausgedrückt, sie ertönt früh, zu einer Zeit, da erst wenige Männchen ausgeschlüpft sind. Sie ist kürzer als die erste und dauert nur wenige Sekunden. Eine dritte Strophe besteht aus 15 bis 30 kurzen, schnell aufeinander folgenden, bisweilen doppelten Tönen und dauert im ganzen etwa 5 Sekunden. Während die zweite Strophe dem Quaken gewisser Frösche ähneln kann, gleicht diese dem Gezirp der Feldgrillen. Bei einer Störung oder im Augenblick des Abfluges kann das Insekt ein kurzes, scharfes Zirpen hören lassen.“ „Die Stärke und Reinheit dieser Strophen wechselt mit dem Wetter. Am lautesten sind sie, wenn das Wetter klar, die Luft warm und trocken ist; bei feuchter Luft sind die Töne schwächer, starker oder fortgesetzter Regen läßt sie ganz verstummen.“

FABRE und die amerikanischen Autoren sind sich also darüber einig, daß die Witterungsfaktoren einen erheblichen Einfluß auf das Einsetzen, die Stärke und die Dauer der Lautäußerungen haben; es wird sich weiter unten zeigen, daß dasselbe für andere Bewegungen gilt, daß wir es hier also mit einem allgemeinen Gesetz zu tun haben, das bei den Singzikaden als ausgesprochenen Sonnentieren besonders deutlich — und in unserem Falle auch hörbar — zum Ausdruck kommt.

Aus FABREs Angaben geht außerdem hervor, daß der Gesang der Singzikaden regelmäßig von Bewegungen des Hinterleibes begleitet wird und daß die Weite und Geschwindigkeit der Schwingungen des Abdomens den Ton beeinflussen. Das ist, besonders bei *Cicada plebeja*, bei der, wie oben erwähnt, die Tympanalhöhle eine wichtige Rolle als Resonanzboden spielt, nicht verwunderlich, wenn man bedenkt, daß jede Bewegung des Hinterleibes die Gestalt und das Volumen der Tympanalhöhle ändert.

Was schließlich die biologische Bedeutung des Zikadengesanges betrifft, so ist trotz zahlreicher wertvoller Beobachtungen ein abschließendes Urteil nicht möglich. FABRE neigt sich der Ansicht zu, daß der Gesang nichts anderes ist, als ein Ausdruck der Lebensfreude, also nicht etwa ein sexuelles Reiz- und Lockmittel. Er stützt sich dabei auf seine in vielen Jahren wiederholten Beobachtungen an *Cicada plebeja* und *orni*. Immer — so sagt er — sehe ich diese an den Platanen vor meinem Hause sitzen, in Reihen geordnet, alle mit dem Kopf nach oben und mit eingesenktem Saugrüssel, beide Geschlechter gemischt. Ununterbrochen ertönt dabei der Gesang. Niemals sieht man ein Weibchen auf die Töne reagieren, keine Bewegung läßt darauf schließen, daß diese irgendeinen Eindruck auf jene machen. Während die Tiere auf optische Reize durch Verstummen zu reagieren pflegen, machen Geräusche, wie Händeklatschen, Pfeifen usw., gar keinen Eindruck auf sie. Sogar die „Gemeindeartillerie", bestehend aus zwei Mörsern, hat FABRE auffahren und feuern lassen, ohne daß der Zikadengesang auch nur für Augenblicke verstummte. Er glaubt daher gar nicht an ein Hörvermögen der von ihm beobachteten Arten und dementsprechend auch nicht an eine Bedeutung des Singens für das Geschlechtsleben. Den Angaben des ausgezeichneten französischen Entomologen stehen aber zahlreiche widersprechende Beobachtungen an verschiedenen Cicadiden gegenüber (zitiert nach VOGEL). So sah HARTMANN, daß sich die Weibchen von *Tibicen septendecim* um die trommelnden Männchen versammelten und daß die Weibchen der *Cicada pruinosa* sich in der Nähe eines Männchens der gleichen Art niederließen, wenn dieses laut sang. F. MÜLLER berichtet, daß er oft zwischen zwei oder drei in beträchtlicher Entfernung voneinander singenden männlichen Zikaden ein alternierendes Singen beobachtet habe. Manche Arten soll man sogar durch Händeklatschen und Pfeifen heranlocken, bzw. wenn es sich um Männchen handelt, zum Singen veranlassen können. So gibt SOULIER an, daß er durch Nachnahmen des Zikadensanges eine Singzikade bis auf seine Nasenspitze gelockt habe. Hierzu erzählt LEYDIG, „daß, wenn bei Würzburg die Trommler der Garnison auf ihren Übungsplätzen wirbelten, sich der Chorgesang der Zikaden in den benachbarten Weinbergen — es handelt sich wohl um *Tibicina haematodes* — zu einem wahren Heidenlärm steigerte, doch sofort wieder verstummte, beim Eintreten einer Pause von seiten der übenden Trommler".

Aus all diesen Angaben scheint mit Sicherheit hervorzugehen, daß wenigstens unter bestimmten Umständen die Weibchen auf den Gesang reagieren und daß auch die Männchen Schallwellen wahrnehmen (siehe S. 114) und auf sie antworten können. Das schließt natürlich die Möglichkeit nicht aus, daß die Töne zu anderen Zeiten ohne bestimmten

Zweck hervorgebracht werden, bzw. nicht in der angedeuteten Weise auf die Artgenossen wirken. Systematische Untersuchungen, wie sie z. B. für die Orthopteren von REGEN angestellt wurden, wären sehr erwünscht und könnten wohl endgültige Aufklärung bringen.

10. Bewegungen zur Reinigung des Körpers oder zur Verteilung von Sekreten.

Die Reinigung der Haut von Fremdkörpern wird von den Beinen besorgt, wobei die Vorderbeine in der Regel eine besondere Rolle spielen. Sie dienen gewöhnlich zur Reinigung der Augen, der Fühler und des Rüssels und tragen daher an der Innenseite der Schienenspitze bei vielen Hemipteren, vor allem bei den Landwanzen, eine kammartige Reihe von steifen Borsten (Abb. 70a). Außerdem kommen besondere Putzorgane an verschiedenen Stellen der Beine vor. So besitzt z. B. nach GULDE *Picromerus bidens* (Abb. 70b) an der Beugeseite der Schiene eine besondere Fühlerbürste in Gestalt einer unbehaarten Einsenkung, der eine starke Borste anliegt. Der Fühler wird hier zwischen der Einsenkung und der Borste durchgezogen. Auch der Fersenpinsel, der (Abb. 70a) bei den Cimiciden und bei den Männchen der Polyctениden (nach JORDAN) vorkommt, wird von BERLESE als Putzorgan gedeutet. Speziell der Reinigung des Rüssels dient ein am Kniegelenk der Mittelbeine von *Notonecta* gelegenes Organ, das (Abb. 71b) aus einem am Schenkel stehenden Dorn und einer ihm gegenüberliegenden mit kleinen Zähnchen versehenen Grube besteht. Wenn die Schiene dem Schenkel so weit wie möglich genähert ist, bilden die beiden Teile des Organs einen ovalen Ausschnitt, durch den der Rüssel gerade durchgezogen werden kann.

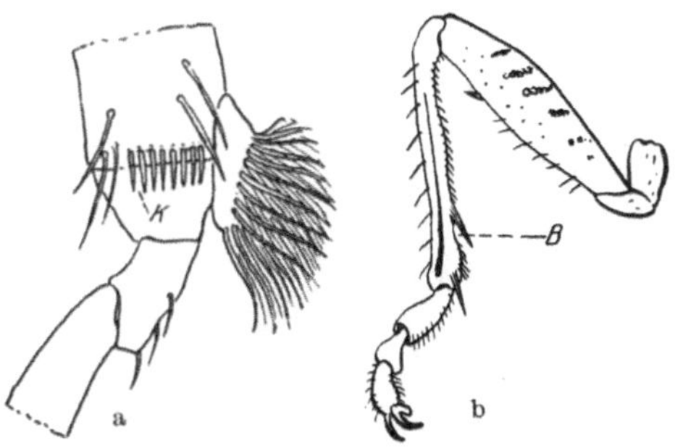

Abb. 70. a) Ende der Tibia und Basis des Tarsus von *Cimex hirundinis* mit Borstenkamm *K* und Fersenpinsel, nach BERLESE; b) Vorderbein von *Picromerus bidens*, Larve mit Fühlerbürste *B*, nach GULDE.

Die Augen und der Kopf selbst werden bei *Notonecta* nach LEHMANN mit dem ersten Beinpaar geputzt. Die Schenkel werden lateralwärts so geführt, daß Tibia und Tarsen durch Einknicken am Kniegelenk Augen und Kopf oben, seitlich und unten putzen. Dabei kommen dem Tier die zahlreichen, an der Beugeseite der Tibia stehenden Borsten zustatten. Der Rüssel wird beim Putzen vom Körper abgespreizt, mit dem ersten Beinpaar von allen Seiten abgerieben und dann mehrmals durch den erwähnten Putzapparat des zweiten Beinpaares gezogen. Die beiden ersten Beinpaare putzen einander gegenseitig durch Annäherung in der Medianebene. Beim Putzen des Abdomens und der Flügel werden beide Schenkel des dritten Beinpaares wie bei der Schwimmbewegung nach dem Kopf zu bewegt, die Beine werden scharf geknickt — es treten hierbei die bei der Schwimmbewegung ganz unwesentlichen (S. 48) Eigenmuskeln des Beines in Aktion — und es werden mit den Schienen und Tarsen abwechselnd Bauch und Rücken bestrichen. Die Haare der Abdominalrinne (siehe S. 280) werden mit den Tarsen gereinigt und außerdem mit der Dorsalseite der Schenkel bestrichen, wobei besondere, von HOPPE aufgefundene Drüsenkanäle der letzteren ein fettes Sekret ausscheiden sollen, das die Haare unbenetzbar macht. Auch bei *Corixa* sind die Hinterbeine nicht nur Ruder, sondern auch Reinigungsorgane; sie tragen an der Innenseite der Schiene und des Tarsus zahlreiche, in Abb. 37 sichtbare, kurze Borsten, was sie für die Reinigung der narbigen Flügelfläche besonders geeignet macht. Es scheint allerdings, als handelte es sich bei den Wasserwanzen nicht so sehr um ein Entfernen von Fremdkörpern, wie um die Aufrechterhaltung der Unbenetzbarkeit der Körperdecke, und um eine gleichmäßige Verteilung der dünnen, alle unbenetzbaren Teile überziehenden Luftschicht, die für die Atmung (siehe S. 283) und Körperhaltung (siehe S. 131) unentbehrlich ist. Die Reinigungsbewegungen gehen denn auch speziell bei *Notonecta* unmerklich in die Atembewegungen über, von denen unten noch die Rede sein wird. Bei den zu den Cryptoceraten gehörigen (HANDLIRSCH), aber nicht im Wasser, sondern nur in seiner Nähe auf Sandbänken und an Flußufern lebenden Gelastocoriden tragen die zu Raubbeinen umgebildeten Vorderbeine am Schenkel und an der Schiene je eine schief abgestutzte Reihe von feinen Borsten (Abb. 71a), die, wenn das Bein stark gebeugt ist, mit ihren Enden genau aufeinander passen. Es ist sehr wahrscheinlich, daß die so entstehende Doppelbürste die Fühler, die, wie Abb. 123 zeigt, sehr kurz sind, zu reinigen hat. Die verhältnismäßig große Länge der Borsten sowie deren genaues Aufeinanderpassen erlaubt auch eine Reinigung der ziemlich tiefen Einschnitte zwischen den einzelnen Fühlergliedern; die Lage des vorderen Beinpaares und die Beweglichkeit seiner Hüften ermöglicht ohne Schwierigkeit das Erreichen der Fühler mit der Bürste.

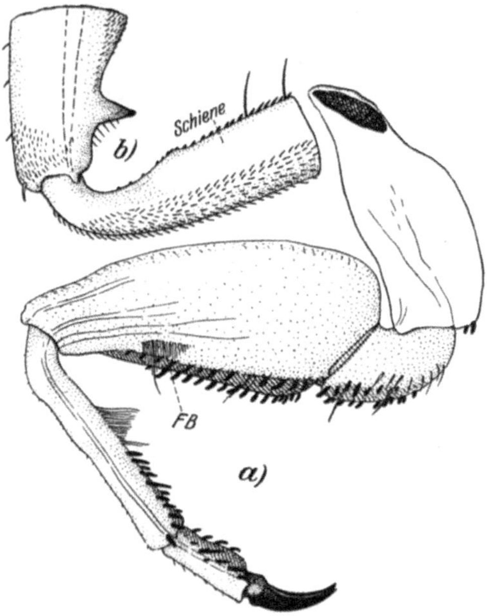

Abb. 71. a) Vorderbein (Raubbein) von *Gelastocoris sp.* mit Fühlerbürste *FB*; b) Kniegelenk des Mittelbeines von *Notonecta glauca* mit Putzscharte.

Bei den Landwanzen sind die Putzbewegungen ähnlich denen, die z. B. von der Stubenfliege allgemein bekannt sind. Die beiden Vorderbeine fassen die Fühler und streichen ihnen entlang, dasselbe geschieht mit dem Rüssel, die Mittelbeine werden an den Vorderbeinen gerieben usw. Zum Schluß werden dann noch, wie EKBLOM an *Salda saltatoria* und *Nabis flavomarginatus* beobachtet hat, die beiden Vorderbeine aneinander gerieben. Dabei werden durch die Haare der Tibien die an den Tibienspitzen sitzenden Kämme gereinigt.

Zu all diesen Bewegungen ist natürlich eine recht weitgehende Beweglichkeit der Beine erforderlich. Tiere wie die Psyllidenlarven, die Aleurodidenlarven und die Schildläuse sind naturgemäß nicht zu Putzbewegungen fähig, und auch die Aphidinen scheinen ihren Körper nicht zu reinigen. Vielfach ist bei diesen Formen eine Reinigung des Körpers unnötig, weil er ohnehin von wachsigen Sekreten bedeckt (S. 257) ist, die von bestimmten Drüsenfeldern aus den Körper überziehen und

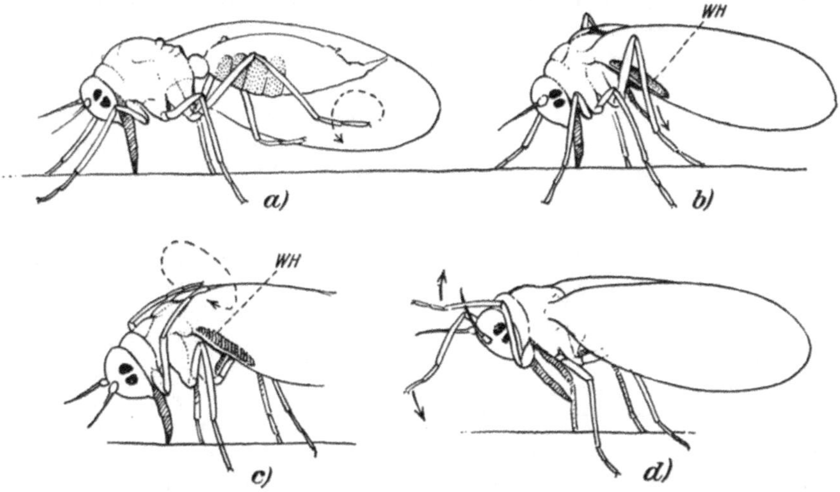

Abb. 72. Ein frisch geschlüpftes ♂ von *Trialeurodes vaporariorum* nimmt mit den Hinterbeinen Wachsstaub von den Drüsenplatten (a), streift ihn am Flügel ab (b, *WH* Wachshäufchen) und verteilt ihn über Kopf und Thorax (c, d). In a) sind die Flügel der einen Seite entfernt gedacht.

manchmal ganz einhüllen (Abb. 194/7). Da die Putzbewegungen zweifellos durch einen von den Fremdkörpern hervorgerufenen Reiz ausgelöst werden, müssen sie natürlich bei solchen Formenfehlen, deren Cuticula ständig normalerweise solchen Reizen ausgesetzt ist.

Einen Sonderfall stellen die Imagines der Aleurodiden dar, die nach dem Auskriechen aus der „Puppenhülle" einen völlig glatten, grüngelb gefärbten Körper und glashelle Flügel haben, nach kurzer Zeit aber von einer aus feinsten Fädchen bestehenden, mehligen, weißen Wachsschicht bedeckt sind. Dieses Wachs entsteht aber nur an ganz bestimmten, eng umgrenzten Drüsenfeldern der Unterseite des Hinterleibes. Beobachtet man ein frisch geschlüpftes Tier, so wird man nach kurzer Zeit charakteristische Beinbewegungen wahrnehmen, deren Verlauf aus Abb. 72 ersichtlich ist. Die Innenseiten der Hinterschienen sind mit einer Reihe gleichmäßig angeordneter Borsten besetzt (Abb. 26a, *B*). Diese Borstenreihe reibt das Tier, indem es die Hinterbeine hebt und dann vor- und zurückbewegt, an den Wachsdrüsenfeldern und belädt sie so mit Wachsstaub (Abb. 72a). Nun streift es die Schienen an der scharfen Kante des Vorderflügels ab und häuft dort ein kleines Klümpchen Wachs auf (*WH*, Abb. 72b). Die Vorderbeine, deren Hüften ungewöhnlich beweglich sind, holen von dort das Wachs und verteilen es durch alternierende Bewegungen über den Thorax und den Kopf (Abb. 72c). Sogar die Fühler werden eingerieben (d), und schließlich wird das Wachs durch Aneinanderreiben der Beine auf alle Beinpaare verteilt. Indem immer wieder neues Wachs auf die Flügel gehäuft wird, ergibt sich schließlich die Möglichkeit, durch Hebung der Flügel und Aneinanderreiben derselben in der Medianebene die Dorsalseite der Flügel einzuwachsen, die Ventralseite wird teils durch Auf- und Abschwingen des Hinterleibes zwischen den senkrecht gestellten Flügelflächen, teils durch Reiben mit den Hinterbeinen versorgt. Alle diese Bewegungen, deren Reihenfolge nicht ganz fest liegt, die aber durchaus stereotyp sind, geschehen mit der für die Aleurodiden charakteristischen Hast, und so ist in wenigen Minuten das ganze Tier mit einer Wachsschicht überzogen.

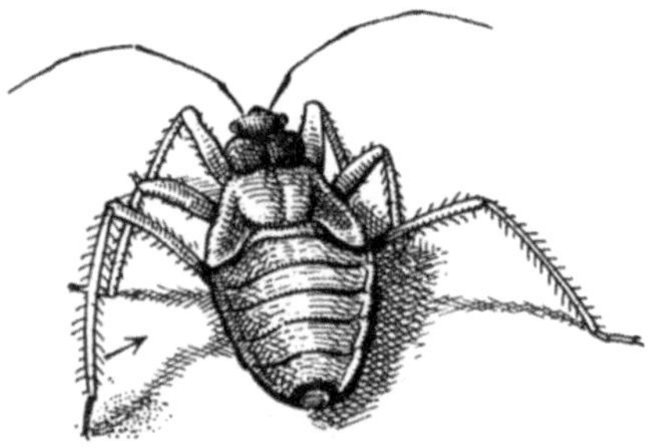

Abb. 73. *Reduvius personatus*, Larve beim Herbeischarren von Staub mit dem linken Hinterbein.

Ein Gegenstück zu den Reinigungsbewegungen liefert auch die in Häusern lebende Larve von *Reduvius personatus*. Sie ist stets von einer dicken Staubschicht überzogen, die die Beine unförmlich dick erscheinen läßt, den Kopf und Thorax überzieht und nur die Fühler und einen Teil des Hinterleibes frei läßt. Die Staubkörner haften am Körper dieser Larve, dank ihrer abstehenden Behaarung, so gut, daß es genügt, ein vollständig gereinigtes Tier einmal im Staub umzudrehen, um es wieder zu dem wandelnden Schmutzfleck zu machen, der es vor der Reinigung war. Über die biologische Bedeutung des Fehlens des Reinigungstriebes wird unten noch zu reden sein; im Zusammenhang des vorliegenden Kapitels ist nur noch die Frage von Interesse, ob das Tier sich durch besondere Bewegungen selbst beschmutzt. Fabre leugnet dies und sagt, der Staub bleibe an dem Tier, das ja in der Tat an staubigen Örtlichkeiten lebt, einfach hängen. Versuche des Verfassers ergaben aber doch das Vorhandensein einer besonderen Bewegung, durch die Staub zusammengescharrt und an den Körper geworfen werden kann. Allerdings bekommt man diese Bewegung nur zu Gesicht, wenn man sehr viel Geduld aufwendet. Bei Tag und selbst bei rotem Licht kann man das Tier, auch wenn man es gründlich gereinigt hat und ihm viel Staub zur Verfügung stellt, immer nur unbeweglich in seiner Ecke sitzen sehen. Wartet man jedoch bis tief in die Nacht, so kann man, auch bei Lampenlicht, die Larve lebendig werden sehen, und wird dann auch beobachten (Abb. 73), wie sie durch scharrende Bewegungen der Hinterbeine kleine

Staubhügel anhäuft und wie sie, indem die Scharrbewegung heftiger wird, den Staub gegen den Körper wirft. Einige Körnchen bleiben jedesmal haften, nach ganz kurzer Zeit ist der Ausgangszustand erreicht. Hier scheint, ähnlich wie bei den Aleurodiden, das Fehlen des normalerweise durch den Staub bzw. den Wachsüberzug hervorgerufenen Kontaktreizes die entsprechenden Bewegungen auszulösen. Innerhalb gewisser Grenzen scheinen aber bei *Reduvius* Lichtreize hemmend auf diese Bewegungen zu wirken (siehe S. 483).

Mehr oder weniger vollständige Reduktion der Bewegungsorgane ist eine unter den Insekten weit verbreitete Erscheinung und, wie wir schon aus dem vorhergehenden Kapitel sahen, bei den Hemipteren besonders häufig. Bald handelt es sich nur um eine mehr oder minder vollständige Rückbildung der Flügel und ihrer Muskulatur, bald werden auch die Beine in Mitleidenschaft gezogen. Die Reduktionserscheinungen können bei allen Individuen gleich sein, sie können aber auch bei einer Art in Abstufungen auftreten. Da die hierher gehörigen Erscheinungen in anderen Abschnitten eingehend behandelt werden, kann hier von einer näheren Besprechung abgesehen werden; es mag genügen, auf einige extreme Beispiele hinzuweisen.

Völlige Reduktion der Flügel finden wir bei vielen parasitischen oder semiparasitischen Formen — es sei an die Cimiciden, die Polycteniden und die flügellosen Weibchen der Aphidinen erinnert. Den Höhepunkt dieser im Zusammenhang mit dem Parasitismus stehenden Reduktionserscheinungen bilden aber die Weibchen der Cocciden, denen nicht nur Flügel vollständig fehlen, sondern die auch, zum Teil wenigstens, völlig ohne Beine sind. Die Bewegungen dieser vielfach kaum mehr als Insekten erkennbaren Tiere beschränken sich auf teleskopartiges Ausstrecken und Einziehen des Hinterleibes, manche Formen sind auch völlig unbeweglich. Der Verlust der Beweglichkeit hängt sicher mit der Anpassung an die Pflanze als Nahrungslieferanten zusammen — Ansätze zu einer derartigen Entwicklung haben wir ja bei den Larven der Psylliden und Aleurodiden kennen gelernt, deren Imagines aber voll beweglich sind. Es darf jedoch nicht vergessen werden, daß mindestens das erste Larvenstadium auch bei allen Cocciden beweglich ist und daß dadurch eine, wenn auch geringfügige Ausbreitung der Art gesichert ist.

Wo bei nicht parasitischen Formen Flügelreduktion vorkommt, wie bei vielen Wanzen, bietet eine wohlausgebildete Schreit- oder Schwimmfähigkeit Ersatz für den fehlenden Flug, genau wie bei den immer flügellosen Larven.

II. Das Nervensystem und die Sinnesorgane.

Das Nervensystem der Hemipteren zeichnet sich durch eine ungewöhnliche Konzentration aus. Niemals findet sich, wie bei zahlreichen anderen Insekten, eine den ganzen Thorax und Hinterleib durchziehende Kette von getrennten Ganglien, vielmehr sind sämtliche Ganglien in zwei oder drei Ganglienmassen zusammengefaßt, die unter sich gewöhnlich nur durch kurze Konnektive verbunden sind.

Die erste Ganglienmasse ist das Supraösophagalganglion, Cerebralganglion oder Gehirn, das im Kopf liegt und die Hauptsinnesorgane, die Augen, die Fühler und die Sinnesorgane des Schlundes innerviert. Von ihm aus gehen nach hinten, über das Tentorium weg und zu beiden Seiten am Ösophagus vorbei, zwei Konnektive zum Subösophagalganglion (Unterschlundganglion). Dieses liegt entweder für sich, wie z. B. bei *Pentatoma*, bei den Psylliden (Abb. 74c), den Cicadinen und den Aleurodiden; oder es ist mit dem ersten thorakalen Ganglion zu einem Knoten verschmolzen, wie z. B. bei *Belostoma* (Abb. 74a), bei der Bettwanze (nach TITSCHACK), bei *Nepa*. Bei *Lygaeus* besteht außer einem gesonderten Subösophagalganglion ein gesondertes Prothorakalganglion, während die beiden anderen thorakalen Ganglien mit dem abdominalen zu einem Knoten verschmolzen sind. Bei den Cocciden

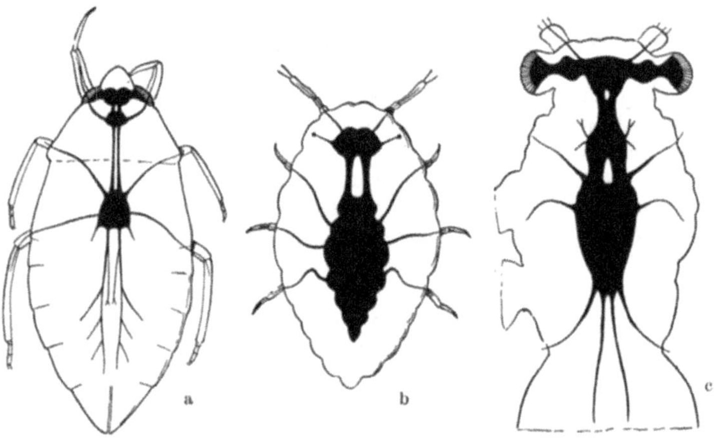

Abb. 74. Das Zentralnervensystem mit den wichtigsten abgehenden Nerven, schwarz in den Körperumriß eingetragen. a) *Belostoma flumineum* nach SEVERIN; b) *Aspidiotus*-Junglarve nach BERLESE; c) *Psylla mali*, Imago, nach BRITTAIN und WEBER kombiniert.

(Abb. 74b) und den Aphiden verschmelzen alle Ganglien vom Subösophagalganglion ab zu einem länglichen Knoten, von dem seitlich die Beinnerven, hinten die zu den abdominalen Organen gehenden Nerven abzweigen.

Wie bei den anderen Insekten ist auch bei vielen Hemipteren ein Visceralnervensystem beschrieben und sicher überhaupt allgemein vorhanden, das die Innervierung des Darms, der Speicheldrüsen und des Herzens besorgt. Es besteht aus einem Frontalganglion (bei *Cimex* von TITSCHAK festgestellt, bei *Fulgora* nach BUGNION sehr klein), das unter und vor dem Gehirn liegt, und zwei anderen Ganglien, die in der Regel als Occipitalganglien bezeichnet werden, mit dem Frontalganglion und dem Gehirn in Verbindung stehen und von denen nach hinten der Nervus recurrens am Darm entlang zieht. Die genannten Baueigentümlichkeiten zeigt an einem besonders geeigneten Beispiel (*Fulgora maculata*) Abb. 75, man sieht vor allem auch die vom Gehirn nach den Sinnesorganen gehenden Nerven, die weiter unten noch näher besprochen werden sollen. Leider ist gerade das Gehirn der Hemipteren seinem feineren Bau nach so gut wie unbekannt, nur von *Fulgora* (BUGNION) und von *Cimex* (TITSCHACK) sowie von *Phylloxera* (MARK) liegen Untersuchungen vor, die aber keinen vollständigen Einblick gewähren. Da für unsere Zwecke die vorstehenden Angaben genügen, können wir aber über diese Lücke hinweggehen und uns den für die Biologie wichtigeren Sinnesorganen zuwenden.

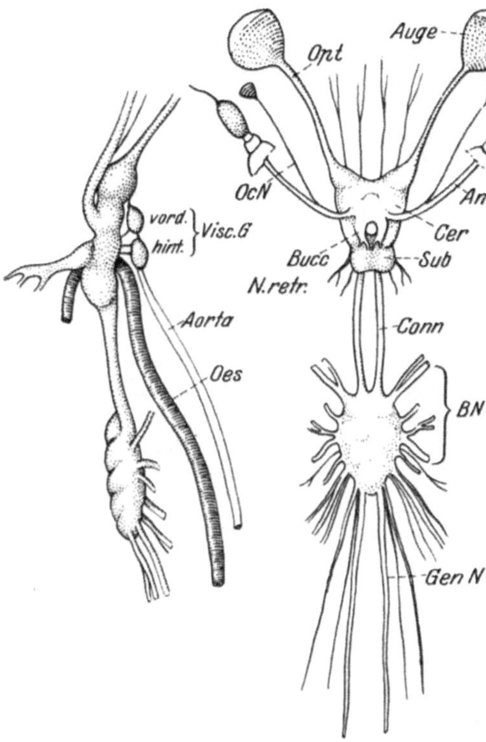

Abb. 75. Seitenansicht und Ventralansicht des Zentralnervensystems von *Fulgora maculata* mit den wichtigsten Nerven, nach BUGNION und POPOFF. *AntN* Antennennerv, *Bucc* Buccalganglion, *BN* Beinnerven, *Cer* Cerebralganglion, *Conn* Konnektiv, *GenN* Genitalnerven, *Oes* Ösophagus, *OcN* Ocellennerv, *Opt* Opticus, *Sub* Subösophagalganglion, *Visc G* Visceralganglion.

Die Einteilung der Sinnesorgane kann nach der Lage oder nach der Funktion erfolgen. Da die letztere Einteilung für biologische Betrachtungen vorzuziehen ist, soll sie im folgenden angewandt werden, trotz der naheliegenden Schwierigkeiten, die darin bestehen, daß keineswegs für alle Sinnesorgane die Funktion einwandfrei feststeht.

1. Organe des chemischen Sinnes.

Die Organe des chemischen Sinnes liegen bei den Hemipteren, wie bei den Insekten überhaupt, auf den Fühlern, den Mundwerkzeugen und am Gaumen. Außerdem finden sich gelegentlich an anderen Stellen

Sinnesorgane, die man nach ihrem Bau in die Gruppe der chemischen Sinnesorgane unterbringen muß.

Die chemischen Organe der Fühler sind bei den einzelnen Hemipterengruppen recht verschieden gebaut und angeordnet. Bei den Landwanzen, deren Fühler in der Regel lang und dünn, seltener keulenförmig oder sonstwie verdickt sind (Abb. 76), fand vom Rath in Übereinstimmung mit Hauser nur Borsten mit dünner Wandung und von verschiedener Größe. Den Bau der mit ihren Endigungen in die Borsten hineinragenden Sinneszellen, die zu spindelförmigen Massen vereint sind, zeigt Abb. 77d. Aus der Abbildung geht hervor, daß die Borsten kreisrunden Aussparungen im Chitinüberzug des Fühlers aufsitzen und daß die von den Spindeln ausgehenden Nervenfasern in den Hauptfühlernerven, der übrigens wenigstens bei *Cimex* nicht doppelt ist wie bei vielen anderen Insekten, münden. Daß diese Borsten, mindestens zum Teil, Geruchsorgane sind, scheint sicher; es steht aber durch Herters Untersuchungen fest, daß außer dem Geruchsinn auch der Temperatursinn seinen Sitz in den Fühlern hat (siehe S. 145), und zweifellos sind die Fühler außerdem Tastorgane. Eine anatomische Unterscheidung der verschiedenen Organe ist vorderhand unmöglich.

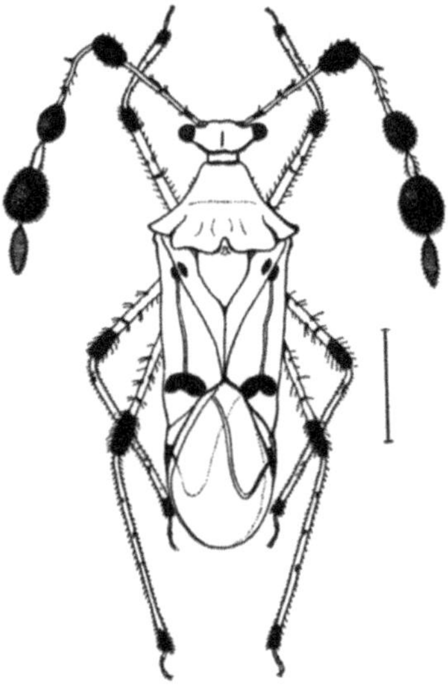

Abb. 76. *Mandragora venefica*, Capside aus Spanisch-Guinea, nach Schumacher.

Eine Besonderheit im Fühlerbau weisen die Aradiden auf, denn bei ihnen sitzen (Abb. 77) die nicht besonders zahlreichen kurzen, abgestumpften Sinnesborsten besonderen Vorwölbungen der Fühlerwand auf, deren Gestalt aus Abb. 77a, b hervorgeht. Ähnliche Vorwölbungen mit ganz denselben Borsten und mit Innervierung sind aber nicht nur über den ganzen Fühler, sondern auch über die Beine und die Körperdecke überhaupt verteilt (Abb. 77c). Es ist nicht unmöglich, daß diese Borsten durchweg taktile Reize vermitteln, die für die Aradiden, wie für alle ausgesprochen thigmotaktischen Tiere (siehe S. 146), besondere Bedeutung haben. Die vorgewölbten Basen der Borsten sind als Schutz gegen das Abbrechen der zarten Sinnesorgane zu verstehen. Auf den Fühlern finden sich in geringer Zahl neben den Borsten kleine, als helle Kreise erscheinende Sinnesplatten, die man wohl als chemische Organe ansprechen darf (Abb. 77a).

Bei den Wasserwanzen, deren Fühler, wie z. B. Abb. 78a zeigt, zu kurzen, auf der Unter- oder Hinterseite des Kopfes gelegenen Gebilden reduziert sind, finden wir meist zahlreiche Borsten, die, soweit bekannt ist, ähnlichen Bau haben, wie die Sinnesborsten der Landwanzenfühler. Bei *Ranatra*, deren Fühlerspitze Abb. 78b zeigt, entsprechen die Borsten dem gewöhnlichen Typ der Riechkegel insofern mehr als die Sinnesborsten der Landwanzen, als sie kurz und steif sind und ziemlich stumpf enden. Über die Funktion der Fühler der Wasserwanzen ist im übrigen wenig bekannt; als Geruchs- bzw. Geschmacksorgane scheinen sie höchstens bei *Nepa* und *Ranatra* zu dienen. Daß bei *Notonecta* eine ganz ungewöhnliche Art der Verwendung

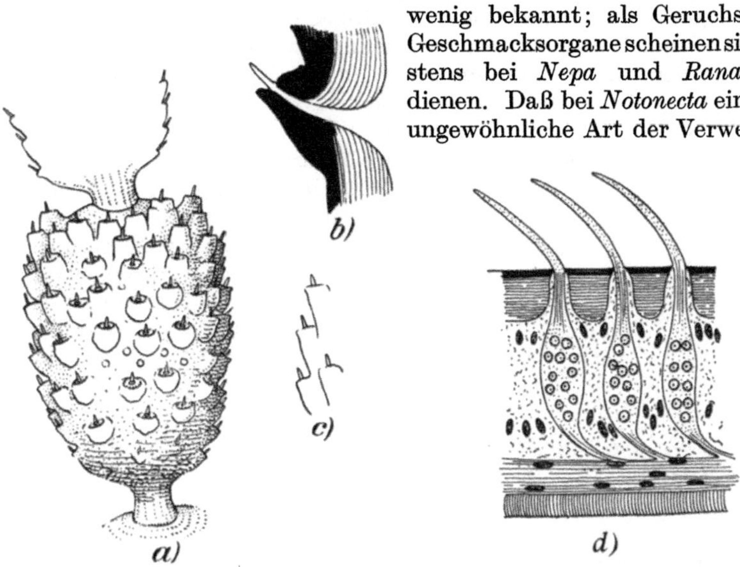

Abb. 77. *Aradus cinnamomeus* ♀. a) Vorletztes Glied des Fühlers; b) optischer Längsschnitt durch ein Sinnesorgan; c) Stück aus dem Vorderschenkel; d) *Pyrrhocoris apterus*. Stück aus einem Längsschnitt durch die Antenne, d) nach VOM RATH.

der Fühler vorkommt, wird weiter unten noch eingehend zu besprechen sein.

Bei den Cicadinen sind die Fühler in der Regel sehr kurz. Einer flachen Basis sitzen zwei Glieder auf, deren zweites oft (Abb. 79a) kolbig verdickt ist und stets eine mehr oder weniger lange, gegliederte oder borstenförmige Geißel trägt.

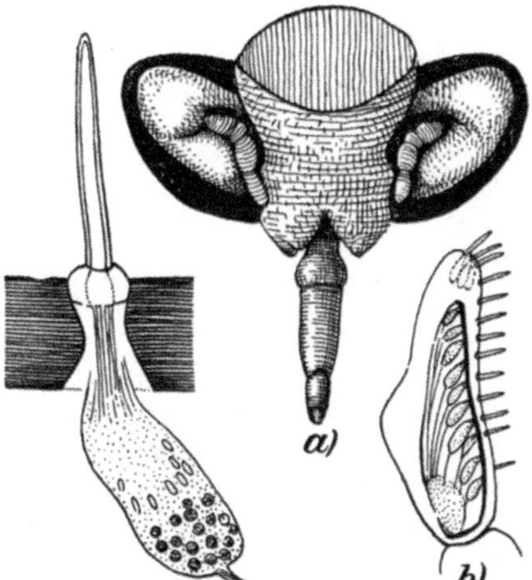

Abb. 78. a) Kopf von *Lethocerus* von hinten, nach COMSTOCK; b) angeschnittenes Endglied des Fühlers von *Ranatra fusca* mit Sinnesorganen; c) eines derselben im Längsschnitt, nach MARSHALL und SEVERIN.

Der Kolben, dessen Bau bei *Fulgora maculata* von BUGNION untersucht wurde, trägt Sinnesorgane verschiedener Art. Bei *Fulgora* sind es außer zahlreichen Tastborsten (Abb. 79c) gegen 200 Geruchsorgane, die als helle Kreise auf der Fläche des Fühlergliedes erkennbar sind. Jedem dieser Kreischen entspricht im Innern eine kugelförmige Masse von Nervenzellen, von der aus nach der Oberfläche eine zylinderförmige Gruppe von epithelialen

Sinneszellen geht. Diese Zellen ragen in eine flache, durchsichtige Chitinkuppel hinein und werden umgeben von der an dieser Stelle durchbohrten geschichteten und tieferen Chitinlage (Abb. 79b). Dem feineren Bau nach handelt es sich hier um ein kompliziert gebautes Geruchsorgan, denn von den Sinneszellen aus gehen in die Wand der Kuppe kegelförmige Vorsprünge, die den von anderen Insekten bekannten Riechstäbchen wahrscheinlich entsprechen. Trotz der geringen Größe der Fühler läßt die große Anzahl der Organe für *Fulgora* auf ein wohlausgebildetes Geruchsvermögen schließen.

Bei den übrigen Homopteren sind die Fühler länger, nicht geißelförmig und mit Sinnesorganen verschiedener Art besetzt. Sehr zahlreiche, lange Sinneshaare tragen z. B. die Fühler der männlichen Cocciden; bei den Aphidinen, Aleurodiden und Psylliden sind außer einfachen Haaren noch Sinneskolben (Riechkolben), Riechgrübchen oder Riechplatten vorhanden. Die letzteren, die auch Rhinarien genannt werden, sind von Flögel bei den Aphididen genau untersucht (Abb. 80c); er unterscheidet an ihnen einen äußeren und einen inneren Chitinring, eine zwischen beiden gelegene Ringfurche, einen nicht immer vorhandenen Wimperkranz, die Schlußmembran, die sich innerhalb des inneren Ringes ausspannt, eine darunter gelegene Masse von Sinneszellen und einen an diese herantretenden Nerv. Die Schlußmembran ist sehr zart und zweifellos geeignet, chemisch wirksamen Stoffen den Durchtritt zu gestatten. Dem ganzen Bau nach handelt es sich hier sicher um Geruchsorgane, die besonders den geflügelten Formen beim Aufsuchen der Wirtspflanze und des anderen Geschlechtes unentbehrlich sein müssen. Es ist in diesem

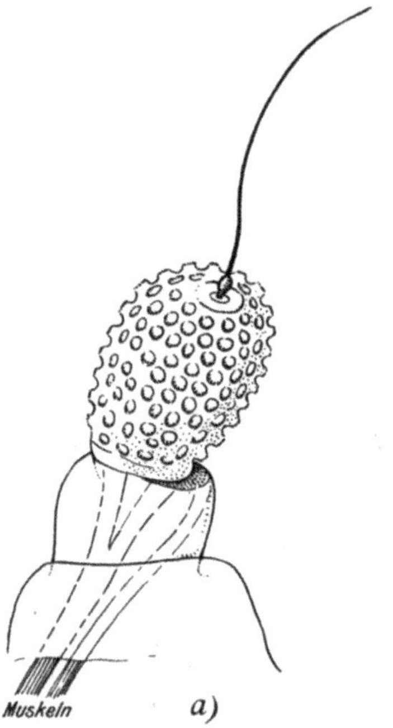

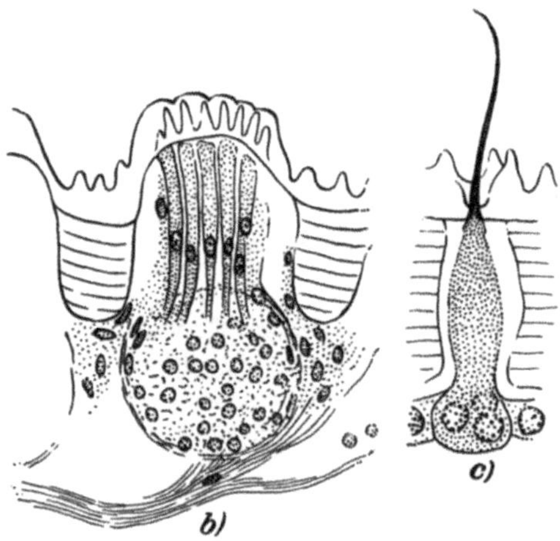

Abb. 79. a) Antenne von *Fulgora maculata*; b) einzelnes chemisches Organ und c) einzelne Tastborste, im Schnitt, nach Bugnion.

Zusammenhang von Interesse, daß bei den Larven (siehe Abb. 20) und den festsitzenden Formen, wie z. B. bei den flügellosen Weibchen der Aphidinen, die Zahl der Rhinarien entweder sehr viel geringer ist als bei den geflügelten Tieren (Abb. 80a und b) oder daß sie gar, wie bei den Weibchen der Cocciden, ganz fehlen. Bei den geflügelten Weibchen der Aphidinen, dagegen können die Fühler bis zu 80 Riechplatten tragen (nach FLÖGEL bei *Myzus ribis* 78), die zum größten Teil erst bei der letzten Häutung auftreten.

Mit der Funktion der Fühler als Geruchsorgane hängen sicher die bei sehr vielen Hemipteren auftretenden, regelmäßigen Fühlerbewegungen zusammen. Bei nahrungsuchenden Wanzen, bei paarungs-

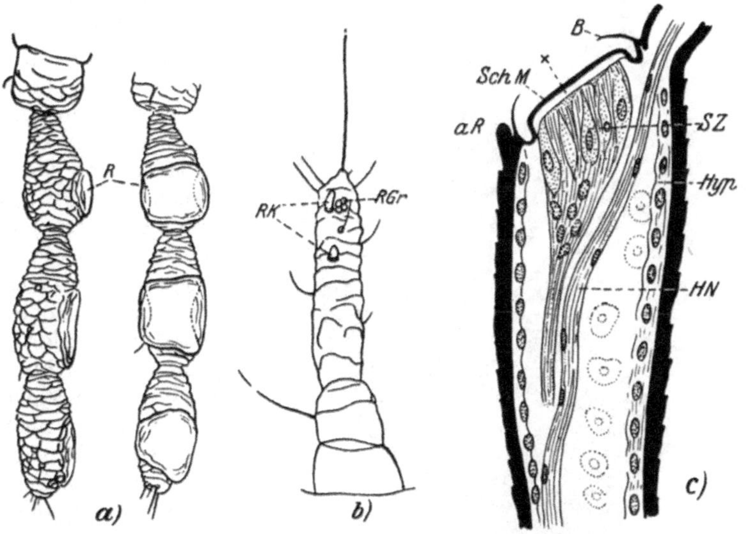

Abb. 80. a) Fühler der *Cellaris*-Fliege von *Pineus pini* (Chermesidae), in zwei Ansichten; b) *Chermes abietis*, *Hiemalis*-Junglarve, Fühler, nach BÖRNER, *R* Rhinarien, *R Gr* Riechgrübchen, *RK* Riechkegel; c) Längsschnitt durch das letzte Fühlerglied von *Drepanosiphum platanoides*, nach FLÖGEL. *aR* äußerer Ring, *B* Borste, *HN* Hauptnerv, *Hyp* Hypodermis, *SchM* Schlußmembran, *SZ* Sinneszellen; der mit × bezeichnete Hohlraum ist wahrscheinlich ein Kunstprodukt.

lustigen Psylliden sieht man z. B. die Fühler in gleichmäßigen Schwingungen je einen Kegelmantel beschreiben, wobei die beiden Fühler nicht ganz gleichzeitig schwingen. Vielfach scheint eine Verkoppelung dieser Fühlerbewegungen mit der Gangbewegung vorzukommen.

Chemische Sinnesorgane findet man, außer an den Fühlern, auch an zahlreichen anderen Körperstellen. Leider sind die Hemipteren noch kaum auf solche Einzelheiten hin untersucht, und es ist daher sehr wahrscheinlich, daß außer den wenigen bekannten noch andere Organe auf die Entdeckung harren. Regelmäßig vorhanden sind Sinnesorgane, die wenigstens teilweise sicher chemische Reize zu rezipieren vermögen, an der Spitze des Labiums und am Gaumen.

Das am Gaumen (Epipharynx) gelegene Organ ist unzweifelhaft ein Geschmacksorgan. Es entspricht, was Lage und Innervierung betrifft, den Geschmacksorganen anderer Insekten, wie z. B. der Hymenopteren. Innerviert wird das Organ vom Gehirn aus, dessen Ventralseite ein Paar starker, von BUGNION bei *Fulgora* als Buccalnerven bezeichneter Nerven entspringt (Abb. 75). Diese Nerven gehen links und rechts an den Dilatatoren des Schlundes vorbei und erweitern sich, bevor sie das Sinnesorgan erreichen, zu einem in Abb. 81 und Abb. 278 sichtbaren Ganglion, dem Buccalganglion. Von ihm aus gehen Nervenfasern zu den Sinneszellen des Organs. Diese liegen in Reihen auf dem Gaumendach und bilden zusammen einen Ballen. Die einzelnen Zellen passen mit ihren Spitzen in tiefe Aussparungen des stark chitinisierten Gaumens, haben körniges Plasma und im Innern eine helle Zone, die in ein kanalartiges, bis zu der verdünnten Cuticula reichendes Gebilde übergeht (siehe Abb. 82a). Die Funktion des Organs, von der unten nochmals die Rede sein wird, ergibt sich aus seiner Lage an der Übergangsstelle des Nahrungskanals der Stechborsten in die Mundhöhle. Die den Nahrungskanal passierenden Stoffe können durch das Organ vor dem Eintritt in den Darmkanal einer Prüfung unterzogen werden, auf Grund der rezipierten Reize ist dann die weitere Bewegung der Stechborsten zu regulieren (siehe S. 209). Lage und Aufbau des Organs sind bei allen Hemipteren, wie es scheint, annähernd gleich (BUGNION, DREYFUSS, DAVIDSON, WEBER).

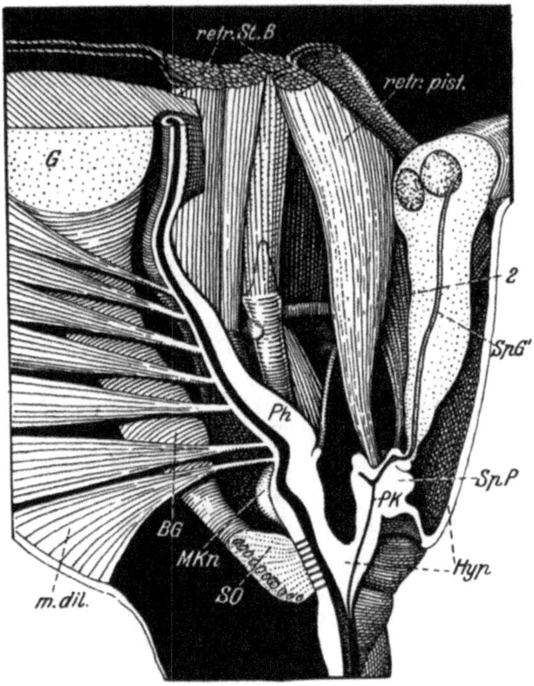

Abb. 81. *Aleurodes brassicae.* Ausschnitt aus einer die rechte Hälfte des Kopfes zeigenden Rekonstruktion. Schnittflächen weiß, wenn Chitin, punktiert, wenn Weichteile getroffen sind. Der Längsschnitt ist genau median geführt, oben ist eine horizontale Schnittebene als Abschluß gewählt. Man sieht den Pharynx (*Ph*) mit seinen Dilatatoren (*m.dil*), die Basen der Stechborsten mit ihren Retraktoren (*retr. St.B*), den Hypopharynx (*Hyp*) mit der Speichelpumpe *SpP*, an der der Pumpenkanal *PK* bezeichnet ist. Ferner *G* das Zerebralganglion, *BG* das Buccalganglion, *SO* das epipharyngeale Sinnesorgan, *MKn* Mundknopf, *retr. pist.* der eine Speichelpumpenmuskel, *2* der andere, *Sp G'* das zuleitende Speichelrohr.

Eine gewisse Ähnlichkeit mit dem Gaumenorgan hat, wenigstens was den Bau der Sinneszellen betrifft, ein Organ, das WEFELSCHEID an der Stirn von *Plea minutissima* entdeckt hat. Es handelt sich um einen schmalen Streifen von etwa 600 Poren, deren Bau aus Abb. 82b hervorgeht. Den Porenkanälen, die am Grund durch gewölbte, eine Borste tragende Deckelchen verschlossen sind, liegt innen ein einheitlicher Komplex von Sinneszellen auf, deren jede, ähnlich den Sinneszellen des Gaumenorgans, einen hellen Terminalstrang an ein Deckelchen entsendet, und die in zahlreichen kleineren Zellen eingebettet liegen. Mit der Nahrungssuche hat das Organ nichts zu tun, wenigstens fingen die Tierchen ihre Daphnien weiter, auch wenn WEFELSCHEID ihnen die Stirn lackiert hatte. Ob das Organ für eine Prüfung der Qualität des Wassers bestimmt ist, oder ob es eine Rolle im Geschlechtsleben spielt, ist noch zu untersuchen; sicher scheint nur seine Funktion als chemisches Sinnesorgan.

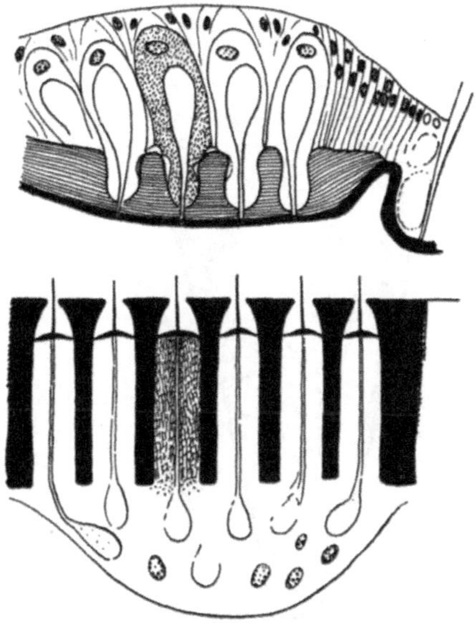

Abb. 82. a) Epipharyngeales Sinnesorgan von *Pyrrhocoris apterus* im Längsschnitt, nach BUGNION; b) Stirnstreifen von *Plea minutissima* im Querschnitt, schematisiert nach WEFELSCHEID.

An der Spitze des Labiums sitzen bei fast allen Hemipteren chemische Sinnesorgane neben Tastorganen.

Die chemischen Organe haben durchweg den typischen Bau der Geschmackskegel, sie sind dünnwandig und kolben- oder borstenförmig. Bei *Notonecta* sind die Kegel kurz und stumpf (LEHMANN), bei den Landwanzen und den Homopteren länger, spitz und häufig gebogen. Die Sinneszellen liegen nie der Cuticula unmittelbar an, sie sind vielmehr, zu einem Paar von spindelförmigen Ballen vereint, in die Tiefe des letzten Labialgliedes gerückt. Von diesen „Sinnesspindeln" (LEHMANN) geht ein Nerv durch das ganze Labium nach dem Zentralorgan (Abb. 83a). Mehrere Sinneszellen versorgen jeweils einen Sinneskolben, ein ihnen gemeinsamer Terminalstrang erstreckt sich, wie Abb. 83b nach LEHMANN zeigt, in den Hohlraum des Kolbens.

Die Zahl und Anordnung der Sinneskörper selbst ist etwas verschieden: *Notonecta* hat z. B. jederseits 12—15, in 3—4 Reihen angeordnete Zapfen. Ein völliges Fehlen der Sinnesorgane des Labiums ist nur in den Fällen zu verzeichnen, wo das Labium völlig reduziert oder funktionsunfähig ist (Coccidenmännchen, Geschlechtstiere mancher Aphidinen). Bei *Nepa* sollen nach NAGEL an der Spitze des Labiums nur Tastorgane vorkommen.

Die Aufgabe der Labialspitze ist in einer kombinierten Tast- und Riechtätigkeit zu suchen. Vor dem Anstechen eines Gegenstandes pflegen die Hemipteren ihn prüfend mit dem Labium zu berühren, meist erst nach mehrmaligem Aufsetzen des Labiums geschieht der Einstich, der häufig ebenfalls nur probeweise erfolgt. Sicher verraten schon die Oberflächeneigenschaften des anzustechenden Körpers dem Tier einiges über die Eignung als Stichstelle, weitere richtende Reize empfängt es dann beim Probestich, wenn der Nahrungsstrom das Gaumenorgan erreicht hat (siehe S. 209). Daß gewisse, von der Labialspitze rezipierte Reize auslösend auf die Stichbewegungen wirken, hat NAGEL an *Notonecta* auch experimentell gezeigt. Während nämlich gewöhnliche chemische und mechanische Reize das in seiner Ruhestellung am Wasserspiegel hängende Tier zu schleuniger Flucht in die Tiefe veranlassen, bewirkt Zuckerlösung, in die Nähe des Kopfes gebracht, ein Hervortreten der

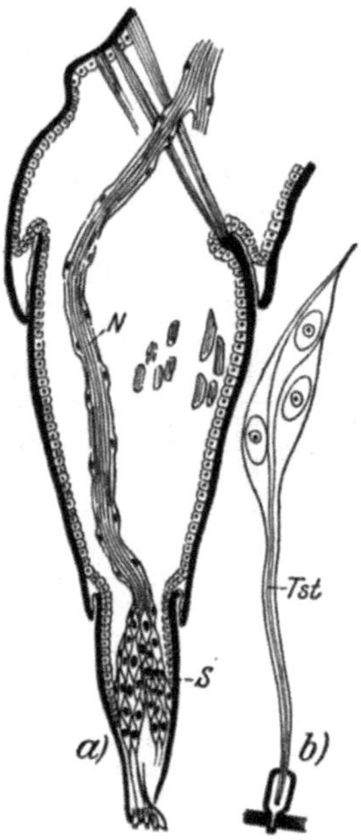

Abb. 83. a) Längsschnitt durch das Labium von *Notonecta glauca*, *N* Nerv, *S* Sinneszellen, *Tst* Terminalstrang; b) einzelne Gruppe von Sinneszellen mit Terminalstrang und Sinneskegel nach LEHMANN.

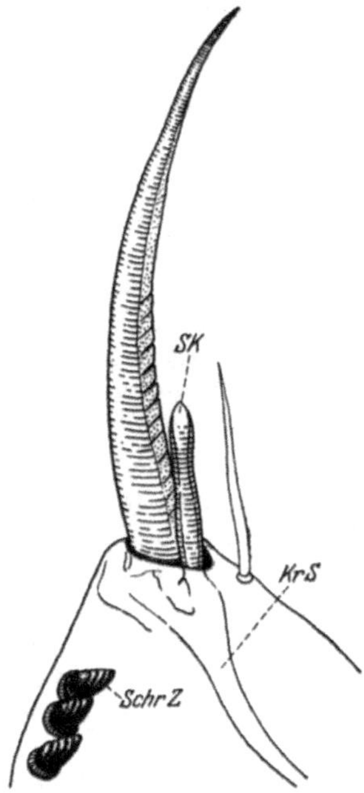

Abb. 84. Spitze des Vorderbeines des ♂ von *Corixa* (*Macrocorixa*) *Geoffroyi*. *KrS* Krallensehne, *SK* Sinneskegel, *SchrZ* Schrillzapfen.

Stechborsten aus dem Labium. Der chemische Reiz allein genügt hier also, die Stichbewegung auszulösen, die normalerweise nur eintritt, wenn das Tier eine Beute gehascht hat. Bei *Nepa*, der nach NAGEL chemische Organe an der Rüsselspitze fehlen sollen, fehlt auch diese Reaktion.

Das verkürzte Labium der Corixiden trägt neben den sehr zahlreichen Reusenborsten (siehe Abb. 65) viele um die Mundöffnung angeordnete Sinnesorgane. Teilweise sind diese nach dem Typ des Riechkolbens gebaut, teilweise handelt es sich um eigentümliche, zylinderförmige Einsenkungen der Cuticula, an deren Grund eine Sinneszelle sitzt. Vermutlich sind auch diese, noch nirgends erwähnten Gebilde Geruchsbzw. Geschmacksorgane, die neben den genannten Kolben zum „Abschmecken“ der von den Vorderbeinen herbeigescharrten Nahrungspartikel dienen. Beim Männchen von *Corixa* (*Macrocorixa*) *Geoffroyi* trägt sogar die Spitze des löffelartig verbreiterten Tarsus neben der langen Kralle einen kräftigen Sinneskolben vom typischen Bau (Abb. 84) der chemischen Organe. Der Kolben, der mit der Kralle zusammen von der Krallensehne bewegt werden kann, ist an der Spitze sehr dünnwandig und dient vielleicht zur chemischen Prüfung des von den Vorderbeinen durchwühlten Bodenbelages auf Nahrungsstoffe. Gegen diese Deutung könnte nur die Tatsache sprechen, daß der Kolben der Larve und, wie es scheint, dem Weibchen fehlt.

Anhangsweise sei noch einer Gruppe von Organen gedacht, die BUGNION an den Lateraltuberkeln von *Fulgora maculata* entdeckt hat und in denen er chemische Sinnesorgane vermutet. Es handelt sich, wie Abb. 85 zeigt, um becherförmige Chitingebilde, in deren Höhlung ein durch den Fortsatz einer vergrößerten Hypodermiszelle ausgefülltes, dünnwandiges Kügelchen liegt. Möglicherweise sind die fraglichen Gebilde aber gar keine Sinnesorgane, sondern Hautdrüsen besonderer Art.

2. Organe des Tastsinns.

Organe des Tastsinnes finden sich bei den Hemipteren außer auf den Fühlern und der Labialspitze noch an den verschiedensten Körperstellen, besonders an den Beinspitzen und den äußeren Geschlechtsorganen (Abb. 18, 19, 26, 30, 33, 230, 251) und bei vielen Landwanzen an der Bauchseite des Hinterleibes. Es handelt sich in der Regel um einfache Borsten, die, wie Abb. 85 und Abb. 79c zeigen, mit einem Basalring mehr oder weniger beweglich an der Cuticula befestigt sind und mit einer Sinneszelle in Verbindung stehen, von der eine Nervenfaser nach innen geht. Als taktile Sinnesorgane, die zur Wahrnehmung der durch „trommelnde“ Ameisen ausgeübten Reize (siehe S. 465) dienen sollen, deutet TEODORO gewisse einzellige Organe, die von BERLESE bei *Lecanium* aufgefunden und als Wachsdrüsen bezeichnet wurden (siehe Abb. 266). Als Tastborsten im weiteren Sinne fungieren auch, wie wir weiter unten sehen werden, die Stechborsten, indem sie durch Vermittlung ihrer innervierten Basen Widerstände, denen sie auf ihrem Weg begegnen, als Reize empfinden und an das Zentralnervensystem in Form von nervöser Erregung weitergeben.

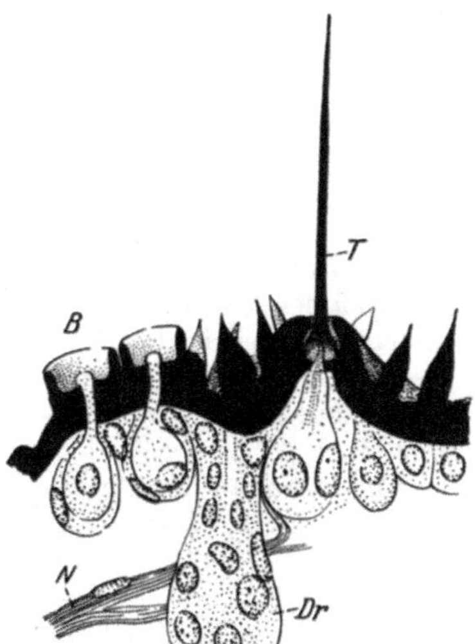

Abb. 85. Schnitt durch eine Lateraltuberkel des ♀ von *Fulgora maculata*, nach BUGNION. *B* becherförmiges Organ, *Dr* Drüse, *N* Nerv, *T* Tastborste.

Daß der Temperatursinn bei den Wanzen vor allem in den Fühlern seinen Sitz hat, wurde oben schon gesagt; bestimmte Temperatursinnesorgane sind aber weder bei ihnen noch bei anderen Insekten sicher festgestellt. Wohl hält DEMOLL es für theoretisch möglich, daß die sogenannten kelchförmigen Sinnesorgane der Insekten als Thermorezeptoren arbeiten; da aber dieser Bautyp auf den Wanzenfühlern, soweit wir wissen, nicht vorkommt, ist mit DEMOLLS Vermutung speziell für die Hemipteren nichts anzufangen. Sicher ist jedenfalls, durch HERTERS Untersuchungen, daß die Wanzen ein verschieden scharf ausgeprägtes Unterscheidungsvermögen für Temperaturdifferenzen besitzen und im Temperaturgefälle eine für die einzelne Art charakteristische optimale Temperatur aufsuchen. Dasselbe gilt sicher auch für die meisten anderen Hemipteren.

Ob die taktilen Sinnesorgane des Hemipterenfühlers unter Umständen auch als Vermittler eines Erschütterungssinnes zu fungieren vermögen, ist nicht sicher, aber durchaus wahrscheinlich. Man kann dabei verschiedene Möglichkeiten in Betracht ziehen. Die Tastborsten eines Fühlers, der einem irgendwie erschütterten festen Körper genähert wird, können ohne Zweifel die Erschütterung als verstärkten taktilen Reiz rezipieren. Dasselbe gilt vermutlich auch von den Tastorganen, die über die Beine und den ganzen übrigen Körper verteilt sind, insbesondere von den oft sehr langen Tastborsten des letzten Tarsengliedes. Außerdem kann man sich aber auch vorstellen, daß die Fühler Bewegungen der Luft wahrnehmen können, wobei nicht gerade an Schallwellen, sondern vielmehr an Verschiebungen der Luftteilchen zu denken wäre, wie sie durch ein herannahendes Tier hervorgerufen werden. Bei der Larve von *Reduvius personatus*, deren Fühler sehr dünn auslaufen und deren einzelne Fühlerglieder sich sehr leicht passiv gegeneinander bewegen lassen, kann man direkt beobachten, wie jeder kleinste Luftzug die Fühler in Schwingungen versetzt. Als Rezeptoren für derartige Reize kämen vermutlich Tastborsten nicht in Frage, wohl aber Sinnesstiftchen, wie sie in dem JOHNSTONschen Organ der Fühlerbasis bei vielen Insekten vorkommen (siehe S. 109). Es würde sich also hier um einen auf der Grenze zwischen Tast- und Gehörsinn stehenden „Ferntastsinn" handeln.

Eine ganz andere Art der Reaktion auf Erschütterungen hat TEYROVSKY bei den *Gerris*-Arten festgestellt. Als Rezeptoren dienen Sinnesborsten, Trichobothrien, wie sie sich in ähnlicher Form auch bei den Spinnen finden, und die bei *Gerris* am Trochanter und Femur aller sechs Beine sitzen. Die Trichobothrien sollen einerseits den Gerriden dazu dienen, Schwingungen der Wasseroberfläche, wie sie z. B. durch das Auffallen eines Gegenstandes auf den Wasserspiegel hervorgerufen werden, zu rezipieren, und können demnach bei der Nahrungssuche, wie bei der Aufrechterhaltung der normalen Körperstellung von Wert sein. Andererseits sollen sie den Tieren, die bei Nacht Pflanzenstengel erklimmen und sich von ihnen aus wieder auf die Wasserfläche fallen lassen, dazu verhelfen, beim Auffallen auf den Wasserspiegel sofort in die richtige Lage zu kommen. Wie das im einzelnen vor sich geht, ist nicht bekannt, sicher ist aber, daß Tiere, bei denen man die Schenkel lackiert und die Trichobothrien so außer Tätigkeit gesetzt hat, wenn man sie aufs Wasser fallen läßt, nur in 11 vH aller Fälle gleich in die richtige Lage kommen, während ungeschädigte Tiere zu 100 vH die Normallage sofort erreichen.

3. Gleichgewichtsorgane.

Wie die im vorstehenden beschriebenen chemischen Sinnesorgane vermutlich aus einfachen Sinnesborsten hervorgegangen sind und solchen teilweise noch sehr ähneln, so sind auch die Elemente der Gleichgewichtsorgane nur besonders umgebildete Sinnesborsten, der Funktion nach sogar nichts anderes als Tastborsten, denen die zu rezipierenden Reize durch eine besondere Lage vorgeschrieben sind. Normale Gleichgewichtsorgane bestehen aus einer mit Sinnesepithel ausgekleideten Blase (Statozyste), die einen oder mehrere schwere Körper (Statolithen) enthält. Je nach der Lage, die die Statozyste gerade einnimmt, drücken die Körper auf diese oder jene Stelle des Sinnesepithels und orientieren so das Tier über seine augenblickliche Stellung zur Schwerkraft.

Ein annähernd nach diesem Schema gebautes Organ findet sich unter den Hemipteren und unter den Insekten überhaupt in keinem Falle, nur STAUFFACHER will bei gewissen geflügelten Chermesidenweibchen (*Cnaphalodes strobilobius*) und bei *Phylloxera vastatrix* eines gefunden haben. STAUFFACHER selbst hat aber bei *Phylloxera* das Organ nur bei wenigen Exemplaren entdeckt und seine Lage so undeutlich beschrieben, daß bisher niemand imstande war, es wieder aufzufinden. So hat außer unserem besten Chermesidenkenner BÖRNER auch BERLESE es vergeblich gesucht (1908). Aus STAUFFACHERS Beschreibung geht soviel hervor, daß das Organ eine hohle Blase an der Basis des Vorderflügels bildet; ob die Blase an der Oberseite des Flügels liegt, wie aus der Abbildung STAUFFACHERS hervorzugehen scheint, oder an der Unterseite, ist nicht sicher zu erkennen. Im Inneren der Statozyste soll ein heller, glänzender Statolith an drei gebogenen Chitinspangen aufgehängt sein, an dem Statolithen sollen Nervenendigungen liegen, die etwaige Veränderungen in der Lage des Statolithen als Reize zu rezipieren vermögen. Ein Urteil über diesen einzig dastehenden Befund scheint vorläufig unmöglich; es ist jedenfalls kaum verständlich, daß die geflügelten Tiere nur zum Teil das Organ besitzen sollen. Möglicherweise hat STAUFFACHER nur den Pleuralgelenkkopf des Flügels gesehen und irrtümlich gedeutet.

Nach einem ganz anderen Prinzip wie die seither erwähnten Organe arbeiten die bei einigen Wasserwanzen von BAUNACKE und vom Verfasser untersuchten Gleichgewichtsorgane. Bei ihnen, die nur unter Wasser zu funktionieren vermögen, ist es nicht ein fester Körper, der den Reiz ausübt, sondern eine in einen Hohlraum mehr oder weniger vollkommen eingeschlossene Luftblase.

Bei *Notonecta* sind die Fühler durch einen eigentümlichen Funktionswechsel zu Gleichgewichtsorganen geworden. Sie liegen, wie Abb. 86 zeigt, an der Seite des Kopfes hinter den großen Fazettenaugen. Der tiefe Einschnitt zwischen Kopf und Prothorax ist beim untergetauchten

Tier durch eine Luftschicht ausgefüllt, die unter den beborsteten Subkoxalteilen des Prothorax hervordringt. Auf dieser Luftschicht liegen an der Grenze zwischen Luft und Wasser die kurzen, viergliedrigen Fühler. Sie sind, wie Abb. 87 zeigt, stark behaart, besonders fallen am zweiten Glied zahlreiche abgeplattete, gebogene Haare auf. Außer den ziemlich kurzen, stellenweise sehr dicht stehenden Haaren ist auf dem dritten Fühlerglied eine Reihe von langen, gebogenen, am Ende spatelförmig abgeplatteten Borsten zu sehen. Diese sowohl wie die abgeplatteten Haare des zweiten Gliedes wenden ihre konkave Seite der Luftschicht zu, fangen also sozusagen die Luft auf und hindern sie am Abperlen.

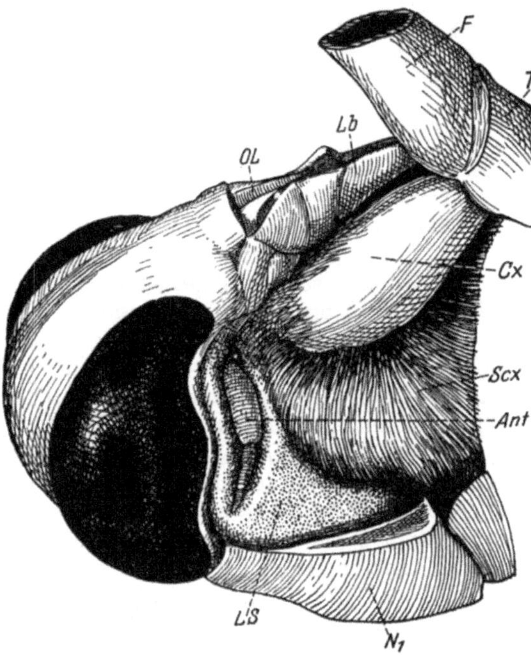

Abb. 86. Kopf und Prothorax einer lebenden, untergetauchten *Notonecta glauca* in Normallage. *Ant* Antenne, *Cx* Vorderhüfte, *F* Femur, *Lb* Labium, *LS* Luftschicht, N_1 Pronotum, *OL* Oberlippe, *Scx* behaarte Subcoxalplatte, *Tr* Trochanter.

Bedenkt man nun, daß diese Haare innerviert sind und daß die Luft auf sie einen gewissen Druck ausübt, so kann man sich vorstellen, daß der Fühler, der obendrein in seinem Basalglied noch eine JOHNSTONsches Organ (nach EGGERS) besitzt, als Rezeptor für die durch die Luftschicht ausgeübten Druckreize sehr geeignet ist. Da die Luft naturgemäß, dem Auftrieb folgend, nach oben strebt, wird die Reizstärke bei normaler Körperhaltung für beide Fühler gleich sein. Jede Neigung des Körpers nach links oder rechts muß dagegen eine Verstärkung des Reizes auf der tiefer gelegenen Seite und eine Änderung der Richtung des Druckes hervorrufen. In der Tat kann man auch, wenn man einen oder beide Fühler amputiert, sehr heftige Ausfallserscheinungen beobachten, die Schwimmlage wie die Ruhelage ist gestört, das Tier schwimmt oft auf dem Bauch und erreicht die Oberfläche in ganz senkrechter Stellung, mit dem Hinterende voran.

Dazu kommen erhebliche Störungen in den Atembewegungen, die weiter unten noch zu besprechen sind; aus ihnen geht hervor, daß die Fühler nicht nur relative Druckverschiebungen in den beiderseitigen prothorakalen Luftschichten wahrnehmen können, sondern daß sie auch eine in beiden Räumen gleich starke Abnahme oder Zunahme des Druckes registrieren. Die nach Entfernung beider Antennen eintretenden krampfhaften Atembewegungen sprechen dafür, daß die Antennen das Tier auch über die Menge des mitgeführten Luftvorrates orientieren. Je geringer der auf die Antennen einwirkende Druck ist, desto geringer ist der Luftvorrat. Amputiert man die Antennen, so fallen die von ihnen normalerweise rezipierten Druckreize völlig fort, was für das Tier vollständigen Luftmangel bedeutet und Atembewegungen auslöst.

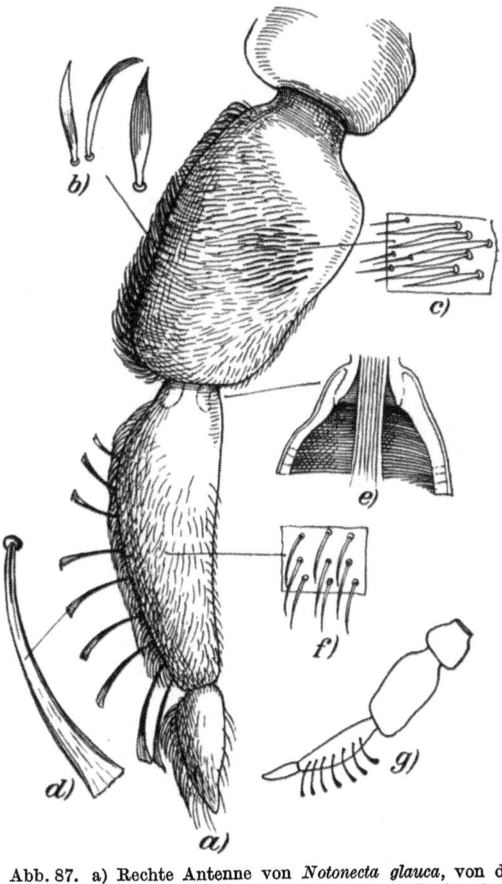

Abb. 87. a) Rechte Antenne von *Notonecta glauca*, von der Innenseite (Luftseite) gesehen; b) bis f) einzelne Teile derselben, stärker vergrößert; g) Antenne von der Außenseite (Wasserseite).

Ganz anderer Art sind die Gleichgewichtsorgane, die bei *Nepa*, *Ranatra* und *Laccotrephes* vorkommen. Sie sind schon seit Dufour (1833) unter dem Namen „siebförmige Stigmen" bekannt, wurden aber erst von Baunacke (1912) genau auf ihren Bau untersucht und in ihrer wahren Natur erkannt. Die Organe finden sich, etwas verschieden gebaut, bei den Larven sowohl wie bei den Imagines. Bei den Larven liegen die abdominalen Stigmen in einer, von den seitlichen Teilen des Tergums, den Paratergiten, durch Umklappen nach der Ventralseite gebildeten Atemrinne (siehe S. 285). Die Rinne ist durch Borsten verschlossen, die zu einem Teil auf dem Sternum, zum anderen Teil auf den Rändern der Paratergitlappen stehen. Die letzteren sind in der Mitte eingebuchtet (Abb. 88a), die Bucht wird von den langen Borsten freigelassen, an ihrer Stelle sitzen hier kurze, frei bewegliche Sinnesborsten, deren Bau aus Abb. 88d hervorgeht.

„In der starren Borstenbedeckung der Atemrinnen bleiben also acht über vier Abdominalsegmente gleichmäßig verteilte Lücken frei, an denen sich die in den Rinnen eingeschlossene Atemluft und das umgebende Wasser frei berühren. Hier entstehen somit Kontaktflächen, die, den Gesetzen des Auftriebes, den die in den Rinnen eingeschlossene Luft erleidet, unterliegend, je nachdem ob sie, der momentanen Lage des Tieres entsprechend, hoch oder tief liegen, sich konvex nach außen oder

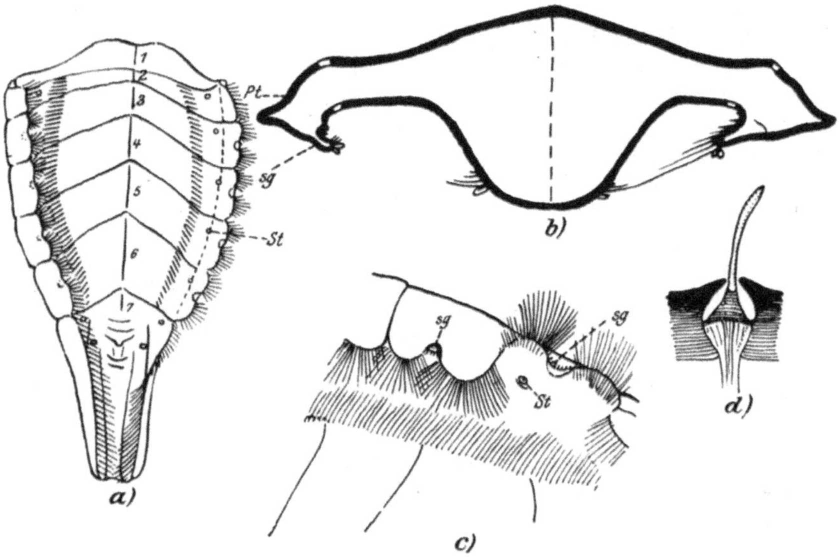

Abb. 88. a) Hinterleib einer Larve von *Nepa*, Ventralansicht, eine Paratergitfalte herausgeklappt, um die Stigmen *St* und die Sinnesgruben zu zeigen; b) Querschnitt durch das Abdomen, links ist eine Sinnesgrube *sg*, rechts ein Paratergitlappen getroffen; c) zwei Sinnesgruben *sg*, stärker vergrößert, bei der einen ist die Paratergitfalte herausgeklappt; d) einzelne Sinnesborste aus einer Grube. *Pt* Paratergit, nach BAUNACKE.

konkav nach innen wölben. Die am Rand dieser Kontaktflächen inserierenden frei beweglichen Sinnesborsten adhärieren am Wasserspiegel derselben, machen jede Bewegung dieser Flächen mit und erhalten so Reize, die bei jeder Bewegung des Tieres in den einzelnen Organen des ganzen Systems wechseln und zur Orientierung auf dem Boden des Gewässers dienen, wie angestellte Versuche (siehe S. 135) aufs deutlichste zeigen“ (BAUNACKE).

Die Funktion dieser Sinnesorgane, die mit den Stigmen in keiner direkten Beziehung stehen, entspricht, wie man sieht, der Funktion der Fühler von *Notonecta* im Prinzip vollständig. Beide Male handelt es sich um bewegliche innervierte Teile, die die Bewegungen einer zwischen dem umgebenden Wasser und der mitgeführten Luftschicht gebildeten

Kontaktfläche passiv mitmachen und auf Grund der rezipierten Druckreize eine Orientierung über die Körperlage gestatten.

Der Eintritt der Geschlechtsreife bedingt bei den Nepiden erhebliche Änderungen im Bau des Abdomens. Die Anschwellung des letzteren zur Paarungszeit und die unter sonderbaren Verdrehungen des Körpers erfolgende Kopulation (siehe S. 315) machen ein Weiterbestehen

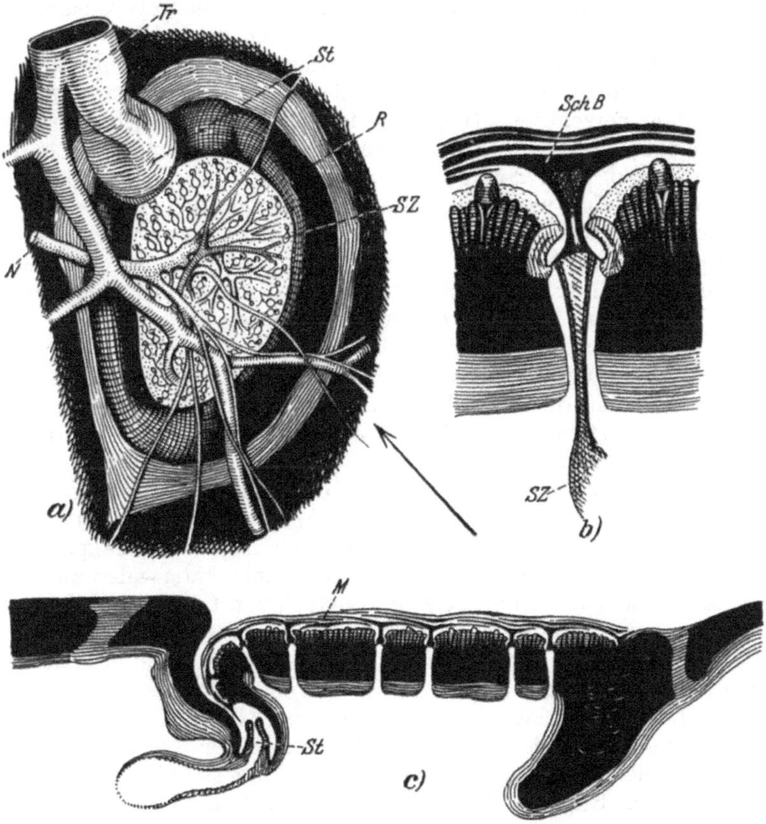

Abb. 89. *Nepa cinerea*, Imago, statische Abdominalorgane. a) Innenansicht eines Organs mit der Innervierung und der Tracheenversorgung; b) einzelne Schirmborste im Schnitt, mit zwei Kegelborsten; c) Querschnitt durch die cuticularen Teile eines Organs, das Stigma *St* treffend. *M* Membran, *N* Nerv, *R* Ring, *SchB* Schirmborste (Sinnesborste), *St* Stigma, *SZ* Sinneszellen der Schirmborsten. In a) sind die Tracheenäste (*Tr*) quer geriegelt, die Nerven punktiert, nach BAUNACKE.

der Atemrinnen und ihrer Beborstung unmöglich. Die Atemrinnen werden eingeebnet, und die ehedem in den Rinnen gelegenen Organe werden auf die freie Fläche der Bauchseite des Abdomens verlagert (siehe Abb. 235b), das vorderste Grubenpaar der Larve wird sogar ganz rückgebildet. Die drei anderen Grubenpaare, die infolge der Verlagerung natürlich nicht mehr im alten Sinne zu fungieren vermögen, treten in nähere Beziehung zu den Stigmen der zugehörigen Abdominalringe und erfahren außerdem tiefgehende Modifikationen im Bau. Die Sinnesborsten bilden nicht mehr eine Reihe, wie bei den larvalen Organen, sie sind vielmehr auf einem ovalen, von einem dicken, inneren Chitinrahmen umgebenen Feld verteilt und der Zahl nach stark vermehrt (Abb. 89a). Auch der Bau der Sinnesborsten ändert sich: aus den kurzen, zylindrischen Borsten werden flache, dünne Schilde, die horizontal einer kräftigen, senkrechten Basis aufsitzen (Abb. 89b). Die Schilde der ziemlich dicht zusammenstehenden Einzelborsten schieben sich übereinander und bilden zusammen eine Membran, die von den zahlreichen Basalteilen gestützt, einen niedrigen Hohlraum überdacht. Dieser Hohlraum steht, wie Abb. 89c zeigt, in Verbindung mit dem in den Chitinrahmen des Sinnesorgans versenkten Stigma, zu dem ein starker Tracheenast führt. Vom Stigma aus kommt also unter die von den Schilden gebildete Membran Luft und füllt den genannten Hohlraum aus. Die Fläche der Membran liegt also, wie die Sinnesborsten des larvalen Organs, auf einer Kontaktfläche zwischen Luft und Wasser, deren Bewegungen von den mit Sinneszellen (Abb. 89a) verbundenen, beweglich am Integument sitzenden Schildborsten rezipiert werden und so das Tier über die Lage seines Körpers zur Schwerkraft orientieren können.

Die Vorbedingungen für eine Wirkung der imaginalen Organe werden also durch Bildung eines besonderen Luftraumes über jedem einzelnen Organ geschaffen, die Sinnesborsten selbst dienen gleichzeitig zum Abschluß dieses Luftraumes und zur Rezeption der aus dem Auftrieb der Luft sich ergebenden Druckreize. Baunacke zieht daraus, daß die Sinnesborsten der beschriebenen Organe ontogenetisch auf die Verschlußborsten der abdominalen Rinnen zurückgeführt werden können, den Schluß, daß die statischen Sinnesorgane der Nepiden auch phylogenetisch aus einfachen Randborsten der Atemrinnen entstanden zu denken sind. In diesem Zusammenhang ist es jedoch von Interesse, daß Möller bei *Lethocerus* (Belostomiden) ganz einfache statische Organe entdeckt hat, die nur aus ein paar über den tief versenkten Abdominalstigmen liegenden Sinneshaaren bestehen. Er hält in dieser wie in anderer Beziehung die Belostomiden für „Vorläufer" der Nepiden. Wäre dies richtig, so wären die statischen Organe der Imago der Nepiden trotz ihres relativ komplizierten Baues ursprünglicher als die larvalen Sinnesgruben, die ja mit den Stigmen direkt nichts zu tun haben.

4. Stiftführende Sinnesorgane (Skolopalorgane).

Wie die Gleichgewichtsorgane, so sind auch die stiftführenden Organe physiologisch nichts anderes, als spezialisierte und verfeinerte Tastorgane. Sie vermögen Bewegungen und Schwingungen bestimmter Körperteile zu registrieren und sind, wie Eggers neuerdings annimmt, aus faserig differenzierten, innervierten Epidermiszellen hervorgegangen. Ursprünglich greifen diese Organe, in denen sich ein immer deutlicher ausgeprägter, stiftförmiger Körper als wichtigstes Charakteristikum findet, an Gelenkhäuten an und vermögen deren Spannung und Entspannung als adäquaten Reiz zu rezipieren.

Derartige Organe, die man auch als Chordotonalorgane bezeichnet, finden sich, wie bei anderen Insekten, sicher auch bei den Hemipteren an zahlreichen Körperstellen. Außer einer beiläufigen Erwähnung von chordotonalen abdominalen Organen bei den Singzikaden (Vogel) ist in der Literatur aber nur von einem Chordotonalorgan der Fühlerbasis etwas erwähnt. Dieses Organ, das in der Regel als Johnstonsches Organ bezeichnet wird, besteht aus einer Gruppe von Faser- oder Stiftzellen, deren peripheres Ende an der Gelenkhaut zwischen der Fühlerbasis und dem folgenden Fühlerglied ansetzt. Eggers hat das Organ bei den Wasserwanzen untersucht und sein Vorhandensein bei *Notonecta*, *Corixa* und *Naucoris* festgestellt. Von Interesse ist, daß bei *Nepa* das Organ fehlt. Vorhanden ist es dagegen, wie aus einer Abbildung Flögels hervorgeht, bei den Aphidinen und sicher auch noch bei zahlreichen anderen Hemipteren.

Der feinere Bau des Organs ist nur bei *Corixa* (Abb. 90) untersucht. Die Stifte, die mit sehr deutlichen Wandrippen versehen sind, liegen hier sehr nahe an der Gelenkhaut und entsenden Fibrillen in den tieferen Teil der Sinneszellen. Was die Funktion des Johnstonschen Organs betrifft, so vermag es zweifellos Bewegungen des distalen Teiles des Fühlers zu registrieren und trägt dadurch einerseits zur Kontrolle der aktiven Fühlerbewegungen bei, andererseits vermittelt es im Sinne der Ausführungen von S. 102 die Funktion des Fühlers als Organ des Erschütterungssinnes bzw. des „Ferntastsinnes", indem es passive Bewegungen des Fühlers als Reize rezipiert und weitergibt.

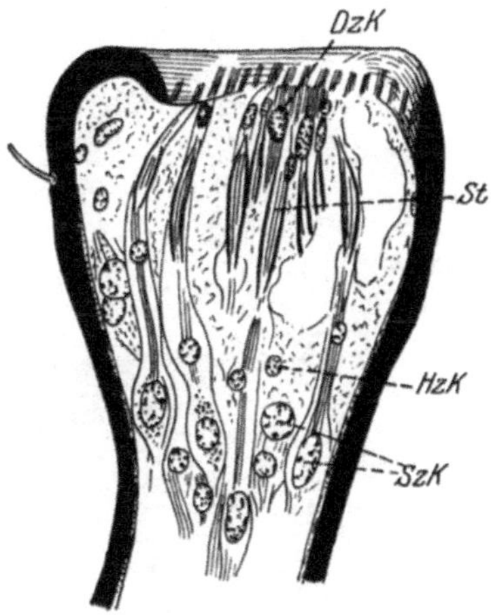

Abb. 90. *Corixa striata*, Längsschnitt durch den distalen Abschnitt des basalen Fühlergliedes mit Johnstonschem Organ, nach Eggers. *DzK* Deckzellenkern, *HzK* Hüllzellenkern, *St* Stift, *SzK* Sinneszellenkern.

Besser bekannt als die einfachen Chordotonalorgane der Hemipteren sind ihre Tympanalorgane, d. h. diejenigen Skolopalorgane, die mit straff gespannten, zum Auffangen von Schallwellen geeigneten Trommelfellen verbunden sind. Tympanalorgane hat man bis jetzt bloß bei Hemipteren gefunden, die Geräusche zu erzeugen vermögen, und unter diesen wiederum nur bei solchen, deren „Stimme" im Geschlechts- oder Gesellschaftsleben der Art dem Anschein nach eine wichtige Rolle spielt. Es ist demnach die Annahme berechtigt, daß die Tympanalorgane das sind, als was sie ihrem Bau nach erscheinen, nämlich Gehörorgane.

Festgestellt sind solche Organe bei einigen Wasserwanzen und bei den Singzikaden.

Bei *Corixa*, deren Tympanalorgan erstmals von Garner (1865) erwähnt, aber irrtümlicherweise für einen Teil des Schallapparates gehalten wurde, liegt das Organ unter der Basis des Vorderflügels in dem lufthaltigen, seitlichen, von der Subcoxalplatte bedeckten Hohlraum des

Mesothorax, dicht oberhalb des zweiten Stigmas (Abb. 91). Es besteht aus einem im mittleren Teil eigenartig radiär gestreiften Tympanum (Abb. 92), dem ein ziemlich verwickelt gebauter, in einen nach hinten gerichteten Kolben auslaufender Buckel aufsitzt. An der Vorderfläche des Buckels liegt ein kleiner Höcker (*Hö*), von dessen Innenseite ein zwei stiftführende Sinneszellen (*St*) enthaltender Strang zu einem Ganglion (*G*) geht, das unter dem hinteren Teil des Rahmens des Tympanums liegt und die Verbindung mit dem Zentralnervensystem herstellt.

Vom zweiten Stigma aus geht dorsalwärts ein starker Tracheenstamm, dessen eine Wand sich eng an die Innenseite des Tympanums legt. Dieses grenzt also mit seinen beiden Flächen an Lufträume; seine Schwingungen, die nach HAGEMANN durch die auf feine Fältelung zurückzuführende radiäre Streifung erleichtert werden, sind daher durch nichts behindert. Da jede Schwingung des Tympanums durch die stiftführenden Sinneszellen registriert werden kann, so ist tatsächlich die Möglichkeit gegeben, daß es sich hier um ein Gehörorgan handelt. Es sei indessen hier schon erwähnt, daß ein experimenteller Beweis für diese Vermutung noch nicht geführt ist; die Tatsache, daß *Corixa* nach HAGEMANN zwar auf Klopfen an das Aquarium reagiert, nicht aber auf Geigentöne, spricht an sich mehr für ein verfeinertes Tastorgan als für ein Gehörorgan. Man darf indes nicht vergessen, daß das Organ nur zwei Stifte besitzt und daß, wenn GRABERS Hypothese, daß jeder Stift nur auf einen Ton abgestimmt ist, richtig ist, *Corixa* nur fähig sein könnte, zwei Töne wahrzunehmen, vielleicht gerade die zwei Töne, die (siehe S. 78) das Männchen zu erzeugen imstande ist. Zukünftige Untersuchungen könnten, auf diesen Gesichtspunkten aufbauend, sicher über diese Fragen Aufschluß geben.

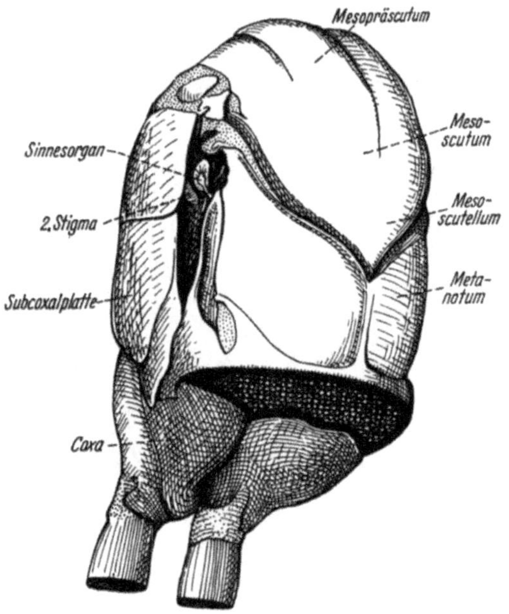

Abb. 91. Meso-Metathorax von *Corixa* (*Macrocorixa*) *Geoffroyi* nach Entfernung der Flügel. Zeigt das tympanale Sinnesorgan, nach WEBER.

Welche Rolle der eigentümliche kolbenförmige Fortsatz spielt, ist ganz unsicher. Er ist nicht innerviert und kommt daher für die Schallrezeption nicht in Betracht. Ob er irgendwie an der Weiterleitung der Schallwellen beteiligt ist, wäre noch zu untersuchen, ebenso eine etwaige

Bedeutung für den Flug, die HAGEMANN — sicher zu Unrecht — aus seiner Ähnlichkeit mit den Halteren der Dipteren herleitet.

Bei *Plea* hat WEFELSCHEID ebenfalls unter der Wurzel des Deckflügels ein Tympanalorgan gefunden, das aus einem ganz einfachen, in der Mitte höckerförmig vorgewölbten Trommelfell besteht (Abb. 93). Von dem Höcker nach innen geht eine stiftführende Zelle, wie bei *Corixa*, nach einem Ganglion. Ob eine Tracheenblase, wie bei *Corixa*, sich von innen gegen das Tympanum legt, ist nicht bekannt.

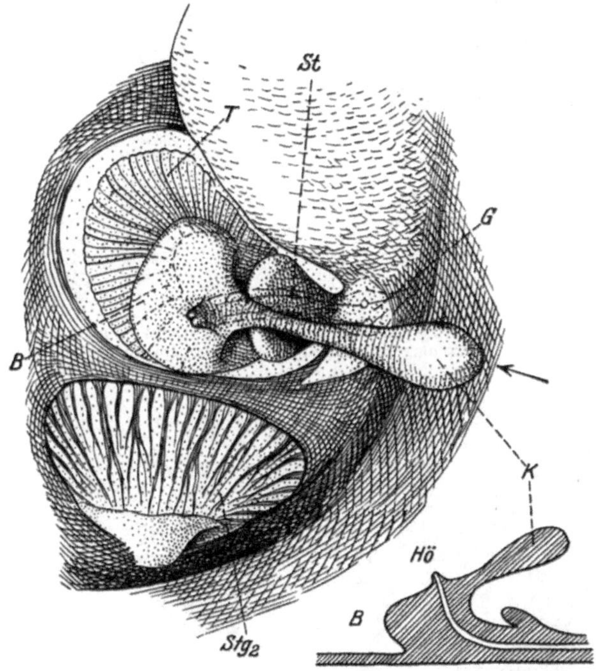

Abb. 92. Das Tympanalorgan von *Corixa Geoffroyi*, nach HAGEMANN, von außen gesehen und schematisch im Schnitt (→). *B* Buckel, an dem innen an dem Höcker *Hö* die Sinneszellen angreifen, *G* Ganglion (durchschimmernd), *K* Kolben, *St* Stift (durchschimmernd), Stg_2 zweites Stigma, *T* das radial gestreifte Tympanum.

Die Tatsache, daß *Plea* (S. 77) nur einen Stridulationston zu erzeugen vermag, stimmt damit überein, daß nur ein Stift vorhanden ist, und spricht für die Richtigkeit der oben erwähnten, auf GRABERS Hypothese beruhenden Vermutung.

Auch bei *Sigara*, *Nepa*, *Notonecta* und *Naucoris* sind Tympanalorgane, deren Bau noch nicht näher untersucht ist, an entsprechender Stelle vorhanden (siehe Abb. 214).

Unendlich kompliziert und reich an Sinnesstiften erscheinen neben den einfachen Organen der Wasserwanzen die Tympanalorgane der Singzikaden, die, 1878 von SWINTON erstmals erwähnt, erst 1923 durch VOGEL eine genaue Bearbeitung erfahren haben. Die Lage der Tympana, die oben (S. 83) schon erwähnt wurden, geht aus den Abb. 68a und 94

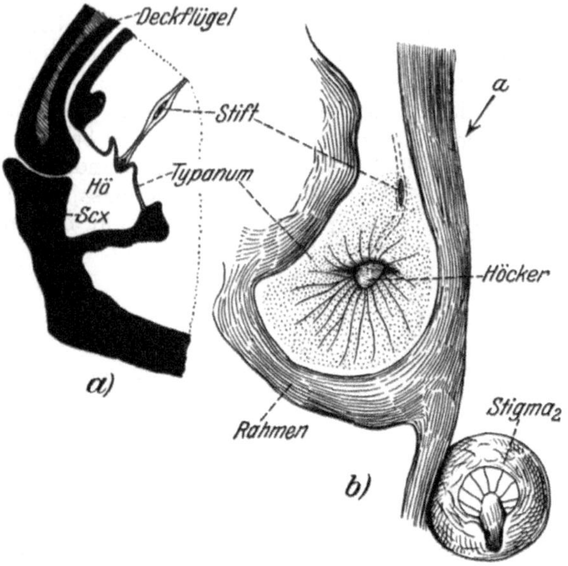

Abb. 93. Tympanalorgan von *Plea minutissima*, nach WEFELSCHEID. a) im Schnitt (→); b) in der Draufsicht, Stift durchschimmernd. *Scx* Subcoxalplatte des Mesothorax.

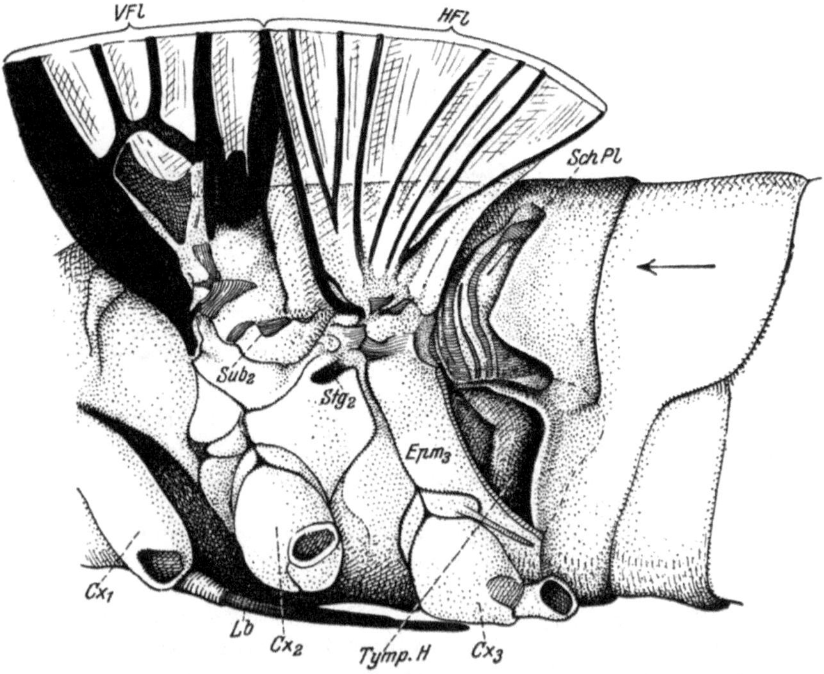

Abb. 94. Thorax und Basis des Hinterleibes von *Quesada gigas* ♂, mit gehobenen Flügeln. Operculum großenteils abgeschnitten, um die Tympanalhöhle (*Tymp H*) zu zeigen. $Cx_{1,2,3}$ Hüften, Epm_3 Metepimerum, *HFl* Hinterflügel, *Lb* Labium, *SchPl* Schallplatte, Stg_2 zweites Stigma, Sub_2 Subalare des Mesothorax, *VFl* Vorderflügel. → Zeigt die Lage des in Abb. 69 dargestellten Schnittes.

hervor. Die letztere zeigt den Eingang zur Tympanalhöhle, die, an der Basis des Abdomens gelegen, von dem Operculum (in der Figur abgeschnitten) verdeckt wird. Diese Opercula, deren Form bei den verschiedenen Zikaden sehr variiert, sollen nach VOGEL als Schallfänger, als „Ohrmuscheln" dienen. Die Tympana sind in ovale bis kreisrunde Rahmen eingespannt, die vom ersten und zweiten Abdominalsegment gebildet werden. Innen legt sich an die Tympana die beim Männchen sehr große, beim Weibchen kleinere abdominale Tracheenblase (S. 277) und verwächst mit ihnen zu einem bei verschiedenen Arten verschieden feinen spröden Häutchen, das in konzentrischen Kreisen bzw. Ellipsen angeordnete Inter-

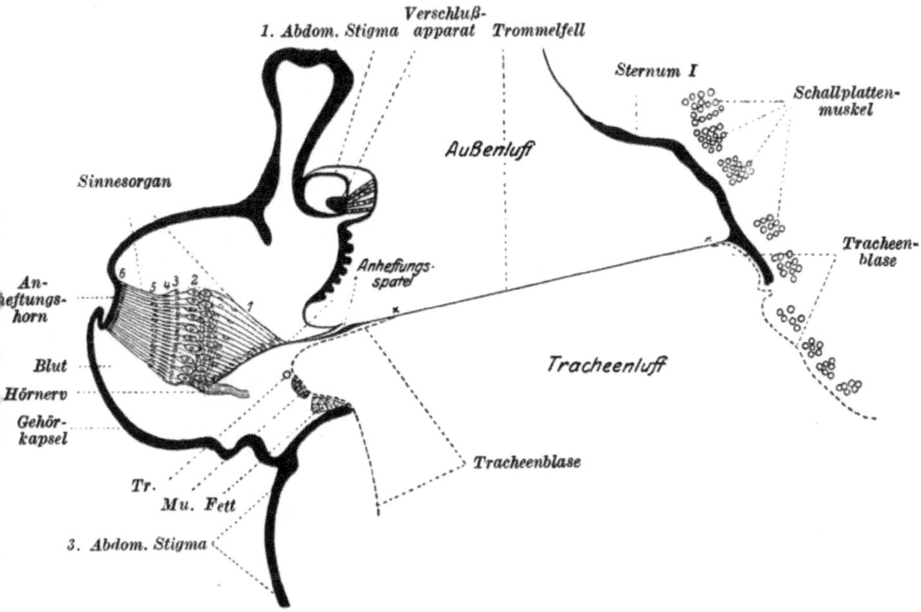

Abb. 95. *Cicadetta coriaria* ♂. Kombinierter Frontalschnitt durch die Basis des Abdomens mit linker Gehörkapsel, Tympanum, Sinnesorgan, Tracheenblase. Bei × beginnt die Verwachsung des Tracheenblasenepithels mit dem Epithel des Tympanums, nach VOGEL.

ferenzfarben zeigt. Morphologisch entsprechen die Tympana nicht der Intersegmentalhaut zwischen erstem und zweitem Abdominalsegment, sondern dem hinteren lateralen Teil des ersten Sternums des Abdomens. Sie können durch einen am Rand ihrer Rückseite angreifenden Muskel gespannt werden.

Das mit jedem Tympanum verbundene Sinnesorgan ist in einer mehr oder weniger vorspringenden „Gehörkapsel" enthalten (Abb. 68a), die am seitlichen Teil des hinteren Rahmens, am zweiten Abdominalsegment also, liegt. In diese Kapsel geht der Gehörnerv hinein und endet an dem dicken, aus bis zu 1500 einzelnen „Sinnessaiten" (Skolopidien) bestehenden Sinnesorgan, das mit dem einen Ende an einem Anheftungshorn der lateralen Kapselwand, mit dem anderen Ende an einem spatelförmigen Fortsatz der medialen Kapselwand ansetzt. Das Organ ist zwischen Horn und Spatel so ausgespannt, daß es im Schnitt harfenförmig erscheint (Abb. 95), da das Spatel sehr schief steht. Die Skolopidien (stiftführende Sinnessaiten) nehmen also von hinten nach vorn an Länge zu; vermutlich entspricht dem eine Empfänglichkeit für bestimmte, verschiedene Töne der Tonleiter. Da die beiden Skelettstücke, an denen das Organ angeheftet ist, federn, ist es wohl sehr empfänglich für Schwingungen benachbarter Teile, insbesondere aber für Schwingungen des Tympanums, da das Spatel in eine feine Gräte ausläuft, die der Ebene des Tympanums eingelagert ist. Jede Bewegung des Tympanums muß also auf das Spatel und damit auf das Organ übertragen werden.

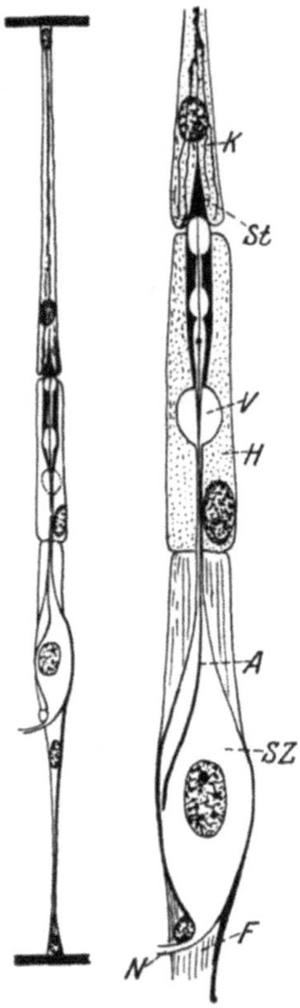

Abb. 96. *Cicadetta coriaria* ♂. a) Einzelnes Skolopidium; b) Stück daraus, stärker vergrößert. *A* Achsenfaden, *F* Faserzelle, *H* Hüllzelle, *K* Kappenzelle, *N* Nervenfaser, *SZ* Sinneszelle, *St* Stift, *V* Vakuole, nach VOGEL.

Bei den Skolopidien selbst, deren Bau aus Abb. 96 hervorgeht, ist der wichtigste Teil der von der großen Sinneszelle ausgehende Achsenfaden mit dem ihn umgebenden Stift, der sich durch ringförmige, nicht aber durch längslaufende Wandverdickungen auszeichnet. Das Protoplasma der Sinneszelle reicht wahrscheinlich bis in die Spitze des Stiftes hinein. Der Achsenfaden ist ebenso wie die in den umgebenden Kappen- und Faserzellen auftretenden Fibrillen nicht als reizleitendes Element zu verstehen, sondern als Erhöher der Elastizität des auf Zug stark beanspruchten Skolopidiums (VOGEL)[1]. Ein derart gebautes Sinnesorgan muß zur Rezeption von durch Schwingungen hervorgerufenen Reizen besonders geeignet sein.

Die außergewöhnlich hohe Zahl von Einzelorganen läßt eine besonders hohe Leistungsfähigkeit des Gesamtorgans vermuten, wie denn Vermehrung der Teilorgane bei den Sinnesorganen nicht nur der Insekten, sondern auch anderer Tiere eines der wichtigsten Mittel zur Vervollkommnung von Leistungen ist (s. S. 118, Facettenauge). Der ganze Bau des Organs läßt, wenn auch außer den auf S. 86 aufgeführten Beobachtungen keinerlei experimentelle Nachweise für ein Hörvermögen der Singzikaden vorliegen, kaum einen anderen Schluß zu, als daß es sich um ein sehr differenziertes Gehörorgan handelt. Die Tatsache, daß das Organ beiden Geschlechtern in gleich guter Ausbildung zukommt, spricht für die Richtigkeit dieses Schlusses.

[1] Dieser Anschauung, die VOGEL aus seinen Untersuchungen an Cicadiden gewonnen hat, tritt neuerdings FRIEDRICH auf Grund von Studien an verschiedenen Orthopteren entgegen.

5. Sehorgane.

Zwei Typen von Augen sind bei den Insekten zu unterscheiden, die einfachen Augen oder Punktaugen (Ocellen) und die zusammengesetzten Augen oder Netzaugen (Facettenaugen). Bei den Hemipteren finden sich entweder beide Typen nebeneinander oder nur Facettenaugen oder schließlich, in selteneren Fällen, nur Ocellen.

Die Facettenaugen sind bekanntlich aus mehr oder minder zahlreichen Einzelaugen (Ommatidien) aufgebaut, die, regelmäßig nebeneinandergeordnet, eine den ganzen Augenkörper überziehende geschlossene Schicht bilden.

Jedes Einzelauge besteht aus einem dioptrischen und einem rezipierenden Apparat und bildet eine funktionelle Einheit, ähnlich wie die einzelne Sinnessaite der Skolopalorgane.

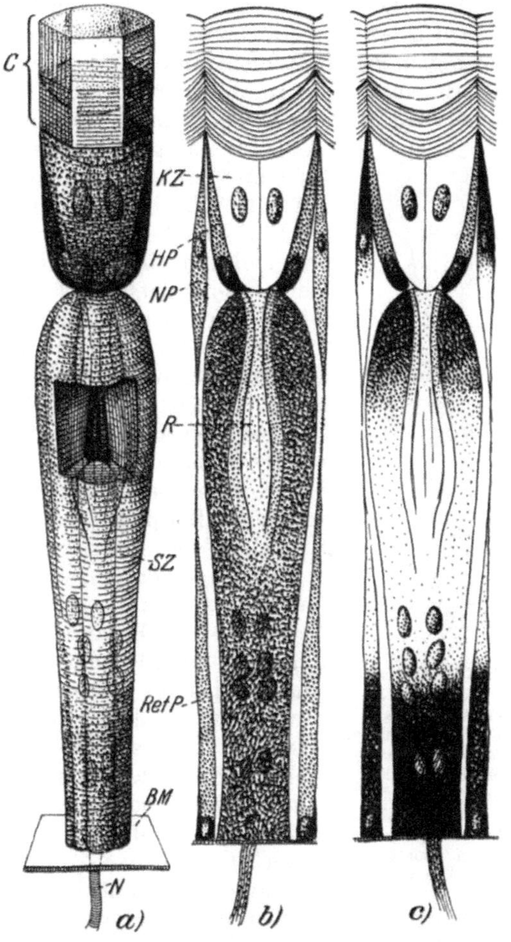

Abb. 97. a) Schematische Rekonstruktion eines Ommatidiums einer Wasserwanze, im wesentlichen nach *Notonecta glauca*. In der Mitte ist ein Fenster geschnitten; b) und c) Ommatidien von *Notonecta glauca* in Licht- und Dunkelstellung. Nach Bedau kombiniert. *BM* Basalmembran, *C* Cornea, *HP* Hauptpigmentzellen, *KZ* Kristallzellen, *NP* Nebenpigmentzellen, *R* Rhabdom, *RetP* Retinapigmentzellen, *SZ* Sinneszellen (Sehzellen).

Bei den Wasserwanzen, deren Augen von Bedau genau untersucht wurden, ist der dioptrische Apparat aus einer doppelschichtigen, cuticularen Cornea (*C*) und aus vier, zu einem durchsichtigen Kegel zusammentretenden Kristallzellen (*KZ*) aufgebaut. Die Kristallzellen werden von zwei Hauptpigmentzellen rings umfaßt und optisch isoliert. Nur oben und unten ist dieser Pigmentmantel offen, unten schließt sich der rezipierende Teil des Ommatidiums, das keulenförmige Omma, an, das aus acht Sehzellen besteht (Abb. 97). Die acht Zellen sind nicht bei allen Wasserwanzen gleich gebaut; bei *Corixa* sind vier von ihnen oben breit und unten schmal, die vier anderen verhalten sich umgekehrt und schieben sich, wie Abb. 98 zeigt, mit ihren schmalen Enden zwischen die breiten Teile der vier oberen Zellen. Bei *Notonecta* sind sechs der Zellen gleich groß, die beiden anderen, deren Kerne in Abb. 97 im untersten Teil der Ommen sichtbar sind, bleiben kurz und beschränken sich auf den basalen Teil des Ommas. Jede Sehzelle besteht aus einer äußeren, körnigen Pigmentschicht und einem inneren, fein gestreiften Teil, dem Rhabdomer. Die Rhabdomeren bilden zusammen den eigentlich rezipierenden Teil des Ommas, das Rhabdom. Das Omma steht einer, die Basis für das ganze Auge bildenden Basalmembran auf, die zum Durchtritt der Sehnervenfasern durchlöchert ist. An jede Sehzelle tritt eine Nervenfaser heran.

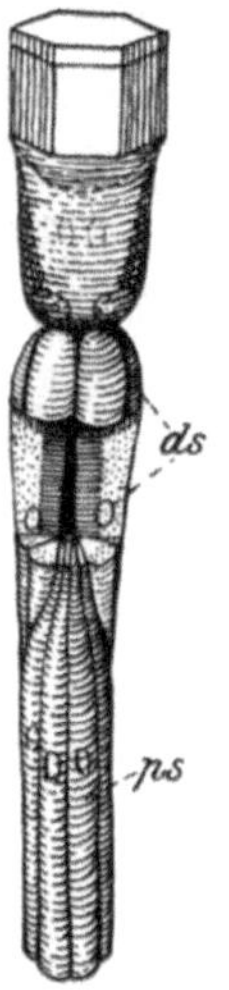

Abb. 98. *Corixa*. Rekonstruktion eines Ommatidiums mit einem Ausschnitt in der Mitte. Kombiniert nach BEDAU. *ps* proximale Sehzellen, *ds* distale Sehzellen. Sonst wie Abb. 97.

Die optische Isolierung des Ommatidiums wird vollendet durch die im Kreis angeordneten Neben- und Retinapigmentzellen, deren Anordnung nicht bei allen Wasserwanzen gleich ist. So besitzen *Notonecta glauca* und *Corixa Geoffroyi* 18 interstitiell liegende, also gleichzeitig mehreren Ommatidien angehörende Nebenpigmentzellen. Bei *Ranatra* und *Nepa* besitzt jedes Ommatidium einen eigenen Kranz von 12, bei *Naucoris* von 18 Nebenpigmentzellen.

Die Ommatidien der Landwanzen sind, wie Abb. 99 an einigen Beispielen zeigt, sehr verschieden gebaut (nach KUHN). Verschieden ist z. B. die Länge des Rhabdoms und die Lage der Sehzellkerne. Während letztere bei den Reduviiden und Capsiden wie bei den Wasserwanzen distal von der Basalmembran liegen, sind sie bei den Lygaeiden, den Pyrrhocoriden und den Coreiden sämtlich oder wenigstens teilweise aus dem Verband des Auges heraus, proximalwärts über die Basalmembran hinausgetreten. Unterschiede bestehen ferner in der optischen Isolierung und dem Bau der Kristallzellen. Die meisten Landwanzen sind ausgesprochene Tagtiere und besitzen dementsprechend (siehe S. 118) optisch gut voneinander isolierte Ommatidien. Ihre Nebenpigmentzellen sind lang, und auch die Hautpigmentzellen erstrecken sich öfters über die Kristallzellen hinaus bis an die Seite des Ommas (Abb. 99b, c). Die Pigmentierung der Sehzellen reicht bis über das proximale Ende des Rhabdoms hinaus. Bei dem ausgesprochenen Nachttier *Reduvius personatus* sind dagegen, wie Abb. 99d zeigt, die Nebenpigmentzellen sehr schwach entwickelt, die Pigmentierung der Sehzellen reicht kaum bis zum Rhabdom. Die mangelhafte optische Isolierung der Ommatidien tut zwar der Bildschärfe Abbruch, erhöht aber die Lichtstärke. Gut isoliert sind, wie Abb. 99e zeigt, auch die Ommatidien der Zikaden, die ja ausgesprochene Tagtiere sind.

Ein für die Funktion der Augen allerdings unerheblicher Unterschied liegt im Bau der Kristallzellen. Die meisten Hemipterenaugen sind, im Sinne der Einteilung GRENACHERS, akon, d. h. die Kristallzellen scheiden keinen Kristallkegel aus. Nur bei den Zikaden ist nach KUHN ein Kristallkegel festzustellen, sie haben also eukone Augen (Abb. 99, *e*, *kk*). Wie auch bei anderen Insekten der Übergang vom akonen zum eukonen Auge nicht ganz scharf ist, so finden sich unter den Hemipteren Übergangsformen zwischen den beiden Typen. So ist bei den Reduviiden (Abb. 99d) und manchen Capsiden eine Differenzierung der Kristallzellen in Plasma und Sekretmasse zu verzeichnen.

Pseudokone, d. h. solche Augen, deren Kristallzellen einen extrazellulären Sekretkegel aussondern, sind von den Hemipteren nicht be-

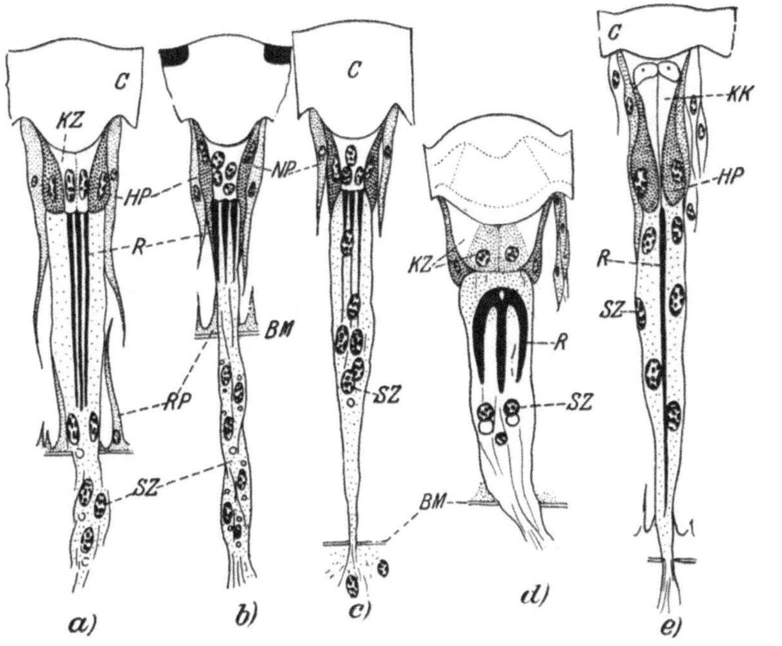

Abb. 99. a) *Syromastes marginatus* (Coreiden); b) *Lygaeus saxatilis* (Lygaeiden); c) *Miris erraticus* (Capsiden); d) *Reduvius personatus* (Reduviiden); e) *Triecphora vulnerata* (Cercopiden). Längsschnitte durch einzelne Ommatidien. Bezeichnungen wie in Abb. 97, nach KUHN. *KK* Kristallkegel.

kannt, doch sind, da die Facettenaugen der Psylliden, Aleurodiden, Cocciden und Aphidinen auf ihren feineren Bau noch nicht geprüft sind, in diesem Punkt die Akten nicht geschlossen.

Bei den meisten Hemipteren ist das Auge, wenigstens bei Tageslicht, ein ausgesprochenes Appositionsauge, d. h. die einzelnen Ommatidien sind gegeneinander völlig optisch isoliert, jedes Ommatidium vermag nur ein Lichtpünktchen abzubilden; aus den zahlreichen einzelnen Pünktchen setzt sich mosaikartig das Gesamtbild zusammen, das um so schärfer ist, je größer die Zahl der Einzelaugen und je besser ihre optische Isolierung ist. Bei den Wasserwanzen, die durchweg eine sehr hohe Zahl von Einzelaugen haben, ist nach BEDAU nicht das ganze Auge gleichmäßig entwickelt. Mit Ausnahme von *Corixa* haben die Wasserwanzen und *Hydrometra* vielmehr Doppelaugen, denn die ventrale Augenhälfte unterscheidet sich von der dorsalen in der Pigmentierung und in der Anordnung der Einzelaugen. Der besser differenzierte Teil des Auges liegt bei *Notonecta* ventral, bei *Nepa* und *Ranatra* dorsal, was offenbar mit der verschiedenen Körperhaltung zusammenhängt. Der besser differenzierte Teil hat dichter stehende Facetten und dichteres Retinapigment; die erstere Eigenschaft erhöht die Zahl der Bildpunkte, die zweite verhindert das Entstehen von Zerstreuungskreisen, beide zusammen verbessern also die Schärfe des Bildes, setzen dafür aber die Lichtstärke herab.

Bei den Wasserwanzen (nach Bedau) und den Landwanzen (nach Kuhn) ist eine Anpassung des Auges an Dunkelheit beobachtet worden. Wenn ein Tier längere Zeit im Dunkeln gehalten und, ohne daß es vorher ins Helle kam, getötet und fixiert wurde, so war eine Wanderung des Pigmentes im Sinne der Abb. 97c festzustellen. Man sieht, daß das Pigment der Sehzellen und der Nebenpigmentzellen sich nach oben und unten gezogen hat und daß dementsprechend der mittlere Teil des Ommas, der das Rhabdom enthält, nicht mehr gegen die Nachbarommatidien isoliert ist. Ein Lichtstrahlenbündel, das in ein Ommatidium eingedrungen ist, wird also zum Teil auch auf die umliegenden Ommatidien einwirken können. Dabei leidet natürlich die Schärfe des Bildes, die Lichtstärke wird aber gesteigert, aus dem Appositionsauge ist ein Superpositionsauge geworden.

Ein Superpositionsauge ist auch das Auge der nächtlich lebenden Raubwanze *Reduvius personatus* (Abb. 99d). Hier ist überhaupt keine optische Isolierung der Ommen vorhanden; nur die Kristallzellen sind von dem üblichen Pigmentmantel umhüllt, der aber, da die Kristallzellen sehr breit sind, unten weit offen ist und daher auch Strahlen durchläßt, die nicht genau in der Längsrichtung des Ommatidiums einfallen. Da auch die Rhabdome sehr breit gebaut sind, wird hier zwar von einem scharfen Bilde nicht die Rede sein können, dafür können aber sehr schwache Lichtreize noch rezipiert werden, weil ein durch die Korneallinse eingetretenes Lichtstrahlenbündel auf mehrere Ommatidien gleichzeitig einwirken kann und weil daher wenig Licht durch Absorption verloren geht.

Daß die Ausbildung der Sehorgane in engstem Zusammenhang mit der Lebensweise steht, geht aus den vorstehenden Ausführungen bereits hervor. Daß dieser Zusammenhang nicht nur im inneren Bau des Auges zum Ausdruck kommt, sondern auch in seinem äußeren Aussehen, hat speziell für die Hemipteren Kuhn mit folgenden Worten ausgeführt: Schon wenn man die Lage der Augen am Kopf bei einer Reihe von Insekten mit verschiedener Lebensweise betrachtet, lassen sich ohne weiteres gewisse Prinzipien erkennen. So kann man bei den Landwanzen zwei scharf voneinander getrennte Gruppen unterscheiden. Bei den Pentatomiden, Lygaeiden und Pyrrhocoriden ist der Kopf kurz, gedrungen und bis zu den Facettenaugen in das Halsschild eingezogen (vgl. die Abb. 132). Ein äußerlich sichtbares Halsstück ist nicht ausgebildet. Diesen Familien gehören (mit einigen Ausnahmen) nur Arten an, die sich von Pflanzensäften und Tierleichen ernähren. Ein Angriff auf andere Tiere kommt nur ausnahmsweise, eine Verteidigung mit dem Rüssel gar nicht vor; die Tiere sind vielmehr vollständig auf den Schutz angewiesen, den die Färbung oder der dicke Chitinpanzer gewähren. In diesem Verhalten liegt der Sinn der ganzen Körpergestalt, und in erster Linie sind die Augen davon betroffen. Durch die Verkürzung des Kopfes ist das Sehfeld verkleinert; um dieselbe Sehleistung wie bei freistehendem Kopf zu erreichen, müßten die Augen sehr stark vorspringen und würden dann dem Feinde eine willkommene Angriffsfläche bieten. Diese Tiere sind auch durch die einfache Art ihres Nahrungserwerbes gar nicht so sehr auf gut ausgebildete Augen mit großem Gesichtsfeld angewiesen wie die Angehörigen der zweiten Gruppe. Coreiden, Capsiden, Anthocoriden und Reduviiden sind größtenteils ausgesprochene Raubtiere. Bei allen diesen Formen finden wir einen freistehenden Kopf mit wohlentwickeltem Halsschild, stark gewölbte und weit vorspringende Augen sind charakteristisch für sie, wie für die Wasserskorpione *Nepa* und *Ranatra* und die Wasserläufer *Gerris*, *Velia* und *Hydrometra* (vgl. die Abb. 124, 125). Mit dem großen Gesichtsfeld ist aber, wie wir oben bei *Reduvius* feststellten, durchaus nicht immer große Sehschärfe verbunden, wie denn die Zahl der Ommatidien bei den genannten Formen nicht immer sehr groß ist. Es scheint, wie z. B. die Wasserläufer zeigen, bei den Räubern mehr auf die Beherrschung eines möglichst großen Gesichtsfeldes anzukommen, als auf große Sehschärfe. Ganz besonders ausgeprägt ist die Vergrößerung des Gesichtsfeldes durch Vorwölbung der Augen bei der Uferwanze *Gelastocoris* (Abb. 100). Hier sind die Augen nicht nur nach den Seiten, sondern auch nach vorn und oben vorgewölbt und bilden die Vorderecken des an der Stirnseite abgeflachten, dreieckigen, kurzen Kopfes. Ganz ähnlich ist die Anordnung und Wölbung der Augen bei gewissen Libellenlarven (*Libellula depressa*); es scheint sich hier um eine Konvergenzerscheinung zu handeln, die die ähnliche Ernährungsweise der beiden, systematisch einander ganz fernstehenden Tierformen zur Grundlage hat. Beide Tiere sind Räuber, die auf dem flachen Boden, am Ufer bzw. auf dem Grund der Gewässer ihrer Beute auflauern und sie, wenn sie auf eine bestimmte Entfernung nahe gekommen ist, im Sprung erhaschen (*Gelastocoris*) bzw. mit der vorgeschnellten Fangmaske ergreifen (*Libellula*). Die beiden Fangmethoden bedingen eine sichere Entfernungslokalisation. Die Entfernungslokalisation der Insekten ist aber im wesentlichen eine binokulare (BAL-

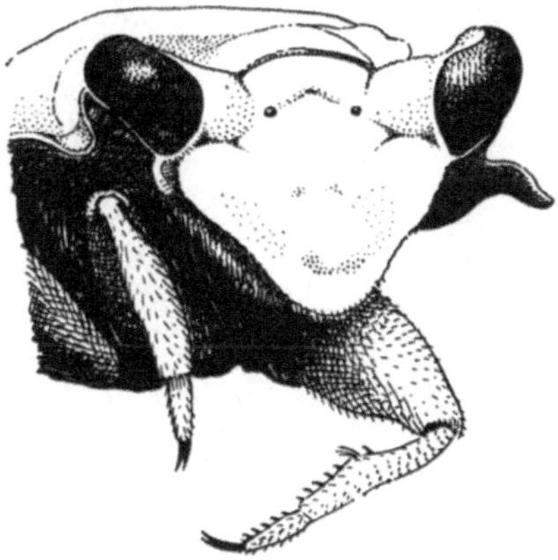

Abb. 100. Kopf und Thorax von *Gelastocoris sp.* von vorn.

DUS) und sicher um so besser und schärfer, je mehr Ommen der beiden Augen gleichzeitig von den Lichtpunkten des betrachteten Objektes gereizt werden können. Durch die Hochwölbung und Vorwölbung der Augen wird einerseits das Gesichtsfeld weiter, andererseits schneiden sich die Sehlinien der medial gelegenen Ommatidien dicht vor und über dem Kopfe, wodurch auch eine genaue Schätzung der Entfernung von sehr nahen Gegenständen ermöglicht wird und der Augenblick für den Absprung, bzw. den Schnappreflex richtig gewählt werden kann. Dasselbe gilt in geringerem Grad auch für die seitlich vorgewölbten Augen der oben genannten Formen, deren binokulares Sehfeld je nach dem Grad der Wölbung der Augen größer oder geringer ist (siehe Abb. 108).

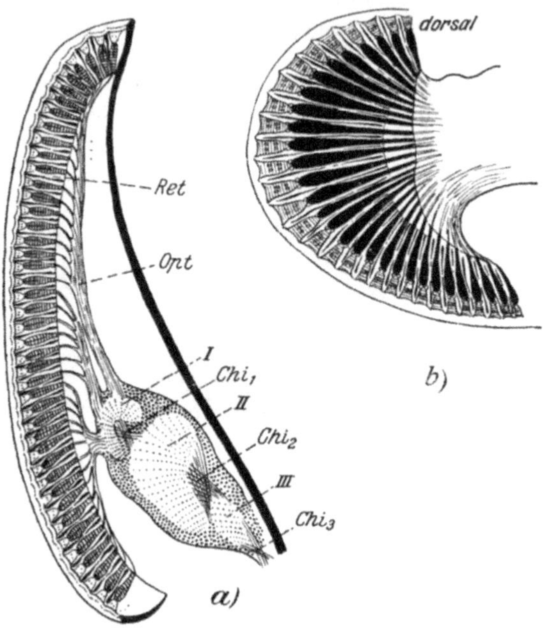

Abb. 101. Schnitte durch das Facettenauge von: a) *Corixa sp.*; b) *Nepa sp.*, nach BEDAU. *Chi* Chiasmen, *I, II, III* optische Ganglien, *Opt* Opticusfasern, *Ret* Ommatidien.

Die verhältnismäßig flachen Augen der Corixiden und Notonecten (Abb. 65, 86, 101) sind trotz der flachen Form infolge ihrer Lage an der Vorderfront des Kopfes wohl zum binokularen Sehen geeignet und zudem so fein facettiert, daß man ihren Besitzern ein sehr wohl ausgeprägtes Sehvermögen zutrauen kann. Ihr scharfes Reagieren auf jeden Schattenreiz zeigt, daß in der Tat der Gesichtssinn im Leben dieser Formen eine bedeutende Rolle spielt.

Bei den Homopteren, die ja durchweg von Pflanzensäften leben, sind die Augen sehr verschieden gebaut. Die Zikaden, die, im Gegensatz zu den pflanzensaugenden Wanzen, scheu und flüchtig sind, haben slehr wohl ausgebildete Augen mit weitem Gesichtsfelde (Abb. 45). Dasseb e gilt von den Psylliden (Abb. 102) und den geflügelten Tieren unter den Aphidinen (Abb. 103a), deren Augen allerdings nur recht wenige Facetten haben, dafür aber ziemlich stark vorspringen. Die flügellosen Formen unter den Aphidinen haben dagegen entweder nur sehr kleine Facettenaugen oder, wie die Larven und Weibchen der Cocciden, nur ein oder mehrere Paare von ocellenartigen Einzelaugen, die bei den Imagines der Aphidinen am Hinterrand der Facettenaugen als vorspringende Tuberkel persistieren (Abb. 103a). Es besteht also offenbar eine deutliche Korrelation zwischen der Ausbildung der Bewegungsorgane, besonders der Flügel, und der Ausbildung der Augen. Diese Korrelation kommt auch darin

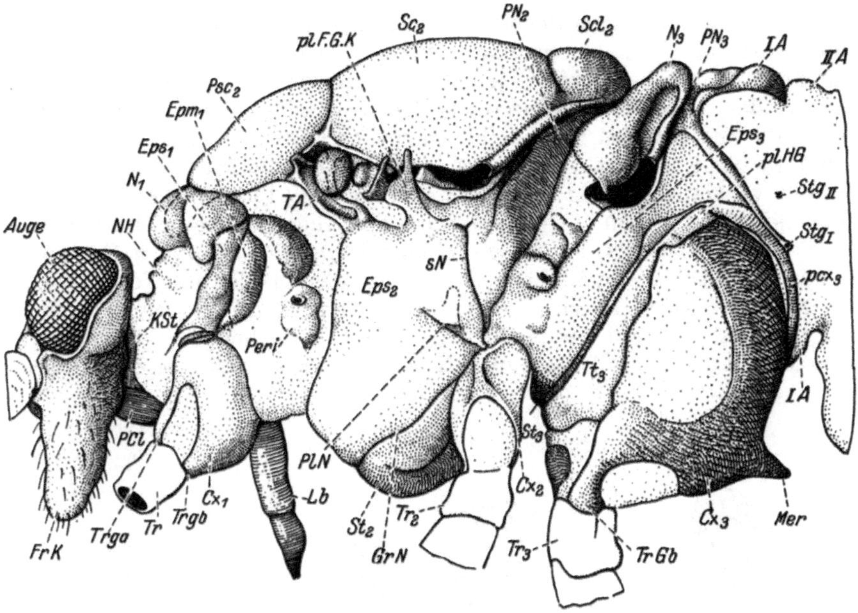

Abb. 102. Kopf und Thorax von *Psylla mali*. Seitenansicht nach Entfernung der Flügel und der Beine. Bezeichnungen wie in Abb. 54, nach WEBER.

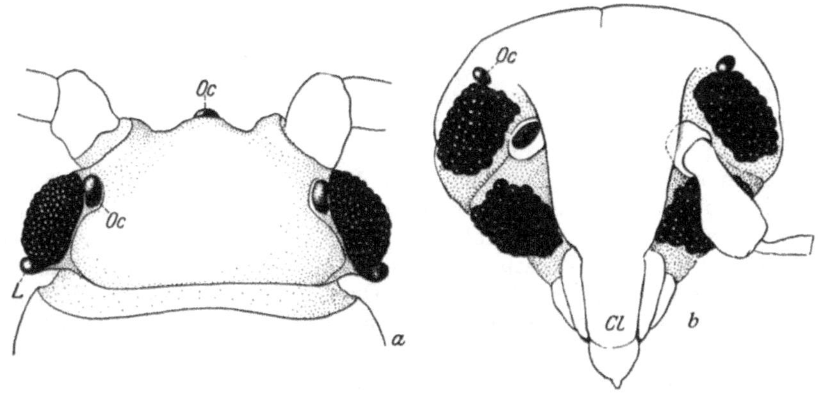

Abb. 103. a) Kopf von *Aphis fabae*, geflügeltes agames ♀, Dorsalansicht; b) Kopf von *Aleurodes brassicae* ♀, Frontalansicht. *Oc* Ocellen, *L* persistierendes Larvenauge, *Cl* Clypeus.

zum Ausdruck, daß die beweglichen Arten deutlicher auf Lichtreize reagieren. *Drepanosiphum platanoides*, eine sehr gut fliegende Blattlausart des Ahorns, fliegt z. B. auf jeden Schattenreiz hin, der sie trifft, sofort auf und kehrt erst nach einigem Umherschwärmen wieder auf ein Blatt zurück. Die *Psylla*-Arten verhalten sich ähnlich, doch schnellen sie sich meist erst auf einen einmal wiederholten Reiz von ihrem Ruheplatz ab. Einen ganz merkwürdigen Sonderfall stellen die Aleurodiden dar (Abb. 103b). Bei ihnen, die wie die Psylliden gut fliegen und gewandt springen, sind die Facettenaugen deutlich zu Doppelaugen geworden. Jedes besteht aus einer dorsalen und einer ventralen Augenhälfte, die durch einen ziemlich breiten, beborsteten Membranstreifen voneinander getrennt sind. Die beiden Augenteile sind wenig konvex, die Längsachsen der Ommatidien, die im ventralen Augenteil beträchtlich größer sind als im dorsalen, sind in beiden Teilen so verschieden gerichtet, daß der ventrale Teil direkt ventralwärts, der dorsale nach vorn und dorsalwärts sieht. Für das Geschlechtsleben hat diese Teilung des Auges, da sie bei beiden Geschlechtern gleich ist, im Gegensatz zum Doppelauge mancher Ephemeriden- und Dipterenmännchen, keine besondere Bedeutung, es ist vielmehr wahrscheinlich, daß der ventrale Augenteil zum Sehen auf kurze Entfernung und in der unter dem Laubdach herrschenden Dämmerung, der dorsale Augenteil aber zum Bewegungssehen während des Fluges

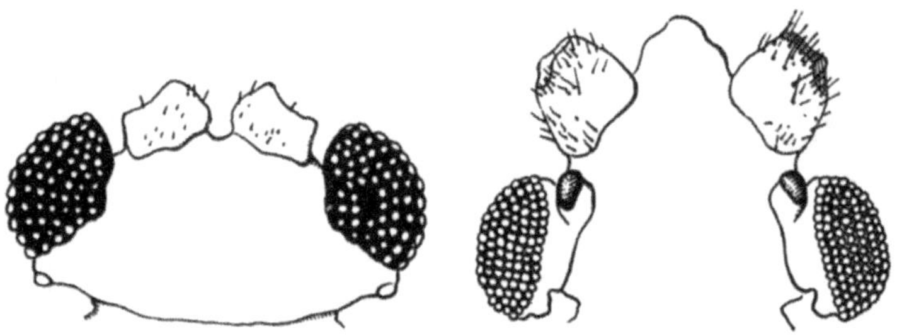

a b

Abb. 104. a) Kopf des ♂ von *Matsucoccus matsumurae*; b) Kopf des ♂ von *Drosichoides haematoptera* (Coccidae). Dorsalansichten, nach MORRISON.

und somit zur Richtungsorientierung beim Aufsuchen der Nährpflanze dient. Anatomische Untersuchungen, die diese Deutung sicherstellen könnten, stehen noch aus.

Manche Coccidenmännchen (z. B. Margarodiden) haben wohlausgebildete, mehr oder weniger vorspringende Facettenaugen von verschiedener Form und Facettenzahl (Abb. 104). Bei zahlreichen anderen Formen sind aber die Facettenaugen wie bei den Larven durch einfache Punktaugen ersetzt, zu denen noch Ocellen in verschiedener Zahl und Anordnung kommen. Die Männchen der Cocciden sind im wesentlichen fliegende Geschlechtsapparate. Ohne Mund, ohne die Möglichkeit Nahrung aufzunehmen, sind sie nur von dem einen Trieb erfüllt, die Weibchen aufzusuchen. Der hochentwickelte Flugapparat, der sie trägt (S. 64), wird gesteuert durch Vermittlung der Sinnesorgane, unter denen die Augen der ebengenannten Formen besonders auffallen. Ungewöhnlich große Ocellen mit außerordentlich stark gewölbten Linsen in ganz fremdartiger Weise über den Kopf verteilt, sind das besondere Merkmal dieser Formen, die für den Insektenkenner geradezu etwas Gespenstisches haben (Abb. 105). *Pseudococcus adonidum* hat z. B. neben zwei lateralen, nach BERLESE aus den Larvenocellen hervorgegangenen Einzelaugen dorsal und ventral je ein Paar riesiger Ocellen, deren Bau aus Abb. 284 hervorgeht. Das Männchen von *Steingelia gorodetskia* (Mar-

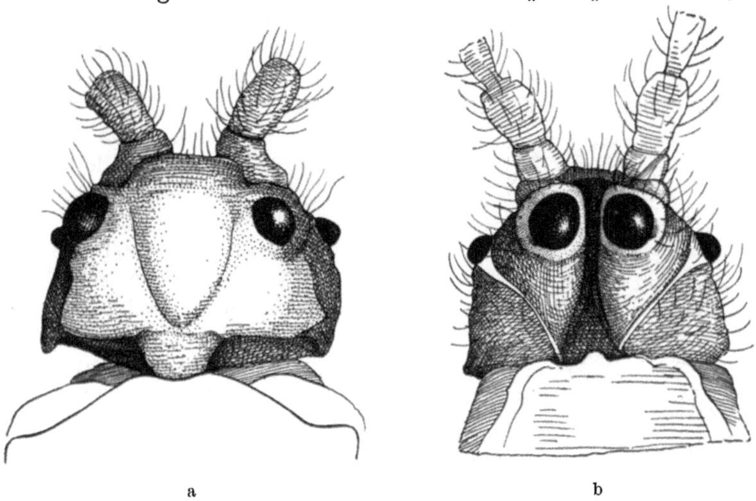

Abb. 105. Kopf des ♂ von *Pseudococcus adonidum*. a) Dorsalansicht; b) Ventralansicht.

garodiden) hat dagegen jederseits sieben in einer Reihe angeordnete, große Einzelaugen, die MORRISON als Rest des bei den anderen Margarodiden gut ausgebildeten Facettenauges auffaßt. Ob man die „Ocellen" von *Pseudococcus* (*Dactylopius*) morphologisch ebenso deuten kann, läßt sich nicht ohne gründliche vergleichende Studien entscheiden (siehe S. 394).

Wie dem auch sei, die Einzelaugen der Coccidenmännchen sind, ob sie insgesamt ein Facettenauge bilden oder ganz isoliert stehen, stets so verteilt, daß sie zusammen ein annähernd den ganzen Umkreis umfassendes Gesichtsfeld beherrschen und daher das Tier auf die bestmögliche Weise zu orientieren vermögen.

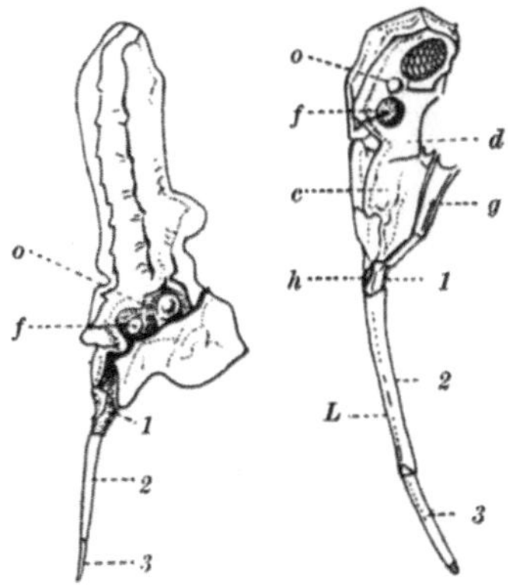

Abb. 106. Seitenansichten des Kopfes a) von *Fulgora sp.*; b) von *Lystra sp.* (Fulgoriden), nach BURMEISTER. *1—3* Labialglieder, *f* Antenne, *o* Ocellus, *h* Oberlippe, *c* Laminae, *L* Labium.

Besser bekannt als die großen Ocellen der genannten Schildlausmännchen sind die neben den Facettenaugen bei sehr vielen Hemipteren auftretenden echten Ocellen. Sie finden sich in Dreizahl bei den Psylliden, den geflügelten Blattläusen (Abb. 103a) und den Cicadiden (Abb. 45), in Zweizahl bei vielen Wanzen (Abb. 132) und Cicadinen, sowie bei den Aleurodiden (Abb. 103b) und den Coccidenmännchen (Abb. 104). Die Lage der Ocellen ist recht verschieden. Bei den Cicadiden liegen sie in der Mitte des Scheitels sehr eng zusammen, bei den Fulgoriden dagegen an den Seiten des Kopfes, dicht bei den Facettenaugen (Abb. 106a, b). Bei den Aphidinen und den Psylliden liegen die beiden hinteren Ocellen am Dorsalrand der Facettenaugen, der vordere ist bei den Aphidinen auf die Vorderseite des Kopfes, bei den Psylliden (Abb. 54) gar auf die Ventralseite gerückt.

Der feinere Bau der Ocellen geht aus Abb. 107 hervor. Unter der stark gewölbten cuticularen Linse, die innen bei manchen Wanzen (Coreiden, Lygaeiden nach LINK) und den Zikaden von einer Schicht von Corneagenzellen (Corneaepithel) bekleidet ist, liegt eine Schicht von Retinazellen (Sehzellen). Mehrere der letzteren bilden zusammen je ein Rhabdom (siehe S. 116), zwischen die Sehzellen schieben sich bei manchen Zikaden Pigmentzellen, außerdem ist stets der ganze Ocellus noch von einer Hülle von Pigmentzellen umgeben, die nur den Raum für den abgehenden Ocellennerven frei lassen (Abb. 107 a). Dieser tritt nicht in nähere Beziehung zum Lobus opticus; bei *Fulgora* bildet der Ocellennerv nach BUGNION sogar einen Nebenast des Fühlernerven (Abb. 75).

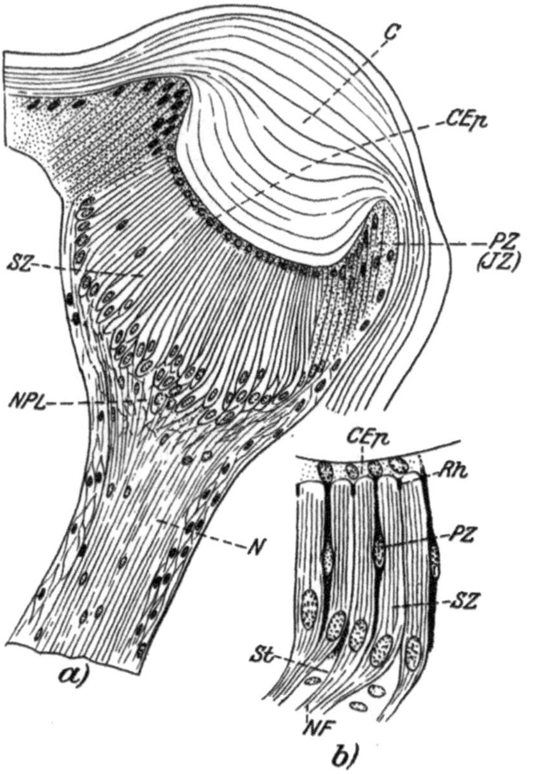

Abb. 107. a) Schnitt durch den Ocellus von *Fulgora maculata*, nach BUGNION; b) Teil eines Schnittes durch den Ocellus von *Cicada concinna*, nach LINK. *C* Cornea, *CEp* Corneaepithel, *N* Nerv, *NF* Nervenfaser, *NPl* Nervenplexus, *PZ* Pigmentzelle, *JZ* Iriszelle, *Rh* Rhabdom, *St* Stützzelle, *SZ* Sinneszelle.

Über die Funktion der Ocellen sind wir, trotz zahlreicher Hypothesen, immer noch nicht einwandfrei unterrichtet. Man hat vermutet, daß die Ocellen speziell zum Sehen in die Ferne geeignet sind (KOLBE, HESSE, LINK), daß sie im Gegenteil zum Nahsehen dienen (v. BUTTEL-REEPEN, FOREL, PACKARD), daß sie spezifisch an ein Sehen auf verschiedene Entfernungen angepaßt sind (DUJARDIN), daß sie eine hohe zeitliche Empfindlichkeit haben (LINK), daß sie der Orientierung nach dem Licht dienen (RÉAUMUR, BARTH) oder daß sie in der Dämmerung die Facettenaugen zu ergänzen vermögen (FOREL, LUBBOCK, v. BUTTEL-REEPEN, LINK). DEMOLL und SCHEURING haben alle diese Hypothesen kritisch untersucht und kamen zu dem Ergebnis, daß unzweifelhaft eine Beziehung der Ocellen zur schnellen Fortbewegung, besonders zum Flug, vorliegt. Die Tatsache, daß Tiere, denen die Ocellen geblendet wurden, sich anscheinend normal verhielten, daß hingegen eine Blendung der Facettenaugen allein die Tiere offenbar völlig blind machte, hat PLATEAU und andere Forscher dazu veranlaßt, die Ocellen für ganz oder nahezu bedeutungslos zu halten. Gegen diese an sich wenig wahrscheinliche Anschauung wenden sich DEMOLL und SCHEURING und erklären

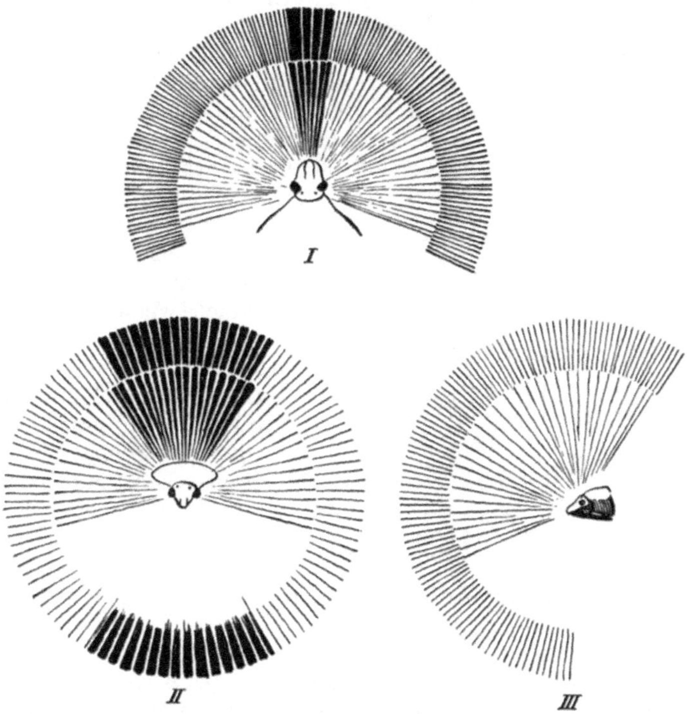

Abb. 108. Sehfelder von *Pentatoma nigricorne*, nach DEMOLL und SCHEURING. *I* In der Frontalebene (horizontal), *II* in der Querschnittebene (senkrecht), *III* in der Medianebene. Im äußeren Kreis ist das Gesichtsfeld der Facettenaugen, im inneren das der Ocellen durch Schraffur eingetragen. Binokulares Sehfeld dunkel, monokulares heller.

die Ergebnisse von PLATEAUS Experimenten daraus, daß die Ocellen der normalen Funktion der Facettenaugen bedürfen, wenn ihre eigenen Impulse in geordneter Weise wirken sollen. Das Sehfeld der Ocellen geht denn auch, wie Untersuchungen mit dem Augenspiegel zeigten, niemals über das Sehfeld der Facettenaugen hinaus. Als Beispiel mag *Pentatoma nigricorne* dienen, deren Sehfelder in drei Ebenen Abb. 108 zeigt. Das Sehfeld der Ocellen geht, wie wir sehen, seitlich und ventral ziemlich weit über den binokularen Sehraum der Facettenaugen hinaus. Ein binokularer Sehraum der Ocellen ist nicht immer vorhanden, er fehlt z. B. bei den Fulgoriden, wie schon aus der Lage der Ocellen

(Abb. 106) hervorgeht. DEMOLL und SCHEURING kommen zu dem Ergebnis, daß die Ocellen eine Entfernungslokalisation über den binokularen Sehraum der Facettenaugen hinaus ermöglichen. Daher sollen die Facettenaugen auf die Lage der Ocellen einen „Zwang“ ausüben, der darin zum Ausdruck kommt, daß eine Beschränkung des Gesichtsfeldes der Facettenaugen, wie sie z. B. durch den eigentümlichen Bau des Fulgoridenkopfes gegeben ist, nicht etwa eine Erweiterung des Blickfeldes der Ocellen im Gefolge hat, daß vielmehr die Ocellen in solchen Fällen sogar den binokularen Sehraum ganz verlieren und in scheinbar ungünstiger Lage dicht neben den Facettenaugen deren Gesichtsfeld und Blickrichtung teilen. Die Beziehung der Entfernungslokalisation zum Flug ist klar, die Tatsache, daß die Ocellen allein nicht geordnet zu funktionieren vermögen, wäre durch DEMOLLS und SCHEURINGS Hypothese erklärt, und so schiene diese ausreichend gestützt, wenn nicht neuerdings HOMANN auf Grund von physikalisch-optischen Untersuchungen zu dem Ergebnis käme, daß die Ocellen das von ihrer Linse entworfene Bild gar nicht ausnützen können. Damit kämen wir auf die alte Deutung LOWNES zurück, der den Ocellen die Fähigkeit des Fernsehens absprach und ihnen nur Intensitäts- und Richtungssehen zubilligte. Wie unter diesen Umständen das Zusammenwirken der Facettenaugen und Ocellen zu denken ist, steht noch nicht fest, jedenfalls ist in dieser Angelegenheit das letzte Wort noch nicht gesprochen.

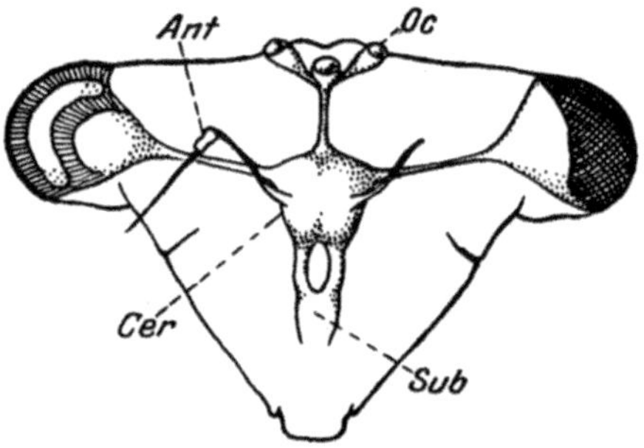

Abb. 109. Innervierung der Sinnesorgane des Kopfes von *Cicada fraxini* nach BERLESE. *Ant* Antenne, *Cer* Zerebralganglion, *Oc* Ocellen, *Sub* Subösophagalganglion.

Es bleiben nun noch einige Worte über die Innervierung der Augen und über die Folgen operativer Eingriffe auf das Auge und das Zentralorgan zu sagen. Die Verbindung zwischen Facettenauge und Gehirn ist nur in seltenen Fällen (Abb. 75, 109) so dünn, daß man von einem „Sehnerven“ reden kann. Meist geht anscheinend unmittelbar der Seitenlappen des Gehirns (Lobus opticus) in die Augenbasis über. Auf Schnitten durch den Kopf erkennt man aber, daß die Sehnervenfasern sich nicht geradlinig bis in das Gehirn erstrecken, daß sie vielmehr dreimal sich überkreuzend (Abb. 101 a) drei Chiasmen (Chi_{1-3}) bilden. Diese Chiasmen verbinden die drei hintereinander gelegenen optischen Ganglien untereinander und mit dem eigentlichen Gehirn. Die Ocellennerven verhalten sich, wie Abb. 75 und 109 zeigen, bei den einzelnen Formen recht verschieden, stehen aber, soweit bekannt, nie mit dem Opticus in unmittelbarer Verbindung.

Wie ALVERDES an *Notonecta* gezeigt hat, haben Verletzungen des Auges nach mehr oder weniger langer Zeit abnorme Veränderungen der zentripetalen Nerven und des Zentrums zur Folge. Blendet man z. B.

Imagines von *Notonecta* einseitig durch Ausbrennen des einen Facettenauges, so sind nach 7 Stunden die Opticusfasern abgestorben, die zugehörigen Zellkerne pyknotisch. Die Fibrillenmasse des äußersten optischen Ganglions ist fadenscheinig, seine Ganglienzellschicht vakuolisiert, und auch bis ins zweite optische Ganglion erstrecken sich die pathologischen Veränderungen schon. Nach 48 Stunden greifen sie auf das mittlere Chiasma über, die Opticusfasern schwinden, nach dreimal 24 Stunden ist das dritte Ganglion erreicht, die Veränderungen dringen in den Protozerebrallobus vor. Da damit das Zentrum angegriffen ist, treten als Folge der Blendung Bewegungsstörungen auf, die vorher noch, wahrscheinlich durch Vermittlung der Antennen, ausgeglichen werden konnten (siehe S. 133). Beim ersten Larvenstadium erreicht die Vakuolisierung schon nach 4 Stunden den Protozerebrallobus, die Tiere zeigen dementsprechend schon nach so kurzer Zeit Bewegungsstörungen. An der Bettwanze hat TITSCHAK gezeigt, daß Amputation eines Fühlers keine derart schwerwiegenden Folgen hat, daß aber immerhin auch hier Veränderungen im feineren anatomischen Verhalten des Gehirns eintreten (siehe auch S. 372).

III. Haltung, Bewegung und Sinnesorgane.

In den beiden vorhergehenden Abschnitten wurde einerseits die Funktion der Bewegungsorgane im engeren Sinn, andererseits die der Sinnesorgane, soweit sie sich aus deren Bau erschließen läßt, behandelt. Es wird nun unsere Aufgabe sein, die Funktion beider Organsysteme im Zusammenhang mit der Umwelt zu betrachten. Der erste Teil dieser Aufgabe besteht darin, die normale Körperstellung und ihre Aufrechterhaltung zu untersuchen.

1. Körperhaltung.

Die Sinnesorgane der Tiere empfangen ohne Unterbrechung Reize, die geeignet sind, über die augenblickliche Lage des Körpers zu orientieren, und die unter Umständen Reaktionen auslösen, die eine Änderung der Körperstellung herbeiführen. Statische Organe fehlen, soweit wir wissen, bei den landlebenden Hemipteren, wie bei den Insekten überhaupt, völlig (Ausnahme Chermesiden?); es müssen bei ihnen also andere Reize die Körperstellungsreaktionen auslösen. Von anderen Tiergruppen (Echinodermen, Schnecken) ist bekannt, daß in erster Linie taktile Reize als Auslöser in Frage kommen. Die bei normaler Körperstellung die Unterlage berührenden Teile des Tierkörpers empfinden ein Ausbleiben der gewohnten Tastreize als Reiz: der „negative Kontaktreiz“ (WEBER) löst Suchbewegungen aus und führt schließlich zu Bewegungen, die die normale Lage wieder herstellen. Diese Bewegungen sind nicht einfache Reflexbewegungen, die auf einen bestimmten Reiz hin vollständig und in stets gleicher Weise eintreten, sie erweisen sich vielmehr bei genauer Analyse als zusammengesetzte Reflexe von besonderer Art, als „frei kombinierte Reflexe“, deren Teilbewegungen nicht unveränderlich aufeinander folgen und die daher keine Kettenreflexe darstellen. Vielmehr sind die Teilbewegungen jeweils von bestimmten peripheren Reizen abhängig, so daß je nach dem Auftreten verschiedener Reize verschiedene Modifikationen des Ablaufes eintreten können. Auf ein und denselben Reiz erfolgt jedoch stets dieselbe Teilbewegung, die Reflexnatur der Einzelbewegungen steht daher außer Zweifel.

Daß bei unseren Untersuchungsobjekten die Lage des Körpers zur Schwerkraft für die Auslösung von Lagekorrektionsbewegungen gleichgültig ist und gleichgültig sein muß, geht schon daraus hervor, daß nur die allerwenigsten Formen sich ganz auf den ebenen Boden beschränken. Ein Tier, das an geneigten, senkrechten oder gar überhängenden Flächen sich bewegt, wird, wenn nur die Bewegungsorgane den normalen Kontakt mit der Unterlage haben, eine Körperstellung, bei der der Rücken nach unten weist, nicht als ungewöhnlich empfinden. Fällt es dagegen auf den Rücken, so haben die Beine den üblichen Kontakt nicht mehr; es treten sofort oder nach einiger Zeit Suchbewegungen ein, die schließlich zum Kontaktgewinn und von da aus zur Aufrichtung führen. Daß für diese Umdrehbewegung in den meisten Fällen die höheren Sinnesorgane ohne Bedeutung sind oder doch wenigstens nur nebenbei wirksam sein können, zeigt ein Versuch von HOLMES, der beobachtete, daß geköpfte Exemplare von *Ranatra* sich aus der Rückenlage gleich schnell aufrichteten, wie unverletzte Tiere. Besonders interessant ist dabei, daß für die Körperstellungsreaktionen im engeren Sinne offenbar auch die (bei *Ranatra* vorhandenen) statischen Organe nicht als Rezeptoren des Auslösungsreizes in Frage kommen. Ohnehin können sie ja nur unter Wasser funktionieren.

Jede Körperstellungsreaktion besteht aus zwei Teilen, aus Suchbewegungen und aus Umdrehbewegungen. Die Suchbewegungen müssen, wenn Erfolg eintreten soll, sofort gehemmt werden, sobald sie zum Kontaktgewinn geführt haben; der gewonnene Kontakt liefert gleichzeitig den Auslösungsreiz für die eigentliche Umdrehbewegung. Betrachten wir als Beispiel die Umdrehung einer auf den Rücken gelegten Wanze (*Palomena*), so sehen wir bei ihr zunächst alle drei Beinpaare scheinbar unkoordiniert nach oben und nach den Seiten greifen (Suchbewegung). Findet ein Paar nach einiger Zeit Kontakt auf der Unterlage, so krallt es sich an der betreffenden Stelle fest, die Beine der entgegengesetzten Seite bleiben in Ruhe, die derselben Seite krallen sich, wenn möglich, ebenfalls in den Boden, und der Körper wird nach der Seite verkantet (erste Phase der Umdrehbewegung, Hemmung der Suchbewegung). Durch diese Verkantung werden die Beine der Unterlage noch mehr genähert und können besser die weitere Drehung des Körpers bewerkstelligen. Meist greifen nun die Flügel ein, die etwas nach der Seite geführt und gehoben werden. Sie stemmen sich so gegen den Boden und heben das Hinterende des Körpers hoch. Da der Körper immer noch nach der einen Seite verkantet ist, können ihn nun die Vorder- und Mittelbeine leicht über die Halsschildkante nach der Seite und nach vorn rollend überkippen. Die Richtung, die die Längsachse des Körpers im Verhältnis zur Ausgangslage jetzt einnimmt, hängt davon ab, auf welcher Seite zuerst genügend Kontakt gewonnen wurde, die „freie Kombination“ der Einzelphasen der Umdrehbewegung ist, wie oben gesagt wurde, von der Umgebung, bzw. von den von ihr ausgehenden, in den Ablauf der Umdrehbewegung eingreifenden Reizen abhängig. Daß die Suchbewegungen nur solang angewandt werden, bis Kontakt da ist, beruht auf einer Reflexhemmung, wie wir sie weiter unten noch näher kennen lernen werden.

Während also die geflügelten Hemipteren bei der Umdrehbewegung oft (Ausnahme Aleurodiden) die Flügel zu Hilfe nehmen, sind die ungeflügelten auf die Beine allein angewiesen. Bei manchen Formen, z. B. bei den Psyllidenlarven, scheint eine Umdrehung auf glattem, ebenem Boden nicht möglich zu sein; die außerordentliche Klammerfähigkeit verhindert hier aber unter natürlichen Bedingungen eine Trennung des Tieres von der Wirtspflanze. Bei manchen kurzbeinigen oder beinlosen Cocciden wird der Körper aus der Rückenlage durch starke Krümmung aufgerichtet.

Wird bei diesen seßhaften Pflanzenparasiten eine Umdrehbewegung nur ganz ausnahmsweise nötig, so kommen die blutsaugenden Cimiciden

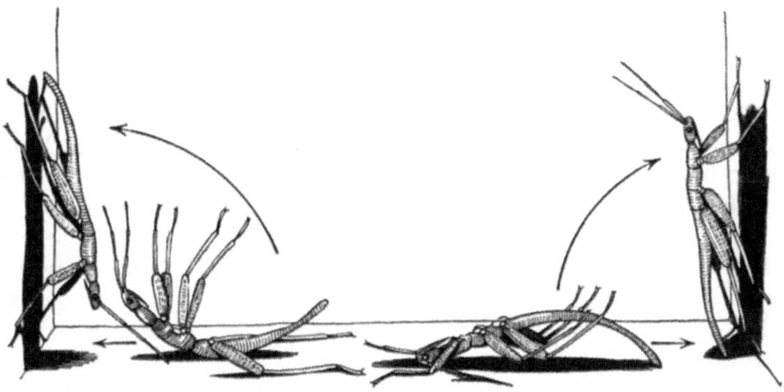

Abb. 110. Zwei verschiedene Formen der Umdrehbewegung von *Cimex lectularius*. Pfeile deuten Bewegungsrichtungen an. Modifiziert nach HASE.

sehr häufig in die Rückenlage, da sie die Gewohnheit haben, von überhängenden Gegenständen aus sich fallen zu lassen. Es ist dies keine spezifische Eigenschaft der Cimiciden, vielmehr ist die Gewohnheit auch bei anderen Landwanzen weit verbreitet. Den geflügelten Wanzen macht die Aufrichtung aber, wie oben geschildert, wenig Mühe, die flügellosen Cimiciden, die obendrein wegen der Schwerpunktslage regelmäßig auf den Rücken fallen, müssen über besondere Bewegungsarten verfügen, die sie in den Stand setzen, sobald wie möglich die normale Stellung wieder zu erlangen. Wir können bei der Bettwanze, die HASE daraufhin genau geprüft hat, fünf verschiedene Arten der Umdrehbewegung unterscheiden. Zwei derselben sind in Abb. 110 dargestellt; sie bestehen darin, daß das Tier entweder den Rücken oder den Bauch hohl macht und sich dann mit den Vorder- bzw. Hinterbeinen durch gleichzeitige Stoßbewegungen, die lebhaft an die Ruderbewegungen der *Notonecta*- und *Naucoris*-Arten erinnern, solange fortstößt, bis es mit den Hinter- bzw. Vorderbeinen eine senkrechte oder schräge Fläche erreicht. Es klammert sich dann dort fest, schwingt blitzartig den Körper über das Hinterende bzw. den Kopf herum und sitzt nun in normaler Lage, d. h. den Bauch zur Kontaktfläche gewandt, an dem erreichten Gegenstand. Eine Umdrehung ist aber auch möglich, wenn kein erhabener Gegenstand in der Nähe ist. Das Tier kann dann nach einigem „Angeln" mit dem vorderen Beinpaar vor dem Kopf Halt gewinnen und sich im Bogen über den Kopf weg in Normallage schwingen. Ein anderer Modus ist folgender: Das Tier macht den Rücken sehr hohl und versetzt den Körper, der nur auf dem Vorder- und Hinterende ruht, durch lebhaftes Zappeln mit den Beinen in seitliche Schaukelbewegungen, die solange fortgesetzt werden, bis die Beine der einen Seite genügend Halt gewinnen, um den Körper seitlich herumzuwerfen. Auch ein Überrollen über das Hinterende, das durch Hohlmachen der Ventralseite stark gekrümmt wird, kommt vor; die Tiere benutzen dabei hauptsächlich die Hinterbeine zum Aufrichten des Körpers und strecken die vorderen beiden Beinpaare so weit wie möglich ventralwärts, um das nötige Übergewicht eher zu bekommen. Nicht immer beginnen die Tiere sofort nach dem Umfallen mit einer der geschilderten Bewegungen. Häufig finden zunächst systemlose Zappelbewegungen statt, die nach einiger Zeit in einen der fünf Bewegungstypen auslaufen. Ob es bestimmte äußere Reize sind, die die Auswahl eines bestimmten Typs veranlassen, ist nicht untersucht; sicher ist nur, daß, wie oben schon angedeutet wurde, die Suchbewegungen sofort gehemmt werden, sobald alle Beine auf der Sohlenseite Kontakt haben, gleichgültig welche Lage zur Schwerkraft das Tier einnimmt.

Wie bei anderen Tieren, so findet auch bei der Bettwanze, wenn sie sich in der Rückenlage „müde" gearbeitet hat, ohne Aufrichtung zu erreichen, eine Hemmung der Suchbewegungen statt, die aber sicher nicht nur eine Ermüdungserscheinung ist. Genauere Untersuchungen darüber, wie lange die an Stelle der Umdrehbewegungen tretende Starre dauert und wie oft erneute Suchbewegungen einsetzen, sind weder an der Bettwanze noch an anderen Hemipteren angestellt, obwohl sie nicht ohne Interesse für die Reflexphysiologie sind.

Unter den wasserlebenden Hemipteren verhalten sich die schlechten Schwimmer *Nepa* und *Ranatra* bezüglich der Körperhaltung ähnlich wie die landlebenden Formen. Beide Gattungen sind, wenn sie unter Luftabgabe erst einmal in die Tiefe gelangt sind, schwerer als Wasser und bewegen sich auf dem Grund genau so wie die Landwanzen auf dem trockenen Boden. Wie oben schon erwähnt wurde, scheinen für die Körperhaltung die statischen Organe ohne Bedeutung zu sein (siehe S. 128).

Die guten Schwimmer unter den Wasserwanzen (siehe S. 45) zeichnen sich durch geringes spezifisches Gewicht aus. Sie werden also, statt von der Schwerkraft auf den Grund gezogen zu werden, von ihrem Auftrieb gegen den Wasserspiegel getrieben. Die Stellung, die der Körper dabei einnimmt, hängt, wenn die Beine nicht bewegt werden, von der Lage des Schwerpunkts ab und diese wiederum von der Menge und Verteilung der mitgeführten Luft. Es spielt also bei der Aufrechterhaltung der Gleichgewichtslage beim Schwimmen zunächst eine rein mechanisch wirksame Schwerkraftskomponente eine wesentliche Rolle.

Bei *Notonecta* wie bei *Plea* herrscht stabiles Gleichgewicht beim untergetauchten Tier nur in der Rückenlage, die Größe des an der Bauchseite bzw. unter den Flügeldecken mitgeführten Luftvorrates scheint dabei ausschlaggebend zu sein, wenigstens liegen tote Notonecten am Grund auf der Seite oder auf dem Bauch, seltener auf dem Rücken. Auch schwimmt *Notonecta* auf der Oberfläche des Wassers stets in der Bauchlage; in diesem Falle spielt natürlich die mitgeführte Luft, die nur unter Wasser den Schwerpunkt zu verlagern imstande ist, keine Rolle; der Schwerpunkt liegt jetzt nahe der Bauchseite, wie bei untergetauchten *Corixa*- und *Naucoris*-Arten.

Was das stabile Gleichgewicht bei der Ruhestellung von *Notonecta* und *Corixa* betrifft, so sei auf S. 46 und 30 verwiesen.

Es sei hier noch erwähnt, daß nach Marshall und Severin das Rectum von *Ranatra* Luft enthält und daß diese Luftmenge die Körperhaltung beim Schwimmen beeinflußt, daß das Rectum überhaupt als hydrostatischer Apparat dient. Baunacke konnte diese Meinung wenigstens insofern bestätigen, als er beobachtete, daß ins Wasser geworfene Nepen und Ranatren Luftblasen abgeben und damit ihr spezifisches Gewicht so sehr erhöhen, daß sie ohne Mühe auf den Grund kommen.

Ist diese rein mechanisch wirksame Schwerkraftkomponente von den Sinnesorganen völlig unabhängig, so gilt dasselbe nicht von den anderen Komponenten, die insbesondere während der Bewegung die Körperhaltung und den Gleichgewichtszustand der schwimmenden Wasserwanzen beeinflussen.

Kontaktreize sind für die Körperhaltung von *Notonecta* nicht ganz ohne Bedeutung. Alverdes spricht sogar von einer Kontaktbauchreaktion, die sich darin äußert, daß das Tier seine Bauchseite Gegenständen zuwendet, die es beim Schwimmen berührt. So kann es vorkommen, daß der Rückenschwimmer eine ganze Strecke mit der Bauchseite am Boden oder an den Wänden des Aquariums entlang schwimmt.

Vor allem aber sind es Lichtreize, die auf die Körperhaltung einwirken und zwar zunächst durch Veränderung des Tonus der Muskulatur. Lehmann hat gezeigt, daß die Atemstellung von *Notonecta* (siehe S. 46) durch Lackierung eines Auges eine Änderung erfährt; die beim normalen Tier symmetrisch gehaltenen Beine sind beim einseitig geblendeten Tier auf der behandelten Seite stärker abgespreizt als auf der unbehandelten. Lehmann hält diese Stellung der Beine (Abb. 111a—b) für eine Kompensationsstellung, die schiefe Lage des Körpers für die primäre Erscheinung. In der Tat ist aber durch die Blendung der Tonus der Extremitätenmuskulatur einseitig verändert, der Körper infolge der unsymmetrischen Haltung der Beine verkantet. Man sieht also schon aus diesem einfachen Versuche, daß die rein mechanische Orientierung des Körpers zur Schwerkraft durch Änderungen in der Haltung der Gliedmaßen erheblich gestört werden kann. Wurde in dem Versuch durch einseitige Wirkung eines Lichtreizes eine Störung der Gleichgewichtslage hervorgerufen, so unterstützen unter normalen Verhältnissen die optischen Reize die mechanische Schwerkraftskomponente; mit anderen Worten: *Notonecta* zeigt eine mehr oder weniger ausgeprägte Lichtbauchreaktion (ALVERDES). Während LEHMANN der Imago von *Notonecta* diese Reaktion völlig absprach und ihr Fehlen durch die Größe des von der Imago am Bauch mitgeführten Luftvorrates erklärte, konnte ALVERDES sie bei der Larve sowohl wie bei der Imago nachweisen. Die Reaktion bringt das Tier sogar dazu, im von unten oder von der Seite beleuchteten Aquarium die Bauchseite während der Bewegung weit öfter als normal nach dem Boden bzw. nach der Seite zu wenden, was infolge der Schwerpunktslage mit nicht geringen Schwierigkeiten verknüpft ist. Die unter normalen Bedingungen im gleichen Sinne wie die Schwerkraftkomponente wirksame und daher „zweckmäßige" Reaktion führt unter den abgeänderten Bedingungen des Experimentes zum Verlust der geregelten Orientierung, zu einem ständigen Kampf zwischen

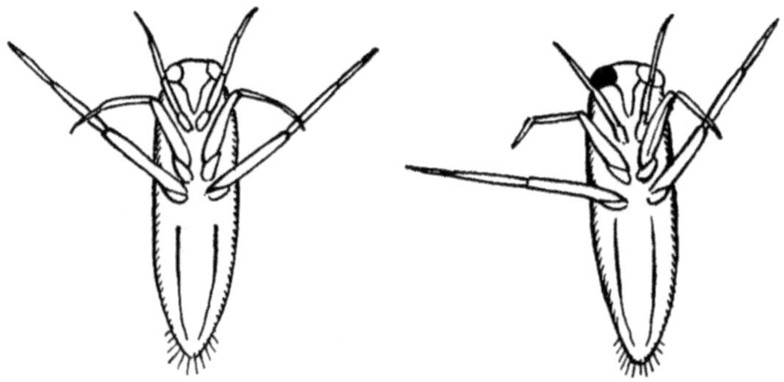

a b

Abb. 111. *Notonecta glauca.* Ruhestellung an der Wasseroberfläche, von oben gesehen. a) Normales Tier; b) rechtes Auge lackiert, nach LEHMANN.

Schwerkraftkomponente und Lichtbauchreaktion. Das Tier ist eben in seine spezifische Umwelt eingepaßt, in der das Licht unter allen Umständen von oben einfällt.

Den Nachweis, daß die Orientierung der Körperhaltung nach dem Licht nicht allein auf Grund dieser einfachen Lichtbauchreaktion erfolgt, sollen Versuche von LEHMANN erbringen. Danach kommen bei vollständig geblendeten Tieren bei schnellem Schwimmen schaukelnde Bewegungen und sogar Überschläge vor, ein Zeichen (nach LEHMANN), daß das normale Tier sich nicht nur nach dem Lichteinfall, sondern auch nach der ganzen Umgebung mit der Hilfe der Augen orientiert.

LEHMANNS Versuche, die manchen Zweifel offen lassen, sind von ALVERDES in sehr geistvoller Weise ausgebaut und vervollständigt worden. Es stellte sich dabei heraus, daß Notonecten, die in der Chloroformnarkose mit glühender Nadel einseitig geblendet wurden, nach dem Erwachen sich je nach ihrer Entwicklungsstufe sehr verschieden verhalten. Larven des ersten Stadiums können sich nur noch unter ständigem Rotieren um ihre Längsachse fortbewegen. Auch Larven des fünften Stadiums rotieren im Aquarium im diffusen Tageslicht; bei einseitiger

Beleuchtung von oben, von der Seite oder von oben seitlich hört das Rotieren auf. Unter diesen für das Tier normalen Beleuchtungsbedingungen vermag es also die durch die Blendung verursachte Störung auszugleichen, die Regulation versagt aber bei unnatürlichen Lichtverhältnissen. Junge Imagines verhalten sich wie fünfte Larven, bei älteren Imagines fehlt die Rotation zunächst vollkommen, sie stellt sich erst etwa 3 Tage nach der Operation ein, hält kurze Zeit an und endet, wie auch bei den Larven, mit frühem Tod. ALVERDES vermutet, daß am erwachsenen Tier irgendwelche Veränderungen vor sich gehen, die das Tier mehr oder weniger befähigen, auch bei unnatürlicher Beleuchtung die Orientierung nicht zu verlieren. Mit anderen Worten: Auf einseitige Blendung tritt zwar stets sofort, im Sinne der Abb. 111, ungleicher Muskeltonus auf, ältere Larven und junge Imagines vermögen diese Ungleichheit aber teilweise, ältere Imagines ganz auszugleichen und zwar durch eine regulatorische Tätigkeit des Gehirns. Daß auch bei ihnen schließlich Rotieren erfolgt, liegt daran, daß bei der Imago die degenerativen Prozesse, die von dem zerstörten Auge aus unaufhaltsam nach dem Gehirn fortschreiten (S. 126), nach 3 Tagen den Protocerebrallobus erreicht haben und damit die regulatorische Tätigkeit des Gehirns ausschalten. Bei Larven des ersten Stadiums hat der Zerstörungsprozeß schon nach 4 Stunden das Gehirn erreicht; sie rotieren also ohne die Möglichkeit einer Regulation sofort nach dem Abklingen des Operationsshocks.

ALVERDES kann als Stütze seiner Anschauung von der zerebralen Regulation des ungleichen Muskeltonus die Tatsache heranziehen, daß rotierende Notonecten, die geköpft wurden, wohl noch spontane Fortbewegung, aber keine Rotation mehr zeigten; die Ursache für die Rotation, der ungleiche Muskeltonus, hört mit dem Entfernen beider Augen auf zu bestehen; das Rotieren fällt demgemäß fort. Vom vergleichenden Standpunkt ist es von höchstem Interesse, daß ALVERDES an einseitig geblendeten *Cloëon*-Larven (Ephemeriden) beim Schwimmen stets, beim Schreiten nie Rotieren festgestellt hat. Beim Schreiten gleichen die Larven also die Asymmetrie des Muskeltonus aus. Auch bei *Notonecta* gibt es eine zweidimensionale Art der Fortbewegung im Wasser; gerade bei dieser aber ist die Regulation weniger deutlich als bei der gewöhnlichen Schwimmbewegung. Geblendete Notonecten, die bei letzterer nicht rotierten, weichen beim Gleiten an der Unterseite des Wasserspiegels (siehe S. 46) öfters nach der Seite des unbeschädigten Auges von der geraden Richtung ab. Bei *Cloëon* hat ALVERDES aus dem oben geschilderten Verhalten den Schluß gezogen, daß das Schreiten „von höherem Rang" ist als das Schwimmen, d. h. daß es in den Einzelheiten mehr unter zentraler Kontrolle steht. Bei *Notonecta* müßte somit dasselbe Verhältnis zwischen der Schwimmbewegung einerseits und der Gleitbewegung andererseits bestehen. Da nach HOLMES von einseitig geblendeten Notonecten beim Schreiten auf festem Boden ausgeprägte Manègebewegungen ausgeführt werden (S. 141), muß außerdem die Schwimmbewegung von *Notonecta* von höherem Rang sein als das Schreiten, was biologisch wohl verständlich ist und schon aus den wenig koordinierten Einzelphasen der Schreitbewegung hervorgeht.

Nach dem, was oben (S. 104) über die Funktion der Antennen von *Notonecta* gesagt wurde, scheint es durchaus nicht unmöglich, daß die Regulation des ungleichen Muskeltonus, die ALVERDES auf rein zentrale Vorgänge zurückführt, in Wirklichkeit von den Antennen ausgeht. Man kann sich das so vorstellen, daß bei der Imago der Muskeltonus nicht nur von den die Augen treffenden Reizen beeinflußt wird, sondern auch von den Reizen, die die Antennen treffen, und daß letztere bei Nacht und beim ein- oder doppelseitig geblendeten Tier allein genügen, die normale Körperhaltung zu garantieren. Es wäre unter diesen Umständen auch die Tatsache nicht verwunderlich, daß nach dem Vordringen der von den geblendeten Augen ausgehenden Zerstörungserscheinungen in den Protozerebrallobus Rotieren des Körpers eintritt, denn die von den Antennen ins Gehirn und von da nach den Gliedmaßenmuskeln führenden Nervenbahnen müßten durch die pathologischen Veränderungen eine Unterbrechung erfahren. Dieser ganze Fragenkomplex kann nur durch eingehende experimentelle Untersuchungen einer endgültigen Lösung zugeführt werden; sicher ist jedenfalls, daß die Antennen für die Körperhaltung von großer Bedeutung sind und zwar nicht allein dadurch, daß sie, wenn sie beiderseits gleichmäßig gereizt werden, den Bewegungsorganen gleichmäßige, wenn sie ungleichmäßig gereizt werden, ungleichmäßige und daher ausgleichende Impulse geben, sondern vor allem auch dadurch, daß sie dem Tier die Möglichkeit geben, den Druck der mitgeführten Luftmenge als Reiz zu empfinden und die Luftmenge auf beide Körperseiten gleichmäßig zu verteilen. Die mechanische Schwerkraftskomponente, von der oben die Rede war, hängt in diesem Sinne also doch mit der Funktion der Sinnesorgane zusammen und kann von den Antennen ständig in ihrer Einwirkung auf die Körperlage kontrolliert werden.

Die Aufrechterhaltung der normalen Körperlage während des Fluges geschieht rein mechanisch dadurch, daß der Schwerpunkt stets tiefer liegt als der Aufhängepunkt, daneben spielen möglicherweise Gesichtsreize eine Rolle.

2. Ortsbewegungen und Umweltfaktoren.

a) Schwerkraft und Bewegung.

Die Schwerkraft wirkt auf jedes Tier ununterbrochen ein und vermittelt, indem sie den Tierkörper auf die Unterlage drückt, Tastreize, die, wie wir in Vorstehendem sahen, die Landtiere unter den Hemipteren zur Genüge über ihre Lage orientieren. Da den Landtieren dauernd genügend Atemluft zur Verfügung steht, kommt es für sie nur darauf an, daß die Fortbewegungsorgane die nötigen Angriffsflächen an der Unterlage finden; eine Orientierung über das Oben und Unten, eine ständig vorhandene Richtungskonstante ist bei ihnen nicht vonnöten. Die Wasserwanzen dagegen, die darauf angewiesen sind, zur Luftaufnahme in mehr oder weniger kurzen Abständen den Wasserspiegel aufzusuchen, müssen die Möglichkeit besitzen, unter allen Umständen, auch bei Nacht, nach oben kommen zu können. Das hat natürlich bei den Formen, die leichter als Wasser sind (*Naucoris, Notonecta, Plea, Corixa*), keine Schwierigkeit, sie erreichen den Grund ja nur durch aktive Schwimmbewegungen und müssen sich, wenn sie unten bleiben wollen, festklammern. Lassen sie sich von ihrem Ankerplatz los, so steigen sie ganz von selbst zur Oberfläche.

Ganz anders liegt die Sache aber bei den Wasserskorpionen (*Nepa, Ranatra*), die, wenn sie ins Wasser geworfen werden, Luft abgeben und auf den Grund sinken, ohne sich durch Schwimmbewegungen wieder zur Oberfläche erheben zu können. Sie müssen also durch Kriechen sich dem Wasserspiegel zu nähern vermögen und daher, wie BAUNACKE erstmals erkannte, ein Mittel besitzen, das sie über die steigende und fallende Richtung ihres Weges orientiert. Der Gesichtssinn kommt für die Orientierung hier kaum in Frage, da er sehr leicht irreführen könnte, denn das Tier kann ja nicht schwimmend dem einfallenden Licht entgegenstreben. Zudem fällt bei Nacht die Orientierung nach dem Licht weg. Ebensowenig würde dem Tier der Tastsinn als Orientierungsmittel helfen können, da er einerseits durch den geringen Unterschied des spezifischen Gewichtes des Körpers und des Wassers reduziert erscheint und da andererseits die Neigung des Bodens in der Regel zu gering wäre, um mit seiner Hilfe nach oben fühlen zu können. BAUNACKE, der all diese Bedenken klar erkannte, wurde durch sie dazu geführt, die „siebförmigen Stigmen" in ihrer wahren Bedeutung als statische Organe zu erkennen. Besitzt auch der Bau der oben (S. 106) beschriebenen Organe nicht die geringste Ähnlichkeit mit dem der Statozysten anderer Tiere, so haben sie doch mit diesen eines gemeinsam. „Auch sie sichern dem Tiere, wie der innerhalb der Statozyste frei bewegliche Statolith, eine Richtungskonstante, welche unter allen Umständen die gleiche bleibt. Wie beim Statolithen, so dient auch hier die Schwerkraft dazu, bei jeder Lageänderung des Tieres innerhalb des Wassers neue Reize zu verursachen. Ist es dort aber ein spezifisch schwererer Körper im leichteren Medium, der durch Druck auf seine Unterlage den orientierenden Reiz hervorbringt, so erzeugt hier ein spezifisch leichterer Körper (Luft) im spezifisch schwereren Medium (Wasser) durch seinen Auftrieb Reize, welche mit jeder Änderung der Körperlage wechseln. Der Statolith wirkt in der Richtung nach unten, die Luft nach oben, beide sichern dem Tier aber die gleiche Richtungskonstante, nämlich die Lotrechte." Durch äußerst sinnreiche Versuche hat BAUNACKE die Richtigkeit seiner Vermutung nachgewiesen. Während nämlich geblendete, lufthungrige Exemplare von *Nepa*, die auf einem drehbaren, schaukelartigen Brett im Wasser sich bewegen konnten, stets, mochte auch die Neigung der Schaukel noch so gering sein, den Weg nach oben einschlugen und sofort umkehrten, wenn die Schaukel gekippt wurde, verhielten sich sonst gleiche Exemplare, denen die statischen Organe durch Abkratzen der Sinnesborsten zerstört worden waren, ganz anders. Sie liefen regellos über die Schaukel und reagierten auf Änderung der Neigung der Unterlage nicht im mindesten; die Oberfläche erreichten sie höchstens zufällig. Larven von *Nepa* verhielten sich ganz entsprechend, nur war bei ihnen, infolge des Zusammenhanges der Sinnesgruben mit den Atemkanälen, eine Zerstörung der statischen Organe nicht so leicht und nicht ohne üble Folgen für die Tiere zu bewerkstelligen. Blendung erwies sich bei den Versuchstieren als nötig, weil Lichtreize die reine Ausprägung der „negativen Geotaxis" störte, ganz besonders wenn das Versuchsbecken im einseitig beleuchteten Zimmer stand. Wie bei denjenigen Wasserwanzen, die durch eine rein mechanisch wirksame Schwerkraftskomponente im freien Wasser ständig gleich orientiert sind, erweist sich also auch bei den mit echten statischen Organen versehenen Nepiden das Licht neben der reflektorischen Orientierung durch die Schwerkraft als richtungsgebender Faktor von Bedeutung. Die Ausschaltung des Gesichtssinnes zeigt erst die rein ausgeprägte Geotaxis, eine reflektorische Richtungsbewegung, ausgelöst durch die von den statischen Organen rezipierten Reize.

Über die geotaktischen Bewegungen mancher Coccidenlarven, die wahrscheinlich nicht auf einem statischen Sinnesorgan beruhen, wird an anderer Stelle berichtet werden (S. 252).

b) Licht und Bewegung.

Wenn auch das Licht für die Insekten nicht unbedingt lebensnotwendig ist, so spielt es doch für ihre Bewegungen als richtunggebender Faktor eine große Rolle. Die Motte, die ins Licht fliegt, der Brummer, der mit seinem Kopf gegen die Fensterscheibe stößt, sind zu bekannte Erscheinungen, als daß man über das Vorhandensein der Lichtrichtungsreaktionen bei Insekten viel Worte zu verlieren brauchte. Auch bei den Hemipteren sind Formen, die nach dem Licht streben, sehr häufig; einige der großen Wasserwanzen aus der Gruppe der Belostomiden heißen in Amerika sogar „Electric light bugs", weil sie sich mit Vorliebe des Nachts an hellen elektrischen Lampen einfinden. Ebenso gibt es unter den Hemipteren, die allerdings in der Mehrzahl ausgesprochene Lichttiere sind, Formen, die das Licht fliehen. Es sei hier nur an *Reduvius personatus* und an *Cimex lectularius* erinnert.

Die positive und die negative Phototaxis, wie wir das Lichtsuchen bzw. die Lichtflucht bezeichnen wollen, unterscheiden sich, wie Parker, Radl, Cole und v. Uexküll angeben, bei den Insekten recht erheblich. Bei der positiven Phototaxis spielt die Lichtintensität keine Rolle, die Insekten müßten ja auch sonst immer in die Sonne zu fliegen versuchen; ausschlaggebend ist vielmehr die Größe der beleuchteten Flächen. Wohl aber ist bei der negativen Phototaxis die Lichtintensität von Bedeutung. Dieser Gegensatz ist darum besonders interessant, weil positive und negative Phototaxis bei einem und demselben Tier oft ganz unvermittelt ineinander übergehen können. So sucht (nach Snodgrass) die junge, eben aus dem Ei gekrochene *Tibicen septendecim* das Licht und gelangt, indem sie diesem Drange folgt, in die äußersten Teile des Baumes, in dessen Zweigen die Eier abgelegt waren. Die geringe Kletterfähigkeit des Tierchens (S. 52) erlaubt aber kein allzu lang dauerndes Festhalten an den Zweigen, bald fällt es zu Boden, und nun zeigt es plötzlich ganz ausgeprägte Lichtflucht (siehe S. 52) und verkriecht sich so schnell wie möglich in eine Bodenritze, um sich von dort aus weiter einzugraben. Welche Faktoren die plötzliche Umstimmung bedingen, ist nicht bekannt, es ist aber nicht unmöglich, daß taktile Reize, etwa die von der Luft beim Niederfallen ausgeübte Reibung, als Auslöser wirksam sind.

In diese und ähnliche Fragen dringen wir am besten ein, indem wir an Hand der Versuche HOLMES die Lichtreaktionen von *Ranatra* betrachten. Nimmt man eine *Ranatra* aus dem im hellen Zimmer stehenden Versuchsbecken heraus und legt sie im Dunkelraum auf einen von einer schwachen Lampe erhellten Tisch, so liegt sie zunächst starr da (siehe S. 153). Bald aber zeigen sich Kopfbewegungen, die immer deutlicher werden; bewegt man das Licht, so bewegt der Kopf sich mit; die Oberseite des Kopfes wird immer möglichst senkrecht zu den Lichtstrahlen gestellt. Etwas später folgen Bewegungen der Atemröhre und noch später Beinbewegungen. Nun nimmt das Tier, wenn das Licht bewegt wird, die verschiedenen Stellungen ein, die Abb. 112 zeigt, und die, wenn das Licht im Kreis um das Tier gedreht wird, zu einer eigentümlichen Schaukelbewegung führen. Immer ist eine möglichst große Fläche des Körpers dem Licht zugewandt; ist die Lampe hinter dem Tier, so richtet dieses sich auf; es duckt sich, wenn die Lampe vor ihm ist; es neigt den Körper nach der Lichtseite, wenn das Licht sich seitlich von ihm befindet.

Wie wir oben bei der Körperhaltung der schwimmenden Wasserwanzen schon erwähnten, übt also das Licht einen ganz erheblichen Einfluß auf den Tonus der Körper- und Extremitätenmuskulatur aus. Außerdem gibt es aber den Anstoß zur Fortbewegung und richtet diese: Nach einiger Zeit setzt sich das Tier nämlich in Bewegung und geht auf die Lampe zu. Jede Verschiebung derselben führt zu einer Richtungsänderung; im weiteren Verlauf des Versuches gerät das Tier in einen hochgradigen Erregungszustand und versucht, wenn es die Lichtquelle zu Fuß nicht erreichen kann, ihr fliegend zu nahen. In diesem Zustand des hochgradigen Phototonus versucht das Tier, wenn es auf den Rücken gelegt wird, gar nicht erst, sich umzudrehen, sondern stemmt sich in der abnormen Lage mittels der Vorderbeine auf das Licht zu, sein „Lichthunger" ist sogar so übermächtig, daß es in den Lichtbogen einer Bogenlampe hineinläuft und dort verbrennt.

Zeigte sich in diesem Versuch schon, daß das Tier nach Überwindung der anfänglichen Starre erst einmal einen gewissen Erregungszustand erreicht haben muß, ehe die positive Phototaxis augenfällig zum Ausdruck kommt, so geht aus anderen Versuchen gar hervor, daß es unter gewissen Umständen negative Phototaxis zeigen kann. Hält man nämlich die Tiere einige Stunden im Dunkeln, so werden sie lichtscheu, ohne daß allerdings diese Reaktion so deutlich und übermächtig wäre wie die positive. Die negative Reaktion ist verbunden mit einem niedrigen Muskeltonus, der, vielleicht im Zusammenhang mit der Umwandlung des Auges zum Superpositionsauge (Dunkelauge, siehe S. 118), von der vorhergegangenen Dunkelperiode herrührt. Die Reaktionen erfolgen daher auch recht träge; sowie ihre Geschwindigkeit steigt, schlägt die negative plötzlich in positive Phototaxis um. Da die Flugbewegung nur angewandt wird, wenn schon eine große Tonushöhe erreicht ist, kann man niemals eine *Ranatra* vom Licht wegfliegen sehen. Die Kopfbewegungen und die Hüftbewegungen sind bei negativ reagierenden Tieren gleich wie bei positiv reagierenden, die Bewegungen im Kniegelenk dagegen verschieden; es kommen so bei Beginn der Reak-

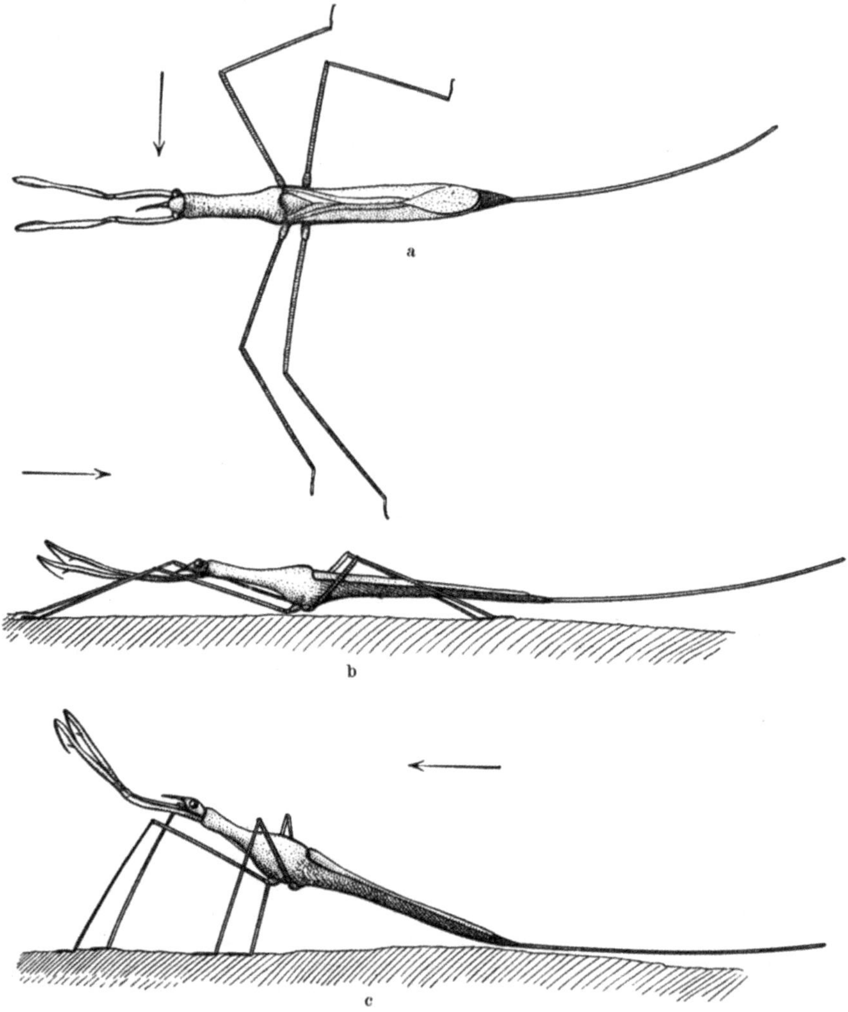

Abb. 112. Reaktionen einer aus der Starre erwachenden *Ranatra* auf Licht. a) Licht kommt von der Seite, Dorsalansicht; b) Licht von vorn; c) Licht von hinten, Seitenansichten, nach HOLMES.

tion eigentümlich rollende Bewegungen des Körpers zustande. Die Umkehrbarkeit der Lichtreaktion durch längeres Halten im Dunkeln hat MAXWELL auch bei Corixiden festgestellt, die, ins Licht gebracht, etwa 5 Minuten lang negativ, von da ab aber wie Helligkeitstiere positiv reagierten. Es handelt sich hier also um eine weit verbreitete Erscheinung.

Auch durch Kontaktreize oder niedrige Temperaturen, am besten aber durch Eintauchen in Wasser, kann die positive Reaktion einer *Ranatra* umgekehrt werden, Erhöhung der Temperatur führt rasch eine Umstimmung der negativen zur positiven Reaktion herbei. Hier haben wir also ein konkretes Beispiel dafür, wie im Leben eines Tieres zu verschiedenen Zeiten und unter dem Einfluß verschiedener Außenfaktoren ein und derselbe Reiz ganz verschieden beantwortet werden kann. Trotzdem handelt es sich dabei stets um ganz einfache reflexartige Reaktionen.

Daß die Reaktionen auf Licht, besonders wenn einmal ein ziemlich hoher Grad von Erregung erreicht ist, andere Reaktionen verdecken können, zeigt der oben erwähnte Ausfall der Umdrehbewegung. Daß andererseits irgendwelche Reflexhandlungen die Lichtreaktion zu hemmen vermögen, zeigt Holmes an mehreren Beispielen. Reinigungsbewegungen, Bewegungen, die mit der Nahrungssuche zusammenhängen, können zeitweise an Stelle der phototaktischen Bewegungen treten; sind jene erledigt, so treten diese wieder in ihr Recht. Stets handelt es sich aber nur um Überlagerung einer stereotypen Reaktion durch eine andere.

In weiteren Versuchsreihen untersuchte Holmes das Verhalten ganz oder teilweise geblendeter Tiere. Da bei ganz geblendeten Individuen die Reaktionen auf Licht völlig ausfallen, hält er bei *Ranatra* die Loebsche Tropismentheorie für nicht anwendbar; eine Wirkung des Lichtes ohne Vermittlung von Sinnes- und Zentralorganen kommt also für *Ranatra* wie für die Insekten überhaupt kaum in Frage.

Eine *Ranatra*, deren vordere Augenhälften lackiert waren, zeigte ähnliche Reaktionen wie das normale, direkt von hinten beleuchtete Tier; die Reizung bestimmter Ommatidiengruppen zieht offenbar bestimmte Bewegungen nach sich. So richtet sich ein Tier, dessen hintere Augenhälften lackiert sind, nur wenig auf, wenn das Licht von hinten kommt, duckt sich aber sehr, wenn die Lampe vor ihm steht. Bei den Richtungsbewegungen ist bei dem zweiten Tier die Orientierung kaum, beim ersten stark behindert. Einseitig geblendete Tiere zeigen, solange sie sich noch nicht in Bewegung gesetzt haben, ein Verkanten des Körpers nach der normalen Seite, also eine einseitige Schwächung des Tonus der Extremitätenmuskeln; Schaukelbewegungen finden nur statt, soweit das normale Auge reicht, die Bewegungen in der Vertikalen bleiben annähernd normal. Was die Richtungsbewegungen betrifft, so verhielten sich die Tiere individuell sehr verschieden. Alte, im Herbst oder Winter gefangene Imagines gingen trotz einseitiger Blendung fast stets stracks auf die Lichtquelle zu. Bei im Frühling gefangenen Tieren fand dagegen sehr häufig eine Abweichung vom geraden Weg nach der Seite des unverletzten Auges statt, die soweit gehen konnte, daß die Tiere mehrere Bogen beschrieben, ehe sie die Lichtquelle erreichten. Es scheint also, daß ältere Tiere ihren Weg besser kontrollieren, den ungleichen Phototonus besser ausgleichen können, ein interessanter Parallelfall zu dem oben bei *Notonecta* beschriebenen Verhalten. Das andere Verhalten der älteren Imagines muß, wenn man es nicht, wie oben bei *Notonecta* geschah, durch das vikariierende Eingreifen eines anderen Sinnesorgans erklären kann, zu der Annahme führen, daß *Ranatra* die Fähigkeit besitzt, aus Erfahrung zu lernen, mit anderen Worten Assoziationen zu bilden. In der Tat zeigte sich, wie aus Abb. 113 hervorgeht, daß ein Tier, das bei den ersten Versuchen außerordentliche Abweichungen vom geraden Weg machte und das Ziel nicht immer erreichte, schon nach 15 Versuchen fast geradlinig auf die Lampe zuging und sie von da ab immer mit großer Sicherheit erreichte. Diese offenbare Verfeinerung der Reaktion zeigt zwar unzweifelhaft eine große Lernfähigkeit des Tieres, beruht aber keineswegs auf einer, wenn auch noch so einfachen Überlegung. Es handelt sich vielmehr um einen Sekundärautomatismus (FOREL, Gegensatz zu dem Primärautomatismus, wie ihn z. B. ein Reflex darstellt), um die erworbene Gewohnheit, nach rechts umzubiegen, statt, wie es in der normalen Funktion der Seh- und Bewegungsorgane begründet wäre, nach links.

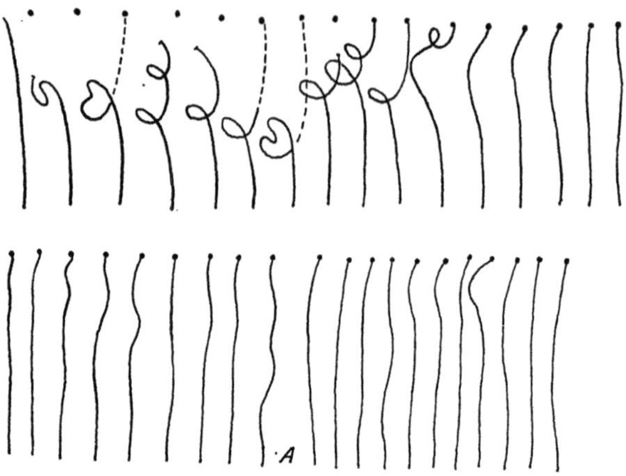

Abb. 113. Wege einer rechts geblendeten *Ranatra* auf trockenem Boden, bei dem Versuch, eine Lichtquelle (•) zu erreichen. Nach jedem Versuch wird das Tier in die Ausgangslage gebracht. - - - - - - -Flug, nach dem zehnten Versuch wurden die Flügel verklebt, *A* Pause von 50 Minuten, nach HOLMES.

Wie eine solche Gewohnheit zustande kommt, zeigt der folgende Versuch (Abb. 114): Eine rechts geblendete *Ranatra* wird in Punkt *A*, vom Licht abgewandt, niedergesetzt, sie wendet sich nach links und geht zum Licht. Das wiederholt sich zehnmal. Nun wird das Tier in *B* niedergesetzt und zwar schief zum Licht. Es wendet sich sofort nach rechts und so zehnmal hintereinander. Dieselbe Reaktion wiederholt sich in *C* und *D* je zehnmal. Nun wird das Tier genau wie am Anfang in *A* niedergesetzt, es wendet sich aber diesmal nicht nach links, sondern nach rechts und läuft auf das Licht zu. Selbst von Punkt *E* aus wendet es sich zweimal nach rechts.

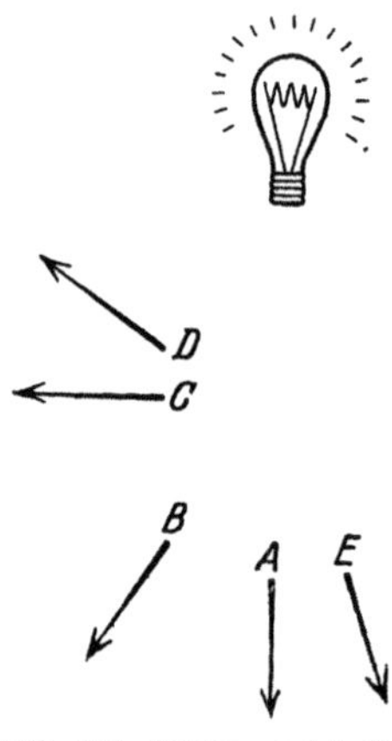

Abb. 114. Erklärung siehe Text.

Der Versuch zeigt einwandfrei, daß *Ranatra*, wenn sie sich mehrmals nach der gleichen Richtung gedreht hat, das nächste Mal in der gleichen Richtung sich zu drehen sucht. Diese Tendenz kann sogar die natürlichen Manègebewegungen übertönen, die von der Blendung des einen Auges herrühren, und erklärt die Ergebnisse des in Abb. 113 dargestellten Versuchs.

Auffallend ist, daß bei *Notonecta*, die nach HOLMES, wenn sie einseitig geblendet ist, auf dem festen Land in sehr raschem Lauf, aber auch in sehr gewundenen Linien der Lichtquelle zustrebt (Abb. 115), von einer Verbesserung bei wiederholten Versuchen nicht die Rede ist. Vielleicht hängt das damit zusammen, daß die zweidimensionale Bewegung bei *Notonecta* im Sinne von ALVERDES (siehe S. 133) von niedrigerem Rang ist als die dreidimensionale Schwimmbewegung im freien Wasser, also weniger als diese unter zentraler Kontrolle steht. Beim Schwimmen im freien Wasser kommen Manègebewegungen bei weitem nicht in der scharfen Ausprägung vor wie beim Gehen oder beim Gleiten an der Oberfläche, und auch das Rotieren des Körpers um die Längsachse kann völlig ausgeglichen werden, solange das Gehirn intakt ist.

HOLMES zieht aus seinen Versuchen an *Ranatra* den Schluß, daß es sich bei den phototaktischen Reaktionen nicht um einfache Reflexe handelt, sondern vielmehr um Lust-Unlustreaktionen. Es soll „evident" sein, daß das Insekt alle beschriebenen Handlungen einfach darum ausführt, weil sie ihm Vergnügen machen. HOLMES Vermutung, daß selbst einfache Reflexakte von Lust- oder Unlustgefühlen begleitet werden können, ist schon unbeweisbar; die Ansicht aber, daß die einfachen Lichtreaktionen von *Ranatra* nicht einmal solche lustbetonten Reflexe sein sollen, daß sie vielmehr zu einer höheren Kategorie zu rechnen und als eine Übergangsstufe zur spontanen Handlung zu betrachten sind, geht doch gar zu weit über die Grenzen hinaus, die dem Zoologen gesetzt sind. Richtig ist wohl, daß die Reflexe nicht ganz einfach sind, da der Reflexbogen über mehrere Ganglien führt und da daher der Ablauf des Reflexes an verschiedenen Stellen gehemmt werden kann. Die Umkehrbarkeit der Reaktion ist dagegen wohl auf eine verschiedene allgemeine „Stimmung" des Nervensystems (Nerventonus) zurückzuführen. Der in Abb. 113 dargestellte Versuch beweist nichts gegen die Reflexnatur; denn es handelt sich hier wohl nicht um eine Abänderung, sondern um eine Überlagerung eines Reflexes durch eine plastische Handlung. Im übrigen aber sind die Reaktionen nach HOLMES' eigener Darstellung so stereotyp, daß nicht einzusehen ist, was durch das Hereintragen von anthropomorphistischen Gesichtspunkten für ihr Verständnis gewonnen werden soll.

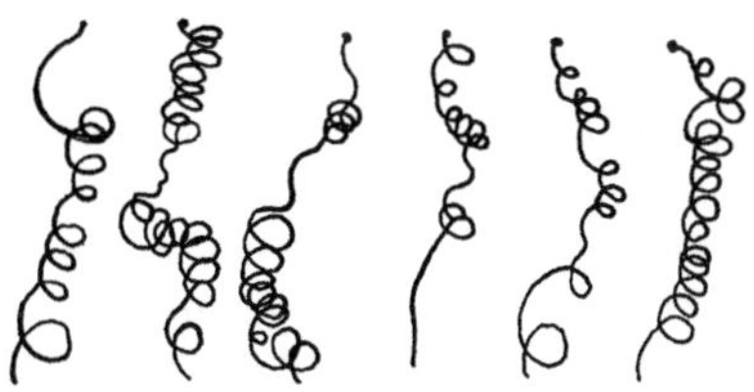

Abb. 115. Links geblendete *Notonecta*. Wie Abb. 113, nach HOLMES.

Haben uns die HOLMESschen Versuche über die Mechanik der Lichtreaktionen unterrichtet, so ist damit für die Klärung ihrer biologischen Bedeutung noch nicht viel getan. Sie scheinen teilweise sogar ganz unverständlich — das Tier läuft ja in seinem Drang nach dem Licht sogar in den Feuertod hinein. Man darf dabei nicht vergessen, daß jede Reaktion eines Tieres nur in seiner Umwelt begreiflich ist; Bogenlampen gehören zur normalen Umwelt einer *Ranatra* so wenig wie helle Glühkörper im dunklen Raum. Einer fliegenden *Ranatra* wird es niemals einfallen, etwa in den Mond oder in die Sonne fliegen zu wollen. Die positive Reaktion führt in der normalen Umwelt das Tier nach großen beleuchteten Flächen, nicht nach den intensiven kleinen Lichtquellen, wenn diese nicht als einzige helle Flecke vorhanden sind. Daher fliegen die Tiere gern an Straßenlaternen, wenn sich in deren Nähe keine großen beleuchteten Flächen befinden, und ziehen andernfalls diese Flächen vor. Mit anderen Worten: nicht nur in seinem Bau, sondern ebenso in seinen auf dem Bauplan basierenden Reaktionen ist das Tier in seine Umwelt eingepaßt.

Positive Phototaxis finden wir bei sehr zahlreichen Hemipteren wieder. So erzählt FABRE, daß Singzikaden, die den ganzen Tag über saugend an Zweigen saßen, dem Lauf der Sonne folgend, im Laufe des Tages durch seitliche Bewegungen sich um den Zweig herumdrehten. Es mag dabei allerdings die große Vorliebe der Singzikaden für Wärme mitsprechen.

Die geflügelten Aphidinen und die Aleurodiden sind ausgesprochen positiv phototaktisch; in Gläser gesperrt, sitzen sie stets in Haufen auf der hellsten Stelle. Bei den Aphidinen, die ja ziemlich weite Wanderungen ausführen, ist das nicht schwer verständlich, sie suchen ihre Wirtspflanze unter allen Umständen zu verlassen und werden dann wohl durch Hunger gezwungen, sich irgendwo anders niederzusetzen. Im Gewächshaus findet man denn auch die geflügelten Aphidinen immer an den Glasfenstern sitzen und nach oben streben. Die in unseren Breiten fast nur in Gewächshäusern vorkommenden Aleurodide *Trialeurodes vaporariorum* ist dagegen so gut wie nie an den Fenstern zu sehen. Aufgescheucht, verlassen die Tierchen wohl ihre Wirtspflanze und schwärmen herum, lassen sich aber bald wieder nieder. Sperrt man dieselben Tiere aber in ein Glas, so streben sie sofort der hellsten Stelle zu. Erklärbar ist dieses Verhalten vielleicht durch den experimentell nachgewiesenen ausgeprägten Farbensinn der *Trialeurodes*. Gelbe und gelbgrüne Farbtöne werden von den Tierchen mit Sicherheit von anderen Farben unterschieden und gern aufgesucht (LLOYD). An gelben geleimten Tafeln fangen sie sich zu Tausenden. Es ist durchaus wahrscheinlich, daß hier eine besondere „Chromotaxis" vorliegt, eine Reaktion, die die Tiere an die transparenten, im durchfallenden Licht gelblichgrün erscheinenden Unterseiten der Blätter lockt, an denen allein sie leben können.

Es ist dies nicht der einzige Fall, in dem Farbenempfinden bei einem Hemipteron nachgewiesen wurde; *Pseudococcus adonidum* reagiert, wie BAYER neuerdings zeigte, auf verschiedenfarbiges Licht ungleich. Man darf außerdem wohl vermuten, daß in anderen Fällen den mangelnden Nachweisen nicht immer ein wirklicher Mangel entspricht und daß tatsächlich viele Hemipteren, besonders die an der Unterseite von Blättern lebenden Formen, bei genauer Prüfung ähnlich reagieren wie *Trialeurodes*. Das Verhalten der geflügelten Weibchen von *Drepanosiphum platanoides*, das dem der Aleurodiden ähnelt (siehe S. 39), läßt z. B. eine ganz ähnliche Reaktion vermuten.

Während die ausgewachsenen Weibchen der meisten Schildläuse bewegungslos auf einem Platze sitzen, sind ihre Junglarven ziemlich beweglich und vielfach ausgesprochen positiv phototaktisch. Experimentell nachgewiesen wurde das z. B. für die Junglarven von *Eriopeltis lichtensteini* von Herberg und für die Junglarven und Wandertiere von *Lecanium hesperidum* von Dingler. Die Bewegung der vom Licht angelockten Tierchen war zwar nicht ganz geradlinig, die Orientierung nicht sehr sicher, immerhin führte aber insgesamt der Weg auf das Licht zu. Die positive Phototaxis führt die Schildlauslarven an die peripheren Teile ihrer Nährpflanze, an junge, nahrungsreiche Triebe und Blätter und erlischt dann, sobald sich die Tierchen niedergesetzt haben. Daß bei manchen versteckt lebenden Schildläusen und ihren Larven auch negative Phototaxis vorkommt, hat Bayer an *Pseudococcus adonidum* gezeigt. Da die Reaktionen dieser Form mit dem Ernährungszustand aufs engste zusammenhängen, werden wir unten auf sie zurückkommen müssen.

Negative Phototaxis findet sich, wie oben erwähnt, bei der Bettwanze und sicher auch bei ihren Verwandten (Cimiciden). Der Drang nach Dunkelheit geht bei *Cimex* nach Hase so weit, daß in Räumen, in denen keine anderen Verstecke sich bieten, jede Unebenheit der Wand, die etwas Schatten bietet, gesucht wird. Hat sich einmal ein Tier niedergelassen, so folgen bald mehrere, die sich wieder in seinen Schatten setzen, und so kommen, besonders bei Larven, Ansammlungen zustande, bei deren Entstehung vielleicht aber neben den Lichtreizen auch taktile Reize eine Rolle spielen (siehe S. 146). Hases mannigfach variierte Versuche weisen übrigens darauf hin, daß bei der negativ reagierenden Bettwanze wirklich, wie nach Analogie mit anderen Insekten zu erwarten war, die Intensität des Lichtes ausschlaggebend ist und nicht die Größe der beschatteten Flächen.

Außer den relativ einfachen Richtungsreaktionen gibt es bei den Hemipteren wie bei anderen Insekten komplizierte, mit dem Bewegungs- und Bildsehen zusammenhängende Reaktionen (Moto- und Ikonoreflex, v. Uexküll). Wie diese zu einheitlichen Handlungen verknüpft und beim Nahrungserwerb verwendet werden, soll weiter unten ausgeführt werden (S. 170).

c) Temperatur und Bewegung.

Im Leben der Hemipteren sowohl wie in dem aller anderen Lebewesen spielt die Temperatur eine ausschlaggebende Rolle. Die Vermehrungsgeschwindigkeit, der Nahrungsbedarf, die Beweglichkeit, ja sogar die Färbung unterliegen ihrem Einfluß, nur innerhalb bestimmter Temperaturgrenzen ist das Leben überhaupt möglich. Wenn auch manche dieser Abhängigkeiten sich einfach als Folgeerscheinungen des auch in der unbelebten Natur geltenden Gesetzes von der Abhängigkeit der Reaktionsgeschwindigkeit von der Temperatur verstehen lassen, wenn sie also auch ohne die vermittelnde Tätigkeit eines Sinnesorgans denkbar und erklärbar sind, so gilt das doch nicht von allen hierhergehörigen Erscheinungen; Erhöhung der Beweglichkeit durch Steigerung der Wärme kann, wie unten noch weiter ausgeführt werden wird, wohl auf Stoffwechselsteigerung zurückgeführt werden; wenn aber die Beweglichkeit von dem Tier dazu benutzt wird, in einem ungleichmäßig geheizten Raum bestimmte Temperaturzonen aufzusuchen und dort die Bewegungen einzustellen, so ist die Voraussetzung für ein derartiges Verhalten die Fähigkeit der Rezeption von Temperaturreizen. Näheres ist hierüber erst durch eine 1924 erschienene Publikation von K. HERTER bekannt geworden, in der auch zwei Vertreter der Hemipteren, *Pyrrhocoris apterus* und *Lygaeus equestris*, berücksichtigt sind. HERTER hat zum ersten Male genaue zahlenmäßige Angaben über den schon seit langem angenommenen Temperatursinn der Insekten gemacht und so wenigstens eine Basis für weitere Forschung gebaut. Er sperrte seine Versuchstiere in eine von ihm konstruierte Temperaturorgel, einen länglichen geschlossenen Raum, dessen Boden vom einen Ende her erhitzt wurde, so daß von diesem Ende zum anderen hin abfallende Temperaturen darin herrschten. Es zeigte sich dabei, daß die Tiere, solange die Temperaturen in der Orgel sich nicht fest eingestellt hatten, umherwanderten; als die Temperaturen in den einzelnen Bezirken der Orgel konstant waren, blieben sie in einer bestimmten, ziemlich engen Zone in Ruhe. Die Temperatur dieser Zone war bei *Pyrrhocoris* etwa $+ 28^1/_4{}^0$ C, und zwar im Dunkeln und im diffusen Tageslicht, bei *Lygaeus* lag die Vorzugszone im diffusen Tageslicht etwa bei $+ 29^0$ C, im Dunkeln bei $+ 26^1/_2{}^0$ C. Dabei war in allen Fällen die Grenze gegen das überoptimale Temperaturgebiet schärfer als die gegen das unteroptimale, d. h. es fanden sich mehr Tiere verstreut in den Zonen mit niedriger als in denen mit höherer Temperatur. Am besten werden diese Tatsachen durch einen anderen Versuch HERTERS illustriert. Die Wanzen wurden hier in einem durch eine Glühbirne von unten her erwärmten Kasten verteilt und sammelten sich nach einiger Zeit in einem Kreise in der optimalen Temperaturzone, der Zone der „Vorzugstemperatur“ (BODENHEIMER) an. In dem stärker erhitzten Kern waren keine Tiere vorhanden, die Grenze nach außen war dagegen unscharf. Die Ursache für die scharfe Begrenzung der optimalen Temperaturzone nach oben ist darin zu suchen, daß die Tiere bei bestimmten höheren Temperaturen (*Pyrrhocoris* bei $32^1/_2{}^0$, *Lygaeus* bei 38^0 C) eine Schreckreaktion zeigen. Sie machen dabei unter lebhafter Antennenbewegung rasch Kehrt und laufen schnell einige Schritte zurück, kommen also aus der überoptimalen Zone rasch heraus. Eine derartige deutliche Schreckreaktion fehlt hingegen für unteroptimale Temperaturen.

Die Tatsache, daß die beiden recht nahe verwandten Wanzenarten verschiedene Optima besitzen, daß ferner bei *Lygaeus* im Gegensatz zu *Pyrrhocoris* das Licht deutlich Einfluß auf die Lage des Optimums ausübt, zeigt einerseits, daß verschiedene Hemipterenarten sich Temperaturreizen gegenüber sehr verschieden verhalten können, und daß andererseits Lichtreize die Temperaturreize in ihrer Wirkung bei verschiedenen Arten verschieden zu beeinflussen vermögen. Bei *Lygaeus*, einem typischen „Sonnensiedler“, erhöhen Lichtreize die Lage der Vorzugszone, bei *Pyrrhocoris* ist keine Abänderung festzustellen — wie typische Nachttiere unter den Wanzen sich verhalten, müßte erst noch festgestellt werden, da auch HASE in seiner Monographie der Bettwanze nur eine Steigerung der Beweglichkeit durch Temperatursteigerung erwähnt.

Soviel steht aber jedenfalls fest: bei den untersuchten Arten zeigt sich eine deutliche Reaktion auf Temperaturreize; das Vorhandensein eines Temperatursinnes kann nicht in Abrede gestellt werden.

Es erhebt sich nur die Frage nach dem Sitz des Temperatursinnes, die nicht leicht zu beantworten ist, weil wir keinerlei anatomische Anhaltspunkte haben (siehe S. 102).

Herter hat versucht, bei ruhig sitzenden Feuerwanzen durch Berühren mit kalten und erwärmten Nadeln Reaktionen hervorzurufen, die einen Schluß auf die Temperaturempfindlichkeit der verschiedenen Körperteile zuließen. Dabei stellte es sich heraus, daß der Reihenfolge der Empfindlichkeit nach die geprüften Körperteile folgendermaßen zu ordnen sind: Antennen, Oberseite des Abdomens, Elytren, Beine, Schildchen, Kopf, Halsschild. Die Antennen, die auf bloße Berührung wenig reagieren, zeigen insofern eine besonders hohe Reizbarkeit durch Wärme, als sie schon bei Annäherung einer warmen Nadel und nicht erst bei Berührung reagieren. Diese Versuche und das lebhafte Antennenspiel bei der oben genannten Schreckreaktion legen den Schluß nahe, daß die Antennen bei der Rezeption von Temperaturreizen eine besondere Rolle spielen. Dieser Schluß wird bestätigt durch den Amputationsversuch. Bei antennenlosen Feuerwanzen liegt nämlich das Optimum über 2^0 höher als bei normalen Wanzen; die Schreckreaktion tritt gar erst bei einer Temperatur ein, die um 4^0 höher liegt als normal. Zweifellos bedingt der Verlust der Fühler ein weniger feines Unterscheidungsvermögen für Temperaturen, die Tiere können überoptimale Temperaturen erst als solche wahrnehmen, wenn der Unterschied recht erheblich ist. So erklärt es sich auch, daß antennenlose Wanzen in den stark geheizten Teilen der Temperaturorgel leicht zugrunde gehen, während normale Tiere sich meist leicht in die Vorzugszone retten können. Ist so bei der Feuerwanze die große Bedeutung der Antennen für die Richtungsreaktionen der Wärme gegenüber unzweifelhaft, so gilt dasselbe nicht im gleichen Maß für *Lygaeus equestris.* Bei ihr ändert die Antennenamputation wenigstens nichts an der Lage des Optimums und der Schreckreaktion, wohl aber kommt es auch hier vor, daß antennenlose Tiere aus überoptimalen Temperaturzonen sich nicht zu retten vermögen und zugrunde gehen. Es genügt hierzu sogar schon eine Amputation der letzten Antennenglieder. Offenbar sind also doch auch bei *Lygaeus* die Antennen für die thermotaktische Orientierung im engeren Sinn von großer Wichtigkeit.

Von anderen Hemipteren ist leider nur eine Wanze, *Scanthius aegypticus,* durch Bodenheimer in dieser Richtung geprüft, es unterliegt aber, nach den Reaktionen anderer Hemipteren zu schließen, keinem Zweifel, daß ein Temperaturempfinden bei den meisten, wenn nicht bei allen, anzunehmen ist. Da Versuche nach dem Vorbild Herters unschwer anzustellen sind, ist zu hoffen, daß wir in absehbarer Zeit besser orientiert sein werden.

Es ist hier noch zu erwähnen, daß bodenbewohnende Insekten diesen ihren Wohnsitz vielfach nicht etwa durch eine positive Geotaxis oder eine negative Phototaxis auffinden, sondern daß ein Streben nach konstanter Temperatur und konstanter Feuchtigkeit sie leitet. So berichtet MARCHAL, daß *Schizoneura lanuginosa*, die Beutelgallaus der Ulme, die im Herbst an die Wurzeln von Birnbäumen abwandert, nur dann in größere Bodentiefen vordringt, wenn die Birnbäume im Freien stehen. In einem nach Norden gerichteten Raum von annähernd konstanter Feuchtigkeit und Temperatur bleibt sie bis tief in den Winter hinein an den oberirdischen Teilen der Versuchsbäumchen.

d) Mechanische Reize und Bewegung.

Während taktile Reize als Auslöser von Fluchtbewegungen und ähnlichen Reaktionen sowie für die Aufrechterhaltung der normalen Körperlage eine erhebliche Rolle spielen, sind sie als Grundlage von „Tropismen" oder, weniger verfänglich ausgedrückt, von Richtungsbewegungen von geringerer Bedeutung. Ausgesprochene Thigmotaxis, d. h. der Drang, den Körper möglichst allseitig mit festen Gegenständen in Berührung zu bringen, ist z. B. bei den Aradiden festzustellen, die unter Rinde leben und über deren ganze Körperoberfläche eine Unzahl von Sinnesorganen gleichmäßig verteilt ist. Vermutlich sind es eben diese Organe, die das Tier darüber orientieren, ob sein ganzer Körper feste Gegenstände berührt. Teilweises Fehlen dieser Reize löst Bewegungen aus, die, wenn die eine Körperseite an irgendeiner Kante Kontakt gewinnt, einseitig aussetzen, das Tier an der Kante entlang führen und schließlich, wenn es sich um die Kante eines überstehenden Rindenstückes handelt, zum Eindringen in die erste sich bietende Spalte veranlassen. Natürlich kann dabei eine negative Phototaxis mitwirken. Es ist durchaus wahrscheinlich, daß auch bei den Cimiciden neben der negativen Phototaxis eine Thigmotaxis das Verschwinden der Tiere in ihren Schlupfwinkel befördert; auch bei dem von HASE als das Resultat der Lichtscheu gedeutete Zusammenscharen von Bettwanzenlarven kann sehr wohl eine Thigmotaxis beteiligt sein. So erklärt auch HOLMES die Tatsache, daß Ranatren in leeren Aquarien sich zu Knäueln zusammenfinden, mit einer bei einem Bewohner der Wasserpflanzenrasen biologisch wohl verständlichen Thigmotaxis, die ihrerseits wieder mit der Art des Nahrungserwerbes (Lauern) und der Schutzfärbung zusammenhängt.

Was über die Reaktionen der Hemipteren auf akustische Reize bekannt ist, wurde bereits oben bei der Besprechung der Stridulation und der Tympanalorgane angegeben. Hier ist noch ein weites Feld für experimentelle Arbeit, da systematische Untersuchungen noch so gut wie ganz fehlen, selbst bei den Singzikaden, die doch wegen ihrer Größe außergewöhnlich günstige Untersuchungsobjekte sind.

e) Chemische Reize und Bewegungen.

Geruchsreize sind bei der Nahrungssuche und beim Aufsuchen des Partners für die Copula sicher von größter Bedeutung, und wir werden daher unten noch öfters auf diesen Punkt zurückkommen müssen. Hier wollen wir uns damit begnügen, an Hand einer hierher gehörigen Beobachtung HASES abschließend im Sinne UEXKÜLLS auf die Einpassung der Richtungsreaktionen in die Umwelt zu sprechen zu kommen.

Eine hungrige Bettwanze, der ein mit menschlichem Schweiß getränkter Wattebausch vorgehalten wird, läuft nach Hase dem Bausch nach, auch wenn sie dadurch direkt ins Licht geführt wird. Der Geruch des Schweißes bildet also für die Bettwanze den Nahrungsreiz, der, wenn das Tier hungrig ist, selbst die sonst immer wirksame negative Phototaxis übertönt. Aus diesem unscheinbaren Vorgang läßt sich eine ganze Reihe allgemein wichtiger Gesichtspunkte ableiten.

Die auf den Fühlern stationierten Geruchsorgane der Wanze rezipieren den von einem Objekt ausgehenden Reiz, in unserem Falle den Geruchsreiz, der vom Schweiß ausgeht. Der Reiz wird, in nervöse Erregung verwandelt, zentralwärts weitergeleitet und bestimmt gewisse Muskelgruppen, in unserem Falle die Muskeln der Beine, zu bestimmt koordinierten, zwangsläufig an den betreffenden Reiz gebundenen Bewegungen. Im vorliegenden Falle wird wahrscheinlich bei ungleicher Reizung beider Fühler der Muskeltonus ungleich auf beiden Körperseiten beeinflußt, die Bewegung dementsprechend nicht bloß ausgelöst, sondern im weiteren Verlauf auch gerichtet. Hat das Tier keinen schweißgetränkten Wattebausch vor sich, sondern die menschliche Haut, deren Ausdünstungen es angezogen haben, so treten, wenn der „Merkmalsträger“ erreicht ist, die Sinnesorgane der Rüsselspitze in Tätigkeit, die Tastreize und chemische Reize zu rezipieren imstande sind. Von diesen Reizen werden, wie Nagel an *Notonecta* nachgewiesen hat, wiederum auf dem Weg über das Zentralorgan, die Bewegungen der Stechborsten ausgelöst. Diese tragen keine Sinnesorgane, sind also reine Effektoren. Erst das aufgesaugte Blut kommt in der Mundhöhle mit den am Gaumen gelegenen Sinnesorganen in Berührung; je nach den hier rezipierten Reizen (siehe S. 208) können die weiteren Bewegungen der Stechborsten geregelt und gerichtet werden. Wie v. Uexküll an einem anderen Beispiel klargelegt hat, ist der wichtigste Effektor, der Stechapparat, für unser Blut gebaut; die Sinnesorgane, die ihn seiner Bestimmung zuführen, erfahren aber vom Blut selber gar keine Einwirkung. Statt dessen ist es der Duft der Hautdrüsen und die Oberflächenbeschaffenheit der Haut, die auf sie einwirkt. „Die Hautdrüsen und das Blut sind durch das anatomische Gegengefüge der menschlichen Haut miteinander verknüpft“, das außerhalb jeder Merkmöglichkeit für den Organismus des Parasiten gelegen ist. Dem Gegengefüge der Umwelt entspricht das Gefüge der Innenwelt des Tieres, das sich in bestimmten Reaktionen auf bestimmte Reize kundgibt und im Falle einer einfachsten Reaktion einen Reflexbogen bildet. Umwelt und Innenwelt, Gefüge und Gegengefüge bezeichnet Uexküll mit dem Wort Bauplan. Im Bauplan liegt es begründet, daß der Duft der Hautdrüsen die Stechborsten zum Blut führt, oder anders ausgedrückt, in der Einpassung des Tieres in seine Umwelt. Da schweißgetränkte Wattebäusche zur Umwelt der Bettwanze so wenig gehören, wie Bogenlampen zur Umwelt von *Ranatra*, beweisen die gedachten Versuche (S. 137 und 147) natürlich nichts gegen diese Einpassung.

Selbst wenn ein Reflex vorliegt, sind die Reaktionen des Tieres aber nicht unabänderlich festgelegt. Sie sind stets an eine Reizschwelle gebunden, d. h. der Reiz muß eine bestimmte Intensität haben, wenn die Reaktion ausgelöst werden soll. Die Schwelle ist aber selbst bei einem und demselben Individuum nicht immer gleich. Im Falle der hungrigen Bettwanze z. B. liegt die Schwelle so tief, daß das Tier selbst gegen seine negative Phototaxis dem reizaussendenden Gegenstand nachläuft. Ist das Tier gesättigt, so sinkt der gleiche Reiz unter die Schwelle, das Objekt verschwindet damit aus der Umwelt, die negative Phototaxis tritt wieder ein — mit anderen Worten: ein neuer Reiz, der durch die andere Reaktion sozusagen unter die Schwelle gedrückt war, kann sie nun wieder überschreiten (siehe auch S. 139). Das Verschwinden eines Objektes aus der Umwelt durch Sinken des von ihm ausgehenden Reizes unter die Schwelle spielt im Geschlechts- und Nahrungskreis eine bedeutende Rolle, die Entfernung des Objekts aus der Umwelt kann aber auch durch Vertilgung des Objekts (Beutekreis) oder durch Flucht erreicht werden. Das letztere ist z. B. der Fall bei der negativen Phototaxis oder bei den Umdrehbewegungen, bei denen das Tier dem als Reiz wirkenden Fehlen von Kontakt durch Wiederherstellen des Kontaktes entflieht.

f) Lebhaftigkeit der Bewegungen, Starrezustände.

Bei den seither im Zusammenhang mit der Funktion der Sinnesorgane besprochenen Bewegungen handelt es sich durchweg um Richtungsbewegungen, die durch Außenfaktoren verschiedener Art ausgelöst und geregelt werden. Dabei spielt das Licht als richtunggebender Reiz die größte Rolle. Es gibt aber auch noch eine andere Art der Einwirkung von Außenfaktoren auf die Bewegungen. Diese Einwirkung hängt mit dem zusammen, was oben über die „Schwelle" gesagt wurde. Wie jede Bewegung eines Tieres auf einem von außen kommenden Reiz oder einem im Ablauf der Lebensfunktionen des Organismus begründeten inneren Faktor beruht, so entspricht auch jeder Bewegung eine gewisse Reizschwelle, die nur bei einer bestimmten Konstellation der äußeren und inneren Faktoren überschritten wird. Die negativ phototaktische Reaktion der Bettwanze wird durch Licht ausgelöst. Sie findet aber nur statt, wenn einerseits der innere Zustand des Tieres es gestattet, d. h. z. B. wenn dem allzu hungrigen Tier nicht gleichzeitig der Nahrungsreiz geboten wird (siehe oben) und wenn andererseits die anderen Außenfaktoren nicht jede Bewegung überhaupt unterbinden. Unter anderen Außenfaktoren sind in erster Linie die Temperatur, die chemische Zusammensetzung der Atemluft und die Feuchtigkeit zu verstehen. Mit anderen Worten: auch die Lebhaftigkeit der Reaktionen, die Lebhaftigkeit der Bewegungen überhaupt hängt von der Umwelt ab und zwar nicht in dem Sinne, daß die Außenfaktoren auf dem Weg über die Sinnesorgane die Bewegungen beeinflussen, wohl aber in dem Sinne, daß sie die Reaktionsfähigkeit der Organe ändern und damit die Überwindung der inneren Schwelle erschweren oder erleichtern. Es handelt sich also um Änderungen des physiologischen Zustandes des Tieres, wobei eine scharfe Abgrenzung von inneren und äußeren einwirkenden Faktoren gar nicht möglich ist, da auch die in der Regel als „innere Faktoren" bezeichneten Erscheinungen — wie z. B. der allgemeine Ernährungszustand oder der Entwicklungszustand der Geschlechtsorgane — ihrerseits wieder von Außenfaktoren bedingt sind.

Die Lebhaftigkeit der Bewegungen ist, bei gleichen Außenbedingungen betrachtet, bei den Hemipteren sehr verschieden. Selbst nah verwandte Formen weichen oft sehr stark voneinander ab, ohne daß man dafür eine biologische „Erklärung" finden könnte. Wenn beispielsweise die auf gleichen Nährpflanzen (*Vicia faba* u. a. Papilionaceen) lebenden Blattlausarten *Aphis fabae, Macrosiphum pisi* und *Rhopalosiphum viciae* sich hinsichtlich ihrer Bewegungen ganz verschieden verhalten, wenn bei ersterer Art die ungeflügelten Tiere sich kaum von der Stelle bewegen, während bei den letzteren beiden Arten eine leichte Erschütterung der Wirtspflanze genügt, um auch die ungeflügelten Tiere zu verscheuchen, so kann man das mit dem Wort „Anpassung" nicht erklären, sondern muß vielmehr ein Beibehalten erblich festgelegter Eigenschaften auch unter ganz gleichen Außenbedingungen konstatieren.

In anderen Fällen besteht aber doch ein unverkennbarer Zusammenhang zwischen der Beweglichkeit einer Form und der Art ihrer Einpassung in ihre Umwelt. So sind nach SCHUMACHER die Arten unter den Asopiden, die auf Sträuchern und niederen Kräutern leben (*Jalla, Zicrona*), schwer zum Fliegen zu bewegen, während *Podisus*, eine auf Bäumen lebende Gattung, gern fliegt. Auch bei den Wasserwanzen sind diejenigen Arten, die im freien Wasser leben (*Corixa, Notonecta, Naucoris, Plea*) sehr lebhaft; diejenigen aber, die in der Nähe des Ufers und im Dickicht der Wasserpflanzen sich aufhalten (*Nepa, Ranatra*), träge. Auch die Tatsache, daß die Wasserwanzen sich nur schwer zum Flug entschließen, steht im Zusammenhang mit ihrer ganzen Lebensweise. In vielen Fällen sind die Wasserwanzen, die Wasserläufer und zahlreiche andere Wanzen und Homopteren nicht bloß flugunlustig, sondern sogar flugunfähig. Alle Grade der Flügelreduktion gibt es hier (siehe S. 403), und nicht immer ist eine so deutliche Beziehung zwischen dieser Rückbildung und der Lebensweise der flugunfähigen Formen erkennbar wie etwa bei den blutsaugenden Cimiciden, die in den Bauten ihrer Wirte hausen, bei den typischen Fellparasiten, den Polycteniden und bei zahlreichen Pflanzenparasiten. Wir werden auf diese Probleme weiter unten nochmals zurückkommen müssen, hier mag es genügen festzustellen, daß der Verlust der Flugorgane selten, der der Bewegungsorgane überhaupt niemals alle Individuen einer Art betrifft und daß auch bei den Formen, die in irgendeinem Entwicklungsstadium völlig unbeweglich sind, wie z. B. bei den Weibchen vieler Schildläuse, wenigstens in einem Entwicklungsstadium (1. Larve) die Beweglichkeit gewahrt bleibt und damit die Grundlage für die Ausbreitung der Art gegeben ist. So ist auch bei den Aleurodiden die Junglarve und die Imago beweglich, und nur das 2., 3. und 4. Larvenstadium weicht nicht von der einmal erreichten Nahrungsquelle. Daß die Spezialisierung auf Pflanzensäfte dem Aufgeben der Beweglichkeit Vorschub leistet, ist selbstverständlich; immer muß aber, selbst bei Tieren, die an immergrünen Pflanzen schmarotzen, einerseits den Nachkommen die Möglichkeit gegeben sein, sich zu zerstreuen, andererseits den Geschlechtstieren gestattet sein, sich zur Copula zusammenzufinden.

Zu diesen für die Art charakteristischen Zusammenhängen zwischen Gesamtlebensweise und Beweglichkeit kommen beim einzelnen Individuum noch Abhängigkeiten zwischen der letzteren und den veränderlichen Faktoren der Außenwelt.

Unter diesen spielt die Temperatur die Hauptrolle. So beginnen z. B. nach SCHUBERT bei *Piesma quadrata*, der Rübenwanze, die Bewegungen erst bei etwa + 4 bis 5° C. Bei sinkender Temperatur wird das Tier bewegungslos, die Kältestarre geht schließlich in den Kältetod über. Bei zunehmender Temperatur zeigen die Tiere erst langsame, unbeholfene Bewegungen, noch bei + 20° bewegen sie sich sehr träge und fliegen nicht. Nach ganz allmählichem Übergang sind sie bei 40° sehr lebhaft, bei 43° bemächtigt sich ihrer eine auffallende Unruhe, wobei sie mehr fliegen als laufen. Bei Temperaturen von 46° ab tritt nach 4—5 Stunden wieder eine Starre, die Wärmestarre, ein; noch weiter gesteigerte Temperaturen führen zum Tod. Wie für alle Lebensvorgänge, so erweist sich auch für die Beweglichkeit eine für die einzelne Art verschiedene, mittlere Temperatur als Optimaltemperatur (Aktivitätsoptimum), während über- oder unteroptimale Temperaturen in wiederum für die einzelne Art verschiedener Abstufung zur Herabsetzung der Beweglichkeit, zu einer Starre und schließlich zum Tod führen.

An anderen Insekten (Schmetterlinge) hat BACHMETJEW diese Abhängigkeiten genau untersucht und festgestellt, daß der Übergang von der vorübergehenden Wärmestarre in den Wärmetod allmählich erfolgt, während bei der Kältestarre und dem Kältetod die Verhältnisse komplizierter liegen. Die vorübergehende Kältestarre geht nämlich an einem bestimmten Punkt (kritischer Punkt) unvermittelt in einen anabiotischen Zustand über, der dadurch charakterisiert ist, daß die Körpersäfte gefroren sind. Der kritische Punkt liegt bei den einzelnen Arten verschieden, aber stets unter 0°, in der Spanne zwischen ihm und 0° bleiben die Säfte in unterkühltem Zustand flüssig. Der anabiotische Zustand, in dem alle Lebensfunktionen stillstehen, ist noch reversibel, erst von einem meist erheblich tiefer als der kritische Punkt gelegenen Kältegrad ab hört endgültig das Leben auf.

Aus der Wärmestarre und der Kältestarre erwachen die Tiere je nach der Dauer der Temperatureinwirkungen mehr oder weniger rasch wieder. Nicht alle Individuen verhalten sich dabei gleich; so konnte LLOYD feststellen, daß von 20 Exemplaren von *Trialeurodes vaporariorum*, die gleichzeitig 5 Minuten lang auf 40—43° C erwärmt worden waren, nur eines sich erholte (siehe S. 150).

Die Steigerung der Beweglichkeit durch optimale Temperaturen ist für die Tiere nicht immer günstig. In Warmhäusern, die auf etwa 37,7° C gehalten werden, kann man z. B. nach LLOYD die Imagines von *Trialeurodes vaporariorum* ruhelos werden und von den Nährpflanzen weg zu den Scheiben flattern sehen. Darin liegt einer der Gründe, weshalb sich *Trialeurodes vaporariorum* in Gurkenhäusern, die stärker geheizt werden, viel weniger gut hält als in den kühler gehaltenen Tomatenhäusern. Es ist also, im Sinne BODENHEIMERS, festzustellen, daß das vitale Optimum, d. h. die Temperatur, bei der die größte Individuenzahl der betreffenden Art am Leben bleibt, durchaus nicht mit dem Aktivitätsoptimum übereinzustimmen braucht. Ebenso fallen in der Regel Aktivitätsoptimum und Vorzugszone (S. 144) nicht zusammen.

Bei *Piesma quadrata* und bei vielen anderen Hemipteren, z. B. den Aphidinen, wächst mit der Temperatur nicht nur die Beweglichkeit, sondern auch die Empfindlichkeit gegen Erschütterungen. Bei kühlem Wetter kann man nach SCHUBERT eine *Piesma* nach der anderen von der Pflanze ablesen; bei höherer Temperatur lassen sie sich schon bei leiser Berührung der Blätter zu Boden fallen.

Die Tatsache, daß manche Formen bei Nacht, andere bei Tage beweglich werden, erklärt sich nicht durch eine verschiedene Lage des Temperaturoptimums; denn nach HASE erreicht die Bettwanze, also ein ausgesprochen nächtlich lebendes Tier, ihre höchste Wandergeschwindigkeit bei + 35 bis 37°. Hier wirken also zweifellos allein die Lichtreize hemmend auf die Bewegung.

Auch wenn bei ausgesprochenen Sonnentieren unter den Wanzen eine vor der Sonne vorüberziehende Wolke das fliegende Tier zum Niedersitzen veranlaßt (*Dysdercus sidae* nach BALLARD und EVANS), ist daran wohl weniger die Temperaturerniedrigung als der Schattenreiz schuld.

Die chemische Zusammensetzung der Atemluft wirkt sich auf die Funktion der Bewegungsorgane insofern aus, als Giftstoffe in geringer Konzentration in vielen Fällen die Beweglichkeit erhöhen, die Tiere zur Flucht veranlassen, während höhere Konzentrationen eine Lähmung herbeiführen. Bei Wasserwanzen führt Anreicherung der Atemluft mit Kohlensäure und Sauerstoffmangel überhaupt zu einer Verlangsamung der Bewegungen, und zwar lange bevor der Erstickungstod eintritt.

Hohe Luftfeuchtigkeit wirkt bei den Landwanzen und Homopteren im allgemeinen hemmend auf die Bewegungen. Bei manchen Wasserwanzen, wie z. B. bei *Plea* (nach WEFELSCHEID), führt ein Austrocknen des Wohngewässers zu einer Trockenstarre, bei anderen (*Nepa, Corixa*, Wasserläufer) veranlaßt Austrocknen des Wassers die Tiere im Gegenteil zum Flug und zum Aufsuchen anderer Wohnorte. Vielleicht sind in dieser Weise auch die gelegentlich auftretenden Wanderzüge scharenweise versammelter Corixen zu erklären (S. 454).

Bei ausgesprochenen Trockentieren unter den Hemipteren kann Nässe nicht nur zur Hemmung der Bewegungen, sondern sogar zu eigentümlichen Starrestellungen führen. So gibt HASE an, daß *Cimex lectularius* auf nassem Grund, z. B. auf einer befeuchteten Stubendiele, eigentümlich stelzbeinig geht (Abb. 116a), wobei die Geschwindigkeit erheblich verringert wird. Verirrt sich ein Tier aber gar in flaches Wasser (Abb. 116b), so werden die Bewegungen erst sehr langsam und zögernd und hören bald ganz auf. Der Hinterleib richtet sich steil auf, und in dieser seltsamen Starrestellung, die etwas an das „Totstellen" anderer Wanzen (S. 153) erinnert, verbleiben die Tiere oft stundenlang; bringt man sie ins Trockene zurück, so kehrt die normale Beweglichkeit bald wieder.

Selbst die elektrische Ladung der Atmosphäre soll nach POISSON einen Einfluß auf die Beweglichkeit ausüben, wenigstens soll *Notonecta* an gewitterigen Abenden erhöhte Flugbereitschaft zeigen.

Die Einwirkung des Ernährungszustandes auf die Bewegung wird weiter unten bei Besprechung der regelmäßigen Migrationen noch zu erwähnen sein, hier mag der Hinweis genügen, daß es bei vielen Hemipteren neben der Wärme- und Kältestarre auch eine Hungerstarre gibt (*Piesma quadrata* nach SCHUBERT), daß aber vielfach vor dieser Hungerstarre eine erhöhte Beweglichkeit einsetzt (bei *Cimex* nach HASE), die die Tiere auf Nahrungssuche treibt. Die Beweglichkeit kann bei der sonst so lichtscheuen Bettwanze sogar so weit gehen, daß sie ohne äußeren Anlaß im hellsten Sonnenschein herumläuft und sich sogar auf weitere Wanderschaft begibt.

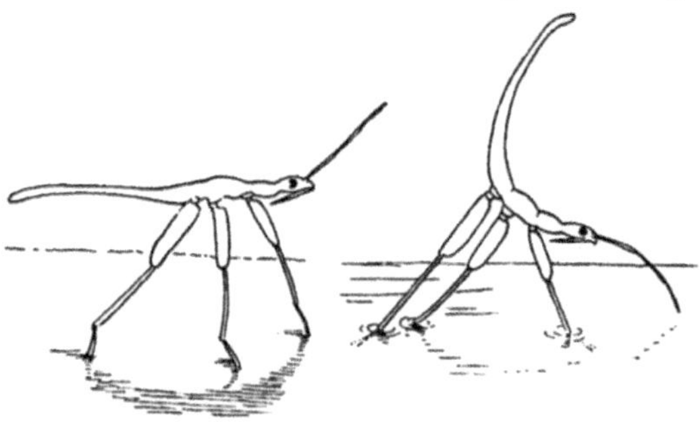

Abb. 116. *Cimex lectularius.* a) Stelzender Gang auf feuchter Unterlage; b) Starrestellung in flachem Wasser, oder bei Benetzung mit Wasser, nach HASE.

Eine eigentümliche, bei vielen Tieren vorkommende Form der Einstellung der Bewegungen auf äußere Reize hin ist das „Totstellen", das auch bei zahlreichen Hemipteren, insbesondere bei Wasserwanzen, vorkommt. Genauer untersucht ist aber nur das Totstellen von *Ranatra* (HOLMES) und von *Belostoma* (H. P. und H. C. SEVERIN).

Die verschiedenen Formen des Totstellens, die zusammenfassend als Akinese bezeichnet werden und nicht immer scharf voneinander trennbar sind, unterscheiden sich in der Art der Auslösung und in der Art der Muskelkontraktion.

So tritt bei *Ranatra* auf Schattenreize hin ein Einstellen der Bewegungen ein, das von HOLMES als „deceptive quiet" bezeichnet wird. Mit dem eigentlichen Totstellen, das mit einer abnormen Tonushöhe der Muskulatur Hand in Hand geht, hat diese Reaktion nichts gemein. Die Gliedmaßen bleiben völlig beweglich, ihre Muskeln sind also nicht tetanisch kontrahiert. Die Reaktion tritt niemals ein, wenn das Tier sich im Stadium des gesteigerten Phototonus befindet (siehe S. 137), es scheint also, daß wir es hier mit einer reflektorischen Tonusverminderung zu tun haben, die, biologisch betrachtet, möglicherweise den fehlenden Fluchtreflex ersetzt.

Als Schutzmittel wird gewöhnlich auch das echte „Totstellen" angesehen, das stets eine reflektorische, hypertonische, vielleicht tetanische Akinese darstellt und mit dem Ausdruck Thanatose zu bezeichnen ist (MANGOLD, v. LENGERKEN). Außer der Thanatose, die auch in der freien Natur auf taktile Reize hin erfolgt, gibt es noch eine experimentell erzeugbare, nicht immer scharf von der Thanatose unterschiedene

Mechanohypnose. Wohl unterscheidbar sind beide Formen des Totstellens bei *Belostoma*. Nimmt man in der hohlen Hand einige Exemplare dieser Wanze aus dem Wasser, so verfallen sie nach SEVERIN gewöhnlich sofort in Thanatose (Abb. 117a). Dabei legen sie die Beine symmetrisch und stark gebeugt eng an den Leib. Hält man aber ein Exemplar, das nicht in Thanatose verfallen ist, zwischen Daumen und Zeigefinger der einen Hand an den Seitenkanten fest und klopft mit dem Zeigefinger der anderen Hand an den Hinterleib dicht hinter den Hinterhüften, während man den Daumen auf die Flügeldecken legt, so verfällt das Tier in Mechanohypnose (Abb. 117b). Die Beine werden dabei, im Kniegelenk gebeugt, senkrecht vom Körper abgespreizt. In Thanatose sowohl wie in Mechanohypnose unterscheiden sich die Tiere deutlich von toten Belostomen, bei denen stets der Hinterleib von den Flügeldecken etwas abgespreizt ist und deren Beine nie so regelmäßig und symmetrisch gehalten und nie so stark gebeugt werden (Abb. 117c). Bei *Nepa* (nach SEVERIN) und *Ranatra* (nach HOLMES) versagt dieses Unterscheidungsmittel, da sie in Thanatose die Beine nicht regelmäßig halten. Bei *Ranatra* werden allerdings häufig die Vorderbeine gerade nach vorn gestreckt, die Mittel- und Hinterbeine nach hinten an den Leib gelegt; es kommen aber auch andere Stellungen vor. Eine Unterscheidung zwischen Thanatose und Mechanohypnose ist bei *Nepa* und *Ranatra* daher unmöglich und für unsere Zwecke auch entbehrlich, da weder HOLMES noch SEVERIN auf den Unterschied geachtet haben. Ihre Experimente scheinen sich jedenfalls durchweg auf die Thanatose zu beziehen. Das geht schon daraus hervor, daß wiederholt angewandte mechanische Reize in den Versuchen keine Unterbrechung der Starre herbeiführten, während nach SZYMANSKI bei der Mechanohypnose der hypertonische Zustand durch erneute Reize aufgehoben wird.

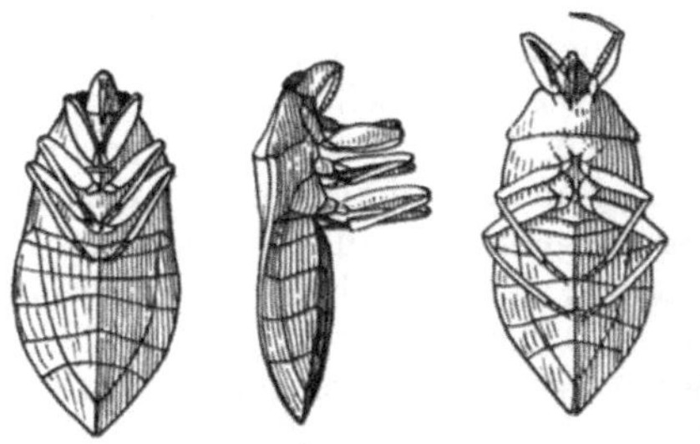

Abb. 117. *Belostoma fluminea*. a) In Thanatose; b) in Mechanohypnose; c) tot, nach SEVERIN.

Die Auslösung der Thanatose geschieht, wie gesagt, durch mechanische Reize. Vielfach genügt es, die Tiere aus dem Wasser zu nehmen und auf den Tisch zu legen, um sie in Starre verfallen zu sehen. Die tetanische Kontraktion der Gliedmaßenmuskeln geht so weit, daß man z. B. die in Thanatose befindliche *Ranatra* oder *Nepa* an einem Bein ausgestreckt halten oder sie, auf die Atemröhre und einige Beine gestützt, in die sonderbarsten Stellungen bringen kann, ohne daß die Beine in den Gelenken sich bewegen. Charakteristisch ist auch die geringe Empfindlichkeit der in Thanatose befindlichen Tiere. Bei *Ranatra* und *Nepa* kann man einzelne Beine abschneiden und den Hinterleib durchtrennen, ohne daß Aufwachen erfolgt. *Belostoma* ist etwas empfindlicher, bei gröberen Verletzungen wacht sie auf und sucht zu entkommen.

Während normalerweise bei *Ranatra* Aufsetzen auf den Tisch genügt, um die Thanatose auszulösen, tritt bei Exemplaren, die in der Luft die Beine koordiniert bewegten, die Reaktion auch dann nicht ein, wenn sie auf den Tisch gelegt werden. Die Thanatose wird also von den einmal in Gang gesetzten Kettenreflexen der Ortsbewegung gehemmt. Diese Hemmung der Thanatosereaktion durch einen Reflex weist daraufhin, daß es sich auch bei jener um ein reflektorisches Reagieren handelt, daß daher das „Totstellen" weder mit „Verstellung" noch mit „List" etwas zu tun hat; daß also nicht etwa Furcht der Anlaß für die Starre ist. Den Beweis dafür bringen Severins Versuche mit Belostomen, die in der Thanatose zwischen Pro- und Mesothorax entzwei geschnitten wurden, und deren Gliedmaßen noch längere Zeit in der Thanatosestellung blieben.

Auch bei geköpften Ranatren, die nach der Dekapitation rastlose Bewegungen zeigen und erst nach einigen Stunden ruhiger werden, tritt auf mechanische Reize hin die Thanatose, allerdings nur für kurze Zeit, ein. Die tetanische Kontraktion der Muskeln unterscheidet sich nicht von der bei normalen Tieren vorkommenden. Gehirn und Subösophagalganglion spielen also für das Zustandekommen der Thanatose keine ausschlaggebende Rolle, wohl aber für deren Andauern. Es ist sehr interessant, daß auch beim normalen Tier durch sehr häufige Wiederholung der Thanatose ähnliche Bedingungen geschaffen werden können, wie sie dem geköpften Tier zukommen (s. unten).

Die Dauer der Thanatose ist bei normalen Tieren individuell verschieden und außerdem durch Außenfaktoren leicht zu beeinflussen. Den Einfluß der Temperatur zeigt folgende Tabelle an 47 verschiedenen Exemplaren von *Ranatra*, die bei fünf verschiedenen Temperaturstufen geprüft wurden:

	10 – 14° C	22° C	30° C	34° C	35° C
1.	65 Min.	30 Min.	7 Min.	9 Min.	8 Min.
2.	145 „	30 „	11 „	11 „	8 „
3.	146 „	34 „	13 „	11 „	9 „
4.	147 „	40 „	17 „	16 „	10 „
5.	147 „	49 „	25 „	21 „	14 „
6.	149 „	83 „	52 „	34 „	18 „
7.	160 „	88 „	102 „	39 „	21 „
8.	168 „	– „	107 „	41 „	25 „
Mittel	137 Min.	50 Min.	43 Min.	22 Min.	17 Min.

Aus der Tabelle geht hervor, daß bei *Ranatra* mit fallender Temperatur die Dauer der Starre steigt, wie auch Severin an *Belostoma* fest gestellt hat. Eine Ausnahme findet dann statt, wenn der Übergang von der Wärme zur Kälte sehr plötzlich erfolgt, wenn man z. B. eine in Starre liegende *Ranatra* aus Zimmertemperatur in einen Raum von 0° bringt. In diesem Falle wacht das Tier meist sofort auf, wenn es den kalten Boden berührt.

Auch das Licht übt einen Einfluß auf die Dauer der Thanatose. Bei *Ranatra* und bei *Belostoma* wurde festgestellt, daß in hellem Licht die Starre kürzere Zeit andauerte als in schwachem Licht. Noch kürzer war die Dauer, wenn die Lichtquelle bewegt wurde.

Feuchtigkeit setzt bei *Belostoma* die Dauer der Starre hinauf, Trockenheit setzt sie herab.

Wenn man den Käfer *Scarites* sofort nach dem Aufwachen aus der Thanatose wieder in Starre versetzt und das so oft wie möglich wiederholt, so wird anfänglich (nach FABRE) die Dauer der Starre gesteigert. Bei *Ranatra* dagegen dauerte die Thanatose nach Feststellungen an zehn Versuchstieren schon beim zweiten Male kürzere Zeit als beim ersten Male (HOLMES), die Abnahme erfolgte erst sehr rasch, dann immer langsamer, bis nach dem 47. Versuch kein Tier mehr in Starre zu versetzen war. Die Kurve Abb. 118, die aus den zahlenmäßigen Angaben HOLMES errechnet ist, zeigt den Abfall, der sich, mathematisch betrachtet, annähernd in eine Exponentialkurve fügt. Es scheint sich hier um eine durch die Erfolglosigkeit hervorgerufene Reflexhemmung zu handeln, wie sie in ähnlichen Fällen auch bei Vertretern ganz anderer Tiergruppen beobachtet wurde. Absolute Ermüdung ist jedenfalls nicht die Ursache des Ausbleibens der Reaktion, denn SEVERIN konnte bei *Belostoma* feststellen, daß einfaches Eintauchen in Wasser die Reaktionsfähigkeit wieder herstellte. Unbeschränkt läßt sich das allerdings nicht fortsetzen, denn schließlich hilft auch Eintauchen in Wasser nichts mehr, das Tier ist dann durch kein Mittel mehr zur Thanatose zu bewegen; jetzt scheint es wirklich absolut ermüdet.

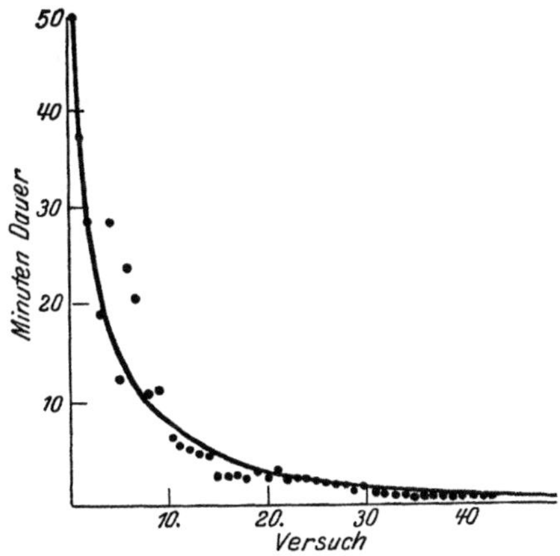

Abb. 118. Graphische Darstellung der Hemmung der Thanatose von *Ranatra*. Die Tiere wurden jedesmal, wenn sie aus der Thanatose erwacht waren, wieder in Thanatose versetzt. Auf der Abszisse ist die Nummer der jeweiligen Thanatose eingetragen (1—44), auf der Ordinate die Dauer der einzelnen Thanatose in Minuten. Jeder Wert ist ein Durchschnittswert, errechnet aus zehn Versuchstieren. Zusammengestellt nach Versuchen von HOLMES.

Wie erklärt sich aber wohl die auffallende Ähnlichkeit im Verhalten dekapitierter Exemplare von *Ranatra* und solcher Exemplare, die schon viele Male hintereinander die Starrestellung eingenommen haben? In ersterem Falle ist das Gehirn samt dem Subösophagalganglion vollständig ausgeschaltet, im zweiten Falle scheint es wenigstens praktisch ausgeschaltet zu sein. Vielleicht handelt es sich um eine zwar nicht absolute, aber relative Ermüdung, die es dem Gehirn unmöglich macht, Reaktionen, die sonst hinter der Thanatosereaktion zurückstehen müssen, mit anderen Worten, die unterschwellig bleiben, zu unterdrücken. Die Thanatose scheint zwar in ihrer Auslösung nur von der thorakalen Ganglienmasse abhängig, zu einem längeren Andauern der Starre kann es aber nur kommen, solange die anderen Reaktionen des Tieres vom Gehirn kontrolliert werden. So erklärt sich auch die oben erwähnte Beobachtung HOLMES', daß die Gangreflexe, wenn sie einmal in Tätigkeit sind, die Auslösung der Thanatose verhindern. Sie rollen dann ohne Einwirkung des Gehirns weiter ab und hemmen die Starrereaktion.

Oben wurde schon gesagt, daß die Thanatosen in der Regel biologisch als Schutzmittel gedeutet werden. Gerade bei den Wasserwanzen ist diese Deutung schwer haltbar, denn es ist nicht einzusehen, welchen Nutzen die Tiere davon haben sollen, daß sie auf Berührungsreize in Starre verfallen. Selbst für Landtiere ist es ja keineswegs immer nützlich, wenn sie sich bei Erschütterungsreizen fallen lassen und „totstellen", da sie häufig gerade dabei das Auge des Feindes auf sich ziehen. Bei Wassertieren, zumal bei Bodenbewohnern, sind aber die Reaktionen doppelt unverständlich, und es wäre nicht unwesentlich, wenn sie auch einmal nach diesen Gesichtspunkten geprüft würden.

B. Der Stoffwechsel.

I. Nahrungswahl und Nahrungserwerb.

Wenn auch die große Mehrzahl der Hemipteren auf pflanzliche Kost angewiesen ist, so gibt es doch wenigstens unter den Heteropteren nicht nur polyphage Formen, sondern auch ausgesprochene Räuber, Blutsauger und Aasfresser. Trotz dieser Verschiedenheit in der Nahrungswahl haben aber alle Hemipteren mit verschwindend wenigen Ausnahmen eines gemeinsam: sie vermögen, dem Bau ihrer Mundwerkzeuge entsprechend, nur flüssige Nahrung zu sich zu nehmen. Da diese Nahrung nur in seltenen Ausnahmefällen offen zutage liegt, kann sie in der Regel nicht unmittelbar auf die Sinnesorgane des sie aufsuchenden Tieres einwirken. Erst wenn die Mundwerkzeuge die Nahrungsquelle erschlossen haben, wird eine solche Einwirkung möglich. Die Nahrungswahl erfolgt daher, genau betrachtet, nicht nach der Qualität der Nahrung selbst, oder wenigstens nicht ausschließlich danach, sondern nach den ,,Merkmalen" des den Nahrungssaft enthaltenden Objektes, die an sich mit den Qualitäten der Nahrung gar nichts zu tun haben. Lassen die erblich festgelegten Instinkte des Tieres den Merkmalen einen weiten Spielraum, so kommt Polyphagie zustande, im umgekehrten Falle Spezialisation auf eine bestimmte Art der Nahrung. Die folgenden Ausführungen sollen zeigen, wieweit die Spezialisation einerseits, die Polyphagie andererseits gehen können, und wie sich die Art der Nahrung im ganzen Körperbau des Tieres ausprägt.

1. Räuber.

Wie überhaupt bei den Insekten, so scheint auch bei den Hemipteren die räuberische Lebensweise das Ursprüngliche zu sein; das älteste bekannte Hemipteron, das permische *Eugereon Böckingi* war denn auch, nach HANDLIRSCH, wahrscheinlich ein Räuber. Auch unter den rezenten Wanzen ist räuberische Lebensweise nichts Seltenes. Die Reduviiden werden geradezu als Raub- oder Mordwanzen bezeichnet, sämtliche Phymatiden, die Nabiden, viele Capsiden und angeblich manche Coreiden, die Anthocoriden und unter den Pentatomiden die Asopiden sind Räuber. Dazu kommen noch die Wasserläufer und die echten Wasserwanzen mit Ausnahme der Corixiden, die (siehe S. 167) Pflanzenfresser sind.

Im einzelnen ist die Nahrungswahl bei diesen räuberischen Formen recht verschieden. Zunächst hängt sie natürlich von den ganzen Lebensverhältnissen der Art ab. Daß z. B. den Wasserwanzen in erster Linie Wassertiere zum Opfer fallen, ist selbstverständlich. Innerhalb des normalen Lebensraumes der Art werden meist alle Tiere angefallen, deren

Überwältigung möglich ist. Dabei spielt natürlich die Größe, die Beweglichkeit und die Bewaffnung der Beutetiere und das Verhältnis dieser Eigenschaften zu den entsprechenden Fähigkeiten des Räubers eine große Rolle. Da die letzteren bei den einzelnen genannten Heteropteren recht verschieden sind, ist eine getrennte Besprechung der einzelnen Gruppen notwendig.

Am wenigsten ähneln die Asopiden äußerlich Räubern; ihr ganzer Körperbau gleicht vielmehr dem der anderen, pflanzensaugenden Pentatomiden sehr. Nur der Rüssel, der horizontal erhoben werden kann, sowie der sehr dehnungsfähige Hinterleib weisen auf die karnivore Lebensweise hin. SCHUMACHER, der die Biologie der Asopiden genau untersucht hat, stellt in folgender Tabelle ihre Beutetiere, soweit sie aus der Literatur bekannt sind, zusammen:

O. = Eier, L. = Larve, P. = Puppe, I. = Imago.

Beutetiere.

Asopidenart	*Lepidoptera*	*Coleoptera*	*Hymenoptera*	*Hemiptera*	*Diptera*	*Orthoptera*	*Neuroptera*
Picromerus bidens L. . .	L. I.	L. I.	L.	I.	–	–	L
Arma custos F.	L.	I.	L.	–	–	–	–
Podisus luridus F. . . .	L.	I.	–	L.	–	–	–
Racognathus punctatus L.	–	–	–	–	I.	–	–
Jalla dumosa L.	L.	–	–	–	–	–	–
Zicrona coerulea L. . . .	L.	O, L, I.	–	–	I.	–	–
Apateticus cynicus Say .	L. P. I.	L.	L.	–	–	–	–
A. maculiventris Say . .	L. I.	L. I.	L.	O. L.	–	I.	–
A. modestus Walk . . .	L.	L.	L.	–	–	–	–
A. serieventris	L. I.	–	–	L.	–	–	–
Enthyrhynch. floridanus L.	–	I.	I.	I.	–	–	–
Perillus confluens H. Sch.	–	L.	–	–	–	–	–
Perilloides (*Perillus*) *bioculatus* F.	–	O. L.	–	–	–	–	–
P. circumcinctus Stål. . .	–	L.	–	–	–	–	–
Stiretrus anchorago F. .	L.	L. I.	–	–	–	–	–
Canthecoridea furcellata Wlff.	L.	–	–	–	–	–	–
C. javana Voll.	L.	–	–	–	–	–	–
Oechalia consocialis Boisd.	L.	–	–	–	–	–	–
O. grisea Burm.	L.	–	–	L.	–	–	–

Die Tabelle zeigt, daß die Nahrungswahl nicht bei allen Asopiden gleich ist. Wohl werden allgemein die weichhäutigen und gewöhnlich langsam beweglichen Jugendstadien der Holometabolen bevorzugt, es werden aber auch Imagines angefallen. In der Regel ist keine Spezialisation auf eine bestimmte Tierart zu verzeichnen, insbesondere unsere einheimischen Asopiden nehmen ziemlich wahllos alle ihnen erreichbaren Beutetiere an. Einen Sonderfall bilden die amerikanischen *Perillus* (*Perilloides-*)Arten; von *P. bioculatus* ist bekannt, daß er nur die Larven des Koloradokäfers aussaugt.

Die deutliche Bevorzugung langsamer und wenig wehrhafter Tiere wird verständlich, wenn man Asopiden beim Beutefang beobachtet. Sie sind, wie SCHUMACHER schon feststellte, verhältnismäßig träge und sitzen oft lange Zeit unbeweglich an einer Stelle. Naht sich eine Beute, so nehmen sie meist eine eigenartige, vielfach fälschlich als Schreckstellung bezeichnete Stellung ein, indem sie sich vorne hoch richten, die Antennen vorstrecken und mit ihnen zittern. „Selten greifen die Asopiden ihre Beute offen an. Ihre Taktik ist meist die Hinterlist. Kriecht ein Tier auf sie zu, so weichen sie zur Seite; kriecht es weiter, so eilen sie hinterher.“ Erst wenn das Beutetier mit den Stechborsten angebohrt und durch den Giftspeichel gelähmt ist (siehe S. 223), können gelegentlich auch die Vorderbeine in Tätigkeit treten, indem sie die Beute festhalten oder nachgreifen. Eigentliche Raubbeine haben demnach die Asopiden nicht, im allgemeinen genügen auch die Stechborsten zum Festhalten der Beute, kann man doch sogar sehr häufig beobachten, daß (z. B. bei *Picromerus bidens*) die Wanzen große Beutetiere, Raupen und dergleichen frei am Rüssel hängend tragen und in dieser Lage allmählich aussaugen.

Das Fehlen von Raubbeinen mag wohl auch mit der Grund dafür sein, daß lebhaft bewegliche Tiere den Asopiden kaum zum Opfer fallen. So hat SCHUMACHER beobachtet, daß das Umsichschlagen angegriffener Raupen als Abwehrmittel wirksam ist, daneben auch eine lange und dichte Behaarung, die vermutlich die Annäherung des Rüssels der Wanze an das Beutetier erschwert.

Während einzelne Asopidenarten, wie z. B. der oben erwähnte *P. bioculatus,* ausgesprochene Spezialisten nicht nur auf tierische Kost, sondern sogar auf ganz bestimmte Insektenarten sind, saugen die von SCHUMACHER untersuchten einheimischen Asopiden im Notfalle nicht nur an toten Insekten, sondern sogar an Pflanzen. Die Grenze zwischen karnivorer und phytophager Lebensweise ist also bei den Pentatomiden nicht ganz scharf zu ziehen und das um so weniger, als auch bei den sonst rein phytophagen anderen Pentatomiden gelegentlich Ausnahmefälle vorkommen. So fand MORLEY *Pentatoma rufipes* auf Aas von *Accipiter nisus* und *Acanthosoma haemorrhoidalis* L., sowie *Clinocoris* (*Elasmostethus*) *griseus* L. auf Aas von *Corvus corone.* Ebenso konnte DAHL auf dem Bismarckarchipel bei Aasfängen mit stargroßen Vögeln hunderte meist winziger Cydniden erbeuten. Auch die Eier der eigenen Art saugen sonst phytophage Pentatomiden gerne an, wie denn Kannibalismus überhaupt bei den Wanzen nicht selten ist. Lebende, bewegliche Tiere dagegen scheinen die normal phytophagen Arten, soweit bekannt, nicht anzustechen, vermutlich weil ihre Nahrungsreflexe nicht auf bewegte Objekte eingestellt sind.

Unter den anderen räuberischen Landwanzen ähneln die Anthocoriden den Asopiden insofern, als sie keine ausgesprochenen Raubbeine besitzen, sie sind aber sehr lebhaft beweglich. Ihre bevorzugten Beutetiere sind Blattläuse, denen sie sogar bis in ihre Wohngallen folgen. Eine Art, die *Anthocoris gallarum ulmi*, hat davon ihren Namen, beschränkt sich aber keineswegs auf gallenbewohnende Blattläuse, sondern kommt auch in offenen Aphidenkolonien häufig vor. Die ziemlich ausgeprägte Abplattung ihres Körpers macht es den Anthocoriden nicht nur möglich, in die Gallen der ulmen- und pappelbewohnenden Blattläuse einzudringen, sie ermöglicht ihnen auch, unter die Rinde absterbender Bäume zu kriechen und dort Insekten nachzujagen. Allerdings sind es nur wenige Arten, die von dieser Möglichkeit Gebrauch machen. Auch die in der großen Mehrzahl phytophagen Capsiden enthalten einige räuberischen Formen, deren Verhalten dem der Anthocoriden ähnelt (*Deraeocoris*, *Dicyphus*, *Campyloneura* usw.). Rein karnivor sind aber diese Arten nicht, sie können (n. SCHUMACHER) im Notfall auch allein mit pflanzlicher Kost aufgezogen werden.

Die übrigen räuberischen Landwanzen besitzen ausgesprochene Raubbeine und ähneln in ihrem Verhalten teils mehr den Anthocoriden, teils mehr den Asopiden. Das erstere gilt von den Nabiden, unter denen *Nabis flavomarginatus* durch EKBLOM besonders genau bekannt geworden ist. Den ganzen Tag sucht diese Art ruhelos nach Beute. Der Fang findet auf verschiedene Weise statt. Tiere, die dem Räuber in den Weg kommen, werden einfach ergriffen. Herankriechende Tiere werden belauert, wobei *Nabis* oft die charakteristische Haltung einnimmt, die Abb. 119 zeigt. Ist das Beutetier nahe genug herangekommen, so wirft sich die *Nabis* mit einem Sprung darauf. Öfters untersucht der Räuber auch mit seinem Rüssel Blüten von Leguminosen und Compositen auf kleine Insekten. Ganz ähnlich verhält sich auch *Nabis limbatus*. Beide Arten bevorzugen Cicadinen als Beute; EKBLOM beobachtete, daß sogar die Larven der Schaumzikaden durch den sie bedeckenden speichelartigen Schaum hindurch angestochen und ausgesogen werden. Kleine Spinnen und gelegentlich Käfer werden von den Nabiden ebenfalls gefangen, Kannibalismus und manchmal sogar Saugen von Pflanzensäften kommen vor.

Abb. 119. *Nabis flavomarginatus* in Lauerstellung, nach EKBLOM.

Die Vorderbeine der Nabiden sind ebenso wie die der Reduviiden auffallend verdickt und werden öfters erhoben getragen. Zum Ergreifen der Beute dienen sie meist nur insofern, als die Wanzen sich — ähnlich wie eine Katze auf eine Maus — auf das Beutetier stürzen und es mit Hilfe der Vorderbeine, manchmal unter Zuhilfenahme der Mittelbeine gegen den Boden drücken (siehe Abb. 120). Sehr schön kann man diesen Vorgang bei der im Zimmer lebenden Larve von *Reduvius personatus* sehen, wenn man genug Geduld hat, das Tier bis tief in die Nacht hinein zu beobachten. Während es nämlich sonst, in Gefangenschaft gehalten, still in einem Winkel sitzt, wird es um Mitternacht lebhafter und stürzt sich, wenn man ihm eine Fliege oder ein anderes Insekt vorwirft, mit einem kurzen Sprung darauf, hält es mit den Vorderbeinen fest und saugt es aus. Ähnlich verhalten sich auch die Mordwanzen der

Gattung *Rhinocoris*, die (nach HEYMONS) in Doldenblüten auf kleine, blütenbesuchende Hautflügler und Fliegen lauern. Gewisse tropische Reduviiden (*Emesa*, siehe Abb. 234b) haben Raubbeine, die nicht einfach verdickte Schreitbeine sind, sondern die den Fangbeinen der Gottesanbeterinnen (Mantiden) sehr ähneln. Wie diese werden sie nicht auf den Boden aufgesetzt, sondern stets, nach vorn gestreckt, erhoben getragen.

Den einheimischen Reduviiden ähneln, was Bau und Funktion der Vorderbeine betrifft, die räuberischen Wasserläufer *Gerris*, *Rhagovelia* und *Velia* (Abb. 33, 34). Sie ernähren sich ausschließlich von Insekten und anderen Kleintieren, die auf den Wasserspiegel fallen. In erster

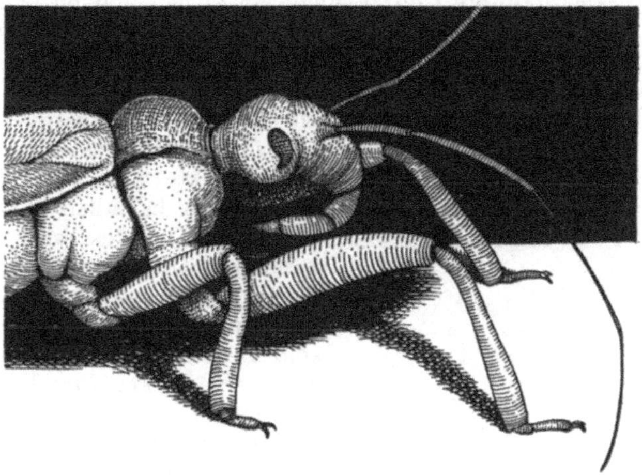

Abb. 120. *Reduvius personatus*, ausgewachsene Larve, in Lauerstellung mit Raubbeinen.

Linie kommen Zikaden, Chironomiden, Trichopteren, Sialiden und kleine Spinnen in Betracht; stark gepanzerte Käfer werden meist verschmäht. Bezüglich des Beutefanges verhalten sich die Gattungen etwas verschieden. *Gerris* schießt auf die Beute, die sie vielleicht nicht bloß vermittels der Augen, sondern auch mit Hilfe ihres Erschütterungssinnes wahrnimmt, mit großer Geschwindigkeit los und faßt sie mit den Vorderbeinen. Gewöhnlich wird die Beute nicht ans Land getragen, sondern, allerdings meist in der Nähe des Ufers, auf dem Wasser ausgesogen. Große Beutetiere werden gleich an Ort und Stelle verzehrt (EKBLOM).

Velia, die als Aufenthaltsort rasch fließende Gewässer bevorzugt und dort vor allem ufernahe Stellen liebt, an denen das Wasser kreist, nimmt nach EKBLOM häufig eine Lauerstellung ein (Abb. 121). Sie stützt sich dabei mit den Beinen der einen Seite auf das Wasser, mit denen der anderen Seite auf einen Stein und läßt die Strömung unter sich weggehen, die ihr die Beute gerade in ihre gespreizten Fangarme treibt. Diese Art des Beutefanges ist aber keineswegs die einzige, vielmehr rudert *Velia* auch oft wie *Gerris* auf Beuteobjekte zu. Kleine Beutetiere werden meist gleich an Ort und Stelle verzehrt, größere werden mit den Vorderbeinen gefaßt, ans Ufer geschleppt und dort in Ruhe ausgesogen. Es scheint nach EKBLOM, daß *Velia* größere Tiere nur ungern annimmt, wenn sie sich lebhaft bewegen, und daß sie daher erschöpfte, sterbende oder tote Beutetiere bevorzugt.

So leitet *Velia* zwanglos zu *Mesovelia* und *Hydrometra* über, die beide auf stehenden oder langsam fließenden Gewässern leben, sich schreitend auf dem Wasserspiegel, auf Wasserpflanzen und am Ufer bewegen und keine ausgeprägten Raubbeine besitzen. Sie haben daher nicht die Möglichkeit, lebhaft bewegliche Tiere zu überwältigen und beschränken sich auf tote Insekten oder auf solche Tiere, die durch irgendwelche Einflüsse an der Bewegung verhindert sind. EKBLOM sah *Hydrometra* hauptsächlich tote oder halbtote Chironomiden anstechen und beobachtete, daß kleine Tiere, an die Stechborsten gespießt, an Land gebracht wurden. Nach HUNGERFORDS Beobachtungen sollen die amerikanischen *Hydrometra*-Arten auch Tiere (Ostrakoden, Mückenlarven) durch das Oberflächenhäutchen hindurch anstechen und aus dem Wasser ziehen. Das Anspießen und Abschleppen kleiner Beuteobjekte mittels des Rüssels ist gelegentlich bei allen Wasserläufern zu beobachten, es wird durch die außerordentlich starken Widerhaken der Spitzen der mandibularen Stechborsten ermöglicht. Bei *Hydrometra* sind diese Widerhaken wenigstens in etwa ein Ersatz für die fehlenden Raubbeine.

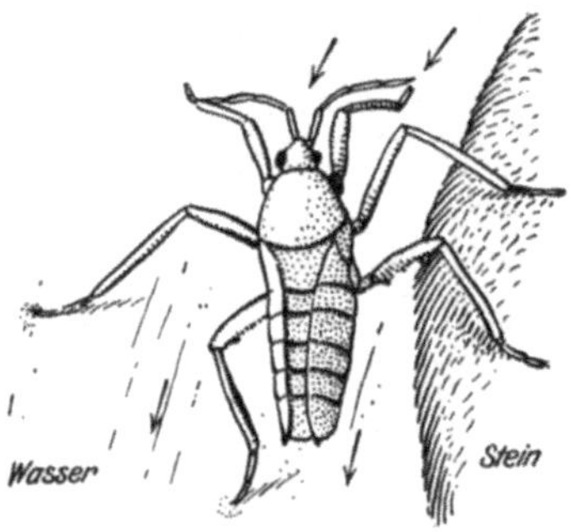

Abb. 121. *Velia currens* in Lauerstellung, nach EKBLOM.

Die auf tropischen Meeren häufigen *Halobates*-Arten saugen, wie BUCHANAN WHITE auf der Challenger-Expedition feststellen konnte, an Leichen oder Bruchstücken wirbelloser Wassertiere, wie sie häufig an der Oberfläche treiben. In Betracht kommen hauptsächlich *Salpa*, *Physalia*, *Porpita* u. a. Ob die Vorderbeine, die ganz ähnlich wie bei *Gerris* gebaut sind, bei der Verarbeitung der Nahrung beteiligt sind, ist nicht bekannt.

Die bestausgeprägten Raubbeine haben unter den Gymnoceraten die Phymatiden, die in Deutschland nur mit einer Art (*Phymata crassipes*) vertreten sind. Leider ist über die Lebensweise dieser interessanten Gruppe nur wenig bekannt, ernährungsbiologische Angaben gibt es nur von *Ph. crassipes* und der nordamerikanischen Art *Ph. erosa* (nach HANDLIRSCH). Beide Arten sind bezüglich ihrer Beute nicht wählerisch; die einheimische Art fängt außer kleinen Hymenopteren Käfer, Aphiden und sogar Tenthredinidenlarven. Auch *Ph. erosa* wurde mit sehr verschiedenartiger Speise angetroffen. Kleine Käfer, Bienen, Wespen, sogar Honigbienen, Schmetterlinge und Aphiden fallen ihr zum Opfer. Sie hält sich mit Vorliebe in den gelben Blüten einer Sonnenblume auf und lauert dort, wie viele Reduviiden, auf honigsuchende Insekten.

Die Raubbeine, die zum Ergreifen der Beute dienen, sind sehr eigentümlich und bei den verschiedenen Phymatiden nicht ganz gleich gebaut. HANDLIRSCH unterscheidet die drei verschiedenen Typen, die in Abb. 122 dargestellt sind. Der erste Typ, den die einheimische *Phymata crassipes* vertritt, läßt den ursprünglichen Aufbau des Beines noch einigermaßen erkennen (a). Der Schenkel ist sehr verdickt, in eine schienenartige Vertiefung seines Vorderrandes, die mit feinen Zähnchen versehen ist, paßt die sichelartig gebogene, in einen spitzen Dorn ausgezogene Schiene und bildet mit dem Schenkel zusammen eine Zange, aus der die einmal gefaßte Beute nicht mehr entschlüpfen kann. Der Tarsus ist an die Schiene anlegbar und hat mit der Greiffunktion des Beines nichts zu tun. Bei dem zweiten Typ, der durch *Macrocephalus leucographus* vertreten wird (b), ist denn auch der Tarsus völlig reduziert, der Schenkel distal noch mehr verdickt, die Zange wird dadurch noch wirksamer gemacht. Den Höhepunkt der Entwicklung bildet aber der dritte Typ, vertreten durch *Carcinocoris Binghami* (c), bei der der Schenkel zu einem langen, distalen Fortsatz ausgezogen ist, gegen den die Schiene beweglich ist. Durch die eigentümliche Umbildung des Schenkels kommt

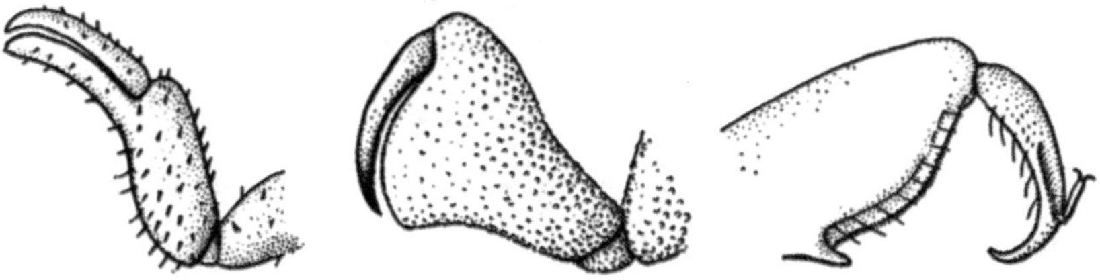

Abb. 122. Vorderbeine verschiedener Phymatiden, nach HANDLIRSCH. a) *Phymata crassipes*; b) *Macrocephalus leucographus*; c) *Carcinocoris Binghami*.

ein krebsscherartiges Gebilde mit einer festen und einer beweglichen Backe zustande, ein Greifapparat, wie er bei den Insekten einzig dasteht.

Äußerst wirksame Raubbeine haben auch sämtliche räuberischen Cryptoceraten. Als erste sind hier die Gelastocoriden zu nennen, die an sandigen Flußufern und auf Sandbänken ihr Wesen treiben. Ähnlich wie die Saldiden haben sie ein gut ausgeprägtes Sprungvermögen (S. 39) und fallen ihre Beute, die aus allerlei Insekten besteht, im Sprung an. Ihre vorstehenden großen Augen deuten darauf hin, daß sie vor allem auf optische Wahrnehmung angewiesen sind, ihre Fühler sind ja auch relativ klein und versteckt (siehe S. 119 und S. 95), wie Abb. 123 zeigt. Die Raubbeine haben sehr stark verdickte Schenkel, die Schiene paßt in eine rinnenartige Aussparung des Schenkels, zahlreiche, in Reihen angeordnete kurze Dornen verhindern ein Entkommen der einmal gefaßten Beute.

Ganz ähnlich sind auch die Raubbeine der unter Wasser lebenden Wasserskorpione *Nepa* und *Ranatra* gebaut. *Nepa* trägt die Greifbeine, deren Bau Abb. 124 zeigt, meist griffbereit gespreizt, da sie vorwiegend in der Horizontalen gebeugt werden. *Ranatra* trägt dagegen die sehr stark verlängerten Raubbeine meist nach vorne gestreckt (siehe Abb. 112).

Ihr Bau ähnelt, wie Abb. 125 zeigt, dem der Raubbeine von *Emesa* sehr, sie sind in der Vertikalebene beugefähig, die Schiene ist relativ kurz, der messerartige Tarsus kann wie bei *Nepa* an einen Dorn des Schenkels angelegt werden, der Verschluß des zangenartigen Apparates wird dadurch vollkommen.

Nepa und *Ranatra* sind sehr träge Tiere, die stundenlang unbeweglich am Grund sitzen können. Möglicherweise trägt ihre unscheinbare

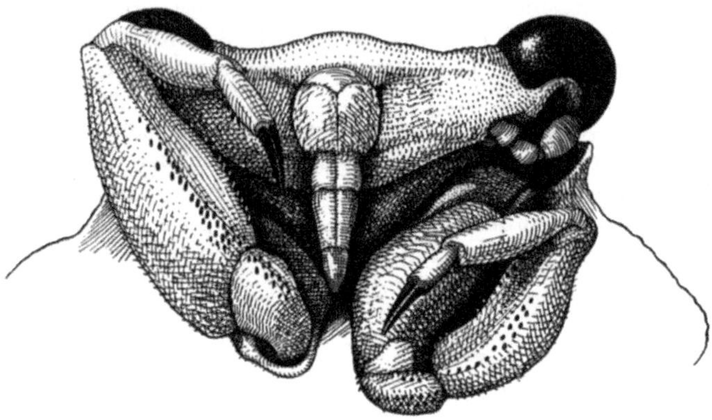

Abb. 123. *Gelastocoris sp.* Vorderende von der Ventralseite mit Fühlern, Labium und Raubbeinen.

Erdfarbe dazu bei, daß sie Tieren, die sich ihnen nähern, nicht auffallen. Umgekehrt erleichtert den Räubern selber der kugelige Bau der Facettenaugen die Wahrnehmung eines herannahenden Beutetieres sehr. Hat z. B. *Ranatra* (nach Holmes und Bueno) ein solches die Auf-

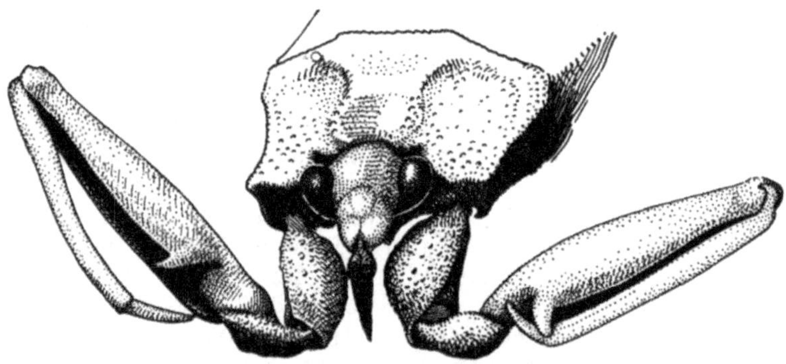

Abb. 124. *Nepa sp.* von vorn mit Raubbeinen.

merksamkeit des Räubers auf sich gezogen, so bewegt dieser die gespreizten Raubbeine langsam auf jenes zu. Erst wenn die Beine die Beute fast berühren, fassen sie zu und zwar so schnell, daß das Auge kaum folgen kann. Ist der Griff nicht ganz richtig, so läßt ein Tarsus nach dem andern los, um schnell wieder besser zuzufassen. Ist dann das Opfer sicher ergriffen, so wird es langsam dem Rüssel genähert, der es betastet und, wenn die passende Stelle gefunden ist, aussaugt.

Es ist von Interesse, den Zusammenhang zwischen dem Bau der Raubbeine und dem des Rüssels festzustellen. So entspricht den verlängerten, nach vorn weit ausgreifenden Raubbeinen von *Ranatra* ein beweglicher, mehr nach vorn als ventralwärts gerichteter Rüssel. Bei *Gelastocoris* zeigt der Rüssel dagegen ventralwärts und nach hinten (Abb. 123), die Raubbeine artikulieren dementsprechend ziemlich weit hinten und sind verhältnismäßig kurz.

Die Raubbeine der Naucoriden und der Belostomiden, die, abgesehen von den teilweise außerordentlich stark verdickten Schenkeln, denen von *Nepa* sehr ähneln (siehe Abbild. 126), dienen ihren Besitzern zum

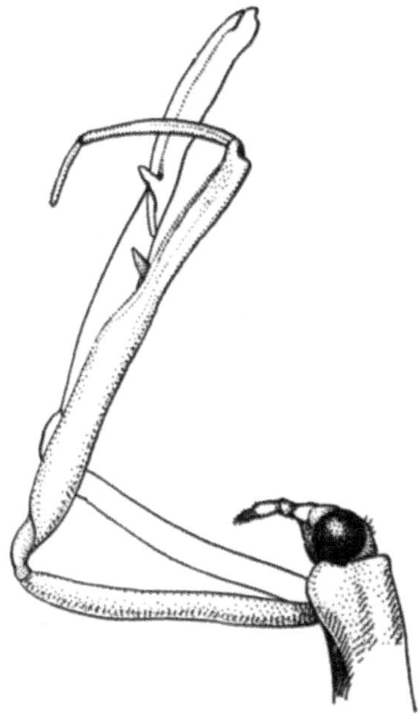

Abb. 125. *Ranatra sp.*, lateral mit Raubbeinen.

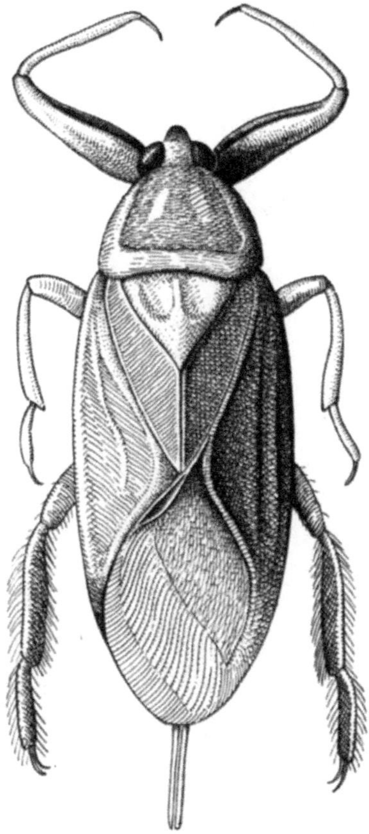

Abb. 126. *Belostoma cordofanum*, nat. Größe, nach SCHUMACHER.

Fang von allerlei Wassertieren, die sie in der Bewegung erbeuten. Wie die Wasserskorpione nehmen auch die Naucoriden und Belostomiden alle Beutetiere an, die sie erhaschen und überwältigen können, ihre lebhafte Beweglichkeit bringt es mit sich, daß sie auch gewandte Schwimmer, die den Wasserskorpionen in der Regel entgehen, zur Strecke bringen. Die Belostomiden, denen die größten Formen unter den Hemipteren angehören, verschonen auch kleine Wirbeltiere (Fische und Amphibien) nicht. Kannibalismus ist bei ihnen wie auch bei allen anderen Raubwanzen nichts Seltenes.

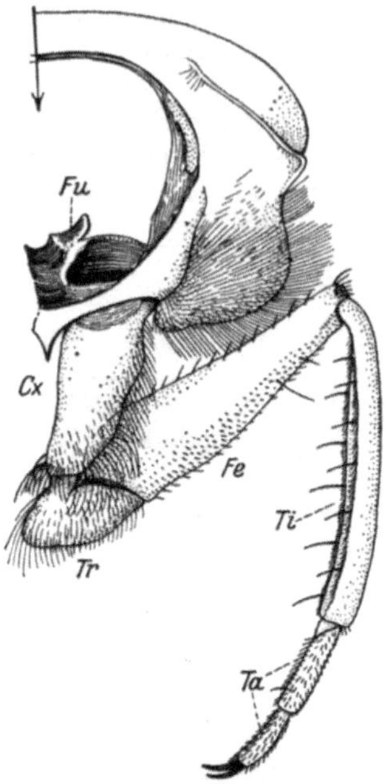

Die Fangmethode der Rückenschwimmer ist insofern von der der vorgenannten Formen etwas verschieden, als bei ihnen die Vorder- und Mittelbeine als Raubbeine ausgebildet sind. Sie sind, wie Abb. 127 zeigt, ähnlich wie die Greifbeine von *Nepa* gebaut, sind aber nicht so ausgeprägt zangenartig wie diese. Der Fuß ist ganz gut entwickelt und nicht messerartig (*Ta*). Eigentümlich ist der knieförmig gebogene Schenkelring (*Tr*), dessen Biegung eine Spreizung der Beine bei dem die normale Rückenlage einnehmenden Tier erleichtert. Die Spreizstellung ist die Bereitschaftsstellung für den Beutefang. Dieser kann auf zwei verschiedene Arten stattfinden, einmal in der oben als Atemstellung bezeichneten Ruhelage, am Wasserspiegel. In dieser Stellung, die ja auch eine Bewegung

Abb. 127. *Notonecta glauca*, Hälfte des Prothorax ohne Muskeln mit einem Vorderbein von vorn. ↓ Mediane, *Cx* Hüfte, *Fe* Femur, *Fu* Furca, *Ta* Tarsus, *Ti* Tibia, *Tr* Trochanter.

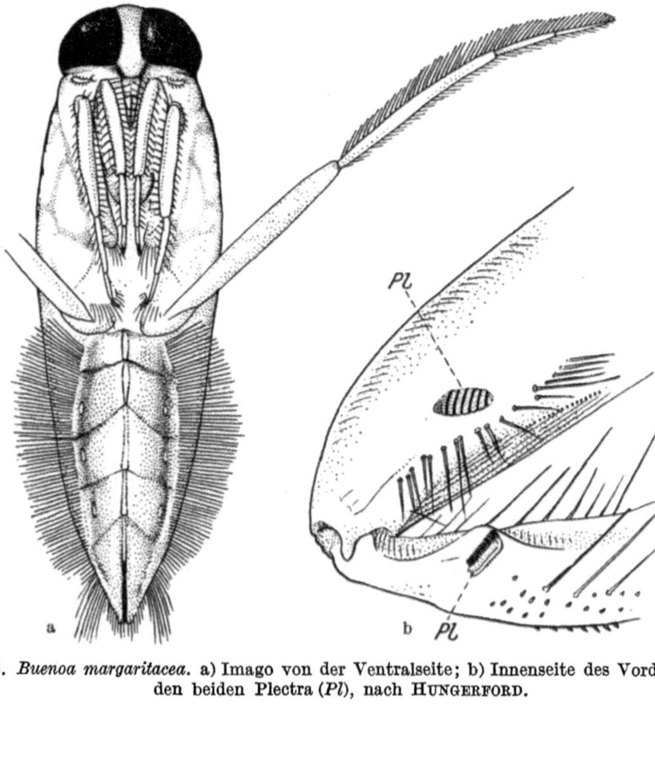

Abb. 128. *Buenoa margaritacea.* a) Imago von der Ventralseite; b) Innenseite des Vorderknies mit den beiden Plectra (*Pl*), nach HUNGERFORD.

längs des Oberflächenhäutchens erlaubt, werden vor allem Tiere gefangen, die auf das Wasser fallen. Außerdem kann *Notonecta* aber auch im freien Wasser und am Grund jagen. Tiere, die *Notonecta* dabei und bei der anderen Fangmethode erhascht, faßt sie mittels der beiden vorderen Beinpaare, rückt sie zurecht und tötet sie durch einen Stich (siehe S. 223), um sie dann auszusaugen. Das Aussaugen besorgt sie stets am Wasserspiegel und stützt sich dabei mit dem Hinterende und den Spitzen der Ruderbeine von unten her auf das Oberflächenhäutchen (siehe S. 46).

Während *Notonecta* größere Insekten, Kaulquappen und andere Wassertiere entsprechender Größe fängt, ergreift die kleine *Plea minutissima* hauptsächlich Krebschen (Daphnien, nach WEFELSCHEID), *Plea striola* fängt neben Ostracoden Mückenlarven und -puppen.

Die kleine amerikanische Rückenschwimmerart *Buenoa margaritacea* lebt nach HUNGERFORD und BARE in der Hauptsache von Ostracoden. Ihre Fangmethode ist sehr eigentümlich. Die Vorder- und Mittelbeine sind bei ihr nämlich (siehe Abb. 128) mit starren, langen, abstehenden Borsten besetzt und bilden zusammen eine Reuse, in der oft mehrere Ostracoden gefangen gehalten werden.

2. Algenfresser.

Während man früher alle Wasserwanzen für Räuber hielt, hat neuerdings HUNGERFORD (1917) nachgewiesen, daß eine große Gruppe, die Corixiden, fast ausschließlich von pflanzlicher Kost lebt. Ähnliche Hinweise findet man, allerdings nur sehr spärlich, auch in der älteren Literatur, sie wurden aber nicht beachtet, und so ist das Märchen von den räuberischen Corixiden bis in die neueste Zeit in allen Lehr- und Handbüchern immer wieder von neuem erzählt worden. HUNGERFORD, dessen Ergebnisse neuerdings (1928) von EKBLOM in ihrem vollen Umfang bestätigt wurden, hat nicht nur durch einfache Beobachtung, sondern auch durch zahlreiche, sorgfältig durchgeführte Fütterungsversuche bewiesen, daß die Corixiden ihre Nahrung dem am Grund des Wassers abgelagerten pflanzlichen Detritus entnehmen. In der oben geschilderten (S. 29, Abb. 22) Stellung am Grunde festgeklammert, durchstöbern sie, indem sie die kurzen, flachen, beborsteten Vorderbeine vor dem Kopf lebhaft bewegen (Abb. 129), den Detritus. Die schaufelartigen Palae (*Ta*) dienen als Siebschaufeln und führen der nach vorn gerichteten erweiterungsfähigen Mundöse (Abb. 137o) die Nahrung zu. Diese besteht einerseits aus kleinen Organismen, Algen und gelegentlich auch Kleintieren, wie Rotatorien und Würmern, vor allem aber aus dem chlorophyllreichen Zellinhalt von Algenfäden (Spirogyra usw.). Die Prüfung der chemischen Qualitäten der Nahrung geschieht zweifellos mittels der in großer Zahl um die Mundöffnung angeordneten borsten- und grubenförmigen Sinnesorgane, die (Abb. 65) ebenfalls den Mund umgebenden langen, steifen Borsten verhindern ein Wegschwimmen der von den Palae herbeigeschaufelten Nahrungskörper.

Das Verarbeiten von Algenfäden schildert HUNGERFORD in sehr anschaulicher Weise, wie folgt: Eine Imago von *Palmacorixa buenoi* wurde mit Algenfäden zusammen in ein Petrischälchen gebracht und unter dem Binokular beobachtet. Sie ergriff die grünen Fäden einzeln oder zu mehreren zugleich und drückte sie, indem sie die Palae wie Hände gebrauchte, nach hinten gegen den Mund. Hier wurden die Fäden mit Hilfe der kurzen Stechborsten (siehe S. 190) angebohrt und ausgesogen, so daß sie, als sie den Mund passiert hatten, nicht mehr grün erschienen. Als Rest blieben nur die leeren, durchsichtigen Hüllen zurück. Als die Wanze eine halbe Stunde lang gefressen hatte, wurde sie getötet; ihr Darm war mit Chlorophyll angefüllt.

Es steht demnach fest, daß die Corixiden in der Hauptsache pflanzliche Nahrung zu sich nehmen, daß sie aber daneben auch Kleintiere, die sich in dem pflanzlichen Detritus aufhalten,

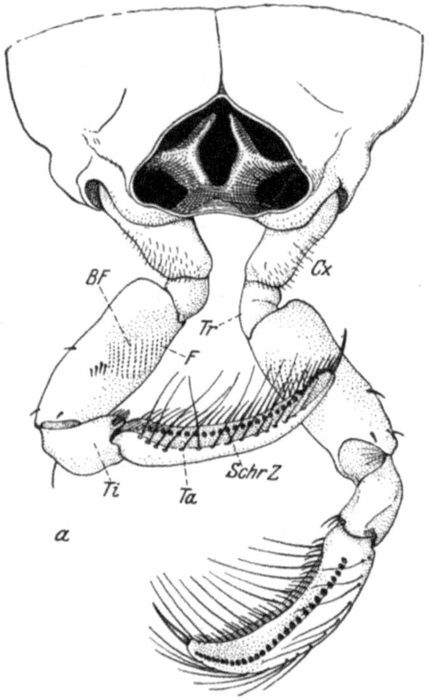

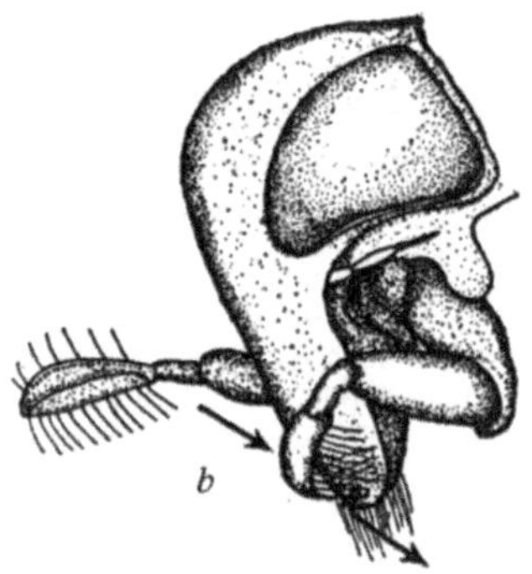

Abb. 129. a) *Corixa* (*Macrocorixa*) *Geoffroyi*, Prothorax mit den Vorderbeinen, *BF* Borstenflächen, *SchrZ* Schrillzapfen, die anderen Bezeichnungen wie in Abb. 127; b) *Corixa sp.* Kopf und Vorderbeine von der Seite beim Herbeischaffen der Nahrung (b, nach HUNGERFORD).

mit verschlingen. Einzelne Arten scheinen nach WESTWOOD mindestens zeitweise Eier von Fischen zu fressen. Die von HUNGERFORD untersuchten Arten konnten aber, in Übereinstimmung mit EKBLOMS neuen Beobachtungen an *Corixa sahlbergi*, mit pflanzlichem Detritus vom Ei bis zur Imago gebracht werden.

3. Pilzfresser.

Auch unter den Landwanzen gibt es eine Gruppe, deren Nahrung, wenigstens nach der Ansicht der meisten Autoren, aus niedrigen pflanzlichen Organismen besteht. Es sind dies die Aradiden, die, unter der Rinde abgestorbener Bäume lebend, die im modernden Holze wachsenden Pilzfäden anstechen und aussaugen sollen. Der außerordentlich platte Körper der Rindenwanzen ermöglicht ihnen ein Eindringen auch in schmale Spalten, ihre ungewöhnlich langen Stechborsten (S. 189) erlauben ihnen auch tief im rissigen Holze wucherndes Mycel zu erreichen. Auch der einzigen Aradide, von der bekannt ist, daß sie an gesunden Bäumen lebt, der Kiefernwanze *Aradus cinnamomeus*, die an dem zarten subkortikalen Gewebe junger Kiefern saugt, kommen diese überlangen Stechborsten zustatten. Sie vermögen (STRAWINSKI) leicht, durch die Risse der toten Borke vordringend, die tiefer gelegenen Teile anzustechen. Es ist keineswegs sicher, ob die Aradiden zu ihrer eigentümlichen Ernährungsweise von der Phytophagie her oder vom Räubertum her kamen. Ziemlich sicher ist aber, daß die Vorliebe der Corixiden für pflanzliche Kost nicht primär ist, daß vielmehr die Corixiden wie die anderen Cryptoceraten auf ursprünglich karnivore Formen zurückgehen.

4. Blutsauger.

Leichter verständlich als diese beiden Fälle von Ernährungsspezialisation ist der Übergang von der räuberischen Lebensweise zum Saugen von Warmblüterblut. An und für sich sind ja alle räuberischen Wanzen Blutsauger im weiteren Sinne. Die Cimiciden, Polycteniden und die tropischen Reduviiden der Gattung *Conorhinus*, die Blutsauger im engeren Sinne, unterscheiden sich von jenen nur dadurch, daß sie ihre Opfer nicht töten. Daß dieser Unterschied nur graduell ist, beweist die Tatsache, daß eine größere Anzahl von Bettwanzen ein kleines Wirbeltier zu töten vermag (siehe S. 223). Die Cimiciden wie die *Conorhinus*-Arten leben in tierischen und menschlichen Bauten. Erstere, zu denen außer unserer bekannten Bettwanze *Cimex lectularius* noch eine ganze Anzahl Vogel- und Fledermausparasiten gehört, sind vermutlich aus anthocoridenähnlichen Vorfahren entstanden. Man kann sich denken, daß gerade die Anthocoriden, die eine gewisse Vorliebe für enge, dunkle Schlupfwinkel haben, besonders prädestiniert sind, aus Nestbewohnern zu zufälligen und schließlich zu obligatorischen Blutsaugern zu werden. Es ist denn auch nicht verwunderlich, daß auch unter den rezenten Anthocoriden (nach MARTINI) Formen vorkommen (*Triphleps insidiosus, Anthocoris Kriegi*), die wenigstens gelegentlich an Warmblütern saugen.

Wie sich bei den Reduviiden der Übergang vom Räubertum zum Parasitismus vollzogen hat, läßt sich nicht so leicht vermuten; Rückfälle in das Räubertum finden sich jedenfalls, wie MARTINI erwähnt, auch noch bei den blutgierigen Conorhinen, die, normalerweise von menschlichem Blute lebend, gelegentlich ihren Rüssel in die saugenden Artgenossen einsenken und ihnen das Blut aus dem Magen schlürfen, allerdings ohne daß der Betroffene darunter zu leiden scheint.

Vom Blutsauger zum permanenten Parasiten, von der Cimicide zur Polyctenide, ist biologisch nur ein Schritt, ein Schritt allerdings, der sehr zahlreiche Änderungen im Bau und Gehaben mit sich bringt und der die Polycteniden zu den sonderbarsten Gestalten unter den Wanzen stempelt. Die fast völlige Rückbildung der Flügel teilen die Polycteniden mit den Cimiciden; von diesen, die nur zum Saugen ihre Wirtstiere aufsuchen, unterscheiden sie sich aber nicht nur durch ihre eigentümliche Beborstung, sondern auch durch die Ausbildung der Gliedmaßen und der Fühler und durch den Mangel an Augen (Abb. 23). Der echte, permanente Parasit, der sich dauernd im Fell seines Wirtstieres aufhält, hat immer ohne Suchen die Möglichkeit, Nahrung aufzunehmen, während der temporäre Parasit auf gelegentliche Besuche angewiesen ist und daher im Bau der Sinnes- und der Bewegungsorgane sich naturgemäß wenig von einem völlig frei lebenden, räuberischen Insekt unterscheidet. So ähnelt denn *Cimex* einer flügellosen Anthocoride, *Conorhinus* einer beliebigen Reduviide, während die Polycteniden gar nichts wanzenähnliches an sich haben und vielmehr an Flöhe oder andere Fellparasiten erinnern.

Sinnesphysiologisch betrachtet, hängt der Beutefang der räuberischen Wanzen wohl in erster Linie von optischen Reizen ab. Chemische Reize, die bei der Nahrungssuche der Blutsauger die Hauptrolle spielen (siehe S. 147), kommen sicher auch bei den Räubern mit in Betracht, vor allem als Auslöser des Stiches, wie Nagel an *Notonecta* nachgewiesen hat. Daß man die optisch ausgelösten Schnappreflexe der Räuber ähnlich wie (nach Exner und v. Uexküll) bei manchen Libellen in zwei Reflexarten, einen Motoreflex und einen Ikonoreflex, zerlegen kann, ist wahrscheinlich, aber nicht sicher nachgewiesen. Bei den Libellen (*Aeschna*) müssen nämlich beim normalen Beutefang beide Reflexe, deren einer durch die Bewegung des Objektes, deren anderer durch die Umrisse desselben ausgelöst wird, sich gegenseitig ergänzen und so eine einheitliche Handlung hervorrufen. Der Motoreflex erzeugt das Hinstürzen, der andere das Zufassen. Es ist nicht ausgeschlossen, daß der letztere bei vielen Hemipteren (z. B. bei *Notonecta* und anderen Wasserwanzen) ganz oder teilweise durch von chemischen Reizen ausgelöste Bewegungen ersetzt wird. Ein genaues Studium dieses noch so gut wie ganz brachliegenden Gebietes würde sicher wertvolle Ergebnisse zeitigen.

5. Pflanzensauger.

Fast unübersehbar groß ist die Zahl der pflanzensaugenden Hemipteren. Manche unter ihnen, so die Pyrrhocoriden, nehmen neben der pflanzlichen Kost gelegentlich auch tierische Säfte zu sich und sind daher als polyphag unter deutlicher Hinneigung zur Phytophagie zu bezeichnen. Die meisten phytophagen Formen, zu denen viele Wanzen und alle Homopteren gehören, sind aber reine Vegetarier und daher mehr oder weniger von der lebenden Pflanze abhängig. Selbst wenn wir von den oben schon genannten Pilz- und Algenfressern absehen, können wir unter den pflanzensaugenden Hemipteren doch noch zahlreiche Abstufungen unterscheiden, je nach dem Grad ihrer Abhängigkeit von der Pflanze, je nach dem Ort, an dem sie die Pflanze anfallen, je nach dem Grad ihrer Einwirkung auf die Pflanze oder je nach ihrer Spezialisation auf bestimmte Pflanzengruppen.

Beginnen wir mit dem Ort, an dem die verschiedenen Hemipteren ihre Futterpflanzen ansaugen, und nennen zunächst Arten, die an Samen und Früchten saugen. Unsere einheimische Feuerwanze bevorzugt z. B. abgefallene reife Lindensamen und ist daher in besonders großen Mengen am Fuß alter Linden zu finden. Gerne schleppt sie solche Samen, an ihren Rüssel gespießt, beiseite, ähnlich wie das manche räuberischen Wanzen mit ihren Beuteobjekten tun. Dasselbe berichten BALLARD und EVANS von dem „Baumwollfärber“ *Dysdercus sidae*, einer Pyrrhocoride aus Queensland. Gerade wie *Pyrrhocoris* ist auch *Dysdercus* nicht streng auf bestimmte Wirtspflanzen beschränkt, bevorzugt aber Malvaceen und Sterculiaceen, an deren Früchten sie saugt. Auffallend sind die an dieser Art von den genannten Autoren gemachten Feststellungen über das Auffinden und Wechseln der Wirtspflanzen. Die Tiere werden nämlich nicht etwa von ihren bevorzugten Futterpflanzen „angezogen“, sie finden sie vielmehr im Verlauf ihrer Wanderungen und bleiben dann auf ihnen. Die Wanderungen werden durch Witterungsfaktoren mittelbar beeinflußt, insofern diese auf die Wirtspflanzen einwirken. Das Maßgebende dabei ist, daß zwar die Larven bis zum fünften Stadium an reifen Früchten Genüge finden, daß die Imagines aber grüne, unreife Früchte haben müssen, wenn ihre Geschlechtsprodukte regelrecht ausreifen sollen. Wenn nun plötzlich einsetzende Trockenheit die Fruchtbildung der Wirtspflanzen hemmt, suchen die Tiere eine andere Pflanze auf. So hatten in einem Falle die Wanzen ausschließlich *Abutilon oxycarpum* als Futterpflanze gewählt, da reiften infolge trockenen Wetters plötzlich alle Kapseln und neue Blüten konnten sich nicht bilden. Zur selben Zeit war *Malvastrum spicatum* in Blüte, und die Tiere wanderten dahin über. Nach dem nächsten Regen begann *Abutilon* wieder zu blühen, und *Dysdercus* ging auf diese Pflanze zurück, sowie die ersten grünen Kapseln gebildet waren. Für Baumwolle und *Brachychiton* gelten die genannten Beschränkungen nicht, die Imagines wie die Larven fühlen sich sogar auf gepreßten Baumwollsamen wohl und gedeihen gut.

An jüngeren und älteren Früchten von Obstbäumen saugen zahlreiche Capsiden (z. B. *Plesiocoris rugicollis*, *Atractotomus mali*, *Orthotylus marginalis*, *Psallus ambiguus* usw.), sie sind aber nicht unbedingt auf die Früchte angewiesen, sondern vermögen auch von den Blättern und Trieben ihr Leben zu fristen. Als „Beerenwanzen“ bekannt sind manche Pentatomiden, besonders *Dolycoris baccarum* L., die an den verschiedensten Gewächsen vorkommt und dadurch lästig fällt, daß sie den Beeren, an denen sie saugt, ihren häßlichen Wanzengeruch mitteilt.

Von Wacholderbeeren leben die Pentatomiden (nach HEIKERTINGER) *Cyphostethus* und *Chlorochroa juniperina*, und einige Wanzen der Gattung *Gastrodes* (*abietis* und *ferrugineus*) leben nach HOLSTE in Zapfen von Fichten und anderen Nadelbäumen und können aus ihnen wenigstens im Notfalle ihr ganzes Nahrungsbedürfnis decken. Auch unter den Homopteren gibt es Formen, die wenigstens gelegentlich an Früchten saugen; die zahlreichen Schildläuse verschiedener Art, die man an Apfelsinen und Zitronen finden kann, mögen als Beispiele dienen.

Auch Blüten werden von Wanzen und Homopteren besogen.

An Wurzeln saugen nicht wenige Hemipteren. Unter den Wanzen sind die Cydniden zu nennen, von denen z. B. *Cydnus nigrita* an Roggenwurzeln, *Brachypelta aterrima* an *Euphorbia* lebt (nach HEIKERTINGER). Unter den Aphidinen gibt es, ebenso wie unter den Zikaden, Wurzelsauger in großer Zahl, bei den Zikaden sind es allerdings nur die Larven mancher Formen (Singzikaden, S. 51, manche Cercopiden), die unterirdisch leben, und auch bei den Aphidinen sind die Wurzelläuse gewöhnlich nicht die einzige Form, in der die betreffenden Arten auftreten (siehe z. B. *Phylloxera*, S. 420). Wurzelsauger gibt es schließlich auch unter den Cocciden; von den *Margarodes*-Arten war ja oben schon die Rede (S. 50).

Weitaus die meisten Hemipteren leben aber an Trieben und Blättern von holzigen oder krautigen Gewächsen. Naturgemäß bevorzugen sie dabei die weichen, grünen Stengelteile und die Blätter, manche Arten können jedoch auch an verholzten und mit dicker Borke bedeckten Stämmen und Zweigen sich ansiedeln, wie die zu den Pentatomiden gehörigen, im tropischen Amerika lebenden *Phloea*-Arten oder, um ein näher liegendes Beispiel zu nennen, *Cryptococcus fagi*, die Buchenrindenwollaus unserer Wälder und der ihr biologisch ähnliche, an Kiefernrinde lebende *Palaecoccus fuscipennis*.

Die phytophagen Capsiden, die Aphidinen, die Aleurodiden und die Psylliden bevorzugen dagegen, mit wenigen Ausnahmen, grüne Pflanzenteile und stellen vielfach an den Saftreichtum ihrer Nährpflanze hohe Anforderungen. So kann man z. B. bei der gewöhnlichen schwarzen Blattlaus des Holunders, *Aphis sambuci*, beobachten, daß sie im Frühjahr in ringförmigen dichten Kolonien auf den jungen Trieben des Holunders sich breit macht, die zu dieser Jahreszeit noch wenig verholzt sind und einen lebhaften Saftstrom haben. Etwas später wandern die Läuse von den verholzenden Trieben an die Blätter und setzen sich längs der Blattadern fest, an Stellen, die ihnen nunmehr günstigere Ernährungsbedingungen bieten. Ebenso wandern die parthenogenetischen Weibchen der am Ahorn häufigen *Chaithorinella*-Arten nach KESSLER im späten Frühjahr von den Ahorntrieben an die Blätter, an denen im Sommer eine Larvengeneration bei manchen Arten (*Ch. testudinata* und *aceris*) einen eigentümlichen Sommerschlaf ohne Nahrungsaufnahme und Weiterentwicklung durchmacht. Helfen sich diese Arten durch einen Sommerschlaf über den Sommer weg, der für Pflanzenläuse, die an holzigen Gewächsen leben, eine trockene Jahreszeit, eine Hungerperiode bedeutet, so gehen andere Arten an Individuenzahl stark zurück, andere helfen sich durch regelmäßig eintretende Wanderungen, auf die wir weiter unten noch zurückkommen müssen. Diese Migrationen haben sich nämlich bei vielen Aphidinenarten zu einem ganz wesentlichen Teil der Entwicklung ausgewachsen und sind am besten im Zusammenhang mit der letzteren zu besprechen, um so mehr als zwischen den Migrationen und den Ernährungsverhältnissen heute vielfach nur mehr ein loser Zusammenhang besteht (siehe S. 408 und 427).

Einen Sonderfall bilden die gallenbewohnenden Hemipteren. Es gibt deren in geringer Zahl unter den Wanzen und Zikaden, in größerer unter den Psylliden und Aphidinen. Sie sind meist auf die Galle als Wohnstätte und Nahrungsquelle angewiesen und vermögen sie nur an bestimmten Stellen einer bestimmten Pflanze zu erzeugen. Die Blattgallen vieler Psylliden, die Stielgallen der *Pemphigus*-Arten, die Chermesidengallen mögen hier eine vorläufige Erwähnung finden; näheres kann erst weiter unten (S. 0) beigebracht werden.

Die mehr oder weniger weitgehende Ernährungs-Spezialisierung der phytophagen Hemipteren ist ein Kapitel, das im Rahmen des vorliegenden Buches auch nicht annähernd vollständig behandelt werden kann, wenn nicht eine den Leser ermüdende Liste von Futterpflanzen gegeben werden soll. Wer an einer solchen Interesse hat, kann in BUTLERS, HEIKERTINGERS, LINDINGERS, BÖRNERS, VAN DER GOOTS und anderer Autoren zusammenfassenden Arbeiten das Nötige erfahren, wir wollen uns damit begnügen, an Hand einiger besonders klarer Beispiele die grundsätzlichen Fragen soweit wie möglich zu klären.

Polyphytophage, d. h. solche Formen, die an sehr zahlreichen Pflanzen zu leben vermögen, gibt es unter den Wanzen wie unter den Homopteren. Wir können z. B. an die San-José-Schildlaus *Aspidiotus perniciosus* denken oder an die weitverbreitete *Nezara viridula*, die südliche grüne Stinkwanze (Pentatomide) der amerikanischen Autoren, deren Nährpflanzenliste nicht weniger als 56 verschiedene Pflanzenarten aus den verschiedensten Familien der Mono- und Dicotyledonen umfaßt. Je nach der Jahreszeit und dem Entwicklungsstadium der Pflanzen werden einzelne Arten vor anderen bevorzugt, manche werden wohl nur gelegentlich besucht. Ähnlich wie von den migrierenden Blattläusen, aber mit geringerer Regelmäßigkeit, werden von *Nezara* im Sommer krautige Pflanzen den Holzgewächsen vorgezogen (DRAKE).

Gerade unter den Wanzen sind derart polyphage Formen nicht selten; *Lygus pratensis*, die „tarnished plant bug" der Amerikaner, mit 51 Futterpflanzen (nur Kulturpflanzen sind mitgezählt) und die „vierstreifige Blattwanze" *Poecilocapsus lineatus* mit 48 Wirtspflanzen mögen noch genannt sein.

Nicht immer sind die Larven im gleichen Maß polyphytophag, wie die Imagines. So kommt die „weiße Fliege" unserer Gewächshäuser, *Trialeurodes vaporariorum*, im Imaginalstadium auf mindestens 50 verschiedenen Gewächshaus- und Freilandpflanzen vor und legt auch auf allen oder fast allen Eier ab, während die Larvenentwicklung nur auf einigen von ihnen sich vollziehen kann. Die Sterblichkeit der Larven ist nach LLOYD auf verschiedenen Fuchsien, Begonien, Geranien und auf *Calla* so groß, daß eine Besiedelung dieser Pflanzen kaum zustande kommt. Eigene Beobachtungen bestätigen nicht nur die Richtigkeit dieser Angabe, sondern ließen sogar erkennen, daß der Ernährungszustand der Pflanzen — sogar der bevorzugten Wirtspflanzen — eine bedeutsame Rolle bei der Besiedelung spielt.

Ein besonders typisches Beispiel für die verschieden weitgehende Spezialisation der einzelnen Entwicklungsstadien bilden die Psylliden. Diese sind nach LÖW „nur in ihren Jugendstadien an bestimmte Pflanzenarten gebunden, während sie hingegen als Imagines ihre Geburtsstätte nicht selten ganz verlassen und sich in der Nähe derselben auf allen daselbst vorkommenden Gewächsen herumtreiben. Da nun diejenige Pflanze, worauf die Entwicklung einer Psyllodenspezies stattfindet, d. h. die eigentliche Nahrungspflanze derselben, nicht allerorts von einer gleichen Vegetation umgeben ist, so gelangen die Imagines bei ihrer Auswanderung fast in jeder Gegend auf andere Gewächse". Nur selten ist auch die Imago streng spezialisiert, wie z. B. bei *Aphalara picta*, die, ebenfalls nach Löw, ausschließlich an den Blütenständen von *Leontodon hastilis* und *autumnalis* saugt, an Nährpflanzen, an denen auch die Larven aufwachsen.

Wie hiernach bei den Psylliden, so kann man auch bei allen anderen Hemipterengruppen neben den genannten polyphytophagen Formen Arten feststellen, die auf eine bestimmte Nährpflanze oder doch auf eine bestimmte Pflanzengruppe angewiesen sind. Als Beispiel möge die Rübenwanze *Piesma quadrata* genannt sein, die ausschließlich auf wild wachsenden und kultivierten Chenopodiaceen (*Chenopodium, Beta*) vorkommt.

Das Spezialisierungsproblem in seiner ganzen Bedeutung zu überschauen, wird am besten dadurch möglich, daß wir ein von Reuter, dem bekannten, nordischen Hemipterologen, besonders gut durchgearbeitetes Teilgebiet, die Hemipterenfauna der paläarktischen Koniferen, als Beispiel heranziehen. Die Aphidinen und Cocciden sind von Reuter nicht berücksichtigt worden.

Unter den Koniferen bewohnenden Hemipteren unterscheidet Reuter außer solchen Formen, die nur zufällig einmal auf Koniferen gefunden werden, drei Gruppen:

I. „Arten, die auf Laubbäumen oder krautartigen Pflanzen ihren ganzen Entwicklungszyklus durchlaufen, von denen aber die Imagines im Herbste, bisweilen aber schon im Sommer, zu den Koniferen, oft fern von den ursprünglichen Nährpflanzen, migrieren, um hier zu überwintern und im Frühjahr wieder zu den eigentlichen Nährpflanzen zurückzukehren."

Zu dieser Gruppe gehören z. B. sämtliche auf Koniferen vorkommenden 45 Psyllidenarten, deren Wandertrieb nach Reuter im Gegensatz zu Löws Angaben nicht zwecklos ist. Die Psyllidenimagines sollen sich vielmehr (siehe obiges Zitat nach Löw) nicht wahllos auf den die eigentliche Nährpflanze umgebenden Gewächsen umhertreiben, sondern sie sollen die Koniferen aufsuchen, um sich im Winter, wenn die Temperatur nicht zu niedrig ist, von den Nadeln zu ernähren. Noch im Frühling trifft man beide Geschlechter auf den Koniferen an, sie wandern von da ab wieder zu den ursprünglichen Nährpflanzen zurück, auf anderen Gewächsen trifft man sie nicht oder höchstens einzeln und zufällig. Natürlich gilt das nur von den Psylliden, die im Imaginalzustand überwintern; Löws Angaben treffen auf diejenigen Arten, die als Ei oder als Larve den Winter zubringen (z. B. *Psylla mali*), sicher zu.

Auch viele Jassiden, einige Fulgoriden, sowie Wanzen aus verschiedenen Familien gehören in diese Gruppe. Alle diese Tiere haben einen mehr oder minder ausgeprägten Migrationsinstinkt, der schon sehr an die komplizierten Wanderungen der Aphidinen erinnert, wenn er auch viel einfacher ist. Charakteristisch ist, daß das Überwandern in manchen Fällen schon recht früh erfolgt, daß also offenbar schon eine erbliche

Festlegung des Instinkts vorhanden ist und die Verbindung desselben mit Nahrungsmangel als auslösendem Faktor schon lose geworden ist.

In einzelnen Fällen dauert der Aufenthalt auf den Koniferen auch im Frühjahr noch recht lange, z. B. bei den *Cicadula*-Arten und bei *Balclutha punctata* (Jassiden). „Unter den hibernierenden Lygaeiden ist es konstatiert, daß *Ischnorrhynchus resedae* sich bisweilen massenhaft an Koniferenpollen als Nahrung gewöhnt hat und noch zur Blütezeit der Nadelhölzer sich auf diesen verzögert.“ Endlich durchläuft die Pentatomidenart *Elasmucha ferrugata* auf den Koniferen bisweilen ihre ganze Entwicklung und bildet somit innerhalb der Gruppe I eine ökologische, koniferenbewohnende Varietät, die den Übergang zur Gruppe III vermittelt.

II. „Arten, die im Sommer sowohl auf Laubhölzern oder krautigen Pflanzen, wie auch auf Koniferen sich finden, die sich aber hier nicht der Hibernation wegen aufhalten.“

Es sind dies ziemlich zahlreiche Wanzen (besonders Capsiden) und Cicadinen, polyphage Formen und räuberische Arten, von welch letzteren hier abgesehen werden kann. Einige unter ihnen können vielleicht nur mangels genauerer Beobachtungen nicht in die Gruppen I und III untergebracht werden. Als Ursache der Polyphagie der zu dieser Gruppe gehörigen Arten, bzw. als Ursache ihrer Übersiedlung auf Koniferen, nimmt REUTER zwei hauptsächlich wirksame Faktoren an. „In einigen Fällen kann das spärliche Vorkommen der primären Nährpflanze ein Übersiedeln der Arten auf die Koniferen verursachen. In anderen ist wahrscheinlich ein Entwicklungsfaktor hervorzuheben, auf dessen Einfluß bei der Artenbildung ADLERTZ die Aufmerksamkeit gelenkt hat, nämlich die Massenvermehrung der Arten. Es ist ein Faktum, daß bei solcher Massenvermehrung einige Individuen, um im Kampf ums Dasein zu bestehen, von den typischen Nahrungsverhältnissen der Art abweichen und daß sogar bisweilen in dieser Weise Raubtiere sich an vegetabilische Nahrung gewöhnen. Desto leichter werden unter solchen Verhältnissen typisch monophytophage Insekten polyphytophag werden können.“ REUTER hat in der Tat solche Fälle beobachtet. „Im Sommer 1880 kam unfern Leipzigs *Calocoris schmidti* FIEB. (Capsiden) auf *Fraxinus* sehr häufig vor, einzelne Exemplare fanden sich auch auf *Ulmus*, *Fagus* und *Acer*. Gleichzeitig trat auch *C. fulvomaculatus* DE GEER äußerst häufig auf, nicht nur auf den typischen Nährpflanzen *Alnus* und *Salix*, sondern ebenso zahlreich, sowohl im Nymphenstadium wie als Imago, auf *Ulmus campestris*, *Prunus padus* usw. Im Sommer 1876 fand REUTER bei Perth in Schottland *Psallus variabilis* FALL (Capsiden) massenhaft nicht nur auf der typischen Nährpflanze *Quercus*, sondern auch auf *Acer* und anderen Bäumen und später unfern Forres *Lygus cervinus* H. S. (Capsiden) in großer Anzahl nicht nur auf der normalen Nährpflanze *Tilia*, sondern auch auf *Prunus padus*, *Corylus* und *Abies alba*. Im Süden haben andere Sammler ähnliche Beobachtungen gemacht, es sei hier nur an NICKERLS interessante Beobachtungen über das alljährlich wiederholte zahlreiche Auftreten von *Psallus ambiguus* FALL. und *Charagochilus gyllenhalli* FALL (Capsiden) auf Koniferen erinnert. Im Norden scheinen sich die Arten selten in dem Maße zu vermehren, daß sie von ihren typischen Nährpflanzen massenhaft auf andere übersiedeln. Geschieht dies aber doch einmal, so können sie leicht genug sich an diese so gewöhnen, daß sie hier verbleiben und sich fortpflanzen. In dieser Weise sind dann die rein ökologischen, aber noch nicht morphologischen Varietäten entstanden, die Arten angehören, welche ursprünglich auf Laubhölzern und krautigen Pflanzen leben, die sich aber die Koniferennahrung angewöhnt haben und auf diesen Pflanzen ihren ganzen Lebenszyklus durchmachen. Einige von diesen werden erst in seltenen Fällen unter diesen Umständen angetroffen, wie *Psallus varians, Phytocoris varipes* und *Stenoderna sericans* (Capsiden). Andere Arten, wie *Cercopis corticea* (Cercopiden), *Plesiodema pinetellum* und *Megacoelum infusum* (Capsiden), kommen in allen ihren Entwicklungsstufen ebenso oft oder sogar öfter auf den Koniferen als auf den Laubhölzern vor, können aber noch nicht ganz als typische Koniferenbewohner betrachtet werden, obwohl sie in manchen Gegenden nur als solche auftreten. Sie bilden jedenfalls ein Bindeglied zwischen der Gruppe II und III, welch letztere sich an jene mit einigen wenigen Arten anschließt, die überall als typische Koniferenbewohner leben, obwohl sie ganz ausnahmsweise auch noch auf Laubhölzern gefunden worden sind.“

Den hier fast unverändert wiedergegebenen Ausführungen Reuters ist zunächst zu entnehmen, daß Polyphagie nicht einfach als der primäre, sondern vielfach als ein abgeleiteter Zustand zu betrachten ist, daß aus Polyphagie wieder (tertiär) Monophagie entstehen kann, wenn besondere äußere Umstände, Häufigkeit einer Nährpflanzenart, Massenvermehrung der Tierart, hinzukommen. Die beiden Faktoren spielen oftmals so ineinander, daß es schwer ist, sie zu trennen und in ihrer Wirkung zu übersehen. So ist z. B. in den letzten Jahren die „Rübenwanze“ *Piesma quadrata* in den Rübenbaugebieten Mitteldeutschlands aus einem an wildwachsenden Chenopodiaceen in mäßiger Zahl vorkommenden Tier zu einem massenhaft auftretenden Rübenschädling geworden, der den Rübenbau wenigstens stellenweise in Frage stellt. Ob eine Massenvermehrung der Wanze die Ursache ihres Überganges auf die kultivierte Rübe gewesen ist oder ob vielmehr Ursache der Massenvermehrung der Übergang der Wanze auf die auf weiten Strecken angebaute, gleichmäßig gute Ernährungsbedingungen bietende Rübe war, läßt sich nicht sicher entscheiden.

III. „Arten, die ausschließlich oder fast ausschließlich auf den Koniferen leben und hier ihren Entwicklungszyklus durchlaufen.“

Auch die Angehörigen dieser letzten Gruppe, deren Hauptmasse Capsiden bilden, sind nach Reuter nicht ursprünglich auf den Koniferen heimisch, sie sind vielmehr, auf dem Weg über Gruppe I oder II in verhältnismäßig später geologischer Periode, nämlich frühestens im Tertiär, auf diese von Angiospermen her übergegangen. Auf dem Weg über Gruppe I sind nur wenige echte Koniferenbewohner entstanden, wie ein Vergleich der nah verwandten Arten in den verschiedenen Kategorien zeigt. Die meisten echten Koniferenbewohner haben vielmehr in Gruppe II ihre nächsten Verwandten, von denen sie sich ökologisch und morphologisch getrennt haben.

Die verhältnismäßig sehr geringe Zahl der exklusiven Koniferen-Hemipteren spricht neben anderen Gesichtspunkten für ihre sekundäre Entstehung aus Angiospermen-Bewohnern. Dem entspricht, daß die Familie Capsidae am reichlichsten unter ihnen vertreten ist, denn diese Familie ist wahrscheinlich als eine der höchst spezialisierten und am spätesten entstandenen zu betrachten. Die alten Familien Pentatomidae, Lygaeidae und Coreidae sind dagegen nur spärlich unter den echten Nadelholzbewohnern anzutreffen.

Während, wie schon erwähnt, in gewissen Fällen der Übergang der Angehörigen der Gruppe III auf Nadelhölzer schon im Tertiär stattgefunden haben muß, dürften doch die meisten gegenwärtig auf den Gymnospermen lebenden Heteropteren und Homopteren nach Reuter erst im Diluvium sich herausgebildet haben. „Ein, wie es scheint, unzweifelhaftes Beispiel einer solchen Entstehung im Diluvium ist der auf den mitteleuropäischen Alpen auf *Juniperus* und *Pinus montana* lebende *Globiceps juniperi* (Capsiden), dessen naher Verwandter *G. salicicola*, im Norden auf *Salix* weit verbreitet ist. Ähnlicherweise scheint sich im Diluvium die ökologische Varietät von *Psallus lapponicus* entwickelt zu haben, die auf den Alpen und den Karpathen nur auf den Koniferen zu Hause ist, während die Art in Lappland auf *Salix* lebt.“ In diesem Falle hat sich erst eine ökologische Varietät, noch nicht eine morphologisch verschiedene Art herausentwickelt.

Daß eine solche Artentwicklung auf dem Weg über „ökologische Varietäten“ oder Rassen nicht nur in vergangenen Perioden stattgefunden hat, sondern sich auch heute noch gleichsam unter unseren Augen vollzieht und sich bisweilen verfolgen läßt, hat Reuter schon ausgesprochen. Es scheint demnach sicher, daß noch heute dieselben Faktoren wirksam sind, wie früher; Faktoren, die sich in der Existenz der oben gekennzeichneten Gruppen I und II offenbaren. „Auf beiden Wegen scheinen sich fortwährend erst ökologische, dann morphologische Varietäten entwickeln zu können, die endlich in ‚guten Arten‘ resultieren.“ Als Beispiel für solche Glieder einer noch nicht abgeschlossenen Entwicklungsreihe sei *Psylla nigrata* genannt, von welcher Art nach Reuter schon Mitte Juli ganz frisch entwickelte Individuen auf den Koniferen angetroffen werden können. Zwar hat man hier noch keine Larven gefunden, entweder aber macht diese Art bisweilen ihre Entwicklung auf Koniferen durch, oder ist der Migrationstrieb, wie bei den obligatorisch wandernden Blattläusen, so stark, daß er gleich nach dem Ausschlüpfen die Imagines an die Nadelbäume treibt. Von hier zum dauernden Verweilen auf den letzteren ist natürlich nur ein Schritt.

Die Verteilung der von Reuter angeführten exklusiven Nadelholzhemipteren auf die verschiedenen Koniferen geht aus der auf der folgenden Seite stehenden Tabelle hervor.

Diese zeigt, daß dieselbe Erscheinung, der wir oben bei der Entwicklung der Koniferen-Hemipteren aus den auf Angiospermen lebenden Arten begegnet sind, sich wiederholt in der Zersplitterung eben der

Wirtspflanzen.

Familie	Art	*Abies*	*Picea*	*Larix*	*Cedrus*	*Pinus*	*Cupressus*	*Juniperus*	*Taxus*
Jassidae:	*Erythroneura rosea* FLOR.	○	○	–	–	○	–	–	–
	Eupteryx germari ZETT.	–	○	–	–	●	–	–	–
	Grypotes pinetellus ZETT.	–	○	–	–	●	–	–	–
	Thamnotettix pictus LETH.	–	○	–	–	–	–	–	–
	Th. abietinus ZETT.	○	●	–	–	○	–	–	–
Cercopidae:	*Philaenus nigropectus* MATS.	●	–	–	–	–	–	–	–
	Ph. abietis MATS.	●	–	–	–	–	–	–	–
	Siriophora maculosa MEL.	●	–	–	–	–	–	–	–
	Peuceptyelus indentatus UHL.	●	–	–	–	–	–	–	–
	P. nigroscutellatus MATS.	●	–	–	–	–	–	–	–
	P. medius MATS.	●	–	–	–	–	–	–	–
	P. coriaceus FALL.	–	●	–	–	–	–	–	–
	Cercopis nigricans MATS.	●	–	–	–	–	–	–	–
	C. similis LETH.	–	–	●	–	–	–	–	–
	C. abietis MATS.	●	–	–	–	–	–	–	–
	C. flavipes UHL.	–	–	–	–	●	–	–	–
Capsidae:	*Sthenarus dissimilis* REUT.	●	–	–	–	–	–	–	–
	Sth. carbonarius HORV.	–	●	–	–	–	–	–	–
	Sth. modestus MEY.	–	–	–	–	●	–	–	–
	Criocoris sulcicornis KIRSCHB.	–	–	–	–	●	–	–	–
	Atractotomus morio J. SAHLB.	–	●	–	–	–	–	–	–
	A. parvulus REUT.	–	●	–	–	–	–	–	–
	A. brevicornis REUT.	–	–	–	–	●	–	–	–
	A. oculatus KIRSCHB.	–	–	–	–	●	–	–	–
	A. magnicornis FALL.	○	●	○	–	○	–	–	–
	Psallus chrysopsilus REUT.	–	–	●	–	–	–	–	–
	Ps. obscurellus FALL.	–	–	–	–	●	–	○	–
	Ps. vittatus FIEB.	–	–	●	–	–	–	–	–
	Ps. luridus REUT.	–	○	●	–	–	–	–	–
	Ps. lapponicus REUT.	○	●	○	–	–	–	–	–
	Ps. piceae REUT.	–	●	–	–	–	–	–	–
	Ps. pinicola REUT.	○	●	–	–	–	–	–	–
	Ps. laticeps REUT.	●	–	–	–	–	–	–	–
	Ps. vitellinus SCHOLZ	–	○	○	–	●	–	–	–
	Plesiodema pinetellum ZETT.	–	○	○	–	●	–	–	–
	Orthotylus obscurus REUT.	●	–	–	–	–	–	–	–
	O. fuscescens KIRSCHB.	–	–	–	–	●	–	–	–
	O. cupressi REUT.	–	–	–	–	–	●	–	–
	Globiceps juniperi REUT.	–	–	–	–	○	–	●	–
	Cremnocephalus albolineatus REUT.	○	●	○	–	●	–	–	–
	Pilophorus cinnamopterus KIRSCHB.	–	○	–	–	●	–	–	–
	Alloeotomus gothicus FALL.	○	–	–	–	●	–	–	–
	Deraeocoris annulipes H.-S.	–	–	●	–	○	–	–	–
	Camptozygum pinastri FALL.	–	–	○	–	●	–	○	–
	C. pumilio REUT.	–	–	–	–	●	–	–	–
	Zygimus nigriceps FALL.	–	–	–	–	●	–	–	–
	Lygus rubricatus FALL.	○	●	○	–	○	–	–	–
	L. atomarius MEY.	○	●	–	–	○	–	–	–
	L. brachycnemis REUT.	–	–	–	●	–	–	–	–
	Dichrooscytus rufipennis FALL.	–	○	–	–	●	–	○	–
	D. intermedius REUT.	–	●	–	–	–	–	–	–

Wirtspflanzen (Fortsetzung).

Familie	Art	*Abies*	*Picea*	*Larix*	*Cedrus*	*Pinus*	*Cupressus*	*Juniperus*	*Taxus*
	D. valesianus MEY.	–	–	–	–	–	–	●	–
	D. pseudasabinae REUT.	–	–	–	–	–	–	●	–
	Pachypterna fieberi SCHM.	–	–	–	–	●	–	–	–
	Megacoelum infusum H.-S.	–	–	–	–	●	–	–	–
	Phytocoris albofasciatus FIEB.	–	–	–	–	●	–	–	–
	Ph. minor KIRSCHB.	–	–	–	–	●	–	–	–
	Ph. intricatus FLOR.	–	●	–	–	○	–	–	–
	Ph. pini KIRSCHB.	–	○	○	–	●	–	○	–
	Ph. parvulus REUT.	–	–	–	–	?	–	●	–
Anthocoridae:	*Elatophilus stigmatellus* ZETT.	–	–	–	–	●	–	–	–
	E. pini BAER	–	–	–	–	●	–	–	–
	E. nigricornis ZETT.	–	–	–	–	●	–	–	–
	Acompocoris pygmaeus FALL.	○	○	○	–	●	–	–	–
	A. alpinus REUT.	○	○	–	–	●	–	–	–
	Tetraphleps vittata FIEB.	–	○	●	–	○	–	–	–
	T. aterrima J. SAHLB.	–	–	●	–	–	–	–	–
Aradidae:	*Aradus cinnamomeus* PANZ.	–	–	–	–	●	–	–	–
	A. lugubris FALL.	–	–	–	–	●	–	–	–
	A. mirus BERGR.	–	–	–	–	●	–	–	–
Lygaeidae:	*Gastrodes abietis* L.	○	●	–	–	–	–	–	–
	G. grossipes DE GEER	○	○	○	–	●	–	–	–
	Orsillus maculatus FIEB.	–	–	–	–	●	○	–	–
	O. depressus M. et R.	–	–	–	–	●	–	○	–
	O. reyi PUT.	–	–	–	–	●	–	–	–
Coreidae:	*Gonocerus juniperi* H.-S.	–	–	–	–	–	–	●	–
Pentatomidae:	*Cyphostethus tristriatus* F.	–	–	–	–	○	–	●	○
	Holcogaster fibulata GERM.	○	–	–	–	●	–	○	–
	Chlorochroa juniperina L.	–	–	–	–	○	–	●	–
	Chl. pinicola M. et R.	○	○	–	–	●	–	○	–

● = bevorzugte Wirtspflanzen, ○ = andere Wirtspflanzen.

Nadelholzbewohner in Arten, die sich auf verschiedene Koniferen spezialisieren. „Anfangs einzelnes Übersiedeln, das sich öfter und alljährlich wiederholt, bis die Art auf dem neuen Wirtsbaum stationär wird und sich hier fortpflanzt, eine ökologische Varietät bildend, die sich allmählich auch morphologisch von der Stammform zu unterscheiden beginnt und endlich in eine neue Art übergeht. In jenem wie in diesem Falle ist die Plastizität des Nahrungsinstinktes als ein bedeutsamer Evolutionsfaktor für die Artbildung tätig gewesen.“

Die Aufsplitterung von Arten als Folgeerscheinung des Überganges auf andere Nährpflanzen wird naturgemäß dann besonders kompliziert, wenn ohnehin schon ein regelmäßiger Wirtswechsel stattgefunden hat. Besonders schöne Beispiele dafür liefern die nadelholzbewohnenden Chermesidenarten, aber auch die diöcischen Aphididen, Pemphigiden usw.

Es sei nur erwähnt, daß hier sowohl die Hauptwirtspflanze wie auch der Zwischenwirt gewechselt werden kann und daß infolgedessen die Angehörigen einer Art sich in mehreren Richtungen „auseinanderleben" können. Näheres wird unten noch nachzutragen sein (S. 411ff.).

Wie die spezialisierten Formen, von deren Entstehen, Wandlung und Vergehen wir eben hörten, ihre Wirtspflanzen auffinden, ist noch so gut wie gar nicht bekannt. Ob ihnen Mittel zu Gebote stehen, die Nährpflanze schon von weitem wahrzunehmen, scheint häufig zweifelhaft. In vielen Fällen verhält sich die Sache wohl so, wie oben bei *Dysdercus sidae* angedeutet wurde, d. h. die Tiere finden, wenn sie Wanderungen unternehmen, ihre Wirtspflanzen nur durch Zufall und kommen auf ihnen fort, während die Artgenossen, die keine ihnen zusagende Pflanze finden, zugrunde gehen. In anderen Fällen spielen aber sicher auch die Sinnesorgane beim Auffinden der speziellen Futterpflanze eine Rolle, wenn auch nicht immer unmittelbar. So ist bei *Trialeurodes vaporariorum* beim Auffinden geeigneter Blätter sicher die ausgesprochene Vorliebe der Art für gelbgrüne Farbtöne mit im Spiel.

Wieweit chemische Reize, denen Reuter eine große Bedeutung für das Auffinden der Nährpflanzen zuschreibt, tatsächlich mitwirken, ist bei den Hemipteren noch nicht geprüft, es ist aber nach den an anderen Insekten ausgeführten Experimenten sicher anzunehmen, daß auch sie nicht unwichtig sind. Die Tatsache, daß die geflügelten Individuen der Aphididen und Chermesiden, denen die aktive Ausbreitung der Art, das Aufsuchen neuer Nährpflanzen hauptsächlich oder ausschließlich zufällt, besonders ausgeprägte und zahlreiche antennale Sinnesorgane besitzen, weist ebenfalls darauf hin. Das gilt um so mehr, als bei den parthenogenetischen geflügelten Weibchen kein Aufsuchen des anderen Geschlechts in Frage kommt. Im Dienste des Geschlechtslebens können die Rhinarien (siehe S. 96) daher nicht stehen, es bleibt für sie kaum eine andere Aufgabe wie die Beteiligung an der Nahrungssuche.

Kommen wir auf die verschiedenen Gesichtspunkte zurück, nach denen wir auf S. 170 die phytophagen Hemipteren einteilten, so bleiben uns noch die Einteilung nach dem Grad der Einwirkung auf die Pflanze, sowie die nach dem Grad der Abhängigkeit von derselben. Auf die erste Einteilung werden wir weiter unten in anderem Zusammenhang zurückkommen, die zweite mag hier noch zum Schluß Erwähnung finden.

Als Pflanzenparasiten pflegt man in der Regel nur diejenigen unter den phytophagen Hemipteren zu bezeichnen, die an der Pflanze festsitzen. Richtiger wäre es, alle an der lebenden Pflanze saugenden Hemipteren Parasiten zu nennen und unter ihnen, wie bei den Parasiten der Tiere, permanente und temporäre Schmarotzer zu unterscheiden. Die ersteren sind es, die, an der Pflanze festsitzend und häufig durch ganz oder teilweise rückgebildete Bewegungsorgane ausgezeichnet, die Abhängigkeit des Schmarotzers vom Wirt so glänzend zur Darstellung bringen, wie nur irgendein an Tieren parasitierendes Lebewesen. Alle Übergänge vom beweglichen, herumschweifenden Pflanzensauger, der sich seine Nahrung sucht, wo es sich gerade trifft, zum streng angepaßten, unbeweglichen, permanenten Parasiten gibt es unter den Hemipteren. Nicht immer sind bei den extremen Parasiten alle Entwicklungsstadien gleich abhängig von der einmal gewählten Wirtspflanze. So sind bei den Aleurodiden die Imagines sehr gewandte Flieger und gute Läufer, während die Larven mit Ausnahme des ersten Stadiums, das wenigstens kurze Zeit beweglich ist, auf einer Stelle sitzen bleiben. Bei allen Cocciden ist das erste Larvenstadium beweglich und kann so zur aktiven Ausbreitung der Art beitragen, während die späteren Stadien, vor allen Dingen das ausgewachsene Weibchen, rückgebildete Beine haben (Lecanien, Abb. 130) oder gar ganz beinlos sind (Diaspidinen, Abb. 273). Die Männchen der Cocciden dagegen haben stets gut entwickelte Beine und sind zumeist auch flugfähig. Die geringe Größe der Männchen und ihre Unfähigkeit, Nahrung aufzunehmen, sind Eigenschaften, wie sie bei extremen Parasiten nicht selten vorkommen, sie korrespondieren mit dem mühelosen Nahrungserwerb und der dement-

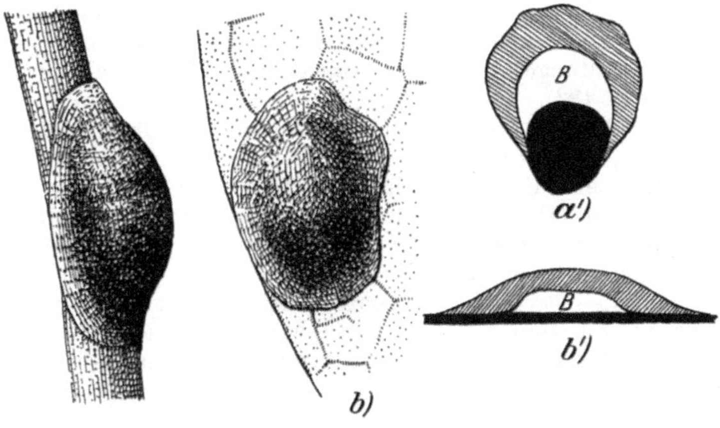

Abb. 130. *Lecanium hesperidum* ♀. a) an einem dünnen Zweig, b) an einem Blatt von *Aristolochia*. a') b') entsprechende Querschnitte, *B* Brutraum.

sprechend großen Nachkommenschaft der Weibchen, die ihrerseits wieder die Unbeweglichkeit der letzteren bedingen. Da, besonders bei den Pflanzenläusen, auch noch die Erscheinungen der Parthenogenese und des Generationswechsels hier hereinspielen, muß eine genauere Besprechung dieser Dinge einem späteren Kapitel vorbehalten bleiben.

Die Abhängigkeit der permanent oder wenigstens in gewissen Stadien permanent parasitischen Formen vom Wirt kommt auch darin zum Ausdruck, daß bei ihnen einerseits die Sinnesorgane mehr oder weniger rückgebildet sind, bis auf diejenigen allerdings, die die Kontrolle der aufgenommenen Nahrung zur Aufgabe haben, und daß andererseits durch Umbildung der Bewegungsorgane oder durch andere Einrichtungen bei ihnen dafür gesorgt ist, daß sie den Zusammenhang mit ihrem Wirt nicht so leicht verlieren. Von den Klammerbeinen der Psyllidenlarven und den Beinstummeln der Aleurodidenlarven war ja oben schon die Rede, ebenso wie von den Haft- und Klettervorrichtungen der minder eng an die Pflanze gebundenen Cercopiden, Pentatomiden, Psyllidenimagines und Aphidinen. Es ist hier noch an Hand der Abb. 130 darauf hinzuweisen, daß auch die völlig oder nahezu beinlosen Coccidenweibchen durch enges Anlegen ihres oft flächig entwickelten Körpers an die Unterlage oder auch durch verschiedenartige erhärtende Sekrete (siehe S. 263) sich an der Pflanze zu verankern vermögen. Je nach der Form der Unterlage kann z. B. bei *Lecanium hesperidum* die Form des Körpers sich ändern, um einen dünnen Stengel vermag das Tier sich geradezu herumzurollen, während es auf Blattflächen ganz platt erscheint. Auch die Aleurodidenlarven, insbesondere die ersten Stadien, legen sich ganz an die Unterlage, sind aber, ähnlich wie viele Cocciden, außerdem noch durch ein einen Kranz um den Körper bildendes Wachssekret mit ihr verklebt.

Selten ist ein Eindringen von Hemipteren ins Innere der Pflanzen zu verzeichnen, so bei der Schildlaus *Xylococcus filiferus*, die ihren Körper tief in Lindenzweige versenkt (siehe S. 496). Auch die gallbildenden Formen können hier genannt werden, wenn auch die Gallen in der Regel nur durch Faltungen und Wucherungen der Pflanzenorgane gebildet sind (siehe S. 492).

Die Rückbildung der Sinnesorgane oder vielmehr die Hemmung ihrer Entwicklung tritt vor allem bei den Coccidenweibchen, sowie bei den Larven der Aleurodiden, Cocciden, Psylliden und Chermesiden auffällig in Erscheinung. Die meisten der genannten Formen besitzen nur einfache Punktaugen oder sind gar völlig blind, und auch die Fühler sind in der Regel recht wenig entwickelt.

So sind die extremen Pflanzenparasiten unter den Hemipteren hilflose, orientierungsunfähige Geschöpfe, wenn man sie von ihrem Wirte trennt, aber völlig zur Genüge ausgerüstet, wenn man sie in ihrer Umwelt, in die sie eingepaßt sind, betrachtet.

II. Nahrungsaufnahme und Nahrungsverarbeitung.

1. Die Nahrungsaufnahme.

a) Allgemeines über die Organe der Nahrungsaufnahme.

Die Organe der Nahrungsaufnahme, die Mundwerkzeuge und oralen Teile des Darms und des Speichelapparates, bilden einen Komplex, der, so verschieden er bei den einzelnen Hemipterengruppen sein mag, doch nach einem allen gemeinsamen Grundplan aufgebaut ist. Diesem Grundplan liegt natürlich wiederum das für alle Insekten typische Schema zugrunde, das allerdings auf die Hemipteren nur unter Zuhilfenahme der Embryologie angewandt werden kann. Berücksichtigt man die letztere, so sieht man, daß am Hemipterenkopf sämtliche normalen Anhänge, die Oberlippe, die Mandibel, die ersten Maxillen, der Hypopharynx und die zweiten Maxillen vorhanden sind, daß sie aber während der embryonalen Entwicklung dergestalt geändert wurden, daß man sie an der Larve wie an der Imago nur schwer ihrer wahren Natur nach erkennen kann.

Besonders betreffen diese Veränderungen die eigentlichen Mundgliedmaßen und unter ihnen vor allem die zweiten Maxillen (Labium), die bei den Hemipteren einen gegliederten, unpaaren, nicht mit Labialtastern versehenen Rüssel bilden (Labium, *Lb*). Dieser Rüssel ist, funktionell betrachtet, die Grundlage des ganzen Mundapparates, denn er enthält in seinem Inneren die zu langen, spitzen Stechborsten umgewandelten distalen Teile der Mandibel (Oberkiefer) und ersten Maxillen (Unterkiefer). Die zwei Paare von Stechborsten liegen in einer durch Einfaltung gebildeten, vorderen Rinne des Labiums, deren Ränder so eng zusammenschließen, daß sie eine völlig geschlossene Röhre bilden (Abb. 131e). Die Stechborsten sind innerhalb dieser Röhre zu einem

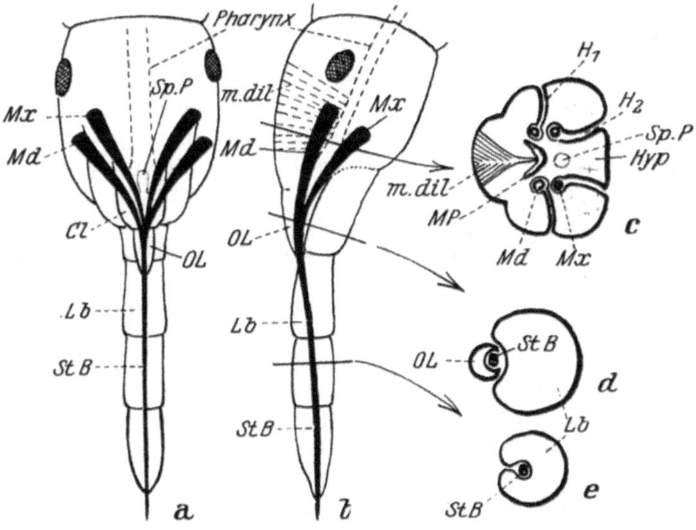

Abb. 131. Schemata des Hemipterenkopfes. a) Von der Frontalseite; b) von links gesehen, durchsichtig gedacht. Die Lage der Querschnitte c—e ist in b) durch Pfeile bezeichnet. *Cl* Clypeus, H_1, H_2 Artikulationshebel, *Hyp* Hypopharynx, *Lb* Labium, *Md* Mandibularborste, *m.dil* Pharynxdilatator, *Mx* Maxillarborste, *OL* Oberlippe, *SpP* Speichelpumpe, *StB* Stechborstenbündel.

Bündel zusammengefaßt, und so wird das Labium wie bei den stechenden Dipteren zur Stechborstenscheide. An der Basis des Labiums, da wo das Stechborstenbündel in die genannte Röhre eintritt, legen sich die Ränder der Rinne nicht fest zusammen, hier übernimmt die zipfelförmige Oberlippe den Verschluß, indem sie, eng an das Stechborstenbündel sich schmiegend oder es gar völlig umfassend, einen Deckel über der offenen Falte bildet (siehe Abb. 131c). Die Fortsetzung der Innenwand der Oberlippe, Epipharynx genannt, trägt ein oben schon erwähntes Geschmacksorgan und geht ohne Unterbrechung in das Dach des Schlundes, des Pharynx, über. Der Boden des Pharynx ist sehr fest chitinisiert und im Querschnitt U-förmig oder V-förmig. Das Dach dagegen ist elastisch und dünn, an ihm greift eine Serie von hintereinander gelegenen Muskeln an, die das Dach vom Boden entfernen, also den Pharynx erweitern können. Diesen Dilatatoren entgegen wirkt in der Regel nur die eigene Elastizität der Pharynxwand selbst, nur selten von Ringmuskeln unterstützt. Nach innen geht der Pharynx in den Ösophagus über, der sich auf einen innenskelettalen Balken, den Querarm des Tentoriums, legt und gelegentlich auch mit ihm durch Muskeln verbunden ist. Die distale Fortsetzung des Pharynxbodens bildet der Hypopharynx, ein konischer, unpaarer Fortsatz, der im Innern die als Saugdruckpumpe wirkende, bei den einzelnen Hemipterengruppen recht verschieden gebaute Speichelpumpe enthält. Die Speichelflüssigkeit tritt an der durchbohrten Spitze des Hypopharynx aus. Zu beiden Seiten des Hypopharynx liegen, eng an seine Seitenwände gepreßt, die basalen Teile der Stechborsten. Das weiter vorn gelegene Paar entspricht den distalen Teilen der Mandibeln, das weiter hinten gelegene Paar einem Teil, wahrscheinlich der Lacinia, der ersten Maxillen. Die basalen Teile der Mandibel und Maxillen sind dagegen zu kurzen, paarigen, stumpf kegelförmigen Anhängen des Kopfes geworden, die Laminae mandibulares bzw. maxillares genannt werden und sich eng zusammen- und an die Stechborsten legen. Sie pressen so die letzteren an den Hypopharynx und schließen die Stechborstenbasen völlig von der Außenwelt ab. Die vorderen mandibularen Stechborsten, die mit der Saugfunktion direkt nichts zu tun haben, sind meist glatt, an ihrer Medialfläche eben, an der Lateralfläche leicht gewölbt, die maxillaren Borsten dagegen tragen an ihren Medialseiten je zwei Längsrinnen. Diese Rinnen legen sich an der Hypopharynxspitze, wo die maxillaren Stechborsten zusammentreffen, eng aneinander, und so wird von den beiden Maxillarborsten ein Stab gebildet, der zwei hintereinanderliegende Kanäle enthält. Der vordere Kanal öffnet sich in die Mundhöhle und den Pharynx, in den hinteren Kanal schiebt sich die Spitze des Hypopharynx, die den Speichel in diesen Kanal leitet. Er ist also als Speichelkanal zu bezeichnen, während der vordere Kanal der Nahrungskanal ist. Die beiden Kanäle sind die einzigen Wege, die aus dem Kopf ins Freie führen, denn auf den von den Maxillarborsten gebildeten glatten Stab legen sich beiderseits die ebenen Flächen der Mandibularborsten, und an das damit gebildete Stechborstenbündel schmiegen sich die Oberlippe, die Laminae mandibulares und die Laminae maxillares von vorn, von den Seiten und von hinten so eng an, daß die Mundhöhle und der Pharynx völlig von der Außenwelt abgeriegelt sind. Die genannten Teile bilden eine schnabelartige Spitze, die eben dem Stechborstenbündel den Austritt gestattet. Gleich nach dem Austritt aus dieser Spitze begibt es sich aber wieder in die Gefangenschaft des Labiums, das es bis zur Spitze völlig einhüllt. Ein fester Zusammenhalt der maxillaren Stechborsten, welcher wegen der in ihnen enthaltenen Speichel- und Nahrungswege besonders wichtig ist, wird innerhalb des Kopfes durch besondere Führungsvorrichtungen, innerhalb des Labiums dadurch erreicht, daß die Borsten miteinander verfalzt sind. Die Verfalzung geht aber nicht so weit oralwärts, daß die Stechborsten, die sich ja innerhalb des Kopfes voneinander trennen, nicht eine Strecke weit in die Kopfhöhle eingezogen werden könnten. Jede Stechborste ist an ihrer Basis nämlich mit mindestens einem Retraktor und einem Protraktor versehen, die Borsten können also, so weit die Kontraktionsfähigkeit dieser Muskeln reicht, vorgestoßen und wieder zurückgezogen werden. Die Muskeln greifen übrigens nicht immer an der Borstenbasis selbst, sondern häufig auch an chitinösen Artikulationshebeln an (H_1, H_2, Abb. 131c), die bei den meisten Formen die Basis der Borsten mit der Kopfwand verbinden. Ursprungsflächen für die Protraktoren der Borsten liefern die Laminae, für die Retraktoren sowie für die Muskeln der Speichelpumpe dagegen bildet diese Flächen das Tentorium, ein Innenskelettstück, das gewöhnlich als ein bockartiges, vierbeiniges Gestell mit einem Querarm entwickelt ist (siehe Abb. 147, *Tt*).

Die Vorstreckbarkeit der Borsten erlaubt ein Heraustreten des Borstenbündels über die Spitze des Labiums, die gegenseitige Unabhängigkeit der Muskeln der verschiedenen Borsten gestattet aber auch jeder einzelnen Borste gesonderte Bewegungen, was für den Saugvorgang von großer Wichtigkeit ist.

Die vorstehende Schilderung gibt nur die Grundzüge des Baues des Hemipterenkopfes wieder, sie soll im folgenden ergänzt werden durch Schilderungen der verschiedenen, innerhalb der einzelnen Hemipterengruppen vorkommenden Funktionstypen. Da es uns hier nicht auf vergleichend morphologische, sondern vielmehr auf biologische Erkenntnisse und Zusammenhänge ankommt, erfolgt die Darstellung vorwiegend nach funktionellen Gesichtspunkten. Allerdings zeigt das Studium der Nahrungsaufnahme der Insekten besser als irgendein anderes Gebiet, daß ein volles Verständnis der Lebensvorgänge sich nur durch eingehende Berücksichtigung der anatomischen Verhältnisse ermöglichen läßt.

b) Wanzen.

Den Ausgangspunkt mögen, wie im vorhergehenden Kapitel, die Wanzen bilden, deren Kopfbau im Verhältnis zu dem der Homopteren wenig kompliziert ist.

Der Kopf bildet nämlich bei allen Wanzen mit Ausnahme der Polycteniden eine ringsum geschlossene Kapsel und ist, in vielen Fällen wenigstens, prognath, d. h. seine Längsachse bildet die Verlängerung der Längsachse des Körpers. Im allereinfachsten Falle, so bei den Anthocoriden, liegt das Labium in Verlängerung der Längsachse des Kopfes, das Mundfeld liegt also, senkrecht gestellt, an der Vorderfläche des Kopfes. Bei den phytophagen Heteropteren liegen die Verhältnisse insofern etwas anders, als das Labium während des Saugens senkrecht zur Unterlage gehalten wird. Die Mundfläche ist bei diesen Formen infolgedessen etwas ventralwärts verschoben. Trotzdem bleibt aber die Kopfkapsel geschlossen, auch eine deutliche chitinöse Kehlregion bleibt erhalten.

Bei den Pentatomiden, die wir als Vertreter der phytophagen Wanzen genauer betrachten, ist das Labium, wie Abb. 132 und 190b zeigen, in der Ruhe nach hinten an die Bauchfläche gelegt; sein basales Glied ruht in dieser Stellung in einer Rinne, die jederseits durch einen vorspringenden Grat, die Buccula, begrenzt wird. Die Oberlippe, deren Bau aus den Abb. 132 und 133 hervorgeht, legt sich in die ziemlich breite, offene Falte des basalen Gliedes des Labiums, ihre Spitze reicht noch bis an das zweite Glied. Die Oberlippe umgreift das Stechborstenbündel zum Teil und kann ihm, wenn es aus der Falte des Labiums herausgehoben wird (Abb. 132c), als Führung dienen. Die Stechborsten selbst sind, wie das Labium, verhältnismäßig lang, ihre basalen, hohlen Teile sind aber nicht sehr tief in den Kopf eingesenkt, und dementsprechend ist die Reichweite ihrer Protraktoren nicht sehr groß. Trotzdem können die Stechborsten weit über die Spitze des Labiums hinaus vordringen, da dieses, wie Abb. 133 zeigt, im Gelenk zwischen dem ersten und zweiten Glied nach hinten vom Stechborstenbündel abgewinkelt und damit verkürzt werden kann. Da das Vordringen des Stechborstenbündels langsam und durch abwechselnde Bewegungen der einzelnen Borsten erfolgt, bleibt es auch dann noch möglich, wenn das Bündel nicht in seinem ganzen

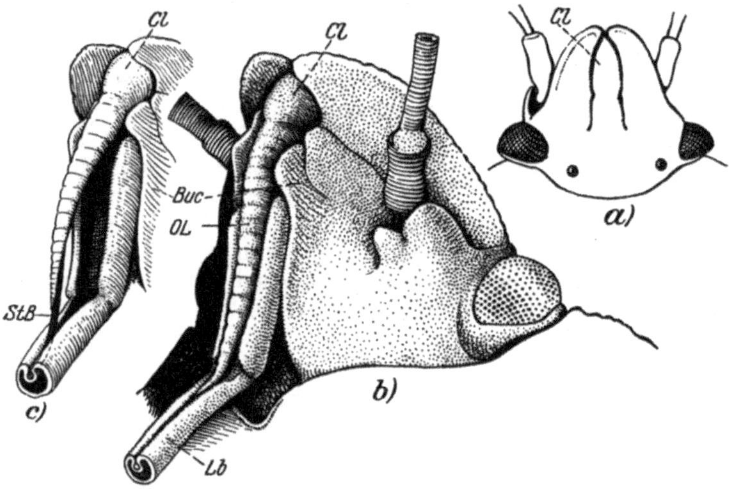

Abb. 132. Kopf von *Palomena prasina* (Pentatomiden). a) Dorsal; b) schief von der Ventralseite gesehen, Labium abgeschnitten; c) dieselbe Ansicht, Oberlippe mit Stechborstenbündel aus der Rinne des Labiums herausgehoben. *Buc* Buccula, andere Bezeichnungen, siehe Abb. 131.

Verlauf geführt wird. Genaueres über diese Seite der Mechanik der Mundwerkzeuge soll zwar erst weiter unten (S. 206) beigebracht werden, es kann indessen hier schon erwähnt werden, daß die mandibularen Stechborsten einzeln nacheinander vorstoßen und dabei von den maxillaren Borsten geführt werden. Indem sich mit jedem Vorstoß der Borsten der Rüssel durch Abwinkeln verkürzt, wird immer wieder die Möglichkeit geschaffen, die Protraktoren zu dehnen und so für neue Vorstöße der Borsten bereit zu machen. Die Fixierung der Borsten in der Stichwunde erfolgt durch mehr oder weniger ausgeprägte, bei den phytophagen Formen meist niedrige Zähne der mandibularen Borsten. Möglicherweise wirken sie nebenbei auch noch wie die Zähne einer Säge.

Charakteristisch für die phytophagen Wanzen ist, daß der Nahrungskanal des Borstenbündels ungefähr die gleiche Weite hat wie der Speichelkanal (siehe Abb. 134b). Der Speichel ergießt sich in den letzteren aus der Hypopharynxspitze (näheres siehe S. 202), er wird getrieben von der Speichelpumpe, deren Lage und Bau aus Abb. 133 und 135 hervorgeht. Die Pumpe ist eine nach dem Prinzip der Diaphragmakolbenpumpe arbeitende Saugdruckpumpe, sie besteht aus einem Pumpenstiefel, der Cupula (*Cu*), und einem Kolben, der Pistill genannt wird (*P*). Beide sind miteinander durch eine hochelastische, doppelwandige, ziemlich dicke Haut, das Diaphragma (*Dia*), verbunden. Am Pistill greift in einer starken Chitinsehne ein Muskel an, der das Pistill aus der Cupula zu ziehen vermag. Dabei wird das Diaphragma gedehnt, der Hohlraum der Cupula wird erweitert (Abb. 135 a), es entsteht im Inneren der Cupula ein Unterdruck. Da das Ventil V_1, das den von der Speicheldrüse herkommenden, in die Pumpe mündenden Speichelgang (*SpG*) verschließt, sich nach innen öffnet, wird, solange der Pumpenmuskel tätig ist, aus dem Gang Speichel in die Pumpe gesogen. Das Ventil V_2, das den aus der Pumpe herausführenden Pumpenkanal (*PG*) verschließt, öffnet sich dagegen nur nach außen und verhindert daher ein Zurücksaugen des bereits aus der Pumpe ausgetretenen Speichels. Läßt der Pumpenmuskel nach, so schnellt das Pistill vermöge der Elastizität des Diaphragmas nach, das Ventil V_1 wird zugedrückt, das Ventil V_2 öffnet sich, und der im Hohlraum der Cupula befindliche Speichel wird durch den Pumpenkanal in den Speichelkanal der Stechborsten und von da in die Stichwunde getrieben. Natürlich kann die Zahl der Pumpen-

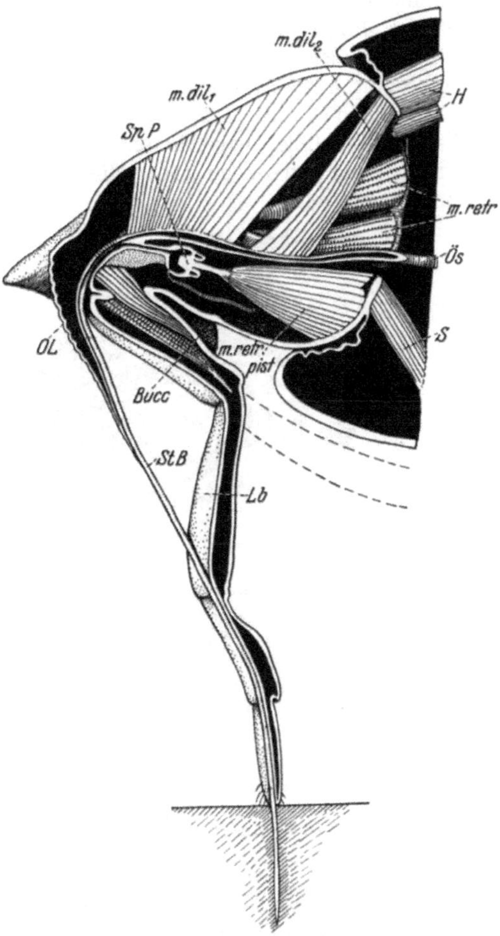

Abb. 133. *Graphosoma italicum*, rechte Hälfte des Kopfes, durch einen genau median gelegenen Schnitt von der linken getrennt. Schnittflächen weiß. Nervensystem und Fett entfernt. Labium und Stechborstenbündel in Saugstellung. *Bucc* Buccula, *H* Heber des Kopfes, *Lb* Labium, *m.dil*$_{1,2}$ die Dilatatoren des Pharynx, *m.retr* Retraktoren der Stechborsten, *m.retr.pist* Speichelpumpenmuskel, *Ös* Ösophagus, *OL* Oberlippe, *S* Senker des Kopfes, *SpP* Speichelpumpe, *StB* Stechborstenbündel.

schläge und damit die Menge des austretenden Speichels je nach Bedarf geregelt werden.

Der Pharynx zeigt bei den bis jetzt untersuchten phytophagen Wanzen keine Besonderheiten, die Dilatatoren sind sehr kräftig, das Saugen geschieht durch eine von vorn nach hinten fortlaufende, wellenartige Hebung des Pharynxdaches, die einen durch den Nahrungskanal der Stechborsten aufsteigenden, ununterbrochenen Nahrungsstrom zur Folge hat. Natürlich ist die aufsteigende Nahrung mit Speichel gemischt; die Rolle des Speichels sowie die des epipharyngealen Sinnesorgans, das den Nahrungsstrom chemisch kontrolliert, wird weiter unten noch näher besprochen werden.

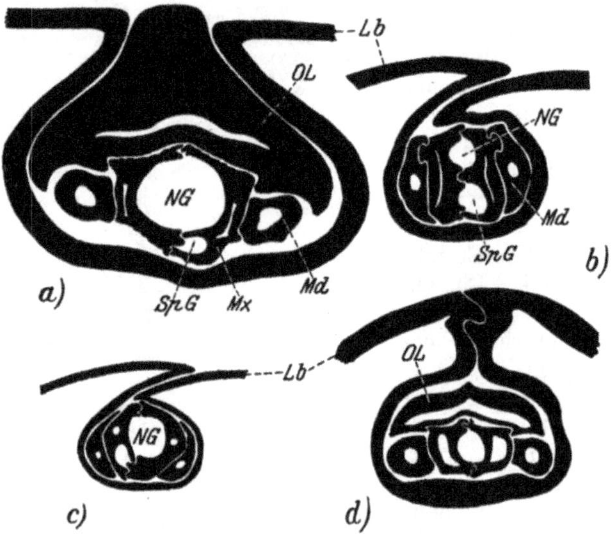

Abb. 134. Querschnitte durch die Labialfalte mit den Stechborsten verschiedener Wanzen, nach Ekblom mod. a) *Velia currens*; b) *Aphanus pini*; c) *Nabis flavomarginatus*; d) *Hydrometra stagnorum*. *Lb* Labium, *Md* Mandibularborste, *Mx* Maxillarborste, *NG* Nahrungsgang, *OL* Oberlippe, *Sp G* Speichelgang.

Von der Art der Nahrungsaufnahme bei anderen phytophagen Wanzen ist nicht allzuviel bekannt; es scheint, daß das Abwinkeln des Labiums vom Borstenbündel in vielen Gruppen vorkommt, wenigstens ist es bei den Pyrrhocoriden (*Dysdercus*, *Pyrrhocoris*), bei den Piesmiden und den Capsiden nachgewiesen. Bei *Piesma quadrata* (Schubert, Ext, Wille) und bei *Dysdercus sidae* (Ballard und Evans) kommt es sogar regelmäßig vor, daß das Labium das Stechborstenbündel völlig freigibt und, während das Bündel tief in die Nährpflanze eindringt, zurück in die Ruhestellung geht. Nachher helfen dann (bei *Dysdercus*) die Vorderbeine, das Borstenbündel wieder in die Rinne des Labiums zurückzubringen.

Während die meisten phytophagen Wanzen im Kopfbau den Pentatomiden ähneln, ist bei den Aradiden, den pilzfressenden Rindenwanzen, eine eigentümliche Weiterbildung zu verzeichnen (Abb. 136). Die Stechborsten der Aradiden sind ganz ungewöhnlich lang, nach SPOONERS, STRAWINSKIS und eigenen Untersuchungen 5—6mal so lang wie der ganze Körper. Sie können daher in der Ruhelage unmöglich in dem durchaus nicht übermäßig langen Labium untergebracht werden. Am durchsichtigen Präparat kann man sich leicht davon überzeugen, daß die Borsten in dem schnauzenartig verlängerten Vorderteile des Kopfes untergebracht sind. Die Schnauze wird von dem verlängerten und nach vorn unten sowie nach den Seiten umgebogenen Clypeus gebildet, sie enthält eine flache, mit einer weichen Membran ausgekleidete Tasche, in der das Stechborstenbündel spiralig aufgerollt ruht. Der Spitzenteil des Bün-

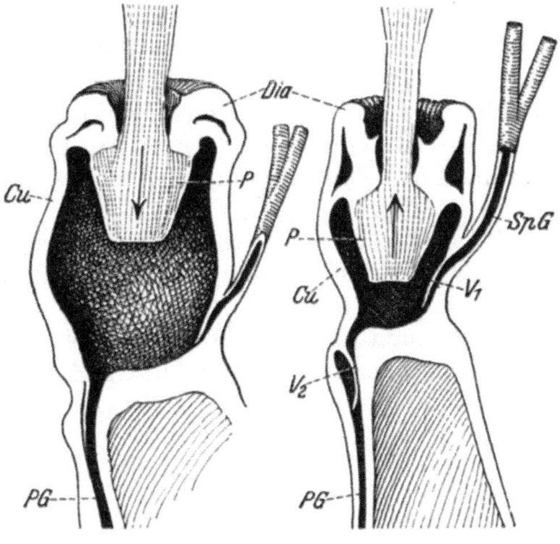

Abb. 135. Speichelpumpe, längs durchgeschnitten. a) Von *Pentatoma*; b) von *Palomena* (Pentatomiden). a) Pistill retrahiert und im Begriff zurückzuschnellen; b) Pistill zurückgeschnellt und in der Retraktion begriffen. *Cu* Cupula, *Dia* Diaphragma, *P* Pistill, *PG* Pumpengang, *SpG* zuleitender Speichelgang, $V_1 V_2$ Ventile.

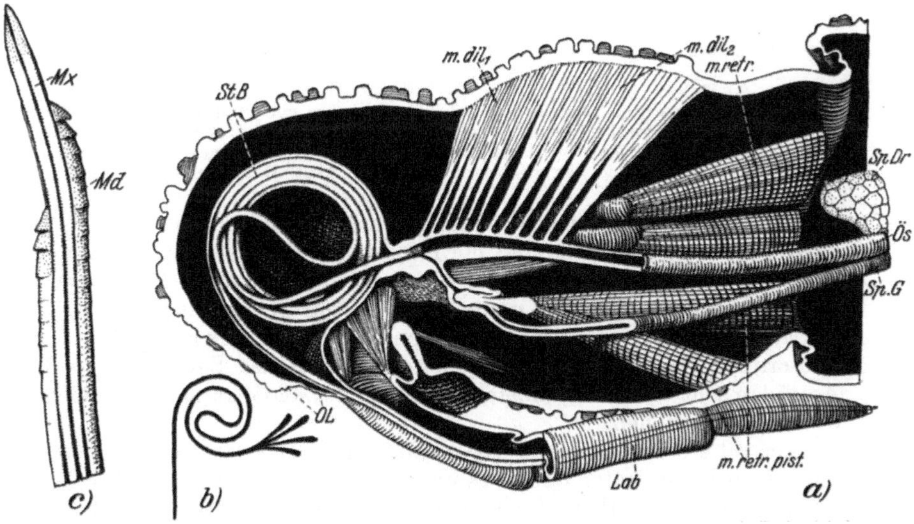

Abb. 136. *Aradus sp.*. a) Kopf, Darstellung wie in Abb. 133. Bezeichnungen wie dort, *SpDr* Speicheldrüse, *SpG* Speichelgang; b) Schema der Lagerung des Stechborstenbündels in der Ruhe; c) Spitze des Stechborstenbündels in der Bewegung, *Mx* Maxillarborste, *Md* Mandibularborste mit Sägezähnen.

dels liegt wie gewöhnlich im Labium. Daß die Stechborsten aus dieser eigentümlichen Ruhelage ohne Schwierigkeit herausgezogen werden können, rührt daher, daß ihre Lagerung so ist, wie Abb. 136b im Schema zeigt. Das Bündel bildet eine große Schleife, und diese Schleife ist es, die aufgerollt wird. Das Abrollen der Schleife, das ganz mechanisch mit dem Vorstoßen des Bündels aus dem Labium erfolgt, geschieht dann einfach durch Verkürzung der Schleife. Für die Erklärung des Vorstoßens des Bündels, das nur durch die Wirkung der normal gebauten und durchaus nicht besonders verlängerten Muskeln der Borstenbasen erfolgt, sind dieselben Gesichtspunkte maßgebend wie bei den Psylliden und Cocciden (siehe S. 206).

Abgesehen von dieser enormen Verlängerung der Stechborsten und der damit zusammenhängenden Umbildung des Vorderkopfes, ist der Aradidenkopf, wie ein Vergleich von Abb. 133 und 136 zeigt, normal gebaut. Auch die Stechborstenspitzen sind wie bei den Pentatomiden mit Zähnen versehen, die sicher ein Zurückgleiten der Borsten auf ihren

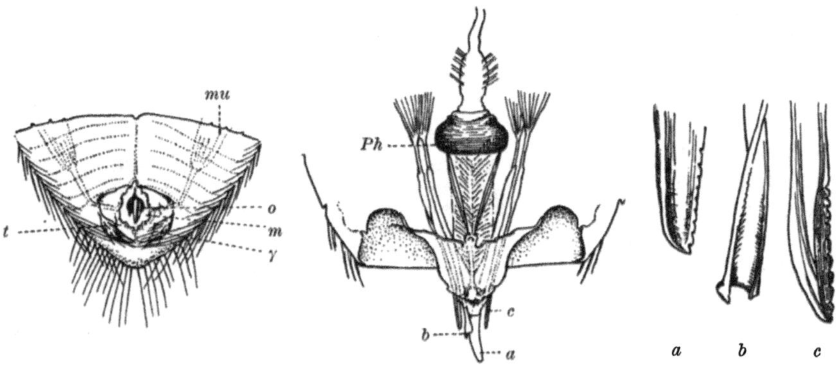

a b c

Abb. 137. *Corixa sp.*, nach HUNGERFORD. a) Labium von vorn mit der Austrittsstelle der Stechborsten *o*, den Muskeln dieser Öffnung *mu*, den sie umgebenden Skelettstücken *t*, *γ*, *m*; b) Mundteile nach Entfernung des Labiums, Stechborsten aus dem Mundkegel etwas vorgestreckt; Bezeichnung wie in c) Spitzen dreier Stechborsten, *a*, *b* linke und rechte Maxille, *c* linke Mandibel.

verwickelten Bahnen zu verhindern vermögen (Abb. 136c). Auch Speichelpumpe und Pharynx sind normal gebaut, das Labium hat, wie bei den Pentatomiden, eine recht schwache Muskulatur, im Gegensatz zu den räuberischen Formen, deren Labium sehr beweglich ist.

Natürlich kommen die überlangen Stechborsten sowohl den Pilzfressern wie den aus den cambialen Schichten der Bäume saugenden Arididen sehr zustatten, indem sie ihnen den Zutritt zu nahrungsreichen Stellen ermöglichen.

Vertreter eines, den Aradiden gerade entgegengesetzten Extrems sind die Algenfresser unter den Wasserwanzen, die Corixiden. Ihr Kopf ist deutlich prognath und zeichnet sich vor allem durch ein sehr verkürztes Labium aus, das eigentümlich verbreitert ist und die Spitze des Kopfes bildet. An seinem Ende hat es eine nach vorn zeigende Öffnung, aus der die Spitzen der außerordentlich kurzen Stechborsten eine Strecke weit heraustreten können. Entfernt man das Labium, wie in Abb. 137b geschehen, so sieht man die Spitzen der Stechborsten besser und erkennt, daß die inneren, maxillaren Borsten nicht symmetrisch sind. Die Mandibeln (*c*) sind einfache, mit Sägezähnen versehene Bohrer, eine maxillare Borste ist ganz ähnlich gebaut, während die zweite eine eigentümlich gedrehte Halbröhre bildet. Eine Speichelpumpe von allerdings recht geringer Größe ist vorhanden, die beiden maxillaren Borsten bilden aber zusammen weder einen Speichelkanal noch einen ringsum geschlossenen Nahrungskanal, wie sie sich denn überhaupt nicht zu einem Bündel

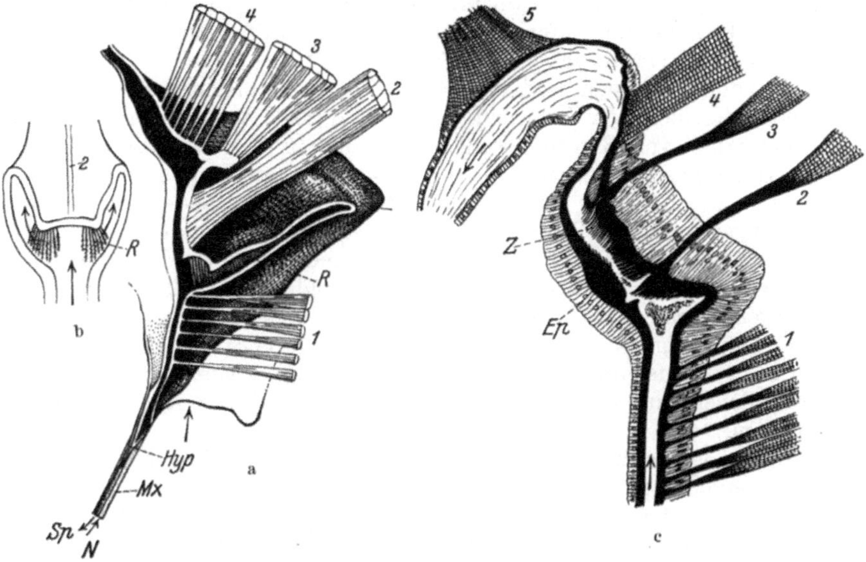

Abb. 138. a) Linke Hälfte des Pharynx von *Notonecta glauca*, freipräpariert und durch einen Medianschnitt von der rechten Hälfte getrennt, Schnittflächen weiß; b) hinterer Teil des Pharynx, durch einen Schnitt in Richtung des Pfeiles in a) abgetrennt und von vorn betrachtet, ohne Muskeln; c) *Corixa* (*Macrocorixa*) *Geoffroyi*, Larve, Längsschnitt durch den Pharynx, aus mehreren Schnitten einer Serie kombiniert, nicht genau median. Chitin schwarz. *1*, *2*—*5* Dilatatoren des Pharynx, *Ep* Epithellage, *Hyp* Hypopharynxspitze, *Mx* Maxillarborste, *N* Weg der Nahrung, *R* Reusenborsten, *Sp* Weg des Speichels, *Z* Chitinzähne.

zusammenschließen. Es ist daher kaum anzunehmen, daß die Mundwerkzeuge von *Corixa* ganz ebenso funktionieren, wie die der anderen Hemipteren, vielmehr scheinen die Stechborsten zunächst nur als Bohrer zu dienen, die nötigenfalls Algenfäden und ähnliche Nahrungskörper zu öffnen haben. Im übrigen wird die Nahrung, die ja auch aus allerlei kleinen Organismen besteht, offenbar einfach durch die Mundöffnung eingeschlürft. Vielleicht dienen dabei die Stechborsten, besonders die verdrehte linke Maxille, als „Besteck“ und erleichtern durch abwechselnde Bewegungen dem als Saugpumpe fungierenden Pharynx die Arbeit. Sicher wird die Nahrung, während sie zum Pharynx emporsteigt, gleich eingespeichelt.

Der Pharynx selbst ist, wie schon Geise festgestellt hat, bei *Corixa* nicht nach dem üblichen Schema gebaut. Er bildet eine ovale, gedrungene Kapsel (Abb. 137b), die, wie Abb. 138c im Sagittalschnitt zeigt, innen mit einer dicken Chitinlage ausgekleidet ist. Das Chitin ist an der Oberfläche in zahlreiche, feine Zähnchen aufgelöst. Der Pharynx bildet daher einen außerordentlich wirksamen Kauapparat. Seine Muskeln, die der ganzen Anordnung nach aus einfachen Dilatatoren hervorgegangen sind, erfüllen zwar zum Teil (1,5) noch die Aufgabe von solchen, vermitteln also das Einsaugen der Nahrung, zum anderen Teil aber (2—4) setzen sie den Kauapparat in Betrieb, der durch Aneinanderreiben seiner Wände die aufgenommenen Kleinorganismen zu einem gleichmäßigen, leicht aufschließbaren Brei zerreibt. Bei *Corixa* erfüllt also der Pharynx die Aufgabe, die bei manchen Käfern und Orthopteren dem ösophagalen Kaumagen zufällt.

Bei den Corixiden und den Aradiden, den extremen Endgliedern zweier verschiedenen Entwicklungsbahnen, zeigt sich die gegenseitige Abhängigkeit von Bau und Funktion besonders klar. Bei den einen ist das erblich gegebene Moment — die saugenden, stechenden Mundwerkzeuge — zur höchsten Vollendung gediehen, bei den anderen ist es soweit abgewandelt, daß die ursprünglich saugenden Mundteile zur Aufnahme und Verarbeitung fester Nahrung geeignet geworden sind. Die Tatsache, daß in beiden Fällen der ursprüngliche Bauplan noch wohl zu erkennen ist, zeigt, daß Umwandlungen dieser Art nur langsam vor sich gehen, zeigt vor allem, daß einmal erworbene Spezialeinrichtungen sich schwer umschmelzen lassen und nur auf Umwegen wieder dem ursprünglichen Zustand sich nähern können, ohne ihn je ganz wieder zu erreichen.

Unter den räuberischen Wanzen ähneln die Asopiden, die ja zu den Pentatomiden gehören, den phytophagen Wanzen in fast allen Punkten. Ihre räuberische Lebensweise nötigt sie aber zu einer größeren Unabhängigkeit von der Lage des Nahrungsobjektes, als das bei den phytophagen Formen der Fall ist, die meist auf dem Nahrungsobjekt, der Pflanze, sitzen und deren Labium daher nur in senkrechte Stellung gebracht zu werden braucht, um gebrauchsfähig zu sein. Weiter geht denn auch die Beweglichkeit des Rüssels nicht. Bei den Asopiden kann das Labium dagegen nicht nur horizontal vorgestreckt, sondern nach Schumacher sogar noch über die Horizontale nach oben umgebogen werden. Im übrigen ist der Kopf wenig beweglich und ziemlich kurz. Da dementsprechend die Stechborsten mit ihren Basen nicht allzutief eingesenkt sind, wird, wenn eine Asopide ein größeres Beutetier aussaugt, wenn sie also ihre Stechborsten weit ausstrecken muß, oft ein Abwinkeln des Rüssels vom Borstenbündel notwendig, wie es oben bei den phytophagen Pentatomiden geschildert und abgebildet wurde. Gulde beschreibt ein derartiges Arbeiten des Labiums bei Larven von Asopiden und erzählt weiter von Beobachtungen, die er an den durchsichtige Ichneumonidenpüppchen aussaugenden Tieren gemacht hat. Danach sieht man das Stechborstenbündel als Ganzes in das Beuteobjekt eindringen, seine Spitze windet sich hin und her wie ein Aal und beschreibt Kreise und Spiralen. Dieser auffallenden, aktiven Biegsamkeit der Stechborsten, die bei leblosen, rein chitinösen Gebilden fast unerklärlich scheint, werden wir bei den Pflanzenläusen wieder begegnen und sie zu erklären suchen. Saugen Asopiden größere Tiere, Raupen und dergleichen, aus, was oft vorkommt, so lassen sie die Beutetiere vielfach frei am Rüssel hängen, was durch sehr kräftige Widerhaken der mandibularen Borsten ermöglicht wird. Das Aussaugen selbst dauert dann oft stundenlang, die große Dehnungsfähigkeit des Abdomens erlaubt den Tieren, reichlich Nahrung auf einmal aufzunehmen.

Bei den übrigen räuberischen Wanzen ist durchweg der Kopf selbst beweglicher als der der Asopiden, bei den Reduviiden insbesondere ist das Halsstück der Kopfkapsel deutlich verengert. Vom Hinterrand des Kopfes ragt dorsal und ventral jederseits je ein knorriger, innenskelettaler

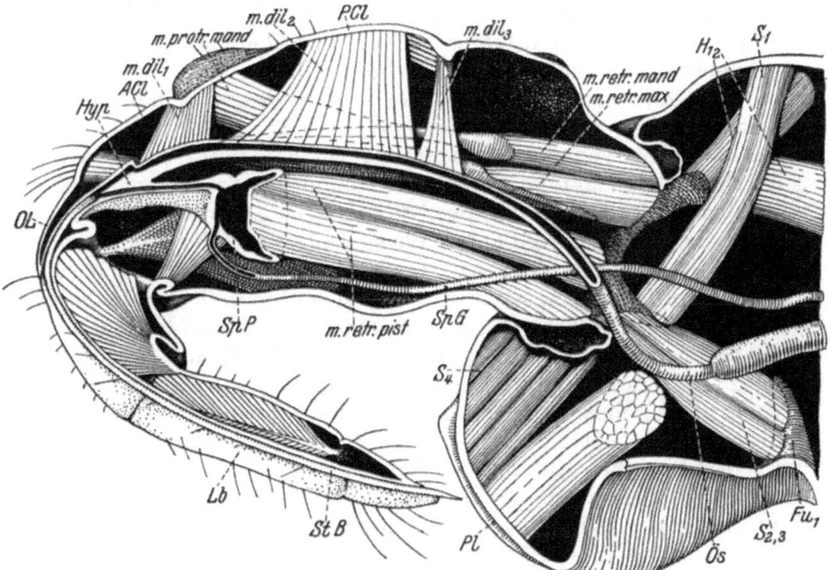

Abb. 139. Kopf einer ausgewachsenen Larve von *Reduvius personatus*. Darstellung und Bezeichnungen wie in Abb. 133. Fu_1 Furca des Prothorax, *ACl* Anteclypeus, *PCl* Postclypeus, *Pl* Plektrum, *Sp G* zuleitender Speichelgang. Die Heber (*H*) und Senker (*S*) des Kopfes sind numeriert.

Fortsatz in die Höhlung des Prothorax hinein (Abb. 139). An diesen Fortsätzen greifen zahlreiche verschieden gerichtete, starke Muskeln an. Diese Muskeln arbeiten teils als Heber ($H_{1,2}$), teils als Senker ($S_{1,2,3}$) des Kopfes, sie machen den Kopf allseitig beweglich und erleichtern so den Beutefang, indem sie die Bewegungsmöglichkeiten des Labiums vervielfachen.

Die Kopfkapsel selbst ist ziemlich langgestreckt, das Labium, das nur drei Glieder hat, artikuliert an ihrer Vorderfläche, ist in der Ruhe nach hinten gebogen, kann aber auch horizontal vorgestreckt werden. Mehrere fiederförmige, starke Muskeln, die teils an der Basis des Labiums angreifen, teils in seiner Höhlung gelegen sind, machen den Rüssel biegsam und erlauben ihm eine weitgehende aktive Beweglichkeit. Diese Beweglichkeit des Labiums ist von anderer Art als die oben bei den

Asopiden erwähnte. Der ganze Bau des verhältnismäßig kurzen und dicken, in der Ruhe sichelförmig gekrümmten und durch seine starken Muskeln wie ein Finger beweglichen Reduviidenrüssels weist auf den Unterschied gegenüber dem langen, dünnen, viergliedrigen Asopidenrüssel hin. Letzterer ist ein modifizierter Phytophagenrüssel, ersterer das Mordwerkzeug eines „geborenen“ Räubers. Die Länge der Kopfkapsel der Reduviiden ergibt die Unterbringungsmöglichkeiten für tief eingesenkte, lange Stechborstenbasen. Die distalen Teile der Stechborsten sind stark, die mandibularen Borsten sind wie bei den Asopiden mit kräftigen Widerhaken versehen und vermögen so das einmal angestochene Beutetier gut festzuhalten. Da die Stechborsten so tief in den Kopf eingesenkt sind, haben ihre Protraktoren eine große Länge. Die Borsten können demnach eine ausreichend lange Strecke weit aus dem Labium heraustreten, um so mehr als das Labium sich auch etwas zusammenschieben und dadurch verkürzen kann. Ein Abwinkeln des Labiums kommt scheinbar nicht vor und ist wegen seiner geringeren Gliederzahl wahrscheinlich unmöglich.

Bei den Reduviiden wie überhaupt bei den räuberischen Wanzen ist der Nahrungskanal des Stechborstenbündels sehr viel weiter als der Speichelkanal (Abb. 134a, c). Der Übergang des ersteren in den Pharynx vollzieht sich in der gewöhnlichen Weise (siehe unten bei Aphidinen und Psylliden, S. 202), der Pharynx ist nicht besonders weit und nicht ungewöhnlich differenziert, seine Dilatatoren sind in drei verschieden starken Bündeln angeordnet. Die Speichelpumpe unterscheidet sich von der der phytophagen Wanzen dadurch, daß das Pistill einfach durch eine becherförmig eingestülpte Membran vertreten wird, an der ohne Vermittlung einer Sehne ein sehr kräftiger Muskel angreift. Da die Pumpe relativ groß ist, hat sie ein weites Lumen und kann also mit einem Pumpenschlag einen starken Speichelstrahl in die von den Stechborsten gebohrte Wunde spritzen. Da der Speichel Giftwirkung hat und das Opfer lähmt, ist diese Einrichtung biologisch ohne weiteres verständlich.

Der Kopf der Wasserläufer *Gerris* und *Velia* (Abb. 140) ist dem der Reduviiden zwar ähnlich, unterscheidet sich von ihm aber in einem Punkt sehr merklich. Die maxillaren Stechborsten, die eigentlichen Saugorgane, sind nämlich außerordentlich lang und reichen mit ihren Basen tief in den Thorax hinein. Da die Protraktoren entsprechend lang sind, können die maxillaren Stechborsten sehr weit aus dem Labium heraustreten, während die mandibularen Borsten, die wie bei den Reduviiden mit Widerhaken versehen sind, normale Länge haben und daher nicht besonders weit vorgestreckt werden können. Die Retraktoren greifen an einem sehr langen, vom Hinterkopf in den Thorax gehenden Apodem an (*Ap*). Bei den Wasserläufern ist der Unterschied in der Funktion der beiden Stechborstenpaare, die sonst immer zusammen arbeiten, sehr auffallend; das mandibulare Paar, das die Wunde schlägt und das Beutetier festhält, hat mit der Saugfunktion gar nichts zu tun. Sie sowie die Zuleitung des Speichels ist Sache der Maxillarborsten, die, tief in den Körper des Opfers eindringend, jeden Winkel und alle aufnehmbaren Stoffe zu erreichen vermögen.

Bei *Gerris* und *Velia* ist als besondere Merkwürdigkeit zu verzeichnen, daß die Oberlippe nicht wie bei den seither beschriebenen Formen einfach einen Deckel über dem Labium bildet, sie ist vielmehr in die tiefe Falte der Labialbasis eingelassen und kommt nur mit einem kleinen Streifen ihrer Oberfläche ans Tageslicht, wie Abb. 134a nach EKBLOM zeigt.

Bei *Hydrometra* verschwindet gar die Oberlippe ganz in der Labialfalte, die durch eine Verzahnungsvorrichtung fest verschlossen ist

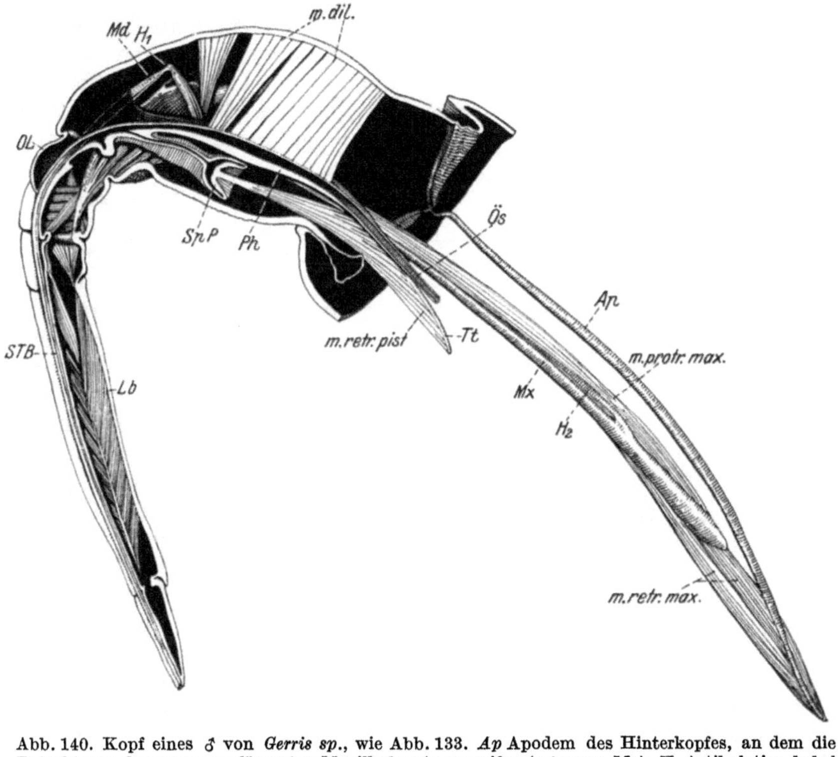

Abb. 140. Kopf eines ♂ von *Gerris sp.*, wie Abb. 133. *Ap* Apodem des Hinterkopfes, an dem die Retraktoren der enorm verlängerten Maxillarborste angreifen (*retr.max*, *Mx*), H_2 Artikulationshebel der Maxillarborste, *Ph* Pharynx, *Md* Basis der Mandibularborste mit Artikulationsapparat H_1.

(Abb. 134d). Dieser feste Verschluß der Falte zeigt schon, daß bei den Wasserläufern ein Abwinkeln des Labiums vom Borstenbündel nicht in Frage kommt. Ein Ersatz für diese fehlende Fähigkeit ist die große Länge des maxillaren Stechborstenpaares, die nach EKBLOM bei *Hydrometra* gleich ist wie bei *Gerris* und *Velia*. Der Kopf von *Hydrometra* ist allerdings so lang, daß er auch die überlangen Maxillarborsten unterbringen kann; die Wirkung der Verlängerung bleibt aber dieselbe — die Fähigkeit, das für das Saugen allein wichtige Borstenpaar weit auszustrecken.

Der wichtigste Unterschied zwischen *Hydrometra* und den anderen Wasserläufern besteht darin, daß bei *Hydrometra* (nach EKBLOM) ein Speichelkanal im Stechborstenbündel fehlt (Abb. 134d). Ob diese Eigenschaft mit der Vorliebe der Art für tote Beutetiere zusammenhängt, ließe sich nur sagen, wenn man bestimmt wüßte, daß der Nahrungskanal nicht etwa auch nebenbei der Zuleitung des Speichels dienstbar ist. Das ließe sich aber nur entscheiden, wenn man den inneren Bau des Kopfes von *Hydrometra* genau kennte. Wir wissen aber noch nicht einmal, ob *Hydrometra* eine Speichelpumpe besitzt, viel weniger wie der Übergang des Nahrungskanals in den Pharynx sich vollzieht.

Interessant ist, daß die Spitzen der maxillaren Stechborsten bei sämtlichen Wasserläufern, auch bei den marinen *Halobates*-Arten, zwar keine Widerhaken tragen wie die Spitzen der mandibularen Borsten, daß sie aber feine, lange, reusenartig aussehende Haarkämme haben, deren Bedeutung noch nicht ganz klar ist. Immerhin wäre es möglich, daß sie gröbere Bestandteile am Eindringen in den Nahrungskanal hinderten.

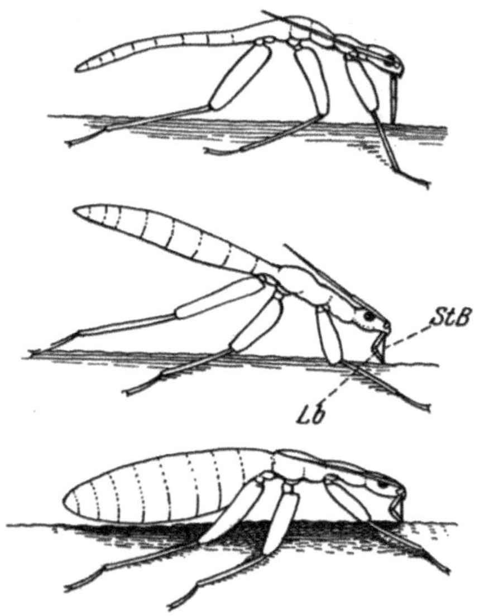

Abb. 141. *Cimex lectularius*. Verschiedene aufeinanderfolgende Stellungen beim Saugen, nach HASE. *Lb* Labium, *StB* Stechborstenbündel.

Die echten Wasserwanzen, deren Kopfbau von GEISE eingehend untersucht wurde, entsprechen, wenn man von den oben erwähnten Corixiden absieht, den räuberischen Landwanzen. Auch untereinander haben sie viel Ähnlichkeit und stimmen vor allem darin überein, daß ihre Rüssel recht beweglich sind. Besonders eigenartige Ausbildung hat bei ihnen nur der Pharynx, der z. B. bei *Notonecta* nicht nur ein Saugapparat, sondern auch ein recht komplizierter Reusenapparat ist. Im ganzen wie ein tiefer, dreikantiger Napf gebaut, ist er (Abb. 138a) mit einer fein gegliederten Spezialmuskulatur ausgerüstet, die nacheinander einzelne Teile des mehrfach gewinkelten Daches zu heben vermag. Die doppelte Reihe von Fiederborsten, die den Anfangsteil des Pharynx nach beiden Seiten hin begrenzt, kann kaum anders wie als Siebvorrichtung gedeutet werden. Ob der Pharynx daneben noch als Kauwerkzeug dienen kann, wie früher schon vermutet wurde, ist wenig wahrscheinlich, da seine Innenflächen nicht gezähnt sind.

Die blutsaugenden Wanzen, unter denen nur *Cimex lectularius* genauer untersucht ist, zeichnen sich, was den Kopfbau betrifft, nur wenig vor den räuberischen Wanzen aus. Der Pharynx hat eine ungewöhnlich starke Muskulatur (MARTINI) und muß daher wohl sehr dehnungsfähig sein, der Nahrungskanal der Stechborsten ist dementsprechend sehr weit; alles ist für eine möglichst rasche und möglichst reichliche Mahlzeit eingerichtet. Der Speichelkanal ist ziemlich eng, wie auch die Speichelpumpe klein und schwach ist. Das kurze Labium kann nicht nur nach unten, sondern auch nach vorn gestreckt werden; es vermag sich, wie Abb. 141 zeigt, in dem Maß, wie das Stechborstenbündel in die Haut des Wirtstieres eindringt, durch Abwinkeln zu verkürzen, bleibt aber wenigstens an der Spitze immer noch in Fühlung mit dem Borstenbündel und der Stichstelle. Bei den Polycteniden, den einzigen permanenten Tierparasiten unter den Hemipteren, bildet der Kopf keine geschlossene Kapsel, sondern (Abb. 142) ist durch eine häutige Strecke (*F*) in ein vorderes halbmondförmiges Kopfschild und ein hinteres, festes Epicranium geteilt. Eine derartige Auflösung der Kopfkapsel ist bei Para-

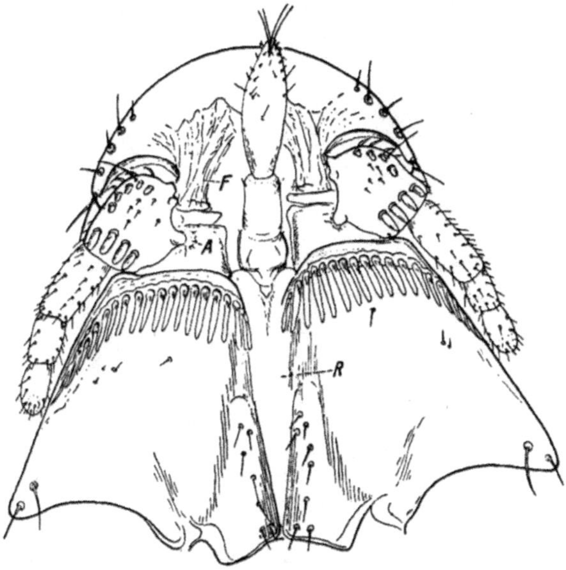

Abb. 142. *Eoctenes nycteridis*, Larve (Polycteniden), Kopf und Prothorax von der Ventralseite, nach JORDAN. *A* Basis der Antenne, *F* Hautfalte, *R* Rinne des Prosternums, in die das Labium in der Ruhe gelegt werden kann.

siten nichts seltenes, die Flöhe zeigen z. B. etwas ähnliches, und auch bei extremen Pflanzenparasiten treten, wie unten gezeigt werden wird, entsprechende Erscheinungen auf. Das Labium der Polycteniden ist kurz, aber ein typisches Hemipterenlabium, es kann in der Ruhe in eine tiefe Rinne (*R*) des Prosternums gelegt werden und stört dann beim Laufen im Haardickicht nicht. Über den Saugvorgang ist nichts bekannt.

c) Homopteren.

Unter den Homopteren sind noch nicht alle Gruppen auf ihren Kopfbau hin eingehend untersucht. So sind unter den Cicadinen nur die Singzikaden genauer bekannt (siehe Abb. 211). Ihr Kopf zeigt schon die erst bei den Pflanzenläusen zur höchsten Entfaltung kommenden, aber für alle Homopteren typischen Merkmale. Von einer chitinösen, hinter dem Labium gelegenen Gula ist nichts zu sehen, der Hinterrand des Grundgliedes des Labiums grenzt unmittelbar an das Prosternum, der Hinterhauptsring, der bei allen Wanzen vollkommen geschlossen ist, ist aufgelöst, eine ringsum geschlossene Kopfkapsel ist also nicht mehr vorhanden. Zu dieser Auflösung des Hinterhauptes kommt noch ein weiteres. Während bei den Wanzen das ganze Kopfdach vom Hinterhaupt bis zur Oberlippe eine Ebene bildet und ungefähr wagrecht steht, bildet es bei den Homopteren einen Winkel, der Kopf ist also hypognath. Bei den Cicadinen bildet der Clypeus, der sehr mächtig ist, noch einen Teil des Kopfdaches (siehe Abb. 143), bei den Aphiden und ebenso bei den Aleurodiden ist der Clypeus nicht an der Bildung des Kopfdaches beteiligt. Bei den

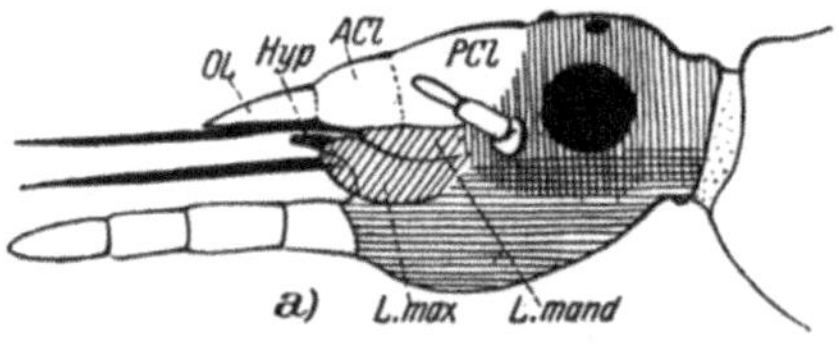

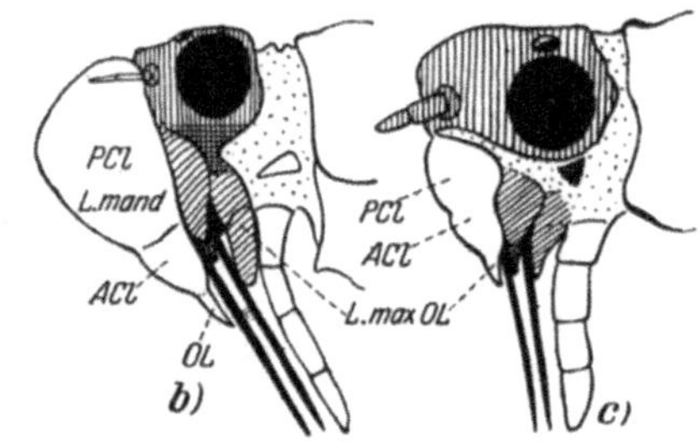

Heteroptera Cicadinae Aphididae

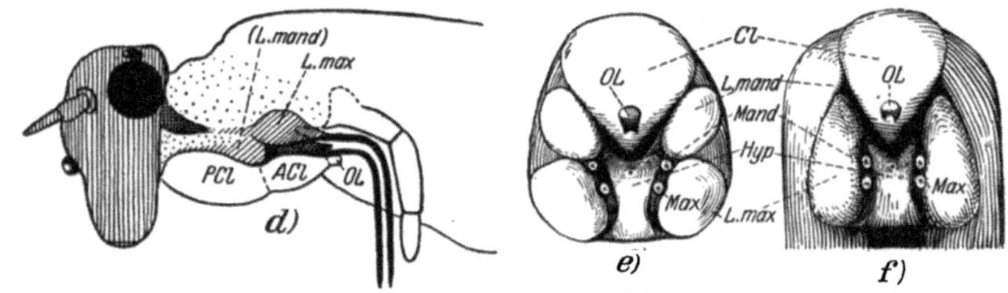

Psyllidae Aphididae Psyllidae

Abb. 143. a), b), c) und d) Schematische Seitenansichten des Kopfes. Senkrecht schraffiert = Epicranium, wagerecht schraffiert = Gula, schief schraffiert = Laminae, weiß = Clypeolabrum und Labium, schwarz = Stechborsten und Augen; e) und f) Grundrisse des Vorderkopfes. *ACl* Anteclypeus, *Cl* Clypeus, *Hyp* Hypopharynx, *L. mand*, *L. max* Lamina mandibularis, maxillaris, *Mand* Mandibularborste, *Max* Maxillarborste, *OL* Oberlippe, *PCl* Postclypeus.

Psylliden und ebenso bei den Larven der Aleurodiden, sowie bei den Larven und Weibchen der Cocciden ist der Clypeus sogar völlig auf die Ventralseite gewandert und liegt hier wieder horizontal. Mit dem Clypeus wandert der ganze Vorderkopf, die Mundöffnung und das Labium. Öffnet sich bei den Wanzen der Mund nach vorn oder wenigstens nach vorn unten, so öffnet er sich bei den Cicadinen, den Aphidinen und Aleurodiden nach der Ventralseite, bei den Cocciden, Aleurodidenlarven und Psylliden gar nach hinten. Dasselbe gilt von der Richtung der Stechborsten und der Längsachse des Labiums. Bei den Cocciden und Psylliden müssen, da die Borsten senkrecht zur Unterlage zu arbeiten haben, das Labium und das Borstenbündel eine rechtwinklige Knickung nahe der Basis erfahren, da ihre Spitzen durch die Verlagerung des Vorderkopfes nach hinten gerichtet sind.

„Wir gehen wohl nicht fehl, wenn wir die eben gekennzeichnete Entwicklung in Zusammenhang bringen mit den immer enger werdenden Beziehungen der Homopteren zur Pflanze. Die Umbiegung des Vorderkopfes, die schließlich in seiner Verlagerung auf die Ventralseite gipfelt, ergibt erst die Unterbringungsmöglichkeiten für die bei den Psylliden oder gar bei den Cocciden stark verlängerten Stechborsten, und diese Verlängerung der Stechborsten ermöglicht wiederum jenen typischen Pflanzenparasiten ihre mehr oder weniger festsitzende Lebensweise" (Weber). Es ist nicht ohne Bedeutung, daß bei den Polyprojecteniden, den einzigen typischen Parasiten unter den Wanzen, das Labium ähnlich wie bei den Psylliden auf die Ventralseite des Kopfes verschoben ist (siehe Abb. 142).

Man darf allerdings nicht vergessen, daß der von den Homopteren eingeschlagene Weg nicht der einzige ist, der zum Ziel der Stechborstenverlängerung führt, wie die Araditen zeigen, die ihre enorm verlängerten Borsten aufgerollt in der Mundhöhle unterbringen, ohne daß der Vorderkopf verlagert oder der Zusammenhang der Kopfkapsel gestört ist. Die Corixiden zeigen andererseits, daß eine fast so weit wie bei den Psylliden gehende Verlagerung der Mundöffnung auch bei Hemipteren mit ganz kurzen Stechborsten möglich ist. Es ginge also zu weit, wenn man behaupten wollte, eine Verlängerung der Stechborsten „bedingte" Verlagerung des Vorderkopfes, oder gar, der Übergang zur rein vegetarischen Lebensweise „erklärte" die spezifischen Merkmale des Kopfbaues der Homopteren im Sinne irgendeiner Evolutionstheorie. Trotzdem sind die Zusammenhänge zwischen biologischen und anatomischen Feststellungen hier unverkennbar und wertvoll.

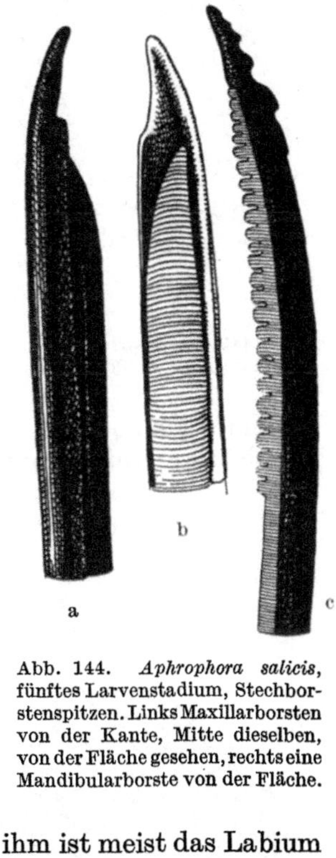

Abb. 144. *Aphrophora salicis*, fünftes Larvenstadium, Stechborstenspitzen. Links Maxillarborsten von der Kante, Mitte dieselben, von der Fläche gesehen, rechts eine Mandibularborste von der Fläche.

Was die feineren Eigentümlichkeiten des Cicadinenkopfes betrifft, so fällt zunächst die Größe des Vorderkopfes auf. Im Verhältnis zu ihm ist meist das Labium recht kurz und schwach. Dafür sind die Stechborsten um so kräftiger. Die Spitze der mandibularen Borsten ist, wie Abb. 144 zeigt, mit kräftigen Sägezähnen versehen, während die auch einzeln beweglichen Maxillarborsten glatt sind. Die Stärke der Borsten sowie die Länge der in den Kopf eingesenkten Basalteile erlaubt den Protraktormuskeln eine ungewöhnlich freie Wirkung. Die Stechborsten werden, wie das Aussehen der von Zikaden an Blättern verursachten Stichwunden erweist, mit großer Gewalt geradlinig in das Pflanzengewebe gestoßen, wobei, im Gegensatz zu den Pflanzenläusen, der Speichel offenbar eine geringe Rolle spielt (Abb. 145). Entsprechend der großen Reichweite der Protraktoren der Borsten scheint dabei eine Verkürzung des Labiums höchstens durch Zusammenschieben, nicht aber durch Abwinkeln vorzukommen.

Die geringe Länge des Labiums bringt es mit sich, daß die meisten Cicadinen beim Saugen ihre Körper parallel zur Unterlage halten (siehe Abb. 185). Manche Fulgoriden machen aber eine Ausnahme. So hat *Phylloscelis atra*, eine nordamerikanische Art, ein so langes, nach hinten gerichtetes Labium, daß beim Saugen der Körper einen stumpfen Winkel zur Unterlage bildet. Durch eigentümlich umgestaltete Vorderbeine wird das Einnehmen dieser Stellung erleichtert. Derartige Verhältnisse trifft man aber durchaus nicht bei allen Fulgoriden. Unsere einheimischen *Cixius*-Arten haben z. B. ein sehr kurzes Labium.

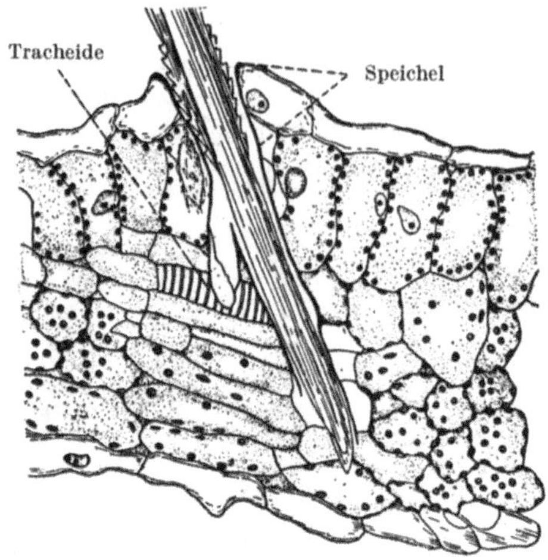

Abb. 145. Stechborsten einer Jasside in situ im Kartoffelblatt, Schnitt, nach K. M. SMITH.

Im Bau der Speichelpumpe unterscheiden sich die Cicadinen kaum von den Pentatomiden; der Pharynx ist bei ihnen jedoch sehr groß (wenigstens bei den Singzikaden), breit oval und mit außerordentlich starken, an dem riesigen Clypeus (Abb. 213) entspringenden Dilatatoren ausgerüstet. Die von den Tieren ausgehende Saugwirkung muß daher recht bedeutend sein.

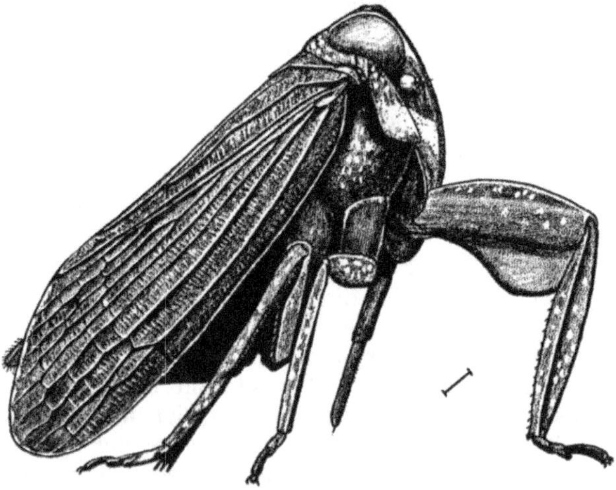
Abb. 146. *Phylloscelis atra* (Fulgoridenin) Saugstellung, nach FULTON.

Bei der Imago von *Psylla* liegt, wie oben schon gesagt wurde, der Vorderkopf auf der Ventralseite, die Oberlippe zeigt nach hinten. Die hohlen Basen der Stechborsten (*Md*, *Mx*), die samt ihren Muskeln auf Abb. 147 deutlich erkennbar sind, richten sich demgemäß nach vorn, die distalen Teile der Borsten erhalten die normale

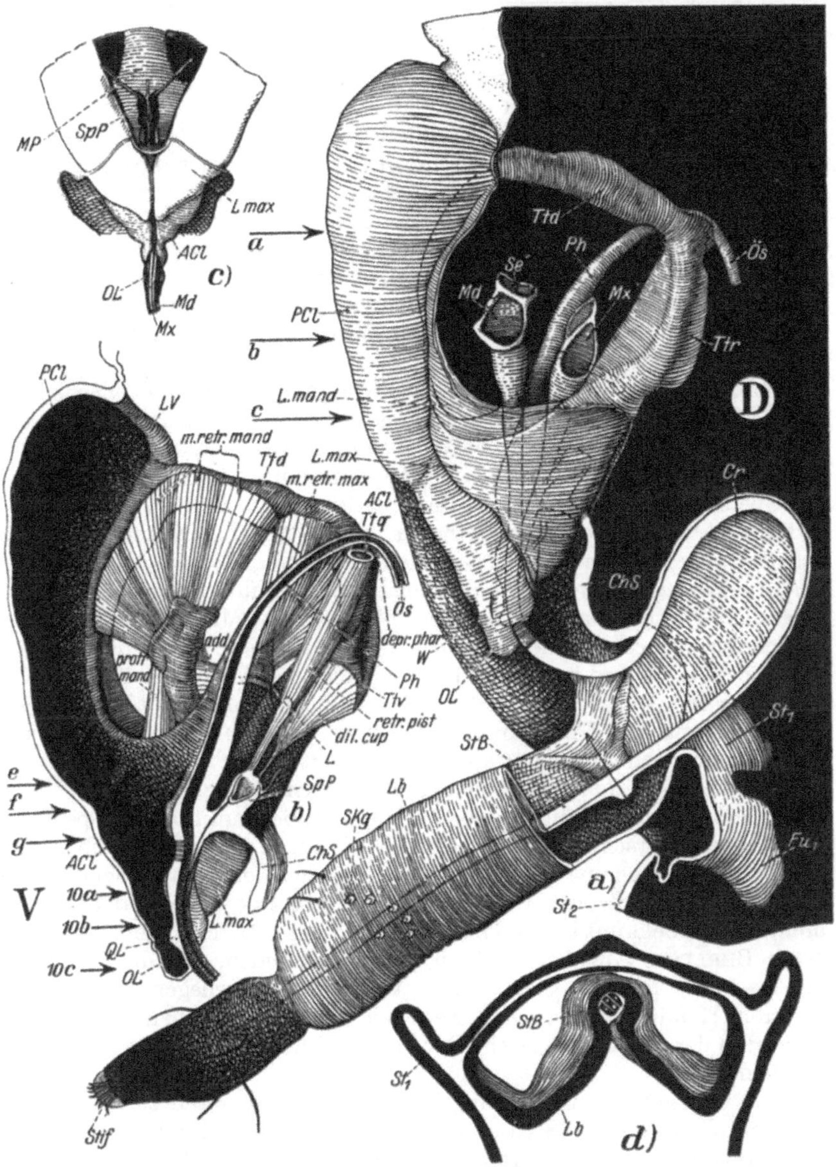

Abb. 147. Imago von *Psylla mali*. a) Skelett von Vorderkopf und Labium samt Prosternum nach Totalpräparat, Seitenansicht. Basis des Labiums und Prosternum median durchschnitten, linke Hälfte entfernt. Im übrigen sind die Organe ganz gelassen, aber alle angrenzenden Teile entfernt. Schnittflächen weiß. b) rechte Hälfte des Vorderkopfes von links gesehen. Schnitt genau median geführt, Schnittflächen weiß, die Muskeln mit Ausnahme des Pharynxdilatators sind mit dargestellt. c) Dorsalansicht der Spitze des Vorderkopfes, durch Entfernung der hinten angrenzenden Teile freigelegt. d) Querschnitt durch das Gelenk zwischen Basalglied und zweitem Glied des Labiums; der ziemlich dicke Schnitt liegt wie der Pfeil in a) zeigt. Die mit Buchstaben und Zahlen versehenen Pfeile deuten auf hier nicht wiedergegebene Schnittbilder hin, nach WEBER. *D* Dorsalseite, *V* Ventralseite. Bezeichnungen (gleichzeitig für Abb. 148): *ACl* Anteclypeus, *ChS* Chitinstab, *Cr* Crumena, *Cup* Cupula, *Fu* Furca, *L* Artikulationshebel von *Mx*, *Lb* Labium, *L.mand*, *L.max* Laminae mandibulares und maxillares, *LV* verdickter Vorderrand von *PCl*, *Md*, *Mx* Stechborsten, *MKn* Mundknopf, *MP* oraler Teil des Pharynx, *NG* Nahrungsgang des Borstenbündels, *OL* Oberlippe, *Ös* Ösophagus, *P* Pistill, *PCl* Postclypeus, *PK* Pumpenkanal, *Ph* Pharynx, *QL* Trennungsleiste zwischen *OL* und *ACl*, *Se* Apodem der Mandibularborste, *SKg* Sinneskegel, *Sp G* Speichelgang im Borstenbündel, *Sp G'* zuleitender Speichelkanal, *SpP* Speichelpumpe, *St* Sternum, *StB* Stechborstenbündel, *Stif* Sinnesstiftchen, *Ttq*, *v*, *r*, *d* Arme des Tentoriums, *W* Lateralwülste. Die Bezeichnungen der Muskeln ergeben sich von selbst.

Richtung senkrecht zur Unterlage dadurch, daß das Borstenbündel gleich nach dem Austreten aus dem Vorderkopf eine ins Innere des Körpers vorspringende Schleife bilden und erst dann in das zwischen dem zweiten und dritten Glied umgeknickte Labium eindringen. Die Basis des Labiums, die vom Kopf ganz getrennt ist, wird von dem ventralen Teil des Prothorax (St_1) wie von einer Zange umfaßt und steht ganz unter dem Einfluß der prothorakalen Muskulatur. Eigene Bewegungen sind nur seinem Endglied möglich. Das Stechborstenbündel hat etwa kreisförmigen Querschnitt, die beiden Maxillarborsten bilden, wie gewöhnlich, einen weiteren Nahrungskanal und einen engeren Speichelkanal.

Abb. 148 zeigt, wie sich die Spitze des Hypopharynx in den Speichelkanal (*Sp G*) hineinsenkt und wie dieser dadurch gleichzeitig nach allen Seiten verriegelt wird. Nur der Weg von der Speichelpumpe zum Speichelkanal, der durch die nadelfeine Hypopharynxspitze geht, bleibt frei. Die Speichelpumpe selbst ist bei den Psylliden und ähnlich bei den Aleurodiden (Abb. 81) wohl annähernd nach dem üblichen Schema gebaut, arbeitet aber etwas anders. Es greifen an ihr zwei Muskelpaare an, das eine (*m. dil. cup.*) erweitert die Cupula, indem es ihre Seitenwände voneinander entfernt. Dabei öffnet sich gleichzeitig die Mündung des von der Speicheldrüse her kommenden Speichelganges *Sp G'*. Läßt der Muskel nun wieder nach und kontrahiert sich gleichzeitig das zweite Muskelpaar (*m. retr. pist.*), so wird das Pistill, das nur eine dünne Hautfalte bildet, zurückgezogen, der Pumpenkanal *PK* wird dadurch freigelegt, der von der zusammenschnellenden Cupula ausgepreßte Speichel kann durch den Pumpenkanal in den Speichelkanal der Stechborsten fließen.

Auch bei den Aphidinen und Cocciden ist die Funktion der Speichelpumpe etwas verschieden von der bei den Wanzen und Zikaden üblichen. Am geringsten scheint der Unterschied bei den Cocciden zu sein, deren Kopfbau aber trotz der Untersuchung von Mark und Berlese noch nicht so weit bekannt ist, daß man ein endgültiges Urteil abgeben könnte. Nach Berleses Angaben müßten bei den Cocciden, was die Zuleitung des Speichels betrifft, ganz andere Verhältnisse vorliegen wie bei den anderen Hemipteren. Eigene Beobachtungen legen aber den Schluß nahe, daß der große italienische Entomologe hier einem Irrtum zum Opfer gefallen ist.

Der Übergang vom Nahrungskanal der Stechborsten zum Pharynx ist ebenfalls in Abb. 148 zu erkennen. Er geschieht durch Vermittlung eines starren, fest chitinisierten Abschnittes der Mundhöhle, deren Boden die Hypopharynxspitze ist, während das Dach von dem durchlöcherten (Sinnesorgan) Epipharynx gebildet wird. Der feste Zusammenhalt des Daches und des Bodens, die nicht etwa miteinander verwachsen sind, sondern sich bloß seitlich eng aneinander legen, wird durch ein Paar druckknopfartiger Gebilde, die Mundknöpfe (*MKn*), bewirkt, die verhindern, daß die Bewegung des elastischen Pharynxdaches auf das Dach der Mundhöhle übergreift. Diese Knöpfe sind bei *Psylla* wenig differenziert, bei den Aphididen haben sie eine traubige Oberfläche und sind noch viel wirksamere Haltorgane.

Die Stechborsten, die, wie die nach einer *Aphis* gezeichnete Abb. 149 zeigt, auf den Seitenflächen des Hypopharynx gleiten, werden vor und nach ihrer Vereinigung zum Bündel von den fest ineinander gefügten

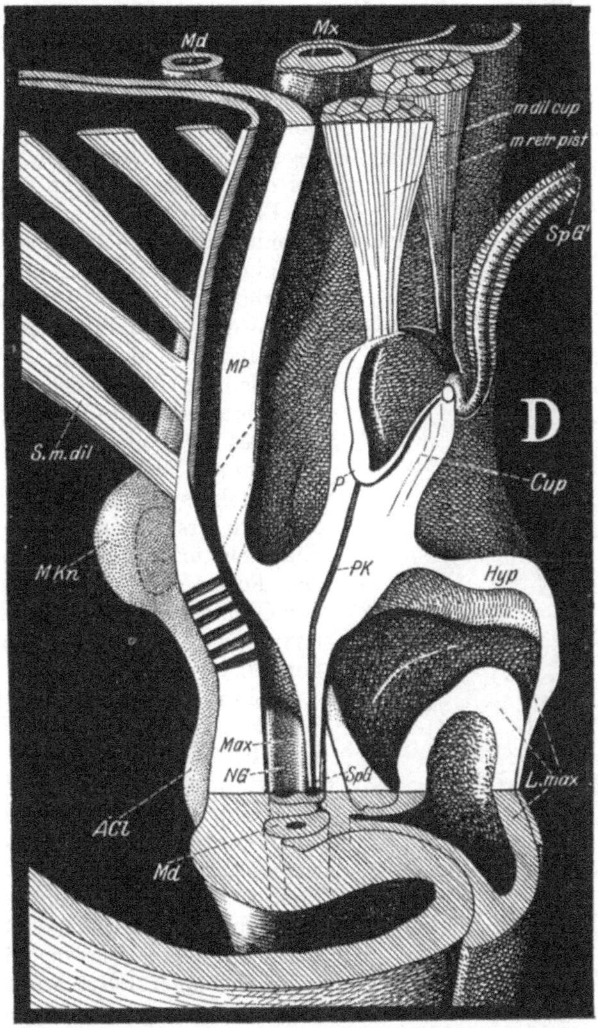

Abb. 148. *Psylla mali.* Rekonstruktion des Überganges der Mundhöhlenregion in den Pharynx. Der untere Teil des Bildes zeigt den ganzen Vorderkopf, der mittlere Teil die rechte Hälfte, die durch einen genau median gelegenen Schnitt begrenzt ist, oben ist das Ganze durch einen Querschnitt abgetrennt. In der Medianebene gelegene Schnittflächen weiß, in Querschnittebenen gelegene schraffiert. Vgl. Abb. 147b. Bezeichnungen wie dort, nach WEBER.

umgebenden Teilen so in ihrer Lage gehalten, daß sie zwar in ihrer Längsrichtung gleitend sich bewegen, aber nicht aus ihren vorgeschriebenen Bahnen weichen können (Abb. 148, untere Hälfte). Diese innerhalb des Vorderkopfes wirksame Führung wird außerhalb durch eine gegenseitige

Führung der Stechborsten ersetzt (vgl. Abb. 134, 156). Eine solche ist gerade bei *Psylla* um so mehr nötig, als die Borstenschleife, die sich nach dem Austritt des Bündels aus dem Vorderkopf zunächst bildet, nur von einem weichhäutigen Sack, der Crumena (*Cr*, Abb. 147), gebildet wird. Erst innerhalb der Falte des Labiums wird das Bündel wieder fest umfaßt.

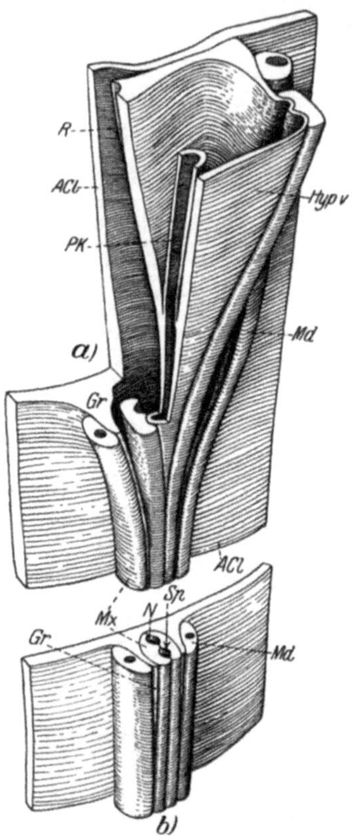

Abb. 149. *Aphis fabae*, geflügeltes ♀. a) Ausschnitt aus dem Gaumen (*ACl*), an den sich die Spitze des Hypopharynx (*Hyp*) legt. Links ist ein Stück aus beiden ausgeschnitten, so daß man das Eingreifen der Seitenkante des Hypopharynx in die Speichelrinne der maxillaren Stechborsten (*Sp G*) und das Münden des Nahrungskanales (*N G*) derselben in die Mundhöhle beobachten kann. b) Schließt sich an a) an und zeigt die Umfassung der maxillaren Borsten (*Mx*) durch die Grate (*Gr*) des Gaumens. *Md* Mandibularborsten, *R* Rinne des Hypopharynxdaches, *PK* Pumpenkanal.

Noch deutlicher als bei der Imago von *Psylla* tritt die Notwendigkeit einer gegenseitigen Führung der Stechborsten bei den Psyllidenlarven zutage.

Bei den Psyllidenlarven ist das Labium beträchtlich kürzer als bei den Imagines; das Borstenbündel dagegen ist erheblich länger. Biologisch ist das unschwer verständlich, denn die Psyllidenlarven sind sehr seßhafte Geschöpfe, die Länge des Stechborstenbündels ermöglicht ihnen, durch immer erneutes Vortreiben desselben in verschiedener Richtung die Nahrungsquellen ihres Sitzplatzes in weitem Umkreis zu erschöpfen. Genau dasselbe gilt auch für die zahlreichen festsitzenden Formen unter den Chermesiden, den Cocciden und für die Aleurodidenlarven, die sämtlich sehr lange Stechborsten besitzen.

Bei ihnen allen ergibt sich aber eine Schwierigkeit daraus, daß die langen Stechborsten, deren Basen verhältnismäßig wenig tief in den Kopf versenkt sind, in dem kurzen Labium nicht untergebracht werden können. Sie müssen infolgedessen beim Rückzug ähnlich wie Stechborsten der Aradiden eine Schleife bilden. Diese Schleife wird bei den Psyllidenlarven, wie Brocher erstmals bemerkt hat, frei an der Ventralseite des Kopfes getragen (Abb. 150). Gehalten wird die Schleife nur durch ein Paar von Lappen, die vom Vorderkopf ausgehen und nichts anderes sind als die verlängerten Laminae mandibulares (*L. mand.*). Nimmt man eine Psyllidenlarve von der Nährpflanze ab, so sieht man bald, wie die ausgestreckten Stechborsten, die auch außerhalb des Labiums fest zusammenhalten, zurückgezogen werden und wie dabei die Schleife allmählich sich bildet (Abb. 150a). Umgekehrt verschwindet die Schleife wieder, wenn die Stechborsten in das Pflanzengewebe vordringen; ist ihre äußerste Ausstreckfähigkeit erreicht, so gehen sie von der Spitze des Vorderkopfes unmittelbar in das Labium und von da in die Pflanze (Abb. 278).

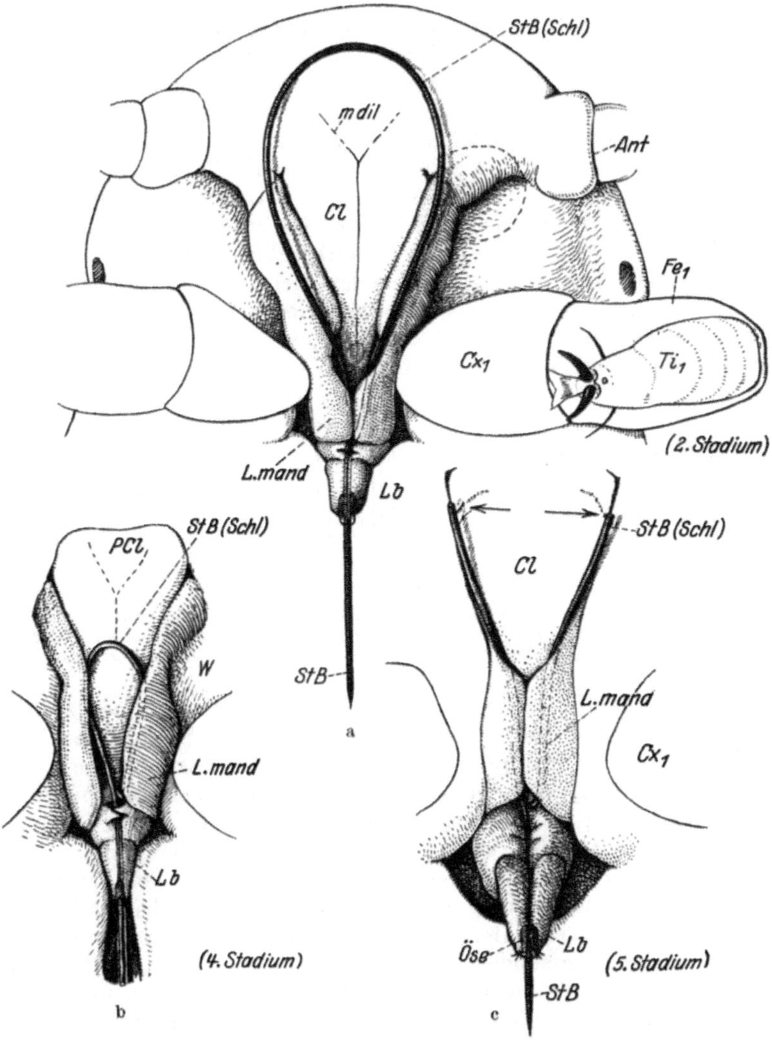

Abb. 150. *Psylla mali.* a) Kopf und Prothorax des zweiten Larvenstadiums, Ventralansicht, Labium (*Lb*) durch das Deckglas nach hinten gedrückt, Stechborstenbündel wenig vorgestreckt; b) Teilansicht des Kopfes des vierten Larvenstadiums, Stechborsten halb vorgestreckt; c) fünftes Larvenstadium, Stechborsten fast ganz eingezogen. *Ant* Antenne, *Cl* Clypeus, *Cx* Hüfte, *Fe* Femur, *L.mand.* Lamina mandibularis, *PCl* Postclypeus, *StB* Stechborstenbündel, *Schl* Borstenschleife, *Ti Tibia*, *W* Lateralwulst, nach Weber.

Eine Erklärung dieses Vorganges ist deshalb so schwierig, weil die langen Stechborsten nur aus Chitin bestehen und weil Muskeln nur an ihrer Basis angreifen. Die Übertragung der Muskelwirkung auf die Spitze des Borstenbündels würde, wenn die Muskeln auf das ganze Bündel zugleich wirkten, durch die zwischengeschaltete freie Schleife ganz unmöglich gemacht. Direkte Beobachtung lebender Psyllidenlarven, denen das Borstenbündel aus dem Labium gezogen wurde, zeigt aber, daß die Borsten sich unabhängig voneinander bewegen, eine genaue mikroskopische Prüfung der bewegten Borstenspitzen ergibt eine Bewegung im Sinne der Abb. 151. Man sieht, daß zunächst eine mandibulare Borste ein Stück weit vorstößt, daß dann die andere folgt und daß schließlich die maxillaren Borsten zugleich nachstoßen. Dann wiederholt sich derselbe Vorgang ein oder mehrere Male, und schließlich erfolgt, wenn die Kontraktionsfähigkeit der Protraktoren erschöpft ist, eine Kontraktion der Retraktoren, wobei das ganze Bündel sich zurückzieht. Dieser Rückzug erfolgt aber nur, wenn das Borstenbündel nicht vom Labium eingeschlossen ist. Beim normal stechenden Tier vollzieht sich der Stich so, wie Abb. 152 im Schema zeigt. Hier sind der Einfachheit halber nur die Mandibularborsten dargestellt, auch ist jeweils eine volle Kontraktion der Pro- und Retraktoren als Einzelphase angenommen. Die Schleife

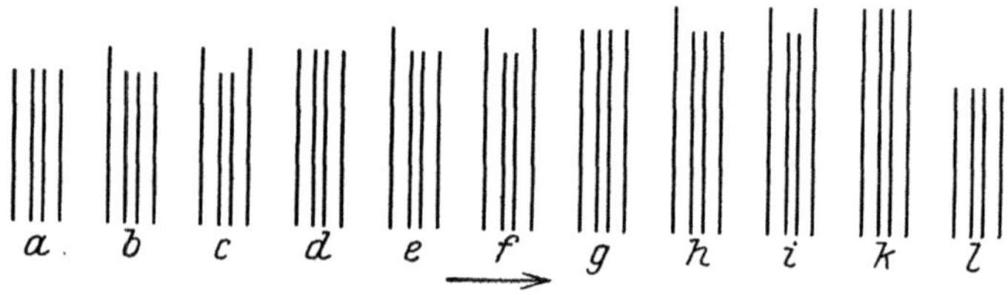

Abb. 151. Schema der Bewegungsphasen der Stechborstenspitzen bei der Larve von *Psylla mali*. Die beiden äußeren Geraden stellen jeweils die Mandibelborsten, die beiden inneren die Maxillen dar. Spitzen nach oben gerichtet. Auf Grund von Beobachtungen am lebenden Objekt, nach WEBER.

ist ebenfalls vereinfacht dargestellt. In *a* ist die Ruhestellung zu sehen, das Labium ist auf die Unterlage aufgesetzt. Das Stechborstenbündel wird von einem Paar doppelt fingerförmiger Fortsätze der Vorderwand des Labiums in diesem festgeklemmt (Abb. 150). Wenn nun (*b*) der Protraktor der einen Borste sich zusammenzieht, lockert sich der Griff dieser Zange, die eine Mandibel kann sich nicht vom Stechborstenbündel entfernen, da sie von den anderen Borsten zwangsläufig geführt wird; es bleibt ihr daher nur ein Weg, der ins Pflanzengewebe. Die andere Mandibel folgt nun in ganz derselben Weise nach, die Protraktoren beider Borsten sind zusammengezogen. Jetzt greift die Zange wieder zu und verhindert, wenn die Retraktoren sich zusammenziehen, ein Zurückgleiten des Borstenbündels aus der Stichwunde. Der Rückzug der Borstenbasen kann sich daher nur auf die Schleife auswirken, die verkleinert wird. Denkt man sich diesen Vorgang öfter wiederholt, so sieht man, daß schließlich die Schleife ganz abgerollt sein muß und daß das Borstenbündel geradlinig aus dem Vorderkopf ins Labium und von da in die Pflanze geht. Der Rückzug des Bündels erfolgt in ganz entsprechender Weise mit umgekehrter Reihenfolge der Einzelphasen, wobei allmählich die Schleife wieder gebildet wird. Berücksichtigt man noch die Ergebnisse der in Abb. 151 dargestellten Beobachtung der Bewegungen der

Borstenspitzen, so wird das Schema Abb. 152 nur wenig komplizierter. Eine einzelne Zusammenziehung der Protraktoren erschöpft deren Kontraktionsfähigkeit nicht ganz, die Retraktoren brauchen also die Protraktoren jeweils erst nach mehreren Vorstößen erneut zu spannen. Dazu kommt dann noch jedesmal, wenn beide Mandibeln einen Vorstoß gemacht haben, ein gleichzeitiges Nachstoßen der maxillaren Borsten, denen also die Mandibeln als Schrittmacher dienen.

Soweit die bisher gemachten Feststellungen reichen, ist die eben geschilderte Art der Stechborstenbewegung allen Hemipteren eigen, wenn sie auch bei den phytophagen Arten deutlicher sein mag als bei den

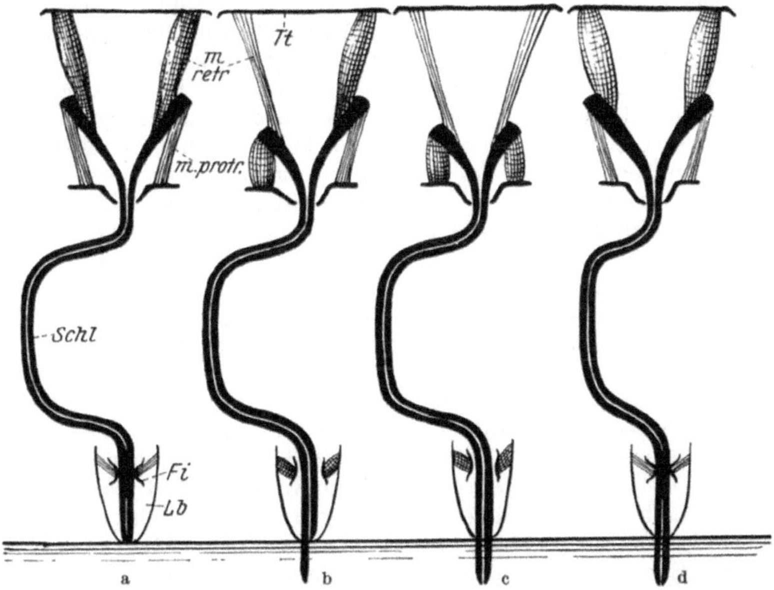

Abb. 152. Verschiedene aufeinander folgende Phasen des Vortreibens des Stechborstenbündels bei der Larve von *Psylla mali*. Nur die Mandibelborsten sind dargestellt, die Schleife *Schl* ist vereinfacht. *m.retr* Retraktor, *m.protr* Protraktor der Mandibel, *Tt* Tentorium, *Fi* fingerförmige Fortsätze des Labiums *Lb*. Nach WEBER.

Räubern. Unsicher ist, ob nicht wenigstens bei manchen Formen auch die maxillaren Borsten einzeln vorstoßen können. Die Bilder, die man manchmal bei den Zikaden und auch bei manchen Wanzen zu sehen bekommt (Abb. 144, 145), weisen jedenfalls darauf hin, daß bei diesen Gruppen, die ihre starken Stechborsten geradlinig in die Gewebe treiben, die Maxillarborsten voneinander unabhängiger sind als bei den Pflanzenläusen.

Bei diesen stößt das Borstenbündel durchaus nicht geradlinig vor. Seine Spitze kann vielmehr recht verwickelte Wege gehen, sich hin und her winden, Spirallinien beschreiben usw. ZWEIGELT hat nachgewiesen, daß diese Wege nicht etwa nur durch mechanische Hindernisse bestimmt werden, daß vielmehr die Stechborsten ein gewisses Auswahlvermögen haben, bestimmte Nahrungsquellen, wie etwa das Phloëm, aufzusuchen vermögen. Auch bei manchen räuberischen Wanzen, z. B. von GULDE bei Asopiden, wurden aktive Biegungen des Bündels nachgewiesen. Diese Bewegungen des nur aus Chitinstäben und -röhren bestehenden Bündels sind mechanisch nicht leicht zu erklären. Wenn man aber beobachtet, daß die maxillaren Stechborsten in der Nähe der Spitze fest zusammenhängen, dann ergibt sich doch eine Deutungsmöglichkeit. Man kann sich nämlich vorstellen, daß die Muskeln der Borstenbasen ungleich stark auf die verschiedenen Borsten wirken und daß dadurch eine Maxillarborste weiter vorstrebt als die andere. Da die Borsten aber in ihrer ganzen Länge miteinander verfalzt sind und zudem von dem Labium und dem Stichkanal geführt werden, ist ein Ausweichen einer Einzelborste ganz unmöglich. Ein solches Ausweichen macht sogar, wie eine einfache Beobachtung des Verfassers an *Psylla* gezeigt hat, die geschilderte Bewegung des Borstenbündels ganz unmöglich, denn die Lösung des Bündels bedingt gleichzeitig den Verlust der Führung. Es bleibt also für eine einzelne, stärker vorstoßende Borste nur die Möglichkeit, die vordringende Spitze des Bündels in der Richtung ihrer Bewegung zu ändern. Stößt also z. B. die linke Maxillarborste stärker vor als die rechte, so wird die Spitze des Bündels sich nach rechts wenden. Natürlich gilt das nur, wenn die Stechborsten nicht frei aus dem Labium ragen. Ist das letztere der Fall, so entsteht ein Schwanken des ganzen Borstenbündels, wie man es in der Tat an lebenden *Psylla*-Larven, denen man das Bündel aus dem Labium gezogen hat, beobachten kann (WEBER 1928).

Da die Biegungen der Borsten aber nicht nur in einer Ebene erfolgen, müssen wahrscheinlich auch die Mandibularborsten an ihnen beteiligt sein, wobei man berücksichtigen muß, daß die Borstenbasen nicht in einer Ebene liegen, sondern (Abb. 147) die Kanten einer Pyramide bilden.

Natürlich ist durch diese Überlegungen und Beobachtungen nur die Mechanik der Borstenbewegung geklärt. Wie ist es aber nun möglich, daß die Borstenspitzen nicht nur aktiv gebogen, sondern auch auf ein bestimmtes Ziel gerichtet werden können, obwohl sie nur aus Chitin bestehen und daher gar keine Sinnesorgane tragen können? ZWEIGELT hat seinerzeit den Nachweis solcher Sinnesorgane als ein Postulat bezeichnet, weil die Steuerung der Stechborsten anders nicht erklärt werden könne. Nach Untersuchungen des Verfassers an *Aphis fabae* scheint aber wohl die Möglichkeit einer anderen Erklärung zu bestehen. Man muß einerseits bedenken, daß die Stechborstenbasen innerviert sind und daß daher die Borsten als „Tastborsten“ fungieren können. Die sichere Führung, die sie in ihrer ganzen Länge haben, macht ein Ausweichen der Borsten in irgendeiner Richtung unmöglich, jeder Widerstand, den sie an der Spitze erfahren, muß daher als Druckreiz in ihren hohlen Basen rezipiert werden können. Andererseits können die Borsten auch als Vermittler chemischer Reize betrachtet werden, wenn man bedenkt, daß durch sie der Nahrungssaft in die Mundhöhle steigt und dort mit dem auf S. 98 beschriebenen Geschmacksorgan in Berührung kommt. Die chemische Qualität des Saftes wird also während des ganzen Verlaufes des Stiches — zum Aufsteigen ist natürlich keine lange Zeit nötig —

durch diese Sinneszellen geprüft werden können. Jede Bewegung der Stechborsten kann die Qualität ändern; die Weiterbewegung der Borsten wird je nach der Art der rezipierten chemischen Reize abgeändert, gerichtet werden können.

„Es handelt sich, mit anderen Worten, um einen Chemotropismus, der allerdings nicht auf die Bewegungen des ganzen Tieres, sondern lediglich auf diejenigen eines Organs, des Stechborstenbündels, sich erstreckt, und es ist dabei ganz gleichgültig, ob der Reiz, der auslösend und richtunggebend wirkt, von dem sich bewegenden Organ selbst oder von einem anderen rezipiert wird, wenn nur dafür gesorgt ist, daß eine Leitung der Reizstoffe nach dem Rezeptor sicher und ununterbrochen erfolgt. Eine ununterbrochene Leitung ist nötig, da jede Weiterführung der Borste nur auf Grund der zuletzt rezipierten Reize erfolgen kann. Was Zweigelt nur mit einer Funktion der Stechborstenspitzen als Sinnesorgane erklären zu können meinte, die Tatsache, daß eben diese Spitzen ihren Weg im Pflanzengewebe so sicher finden, ist in der Tat damit zu erklären, daß das Stechborstenbündel nicht nur Stechorgan, sondern zugleich Saugorgan ist und daß an Stelle einer nervösen Reizleitung von der Stechborstenspitze nach den Zentren eine Leitung der Reizstoffe nach einem anderen Rezeptor auf dem Weg durch das Stechborstenbündel stattfindet.

Chemische und taktile Reize steuern also das Stechborstenbündel innerhalb der Pflanze, beide werden aber nicht von der Stechborstenspitze rezipiert, sondern nur vom Bündel weitergeleitet, aber nicht auf nervösem Weg. Die taktilen Reize werden einfach als Druck in der Längsrichtung des Bündels fortgepflanzt und von den retortenförmigen Organen rezipiert, die chemischen Reize werden innerhalb des Bündels, im Nahrungskanal in Gestalt der Reizstoffe selbst geleitet und erst von den Sinnesorganen der Mundhöhle rezipiert“ (Weber).

Die Bewegungen des Borstenbündels können, besonders bei festsitzenden Tieren, deren Borsten stets sehr lang sind (Cocciden), nach allen Richtungen des Raumes gelenkt werden, der zur Verfügung stehende Raum kann also voll ausgenützt werden. So verstehen wir nun auch die größere Länge der Borsten bei den seßhaften Psyllidenlarven im Vergleich mit den kurzen Borsten der beweglichen Imago.

Was wir im vorstehenden aus den Psylliden hergeleitet haben, gilt auch für die Aleurodiden, die Aphidinen und die Cocciden, die sämtlich dünne, biegsame Stechborsten haben. Unterschiede finden sich nur in der Unterbringung des nicht ausgestreckten Borstenbündels.

Hierin zeigen die Aphididen recht einfache, an die Cicadinen und Wanzen erinnernde Verhältnisse. Bei ihnen ist das ruhende Labium lang genug, um die Stechborsten aufzunehmen, auch das Vorstoßen erfolgt zunächst, ohne daß sich etwas Merkliches ändert. Erst wenn die Stechborsten tiefer eindringen müssen, was besonders bei kleinen Arten und bei Larven vorkommt, wenn sie an Stengeln oder dicken Blattadern saugen, schiebt sich das Labium teleskopartig zusammen (Davidson, Weber). Besonders das Basalglied kann ziemlich tief in den Körper eingezogen werden, in extremen Fällen kann, wie z. B. Abb. 153c zeigt, schließlich nur noch das Endglied von außen zu sehen sein. Das Zusammenschieben erfolgt rein passiv durch den Druck, den der Kopf auf das Labium ausübt, und schreitet in dem Maße fort, wie das Borstenbündel eindringt. Da keine Möglichkeit besteht, das Labium aktiv zu verlängern, muß das Borstenbündel, wenn die Laus gestört wird oder aus irgendeinem anderen Grund die Saugstelle aufgibt, so langsam aus dem Pflanzengewebe gezogen werden, wie es eingedrungen ist. Dabei können die Beine mithelfen; man sieht oft, wie die Tiere sich anstrengen, den Kopf hochzuziehen oder wie sie durch Vorwärtsgehen das Bündel nach vorn herausreißen (Abb. 153o—q). Oft steht dann das Bündel frei aus dem Labium heraus, weil die Verlängerung des Labiums eine gewisse Zeit braucht. Wird das Bündel dagegen durch die gewöhnliche, abwechselnde Bewegung der Borsten langsam herausgezogen, so verlängert sich das Labium im gleichen Tempo mit (Abb. 153d—h). Manche Blattlausarten (z. B. *Drepanosiphum platanoides*) haben so kräftige Vorderbeine, daß sie durch deren Streckung mit einem Ruck vom Blatt loskommen (siehe S. 39 und Abb. 32b).

Die Aleurodiden, die im übrigen den Aphididen in diesen Dingen vollkommen gleichen, haben, wie Abb. 154 zeigt, eine vom Vorderrand des Labiums ins Innere des Körpers hineingehende und dabei das Bauchmark durchstoßende, steife Chitinröhre (*Cru*), die wahrscheinlich morphologisch der Crumena der Psylliden entspricht, aber ganz anders wirkt. An ihrem Ende greift ein Paar starker Muskeln (*m. protr*) an, die, wenn das Labium sich beim Saugen verkürzt hat, stark gedehnt sind. Wird das Tier nun zum Absprung veranlaßt, so genügt eine plötzliche Kontraktion dieser Muskeln, um das Labium ruckartig zu verlängern und damit die Stechborsten aus dem Pflanzengewebe zu reißen. Die große Flüchtigkeit der Aleurodiden, die in so auffallendem Gegensatz zu der Trägheit der meisten Blattläuse steht, ist damit zur Genüge erklärt.

Bei manchen Chermesiden und Phylloxeriden, bei den Cocciden und den Aleurodidenlarven ist das Labium wie bei den Psyllidenlarven sehr kurz. Das Borstenbündel muß daher wie bei diesen in der Ruhelage sich zur Schleife umbiegen, wird aber nicht frei getragen, sondern in eine zwischen Vorderkopf und Labium tief eingestülpte Hauttasche, die Crumena, aufgenommen. Im Gegensatz zur Crumena der Psyllidenimago besteht die der genannten Formen, soweit bekannt, nicht nur aus weicher Haut, sondern ist mit einer kräftigen Muskelschicht belegt. Trotzdem ist es aber ganz undenkbar, daß, wie manche älteren Autoren annahmen, diese Crumena beim Vortreiben des Stechborstenbündels beteiligt ist. Dieses vollzieht sich vielmehr ganz wie bei den Psylliden; die Crumena (*Cru*), die vom austretenden Borstenbündel allmählich verlassen wird, zieht sich in dem Maß zusammen, wie ihr Lumen (*Lu*) frei wird, verkürzt sich aber dabei nicht (Abb. 155a, b), wie die direkte Beobachtung zeigt und wie schon daraus erschlossen werden kann, daß nur Ringmuskelfasern vorhanden sind. Eine Mitwirkung beim Vortreiben könnte natürlich nur in Frage kommen, wenn die Tasche sich aktiv verkürzte — die Unmöglichkeit dieser Deutung sieht man sofort ein, wenn man an den

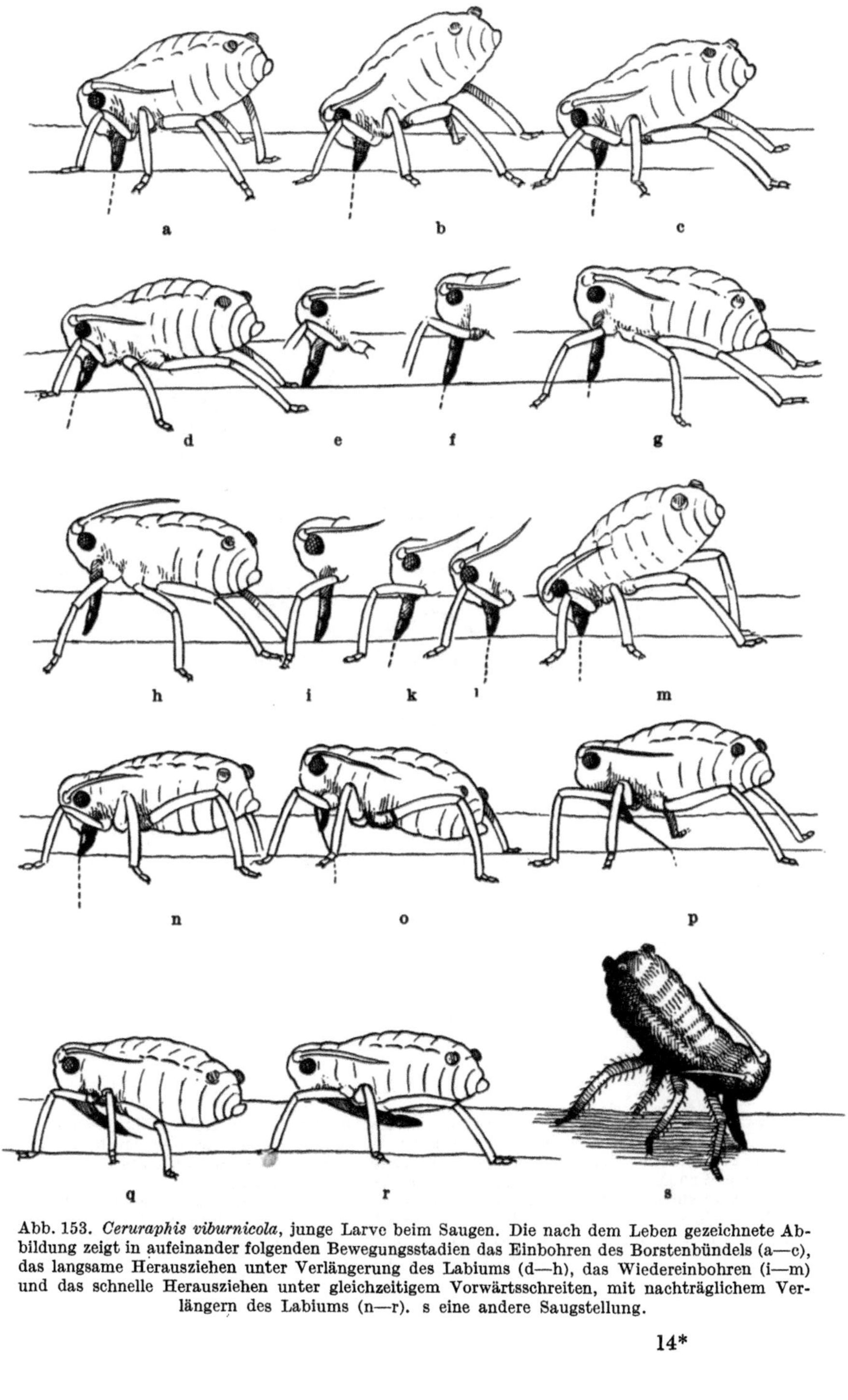

Abb. 153. *Ceruraphis viburnicola*, junge Larve beim Saugen. Die nach dem Leben gezeichnete Abbildung zeigt in aufeinander folgenden Bewegungsstadien das Einbohren des Borstenbündels (a—c), das langsame Herausziehen unter Verlängerung des Labiums (d—h), das Wiedereinbohren (i—m) und das schnelle Herausziehen unter gleichzeitigem Vorwärtsschreiten, mit nachträglichem Verlängern des Labiums (n—r). s eine andere Saugstellung.

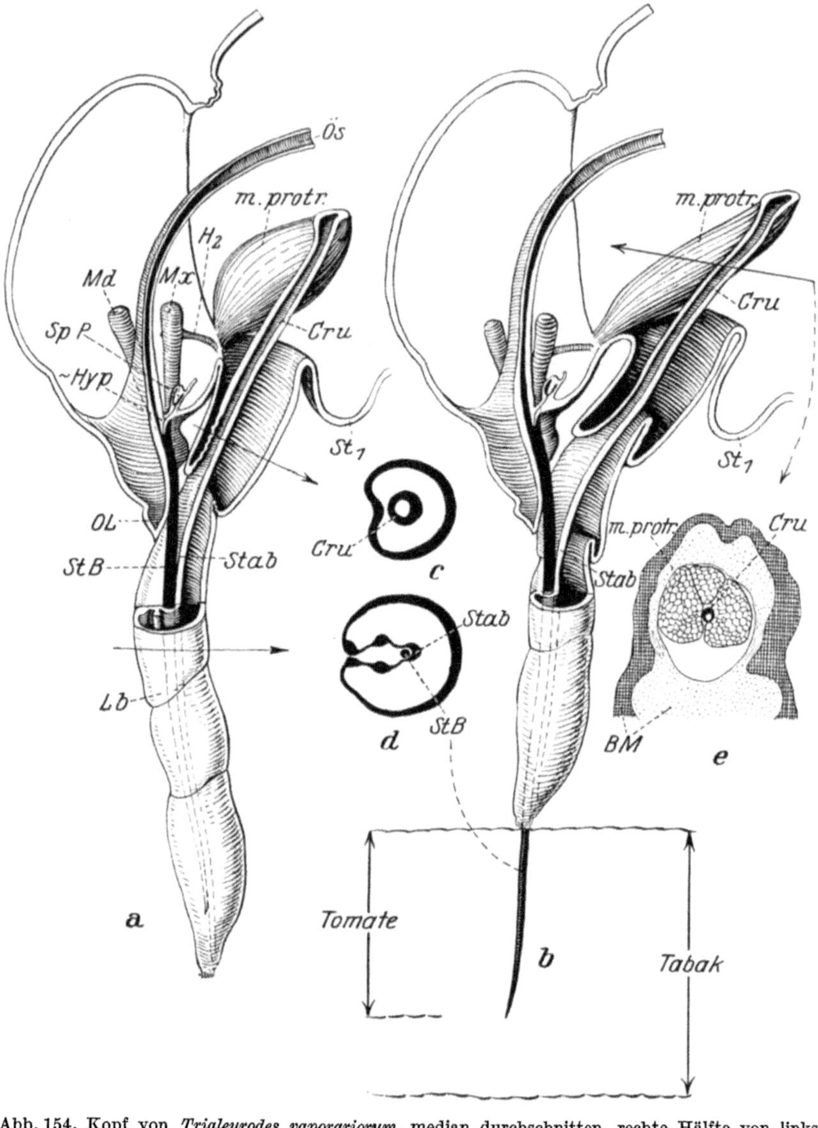

Abb. 154. Kopf von *Trialeurodes vaporariorum*, median durchschnitten, rechte Hälfte von links gesehen, nur das Labium ist zum Teil ganz gelassen. Muskeln außer *m.protr.*, dem Protraktor der Crumena *Cru* entfernt. Schnittflächen weiß, Stechborsten (*StB*) schwarz, Basen schraffiert. Schematisiert nach WEBER. a) *m.protr* kontrahiert, Labium *Lb* maximal gestreckt; b) *m.protr* gedehnt, Labium stark verkürzt, Borstenbündel fast maximal ausgestreckt, zum Vergleich ist die durchschnittliche Dicke eines Tabaks- und Tomatenblattes angegeben; c), d) und e) Schnitte in Richtung der Pfeile, in e) ist auch die Muskulatur der Crumena und das Bauchmark angegeben (*BM*). Bezeichnungen wie gewöhnlich.

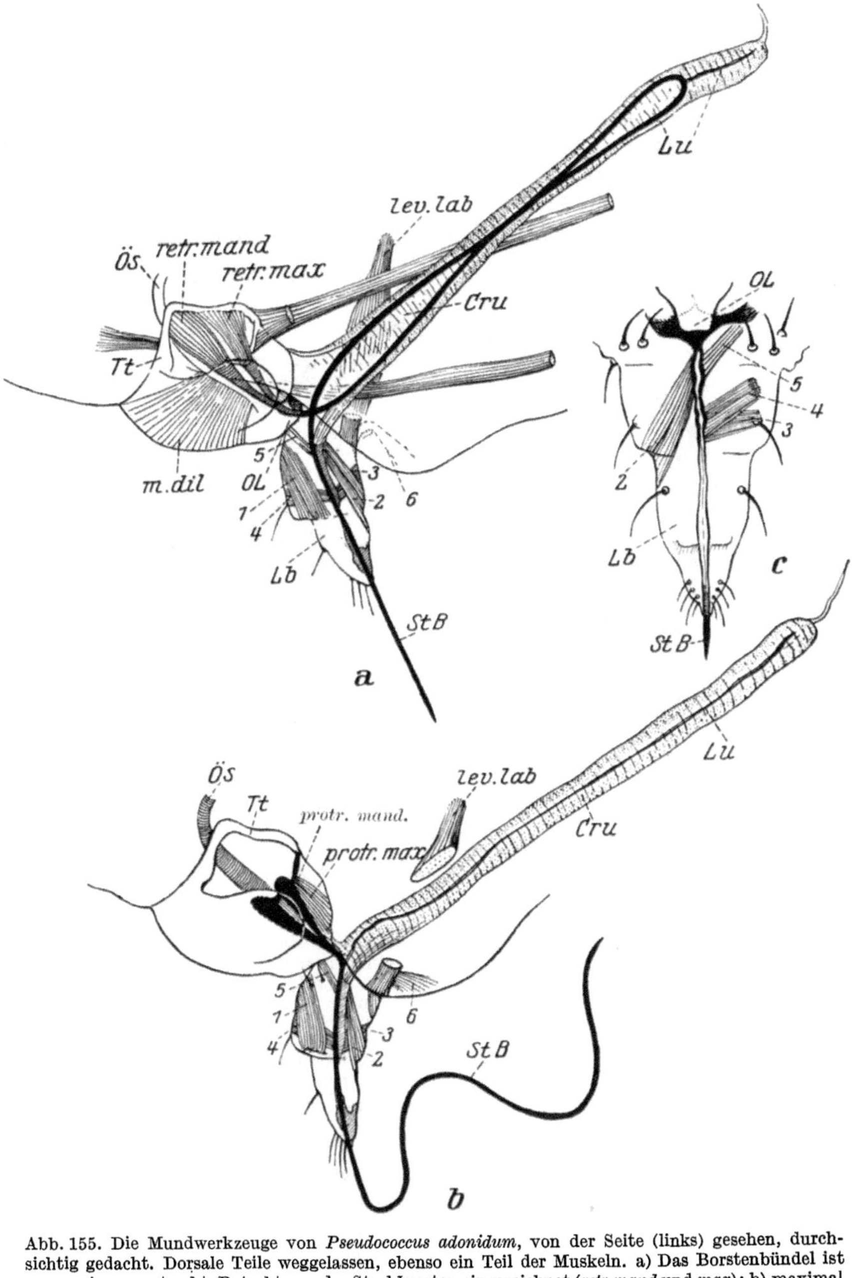

Abb. 155. Die Mundwerkzeuge von *Pseudococcus adonidum*, von der Seite (links) gesehen, durchsichtig gedacht. Dorsale Teile weggelassen, ebenso ein Teil der Muskeln. a) Das Borstenbündel ist nur wenig vorgestreckt, Retraktoren der Stechborsten eingezeichnet (*retr mand* und *max*); b) maximal vorgestreckt, Protraktoren eingezeichnet (*protr mand* und *max*); c) Vorderansicht des Labiums. 1, 2—6 Muskeln des Labiums *Lb*, *Lu* Lumen der Crumena *Cru*, *Lev.lab* Levator labii, *Ös* Ösophagus, *OL* Oberlippe, *StB* Stechborstenbündel, *Tt* Tentorium, nach WEBER.

Rückzug des Bündels denkt, der nur durch die bei *Psylla* geschilderte gewöhnliche Borstenbewegung so besorgt werden kann, daß das Bündel wieder in die Crumena zurückkehrt. Das Hineinlenken des Bündels besorgt eine ziemlich tief in der Labialfalte gelegene Greifvorrichtung, die von einigen Muskeln bedient wird (Abb. 155c) und den oben erwähnten fingerförmigen Fortsätzen der Psylliden im übrigen auch funktionell entspricht. Ähnliche Zangen finden sich auch bei den Aphidinen und Aleurodiden (Abb. 156).

Bei den Imagines der Psylliden liegt die Zange an der Biegungsstelle des Labiums und wird dadurch in Tätigkeit gesetzt, daß die Muskeln

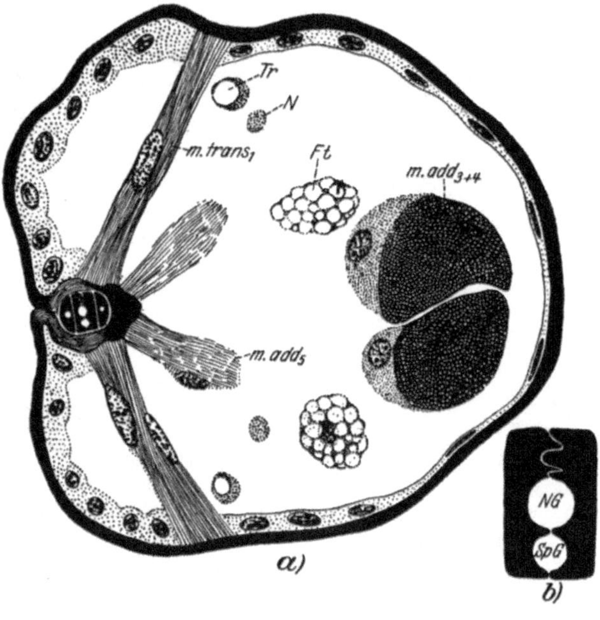

Abb. 156. a) Querschnitt durch das Labium von *Macrosiphum pisi*. Hartes Chitin schwarz, elastisches schraffiert. *Ft* Fett, *m.add* musc. adductor, *m.trans* m. transversalis, *N* Nerv, *Tr* Trachee. b) Ausschnitt aus a), die Maxillarborsten stärker vergrößert darstellend. *N G* Nahrungsgang, *Sp G* Speichelgang, nach WEBER.

des Prosternums das Labium stärker winkeln (Abb. 147a, d). Eigener Bewegungen ist gerade das Labium der Psylliden fast unfähig, nur zwei Paare von Muskeln bewegen bei der Imago das Endglied, bei der Larve sind außerdem nur noch die Muskeln der fingerförmigen Fortsätze vorhanden. Anders bei dem relativ langen Labium der Aphididen. Hier ist die Muskulatur ähnlich wie bei den Wanzen mannigfach differenziert und erlaubt, wie Abb. 157a demonstriert, den einzelnen Gliedern des Labiums um so eher freie Bewegungen, als die Gelenke zwischen den Gliedern nicht mit Gelenkköpfen versehen sind, sondern nur durch weiche Verbindungshäute gebildet werden. Die notwendige Versteifung des Labiums wird einerseits durch den Binnendruck, andererseits durch einen

Chitinstab erreicht, der von dem tiefsten Teil der vorderen Falte gebildet (Abb. 156), das ganze Labium bis zur Basis des Endgliedes durchzieht. Der Druck, den das Endglied beim Saugen auszuhalten hat, wird durch ein Paar geschwungener, am oberen Ende bogenförmig gekrümmter Verdickungsleisten auf das ganze Glied verteilt (Abb. 157b, c).

Nachdem wir die Mechanik des Speichelflusses und des Stiches wenigstens in großen Zügen kennen gelernt haben, bleiben noch einige Worte über die Mechanik des Saugens zu sagen. Den für das Aufsaugen des Nahrungssaftes nötigen Unterdruck erzeugt bei den Pflanzenläusen wie bei allen anderen Hemipteren der Pharynx, er befördert die im Nahrungskanal des Stechborstenbündels aufsteigenden (S. 228) Nahrungssäfte weiter in den Ösophagus. Die Dilatatoren des Pharynx greifen, wie Abbild. 81, 138 und 158 an verschiedenen Beispielen zeigen, entweder mittels Sehnen oder unmittelbar am Pharynxdach an. Indem ein Dilatator nach dem anderen sich kontrahiert, wird das Pharynxdach wellenförmig gehoben, die Wellenbewegungen folgen ununterbrochen aufeinander, und der Nahrungsstrom läuft, ohne zurückströmen zu können, in den Ösophagus.

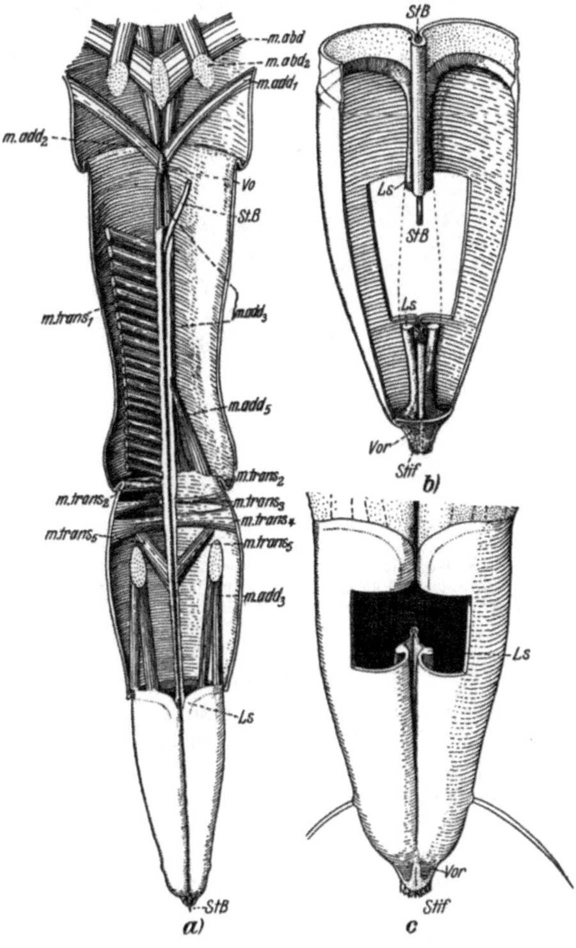

Abb. 157. *Aphis fabae*, geflügeltes ♀. Labium. a) Vorderansicht, die Vorderwand ist entfernt, mit Ausnahme der die Borstenscheide bildenden Rinne. Links sind die von dieser Rinne nach der Vorderwand führenden Muskeln, in ihrer natürlichen Lage belassen, von der entfernten Cuticula abgetrennt. Dasselbe gilt von den Muskeln des Basalgliedes und des dritten Gliedes, soweit sie an der Vorderwand ansetzen. b), c) Rekonstruktion der Spitze. b) Von hinten gesehen, Rückwand zum größten Teil entfernt und in die Vorderwand ein Fenster geschnitten; c) von vorn, in die Vorderwand ein Fenster geschnitten. *m.add*, *trans.*, *abd.* Adduktoren, Transversalmuskeln und Abduktoren, *Ls* Versteifungsleisten, *StB* Stechborstenbündel, *Stif* Sinnesstiftchen, *Vo*, *Vor* Chitinvorsprünge. Nach WEBER.

Die Verarbeitung des Nahrungssaftes im Darm wird vorbereitet durch den Speichel, der in die Stichwunde sich ergießt und, mit dem Nahrungssaft gemischt, wenigstens teilweise wieder mit aufgesogen wird.

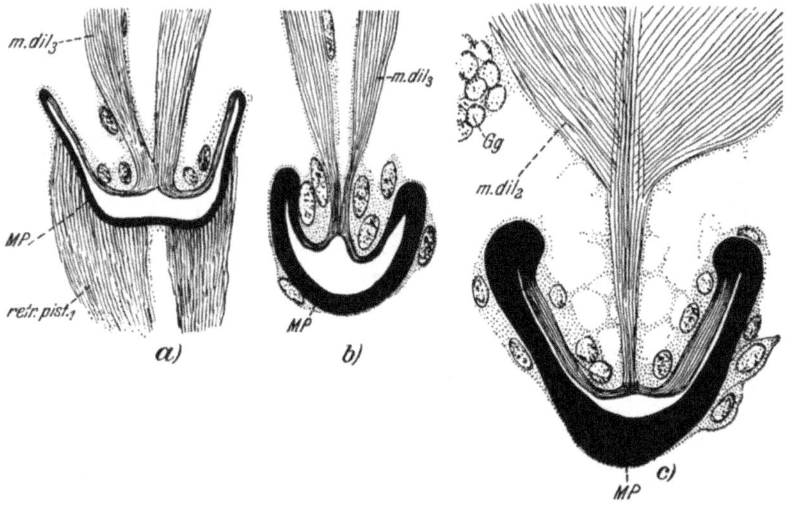

Abb. 158. Verschiedene Querschnitte durch den Pharynx von *Aphis fabae*, geflügeltes ♀, nach Weber. a) der am höchsten; c) der am tiefsten (am weitesten oral) gelegene Schnitt, hartes Chitin schwarz, elastisches schraffiert. *MP* Pharynx, *m.dil* seine Dilatatoren, *Gg* Buccalganglion, *retr.pist* Speichelpumpenmuskel, der am Pharynx entspringt.

2. Die Speicheldrüsen und ihr Sekret.

Oben war zwar schon von der Speichelpumpe und den Speichelkanälen, nicht aber von den Drüsen die Rede, die die Speichelflüssigkeit ausscheiden. Diese sind zwar bei allen Hemipterengruppen nach einem gemeinsamen Plan gebaut, im einzelnen aber sehr verschieden, ohne daß man jedoch einen deutlichen Zusammenhang zwischen den anatomischen Merkmalen und der Ernährungsbiologie zu erkennen vermag. Stets bestehen die Speicheldrüsen aus je einem Paar von Hauptdrüsen und Nebendrüsen, jede Nebendrüse mündet in den Hilus der Hauptdrüse der gleichen Seite.

Unter den räuberischen Wanzen sind es die Hydrocoriden, deren Speicheldrüsen durch Fauré-Fremiet am besten bekannt geworden sind. Bei ihnen ist, wie Abb. 159a an *Naucoris cimicoides* zeigt, die Hauptdrüse (*HDr*) aus großen Zellen aufgebaut, die ein ziemlich enges Lumen umgeben. Die Nebendrüse (*NDr*), die durch einen engen Gang (*VG*) mit der Hauptdrüse verbunden ist, hat dagegen ein weites Lumen und eine dünne, aus platten Zellen aufgebaute Wandung. Im einzelnen sind bei den verschiedenen Wasserwanzen die Drüsen an Größe und Aufbau recht verschieden. So erscheint z. B. bei *Nepa* und *Lethocerus* (Belostomiden) die Hauptdrüse traubig, weil die einzelnen Zellen, stark nach außen vorspringend, zahlreiche Acini bilden (Abb. 159b). Bei *Notonecta* ist dagegen die Außenfläche der Hauptdrüse glatt (Abb. 160c); *Naucoris* steht in der Mitte zwischen *Nepa* und *Notonecta*. Bei *Notonecta, Lethocerus* und dem Weibchen von *Naucoris* zerfällt die Hauptdrüse in einen kleinen Vorderlappen und einen großen Hinterlappen; beim Männchen von *Naucoris* ist der Hinterlappen nochmals deutlich untergeteilt. Annähernd gleich ist bei allen Gattungen die Nebendrüse.

Histologisch lassen sich nach FAURÉ-FREMIET innerhalb der Hauptdrüse drei Zellformen unterscheiden. Eine derselben bildet ein fettes, mit Osmiumsäure sich schwärzendes Sekret; die Sekrete der beiden anderen bestehen aus mit Alkohol fällbaren, also albumoiden Substanzen, deren eine mit Orange G und Fuchsin färbbar ist, während die andere sich mit Anilinblau färben läßt. Die drei Zellformen sind in den verschiedenen Teilen der Drüse wohl lokalisiert, dergestalt, daß man an der Drüse einen

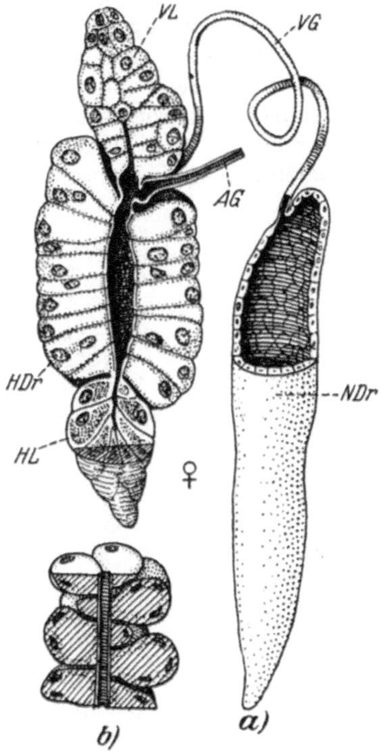

Abb. 159. a) *Naucoris cimicoides* ♀, eine Hälfte des Speichelapparates, teilweise längs durchschnitten. *AG* Ausführgang, *HDr* Hauptdrüse, *HL* Hinterlappen, *NDr* Nebendrüse, *VG* Verbindungsgang, *VL* Vorderlappen. Nach FAURÉ-FREMIET, verändert, aus WEBER. b) *Belostoma* (*Lethocerus*) *cordofanum*, Stück aus der Hauptdrüse, längs durchschnitten, nach FAURÉ-FREMIET verändert.

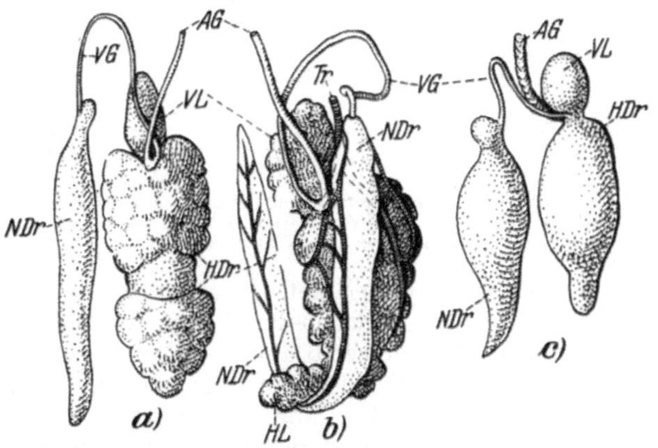

Abb. 160. Eine Hälfte des Speichelapparates. a) Von *Naucoris cimicoides* ♂; b) von *Naucoris cimicoides* ♀; c) von *Notonecta glauca*, nach FAURÉ-FREMIET. Bezeichnungen wie in Abb. 159. *Tr* Trachee.

lipocrinen und einen rhagiocrinen Teil unterscheiden kann. Der letztere zerfällt wiederum in einen erythrophilen und einen cyanophilen Teil, je nach der Affinität zu Orange G oder Anilinblau.

Die Verteilung dieser funktionell verschiedenen Teile in den Abschnitten der Drüse ist bei den einzelnen Arten sehr verschieden; so nimmt z. B. bei *Notonecta* der lipocrine Zelltyp den ganzen Vorderlappen ein, bei *Naucoris* dagegen den hinteren Teil des Hinterlappens. Die Bildung des lipoiden Sekretes geht von Mitochondrien aus, die sich in Vakuolen verwandeln und, nach der Mitte zusammenrückend, schließlich eine zentrale Sekretmasse bilden.

Der rhagiocrine Drüsenteil, dessen Zellen von zahlreichen kleinen Vakuolen erfüllt sind, nimmt stets den größten Teil der Hauptdrüse ein,

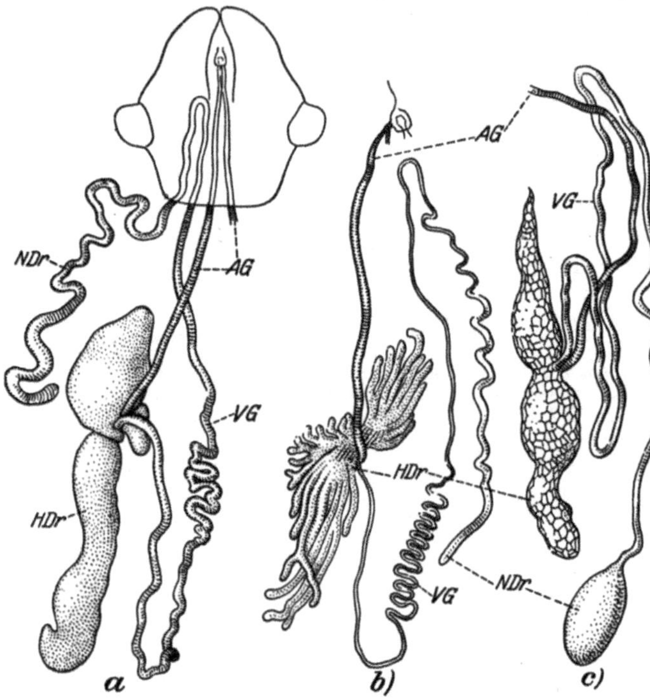

Abb. 161. Eine Hälfte des Speichelapparates verschiedener Wanzen. a) *Palomena prasina*; b) *Chrysocoris stockerus*; c) *Plesiocoris rugicollis*. a), b) Verändert nach BUGNION, c) nach K. M. SMITH. Bezeichnungen wie in Abb. 159.

die cyanophilen und erythrophilen Zellen sind entweder gemischt, wie z. B. bei *Notonecta*, oder in verschiedenen Teilen der Drüse lokalisiert.

Während bei den Hydrocoren und auch bei den räuberischen Landwanzen (Phymatiden) die Speicheldrüsen sehr groß sind und zum Teil (*Lethocerus*) sogar bis weit in den Hinterleib hinein reichen, sind die Drüsen bei den Blutsaugern (*Cimex*) ziemlich klein, rundlich und glatt.

Unter den phytophagen Wanzen ist, soweit wir wissen, nur bei den Capsiden eine Nebendrüse mit weitem Lumen ausgebildet (nach SMITH, Abb. 161c). Bei den anderen ist die Nebendrüse schlauchförmig, sehr lang und nur gegen das Ende hin etwas verdickt. Ihr langer Ausführgang macht eine Schleife durch den Kopf, was die älteren Autoren zu der irrtümlichen Meinung veranlaßt hat, die Ausführgänge der Haupt- und Nebendrüse mündeten getrennt. In der Tat aber endet der Ausführgang der Nebendrüse wie bei den Wasserwanzen im Hilus der Hauptdrüse. Diese ist bei den verschiedenen Landwanzen sehr verschieden gebaut, bald ist sie glatt, wie bei vielen Pentatomiden (Abb. 161a), bald aus zahlreichen einzelnen Schläuchen aufgebaut (BUGNION).

Über den histologischen Bau der Speicheldrüsen der Landwanzen wissen wir so wenig, wie über den der Zikaden, deren Drüsen gewöhnlich sehr verwickelt gebaut und relativ groß sind. So reicht bei *Fulgora maculata* nach BUGNION die Hauptdrüse fast bis zum Hinterende des Abdomens. Sie ist, wie Abb. 162 zeigt, acinös und zerfällt in einen kleinen Vorder- sowie einen sehr großen Hinterlappen. Die Nebendrüse (*NDr*) ist nierenförmig und aus radiär gestellten Elementen aufgebaut.

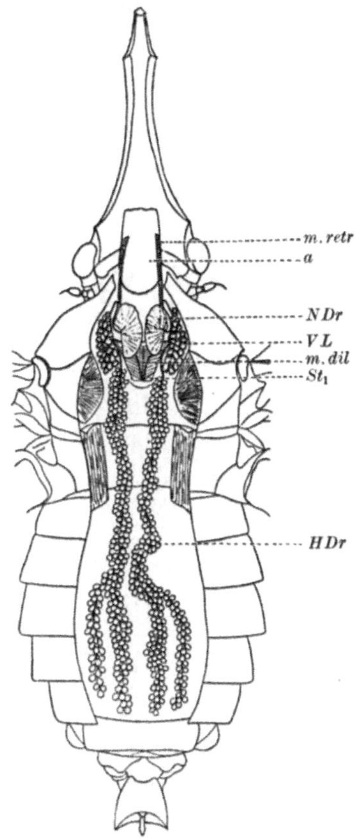

Abb. 162. *Fulgora maculata*, dorsal geöffnet, mit Speicheldrüsen, nach BUGNION. *a* Luftsack, *m.retr* Retraktoren der Stechborsten, *m.dil* Dilatator des Pharynx, St_1 Prosternum, die anderen Bezeichnungen wie in Abb. 159.

Unter den Cercopiden ist *Thomaspis saccharina*, eine hawaiische Zuckerrohrzikade, von KERSHAW untersucht. Hier sind die Speicheldrüsen der Larve von denen der Imago sehr verschieden. Bei der Larve besteht die Hauptdrüse aus einem mehrfach eingeschnürten Hauptteil, in den einige kurze Schläuche (*s*) münden (Abb. 163a). Bei der Imago (b) werden diese Schläuche sehr lang, der Vorderlappen des Hauptteiles, der bei der Larve verhältnismäßig groß ist, bleibt in der Entwicklung zurück (*VL*). Die Nebendrüse bildet bei der Imago wie bei der Larve einen unregelmäßig gelappten Körper. Bei den Singzikaden ist nach BUGNION (Abb. 163c) die Nebendrüse schlauchförmig mit einem Büschel kleiner Anhangsröhren; die Hauptdrüse zerfällt in zwei miteinander durch einen dünnen Gang verbundene tubulöse Lappen.

Bei den Pflanzenläusen sind die Ausführgänge der Speicheldrüsen kurz und vereinigen sich schon im Thorax miteinander. Die Hauptdrüsen sind bald kugelig (*Psylla*), bald platt ellipsoid (*Aleurodes*), nierenförmig (*Aphis*) oder in mehrere Acini geteilt (*Chermes*). Bei den Cocciden kommen langgestreckte Hauptdrüsen vor, die manchmal (*Lecanium, Dorthesia*) sogar in mehrere Zweige zerspalten sein können. Die Nebendrüsen, die bei *Psylla* und auch bei vielen Cocciden fehlen, sind klein und münden mit einem kurzen Gang in den Hilus oder den Ausführgang der Hauptdrüsen. Haupt- und Nebendrüsen sind nur aus wenigen Zellen aufgebaut, die nicht immer gleichartig sind. So besteht z. B. die Hauptdrüse von *Aphis fabae* (siehe Abb. 164) aus einer um den Hilus angeordneten Schicht von platten Deckzellen (*DZ*) und aus den die Hauptmasse der Drüsen bildenden kugeligen Hauptzellen (*HZ*). Die

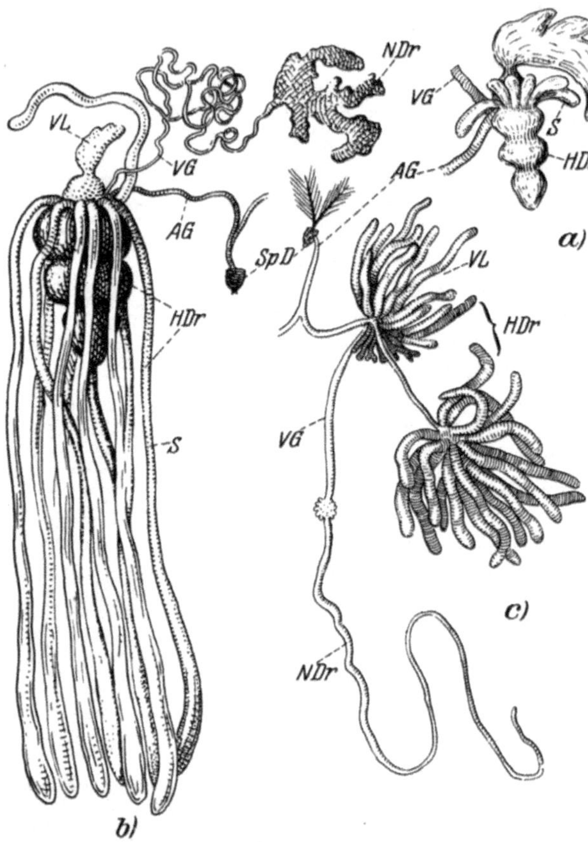

Abb. 163. a) Hauptdrüse der Larve von *Thomaspis saccharina*; b) eine Hälfte des Speichelapparates der Imago derselben Cercopide; c) eine Hälfte des Speichelapparates von *Cicada orni*. a), b) Nach KERSHAW, c) nach BUGNION. Bezeichnungen wie in Abb. 159. *S* Schlauchförmige Anhänge der Hauptdrüse, *SpD* Speichelpumpe.

beiden Zellgattungen unterscheiden sich aber nicht bloß durch ihre Form, sondern auch durch ihre färberische Reaktion voneinander (siehe unten).

Über die Funktion der Speicheldrüsen ist viel weniger bekannt als über ihren Bau, da man erst neuerdings bei anatomischen Studien auf die Funktionsstufen achtet, die sich im histologischen Bild kundgeben. So war man sich z. B. lange nicht sicher darüber im klaren, ob die sackförmige, dünnwandige Nebendrüse der Hydrocoriden und der Capsiden nur als Reservoir dient oder ob sie auch sekretorische Funktion hat. Erst FAURÉ-FREMIET zog mit Recht aus der ungewöhnlich reichlichen Tracheenversorgung der die Wand der Nebendrüse bildenden Zellen den Schluß, daß mehr für die letztere Möglichkeit spricht. Neuere Beobachtungen von POISSON, der Notonecten mit methylenblauhaltiger Nahrung fütterte, zeigten, daß im Lumen der Nebendrüse niemals Methylenblau auftrat, daß der Speichel aber stark blaugefärbt war. Demnach kann die Nebendrüse in der Tat kein Reservoir für die Hauptdrüse sein.

Eine eingehende Untersuchung über die Sekretionsphasen der Speicheldrüsen ist bis jetzt nur an einem Vertreter der Blattläuse, *Aphis fabae* SCOP., vom Verfasser durchgeführt worden (Abb. 165).

Untersucht man die Speicheldrüsen eines Tieres, das 2 Tage lang gehungert hat, so findet man ihre Zellen nicht im Ruhezustand, sondern in einem vorgeschrittenen Stadium der Sekretion, bereit, jeden Augenblick Sekret zu ergießen. Will man den Ausgangspunkt des Sekretionsvorganges erhalten, so untersucht man am besten ein Tier, das nach längerem Hungern eine Viertelstunde gesogen hat. Bei ihm sind zahlreiche Zellen bereits entleert, und man findet neben anderen Stadien auch das Ausgangsstadium, das bei den Deckzellen sowohl wie bei den Hauptzellen durch ein äußerst fein granuliertes Plasma sich auszeichnet (1). Die Granula werden zunächst zu kleinen Sekretbläschen (2), die immer größer werden (3), die Zelle ganz erfüllen (4) und endlich in das Lumen sich entleeren (5). Soweit verhalten sich die Haupt- und Deckzellen gleich, sie unterscheiden sich dadurch, daß bei den Hauptzellen im Verlauf des Sekretionsvorganges die färberische Reaktion des Plasmas sich ändert, während sie bei den Deckzellen immer gleich bleibt. Offenbar bilden also die beiden Zelltypen zwei chemisch verschiedene Sekrete, die sich im Speichel mischen.

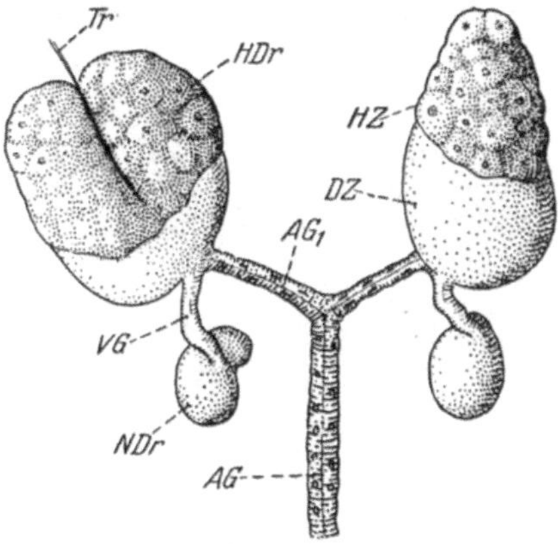

Abb. 164. Speicheldrüsen eines geflügelten ♀ von *Aphis fabae*, nach WEBER. Dorsalansicht, eine Drüse etwas zur Seite gedrückt. Bezeichnungen wie Abb. 159. *HZ* Hauptzellen, *DZ* Deckzellen.

Beim Hungertier sind, wie Abb. 165a zeigt, alle Deckzellen im Stadium 4, sind also von Sekretblasen ganz erfüllt, die offenbar zum Ausstoßen bereit sind. Die Hauptzellen befinden sich mit wenigen Ausnahmen auf einer Zwischenstufe zwischen Stadium 3 und 4, sie sind zwar auch gedrängt voll Sekretblasen, diese haben aber noch nicht die volle Größe.

Außer beim Hungertier findet man nie ein Stadium in der Speicheldrüse bevorzugt, vielmehr sind meist alle Stadien nebeneinander vertreten, wie dies z. B. Abb. 165b zeigt, die nach einem Tier mit viertelstündiger Saugdauer gezeichnet ist. Hier sieht man auf einem Schnitt vier verschiedene Funktionsstufen der Hauptzellen und drei Stufen der Deckzellen nebeneinander, die fehlenden Phasen sind auf den anderen Schnitten der Serie ebenfalls noch zu finden. Daraus geht hervor, daß beim normal saugenden Tier die Drüsenzellen nicht gleichzeitig sondern nacheinander arbeiten, und daß daher ein ununterbrochener Speichelstrom gebildet und von der Speichelpumpe in den Stichkanal gepreßt werden kann. Die Mitwirkung der Speichelpumpe ist schon deshalb vonnöten, weil die Speicheldrüsen selbst ganz ohne Muskeln sind und daher das Sekret nicht unter Druck austreten lassen können. Die

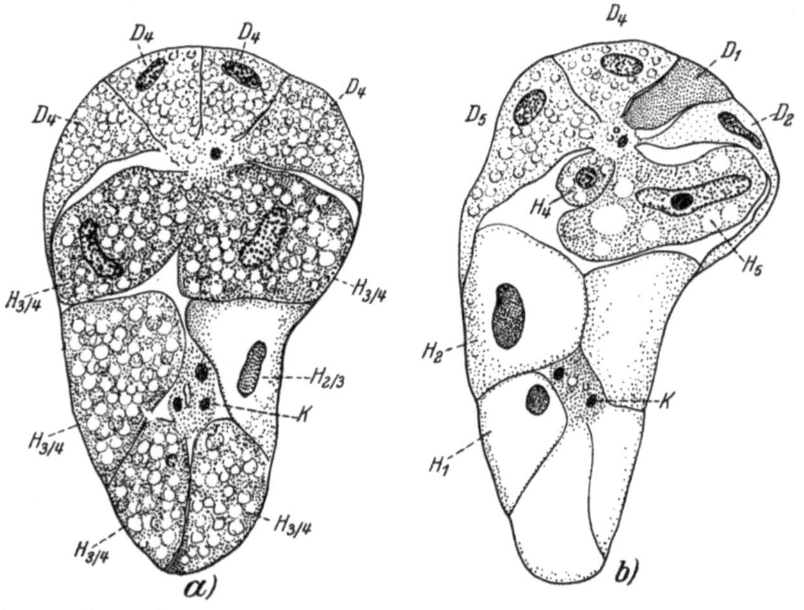

Abb. 165. a) Schnitt durch die Hauptdrüse eines Hungertieres von *Aphis fabae* (♀); b) gleich gelegener Schnitt durch die Drüse eines Tieres, das nach gleichlangem Hungern eine Viertelstunde lang sog. *D*, *H* Deckzellen und Hauptzellen in verschiedenen Funktionsstufen (siehe Text), nach WEBER.

Menge des in den Stichkanal geleiteten Sekretes kann natürlich von der Speichelpumpe willkürlich, d. h. den rezipierten Reizen gemäß, geregelt werden.

Was die chemisch-physiologischen Eigenschaften des Speichelsekretes betrifft, so scheint es bei allen Hemipteren ein stärkespaltendes Ferment zu enthalten. PLATEAU hat das experimentell für die Wasserwanzen, also für ausgesprochene Räuber, gezeigt; unter den phytophagen Formen ist bei den Cercopiden durch GRUNER, bei den Aphiden durch ZWEIGELT und DAVIDSON dasselbe nachgewiesen. Offenbar dient also der Speichel wie bei vielen kauenden Insekten und bei den Wirbeltieren der Vorbereitung des Nahrungssaftes für die Verdauung, indem er Stärke in löslichen Zucker umwandelt. Da die Hemipteren nur flüssige Substanzen aufnehmen können, ist es von besonderer Bedeutung, daß diese Umsetzung außerhalb des Körpers erfolgt. Die Injektion des Speichels in die Gewebe des Wirtsorganismus wird durch diese Überlegung verständlich gemacht, sie ist, besonders bei Pflanzensaugern, eine unerläßliche Voraussetzung für die Nahrungsaufnahme. Damit ist aber die Bedeutung des Speichels noch keineswegs erschöpft, vielmehr ist auch die mechanische Seite des Saugvorganges nur dann restlos zu erklären, wenn man die Mitwirkung des Speichels als wesentlichen Faktor hereinbezieht.

Wir haben bisher die Nahrungsaufnahme der Hemipteren nur vom rein zoologischen Standpunkt aus betrachtet und den lebenden Organismus des Wirtes bzw. des Beutetieres nicht berücksichtigt. Durch die bahnbrechenden Untersuchungen Zweigelts ist die Einseitigkeit dieser Beobachtungsweise unzweifelhaft erwiesen worden. Zum vollen Verständnis des Saugvorganges kommt man, vor allem bei den Phytophagen, nur, wenn man ihn als ein Wechselspiel der Kräfte des saugenden Tieres und des Organismus des Nahrungsobjektes betrachtet. Natürlich gilt das nur, wenn das letztere ein lebender Körper ist; bei *Hydrometra* und bei anderen, tote Tiere aussaugenden Wanzen ist mit der stärkespaltenden Wirkung des Speichelsekretes seine Bedeutung erschöpft. Andere Verhältnisse liegen schon vor, wenn es sich um räuberische Arten handelt. Bei ihnen wirkt der Speichel nicht nur als Ferment, sondern vor allem als Gift. Von allen räuberischen Wanzen ist bekannt, daß sofort nach Versenkung des Stechborstenbündels in den Körper des Beutetieres dessen Bewegungen aufhören, eine rasch eintretende Lähmung ist die Folge der Speichelinjektion.

Bei Warmblüterparasiten hat das Speichelsekret ganz ähnliche toxische Eigenschaften. Die typische Reaktion der menschlichen Haut auf Stiche der Bettwanze — Rötung und Quaddelbildung infolge lokaler Hyperämie — ist auf die Wirkung des Speichels zurückzuführen. Daß es sich auch hierbei um eine Giftwirkung handelt, geht daraus hervor, daß zahlreiche Bettwanzen ein kleines Wirbeltier zu töten vermögen, wie ein Versuch Hases zeigte, bei dem 180 Wanzen eine Maus nach $^3/_4$ Stunden töteten. Es besteht also zwischen den Räubern und den Blutsaugern in dieser Hinsicht kein wesentlicher Unterschied. Das zeigt sich auch darin, daß manche räuberischen Wanzen (*Notonecta,* Nabiden, *Reduvius* und andere) gelegentlich Menschen stechen, wenn sie ergriffen werden, und daß als Folge des Stiches ganz ähnliche, mitunter allerdings viel deutlichere Erscheinungen auftreten als beim Stich der Bettwanze. Die vermehrte Blutzufuhr zur Stichstelle erleichtert natürlich dem Parasiten die Nahrungsaufnahme, wahrscheinlich kommt dazu noch eine Fähigkeit des Speichels, Gerinnung des Blutes zu verhindern, so daß keine Verstopfung des bei Blutsaugern allerdings sehr weiten Nahrungskanales eintreten kann. Ob im Speichel der Blutsauger auch spezifisch hämolytische Fermente auftreten, ist nicht mit Sicherheit nachgewiesen, kann aber um so eher angenommen werden, als (nach Dewitz und Börner) solche Hämolysine sogar im Blattlauskörper auftreten. Möglicherweise treten allerdings bei den Cimiciden die Hämolysine erst im Darm auf.

Bei den Pflanzensaugern ist die Rolle des Speichels dank den Untersuchungen von Zweigelt, Davidson, K. M. Smith u. a. viel besser bekannt als bei den Räubern und Blutsaugern. Die Gewinnung von Ergebnissen ist hier dadurch erleichtert, daß die Tiere sich häufig im Zusammenhang mit der Pflanze fixieren lassen und daß so eine Untersuchung der frischen Stichstelle mit histologischem Verfahren möglich wird. Auf Grund derartiger Untersuchungen kam man zu der Feststellung, daß der Speichel, der der Spitze des Stechborstenbündels entquillt, nicht nur Stärke in Zucker zu verwandeln, sondern, wenigstens bei manchen Formen, auch Zellulose zu lösen vermag (z. B. bei manchen Cocciden) und daß er vor allem eine starke osmotische Saugkraft auf die den Stichkanal umgebenden Zellen ausübt, sie plasmolysiert und damit den Turgor herabsetzt. Nur so ist es zu erklären, daß die dünnen, elastischen Stechborsten der Pflanzenläuse den mehrere Atmosphären betra-

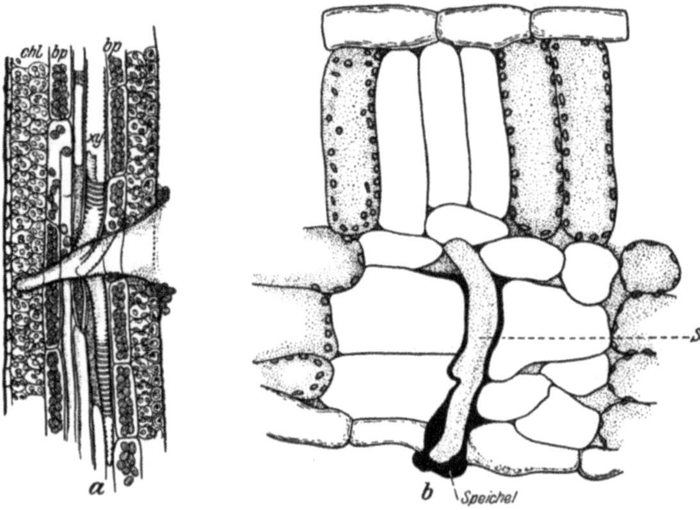

Abb. 166. a) Stichwirkung von *Thomaspis* (*Monecphora*) *saccharina* an Paspalumgras (Schnitt), nach WITHYCOMBE; b) Stich einer Jasside durch die untere Epidermis eines Kartoffelblattes. Inhalt der dem Stichkanal benachbarten Zellen zerstört, Zellen ausgesaugt, wenig mechanischer Schaden, nach K. M. SMITH. *StK* Stichkanal

genden Turgor im Innern der Pflanze zu überwinden vermögen. Daß sie das ohne Mitwirkung des Speichels nicht können, geht daraus hervor, daß (nach ZWEIGELT) nur sehr große Blattläuse den Turgor der Spaltöffnungszellen zu überwinden vermögen, indem sie ihr Borstenbündel zwischen den Schließzellen durchzwängen. Wie überhaupt bei der Epidermis der Pflanze, ist auch bei den Schließzellen eine Einwirkung des Speichels durch die Cutinisierung der Zellwand unmöglich gemacht.

Es läßt sich denken, daß bei größeren Formen, die ihr Stechborstenbündel mit Gewalt geradlinig in das Pflanzengewebe treiben, die osmotische Saugwirkung des Speichels von nebensächlicher Bedeutung ist. Die Stichwunden, die von Wanzen und Cicadinen erzeugt sind, lassen denn auch mehr auf mechanische Wirkung schließen (Abb. 145 und 166a) als auf physikalisch-chemische; das Gewebe ist gedrückt, und die Gefäßbündel sind oft zerrissen. Auch in solchen Stichwunden ist aber Speichel nachzuweisen, wie Abb. 145 zeigt, eine Aussaugung der dem Stichkanal nicht unmittelbar benachbarten Zellen kommt auch hier vor (Abb. 166b), ebenso wie eine chemische Umwandlung des Inhaltes selbst weit entfernter Zellen. WITHYCOMBE hat bei der Cercopide *Thomaspis* (*Monecphora*) *saccharina*, deren komplizierter Speichelapparat oben beschrieben wurde, festgestellt, daß die hierbei wirksamen Substanzen sich durch die angestochenen (Abb. 166a) Gefäßbündel hindurch in weitem Umkreis ausbreiten.

Bei den Pflanzenläusen, unter denen die Aphididen, die Cocciden und Aleurodiden mehr oder weniger eingehend untersucht sind, ist der Bau der Stichkanäle gewöhnlich ganz anders. Wie oben schon erwähnt, verlaufen hier die Kanäle nämlich keineswegs geradlinig, häufig sind sie sogar verzweigt, so daß man den Eindruck hat, daß von einer Ausgangsstellung aus die Tiere alle erreichbaren Punkte aufsuchten und erschöpften (Abb. 168). Die Stichkanäle verlaufen bald interzellular, bald durchbohren sie ganze Zellen. Man hat den Eindruck, daß ein Durchbohren von Zellen besonders dann vorkommt, wenn die Zellwände sehr

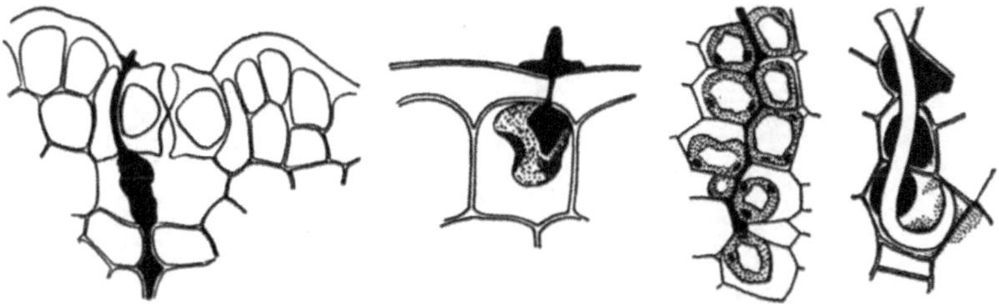

a b c d

Abb. 167. a) Normaler Einstich von *Aphis fabae* an einer Spaltöffnung am Stengel von *Evonymus*, intrazellulärer Stichverlauf, Durchsetzen eines größeren Hohlraumes; b) vollständige Aussaugung einer Epidermiszelle am Stengel von *Evonymus*; c) interzellulare Aussaugung in der Rinde von *Evonymus*; d) Aussaugung im Leptom von *Evonymus*. Intrazellulärer Stichverlauf, Speichel schwarz, nach ZWEIGELT.

dünn sind und ein interzellularer Stichverlauf daher unmöglich wird. Dadurch, daß dem Speichel eine so große osmotische Saugkraft innewohnt, ist ein Aussaugen von Zellen auch dann möglich, wenn die Zellwand gar nicht verletzt wird. Diese Saugwirkung ist so bedeutend, daß sie sich stets auf zahlreiche, in einem Raumzylinder sich um den Stichkanal gruppierende Zellen erstreckt. Wenn, wie das besonders im Leptom vorkommt, ganze Zellen durchbohrt werden, kann eine Saugwirkung auf benachbarte Zellen nur dann stattfinden, wenn die durchbohrte Zelle ganz oder großenteils mit Speichel erfüllt wird. Daß derartige Speichelergüsse tatsächlich erfolgen, ist aus Abb. 167d ersichtlich; ein Vergleich mit dem interzellular verlaufenden Stich von Abb. 167c zeigt, daß bei letzterem der Speichelverbrauch geringer ist. Wenn also, soweit möglich, interzellularer Verlauf vorgezogen wird, ist damit eine Ersparnis an Speichelsekret erreicht. Daß die Tiere mit ihrem Speichel sehr wirtschaftlich umgehen, beweist die Tatsache, daß beim Durchqueren größerer luftgefüllter Interzellularräume nur recht wenig Sekret abgegeben wird (siehe Abb. 167a).

Übrigens verhalten sich in dieser Hinsicht wie auch bezüglich der aufgesuchten Nahrungsquellen nicht alle Formen ganz gleich. Was die letzteren betrifft, so werden sie vor allem vom Phloëm, aber auch vom Xylem, dem Parenchym (Mesophyll) und der Epidermis gebildet. Selbst Aussaugung einzelner Epidermiszellen kommt vor, wie Abb. 167b zeigt. Nach dem, was oben über die Rolle des Speichels gesagt wurde, ist es nicht verwunderlich, daß ,wenn auch bei einer Form die Gefäßbündel letztes Ziel der Stiche sind, doch schon auf dem ganzen Weg dahin die den Stichkanal umgebenden Gewebe in Mitleidenschaft gezogen werden. Ob der Weg interzellular oder intrazellular geht, hängt sicher nicht, wie BÜSGEN meinte, allein von der Stärke der Stechborsten ab, wenn auch bei den Wanzen und Zikaden die starken Borsten rücksichtslos durch

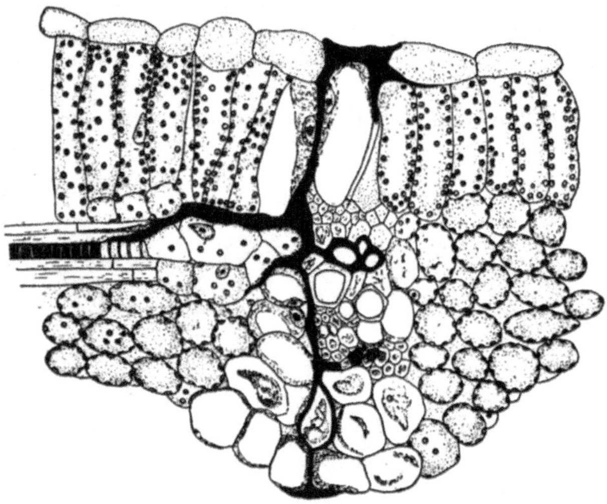

Abb. 168. Stichkanal von *Myzoides persicae* (Aphididen) im Kartoffelblatt, nach K. M. SMITH. Speichel schwarz.

alle Hindernisse dringen. Bei den Aphidinen ist, wie ZWEIGELT, DAVIDSON und K. M. SMITH übereinstimmend berichten, der Stichverlauf überwiegend interzellular (Abb. 168), bei den Aleurodiden und bei manchen Cocciden (*Aspidiotus*) gilt (SMITH) dasselbe (Abb. 169), wogegen bei *Pseudococcus* ein vorwiegend intrazellularer Verlauf festgestellt ist (Abb. 170). Die Stärke der Stechborsten ist bei den genannten Formen nicht so verschieden, daß sie zur Erklärung dieser Unterschiede ausreichte. Vielleicht sind es spezifische Eigenschaften des Speichels, die hier ausschlaggebend sind; die Tatsache, daß nach SMITH der Speichel von *Pseudococcus* die Fähigkeit haben soll, Zellulose zu lösen, gibt hier wenigstens einen Hinweis.

Das in den Stichkanal gespritzte Speichelsekret wird nicht vollständig wieder aufgesogen; es bildet, wenigstens bei den meisten Formen, mit den Zellsäften ein Reaktionsprodukt, das als eine starre, glänzende Scheide die Stichkanäle auskleidet und nebenbei vielleicht die Sicherheit der Stichführung erhöhen kann. Da diese Scheide aber erst nach einiger Zeit erhärtet, ist sie für neue Stiche bedeutungslos und kann höchstens, wenn das Borstenbündel von einem schon länger gebrauchten Stichkanal aus weiter vordringen soll, als Führung dienen. Wichtig kann das vor allem bei den Formen werden, die vom ursprünglichen Stichkanal aus strahlenförmig nach allen Richtungen vorstoßen und so das ihnen erreichbare Gewebe völlig erschöpfen (Abb. 170).

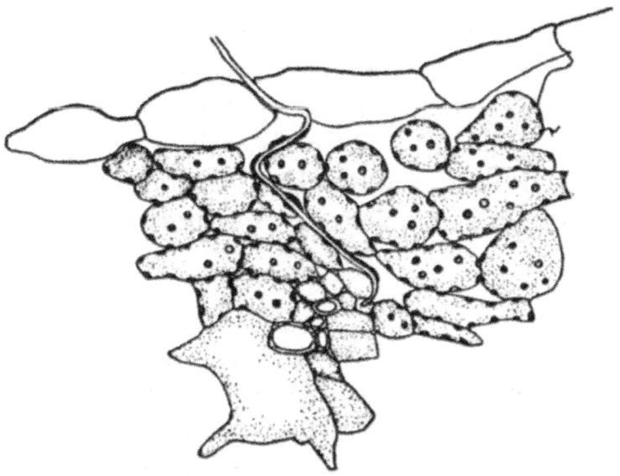

Abb. 169. Stechborsten einer Larve von *Trialeurodes vaporariorum* im Kartoffelblatt, nach K. M. SMITH. Speichel schwarz.

Eine osmotische Saugwirkung übt der Speichel jedenfalls nur aus, solange er nicht erhärtet ist. Betrachtet man diese Saugwirkung als einen rein chemisch-physikalischen Vorgang, so müßte man zunächst meinen, daß der Speichel den Pflanzenzellen nur Wasser entziehen könnte; da ja der Wandbelag der Zelle als semipermeable Membran wirkt und die eintretende Plasmolyse nur auf Wasserverlust sicher schließen läßt. In der Tat aber wirkt der Speichel auch bei den Phytophagen als Gift und verändert offenbar auch die Eigenschaften des Wandbelags. Dazu kommt seine Wirkung als stärkespaltendes Ferment, die ein Austreten löslicher Zucker durch den krankhaft veränderten Wandbelag verstehen läßt. Daß in diesen Punkten die verschiedenen Hemipteren sich nicht ganz gleich verhalten, daß die im Speichel enthaltenen auf die Pflanze einwirkenden Stoffe selbst bei einander nahestehenden Formen ganz verschieden sein können, geht schon daraus hervor, daß vielfach eine und dieselbe Pflanze auf das Saugen verschiedener Hemipterenarten sehr verschieden reagiert, selbst wenn die Arten e i n e r Gattung angehören. Die Gallenbildner unter den Blattläusen (siehe S. 492) liefern geradezu Schulbeispiele hierfür. Alle die Reaktionen der Pflanze, die nicht direkt zur Erklärung des Saugvorganges beitragen, können aber erst weiter unten in anderem Zusammenhang behandelt werden.

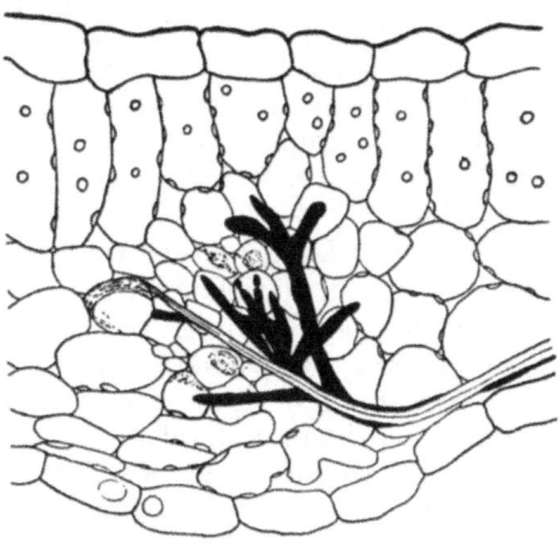

Abb. 170. Stechborsten von *Pseudococcus sp.* im Kartoffelblatt mit büschelförmigen Stichkanälen, nach K. M. SMITH. Speichel schwarz.

Nach den vorstehenden Ausführungen ist bis dahin festzuhalten, daß sowohl der Stich wie das Saugen der phytophagen Hemipteren, speziell der Pflanzenläuse, nicht allein auf Muskelwirkung beruhen. Ein gut Teil der Arbeit übernimmt der Speichel, der vom Stichkanal aus stets einen osmotischen Nahrungsstrom in den Nahrungskanal der Stechborsten treibt. Erst die Weiterbeförderung dieses Stromes wird dann von den Dilatatoren des Pharynx besorgt. Der Stich, das Vordringen der Borsten, wird durch die Turgorminderung, die mit der osmotischen Saugwirkung verbunden ist, erleichtert; auch hier wird den Muskeln (der Stechborsten) durch den Speichel die Arbeit erleichtert.

3. Der Darm und die Verarbeitung der Nahrung.

Aus dem Pharynx kommt der Nahrungssaft durch die schlauchförmige, meist sehr enge und wenig muskulöse Speiseröhre (Ösophagus) in den Darm, dessen Bau bei den einzelnen Hemipterengruppen sehr verschieden und teilweise außerordentlich schwer übersichtlich ist.

Verhältnismäßig einfachen Bau zeigt der Darm der Wanzen, besonders der der räuberischen Formen. Bei ihnen öffnet sich der Ösophagus in einen weiten, magenartigen Sack (Abb. 171 a), dem sich ein längerer (Wasserwanzen) oder kürzerer (Phymatiden, Asopiden) Dünndarm anschließt. Es folgt dann ein gewöhnlich kugeliger, mitunter (*Notonecta*, *Naucoris*) auch langgestreckter Abschnitt, in den die vier oder selten zwei MALPIGHIschen Gefäße münden, und schließlich endet das Ganze in einem weiten, blasenförmigen Rektum (Enddarm), an dem sich bei manchen Wasserwanzen ein kontraktiler Blindsack, die Rektalampulle, befindet. Bei anderen Cryptoceraten existieren noch POISSON sogar zwei ungleiche (*Corixa*, *Micronecta*) oder gleich große (*Naucoris*, *Aphelochirus*) Ampullen.

Auch der Darm der blutsaugenden Cimiciden ist nach demselben Schema gebaut; der Magen ist sehr weit, der Dünndarm lang.

Bei den phytophagen Wanzen ist der Bau des Darmes schon viel komplizierter; der Dünndarm ist öfters hinter dem Magen noch 1—2mal erweitert, und sein hinterster Abschnitt ist besonders differenziert. Am deutlichsten kommt der Unterschied gegenüber den Räubern bei den Pentatomiden zum Ausdruck. Während nämlich die räuberischen Asopiden, wie erwähnt, einen einfachen, glatten Darm besitzen, folgt bei den phytophagen Pentatomiden auf den Magen zunächst ein kurzer Dünndarm und auf diesen ein langer Abschnitt, der mit zwei oder vier spiralig am Darm entlanglaufenden Zeilen von kurzen Blindsäcken (Crypten) besetzt ist (Abb. 171 b, d). Bei den Coreiden sind diese Crypten nicht so regelmäßig angeordnet, so treten z. B. bei den Aphaninen und Blissinen an Stelle der Crypten verschieden lange Schläuche, die unsymmetrisch zu beiden Seiten des Darms stehen (Abb. 171 e); bei den Pyrrhocoriden scheinen die Männchen keine Darmanhänge zu besitzen, während bei den Weibchen einige kleine Crypten unregelmäßig um den Dünndarm sich gruppieren (Abb. 171 c) (alles nach KUSKOP und GLAS-

GOW). Die Bedeutung dieser Anhänge, die Wohnstätten symbiotischer Bakterien sind, wird weiter unten noch zu erörtern sein, hier ist nur ihr Fehlen bei den Räubern und Blutsaugern zu betonen. Auch bei den Homopteren gibt es derartige Crypten nicht, außer den MALPIGHIschen Gefäßen hat der Homopterendarm überhaupt keine Anhänge. Das ist deshalb wichtig, weil nur bei den phytophasen Wanzen Symbionten im Darm vorkommen; die Homopteren besitzen, ebenso wie die blutsaugenden Wanzen, besondere, nicht mit dem Darm verbundene „Mycetome", in denen sie Symbionten beherbergen (S. 503).

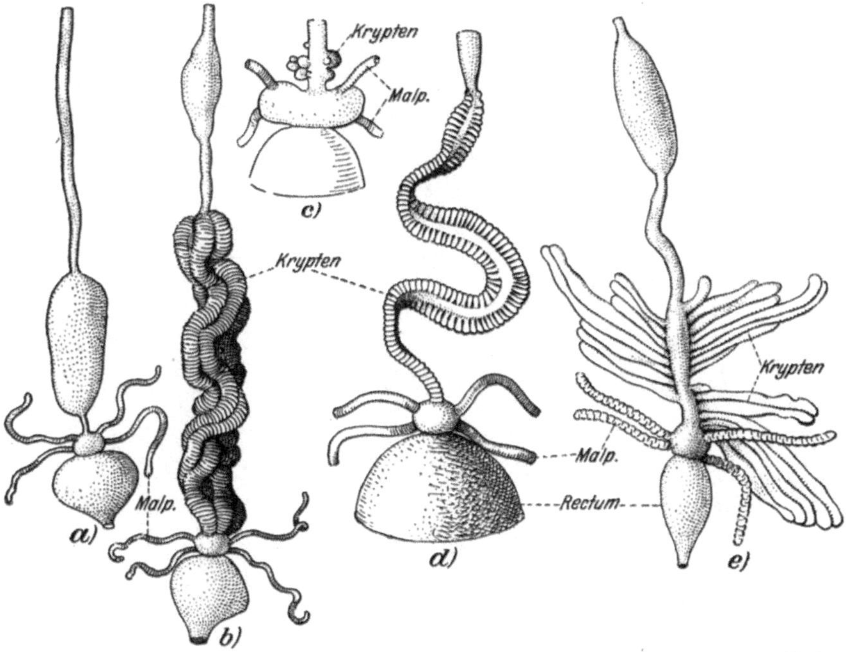

Abb. 171. Teile des Darmtraktus verschiedener Wanzen. a) Darm von *Picromerus bidens* (Asopiden); b) von *Carpocoris fuscipennis* (Pentatomiden); c) Stück des Darmes von *Pyrrhocoris apterus* ♀; d) Stück des Darmes von *Thyreocoris unicolor* (Thyreocoriden); e) Darm einer *Aphanus*-Larve (Lygaeiden). a), b), e) nach KUSKOP, d) nach GLASGOW, c) nach P. MAYER. *Malp* MALPIGHI-Gefäße.

Auch bei den Homopteren mündet häufig der Ösophagus in einen geräumigen Magen, auf den ein meist langer Dünndarm folgt. Die Verhältnisse im Vorderdarmabschnitt werden aber bei fast allen Homopteren dadurch kompliziert, daß das hintere Ende des Dünndarms mit dem vor dem Magen gelegenen Ösophagusabschnitt ein eigentümliches Organ bildet, das BERLESE als „Filterkammer" bezeichnet hat. Am einfachsten ist diese Filterkammer bei den Membraciden gebaut. Hier bildet das Ende des Dünndarms mit dem Anfangsteil des Enddarms eine Schleife, die sich in eine Aussackung des Ösophagus so hineinpreßt, wie Abb. 172a, b zeigt. Man sieht, daß hierbei die Tunica propria des Vorderdarms durchstoßen wird und daß die Schleife sich aufs engste an die Basis der Zellen des Vorderdarmepithels legt. Da die Zellen an dieser Stelle sehr niedrig sind, wird ein Hindurchdiffundieren von Wasser durch die aneinandergrenzenden Darmwände erleichtert. Bei den Cercopiden (Abb. 172c, d) ist die Filterkammer noch komplizierter gebaut, sie wird hier von einer besonderen, großen, kropfartigen Ausstülpung des Ösophagus gebildet, der Dünndarm verläuft zwischen dem Epithel und der

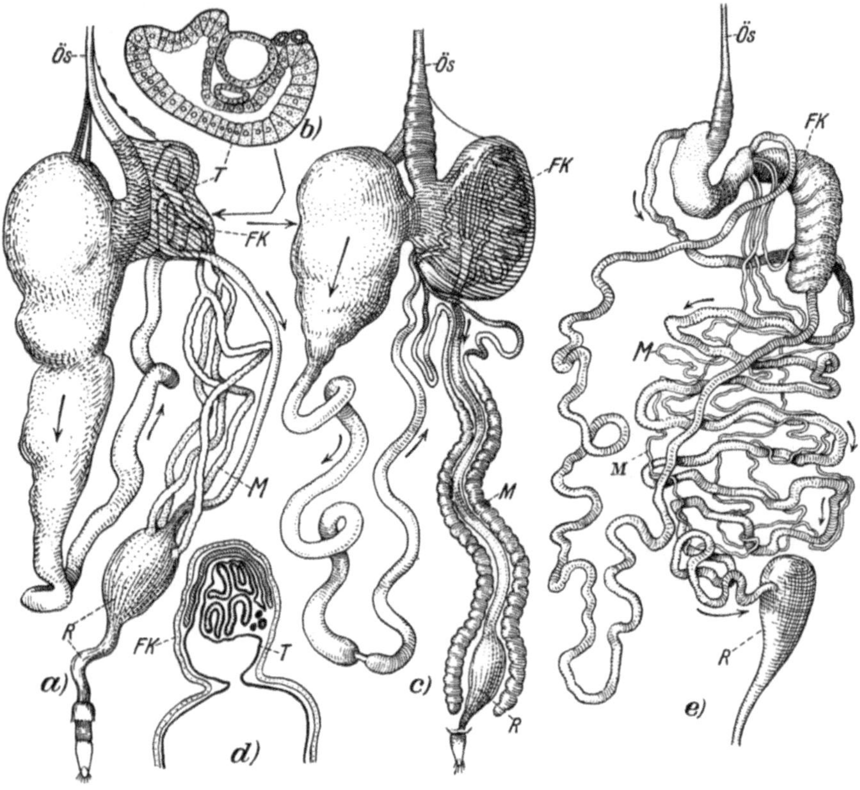

Abb. 172. Darmtraktus verschiedener Cicadinen. a) *Tricentrus albimaculatus* (Fulgoriden), nach KERSHAW aus IMMS; b) Querschnitt durch deren Filterkammer; c) *Thomaspis saccharina* (Cercopiden), nach KERSHAW; d) Querschnitt durch deren Filterkammer; e) *Tibicen septendecim*, nach SNODGRASS. *FK* Filterkammer, *M* MALPIGHI-Gefäße, *Ös* Ösophagus, *R* Rektum, *T* Tunika; in c) sind nur zwei von den vier *M* eingezeichnet.

Tunika des Kropfes in zahlreichen Schleifen, und auch ein großer Teil der vier MALPIGHIschen Gefäße, die nahe der Basis zu zwei Paaren verbunden sind, ist mit in der Filterkammer enthalten. Bei den Cicadiden (Abb. 172e) ist die Kammer langgestreckt, die beiden verbundenen Darmteile sind spiralig ineinander gewunden und von einer gemeinsamen Hülle umgeben.

Bei allen Zikaden münden die MALPIGHI-Gefäße, die in Vierzahl vorhanden sind, in den in der Filterkammer enthaltenen Anfangsteil des Enddarms, dessen Endteil *R* zu einer Rektalblase erweitert ist und im

After ausmündet. Besonders lang und dünn ist der Darm bei den Singzikaden, bei denen er von der riesigen abdominalen Tracheenblase (siehe S. 277) an die Körperwände gepreßt wird.

Ähnlich wie bei den Zikaden ist der Bau des Darms bei den Aleurodiden (Abb. 173a). Hier ist allerdings kein Magen zu unterscheiden, die Außenwand der Filterkammer geht ohne Unterbrechung in den Dünndarm über. Im Innern der Filterkammer, die etwa Schneckenform hat, liegt ein entsprechend gewundener Teil des Enddarms; die zwei dicken MALPIGHIschen Gefäße münden in den Endteil des Dünndarms dicht vor der Filterkammer, also nicht in diese wie bei den Zikaden. Eine Rektalblase ist vorhanden. Bei den Psylliden (Abb. 173b) fehlt eine eigentliche Filterkammer, der Enddarm und der Endteil des Ösophagus sind umeinander spiralig herumgeschlungen. Auch hier berührt sich der Anfangsteil des Darms mit dem Endteil auf großer Oberfläche. Die vier MALPIGHIschen Gefäße münden hintereinander am Dünndarm, der Enddarm ist sehr dünn, eine Rektalblase fehlt.

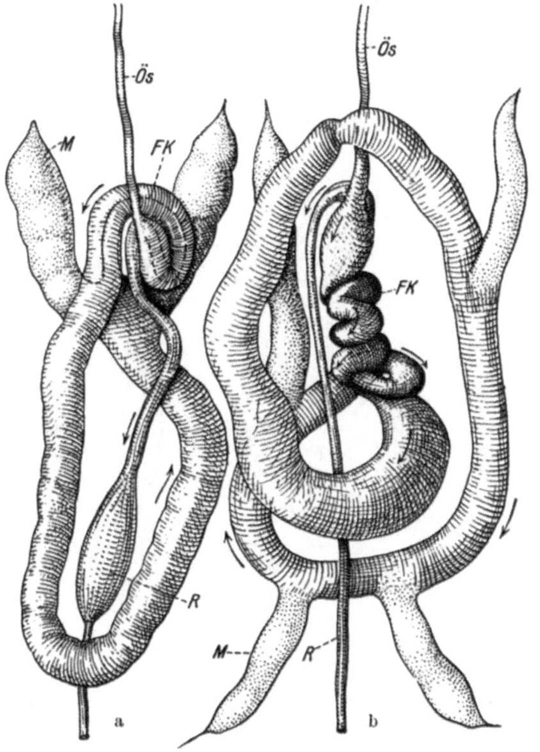

Abb. 173. Darmtraktus von: a) *Aleurodes brassicae*, nach WEBER; b) von *Psylla mali*, verändert nach BRITTAIN. MALPIGHI-Gefäße punktiert, Darm schraffiert. Bezeichnungen wie in Abb. 172.

Bei manchen Aphidinen, z. B. bei der Gattung *Longistigma,* durchstößt nach KNOWLTON der Endteil des Ösophagus den Enddarm, wie Abb. 174a zeigt, in ähnlicher Weise wie bei den Membraciden der Enddarm in den Ösophagus eindringt. Eine ausgeprägte Blindsackbildung ist aber nicht vorhanden. Bei *Longistigma* ist, wie die Abb. 174a zeigt, der ganze Darm im übrigen glatt, nur der Enddarm hat eine mächtige Rektalblase. Bei anderen Aphididen, z. B. bei der Gattung *Aphis* (Abb. 174b) ist zwar ein weiter, birnförmiger Magen vorhanden, der übrige Verlauf des Darms ist aber ganz gewöhnlich, eine Filterkammer fehlt vollständig. Dieser glatte Verlauf des Darms kann aber kaum als ursprüngliches Merkmal aufgefaßt werden, wenn auch die Tatsache, daß *Longistigma* keine ganz normale

Filterkammer hat, vielleicht als Hinweis auf ein sekundäres Entstehen dieser Kammer betrachtet werden könnte. Einen Sonderfall unter den Aphidinen stellen die Phylloxeriden dar, deren Darm blind endet. Rektum und After fehlen ihnen; trotz gut entwickelter Mundwerkzeuge und normaler Ernährung geben sie keine Exkremente ab.

Allen Aphidinen fehlen MALPIGHIsche Gefäße vollständig.

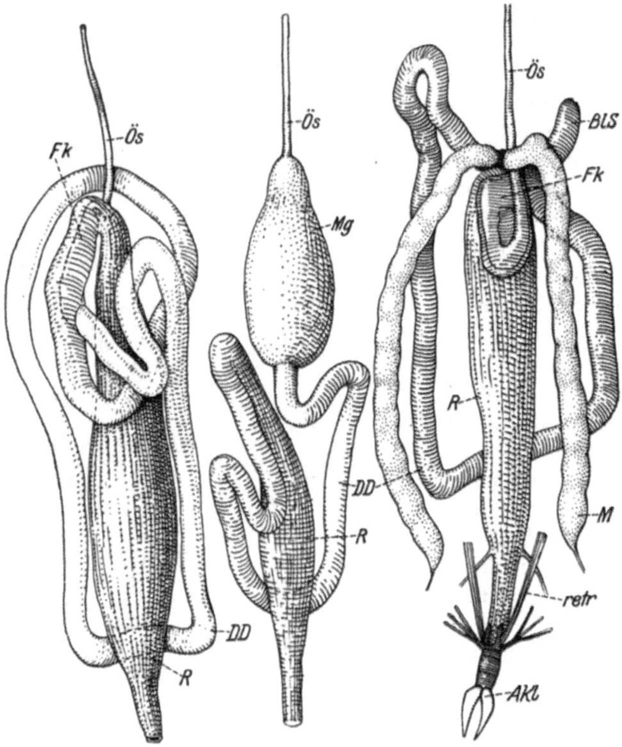

Abb. 174. Darmtraktus von: a) *Longistigma caryae* (Aphidina), ungeflügeltes ♀, nach KNOWLTON; b) *Aphis fabae*, geflügeltes ♀, nach WEBER; c) *Lecanium hesperidum* ♀, nach BERLESE. *AKl* Afterklappen, *BlS* Blindsack, *DD* Dünndarm, *Mg* Magen, *retr* Retraktoren des Afterapparates; andere Bezeichnungen wie in Abb. 172.

Bei den Cocciden dagegen sind solche vorhanden und zwar gewöhnlich in Zweizahl. Nur selten kommen drei (*Icerya* nach JOHNSTON) oder gar vier (*Xylococcus* nach OGUMA) Schläuche vor. Der Darm der Cocciden zeigt die höchste Spezialisierung, die wir überhaupt bei den Hemipteren antreffen, und zwar in verschiedenen Abstufungen. *Pseudococcus* ist insofern noch primitiv, als bei ihm das Darmlumen (nach BERLESE) vom Mund zum After durchgeht (Abb. 175). Schon hier hat sich aber an der Filterkammer eine Umwandlung vollzogen, die gewissermaßen den Anfang einer neuen Entwicklungstendenz bezeichnet. Die Filterkammer kommt, wie Abb. 176a zeigt, dadurch zustande, daß sich eine kropfartige Aussackung des Ösophagus in den Anfangsteil des Enddarms hinter der Mündung der MALPIGHI-Gefäße hineinsenkt. Von hier aus geht der Enddarm röhrenförmig weiter und mündet in eine weite Rektalblase. Diese Blase bildet einen Blindsack, dessen blindes Ende sich eng an die Wand der Filterkammer legt und von außen als deren Fortsetzung erscheint. In der Tat aber ist die wirkliche Verbindung der Filterkammer mit der Rektalblase der dünne Enddarm (*ED*). Bei *Lecanium* (Abb. 174c) ist diese Verbindung abgebrochen, der Enddarm ist zurückgebildet, und man kommt daher, wenn man den Darm von außen betrachtet und mit dem einer Cicadine vergleicht, leicht zu der irrigen Meinung, es sei ein regelrechtes, durchgehendes Darmlumen vorhanden. Durch BERLESES Untersuchungen wurde aber festgestellt, daß in Wirklichkeit der Kreis, den der Dünndarm bildet, mit der Filterkammer abschließt und daß die Filterkammer nicht unmittelbar in die Rektalblase übergeht. Nur durch Diffusion von Stoffen kann also eine Verbindung zwischen Mittel- und Enddarm sich vollziehen (Abb. 176b).

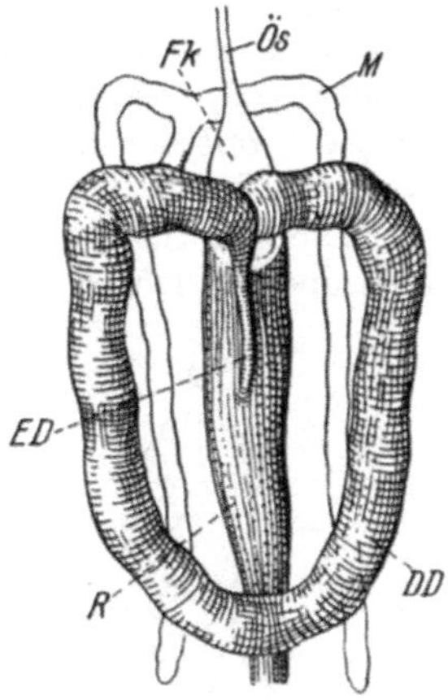

Abb. 175. Darmtraktus von *Pseudococcus citri*, nach BERLESE. *ED* Enddarm; andere Bezeichnungen wie in den vorhergehenden Bildern.

Bei den Diaspidinen liegt die Sache noch anders. Hier ist zwar der Enddarm bis zu der Stelle erhalten, an der die MALPIGHI-Gefäße münden

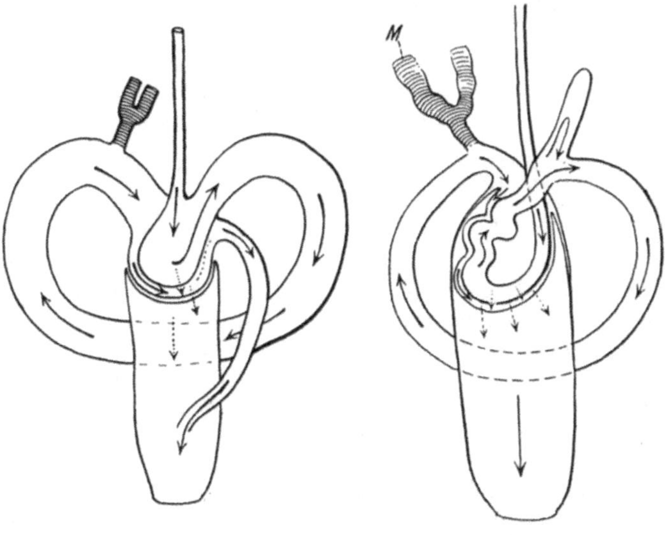

Abb. 176. Schemata zu Abb. 174c und 175, die inneren Verhältnisse im Darm von *Pseudococcus* und *Lecanium* zeigend (siehe Text). Pfeile deuten die Richtung des Nahrungsstromes an.

(Abb. 177), der Dünndarm dagegen ist vollständig verschwunden, der Ösophagus endet in einen weiten Blindsack, der mit dem Rektum nur durch zwei Ligamente verbunden ist. Hier ist also nicht einmal eine unmittelbare Diffusion zwischen Vorder- und Hinterdarm möglich. Diese eigentümlichen, zunächst kaum erklärbar scheinenden Tatsachen, die von BERLESE festgestellt und von CHILDS im wesentlichen bestätigt wurden, entpuppen sich bei genauerer Betrachtung als die letzten Folgerungen der mit der Bildung der Filterkammer einsetzenden Entwicklungstendenz.

Die Filterkammer ist, wie ihr Name schon andeutet, nichts anderes als eine Einrichtung zum Abfiltrieren des überflüssigen Wassers, das von den Pflanzensaugern zwangsläufig in großer Menge mit der Nahrung aufgenommen wird. Dadurch, daß dieses Wasser durch die Wand des Vorderdarms hindurch gleich in den Enddarm diffundiert, wird der ganze Mitteldarm entlastet und kann sich, unbeschwert von den Wassermengen, dem Resorptionsgeschäft hingeben. Bei *Pseudococcus* ist die Einrichtung insofern noch verbessert, als an die Filterkammer sich gleich die Rektalblase anschließt, so daß das Wasser durch zwei Wände hindurch direkt zum After hin diffundiert. Während hier die Abfallprodukte und die Exkrete, die die MALPIGHI-Gefäße ausscheiden, durch den Enddarm in die Rektalblase geleitet werden, müssen sie — natürlich als Lösungen — bei den Lecanien wie das Wasser durch die Außenwand der Filterkammer diffundieren. Bei den Diaspidinen müssen, da eine Verbindung zwischen den vorderen und hinteren Darmabschnitten so gut wie völlig fehlt, die bei der Assimilation der Nahrung entstehenden Restprodukte, ebenso wie die sonst im Darmlumen zum After geleiteten Exkremente von den MALPIGHI-Gefäßen aus dem Blut entfernt und dann erst durch den After entleert werden. Bei beiden Darmtypen — dem der Lecanien und dem der Diaspidinen — ist die Entfernung dieser Reste nicht vollständig und zwar in verschiedener Weise, da bei den letzteren die MALPIGHI-Gefäße unmittelbar in den Enddarm münden, während sie bei den ersteren vor der Filterkammer ansetzen und daher gar keine unmittelbare Verbindung mit dem Enddarm haben. Es ist deshalb nicht verwunderlich, wenn in beiden Gruppen die Hautsekrete, die nach BERLESE und anderen Autoren primär als Exkrete zu deuten sind, chemisch ganz verschieden sich verhalten (siehe S. 266, Lack- und Seidendrüsen).

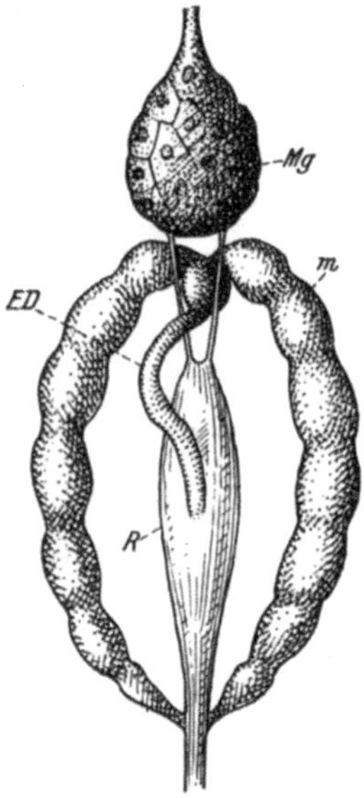

Abb. 177. Darm von *Lepidosaphes sp.*, nach BERLESE. Bezeichnungen wie in den vorhergehenden Bildern. *m* MALPIGHI-Gefäße.

Die Aufgabe des Darms besteht darin, die Nahrung durch ausgeschiedene Stoffe der Verdauung zugänglich zu machen und dann die Verdauung selbst einzuleiten, d. h. die verwertbaren Stoffe zunächst in die Zellen der Darmwand aufzunehmen und von da weiterzugeben. Dazu kommt dann noch die Ableitung der unverwertbaren Reste (Koten) und, speziell bei den Insekten, die Ausscheidung und Entfernung der Abfallprodukte des Stoffwechsels, der Exkrete.

Die beiden ersten Funktionen sind nicht bei allen Hemipteren örtlich getrennt und laufen oft auch zeitlich nebeneinander her. Was die Abgabe von Verdauungssekreten betrifft, so wissen wir ja schon, daß der Nahrungssaft bereits mit einem im Speichel enthaltenen, stärkespaltenden Ferment versetzt ist, wenn er in den Darm kommt. Zu diesem Ferment kommen zweifellos im Darm andere, insbesondere eiweißspaltende Fermente. Leider ist über den Chemismus der Darmsekrete der Hemipteren so gut wie nichts bekannt, dafür wissen wir einiges über die Art ihrer Entstehung.

Bei den Wasserwanzen trägt die Innenwand des Mitteldarms zahlreiche Zotten, deren Zellen lebhaft Sekret bilden, indem in ihrem Plasma zunächst Körnchen entstehen, die dann einzeln oder in ganzen Haufen am apikalen Ende der Zelle ins Darmlumen abgestoßen werden (POISSON).

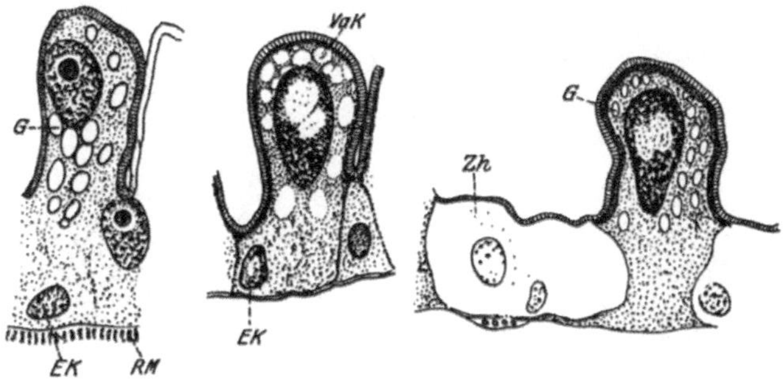

Abb. 178. Epithelzellen aus dem Dünndarm von *Tibicen septendecim* in verschiedenen Sekretionsstadien, nach HICKERNELL. *EK* Ersatzkern, *G* Globuli (Sekretbildung), *RM* Ringmuskelfaser, *Vak* Sekretvakuole (Sekretausstoßung), *Zh* Zelle im Heranwachsen begriffen.

Im übrigen ist der ganze Mitteldarm resorptorisch tätig, eine Arbeitsteilung zwischen einzelnen Darmabschnitten kommt nur insofern vor, als nach POISSON der vordere Mitteldarmabschnitt im Gegensatz zum hinteren eine ausgeprägte Reduktionsfähigkeit besitzt und z. B. Methylenblau, das man mit dem Futter gegeben hat, zwar resorbiert, aber entfärbt. Erst nach dem Durchschreiten der Epithelschicht gewinnt es seine Farbe wieder.

Ähnliche Verhältnisse scheinen auch bei den Landwanzen vorzuliegen; bei den Formen, die Darmkrypten besitzen, sind diese nach KUSKOP nicht resorptorisch tätig.

Bei den Singzikaden liegen, soweit sich aus den gut untersuchten Verhältnissen bei *Tibicen septendecim* ergibt, sekretorische Zellen im ganzen Mitteldarm vom Magen an bis in den Anfangsteil des Enddarms (HICKERNELL). Die Sekretbildung erfolgt hier von hellen Körnern (*g*) aus, die sich zu Sekretblasen (Vakuolen, *Vak*) entwickeln und schließlich ihren Inhalt durch die Grenzschicht in das Darmlumen entleeren (Abb. 178). Entweder nach einmaliger oder nach mehrmaliger Sekretion werden die Zellen abgestoßen, und von Ersatzkernen aus, die in der Nähe der Basalmembran liegen (Abb. 178a, *EK*), bilden sich neue Zellen, deren Plasma zunächst ganz hell aussieht (Abb. 178c). Besondere Crypten, in denen sich die Neubildung vollzieht und die, wie bei zahlreichen anderen Insekten, so auch bei den Wasserwanzen am Grund der Darmzotten vorkommen (Poisson), fehlen den Zikaden, das Epithel ist hier, wie auch bei allen anderen Homopteren, ganz unkompliziert und ungefaltet gelagert. Nach ihrem Bau zu schließen, sind die Epithelzellen des Enddarms resorptorische Zellen, ob auch im Mitteldarm solche vorkommen, ist unsicher.

Bei den Pflanzenläusen (*s.lat*) ist, soweit wir wissen, stets der größere

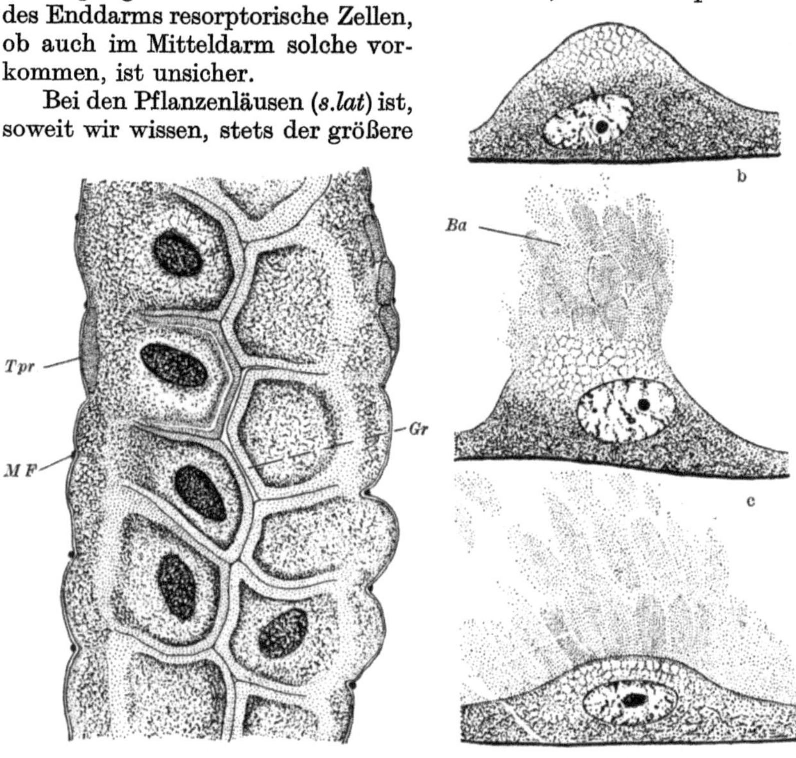

Abb. 179. a) Längsschnitt durch den Dünndarm eines ungeflügelten agamen ♀ von *Aphis fabae*; b), c), d) Magenzellen desselben Tieres in verschiedenen Funktionsstadien, b) Sekretbildung, c) Sekretabschnürung, d) Sekretabstoßung, nach Weber. *Ba* Sekretballen, *Gr* helle Grenzschicht, *MF* Muskelfaser, *Tpr* Tunica propria.

Teil des Dünndarms resorptorisch, seine Zellen haben den gleichen Bau wie die Zellen des Enddarms von *Tibicen*; sie springen kegelförmig weit ins Darmlumen hinein vor und beschränken dieses daher auf einen engen Spalt (Abb. 179a). Die damit verbundene Oberflächenvergrößerung kommt der Resorptionsgeschwindigkeit zugute. Das zentrale Plasma dieser Zellen ist, wie Abb. 179a an einem Beispiel zeigt, locker maschig, das periphere dagegen dicht; eine sehr dicke, aber nicht chitinöse Grenzschicht (*Gr*) schließt die Zellen gegen das Darmlumen ab. Durch diese Grenzschicht diffundiert der aufgeschlossene Nahrungssaft zunächst ins

Innere der Zellen und von da ins Blut, das die Weiterleitung der Nahrungsstoffe an die einzelnen Organe übernimmt.

Das Aufschließen des Nahrungssaftes wird außer vom Speichel von einem Sekret besorgt, das bei den Aleurodiden und den Psylliden offenbar von den Dünndarmzellen selbst geliefert wird, so daß diese abwechselnd sekretorisch und resorptorisch tätig sind. Bei den Formen, die einen weiten Magen besitzen, übernimmt dieser allein die Sekretionstätigkeit, wie WEBER bei *Aphis fabae* feststellte. Hier hat also eine Arbeitsteilung zwischen den einzelnen Darmabschnitten stattgefunden. Die Sekretion vollzieht sich hierbei in der in Abb. 179b—d dargestellten Form; die platten Epithelzellen des Magens werden höher, ihr apikaler Teil wird lichter und reagiert färberisch anders als die basalen Teile (b), er wird eosinophil. Schließlich bildet sich am Gipfel der Zelle ein großer Sekretballen (*Ba*), der sich in einzelne Schollen auflöst (c) und schließlich, indem sich auf dem basalen Teil eine neue Grenzschicht bildet, von der Zelle abgestoßen wird (d). Die Schollen zerfallen dann im Lumen des Magens vollends in ein flüssiges, eiweißartiges Sekret, das wahrscheinlich dem Pepsin des Wirbeltiermagens funktionell entspricht. Die Zelle wird dann nach dem Abstoßen des Sekretes ganz niedrig, verharrt eine Weile in diesem Ruhestadium und kann dann erneut sezernieren.

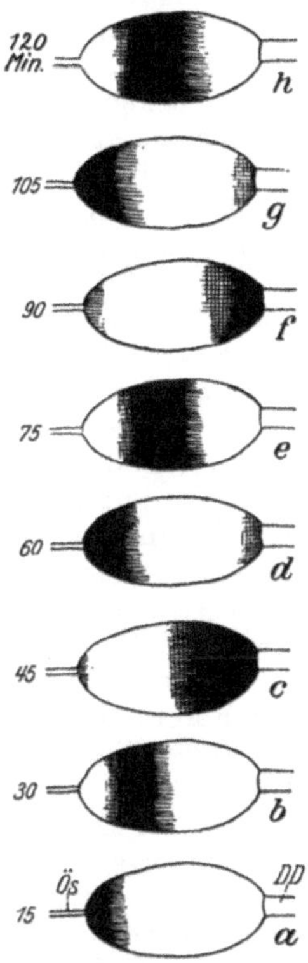

Abb. 180. Schema der Sekretionstätigkeit der Magenwand eines ungeflügelten ♀ von *Aphis fabae* bei 20° C. Die Bilder stellen den Magen eines Tieres dar, das 48 Stunden gehungert und dann a) 15 Minuten, b) 30 Minuten, c) 45 Minuten usw. gesogen hat. Wagrecht schraffiert sind die Teile des Magens, die im Stadium der Sekretbildung sind, schwarz im Stadium der Sekretabschnürung, gekreuzt schraffiert im Stadium der Sekretabstoßung; vgl. Abb. 179 b/d, nach WEBER.

Die zeitliche Verteilung der Sekretion ist bis jetzt nur bei *Aphis fabae* vom Verfasser untersucht. Hier wird nicht wie bei den meisten Insekten von der ganzen Magenwand zugleich Sekret gebildet, sondern, der ununterbrochen fortgehenden Nahrungsaufnahme gemäß, wechseln einzelne Teile der Magenwand in ihrer Tätigkeit ab, und zwar so, daß ununterbrochen eine Sekretionswelle nach der anderen von vorn nach hinten über die Magenwand läuft.

Beim Hungertier sind alle Magenzellen im Ruhestadium, eine Viertelstunde nach dem Beginn des Saugens sind die Zellen des vorderen Magenabschnittes schon beim Abstoßen des Sekretes, 45 Minuten später hat die Sekretionswelle den hintersten Teil des Magens erreicht, und die vorderen Magenzellen beginnen schon wieder mit der Sekretbildung (siehe Abb. 180). Dem ständig in den Magen strömenden Nahrungssaft wird also ohne Unterbrechung Sekret zugegeben. Durch den wellenförmigen Ablauf der Sekretion wird eine Ruhepause vermieden, die bei den ihre

Nahrung in einzelnen Mahlzeiten aufnehmenden Tieren nach jedem Sekreterguß eintreten muß; wie in den Speicheldrüsen, so wird also auch im Magen durch Arbeitsteilung zwischen den einzelnen Zellen ein ununterbrochener Sekretstrom gewährleistet.

Der Sonderstellung, die die Cocciden bezüglich der Nahrungsverarbeitung einnehmen, wurde oben schon gedacht; es ist sicher, daß die primitiven Schildläuse, wie z. B. *Pseudococcus*, sich nur wenig von den Aphiden unterscheiden, d. h., daß bei ihnen die verwertbaren Stoffe von der Darmwand aufgenommen werden, während die Abfälle sofort zum After weitergeleitet werden. Bei den Lecanien liegen andere Verhältnisse vor, insofern die Abfallstoffe in Lösung durch die Wand der Filterkammer in den Enddarm diffundieren müssen, bei den Diaspidinen müssen sie gar erst in die Leibeshöhle gelangen, um dann vom Blut zu dem Enddarm transportiert zu werden. Ein weiterer Unterschied gegenüber den Aphidinen besteht darin, daß die Cocciden wohl ausgebildete MALPIGHI-Gefäße besitzen, die den Aphidinen durchweg fehlen. Damit kommen wir auf die Rolle dieser Organe zu sprechen, die, den Nieren der Wirbeltiere entsprechend, die beim Stoffwechsel entstehenden Abfallprodukte aus dem Blut entnehmen und durch den Enddarm ins Freie befördern. Der Kot der Insekten enthält daher auch die Stoffe, die bei den Wirbeltieren im Harn enthalten sind. Bei den meisten Hemipteren arbeiten die MALPIGHI-Gefäße durchaus normal, sie produzieren geformte, körnige oder flüssige Exkrete. Bei den Lecanien müssen diese Exkrete in Lösung zusammen mit dem unverwertbaren Rest des Nahrungssaftes durch die Wand der Filterkammer diffundieren, bei den Diaspidinen können sie direkt durch den Enddarm abgeleitet werden. Auf die sich hieraus ergebenden Unterschiede im Stoffwechsel wurde oben schon hingewiesen (S. 234).

Für die Exkretion und die Regulation des Stoffwechsels überhaupt sind außer den MALPIGHI-Gefäßen noch die Önozyten von Bedeutung, die bei den Wasserwanzen und den Wasserläufern von POISSON, bei den Schildläusen von BERLESE und TEODORO festgestellt sind, die aber sicher auch bei den anderen Hemipteren vorkommen[1]. Es handelt sich um Zellen, die im Fettkörper, meist im analen Teil des Hinterleibes verteilt sind und deren Tätigkeit nach POISSON darin besteht, das chemische Gleichgewicht im Innern des Körpers aufrecht zu halten. Sie enthalten Pigmente und kristalloide Körper, die aber nicht Urate sind. Von injizierten Substanzen speichern sie z. B. Karmin nicht, dagegen entnehmen sie dem Blut sehr schnell Methylenblau und Neutralrot (POISSON), unterstützen also zweifellos die MALPIGHIschen Gefäße in ihrer exkretorischen Tätigkeit. Dasselbe gilt von den zu beiden Seiten des Herzens angeordneten Perikardialzellen, die z. B. Karmin speichern (siehe Blutkreislauf), und möglicherweise von großen Zellgruppen, die im Enddarm z. B. der Wasserwanzen in Form einer Längsrinne angeordnet sind.

Die Weiterleitung der Stoffe im Darm geschieht durch die Wandmuskulatur, die dem Darmepithel außen aufliegt und bald eine ununterbrochene Schicht bildet, bald, wie z. B. bei den Aphidinen, nur aus ganz

[1] Anmerkung bei der Korrektur: Verfasser konnte sie unterdessen bei den Aleurodiden feststellen.

wenigen Fasern besteht. Besonders stark ist die Muskulatur im Enddarm, bei *Aphis* bildet sie ein System von rechtwinklig sich kreuzenden Muskelfasern. Die Richtung des Nahrungsstromes wird nicht nur durch die Reihenfolge der peristaltischen Kontraktionen aufrecht gehalten, sondern auch durch Ventilvorrichtungen, die sich häufig am Eingang des Magens und des Rektums finden (Valvula cardiaca und pylorica).

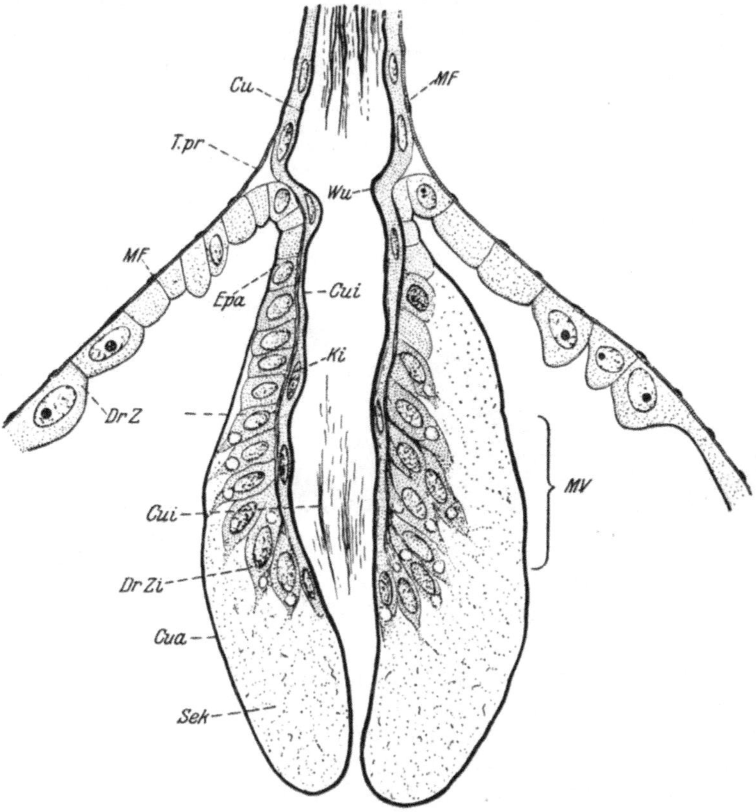

Abb. 181. Längsschnitt durch das Magenventil (Valvula cardiaca) eines ungeflügelten agamen ♀ von *Aphis fabae*. *Cu* Cuticula, *Cua* äußere, *Cui* innere Cuticula des Ventils, *DrZ* Magenepithelzellen, *DrZi* innere Drüsenzellen des *MV*, *Epa* äußere Epithelzellen des *MV*, *Ki* Kern der inneren Epithelzellen von *MV*, dem Magenventil; *MF* Muskelfaser, *Sek* Sekret der *DrZi*, *Tpr* Tunica propria, *Wu* Ringwulst.

Ein Beispiel für ein solches Ventil zeigt Abb. 181. Das hier dargestellte Magenventil von *Aphis fabae* besteht aus einem in den Hohlraum des Magens hineinhängenden, doppelwandigen Zylinder, dessen Hohlraum von besonderen Drüsenzellen (*DrZi*) mit einem flüssigen Sekret gefüllt wird. Steht der Magen unter Druck, so schließt sich das Ventil, da seine Wände zusammengepreßt werden. Ein Rückströmen der Nahrung aus dem Magen wird so verhindert, ohne daß neuem Zustrom, der unter höherem Druck steht, der Eintritt verwehrt wird.

Die Abgabe der Exkremente geschieht bei den Wanzen in der Regel einfach durch Entleerung auf die Unterlage, so bei den Asopiden nach SCHUMACHER, bei den Cimiciden nach HASE. Der Kot ist hier in der Regel flüssig. In seltenen Fällen werden die Exkremente weit fortgespritzt, so schleudert z. B. *Notonecta* ihren leichtflüssigen, graubraunen Kot weit über den Wasserspiegel hinaus.

Bei den Pflanzensaugern, die häufig kolonieweise auftreten und oft lang an einer Stelle verharren, wird der Kot ebenfalls weggespritzt. Es ist klar, daß die meist außerordentlich großen Kotmengen sonst nur zu leicht die Tiere selbst oder ihre Nachbarn verschmieren würden. Dazu kommt, daß auf den Exkrementen sich meist eine reiche Pilzflora entwickelt, die, wenn der Kot in der Nähe bliebe, leicht auf die Tiere selbst übergreifen könnte. Es sind daher bei den Homopteren zahlreiche, sehr verschiedenartig gebaute Vorrichtungen ausgebildet, die ein Wegspritzen des Kotes erleichtern und die vor allem erlauben, dem Kotstrahl eine ungefährliche Richtung zu geben. Besonders die festsitzenden Formen zeichnen sich in dieser Hinsicht aus (siehe S. 181).

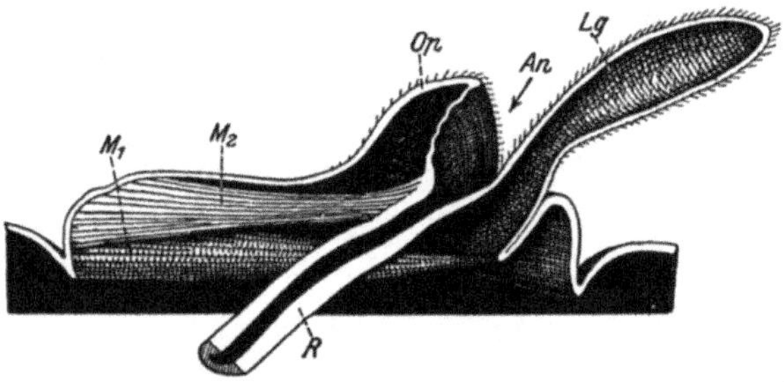

Abb. 182. Afterapparat eines ♀ von *Aleurodes brassicae*, median durchschnitten, halb geöffnet. *An* After, *Lg* Lingula, $M_1 M_2$ die den Apparat betätigenden Muskeln, *Op* Operculum, *R* Rektum.

Bei den Cercopiden und anderen Zikaden steht der After auf einem mehrfach gegliederten Kegel, dessen Spitze nach allen Richtungen gebogen werden kann und der je nach der Lage des Körpers eingestellt wird (Abb. 231, 232). Auch bei den Psyllidenmännchen kommt ein derartiger, allerdings nur eingliedriger Afterkegel vor (Abb. 230).

Bei den Aphididen bildet der After eine nach hinten oben gerichtete Klappe, deren dorsaler Teil meist zu einem Schwänzchen (Cauda) ausgezogen ist. Durch besondere Muskeln wird die Cauda gehoben und der After geöffnet. Das Austreiben des Sekretes besorgt die Muskulatur des Rektums.

Bei den Aleurodiden, die durchweg an der Unterseite von Blättern leben, ist, ebenso wie bei den Psylliden, der After ganz auf die Dorsalseite gerückt und bildet hier einen Apparat, der bei den Larven und Imagines gleich gebaut ist. Dieser Apparat besteht, wie Abb. 182 zeigt, aus einem flachen, breiten Deckel, dem Operculum, und einer langen, schmalen Zunge, der Lingula. Zwischen beiden Gebilden, die durch besondere, in der Abbildung teilweise kenntliche, aus dorsalen Längsmuskeln hervorgegangene Muskeln voneinander entfernt und einander genähert werden können, mündet der After. Ist die Lingula an das Operculum gepreßt, so ist der After geschlossen; soll er geöffnet werden, so wird die Lingula nach hinten gezogen, das Operculum etwas gelüftet, und die flüssigen Exkremente werden von der muskulösen Rektalblase ausgespritzt. Da der After auf dem Rücken sitzt, zeigt die Lingula nach unten, und es können an ihr übrigbleibende Tropfen abrinnen. Wie wichtig das für die Tiere ist, zeigt eine Beobachtung Hargreaves, wonach bei Aleurodidenlarven, die mit dem Rücken nach oben gehalten werden, die Reste der Exkremente am Afterapparat eintrocknen und, den After verstopfend, den Tod der Tiere herbeiführen können. Zwischen der normalen Körperlage der Tiere und der Lage des Afters besteht bei diesen wenigstens in einigen Stadien unbeweglichen Tieren also ein deutlicher Zusammenhang. Bei den Aphididen ist eine derartige Verlagerung nicht eingetreten; hier ermöglicht der Bau der Beine stets, den Körper von der Unterlage abzuheben und das Hinterende hochzustrecken, wie man es in der Tat bei kotenden Blattläusen häufig beobachten kann.

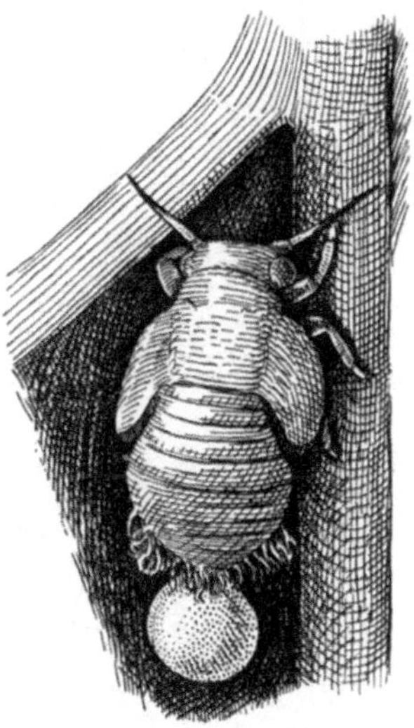

Abb. 183. Fünftes Larvenstadium einer Psyllide von *Crataegus* mit Wachssekret und Kotblase.

Für die Larven der Psylliden trifft annähernd dasselbe zu wie für die Aleurodidenlarven, bei ihnen ist der After aber nicht auf die Rückenseite verlegt. Dafür ist hier um den After ein Kranz von Wachsdrüsen angeordnet (Abb. 20), die einen hohlen Wachszylinder bilden. In diesem Zylinder, der bei manchen Arten sehr lang werden kann (*Psylla buxi*), bei anderen wurstartig abgeschnürt wird (*Psylla mali*) und bei noch anderen einzelne Hohlkugeln bildet (Abb. 183), sind die Exkremente eingeschlossen und können von Zeit zu Zeit abfallen, ohne daß Gefahr besteht, daß die Tiere verschmutzen. Das bei den Hemipteren so häufig auftretende Wachssekret hat überhaupt vielfach als Schutzmittel gegen die Benetzung durch die Exkremente Bedeutung, ganz besonders bei den gallenbildenden Blattläusen.

Bei den ♀ der Psylliden ist der After auf dem Rücken gelegen, aber wie bei den Larven von einem Drüsenring umgeben (Abb. 252).

Bei den vollständig festsitzenden Coccidenweibchen wird naturgemäß die Entfernung der Exkremente zu einem wichtigen Problem. Gelöst wird dieses teils in ähnlicher Weise wie bei den Psylliden, so z. B. bei *Xylococcus filiferus*, wo nach Löw die Exkremente des im Innern von Lindenzweigen sitzenden Tieres (Abb. 320) durch eine lange, dünne Wachsröhre abgeleitet werden. Bei *Lecanium* ist, wie Abb. 184 nach Berlese zeigt, der After in der Ruhe von einer zwischen die beiden Analloben (*Lb*) eingepaßten Afterklappe (*AKl*) bedeckt. Der After liegt auf einer in der Ruhe in den Enddarm eingezogenen Papille, die an ihrer Spitze mehrere Analborsten (*AB*) trägt. Im Bedarfsfalle wird die Papille vorgepreßt, wobei die Afterklappe sich hebt und die Analborsten sich spreizen, und der Kot wird in einem Strahl ausgespritzt. Das Einziehen des Kegels geschieht durch besondere, in der Abbildung kenntliche Rückziehmuskeln (*Retr*).

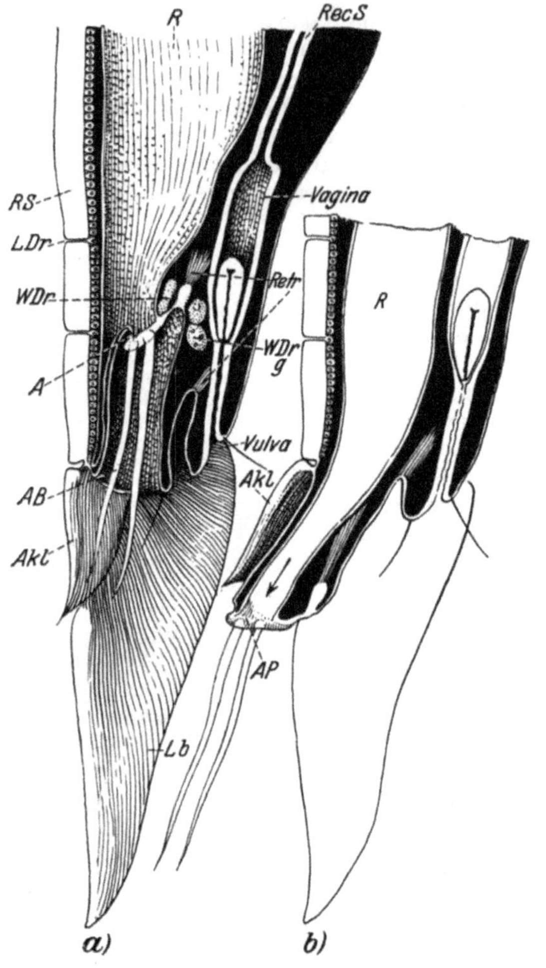

Abb. 184. *Lecanium hesperidum* ♀, Hinterende längs durchschnitten, linke Hälfte von rechts gesehen. Dorsalseite links. Schnittflächen weiß. a) Afterapparat eingezogen; b) Afterapparat ausgestülpt, nach Bildern BERLESEs kombiniert. *A* Afteröffnung, *AB* Analborsten, *AKl* Afterklappe, *AP* Analpapille, *Lb* Anallobus, *LDr* Lackdrüse, *R* Rektum, *RecS* Gang des Receptaculums, *Retr* Retraktoren des Afterapparates, *WDrg* genitale Wachsdrüse, *WDr* anale Wachsdrüse.

Bei den Diaspidinen ist nach BERLESE der Kot ziemlich dickflüssig, gummilackartig und wird nicht weggespritzt, sondern zur Dichtung des Seidenkokons (S. 270) verwendet.

Im allgemeinen ist jedoch der Kot der Pflanzensauger dünnflüssig, wässerig und häufig mehr oder weniger zuckerhaltig. In weiteren Kreisen ist er unter dem Namen Honigtau bekannt und in der Literatur seit dem Altertum unzählige Male erwähnt. Es ist aber noch gar nicht lange her, seit BÜSGEN (1891) nachgewiesen hat, daß der Honigtau tatsächlich tierischen Ursprunges ist, vorher hatte man viel von meteorologischem und vegetabilischem Honigtau gesprochen und geschrieben. In der Tat ist es auch erstaunlich und scheint mitunter kaum glaublich, welche Mengen flüssiger Exkremente z. B. die Blattläuse, aber auch manche Schildläuse und Zikaden von sich geben können. So kann man an trockenen Tagen unter verlausten Ahornbäumen ununterbrochen einen wahren Sprühregen von Honigtau niedergehen sehen, der alle Zweige und Blätter, manchmal auch den Boden benetzt und eintrocknend eine glänzende, klebrige, zuckerhaltige Schicht bildet.

An der Tamariskenzikade, *Athysanus stactogalus*, machte HEYMONS auf Teneriffa ähnliche Beobachtungen. Die kleinen, graugrünen Tiere bevölkern dort milliardenweise die Zweige ihrer Nährpflanze und spritzen von Zeit zu Zeit Tropfen einer wasserklaren, klebrigen Flüssigkeit aus dem After, so daß infolge der großen Menge der Tiere die buschigen Tamariskenzweige vor Nässe buchstäblich triefen und im Bereich der Pflanzen der Erdboden wie mit Wasser bespritzt erscheint. „Hiernach scheint es“, wie HEYMONS meint, „ziemlich glaubwürdig, was manche Reisenden von den Regenbäumen zu erzählen wissen, die in tropischen Ländern vorkommt. So gibt es in Mexiko Bäume, von denen die Eingeborenen behaupten, daß es mitunter selbst bei hellem, trockenem Wetter unter ihnen regnen solle“. Über einen solchen Regenbaum hat KRIEGER näheres berichtet; die Urheber des Regens waren viele Hunderte kleiner, graugrüner Zikaden, die kolonnenweise, dicht gedrängt, an allen dünneren Zweigen des Baumes saßen und wie auf Kommando gleichzeitig ihre flüssigen Ausscheidungen von sich gaben. Von einer madagassischen Zikadenart, *Aphrophora gondoti*, erzählt GONDOT gar, daß 60 dieser Insekten innerhalb einer halben Stunde eine Flasche voll Flüssigkeit von sich gaben.

Daß diese Flüssigkeitsmengen nicht etwa Sekrete der betreffenden Pflanzensauger darstellen, sondern vielmehr ihren Kot, hat zwar schon BÜSGEN nachgewiesen, seine Ergebnisse sind aber in weiteren Kreisen selbst der Biologen so wenig beachtet worden, daß man noch in diesem Jahrhundert am Afterapparat der Aleurodiden nach den Drüsen suchte, die den Honigtau produzieren und sie in den feinen Börstchen der Lingula gefunden zu haben glaubte.

Daß der Zuckergehalt und die Menge des Kotes bei den verschiedenen Hemipteren sehr verschieden ist, ist ebenfalls schon lange bekannt. Unterschiede finden sich hier selbst zwischen nah verwandten Formen. So nimmt *Tibicen septendecim* nach HARGITT als Imago zwar gelegentlich etwas Nahrung auf, gibt aber keinerlei Kot ab. Von anderen Zikaden dagegen wird, wie aus den oben erwähnten Beispielen hervorgeht, reichlich Kot abgegeben. Was die Zusammensetzung betrifft, so enthält bei den einheimischen Cercopidenlarven, deren Exkremente (siehe unten) den die Tiere umgebenden Schaum liefern, der Kot nach GRUNER gar keinen Zucker, bei anderen, wie z. B. bei den gehäusebildenden australischen *Ptyelus*-Larven scheint Zucker vorhanden zu sein, wie aus der Tatsache zu schließen ist, daß diese Larven, ebenso wie viele Membracidenlarven, von Ameisen besucht werden. Eine genauere Analyse gibt es nur von dem Manna, das im Wadi Schech am Sinai von Tamarisken abgesammelt wird und von dem BODENHEIMER neuerdings einwandfrei nachwies, daß es der eingetrocknete Kot einer Schildlaus (*Trabutina mannipara*) ist, nicht ein Ausscheidungsprodukt der Pflanze, wie früher angenommen wurde. Dies Manna enthält 55 vH Rohrzucker, 25 vH Invertzucker und 19,31 vH Dextrin (nach BERTHELOT). Es ist interessant, daß bei manchen Aphididen, wie z. B. bei einer Ahornblattlaus (wahrscheinlich *Drepanosiphum platanoides*), die Zusammensetzung der Trockensubstanz des Honigtaues nach BÜSGEN fast genau gleich ist: 55,44 vH Rohrzucker, 24,75 vH Invertzucker, 19,81 vH Dextrin.

Daß von vielen Blattläusen große Mengen Zucker ausgeschieden werden, geht schon aus der Klebrigkeit ihres Honigtaues und der Menge des beim Verdunsten bleibenden Rückstandes hervor. Bei anderen aber, wie z. B. bei *Aphis evonymi* (*Aphis fabae*?) enthält der Honigtau nach Büsgen wenig Zucker, wohl aber andere, vielleicht dextrin- oder gummiartige Substanzen. Dasselbe gilt von vielen gallenbewohnenden Blattläusen, in deren Exkrementen Horvath ein „animalisches Dextrin" nachgewiesen hat.

Berücksichtigt man, daß die Blattläuse ebenso wie manche Zikaden ganz ungeheuere Mengen von Honigtau liefern, so scheint die Verschwendung, die hier mit wertvollen Nährstoffen getrieben wird, geradezu unerklärlich. Nun hat Büsgen allerdings schon darauf hingewiesen, daß auch bei anderen Tieren, deren Nahrung neben wenig Eiweiß sehr viel Zucker enthält, immer Zucker abgeht. Gruner machte hierzu die Bemerkung, daß die Cercopiden doch auf die gleichen Nahrungsquellen angewiesen sind wie die Aphiden, daß in ihrem Kot aber kein Zucker enthalten ist, daß sie vielmehr den Nahrungssaft sehr weitgehend ausnützen. In der Tat enthält der Kot der Cercopidenlarven (*Aphrophora*) 99,48 vH Wasser, 0,14 vH organische und 0,38 vH anorganische Substanz, während der Gehalt der Nährpflanze an der Saugstelle 94,57 vH Wasser, 3,83 vH organische Substanz und 1,61 vH anorganische Substanz beträgt. Gruner lehnt allerdings Büsgens Deutung darum nicht ab, ist jedoch der Ansicht, daß die Cercopiden ihre Nahrung deshalb so viel besser ausnützen können, weil sie Malpighi-Gefäße besitzen, die den Aphiden fehlen. Demgegenüber ist aber darauf hinzuweisen, daß, wie Gruner schon wußte, andere Cicadinen zuckerhaltige Exkremente haben und daß auch bei vielen Cocciden, so besonders bei den *Pseudococcus*-Arten und bei den mannabereitenden Formen, im Kot viel Zucker enthalten ist, trotzdem die Malpighischen Gefäße wohl entwickelt sind. Umgekehrt geben, wie oben erwähnt, manche Aphididen keinen Zucker ab, obwohl ihnen Malpighi-Gefäße fehlen. Bei diesen Aphididen kommen denn auch weder Rußtaupilze noch zuckerliebende Ameisen vor, während bei aleurodidenbesetzten Pflanzen die Blattoberseiten stets von einer dicken Honigtauschicht überzogen sind, die von zahlreichen Rußtaupilzen als willkommener Nährboden verwendet wird. Rußtau findet man auch auf den Exkrementen der *Pseudococcus*-Arten (Berlese), und viele Cocciden werden von Ameisen nicht nur besucht, sondern sogar als Nutzvieh gepflegt.

Andere Schildläuse geben allerdings, wie oben schon erwähnt wurde, keinen Zucker ab; es ist bemerkenswert, daß es sich gerade um diejenigen Formen (Diaspinen) handelt, die kein durchgehendes Darmlumen besitzen, wohl aber Malpighische Gefäße, die mit dem After in unmittelbarer Verbindung stehen. Der Darmbau hat demnach sicher etwas mit der Zusammensetzung der Exkremente zu tun, man darf aber auf Grund dieser Feststellung das Honigtauproblem noch keineswegs als gelöst betrachten. Dem steht neben den oben genannten Fällen auch die Tatsache entgegen, daß die *Pseudococcus*-Arten Zucker aussondern und doch eine normale Verbindung zwischen den MALPIGHI-Gefäßen und dem After haben.

Größtes Interesse verdient in diesem Zusammenhang BERLESES Theorie, wonach die bei vielen Cocciden vorkommenden Sekrete primär Exkrete sind. Das Wachs, die Lacke und die Seide, die viele Homopteren aus Hautdrüsen ausscheiden, können demnach Abfallprodukte des Stoffwechsels sein. Die Tatsache, daß bei Homopteren mit geringem Zuckergehalt der Exkremente (gallenbewohnende Blattläuse, Cercopidenlarven) reichlich Wachs ausgeschieden wird, gibt vielleicht einen Fingerzeig, wie künftig das Honigtauproblem weiter angefaßt werden muß (siehe S. 263 und S. 268). Noch ein anderer Sonderfall muß hierzu aber erwähnt werden: Der ungenügenden Ausnützung des Nahrungssaftes bei den Aphididen steht nämlich die Tatsache gegenüber, daß bei ihren nächsten Verwandten, den Phylloxeriden, die aufgenommenen Pflanzensäfte restlos assimiliert werden. Kot kann schon deshalb nicht abgegeben werden, weil ein Rektum völlig fehlt und der After geschlossen ist. Nur ein strangförmiges Ligament verbindet den Mitteldarm mit dem Hinterende des Abdomens (nach GRASSI). Diese vollständige Ausnützung des Nahrungssaftes kann nicht mit irgendwelchen anatomischen Eigenschaften des Darmes erklärt werden; denn dieser ist ganz einfach gebaut, ohne Filterkammer und MALPIGHI-Gefäße. Wir müssen annehmen, daß hier die Auswahl der Nahrungsstoffe schon vor der Aufnahme ins Saugrohr erfolgt, möglicherweise durch Vermittlung des Speichels. Wachs wird hier in der Regel nicht in nennenswerten Mengen ausgeschieden.

Die bei vielen Homopteren produzierten Zuckermengen sind natürlich für ihre Erzeuger wertlos und können höchstens sekundär dadurch wieder Bedeutung für sie gewinnen, daß sie ihnen den Schutz anderer, wehrhafter Tiere, wie z. B. der Ameisen, verschaffen, die den Honigtau als Nahrung aufnehmen und dafür seine Produzenten gegen Feinde verteidigen oder wenigstens solche durch ihre Anwesenheit fernhalten (siehe S. 464).

Bei den Cercopidenlarven gibt es eine andere, eigentümliche Art der Verwendung der Exkremente. Die Zusammensetzung derselben wurde (nach GRUNER) oben schon erwähnt; auffallend ist vor allem die Tatsache, daß sie zuckerfrei sind. Unter den von GRUNER erwähnten 0,42 vH organischer und anorganischer Substanz sollen nach HAUPT harnsaure Salze sich befinden, die von den MALPIGHIschen Gefäßen als Zerfallprodukte von Eiweiß abgeschieden werden. Außerdem aber nimmt ŠULC an, daß in den Exkrementen ein aktiver Eiweißkörper, ein Ferment, enthalten ist, das fähig ist, Wachs aufzuspalten und zu verseifen. Die Afterflüssigkeit bildet nämlich zusammen mit dem Sekret gewisser, um die Afteröffnung gruppierter Wachsdrüsen (Abb. 205a) jenen Schaum, der die Larve völlig bedeckt und der im Volksmund als Kuckucksspeichel bekannt ist. Erst die Verseifung des Wachses und die Auflösung der Wachsseife in der Afterflüssigkeit ermöglicht ein Verschäumen der letzteren, die an sich fast aus reinem Wasser besteht. Durch die Lösung der Seife wird die Oberflächenspannung der Flüssigkeit soweit erhöht, daß die Herstellung von haltbaren Bläschen durch Einpumpen von Luft in die Exkremente gelingt. Die hierher gehörigen Vorgänge sind nur zu verstehen, wenn man den Atmungsmechanismus der Cercopidenlarven kennt, der erstmals von K. Šulc richtig erkannt wurde. Da wir auf diese Dinge weiter unten noch ausführlich zu sprechen kommen, soll hier nur an Hand der Abb. 185 darauf hingewiesen werden, daß an der Ventralseite des Hinterleibes der Cercopidenlarven durch Zusammenklappen der dünn ausgezogenen Seitenränder der Segmente ein Luft-

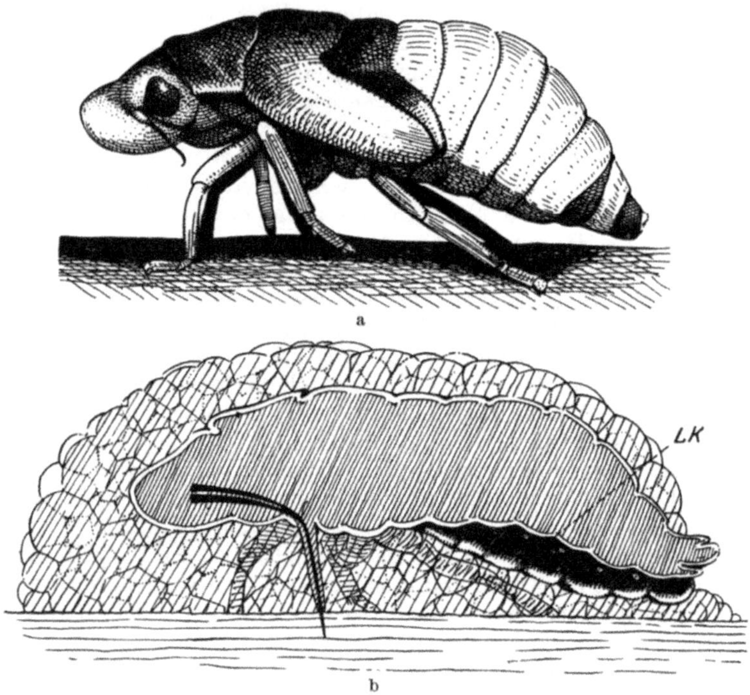

Abb. 185. a) *Aphrophora salicis,* Larve im fünften Stadium, Saugstellung, aus der Schaumhülle befreit; b) dieselbe samt Schaumhülle, schematisch, längs durchschnitten, im Begriff zu atmen. *LK* Luftkanal.

kanal gebildet wird, in den die Stigmen münden (*LK*), dieser Kanal öffnet sich am Hinterende des Abdomens in der Atemöffnung. Die Schaumbildung vollzieht sich nach Šulc nun in folgender Weise:

Larven, die aus dem Schaum herausgenommen, gereinigt und an frische Pflanzen gesetzt werden, kommen nach kurzem Umherwandern mit dem Kopf nach unten zur Ruhe und fangen an zu saugen (Abb. 185a). Bald erscheint das Körperende feucht, und um die Larve beginnt sich Flüssigkeit anzusammeln, die unter den Bauch fließt. Ist genügend Flüssigkeit vorhanden, so schließt die Larve die Atemöffnung, taucht das Hinterleibsende in den Saft und hebt es schnell wieder, indem sie gleichzeitig die Luftkanalmündung von neuem öffnet und in die Flüssigkeit eine Luftblase drückt, die dem unteren Schlitzeingang des Luftkanales entlang in die Flüssigkeit hinuntergleitet und in ihr verbleibt. Das Ganze wiederholt sich in kurzen Abständen so oft, bis die Larve von Blasen rings umgeben ist. Daß diese Hülle als Schutz gegen manche Feinde und gegen Austrocknung wirksam ist, wird man wohl annehmen können.

Was die Entstehung des wachsspaltenden Fermentes betrifft, so erscheint es nicht ausgeschlossen, daß an seiner Bildung die symbiotischen Mikroorganismen (Hefen) irgendwie beteiligt sind, die bei den Cercopiden wie bei allen Homopteren in besonderen Organen, den Mycetomen, leben. Wir werden auf diese Lebewesen und ihre Bedeutung für die Wirte in anderem Zusammenhang zurückkommen (S. 503), können aber hier wenigstens soviel sagen, daß eine Beteiligung derselben an der Verdauung zwar bis jetzt nicht sicher nachgewiesen, aber durchaus nicht ganz unwahrscheinlich ist. Besonders nahe liegt eine derartige Annahme bei den phytophagen Wanzen, wo die Symbionten — in diesem Falle Bakterien — im Darmlumen hausen. Gerade hier konnte aber GLASGOW, dem es gelang, Reinkulturen von Coreiden-Symbionten zu ziehen, in den Kulturen keine Fermentbildung beobachten. Daß aber trotzdem irgendein Zusammenhang zwischen der Anwesenheit von Symbionten und der Ernährung besteht, zeigt die Tatsache, daß Blutsauger aus den verschiedensten Tiergruppen Symbionten besitzen, während sie nah verwandten Formen mit anderer Nahrungswahl fehlen. Auch das regelmäßige Vorkommen von Symbionten bei pflanzensaugenden Hemipteren legt denselben Schluß nahe.

Nicht alle Cercopidenlarven verwerten übrigens ihren Kot in der beschriebenen Weise. Gewisse australische *Ptyelus*-Arten, die auf *Eukalyptus* leben, sind statt dessen (nach RATTE) von konischen oder geradezu schneckenartig gewundenen Gehäusen umhüllt, die zu 75 vH aus kohlensaurem Kalk, zu 25 vH aus einer chitinartigen Substanz bestehen. Für den Saugstachel ist eine besondere schlitzartige Öffnung in dem nach unten gewandten Vorderende des Gehäuses vorhanden, das Hinterende zeigt bei den konischen Gehäusen nach oben, während die gewundenen vom Zweig abstehen. Durch eine am Hinterende befindliche Öffnung werden die flüssigen Exkremente abgegeben. Da die *Eukalyptus*-Arten im Zellsaft reichlich Kalk enthalten, ist anzunehmen, daß die Gehäuse ähnlich wie die Schaumhülle aus den Exkrementen sich bilden. Ähnlich wie beim Wachssekret hätten wir es hier dann mit einer sekundären Verwendung eines im Stoffwechsel auftretenden Abfallproduktes als Schutzmittel zu tun.

4. Nahrungsbedarf und Umweltseinflüsse.

Der Nahrungsbedarf ist innerhalb der einzelnen Hemipterengruppen sehr verschieden; im Zusammenhang mit der Nahrungswahl einerseits, mit der Art der Verarbeitung der Nahrung andererseits. Am größten ist der Nahrungsbedarf bei den Phytophagen und unter diesen wiederum bei den Aphididen und anderen „Pflanzenläusen“, deren Saugapparat fast ununterbrochen in Tätigkeit ist, und die, wenn sie gewaltsam von der Wirtspflanze getrennt werden, nur ganz wenige Tage ohne Nahrung zu leben vermögen.

Eine so vollständige Abhängigkeit von der Wirtspflanze findet man aber durchaus nicht bei allen phytophagen Formen. Die Rübenwanze *Piesma quadrata* verläßt z. B. (nach WILLE) als Imago Ende September oder im Oktober die Rübenfelder und hält sich bis Anfang April in Winterverstecken auf, ohne Nahrung zu sich zu nehmen. Dabei spielt natürlich neben einer wahrscheinlich vorhandenen erblichen Festlegung des Wandertriebes die niedrige Temperatur eine Rolle (siehe aber auch *Oxycarenus*, S. 447). Bei anderen pflanzensaugenden Hemipteren gibt es einzelne Entwicklungsstadien, die gar keine oder sehr wenig Nahrung aufnehmen, so z. B. das vierte Larvenstadium der Aleurodiden, das nur anfangs saugt, später aber, wenn es sich zur ,,Puppe" entwickelt hat, gar nicht mehr dazu imstande ist. Die Imago der 17jährigen Zikade (*Tibicen septendecim*) soll nach HARGITT nur sehr selten Nahrung aufnehmen, obwohl ihre Mundwerkzeuge ganz normal gebaut sind. Vermutlich wird während des langen Larvenlebens so viel Fett gespeichert, daß es für den Bedarf der Imago ausreicht. Jedenfalls hat HARGITT auch in der Periode der lebhaftesten Tätigkeit der Bewegungs- und Geschlechtsorgane Nahrungsaufnahme im Freien wie im Insektarium nur ganz selten beobachten können. Die letzten Entwicklungsstadien der Coccidenmännchen sind ebenso wie die Geschlechtstiere der Pemphigiden (*Schizoneura*, *Tetraneura*) und Phylloxeriden schon deshalb unfähig, Nahrung aufzunehmen, weil die Saugwerkzeuge verkümmert sind. Während aber die Coccidenmännchen wenigstens in den ersten Larvenstadien Nahrung aufnehmen und Fett speichern, kriechen z. B. die sexualen Weibchen und die Männchen der Reblaus schon mit verkümmerten Mundteilen aus dem Ei und müssen ihr ganzes, allerdings kurzes Leben von den aus dem Ei stammenden Nährstoffen fristen. Das gelingt um so leichter, als bei ihnen kein Wachstum wie bei den Coccidenmännchen festzustellen ist und als die Weibchen nur ein einziges Ei ablegen (siehe S. 345). Es ist klar, daß die Bildung großer Mengen von Geschlechtsprodukten den Nahrungsbedarf steigert, und so kann es nicht wundernehmen, wenn die parthenogenetischen Aphidinen, die entweder, wie die Chermesiden und die Phylloxeriden, riesige Mengen von Eiern produzieren oder die, wie die Aphididen und Pemphigiden, Massen von lebendigen Jungen hervorbringen, ununterbrochen saugen und dementsprechend wenigstens zum Teil riesige Mengen von Exkrementen von sich geben. Ebenso ist es erklärlich, daß andere Phytophagen, die nur in einer bestimmten Periode Eier ablegen, zu anderer Zeit, z. B. im Winter, weniger oder gar keine Nahrung brauchen (siehe S. 448).

Bei den Räubern, besonders bei den Formen, die sehr große Beutetiere überwältigen, ist die Fähigkeit verbreitet, einerseits große Mengen von Nahrung zu sich zu nehmen, und andererseits längeres Hungern gut zu vertragen. Dementsprechend ist z. B. bei den Asopiden, die oft große Raupen auf einmal aussaugen, der Hinterleib im Verhältnis zu dem der phytophagen Pentatomiden sehr erweiterungsfähig. Während andere Insekten die Vergrößerung des Volumens durch Verlängerung des Hinterleibes erreichen, wird bei den Asopiden das Abdomen in der Vertikalrichtung erweitert, da die fest zusammenhängenden Abdominalsternite eine Streckung verhindern. Dagegen erlaubt eine im Ruhezustand gefaltete, jederseits zwischen die Paratergite und die Tergite sich einschiebende Bindehaut ein Hochheben der Tergitdecke, das um so vollkommener ist, als sich auch vorn zwischen das Metanotum und die Tergitdecke des Abdomens, sowie hinten zwischen die letztere und den Anogenitalapparat eine Bindehaut einschiebt (SCHUMACHER).

Besonders ausgeprägt ist die Dehnungsfähigkeit des Hinterleibes bei den Cimiciden, die als Blutsauger oft lange Zeit zu hungern haben und, wenn sie einmal zum Saugen kommen, möglichst große Mahlzeiten zu sich nehmen. Die ungeheure Dehnung des Körpers, die hier bei der Larve und bei der Imago eintreten kann, geht aus Abb. 141 und 186 hervor. Man sieht, daß hier nicht nur das Abdomen, sondern, besonders bei der Imago, auch der Thorax vertikal gedehnt wird und daß außerdem der Hinterleib sich, besonders bei der Larve, stark in die Länge zieht. Natürlich muß hier auch der Darm die entsprechende Dehnungsfähigkeit besitzen. Verursacht wird die Dehnung nicht nur durch das aufgenommene Blut, sondern auch durch die Erwärmung, die beim Saugen im Darm stets vorhandene Gasblasen erfahren (HASE). Von der Menge des aufgenommenen Blutes kann man sich ein Bild machen, wenn man von HASE erfährt, daß eine Larve des ersten Stadiums vor der Blutaufnahme 0,14 mg, nachher 0,50 mg wog. Auch das geschlechtsreife Weibchen kann beinahe das Doppelte seines Körpergewichtes auf einmal zu sich nehmen, während ausgewachsene Männchen höchstens ihr Eigengewicht an Blut aufsaugen. Daß die Männchen weniger Nahrung nötig haben als die Larven und die Weibchen, erklärt sich daraus, daß die Weibchen viel Körpersubstanz bei der Eiproduktion abgeben und daß die noch wachsenden Larven neue Körpersubstanz aufzubauen haben.

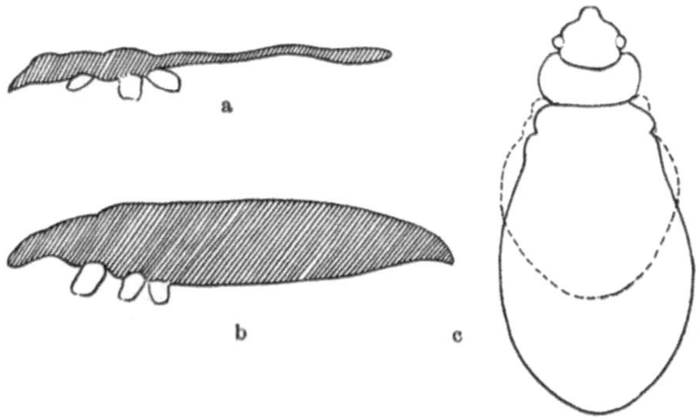

Abb. 186. *Cimex lectularius.* a) Längsschnitt durch ein hungerndes ♀; b) Längsschnitt durch ein vollgesogenes ♀; c) Larve, drittes Stadium, 13 Monate hungernd (- - -) und vollgesogen (—), nach HASE.

Bettwanzen können, im Gegensatz zu manchen permanent parasitischen Blutsaugern (Läuse) durch Aushungern nicht vernichtet werden, denn sie können, wenn sie nur einmal Blut gesogen haben, sehr lange Zeit — nach HASE über 12 Monate — hungern. Selbst Junglarven, die noch nie Nahrung aufgenommen hatten, blieben bei Versuchen HASEs bis 58 Tage lang am Leben. Weitgehend abhängig ist das Nahrungsbedürfnis von der Außentemperatur: die genannten Junglarven lebten bei 35—37° nur 11 Tage, bei 22—26° 46 Tage, bei 15—18° 58 Tage. Tiefere Temperaturen sind wieder etwas ungünstiger. Auch Tiere, die schon Nahrung aufgenommen hatten, verhielten sich ähnlich; so blieben Tiere, die erst 16 Tage lang hungerten und dann sich einmal ganz vollsogen, bei 35—37° nur 19 Tage am Leben; gleicherweise behandelte, aber bei Zimmertemperatur gehaltene Tiere lebten nach 2 Monaten noch.

Wie kann man sich diese ungünstige Wirkung hoher Temperaturen erklären? Gewiß ist es nicht unmittelbar die Wirkung der durchaus nicht extrem hohen Wärmegrade, die den Tieren schadet, sondern vielmehr die Einwirkung der Temperatur auf die Verdauungstätigkeit. Wie alle Stoffwechselvorgänge, wird diese von höheren Temperaturen beschleunigt, eine bestimmte Nahrungsmenge wird also bei niedriger Temperatur eine längere Verdauungszeit beanspruchen als bei höherer. HASE

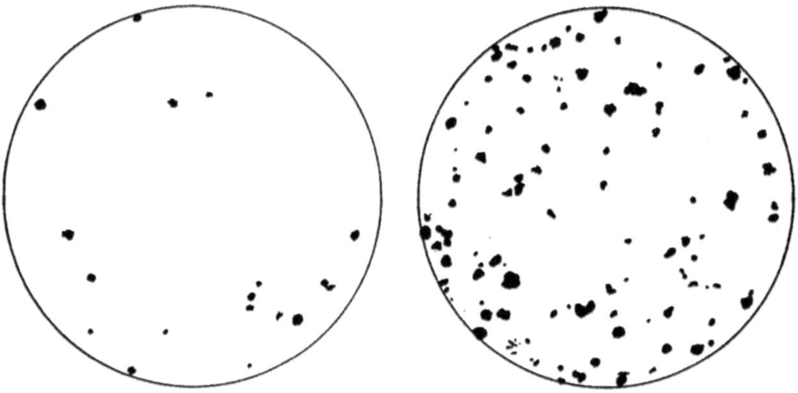

a b

Abb. 187. Kotmenge von gleich ernährten Individuen von *Cimex lectularius*. a) Bei — 2 bis + 4° C; b) bei + 35 bis 37° C gehalten, nach HASE.

hat diese Tatsache gerade bei *Cimex* mit einem einfachen, wenn auch recht drastischen Versuch demonstriert: Gleichgenährte, möglichst gleich große Tiere wurden in verschiedene, gleich große Glasschalen gebracht, deren Boden mit weißem Papier bedeckt war. Die Schalen wurden dann in verschieden temperierten Räumen untergebracht und nach Ablauf einer bestimmten Zeit geprüft. An der Menge des auf die Papierflächen abgelegten Kotes konnte dann die Intensität der Verdauungstätigkeit leicht abgelesen werden, wie Abb. 187 zeigt. Da also bei niedriger Temperatur eine bestimmte Nahrungsmenge längere Zeit reicht als bei höherer Temperatur, wird es leicht verständlich, daß hohe, an sich aber noch nicht zum Wärmetod führende Temperaturen tödlich sein können, wenn kein Nachschub von Nahrung erfolgt. Man darf auch nicht vergessen, daß Temperatursteigerung und größere Lebhaftigkeit Hand in Hand gehen und daß schon deshalb der Energieverbrauch mit der Temperatur steigt. *Cimex* und überhaupt alle Insekten verhalten sich in diesem Punkt ganz anders wie die Vögel und Säugetiere, die eine konstante

Körpertemperatur aufrecht zu erhalten haben und daher bei Kälte mehr Nahrung brauchen als bei warmem Wetter. Bei den Insekten sinkt mit der Temperatur die Beweglichkeit und damit der Energieumsatz; die Verdauungstätigkeit ebenso wie das Wachstum oder bei den Imagines die Bildung der Geschlechtsprodukte werden gehemmt, der Nahrungsbedarf ist daher auch geringer. Diese Regel trifft natürlich auch für phytophage Arten zu. So kann *Piesma quadrata* nach SCHUBERT bei 20° Hungerperioden von bis zu 3 Wochen Dauer überstehen. Bei tieferen Temperaturen ist längeres Hungern möglich, was schon aus dem oben angeführten Überwintern der Imago folgt. Das Überstehen von Kälteperioden wird durch die Herabsetzung des Nahrungsbedarfes demnach sehr erleichtert.

Unterhalb des kritischen Punktes, in der Zone des anabiotischen Zustandes (S. 150), wird der Nahrungsbedarf infolge völligen Stillstandes des Stoffwechsels sogar gleich Null.

Daß auch auf die Exkretionsvorgänge die Außentemperatur erheblichen Einfluß hat, geht aus den unten (S. 370) erwähnten Versuchen KNIGHTS an der Asopide *Perillus bioculatus* hervor, wo eine Beeinflussung der Carotinabgabe unmittelbar durch die Temperatur und mittelbar durch die Beweglichkeit erfolgt.

Deutlich sind auch die direkten Beziehungen zwischen Nahrungsaufnahme und Beweglichkeit. Natürlich sind sie bei den einzelnen Arten sehr verschiedener Natur. So sind die Männchen der Cocciden sehr beweglich, obwohl sie keine Nahrung zu sich nehmen; die Weibchen sind, soweit sie überhaupt bewegungsfähig sind, trotz reichlicher Nahrung sehr träge. Bei *Notonecta* wirkt Nahrungsmangel, wie POISSON festgestellt hat, steigernd auf die Lebhaftigkeit der Bewegungen; hungrige Rückenschwimmer entschließen sich leichter zum Flug als gesättigte. Bei *Piesma quadrata* dagegen soll nach SCHUBERT nach 2—4tägigem Hungern ein Starrezustand eintreten, der natürlich den Energieverbrauch herabsetzt und daher das Überdauern von Hungerperioden erleichtert. Wird Nahrung in die Nähe der starren Tiere gebracht, so erwachen sie oft schon nach kurzer Zeit, bewegen die Beine und suchen zunächst die normale Körperhaltung zu erreichen. Nach kurzem Verharren kriechen sie dann ruckweise auf die gebotenen Blätter und beginnen zu saugen. Der Übergang beim Einstellen der Bewegungen geht so allmählich vor sich, daß SCHUBERT die Vermutung äußert, jedem Ernährungszustand entspreche ein gewisser Grad von Beweglichkeit, mit anderen Worten: Nahrungsbedürfnis und Beweglichkeit seien umgekehrt proportional zueinander. Daß das höchstens cum grano salis gilt, geht schon daraus hervor, daß bei der Wiederaufnahme der Bewegungen zunächst noch gar keine Änderung des Ernährungszustandes erfolgt und daß trotzdem eine Änderung in der Beweglichkeit eintritt. Vor allem aber läßt sich aus dem Verhalten anderer, phytophager und räuberischer Formen schließen, daß SCHUBERTS Ansicht nicht verallgemeinert werden kann. Meistens wirkt Nahrungsmangel zunächst bewegungssteigernd, führt zu Wanderungen und damit zu neuen Nahrungsquellen; erst wenn solche nicht erreichbar sind, tritt allmählich Hungerstarre ein.

Die oben angeführte Beobachtung POISSONS an *Notonecta* deutet aber schon darauf hin, daß Schwankungen im Ernährungszustand nicht nur Änderungen in der Beweglichkeit herbeiführen, daß also Nahrungsmangel nicht etwa nur ziellose Bewegungen zur Folge hat. In einer kürzlich erschienenen Arbeit hat BAYER sich mit diesen Fragen näher befaßt und bei *Pseudococcus adonidum* nachgewiesen, daß der Ernährungszustand auch die Richtung der Bewegungen beeinflußt, indem er die Reaktionen des Tieres auf äußere Reize umstimmt. Natürlich hängt die Art dieser Umstimmung sehr von der Umwelt des Tieres ab. Bei *Notonecta* tritt, wenn im Wohngewässer keine Nahrung zu finden ist, Fluglust ein und führt das Tier zu neuen Wohnplätzen. Bei *Pseudococcus adonidum* sind Tiere, die an grünen Blättern sitzen, entweder ganz unempfindlich gegen den von der Schwerkraft ausgeübten Reiz oder sie bewegen sich im Versuch direkt erdwärts[1]. Entzieht man diesen Tieren die Nahrung, so werden sie negativ geotaktisch. Ebenso sind Tiere, die von gelben Blättern stammen, im Versuch negativ geotaktisch. Die Einstellung zur Schwerkraft, die bei an Pflanzen lebenden Tieren natürlich sehr wesentlich ist, hängt also unmittelbar vom Ernährungszustand ab.

Praktisch will das besagen, daß schlecht ernährte Tiere an der Pflanze aufwärts steigen und so ganz mechanisch zu besseren Nahrungsquellen kommen, daß dagegen Tiere, die gute Nahrungsquellen erreicht haben, in der Regel auf der Stelle bleiben. Dem entspricht die Tatsache, daß Tiere, die sich irgendwo festgesogen haben, unempfindlich gegen Lichtstrahlen sind, während Tiere in Bewegung meistens negativ phototaktisch reagieren. Die negative Phototaxis, die durchaus nicht allen Cocciden zukommt (S. 143), führt das Tier zu einem Versteck, die Schwerkraftreaktionen zu einer Nahrungsquelle, das Resultat beider Reaktionen ist die Festsetzung an einer versteckt gelegenen, guten Nahrungsquelle.

Die genannten Reaktionen können naturgemäß nur in der normalen Umgebung des Tieres in diesem Sinne wirken, also nur, wenn die Schildlaus auf ihrer Nährpflanze sitzt. Je nach der Umwelt, in die ein Tier eingepaßt ist, müssen die der Nahrungssuche dienenden Bewegungen verschieden gerichtet werden, wenn sie zum Ziel führen sollen. Wieder, wie oben schon mehrfach, können wir auch in diesen Fällen feststellen, daß es primär nicht etwa Eigenschaften des Nahrungsobjektes selbst, also bei *Pseudococcus* etwa die Farbe der Blätter oder gar die chemischen Qualitäten des Nahrungssaftes sind, die das Tier leiten, sondern vielmehr Reize ganz anderer Art, deren Zusammenhang mit der Nahrungssuche lediglich im Gefüge der Umwelt begründet ist. Besser als in derartigen Abhängigkeiten offenbart sich nirgends die Planmäßigkeit in den Zusammenhängen zwischen Tier und Umwelt (S. 451).

Bei den regelmäßigen Wanderungen, die besonders die Aphididen und Chermesiden, aber auch andere Hemipteren ausführen, wirkt häufig auch mangelhafte Ernährung auslösend auf die Bewegung und umstimmend auf die Richtungsreaktionen. Vielfach sind aber hier die Mi-

[1] Diese positive Geotaxis beruht aber wahrscheinlich nicht auf einem besonderen Sinnesorgan, sondern wird durch Tastreize ausgelöst.

grationen schon erblich so festgelegt, daß sie auch ohne äußerlich erkennbaren Anlaß zur bestimmten Zeit oder bei einer bestimmten Generation auftreten. Wir werden daher auf diese Dinge bei Besprechung der Entwicklung zurückkommen.

III. Hautdrüsen und ihre Sekrete.

Ein sehr wesentlicher Teil des Stoffwechsels ist die Bildung und Abgabe von Sekreten. Von den Verdauungssekreten war oben schon die Rede, und so bleibt uns hier die Aufgabe, die verschiedenen, an der äußeren Haut der Hemipteren auftretenden Drüsen und ihre Produkte kennen zu lernen. Morphologisch sind alle Hautdrüsen nichts anderes als Differenziationen der Epidermis, sie können von einzelnen Drüsenzellen gebildet oder aus zahlreichen Zellen zusammengesetzt sein. Die Orte, an denen Drüsen auftreten, sind sehr verschieden gelegen, und man kann danach thorakale Drüsen, abdominale Drüsen usw. unterscheiden. Für unsere Zwecke ist es aber besser, die Drüsen nach der Art ihrer Sekrete einzuteilen und dementsprechend Stinkdrüsen, Wachsdrüsen, Lackdrüsen, Seidendrüsen usw. zu unterscheiden.

1. Stinkdrüsen

kommen bekanntlich den meisten Wanzen zu, und zwar liegen sie bei den Larven auf dem Rücken des Abdomens, bei den Imagines an der Bauchseite des Thorax.

Die Tergaldrüsen der Larven, die von Gulde genau untersucht wurden, sind aus Vertiefungen der Intersegmentalfalten des Hinterleibsrückens entstanden und bilden dementsprechend einfache Säcke zwischen den Rückenplatten. Ihre Zahl ist bei den einzelnen Wanzengruppen verschieden. Die ursprüngliche Zahl von drei am Vorderrand des 4., 5. und 6. Tergits gelegenen Drüsen haben die Pentatomiden, Pyrrhocoriden (Abb. 188), Nabiden, Cimiciden und die Lygaeiden mit Ausnahme der Gattungen *Lygaeus*, *Cymus* und *Platypla*, die ebenso wie die Coreiden, Berytiden und Phymatiden nur zwei am Vorderrand des 5. und 6. Tergits gelegene Drüsen haben. Auch die Tingididen haben nur zwei Drüsen, sie liegen aber am 4. und 5. Tergit. Die Saldiden und Capsiden haben nur eine Drüse am Vorderrand des 4. Tergits. Die Rückendrüsen fehlen nach Gulde bei den Wasserläufern *Hydrometra*, *Gerris* und *Velia*, sind aber bei vielen Wasserwanzen vorhanden. Die Corixiden haben z. B. nach Hagemann im ersten und zweiten Larvenstadium drei, vom dritten Stadium ab zwei Drüsensäckchen. Die Drüsen sind zumeist unpaar, nur bei den Pentatomiden ist die vordere Drüse paarig — vielleicht ein Hinweis auf ursprüngliche Verhältnisse.

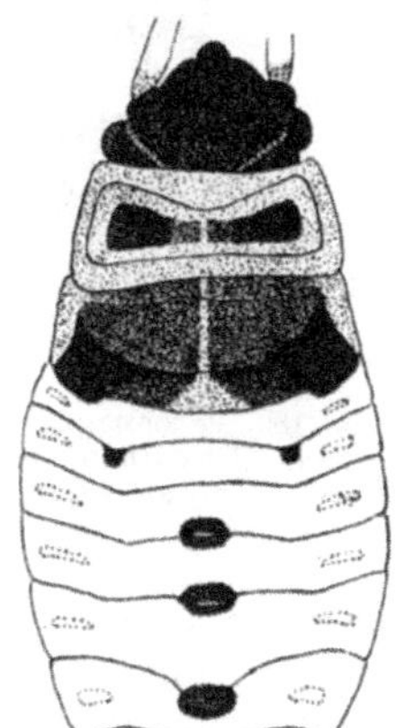

Abb. 188. Viertes Larvenstadium von *Pyrrhocoris apterus*, nach Henke. Die drei Stinkdrüsenmündungen sind deutlich sichtbar.

Auf ihren feineren Bau sind die Drüsen von GULDE und P. MAYER bei *Pyrrhocoris apterus* untersucht. Die Wandung der Drüse besteht hier aus einer dünnen, gefalteten Intima, einer Lage Drüsenzellen und einer Lage platter Farbstoffzellen. Die Drüsenzellen liegen in der nach vorn umgeklappten Tasche nur auf der Ventralseite, die Dorsalfläche wird von einfachen Epidermiszellen gebildet (Abb. 189). Vor diesen zeichnen sich die Drüsenzellen dadurch aus, daß die Intima sich in Gestalt eines sehr dünnwandigen, zweimal blasig erweiterten Sekretröhrchens in sie hinein senkt. Durch die Wände dieses Röhrchens diffundiert das Sekret in die Blasen und wird von dem geschlängelten Gang

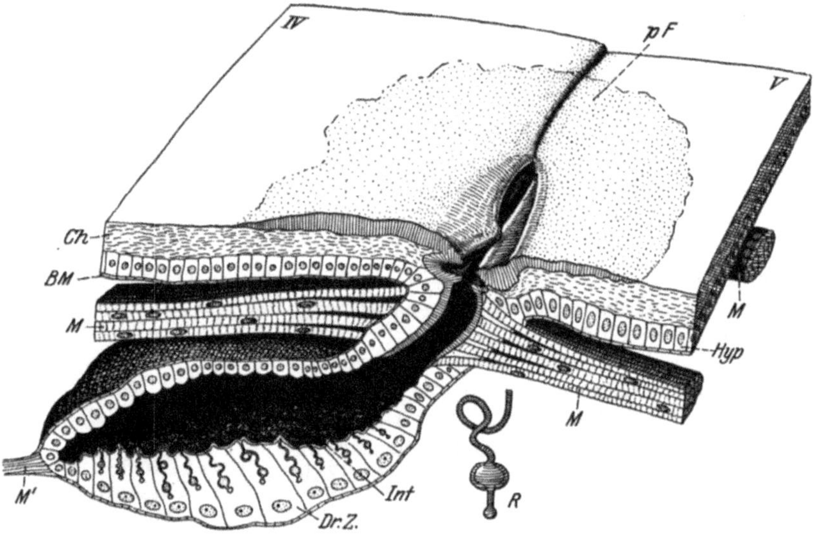

Abb. 189. Rekonstruktion der rechten Hälfte der mittleren Dorsaldrüse der Larve von *Pyrrhocoris apterus*. Nach GULDE kombiniert. *BM* Basalmembran (Zellschicht), *DrZ* Drüsenzellen, *Ch* Chitin, *Hyp* Hypodermis, *Int* Intima, *M* Öffnermuskeln, *M'* Verengerer des Drüsensackes, *pF* pigmentiertes Feld, *R* einzelnes Drüsenröhrchen.

in den als Reservoir dienenden Hohlraum der Drüse geleitet. Die Verbindung mit der Außenwelt stellt ein Spalt her, der gleichzeitig als Verschlußapparat dient. Die Ränder dieses Spaltes schließen lippenartig aufeinander und sind stark chitinisiert (Abb. 188 und 189). Eine flache Chitinzunge schiebt sich von vorn her über den Spalt und teilt ihn scheinbar in zwei Pori. Der Verschluß, der durch ineinander passende Vorsprünge gesichert ist, wird einerseits durch die eigene Elastizität der Mündung hergestellt, andererseits durch ein Muskelpaar (*M''*, Abb. 191a), das, an den Winkeln der Mündung angreifend, die Lippen einander zu nähern vermag. Das Öffnen wird von je einem vorn und hinten an den chitinösen Rändern der Mündung angreifenden Muskelpaar besorgt (Abb. 189, 191a, *M*). Zwei Muskeln (*M'*), die an den Drüsensäcken selbst angreifen, verlängern diese, verkleinern dabei das Lumen und pressen das Sekret aus (Abb. 189, 191a).

Über die Funktion der Tergaldrüsen ist noch recht wenig bekannt. Bei *Pyrrhocoris* scheidet die mittlere Drüse am meisten Sekret aus, nur bei heftiger Reizung sieht man auch der vorderen und der hinteren Drüse Sekret entquellen. Nach P. MAYER ist das Sekret der verschiedenen Drüsen nicht gleich, nur das der hinteren Drüse soll den charakteristischen Wanzengeruch haben, während das der vorderen und mittleren

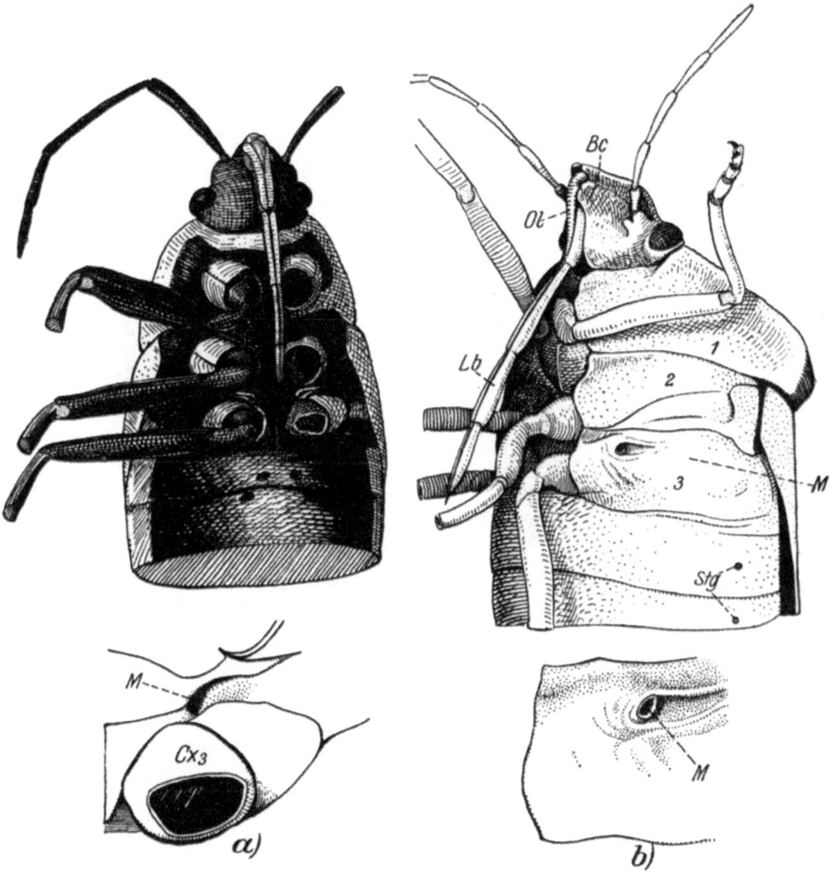

Abb. 190. a) *Pyrrhocoris apterus*, Imago; b) *Palomena prasina*, Imago, beide schief von der Bauchseite gesehen. Darunter ist die Stinkdrüsenmündung *M* bei stärkerer Vergrößerung angegeben. *Bc* Buccula, *Lb* Labium, *Cx* Hüfte, *OL* Oberlippe, *Stg* Stigmen, *1*, *2*, *3* Thoraxsegmente.

einen scharfen, an flüchtige Fettsäuren erinnernden Geruch besitzt. Nach der Häutung zur Imago ist nur noch der letztere Geruch bemerklich, der aber bald auch verschwindet, da die Rückendrüsen rasch veröden und kein Sekret mehr abgeben.

Statt der Rückendrüsen beginnen bei den Imagines die auf der Bauchseite des Metathorax gelegenen Thorakaldrüsen zu arbeiten, die bei den Larven noch nicht vorhanden sind. Diese Drüsen sind ursprünglich paarig, ihre Ausführgänge münden, wie Abb. 190 zeigt, jederseits vor oder seitlich von den Hüften des dritten Beinpaares. In der Regel ist die Mündung sehr groß, oval oder kreisrund (*b*), nur selten ist sie so schmal schlitzförmig und schwer kenntlich wie bei *Pyrrhocoris* (*a*). Bei den meisten Wanzen ist die Drüse selbst unpaar und zwischen den Hüften des dritten Beinpaares gelegen; bei *Pyrrhocoris* ist auch die Drüse wie die Ausführgänge paarig.

Der Bau der Thorakaldrüse von *Pyrrhocoris* geht aus Abb. 191b hervor: Außer einem ziemlich kleinen Drüsenlappen (*Dr*) sind ein Sekretreservoir (*R*), ein aus einem Chitinkegel (*K*) und einem Muskel bestehender Verschlußapparat und ein die Mündung bildendes, hohles Horn zu unterscheiden. Der Verschlußapparat kommt auch bei anderen Wanzen in ähnlicher Form vor, ist aber häufig, z. B. bei *Cimex*, auch viel einfacher gebaut. Die Drüse selbst ist bei den meisten Wanzen viel größer

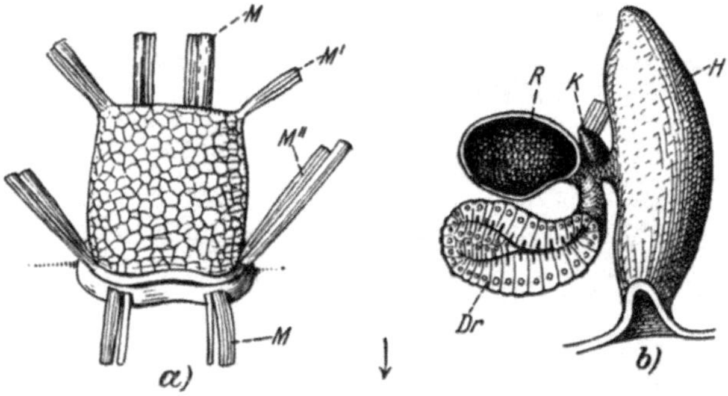

Abb. 191. a) *Pyrrhocoris apterus*, Larve, Innenansicht der mittleren Dorsaldrüse (siehe Abb. 189) mit ihren Muskeln *M*, *M'*, *M"* — Öffner, Verengerer, Schließmuskeln. b) Eine Thorakaldrüse der Imago, von vorn gesehen, Lage der Medianebene durch Pfeil angedeutet. Die Drüse ist durch zwei Querschnitte herausgetrennt und zum Teil angeschnitten. *Dr* Drüse, *H* thorakales Horn, *K* Verschlußkegel, *R* Reservoir, nach P. Mayer.

als bei *Pyrrhocoris*. Mit der geringen Größe der Stinkdrüse stimmt die Tatsache überein, daß man an der Imago der Feuerwanze äußerlich keinen Geruch wahrnehmen kann. Nur wenn man beim Sezieren die Drüse anschneidet, bemerkt man nach P. Mayer einen angenehm ätherischen Geruch und, wenn man den Mund öffnet, einen süßlichen Geschmack.

Ganz anders verhalten sich andere Wanzen, z. B. die meisten Pentatomiden, viele Capsiden, die Cimiciden usw. Sie lassen, wenn sie berührt oder sonstwie gereizt werden, aus ihren Stinkdrüsen große Tropfen eines Sekretes austreten[1], dessen Verdunsten oft von offenen, von der Mündung ausgehenden Rinnen (Abb. 190b) begünstigt wird und das sehr intensiv riecht. Häufig ist der bekannte, sehr unangenehme „Wanzengeruch", der wahrscheinlich (nach Carus) auf das Vorhandensein von Cimicinsäure $C_{15}H_{28}O_2$ zurückzuführen ist und der vor allem den Bett-

[1] Manche Pentatomiden, wie z. B. die orientalische *Tesseratoma papillosa*, vermögen sogar das Sekret auf Entfernungen von 10—15 cm wegzuspritzen (Muir).

wanzen, aber z. B. auch der Beerenwanze, *Dolycoris baccarum*, u. a. Pentatomiden zukommt. Bei anderen Wanzen kann der Geruch des Sekretes aber auch sehr angenehm sein, so bei *Capsus pastinacea* und *Therapha hyoscyami*, die nach Zimt, und bei *Pizostethus cursitanus*, der nach Erdbeeren riecht. Bei anderen Arten, wie z. B. bei *Palomena prasina*, ist der Geruch nur unangenehm, wenn er sehr intensiv ist. Welche biologische Bedeutung die Stinkdrüsen der Wanzen haben, ist noch keineswegs klar. In der Regel werden sie ja als Wehrdrüsen gedeutet, d. h. der Geruch soll Feinde davon abschrecken, die Wanzen anzugreifen. Diese Hypothese ist aber neuerdings, besonders durch HEIKERTINGER, stark erschüttert worden (siehe S. 485). Etwas Besseres ist allerdings bis jetzt nicht an ihre Stelle getreten. Man kann z. B. kaum annehmen, daß die Drüsen als Anlockungsmittel im Geschlechtsleben Bedeutung haben oder daß sie etwa als Exkretionsorgane irgendwelche mit der Nahrung aufgenommene oder beim Stoffwechsel entstehende Stoffe abgeben. Gegen die letztere Deutung spricht die außerordentlich große Verschiedenartigkeit der Nahrung innerhalb der Wanzengruppen, die Stinkdrüsen besitzen.

Auch bei anderen Hemipterengruppen kommen, wenn auch selten, Stinkdrüsen vor. So gibt die ostasiatische Singzikadenart *Huechys sanguinea* bei Berührung ein unangenehm riechendes Sekret von sich. Die Lage des dufterzeugenden Organs ist unbekannt (SCHUMACHER).

2. Wachsdrüsen.

Bei manchen Wasserwanzen, z. B. bei *Notonecta*, gibt es an den Beinen Drüsenkanälchen, die eine fettartige Substanz ausscheiden. Nach LEHMANN wird dieses Sekret zum Einschmieren der Körperdecke verwendet und verursacht ihre Unbenetzbarkeit. Demselben Zweck dienen wachsartige Sekrete, die in geringer Menge von den Wasserläufern ausgeschieden werden. Die Lage der Drüsen ist noch nicht bekannt.

Während so bei den Wanzen nur in ganz wenigen Fällen Wachssekretion vorkommt, ist sie bei den Homopteren außerordentlich verbreitet. Es scheint, daß das Wachs aus den aufgesaugten pflanzlichen Säften sehr leicht gebildet werden kann, daß es sogar primär geradezu als Abfallprodukt beim Stoffwechsel auftritt und erst sekundär von den Homopteren in verschiedenartiger Weise verwertet wird.

Unter den Wachsdrüsen gibt es einzellige und mehrzellige. Die ersteren können wieder sehr verschieden gebaut sein und finden sich über den ganzen Körper verteilt oder an einzelnen Stellen lokalisiert, z. B. bei vielen Cocciden.

Im einfachsten Falle ist die einzellige Wachsdrüse eine vergrößerte Epidermiszelle, in der meist in einzelnen anfangs kleinen, später größeren Alveolen ein Sekret gebildet wird. Das Sekret diffundiert durch die über der Wachszelle meist senkrecht gestreift erscheinende Kutikula ins Freie, wobei es erhärtet. Oft ist die Cuticula über der Zelle besonders differenziert, so bei den Zirkumgenitaldrüsen der Diaspidinen (Abb. 202), wo die Cuticula nach BERLESE eine Grube bildet, über die ein regelmäßig durchlöcherter Deckel sich spannt.

Mehrzellige Drüsen entstehen entweder durch einfache, flächige Nebeneinanderordnung zahlreicher einzelner Drüsenzellen (Drüsenplatten) oder durch Vereinigung mehrerer Zellen zu einem klumpenförmigen Drüsenkörper, in dem neben Drüsenzellen auch Stützzellen vorkommen können.

Unter den Cicadinen sind vor allem die Fulgoriden durch reichliche Wachsabsonderung bekannt. Das Wachs entsteht hier, wie Abb. 24 und 192 zeigen, in Drüsenplatten, die am Hinterende und an den Seiten des Abdomens liegen. Da die einzelnen Zellen sehr nahe nebeneinander liegen, platten sie sich gegenseitig ab und erscheinen, von der Fläche gesehen, polygonal. Im übrigen ähneln die polsterartig der Cuticula

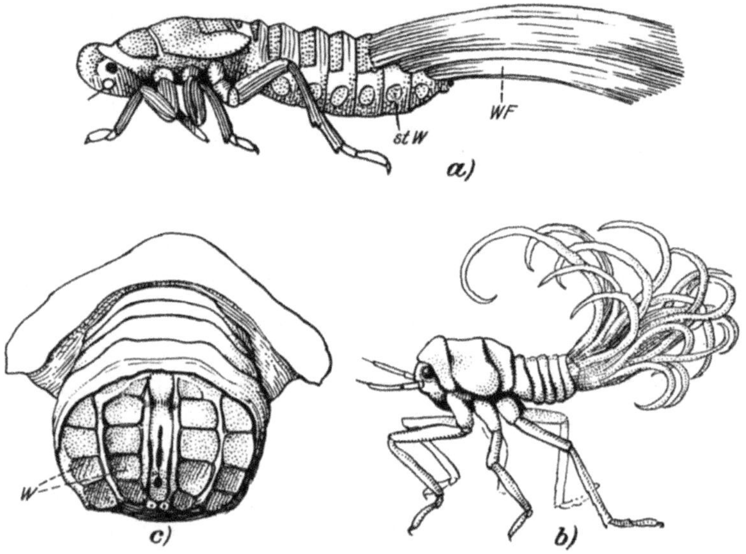

Abb. 192. a) *Oliarius panzeri* (Cixiinen), erwachsene Larve, mit einem Schweif aus Wachsfäden. *stW* sternale Wachsplatten, nach ŠULC. b), c) *Flata marginella*, Larve, nach BUGNION; b) lateral mit Wachsbüschel, c) von hinten gesehen, Wachs entfernt. *W* Drüsenplatten.

anliegenden Drüsen wenigstens teilweise sehr den Wachsdrüsen der Honigbienen. Gelegentlich, z. B. bei der Larve und Imago von *Cixius* nach ŠULC, kommen aber auch sehr viel komplizierter gebaute, zusammengesetzte Drüsen vor. Nie bildet das Wachs wie bei der Biene Platten, sondern Fäden, die sich zu lockeren Zylindern zusammenlegen und so ein Wachsbüschel zustande bringen, das vom Hinterleib ausstrahlt und bei den Imagines unserer einheimischen *Cixius*-Arten klein bleibt, bei ihren Larven (Abb. 192a) und gewissen tropischen Gattungen (*Flata, Lystra*) aber an Größe den Körper des Tieres übertreffen kann (Abb. 5b, 192b).

Ähnliche Lage haben auch die Wachsplatten der Cercopidenlarven (Abb. 205a), deren Sekret durch die flüssigen Exkremente verseift wird und mit ihnen zusammen den die Tiere bedeckenden Schaum liefert.

Hier wird das Wachs also in ganz ungewöhnlicher Weise weiter verwendet.

Auch bei den Psylliden liegen in der Regel Wachsdrüsen nur am Hinterende des Abdomens. Bei einzelnen Arten tragen die Larven auch am Rand des Abdomens Wachsdrüsen, die einen Saum von Wachsborsten um den Körper bilden (Abb. 183), bei anderen ist nur ein doppelter Ring von enggestellten Wachszellen um den After geordnet. Den Bau dieses Drüsenringes, der auch bei der weiblichen Imago vorhanden ist, zeigt Abb. 252 an *Psylla mali*. Er dient zur Bildung eines Wachszylinders, in den die Exkremente eingeschlossen werden.

Besonders große Mengen von Wachs scheiden die Aleurodiden aus. Bei den Imagines liegen die Wachsdrüsen auf der Bauchseite des Hinterleibes nahe dessen Basis (Abb. 72). Die Drüsen sind sehr einfach gebaut (plattenförmig) und bilden winzige Wachsflöckchen, die, wie oben (S. 89) geschildert wurde, von den Tieren mit Hilfe der Beine über den ganzen

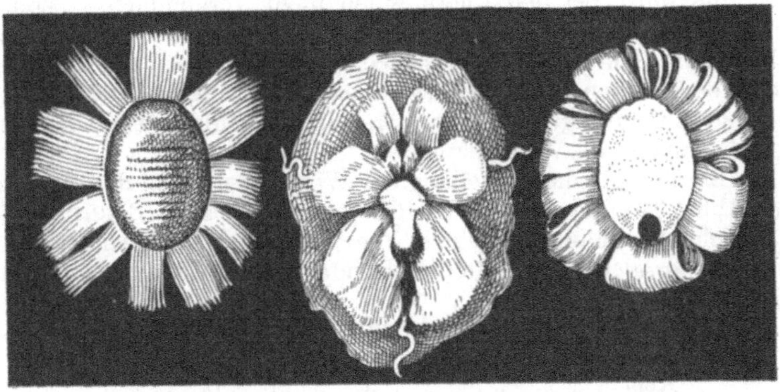

a b c

Abb. 193. Puparien kalifornischer Aleurodiden, nach BEMIS.
a) *Asterochiton madroni*; b) *Aleuroplatus coronata*; c) *Pealius Kellogi*.

Körper gleichmäßig verteilt werden. Die ersten Larvenstadien scheiden aus randständigen, dicht nebeneinander liegenden Drüsen palissadenförmige Wachsbälkchen aus, die zusammen einen die Tiere mit der Unterlage verkittenden Kranz bilden. Dieser Kranz läßt nur die zu den bauchständigen Stigmen führenden Stigmenkanäle frei (S. 277). Besonders viel Wachs bildet das letzte Larvenstadium, dessen Haut später das sogenannte Puparium bildet. Die senkrechten Seitenwände dieser ovalen, dosenförmigen Hülle bestehen wieder aus Wachsbälkchen, außerdem ist der Deckel mit bei den einzelnen Arten sehr verschieden geformten und angeordneten Wachsborsten, -platten und -fäden verziert. Die Bildung dieser oft sehr abenteuerlich aussehenden Zierate (Abb. 193), deren biologische Bedeutung nicht ergründet ist, geschieht in teilweise recht kompliziert gebauten, mehrzelligen Drüsen, die in der Regel kegelförmig über die Haut vorspringen. Die Anordnung dieser Drüsen und die Form der ihnen entstammenden Gebilde ist innerhalb der Art ziemlich konstant und wird daher als systematisches Hilfsmittel von den Aleurodidenspezialisten um so lieber verwendet, als von zahlreichen Aleurodiden nur das Puparium bekannt ist.

Auch unter den Aphidinen sind Wachsdrüsen weit verbreitet. Sie bestehen meist aus zahlreichen Zellen, die zu mehreren in Platten zusammenstehen. Die Zahl und Anordnung der Platten sowie der Bau der einzelnen Zellen sind nicht überall gleich, bei den Chermesiden z. B. sind nach BÖRNER die einzelnen Zellen an ihrem cuticularen Teil von einem festen Chitinring umgeben, der das sezernierende Feld einschließt. Die Chitinringe können, wenn sie zusammenrücken, ein geschlossenes Netz von Facetten bilden. Bei der ersten Haut der Fundatrixlarve von *Cnaphalodes* ist die zentrale Facette der dorsalen Drüsengruppen vertieft und bildet eine Grube, in deren Mitte ein kurzer Zapfen sich erhebt. Da die sezernierenden Elemente um diesen Zapfen angeordnet sind, kommt es bei diesen Drüsen ähnlich wie bei den Rückendrüsen der Aleurodidenlarven zur Bildung hohler, glasröhrenartiger, starrer Wachsfäden, die sonst bei den Chermesiden nicht vorkommen. „Von den übrigen Drüsen (auch denen der Aphididen) wird das Wachs in feinen Stäbchen als Puder oder in verschieden langen, aus einzelnen Fädchen zusammengesetzten Bändern ausgeschieden. Die verschiedene Gruppierung und Anhäufung der Drüsenporen in einer Platte trägt gewiß zur Verschiedenheit des Wachsflaums bei“ (BÖRNER).

Als Beispiel für die Verteilung der Wachsplatten bei den Aphididen kann Abb. 194a dienen, bei den Chermesiden drückt BÖRNER die ursprüngliche Verteilung der meist nur aus wenigen Einzelfacetten bestehenden dorsalen Platten durch folgendes Schema aus (Zahlen bedeuten Drüsenzahl):

	Mediane	
Kopf	(2 2 2)	(2 2 2)
Pronotum	(2) (2 2)	(2 2) (2)
Meso- und Metanotum	(2) (1) (1)	(1) (1) (2)
1.–6. Abdom. Segm. .	(1) (1) (1)	(1) (1) (1)
	V	V
7. „ „	(1) (1)	(1) (1)
8. „ „	(1) –	– (1)
9. „ „	(1)	

Dieses Schema ist bei den einzelnen Arten zahlreichen Abänderungen unterworfen, da Drüsen rückgebildet, mit Nachbardrüsen verschmolzen oder in mehrere aufgelöst werden können.

Während viele Aphididen, besonders als Larven, nur sehr wenig Wachs ausscheiden, kommt es bei den Pemphigiden, zu denen viele gallenbewohnende Arten zählen, zu mächtigen Ansammlungen von Wachs in den Kolonien. Besonders bekannt ist in dieser Hinsicht die Blutlaus *Schizoneura lanigera*, bei der das Wachs als dichter Flaum vom Rücken ausgeht und die Kolonien im Sommer, wenn sie dicht sind, schon von weitem erkennbar macht. Wie dieser Wachsflaum, der schließlich eine dichte, vor allem vor Benetzung schützende Hülle um die Tiere bildet, aus den Ausscheidungen der einzelnen Drüsenplatten sich bildet, zeigt an einem anderen Beispiel, an einer der Gall-Läuse der Pappel, Abb. 194. Man sieht, daß hier die zunächst einzelne Büschel bildenden Wachsfäden immer länger werden und, zu verworrenen Strängen vereint, sich zu einem dichten Filz zusammenballen.

Wachs produzieren auch die Rückenröhren oder Siphunculi der Aphididen, die, bald lang, bald kurz, bald keulenförmig, bald zylindrisch nahe dem Hinterende des Abdomens stehen (Abb. 289). Sie fehlen den gallenbewohnenden Pemphigiden, was wohl mit einer Rückbildung zu erklären ist (Börner). Dagegen ist das Fehlen der Röhren bei den Chermesiden sicher ein ursprüngliches Merkmal. Früher nannte man diese Gebilde Honigröhren, weil man glaubte, sie scheiden den süßen Saft aus, der von den Ameisen so sehr geschätzt wird. Als Büsgen die wahre

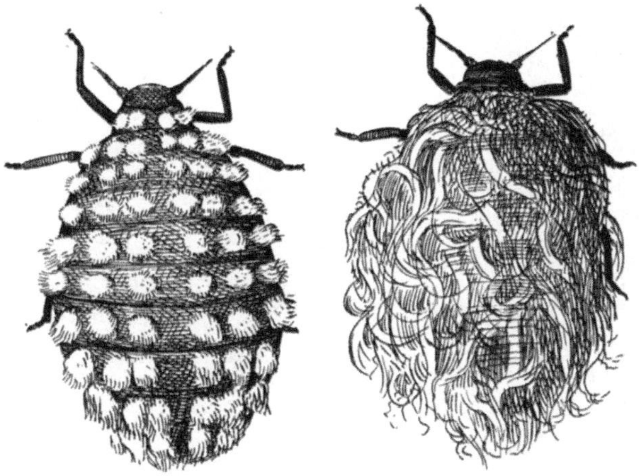

a b

Abb. 194. Fundatrix aus der Blattstielgalle von *Pemphigus bursarius*. a) Mit beginnender Wachssekretion; b) mit Wachs bedeckt.

Natur des Honigtaues nachwies, sah er sich auch vor die Frage gestellt, welche Aufgabe nun eigentlich die Rückenröhren zu erfüllen haben. Daß sie als Sekretröhren dienen, kann man leicht beobachten, denn bei vielen Blattlausarten treten, wenn man die Tiere durch Berührung reizt, aus den Röhren gelbbraun gefärbte Tropfen aus. Diese Tropfen enthalten aber keinen Zucker, sondern einen rasch erstarrenden, wachsartigen Stoff, der geeignet ist, angreifenden Raubinsekten die Mundwerkzeuge zu verschmieren (siehe S. 486). Die Art der Sekretion, die Flögel an verschiedenen Blattläusen studiert hat, ist so ungewöhnlich, daß eine nähere Betrachtung sich lohnt. Bei ausgewachsenen Tieren findet man im Innern der Röhre nicht etwa epitheliale Drüsenzellen, sondern frei im Hohlraum der Röhre liegende Zellen, die stark lichtbrechend sind und offenbar Wachs enthalten. Diese Zellen bilden, indem sie durch die eine Ventilklappe (Abb. 195a) bildende Endfläche der Röhre austreten und dabei platzen, das Sekret. Offenbar handelt es sich bei diesen Zellen um abgeänderte Blutzellen, die Wachs enthalten. Das Sekret der

Rückenröhren stammt also aus dem Blut und gelangt in die Röhren vielleicht durch Vermittlung eines blasenförmigen, an der Basis der Röhren gelegenen Organs, das FLÖGEL als Reservoir deutete und das nur bei jungen Tieren nachzuweisen ist. Bei ausgewachsenen Tieren ist es verschwunden, und die Rückenröhren sind gefüllt. Untersuchungen darüber, ob das Sekret, das sehr rasch erschöpft ist, erneuert werden kann, liegen nicht vor. Der Austritt des Sekretes kann willkürlich geregelt werden, indem die Ventilklappe durch einen besonderen, die ganze Röhre durchziehenden Muskel geöffnet wird (Abb. 195a, c, *M*). Die Aufrichtung der Röhren, die in der Ruhe dem Hinterleib anliegen, besorgt ein anderer Muskel (FLÖGEL).

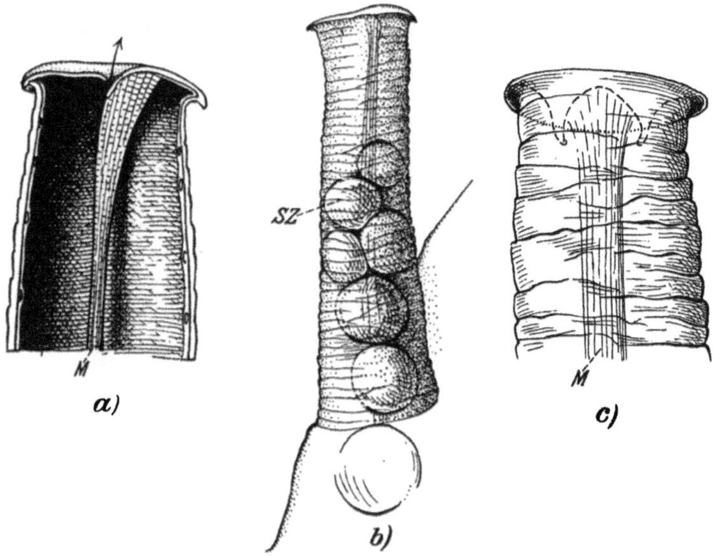

Abb. 195. *Aphis fabae*, Rückenröhre. a) Ungeflügeltes agames ♀, schematischer Sagittalschnitt; b) und c) geflügeltes ♀, Dorsalansicht. *M* Ventilöffner, *SZ* Sekretzellen.

Für Homologa der Rückenröhren hält COMSTOCK gewisse Organe, die bei vielen Cocciden, besonders bei *Pseudococcus*-Arten vorkommen und gewöhnlich als lippenförmige Organe oder Ostiolen bezeichnet werden. Ihre Lage geht aus Abb. 328 hervor. Eine genauere Untersuchung dieser Organe verdanken wir dem böhmischen Hemipterenforscher ŠULC, der feststellte, daß ihnen eine orangefarbige Flüssigkeit entquillt, in der aus dem Fettkörper stammende Zellen nebst Blutkörperchen die Hauptmasse bilden. Das Sekret, das also ebenso wie das der Siphunculi der Aphididen eher die Bezeichnung Exsudat verdient, soll ganz wie dieses dazu dienen, Raubinsekten die Mundteile zu verschmieren.

Die Herkunft dieser „Exsudate" aus dem Blut bzw. aus dem Fettkörper erscheint wenig verwunderlich, wenn man hört, daß nach HOLLANDE und nach TEODORO in der Hämolymphe vieler Cocciden freie Wachszellen vorkommen. Festgestellt sind solche Cerodecyten, wie sie

HOLLANDE nennt, bei *Orthezia*, *Pulvinaria* und *Lecanium*. Sie leiten sich von anderen Elementen der Hämolymphe, den Proleucocyten, ab, in denen sich Vakuolen flüssigen Wachses bilden. TEODORO stimmt mit HOLLANDE darin überein, daß die Wachszellen funktionell den auch bei den Cocciden wie bei anderen Insekten festliegenden Önocyten entsprechen, daß sie sozusagen flottierende Önocyten sind. Welche Rolle sie im Stoffwechsel spielen, ist im einzelnen noch fraglich, sicher scheint aber der Schluß berechtigt zu sein, daß das Wachs primär ein Abfallprodukt des Stoffwechsels ist, dem nicht unbedingt der Charakter eines Hautsekretes zukommen muß. Es sei hier an BERLESE erinnert, der das Wachs wie die weiter unten genannten Lack- und Seidesekrete geradezu als Exkrete bezeichnete.

Wachsausscheidung aus der Oberhaut ist bei den Cocciden ebenfalls allgemein verbreitet. Die Drüsen haben sehr verschiedene Anordnung, bald sind sie über den ganzen Körper verstreut, bald auf bestimmte Stellen lokalisiert. TEODORO unterscheidet nach der Anordnung folgende Arten von Wachsdrüsen:

1. Marginale Drüsen, z. B. bei *Pseudococcus*.
2. Drüsen der Stigmengegend.
3. Drüsen der Stigmenkanäle, z. B. *Lecanium*.
4. Diffuse dorsale Drüsen, z. B. bei *Lecanium oleae* nach BERLESE.
5. Diffuse ventrale Drüsen.
6. Drüsen des Eiersacks, die eine Hülle um die Eier bilden, liegen am Hinterrand des Abdomens, z. B. bei *Margarodes* und *Icerya*.
7. Analdrüsen, z. B. bei *Lecanium*.
8. Zirkumgenitaldrüsen der Weibchen, z. B. bei den Diaspidinen.
9. Drüsen, die beim Männchen am äußersten Hinterleibsende vorkommen, z. B. bei *Pseudococcus*.

Die Wachsdrüsen können entweder einzellig oder mehrzellig sein. Einzellige Drüsen sind z. B. die in Abb. 196a dargestellten Rückendrüsen von *Pulvinaria*, die allerdings schon recht verwickelt gebaut sind. Die Cuticula hat sich bei ihnen in Form eines Röhrchens eingesenkt, dessen Ende bis in die Mitte der großen Drüsenzelle reicht und dort ein kleines Bläschen bildet. Um dieses Bläschen ist das Plasma strahlig differenziert, wie das oft bei Drüsenzellen der Fall ist. Das Sekret, das in das Bläschen hinein diffundiert, steigt im Röhrchen auf und bildet, erstarrend, an der Mündung kleine, hohle Wachszylinder, die das Tier einhüllen. Derartige röhrenförmige Ausbildung der Mündung gibt es auch bei mehrzelligen Drüsen, wie Abb. 196b, c zeigt. Die hier dargestellten Marginaldrüsen von *Pseudococcus* bilden einen Beutel, in dem sich Sekret sammelt (b). Das Sekret formt, indem es durch den Mündungstubus nach außen tritt (c), mehr (*Pseudococcus adonidum*) oder weniger (*Ps. citri*) lange Wachszylinder, die von anderen, zerstreuten, einzelligen Drüsen mit feinen Wachslöckchen umgeben werden (Abb. 196d). Da diese mehrzelligen Drüsen am Körperrand stehen, ergibt sich durch ihre Sekretionstätigkeit das Bild, das Abb. 197a darstellt, wobei die einzelnen *Pseudococcus*-Arten sich, was die Länge der Wachsstacheln betrifft, verschieden verhalten.

Indem mehrere ein- oder mehrzellige Drüsen sich vereinen, wobei sie oft von einer gemeinsamen Hülle umgeben sind (Abb. 198), kann es

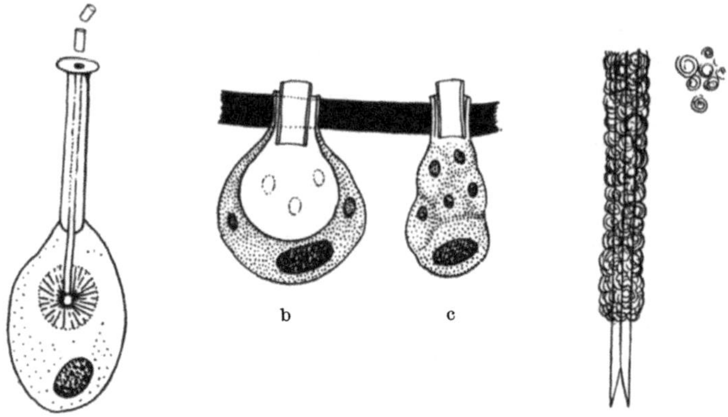

a d

Abb. 196. a) Dorsale Wachsdrüse von *Pulvinaria camelicola*, nach TEODORO; b) gefüllte; c) entleerte Wachsdrüse von *Pseudococcus citri*, nach BERLESE; d) eines der lateralen Wachszylinderchen von *Pseudococcus adonidum*, nach BERLESE. Daneben einige von den den zentralen Wachszylinder umhüllenden Löckchen, nach BERLESE.

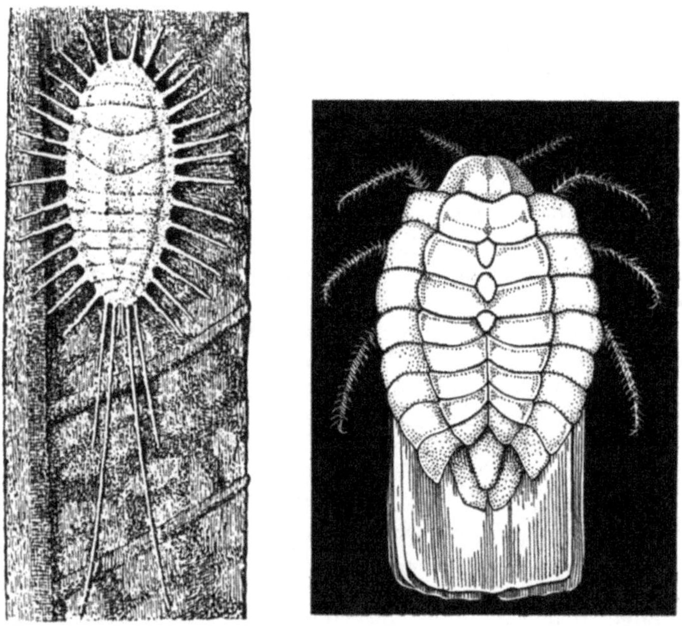

a b

Abb. 197. a) *Pseudococcus adonidum* ♀ auf Citrusblatt, nach BERLESE; b) *Orthezia cataphracta*, altes ♀ mit Wachsplattenpanzer und Eiersack aus Wachs, nach LIST.

zur Bildung von Drüsenplatten, -reihen oder -kränzen kommen. Reihenförmig angeordnete Drüsen vermögen regelrechte Wachsplatten auszuscheiden, deren Zusammensetzung aus einzelnen Bändern aus ihrem streifigen oder welligen Aussehen hervorgeht und die z. B. bei den Orthezien (Abb. 197 b) den ganzen Körper mit einem beweglichen Panzer bekleiden. Aus solchen Wachsplatten entstehen auch die Eiersäcke der Orthezien und der Margarodiden (*s.lat.*), die vom Hinterende des Weibchens ausgehen und von kranzförmig angeordneten Drüsen gebildet werden (Abb. 197, 199).

Das Wachssekret kann demnach bei den verschiedenen Cocciden verschiedene biologische Bedeutung haben. Einmal dient es zum Schutz des eigenen Körpers, dann zum Schutz der Eier und der jungen Larven, und schließlich schützt es die zu den Stigmen führenden Atemkanäle vor Verstopfung durch Nässe. Drüsen, die nur dem Schutz des Einzeltieres dienen, bilden entweder über den ganzen Körper flockige oder körnige Wachsschichten, oder sie bilden — allerdings nur in seltenen Fällen — einen geschlossenen Schild. Letzteres ist z. B. bei den männlichen Entwicklungsstadien

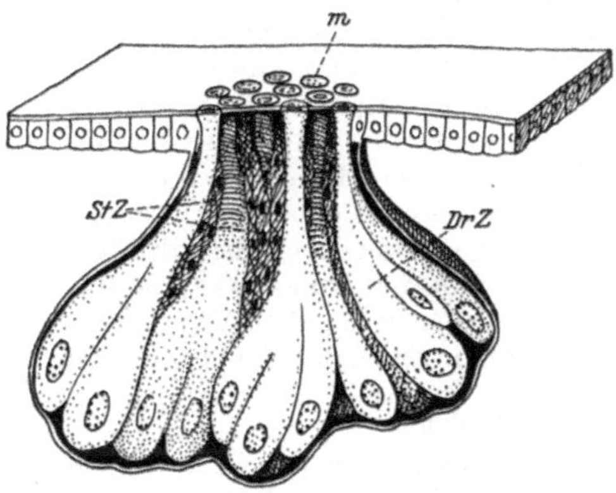

Abb. 198. Eine der zirkumgenitalen Wachsdrüsengruppen von *Epidiaspis piricola*. Rekonstruktion, nach CHILDS kombiniert, längs durchschnitten. *M* Mündungen, *DrZ* Drüsenzellen, *StZ* Stützzellen.

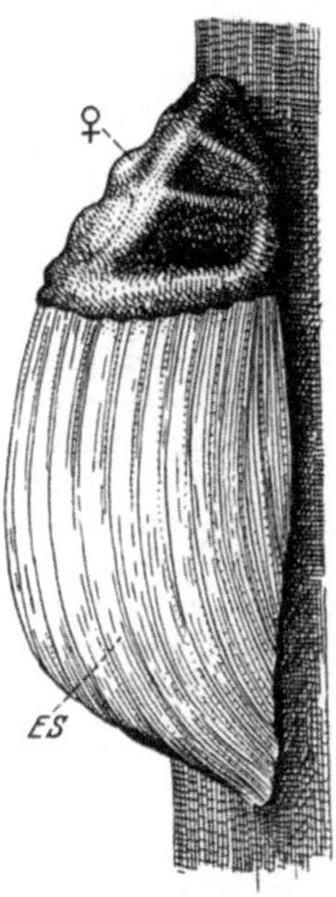

Abb. 199. ♀ von *Icerya purchasi* mit Eisack *ES*, halb von der Seite, nach BERLESE.

von *Eriococcus araucariae* der Fall (nach LEONARDI), die sich mit einem schneeweißen, aus gekreuzten Wachsfäden bestehenden Follikel bedecken. Der Schutz des eigenen Körpers kann auch darin bestehen, daß durch Wachssekrete die flüssigen Exkremente unschädlich gemacht werden (*Xylococcus*, siehe S. 241).

Dient das Wachs auch dem Schutz der Eier, so kann es einmal außerhalb des weiblichen Körpers die Eier umhüllen (*Pseudococcus*, lockere Massen, *Icerya, Orthezia, Pulvinaria*, Eisäcke, Abb. 197, 199). Im anderen Falle bildet es nur unterhalb des hochgewölbten weiblichen Körpers oder des Seidenkokons ein Nest aus feinen Wachslöckchen oder -zylindern, zwischen denen die Eier eingebettet sind (Abb. 204). Bei *Lecanium hesperidum* und anderen Lecanien kommen dazu noch als Polstermaterial die Eischalen, die von den Larven bei oder gleich nach der Geburt abgestreift werden. Auf diese Schutzvorrichtungen müssen wir in anderem Zusammenhang nochmals zurückkommen (siehe S. 358).

Die Masse des abgeschiedenen Wachses kann z. B. bei den *Pseudococcus*-Arten (*P. citri*) so groß werden wie bei den Pemphiginen, so daß die ganzen Kolonien in flockiges Wachs gehüllt sind. In anderen Fällen, wie z. B. bei den Lecanien, wird nur sehr wenig Wachs produziert (Stigmenkanäle, Analfortsatz, Vulva).

Die Zusammensetzung des Wachses ist nicht bei allen Homopteren gleich und entspricht keinesfalls völlig der des Bienenwachses. Als Beispiel sei das Wachs der Psylliden genannt, das nach den Untersuchungen von SUNDWICK ein Ester von der Zusammensetzung: $C_{33}H_{67}O . C_3H_{65}O$ ist. An seiner Bildung ist ein Alkohol, der Psyllostearylalkohol, nebst einer organischen Säure, der Psyllostearylsäure, beteiligt. Er bildet, aus Chloroform umkristallisiert, eine schön seidenglänzende, aus sehr feinen, biegsamen Nadeln zusammengesetzte Masse mit einem konstanten Schmelzpunkt von 95—96°, ist unlöslich in kaltem Alkohol und heißem Äther, schwer löslich in heißem absoluten Alkohol, leicht löslich in heißem Chloroform und in Eisessig.

Daß das Wachs innerhalb der Homopteren sehr verschieden zusammengesetzt sein kann, hat TEODORO festgestellt. So haben die Wachse der Cocciden ganz andere Zusammensetzung als die der Psylliden. Das Sekret von *Orthezia urticae* hat z. B. einen Schmelzpunkt von 81° und besteht aus Cerotinsäurecerylester, Melissylalkohol, Cerotinsäure und verwandten Alkoholen und Äthern. Bei anderen Cocciden ist die Zusammensetzung wieder anders: nach P. MAYER und LIEBERMANN ist das Wachs von *Dactylopius cocci* in Alkohol und Äther unlöslich, das von *Eriococcus araucariae* ist dagegen nach LEONARDI in siedendem Alkohol restlos löslich.

3. Lackdrüsen

kommen bei einigen tropischen Schildlausarten der Gattung *Tachardia*, aber auch, in geringer Zahl, bei den Gattungen *Pulvinaria* (nach TEODORO) und *Lecanium* vor. Die Lackdrüsen von *Lecanium oleae* (und *hesperidum*) hat BERLESE aufgefunden und genau untersucht; sie sind wie die Wachsdrüsen Epidermiszellen, deren Ausführgang durch die dicke Kutikula des Rückenschildes bis zur Oberfläche reicht (Abb. 200) und hier von einer sehr dünnen Chitinhaut verschlossen wird. Von den ebenfalls über das Rückenschild verteilten Wachsdrüsen (BERLESE), die TEODORO als Sinnesorgane deutet, unterscheiden sich die Lackdrüsen durch die Gestalt ihres Ausführganges und seiner Mündung (Abb. 200). Ihr Sekret bildet transparente, weißliche Schüppchen, die sich beim Fortschreiten der Sekretion übereinander schieben und schließlich eine ununterbrochene, schützende Lackschicht über dem Rückenschild bilden, die sich der Form des Schildes aufs genaueste anpaßt.

Bei den tropischen Lackschildläusen, unter denen vor allem die indische Art *Tachardia* (*Laccifer*) *lacca* bekannt ist, wird die Lacksekretion so bedeutend, daß sie sogar wirtschaftliche Bedeutung hat (Schellack).

Der Lack bildet hier um die Tiere eine geschlossene Hülle, die mit dem Heranwachsen immer größer wird und nur eine Öffnung für den Rüssel, eine für den After und zwei Öffnungen für Büschel eines wachsigen Sekretes läßt (siehe Abb. 201). Beim Männchen ist die Hülle länglich, das reife Tier kriecht aus einer vorher zugedeckelten Öffnung am Hinterende heraus, indem es den Deckel (Operculum) absprengt. Die Hülle des Weibchens ist fast kugelig, das durch die Hülle etwas behinderte Wachstum bringt es mit sich, daß im Lauf der Entwicklung des weiblichen Körpers die Lagebeziehungen der einzelnen Organe, die an bestimmte Stellen der Lackhülle gebunden sind, sich eigenartig verschieben (siehe Abb. 201f, g und S. 392). Wie die Wachshüllen mancher Schildläuse, so bildet auch die Lackhülle von *Tachardia* gleichzeitig einen Brutraum, in dem die jungen Larven, die in Abständen nacheinander aus der Geschlechtsöffnung in schon vorgerücktem Entwicklungsstadium austreten und gleich nach der Geburt die Eihülle abstreifen, sich noch eine Zeitlang aufhalten (nach PRATAP SINGH NEGI). Der Brutraum *BR* entsteht dadurch, daß ein Teil der Oberfläche des weiblichen Körpers, die im übrigen eng an die Lackhülle sich legt, durch besondere Muskeln von ihr abgezogen wird.

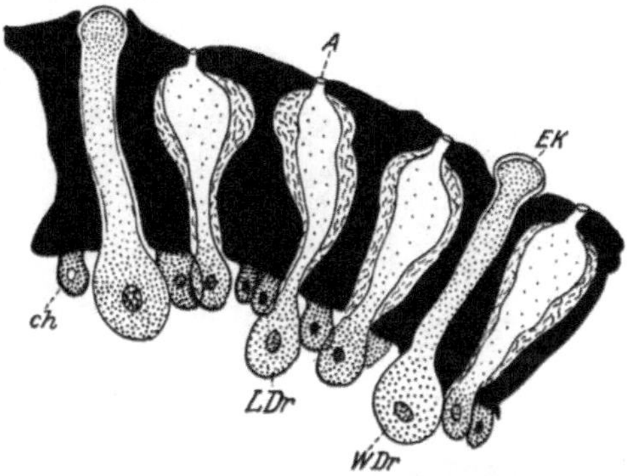

Abb. 200. Schnitt durch den Rückenschild von *Lecanium corni*. Chitin schwarz, nach BERLESE. *A* Ausführgang einer Lackdrüse *LDr*, *ch* chitinogene Zelle, *EK* Endkugel einer Wachsdrüse *WDr*.

Die Zusammensetzung des Lackes der indischen Lackschildlaus ist nach WEHMER die folgende:

Harz, Krist. Bitterstoff, Schleim	74,5%
Farbstoff, Laccainsäure	6,5%
Wachs	4—6%
Wasser	3,5%
Verunreinigungen	9,5%
	100%

Der Lack der Madagassischen Lackschildlaus *Gascardia madagascariensis* hat nach GASCARD folgende Zusammensetzung:

Harze, in kaltem Alkohol löslich	52,5 %
Wachs, in heißem Alkohol löslich	28,25%
In warmem Benzin lösliche Stoffe	13,00%
Insektenfragmente	4,00%
Verlust	2,25%
	100,00%

Der wesentliche Bestandteil sind also in beiden Fällen Harze, die natürlich aus der Wirtspflanze stammen, aber nicht etwa, wie man früher annahm, von ihr unmittelbar als Antwort auf den Stich der Schildlaus ausgeschieden werden. Es ist vielmehr sicher, daß wie bei *Lecanium* der Lack Hautdrüsen seine Entstehung verdankt, also erst durch den Körper der Schildlaus gegangen ist. Vermutlich ist er, ebenso wie der Kalk der *Eukalyptus*-Cercopiden oder das Wachs aller Homopteren, primär ein Abfallprodukt des Stoffwechsels. Es ist von Inter-

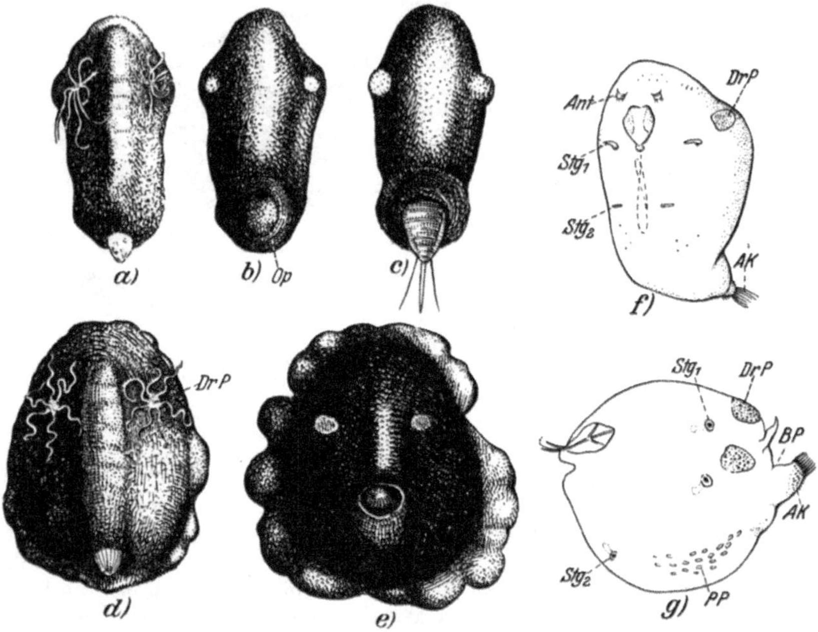

Abb. 201. a—c Entwicklung der Lackhülle von *Tachardia lacca* ♂. a) Hülle der ersten Nymphe mit Wachsfäden und Analöffnung; b) Hülle der zweiten Nymphe mit Operculum(*Op*); c) Auskriechen des ♂; d), e) Entwicklung der Lackhülle des ♀, d) 6 Wochen alt, e) 8 Wochen alt (reif), die unpaare Öffnung für den Analkegel ist sichtbar; f), g) Weibchen ohne Hülle, f) zweite Larve, g) reifes ♀, lateral. f) und g) entsprechen d) und e), nach PRATAP SINGH NEGI. *AK* Analkegel, *Ant* Antenne, *BP* Brutraum, *DrP* Drüsenplatte (Wachsfäden), *PP* Perivaginalporen, *Stg* Stigma.

esse, daß in diesen Fällen wie im folgenden gleichermaßen vom Organismus aus der Not eine Tugend, aus dem Abfallprodukt ein wertvolles Schutzmittel gemacht wurde.

4. Seidendrüsen.

Wie die Lackdrüsen, so bilden auch die Seidendrüsen, die nur bei der großen Coccidengruppe *Diaspidinae* vorkommen, eine Hülle um den unbeweglichen, weichen Körper ihrer Besitzer. Sie münden am Körperrand, vor allem am Hinterende des Abdomens, dem flachen, spatenförmigen Pygidium, und bestehen aus wenigen Zellen, die tief ins Innere des Körpers verlagert sind (Abb. 202). Am tiefsten liegen eine oder zwei Seidenzellen (*SDr*), von denen aus ein sehr langer, oft gegen das Ende hin verdickter Ausführgang in einen Chitintubulus führt. Neben dem

Gang münden in den Tubus zwei Drüsen, die BERLESE ghiandole ganogene nennt und deren Aufgabe darin besteht, den von der eigentlichen Seidendrüse gebildeten Faden mit einer gegen Chemikalien sehr widerstandsfähigen Außenschicht zu umgeben (Abb. 202b, *gDr*). Der Tubulus, der ins Freie mündet, ist entweder lang und dünn und endet dann in einer langen oder kurzen Borste (peli-filieri) oder er ist in einen dicken, tonnenförmigen, mit Verdickungsringen versehenen Chitinbecher umgewandelt (Abb. 202a, *Ö*).

Die Seidenfäden, die den Drüsen entquellen, bilden im einfachsten Falle, z. B. bei *Eriopeltis lichtensteini* nach HERBERG, einen Kokon, der

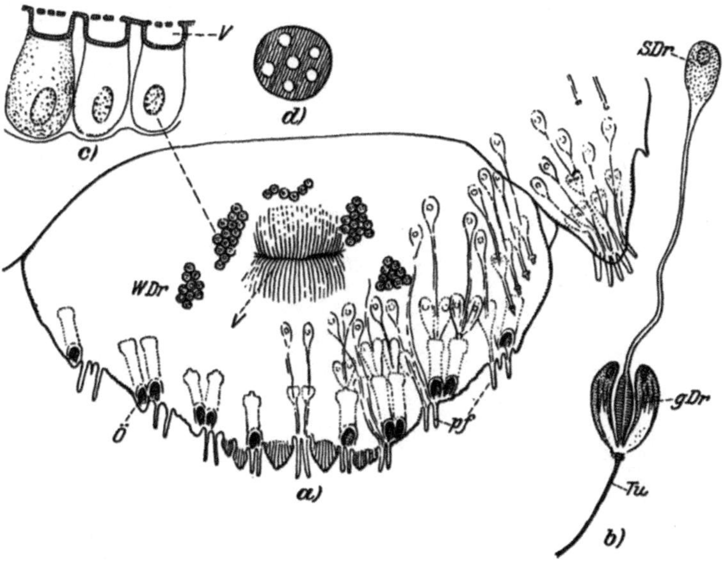

Abb. 202. a) *Lepidosaphes pinniformis* ♀, Hinterende von der Ventralseite; b) *Chrysomphalus aurantii* ♀, einzelne Seidendrüse; c) *Lep. pinniformis* ♀, drei der zirkumgenitalen Wachsdrüsen (*WDr*) im Schnitt; d) eine in der Draufsicht, *gDr* ganogene Drüse, *pf* peli filieri, *Ö* Öffnung des großen Chitintubus einer Seidendrüse, *Tu* Tubus, *V* Vorraum, *WDr* zirkumgenitale Wachsdrüsen, nach BERLESE.

den Körper des Tieres bedeckt und beim Weibchen in dem Maß verlängert wird, wie die Eier abgelegt werden. Das hintere Ende des Kokons wird zuerst gebildet und mit Eiern gefüllt, dann schiebt sich der Körper des Weibchens nach vorn, und schließlich kommt ein langer, mit 700 bis 1500 Eiern gefüllter Sack zustande, der auch bestehen bleibt, wenn das Weibchen längst abgestorben ist, und der die Eier den Winter über vor den Witterungseinflüssen schützt.

Bei anderen Gattungen enthält der Kokon außer Seidensekret noch die abgeworfenen Larvenhäute. So besteht der Kokon der *Lepidosaphes ulmi* und überhaupt der meisten Diaspidinen aus einem dicken, dorsalen Schild und einem zarten, ventralen Teil (Abb. 203). Der letztere enthält nur Seidenfäden, der erstere außerdem noch die Häute des ersten und zweiten Larvenstadiums, die untereinander durch die Seideausscheidungen dieser beiden Stadien verbunden sind. Gelegentlich können nach MORSTATT sogar Teile der Epidermis der Wirtspflanze den Schild verstärken. Die Schildbildung erfolgt hier, wie Abb. 203c zeigt, durch pendelnde Bewegungen des Körpers, die im wesentlichen parallel miteinander versponnenen Fäden werden durch eine gummiartige Substanz, die dem After entstammt, verklebt und gedichtet. Wie bei *Eriopeltis* werden auch hier im hinteren Teil des Kokons während seiner Bildung die Eier abgelegt, der Körper des Weibchens nimmt nach Fertigstellung des Kokons nur seinen vordersten Teil ein, die Stechborsten können durch eine besondere Öffnung ins Freie treten (Abb. 203 a). Während bei *Lepidosaphes* und ihren nahen Verwandten der Kokon auf der Bauchseite geschlossen und mit dem Ventralschild eng an die Pflanze geklebt ist (Abbild. 203, *VS*), hat *Parlatorea zizyphi* nach BERLESE nur einen unvollkommenen Ventralschild (Abb. 204a). Der Körper des Tieres liegt hier also, ebenso wie die wenig zahlreichen Eier, unmittelbar der Wirtspflanze (*Citrus*) an. Aus der Abbildung, die auch die beiden larvalen Schilde deutlich zeigt, ist übrigens ersichtlich, daß innerhalb der Kokons der Diaspidinen wachsige Sekrete, die den Zirkumgenitaldrüsen entstammen, ähnlich wie bei den Lecanien als Polster für die Eier eine Rolle spielen können.

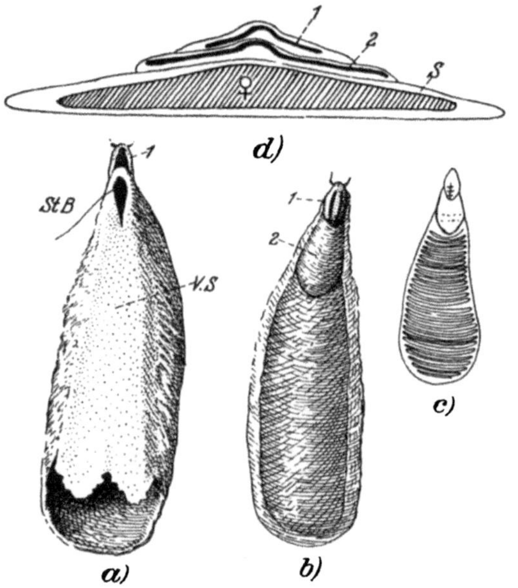

Abb. 203. *Lepidosaphes pinniformis* ♀. a) Kokon von der Bauchseite; b) von der Rückenseite; c) Schema der Fadenführung beim Spinnen des Kokons; d) schematischer Schnitt durch das Tier samt Kokon, nach BERLESE. *1*, *2* Larvenschilde, *s* Seidenhülle, *StB* Stechborsten, *VS* ventrales Blatt des Kokons.

Die Herkunft der Kokons der *Margarodes*-Arten (♀), die glasig sind und zum Teil einen perlartigen Schimmer haben (Erdperlen), ist noch nicht geklärt.

Zu den im vorstehenden genannten Drüsen kommen noch verschiedene weniger verbreitete und wichtige, deren Bedeutung zum Teil nicht klar liegt. Erwähnt sei die im Kopf gelegene, schlauchförmige Maxillardrüse der Wasserwanzen, deren Sekret nach POISSON starke Giftwirkung hat, ferner die Drüsen der Lateraltuberkel von *Fulgora*. Auch im Zusammenhang mit dem Geschlechtsapparat treten regelmäßig Drüsen auf, die als Kittdrüsen, Schmierdrüsen usw. gedeutet werden und auf die wir im folgenden Abschnitt zurückkommen werden.

Was die Auslösung der Sekretion betrifft, so geschieht sie bei den meisten der geschilderten Drüsen nicht auf nervösem Wege. Selbst bei den Rückenröhren der Aphididen bezweifelt VAN DER GOOT eine reflexmäßige Auslösung der Sekretion und glaubt vielmehr an eine einfache auspressende Wirkung des auf den Körper wirkenden Druckes.

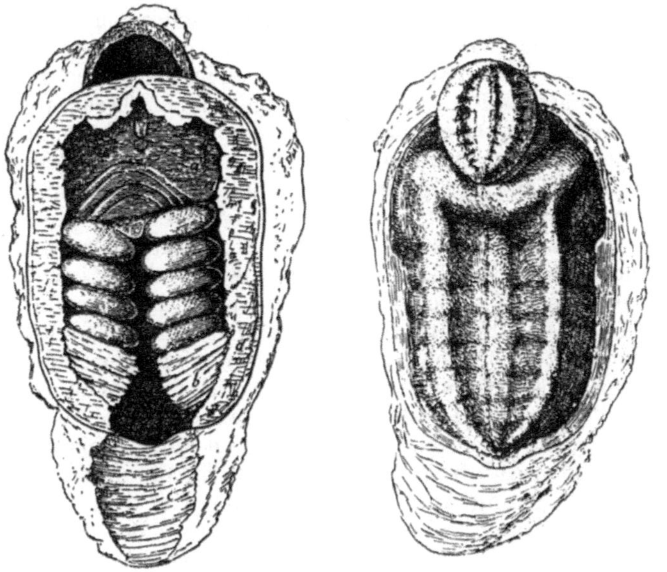

a b

Abb. 204. *Parlatorea zizyphi* ♀ samt Kokon mit Eiern. a) Von der Ventralseite; b) von der Dorsalseite, nach BERLESE. *a* Körper des ♀, *b* Wachspolster, *c* Seidengespinst der Imago, *d* ventrales Blatt des Seidengespinstes der Larve 2.

Wenn man aber bedenkt, daß das Klappenventil, das die Röhrenmündung verschließt, durch einen Muskel geöffnet werden muß, so scheint die Annahme einer nervösen Vermittlung der Auslösung unvermeidlich.

Auch das Sekret der Speicheldrüsen tritt unstreitig auf bestimmte Reize hin aus, die zunächst von den Sinnesorganen der Rüsselspitze, im weiteren Verlauf des Stiches von dem epipharyngealen Geschmacksorgan und den Nervenendigungen der Stechborstenbasen rezipiert werden.

Im übrigen aber — bei den Wachs-, Lack- und Seidendrüsen — sind sicher keine äußeren Reize zur Einleitung der Sekretion nötig; diese erfolgt vielmehr bei normalem Ernährungszustand im natürlichen Verlauf des Stoffwechsels, wahrscheinlich sogar ohne die Möglichkeit einer Beschleunigung oder Hemmung.

IV. Atmung und Blutkreislauf.

1. Atmung.

Die Atemorgane der Hemipteren entsprechen im wesentlichen denen der anderen Insekten. Durch Atemöffnungen — Stigmen — gelangt die Luft in röhrenförmige, durch spiralige Chitinfäden versteifte Tracheen, die sich immer feiner verzweigen und die einzelnen Organe umspinnen. Da die Wand der Tracheen aus zahlreichen Epithelzellen besteht, ist ihr Lumen interzellulär — die Tracheen entstehen einfach durch Einstülpung von der Körperwand aus. Am Ende der feinsten Zweige wird das Lumen aber intrazellulär, denn hier gehen die Tracheen in vielfach verästelte Endzellen über, deren Äste, die Tracheenkapillaren, oft in die Zellen der Organe eindringen. In diesen Endzellen oder Übergangszellen, deren morphologische und physiologische Bedeutung im einzelnen noch nicht geklärt ist, soll sich der eigentliche Atmungsprozeß, der Gasaustausch, vollziehen. Jedenfalls ist also die Atmung bei den Insekten normalerweise nicht in einem bestimmten Organ lokalisiert, wie bei den Wirbeltieren, bei denen das Blut in den Kiemen oder den Lungen sich mit Sauerstoff belädt und diesen dann an die einzelnen Organe hinschafft. Bei den Insekten handelt es sich vielmehr um eine diffuse Atmung; die frische Luft gelangt in Gasform durch die Tracheen unmittelbar an alle Organe, das Blut kommt als Sauerstoffträger also hier nicht in Betracht. Die Atembewegungen, durch die für Erneuerung der in den Tracheen enthaltenen Luft gesorgt wird, beginnen mit einer rasch erfolgenden Ausatmung, die hauptsächlich durch Vertikalmuskeln des Hinterleibes besorgt wird. Die Einatmung wird durch eine Dehnung des Körpers verursacht, die auf den Binnendruck der Leibeshöhle und die Elastizität der Körperwände zurückzuführen ist und langsam vor sich geht (PLATEAU). Da die Stigmen in der Regel Verschlußvorrichtungen besitzen, ist auch die Möglichkeit eines zeitweiligen Abschlusses des Tracheensystems von der Außenwelt gegeben.

Die ursprüngliche Verteilung der Stigmen ist so, daß am Vorderrand des Mesothorax, des Metathorax und der ersten acht Abdominalsegmente je ein Stigmenpaar liegt. Diese zehn ursprünglichen Stigmenpaare sind auch bei den meisten Hemipteren in normaler Lage vorhanden. So sind z. B. bei den meisten Wanzen und bei den Cicadinen (Abb. 205a) nach HANDLIRSCH und ŠULC zehn Stigmenpaare vorhanden; bei *Cimex* ist (Abb. 205b) nach KEMPER ebenso wie bei den Aphididen das letzte Stigmenpaar reduziert. Bei den Psylliden ist zwar das erste abdominale Stigmenpaar sehr klein und schwer zu entdecken (Abb. 121), es sind aber noch alle zehn Paare vorhanden, während bei den Aleurodiden nur vier Paare erhalten sind und zwar außer den beiden thorakalen Paaren ein am vorderen Teil des Abdomens gelegenes Paar, wahrscheinlich das zweite abdominale, und das letzte abdominale Paar. Eine noch weitergehende Reduktion der Stigmenzahl ist bei den Cocciden zu verzeichnen, die, mit Ausnahme einiger primitiver Gruppen, nur noch die beiden thorakalen Paare besitzen. Die Stigmen der landbewohnenden Hemipteren haben sämtlich einen Verschlußapparat, der bei den einzelnen Formen recht verschieden, aber doch immer nach einem bestimmten Grundplan gebaut ist. Fast rein ausgeprägt ist dieser Grundplan noch bei den offen daliegenden Thorakalstigmen der Landwanzenlarven. Hier besteht das Stigma aus einem ovalen Rahmen, in den eine Membran gespannt ist. Die Stigmenöffnung bildet einen geraden Schlitz in der Membran. Die beiden gleichmäßig ausgebildeten Lippen des Schlitzes können einander durch einen in der Richtung des Schlitzes streichenden Muskel genähert werden, wobei das Stigma verschlossen wird.

Auch die imaginalen Bruststigmen sind bei den Landwanzen gegenüber dem Grundschema nur wenig abgeändert. Das erste Stigma von *Pyrrhocoris* z. B. ist nach Abb. 206 schlitzförmig, und der Verschluß wird durch einen in der Nähe des einen Endes des Schlitzes angreifenden Muskel besorgt. Eine Abänderung ist nur insofern eingetreten, als die beiden Lippen ungleich sind. Die eine, der „Bügel“ (*Bg*), ist fest chitinisiert, die andere, das „Band“ (*Bd*), ist weich und elastisch. Am Band greift der Verschlußmuskel an und zieht es, da er schief zur Längsrichtung des Schlitzes streicht, gegen den Bügel. Diese Veränderung der

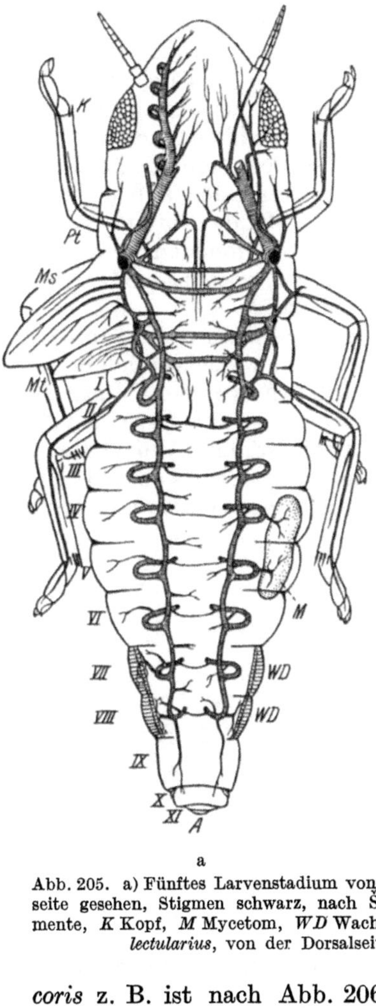

a

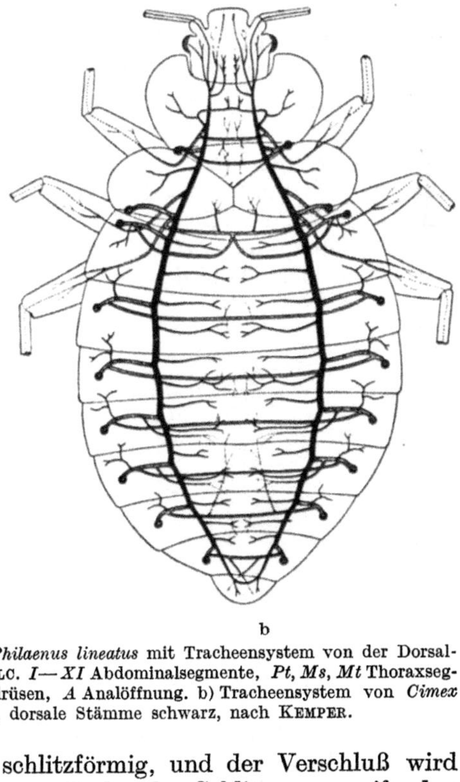

b

Abb. 205. a) Fünftes Larvenstadium von *Philaenus lineatus* mit Tracheensystem von der Dorsalseite gesehen, Stigmen schwarz, nach Šulc. *I—XI* Abdominalsegmente, *Pt*, *Ms*, *Mt* Thoraxsegmente, *K* Kopf, *M* Mycetom, *WD* Wachsdrüsen, *A* Analöffnung. b) Tracheensystem von *Cimex lectularius*, von der Dorsalseite, dorsale Stämme schwarz, nach Kemper.

Streichrichtung des Muskels und im Zusammenhang damit der Struktur der Lippen finden wir bei allen Thorakalstigmen der Landwanzen wieder. Vielfach sind diese außerdem noch dadurch abgeändert, daß sie nicht in gleicher Ebene mit der Außenwand des Körpers liegen, sondern tief in die Falten zwischen den Thoraxsegmenten eingesenkt sind. Besonders beim zweiten Stigma bildet sich auf diese Weise ein Vorhof, von dem aus eine schmale, von den überstehenden Segmenträndern gebildete und oft von einer Borstenreihe gesicherte Mündung nach außen führt. Daß z. B. das zweite Stigma der Pentatomiden derart gebaut ist, zeigt (nach MAMMEN) Abb. 207.

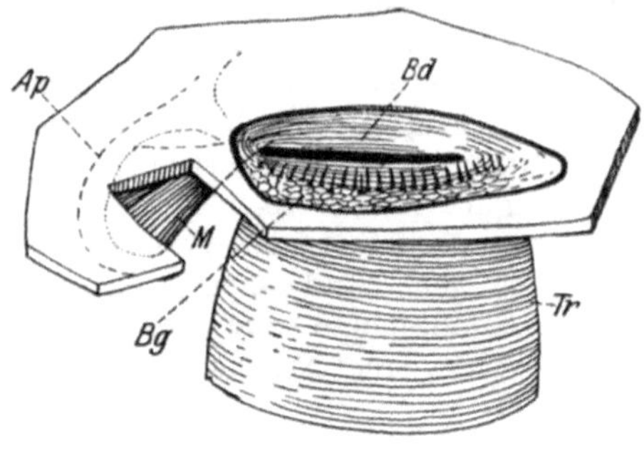

Abb. 206. Rekonstruktion des ersten Stigmas von *Pyrrhocoris apterus*, nach MAMMEN kombiniert. *Ap* Apodem, an dem *M*, der Verschlußmuskel entspringt. *Bd* Band, *Bg* Bügel, *Tr* Trachee.

Das Stigma selbst kann sich insofern weiter verändern, als sein Schlitz mehr und mehr bogenförmig wird. In extremen Fällen, wie z. B. beim ersten Stigma der Wasserläufer, wo der Schlitz fast eine volle Ellipse bildet, entsteht so ein regelrechtes Deckelstigma (Abb. 208a, b). Der Schließmuskel setzt hier an der Unterseite des Deckels an und zieht diesen, der dem Band des gerade geschlitzten Stigmas entspricht, gegen

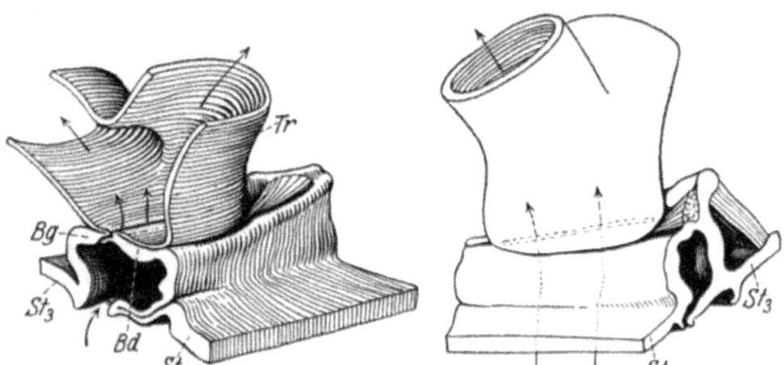

Abb. 207. *Tropicoris rufipes*, zweites (thorakales) Stigma, rekonstruiert, nach MAMMEN kombiniert. a) Längs durchschnitten; b) total, von innen. St_2, St_3 Meso-Metasternum, sonst siehe Abb. 206.

den Bügel. Ähnliche Formen kommen auch bei den Cicadinen vor; so ist nach MAMMEN das zweite Stigma von *Platypleura* (Cicadidae) ein typisches Deckelstigma (Abb. 208c), während das erste Stigma, ähnlich wie bei *Syromastes* (Coreiden), ein sogenanntes Visierstigma mit seitlichem Schlitz ist.

Am meisten abgeleitet sind stets die Abdominalstigmen, die entweder offen daliegen, wie bei den Landwanzen, oder vom vorhergehenden Segment überlappt werden, wie bei den Cicadiden. Oft, besonders bei den

Cicadinen, bilden sie auch einen Vorhof, der von reusenartig angeordneten Borsten abgeschlossen wird und ein Verschmutzen der Tracheen erschwert. Den Verschlußapparat der Abdominalstigmen zeigt an drei verschiedenen Beispielen Abb. 209. Man sieht, daß die Stigmenöffnung in einer Einsenkung der Cuticula liegt, die sich an einer Seite zu einem kegelförmigen, ins Innere des Körpers vorspringenden Hohlgebilde er-

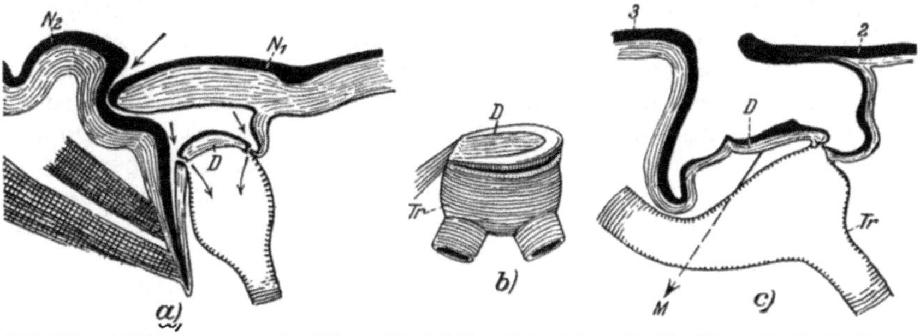

Abb. 208. a) *Velia currens*, erstes Stigma (Deckelstigma) im Längsschnitt. *D* Deckel, N_1, N_2 Pro-Mesonotum, *Tr* Trachee; b) Stigma, herauspräpariert, Seitenansicht; c) *Platypleura* (Cicadidae), zweites (thorakales) Stigma, Längsschnitt, der Pfeil deutet die Wirkung des Verschlußmuskels *M* an. *2, 3* Meso-Metathorax, nach MAMMEN.

weitert. Von der Spitze dieses Verschlußkegels geht der Schließmuskel zur Körperwand. Der Muskel dreht den Kegel und preßt dabei dessen einen Rand, der dem Band entspricht, gegen den Bügel. Die Stigmenöffnung selbst ist bald schlitzförmig, wie z. B. bei *Platypleura* (b), bald sichelförmig, wie bei *Tropicoris* (a), bald sehr klein und fast kreisrund, wie bei *Pyrrhocoris* (c).

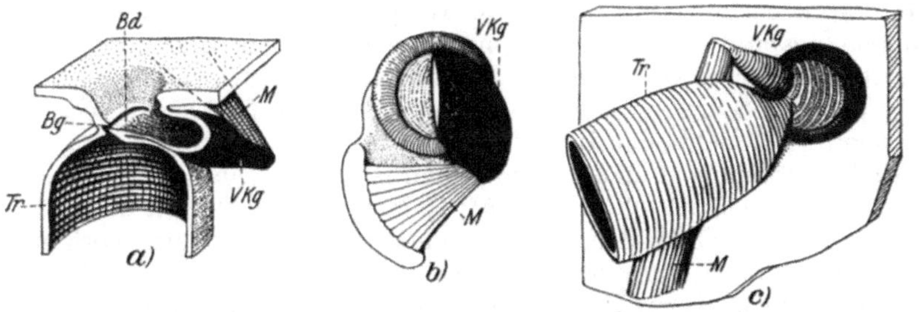

Abb. 209. a) *Tropicoris rufipes*, Rekonstruktion eines Abdominalstigmas, nach MAMMEN kombiniert; b) *Platypleura*, Abdominalstigma; c) *Pyrrhocoris*, Abdominalstigma, von innen gesehen, nach MAMMEN. *Bd* Band, *Bg* Bügel, *M* Verschlußmuskel, *Tr* Trachee, *Vkg* Verschlußkegel.

Der Verschluß der Stigmen wird also bei allen genannten Formen durch einen Muskel besorgt, das Öffnen erfordert keine Muskelarbeit, weil es allein durch die Elastizität der Lippen der Stigmenöffnung erfolgt. Da ein Verschließen der Atemöffnungen nur selten vorkommt, z. B. bei ungewöhnlicher Verschlechterung und Verstaubung der Luft, wird durch diese Anordnung Muskelarbeit gespart.

Die Stigmen der Wasserwanzen unterscheiden sich scharf von denen aller anderen Hemipteren, denn ihnen fehlen nicht nur Schließmuskeln, sondern überhaupt alle Verschlußapparate. Das Stigma besteht hier nur aus einem Rahmen (*R*), auf dem sich eine kuppelförmige Membran erhebt. Die Kuppel ist durch faltenartig entstandene, radiallaufende, bäumchenförmige Chitinstreifen versteift und trägt an ihrer Spitze die eigentliche Stigmenöffnung. Bei den Abdominalstigmen, die, wie auch Abb. 210 zeigt, tief in die Körperwand eingesenkt sind, ist die Kuppel aufrecht, sie kann aber auch schief sein, wie bei den Thorakalstigmen. Hier ist dann die Stigmenöffnung dem Rahmen genähert, so daß es den Anschein erweckt, als sei die gestreifte Membran das Stigma selbst. Da bei *Lethocerus* diese Membran durch einen starken Chitinbalken in zwei Teile zerlegt ist, hat man hier sogar den Eindruck eines Doppelstigmas. In der Tat aber ist die eigentliche Stigmenöffnung stets als Loch, wenn auch nur in Schlitzform zu erkennen.

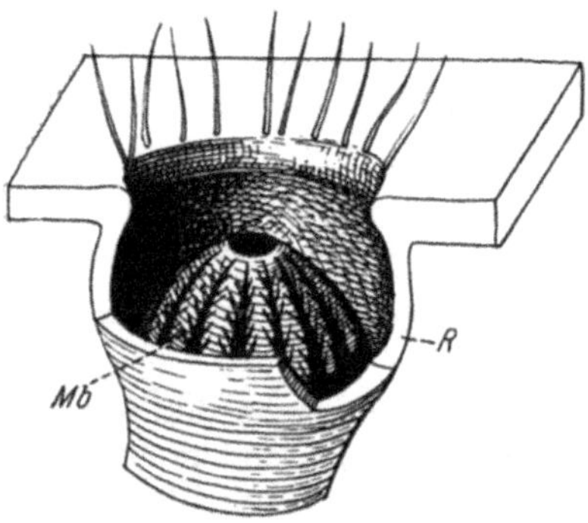

Abb. 210. Rekonstruktion des siebenten Abdominalstigmas von *Nepa cinerea*, Larve, nach Dogs kombiniert. *Mb* Membran, *R* Rahmen.

Was die Funktion der Stigmen betrifft, so suchte Mammen durch physiologische Versuche zu erweisen, daß sämtliche Stigmen sowohl der Einatmung wie der Ausatmung dienen. Die Tiere lebten ruhig weiter, wenn ein Teil der Stigmen verklebt wurde. Bei Landwanzen gelang der Versuch sogar, wenn alle Stigmen bis auf eines außer Tätigkeit waren. Dasselbe gilt nach Mammen von den Wasserwanzen, bei denen aber Brocher nachgewiesen hat, daß, wenigstens unter normalen Verhältnissen, inspiratorische und exspiratorische Stigmen mehr oder weniger deutlich unterschieden werden können (siehe S. 282).

Von den Stigmen nach innen gehen die ursprünglich rein segmental angeordneten, sekundär durch Längs- und Querverbindungen vereinigten Tracheenstämme. Für die Hemipteren ist ein dorsaler paariger Längsstamm charakteristisch (Abb. 205); Querstämme sind meist nur im Thorax (a), selten (Cimiciden, Belostomiden) auch im Abdomen vorhanden, ventrale Längsstämme scheinen stets zu fehlen.

Sehr stark abgeändert ist das Tracheennetz der Cocciden, das bei den jungen Larven, wie Herberg zeigte, nur aus sehr wenigen Stämmen besteht, bei der Imago aber sehr fein verzweigt und verwickelt gebaut zu sein pflegt. Im Zusammenhang mit der geringen Stigmenzahl ist auch das Tracheensystem der Aleurodiden stark abgeleitet; besonders im Abdomen ist von einer regelrechten Längs- und Querverbindung nicht die Rede, wenige, starke Stämme versorgen, indem sie sich fein aufspalten, sämtliche Organe.

Tracheenblasen, d. h. Erweiterungen der in der Regel röhrenförmigen Tracheen, kommen bei den Hemipteren sehr selten vor, während sie bei anderen Insekten (Hymenopteren, Coleopteren) häufig sind. Außer bei den Nepiden (siehe S. 289) finden sich solche Blasen nach Snodgrass'

Angaben bei den Cicadiden, bei denen sie aber nicht der Atmung dienen, sondern als Schallverstärker und als Widerlager für das Trommelfell wirksam sind (siehe S. 113). Da nur die Männchen der Singzikaden Musikapparate besitzen, ist bei ihnen die „Schallblase" besonders groß; sie füllt hier, wie Abb. 211 zeigt, fast den ganzen Hinterleib aus und drängt alle anderen Organe in die Randzonen. Die Tracheennatur dieser Blase steht übrigens keineswegs sicher fest. Schon DUFOUR hielt sie für einen Teil des Darmes und seither haben zahlreiche Autoren dieselbe Ansicht geäußert (KERSHAW, HARGITT, HICKERNELL). Nach ihren Angaben soll eine offene Verbindung zwischen der Blase und dem Darm bestehen, während nach SNODGRASS ein Stigmenast sich in die Blase

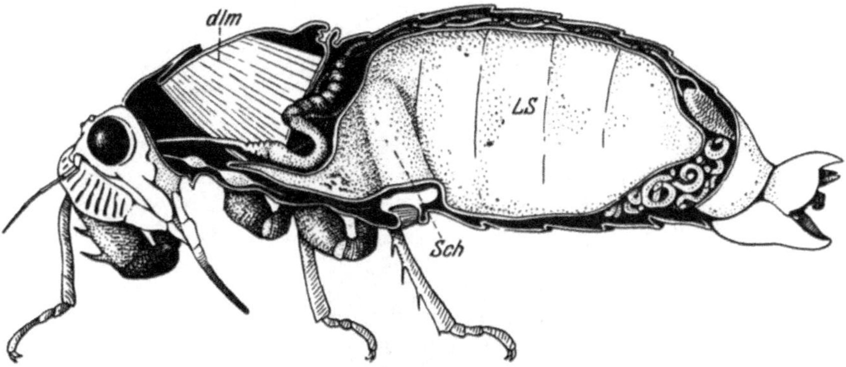

Abb. 211. *Tibicen septendecim* ♂, nach SNODGRASS verändert, Thorax und Abdomen sind längs durchgeschnitten, um den Luftsack *LS* zu zeigen. *dlm* Flugmuskel, *Sch* Schallplattenmuskel.

öffnet und sie dadurch einwandfrei als Teil des Tracheensystems erweist. Da neuerdings auch MYERS, der die ganze Morphologie der Cicadidae untersucht hat, sich gegen SNODGRASS' Auffassung wendet und besonders die Einmündung des Stigmenastes in die Blase nicht bestätigen konnte, liegt die ganze Frage unklarer als je. Eine sichere Entscheidung läßt sich ohne erneute genaue Untersuchung von lebendem Zikadenmaterial jedenfalls nicht treffen.

2. Abänderungen der Atmung unter besonderen Außenbedingungen.

Schon unter den landlebenden Hemipteren gibt es einige Formen, die bei der Atmung mit besonderen Schwierigkeiten zu kämpfen haben. Die Larven der Aleurodiden und manche festsitzenden Cocciden, wie z. B. die Lecanien, tragen ihre Stigmen auf der Bauchseite, die der Wirtspflanze eng anliegt und mit ihr noch durch Sekrete verklebt ist. Die Zuleitung der Atemluft wird hier erst durch besondere Stigmenkanäle ermöglicht, die an der Bauchseite von den Stigmen aus nach dem Körperrand gehen und nichts anderes sind als rinnenartige Falten der Körperdecke. Bei den Aleurodidenlarven, speziell beim letzten Larvenstadium, der „Puppe", ist die Bauchseite ganz flach und liegt eng am Blatt der Wirtspflanze. Hier führt ein Paar von vorderen Stigmenkanälen zum ersten und von da zu den beiden folgenden Stigmenpaaren.

Ein weiterer Stigmenkanal beginnt am Hinterende und gabelt sich in ein Paar von Ästen, die zum letzten Stigmenpaar führen. Die Stigmenkanäle sind nach HARGREAVES so mit Wachs ausgekleidet, daß sie vollständige, nach außen offene Wachsröhren bilden.

Bei *Lecanium* und anderen Cocciden liegt nur der Randteil der Bauchfläche der Weibchen und Larven der Unterlage an (Abb. 130, 212), die beiden Stigmenpaare liegen innerhalb einer seichten Vertiefung, zu der zwei Paar von Stigmenkanälen führen. Auch hier handelt es sich um rinnenartige Falten, die durch Wachssekret vor Befeuchtung geschützt sind. Gerade bei den festsitzenden Formen kommt es natürlich

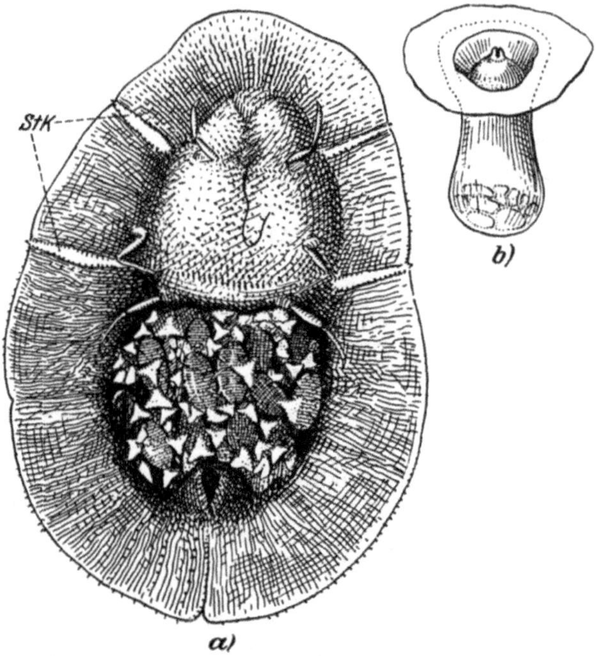

Abb. 212. a) *Lecanium hesperidum* ♀, von der Ventralseite gesehen, mit gefülltem Brutraum (Larven und Eihüllen), *StK* Stigmenkanäle; b) Stigma von *Eriopeltis lichtensteini*. b) Nach HERBERG.

ganz besonders darauf an, daß einer Verstopfung und Verschmutzung der Stigmen vorgebeugt wird, da sie ja keine Möglichkeit haben, ihren Körper zu reinigen. Das mehr oder weniger reichlich ausgeschiedene Wachs, das locker genug ist, um Luft durchzulassen, trägt entschieden dazu bei, Fremdkörper fern zu halten und vor allem Befeuchtung der Stigmen zu vermeiden.

Der Bau der Stigmen selbst entspricht dem Vorhandensein solcher Filtervorrichtungen. Bei *Eriopeltis* bildet z. B. nach HERBERG das Stigma (Abb. 212b) eine röhrenförmige Einsenkung der Cuticula, eine Vorkammer, in die die Tracheen münden. Abgeschlossen ist diese Vorkammer durch ein Klappensystem, das nach außen kegelförmig vorspringt. Die Klappen legen sich an den Seiten eng aneinander und lassen an der Spitze nur eine kleine, kreisförmige Öffnung frei. Im ganzen ist ein solches Stigma recht ähnlich gebaut wie die Stigmen der Wasserwanzen, bei denen ja auch Verschlußmuskeln fehlen, dafür aber nur eine sehr feine Stigmenöffnung vorhanden ist (siehe unten).

Die Cercopidenlarven, die in einer Schaumhülle leben, haben mit ähnlichen Schwierigkeiten zu kämpfen wie die wasserbewohnenden Insekten. Wie die meisten von diesen helfen sie sich dadurch, daß sie ihre Stigmen vor Berührung mit der umgebenden Flüssigkeit schützen. Dieser Schutz wird erreicht, indem seitliche, dünn lappenförmige Auswüchse der Tergite des Hinterleibes, die Tergitwülste, sich nach der Bauchseite zu umlegen und so einen ventralen Luftkanal bilden, in dem (Abb. 185)

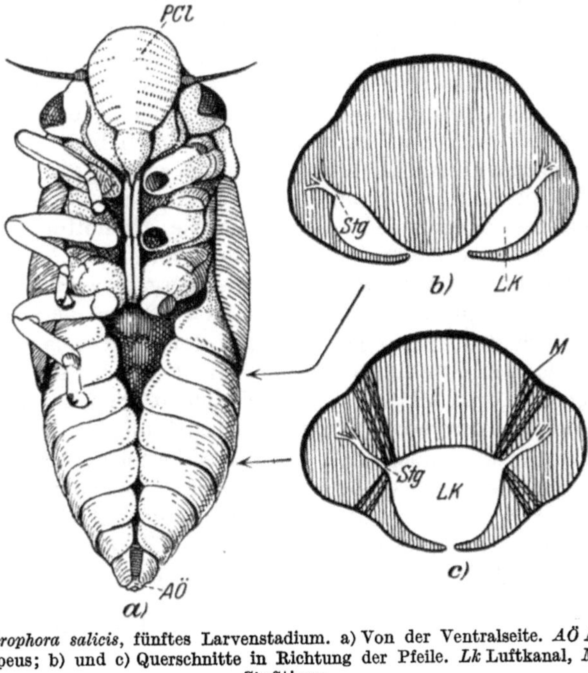

Abb. 213. *Aphrophora salicis*, fünftes Larvenstadium. a) Von der Ventralseite. *AÖ* Atemöffnung, *PCl* Postclypeus; b) und c) Querschnitte in Richtung der Pfeile. *Lk* Luftkanal, *M* Muskeln, *Stg* Stigma.

die Stigmen liegen (Šulc). Die Tergitwülste der ersten Segmente sind niedrig, dreieckförmig, die des vierten bis neunten Segments sind bedeutend höher, länglich rechteckig und an der Basis beweglich. Daher können sie einander berühren und so zusammen einen geschlossenen Kanal bilden, während die Wülste der ersten Segmente sich nicht aneinander, sondern an die hier median vorgewölbten Bauchflächen ihrer Segmente legen. Da auch die larvalen Flügelscheiden nach unten umgebogen sind und sich an die Hüften legen, entsteht im ganzen ein Kanal (Abb. 213c), der sich vom Hinterende bis in die Mitte des dritten abdominalen Sternits gerade hinzieht, hier aber V-förmig sich in zwei schmale Kanäle teilt (Abb. 213b), die sich bis zum Hinterrande des Prothorax fortsetzen. Beim lebenden Tier ist der Kanal durch die Tätigkeit besonderer, in Abb. 213c erkennbarer dorsoventraler Muskelzüge fest verschlossen, sein Hinterende bildet eine ebenfalls verschließbare Öffnung, die Atemöffnung (Abb. 185). Sämtliche Stigmen liegen, wie Abb. 205a erkennen läßt, innerhalb dieses Kanals, der ihnen Luft zuführt. Das Tracheensystem, das im wesentlichen nach dem für alle Hemipteren gültigen Schema gebaut ist, läßt nur in den Stigmenästen eine Abänderung insofern erkennen, als diese medialwärts umgebogen sind.

Zum Luftschöpfen kriecht die Larve (speziell *Aphrophora salicis* und *Philaenus lineatus*), die mit dem Kopf nach unten an ihrem Pflanzenstengel sitzt, nach Šulc soweit nach oben, daß ihr Hinterende aus der Oberfläche des Schaumes heraussteht. Nun streckt sie das zehnte Abdominalsegment nach hinten aus und öffnet gleichzeitig im Niveau der Oberfläche des Schaumes die hintersten Tergitwülste, so daß im Luftkanal eine trapezförmige Öffnung entsteht. In dieser Stellung verbleibt das Tier längere Zeit und schöpft Luft in das Tracheensystem durch Bewegung der Sternite mittels der dorsoventralen Muskulatur. Da die Luft in den Schaumblasen durch Diffusion frisch bleibt, kann es auch öfters vorkommen, daß die Larve schon in einer größeren Blase den Luftkanal öffnet und ihre Atemluft dem eigenen Schaum entnimmt. Ein Eindringen des seifenartigen Schaums in die Atemöffnung wird durch besondere muschelschalenartige Plättchen verhindert, die, mit feinen warzigen Erhebungen versehen, auf dem Übergang zwischen dem neunten und zehnten Segment stehen. An diesen Plättchen macht die Schaumflüssigkeit nach Beobachtungen von Šulc stets Halt, was um so erstaunlicher ist, als die Konsistenz der Flüssigkeit auf ein sehr bedeutendes Benetzungsvermögen schließen läßt. Vielleicht trägt zur Erklärung die Tatsache bei, daß an dieser Stelle große, sackförmige Drüsen ausmünden, die Šulc vermutungsweise als Wehrdrüsen deutet, während Haupt annimmt, daß sie das wachsspaltende Ferment ausscheiden, von dem oben die Rede war (S. 245). Diesen beiden Deutungen ist aber zweifellos die Annahme vorzuziehen, daß das Sekret der Drüsen dem Vordringen des Schaumes Einhalt gebietet, was z. B. leicht durch sauren Charakter des Sekretes zu erreichen wäre.

Wie bei den Cercopidenlarven die Stigmen durch Bildung eines verschließbaren Luftraumes der Benetzung durch das umgebende nasse Medium entzogen sind, so liegen sie auch bei den Wasserwanzen in besonderen Kammern, die teils durch lappenförmige Ausstülpungen der Körperwand, teils durch die Flügel, teils durch besonders angeordnete Haare gebildet werden. Mit dem Vorhandensein derartiger Vorrichtungen hängt es wohl auch zusammen, daß die Stigmen bei den Wasserwanzen keine Verschlußapparate besitzen. Einer Verschmutzung der Tracheen ist ja schon durch die Einrichtung des ganzen Atemapparates vorgebeugt.

Zur Einführung in die Atmung der Wasserwanzen dient am besten *Notonecta*, die von Brocher und Hoppe anatomisch und experimentell gründlich untersucht wurde.

Die Bauchseite der Imago von *Notonecta* ist beiderseits rinnenartig vertieft; über die beiden Rinnen legen sich dichtstehende Borsten, die auf Abb. 36 erkennbar sind. Da diese Borsten vom Wasser nicht benetzt werden, bilden sie zwei Kanäle, die mit Luft gefüllt werden können. Am hinteren Ende dieser Kanäle stehen drei ebenfalls lang behaarte Klappen, die, wenn sie gespreizt werden, die Atemöffnung bilden. Am Grund der Atemöffnung liegt das letzte abdominale Stigmenpaar. Die übrigen abdominalen Stigmen mit Ausnahme des ersten liegen am Boden des Luftkanales. Das erste abdominale sowie die beiden thorakalen Stigmen liegen dagegen in besonderen Luftkammern, die untereinander nach BROCHER nicht in Verbindung stehen. Die prothorakale Luftkam-

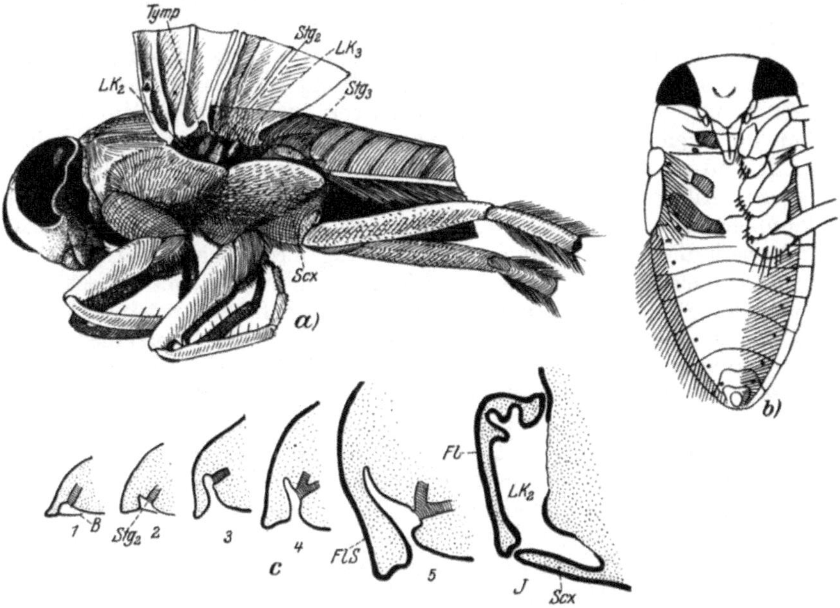

Abb. 214. *Notonecta glauca.* a) Imago von der Seite, mit gehobenen Flügeln, um die Luftkammern des Meso- und Metathorax (LK_2, LK_3); das zweite und dritte Stigma ($Stg_{2,3}$) und das Tympanalorgan zu zeigen. *Scx* Subcoxalplatte. b) Nach HOPPE und BROCHER kombinierte Ventralansicht des ersten Larvenstadiums, links (im Bild) sind die Beine vollständig entfernt und die Abdominalborsten herausgeklappt. c) Erstes bis fünftes Larvenstadium und Imago, Mesothorax quer, um die Entwicklung der Luftkammern zu zeigen. *FlS* Anlage des Deckflügels, *B* Borste, sonst wie in a), nach HOPPE.

mer wird von dem Pronotum und der Subcoxalplatte des Prothorax gebildet; sie enthält das erste thorakale Stigma. Die mesothorakale Luftkammer wird durch die faltenartig an der Seite des Mesothorax aufsteigende Subcoxalplatte zusammen mit der lateralen Körperwand gebildet, enthält das zweite thorakale Stigma und wird ebenso wie die entsprechende Luftkammer des Metathorax, die das nach vorn verlagerte erste abdominale Stigma enthält, vom Vorderflügel wie von einem Deckel verschlossen (Abb. 214). Die Sicherheit dieses Verschlusses erhöht die oben schon erwähnte druckknopfartige Vorrichtung (S. 59).

Von den Luftkammern aus verbreitet sich die in ihnen enthaltene Luft über den Körper. Die erste Kammer ist nach vorn unten offen, sie entläßt Luft in den Raum zwischen Kopf und Prothorax sowie an die Bauchfläche des Thorax, zwischen die Hüften usw. Die große Luftblase, der die Antennen aufliegen, stammt aus dieser Kammer. Von der mesothorakalen Luftkammer breitet sich Luft auf der Oberfläche der Elytren aus. Die metathorakale Kammer steht in unmittelbarer Verbindung mit dem Luftkanal der Bauchseite des Hinterleibes. Nach HOPPE besteht außerdem eine Verbindung zwischen den beiden hinteren Luftkammern und dem Raum unter den Flügeln. Die aus den Kammern sich ausbreitende Luft bildet einen dünnen, silberglänzenden Überzug über das Tier, das also im Wasser ständig von einer Lufthülle umgeben ist.

Die Atmung selbst vollzieht sich nach BROCHER so, daß das Tier, wenn es in seiner charakteristischen Haltung an die Oberfläche gekommen ist und mit dem Hinterende das Oberflächenhäutchen durchstoßen hat, die Atemöffnung durch Spreizen der drei genannten Klappen herstellt und nun ausschließlich mit Hilfe des letzten Stigmenpaares einatmet. Alle anderen Stigmen sollen nur ausatmen; die in den Luftkammern, den Luftkanälen und außen am Körper sowie unter den Flügeln befindliche Luft soll mit der Atmung nichts mehr zu tun haben, soll vielmehr verbraucht sein. Die mitgeführte Luftmenge ist nach BROCHER also keineswegs ein Vorrat von Atemluft, sie ist nur insofern noch von Bedeutung, als sie das spezifische Gewicht verringert.

BROCHER gelangte zu dieser Ansicht durch eine Reihe von sinnreichen Versuchen. Indem er zunächst die Borsten der Luftkanäle abrasierte, wies er nach, daß die Luft niemals von hinten, sondern stets nur von vorn her in die Kanäle gelangte. Als er dann bei einem sonst unbeschädigten Tier die hintersten Stigmen mit Öl verstopfte, stellte er fest, daß überhaupt keine unmittelbare Verbindung zwischen Atemöffnung und Luftkanälen besteht. Die vorhergehenden Stigmen können zwar an Stelle des letzten Stigmenpaares die Einatmung übernehmen, aber nur, wenn durch teilweises Spreizen der Haare der Luftkanäle über den betreffenden Stigmen eine neue Atemöffnung gebildet wird.

Gegen BROCHERS Schlüsse aus diesen Versuchen wandte sich HOPPE, der die Hypothese von den exspiratorischen und inspiratorischen Stigmen schon deshalb für unmöglich hielt, weil alle Stigmen ohne Verschlußapparat sind und weil daher das Ein- und Ausatmen auf alle Stigmen gleich wirken müßte. HOPPE ist der Ansicht, daß die Luft von der Atemöffnung aus zunächst in den Raum unter den Flügeln und von da in die thorakalen Lufträume kommt, daß sie dann von dort aus sich über den ganzen Körper und auch in die abdominalen Luftkanäle verteilt. Die Lufthülle des Tieres bestünde demnach durchaus nicht aus verbrauchter ausgeatmeter Luft, sondern könnte von allen Stigmen noch aufgenommen werden. Alle Stigmen atmen nach HOPPE also in rhythmischem Wechsel aus und ein, während nach BROCHER normalerweise alle Stigmen außer dem letzten Paar nur ausatmen.

HOPPE wies auch zum erstenmal ausdrücklich auf die charakteristischen Atembewegungen des Rückenschwimmers hin, die damit beginnen, daß das an der Oberfläche ruhende Tier seine vier vorderen Beine aneinander reibt. Dabei sind die Kniegelenke stark gebeugt, die Hüften abgehoben, so daß die in Abb. 36 kenntlichen luftgefüllten Coxalhöhlen sichtbar werden. Die Beinspitzen stoßen in die Lufträume hinein und scheinen auf eine Verteilung der Luft hinzuarbeiten. Häufig folgt auf diese eine zweite Bewegung, die von den Hinterbeinen ausgeführt wird. Diese streichen nämlich von vorn nach hinten über die Luftkanäle und scheinen die darin enthaltene Luft nach der Atemöffnung hin zu drücken. Die letztere Bewegung hat BROCHER auch bei Tieren beobachtet, deren Bauch er rasiert hatte; er erklärt sie aus dem Bestreben, die Luft auf der Bauchseite auszubreiten und so die Ausatmung möglich zu machen.

Während diese Bewegungen auch bei durchaus normalen Tieren vorkommen, sind andere charakteristisch für Tiere in höchster Atemnot. Solche klappen z. B. die Luftkanäle des Abdomens völlig auf und legen sich wagrecht an den Wasserspiegel. Öfters durchstoßen sie auch das Oberflächenhäutchen und schwimmen in Bauchlage auf dem Wasser. Besonders diese Beobachtungen sprechen für HOPPES Ansicht, gegen die allerdings in neuerer Zeit BROCHER wieder Gegengründe beigebracht hat. Immerhin scheint wenigstens soviel sicher, daß zeitweise auch die Thorakalstigmen ebenso wie die vorderen Abdominalstigmen Luft einatmen können und daß vor allen Dingen die äußere Luftschicht nicht nur aus verbrauchter Luft besteht.

Daß diese Lufthülle nicht nur für die Atmung, sondern auch für die Körperhaltung bedeutsam ist, wurde oben schon erwähnt; ihre Verteilung wird immer so geregelt, daß der Körper im Gleichgewicht ist. Die gleichmäßige Verteilung geschieht offenbar im Verlauf der oben erwähnten Atembewegungen, die also auch im Dienste der Raumorientierung stehen. Dabei scheinen die Antennen, die ja auf einer mit der übrigen Luftschicht verbundenen Luftblase ruhen, die die Atembewegungen auslösenden und regulierenden Reize zu rezipieren (siehe S. 105). Das geht unter anderem daraus hervor, daß bei antennenoperierten Tieren ganz ungewöhnlich große Luftblasen auf den Flügeln auftreten und daß die Tiere überhaupt einseitig abnorm heftige Atembewegungen machen. Amputiert man beide Antennen, so benehmen sich die operierten Tiere sogar, wie wenn sie in äußerster Atemnot wären, schwimmen auf dem Wasserspiegel, suchen den Hinterleib übers Wasser zu heben und lüften die Deckflügel. Durch das Ausbleiben der normalerweise von den Antennen herkommenden Reize bekommen die Tiere offenbar den Eindruck, als sei ihr mitgeführter Luftvorrat erschöpft, während doch ihre Sauerstoffversorgung in Wirklichkeit ganz normal ist. Es scheint also, daß die Antennen nicht nur statische Organe, sondern auch Manometer sind, die ständig den Druck der mitgeführten Atemluft kontrollieren. Indem sie nötigenfalls eine gleichmäßige Verteilung der Luft veranlassen, sorgen sie für die Aufrechthaltung des Gleichgewichts. Da sie aber außerdem auf geringe Druckreize hin das Aufsteigen zur Oberfläche und gegebenenfalls heftige Atembewegungen veranlassen, stehen sie daneben noch im Dienst der Luftversorgung — eine ganz ungewöhnliche Kombination.

Mehr als irgendwelche anderen Tatsachen weisen die Beobachtungen an antennenoperierten Tieren darauf hin, daß Brochers Deutung der Rückenschwimmeratmung nur bedingt richtig ist, vor allem, daß die äußere Luftschicht für die Tiere doch mehr zu bedeuten hat als eine Schwimmhilfe (siehe S. 291).

Die für die Imago von *Notonecta* charakteristischen, mit der Atmung zusammenhängenden Merkmale entwickeln sich bei der Larve erst allmählich. So hat das erste Larvenstadium wie die Imago von *Buenoa* (siehe Abb. 128, 214b) nur ein Paar von Haarreihen am Hinterleib, mithin nur einen Luftkanal, der aber dadurch, daß die Haarreihen sich bis zum Prothorax fortsetzen, über die ganze Bauchseite reicht. Die thorakalen Haare sind hier ein Ersatz für die noch unentwickelten Subcoxalplatten, die schon im folgenden Stadium sich anlegen und, mit jeder Häutung größer werdend, zusammen mit den Flügelanlagen die thorakalen Luftkammern bilden (Abb. 214c). Abgesehen davon, daß bei der ersten Larve vielleicht die Hautatmung und die Darmatmung (siehe S. 292) eine größere Rolle spielen, ist aber bei den Rückenschwimmern die Atemmechanik in allen Stadien ziemlich gleich; auch der doppelte abdominale Luftkanal ist schon im zweiten Stadium vorhanden.

Da die *Notonecta*-Larve unter Wasser aus dem Ei schlüpft, besitzt sie zunächst noch keine Lufthülle und ist daher schwerer als Wasser. Sie erreicht nur durch heftiges Rudern die Oberfläche, dort füllt sich das Tracheensystem mit Luft, die auch die Körperoberfläche überzieht, und nun ist das Tier leichter als Wasser (siehe auch S. 46).

Bei *Plea*, unserer kleinsten Rückenschwimmerart, stellt nach Wefelscheid die erste Larve den Luftüberzug nicht sofort her, sondern vermag längere Zeit ohne frische Luft unter Wasser zu bleiben. Im übrigen ist die Atmung aber wie bei *Notonecta*, nur sind an der Bauchseite keine Haarreihen vorhanden. Trotzdem ist der Bauch stets mit einer Luftschicht bekleidet, denn er ist sehr fein filzig behaart und daher unbenetzbar. Da bei den älteren Larven und bei der Imago die Ventralseite des Hinterleibes in der Mitte erhöht ist, haftet sogar eine größere, blasenartige Luftmenge stets an beiden Seiten. Die Oberflächenkräfte suchen bei der Luftschicht stets ein Minimum an Oberfläche herzustellen, daher kommen in den Vertiefungen Luftschichten zustande, deren Grenzflächen die Vertiefungen überspannen. Das Tier selbst hat auf die Dicke dieser Luftschichten keinen Einfluß, der bestehende Zustand ist ein Gleichgewichtszustand, der sich aus der Form des Körpers ergibt und stets dann sich einstellt, wenn das Tier aus der Luft ins Wasser kommt. Nur bei längerem Aufenthalt unter Wasser schwindet die Luft allmählich (S. 291). Thorakale Lufträume sind bei der Imago wie bei *Notonecta* vorhanden, sie stehen durch Kanäle mit dem Hohlraum unter den Flügeln, sowie mit den abdominalen Luftschichten in Verbindung, sind aber im übrigen durch die Flügel dicht abgeschlossen. Die Lage der Stigmen ist gleich wie bei *Notonecta*.

Bei den Naucoriden liegt die Atemöffnung wie bei den Rückenschwimmern am Hinterende, ist aber, im Zusammenhang mit der anderen

Körperhaltung, dorsalwärts gerichtet. Die abdominalen Stigmen sind wie bei *Plea* unter einem dichten Haarfilz verborgen, die thorakalen liegen in Luftkammern. Nach Brocher soll auch *Naucoris* nur durch das hinterste Stigma einatmen, während alle anderen Stigmen ausatmen. Der Raum unter den Flügeldecken dient als Luftkanal.

Die Nepiden nehmen insofern eine Sonderstellung ein, als sie durch eine röhrenförmige Verlängerung des Hinterendes einatmen. Bei der Larve von *Nepa* ist diese Atemröhre noch sehr unvollkommen, sie bildet einen schaufelartigen unpaaren Anhang, der halbröhrenförmig und ventralwärts nur durch Borstenreihen verschlossen ist (Abb. 88, 215d). Diese Halbröhre geht nach vorn Y-förmig in zwei an den Seiten des Abdomens entlangziehende Luftkanäle über, die von Borstenreihen eingefaßt sind und von den ventralwärts umgeklappten Paratergiten gebildet werden, ähnlich wie die Luftkanäle der Cercopidenlarve. Nach vorn reichen die Kanäle bis unter die lappenartigen Subcoxalplatten, die die thorakalen Luftkammern bilden. Dorsal werden diese Luftkammern, wie Abb. 216a zeigt, von den Flügelscheiden bedeckt; sie enthalten das zweite und dritte Stigmenpaar. Das erste ist sehr klein und steht nicht in Verbindung mit den Luftkammern. Die beiden anderen Paare sind groß, ihre Stigmenmembran bildet einen sehr schiefen, fast plattenförmigen Kegel. Die sieben anderen Stigmenpaare, die so gebaut sind, wie Abb. 210 zeigt, liegen in den abdominalen Luftkanälen.

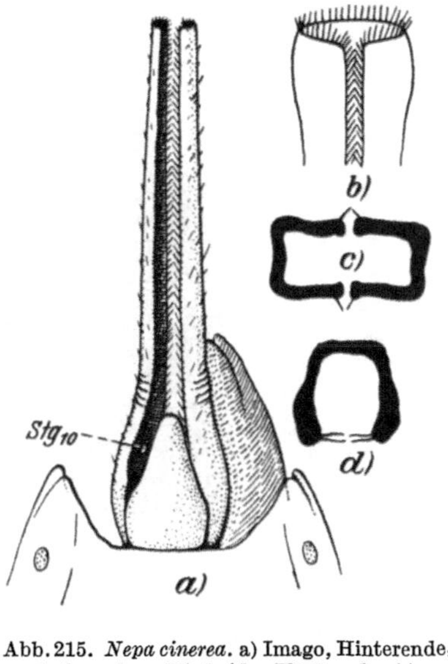

Abb. 215. *Nepa cinerea*. a) Imago, Hinterende, ventral gesehen. Die beiden Hälften der Atemröhre sind etwas auseinander gezogen. Stg_{10} zehntes Stigma; b) Spitze der Abdominalschaufel der Larve; c) Querschnitt durch die Atemröhre der Imago; d) Querschnitt durch die Abdominalschaufel der Larve, nach Hoppe und Brocher.

Bei der Imago stehen nur vier Stigmenpaare im Dienste der Atmung und zwar die zwei thorakalen, das erste und das letzte abdominale. Von den übrigen Stigmen sind drei hintere Paare an die statischen Organe angeschlossen und für die Atmung unwesentlich (S. 107), die anderen drei Paare sind geschlossen. Von den Flügeln verschlossene Luftkammern sind im Thorax von *Nepa* ähnlich wie bei *Notonecta* vorhanden (Abb. 46a), dagegen fehlen abdominale ventrale Luftkanäle vollständig. Die Paratergite der Larve sind bei den Imago völlig umgebildet, die Bauchseite ist glatt und ebenso wie der übrige Körper niemals von einer Luftschicht überzogen. Vorratsluft wird also nur unter den Flügeln und in den Luftkammern mitgeführt, das spezifische Gewicht des Tieres ist daher in der Regel größer als 1.

Wie kommt die Luft aber in die Lufträume? Das einzige Stigmenpaar, das mit der Außenluft in Berührung kommt, ist das letzte, das am Grund einer aus einem Paar von Halbröhren gebildeten Atemröhre liegt (Abb. 215, *Stg*$_{10}$). Die unpaare Abdominalschaufel der Larve wird also durch ein paariges Gebilde ersetzt, das (nach HEYMONS) aus den verlängerten Paratergiten des achten Abdominalsegmentes entstanden ist. Die beiden Hälften der Röhre, deren Bau aus Abb. 215 hervorgeht, legen sich im distalen Teil eng zusammen und sind außerdem durch Reihen unbenetzbarer Haare abgedichtet. Ein am Ende der Röhre stehender Haarkranz verhindert das Eindringen von Wasser in die Mündung. Basal divergieren die beiden Röhrenhälften, hier liegen an ihren Innenseiten die beiden letzten Stigmen. Zwischen die Röhrenbasen schiebt sich ein den After und die Geschlechtsorgane enthaltender Kegel.

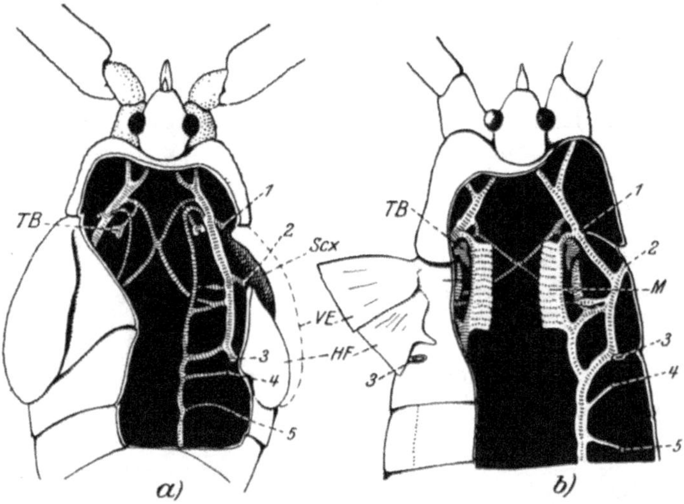

Abb. 216. a) Larve von *Nepa cinerea* vor der letzten Häutung, Rücken des Thorax und Abdomen zum Teil entfernt, ebenso alle inneren Organe außer den Tracheen; b) Frisch gehäutete Imago, sonst wie a). *1*—*5* Stigmen, *M* dorsaler Längsmuskel des Mesothorax, *TB* Tracheenblase, nach BROCHER verändert.

Den im Gegensatz zur Larve paarigen Aufbau der Atemröhre der Imago erklärt DOGS damit, daß bei der Kopulation (siehe Abb. 235) die beiden Röhrenhälften auseinander treten müssen.

Die Funktion der Atemorgane hat man sich nach BROCHER bei der Larve und Imago der Nepiden so vorzustellen, daß durch die über die Wasseroberfläche emporgestreckte Atemschaufel oder Atemröhre hindurch Luft in das letzte Stigmenpaar gesogen wird. Alle anderen Stigmen sind nur exspiratorisch tätig, die in den Luftkammern und in dem Raum unter den Flügeln enthaltene Luft ist ausgeatmet.

Ehe wir auf die von dieser Deutung ganz abweichende Anschauung von DOGS zu sprechen kommen, ist es nötig, die Atmung der Belostomiden zu beschreiben, deren Erforschung wir vor allem MÖLLER verdanken. Die Belostomiden erinnern in vielen Punkten an die Nepiden, in anderen aber an *Plea*, so z. B. darin, daß sich bei der Imago die abdominalen Stigmen innerhalb einer filzigen, behaarten, bandförmig zu beiden Seiten des Bauches sich hinziehenden Fläche liegen und so, ohne daß eigentliche Luftkanäle an der Bauchseite gebildet werden, mit den anderen Lufträumen verbunden sind. Diese liegen, wie bei den übrigen Wasserwanzen, an den Seiten des Thorax. Unter den Flügeln ist kein

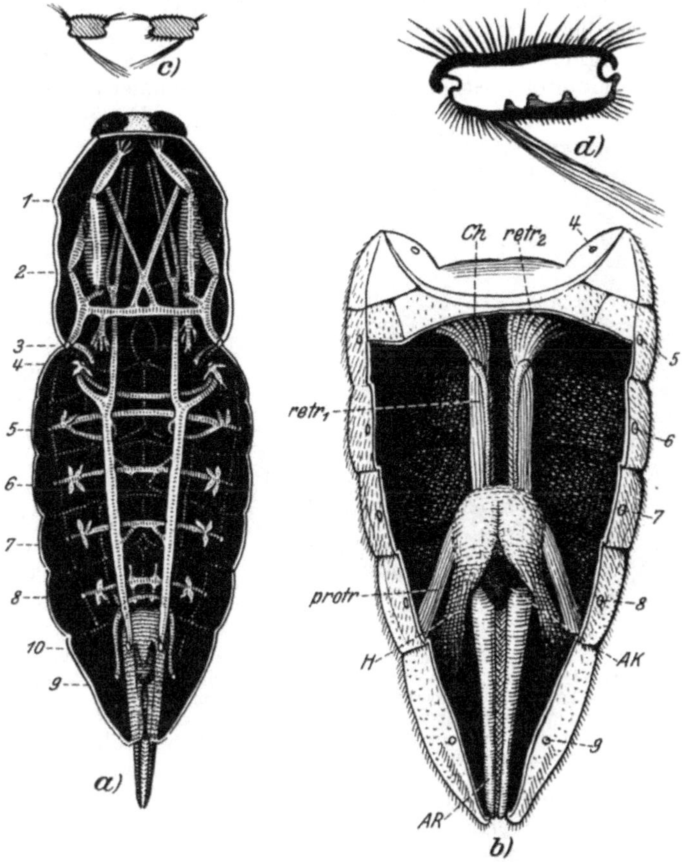

Abb. 217. Atmungsorgane von *Lethocerus* (*Belostoma*) *Uhleri*, nach H. Möller verändert. a) Dorsalansicht des Tracheensystems nach Entfernung der Rückendecke, Atemröhre vorgestreckt; b) Ventralansicht des Abdomens nach Entfernung der Bauchdecke und sämtlicher inneren Organe mit Ausnahme der Atemröhre, ihrer unmittelbaren Umgebung und ihrer Muskeln; c) Querschnitt durch die Atemröhre; d) eine Hälfte desselben, stärker vergrößert. Stigmen numeriert, *AK* Analkonus, *AR* Atemröhre, *Ch* Chitinapodem (Stab), *H* Verbindungshaut zwischen der Basis der Atemröhre und der Abdominalwand, *retr*, *protr* Retraktoren und Protraktoren der Atemröhre.

großer Luftvorrat vorhanden; nur ein Paar von rinnenartigen Falten des Hinterleibsrückens leitet Luft vom Hinterende zu den thorakalen Luftkammern. Aufgenommen wird die Luft mit dem Hinterende, das eine einziehbare Atemröhre trägt. Diese Röhre gleicht insofern der der Nepiden, als sie aus zwei Hälften besteht. Die Röhre wird aber, wie aus Abb. 217c, d hervorgeht, in der Hauptsache durch Borstenreihen gebildet, die von den beiden flach stabförmigen Hälften der festen Atemröhre ausgehen. An der Basis der Röhre, die zwiebelartig verdickt ist und auch den Afterapparat trägt, greifen starke Protraktoren an, die die Röhre vorstoßen können. Die Retraktoren, die sich bis zum Vorderende des Abdomens hinziehen, inserieren an einem Paar von langen Chitinstäben und sind in zwei Portionen geteilt (Abb. 217b). Das letzte Stigmenpaar liegt wie bei *Nepa* an der Basis der Atemröhre; im übrigen haben die Stigmen, wie aus Abb. 217a hervorgeht, die gewöhnliche Lage, das erste abdominale Stigma ist, wie bei allen Wasserwanzen, auf die Rückenseite verschoben und liegt dadurch sehr nahe am Metathorax, in der metathorakalen Luftkammer.

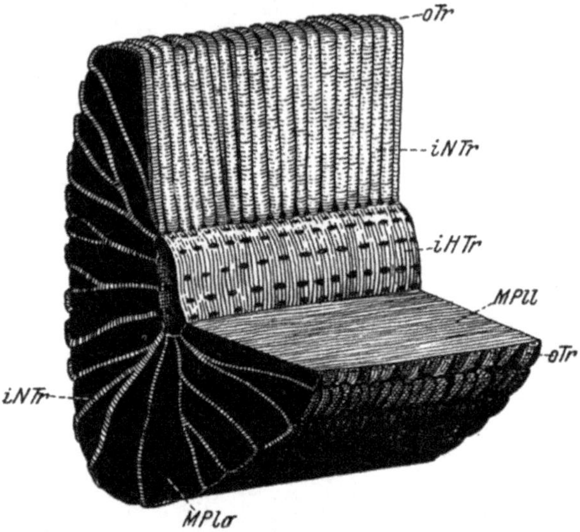

Abb. 218. Stück aus dem dorsalen Längsmuskel des Mesothorax von *Lethocerus Uhleri* (*II dlm*$_1$) mit Tracheenversorgung. Nach mehreren Bildern von Möller kombinierte Rekonstruktion. Das Stück ist durch zwei Querschnitte und zwei Längsschnitte herausgetrennt. *iH Tr* innere Haupttrachee, *iN Tr* innere Nebentracheen, *MPll* Muskelplatte längs, *MPlq* Muskelplatte quer getroffen, *o Tr* oberflächliche Tracheen.

Das Tracheensystem zeigt im ganzen den normalen Bau, eigenartig ist die Tracheenversorgung der Thoraxmuskulatur. Der große dorsale Längsmuskel *II dlm* z. B. wird von einem in Abb. 217a erkennbaren, starken Tracheenstamm durchzogen, von dem aus nach allen Seiten regelmäßig dicht nebeneinanderliegende Tracheenäste ausstrahlen und den Muskel in eine Anzahl keilförmiger Platten zerlegen (Abb. 218). An der Oberfläche des Muskels legen sich die Äste um und enden blind, feinste Tracheenkapillaren gehen von ihnen aus und verlieren sich im Innern des Muskels. Eine reiche Versorgung der stark beanspruchten Flugmuskeln mit Tracheen gibt es zwar auch bei allen anderen Insekten, erstaunlich ist aber in diesem Falle, daß ein Tracheenhauptstamm im Innern eines Muskels läuft, daß dieser Stamm so außerordentlich zahlreiche Äste in so regelmäßiger Anordnung in den Muskel entsendet und daß infolgedessen der Muskel sehr viel Luft enthält. Möller, der auf diese Dinge zum erstenmal aufmerksam machte, bringt sie mit der Mechanik der Atmung in folgenden Zusammenhang: Nach der allgemein verbreiteten Anschauung wird die Atmung durch die Vertikalmuskulatur des Abdomens bewirkt und durch die Verschlußapparate der Stigmen reguliert. Bei *Lethocerus* haben die Stigmen wie bei allen Wasserwanzen keine Verschlußvorrichtungen. Da das letzte abdominale Stigma unmittelbar, das zweite und dritte Stigma durch Vermittlung der dorsalen Luftrinnen mit der Atemröhre in Verbindung stehen, erfolgt durch sie die Einatmung, ausgepreßt wird die Luft durch Kontraktionen der Thoraxmuskeln, die natürlich, wenn sie schlaff sind, mehr Luft aufnehmen können als in kontrahiertem Zustand. Die primär aus Stoffwechselbedürfnissen erfolgte starke Tracheenversorgung der Flugmuskeln wäre hier also sekundär für die Mechanik der Atmung ausgenützt worden. Leider ist MÖLLERS Auffassung nur am toten Tier gewonnen und bisher unbestätigt geblieben; sie gibt aber um so mehr zu denken, als auch bei den Nepiden die Thoraxmuskeln in sehr eigentümlicher Weise mit dem Tracheensystem in Verbindung stehen.

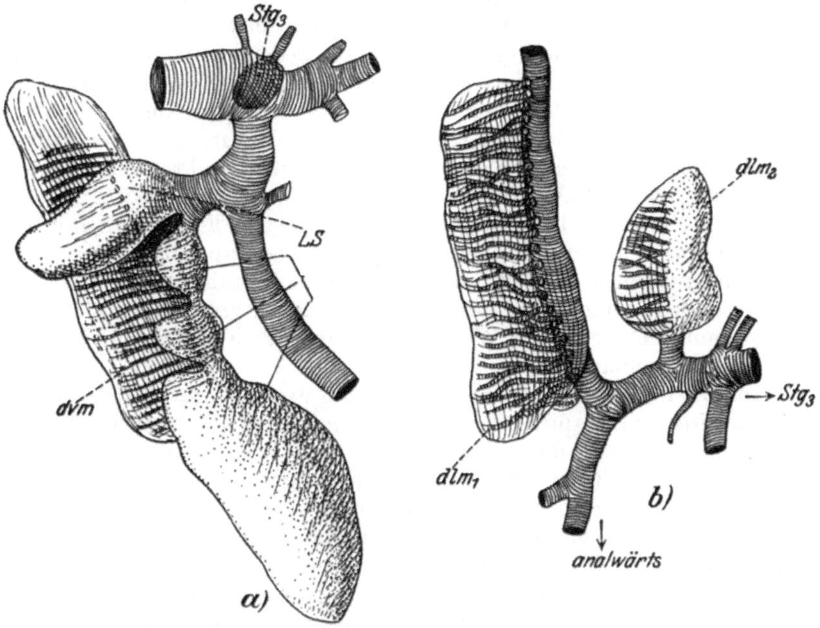

Abb. 219. *Nepa cinerea*, Imago. a) Seitenansicht des ventralen; b) Dorsalansicht des dorsalen Teiles des thorakalen Tracheensystems. *dvm*, $dlm_{1,2}$ indirekte Flugmuskeln, umgebildet, *LS* Luftsäcke, Tracheenblasen, Stg_3 drittes Stigma, nach HOPPE, vgl. Abb. 216b.

DOGS hat, speziell bei *Nepa cinerea*, die, wie später BROCHER feststellte, nur ausnahmsweise flugfähig ist, eigentümliche Organe beschrieben, die schon der alte DUFOUR kannte und für Muskeln hielt. Lage und Bau dieser Organe geht aus den Abb. 216b und 219 hervor; man sieht, es handelt sich teilweise um regelrechte Tracheenblasen, teilweise um längliche Massen von faseriger Struktur, in die überaus zahlreiche verzweigte Tracheenäste hineingehen. DOGS nahm an, daß in diesen, von ihm ,,Tracheenlungen" genannten Gebilden, in denen er keine Muskelfasern, wohl aber spindelförmige, längliche, den Perikardialzellen ähnliche Zellen feststellen konnte, ein Gasaustausch mit dem Blut erfolgt, das sich hier mit Sauerstoff belädt, um ihn dann den einzelnen Organen zuzuführen.

Diese Hypothese verlor an Wahrscheinlichkeit durch eingehende Untersuchungen BROCHERS und POISSONS, die nachwiesen, daß die fraglichen Organe (Abb. 216) erst bei der Imago auftreten und nichts anderes sind als die eigentümlich umgebildeten Flugmuskeln. Bei den allermeisten Nepen sind diese Muskeln gebrauchsunfähig, das Muskelgewebe ist nicht zur Ausbildung gekommen, sondern auf einer Vorstufe der Bildung stehen geblieben. Bei einzelnen Exemplaren jedoch sind die Muskeln regelrecht fertig entwickelt und beweisen überzeugend, daß DUFOUR doch recht hatte, als er die DOGSschen Tracheenlungen für Muskeln hielt.

Erstaunlich bleibt bei alledem die ungewöhnlich reiche Tracheenversorgung dieser rudimentären Organe, sowie die Tatsache, daß sie mit dem Tracheensystem in engerer Verbindung stehen als mit der Körperwand. Man kann sich des Eindruckes nicht erwehren, daß in DOGS Hypothese doch ein richtiger Kern steckt, besonders wenn man an die Verhältnisse bei *Lethocerus* denkt. Sollte doch im Zusammenhang mit dem Verlust der Flugfähigkeit die Tracheenversorgung der nun nutzlos gewordenen Flugmuskeln für eine ganz andere Form der Sauerstoffversorgung ausgenützt worden sein? Wir können diese Frage nicht sicher entscheiden, wollen aber nicht vergessen, daß, trotzdem noch niemand eine *Nepa* fliegen sah (BROCHER), immer wieder Exemplare mit voll entwickelten Flugmuskeln auftreten, daß überhaupt die Flugmuskeln nie völlig reduziert werden. Ließe sich das nicht damit erklären, daß die Muskeln für das Tier eine andere Bedeutung gewonnen haben, daß die gelegentlich erfolgende Wiedergewinnung der Kontraktionsfähigkeit nur ein Rückschlag ist?

Kommen wir auf die Mechanik der Atmung zurück, so bleiben noch die Corixiden zu besprechen, deren Atemöffnung nicht am Hinterende liegt. Die Tierchen, die sich meist am Grund des Wassers aufhalten, tauchen nur für Bruchteile einer Sekunde mit dem Thoraxrücken auf und nehmen unter nickenden Bewegungen Luft in die prothorakalen Luftkammern auf. Außer den wie bei *Notonecta* an den Seiten des Meso- und Metathorax liegenden Kammern (Abb. 91) liegen nämlich große Hohlräume zwischen Kopf und Prothorax, sowie zwischen Pro- und Mesothorax, unter dem Halsschild. Dieses ist bei der Imago weit nach hinten über das Mesonotum gewölbt, der darunterliegende Hohlraum steht mit den seitlichen Luftkammern nicht unmittelbar in Verbindung. Die Luft wird vielmehr, nach HAGEMANN, wenn sie durch Neigen des Kopfes und des Prothorax in diesen Raum aufgenommen ist, beim Tauchen an die Bauchseite gepreßt, gelangt zuerst an das erste Stigma, das nahe der Vorderhüfte liegt, und fließt von hier an der unbenetzbaren Ventralseite des Thorax entlang zum Abdomen. Erst von hier aus kommt sie in die seitlichen Luftkammern des Thorax. *Corixa* hat also wie *Notonecta* eine äußere Lufthülle, die sie leichter als Wasser macht. Die Mechanik der Atmung ist aber, von dieser Ähnlichkeit abgesehen, recht verschieden von der aller anderen Wasserwanzen, insofern das letzte abdominale Stigma sich nicht anders verhält als die anderen abdominalen Stigmen. Ein Unterschied zwischen aus- und einatmenden Stigmen ist hier sicher nicht zu machen.

Auch bei den anderen Wasserwanzen läßt sich diese Unterscheidung nur dann in voller Schärfe aufrechthalten, wenn man von der Meinung ausgeht, die äußere Luftschicht der Tiere halte sich wenigstens ihrer Zusammensetzung nach unverändert, sei und bleibe also verbrauchte, kohlensäurereiche Luft. In der Tat aber bleibt die Luftschicht weder der Menge noch der Zusammensetzung nach gleich. Bei den älteren Larven von *Plea* z. B., die bei 18° in normal durchlüftetem Wasser 8 bis 14 Stunden unter Wasser bleiben können, ist nach dieser Zeit die Luftschicht völlig geschwunden und muß an der Oberfläche erneuert werden (nach WEFELSCHEID). Dasselbe gilt, mit Unterschieden in den Einzelheiten, auch von anderen Wasserwanzen. Da bei normal durchlüftetem Wasser eine einfache Auflösung der Luftschicht nicht in Frage kommt, müssen wir uns zur Erklärung dieser Erscheinung nach anderen Gesichtspunkten umsehen. Die Luftschicht wird von einem aus Sauerstoff, Stickstoff und Kohlendioxyd zusammengesetzten Gasgemisch gebildet, also von Gasen, die normalerweise auch im Wasser gelöst sind. Handelte es sich nur um ein Gas, so würde bei gleichbleibender Temperatur die Absorption, die sofort einsetzt, wenn ein Gas mit einer Flüssigkeit in Berührung kommt, in dem Augenblick der Sättigung aufhören. Auch bei dem Gasgemisch würde dasselbe gelten, wenn die drei Gase innerhalb der Luftschicht stets in relativ gleicher Menge vorhanden wären; denn „eine Flüssigkeit absorbiert aus einem Gasgemenge jeden Bestandteil so, als ob er allein vorhanden wäre und entsprechend seiner Menge im Gesamtvolumen seinen Druck ausübte" (OSTWALD). Nach dem HENRYschen Gesetz ist die von einer gegebenen Flüssigkeitsmenge absorbierte oder gelöste Gasmenge proportional dem Drucke des Gases. Die Absorption der in der Luftschicht enthaltenen Gase hängt also ab von ihren eigenen Partialdrucken und von den Partialdrucken der gleichen, im Wasser gelösten Gase. In sauerstoffreiem Wasser wird demnach der Sauerstoff aus der Luftschicht ins Wasser treten, in sauerstoffreichem Wasser dagegen wird Sauerstoff von dem Augenblick an aus dem Wasser in die Luftschicht eintreten, wo in der Luftschicht der Teildruck des Sauerstoffs infolge Verlustes bei der Atmung nachläßt. Ebenso wird die beim Atmen zunehmende Kohlensäure ins Wasser gehen. Da der Verbrauch von Sauerstoff aber rascher vonstatten geht, als die immerhin langsam erfolgende Diffusion, muß allmählich im ganzen die Luftmenge abnehmen. Dabei steigt der Teildruck des Stickstoffes und auch dieser fängt an, ins Wasser hinein zu diffundieren, so daß schließlich der gesamte Luftvorrat weg ist.

Am schnellsten vollzieht sich die Erschöpfung der Lufthülle natürlich in abgekochtem Wasser. In solchem vermag die Imago von *Plea* bei Sommertemperatur untergetaucht nur 4—5 Stunden zu leben, während sie in durchlüftetem Wasser 5—7 Tage lebt. Im ersten Falle steht dem Gesamtdruck der Gase der Lufthülle gar kein Druck von im Wasser gelösten Gasen gegenüber, die Diffusion vollzieht sich rasch, viel rascher als von der Oberfläche her gelöste Luft ins Wasser kommen kann, der Sauerstoff ist schnell verbraucht, die anderen Gase sind rasch wegdiffundiert.

Es ist demnach einwandfrei erwiesen, daß die äußere Lufthülle die Tiere befähigt, aus dem Wasser Sauerstoff zu entnehmen und so viel länger unter Wasser auszuhalten, als der mitgeführte Luftvorrat gestattete. Normalerweise geschieht die Erneuerung des Luftvorrates zwar lange vor seiner Erschöpfung, im Notfalle aber befähigt er das Tier zum Ausharren unter Wasser für die ganze Zeit, die sein Wegdiffundieren beansprucht.

Die Corixiden (*Corixa*, *Sigara*) beschleunigen den Gasaustausch unter Wasser nach HAGEMANN sogar dadurch, daß sie mit den Hinterbeinen von Zeit zu Zeit frisches Wasser herbeifächeln. Dabei wird das kohlensäurebeladene Wasser weggeschafft und neues, sauerstoffreiches herbeigeführt.

Auch bei Formen, die keine äußere Lufthülle besitzen, ist eine ähnliche Unterstützung der Atmung zu verzeichnen. So hat DOGS bei *Nepa* festgestellt, daß in sauerstoffreiem Wasser die Larve 1 Stunde, die Imago 3 Stunden zu leben vermag, während die Tiere unter sonst gleichen Bedingungen in durchlüftetem Wasser 3 Stunden bzw. mehrere Tage aushielten. Daß die Larve auch im letzteren Falle nur eine kurze Lebensdauer hat, liegt wohl daran, daß ihre fast verschlossenen Luftkanäle eine zu geringe Oberfläche für Gasaustausch haben, sowie daran, daß ihr mitgeführter Luftvorrat nur klein ist. Bei der Imago, die gar keine äußere Lufthülle hat, tritt durch abwechselnde Senkung und Hebung des Hinterleibes Wasser in den Raum unter den Flügeln, ohne aber den Körper zu benetzen. In der Bucht unter den Flügeln ist vielmehr immer eine dem Abdomen aufgelagerte Luftschicht vorhanden, die mit dem Wasser eine Kontaktfläche bildet und, da sie mit den übrigen Luftkammern in Verbindung steht, einen Gasaustausch zwischen dem Luftvorrat und dem Wasser ermöglicht. Ob ein Kausalzusammenhang zwischen dieser der Larve nicht zukommenden Form der Atmung und der beim Übergang von der Larve zur Imago erfolgenden Verlagerung des ersten abdominalen Stigmas nach der Dorsalseite besteht, wie DOGS vermutet, ist nicht sicher. Jedenfalls tragen die bei der Imago an dieses Stigma angeschlossenen Tracheenblasen zur Vermehrung des Luftvorrates bei.

Zum höchsten Grad gesteigert ist die Atmung durch Gasaustausch unter Wasser bei den Larven einiger Wasserwanzen. Beim ersten und zweiten Larvenstadium von *Corixa*, sowie bei allen Larven von *Sigara* sind nach HAGEMANN sämtliche Stigmen geschlossen, dafür sind aber an manchen Stellen der Haut Tracheen reich verzweigt. Hier erfolgt offenbar die Atmung direkt durch die Haut, wie WEFELSCHEID auch bei der ersten Larve von *Plea* vermutet, die nach dem Auskriechen meist nicht sofort zur Oberfläche kommt. Ob neben der Atmung an der äußeren Haut auch eine Darmatmung in Frage kommt, ist nicht sicher geklärt, aber recht wahrscheinlich. Die Rektalampulle, die bei den Wasserwanzen stets neben etwas Luft Wasser enthält und deren Wand ein äußerst fein verzweigtes Tracheennetz durchzieht, scheint für diese Zwecke jedenfalls sehr geeignet. Bei der ersten Larve von *Notonecta* ist es POISSON sogar gelungen, eine rhythmische Kontraktion der Rektalampulle wahrzunehmen. Da die Tierchen unter Wasser über 6 Tage lebten und auch dann wahrscheinlich nur durch Nahrungsmangel eingingen, ist wenigstens für diese Larven die Darmatmung als nachgewiesen zu betrachten.

Der Gasaustausch zwischen Wasser und äußerer Luftschicht ist naturgemäß nur dann verständlich, wenn auch die thorakalen und vorderen abdominalen Stigmen wenigstens beim Aufenthalt unter Wasser einatmen können. BROCHER mag recht haben, wenn er dem letzten abdominalen Stigma bei der Luftaufnahme an der Oberfläche eine Sonderstellung einräumt. Da aber die anderen abdominalen Stigmen (bei *Notonecta*) auch nach BROCHER im Notfalle als Ersatz für das letzte abdominale Stigma wirken können, darf ohne weiteres angenommen werden, daß sie und die thorakalen Stigmen auch unter Wasser nicht nur ausatmen, sondern auch einatmen können.

Die Tatsache, daß der Sauerstoffbedarf wie der Nahrungsbedarf von Außenfaktoren abhängig ist, können wir nur an den Wasserwanzen demonstrieren, da für Landhemipteren keine einschlägigen Untersuchungen vorliegen. In erster Linie ist es wieder die Temperatur, die den Sauerstoffbedarf steigert, wie aus folgender Zusammenstellung hervorgeht. Es lebten Imagines von *Plea* nach WEFELSCHEID:

	Bei Sommertemperatur	Bei Herbsttemperatur
In abgekochtem Wasser . .	5— 6 Std.	3 Tage
In Leitungswasser	9—11 Std.	5 Tage
In durchlüftetem Wasser . .	5— 7 Tage	12— über 50 Tage

Die so auffallend viel längere Lebensdauer bei kühler Temperatur erklärt sich nicht nur durch den verlangsamten Stoffwechsel, die herabgesetzte Beweglichkeit und den dadurch verminderten Sauerstoffbedarf, sondern auch daraus, daß Wasser bei niedriger Temperatur viel mehr Luft zu lösen vermag als bei höherer Temperatur. Beides ist für die Wasserwanzen deshalb von größter Bedeutung, weil sie den Winter vielfach im Imaginalzustand verbringen und dabei das Wasser nicht verlassen. Friert dieses zu, so ist ihnen natürlich jede Möglichkeit genommen, mit atmosphärischer Luft in Berührung zu kommen, sie sind nun ganz auf den im Wasser gelösten Sauerstoff angewiesen.

Im Sommer läßt sich *Plea* wie andere Wasserwanzen nicht erst durch völligen Luftmangel zum Atemholen an der Oberfläche bewegen, sie erreicht sie ja infolge ihres geringen spezifischen Gewichtes jederzeit ohne Anstrengung und kommt in kurzen Intervallen herauf.

Im Herbst und Winter dagegen sitzen die Pleen oft stundenlang unbeweglich an Wasserpflanzen. WESENBERG-LUND hat an anderen Cryptoceraten (z. B. *Corixa*) Beobachtungen angestellt und gefunden, daß die Tiere, die sich im Sommer auch in Gewässern mit wenig Pflanzen aufhalten, im Winter stark bewachsene Wohnwässer aufsuchen und dort unter dem Eis an Wasserpflanzen sich verankern, um von dem durch die Pflanzen ausgeschiedenen Sauerstoff Gebrauch zu machen. Wir sehen, daß hier die Verschlechterung der Atmungsverhältnisse, die der Winter mit sich bringt, ähnliche, wenn auch nicht so regelmäßige Wanderungen veranlaßt, wie sie von den an die Jahreszeiten gebundenen Veränderungen der Nährpflanzen hervorgerufen werden; vor allem aber sehen wir eine eigentümliche Bindung der Tiere an die Pflanze insofern, als der von einer Pflanze bei der Assimilation freigemachte Sauerstoff die Tiere anzieht und in der Nähe der Pflanze festhält.

An die ernährungsbiologischen Verhältnisse erinnert auch die Tatsache, daß die Herabsetzung des Sauerstoffbedarfs Hand in Hand geht mit einer Herabminderung der Beweglichkeit, die natürlich zu einem guten Teil unmittelbar auf Einwirkungen der Kälte zurückzuführen ist. Es darf aber nicht übersehen werden, daß man, ähnlich wie von einer Hungerstarre, auch von einer durch Atemnot hervorgerufenen Starre reden kann, die dem Erstickungstod vorausgeht. Wasserwanzen, z. B. Notonecten, die nach Erschöpfung der Lufthülle bewegungslos am Boden liegen, können sich wieder erholen, wenn der Starrezustand nicht zu lang gedauert hat. Vielleicht ist der Starrezustand, der „Winterschlaf", in den Wasserwanzen unter der Eisdecke verfallen, nur zum Teil auf Kältewirkung zurückzuführen, zum anderen Teil ein der Hungerstarre analoger, von Sauerstoffmangel herrührender Zustand. Möglicherweise ist auch das Aufsuchen pflanzenreicher Winterquartiere dem der Hungerstarre vielfach vorausgehenden Zustand erhöhter Beweglichkeit zu vergleichen.

3. Zirkulation.

Das Herz der Insekten liegt als schlauchförmiges, seitlich mit segmental angeordneten Klappenventilen (Ostiolen) versehenes Gebilde an der Rückenseite des Hinterleibes. Nach vorn geht es in eine bis in den Kopf reichende Aorta über, seitlich greifen an ihm Diaphragmen an, die zur Körperwand gehen und in deren Ebenen flache, dreieckige, am Herzen angreifende Muskeln, die „Flügelmuskeln" liegen. Durch eine peristaltische Kontraktion der die Herzwand bildenden Ringmuskeln wird das durch die Ventile eindringende Blut im Herzen von hinten nach vorn getrieben. Den Umlauf des am Vorderende der Aorta austretenden Blutes durch die Leibeshöhle regelt das dorsale Diaphragma mit seinen Flügelmuskeln sowie ein entsprechend angeordnetes ventrales Diaphragma.

Durch die beiden Diaphragmen wird die Leibeshöhle in drei Stockwerke geteilt: den Perikardialsinus, den Viszeralsinus und den Perineuralsinus. Im ersteren strömt das Blut nach vorn und dringt von hier aus ins Herz ein, in den beiden letzteren strömt es nach hinten.

Ein geschlossenes Netz von Blutgefäßen gibt es also bei den Insekten nicht, im Zusammenhang mit der diffusen Atmung durch Tracheen, die dem Blut seine bei anderen Tieren wichtigste Funktion als Sauerstoffträger abnehmen und ihm nur noch die Aufgabe des Transportes der assimilierten Nährstoffe und der Abfallprodukte lassen.

Bei den Hemipteren ist von den Zirkulationsorganen wenig bekannt. Von den Cocciden wird behauptet, daß sie überhaupt kein Herz besitzen (Teodoro); bei den übrigen Wanzen (P. Mayer), den Fulgoriden (Bugnion), den Aleurodiden (Weber) und wahrscheinlich auch bei den meisten anderen Homopteren ist die Region der Flügelmuskeln ungewöhnlich kurz, nur auf 2—3 Segmente beschränkt. Daher sind auch nur 3—4 Ventilklappen vorhanden, das Herz ist in den vorderen Abdominalsegmenten schon einfach schlauchförmig und reicht als Aorta bis zum hinteren Viszeralganglion. Bei den Cicadiden erstrecken sich dagegen die Flügelmuskeln über eine größere Zahl von Segmenten, nach MYERS bei *Carineta formosa* über sieben.

Akzessorische Zirkulationsorgane, wie sie sich bei anderen Insekten im Thorax (Lepidopteren, Coleopteren) und in den Gliedmaßen finden,

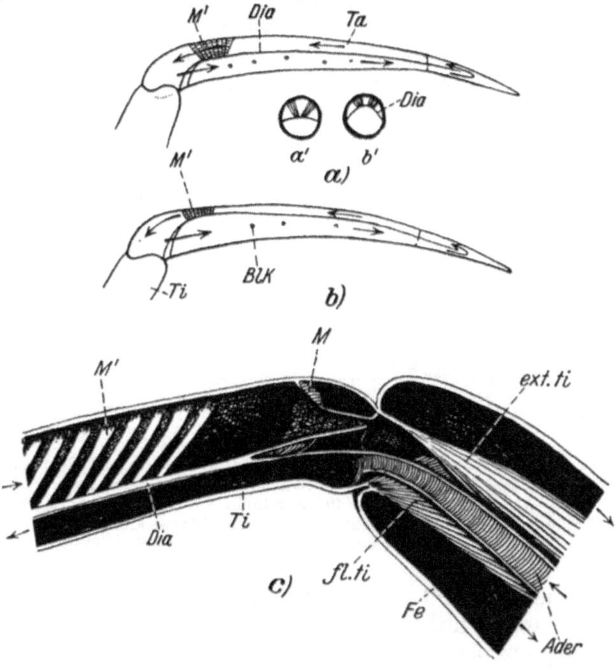

Abb. 220. a) und b) *Ranatra*-Larve, Spitze des Vorderbeines mit Zirkulationsorgan. a) In Diastole, b) in Systole. a', b' Querschnitte nach BROCHER. c) *Notonecta*, Larve, Kniegelenk, Zirkulationsorgan in Diastole. Verändert nach BROCHER. *BlK* Blutkörperchen, *Dia* Diaphragma, *ext.ti* Extensor tibiae, *M*, *M'* Muskeln des Zirkulationsorgans, *flti* Flexor tibiae, *Fe* Femur, *Ti* Tibia, *Ta* Tarsus. Die Richtung des Blutstromes ist durch Pfeile angedeutet.

scheinen auch bei den Hemipteren allgemein verbreitet zu sein, wenigstens sind sie von BROCHER bei verschiedenen Wasserwanzen, von HENKE bei *Pyrrhocoris* und bei einer Aphide (?) festgestellt. Sie liegen entweder, wie beim Vorderbein der ersten Larve von *Ranatra*, an der Basis des Tarsus oder, wie in den übrigen Fällen, an der Basis der Tibia und bestehen aus einem elastischen, die Höhle des betreffenden Beingliedes quer durchziehenden Diaphragma, das von einem Muskel gedehnt werden kann (Abb. 220b, b'). Besonders kompliziert gebaut ist das Organ bei *Notonecta* (Abb. 220c). Hier beginnt es mit einer den Femur durchziehenden Ader, deren Wände kontraktil sind und das Blut in einen auf der Beugeseite der Tibia gelegenen Blutsinus bis zur Beinspitze treiben. Von dort fließt es in einem auf der Streckseite gelegenen Sinus zurück und geht durch eine trichterförmige Öffnung in den Schenkel. Es scheint, daß hier die Bewegung des Diaphragmas nicht nur durch die Muskeln M', sondern auch durch den am Trichter angreifenden Muskel M besorgt wird.

Die Kontraktionen des Herzens, des Perikardialsinus und der pulsierenden Organe der Beine hängen nicht voneinander ab, sie sind nicht synchron, die der letzteren sind sogar sehr viel schneller als die der beiden ersteren. Natürlich ist die Beobachtung der Pulsationen nur an ganz jungen Tieren möglich, die noch wenig pigmentiert sind. Genaue Zahlen kann man daher nur von schlüpfreifen Eiern und von Junglarven beibringen. Beim Embryo von *Pyrrhocoris apterus* konnte Henke bei 20,9° Durchschnittstemperatur 70 Stunden vor dem Schlüpfen fünf Schläge des Perikardialsinus und 90 Minuten vor dem Schlüpfen 70 Herzschläge in der Minute wahrnehmen. Kurz vor dem Schlüpfen nimmt die Schlagfrequenz ab, zur Zeit des Schlüpfens stehen Herz und Sinus

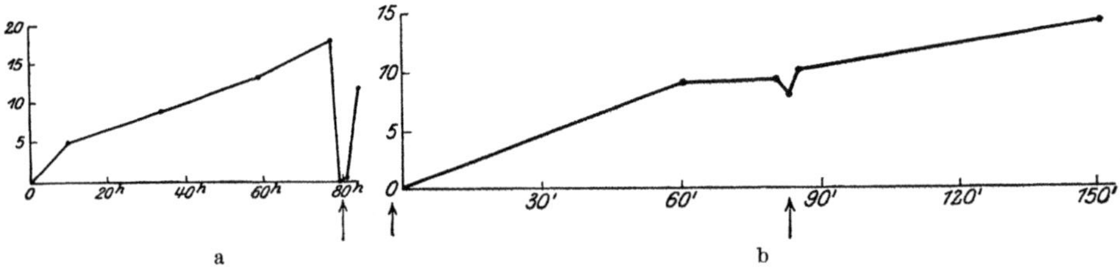

Abb. 221. *Pyrrhocoris apterus.* a) Kontraktionen des Perikardialsinus während der letzten 80 Stunden vor dem Schlüpfen aus dem Ei und nachher. Durchschnittliche Tagestemperatur 20,9°. Abscisse = Stunden, Ordinate = Anzahl Kontraktionen in der Minute. b) Kontraktionen des Perikardialsinus zur Zeit des Schlüpfens, nach Überführung aus 14° in 21° (Entwicklung des Eies bei 13,5—16°, durchschnittlich 14,4°). Anordnung wie a), nach Henke.

völlig still. Die Tätigkeit der Pulsationsorgane der Beine beginnt erst nach dem Schlüpfen, mit der ersten selbständigen Bewegung der Beine. Die Schlagfrequenz ist sehr hoch, bis zu 240 in der Minute. Langsam beginnt nach dem Schlüpfen auch die Tätigkeit des Herzens und des Sinus wieder, erst nach 5 Stunden und darüber wird die ursprüngliche Frequenz erreicht.

Deutlich ist auch bei der Zirkulation wieder der Einfluß der Temperatur. Vergleicht man die Maxima der Kontraktion bei verschiedener Temperatur, so erhält man z. B. für den Perikardialsinus bei 20,9° 18, bei 23° 28 Schläge in der Minute. Selbst zur Zeit des Schlüpfens sind bei 23° schwache Bewegungen des Perikardialsinus zu verzeichnen. Ein Vergleich der Schlagfrequenz zur Zeit des Schlüpfens bei verschiedener Temperatur läßt sich am besten an Hand von Abb. 221a, b durchführen. Man sieht, daß „die Wirkung einer Temperaturerhöhung derjenigen der inneren Faktoren, welche vor dem Schlüpfen eine Hemmung der Zirkulation erzeugen, entgegengesetzt ist. Bei einem Gegeneinanderwirken innerer und äußerer Faktoren geben also interessanterweise hier die letzteren den Ausschlag“ (Henke).

Die Bedeutung des Blutes für den Stoffwechsel wurde oben schon mit einigen Worten umschrieben. Wir haben dem nur noch hinzuzufügen, daß nicht alle Nahrungsstoffe vom Blut sofort zum Verbrauch an die Organe weitergegeben werden. Ein Teil wird vielfach in den Fettzellen gespeichert, deren Inhalt nicht nur aus Fetten, sondern auch aus Eiweißkörpern besteht. Neben diesen Fettzellen, die als Speicher für noch brauchbare Stoffe dienen, speichern andere an den Blutkreislauf angeschlossene Zellen Abfallprodukte, so die Önocyten und die Perikardialzellen, die im Perikardialsinus zu beiden Seiten des Herzens sich hinziehen. In der flüssigen Grundmasse des Blutes, der Hämolymphe, schwimmen neben kleinen Blutzellen oder Blutkörperchen bei manchen Formen, z. B. bei den Cocciden, auch freie Wachszellen, die den Fettzellen sehr ähneln und dafür Zeugnis ablegen, daß zwischen den Fettzellen und den Blutzellen kein prinzipieller Unterschied besteht. Die Fettzellen bilden denn auch bei manchen Hemipteren, z. B. bei den Aleurodiden, keinen festen, geschlossenen Fettkörper, sondern sind einzeln in der Leibeshöhle verstreut. Daß die Fettzellen als Herberge für symbiotische Mikroorganismen eigene Organe bilden und eine besondere Bedeutung gewinnen können, wird weiter unten noch zu besprechen sein (S. 503).

C. Geschlechtsleben und Entwicklung.

I. Amphigonie, Oviparie und Metamorphose.

Die Vermehrung ist bei den Insekten stets eine geschlechtliche Fortpflanzung, bei der von einer Eizelle aus der Aufbau des neuen, vielzelligen Individuums erfolgt. Diese rhythmisch sich wiederholende Rückkehr zum einzelligen Stadium ist überhaupt für die Mehrzahl der vielzelligen Tiere charakteristisch. Bei der ursprünglichen Form der Fortpflanzung der Insekten ist, wenn das Ei sich zum neuen Individuum entwickeln soll, zuvor eine Befruchtung notwendig, eine Vereinigung der Eizelle mit einer männlichen Geschlechtszelle, dem Spermatozoon. Die beiden Formen von Geschlechtszellen werden bei den Insekten in der Regel von verschiedenen Individuen gebildet, den Männchen und den Weibchen. Auch bei den Hemipteren bildet die zweigeschlechtliche Fortpflanzung, die Amphigonie, die Regel, doch kommt gerade bei ihnen eine eingeschlechtliche Form der Vermehrung, die Parthenogenese, besonders häufig vor. Dieses Kapitel wird sich mit der ursprünglichen Form der Geschlechtsbetätigung, der zweigeschlechtlichen Fortpflanzung durch Eier, befassen; die abweichenden Formen der Vermehrung werden im folgenden Kapitel behandelt werden.

1. Unterschiede zwischen den Geschlechtern.

Außer im Bau der eigentlichen Geschlechtsorgane (primäre Geschlechtsmerkmale) unterscheiden sich bei den Insekten wie bei vielen anderen Tieren die Männchen und die Weibchen voneinander vielfach durch sekundäre Geschlechtsmerkmale, die nur mittelbar mit der Fortpflanzung zusammenhängen. Bei den Hemipteren sind die sekundären Geschlechtsmerkmale oft so wenig auffallend, daß nur dem geübten Auge eine Unterscheidung der beiden Geschlechter möglich ist. So sind bei den meisten Wanzen und Zikaden, bei den Psylliden und Aleurodiden die Männchen von den Weibchen nur durch Untersuchung der Geschlechtsorgane und allenfalls dadurch zu trennen, daß der Körper der Weibchen gedrungener und im ganzen größer ist (Abb. 234 und 237). Letzteres hängt natürlich damit zusammen, daß die inneren Geschlechtsorgane der Weibchen, die Eierstöcke mit den sich bildenden Eiern, mehr Raum in Anspruch nehmen als die Hoden. Dieses Kennzeichen steht also eigentlich noch auf der Grenze zwischen primären und sekundären Geschlechtsmerkmalen.

Es gibt aber unter den Hemipteren auch Beispiele für einen stark ausgeprägten Sexualdimorphismus. Besonders deutlich ist der Dimorphismus bei den Cocciden, deren Männchen schlanke, sehr bewegliche, meist geflügelte und sehr kleine Geschöpfe sind, während die Weibchen, wenn sie nicht die Bewegungsfähigkeit überhaupt eingebüßt haben, wenigstens sehr plump und stets fluguńfähig sind (Abb. 7, 222). Diese so ausgeprägte Verschiedenheit der beiden Geschlechter steht im engsten Zusammenhang mit der Lebensweise. Die Cocciden sind extreme Pflanzenparasiten, ihre Weibchen nützen die durch den Parasitismus gegebenen günstigen Lebensbedingungen durch reichliche Nahrungsaufnahme und entsprechend reichliche Eiproduktion möglichst gründlich aus, unter völligem oder wenigstens annähernd völligem Verzicht auf die Beweglichkeit. Soll aber nicht auf die Amphigonie überhaupt Verzicht geleistet werden, wie das in der Tat bei manchen Schildläusen und vielen anderen Pflanzenparasiten unter den Homopteren wenigstens zeitweise geschieht (siehe S. 395), so müssen mindestens die Männchen beweglich sein. Das Auftreten von lebhaft beweglichen und vielfach zwerghaften Männchen ist gerade bei Parasiten, deren Weibchen festsitzen, sehr verbreitet; man denke nur an die parasitischen Copepoden und an die Strepsipteren (S. 480). Speziell bei den Schildläusen sind die Männchen nicht nur zwerghaft, lebhaft beweglich und, im Gegensatz zu den Weibchen, mit sehr wohl ausgebildeten, das Auffinden des anderen Geschlechts erleichternden Sinnesorganen versehen, sondern sie sind auch insofern von der Wirtspflanze unabhängig, als sie im Reifezustand zur Nahrungsaufnahme unfähig sind. Hier wird also für ein Entwicklungsstadium auf die Vorteile, die der Parasitismus bietet, verzichtet, das Männchen ist nur ein fliegender Geschlechtsapparat, der mit so viel Reservestoffen ausgerüstet ist, daß er seiner Aufgabe gerecht werden kann, um dann in kürzester Zeit einzugehen. Daß bei anderen Pflanzenparasiten derselbe Verzicht für eine ganze Geschlechtsgeneration durchgeführt wird (Pemphigiden, Phylloxeriden), wird weiter unten aus der Besprechung des Generationswechsels hervorgehen.

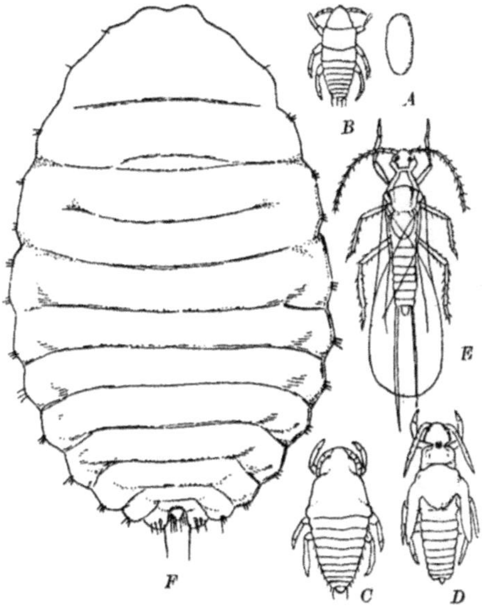

Abb. 222. *Pseudococcus citri*. *A* Ei, *B* Larve, *C*, *D* Nymphen des ♂, *E* ♂, *F* ausgewachsenes ♀. Alles gleich stark vergrößert, nach BERLESE.

Nicht immer sind die mit der Lebensweise zusammenhängenden Geschlechtsdifferenzen so auffallend wie bei den Cocciden. So haben die *Microphysinae* unter den Anthocoriden, die durchweg in Ameisennestern leben, kurzflüglige Weibchen, denen Ocellen fehlen, während die Männchen Ocellen und Flügel haben. Hier sind die Reduktionserscheinungen bei den Weibchen nicht so weit gediehen wie bei den Cocciden, stehen wie bei diesen aber in deutlicher Beziehung zu der Abhängigkeit von anderen Organismen.

Bei anderen, freilebenden Hemipteren sind die Geschlechtsdifferenzen deshalb weniger deutlich, weil die Weibchen keine Reduktionserscheinungen an den Bewegungs- und Sinnesorganen zeigen. Der Dimorphismus wird erst wieder deutlich, wenn die Männchen Weiterbildungen aufweisen, die mit dem Geschlechtsleben in mehr oder weniger deutlicher Beziehung stehen können.

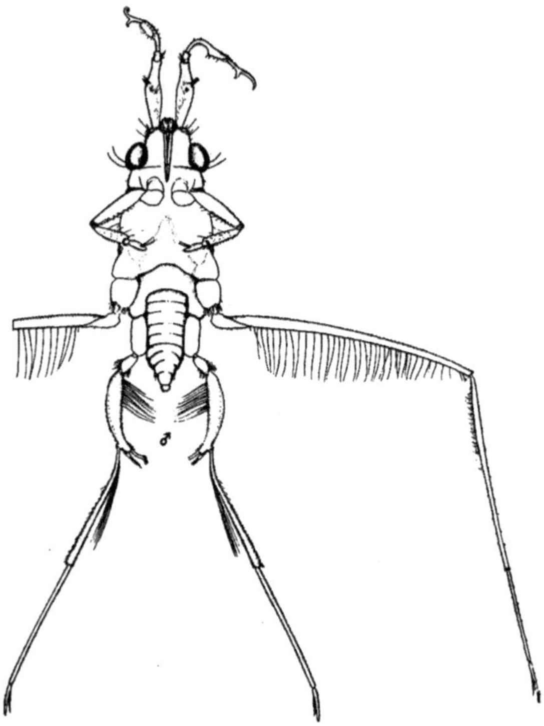

Abb. 223. *Rheumatobates Rileyi* ♂. Ventralansicht, nach HUNGERFORD.

Man kann hier zunächst auf die Fälle verweisen, in denen die Männchen mit besonders reich ausgestatteten Sinnesorganen oder mit Organen versehen sind, die das Festhalten der Weibchen bei der Kopula bezwecken. In diese Gruppe scheinen sich die Männchen der amerikanischen Wasserläufergattung *Rheumatobates* einzufügen; denn die eigentümliche Ausbildung ihrer Fühler und Hinterschenkel (Abb. 223) läßt sich sicher damit erklären, daß die Fühler mit ihren Haken und Haftscheiben bei der Kopula sich an der Schultergegend des Weibchens verankern und daß die Hinterschenkel, nach vorn geklappt, den Hinterleib des Weibchens umfassen, während der kurze, dünne Hinterleib des Männchens, nach unten vorn umgebogen, die Geschlechtsöffnung des Weibchens sucht. Ferner kann man an die zahlreichen Wanzen denken, deren Männchen sich durch den Besitz von Stridulationsorganen vor dem Weibchen auszeichnen (*Corixa*, *Nabis*, *Naucoris*, S. 77ff.), und an die Singzikaden, bei denen nur die Männchen das bekannte Trommelorgan haben.

Während bei *Rheumatobates* der biologische Zusammenhang klar ist, wird er bei den Musikorganen schon zweifelhaft; denn es gibt viele Anzeichen dafür, daß das Weibchen nicht immer auf die vom Männchen produzierten Töne reagiert, und manche Forscher haben die Meinung geäußert, die Tonproduktion sei nur ein Ausdruck für die zur Zeit der Geschlechtsreife über dem Tier liegende Erregung (siehe S. 86).

Noch unklarer ist man sich über eine Gruppe von sekundären Geschlechtsmerkmalen der Männchen, die man als „Schmuck" zu bezeichnen pflegt. Hierher gehören z. B. die eigentümlichen Hörner, die die Männchen mancher Plataspiden (Heteroptera) auf dem Kopfe tragen und die nach Handlirsch den Weibchen fehlen. Auch die Tatsache, daß die sonderbaren Auswüchse des Pronotums der Membraciden (Abb. 10) vielfach im männlichen Geschlecht größer sind als im weiblichen, ist in diesem Zusammenhang zu erwähnen. Solche „Zierate" der Männchen fallen in dieselbe Kategorie wie der Bart des geschlechtsreifen Mannes; daß sie, wie Darwin annahm, Produkte der geschlechtlichen Zuchtwahl sind und bei der Auswahl des Kopulationspartners auf das Weibchen einen Einfluß ausüben, kann für die Insekten füglich bezweifelt werden, da bei der Auswahl des Partners gerade bei den Insekten das Auge eine sehr nebensächliche Rolle spielt. Dasselbe gilt von den bei den Hemipteren allerdings recht selten, z. B. bei den Psylliden, vorkommenden Unterschieden in der Färbung beider Geschlechter. Daß solche Merkmale durch immer wiederholte Auswahl der am buntesten gefärbten oder mit den reichsten Zieraten versehenen Männchen von den Weibchen heraufgezüchtet werden könnten, scheint uns heute zu anthropomorphistisch gedacht und stimmt auch nicht mit den Beobachtungen überein, die an kopulierenden Insektenpaaren gemacht wurden. Bei den Schmetterlingen z. B. werden zerzauste, abgeflogene Männchen durchaus nicht von den Weibchen zurückgewiesen, wenn diese überhaupt kopulationsbereit sind.

Die primären Geschlechtsmerkmale, die sich auf den Bau der inneren und äußeren Geschlechtsorgane beziehen, sind natürlich biologisch von größter Bedeutung und werden daher im weiteren Verlauf der Darstellung noch oft erwähnt werden müssen. Hier mag eine kurze Beschreibung einiger Typen der inneren Geschlechtsorgane genügen, die weiter unten durch Einzelheiten ergänzt werden wird.

Die weiblichen Geschlechtsorgane bestehen im Normalfalle aus einem paarigen Eierstock (Ovar), der aus einzelnen Eiröhren zusammengesetzt ist (Ovariolen, Follikel), aus seinen Ausführgängen (Ovidukte), die sich zum unpaaren Eileiter (Uterus) vereinen, aus einem Samenbehälter (Receptaculum seminis), der nur selten (bei den viviparen Aphidinen) fehlt, und aus einem Paar von Anhangsdrüsen.

Nur selten ist der ganze weibliche Geschlechtsapparat unpaar, die amphigonen Weibchen von *Phylloxera* und *Schizoneura* besitzen z. B. nur eine einzige Eiröhre. Bei den paarig gebauten Ovarien der anderen Hemipteren ist die Zahl der Eiröhren sehr verschieden, bei manchen Wanzen gibt es jederseits vier Ovariolen (*Hydrometra*, *Gerris*, *Aradus* nach Gross), andere, sowie manche Cicadinen, haben jederseits fünf (*Nepa*, *Naucoris*, *Ranatra*, *Triecphora*, *Leptoterna*, *Lopus*), die Normalzahl scheint jedoch sieben zu sein (*Pyrrhocoris*, Abb. 225b, *Cimex* u. a.). Höhere Zahlen haben manche Cercopiden (*Philaenus* 9), die Fulgoriden, die Psylliden (Abb. 271) und Aleurodiden (Abb. 272); die Höchstzahl findet sich bei den Cicadiden und manchen Cocciden. *Cicada orni* hat z. B. nach Dufour jederseits 60—80 Ovariolen und *Pseudococcus citri* besitzt, wie Abb. 225 a nach Berlese zeigt, im ganzen gegen 100 Röhren, die, wie meist bei den Cocciden, über die ganze Länge der paarigen Ovidukte unregelmäßig verteilt sind. Bei anderen Cocciden (z. B. nach List bei *Orthezia cataphracta*) ist die Ovariolenzahl erheblich geringer.

Die Eiröhren der Hemipteren sind, soweit bekannt ist, durchweg nach dem acrotrophen Typ gebaut, d. h. man kann bei ihnen eine endständige Nährkammer von den Eikammern unterscheiden (Abb. 224). Die Nährkammer enthält außer Nährzellen (*NZ*) die künftigen Eizellen (*EZ*), die nacheinander aus der Nährkammer in den schlauchförmigen basalen Teil der Eiröhre wandern. Die ganze Eiröhre ist von einer feinen Peritonealhülle (*PH*) umgeben, um die heranwachsenden Eizellen legt sich ein einschichtiges Epithel (*Ep*), dessen Hauptaufgabe in der Bildung der Eischale (Chorion) besteht. Das Heranwachsen der Eizelle und die Anhäufung von Dotter wird dadurch ermöglicht, daß die Eier mit den Zellen der Nährkammer lange Zeit in Verbindung bleiben und zwar in der Regel durch besondere Nährstränge (Abb. 224, *NS*), die den Stofftransport vermitteln. In vielen Fällen (z. B. bei den Wanzen) sind immer gleichzeitig mehrere Eizellen in einer Eiröhre in Bildung begriffen, in anderen Fällen (z. B. bei den Aleurodiden) rückt erst, wenn ein Ei ausgereift ist, die nächste Eizelle nach. Selten (z. B. bei *Pseudococcus*, Abb. 225) bildet jeder Eischlauch nur ein Ei. Unterschiede ergeben sich ferner daraus, daß bei manchen Formen (Pentatomiden) alle Eiröhren zugleich reife Eier produzieren, während bei anderen, z. B. bei den Aleurodiden und Psylliden, sowie den Cocciden, die Eiröhren in der Produktion abwechseln. Damit hängen natürlich die Unterschiede in der Eiablage zusammen, auf die wir weiter unten kommen werden.

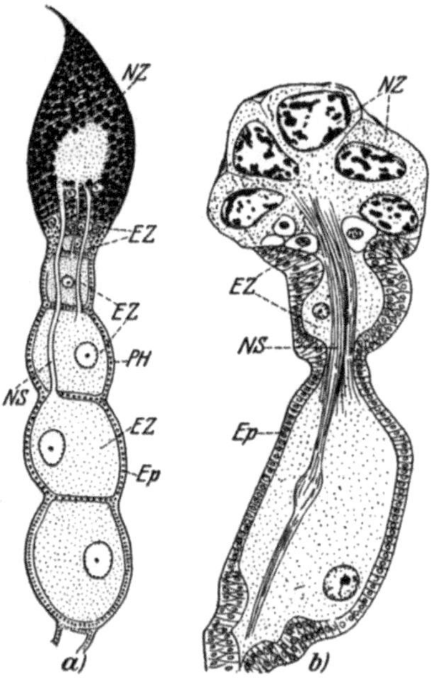

Abb. 224. a) Schematischer Längsschnitt durch eine Eiröhre einer Wanze, nach Korschelt; b) Eiröhre von *Drepanosiphum platanoides*, nach Buchner. *EZ* Eizelle, *Ep* Follikelepithel, *NS* Nährzellstrang, *NZ* Nährzelle, *PH* Peritonealhülle.

Die Ovidukte und der Uterus sind gewöhnlich stark muskulös, ihre Weite schwankt mit der Eigröße. Das Receptaculum (Abb. 225), das dorsal gelegen ist, bildet bei manchen Formen eine einfache Blase mit muskulöser Wand und mit mehr oder weniger engem Ausführgang. (Fulgoriden und andere Zikaden, Aleurodiden, siehe Abb. 272, Cocciden, Aphidinen, *Cimex*.) Bei den meisten Wanzen ist das Receptaculum indessen ein sehr komplizierter Apparat, an dem neben pumpenartig wirkenden Muskeln Ventilapparate und Drüsen zu unterscheiden sind (siehe S. 324). Die Mündung des Receptaculum liegt so, daß einerseits das männliche Begattungsglied sie in der normalen Kopulationsstellung erreicht und daß andererseits die Mikropylapparate des Eies sie passieren müssen. Die Anhangsdrüsen des weiblichen Geschlechtsapparates sind meist Kitt-

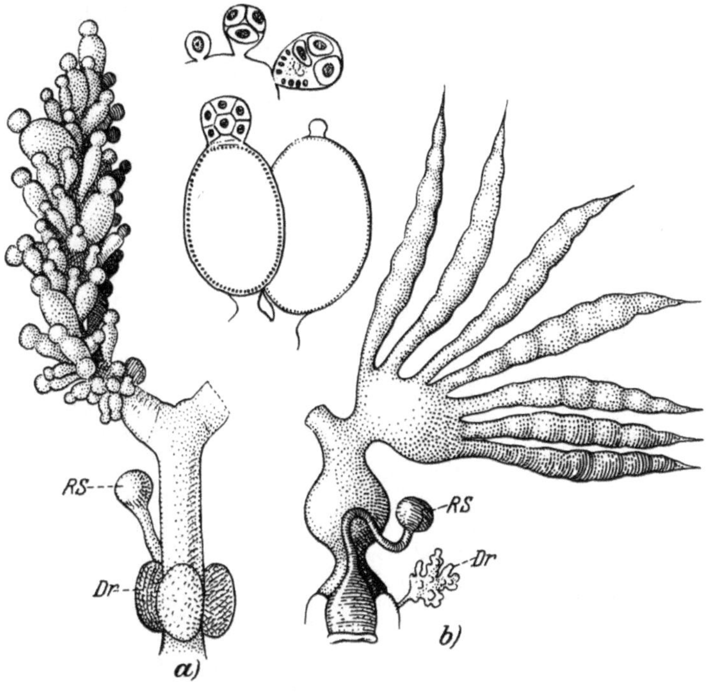

Abb. 225. a) Reifes Ovar von *Pseudococcus citri*, nach BERLESE; von der Ventralseite gesehen, linke Hälfte weggelassen, mit Kittdrüsen *Dr* und Receptaculum seminis *RS* Darüber einzelne Eiröhren in verschiedenen Entwicklungsstadien. b) *Pyrrhocoris apterus*, Ovar, Dorsalansicht, nach P. MAYER.

drüsen, deren Sekret zur Anheftung der Eier dient. Eine solche unpaare Drüse liegt bei den Aleurodiden (Abb. 251) und Psylliden (Abb. 252) dorsal vom Uterus. Meist sind die Drüsen aber paarig (Wanzen, Abb. 225 b, Aphidinen), manchmal auch in Vierzahl vorhanden (manche Cocciden, Abb. 225, Pentatomiden); bei manchen Cicadinen (*Fulgora* nach BUGNION) haben die paarigen, schlauchförmigen Drüsen einen unpaaren Ausführgang, selten ist neben paarigen Drüsen noch eine unpaare vorhanden (*Psylla mali* nach BRITTAIN, *Margarodes* nach ŠULC).

Die männlichen Geschlechtsorgane bestehen aus den paarigen Hoden und deren Ausführgängen (Vasa deferentia), die sich zum Ductus ejaculatorius vereinen. Anhangsorgane finden sich häufig in Gestalt von akzessorischen Drüsen. Die Vasa deferentia schwellen gelegentlich zu Samenblasen (Vesicula seminalis) an.

Die Hoden selber bestehen wie die Ovarien aus Schläuchen. Bei den Cocciden ist jederseits nur ein dicker Hodenschlauch vorhanden (siehe Abb. 283), der durch ein manchmal zur Samenblase angeschwollenes Vas deferens in den Ductus mündet. Zwei Hodenschläuche auf jeder Seite gibt es bei den Männchen der Chermesiden (nach CHOLODKOWSKY), während bei den Psylliden zwei (*Psylla mali*, Abb. 226a), vier oder seltener fünf Schläuche auf jeder Seite vorkommen. Auch bei den Wanzen schwankt die Zahl der Hodenschläuche. Die Normalzahl scheint wieder sieben zu sein (*Pyrrhocoris*, *Cimex*, Abb. 226b), es kommen aber auch geringere Zahlen vor. Bei *Ranatra fusca* sind z. B. jederseits sechs Follikel vorhanden, die in ein „Scrotum" eingeschlossen sind (MARSHAL und

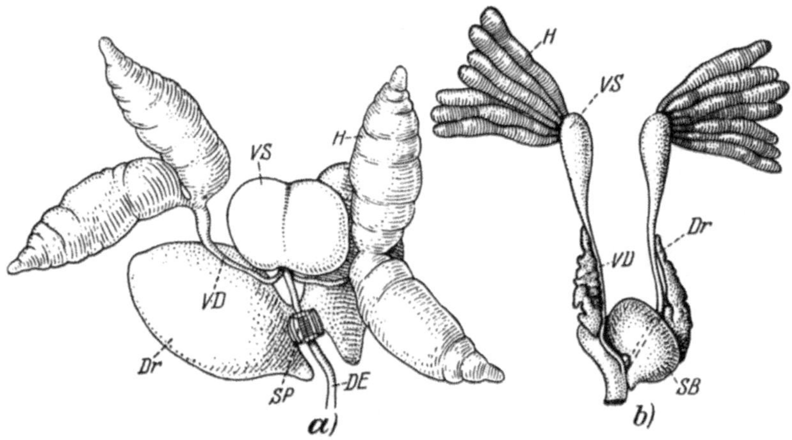

Abb. 226. a) *Psylla mali* ♂, Geschlechtsorgane, nach SPEYER; b) *Lygaeus equestris* ♂, Geschlechtsorgane, nach LUDWIG. *DE* Ductus ejaculatorius, *Dr* akzessorische Drüsen, *H* Hoden, *SB* Schwellblase, *SP* Samenpumpe, *VD* Vas deferens, *VS* Vesicula seminalis.

SEVERIN), *Nepa cinerea* hat nach BORDAS auf beiden Seiten fünf, jeweils in zwei Pakete zu drei und zwei vereinigte Schläuche. Auch bei anderen Hemipteren kommt es nicht selten vor, daß die Hodenschläuche, aufgeknäuelt und von einer gemeinsamen Hülle umgeben, zusammen einen rundlichen Körper bilden (Aleurodiden, Abb. 229, Cicadiden).

Die Vasa deferentia sind in der Regel dünne Gänge. Häufig sind sie aber auch stark angeschwollen (Wanzen, Aleurodiden) und bilden Samenblasen von verschiedener Größe (siehe Abb. 226b, *VS*). Eigentümlich ausgebildet sind die Vasa deferentia bei den Psylliden. Sie sind an der Stelle, wo sie zusammentreten, zu einer großen, paarigen oder unpaaren Vesicula erweitert, von der aus der unpaare Ductus weiterführt (Abb. 226a).

Die Anhangsdrüsen des männlichen Geschlechtsapparates, die von manchen Autoren auch als Prostata bezeichnet werden, sind sehr verschieden gebaut, aber meist paarig (1—3 Paare). Bald sind sie klein, gelappt und ungestielt, wie bei *Pyrrhocoris* (Abb. 226b), bald weitlumig ovoid und groß bis sehr groß, wie bei den Chermesiden, den Aleurodiden (Abb. 229, *Dr*) und den Psylliden (Abb. 226a). Sie liefern die Flüssigkeit, in der die Spermatozoen schwimmen (siehe S. 323).

Der Ductus ejaculatorius ist meist ein einfacher, muskulöser Schlauch; bei den Aleurodiden und den Psylliden bildet er eine Samenpumpe von kompliziertem Bau, auf deren Funktion wir weiter unten eingehen werden (S. 310, Abb. 226a), ebenso wie auf die aus dem Ductus entstandenen Schwellblasen (*SB*, Abb. 226b) mancher Wanzen. Bevor wir an die Besprechung dieser mit der Kopulation in unmittelbarem Zusammenhang stehenden Einrichtungen gehen können, sind die Vorbereitungen zur Kopulation zu behandeln.

2. Vorbereitung zur Kopulation.

Haben die Imagines die Geschlechtsreife erreicht, die durchaus nicht immer gleich nach der letzten Häutung eintritt (S. 377), so ist der erste Schritt zur Vereinigung das Aufsuchen des anderen Geschlechtes. Dieser Schritt ist nicht immer einfach, denn viele Hemipteren führen schon als Larven kein geselliges Leben, andere zerstreuen sich noch als Imagines vor der Geschlechtsreife (Psylliden). Bei den migrierenden Aphiden kommen sogar die amphigonen Weibchen auf ganz anderen Wirtspflanzen zur Welt wie die Männchen. Dem Sinne der Amphigonie entspricht es ja zudem, daß nicht Geschwister miteinander kopulieren, sondern daß verschiedene Erbanlagen verschmolzen werden.

In vielen Fällen jedoch wird die Vereinigung dadurch erleichtert, daß die Tiere große Kolonien bilden, in denen Männchen und Weibchen nebeneinander vorkommen. Das trifft z. B. für die Aleurodiden zu, bei denen die Eier einzeln in großen Abständen abgelegt werden und bei denen daher die Möglichkeit der Geschwisterehe auf ein Mindestmaß reduziert ist. In anderen Fällen suchen die sonst nicht gesellig lebenden Tiere zur Paarungszeit „Hochzeitsplätze" auf. So treffen nach HANDLIRSCH gewisse Wanzen auf Berggipfeln zusammen, und WEFELSCHEID beobachtete an *Plea minutissima* ein Zusammenscharen aller in einem Tümpel lebenden Einzeltiere an einer eng begrenzten Stelle des Tümpels. Dabei sollen die Töne, die die Tierchen hervorzubringen vermögen, als Hilfsmittel zum Auffinden der Artgenossen dienen. Ob das Schwärmen, das bei der amerikanischen Enicocephalidenart *Systelloderus biceps* von JOHANNSEN beobachtet wurde und das dem Schwärmen gewisser Chironomiden ähnelt, wie bei diesen mit dem Geschlechtsleben zu tun hat, ist nicht sicher nachgewiesen.

Im übrigen scheint beim Aufsuchen des anderen Geschlechtes in erster Linie der Geruchsinn maßgebend zu sein, was schon daraus hervorgeht, daß viele Hemipteren im Zustand geschlechtlicher Erregung äußerst lebhafte Fühlerbewegungen machen. So beschreibt SPEYER bei *Psylla mali* ein lebhaftes Wirbeln der Fühler (S. 97), und auch bei anderen Formen kann man dasselbe beobachten. Besonders ausgeprägt scheinen die Geruchsreaktionen bei den Männchen der Schildläuse zu sein, was schon aus ihren außergewöhnlich gut ausgebildeten Fühlern hervorgeht. Nach einer Beobachtung SCHUMACHERS fanden Männchen von *Margarodes polo-*

nicus, einer unterirdisch lebenden Schildlausart, die in einem Rucksack untergebrachten, von außen nicht sichtbaren Weibchen ihrer Art auf. Man sieht also, daß sogar unter diesen besonders schwierigen Umständen der Geruchsinn ausreicht, um die Geschlechter zusammenzuführen. Ob es sich dabei wirklich um eine Wahrnehmung chemischer Werte oder, wie von VASCHIDE und VAN MELLE in anderen Fällen neuerdings vermutet wird, um die Wahrnehmung von Strahlen von kurzer Wellenlänge handelt, läßt sich vorläufig nicht entscheiden. Ebensowenig kann man sagen, welche Stoffe es sind, die anlockend wirken; sicher scheint nur, daß jede Art ihre eigenen Lockmittel hat, denn Instinktirrungen sind äußerst selten (siehe unten).

Daß neben den Geruchsorganen auch die Augen und in vielen Fällen die Gehörorgane eine Rolle spielen, ist nicht zu bezweifeln. Was die letzteren betrifft, so wurde oben schon mitgeteilt (S. 86), was an biologischen Beobachtungen vorliegt. Es wurde auch schon darauf hingewiesen, wie lückenhaft das Material noch ist. Leuchtorgane als Anlockungsmittel sind bei den Hemipteren nicht nachgewiesen; die älteren Angaben über das Leuchten der *Fulgora*-Arten scheinen auf einem Irrtum zu beruhen.

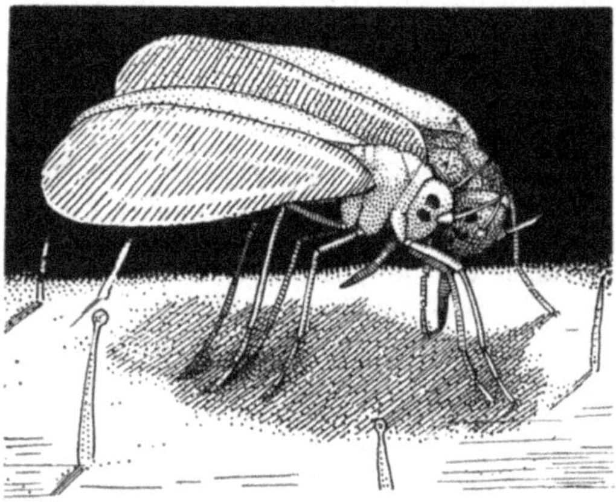

Abb. 227. *Trialeurodes vaporariorum*, Pärchen beim Liebesspiel.

Mit der Funktion der beim Auffinden der Geschlechter wirksamen Sinnesorgane hängen, wie es scheint, auch die bei den Hemipteren seltenen Vorspiele zur Paarung zusammen; denn auch bei ihnen spielen Fühlerbewegungen eine große Rolle. Besonders hübsch sind diese „Liebesspiele“ bei den Aleurodiden. Bei *Dialeurodes citri* beschreibt GOSSARD eine langsame, ruckweise Annäherung des Männchens an das Weibchen. Jeweils bei den Haltepunkten führt das Männchen pendelnde Bewegungen mit dem Hinterende aus, wobei es krampfhaft mit den Flügeln schlägt.

Bei *Trialeurodes vaporariorum* dauert das Vorspiel oft stundenlang und wird, da sich die Kopulation mehrmals in kurzen Abständen wiederholt, in der Regel gleich nach der Kopula wieder aufgenommen. Die Tierchen sitzen eng nebeneinander, wie Abb. 227 zeigt, das Weibchen hat gewöhnlich seine Stechborsten tief ins Pflanzengewebe versenkt und scheint ganz teilnahmslos, das Männchen steht hochbeinig daneben und streicht mit einem Fühler ununterbrochen über die Vorderfläche des weiblichen Thorax, während der andere Fühler den ihm zugekehrten Fühler des Weibchens betrommelt. Dazwischen erfolgt unter heftigen Flügelschlägen öfters ein Kopulationsversuch, der aber nur selten gelingt. Gelegentlich kommt auch vor, daß sich noch ein zweites Männchen an die freie Seite des Weibchens setzt und dort das gleiche Spiel beginnt. Seltsamerweise kann man manchmal auch zwei Männchen miteinander eine Zeitlang spielen sehen. Da das aber nur ausnahmsweise vorkommt und bald wieder abgebrochen wird, haben die Männchen offenbar die Möglichkeit, das Weibchen als solches zu erkennen und zwar geschieht das sicher vermittels der Fühler.

Bei *Cimex lectularius* konnte Hase eine charakteristische Bewegung des Weibchens wahrnehmen, die in einem seitlichen Hochheben des Hinterleibes besteht und nach neueren Beobachtungen Titschacks als eine zur Kopulation einladende Haltung anzusehen sein soll. Sie kommt nur bei hochbrünstigen Weibchen vor, nicht kopulationsbereite Tiere verhalten sich den Männchen gegenüber sehr ablehnend. Danach mag Titschacks Deutung wohl richtig sein.

3. Die Kopulation.

Der Kopulationsakt vollzieht sich bei den Hemipteren, dem außerordentlich mannigfaltigen Bau der äußeren Geschlechtsorgane entsprechend, in sehr verschiedener Weise. Wenn man die Kopulationsstellungen vergleichend betrachtet, so findet man zwei wichtige Typen, zwischen denen es allerlei Übergänge gibt. Im ersten Falle sind die Köpfe der beiden kopulierenden Tiere gleich gerichtet, wobei das Männchen auf oder neben dem Weibchen sitzen kann, im zweiten Falle sitzen die Tiere voneinander abgewandt, nur ihre Hinterenden hängen zusammen, ihre Stellung zur Unterlage kann gleich oder verschieden sein. Die zweite Form wird, soweit bekannt, immer von einer der ersten ähnlichen Stellung aus eingeleitet, es scheint daher sicher, daß der erste Typ der ursprüngliche ist.

Er findet sich am reinsten ausgeprägt bei den Aphidinen und den Cocciden, deren Weibchen eine einfache, nach hinten sich öffnende Vagina ohne alle Anhangsgebilde haben. Auch das männliche Begattungsglied ist hier sehr einfach, bei den Cocciden ein stabförmiges, aus einer Scheide und einem Penis bestehendes Gebilde, das bald lang ist, wie bei den Diaspidinenmännchen (Abb. 7b), bald kurz, wie bei *Icerya* (Abb. 7a). Das Männchen biegt hier, wie Abb. 228a zeigt, auf dem Weibchen sitzend, seinen Hinterleib nach unten vorn um und steckt den Penis in die Scheide des Weibchens. Ganz ähnlich verhalten sich auch die Männchen der Aphidinen (Abb. 228b), deren Begattungsglied ebenfalls dünn, aber etwas gedreht und am Ende gekrümmt ist (Abb. 289b). In diesen wie in den folgenden Fällen werden aus der Spitze des Penis die Spermatozoen, die bei den Cocciden zu mehreren in Paketen, den Spermatophoren, vereinigt sind, in das beutelförmige Receptaculum entleert, wo sie bis zur Befruchtung verbleiben, die oft lange nach der Kopulation erfolgt.

Bei den Aleurodiden ist das Begattungsglied des Männchens (*P*) ebenfalls sehr einfach (Abb. 229), denn es besteht nur aus einer starkwandigen, leicht geschwungenen, spitz zulaufenden Röhre, die am Hinterende so befestigt ist, daß sie durch Muskeln (*PM*) in der Medianebene bewegt werden kann. Links und rechts vom Penis stehen die ebenfalls durch Muskeln (*ParM*) beweglichen Parameren, die zusammen eine Zange bilden. Diese Zange umfaßt bei der Kopulation von unten

Abb. 228. a) *Chionaspis salicis*, Paar in Kopula, nach BERLESE; b) Aphididen in Kopula, nach GADEAU DE KERVILLE aus BERLESE.

her die Spitze des Legestachels des Weibchens, der Penis dringt, indem er nach vorn gebogen wird, zwischen die weichen Basen der paarigen Teile des Legestachels (S. 339) ein und erreicht mit seiner Spitze genau die Mündung des Receptaculums. Die muskulöse Samenpumpe, die dem Bau nach zwar im einzelnen noch unbekannt ist, aber eine Weiterbildung der unten bei den Psylliden beschriebenen Pumpe zu sein scheint, spritzt dann einen Strahl von Samenflüssigkeit in das sehr dehnbare Receptaculum. Während des ganzen Vorganges, der nur wenige Sekunden in Anspruch nimmt und sehr schwer in allen Einzelheiten zu verfolgen ist, sitzen die Tiere Seite an Seite. Von der in Abb. 227 gezeichneten Stellung aus biegt das Männchen seinen Hinterleib nach unten und nach dem Weibchen hin, wobei es heftig mit

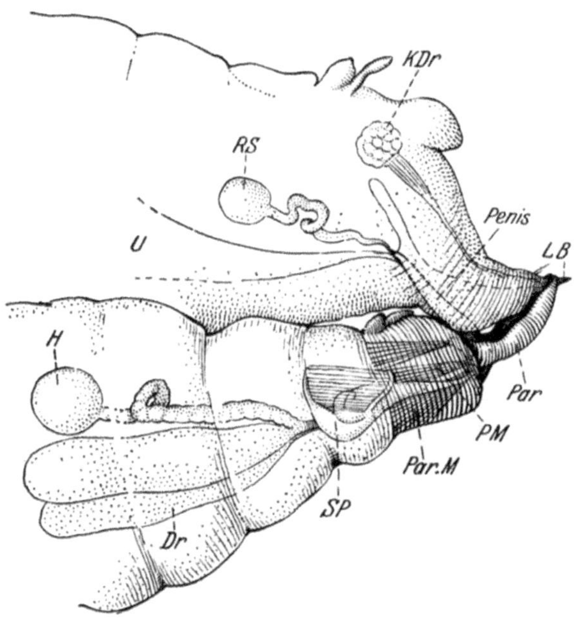

Abb. 229. Hinterenden von *Trialeurodes vaporariorum* in Kopulationsstellung; durchsichtig gedacht. *H* Hoden, *LB* Legebohrer, *KDr* Kittdrüse, *RS* Receptaculum seminis, *Par* Parameren, *ParM* Paramerenmuskel, *PM* Penismuskel, *SP* Samenpumpe, *Dr* akzessorische Drüse.

den Flügeln schlägt und mit den Parameren den Legebohrer des Weibchens zu erhaschen sucht. Das gelingt ihm nur, wenn das Weibchen kopulationsbereit ist, d. h. wahrscheinlich, wenn sein Receptaculum nicht gefüllt ist. Da die Eier einzeln befruchtet und abgelegt werden, tritt dieser Zustand von Zeit zu Zeit ein, jedes Weibchen kopuliert mehrmals, ebenso wie jedes Männchen, oft sitzt sogar ein Paar längere Zeit zusammen und wiederholt die Kopula mehrmals.

Dieselbe Kopulationsstellung wie bei den Aleurodiden trifft man auch bei den Psylliden und den meisten Cicadinen. Hier ist jedoch der Penis wesentlich weniger einfach gebaut, ist mit einem Gelenk versehen und wie ein Taschenmesser umklappbar. Die Psyllidenmännchen ähneln, wie Abb. 230 zeigt, den Männchen der Aleurodiden insofern sehr, als sie eine Zange am Hinterende haben (*Par*), die allerdings mehr dorsalwärts gerichtet ist. Sie haben außerdem vor dem Penis einen hohen Kegel (*AnK*), auf dessen Spitze der After sitzt. Zwischen dem Analkegel und der Paramerenzange sitzt in einer trogförmigen Vertiefung der Penis, dessen distales Glied in der Ruhe an die rinnenartig vertiefte Hinterfläche des Analkegels angedrückt liegt. Das stark gebogene Basalstück, das mit der Basis des Kegels gelenkig verbunden ist, zeigt mit seinem distalen Teil senkrecht nach oben. Auf die Basis des Penis wirken drei Muskelpaare ein, von denen zwei, ein indirekter Abduktor und ein direkter Abduktor, in der Abbildung sichtbar sind (PM_2 und PM_1). Der dritte Muskel ist ein direkter Abduktor. Das distale Glied des Penis wird nicht von Muskeln bewegt, dagegen wirken auf die Parameren wie auf den Analkegel starke Muskeln ein (*ParM*, KM_{1-3}). Die Mechanik des ganzen Apparates hat man sich folgendermaßen vorzustellen: In dem Augenblick, da das Männchen seinen Hinterleib von unten her dem des Weibchens nähert, öffnet sich die Paramerenzange und erfaßt die gerieften Platten, die den Legeapparat des Weibchens nach den Seiten begrenzen (siehe Abb. 252, *Pl*). Gleichzeitig wird der Analkegel durch die Muskeln KM_{1-3} nach vorn gezogen und an den Hinterleibsrücken gelegt. Dadurch wird die Spitze des gleichzeitig von PM_1 nach hinten gebogenen Penis frei, die eigene Elastizität seines Gelenkes läßt sein Endglied nach oben schnappen, so daß seine Mündung nach vorn oben zeigt. Nun dringt der Penis zwischen die paarigen Teile des Legestachels (Abb. 252, *p Gon*) und gelangt mit seiner Spitze, die, wie ein Vergleich der Abb. 252c mit den Querschnitten von Abb. 230 (a, b) zeigt, genau in die Hohlräume des Legeapparates paßt, bis zur Mündung des sehr tief gelegenen Receptaculums. Die Spitze des Penis legt sich mit ihrer muldenförmigen Dorsalseite eng an die vorgewölbte, pumpenartig gestaltete Umgebung der Mündung; der von der Samenpumpe ausgetriebenen Spermalflüssigkeit bleibt kein anderer Weg als der in das wie bei *Aleurodes* sehr erweiterungsfähige Receptaculum. Nach der Kopula wird der Penis, indem er durch gleichzeitige Wirkung der Muskeln PM_2 und PM_3 sowie des Abduktors des Analkegels (in der Abbildung nicht sichtbar) gegen den sich aufrichtenden Analkegel gedrückt wird, wieder eingeklappt, die Basis des Analkegels legt sich wie ein Sperrhaken gegen seine Spitze und verhindert ein Herausschnellen. Die Samenpumpe (*SP*), deren Bau von

Speyer genau untersucht wurde, besteht aus einem garnrollenartigen, aus der Wand des Ductus ejaculatorius herausdifferenzierten Gebilde, in dessen Höhlung ein als Ventil wirkender, dünnwandiger Schlauch hineinhängt. Die Muskeln, die die Pumpe betätigen, verbinden die flachen End-

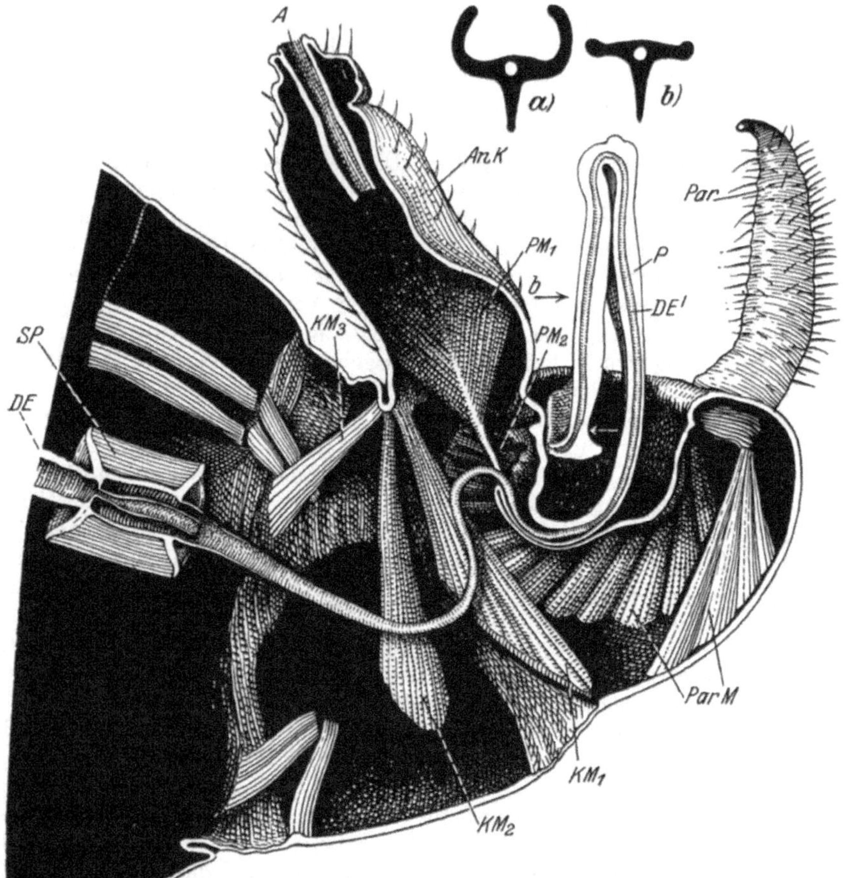

Abb. 230. *Psylla mali* ♂, Hinterend median durchschnitten, rechte Hälfte, Schnittflächen weiß, Innenflächen von Skleriten schwarz, von Membranen schraffiert. Oben (a, b) zwei schematische Querschnitte durch den Penis in Richtung der Pfeile in der Hauptfigur. *A* After, *AnK* Analkegel, *DE*, *DE'* Ductus ejaculatorius, KM_{1-3} Muskeln des Analkegels, *P* Penis, *Par* Paramere, *ParM* Paramerenmuskeln, $PM_{1,2}$ Penismuskeln, *SP* Samenpumpe.

platten der Pumpe miteinander und vermögen sie einander zu nähern, wobei sie den Hohlraum der Pumpe verkleinern. Eine Stauchung des zylinderförmigen Teiles derselben ist leicht möglich, da er nur durch ringförmige Fäden versteift ist, ein Rückströmen des Spermas wird durch den Ventilschlauch verhindert, die Kontraktion der Muskeln muß das Sperma also durch den dünnen Ausführgang in die Bohrung des Penis treiben.

Die Knieform des Penis, die seine Verlängerung erlaubt, hängt sicher damit zusammen, daß beim Weibchen sich über die Ventralseite des Legeapparates schuppenartig der ventrale Teil des neunten Abdominalsegmentes legt (Abb. 252), und daß daher im Gegensatz zu den Aleurodiden dem Penis ein Eindringen zwischen die basalen paarigen Teile des Legeapparates verwehrt ist. Die Mündung des Receptaculums kommt dadurch so tief zu liegen, daß nur ein verlängerter Penis sie zu erreichen vermag. Bei manchen Psylliden ist diese Verlängerungsfähigkeit dadurch noch erhöht, daß der Penis nicht nur eines, sondern zwei Gelenke hat (*Rhinopsylla Lamborni* nach NEWSTEAD).

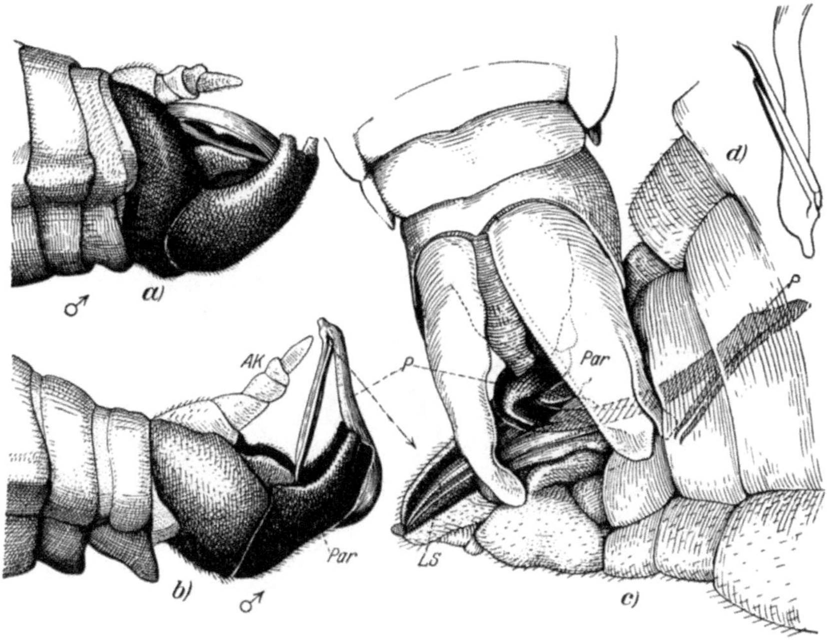

Abb. 231. *Triecphora vulnerata*. a) ♂ Hinterende mit fast völlig eingeklapptem Penis; b) ♂ mit gedehntem Abdomen und ausgeklapptem Penis; c) Hinterenden eines kopulierenden Paares, von der Ventralseite, Penis eingezeichnet; d) Penis lateral, in Kopulationsstellung. *LS* Legestachel des ♀, *AK* Analkegel. Andere Bezeichnungen siehe Abb. 230.

Auch bei vielen Cicadinen ist der Penis wenigstens knieförmig gebogen (manche Cicadiden) oder auch mit einem Gelenk versehen. Am meisten Ähnlichkeit mit den Psylliden haben, wenigstens bei oberflächlicher Betrachtung, die Cercopiden (Abb. 231). Das basale Glied des Penis ist bei ihnen wie bei *Psylla* stark geschwungen und am Grunde zwiebelartig verdickt, es liegt in der Ruhe nach vorn gebogen in einer von den beiden flachen Parameren (*Par*) und dem vorhergehenden Hinterleibsring gebildeten Mulde. Das distale Glied des Penis besteht aus vier säbelförmigen, in der Ruhe eng aneinander und an das Basalglied gelegten Fortsätzen. Wie der Penis in Kopulationsstellung geht, zeigen die Abb. 231a—b; man sieht, daß dabei die in der Ruhe ineinandergeschobenen letzten Abdominalsegmente auseinandertreten, und daß dadurch der Penis frei wird. Der Analkegel, der aus den letzten Abdominalsegmenten besteht, spielt dabei keine so wichtige Rolle wie bei *Psylla*. Auch die Einführung des Penis erfolgt ganz anders wie bei den Psylliden; er dringt nämlich (c) wie bei den Aleurodiden zwischen die basalen Teile des Legebohrers und erreicht, indem er nach vorn weiter geschoben wird, die Mündung des Receptaculums. Das Sperma ergießt sich aus dem Knie des Penis, die vier säbelförmigen Fortsätze haben also nicht dieselbe Aufgabe wie das distale Glied des Penis von *Psylla*. Sie scheinen vielmehr zur Verankerung zu dienen, denn sie werden, wie Abb. 231d zeigt,

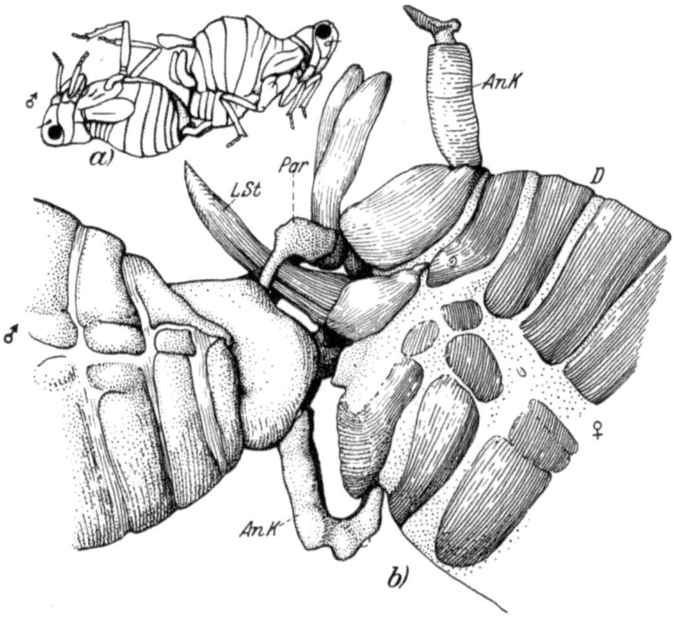

Abb. 232. a) Kopulierendes Paar von *Histeropterum grilloides* (Fulgoriden), lateral, nach SPINOLA aus BERLESE; b) Hinterenden eines kopulierenden Paares von *Cixius sp.* in entsprechender Lage, links ♂. Original nach einem Präparat von Prof. REICHENSPERGER. *D* Dorsalseite, andere Bezeichnungen wie in Abb. 230 und 231.

erst innerhalb des weiblichen Körpers abgespreizt, allerdings nicht ventralwärts, sondern im Gegenteil dorsal, am Basalglied des Penis vorbei. Das Penisgelenk hat hier also eine ganz andere Bedeutung wie bei *Psylla*, was wiederum mit der Art der Einführung zusammenhängt. Abb. 231c zeigt, daß auch die Parameren der Cercopiden anders wirken wie die der Psylliden. Ihre Muskeln sind nur schwach und vermögen die Parameren nur wenig zu spreizen. Diese fungieren daher nicht als Zange, wenn auch ihre Spitzen sich in die Vertiefungen des weiblichen Hinterendes einstemmen. Offenbar besteht eine Korrelation zwischen der Ausbildung der Fortsätze des Penis und der Funktion der Parameren. Trotz dieser Unterschiede ähnelt die Kopulationsstellung der Cercopiden der der Psylliden. Die beiden Tiere sitzen Seite an Seite, das Hinterende des

Männchens ist stark nach dem Weibchen hin gebogen. Diese Stellung wird meist lange Zeit beibehalten; da die Tiere aber recht beweglich bleiben, kommt es oft vor, daß das Weibchen das Männchen nachzieht und daß die Tiere im rechten Winkel zueinander zu stehen kommen oder gar in gerade entgegengesetzte Richtungen sehen. Da sowohl die Verbindung des Penis mit dem Körper wie auch die Verbindung der hinteren

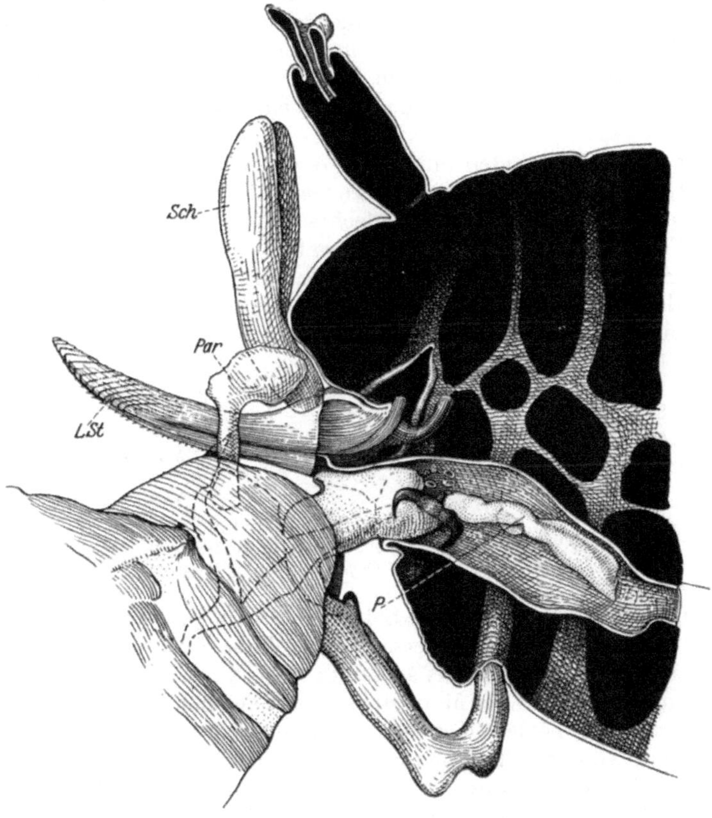

Abb. 233. Wie Abb. 232b, aber das ♀ längs durchschnitten, nur der Legestachel ist ganz gelassen (*LSt*), Schnittflächen weiß, Innenflächen von Skleriten schwarz, Membranen kreuzschraffiert, *Sch* Scheiden des Legestachels.

Abdominalsegmente untereinander sehr beweglich sind (Abb. 231 b), leidet unter solchen Bewegungen die Festigkeit der Vereinigung nicht.

Eine ganz ungewöhnliche Form der Kopulation kommt, wie die Abb. 232 und 233 zeigen, bei gewissen Fulgoriden vor. Das Weibchen nimmt hier die normale Stellung ein, während das Männchen auf dem Rücken liegt und die Beine nach oben streckt. Dabei ist es fest mit dem Weibchen verbunden, denn der doppelhakenförmig gekrümmte männliche Analkegel stemmt sich von unten her in die letzte intersegmentale Falte des weiblichen Hinterleibes; die weit ventralwärts verlagerten

Parameren (*Par*) umklammern den Legestachel (*LSt*) und seine dorsalwärts gebogenen Scheiden (*Sch*). Zwischen diesen beiden Klammerapparaten tritt der in der Ruhe knieförmig gebogene und in das Hinterende eingezogene Penis zutage, der geradlinig in die Scheide des Weibchens eindringt und sich dort vermittels zweier Paare von starken, am Knie gelegenen Haken verankert (Abb. 233). Trotzdem das Männchen am Boden keinen Halt hat, wird sich die Verbindung, solange diese zahlreichen Klammerapparate wirken, nicht lösen können. Die engen Zusammenhänge zwischen Form und Funktion treten, wenn man die eigentümliche Lage der Parameren, den Bau des Analkegels und die Kopulationsstellung sich zusammen vor Augen hält, an diesem Beispiel klar zutage.

Auch bei den Aradiden unter den Wanzen führt das Männchen sein Kopulationsglied, das am Rücken des Genitalsegmentes gelegen ist, von unten her in die weibliche Geschlechtsöffnung ein. Die Längsachsen beider Tiere bilden dann (Abb. 286) während der ganzen Kopula eine V-förmige Figur (STRAWINSKI, TEISO ESAKI).

Bei den meisten Wanzen nähern sich die Männchen den Weibchen aber vom Rücken her, d. h. sie klammern sich auf diesem an und führen

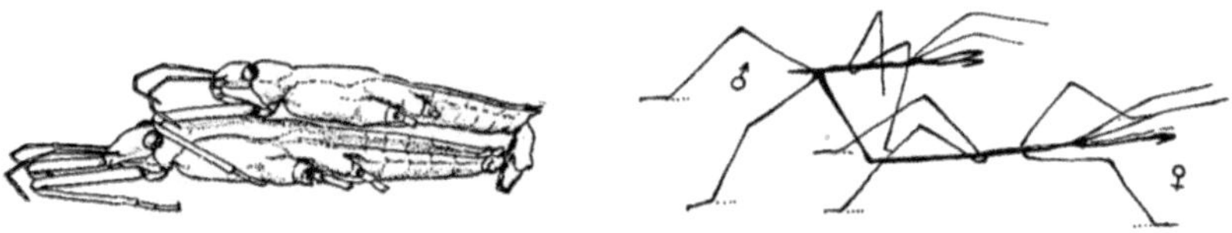

a b

Abb. 234. a) Kopulierendes Paar von *Gerris sp.*, Seitenansicht, Mittel- und Hinterbeine entfernt nach HUNGERFORD; b) *Emesa longipes*, nach WICKHAM aus BERLESE.

den Penis von hinten her in die Scheide ein. Die dabei sich ergebenden Schwierigkeiten werden auf verschiedene Weise überwunden. Bei den Wasserläufern kann der Penis an seiner Basis ventralwärts umgeklappt werden, der Hinterleib des Männchens bleibt demgemäß völlig gestreckt, die Längsachsen beider Tiere sind parallel (Abb. 234a). Das andere Extrem wird von den Emesinen vertreten, deren Männchen ihren Hinterleib an der Basis nach unten umknicken können und so, indem sie schief über dem Weibchen stehen, dessen Geschlechtsöffnung ohne Mühe erreichen (Abb. 234b). Eine Klammerung findet hier nicht statt. Bei den meisten Wanzen rückt aber das Männchen, nachdem es von der Seite oder von hinten her auf den Rücken des Weibchens gelangt ist, an dessen Seitenkante herab und klammert sich hier fest (siehe Abb. 237e) (*Piesma*, Saldiden). In dieser Stellung erfolgt dann das Hervortreten und Einführen des Begattungsgliedes. Ist dies geschehen, so kann das Männchen weiterhin, oft sogar sehr lange (bei *Piesma* stundenlang) auf dem Rücken des Weibchens verharren, es kommt aber auch vor, daß es herabgleitet und nun in der gleichen Stellung neben dem Weibchen sitzen bleibt, die wir bei *Triecphora* und *Aradus* kennen lernten (Abb. 286). Vom Rücken der Weibchen aus kopulieren auch die Männchen der Wasserwanzen. Die Notonecten behalten auch bei der Kopula ihre Rückenlage bei, das

Männchen nähert sich von unten her dem Weibchen und hängt schief unter ihm, indem es mit den Vorderbeinen den Kopf, mit den Mittelbeinen den Körper des Weibchens umfaßt. Da die Hinterbeine (wie bei den Wasserläufern) frei bleiben, so können die Tiere ebenso lebhaft umherschwimmen, wie die Landwanzen in Kopula umherzukriechen vermögen. Die Begattung selbst erfolgt dann, indem das Männchen seinen Hinterleib so weit dreht, daß es mit der Ventralseite der letzten Segmente den Körperrand des Weibchens umgreift. In dieser Stellung wird der Penis eingeführt (LEHMANN).

Bei *Corixa* wird eine Drehung des männlichen Hinterleibes nach HAGEMANN dadurch vermieden, daß dieser asymmetrisch gebaut ist. Durch diese Asymmetrie entsteht auf der einen Seite des flachen Hinterleibes ein tiefer Spalt zwischen zwei Segmenten. Bei *Macrocorixa* ist dieser Spalt links (Abb. 235a), bei anderen Corixen rechts gelegen. Je nachdem schiebt das Männchen von links oder von rechts seinen Hinterleib so über den des Weibchens, daß die Seitenkante des letzteren in den Spalt eindringt. Damit kommt das Hinterende des Männchens ventral von dem des Weibchens zu liegen, der dorsalwärts und etwas nach vorn gekrümmte Penis kann ohne Schwierigkeiten in die Scheide eindringen. Der auf derselben Seite wie der Spalt gelegene „Striegel", den HANDLIRSCH als Stridulationsorgan deutete, wird von HAGEMANN als Hilfsmittel bei der Kopula gedeutet; die Abhängigkeit seiner Lage von der des Spaltes bestätigt ebenso wie der Bau des mit feinen Reihen starrer Borsten besetzten Organs HAGEMANNS Vermutung, daß der Striegel entweder als Reizorgan oder wenigstens zur Festigung der Klammerung dient, jedenfalls also zur Erhöhung der Reibung zwischen beiden Abdomina.

Besonders verwickelt gestaltet sich die Ausübung der Kopula nach BAUNACKE bei *Nepa*. Bei *Ranatra* setzt sich das männliche Tier neben das Weibchen, umfaßt mit den Beinen der einen Seite dessen Körper und biegt das Abdomen soweit abwärts und seitwärts, daß dessen hinteres Ende die Genitalöffnung des Weibchens berührt. Auch bei *Nepa* klammert sich das Männchen nur mit den Beinen der einen Seite an das Weibchen (Abb. 235b), die Umbiegung des Abdomens wird aber durch seine flache Form sehr erschwert. Trotzdem gelingt sie und zwar durch eine fast unglaublich scheinende, durch besondere sekundäre Quernähte ermöglichte Doppelknickung des Hinterleibes. Dabei bildet sich zwischen der Dorsalseite des eingeknickten männlichen Hinterleibes und den Flügeln eine tütenartige Falte, in die die Hinterleibsspitze des Weibchens aufgenommen wird. Es liegt also nun die Dorsalseite des männlichen Hinterleibes eng auf der Ventralseite des weiblichen, die beiden Hälften der männlichen Atemröhre werden gespreizt, um dem Penis den Weg nach oben frei zu machen, und dieser legt sich dann soweit dorsalwärts um, daß er die weiblichen Genitalien erreicht. Auf ganz andere Weise als bei *Corixa* wird also hier das gleiche Ziel erreicht, die Annäherung des Hinterleibsrückens des auf dem Weibchen sitzenden Männchens an die Bauchseite des Hinterleibes des ersteren. Wir verstehen nun auch, weshalb die unpaare Abdominalschaufel der Larve bei der

Imago durch eine paarige Atemröhre ersetzt wird, die dem Penis den Durchtritt erlaubt. BAUNACKE geht sogar noch weiter und erklärt das Verschwinden der ventralen Luftkanäle bei der Imago mit der Tatsache, daß bei der Kopula der Hinterleib stark gebogen werden muß und daß dabei die Atemkanäle zu sehr in Mitleidenschaft gezogen würden. Diese Deutung hat wohl manches für sich, man darf aber nicht vergessen, daß bei *Notonecta* die Luftkanäle erhalten bleiben, trotzdem auch hier Verbiegungen des Hinterleibes bei der Kopula vorkommen. Mit der

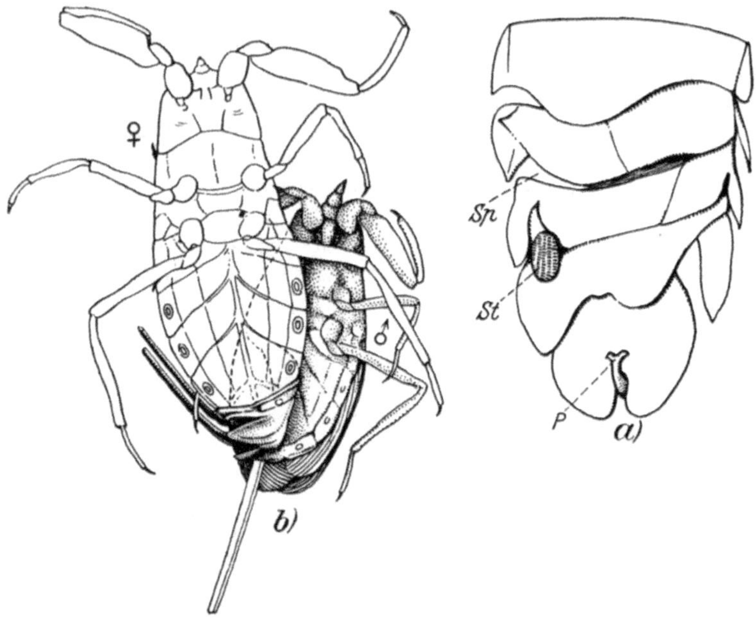

Abb. 235. a) *Corixa* (*Macrocorixa*) *Geoffroyi* ♂, Dorsalansicht des Abdomens nach HAGEMANN, *P* Penis, *Sp* Spalt, *St* Striegel; b) kopulierendes Paar von *Nepa cinerea*, von der Bauchseite gesehen, ♂ punktiert, nach BAUNACKE.

Feststellung jener korrelativen Zusammenhänge ist ihre Genetik eben noch keineswegs erklärt, wenn wir auch durch sie der Erklärung einen Schritt näher gekommen sind.

Noch schwerer verständlich als bei *Nepa* ist der Kopulationsvorgang bei denjenigen Wanzen, die aus der oben geschilderten Anfangsstellung in eine antagonistische Begattungsstellung übergehen. Das trifft z. B. für die Pentatomiden, die Lygaeiden und die Pyrrhocoriden zu.

Ein genaues Eingehen auf die ausgezeichnete Darstellung, die LUDWIG von den Kopulationsorganen der beiden letzteren Familien gegeben hat, würde zu viel Raum einnehmen, wir müssen wegen der Einzelheiten auf die Originalarbeit verweisen und uns damit begnügen, ein Bild des Kopulationsvorganges bei *Lygaeus equestris* und *Pyrrhocoris apterus* zu zeichnen. Bei beiden Arten klettert das Männchen zuerst auf den Rücken des Weibchens und hält sich oben fest, indem es seinen Hinterleib nach einer Seite herunterbiegt (Abb. 237e). Dann vergrößert es durch Kontraktion bestimmter Muskeln seinen Innendruck, die Genitalsegmente werden fernrohrartig nach hinten oben hervorgeschoben (Abb. 237b). Bei *Lygaeus* wird der Kopulationsapparat gleichzeitig durch Kontraktion bestimmter Muskeln an seiner Basis um 180^0 gedreht und ventralwärts gebogen und zwar, je nachdem das Männchen auf der linken oder rechten Seite des Weibchens hängt, nach rechts bzw. links. Auf diese Weise kommt das Kopulationsorgan bei *Lygaeus* in eine mit der weiblichen Scheide übereinstimmende Richtung (Abb. 237a, b, c). Bei *Pyrrhocoris* findet nur eine Biegung, nicht aber eine Torsion des Penis statt, er dringt daher mit der Ventralseite nach oben in die Scheide ein. Die Scheide bildet bei beiden Familien eine erweiterungsfähige Penistasche,

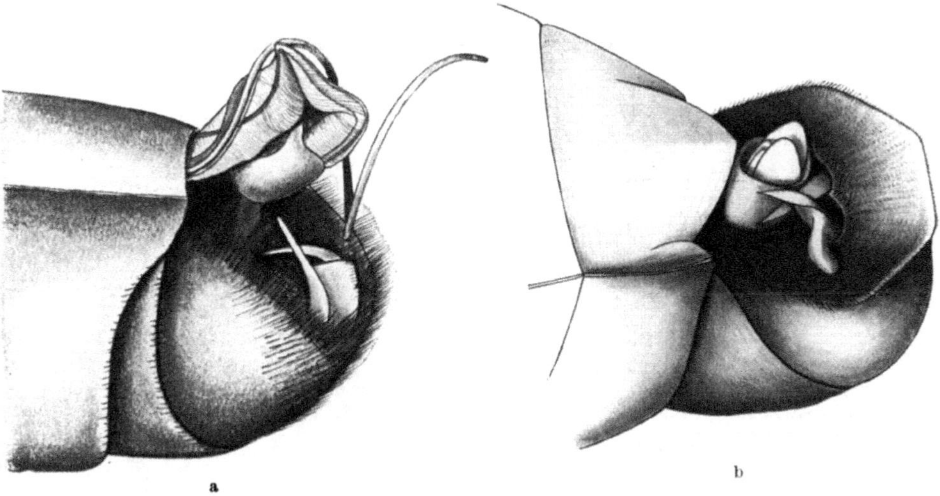

Abb. 236. a) *Lygaeus equestris* ♂, Hinterende, Zwischenstadium der Entfaltung des Kopulationsapparates; b) *Pyrrhocoris apterus* ♂, Hinterende. Beginn der Entfaltung, Tätigkeit der Haken, nach LUDWIG.

in die das Receptaculum mündet; der Zugang zur Geschlechtsöffnung wird frei, wenn das Weibchen die klappenförmigen Hälften des achten abdominalen Sternits spreizt. Das geschieht durch Muskelwirkung spätestens, wenn das Männchen sich festgeklammert und das Weibchen mit den Fühlern und dem Hinterleibsende betastet hat. Zwischen den Klappen wird nun die Kopulationsröhre, die bei *Pyrrhocoris* durch vier Ovipositorenpolster ersetzt ist, sichtbar; sie wird durch Blutdruck vorgestülpt und erweitert. Nun legt das Männchen seinen Kopulationsapparat an die Geschlechtsöffnung des Weibchens und senkt den Penis ein. Der Bau des Penis ist, ebenso wie der weitere Verlauf der Kopula, bei *Lygaeus* und *Pyrrhocoris* sehr verschieden, gleich verhalten sich die Männchen nur insofern, als sie nach Einführung des Penis nach rechts oder links vom Rücken des Weibchens heruntertreten, sich nach hinten drehen und nun die antagonistische Haltung einnehmen (Abb. 237f). Dabei wird bei

Lygaeus die Torsion der Basis des Kopulationsapparates rückgängig gemacht (Abb. 237 b—d), bei *Pyrrhocoris* dagegen wird der Kopulationsapparat jetzt erst am Grund um 180° verdreht (Abb. 238 a).

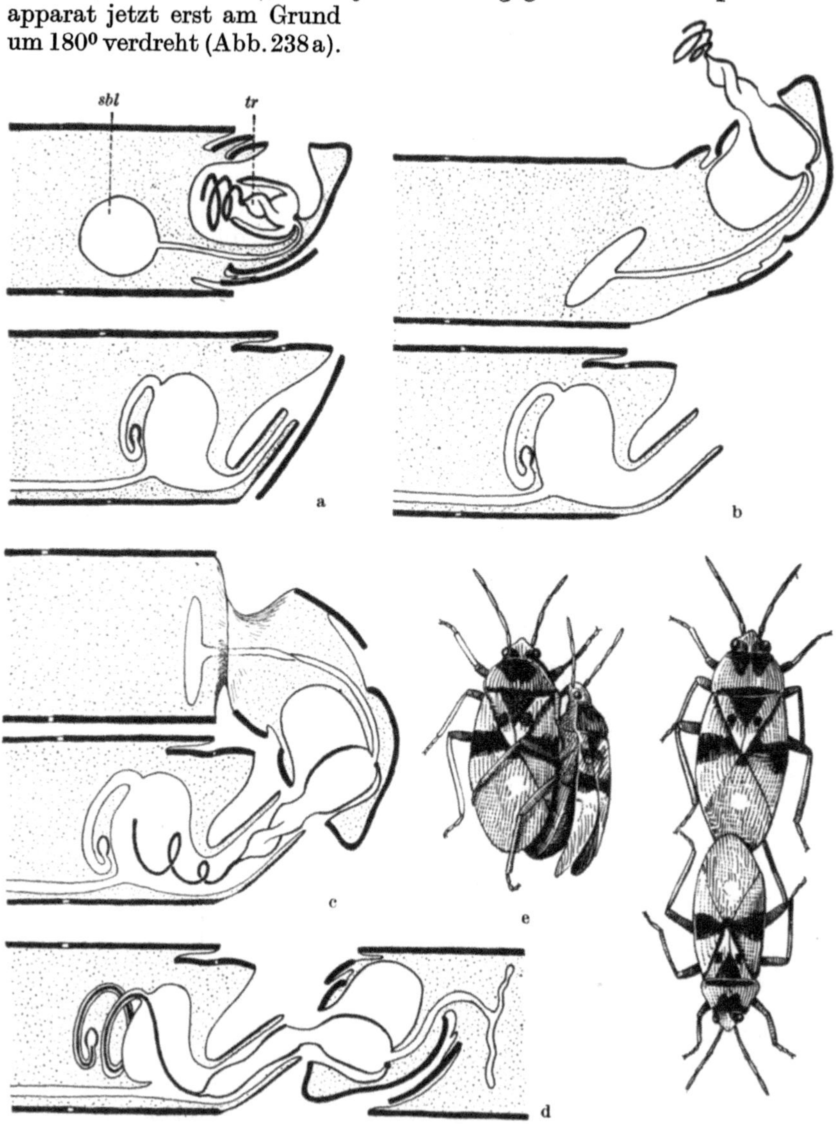

Abb. 237. a—d Längsschnittschemata der bei der Kopula von *Lygaeus equestris* aufeinanderfolgenden Stadien. a), b), c) ♂ oben, d) ♂ rechts. *sBl* Schwellblase, *tr* Penisträger, nach LUDWIG; e), f) Dorsalansichten des kopulierenden Paares. e) Anfangsstellung, f) antagonistische Stellung, nach EKBLOM.

Das Kopulationsorgan von *Pyrrhocoris* ist ein verhältnismäßig einfaches Gebilde, es schiebt sich, wie Abb. 238 a zeigt, mit seiner gekrümmten Spitze, dem Penishaken, so weit in die Penistasche hinein,

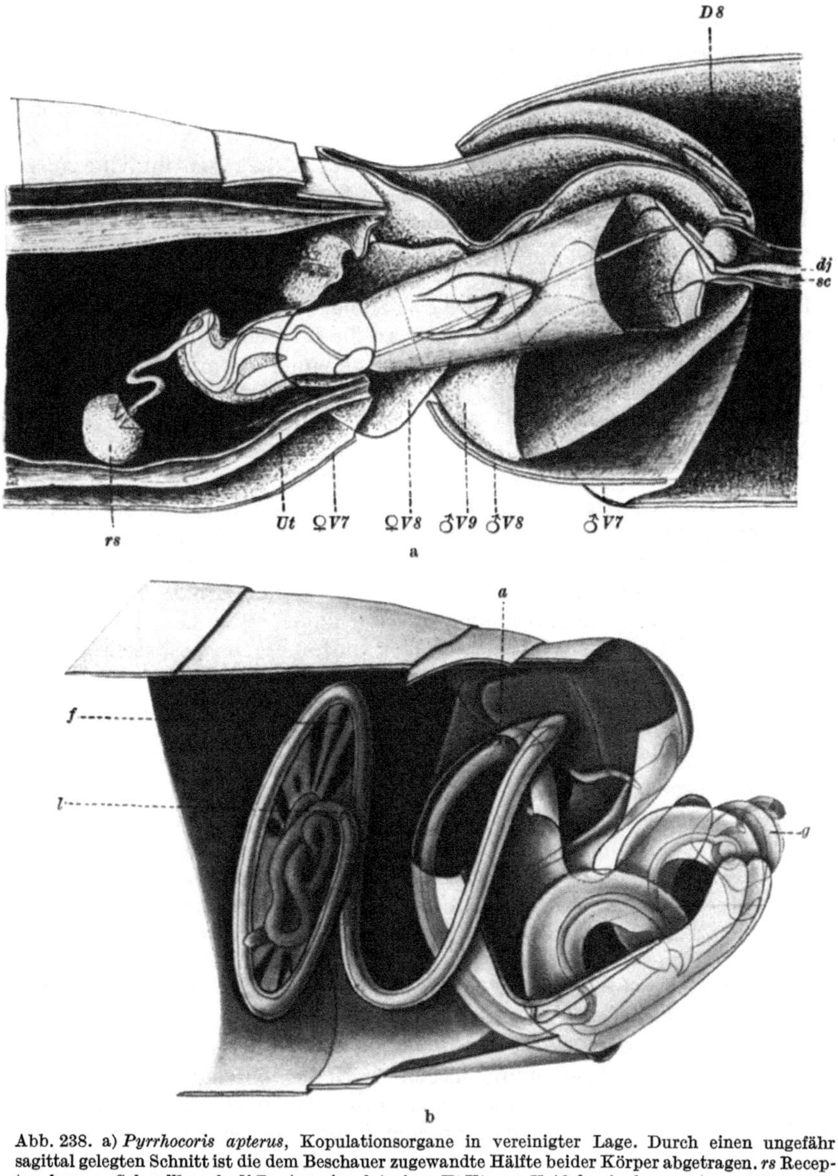

Abb. 238. a) *Pyrrhocoris apterus*, Kopulationsorgane in vereinigter Lage. Durch einen ungefähr sagittal gelegten Schnitt ist die dem Beschauer zugewandte Hälfte beider Körper abgetragen. *rs* Receptaculum, *sc* Schwellkanal, *dj* Ductus ejaculatorius, *Ut* Uterus, *V* Abdominalsegment, nach LUDWIG. b) *Lygaeus equestris*, Kopulationsapparate in vereinigter Lage, die linke Seitenwand des ♀ ist vollständig, die linke Wand der Penistasche teilweise abgetragen. Das männliche Kopulationsorgan ist an der Basis vom männlichen Körper abgetrennt. *l* Ende des freien Rohres, *a* Beginn des Receptaculumkanales, *gl* glockenförmige Kapsel des Trägers, *f* Fettkörperstränge, nach LUDWIG.

bis die Spitze der Mündung des Receptaculums eng anliegt. Die Schwellung des Organs erstreckt sich nur auf seinen distalen und seinen basalen Teil; der mittlere Teil, die feste Penisblase, bleibt während der Erektion völlig unverändert, sie besorgt die Verankerung des männlichen Kopulationsapparates am weiblichen und zwar mittels zweier Paare von flügelartigen, lateralen Platten, die sich gegen die Ovipositorenpolster des Weibchens stemmen und so einer vorzeitigen Lösung der Verbindung vorbeugen.

Bei *Lygaeus* ist die Verbindung schon durch die eigentümliche Form des Penis selbst gesichert. Dieser sitzt mit einem dünnen Verbindungsrohr an der Penisblase, die nicht mit ausgestülpt wird. An das Verbindungsrohr schließt sich zunächst ein Trägerrohr an, und auf dieses folgt das freie Penisrohr. Träger und Anfangsteil des freien Rohres sind schraubig nach rechts, dessen übriger Teil nach links gewunden. Hat das Männchen seinen Kopulationsapparat an die Röhrenmündung des Weibchens gelegt, so schwellt es seine Hohlräume vollends und entfaltet damit den Träger und das Penisrohr. Hierbei verändert der Träger in gesetzmäßiger Weise seine Gestalt, dreht sein Distalende in einem Kreis um 360° nach links und bewirkt hierdurch ein Hineindrehen des schraubigen, freien Rohres in den gleich gewundenen Receptaculumkanal (Abb. 237c, d, 238b). Im Gegensatz zu *Pyrrhocoris* und zu allen bisher beschriebenen Hemipteren wird also hier der Penis bis in den Gang des Receptaculums vorgeschoben, die Windung der beiden Teile bringt einmal ein sehr festes Zusammenhaften des männlichen und weiblichen Körpers mit sich, „zweitens aber hat die Natur hier gewissermaßen einen Geheimschlüssel konstruiert, der eine Bastardierung verwandter Arten unmöglich macht. Es ist zu vermuten, daß der besondere Bau des männlichen Organs bei *Lygaeus* eine sekundäre exzessive Bildung darstellt, daß hingegen der Apparat von *Pyrrhocoris* von vorn herein nach einem anderen Plan gebaut ist, wenn auch verschiedenes auf Reduktion hindeutet" (LUDWIG). Auch bei *Lygaeus* sind Anzeichen von Reduktion vorhanden. So spielen die hakenförmigen Gonapophysen des Männchens, die in Abb. 236a sichtbar sind, keine Rolle bei der Kopula mehr, während dieselben Organe nach Abb. 236b bei *Pyrrhocoris* den Penis bei seiner Entfaltung nach der einen Seite drücken und so seine Einführung erleichtern. Natürlich hängt dieser Unterschied damit zusammen, daß bei *Lygaeus* durch die von Muskeln besorgte Torsion des Penis seine Einführung in die Penistasche ohne Schwierigkeiten möglich wird, während bei *Pyrrhocoris* keine Torsion des Penis mit seiner Schwellung verbunden ist.

Es ist von Interesse, daß bei manchen Landwanzen, die keine antagonistische Begattungsstellung haben, z. B. bei *Piesma quadrata* nach WILLE, die Gonapophysenhaken noch erheblich besser entwickelt sind als bei *Pyrrhocoris* und dementsprechend auch bei der Klammerung wie die Parameren der Homopteren wirken. Wir können daraus den Schluß ziehen, daß der Übergang zur antagonistischen Stellung den Anstoß gab zu der bei *Pyrrhocoris* schon angedeuteten, bei *Lygaeus* offenkundigen Reduktion der Gonapophysen. Daß dagegen der komplizierte, spiralige Bau des Penis von *Lygaeus* nicht in kausalem Zusammenhang mit der antagonistischen Stellung steht, geht daraus hervor, daß auch bei *Piesma* der Penis ein spiraliges Rohr ist, das ganz wie bei *Lygaeus* einem Träger aufsitzt und in den gewundenen Gang des Receptaculums hineingedreht wird. Außerdem spricht für diesen Schluß die Tatsache, daß *Pyrrhocoris* einen einfachen Penis hat und doch eine antagonistische Stellung einnimmt. Auch die Drehung um 180°, die der Kopulationsapparat von *Lygaeus* zu Beginn der Kopula erleidet, ist nicht einfach mit dem später stattfindenden Einnehmen der antagonistischen Lage zu erklären, denn bei *Pyrrhocoris* findet, wie oben gesagt wurde, die Drehung nicht statt. Man kann also nur sagen, daß diese bei *Lygaeus* vorkommende Drehung für die Ausführung der Kopula günstig ist, nicht aber, daß sie mit der antagonistischen Stellung genetisch zu erklären ist. Wieder einmal zeigt sich hier die Schwierigkeit der Feststellung kausaler Zusammenhänge in der Genetik, die Tatsache, daß die Probleme um so komplizierter werden, je tiefer man in sie eindringt. Ganz besonders gilt das bei so verwickelt gebauten Organen, wie dem Kopulationsapparat der Landwanzen mit seinem eigentümlichen Schwellungsmechanismus.

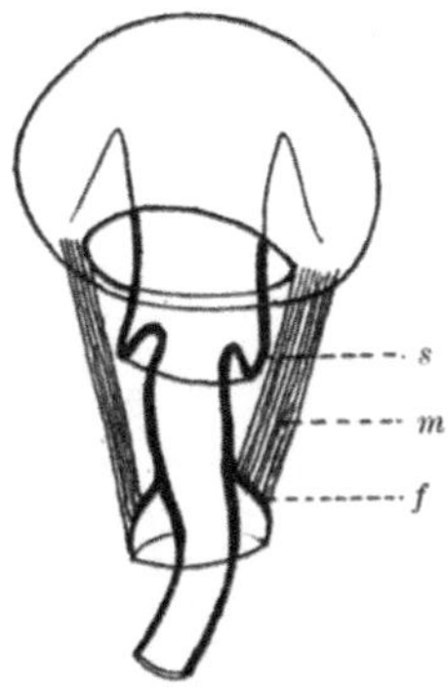

Abb. 239. *Pyrrhocoris apterus* ♀. Receptaculum seminis. *m* Muskel, *f* Ringfalte, *s* präformierte Wandstelle, an der sich der Kanal zusammenstaucht, nach LUDWIG.

Während der erste Teil der Schwellung des Kopulationsapparates unmittelbar durch die Hämolymphe bewirkt wird, ist der zweite Teil, die Erektion des Penisrohres, auf die Wirkung einer flüssigkeitsgefüllten Schwellblase zurückzuführen, die in Abb. 226b zu sehen ist. Diese Blase ist morphologisch nichts anderes als der erweiterte Ductus ejaculatorius, sie setzt sich in der Tat als Gang bis in das Ende des distalen Penisrohres fort. Physiologisch fungiert als Ductus ejaculatorius die losgelöste Innencuticula des Schwellblasenganges, die sich, die Wand der Schwellblase durchstoßend, in die Cuticula der Vasa deferentia fortsetzt. Da die Cuticula an einem Wandstreifen der Schwellblase haften bleibt, kann eine unpaare, kammförmige Drüse, die sich aus diesem Streifen der Schwellblasenwand herausdifferenziert, ihr Sekret doch in den inneren Kanal entleeren. Die Funktion der Schwellblase besteht darin, daß ihr Inhalt, durch den Binnendruck des Abdomens in die abgeschlossenen Hohlräume des Penis gepreßt, diesen erigiert.

Außer der kammförmigen, unpaaren Drüse, von der eben die Rede war, gibt es noch ein Paar von Drüsen, die ebenso wie die erstere ihr Sekret in den Ductus entleeren und die Flüssigkeit liefern, in der die Spermien schwimmen. Wie die Übertragung der Spermaflüssigkeit erfolgt, ist nicht sicher festgestellt, eine Samenpumpe ist beim Männchen jedenfalls nicht nachgewiesen. Da aber das Receptaculum des Weibchens bei *Lygaeus* wie bei *Pyrrhocoris* eine regelrechte Pumpe bildet (Abb. 239), scheint es leicht möglich, daß das Sperma durch diese Pumpe angesogen wird und daß man also nicht zu der Erklärung LUDWIGS zu greifen braucht, wonach die Spermatozoen durch die chemotaktische Wirkung eines Sekrets des Receptaculums angelockt werden. Die Drüse, die am Receptaculum der beschriebenen Wanzen vorhanden ist und auch bei anderen nicht fehlt, ist wahrscheinlich ganz anders zu deuten. Wir werden auf die verschiedenen Sekrete, die auf die Spermien einwirken, unten noch zu sprechen kommen; zunächst soll noch die Kopulation der Cimiciden besprochen werden, die von der aller anderen Hemipteren sich grundsätzlich unterscheidet (HASE).

Der Unterschied besteht nicht etwa in der Kopulationsstellung, die, wie Abb. 240a zeigt, durchaus normal scheint. Er besteht vielmehr darin, daß der Penis nicht in die einfach schlitzförmige Geschlechtsöffnung (Abb. 240c, *Vag*) des Weibchens eingeführt wird, sondern in eine Tasche, die nach ihrem Entdecker das RIBAGAsche Organ genannt wird und die mit einem schmalen Schlitz auf der rechten Bauchseite zwischen dem vierten und fünften Abdominalsegment ausmündet (*RO*). Der Penis ist in der Ruhe in einer rinnenförmigen Scheide an der Seite des achten

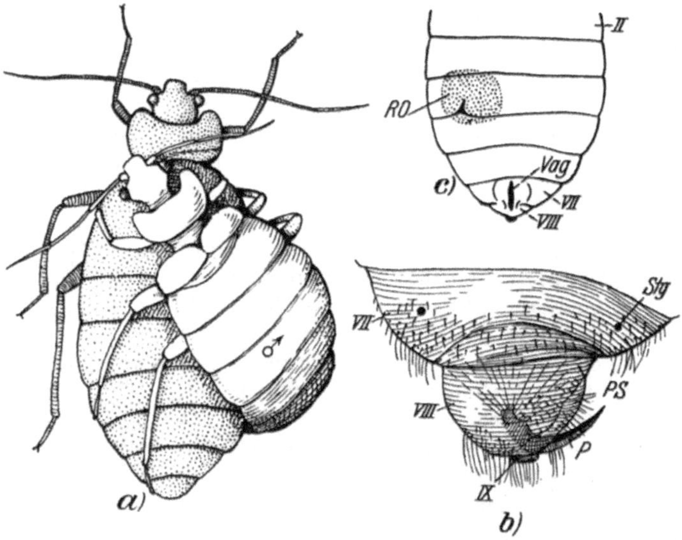

Abb. 240. a) *Cimex lectularius*, Paar in Kopula, von oben gesehen, ♀ punktiert; b) ♂, Hinterende ventral; c) ♀, Hinterende ventral. *P* Penis, *PS* Penisscheide, *RO* RIBAGAsches Organ, *Stg* Stigma, *Vag* Vagina. *I—IX* Abdominalsegmente, nach HASE.

Abdominalsegments verborgen. Bei der Kopulation wird er durch einen in Abb. 240b sichtbaren Muskel wie eine Taschenmesserklinge aus der Scheide geklappt und steht als seitlich gerichteter säbelförmiger Fortsatz am Hinterleibsende. Das Männchen biegt nun, indem es sich mit allen Beinen auf dem Rücken des Weibchens verankert, seinen Hinterleib um die rechte Seitenkante des Weibchens ventralwärts, erreicht mit dem Penis das RIBAGAsche Organ, senkt ihn tief in dasselbe und entleert das Sperma in den Hohlraum des Organs. Von da aus gelangen Spermien durch die Wand des Organs und durch die Leibeshöhle in das Receptaculum, die Befruchtung verläuft also normal. Die Tatsache, daß das Receptaculum von *Cimex* im Gegensatz zu dem anderer Wanzen ein einfacher häutiger Sack ist, läßt darauf schließen, daß das RIBAGAsche Organ ihm einen Teil seiner Aufgaben abnimmt.

Worin bestehen aber diese Aufgaben? Bei den meisten Wanzen sicherlich darin, daß das Receptaculum bei der Kopula als Saugpumpe wirkt. Das gilt, wie oben schon gesagt wurde, für *Pyrrhocoris* und *Lygaeus*, ebenso auch für *Piesma* und die Pentatomiden. Bei den Pentatomiden hat BERLESE aber außerdem noch eine Funktion des Receptaculums nachgewiesen, nämlich die ,,Verdauung" des überschüssigen Spermas. Die allgemein bekannte Tatsache, daß bei den Insekten in der Regel bedeutend größere Mengen von Spermatozoen in den weiblichen Organismus eingeführt werden, als zur Befruchtung der Eier notwendig wäre, legt die Frage nahe, ob diese Spermamengen wirklich ungenützt bleiben, ob also der männliche Organismus mit ihrer Produktion überflüssige Arbeit leistet oder nicht. BERLESE hat zur Lösung dieser Frage die Pentatomiden und die Cimiciden herangezogen und ist dabei zu sehr bemerkenswerten Ergebnissen gekommen[1]. Er ging von den männlichen Geschlechtsorganen der gestreiften Baumwanze *Graphosoma lineatum* aus. Bei ihr führen paarige Vasa deferentia in eine unpaare Samenblase, deren Bau aus Abb. 241 *A*, *B*. hervorgeht. In die Blase münden drei Paare von Drüsen:

,,1. Ein tubulöses Paar, aus einem Konvolut dicker Schläuche bestehend, von einer Tunica propria umgeben, aufgebaut aus mäßig hohen Epithelzellen, ohne Intima (d_1). Es liefert ein Sekret, welches aus sehr kleinen Tröpfchen einer dichten Substanz besteht, die sich mit Hämalaun intensiv violett und nach der Methode HEIDENHAINS schwarz färbt.

2. Ein Paar birnförmiger, mit einer Intima ausgekleideter Säcke, deren Sekret sehr flüssig zu sein scheint und bei der Fixierung mit Sublimat leicht zu einer homogenen Masse koaguliert (d_2).

3. Noch ein zweites tubulöses Paar, bestehend aus viel dünneren Schläuchen wie das erste, mit sehr hohen zylindrischen Epithelzellen und deutlicher Intima (d_3). Auch das Sekret dieser Drüsen scheint dünnflüssig zu sein und entzieht sich durch seine Löslichkeit in den bei der Untersuchung verwendeten Medien (Wasser, Alkohol, Benzol usw.) der genaueren Untersuchung.

Es ergießen sich also außer den Spermatozoen noch dreierlei Sekrete in die sehr kompliziert gebaute Samenblase. Dieselbe besteht aus einer verkehrt birnförmigen Blase, deren Wandung mit Muskulatur versehen ist und sich als Ausführungsgang in die äußeren Genitalanhänge fortsetzt. Der Innenraum dieser Blase wird durch eine konzentrische doppelte Lage von hohen Epithelzellen in zwei Kammern geteilt, in deren innere (axiale) die Spermatozoen, also die Produkte der Hoden, fließen, und die daher als Camera spermatica bezeichnet wird. Hier ist noch zu erwähnen, daß die Epithelzellen, welche diese Camera spermatica umgeben, ein eigenes, aus sehr kleinen Tröpfchen einer nicht besonders dichten, sich mit Hämalaun nur schwach färbenden Substanz bestehendes Sekret absondern, welches sich nunmehr dem Sperma zugesellt."
Diese Drüsenzellen scheinen also der oben erwähnten kammförmigen

[1] Die folgende Darstellung gründet sich auf eine Zusammenfassung, die HANDLIRSCH von den Ergebnissen BERLESES gegeben hat.

Drüse von *Lygaeus* zu entsprechen. „Die Scheidewand (*c*) setzt sich ebenfalls als feiner Schlauch in die äußeren Genitalien fort.“ Durch diesen Schlauch unterscheidet sich *Graphosoma* von *Lygaeus*, beide stimmen darin überein, daß die Cuticula des Ductus ejaculatorius abgelöst ist und als sehr zarte Chitinmembran einen besonderen Schlauch bildet, der bei *Graphosoma* den äußeren Raum der Samenblase und des Ductus in zwei konzentrische Kammern teilt, deren innere nur das Sekret des tubulösen Drüsenpaares d_1 aufnimmt, das demnach der paarigen Anhangsdrüse von *Lygaeus* entspricht. Die Sekrete der beiden

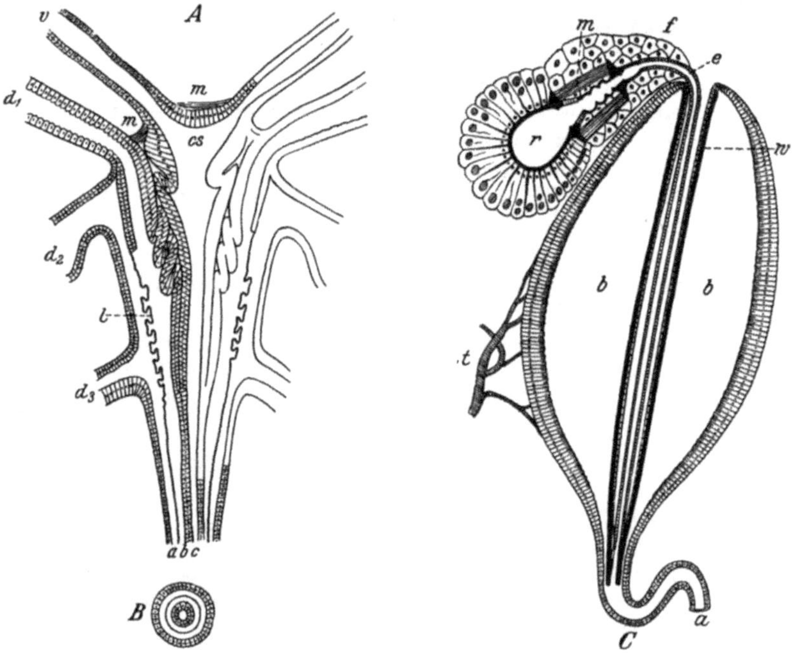

Abb. 241. *A* Längsschnitt durch die Samenblase einer männlichen *Graphosoma*. Schema nach Berlese aus Handlirsch. *v* Vas deferens, $d_{1,2,3}$ die drei akzessorischen Drüsenpaare, *cs* Camera spermatica, *l* Chitinlamelle, *a, b, c* die drei konzentrischen Röhren des Ausführganges; *B* Querschnitt durch den letzteren; *C* Längsschnitt durch das Receptaculum einer weiblichen *Graphosoma*. *a* Ausführgang, *b* Borsa, *w* weites Chitinrohr, *e* enges Rohr, *r* eigentliches Receptaculum, *m* Muskel, *f* Fettkörper, *tr* Tracheen.

anderen Drüsenpaare fließen in den äußeren Raum, der der Schwellblase und dem Schwellblasengang von *Lygaeus* homolog ist. Die Sekrete der Drüsen bleiben also voneinander und vom Sperma so lange wie möglich getrennt, ja es scheint ausgeschlossen, daß sie sich innerhalb des männlichen Organismus vereinigen. Die Vereinigung erfolgt vielmehr nach Berlese im Receptaculum des Weibchens, das nach Abb. 241 *C* einen langen eiförmigen Sack, die Borsa, bildet, an dessen distalem Ende nickend noch ein weiterer birnförmiger Abschnitt hängt. Der letztere entspricht völlig dem in Abb. 239 dargestellten Receptaculum von *Pyrrhocoris*. Die Borsa besteht aus einem hohen Zylinderepithel und wird außen von einer zarten Tunica propria, auf welcher sich zahlreiche feine Tracheenäste verteilen, begrenzt. Die Zylinderzellen setzen sich nach innen in eine große Zahl von Zilien fort, ähnlich wie bei manchen resorptorischen Epithelien des Darmes. „Durch die Längsachse der Borsa zieht ein weites Chitinrohr, welches von der S-förmig gebogenen Stelle des Ausführungsganges bis zum entgegengesetzten Pol reicht und sich hier fest mit der Wandung der ‚Borsa' verbindet. Innen ist dieses Rohr mit einer sehr dünnen Schicht von Pflasterepithel bekleidet. Durch dieses weite Rohr läuft nun ein zweites, viel engeres, welches wieder einerseits mit dem freien Ende des weiteren fest verbunden ist und andererseits bis in den nickenden Anhang führt, der als das eigentliche Receptaculum seminis aufzufassen ist. Letzteres besteht aus einer fast hutartigen, festen Chitinkapsel, deren krämpenartiger Rand durch einen Kranz von Muskeln mit einer gegenüberliegenden, starken, perforierten Chitinlinse verbunden ist. Innerhalb dieses Kranzes von Muskeln folgt dann einerseits ein spiralig gewundenes Chitinrohr — die Fortsetzung des oben beschriebenen engen Rohres — und außerdem ein nur aus Epithelzellen bestehendes, also weiches Stück, das wieder das Spiralrohr mit der hutartigen Kapsel verbindet. Diese Kapsel ist von einem großzelligen Drüsenepithel umgeben, in welches sie Chitinstrahlen entsendet; in den Zwischenraum zwischen diesem Epithel und der Borsa lagert sich eine Schicht von Fettkörper. Auch die Außenseite des engeren, ins Receptaculum führenden Rohres zeigt eine Bekleidung aus dicht gedrängten hohen Epithelzellen, so daß wir also eine ununterbrochene Epithelschicht über das ganze komplizierte Organ verfolgen können, was auf die Entstehung derselben aus einem einzigen, erst später durch Einstülpung gegliederten Sack hindeutet.

In dem eigentlichen Receptaculum seminis, also in der hutartigen Chitinkapsel, findet man nach erfolgter Begattung fast ausschließlich Spermatozoen, gemengt mit spärlichen Tröpfchen jener vom Epithel der männlichen Samenblase ausgeschiedenen Substanz, welche sich schon vor der Begattung dem Sperma beigemischt hat. In der ‚Borsa' finden sich dagegen ganz andere Produkte, und zwar 1. Eine dichte homogene, stark lichtbrechende Substanz, nicht mit den gewöhnlichen Tinktionsmitteln zu färben und wahrscheinlich vom weiblichen Organismus selbst erzeugt. Diese Substanz bildet ungefähr ein Viertel des Inhalts und ist wohl schon vor der Kopulation vorhanden. 2. Große Mengen kleiner Tröpfchen, wie sie von dem ersten tubulösen Paar der akzessorischen Drüsen des Männchens erzeugt werden, gut die Hälfte des Inhalts. 3. Eine große Zahl von Spermatozoen in der Masse der anderen Produkte verteilt und anscheinend abgestorben. 4. Zwischen diesen Substanzen finden sich bei der Präparation große Hohlräume, welche auf die frühere Anwesenheit einer in den Präparationsreagenzien löslichen Materie schließen lassen. Es handelt sich wahrscheinlich um das Produkt der dritten akzessorischen Drüse des Männchens. Dieser gemengte Inhalt der Borsa wird nun in der Nähe des eigentümlichen Zilienepithels verflüssigt und erfüllt den Raum zwischen den Zilien und selbst zwischen den Epithelzellen, was sich daraus schließen läßt, daß diese Räume sich mit HEIDENHAINS Eisenhämatoxylin schwarz färben. Die in die Borsa eingetretenen Spermatozoen werden offenbar durch die anderen Substanzen zerstört und mit diesen zusammen resorbiert. Es erklärt sich daraus die sorgfältige Trennung der verschiedenen Drüsensekrete innerhalb des männlichen Organismus."

In diesem bisher einzig dastehenden Falle ist also das Receptaculum in zwei Abschnitte geteilt, deren einer zur Aufbewahrung der zur Befruchtung notwendigen Spermatozoen dient, während der andere das überschüssige Sperma aufnimmt und verdaut. In beiden Abschnitten sind Sekrete vorhanden, und zwar im ersten neben dem wahrscheinlich spermophilen Sekret des inneren Ganges der Samenblase ein sicher ebenfalls spermophiles Produkt der Drüsenzellen des Receptaculums, im zweiten die spermaverdauenden Sekrete der männlichen Anhangsdrüsen, die durch die Spitze des ventilartigen Innentubus der Borsa vom ersten Abschnitt ferngehalten werden. Durch diese außerordentlich komplizierte Einrichtung wird eine Verwertung des überschüssigen Spermas ermöglicht. Es ist nach dem, was wir vom Bau der Receptacula anderer Landwanzen wissen, kaum anzunehmen, daß sie ähnlich fungieren; daß aber trotz sehr einfachen Baues derselben eine Resorption der überschüssigen Spermatozoen möglich ist, zeigen die Verhältnisse bei *Cimex*. Hier gibt es nur ein blasenförmiges, doppeltes Receptaculum, an dem weder eine Teilung in mehrere Abschnitte noch ein Pumpenapparat festzustellen ist. Dieser einfache Bau hängt, wie oben schon erwähnt wurde, damit zusammen, daß das Receptaculum bei der Kopula bedeutungslos ist. Das Sperma wird ja in das RIBAGAsche Organ und nicht in die Geschlechtsöffnung eingeführt. Der Bau dieses Organs geht aus Abb. 242 hervor. „Es besteht aus einer ziemlich großen Tasche voll amöboider Zellen, welche ein drüsenartiges Gebilde umgeben, dessen langgestreckte Zellen in eigene ‚Trabeculae' oder tubulare Teile auslaufen, an deren distalem Ende sich wieder sehr zarte messerartige Chitinstäbchen ansetzen. Diese Messerchen scheinen einem Teil der Bindehaut zwischen dem fünften und sechsten Segment zu entsprechen und korrespondieren mit eigenen Zähnchen des Vorderrandes der gegenüberliegenden sechsten Ventralplatte. Während die Tasche des

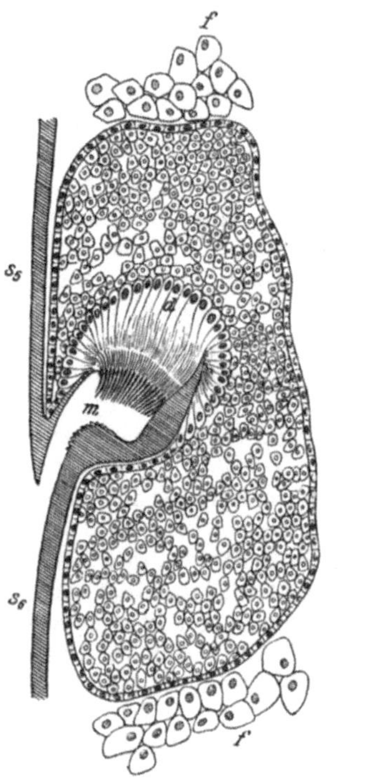

Abb. 242. RIBAGAsches Organ von *Cimex lectularius* ♀. Schema nach RIBAGA aus HANDLIRSCH. s_5, s_6 Sterna des fünften und sechsten Segmentes, *f* Fett, *d* Drüse, *m* Messerchen.

Organs in der kalten Jahreszeit nur ganz gleichartige, etwas polygonale und durch Fortsätze fest zusammenhängende amöboide Zellen enthält, zeigen sich schon im März ganz andere Verhältnisse, indem sich nunmehr große Mengen von Spermatozoen vorfinden. Dieselben sind ganz identisch mit jenen des Receptaculums, welche unmittelbar hinter dem RIBAGAschen Organ in der Leibeshöhle liegt, mit demselben aber in keiner direkten Verbindung steht."

Wie wir oben sahen, gelangen die Spermatozoen bei der Kopulation in die Tasche, sie werden dort zum Teil von den amöboiden Zellen derselben aufgenommen und bilden jeweils in denselben eine kleine, dem Zellkern ähnliche Pille.

„Im weiteren Verlauf des Prozesses verschmilzt dann der echte Kern der amöboiden Zelle mit dem falschen — um mit BERLESE zu sprechen — männlichen Kern[1] und mit dem Zellinhalt zu einem großen sphärischen Tropfen mehr oder minder homogener oder granulierter Masse, welcher die Zelle ganz oder zum Teil ausfüllt. Man kann in diesem Tropfen anfangs ohne Schwierigkeit noch durch Färbung mit Hämalaun jenen Teil erkennen, welcher dem ursprünglichen (♀) Kern entspricht; später aber wird die ganze Masse homogen, und manche Zellen bestehen nur mehr aus der Membran und dem mehr oder minder sphärischen Tropfen. Von da an beginnt die letzte Phase der Zerstörung der Zellen, welche sich auf deren Haut und Inhalt erstreckt, und es treten nunmehr zwei andere Organe bzw. histologische Elemente in Tätigkeit, von denen eines die resorbierbaren Produkte des Zerfalles absorbiert, während das andere die Ausscheidung der nicht resorbierbaren, also der Abfallsprodukte besorgt. Dies geschieht im April, wenn sich keine unversehrten Spermatozoen mehr vorfinden und die großen Tropfen in zahllose kleine zu zerfallen beginnen, welche sich gegen die Peripherie des Organs hin begeben. Hier findet man, die Tasche einhüllend, eine Schicht von Zellen mit großen Kernen, ähnlich jenen des Fettkörpers, und bei diesen sammeln sich nun die kleinen, albuminoiden Tröpfchen in großen Massen an. Es wird also das eine Produkt der „Verdauung" im Fettkörper aufgespeichert, während die übrigbleibenden, nicht zu resorbierenden Produkte des oben geschilderten Zerstörungsprozesses reichliche exkretorische Stoffe bilden, die in Form intensiv rotbraun gefärbter, dem Chitin analog durch kochende Säuren und Alkalien nichtlöslicher Ballen durch die Drüse *d* des RIBAGAschen Organs ausgeschieden und mit Hilfe der messerartigen Stäbchen *m* nach außen befördert werden.

Der ganze Organismus der weiblichen Bettwanze ist vor der Begattung ein sehr kümmerlicher, denn man sieht nur ganz kleine Ovarien usw., und erst nach der Kopulation entwickeln sich die inneren Sexualorgane auffallend rasch. Man kann demnach wohl annehmen, daß der rege Stoffwechsel, welcher nunmehr stattfindet, wenigstens zum Teil durch die Verdauung und Verwertung der überschüssigen Spermatozoen eingeleitet oder doch beeinflußt wird."

Die nicht verdauten Spermatozoen gelangen durch die Körperhöhle in das Receptaculum und besorgen dort die Befruchtung der Eier, werden

[1] Diese Verschmelzung konnte von BUCHNER (1923) nicht bestätigt werden.

aber zum Teil auch hier noch von amöboiden Zellen, die im Hohlraum des Receptaculums vorkommen, verdaut.

Die vorstehende Darstellung stützt sich nur bezüglich der resorptorischen Funktion des Ribagaschen Organs auf Berlese. Seine viel weitergehende Bedeutung hat erst Hase richtig erkannt, der als erster den Kopulationsakt der Bettwanze genau beobachtete und feststellte, daß die Spermatozoen von der Begattungstasche aus in das Receptaculum wandern und nicht umgekehrt, wie Berlese annahm.

Funktionell stimmt also das Ribagasche Organ insofern mit der Borsa der Pentatomiden überein, als es das überschüssige Sperma resorbiert. Der Hauptunterschied besteht aber darin, daß die Resorption eine phagozytäre Verdauung der Spermien darstellt, und nicht eine Verflüssigung derselben durch Sekrete, vor allem nicht durch Sekrete des männlichen Organismus. Die Verschiedenheit dieser beiden einzigen bis heute untersuchten Fälle läßt erwarten, daß sich bei eingehender Prüfung anderer Hemipteren weitere interessante Einzelheiten werden feststellen lassen. Darauf weist auch der verschiedene Bau der Receptacula der normal kopulierenden Hemipteren hin. Vielleicht trägt die vorstehende ausführliche Darstellung der in weiteren Kreisen fast unbekannt gebliebenen Untersuchungen an *Cimex* und *Graphosoma* dazu bei, daß auch andere Insekten auf die Spermaresorption hin untersucht werden.

Das Verhalten der beiden Geschlechter wechselt gewöhnlich von der Einführung des Penis ab. War vorher das Männchen der aktive Teil, das Weibchen gleichgültig, so beschränkt sich nun das Männchen auf die Klammerung, sitzt still und wird vom Weibchen umhergeschleppt oder nachgezogen. Diese Bewegungslosigkeit des Männchens glaubt Ludwig bei den Wanzen damit erklären zu können, daß es den abdominalen Innendruck, der zur Ausstülpung des Penis führte, dauernd aufrechterhalten muss, und daß infolgedessen die Atembewegungen gehemmt werden. Es ist nach dem, was oben über den Einfluß der Sauerstoffversorgung auf die Beweglichkeit gesagt wurde, nicht ausgeschlossen, daß diese Deutung zu Recht besteht. Immerhin geht die Unbeweglichkeit des Männchens gerade bei den Wanzen mit antagonistischer Stellung nicht so weit, daß, wenn das Weibchen vorwärtsschreitet, das Männchen nicht mit seinen Beinen die Bewegung mitmachte. Es ist von Interesse, daß dabei die Kettenreflexe der Beinbewegung ohne Störung in umgekehrter Reihenfolge ablaufen.

Die Dauer der Kopula ist bei den Hemipteren sehr verschieden. Das Männchen von *Piesma quadrata* hängt stundenlang auf dem Rücken des Weibchens, bei den Pentatomiden, Pyrrhocoriden und Lygaeiden hängen die beiden Geschlechter ebenfalls lange Zeit zusammen, bei *Cimex* schwankt die Dauer der Kopula nach Hase zwischen 1 und 41 Minuten, bei *Notonecta* ist sie 2 Minuten. Bei manchen Homopteren (Cercopiden) dauert die Vereinigung wie bei den genannten Wanzen stundenlang, bei anderen, wie z. B. den Psylliden und Aleurodiden, währt sie nur wenige Sekunden oder Minuten. Oft kommt es vor, daß nur die Klammerung lange Zeit in Anspruch nimmt, daß aber der Penis nur für ganz kurze

Dauer eingeführt wird. So schwimmen die Paare bei den Corixen und den Gerriden nach HAGEMANN und JORDAN tagelang in der Umklammerung herum, der eigentliche Geschlechtsakt ist aber in wenigen Minuten erledigt. Wenn man bedenkt, daß bei den Aleurodiden gar keine Klammerung vorkommt, daß aber die beiden Geschlechter oft lange Zeit nebeneinandersitzen und die Kopula mehrmals wiederholen, so kann man auch diese Erscheinung in die gleiche Kategorie einordnen, wie die langdauernde Klammerung der oben genannten Formen.

Die Dauer der Kopula ist natürlich auch vom Eintreten von Störungen abhängig. Manche Hemipteren, z. B. *Triecphora*, die Pentatomiden und Lygaeiden, lassen sich allerdings kaum stören, sie bleiben oft selbst dann noch zusammen, wenn man sie fängt und in Alkohol wirft. Auch die Bettwanze, sonst ein sehr lichtscheues Tier, verliert in der Kopula nach HASE diese Eigenschaft und wird auch durch leichte Erschütterungen nicht an der Fortsetzung des Geschlechtsaktes verhindert. Gröbere mechanische Reize treiben die Tiere aber doch auseinander, und bei anderen Hemipteren, z. B. bei den Aleurodiden, genügen schon die geringsten Störungen, um das Männchen zur Unterbrechung der Kopula zu bewegen. Präparate, wie das von Abb. 229, sind daher hier nur unter grossen Schwierigkeiten herzustellen.

Wiederholung der Kopula von seiten des einen oder beider Geschlechter kommt bei vielen Formen vor. Die Aleurodiden wurden oben schon erwähnt, an der Bettwanze haben HASE und TITSCHACK dasselbe festgestellt. Auch bei den meisten Pentatomiden findet mehrmals — scheinbar nach jeder Eiablage — eine Kopulation statt; der Brutpflege treibende *Elasmostethus griseus* (*Clinocoris*, *Elasmucha*) kopuliert nach SCHUMACHER nur einmal, wie auch nur ein Gelege gebildet wird.

Die Brunstzeit der Männchen dauert meist über ihr ganzes Leben (*Cimex* nach TITSCHACK, *Plea minutissima*, die als Imago zweimal überwintert, infolgedessen in zwei aufeinanderfolgenden Jahren kopuliert). Es ist dabei von besonderem Interesse, daß die Reife der weiblichen Geschlechtsorgane nicht unbedingt Voraussetzung für das Eintreten der Kopulation ist. Bei *Cimex* dient ja sogar das aufgenommene Sperma geradezu zum Aufbau der vor der ersten Kopulation noch sehr wenig entwickelten Ovarien. In der Regel scheint allerdings die Kopula erst nach dem Eintreten der Geschlechtsreife beider Geschlechter stattzufinden.

Die Brunst ist, speziell bei *Cimex*, besonders stark bei solchen Männchen, die längere Zeit enthaltsam waren. Bei ihnen kommt, wie TITSCHACK feststellte, ein regelrechtes Losspringen auf die Weibchen vor.

Gute Ernährung bewirkt ebenfalls eine Steigerung der Brunst, wie denn überhaupt unter den inneren Faktoren, die das Zustandekommen der Kopulation beeinflussen, der Ernährungszustand eine Hauptrolle spielt. Bei *Cimex* hat TITSCHACK diesen Zusammenhängen besondere Aufmerksamkeit geschenkt und festgestellt, daß jeweils nach einer Fütterung Kopulationen erfolgten. Allerdings konnten auch frisch geschlüpfte Männchen, die nach der Häutung noch gar keine Nahrung zu sich genommen haben, kopulieren, doch erwiesen sich nach der zweiten Kopula die Eier des betreffenden Weibchens als nicht mehr befruchtet.

Die Bildung des Spermas scheint also hier nur bei regelmäßiger Ernährung ihren Fortgang nehmen zu können. Daß sie bei manchen Hemipteren gar nicht erst einsetzt, wenn die Tiere nach der Häutung nicht fressen können, geht aus den Untersuchungen von BALLARD und EVANS an *Dysdercus sidae* und von KIRKPATRICK an *Oxycarenus hyalinipennis* hervor. Bei der ersteren findet ohne Nahrungsaufnahme überhaupt keine Kopula statt, bei der letzteren ist sie erfolglos, denn es werden keine Eier abgelegt.

Gerade die letztgenannten Beispiele zeigen auch, daß in diesem Punkt innere und äußere Faktoren nicht scharf zu trennen sind, denn der Zeitpunkt der Kopula hängt nicht nur von der Menge, sondern auch von der Zusammensetzung der Nahrung, mithin von der Art der Wirtspflanze ab. Bei *Dysdercus* findet nach Fraß an Baumwollkapseln die Kopula 3—4 Tage nach dem Schlüpfen statt, während sie sich nach Fraß an *Malvastrum* und *Sida* länger hinauszieht (siehe S. 171).

Auch Außenfaktoren abiotischer Natur üben ihren Einfluß auf das Eintreten der Kopula aus. Unterhalb einer gewissen, bei den einzelnen Arten verschiedenen Temperaturgrenze findet überhaupt keine Kopula statt, bei einem bestimmten Optimum kommt sie am häufigsten vor oder tritt am schnellsten ein. Bei *Piesma quadrata* liegt das Minimum nach WILLE bei +12° Lufttemperatur, das Optimum scheint um 20° zu liegen. Auch bei den einheimischen Wasserwanzen liegt die untere Grenze bei 11—12°. Die obere Grenze liegt wohl immer ziemlich hoch, über dem vitalen Optimum. Einen ungünstigen Einfluß der höheren Temperaturen kann man aber schon bei Temperaturen bemerken, die wenig über dem Optimum liegen. So steigert sich die von dem Schlüpfen bis zur Kopula verstreichende Zeit bei hungernden Exemplaren von *Oxycarenus* von 21 Stunden bei 35° (dem Optimum) auf 89 Stunden bei 40°, wie die folgende Tabelle (nach KIRKPATRICK) zeigt:

Temperatur Grad C	Feuchtigkeit vH	Zeit von der Häutung bis zur (erfolglosen) Kopula in Stunden
25	90	90
30	90	44
30	100	21
35	80	21
35	90	21
35	100	47
40	80	67
40	90	89

Aus der Tabelle geht übrigens hervor, daß auch die Luftfeuchtigkeit einen Einfluß auf das Eintreten der Kopula hat, und zwar wirkt hohe Luftfeuchtigkeit bei niedrigen Temperaturen beschleunigend, bei hohen Temperaturen hemmend. Die beiden wichtigsten abiotischen Faktoren spielen also in ziemlich komplizierter Weise ineinander, und das Ganze wird dadurch noch mehr verwickelt, daß dieselben abiotischen Faktoren insofern auch ihren Einfluß auf die inneren Faktoren ausüben, als sie die Nahrungsaufnahme und damit wenigstens die erfolgreiche Kopulation hemmen oder beschleunigen. So nimmt nach Kirkpatrick *Oxycarenus hyalinipennis*, die ägyptische Baumwollwanze, unter 20° und über 40° überhaupt keine Nahrung auf und kopuliert dementsprechend auch nicht mit Erfolg, dasselbe gilt bei 25° und 80 vH Luftfeuchtigkeit, während bei 25° und 90 vH Nahrungsaufnahme und erfolgreiche Kopulation stattfindet. Das letztere tritt auch ein bei 35° und 80 vH, nicht aber bei 35° und 70 oder 90 vH. Hier kann man also neben einem Temperaturoptimum von einem Feuchtigkeitsoptimum reden, dessen Lage von der herrschenden Temperatur bestimmt wird und das mit dieser zusammen die Nahrungsaufnahme auslöst. Damit gewinnen die beiden Faktoren unmittelbar Einfluß auf das Eintreten der Kopula, mittelbar auf ihren Erfolg.

Das erstere kann man vom nervenphysiologischen Standpunkt aus damit erklären, daß die äußeren und inneren Faktoren die Schwellenwerte für die Geschlechtsreize verschieben. Auf diese Verschiebung ist auch das Ablassen von der Kopula zurückzuführen, das Objekt verschwindet hier, um mit v. Uexküll zu sprechen, durch Erhöhung der Reizschwelle aus der Umwelt des Tieres.

4. Die Eier und die Eiablage.

Die Grundzüge der Eibildung wurden bereits bei der Besprechung der weiblichen Geschlechtsorgane klargelegt, wir haben hier nur noch der Bildung der Eihüllen einige Worte zu widmen. Um die reife Eizelle, die neben dem Kern und dem Protoplasma große Mengen von Protein und Fett, den Dotter, enthält, legt sich zunächst eine feine, von der Eizelle selbst ausgeschiedene Hülle, die Dottermembran. Über diese Membran legt sich eine dickere, vom Follikelepithel ausgeschiedene Haut, das Chorion, das in der Regel aus zwei von einer Stäbchenschicht verbundenen Lagen, dem Exochorion und dem Endochorion, besteht. Gewöhnlich ist das Chorion fein skulpturiert, oft, z. B. bei *Psylla* nach Speyer, besteht diese Skulptur aus netzartig verbundenen Leisten, die mit den Follikelepithelzellen in der Anordnung übereinstimmen. Die Grundform der Eier ist die ovoide Form, wie sie sich z. B. bei *Dysdercus*, bei *Gerris*, bei den Aphidinen und Cocciden findet. Meist ist diese Grundform aber irgendwie abgeändert. So ist das Ei häufig seitlich kompreß oder am einen Ende spitzer als am anderen (*Psylla*, *Aleurodes*), oft auch an einem Ende abgestutzt und mit einem Deckel versehen (*Cimex*, Pentatomiden, *Piesma*). Da außerdem noch Anhänge verschiedenster Art vorkommen, ist die Eiform sehr variabel. Abb. 243 zeigt einige der wichtigsten Typen; auf die biologische Bedeutung der verschiedenen Formen werden wir im Laufe der Darstellung zurückkommen.

Die Anhänge sind gewöhnlich Ausstülpungen des Chorions, ihre Bildung vollzieht sich auf sehr verschiedene Weise. Genau bekannt ist durch Korschelts Arbeiten die Bildung der langen, strahligen Atemanhänge des Eies von *Nepa* und *Ranatra*. Sie entstehen, wie Abb. 244 zeigt, in besonderen konischen Aufsätzen der Eifächer, die den Eiröhren ein sehr ungewöhnliches Aussehen geben. Die Bildung der Strahlen besorgen Doppelzellen mit großen, gelappten Kernen, die sich zu hohlen Zylindern zusammenschließen (Abb. 244 *e*). Diese Zylinder scheiden an ihrer Innenfläche die dünne Chitinhülle ab, von der die Strahlen umgeben sind. Die Ausscheidung geschieht, da die Doppelzelle aus zwei Zellen aufgebaut ist, nicht intrazellulär, also ganz analog zur Ausscheidung des Chorions durch die Follikelepithelzellen, aus denen die Doppelzellen auch hervorgehen. Ganz anders vollzieht sich die Bildung des Eistieles der Aleurodiden (Abb. 243f), der wie die Anhänge des *Ranatra*-Eies beim unbefruchteten Ei mit Plasma gefüllt ist. Seine Entstehung hängt aufs engste mit der Einwanderung der Mycetomzellen ins Ei zusammen und wird daher weiter unten besprochen werden (S. 506, Abb. 326). Hier interessiert vor allem, daß der Eistiel der Aleurodiden

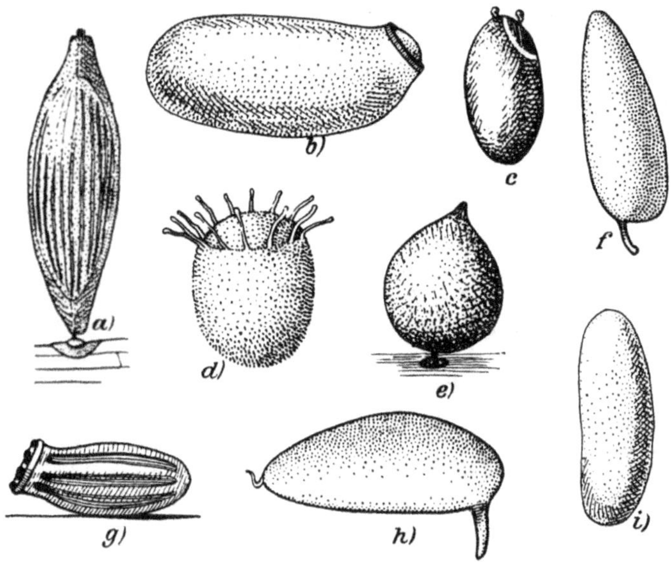

Abb. 243. Verschiedene Eiformen. a) *Hydrometra stagnorum*, nach BROCHER; b) *Cimex lectularius*, nach HASE; c) *Chorosoma Schillingi*, nach BUTLER; d) *Podisus maculiventris*, nach IMMS; e) *Corixa*, nach POISSON; f) *Trialeurodes vaporariorum*; g) *Piesma quadrata*, nach EXT; h) *Psylla mali*, nach SPEYER; i) *Gerris asper*, nach EKBLOM.

nicht nur zur Befestigung des Eies, sondern auch als Einfallspforte für das befruchtende Spermatozoon, also als Mikropyle, dient. Die Endblase des Stieles ist nämlich sehr dünnwandig, und das Spermatozoon kann durch diese dünne Wand leicht in das Plasma des Stieles und ihm entlang ins Innere des Eies gelangen. Nach vollzogener Befruchtung zieht sich das Plasma des Stieles etwas von der Wand zurück, weiteren Spermatozoen ist damit der Eintritt verwehrt. Wir kommen damit auf die Mikropylapparate überhaupt, die in der Regel ganz anders gebaut sind als bei den Aleurodiden. Es handelt sich immer um präformierte, dünne Stellen des Chorions, die, häufig kanalförmig, in Ein- oder Mehrzahl vorhanden sind. Bei *Nepa* und *Ranatra* liegen sie zwischen den oben beschriebenen Anhängen am apikalen Eipol (Abb. 244b), bei *Nabis* bilden sie einen konischen Aufsatz (Abb. 249c), bei *Cimex* (Abb. 243b) findet sie HASE am Rande des abgestutzten Endes um den Deckel im Kreise in großer Zahl (gegen 100) angeordnet. Im letzteren Falle ist es allerdings zweifelhaft, ob die von HASE gefundenen Kanäle nicht nur den Durchlüftungsvorrichtungen anderer Wanzeneier entsprechen. Jedenfalls passieren die Mikropylen beim Austreten der Eier aus den Ovidukten die Mündung des Receptaculums, aber in der Regel nicht so, daß die Spermatozoen zwangsläufig auf die Mikropylen treffen müssen. Zwar wird wohl meistens die Spermaportion, die zur Befruchtung des einzelnen Eies bestimmt ist, im Augenblick des Passierens des Eies durch das Receptaculum, das ja vielfach pumpenartig zu wirken vermag, ausgestoßen, sie gelangt aber damit nur in den Uterus, und die Spermatozoen müssen sich ihren Weg zu den Mikropylen selbst suchen. Dabei leitet sie eine von den Mikropylen ausgehende Reizwirkung chemischer Natur, eine Chemotaxis. Verfasser konnte das an *Trialeurodes* mit Sicherheit dadurch nachweisen, daß er frische Eier aus dem Eileiter mit zerquetschten Receptacula in physiologischer Kochsalzlösung zusammenbrachte und auch unter diesen künstlichen Bedingungen das Eindringen der Spermatozoen beobachtete. Vielleicht reicht bei den Hemipteren, deren Receptaculum keine kontraktile Wand hat, wie z. B. gerade bei den Aleurodiden, diese Chemotaxis auch aus, um das Austreten des Spermas aus dem Receptaculum zu erklären. Der Raum, der den Spermatozoen bei der Befruchtung zur Verfügung steht, ist sehr klein, da die Muskulatur des Uterus vor dem Ei kontrahiert ist und da das Ei selbst den Weg nach außen versperrt. Das Auffinden der Mikropylen ist also nicht schwierig und kann mit der nachgewiesenen Chemotaxis als erklärt betrachtet werden. Die Befruchtung ist bei vielen Hemipteren unerläßliche Voraussetzung für die Ablage entwicklungsfähiger Eier (*Cimex* und andere Wanzen).

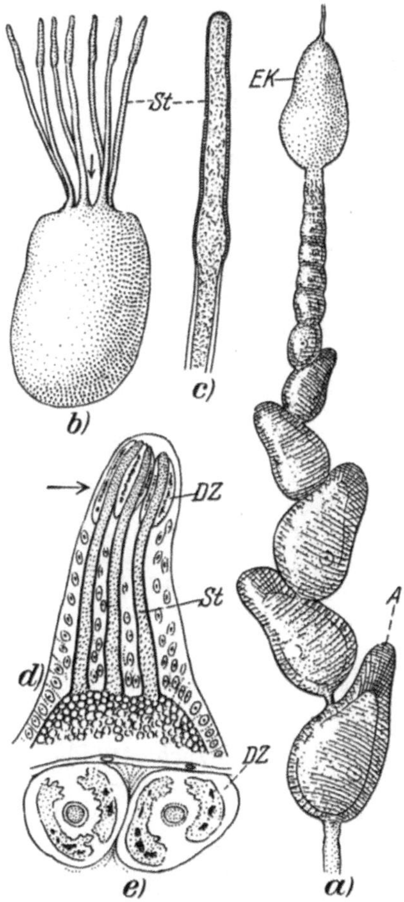

Abb. 244. *Nepa cinerea*, nach KORSCHELT. a) Eiröhre mit Endkammer *EK* und Aufsätzen *A*; b) Ei mit Eistrahlen *St*; c) einzelner Strahl; d) Längsschnitt durch einen Aufsatz mit Doppelzellen *DZ*; e) zwei Doppelzellgruppen im Querschnitt, mit in Bildung begriffenen Strahlen.

Bei den Homopteren kommt es aber oft auch zur Ablage unbefruchteter Eier, die sich normal weiterentwickeln (Parthenogenese, siehe S. 395).

Die Eiablage wird dadurch eingeleitet, daß das Ei von der muskulösen Wand des Uterus in den Legeapparat gepreßt wird. Die Art der Eiablage hängt dann ganz vom Bau des Legeapparates ab. Im einfachsten, aber sicher nicht ursprünglichen Falle fehlen besondere Legevorrichtungen völlig, das Ei tritt einfach aus der Geschlechtsöffnung heraus und wird auf die Unterlage abgesetzt. Das gilt z. B. von *Cimex*, von den Cocciden und von den oviparen Weibchen der Aphididen. Bei ihnen ist die Geschlechtsöffnung nur ein muskulöser Schlitz, der bei *Cimex* (Abb. 240c) längs, bei den Aphididen quer gerichtet ist. Das Weibchen tastet hier zunächst die Unterlage mit dem Hinterende ab, bei den Aphididenweibchen helfen vielleicht auch die Hinterschienen mit, den geeigneten Platz für die Eiablage ausfindig zu machen; wenigstens sind sie im Gegensatz zu den Hinterschienen der Männchen und der viviparen Weibchen auffällig verdickt und mit sehr zahlreichen Sinnesplatten bedeckt. Sehr wählerisch sind dabei allerdings weder die Cimiciden noch

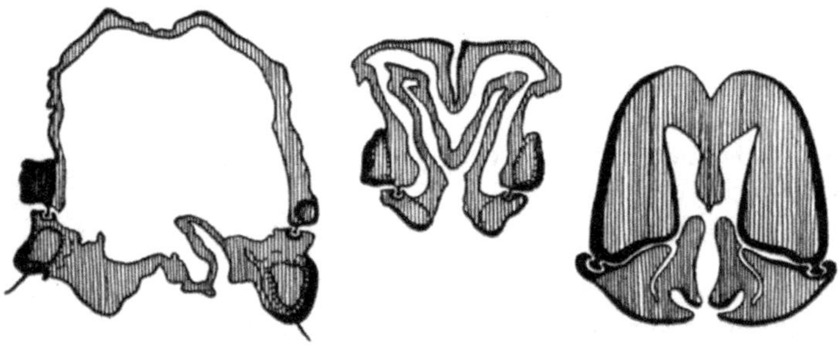

a b c

Abb. 245. a) und b) *Lygaeus equestris* ♀, Querschnitte durch den gedehnten (a) und gefalteten (b) Legeapparat; c) *Nabis flavomarginatus*, Legeapparat quer. a) und b) nach LUDWIG, c) nach EKBLOM. Schematisiert.

die Aphididen. Manche Aphididen bevorzugen geschützte Stellen; so legt das Weibchen von *Aphis fabae* seine Eier in die Knospenwinkel des Spindelbaumes, geht aber in der Gefangenschaft, und wenn sehr zahlreiche Eier abgelegt werden, von dieser Gewohnheit häufig ab. Das Ei wird in diesen Fällen einfach auf die Unterlage aufgepreßt und haftet dort vermittels eines von den Anhangsdrüsen des weiblichen Geschlechtsapparates ausgeschiedenen Kittes, der mit dem Ei austritt und rasch erhärtet. Bei den Cocciden, bei denen überhaupt besondere Verhältnisse vorliegen, tritt an Stelle des Kittes vielfach das Wachssekret, das von den Zirkumgenitaldrüsen abgeschieden wird.

Auch bei den Hemipteren, die einen Legeapparat besitzen, wird das Ei oft ungeschützt auf die Unterlage geklebt. Im einfachsten Fall, z. B. bei den Pyrrhocoriden, besteht der Legeapparat nur aus vier die Geschlechtsöffnung flankierenden Ovipositorenpolstern. Meist aber bildet er eine Röhre, die ursprünglich aus einem unpaaren und zwei paarigen, durch Schienenführung seitlich miteinander verbundenen und daher in der Längsrichtung gegeneinander beweglichen Teilen besteht. In manchen Fällen, wie z. B. bei den Lygaeiden (Abb. 245a, b), sind die paarigen Teile fast bis zur Spitze miteinander verschmolzen, und die Legeröhre besteht daher aus zwei unpaaren, übereinanderliegenden Teilen. In jedem Fall ist der Hohlraum der Legeröhre dadurch sehr dehnbar, daß die nicht aneinanderstoßenden Teile weich und in der Ruhe in Falten gelegt sind. Wie weit die Dehnungsfähigkeit auch bei den ganz geschlossenen Röhren geht, zeigt an einem Beispiel Abb. 245a, b.

Bei all diesen Legevorrichtungen ist die gegenseitige Beweglichkeit der Teile nicht so groß, die Spitze der paarigen Teile nicht so scharf, daß von einer Wirkung als Bohrer die Rede sein könnte. Vielfach machen diese Apparate geradezu den Eindruck von rudimentären Organen, wie das Abb. 246 an zwei Chermesiden zeigt. Ihre Aufgabe beschränkt sich denn auch darauf, dem Ei eine bestimmte Richtung zu geben und es in dieser Richtung auf die Unterlage aufzupressen (*Piesma*, Abb. 243g,

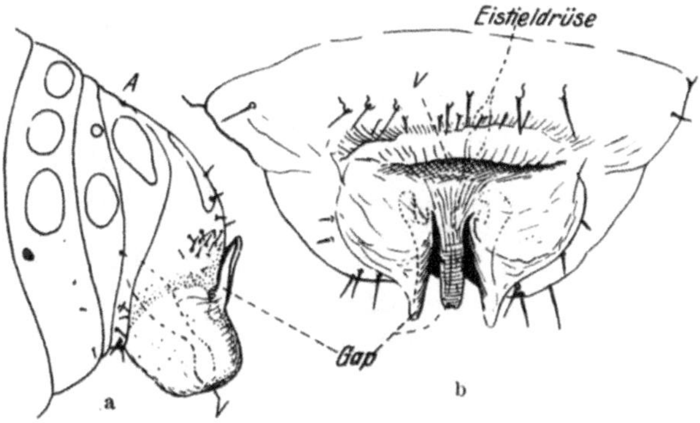

Abb. 246. a) *Cnaphalodes strobilobius*, *Fundatrix*-Mutter, Seitenansicht des Hinterleibsendes bei ausgestülpter Vagina (*V*), *A* After, *Gap* Gonapophysen; b) *Pineus sibiricus*. Virgo-Mutter, Hinterende in Bauchansicht, n. BÖRNER.

Pentatomiden, Abb. 249e). Vielfach treten dabei wieder Sekrete auf, die ein Ankleben des Eies bewirken und die während des Austretens des Eies aus dem Uterus von den Anhangsdrüsen desselben auf die Eischale entleert werden. Hier verteilen sie sich oft so dünn und gleichmäßig, daß man ihre Anwesenheit nur aus der Klebrigkeit des Eies schließen kann; möglicherweise werden sie manchmal auch vor der Ablage des Eies auf die Unterlage gestrichen (*Piesma quadrata* nach WILLE). Die rasch trocknenden Kittsubstanzen sind bei Landwanzen übrigens häufig in Wasser quellbar (*Cimex*), während die Wasserwanzen, soweit sie ihre Eier nicht versenken, wasserfeste Kitte zu ihrer Anheftung verwenden. Das gilt z. B. für die Corixiden unter den Cryptoceraten und für die Hydrometren unter den Wasserläufern. Bei beiden Gruppen werden aber die Eier nicht wie bei *Cimex* und *Piesma*, *Gerris* und *Velia* (*a. p.*) einfach mit einer Fläche der Unterlage aufgedrückt, sie haben vielmehr besondere Fortsätze, Stiele, die am Ende mit einem Haftscheibchen versehen sind (Abb. 243a, e). Diese Haftscheibe tritt bei der Eiablage zuerst zutage und legt sich mit ihrer kittbedeckten Fläche an die Unterlage, um dort sofort fest zu haften. Bei einer Corixide, *Cymatia coleoptrata*, hat TEYROVSKY das Ankleben des Eies genau verfolgt. Man sieht aus Abb. 247, daß das Weibchen seinen Körper erst an die Unterlage drückt und dann den Hinterleib abwechselnd hebt und senkt. Bei jeder Hebung kommt etwas mehr von dem gestielten Ei zutage, das zuletzt aufrecht auf der Unterlage haften bleibt. Ein solch ruckweises Austreten des Eies ist aber auch bei anderen Arten festgestellt, deren Eier ohne Haftscheibchen angeklebt werden (*Piesma* nach WILLE).

Einen Übergang zu den einen regelrechten Legebohrer besitzenden Hemipteren bilden diejenigen Formen, die ihre Eier in lockere Massen, in Mulm, faulende Pflanzenteile oder weiche Erde versenken. Bei ihnen sind oft die drei Teile der Legeröhre typisch entwickelt und gegeneinander ziemlich beweglich, auch wenn der Bau der Spitze noch kein Einbohren in feste Gegenstände erlaubt (*Salda* nach EKBLOM). Aber auch die oben erwähnten Legeröhren kommen bei solchen Formen, wie z. B. bei *Aphanus pini*, noch vor (Abb. 249a). Mit diesen Formen dürfen solche Arten nicht verwechselt werden, die ihre Eier nicht mit dem Legeapparat, sondern mit Hilfe der Beine in die Erde eingraben. Das gilt z. B. für die Pyrrhocoriden. Bei *Dysdercus sidae* und *Pyrrhocoris apterus* gräbt das Weibchen eine Höhle in die Erde und legt, indem es seinen Körper tief hineinschiebt, ein Gelege von gegen 20 miteinander verklebten Eiern darin ab (BALLARD und EVANS, SEIDEL).

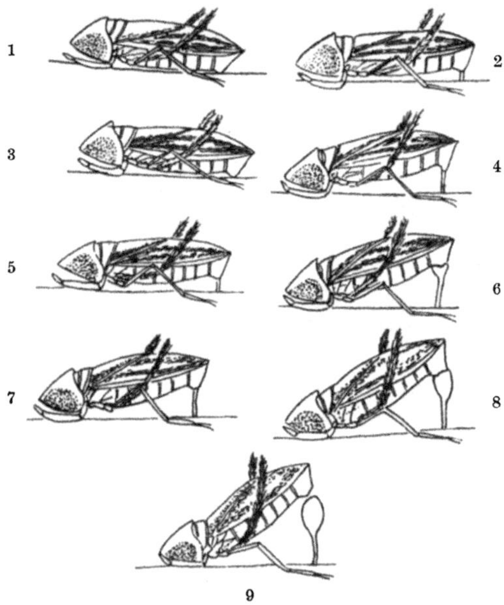

Abb. 247. Eiablage von *Cymatia coleoptrata* (Corixiden) in aufeinanderfolgenden Stadien, nach TEYROVSKY.

Regelrechte Legebohrer kommen bei den zahlreichen Hemipteren vor, die ihre Eier ganz oder teilweise in feste Pflanzenteile, in Stengel, Blätter oder gar in verholzte Zweige einsenken. Im Grundplan gleichen diese Bohrer den seither genannten Vorrichtungen, d. h. sie bestehen aus einem unpaaren und zwei paarigen Teilen. Ersterer bildet die Führung für die letzteren, die als die eigentlichen Bohrwerkzeuge fungieren und daher, besonders an der Spitze, widerstandsfähig gebaut, scharf zugespitzt, oft mit Sägezähnen versehen und durch starke Muskeln beweglich sind. Im einzelnen gibt es sowohl im Bau wie auch in der Funktion dieser Apparate bei den verschiedenen Hemipteren erhebliche Unterschiede.

Unter den Wanzen haben z. B. die Capsiden, die Nabiden und die Tingididen, ferner viele Wasserwanzen derartige Legeapparate (Abb. 245c). *Notonecta* stößt für die Eier durch abwechselnde meißelartige Bewegung der paarigen Anhänge eine Höhle in frische oder abgestorbene Teile von Wasserpflanzen. Da die beiden Meißel eine sehr rauhe Oberfläche haben (Abb. 248a, *V*) und da ihre Spitze ziemlich breit ist, können sie die Höhle so weit ausräumen, daß die länglichrunden Eier in Ein- oder Mehrzahl ganz oder wenigstens teilweise darin Platz haben. Auch die nah verwandten *Plea*-Arten versenken ihre Eier in ganz ähnlicher Weise, lassen sie aber regelmäßig mit einem Teil der Oberfläche herausragen (Abb. 248c, d). Das kommt daher, daß der Legebohrer der

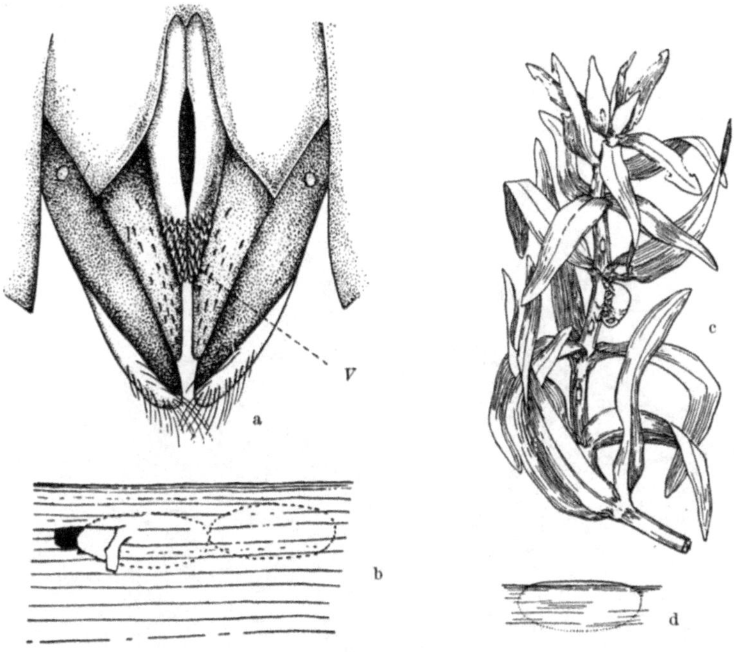

Abb. 248. a) Legebohrer von *Notonecta irrorata*, *V* Raspeln; b) zwei versenkte Eier; c) *Plea striola* bei der Eiablage an *Elodea;* d) ein versenktes Ei, nach HUNGERFORD.

Pleen die Epidermis der Pflanzenteile, indem er schief unter sie gestossen wird, zu einem Schlitz aufreißt, der sich nach dem Einschieben des Eies nicht mehr vollständig schließt. Eine das Ei umgebende Kittsubstanz befestigt es sicher in seiner Höhle (WEFELSCHEID).

Bei *Nepa* und *Ranatra* werden die Eier ebenfalls, einzeln oder zu mehreren nebeneinander, in Pflanzenteile versenkt, doch ragen die langen, oben beschriebenen Anhänge stets heraus und vermitteln den Gasaustausch des Embryos.

Die Nabiden versenken mit ihrem säbelartig gekrümmten Legeapparat die Eier in Pflanzenstengel. EKBLOM, der die Eiablage von *Nabis flavomarginatus* genau beobachtet hat, beschreibt sie in folgender Weise: Das Weibchen bevorzugt dürre Pflanzenstengel und legt seine

Eier nur ganz ausnahmsweise an lebende Pflanzen. Hat es einen geeigneten Stengel gefunden, so geht es an ihm entlang, betastet ihn mit

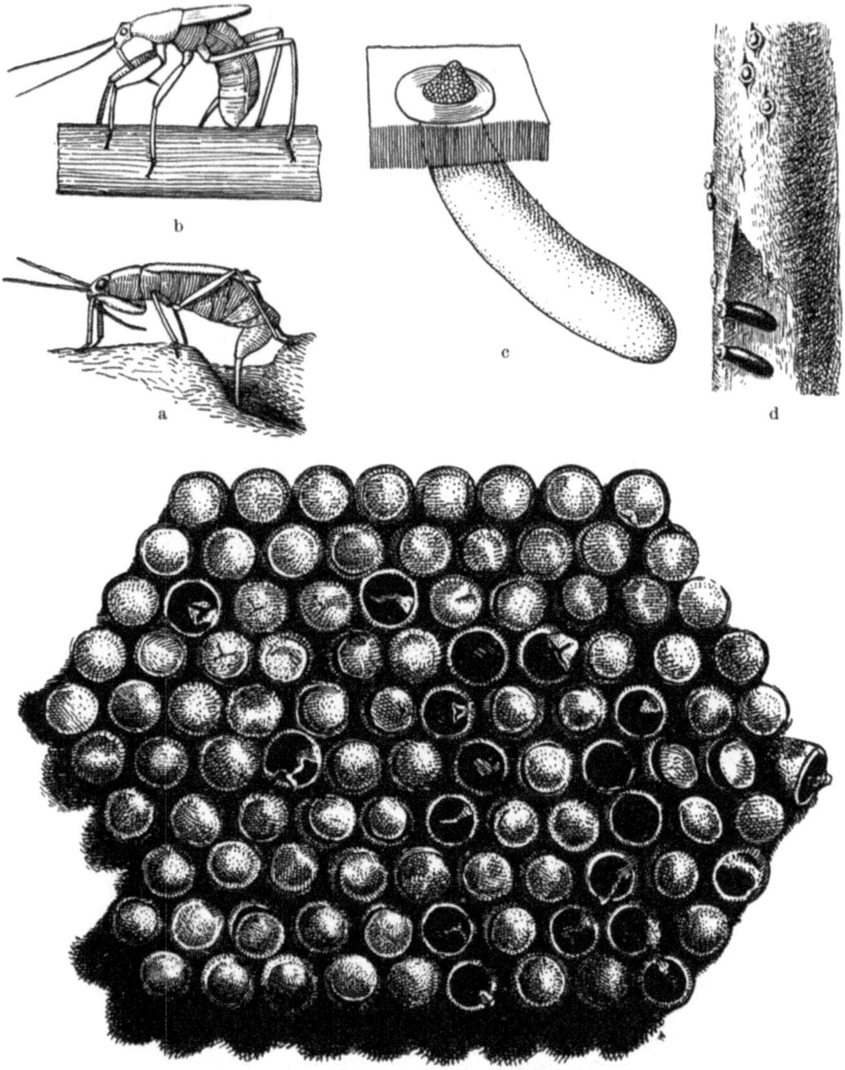

Abb. 249. a) *Aphanus pini*; b) *Nabis flavomarginatus* bei der Eiablage; c) *Nabis flavomarginatus*, Ei in situ in einem Pflanzenstengel, aus dem ein kleines Wandstück herausgetrennt wurde; nach EKBLOM; d) Eier von *Galeathus Peckhami* (Tingididae) in situ im Asterstengel, nach DRAKE. e) Eigelege der Pentatomide *Nezara viridula* nach dem Schlüpfen der Larven, nach DRAKE.

dem Rüssel und den Antennen, hält an, wenn es den richtigen Platz gefunden hat, biegt dann den Hinterleib vor und legt den Bohrer aus (Abb. 249 b), dessen Spitze unter abwechselnder Dehnung und Zusammenziehung des Hinterleibes in den Stengel eindringt. Wird der Bohrer herausgezogen, so bleibt das Ei in der von ihm geschaffenen Höhle, der es vermöge seiner Gestalt genau anliegt, zurück. Von außen ist kaum etwas zu sehen, da der flache Pol des Eies genau in der Ebene der Epidermis liegt, nur der konische Mikropylapparat steht etwas vor (Abb. 249c).

Ganz ähnlich vollzieht sich auch die Eiablage mancher Saldiden (*Saldula*), vieler Capsiden und Tingididen, deren Eier in derselben Weise ins Innere von Pflanzenstengeln ragen wie die der Nabiden (Abb. 249d). Die Capsiden legen allerdings vielfach die Eier nicht einzeln, sondern zu zweien oder in größeren Massen dicht nebeneinander in die Stengel (siehe Abb. 306) und benutzen bei holzigen Teilen häufig die Lentizellen als Ablageort (*Lygidea mendax* nach CROSBY).

Die Psylliden und Aleurodiden unterscheiden sich von allen vorgenannten Formen dadurch, daß sie ihre Eier nur mit einem ins Pflanzengewebe eingesenkten Stiel befestigen. Der ganze Körper des Eies liegt bei ihnen also frei. Die Aleurodiden legen ihre Eier da ab, wo sie auch saugen, d. h. an der Unterseite des Blattes ihrer Wirtspflanzen. Wie schon RÉAUMUR wußte, befolgt das Weibchen, wenigstens wenn ihm nicht allzu viele Haare hindernd im Wege stehen, bei der Eiablage eine ganz bestimmte Regel. Es dreht sich nämlich, indem es den eingesenkten Rüssel als Angelpunkt benutzt, ganz langsam im Kreise und setzt etwa in Abständen von $^1/_2$—1 Stunde ein Ei nach dem anderen ab, so daß oft ein sehr regelmäßiger Kreis von bis zu 40 Eiern entsteht (Abb. 250). Die Eier stehen sehr sauber wie kleine Zuckerhüte nebeneinander, sind aber ziemlich fest im Blattgewebe verankert. Der Legebohrer, der diese Verankerung besorgt, besteht aus den gewöhnlich vorhandenen Teilen, die paarigen Teile sind sehr spitz, mit feinen Sägezähnen versehen und mit dem unpaaren Teil durch Schienenführung verbunden. In der Ruhe ist der ganze Bohrer der Hinterfläche des Abdomens angelegt; soll ein Ei abgelegt werden, so senkt das Weibchen den Hinterleib und klappt den Legbohrer nach unten, so daß er einen stumpfen Winkel zum Blatt bildet (Abb. 251). Das Ei liegt in diesem Augenblick, eben befruchtet, am Übergang des Uterus in dem Raum zwischen den paarigen Teilen des Bohrers. Die Spitzen derselben arbeiten sich nun in das Blatt ein, der unpaare Teil des Bohrers dringt mit vor und ergießt, wenn das Loch tief genug ist, d. h. wenn er das Schwammparenchym erreicht hat, einen Sekretstrahl

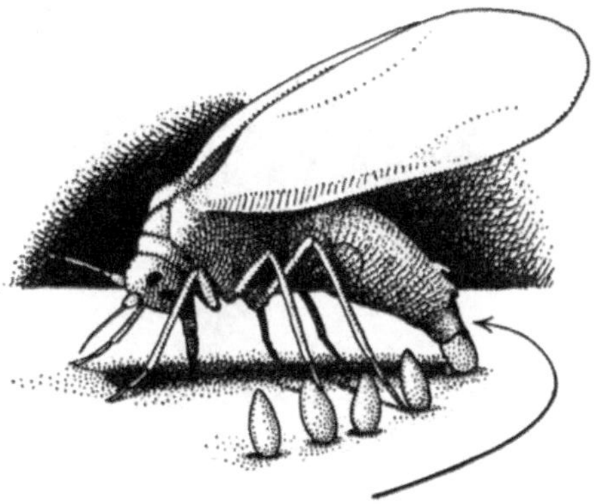

Abb. 250. ♀ von *Trialeurodes vaporariorum* bei der Eiablage.

in das Loch. Das Sekret stammt aus der traubigen, unpaaren Kittdrüse, die dorsal vom Receptaculum liegt und deren Ausführungsgang zunächst eine dicke Längsmuskelschicht trägt, dann aber ganz fein wird und den unpaaren Teil des Legebohrers bis zur Spitze durchsetzt. Die Spitze wirkt also als Kanüle und injiziert, vermöge der Kontraktion jener Längsmuskeln, das Sekret der Kittdrüse mit einer gewissen Gewalt (Abb. 251 b, *S*). Das Ei ist unterdessen bis zur Spitze des Legebohrers gelangt, sein Stiel geht voran und schiebt sich an Stelle des unpaaren Teiles, der durch besondere Muskeln zurückgezogen wird, in das gebohrte Loch, aus dem nun auch die paarigen Teile des Legebohrers heraustreten.

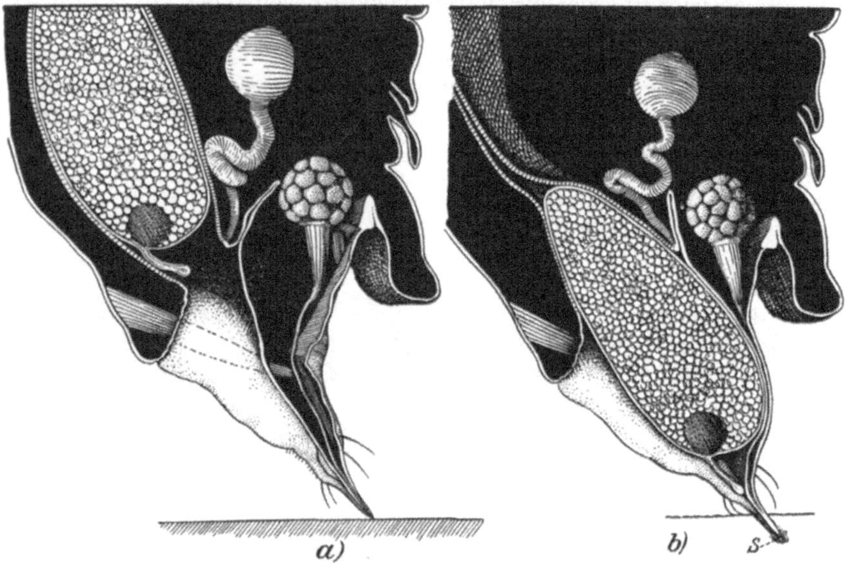

Abb. 251. Hinterende des ♀ von *Trialeurodes vaporariorum*, längs durchschnitten, rechte Hälfte dargestellt, Schnittflächen weiß. Receptaculum schraffiert, Kittdrüse punktiert, nach WEBER. a) Aufsetzen des Legebohrers, das Ei ist eben befruchtet; b) Legebohrer eingetrieben, das Ei gleitet in den Hohlraum des Bohrers. *S* Kitt.

Der Eistiel taucht also in den noch flüssigen Kitt und wird, da die Kittmasse sich in die der Stichstelle benachbarten Interzellularräume verteilt hat und rasch erhärtet, sicher in seiner Lage gehalten. Sitzt das Ei fest, so hebt das Weibchen den Hinterleib und zieht ihn, indem die paarigen Teile des Legebohrers an der Basis (passiv) auseinanderklaffen (Abb. 250), vom Ei ab. Der ganze Vorgang dauert einige Minuten.

Auch bei den meisten Psylliden geht die Eiablage ganz ähnlich vonstatten. Sie legen ihre Eier teils an Blätter, vielfach aber auch an verholzte Zweige ab. Dementsprechend ist ihr Legeapparat viel stärker gebaut als der der Aleurodiden. Auch sonst unterscheiden sich die Legebohrer beider Gruppen voneinander; so haben bei *Psylla* die paarigen Teile keine Sägezähne, sondern nur eine etwas hinter der Spitze gelegene, nach vorn geschärfte Schneide, die wahrscheinlich zum Aushobeln des von der Spitze gestoßenen Loches dient (Abb. 252 b). Die durch Schienenführung miteinander verbundenen Teile des Bohrers (Abb. 252 c) sind, wenigstens streckenweise, ihrer ganzen Länge nach chitinisiert und durch kräftige Muskeln, die zum Teil an einem in Abb. 252 a sichtbaren, unge-

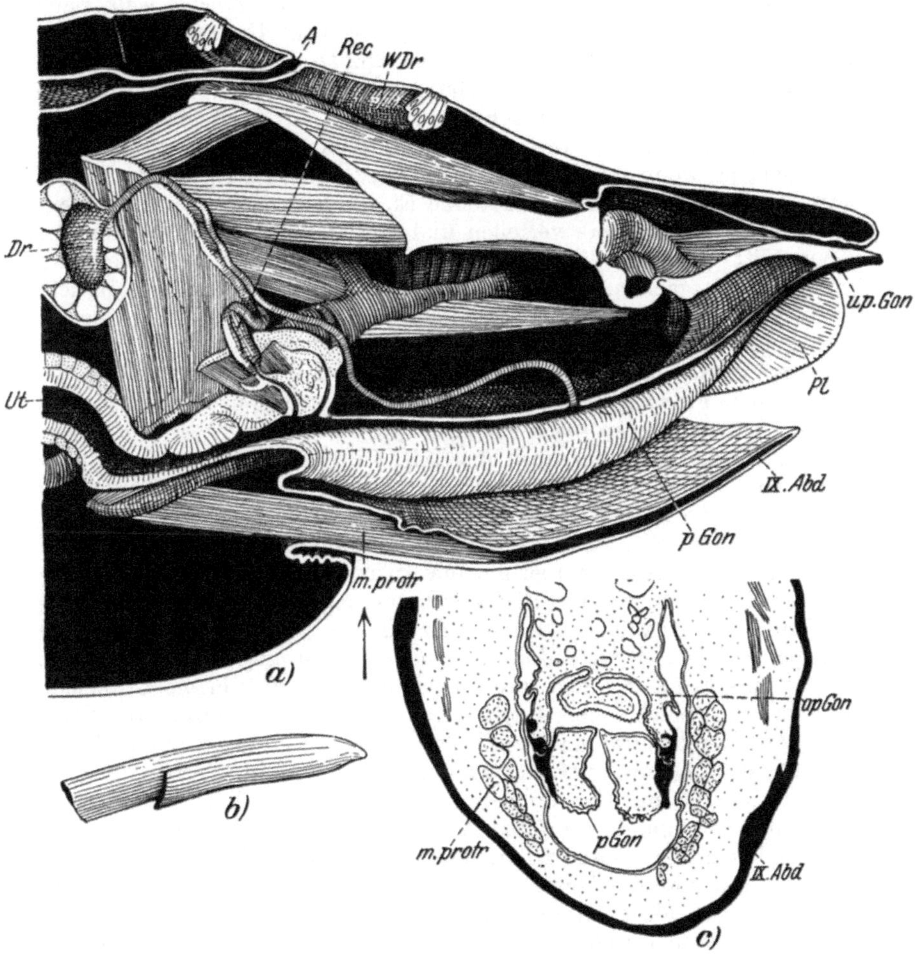

Abb. 252. a) wie Abb. 251, Hinterende von *Psylla mali* ♀; b) Spitze des einen der paarigen Teile des Legebohrers (*p.Gon*); c) Querschnitt durch das Hinterende (in Richtung →). *A* After mit Wachsdrüsenring *WDr*, *Dr* unpaare Anhangsdrüse, *m.protr* Protraktor von *p Gon*, den paarigen Teilen des Legebohrers, *up Gon* unpaarer Teil desselben, *Ut* Uterus.

wöhnlich kräftigen innenskelettalen Gerüst angreifen, gegeneinander in der Längsrichtung beweglich. Sie arbeiten sicher abwechselnd; ob der unpaare Teil, wie bei den Aleurodiden, mit in das Bohrloch eindringt, ist nach den vorliegenden Beobachtungen nicht zu entscheiden. Beim Bohren biegt das Weibchen die Hinterleibsspitze so weit vorwärts, daß die in der Normallage fast wagerecht liegende Spitze des Bohrers ungefähr senkrecht auf der Unterlage aufsteht. Das Ei gleitet unterdessen zwischen den weichen, komprimierbaren Innenseiten der paarigen Teile des Legeapparates (Abb. 252a, c) bis zu ihrer Spitze, sein Stiel tritt in das gleichzeitig von der Bohrerspitze geräumte Loch und wird von der elastisch sich schließenden Rinde eingeklemmt (*Psylla mali* nach Speyer). Ob das Sekret der der Kittdrüse von *Aleurodes* homologen unpaaren dorsalen Anhangsdrüse (Abb. 252 *Dr*), wie Witlaczil schon angab und wie neuerdings auch Speyer bei *Psylla mali* vermutet, die Befestigung sicherer macht, scheint deshalb sehr zweifelhaft, weil die Mündung der Drüse für diesen Zweck sehr ungünstig liegt. Ihr Sekret muß sich ja, wenn sein Austritt nicht ganz haarscharf geregelt werden kann, nicht nur über das austretende Ei, sondern auch über die Innenflächen des Legebohrers verteilen und müßte daher, wenn es sich um einen Kitt handelte, die Schienenführung des Bohrers verkleben und unbrauchbar machen. Es hat daher mehr Wahrscheinlichkeit für sich, wenn man die Drüse für eine Schmierdrüse hält, um so mehr, als die Führungen des Bohrers mit regelrechten Schmierscharten versehen sind. Schwach ist der Legeapparat derjenigen Psylliden, die, wie z. B. die ostafrikanische *Phytolyma lata*, den Eistiel nicht versenken, sondern nur mit seinem Ende ankleben (nach Vosseler).

Die Cicadinen versenken ihre Eier in der Regel vollständig oder annähernd vollständig in Pflanzenteile. Allerdings gibt es Membracidenarten, die, wie z. B. der westafrikanische *Leptocentrus albifrons* (nach Lamborn), ihre Eier zu Gelegen verkitten und außen an Zweige kleben; es handelt sich bei ihnen aber nur um Ausnahmefälle. Die Mehrzahl der Membraciden versenkt die Eier wie die anderen Cicadinen.

Unter den Cicadiden, die ihre Eier mit Vorliebe in verholzte Zweige ablegen, ist *Tibicen septendecim* besonders genau untersucht (Marlatt, Snodgrass u. a.). Sie legt ihre sehr zahlreichen Eier in die Unterseite von Zweigen verschiedener Laubhölzer, selten in Nadelhölzer. Der Legebohrer ist ziemlich dünn, aber sehr stark chitinisiert, auf dem annähernd kreisförmigen Querschnitt sind die üblichen drei Teile zu sehen, die paarigen Teile sind mit den unpaaren durch Schienenführung verbunden, aber auch miteinander verfalzt (Abb. 253b). Die Spitzen der paarigen Teile haben an den Seiten scharfe Sägezähne. Der Bohrer wird von dem Weibchen, das an der Unterseite der Zweige hängt, zunächst nach vorn aus seiner Scheide geklappt, schief auf die Rinde gesetzt (Abb. 253a) und dringt dann durch abwechselndes Vorstoßen seiner einzelnen Teile (Abb. 253c) in dieser Richtung bis zur Basis in den Zweig. Man sieht dabei an den regelmäßigen Kontraktionen der Platten des neunten Abdominalsegments, wie die Teile des Legebohrers arbeiten. Der Bohrer wird dann langsam wieder herausgezogen und dringt in derselben Weise ein zweites Mal ein, wird dann wieder herausgezogen, worauf das Weibchen einige Schritte nach der Spitze des Zweiges zu weiter geht und dort von neuem anfängt zu bohren. Dem zweimaligen Einbohren entspricht die Form des „Nestes". Dieses besteht nämlich aus zwei von einem Punkt aus retortenförmig in das Holz gebohrten Kanälen (Abb. 253c), in denen je zwei Reihen länglicher, an beiden Enden etwas zugespitzter

Eier regelmäßig abgesetzt sind. Da jede Reihe etwa 6—7 Eier enthält, besteht das ganze Gelege aus 24—28 Eiern. Von außen sind die Nester daran zu erkennen, daß die Holzfasern am Eingang durch den Bohrer pinselförmig auseinandergefasert werden und schief vom Zweig abstehen (Abb. 253a). Das Weibchen legt übrigens meistens nicht alle Eier an einen Baum, sondern fliegt nach einigen Ablagen zu einem anderen.

Die Legebohrer der anderen Cicadinen sind durchweg nach dem gleichen Prinzip gebaut wie die der Cicadiden, vielfach sind die paarigen Teile aber flacher (Abb. 231—233), so daß sie geeignet sind, grüne Pflanzenteile aufzuschlitzen und in den Schlitz dann die Eier zu deponieren. So legen viele Fulgoriden und Jassiden ihre Eier unter die Blattscheiden von Gramineen (z. B. *Perkinsiella* an Zuckerrohr, *Dorycephalus*

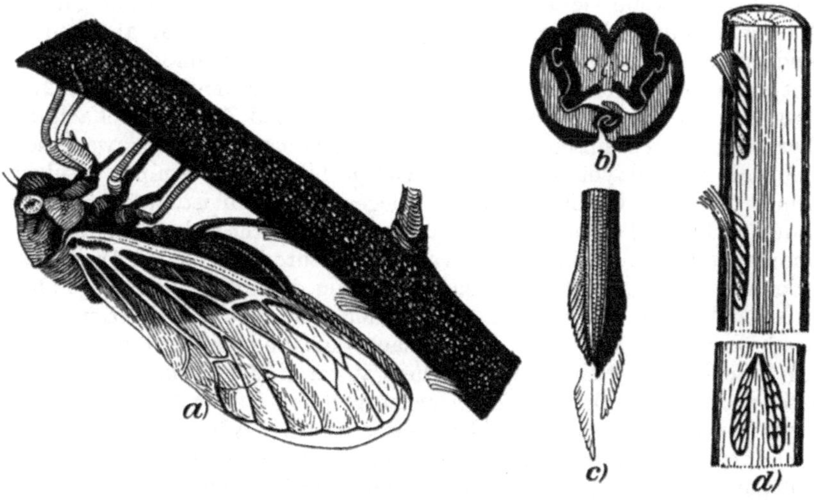

Abb. 253. *Tibicen septendecim.* a) ♀ bei der Eiablage, nach SNODGRASS; b) Querschnitt durch den Legebohrer; c) Spitze desselben, die Art des Vordringens seiner paarigen Teile angedeutet, nach MARLATT; d) Gelege im Längsschnitt und Tangentialschnitt, nach SNODGRASS.

platyrhynchus an Wiesengräsern usw.). Andere Jassiden (*Cicadella hieroglyphica*) schlitzen die Ränder von Laubblättern auf und legen ihre Eier in die Schlitze. Auch manche Membraciden (*Entylia bactriana*, *Publilia concava*) legen die Eier in Blätter, andere bevorzugen die Knospen von Laubbäumen (*Ceresa taurina*, *Ceresa borealis*, *Enchenopa binotata*, *Vanduzea arquata*), die Hauptmasse der Membraciden legt die Eier jedoch in die Rinde von Zweigen, wobei sie weder die Kambialschicht noch das Holz beschädigen (*Telamona*, *Carynota*, *Cyrtolobus*, *Glossonotus*).

Wie bei den Cicadinen, so kommt es auch bei zahlreichen anderen Hemipteren vor, daß die Eier nicht einzeln, sondern zu größeren Massen, zu Gelegen vereint, abgelegt werden. Im einfachsten Fall sind diese ganz unregelmäßig, die Eier werden einfach zu mehreren in beliebiger Richtung nebeneinandergekittet (*Cimex*). Meistens ist aber in den Gelegen eine bestimmte Ordnung. Von den Eikreisen der Aleurodiden war ja oben schon die Rede, eine ähnliche Erscheinung gibt es bei den Phylloxeriden, deren parthenogenetische, flügellose Weibchen ihre zahlreichen Eier, indem sie sich um sich selbst drehen, in einem oder mehreren Kreisen um sich herum ablegen (Abb. 296). Die Chermesidenweibchen bilden sogar über ihrem Körper ganze Eibüschel. Sehr regelmäßige Gelege — „Eiplatten" — fertigen in der Regel auch die Pentatomiden und Reduviiden an, wie Abb. 249e an einem Beispiel zeigt. Das Weibchen kittet hier die ovoiden, am apikalen Pol mit einem Deckel versehenen Eier nebeneinander auf die Unterlage, und zwar in der Regel auf Blätter, aber auch auf Pflanzenstengel, an Knospen usw. Zuerst wird eine Reihe von Eiern in Form einer V angeklebt, dann begibt sich das Weibchen in den Winkel und kittet, von da beginnend, eine zweite parallele Reihe auf usw., bis eine ganze, sehr regelmäßig angeordnete Platte entstanden ist. Da die Eier, wenn sie aus dem Legeapparat austreten, an der ganzen Oberfläche mit Kitt überzogen sind, kleben sie nicht nur am Boden, sondern auch aneinander. Ein ganz ähnliches Zusammenkleben der Eier gibt es auch bei den Brutpflege treibenden Belostomiden (Abb. 262a). Daß auch die ihre Eier versenkenden Wanzen und Zikaden vielfach die Eier zu mehreren einsenken, wurde oben schon erwähnt. Es war auch schon die Rede davon, daß bei den Gelege bildenden Hemipteren nicht immer die volle Eizahl in einem Gelege vorhanden ist, daß vielmehr häufig, z. B. bei *Tibicen*, ein Weibchen sehr zahlreiche Gelege kurz hintereinander absetzt. Dasselbe gilt von den Aleurodiden, deren Weibchen im ganzen mehrere 100 Eier ablegen können, in einem Kreisgelege aber meist nicht über 20 Eier vereinen. Hier geht die Eiproduktion ganz gleichförmig vor sich, d. h. ein Ei nach dem anderen reift heran, nur gegen Schluß des Lebens werden die Pausen größer. Das rührt daher, daß bei den Aleurodiden, wie bei vielen anderen Hemipteren (Cocciden, Psylliden) die Eiröhren nicht gleichzeitig arbeiten, während bei anderen, die auf einmal größere Mengen von Eiern produzieren und dann längere Zeit pausieren oder gar nicht mehr legen, alle Eiröhren auf einmal reife Eier bringen. In letzterer Beziehung verhalten sich oft sogar nah verwandte Formen verschieden, so bringen z. B. die meisten Pentatomiden mehrere Eiplatten in Abständen von einigen Wochen zustande, *Elasmostethus griseus* dagegen bildet nur eine Eiplatte. Das hängt sicher damit zusammen, daß *Elasmostethus griseus* Brutpflege treibt und daher einerseits eine weniger große Sterblichkeit der Eier und Junglarven zu verzeichnen hat, andererseits aber keine Zeit zu erneuter Kopula und Eiablage hat. Die Einwirkung dieser Faktoren auf die Eiablage geht so weit, daß sogar (nach SCHUMACHER) anatomische Unterschiede zwischen dem inneren Geschlechtsapparat von *Elasmostethus griseus* und dem anderer Wanzen festzustellen sind. Auch bei Wanzen, die keine Gelege bilden, kann die Ablage in mehreren Schüben stattfinden. Bei *Piesma quadrata*, die normalerweise täglich 2—3 Eier einzeln ablegt, wird die Eiablage von Zeit zu Zeit mehrere Tage lang unterbrochen, jeder Schub enthält 12—20 Eier, und im ganzen werden 150 Eier abgelegt.

Wir sind damit bei der Eizahl angelangt, die bei den Hemipteren in sehr weiten Grenzen schwankt. Ein einziges Ei legen die amphigonen

Weibchen der Pemphigiden und der Phylloxeriden ab. Sie schrumpfen dabei, da das Ei vorher den ganzen Körper füllte, wie ein Sack zusammen (Abb. 254) und überleben die Eiablage nur um Augenblicke. Auch die amphigonen Weibchen der Aphididen legen nur wenige Eier ab (6—8). Von da bis zu den ungeheuren Eizahlen, die manche Cocciden (*Eriopeltis lichtensteini* 700—1500 nach HERBERG) und die Cicadiden haben, gibt es alle Abstufungen. Eine allgemeine Regel für einzelne Gruppen läßt sich hier nicht aufstellen, da selbst nah verwandte Formen sich sehr verschieden verhalten können und vor allem, da die Eiproduktion wie alle Stoffwechsel-, Wachstums- und Entwicklungsvorgänge von zahlreichen inneren und äußeren Faktoren abhängt.

Diese Beziehungen können verschiedener Art sein. Einmal kann es sich um eine Beschleunigung bzw. Hemmung der Eiproduktion handeln, so daß in einer bestimmten Beobachtungszeit, z. B. je nach der Temperatur, verschiedene Eimengen abgelegt werden. Es kann aber auch die gesamte Eimenge erhöht oder erniedrigt werden. Was den letzteren Fall betrifft, so kann man, z. B. bei *Cimex* nach TITSCHACK, eindeutige Beziehungen zwischen der Menge der aufgenommenen Nahrung und der Eizahl feststellen, wobei es gleichgültig ist, ob man die während des ganzen Lebens oder nur die während des Imaginallebens aufgenommene Nahrung berücksichtigt. Bei *Cimex lectularius* schwankte nach TITSCHACKS Versuchen die Eizahl von 216 bei 148,95 mg Gesamtnahrungsmenge bis 541 bei 334,7 mg. Da auch zwischen dem Körpergewicht der frischgeschlüpften Weibchen und ihrer Eizahl bestimmte Beziehungen bestehen, hängt also die Variationsbreite der Gesamteimenge kausal mit verschiedenen Faktoren zusammen.

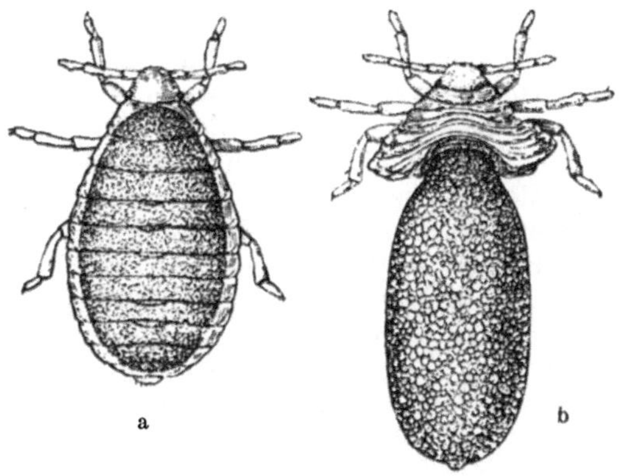

Abb. 254. *Schizoneura lanigera* (Blutlaus). Eiablage des amphigonen Weibchens. Nach ALWOOD.

Noch variabler als die Gesamtzahl der Eier ist die tägliche Eimenge. Hier kommt es zunächst auf das Alter der Weibchen an. Alte Tiere produzieren weniger Eier und mehr taube als junge. TITSCHACK fand bei *Cimex*, daß das erste Zehntel der Legeperiode sich bezüglich der Eizahl zum letzten Zehntel wie 410:162 verhielt. Außerdem kommt es natürlich auch hier wieder auf den Ernährungszustand der Tiere, sowie auf zahlreiche äußere Faktoren an, unter denen Temperatur und Luftfeuchtigkeit die wichtigsten sind. Da alle auf die tägliche Eizahl einwirkenden äußeren und inneren Faktoren untereinander wieder in Beziehung stehen, ergeben sich hier außerordentlich verwickelte Zusammenhänge. So treten die Alterserscheinungen, die zu einer Verminderung der Eizahl führen, bei höherer Temperatur früher ein als bei niedriger; die Nahrungsaufnahme und die Nahrungsverarbeitung gehen bei hoher Temperatur schneller vonstatten. Bei schlecht genährten und bei alten Tieren wird demnach Temperaturerhöhung rasch zu einer Verminderung der täglichen Eiziffer führen, während sie bei gut genährten jungen Tieren die Eiziffer hebt. Speziell bei *Cimex* hat HASE nachgewiesen, daß auch im letzteren Falle die Eiziffer nur eine Zeitlang ansteigt und dann abnimmt, wenn nicht neue Nahrung gereicht wird. Den Hungerzustand, in dem keine Eier abgelegt werden, erreicht von gleich genährten Tieren dasjenige schneller, das bei höherer Temperatur gehalten wird. Am günstigsten ist für die Eiproduktion also eine mittlere Wärme (bei *Cimex* 25° nach HASE), von einem bestimmten Minimum nach unten findet überhaupt keine Eiablage mehr statt, oberhalb des Optimums erschöpft sich die aufgenommene Nahrung und der Organismus überhaupt rascher, wenn auch eine vorübergehende Steigerung der Eiproduktion stattfindet.

Daß diese Feststellungen nicht nur für die blutsaugenden Cimiciden, sondern auch für phytophage Formen gelten, zeigt *Piesma quadrata*, bei der nach SCHUBERT 20 Weibchen während 10 Tagen bei +6° keine Eier ablegten, bei 10—12° 136, bei 18—20° 352 Eier hervorbrachten, wobei hohe Feuchtigkeit die Zahl verminderte, und schließlich bei 37—40° 764 Eier produzierten. Auch in diesem Falle bewirkt sicher der produktionssteigernde Einfluß hoher Temperatur eine raschere Erschöpfung des Organismus, so daß die gesamte Eizahl wenig beeinflußt wird. Die raschere Nahrungsverarbeitung hat beim Pflanzenfresser dagegen weniger zu bedeuten als beim Blutsauger, da immer reichlich Nahrung vorhanden ist und da daher die Nahrungsaufnahme dem Nahrungsverbrauch entsprechend gesteigert werden kann.

5. Eientwicklung und Auskriechen.

Wir müßten den Rahmen dieses Buches weit überschreiten, wenn wir versuchten, eine auch nur einigermaßen vollständige Darstellung der Embryonalentwicklung der Hemipteren zu geben. Da aber eine gewisse Einsicht in die Entwicklungsvorgänge für das Verständnis der folgenden Ausführungen nötig ist, soll an Hand eines Beispiels wenigstens eine Übersicht über die Vorgänge gegeben werden, die sich im befruchteten Ei nach der Ablage abspielen.

Bei *Pyrrhocoris apterus* beginnt (nach SEIDEL) die Eientwicklung damit, daß die aus dem Eikern durch Teilung entstandenen zahlreichen Furchungskerne in die periphere Plasmaschicht des Eies, das Keimhautblastem, wandern, und, indem sie sich vermehren und eng aneinanderstoßen, eine äußere Zellschicht um das Ei bilden, die als Blastoderm bezeichnet wird. Dieses grenzt sich nach innen scharf gegen den Dotter ab und bildet so ein einschichtiges Epithel von platten, polygonalen Zellen; eine Dotterfurchung findet nicht statt, die Furchung ist typisch superfiziell, wie das bei den Insekten die Regel ist.

Am Blastoderm bildet sich nun der Keimstreif, indem die vorher gleichmäßig verteilten Blastodermzellen sich in zwei parallelen Seitenplatten dicht zusammenziehen und höher werden, während beim Rest des Blastoderms die Kerne auseinanderrücken und die Zellen flacher werden (Abb. 255a). An der Stelle, wo die beiden Seitenplatten am basalen (hinteren) Pol des Eies zusammenstoßen, beginnt die Einfaltung der Keimanlage (Abb. 255a). So wie diese weiter fortschreitet, trennen sich die beiden Seitenplatten am apikalen (vorderen) Pol voneinander und werden im Verlauf der Einfaltung ins Innere verlagert. Nur ein Paar Lappen bleibt von ihnen an der Außenfläche noch sichtbar. Der eingefaltete Teil ist zunächst ein einfacher Sack, der sich aber, indem er länger wird, bald krümmt und dessen Wände sich ungleich entwickeln (Abb. 255b). Die ventrale Wand wird zum definitiven Keimstreif, die dorsale wird zu einem dünnen Häutchen, dem Amnion, ausgezogen, die zunächst noch mit der Außenwelt verbundene Höhle des Sackes heißt Amnionhöhle. Indem vom Rande der Einfaltungsöffnung eine Falte

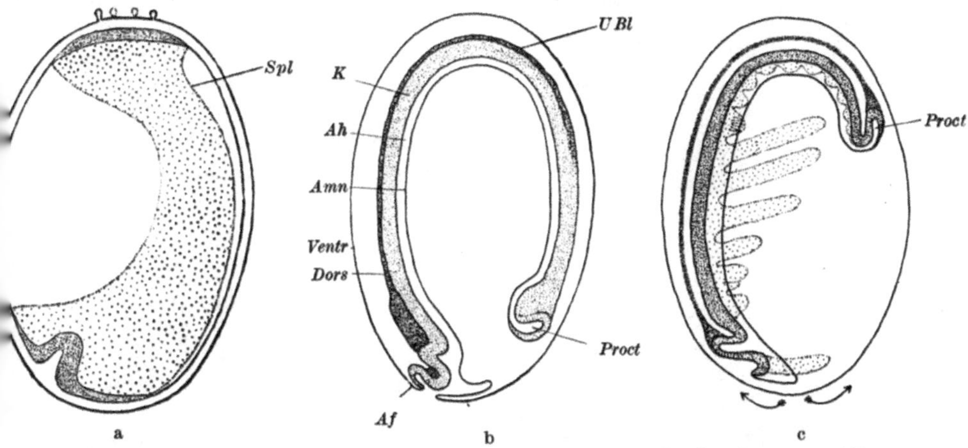

Abb. 255. Schematische Sagittalschnitte zur Embryonalentwicklung von *Pyrrhocoris apterus*. a) Beginnende Einstülpung des Keimstreifs; b) größte Ausdehnung desselben; c) Verschluß der Amnionhöhle. *Af* Amnionfalte, *Ah* Amnionhöhle, *Amn* Amnion, *Dors* Dorsalseite, *K* Keimstreif, *Proct* Proctodäum, *Spl* Seitenplatte, *UBl* unteres Blatt, *Ventr* Ventralseite, nach SEIDEL.

nach innen vorwächst (Abb. 255b, *Af*) und die Öffnung durch Verwachsung ihrer Ränder verschließt, wird der Keim gänzlich von der dünnen äußeren Hülle, der Serosa, gelöst und liegt als ein für sich abgeschlossenes Ganzes im Ei (Abb. 255c). Die weitere Entwicklung vollzieht sich, indem vom Keimstreif sich ein unteres Blatt (*UBl*) abfaltet und indem der Keimstreif segmentiert wird. Den Ausgangspunkt für die Segmentierung bildet der Thorax, dem sich Kopf und Abdomen anschließen. Während der Abfaltung des unteren Blattes erfolgt die Einstülpung des Stomodaeums, der Anlage des Vorderdarmes; die Einstülpung des Proctodaeums folgt etwas später, wenn die Segmentierungswelle das Hinterende des Abdomens erreicht hat. Auch die Gliedmaßenbildung beginnt am Thorax, die Anlagen der Beine sind einfache Ausstülpungen des Keimstreifs, an denen sich auch das untere Blatt beteiligt.

Die Extremitätenanlagen liegen nun in der Amnionhöhle auf sehr engem Raum zusammengepreßt und sind vom Amnion, jenem feinen Häutchen, von dem oben die Rede war, umkleidet (Abb. 255c).

Die Umrollung des Keimes, die jetzt einsetzt, beginnt mit der Ablösung des Amnions und mit einem Zusammenlegen der Extremitäten an der Ventralseite des Keimes. Dabei verkürzt sich der Keimstreif, und die Amnionhöhle wird zu einem einheitlichen Raum. Nun reißen die Hüllen an der Verwachsungsstelle ein, es wird die frühere Verbindung von Amnion und Serosa hergestellt, und der Keim schiebt sich an der Ventralseite des Eies empor, das abdominale Ende aus dem Dotter heraus nachziehend (Abbild. 256a), so daß der Kopf an den vorderen Eipol gelangt. Wie die Pfeile in Abb. 255c zeigen, wird das Amnion auf der Dorsalseite des Eies emporgezogen, die Serosa legt sich erst wie eine Kappe über den Kopf (Abb. 256b), wird dann hinter dem Kopf in den Dotter aufgenommen und schließlich resorbiert.

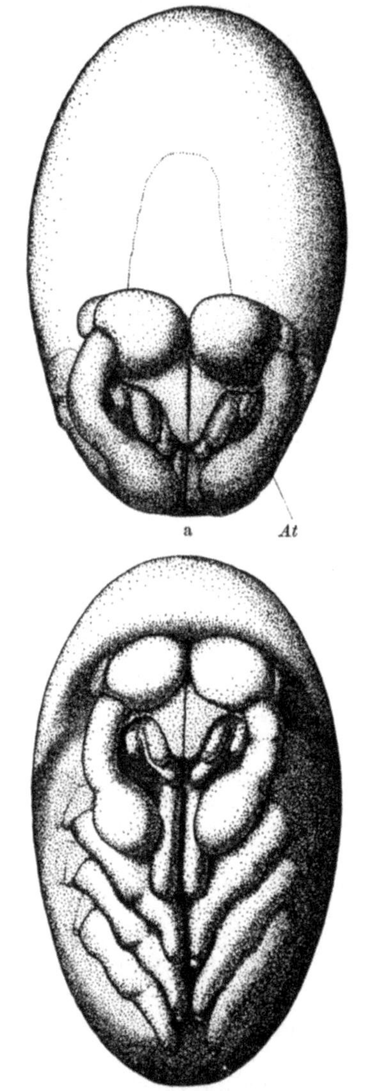

Abb. 256. Oberflächenbilder von drei Embryonalstadien von *Pyrrhocoris apterus*. a) Umrollung, das Abdomen ist noch im Ei; b) Ende der Umrollung, die am vorderen Eipol zusammengezogene Serosa bedeckt den Kopf des Embryos wie eine Kappe; c) Stadium der histologischen Differenzierung. *At* Antenne, nach SEIDEL.

Eine besondere Drüse, die am ersten Abdominalsegment vor der Umrollung erscheint und gleich nach der Embryonalzeit wieder verschwindet, sorgt durch ihr Sekret wahrscheinlich für eine Verminderung des Reibungswiderstandes während der Umrollung und beim Auskriechen aus dem Ei. Nach der Umrollung breitet sich der Keim an der Ventralseite des Eies aus und wächst mit seinen lateralen Enden immer mehr der Dorsalseite zu, um schließlich den Rückenschluß zu erreichen. Die Organanlagen, die vorher eingezwängt lagen, gewinnen nun Raum zur Entfaltung und differenzieren sich morphologisch und histologisch.

Die für die Hemipteren besonders charakteristischen Mundwerkzeuge, deren Entwicklung von HEYMONS und von MUIR und KERSHAW genau verfolgt wurde, erlangen erst jetzt allmählich ihre typische Form, das Labium wird aus einer paarigen Anlage (Abb. 256b, c) zu dem oben beschriebenen unpaaren Gebilde mit dorsaler Rinne, über deren Basis sich die unpaare Oberlippe legt. Die zwei Paare von Stechborsten, die, in der Anlage nicht ganz gleich, zunächst kurze, zipfelförmige Anhänge bildeten, senken sich mit ihren Basen tief in den Kopf und bilden so die retortenförmigen Organe, aus denen die eigentlichen Stechborsten, die langen Chitinfäden, herauswachsen, um sich später in die Rinne des Labiums zu legen. Der Hypopharynx entsteht als unpaarer Kegel vor dem Labium, in seinem Innern bildet sich aus einem sackartigen Anhang des Speichelkanals die Speichelpumpe. Beim schlüpfreifen Embryo legen sich alle Teile in der oben geschilderten Weise, bereit zur Arbeit, zusammen.

Von den übrigen Organsystemen bleiben (nach SEIDEL) einzelne, die Beine, die Muskulatur, das Tracheensystem und das Blutgefäßsystem, während ihrer ganzen Ausbildung ebenso wie die Kopfextremitäten an die segmentale Gliederung gebunden, während andere sich von ihrer Ursprungsstelle lösen und sich zu selbständigen Einheiten zusammenfügen (Darm). Zwischen beiden Entwicklungstypen nehmen das Nervensystem und die Geschlechtsorgane eine Zwischenstellung ein. Beide werden in streng metamerer Gliederung angelegt, auch erfolgt die Ausbildung der Organteile an den ursprünglichen Sonderungsstellen in den Segmenten, später aber kommt eine Vereinigung zustande, und zwar entweder durch einfache Kontraktion, wie beim Nervensystem, dessen abdominale Teile in den Thorax hineingeholt werden, oder durch Zusammenschluß bisher unabhängiger Teile, wie bei den Geschlechtsorganen.

Die letzte und längste Periode der Entwicklung, die nach der Konzentration der genannten Organsysteme einsetzt, ist die histologische Ausgestaltung der Organe. Dabei findet die Chitinisierung des Embryos statt, die Pigmentierung beginnt, sich, zuerst in den Augen, zu zeigen, der Mitteldarm umschließt den Rest des Dotters, um ihn zu verdauen, der Blutkreislauf beginnt (S. 296), und schließlich ist der Embryo schlüpfreif.

Parallel zu den inneren Veränderungen vollziehen sich am Ei in der Regel auch äußere Wandlungen. So ändert sich häufig die Färbung des Eies nicht erst mit dem Beginn der Pigmentbildung des Embryos, wie bei *Pyrrhocoris*, sondern bald nach der Ablage. Bei den Aleurodiden z. B. wird das anfangs durchscheinend grünlichgelbe Ei sehr bald braun und schließlich fast schwarz. Später schimmern dann meist die Augen des Embryos rot oder dunkel durch die Schale, und bei den Formen, die einen Eisprenger besitzen, sieht man diesen erscheinen (Pentatomiden usw.).

Die Dauer der Eientwicklung ist bei den einzelnen Arten sehr verschieden. Werden die Eier im Sommer abgelegt, so vollzieht sie sich in der Regel in wenigen Wochen, bei den Arten jedoch, die den Winter im Eizustand überdauern (viele Capsiden, manche Psylliden, z. B. *Psylla mali*, die meisten Aphididen), setzt die Eientwicklung entweder erst im Frühjahr ein, oder sie wird zu einem bestimmten Zeitpunkt unterbrochen, und so verstreichen von der Ablage bis zum Auskriechen mehrere Monate. Diese Hemmung der Eientwicklung, die während des Winters stattfindet, ist in vielen Fällen nicht wie z. B. bei *Eriopeltis lichtensteini* nach HERBERG allein auf die niedrige Temperatur oder auf andere Außenfaktoren zurückzuführen. Bei *Aphis pomi* stellte PETERSON z. B. fest, daß die Wintereier, auch wenn sie hohen Temperaturen ausgesetzt werden, nicht früher als 20—30 Tage vor der im Freiland üblichen Schlüpfzeit zum Schlüpfen zu bewegen sind. Es hat hier offenbar eine erbliche Festlegung der Ruheperiode, die Fixierung eines Entwicklungsrhythmus stattgefunden, wie er in ganz ähnlicher Weise auch bei Pflanzen festzustellen ist, die während einiger Wintermonate nicht getrieben werden können. Mitunter ist diese Fixierung sogar viel deutlicher als bei der Wirtspflanze. Bei *Psylla mali* z. B. kann man die Apfelzweige, an denen die Eier sitzen, schon im November oder Dezember vortreiben, die Eier entwickeln sich aber nicht mit, sondern sterben regelmäßig ab (SPEYER). Die Ruheperiode der Eier, die unter natürlichen Bedingungen mit der der Wirtspflanze genau übereinstimmt, ist hier also zeitlich viel fester fixiert als bei letzterer.

Trotzdem ist der Einfluß von Außenfaktoren auf das Einsetzen und die Dauer der Eientwicklung auch bei solchen Arten nicht zu verkennen, wenn er auch bei weitem nicht so deutlich ist wie bei den Formen, deren Eier sich normalerweise im Sommer entwickeln oder die in dieser Hinsicht überhaupt von den Jahreszeiten unabhängig sind (*Cimex* nach HASE, *Trialeurodes vaporariorum*).

Auf die Abhängigkeit der Entwicklungsdauer von der Temperatur werden wir bei der Larvenentwicklung ausführlich zu sprechen kommen; hier mag ein Hinweis auf die Abb. 257a und die Feststellung genügen, daß die Entwicklungsdauer bei einer bestimmten optimalen Temperatur am kürzesten ist. Unterhalb und oberhalb dieses Optimums verlangsamt sich die Entwicklung, so daß die Kurve, die man erhält, wenn man auf die Abszisse die Temperatur, auf die Ordinate die Zeit einträgt, einen tiefsten Punkt hat, von dem nach beiden Seiten symmetrische Äste abgehen. Der rechte Ast ist meist nur in Andeutungen erfaßbar, weil die überoptimalen Temperaturen bald tödlich wirken.

Qualitativ verhalten sich demnach alle Arten gleich, quantitativ sind sie sehr verschieden, weil einerseits das Optimum nicht bei allen Arten gleich liegt und weil die Steigerung der Entwicklungsdauer durch unter- und überoptimale Temperaturen bei den einzelnen Arten verschieden schnell sich vollzieht. Die Reaktionsfähigkeit des Eies auf die Temperatur beruht demnach, wie oben schon angedeutet wurde, auf inneren, erblich festgelegten Faktoren (siehe S. 444).

Auch die Zusammensetzung des Mediums übt ihren Einfluß auf die Eientwicklung. Das Ei ist zwar dank seinem reichen Dottervorrat bezüglich der Ernährung von der Außenwelt unabhängig, es braucht aber, sowie der Embryo in der Entwicklung begriffen ist, Sauerstoff genau wie ein erwachsenes Tier. Die Atmung des Eies und später diejenige des Embryos vollzieht sich bei vielen Hemipteren einfach durch die Schale, andere haben aber besonders dünnwandige Anhänge oder auch Kanäle, die die Schale durchbohren und den Gaswechsel vermitteln. Die Atemanhänge der Nepiden wurden oben schon erwähnt, es sei noch auf die Atemaufsätze des Piesmideneies (Abb. 259k), auf die Atemfortsätze der Pentatomiden- und der Reduviideneier hingewiesen, die wie

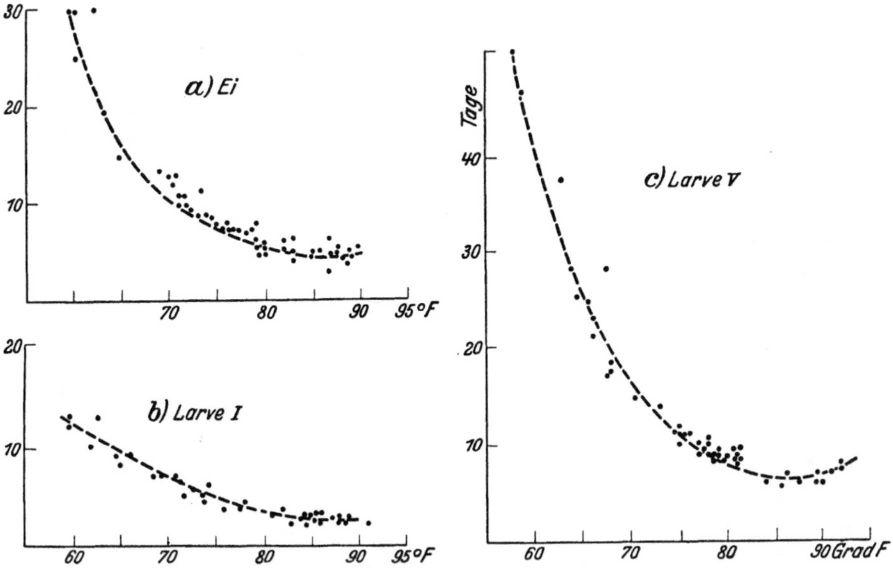

Abb. 257. Entwicklungsdauer: a) des Eies; b) des ersten Larvenstadiums; c) des fünften Larvenstadiums von *Dysdercus sidae*, nach BALLARD u. EVANS graphisch dargestellt. Abszisse: Grad Fahrenheit. Ordinate: Tage.

ein Kranz den Eideckel umgeben. Es ist demnach selbstverständlich, daß der Sauerstoffgehalt der Luft den Entwicklungsprozeß beeinflußt. Dasselbe gilt von der Luftfeuchtigkeit, die zusammen mit Wind und Wärme die Verdunstung regelt, und — bei den Eiern wasserlebender Insekten — von dem Salzgehalt des Wassers.

Während aber die Temperatur und vermutlich auch der Sauerstoffgehalt der Luft unmittelbar auf die Stoffwechsel- und Wachstumsvorgänge im Ei, in erster Linie also auf chemische Vorgänge, hemmend oder beschleunigend wirken, sind es bei der Luftfeuchtigkeit und dem Salzgehalt des Wassers in erster Linie die mit der Eientwicklung verbundenen physikalischen oder physikalisch-chemischen Vorgänge, die beeinflußt werden. Was den Salzgehalt betrifft, so scheint sein Einfluß bei den Wasserwanzen auf osmotischen Vorgängen zu beruhen (POISSON), und der Feuchtigkeitsgehalt der Luft soll beim Winterei der Aphididen die Konsistenz der Eischale verändern (PETERSON) und so der Junglarve das Auskriechen erleichtern oder erschweren. Gerade bei der Luftfeuchtigkeit bestehen aber daneben sicher noch komplizierte Abhängigkeiten mehrfacher Art, die ihrerseits wieder die Entwicklungsdauer zu beeinflussen vermögen. Leider haben wir hierüber keine genauen zahlenmäßigen Angaben; aus PETERSONS Studien an verschiedenen Aphididen geht nur hervor, daß hoher Feuchtigkeitsgehalt der Luft das Schlüpfen beschleunigt, niedriger es hemmt. Da PETERSON aber bei seinen Angaben nicht die Entwicklungsdauer der einzelnen Eier, sondern den Prozentsatz der zu einem bestimmten Termin geschlüpften Larven berücksichtigt, läßt sich nicht mit Sicherheit sagen, was von den Entwicklungsverzögerungen, die bei niedriger Feuchtigkeit eintreten, auf eine Verlangsamung der Entwicklung und was auf eine erhöhte Sterblichkeit der Eier zurückzuführen ist. PETERSON selbst betont, daß niedrige Feuchtigkeitsgrade das Reißen der äußeren Eischale und somit ein Eintrocknen des Embryos begünstigen. Wir kommen damit auf den Unterschied, der zwischen vitalem Optimum und Entwicklungsoptimum besteht und der für alle von außen kommenden Einflüsse festzustellen ist. Auch bei der Temperatur braucht das Entwicklungsoptimum durchaus nicht mit dem vitalen Optimum zusammenzufallen, eine Beschleunigung der Eientwicklung ist für das Bestehen der Art also keineswegs immer vorteilhaft. Wir werden auf diese Dinge weiter unten noch weiter eingehen und hier nur noch darauf zu sprechen kommen, daß die Sterblichkeit der Eier nicht bloß unmittelbar von den abiotischen Außenfaktoren abhängt, sondern vielfach auch von den biotischen, von anderen Organismen, und, da diese wiederum von Außenfaktoren abhängen, auch wieder mittelbar von den letzteren. So kommen z. B. die Eier von *Trialeurodes* nur an lebenden Blättern zur Entwicklung, an vertrockneten sterben sie ab und zwar wohl nicht bloß infolge der geringen Feuchtigkeit der sie umgebenden Luft, sondern vielleicht auch, weil der Eistiel im letzteren Falle nicht in saftreiche Gewebe eintaucht. Es ist nicht unmöglich, daß hier von der Beschaffenheit der Pflanzensäfte das Ei in ähnlicher Weise beeinflußt wird wie das Wasserwanzenei von dem Salzgehalt des es umgebenden Wassers. Da der Eistiel mit Plasma gefüllt ist und da er durch den kolloidalen Kitt mit zahlreichen Zellwänden der Pflanze in Verbindung steht (siehe S. 340), besteht die Möglichkeit, daß er auf die Pflanze eine osmotische Saugwirkung ausübt und auf diese Weise dem Ei Feuchtigkeit zuführt. Die Tatsache, daß die Umgebung älterer Aleurodideneier auf Totalpräparaten der Blattflächen ganz ähnliche Veränderungen aufweist wie die Umgebung der Saugstellen von Aleurodiden, spricht sehr für die Richtigkeit gedachter Annahme.

Die mittelbare Abhängigkeit der Sterblichkeit der Eier von abiotischen Faktoren wird klar, wenn man bedenkt, daß Insekteneier bei hoher Luftfeuchtigkeit leicht verpilzen und eingehen.

Das Auskriechen der Junglarve aus dem Ei geschieht bei vielen Hemipteren ohne Mithilfe besonderer, zum Sprengen oder Zerreißen der Eischale bestimmter Organe. Primär geht ja das Sprengen der Schale immer auf eine durch die Assimilation des Dotters und vielleicht auch durch die Atmungsvorgänge verursachte Vergrößerung des Embryos zurück. Wenn auch diese Vergrößerung nicht immer so deutlich ist wie bei *Benacus griseus* (Belostomiden), dessen Ei nach HUNGERFORD von der Ablage bis zum Auskriechen um die Hälfte seiner ursprünglichen Länge und ein Fünftel seines Durchmessers zunimmt, so ist sie doch stets groß genug, um im Innern des Eies einen Druck zu erzeugen, der schließlich zum Aufreißen des Chorions führen muß. Gerade bei den Wasserwanzen scheinen dabei, wie oben schon angedeutet wurde, osmotische Vorgänge eine wichtige Rolle zu spielen, ebenso wie vielleicht bei den Hemipteren, die ihre Eier ganz oder zum Teil in Pflanzenteile einsenken. Zu der Schwellung des Embryos kommen noch rhythmische Bewegungen desselben, die sein Kopfende immer wieder gegen die Eischale vortreiben. Ist kein Eisprenger vorhanden, so reißt das Chorion in der Regel am Kopfende in einem Längsspalt auf (*Notonecta*, Abb. 258, und viele andere Cryptoceraten, Cicadinen, Aleurodiden), seltener kommt es zur Bildung eines Querschlitzes in der Nackengegend (Belostomiden).

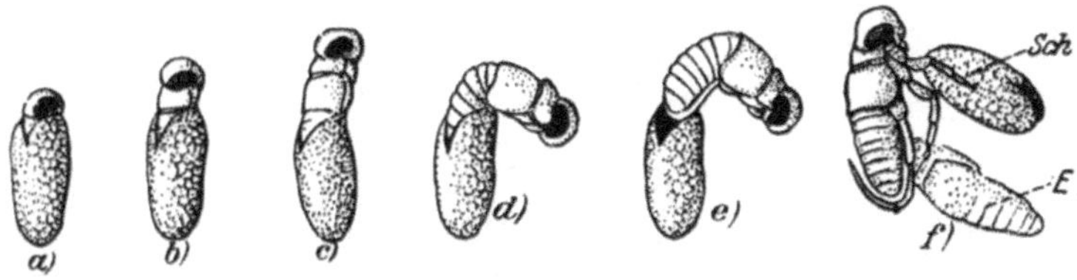

Abb. 258. *Notonecta maculata*, Auskriechen aus dem Ei und Abstreifen der Embryonalhülle (*E*). *Sch* Eischale, nach POISSON.

Bei manchen Wanzen sind die Rißstellen präformiert und daher lange vor dem Auskriechen am apikalen Eipol zu sehen. So ist die Spitze des Corixideneies mit strahlig angeordneten, dünnen Stellen versehen, beim Auskriechen drückt die Larve von innen auf die Spitze, deren zipfelförmig auseinander klappenden Teile dem Druck kaum Widerstand bieten (Abb. 259l). Auch bei *Piesma* sind die präformierten Bruchlinien strahlig angeordnet, verlaufen aber auf dem abgeplatteten Apikalpol und enden nicht in dessen Zentrum, sondern laufen auf ein kleines Deckelchen zu (Abb. 259k), das beim Auskriechen zuerst herausgedrückt wird.

Absprengbare Eideckel gibt es bei vielen Wanzen, auch bei solchen, die keinen Eisprenger besitzen, so z. B. bei *Cimex*, bei *Reduvius* und bei den Nabiden. Die Bruchlinie ist in diesen Fällen kreisförmig, der Kopf des wachsenden und sich bewegenden Tierchens drückt den Deckel zur Seite (Abb. 259i).

Schon bei den Nabiden kommen recht kompliziert gebaute Eideckel vor, den Gipfel bildet aber das Ei mancher Reduviiden. Bei der in Abb. 259a—e dargestellten Form ist der Eideckel ein pfropfartiges, mit einem spitzen Dorn versehenes Gebilde (*e*), an dessen oberen Rand sich eine eingestülpte Membran anschließt. Die Larve drückt von unten her auf den Pfropf, stößt ihn hoch und reißt dabei die eingestülpte Membran in mehrere Streifen, die, ähnlich wie die Zipfel der Eischale von *Corixa*, dem Auskriechen keinen Widerstand entgegensetzen.

Hier ist also eine Kombination des absprengbaren Deckels mit strahligen präformierten Bruchlinien zu verzeichnen, der Deckel dient gleichzeitig als Eisprenger.

In der Regel ist aber der Eisprenger kein Teil des Chorions, sondern eine Differenzierung der feinen Hülle, die den Embryo umgibt und die er erst beim Auskriechen abstreift. Im einfachsten Falle, z. B.

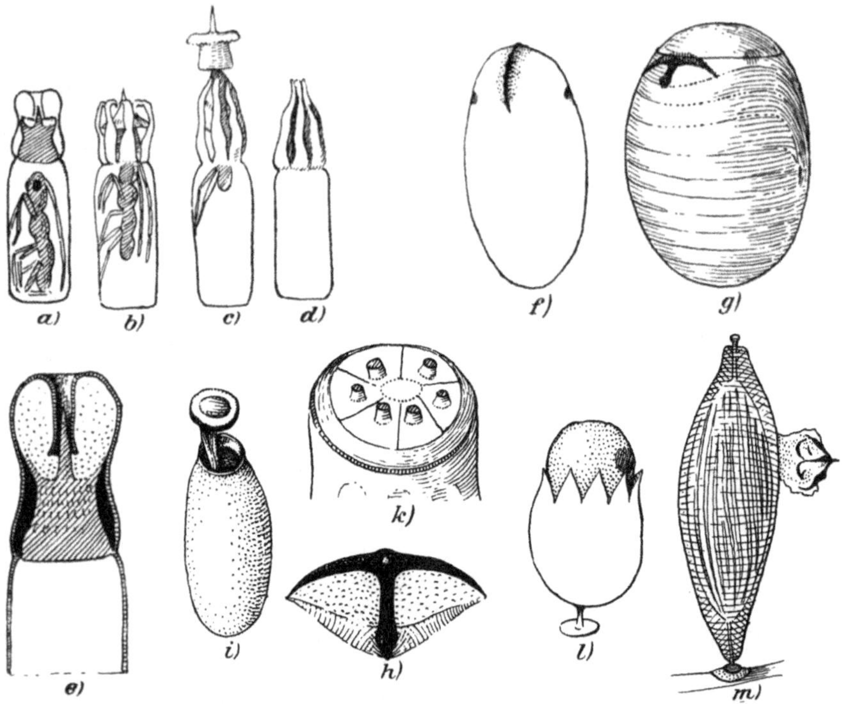

Abb. 259. a—e Amerikanische Reduviide, Auskriechen aus dem Ei, nach SHARP aus BERLESE; e) Längsschnitt durch die Eispitze; f) Embryo von *Amphorophora lactucae* mit Eisprenger, nach GIMINGHAM; g) dasselbe von *Palomena* sp.; h) Eisprenger von *Palomena dissimilis*, nach HEYMONS; i) Ei von *Cimex lectularius* nach dem Schlüpfen der Larve, nach IMMS; k) vorderer Pol des Eies von *Piesma quadrata* mit Bruchlinien nach EXT; l) Embryo einer Corixide beim Schlüpfen; m) Ei von *Hydrometra* nach dem Schlüpfen der Larve, nach BROCHER.

bei den Cocciden und den Aphididen, sitzt der Eisprenger im Nacken des Embryos als schwach sägezähnige, längslaufende Chitinschneide (Abb. 259f). Bei den Psylliden (*Psylla mali* nach LEES und SPEYER) liegen am Kopfende des Embryos zwei mit je einer zahnartigen Erhebung versehene Platten, die die Eischale an einer Stelle geringen Widerstandes zerreißen können. Bei den Landwanzen schließlich gibt es Vorrichtungen von komplizierterem Bau, die entweder das Absprengen des Eideckels oder das Zerreißen der Eischale ermöglichen. Das erstere trifft z. B. für die Eisprenger der Pyrrhocoriden und der Pentatomiden zu.

Der Eisprenger der Pentatomiden ist nach HEYMONS im Nacken des Embryos gelegen und besteht aus einer viereckigen Platte (Abb. 259h), der ein dunkles, ankerförmiges Chitinstück aufsitzt. An der Stelle, wo die transversalen Schenkel des Ankers mit dem longitudinalen verwachsen sind, erhebt sich ein Zahn, der sich genau an den Rand des Eideckels von unten her stemmt (Abb. 259g).

Der Vorgang des Ausschlüpfens wurde von HEYMONS genau untersucht. Infolge des Wachstums des Embryos preßt sich der genannte

n)

Abb. 259. n) Ansammlung von eben geschlüpften Junglarven von *Acrosternum hilaris* neben den Eischalen, nach WHITMARSH aus DRAKE.

Chitinzahn gegen den Deckelrand und verursacht zunächst eine kleine Öffnung an dieser Stelle. Da nun der ausdehnungsbedürftige Körper des Embryos von unten her auf die Innenfläche des ganzen Eisprengers drückt, so wird durch dessen transversale Schenkel, die sich jetzt eng an den Rand des Eideckels legen können, der Deckelrand in die Höhe gehoben. Der Riß vergrößert sich, und der grüne Körper des Embryos kommt zum Vorschein, um sich unter rhythmischen Bewegungen, die allem Anschein nach mit den Atembewegungen korrespondieren, immer weiter hinaus zu schieben. Sind die Beine einmal befreit, so helfen sie mit, den Hinterleib vollends aus der Eischale freizumachen.

Auch bei vielen anderen Landwanzen gibt es Eisprenger von ähnlicher Form, aber etwas anderer Funktion. Bei den Wasserläufern z. B.

(Abb. 259m) hat der Eisprenger zwar auch im ganzen Ankerform, er sprengt aber keinen Deckel ab, sondern durchschneidet die Eischale an der Seite des oberen Teiles.

Oben war schon mehrfach die Rede von den Embryonalhüllen, die die Junglarve außer der Eischale abzustreifen hat. Es handelt sich entweder nur um eine sehr feine Haut, die alle Teile des Embryos überzieht (Pentatomiden, Cicadiden) oder um zwei verschieden dicke Schichten. Im letzteren Falle sitzt der Eisprenger an der inneren Schicht und hat zunächst die äußere und das Chorion zu durchbrechen. Das trifft z. B. für die Psylliden (LEES, SPEYER) zu, und auch bei den Aphididen liegen nach PETERSON ähnliche Verhältnisse vor. Hier platzt allerdings das Chorion schon längere Zeit vor dem Schlüpfen auf, die äußere Embryonalhülle, die dunkel pigmentiert ist, tritt zutage und wird vom reifen Embryo mit dem Eisprenger durchbrochen. Da die Embryonalhülle der Verdunstung wenig Widerstand leistet, das Chorion aber bei trockener Luft leicht und frühzeitig reißt, hebt bei den Aphididen, wie schon erwähnt wurde, geringe Luftfeuchtigkeit die Sterblichkeit der Eier, indem sie einem Eintrocknen des Embryos Vorschub leistet.

Die Embryonalhüllen bleiben meist als zarte, rasch vertrocknende Häutchen samt den ihnen anhaftenden Eisprengern im Ei zurück, vielfach haften sie am Rand des Spaltes, zu dem die Junglarve herauskroch, und verbinden so den abgesprengten Deckel mit dem Rest des Chorions (*Cimex*, Abb. 259i, Nabiden). In anderen Fällen, z. B. bei den Cryptoceraten und den Cicadiden (Abb. 258, 260), kommt aber der Embryo samt seiner Hülle heraus und häutet sich erst nach dem Verlassen der Eischale. Daher kommt es, daß die junge *Notonecta*- oder *Tibicen*-Larve gleich nach dem Auskriechen (Abb. 260b, c) in der Bein- und Körpergliederung noch einen durchaus embryonalen Eindruck macht und sich nur unbehilflich bewegt. Erst nach dem Abwerfen der Embryonalhülle (Abb. 260d, e, f) werden ihre Gliedmaßen beweglich und regelrecht gegliedert. In jedem Falle entsteht also die Junglarve aus dem Embryo durch eine bei oder gleich nach dem Auskriechen stattfindende erste Häutung. Bei vielen Hemipteren macht diese erste Häutung den Eindruck eines im Verschwinden begriffenen Vorganges (Pentatomiden), der vielleicht nur deshalb nicht völlig unterdrückt ist, weil er die rechtzeitige Entfernung des Eisprengers ermöglicht (HEYMONS).

Das Auskriechen geht übrigens nicht immer glatt vonstatten. Öfters bleibt die Larve in der Eihülle stecken, ohne daß dabei immer Mißbildungen, falsche Lage des Embryos oder äußere Faktoren als Ursache nachzuweisen wären. Immerhin scheint die Luftfeuchtigkeit oder — bei Wasserwanzen — der Salzgehalt des Wassers (POISSON) dabei in vielen Fällen eine Rolle zu spielen.

Die Junglarven, deren Darm, wie oben schon erwähnt wurde, mit Dotter gefüllt ist, brauchen in der Regel nicht sofort Nahrung aufzunehmen. Bei den Pentatomiden halten sie sich (Abb. 259n) vielfach noch tagelang in Scharen auf der leeren Eihülle auf, und auch bei anderen Hemipteren warten sie erst die Erhärtung und Pigmentierung ihrer Cuticula ab, ehe sie sich auf die Wanderschaft begeben.

Wenn auch bei allen Hemipteren, selbst bei den Cocciden und Aleurodiden, die Junglarven beweglich sind, so brauchen sie doch, wenigstens bei den phytophagen Arten, keine großen Strecken bis zur Nahrungsquelle zurückzulegen, denn die Weibchen legen die Eier regelmäßig an die normale Wirtspflanze, auch wenn sie selbst sich vor der Eiablage nicht auf derselben aufhalten. Bei den Psylliden z. B., deren Imagines zumeist ein unstetes, herumschweifendes Leben führen und durchaus nicht monophag sind (siehe S. 174), suchen die Weibchen zur Eiablage die Nährpflanze der Larven auf, so daß diese, wenn es sich um holzige Gewächse handelt, nach dem Auskriechen nur zu den Knospen emporzuklettern brauchen oder, wenn die Eiablage im Sommer an Blättern erfolgt, gleich an Ort und Stelle bleiben können. Bei anderen Hemipteren, z. B. bei den Cocciden, die ihre Eier in großen Massen ablegen,

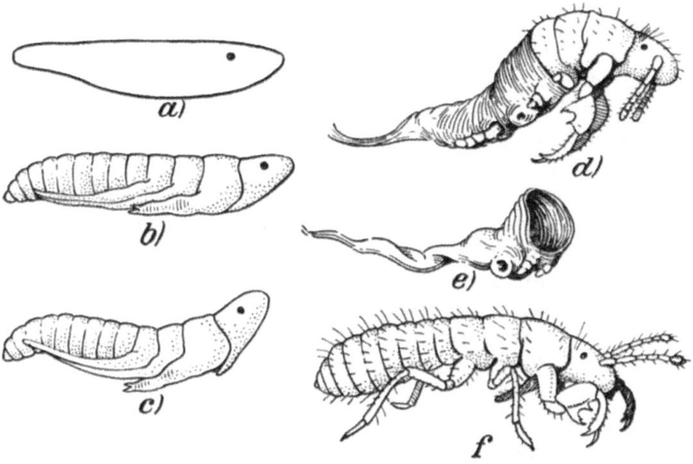

Abb. 260. *Tibicen septendecim.* a) Ei; b) geschlüpfter Embryo; c) in Fortbewegung begriffen; d) beim Abstreifen der Embryonalhülle e); f) die Junglarve, nach SNODGRASS.

müssen die Larven sich auf der Wirtspflanze verteilen. Auch bei den Aleurodiden kriechen die Junglarven erst einmal eine Zeitlang herum, ehe sie sich festsetzen. In diesen Fällen scheint die Larve einen Wandertrieb zu besitzen, der eine genügende Ausbreitung der Individuen gewährleistet und der, nach einer bestimmten Zeit erlöschend, den Tierchen die Festsetzung erst an einem vom Geburtsort etwas entfernten Platz erlaubt. Daß dieser Platz passend ist, dafür sorgen einerseits die Richtungsreaktionen der Larven, die auf bestimmte Reize hin eintreten (S. 252), und andererseits die Prüfungen der Unterlage, die die Larve während ihres Marsches mit den Sinnesorganen der Rüsselspitze vornimmt.

In selteneren Fällen muß die Larve nach dem Auskriechen einen ganz fremden Ort aufsuchen. Das gilt z. B. für die Junglarven der Singzikaden, die sich, wie auf S. 136 geschildert wurde, von den Zweigen, an denen sie geboren wurden, auf den Boden fallen lassen und sich dort eingraben. Auch bei den räuberischen und blutsaugenden Arten werden die Larven oft weite Strecken zurücklegen müssen, ehe sie erstmals Nahrung finden.

6. Fürsorge für die Nachkommenschaft, Brutpflege.

Die Hemipteren liefern zwar bei weitem keine so glänzende Reihe von Beispielen für Brutfürsorge wie die Hymenopteren, doch kann man immerhin schon das Bestreben der Weibchen, die Eier an Orten abzulegen, wo die Larven das ihnen zusagende Futter finden, als Fürsorge für die Nachkommenschaft bezeichnen. Dasselbe gilt vom Verstecken und Versenken der Eier, das diese feindlichen Angriffen und Witterungsunbilden entzieht (siehe S. 486). Noch mehr aber gilt es von den Fällen, in denen das Weibchen die Eier in Sekrete einhüllt oder mit seinem eigenen Körper deckt. Beides ist bei den Cocciden weit verbreitet, deren Weibchen, wenig oder gar nicht beweglich, wie sie sind, sich von dem Ort der Eiablage nicht entfernen. Im einfachsten Falle (*Pseudococcus*) hüllt das Weibchen die Eier in einen flockigen Wachsmantel ein, in anderen Fällen bildet es ein Marsupium, einen Eiersack aus Wachsfäden oder Wachsplatten, der von seinem Hinterende herabhängt und in dem die Eier ruhen (*Orthezia*, Abb. 197b, *Icerya*, Abb. 199). Auch andere Sekrete werden zur Deckung der Eier und der ausgekrochenen Larven verwendet; so nehmen die viviparen *Tachardia*-Arten die Jungen in ihre Lackhülle auf (Abb. 201, S. 268), und viele Diaspidinen bedecken mit ihrem Kokon nicht nur ihren eigenen Körper, sondern, indem sie in dem wachsenden Kokon nach vorn wandern, auch die abgelegten Eier (S. 270). Letzteres gilt allerdings nur für die oviparen Arten, die einen länglichen Kokon haben (z. B. *Lepidosaphes*, *Parlatorea*, Abb. 203 und 204), andere Arten behalten die Eier lange Zeit im Körper, aus dem sie oft erst nach der Ausbildung der Larve oder gar nach dem Tod des Weibchens frei werden (manche Diaspidinen, *Xylococcus*).

Ganz eigenartig sind die Verhältnisse bei den Lecanien, deren Weibchen vor der Eiablage flach, tellerförmig sind (Abb. 7d). Bei manchen Lecanien (*L. hesperidum*) bildet sich zur Zeit der Eiablage an der Unterseite des Hinterleibes ein stark pigmentierter Brutraum, der, indem der Körper sich an dieser Stelle hochwölbt, geräumig wird und die Eier bzw. die rasch ausschlüpfenden Larven aufnimmt (Abb. 212). Da die Larven den Brutraum nach kurzer Zeit verlassen, wird immer wieder Raum für neugeborene Tiere frei, ganz ähnlich wie bei dem ebenfalls relativ kleinen Brutraum der *Tachardia*-Arten. Anders verhalten sich zahlreiche andere *Lecanium*-Arten, wie z. B. *L. corni* und *L. oleae*. Bei ihnen ist der Körper zwar anfangs auch tellerförmig wie bei *L. hesperidum*, er wölbt sich aber, sobald die Eier abgelegt werden, hoch und bildet nicht nur in seinem hinteren Teil, sondern, wie Abb. 261a zeigt, auf seiner ganzen Bauchfläche einen großen Brutraum, in dem Hunderte von Eiern Platz haben. Nur der Rand des Körpers bleibt mit der Unterlage verbunden, die Eier sind also von allen Seiten umschlossen und geschützt. Während bei *Lecanium hesperidum* sich nur der Hinterleib an der Bildung des Brutraumes beteiligt, der Rüssel des Weibchens also stets auf der Unterlage bleibt, wird bei den beiden anderen Arten auch der Kopf von der Unterlage abgerückt. Trotzdem kann das Weibchen, wie BERLESE an *L. oleae* nachgewiesen hat, weiter saugen, denn mit der zunehmenden Bildung des Brutraumes stülpt sich die Umgebung des Rüssels in den Hohlraum hinein, und schließlich steht das kurze Labium auf einem rüsselartigen Fortsatz, der stets der Unterlage nahe bleibt und der nicht nur alle Saugorgane, die Stechborstenschleife, den ganzen Vorderkopf und den Ösophagus, sondern auch das ganze Zentralnervensystem enthält (Abb. 261a, b). Diese einzigartige Verlagerung und Umbildung des Kopfes, an dem vor allem die gekrümmte Hülle der Crumena auffällt, ermöglicht dem Weibchen das Saugen auch dann noch, wenn der Brutraum ganz ausgebildet ist. Bei den den *Lecanien* in mancher Beziehung ähnelnden *Kermes*- und *Physokermes*-Arten schließen sich die Körperwände des Weibchens bis auf einen schmalen ventralen Schlitz so vollständig zu einem Brutraum zusammen, daß das ganze kugelige Tier eher einer Beere oder einer Galle gleicht als einem Insekt.

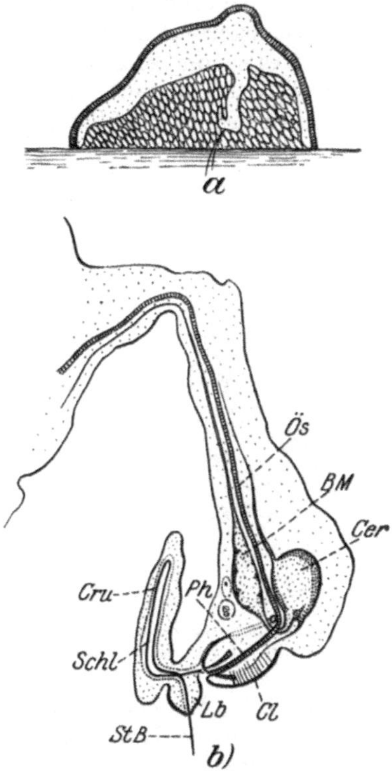

Abb. 261. a) Medianschnitt durch ein ♀ von *Lecanium oleae*, das seine Eier abgelegt hat; b) der die Mundteile tragende schlüsselförmige Fortsatz, stärker vergrößert, nach BERLESE. *BM* Bauchmark, *Cer* Zerebralganglion, *Cl* Clypeus, *Cru* Crumena, *ös* Ösophagus, *Ph* Pharynx, *Schl* Schleife des Borstenbündels *StB*.

Auch bei den Margarodiden (*s.lat.*) kommt es zur Bildung von inneren Bruträumen (nach MORRISON). Den ersten Schritt in dieser Richtung tut die Gattung *Hemaspidoproctus*, bei der ähnlich wie bei der nah verwandten *Icerya* (siehe oben) ein Ring von Wachsporen die ventrale Seite des Hinterleibes umgibt. Außerdem ist aber noch eine ebenfalls ventral gelegene, eingestülpte Tasche vorhanden. Während hier noch eine Kombination von Bruttasche und äußerem wächsernen Eiersack vorliegt, haben *Steatococcus*, *Aspidoproctus*, *Labioproctus* und *Pseudaspidoproctus* ein vollständiges inneres Marsupium, einen Brutbeutel, der auf der Ventralseite mit einer kleinen kreis-, V- oder U-förmigen Öffnung mündet. Bei dem australischen Genus *Callipappus* liegt die Öffnung des durch Einstülpung der hinteren Abdominalsegmente entstandenen Marsupiums hinten.

In den Eisäcken und Bruträumen der Cocciden sind die Eier nicht nur vor Feuchtigkeit, Trockenheit und Feinden mehr oder weniger vollkommen geschützt, sie sind auch nicht in Gefahr, einander gegenseitig zu drücken und zu beschädigen, denn sie liegen eingehüllt in feine Wachsflöckchen, die von den Zirkumgenitaldrüsen ausgeschieden werden (*Epidiaspis*, siehe Abb. 198), oder sind miteinander durch das Sekret der Anhangsdrüsen des weiblichen Geschlechtsapparates (*Eriopeltis*) verkittet und können daher auch dann nicht durcheinander fallen oder verstreut werden, wenn die Unterlage erschüttert wird. Bei den viviparen oder ovoviviparen Arten unter den Lecanien übernehmen die leeren Eihäute, die DINGLER wegen ihrer Form als „Efeublättchen" bezeichnete, die Auspolsterung (Abb. 212, vgl. auch Abb. 204).

Wie es schon bei den Cocciden vorkommt, daß die Weibchen samt ihrem Eiersack umherkriechen (*Orthezia*), so gibt es unter den Wanzen Fälle, in denen regelmäßig die Eier bis zum Auskriechen umhergetragen werden. Diese sonderbaren Fälle von Brutpflege erinnern insofern an das Verhalten gewisser Fische (Lophobranchier), als es nicht das Weibchen, sondern das Männchen ist, das die Eier mit sich trägt.

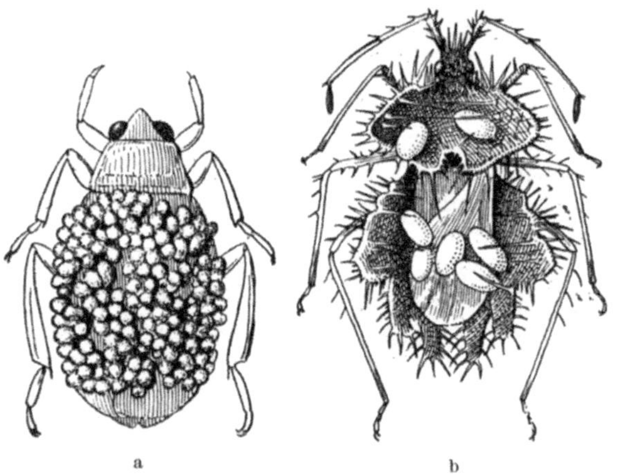

Abb. 262. ♂ von: a) *Serphus* sp.; b) *Phyllomorpha laciniata*, Eier auf dem Rücken tragend, nach BERLESE und SHARP.

So legt bei den *Phyllomorpha*-Arten (Coreiden), speziell bei der südeuropäischen *Ph. laciniata*, das Weibchen die Eier auf den gehöhlten Rücken des Thorax und des Hinterleibes des Männchens, wo sie durch die langen Dornen, die in Abb. 262b sichtbar sind, vor dem Abfallen bewahrt werden.

Auch von vielen Belostomiden (*Belostoma*, *Pedinocoris*, *Zaitha*) war schon seit langem bekannt, daß sie die Eier auf dem Rücken herumtragen (Abb. 262a). Ganz klar war man sich über diese Erscheinung aber nicht, denn ähnlich wie bei den oben genannten Lophobranchiern glaubte man lange Zeit, daß das Weibchen die Eier trüge, und erfand zur Erklärung der Eiablage sogar einen langen, biegsamen Legeapparat, der in Wirklichkeit nicht vorhanden und auch gar nicht nötig ist, da das Weibchen sich zur Eiablage auf dem Rücken des Männchens festklammert und ihm die Eier auf die Flügeldecken heftet (SHARP, SLATER). Bei *Pedinocoris macronyx* hat HARVEY das Schicksal der Eier wie folgt beschrieben: Die Eier werden vermittels eines Kittes auf den Decken des Männchens dicht nebeneinander befestigt, der Kitt tritt vor dem Ei aus und ist zunächst so weich, daß das Ei in ihn eingetaucht werden kann, erhärtet aber rasch und bildet, wenn alle Eier (70—175) im Verlauf mehrerer Nächte abgelegt sind, einen zähen Schild, der die Flügeldecken des Männchens völlig verklebt.

Während der Entwicklung der Eier, die 10—12 Tage dauert, lüftet das Männchen die Flügel häufig, soweit ihm das möglich ist, und läßt die unter den Decken gespeicherte Luft unter den Eiern wegstreichen. Möglicherweise ist HARVEYS Vermutung, daß es sich hierbei um eine Förderung des Gaswechsels der Eier handelt, richtig. Beim Auskriechen der Larven begibt sich das Männchen an die Oberfläche und bewegt die Flügel rhythmisch, wobei ein Druck auf den Eiinhalt ausgeübt werden soll. Daß dieser Druck den Embryo beim Auskriechen unterstützt, schließt HARVEY daraus, daß normal geschlüpfte Larven sofort beweglich und raubgierig sind, während Larven, deren „Geburtsakt" durch Loslösung vom Männchen künstlich verändert wurde, zunächst halbtot sind. Es scheint also, daß hier das Männchen, ähnlich wie das Weibchen bei den Säugetieren, die „Geburt" durch Eigenbewegungen unterstützt.

Ganz anders deutet BUENO bei *Belostoma fluminea* die Bewegungen des Männchens. Diesem sollen nämlich die Eier sehr lästig sein, und es soll sich unausgesetzt bemühen, sie durch Bewegungen der Flügel und der Beine abzustreifen. Das gelingt ihm aber in der Regel erst, wenn die Larven ausgekrochen sind — zu deren Glück, denn wenn das Männchen die eigenen Eier erlangen kann, saugt es sie sofort aus. Wenn das letztere auch sicher richtig ist, so ist doch kein Grund, anzunehmen, daß das Weibchen die Eier nur deshalb auf dem Rücken des Männchens befestigt, um sie gerade vor dem Männchen sicherzustellen. Auch andere Wanzenmännchen fallen gern über die eigene Brut her, ohne daß die Weibchen deshalb zu einem so eigenartigen Hilfsmittel greifen. Eine bessere Deutung dieses Instinktes können wir allerdings nicht geben; sein Ursprung liegt, wie der so vieler Gewohnheiten der Insekten, im Dunkeln.

Während bei den Belostomiden das Weibchen sich um die abgelegten Eier nicht mehr kümmert, sondern es dem Männchen überläßt, sie herumzuschleppen, ist bei den anderen bekannten Fällen von Brutpflege das Weibchen, das sich um die Eier und die auskriechenden Larven bemüht. Unter den einheimischen Wanzen ist *Elasmostethus* (*Clinocoris*) *griseus*, eine Pentatomide, ob ihrer Brutpflege bekannt und viel umstritten. *E. griseus* kommt im Gegensatz zu anderen Pentatomiden nach SCHUMACHER nur einmal zur Eiablage und produziert dabei ein Gelege von 20—50 Eiern. 4—5 Wochen ist dann das Tier damit beschäftigt, auf die Eier und die auskriechenden Larven zu achten. Während dieser Zeit kopulieren andere Pentatomiden häufig, und bringen mehrere Eiablagen mit insgesamt bis zu 500 Eiern zustande. Es besteht also hier affenbar ein Kausalzusammenhang zwischen der Existenz der Brutpflege und der geringeren Fruchtbarkeit. Nach den übereinstimmenden Aussagen älterer und neuer Autoren (DE GEER, REIBER-PUTON, JENSEN-HARUP usw.), denen nur FABRES gegenteilige, völlig unbegründete Angaben gegenüberstehen, beschützt das Weibchen die Eier und die ausgekrochenen Larven, indem es sich über sie setzt, vor Regen und vor

Feinden, besonders vor Schlupfwespen der Gattung *Telenomos*, die gerade in Pentatomideneiern sich entwickeln. Es läßt sich aus seiner Stellung auch durch Gewalt nicht vertreiben und deckt seine Brut entweder mit dem Körper und den Extremitäten, oder, wenn das nicht ausreicht, durch Schwirren mit den Flügeln. Über die Wirksamkeit dieses Schutzes wissen wir allerdings nichts.

Ein ganz ähnlicher Fall von Brutpflege findet sich bei der südamerikanischen Phloeine *Phloea corticata* und bei anderen Arten derselben Gattung, die sämtlich an Rinde leben und höchst eigenartige, flache, in der Farbe der Rinde ihrer Wirtspflanzen ähnelnde Geschöpfe sind (Abb. 312). „Die Mütter tragen bei diesen Arten ihren ganzen Nachwuchs auf der Unterseite mit sich, und es wird sogar behauptet, daß sie auch die Jungen nähren, indem sie einen Teil der Nahrung über die flache Unterseite des Leibes rieseln lassen" (HEYMONS). Das letztere klingt allerdings sehr unwahrscheinlich und kann nach dem, was oben über die Nahrungsaufnahme der Wanzen gesagt wurde, in der Tat kaum zutreffen, es sei denn, daß es nicht Nahrungssaft ist, sondern das Sekret der Speicheldrüse oder anderer Drüsen unbekannter Art, was über die Bauchfläche des Weibchens rieselt.

Schließlich mag noch (nach HEYMONS) die Tatsache erwähnt werden, daß die Weibchen einer amerikanischen Reduviidengattung (*Ghilianella*) ihre Jungen in der Weise mit sich herumtragen, daß die letzteren ihre langen, dünnen Hinterleiber um die Brust der Mutter schlingen.

7. Die Metamorphose.

a) Die einfachste Form der Metamorphose.

Mit dem Auskriechen eines Insektes aus dem Ei beginnt seine Metamorphose, d. h. die Verwandlung der flugunfähigen Jugendform in das geschlechtsreife, flugfähige Vollinsekt.

Bei den Hemipteren besteht diese im einfachsten Falle, z. B. bei vielen Landwanzen, bei manchen Zikaden (Jassiden a. p.) und Aphididen, in einem einfachen Heranwachsen der Tiere, das, da die chitinöse Cuticula nur eine beschränkte Dehnungsfähigkeit besitzt, von Zeit zu Zeit zu einem Abwerfen der harten obersten Hautschicht führen muß. Das Wachstum erfolgt allerdings selbst in einfachsten Fällen nicht ganz gleichmäßig, denn das Größenverhältnis der einzelnen Körperteile ändert sich stets im Verlauf der Larvenentwicklung; der Hinterleib, der bei der Larve relativ klein sein kann, wird bei der Imago, da er nun die reifen Geschlechtsorgane aufnehmen muß, größer, der Kopf dagegen wächst nicht ebenso stark, und vor allem ist der Rüssel schon bei der Junglarve relativ sehr lang. Das kann nicht Wunder nehmen, wenn man bedenkt, daß die Larve meist auf die gleichen Nahrungsquellen angewiesen ist wie das Vollkerf und daß sie diese nur erreichen kann, wenn wenigstens ihre Stechborsten denen des letzteren an Länge nicht allzusehr nachstehen. Der Thorax der Larve, der anfangs noch keine Spuren von Flügeln zeigt, ist dementsprechend klein und wächst wie der Hinterleib stärker als der Kopf. Auch sein Wachstum vollzieht sich aber ganz allmählich, ebenso wie das der Flügelanlagen, die in der Regel beim zweiten Larvenstadium erscheinen und mit jeder Häutung an Größe zunehmen. Es ist selbstverständlich, daß die Veränderungen, die sich im Lauf des Larvenlebens auch in solch einfachen Fällen vollziehen, am geringfügigsten sind bei denjenigen Formen, die auch im Imaginalzustand flügellos sind, wie die apteren Weibchen der Aphidinen, oder die wenigstens nur Reste von Flügeln haben, wie die Cimiciden und die Polycteniden. Bei ihnen handelt es sich, abgesehen von Einzelheiten, tatsächlich nur um eine durch mehrere Häutungen ermöglichte Größenzunahme.

Die Häutungen werden dadurch ermöglicht, daß die Körperdecke niemals nur aus totem Chitin besteht, daß vielmehr unter der cuticularen Chitinschicht stets deren Matrix, die zellige Hypodermis, erhalten bleibt. Diese bildet ein einschichtiges Epithel, das die Cuticula offenbar teilweise durch Sekretion, teilweise durch Umwandlung der apikalen Teile der Hypodermiszellen abscheidet. Die meist aus zahlreichen, untereinander fest verbundenen Schichten bestehende Cuticula wird vor der Häutung von der Hypodermis getrennt, wahrscheinlich beteiligen sich an dieser Abstoßung die sogenannten Häutungsdrüsen, die, von anderen Insektengruppen (Lepidopteren) wohlbekannt, bei den Hemipteren bis jetzt nur in wenigen Fällen (von POISSON bei den Cryptoceraten) als einzellige Drüsen nachgewiesen sind. Die Drüsen entleeren ihr Sekret in den zwischen Cuticula und Hypodermis entstehenden Spaltraum und machen so einerseits die Trennung vollkommen, andererseits kann das Sekret später bei der Häutung, ähnlich wie das oben erwähnte (S. 348) Drüsensekret des Embryos beim Auskriechen, die Reibung vermindern. Die Häutung ist ein mechanisch nicht leicht erklärbarer Vorgang, denn, wie TITSCHACK neuerdings an der Bettwanze nachgewiesen hat, ist sie nicht oder wenigstens nicht in allen Fällen unmittelbar von einer besonders starken Dehnung des Körpers veranlaßt. Die Häutung der Bettwanzenlarven erfolgt nämlich nicht sofort nach der Aufnahme einer großen Blutmenge, die natürlich eine erhebliche Dehnung des Körpers verursacht, sondern vielmehr später, wenn die Nahrung verdaut ist, innere Umsetzungen sich vollzogen haben und, wie die äußere Gestalt lehrt, der innere Druck, rein physikalisch genommen, beträchtlich abgenommen hat. Die Drucksteigerung im Inneren, die bei anderen Insekten durch Luftaufnahme in den Kopf (*Periplaneta* nach EIDMANN) oder Wasseraufnahme in den Enddarm (*Dytiscus* nach RUNGIUS) vor der Häutung herbeigeführt wird, kann also im Falle von *Cimex* nicht direkt die Ursache der Häutung sein. Hier, wie sicher bei vielen anderen Insekten, ist die Ursache vielmehr in Stoffwechselvorgängen zu suchen, die die Loslösung der Cuticula und die Öffnung der präformierten Bruchlinien derselben bedingen. Wie die Eischale vieler Hemipteren, so hat nämlich auch die Larvencuticula meist gewisse Linien geringeren Widerstandes, die gewöhnlich als Längslinien am Thoraxrücken und am Hinterkopf gelegen sind und bei der Häutung aufreißen. Durch den entstandenen Riß drängt sich dann erst der Thorax heraus (Abb. 266), dem in manchen Fällen zunächst der Kopf folgt. Das letztere gilt z. B. von den Aphididen, bei denen die Beine erst nach dem Kopf befreit werden (Abb. 263). Bei den Wanzen bleiben dagegen oft die Mundwerkzeuge zunächst noch in der Haut stecken, die Beine werden vor ihnen frei und tragen dazu bei, den Kopf und den Hinterleib vollends aus der leeren Hülle, der Exuvie, zu ziehen. Da die Tiere sich vor der Häutung an die Unterlage festkrallen, bleiben die Exuvien, wie Abb. 263 zeigt, noch längere Zeit an dieser hängen. Blattlauskolonien enthalten diese leeren Häute oft in großer Zahl. Das frisch geschlüpfte Tier ist noch sehr weich und benützt die Zeit, die seine Cuticula braucht, um zu erhärten, zu einem rapiden Wachstum. POISSON hat nachgewiesen, daß bei den Wasserwanzen das Wachstum zwar auch in den Perioden zwischen den Häutungen nicht ganz ruht, daß es aber gleich nach der Häutung sich schlagartig steigert, um nach ganz kurzer Zeit wieder so gering zu werden

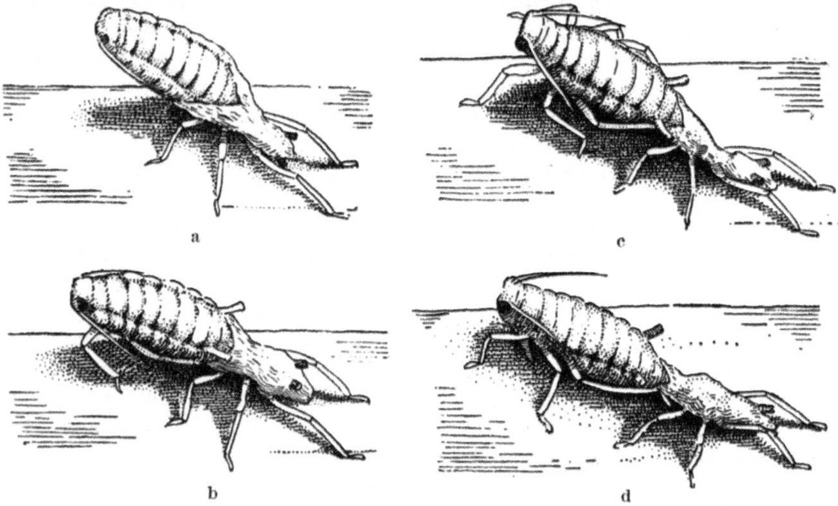

Abb. 263. *Aphis sambuci*, Larve bei der Häutung.

wie vorher. Die Kurve, die das Längenwachstum einer Hemipterenart (also nicht etwa ihre Gewichtszunahme) wiedergibt, bietet daher das Bild einer Treppe, deren Stufenflächen nicht ganz wagrecht sind.

Es war oben schon davon die Rede, daß die Mundwerkzeuge, wie alle Teile, die einen Chitinüberzug haben (die Augen, der Pharynx, die Tracheen) mitgehäutet werden. Das ist aber insofern nicht ganz einfach, als die Stechborsten nur aus Chitin bestehen, also, wenigstens in ihrem distalen Teil, keine Matrix enthalten, die sie neu bilden könnte. Die Stechborsten werden denn auch nicht einfach gehäutet, sondern, lange vor der Häutung, in besonderen eingestülpten Säcken, den retortenförmigen Organen, neu gebildet. Diese Neubildung vollzieht sich, wie Abb. 264 zeigt, dadurch, daß die Epithelauskleidung der hohlen Borstenbasen (*a*) sich nach innen einstülpt (*b*) und zunächst die Spitze einer neuen Borste bildet, die mit der Basis der alten durch ein feines Chitinfädchen verbunden ist. Indem sich nun die Hülle dieser neuen Borste

(nB) immer mehr nach innen verlängert und immer mehr Chitin abscheidet (c, d), bildet sich von der Basis der alten Borste aus ein Sack, der an seinem Ende etwas dicker wird und meistens, vermutlich der

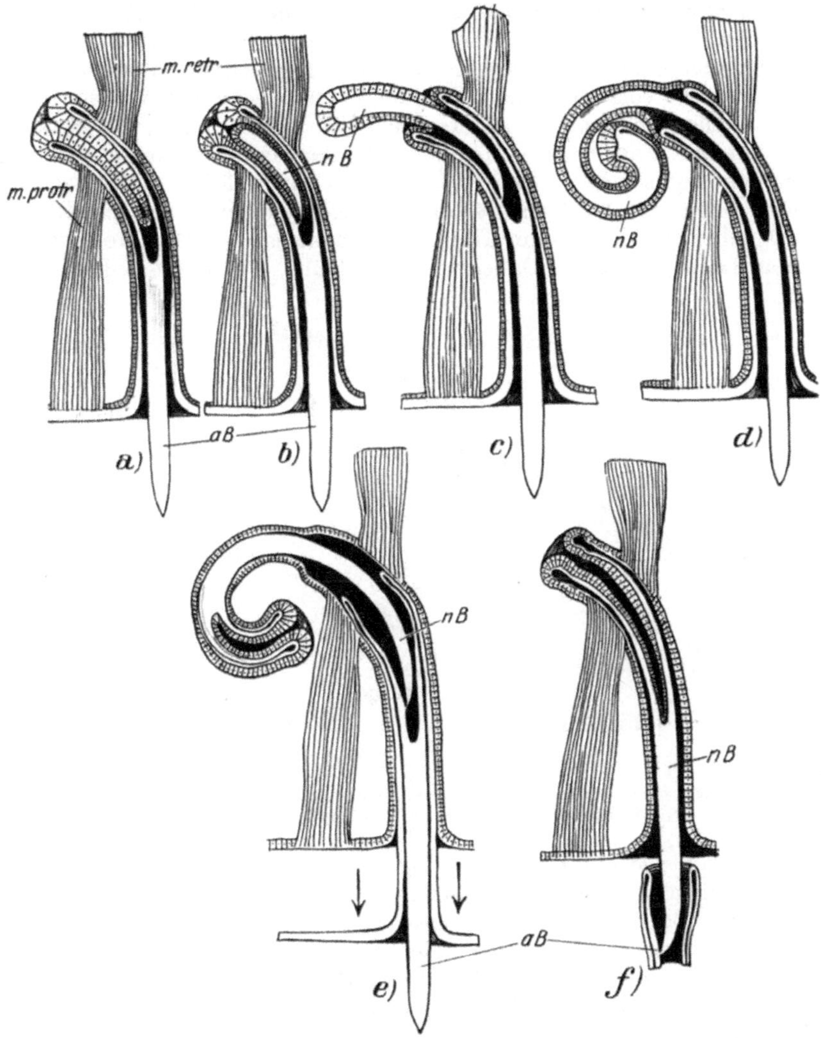

Abb. 264. Schema der Bildung neuer Stechborsten vor der Häutung. Chitin weiß, Hohlräume schwarz. Längsschnitte, nach den Verhältnissen bei *Psylla mali*, nach WEBER. a) und b) Beginn der Neubildung; c) und d) Vergrößerung und Aufrollung des retortenförmigen Organs; e) und f) Beginn und Vollendung der Häutung. *aB* alte Borste, *nB* neue Borste, *m.retr*, *m.protr* Borstenmuskeln.

Raumersparnis halber, im Kopf aufgerollt liegt (Homoptera). Die Zahl der schneckenartigen Windungen kann, wenn es sich um lange Stechborsten handelt (Coccidae), ziemlich groß sein. Bei den Wanzen sind die retortenförmigen Organe in der Regel wenig gerollt (BUGNION), erstrecken sich dafür aber weit in den Thorax. Bei den Aradiden, deren extrem lange Stechborsten oben erwähnt wurden (S. 189), reichen die Organe wohl auch weit in den Thorax hinein, sind aber, wie Abb. 265 zeigt, außerdem noch spiralig zu großen, flachen, senkrecht stehenden Scheiben gerollt. Nur so können die Anlagen der mehrfach körperlangen, auch in ausgebildetem Zustand gerollt getragenen Borsten (siehe Abb. 136, 265 vorn) im Innern des Körpers untergebracht werden. Hier wie bei allen anderen Hemipteren sind die Spitzen der neuen Borsten mit den Basen der alten verbunden. Bei der Häutung wird nun, wenn der Kopf aus seiner Chitinhülle gezogen wird, zunächst die Spitze der neuen Borste an der Basis der alten hängen bleiben. Die neue Borste wird daher im Verlauf der Häutung selbsttätig, der alten folgend, in deren Lage gebracht. Dabei wird die Hülle, die um die Basis der

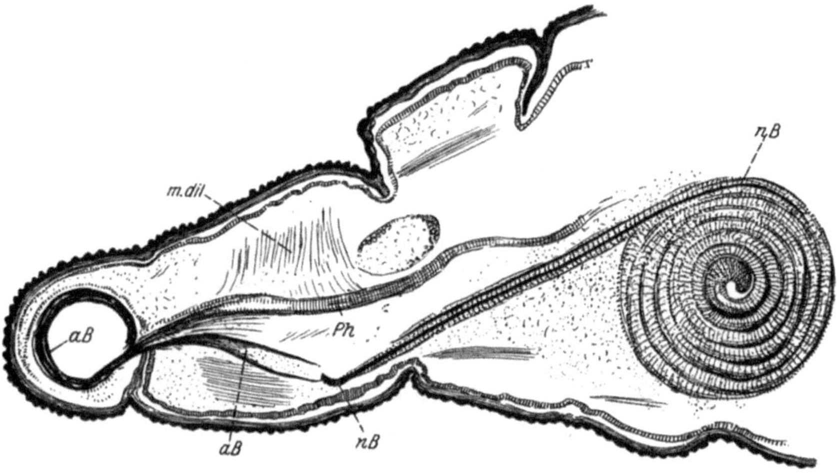

Abb. 265. *Aradus cinnamomeus.* Fünftes Larvenstadium, etwas schiefer Sagittalschnitt durch Kopf und Thorax. *aB*, *nB* alte und neue Borste, *m.dil* Dilatator des Pharynx *Ph* (vgl. Abb. 136).

ersteren lag, wie ein Handschuhfinger umgestülpt (Abb. 264e, f) und bildet, indem ihr bis dahin weiches Chitin erhärtet, die hohle Basis der neuen Borste. Erst wenn diese völlig gestreckt in die richtigen Bahnen gezogen ist, die vordem die alte Borste einnahm, wird die Verbindung zwischen beiden an dem Punkte des geringsten Widerstandes, d. h. an dem genannten Chitinfaden abgerissen, und die Häutung ist vollendet.

Dieser Modus der Umbildung der Stechborsten erklärt auch die Tatsache, daß die Muskeln der Borstenbasen bis zum letzten Augenblick vor der Häutung tätig sein können. Man sieht aus Abb. 264, daß diese Muskeln, genau genommen, gar nicht an der Borste selbst, sondern an der sie umhüllenden Scheide angreifen, die allerdings mit der Borstenbasis verklebt scheint. Bei der Häutung wird natürlich diese die Basis der alten Borste bildende doppelte Chitinlage herausgezogen (*e*, *f*), das neugebildete Chitin der Borstenscheide verklebt wieder mit dem der

Borstenbasis, die Muskeln verändern also bei der Häutung ihre Ansatzstellen nicht.

Ziemlich schwerwiegende Änderungen macht dagegen während der Metamorphose auch im einfachsten Falle die Thoraxmuskulatur durch. Die Flugmuskulatur bildet sich nur zum Teil aus larvalen Muskeln durch Verdickung und durch Verlagerung ihrer Angriffsstellen, zu einem größeren Teil entstehen die Flugmuskeln neu. Im ersten Falle, der vor allem für die direkten Flugmuskeln zutrifft, lagert sich um einen typischen Kern von Muskelfasern, der bei der Larve einen vertikalen Beinmuskel oder einen Flankenmuskel bildete, eine Schicht von anfangs atypischen Fasern; im letzten Falle, der für die Mehrzahl der indirekten Flugmuskeln gilt, sind die Fasern des gesamten Muskels anfangs atypisch (Abb. 278), d. h. sie verhalten sich Färbungsmitteln gegenüber nicht normal und sind noch nicht kontraktionsfähig. Diese Neubildung der Flugmuskeln setzt gewöhnlich schon in einem frühen Larvenstadium ein, die Umwandlung der atypischen in typische Muskelfasern findet aber erst kurz vor der letzten Häutung statt.

Dasselbe gilt vermutlich von den Muskeln, die bei der Imago den äußeren Geschlechtsapparat bedienen. Die chitinösen Teile desselben bilden sich durch Ausstülpungen der Epidermis unter der Larvenhaut, die Muskeln werden wie die Thoraxmuskeln angelegt und erst bei der letzten Häutung funktionsfähig.

Da aber diese letzte Häutung, durch die aus der Larve eine Imago wird, auch äußerlich ganz erhebliche Veränderungen mit sich bringt und sich dadurch von allen anderen Häutungen unterscheidet, müssen wir sie an Hand der Abb. 266 gesondert besprechen. Man sieht, daß die letzte Häutung wie alle anderen damit beginnt, daß an der Rückenseite des Thorax der Larve ein Riß entsteht, aus dem der Rücken der Imago herausquillt. Unter heftigem Hochkrümmen und Wiederabflachen des Körpers macht dann das Tier zuerst den Kopf frei, biegt den Körper nach hinten ab, richtet sich wieder auf usw., bis nacheinander die Beine gehäutet sind. (Mitunter wird auch der Kopf nach den Beinen befreit.) Gleichzeitig wurden auch die Flügel aus ihren Scheiden gezogen, in denen sie, aufs feinste zusammengefaltet, lagen und werden nun durch Blutdruck bzw. durch Einpressen von Luft in ihre Tracheen langsam gedehnt. Zuletzt wird, indem das Tier sich mit den Beinen an der festgeklammerten Exuvie oder an der Unterlage hält, der Hinterleib mit den Geschlechtsorganen befreit; die fertige Imago bleibt noch eine Zeitlang in ihrer Haltung, um die Flügel vollends sich versteifen und erhärten zu lassen, und bewegt sich dann vorwärts, von der Exuvie weg.

Die Erhärtung erstreckt sich natürlich nicht nur auf die Flügel, sondern auf das Integument des ganzen Körpers und wird, wie bei allen Larvenhäutungen, von Ausfärbungsvorgängen begleitet. Die Epidermis ist nach jeder Häutung sehr lebhaft tätig, die anfangs durchsichtige dünne Cuticula wird sehr rasch dicker, starr und in der für die Art charakteristischen Weise pigmentiert.

Bei vielen Insektenarten und speziell auch bei vielen Hemipterenarten ist das Pigmentierungsbild in mehr oder weniger weiten Grenzen

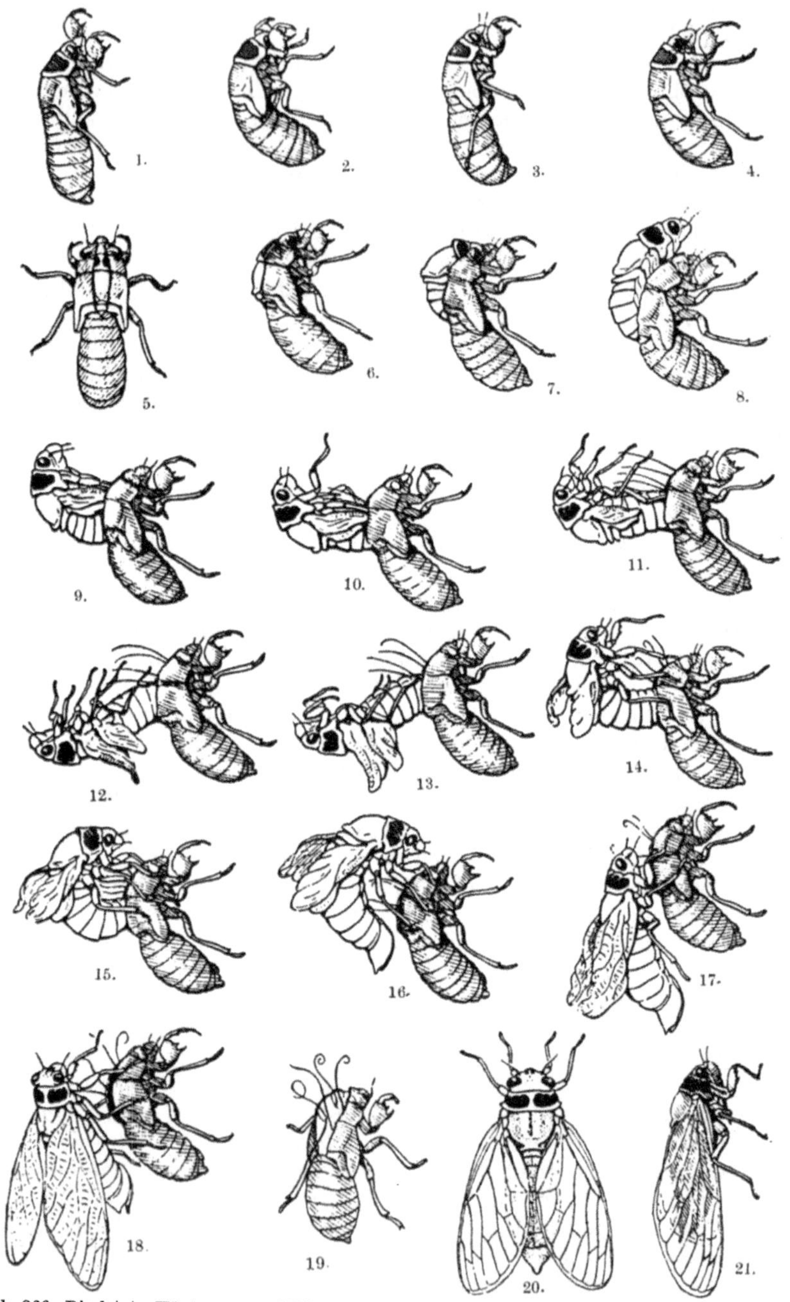

Abb. 266. Die letzte Häutung von *Tibicen septendecim* in 21 aufeinanderfolgenden Stadien, nach Snodgrass. 1. Die emporkletternde Larve, 2. Festsetzung, 3. und 4. Reinigung, 5.—16. Häutung, 17.—21. Härtung der Flügel.

variabel (siehe auch S. 402). So unterscheidet man nach der Intensität und Anordnung der Pigmentierung bei *Philaenus spumarius* (Cercopidae) nach HAUPT mehr als ein Dutzend Varietäten, die, trotzdem es alle Übergänge gibt, von fleißigen Systematikern einzeln benannt werden. Auch bei den Psylliden kommen derartige Farbvarietäten vor (*Aphalara picta*), wobei man allerdings berücksichtigen muß, daß bei ihnen wie bei manchen grünlichen Wanzen (Pentatomiden, *Piezodorus lituratus* nach SCHUMACHER und SCHULZE 1915) auch das Individuum im Lauf seines Lebens die Färbung bedeutend ändert. Eine kausale Analyse der Faktoren, die das wechselnde Farbkleid bedingen, ist bei den genannten Formen noch nicht versucht worden, wohl aber bei zwei ebenfalls stark variierenden Wanzenarten, bei der amerikanischen Asopide *Perillus bioculatus* (von KNIGHT) und bei unserer einheimischen Feuerwanze *Pyrrhocoris apterus* (von HENKE).

Bei der ersteren findet sich eine ungewöhnlich ausgeprägte Neigung zu Farbvariationen. Die Grundfarbe ihres Körpers kann weiß, gelb, orange oder rot sein, auch zwei Farben nebeneinander kommen vor. Auf diesem Grund stehen mehr oder weniger ausgedehnte schwarze Zeichnungen. Im extremen Falle ist das Tier fast schwarz, das andere Extrem besteht in einer spärlichen schwarzen Streifenzeichnung (Abb. 267). KNIGHTS Züchtungsversuche ergaben den Nachweis, daß im Gegensatz zu seiner ersten Vermutung und im Gegensatz zu äußerlich ähnlichen Fällen von Farbvariation (Coccinelliden) Erbfaktoren beim Auftreten dieser verschiedenen Färbungskomponenten keine Rolle spielen, daß vielmehr ausschließlich Umweltsfaktoren den Ausschlag geben. Da wenigstens für das schwarze Pigment von *Pyrrhocoris* dasselbe gilt, bilden diese beiden Fälle eine vorzügliche Gelegenheit, die Mechanik der Ausfärbung und die Beeinflussung von Entwicklungs- und Stoffwechselvorgängen durch Umweltsfaktoren kennen zu lernen.

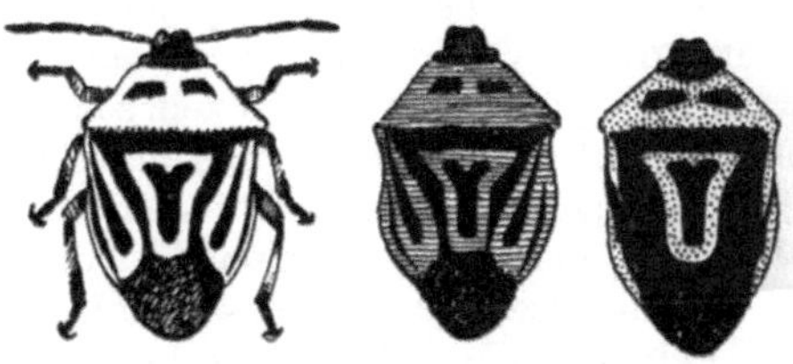

Abb. 267. Drei Farbvariationen von *Perillus bioculatus*, nach KNIGHT; schraffiert = rot, punktiert = gelb.

Bei beiden Arten hat, wie gewöhnlich, das dunkle Pigment, das M e l a n i n, seinen Sitz in der Cuticula, und muß daher nach jeder Häutung erneuert werden; das rote Pigment sitzt dagegen in der Epidermis selbst.

Bei *Perillus* ist das rote Pigment nicht immer in gleicher Dichte vorhanden. Es kann völlig fehlen, dann wird der Grundton weiß, es kann in geringer Menge vorhanden sein, dann wird er orange, und es kann dicht gelagert sein, dann ist der Grundton rot. Bei *Pyrrhocoris* dagegen ist das rote oder vielmehr gelbrote Pigment von der Junglarve bis zur Imago in stets annähernd gleicher Menge vorhanden (s. unten), auch frisch gehäutete Tiere sind stets gleichmäßig rot, nur die schwarze Zeichnung fehlt bei ihnen, wie das überhaupt bei frisch gehäuteten Hemipteren zu sein pflegt. Auch chemisch verhalten sich die roten Pigmente beider Arten verschieden. Bei *Pyrrhocoris* handelt es sich, ähnlich, wie das von KNIGHT und PALMER für eine ganze Reihe anderer rot gefärbter Hemipteren (Capsiden, Lygaeiden, Coreiden) nachgewiesen wurde, um einen äußerlich karotinähnlichen, aber wasserlöslichen Körper, bei *Perillus* dagegen ist der gelbrote Farbstoff echtes Karotin. Letzteres stammt unzweifelhaft aus dem Blut der Koloradokäferlarve, das der Wanze als einzige Nahrung dient und das reichlich Karotin enthält (0,0136 vH). Der Koloradokäfer erhält seinerseits das Karotin aus der Kartoffelpflanze, die sehr reich daran ist. Mittelbar stammt also das Karotin, ebenso wie jene anderen roten Pigmente, aus der Pflanze. Bestimmt ist das Karotin in diesem Falle kein Speicherstoff, man hat vielmehr allen Grund anzunehmen, daß es für den tierischen Organismus unerwünscht ist und auf irgendeine Weise eliminiert werden muß. Der normale Weg zur Elimination scheint die Oxydation des Karotins zu sein. Eine solche findet bei *Perillus* auch statt, aber nur bei bestimmten, optimalen Temperaturen, die ziemlich hoch liegen. Werden die Wanzen bei dieser Temperatur aufgezogen, so lagern sie das aufgenommene Karotin nicht in der Hypodermis ab, es wird vielmehr, wie die kalkig weißen Exkremente beweisen, oxydiert und mit dem Kot abgegeben, vermutlich durch Vermittlung der MALPIGHIschen Gefäße. Daher entstehen bei dieser Optimaltemperatur rein schwarz-weiße Formen. In kühlere Räume gebracht, geben dieselben Wanzen rote bis schwarzbraune Exkremente ab und fangen gleichzeitig an, mehr oder weniger Karotin in der Hypodermis zu speichern. So entstehen die Formen mit roter oder gelber Grundfarbe.

Aber nicht nur die Beschleunigung des Stoffwechsels, die die höheren Temperaturen mit sich bringen (S. 250), übt ihren Einfluß auf die Menge des abgelagerten Karotins, es spielt vielmehr offenbar auch die Lebhaftigkeit der Bewegungen eine Rolle. An sich erhöht sich diese, wie oben erwähnt wurde (S. 150), mit der Temperatur. Verhindert man aber die Tiere bei optimaler Temperatur an lebhafter Bewegung, indem man sie in enge Röhren sperrt, so entstehen statt der zu erwartenden schwarz-weißen Formen schwarz-gelbe oder schwarz-rote. So kann auch die Luftfeuchtigkeit, die an sich wenig Einfluß auf die Ablagerung des Karotins hat, wenigstens mittelbaren Einfluß auf die Färbung gewinnen, indem sie die Lebhaftigkeit der Tiere verändert.

Das rote Pigment von *Perillus* ist also, richtig betrachtet, nichts anderes als ein Exkret, das durch Ablagerung in der Haut unschädlich gemacht wird, wenn nicht günstige Außenbedingungen eine völlige Entfernung aus dem Körper erlauben.

Ganz anders verhält sich nach HENKE das rote Pigment von *Pyrrhocoris*[1]. Es stammt ursprünglich nicht aus der Nahrung, sondern aus den

[1] P. SCHULZE hat bei *Pyrrhocoris* außer dem epidermalen roten Pigment noch einen unregelmäßig im Körper verteilten roten Farbstoff festgestellt, der im Gegensatz zu dem epidermalen die charakteristische Karotinreaktion gibt (Karotinoid). Hier mag auch erwähnt werden, daß gewisse Schildläuse einen prachtvoll roten Farbstoff enthalten, der als Cochenille bekannt ist und früher in der Färbetechnik viel Verwendung fand. Erzeuger der echten Cochenille (Karmin) ist der ursprünglich in Mexiko heimische *Dactylopius coccus* (*Coccus cacti*), daneben kommen als Farblieferanten die europäischen Arten *Margarodes* (*Porphyrophorus*) *polonicus*, *Kermes vermilio* und *Kermes ilicis* in Betracht.

im Ei vorhandenen Nährstoffen und ist sehr wahrscheinlich kein Exkret, sondern ein Speicherstoff. Unter günstigen Ernährungsbedingungen wird es durch Umsatzprodukte der aufgenommenen Nahrung vermehrt, unter ungünstigen Bedingungen kann es teilweise verbraucht werden, so daß die Tiere gelblich werden. Selbst bei bester Ernährung ist aber die Zunahme des Farbstoffes nicht so bedeutend, daß nicht wenigstens im Verlauf des Wachstums ein allmähliches, leichtes Vergilben zustande käme. Außenfaktoren haben auf die Menge des roten Pigments keinen bedeutenden Einfluß.

Sehr erheblich von Außenfaktoren abhängig ist dagegen die Menge und die Verteilung des schwarzen Pigments, des Melanins, und zwar nicht nur bei *Perillus*, sondern auch bei *Pyrrhocoris*. KNIGHT und HENKE stimmen darin überein, daß das Melanin ein Exkret ist, daß die Melaninbildung zur Beseitigung von Eiweißzerfallstoffen dient, die auf anderem Weg nicht entfernt werden können. Möglicherweise gilt das nach HENKE allerdings nur für die ,,Abbaupigmente", nicht aber für die ,,Härtungspigmente", die an besonders festen Stellen der Cuticula, an Muskelansätzen, Krallen, Mundteilen usw. auch bei *Pyrrhocoris* schon früh abgelagert werden und deren Menge viel weniger variabel ist als die der Abbaupigmente. Die Menge und Verteilung der letzteren sowie die Zeit ihres Auftretens hängt in höchstem Grad vom Verlauf der Stoffwechselvorgänge ab. Da aber der Stoffwechsel wiederum von Außenfaktoren abhängt, wird die Ablagerung des Melanins zwar nicht direkt durch Einwirkung der Außenfaktoren auf das pigmentbildende System chemischer Körper, wohl aber indirekt durch Einwirkungen auf den Gesamtzustand des Organismus beeinflußt. Der entscheidende variable Faktor der Pigmentmenge ist, wie KNIGHT vermutete und HENKE nachwies, der Chromogengehalt des Blutes. Die Chromogene, ursprünglich farblose Stoffe, verwandeln sich, unter Mitwirkung bestimmter Fermente (Oxydasen) und unter dem Einfluß des Luftsauerstoffes in die dunklen Melanine. Die Wirksamkeit der Oxydase ist der entscheidende variable Faktor der Ausfärbungsgeschwindigkeit. Vom Auftreten der Oxydase und des Chromogens sowie vom Vorhandensein von Sauerstoff hängt also die Ausfärbung qualitativ und zeitlich ab. Da wir aus dem vorhergehenden Abschnitt den Einfluß von Außenfaktoren auf die Verdauung, die Atmung und die Zirkulation kennen, werden wir nicht darüber erstaunt sein, daß Reize verschiedener Art auf das Auftreten der genannten Stoffe sowie auf das Vorhandensein von Sauerstoff in den Geweben ihren Einfluß ausüben und so das Pigmentierungsbild bezüglich des Melanins stark verschieben können. In erster Linie ist es wieder die Temperatur, die dabei mitspricht. Während aber bei *Perillus* nach KNIGHT hohe Temperatur die Melaninbildung herabsetzt, niedrige sie hebt, ist der Zusammenhang bei *Pyrrhocoris* nach HENKE nicht so einfach. Die verschiedenen Reizarten (Luftabschluß, erhöhte und erniedrigte Temperatur) stimmen vielmehr in ihrem Einfluß weitgehend überein und wirken sich außerdem noch auf die einzelnen Körperteile sehr verschieden aus. Schwache Temperaturerhöhungen bewirken z. B. am Halsschild Fleckverkleinerung, auf den Elytren und Epimeren Vergrößerung der Flecken.

Starke Reize aller Art erzeugen in allen Regionen, auch außerhalb der Zeichnung, Pigmentvermehrung. Dabei nimmt die Pigmentierung des Halsschildes bis zur äußersten ertragenen Reizstärke zu, während die der Flügeldecken schon bei weniger starken Reizen ein Maximum erreicht und bei äußerster Reizstärke in geringerem Maße abnimmt. Die Kurve für die Epimeritfleckgröße bei steigender Reizstärke zeigt sogar zwei Maxima. Diese außerordentliche Komplikation der Zusammenhänge erklärt sich aus der großen Zahl von Faktoren, die hier ineinander spielen und die auch im Experiment nur sehr schwer voneinander getrennt werden können. Sauerstoffzufuhr, Zirkulation, Verdauung, Auftreten von Oxydase und Chromogen, Reizempfindlichkeit der Hypodermiszellen, Beweglichkeit, Temperatur, Feuchtigkeit, Alter und Geschlecht sind die Faktoren, die in Betracht kommen und die unter sich in der unübersichtlichsten Weise verkettet sind. Außerdem muß man noch bedenken, daß der Grad der Einwirkung des einzelnen Komponenten dieses Komplexes abhängig ist von den erblichen Eigenschaften der Art. Das gibt sich vor allem darin kund, daß die Zeichnungselemente bei den verschiedenen Individuen gleich gestaltet und gleichartig beeinflußbar sind. Dagegen kann der Wirkungsgrad jener Komponenten bei verschiedenen Arten quantitativ sehr verschieden und in seiner Auswirkung daher häufig scheinbar grundsätzlich andersartig sein. So erklären sich vielleicht auch die einander so sehr widersprechenden Angaben der Literatur über die Einwirkung der Temperatur auf das Farbkleid der Insekten, deren Mannigfaltigkeit nicht erstaunlich ist, wenn man bedenkt, wie verschieden schon bei e i n e r Art, bei *Pyrrhocoris*, die einzelnen Körperteile auf gleiche Einflüsse reagieren.

Variabel ist, allerdings in geringerem Grad als die Färbung, auch die G r ö ß e und F o r m des Körpers und seiner Anhänge. Nicht immer lassen sich solche Größen- und Formunterschiede ohne weiteres kausal erklären; immerhin ist das Heranwachsen der Larven, wie HASE bei *Cimex* beobachtete, abhängig von der Menge der aufgenommenen Nahrung. Die Nahrungsmenge gibt also Anlaß zur Entstehung von Groß- und Kleinformen, die aber nicht als erbliche Varianten, sondern nur als Erscheinungstypen aufgefaßt werden können. Bein- und Fühlermißbildungen, die bei den Wanzen, vor allem bei den Lygaeiden (nach TEISO ESAKI und G. MÜLLER) nicht selten sind, lassen sich wohl manchmal mit Häutungsfehlern erklären oder auch mit der Einwirkung äußerer Störungen (Druck, Stoß, Einschnürung), deren Einfluß bei anderen Insektengruppen (Käfer von TORNIER u. a.) genauer geprüft, bei den Hemipteren aber so gut wie unbekannt ist. Daß auch hier ähnlich wie bei der Ausfärbung die wirksamen Faktoren oft in einem nur schwer analysierbaren Zusammenhang stehen, haben Versuche von TITSCHACK an *Cimex lectularius* gezeigt. In einer Versuchsreihe erhielt TITSCHACK nämlich bei antennenamputierten Larven nicht nur Mißbildungen im zentralen Gebiet der Antennennerven, sondern nach der auf die Amputation folgenden Häutung auch weitgehende Verbildungen der Antenne der unbeschädigten Seite, trotzdem diese bei der Amputation nicht einmal berührt worden war. Die Antennenglieder dieser Seite waren, teilweise bis auf einen krüppelhaften Stummel, reduziert. Es ist, im Sinne der obigen Ausführung über den Einfluß von Umweltsfaktoren auf die Ausfärbung, von Interesse, daß TITSCHACK diese Ergebnisse nur von einem Wanzenstamm erhielt, der schon seit Generationen bei 25⁰ gezogen war, und daß andere, frische Stämme keine Spur von ähnlichen Erscheinungen zeigten. Außer der an sich schon schwer erklärbaren Fernwirkung des operativen Eingriffes sind also hier noch Außenfaktoren zu berücksichtigen, deren Wirkung sich über Generationen erstreckt und die offenbar die Sensibilität der Individuen gegenüber jener Fernwirkung nachwirkend erhöht. Damit sind wir aber schon über das Thema Variation hinausgekommen, auf das wir bei Besprechung des Polymorphismus nochmals zurückgreifen müssen, und haben uns in das Gebiet der Mißbildungen und pathologischen Veränderungen begeben, die, soweit sie nicht auf die Einwirkung von Parasiten zurückgehen, am besten im Zusammenhang mit der Einwirkung von Außenfaktoren auf die Entwicklungsdauer und die Sterblichkeit betrachtet werden.

Die Zahl der Häutungen ist zwar bei den einzelnen Arten konstant (im Normalfall sind es fünf, öfters auch nur weniger, selten mehr), veränderlich ist aber die Dauer der einzelnen Stadien und damit der Zeitpunkt der Häutung. Eine wichtige Rolle spielt dabei die Ernährung der Larven. Wenn diese, wie z. B. bei *Cimex*, viel Nahrung auf einmal zu sich nehmen können, so genügt eine Mahlzeit, um jeweils eine Häutung zu ermöglichen. Diese eine Mahlzeit ist aber dann auch unbedingt erforderlich.

Die Temperatur und die Luftfeuchtigkeit üben auf die Dauer der einzelnen Stadien genau wie auf die Dauer der Eientwicklung ihren Einfluß aus. Daß dieser Einfluß, was die Temperatur betrifft, qualitativ in den einzelnen Stadien und bei den verschiedenen Arten gleich ist, daß immer bei einer optimalen Temperatur die Entwicklungsgeschwindigkeit am größten ist und daß, wenn man von diesem Optimum nach oben und unten geht, die Geschwindigkeit fällt, geht schon aus den Kurven von Abb. 257 hervor. Das Ansteigen der Entwicklungsdauer oberhalb des Optimums ist nicht immer so deutlich erkennbar wie beim fünften Larvenstadium von *Dysdercus sidae* (Abb. 257c), weil gewöhnlich das Optimum der für die Larven lethalen Temperaturzone zu nahe liegt. Es ist daher nicht immer möglich, zu erkennen, daß die die Entwicklungsdauer darstellende Kurve im Sinne JANISCHS eine Kettenlinie ist, die durch Addition zweier zu der durch das Optimum gezogenen y-Achse symmetrischer Exponentialkurven entsteht. An sich ist jenes Ansteigen wohl theoretisch interessant, aber praktisch von geringer Bedeutung, da es, wie gesagt, stets nur bis zu einem dem Optimum sehr nahe liegenden Punkte andauert. Von diesem Punkte an wird die Kettenlinie irreal, sie ist also so wenig ein genau allen Lebensvorgängen entsprechender Ausdruck wie die Hyperbel, mit der BLUNCK seinerzeit die Temperaturabhängigkeit der Insektenentwicklung auszudrücken versuchte und von der JANISCH sagt, daß sie nur die innerhalb der Behaglichkeitszone ablaufenden Entwicklungsvorgänge erfasse. Interessant ist aber doch die Zusammensetzung der Kettenlinie aus zwei Exponentialkurven. JANISCH zerlegt auf Grund dieser mathematischen Struktur der Kettenlinie auch den biologischen Vorgang in zwei Einzelvorgänge, die, einander entgegen wirkend, sich addieren, nämlich eine positive Funktion, die Förderung der Entwicklungsvorgänge, und eine negative Funktion, die Hemmung der bei der Entwicklung sich abspielenden Prozesse. Bei niederen Temperaturen ist die Hemmung sehr klein, die Förderung sehr groß. Beim Optimum halten sich beide die Wage, bei überoptimalen Temperaturen überwiegt die Hemmung. Mathematisch müßte der Förderung die Formel $y = ma^x$, der Hemmung die Formel $y = ma^{-x}$ zuerkannt werden; durch Addition beider Gleichungen entsteht die Formel der Kettenlinie $y = \frac{m}{2}(a^x + a^{-x})$.

Interessant und für JANISCHS Deutungen günstig ist dabei die Tatsache, daß, wenn man die Hemmung von Reflexvorgängen graphisch darstellt, man zu ganz entsprechenden Exponentialkurven kommt, wie

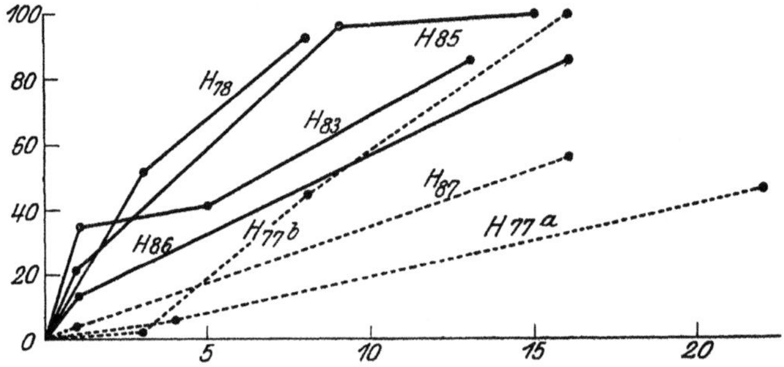

Abb. 268. Sterblichkeit der Larven von *Pyrrhocoris apterus* bei trockener und feuchter erhöhter Temperatur. Abszisse: Tage nach der Beeinflussung, Ordinate: Prozentsatz gestorbener Tiere. - - - trockene erhöhte Temperatur, ——— feuchte erhöhte Temperatur; nach HENKE.

die beiden sind, deren Formel eben angeschrieben wurde (Abb. 118). Es ist demnach sicher in JANISCHS Anschauung von den beiden einander ausbalancierenden Faktoren ein richtiger Kern, wenn man auch nicht verkennen darf, daß der Kettenlinie als Ausdruck der Temperaturabhängigkeit gewisse Mängel anhaften. Der erheblichste Mangel ist, wie gesagt, darin zu erblicken, daß in der Kurve die Tatsache nicht zum Ausdruck kommt, daß von einem gewissen Punkt an weitere Temperaturerhöhung zur völligen Hemmung der Entwicklung und zum Tode führt. Die Kurve drückt, mit anderen Worten, nur die Abhängigkeit der Entwicklungsdauer von der Temperatur aus, nicht auch die Abhängigkeit der Sterblichkeit von der Temperatur, die doch in Wirklichkeit untrennbar von jener ist. Wie sehr die die Entwicklung bedingenden Stoffwechselvorgänge mit der Abhängigkeit der Sterblichkeit von Außenfaktoren verkettet sind, das zeigen die oben schon erwähnten Versuche HENKES über die Ausfärbung von *Pyrrhocoris*. Die von Stoffwechselvorgängen bedingte Ausfärbung wird nämlich in ganz ähnlicher Weise von Außenfaktoren beeinflußt wie die Sterblichkeit oder wenigstens wie das Vorkommen von Starrezuständen, die ja für das Eintreten einer Schädigung Zeugnis ablegen.

Auch die Luftfeuchtigkeit übt ihren Einfluß nicht nur auf die Entwicklungsdauer, sondern auch auf die Sterblichkeit der Larven und der Imagines. Für das letztere gibt die Kurvenabb. 268 ein gutes Beispiel. Man sieht hier, daß trockene erhöhte Temperatur die Sterblichkeit zwar heraufsetzt, aber in viel geringerem Maße als feuchte erhöhte Temperatur.

Sehr niedrige Feuchtigkeit wirkt wieder ungünstig und führt, ebenso wie sehr hohe Temperatur, leicht zu Häutungsfehlern, zu Mißbildungen und zu frühem Tode.

Was wir schon bei der Eientwicklung feststellen konnten, gilt also auch für die Larvenentwicklung: Eine Beschleunigung oder Hemmung der Entwicklungsdauer durch Außenfaktoren geht Hand in Hand mit einer Einwirkung der letzteren auf die Sterblichkeit. Beiderlei Einflüsse sind so unter sich und mit allen Stoffwechselvorgängen verkettet, daß man sie niemals ganz voneinander lösen kann. Wie bei der Eientwicklung, so sind auch bei der Larvenentwicklung diese Abhängigkeiten bei verschiedenen Arten quantitativ ungleich, die vitalen wie die Entwicklungsoptima liegen sehr verschieden; Außenbedingungen, die der einen Art zusagen, können für die andere verderblich sein. Ebenso sind die Grenzen, innerhalb deren eine Art überhaupt sich zu entwickeln vermag, verschieden weit gezogen (siehe S. 445).

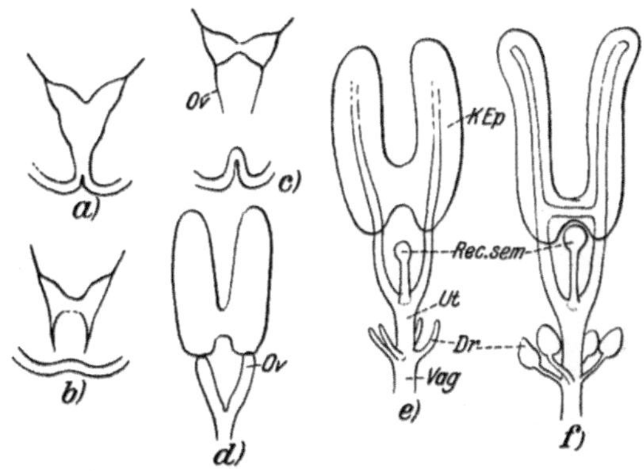

Abb. 269. Schema der Entwicklung der inneren weiblichen Geschlechtsorgane von *Eriopeltis lichtensteini* (Cocciden), nach HERBERG. a—d) beim Embryo; e) und f) bei der Larve. Vgl. Text. *Dr* Kittdrüsen, *KEp* Keimepithel (Anlage der Eiröhren), *Ov* Ovidukte, *Rec.sem* Receptaculum, *Ut* Uterus, *Vag* Vagina.

Kommen wir nach dieser Abschweifung auf die Entwicklung der inneren Organe zurück, so können wir feststellen, daß in den einfachen Fällen, die wir bisher im Auge hatten, außer der Muskulatur nur die inneren Geschlechtsorgane bedeutende Veränderungen durchmachen. Angelegt werden sie schon beim Embryo, ausgereift sind sie vielfach noch nicht einmal bei der jungen Imago.

Eine ausführliche Darstellung der Embryonalentwicklung der Geschlechtsorgane geht natürlich über den Rahmen dieses Buches hinaus. Nur so viel muß erwähnt werden, daß bei Differenzierung der Geschlechtsorgane entweder eine streng segmentale Anordnung der Anlagen der Eiröhren bzw. der Hodenfollikel erfolgt (*Pyrrhocoris* nach SEIDEL) oder daß die Geschlechtsorgane von vorn herein einheitlich angelegt werden (Cocciden nach HERBERG). Im ersten Falle schließen sich die einzelnen Genitalanlagen erst nach der Umrollung zu einheitlichen Geschlechtsorganen zusammen, die segmental angelegten Ausführgänge werden zu einheitlichen Ausführgängen umgeschmolzen.

Im zweiten Falle (Abb. 269), der bei Tieren mit sehr zahlreichen Eiröhren zutrifft, schiebt sich bei der Bildung des Ovars die Anlage der Ovidukte in das anfangs völlig einheitliche massige Keimepithel hinein.

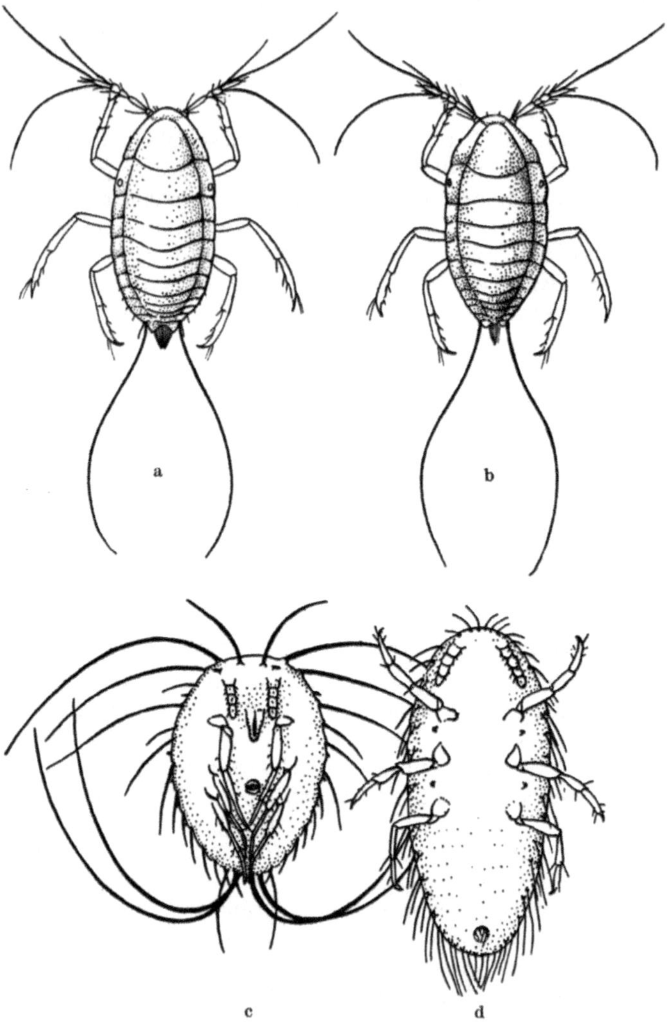

Abb. 270. a) und b) *Tachardia lacca*, erstes Larvenstadium, a) ♀, b) ♂; c) und d) *Stictococcus dimorphus*, erstes Larvenstadium, c) ♀, d) ♂. a) und b) nach PRATAP SINGH NEGI, c) und d) nach NEWSTEAD.

Die Bildung der Anhangsdrüsen und des Receptaculums geschieht in beiden Fällen durch Ausstülpung von Teilen der Ausführgänge (siehe Abb. 269e, f). Sehr einfach ist die Differenzierung der männlichen Geschlechtsorgane bei den Cocciden, die nur ein Paar von Hodenschläuchen besitzen (Abb. 283).

Die Spezialisierung der Geschlechtsdrüsen in männliche und weibliche Organe erfolgt in der Regel erst während der postembryonalen Entwicklung. Es ist daher nicht verwunderlich, daß auch bei Hemipteren, die einen sehr ausgeprägten Sexualdimorphismus aufweisen, in den ersten Larvenstadien die Geschlechter nicht zu unterscheiden sind. Sogar bei den Cocciden, die als Imagines so dimorph wie nur möglich sind, ist das erste Larvenstadium nur in ganz seltenen Fällen dimorph. In der Regel kann man in diesem Stadium Männchen und Weibchen überhaupt nicht unterscheiden, gelegentlich, wie z. B. bei *Tachardia*

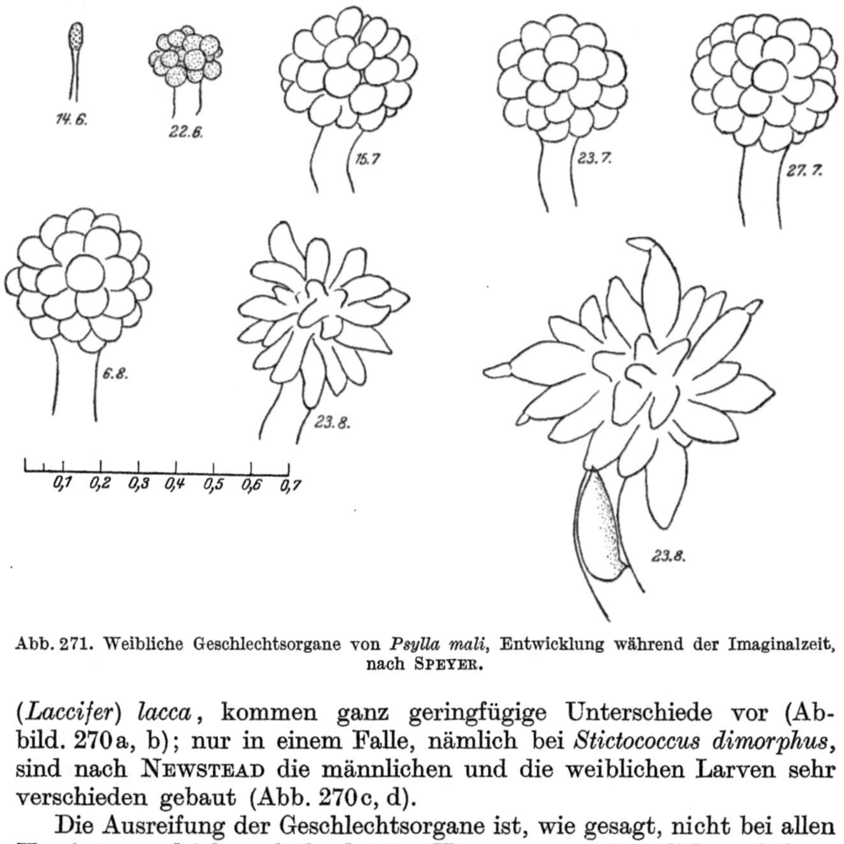

Abb. 271. Weibliche Geschlechtsorgane von *Psylla mali*, Entwicklung während der Imaginalzeit, nach SPEYER.

(*Laccifer*) *lacca*, kommen ganz geringfügige Unterschiede vor (Abbild. 270a, b); nur in einem Falle, nämlich bei *Stictococcus dimorphus*, sind nach NEWSTEAD die männlichen und die weiblichen Larven sehr verschieden gebaut (Abb. 270c, d).

Die Ausreifung der Geschlechtsorgane ist, wie gesagt, nicht bei allen Hemipteren gleich nach der letzten Häutung so weit gediehen, daß sofort die Geschlechtszellen abgegeben werden können. Besonders bei den Weibchen ist vielfach noch eine imaginale Reifungsperiode erforderlich. Ein Beispiel dafür liefern die Weibchen von *Cimex lectularius*, deren Geschlechtsorgane erst nach der Kopula unter Verwendung eines Teiles des Spermas heranwachsen.

Merkwürdig verhalten sich in diesem Punkt die Psylliden. Bei ihnen sind nach der letzten Häutung die Eiröhren noch sehr klein und kugelig (Abb. 271), die Ovarien erscheinen demnach traubig. Die Ausreifung erfolgt besonders langsam bei den Arten, die im Herbst ihre Eier ablegen. Bei *Psylla mali* z. B. dauert die Reifungsperiode, wie Abb. 271 zeigt, von Mitte Juni bis Ende August. Erst Mitte August beginnen die Eischläuche sich zu strecken und bilden schließlich nacheinander reife Eier.

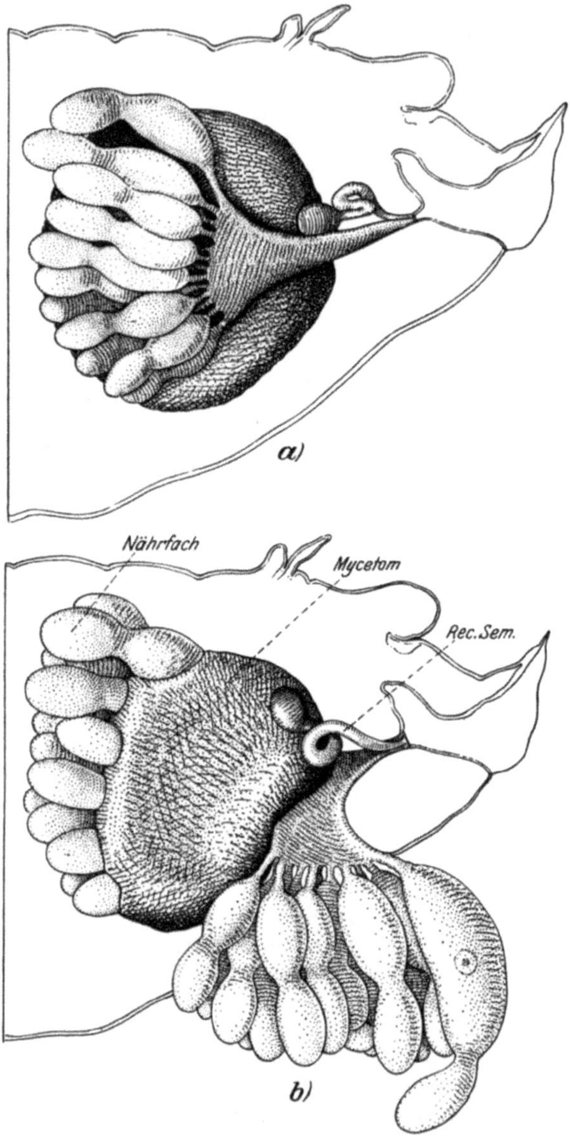

Abb. 272. *Aleurodes brassicae* ♀. Weibliche Geschlechtsorgane in den Körperumriß eingezeichnet. a) Linkes Mycetom entfernt; b) ebenso, linke Hälfte des Ovars herausgeklappt. Das ♀ von b) ist etwas älter als das von a).

Bei anderen Psylliden geht die Entwicklung zwar rascher vor sich, stets aber ist das Ovar der frisch geschlüpften Weibchen noch ganz unfertig und relativ klein. Dasselbe gilt übrigens, wie Abbild. 272 zeigt, auch für die Aleurodiden, bei denen anfangs die Eiröhren aus den sie umgebenden Mycetomen gar nicht herausragen (*a*). Erst einige Stunden nach dem Auskriechen beginnen die Endkammern der Eiröhren aus den Mycetomen herauszuragen und entwickeln sich dann nacheinander weiter (*b*). Die Psylliden und die Aleurodiden haben also, wenn auch bei den einzelnen Arten die Dauer der Reifungsperiode verschieden ist, das gemeinsam, daß ihre Ovarien beim Schlüpfen noch längst nicht die volle Größe haben. Der Grund dafür liegt bei beiden Arten wahrscheinlich darin, daß der Hinterleib der Imago erst bei der letzten Häutung seine volle Länge erhält. Besonders beim Weibchen ist er innerhalb der letzten Larvenhülle derart gestaucht, daß die Ovarien gar keinen Raum zur Entfaltung haben (Abb. 279). Der Grund für die Verschiebung der Entfaltung der weiblichen Geschlechtsorgane auf das Imaginalstadium liegt also in der spezifischen Form der Metamorphose, auf die wir unten nochmals zurückkommen werden, nicht etwa in der Notwendigkeit eines Reifefraßes.

Daß die Ausreifung der Imago ebenso wie die Entwicklung der Eier und der Larven von Außenfaktoren beeinflußt wird, wurde oben schon erwähnt (S. 345). Auch der weitere Verlauf des Imaginallebens, die Kopulation und die Eiablage sind schon besprochen, und wir haben uns, da wir auf das Altern und die Sterblichkeit an anderer Stelle noch eingehen werden, hier nur noch mit einigen Abänderungen der äußeren Form zu befassen, die bei manchen Hemipterenimagines eintreten. Die Weibchen der primitiven Cocciden (*Pseudococcus*) sind nach der letzten Häutung noch ganz larvenförmig (Abb. 7), erst im Verlauf der Ent-

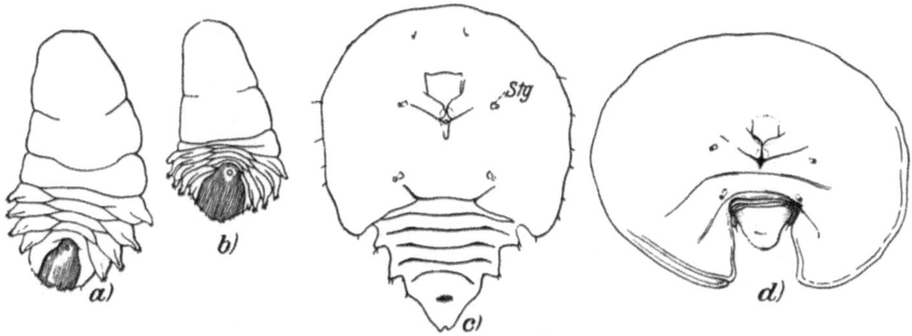

Abb. 273. a) und b) ♀ von *Lepidosaphes pinniformis* vor und nach der Eiablage; c) und d) ♀ von *Chrysomphalus aurantii* vor und nach der Eireife, nach BERLESE. *Stg* Stigma.

wicklung der Eierstöcke bekommt der Körper seine unförmliche Dicke und Größe (Abb. 222). Hier prägt sich die Ausreifung der inneren Geschlechtsorgane also auch äußerlich aus.

Bei manchen Diaspidinen (*Lepidosaphes*) wird im Gegenteil das Weibchen während seines Imaginallebens immer kleiner (Abb. 273a, b). Sein Hinterleib schrumpft in dem Maße zusammen, wie die Eier abgelegt werden, und ist schließlich völlig gestaucht. So nimmt es innerhalb des Kokons immer weniger Raum ein und macht den Eiern Platz, die den hinteren Teil des Kokons füllen. Manche Diaspidinen (*Aspidiotus*), deren Kokon rundliche Form hat, verhalten sich ähnlich, bei anderen (*Chrysomphalus* nach BERLESE) macht, wie Abb. 273c und d zeigt, der Körper Änderungen anderer Art durch. Die Eier werden bei diesen Arten zunächst im Körper nach vorn geschoben, der Hinterleib, der im Gegensatz zu dem der erstgenannten Arten sehr schmal ist, schrumpft zusammen, sobald die Eiröhren ihre Aufgabe, die Eibildung, vollendet haben; der vordere schildförmige Teil des Körpers füllt sich, seine Seitenlappen schieben sich an den Seitenrändern des Abdomens nach hinten, und die ihn erfüllenden Eier entwickeln sich vielfach innerhalb des Körpers zu

Larven oder wenigstens zu mehr oder weniger weit fortgeschrittenen Embryonen. Die Eiablage findet gewöhnlich spät statt, die Eier liegen unregelmäßig unter dem weiblichen Körper.

b) Andere Formen der Metamorphose.

Die höchst einfache Form der postembryonalen Entwicklung, von der bisher ausschließlich die Rede war und die uns Gelegenheit gab, in einige Probleme von allgemeiner Bedeutung einzudringen, ist nur eine von den zahlreichen Metamorphosenformen, die uns bei den Insekten begegnen.

So mannigfaltig sind diese Formen, daß sich in neuerer Zeit ein Bedürfnis nach Einteilung geltend machte und verschiedene Autoren (Korschelt u. Heider, Henneguy, Börner, Deegener, Heymons, Berlese) dazu veranlaßte, die Entwicklungstypen der Insekten in ein System zu bringen. Handlirsch hat dann in neuester Zeit den Versuch gemacht, die Einteilungen der verschiedenen Autoren auf eine gemeinsame Basis zu bringen; sein System liegt den folgenden Ausführungen zugrunde.

Zwei Haupttypen der Entwicklung sind bei den Insekten zu unterscheiden, die Heterometabolie und die Holometabolie. Bei den Holometabolen ist die Larve stets der Imago unähnlich, die Flugorgane werden bei ihr zwar innerlich als Imaginalscheiben angelegt, treten aber äußerlich erst bei dem mehr oder weniger ruhenden, nie fressenden Puppenstadium in Erscheinung, das sich zwischen die Larvenstadien und die Imago schiebt. Zu dieser Gruppe gehören unter anderen die Lepidopteren, die Coleopteren, die Dipteren und die Hymenopteren.

Alle Hemipteren gehören zu den Heterometabolen, bei denen normalerweise kein Puppenstadium auftritt und bei denen meist die Flügel sich schon bei den Larvenstadien äußerlich zeigen. Die Heterometabolen teilt Handlirsch folgendermaßen ein:

1. Stufe *Paläometabola*	2. Stufe *Heterometabola s. str.*	3. Stufe *Neometabola*
a) Unterstufe Prometabola	a) Unterstufe Hemimetabola	a) Unterstufe Remetabola (Takahashi)
b) Unterstufe Epimetabola	b) Unterstufe **Paurometabola**	b) Unterstufe **Allometabola** (Börner)
		c) Unterstufe **Parametabola** (Börner).

Hemipteren sind nur in den drei fettgedruckten Unterstufen enthalten, von denen wir zunächst die Paurometabola besprechen.

Zu der Paurometabolie sind jene einfachsten Fälle der Verwandlung zu rechnen, von denen im vorhergehenden Abschnitt die Rede war und die dadurch charakterisiert sind, daß die Larven der Imago äußerlich gleichen und daß sie die Flügel allmählich entwickeln. Für eine in der Tat sehr weitgehende Ähnlichkeit der Larvenstadien mit der Imago gibt Abb. 274 ein Beispiel. Hier ist sogar das charakteristische Merkmal der Art, der bedornte, verdickte Vorderschenkel, schon bei der ersten

Larve vorhanden, wenn auch nicht so deutlich wie bei der Imago. Ein klareres Beispiel der progressiven Entwicklung derartiger für die Imago charakteristischen Merkmale gibt Abb. 275 wieder, die drei Larvenstadien einer Membracide darstellt. Die Vergrößerung des Pronotums, die

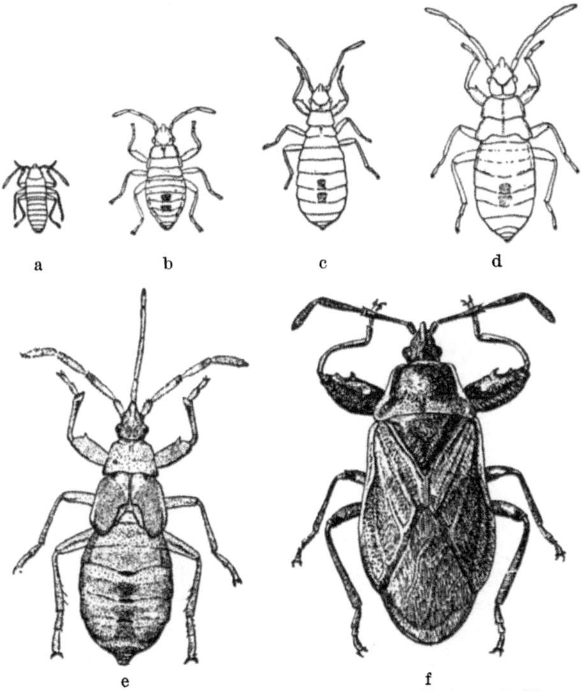

Abb. 274. Die Entwicklungsstadien von *Gastrodes abietis*, nach HOLSTE.

für die Membraciden bezeichnend ist, kommt zwar erst bei der Imago zur vollen Entfaltung, ist aber schon im dritten Stadium angedeutet; im fünften Larvenstadium ist das Pronotum, das im ersten noch annähernd gleich groß war wie jedes der beiden anderen Thoraxsegmente,

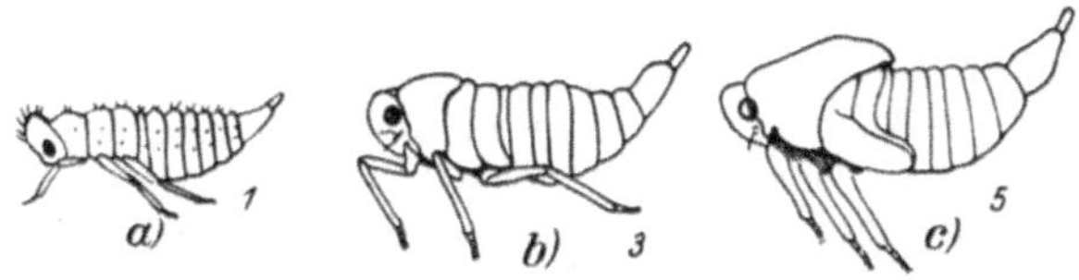

Abb. 275. Erstes, drittes und fünftes Larvenstadium von *Vanduzea arquata* (Membraciden).

so herangewachsen, daß es diese zusammen an Größe bei weitem übertrifft. Das allmähliche Heranwachsen des Pronotums erinnert an die Entwicklung der Flügel, die ja auch erst bei der Imago zur Entfaltung kommen und deren erste Spuren gerade bei den Membraciden zur gleichen Zeit erscheinen wie die erste Ausstülpung des Pronotums (Abbild. 275b).

Selbst bei den bisher erwähnten Beispielen sind aber, wenn man ins Einzelne geht, schon Unterschiede zwischen der Larve und der Imago zu verzeichnen und zwar nicht nur solche, die als primäre und sekundäre Geschlechtsmerkmale mit der Geschlechtsreife in kausalem Zusammenhang stehen. So entwickelt sich z. B. bei den Wanzen, selbst bei den Cimiciden, die thorakale Stinkdrüse erst unter der Haut des letzten Larvenstadiums, die abdominalen Rückendrüsen der Larve treten dafür bei der Imago außer Funktion. Noch deutlicher ist der Unterschied bei der in Abb. 276 dargestellten Tingidide, deren Larven durch eine auffallende Beborstung gekennzeichnet sind und bei der das spezifische Merkmal der Imago, das sonderbar ausgestaltete Pronotum mit seinen paarigen

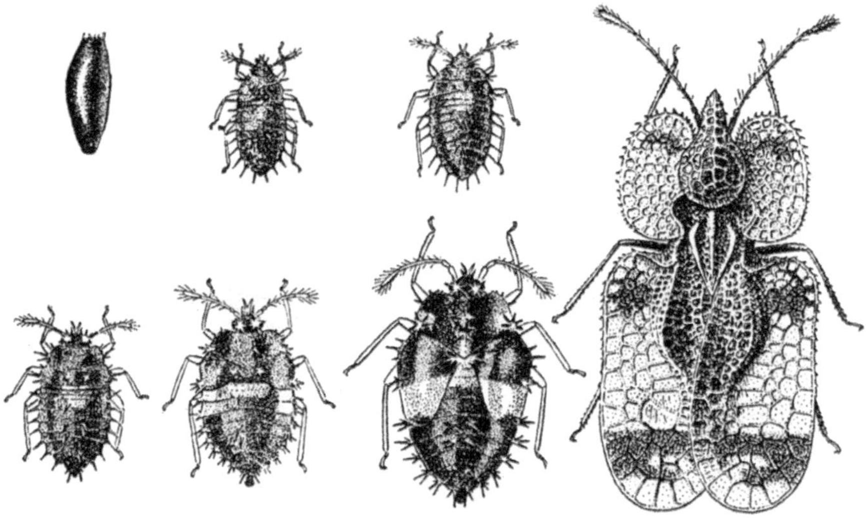

Abb. 276. Entwicklungsstadien von *Corythucha pallipes* (Tingididen), nach DRAKE.

und unpaaren Anhängen, nicht wie bei den Membraciden allmählich sich ausbildet, sondern ganz unvermittelt mit der letzten Häutung erscheint.

Wir können die Merkmale der Larven mit BÖRNER in zwei Gruppen teilen, in imaginipetale und in imaginifugale Merkmale. Zu den ersteren gehören z. B. die Ansätze zur Flügelbildung oder zur Vergrößerung des Pronotums, die wir oben kennen lernten, zu den letzteren etwa die Dorsaldrüsen der Wanzenlarven, der Mangel an Flügelansätzen im ersten Larvenstadium, die Beborstung und das unverbildete Halsschild der Tingididenlarven usw.

Einfach ist die Metamorphose dann, wenn nur imaginipetale Merkmale auftreten, kompliziert wird sie durch das Auftreten imaginifugaler Merkmale.

Der Gegensatz zwischen Larve und Imago wird dann um so größer, je mehr imaginifugale Merkmale bei der ersteren vorhanden sind, je später die imaginipetalen Merkmale sich entwickeln oder je mehr die stets vorhandenen imaginifugalen Merkmale der Jugendstadien verschärft werden.

Bei vielen paurometabolen Hemipteren hat die Larve mehr oder weniger zahlreiche imaginifugale Merkmale, Organe, die mit der letzten Häutung schwinden und die für das Leben der Larve irgendwelche Bedeutung haben, also spezifische Larvenorgane, provisorische Organe sind. Hierher gehören z. B. die Grabbeine der Cicadidenlarven, die die unterirdisch lebende Larve braucht, während die freilebende Imago sie nicht nötig hat. Ferner können wir hier an den Luftkanal der Cercopidenlarven erinnern, der ebenfalls nur den im Schaum lebenden Larven von Nutzen ist, und schließlich an die großen Wachsdrüsen der Fulgoridenlarven. Auch die spezifischen Atemvorrichtungen der Wasserwanzenlarven sind hier zu nennen, z. B. die Abdominalschaufel und die ventralen Luftkanäle der *Nepa*-Larve. Gerade bei den Wasserwanzen zeigt es sich aber, daß auch die imaginifugalen und imaginipetalen Merkmale nicht immer scharf zu trennen sind, denn die Unterschiede, die hier in den Atmungsorganen der Larven und der Imagines bestehen, hängen großenteils mit der Ausbildung der Flügel zusammen und verwischen sich im Lauf der Entwicklung immer mehr. Teilweise kann man sogar von einer progressiven Entwicklung der Atemorgane sprechen, wie denn die Junglarve von *Notonecta* am Hinterleib zwei Borstenreihen besitzt, während schon das nächste Stadium wie die Imago vier Reihen hat. Selbst die Atemschaufel der *Nepa*-Larve kann man als einen Vorläufer der imaginalen Atemröhre bezeichnen; die larvalen Luftkanäle sind im Grund keine provisorischen Organe der Larve, sondern ursprüngliche Merkmale, die bei der Imago im Zusammenhang mit der eigentümlichen Kopulationsform (BAUNACKE, S. 316) sekundär verwischt werden. Damit kommen wir wieder auf die spezifischen Imaginalorgane zurück, von denen oben schon die Rede war und die entweder mittelbar, wie in diesem Falle die statischen Organe und die fehlenden Luftkanäle und die thorakalen Stinkdrüsen der Wanzen, oder unmittelbar, wie die primären und sekundären Geschlechtsmerkmale, mit dem Sexualleben oder dem Flug zusammenhängen.

Schon bei den Paurometabolen sind die imaginifugalen Merkmale vielfach bei den frühen Larvenstadien verschärft. Als Beispiel dafür kann man die Psylliden anführen, deren Larven in der Beingliederung und Beinstellung, in der platten Körperform, dem Bau der Mundwerkzeuge und des Afters sich so sehr von der Imago unterscheiden, daß man sie, wenn man die Metamorphose nicht kennte, kaum für Psylliden halten würde. Am deutlichsten ist dieser Unterschied bei den vier ersten Larvenstadien; das fünfte Stadium nimmt, wie BÖRNER schon bemerkte, den anderen gegenüber durch Vorbildung der imaginalen Fühler- und Beingliederung sowie durch seinen etwas höheren Körper bereits eine Sonderstellung ein; es könnte schon als ein der Puppe der Holometabolen entsprechendes Stadium bezeichnet werden, wenn nicht die Flügelbildung bereits in den früheren Stadien einsetzte. Gerade im letzten Punkte entspricht das letzte Larvenstadium der Chermesiden der Holometabolenpuppe; das wichtigste imaginipetale Merkmal, die Flügelscheiden, tritt bei den geflügelten Chermesiden erst im letzten Larvenstadium auf, der Gegensatz zwischen Larve und Imago ist bei ihnen also nicht wie bei den Psylliden durch Verschärfung der imaginifugalen Merkmale der Jugendstadien, sondern durch Hinausschieben der imaginipetalen Merkmale deutlicher geworden.

Die Verschärfung des Gegensatzes zwischen Larve und Imago muß natürlich eine Komplikation der Larvenentwicklung mit sich bringen. Je geringer der Gegensatz ist, desto eher ist es möglich, mit den Worten Wachstum und Häutung die Entwicklungsvorgänge zu erklären. Wenn man aber bedenkt, daß aus dem kaum gegliederten Klammerbein der *Psylla*-Larve (Abb. 21) das mit einer ganz anderen Muskulatur versehene Sprungbein der Imago (Abb. 28) entstehen soll, wenn man die Mundwerkzeuge der *Psylla*-Larve mit denen der Imago vergleicht (siehe Abb. 147 und 150), so muß man sich fragen, wie solche Abänderungen möglich werden, ohne daß ein Ruhestadium zwischen Larve und Imago sich einschiebt. Diese Frage kann man dahin beantworten, daß bei den Psylliden und wahrscheinlich bei den anderen obengenannten Formen die Veränderungen, die sich von einem Stadium auf das andere einstellen und die scheinbar plötzlich auftauchen, schon lange vor der Häutung unter der Larvenhaut sich vorbereiten. Die Hypodermis bleibt nämlich nur an den Punkten, an denen wirksame Muskeln ansetzen, mit der alten Cuticula bis zur Häutung verbunden, an allen anderen Stellen trennen sich, wie die Abb. 277 und 278 zeigen, beide voneinander, und die Hypodermis legt sich unter der abgelösten Cuticula nach Bedarf in Falten, bildet z. B. bei den Beinen (Abb. 277b) die neuen Gelenke, faltet sich an den Stellen, wo nachher ein starkes Wachstum stattfindet, z. B. an der Hüfte, bildet die andersartigen Klauen und Haftapparate der Imago und die Sehnen neuer Muskeln (z. B. *m.ext.t.*, *m.fl.t.*, Abb. 277b).

Das Interessanteste bei diesen ganzen Vorgängen ist, daß die Muskeln, die innerhalb des neuen Beines liegen, zunächst noch durch dessen Haut hindurch auf die alte Cuticula einwirken können. Das wird auf zweierlei Art ermöglicht: Für die erste Art ist der Krallenbeuger charakteristisch (*m.fl.p*). Hier steckt die (ursprünglich hohle) alte Sehne des Muskels noch in der hohlen, schlauchförmigen neuen und ist mit dem Muskel bzw. dem im Muskel steckenden Teil der neuen Sehne bis zur Häutung fest verbunden. Erst bei der Häutung löst sich die alte Sehne von der neuen und wird aus der letzteren herausgezogen.

Die zweite Art stimmt prinzipiell mit der ersten überein, nur tritt an Stelle der Sehne eine beliebige Stelle der Cuticula. Die Epidermisfasern, die den Muskel mit der alten Cuticula verbinden, treten hier durch die sehr dünne neue Cuticula hindurch, die Loslösung erfolgt auch hier erst im Augenblick der Häutung. Ein sehr typisches Beispiel für diesen Fall liefert der Dilatator des Pharynx (Abb. 278, *m.dil*).

Der zweite Fall gilt naturgemäß auch für alle Körpermuskeln, die im Larvenleben bereits funktionieren, für die typischen Muskeln also. Die atypischen Muskeln dagegen, wie z. B. der *m.fl.t.* in Abb. 277 oder der *II* dlm_1, in Abb. 278, treten mit der alten Cuticula gar nicht in Beziehung, ihre Ansatzflächen lösen sich von dieser gleichzeitig mit den sie umgebenden Flächen ab.

Abb. 278 gibt u. a. auch ein Beispiel für die Entwicklung innerskelettaler Gebilde. Die Crumena, jene Tasche, in die die Imago die Stechborstenschleife aufnimmt und die bei der Larve fehlt, bildet sich

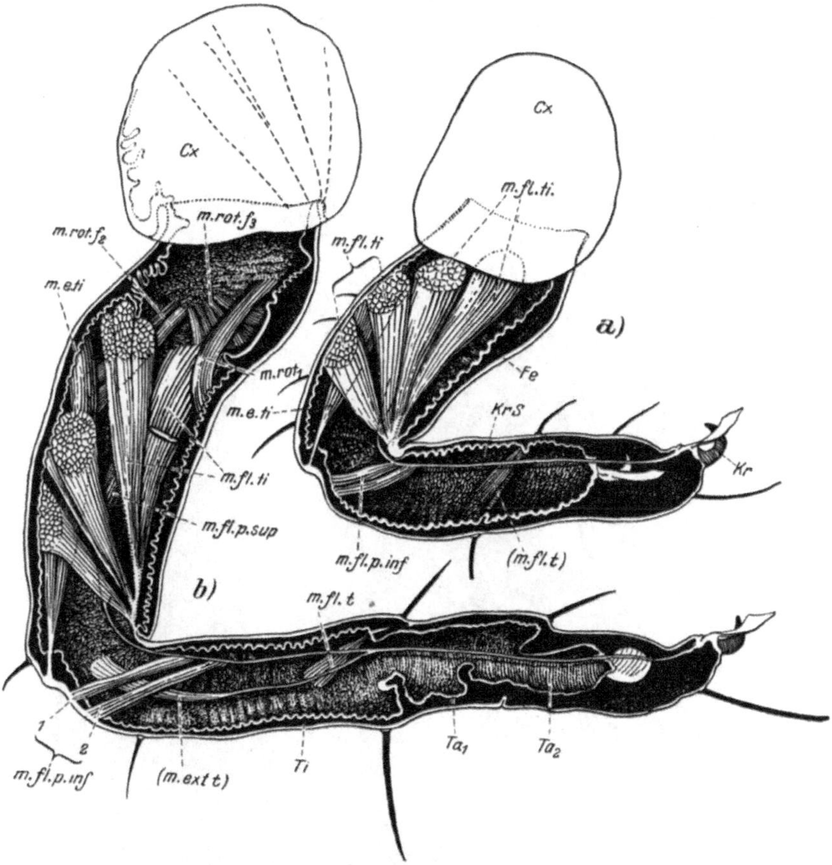

Abb. 277. *Psylla mali*, rechtes Hinterbein der Larve, kurz vor der Häutung, Femur und Tibiotarsus, durch einen Längsschnitt geöffnet, ventrale Hälfte der Haut entfernt, Muskeln belassen; Schnittflächen weiß. Im Innern der alten Haut sieht man jeweils das neue Bein. a) Viertes Larvenstadium; b) fünftes Stadium, Imaginalbein vorgebildet. Bezeichnungen siehe Abb. 11, 21, 28, nach WEBER.

unter der Cuticula des letzten Larvenstadiums durch einfache Einstülpung der Hypodermis (*Cr*).

Sind diese Vorgänge noch ziemlich übersichtlich und gewöhnlichen Häutungsvorgängen nicht unähnlich, so gibt es doch schon bei den Psylliden, also bei Paurometabolen, andere Teile der Entwicklung, die so kompliziert sind, daß eine genaue Einsicht in ihren Ablauf fast unmöglich ist. So spielen bei der Entwicklung der Hinterhüfte und ihrer Muskulatur, die vom Verfasser eingehend untersucht wurde, außer der Einstülpung und Vergrößerung der Furca (Abb. 27) drei Vorgänge inein-

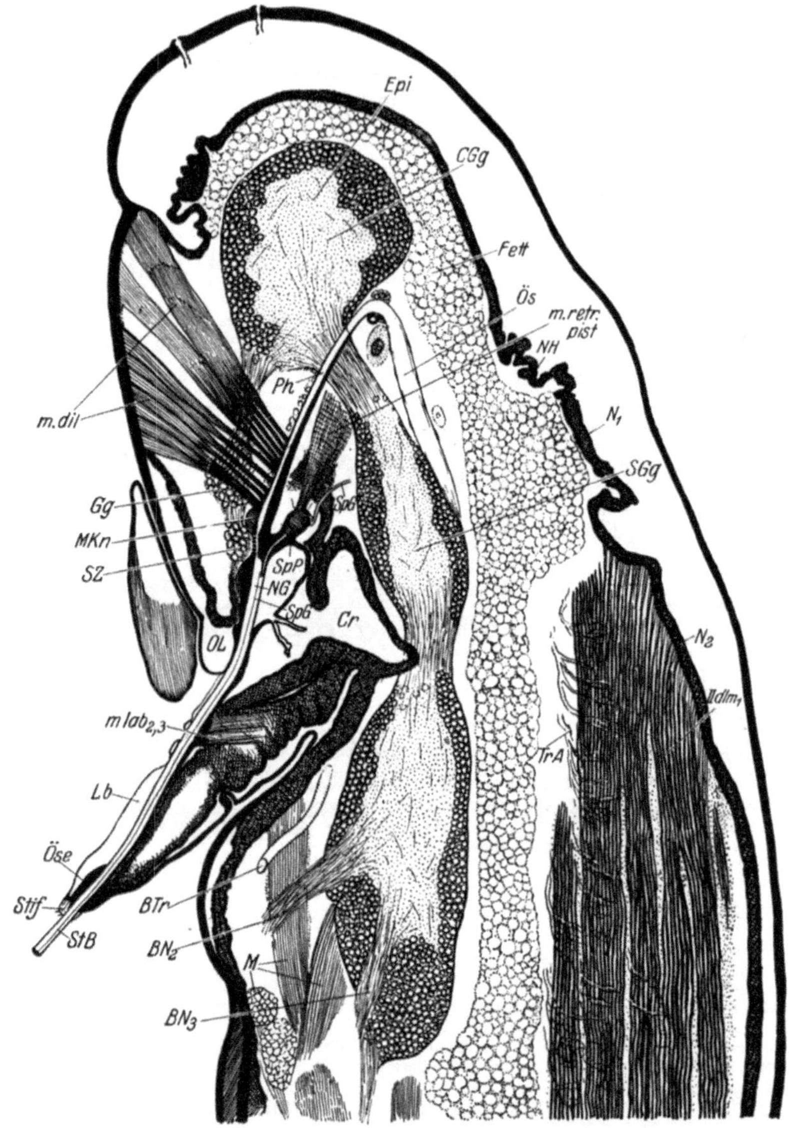

Abb. 278. *Psylla mali*, fünftes Larvenstadium. Annähernd median gelegener Längsschnitt durch den Vorderkörper. Unter der Larvencuticula (schwarz) ist die Haut der Imago (gekreuzt schraffiert) angelegt. Atypische Muskeln schwarz, Stechborsten *StB* maximal ausgestreckt und dicht am Labium *Lb* abgeschnitten, nach WEBER. *BTr*, *BN* Beintrachee, Beinnerv, *CGg* Zerebralganglion, *Cr* Crumenaanlage, *Gg* Buccalganglion, *MKn* Mundknopf, *m.dil* Dilatator des Pharynx, *m.retr.pist* Speichelpumpenmuskel, *M* Muskeln, *N* Notum, *NH* Nackenhaut, *NG* Nahrungsgang, *Ös* Ösophagus, *OL* Oberlippe, *Ph* Pharynx, *SGg* Subösophagalganglion, *SpG* Speichelgang, *SZ* epipharyngeales Sinnesorgan, *TrA* Tracheenäste, *IIdlm*$_1$ dorsaler Längsmuskel.

ander: Eine Drehung des distalen Hüftteiles um 90°, bei der das ganze Bein sich mit dreht und die aus dem transversal schwenkbaren Klammerbein ein parallel zur Medianebene schwenkbares Sprungbein macht, die Reduktion eines Teiles des Hüftringes und die Einstülpung der Trochantersehne. Dabei und bei der Umwandlung der Furca verwandeln sich auch die Muskeln bis zur Unkenntlichkeit, nur eine konstruktive Wiederholung der Vorgänge ermöglicht es, die Muskeln der Imago mit denen der Larve zu identifizieren.

Wenn ohne Zwischenschaltung eines Ruhestadiums derartig tiefgreifende Wandlungen möglich sind, so macht die Erklärung der verhältnismäßig geringfügigen Veränderungen, die bei vielen anderen paurometabolen Hemipteren vorkommen, wenig Schwierigkeiten. Die Vermehrung der Zahl der Beinglieder um eins, die bei vielen Wanzen stattfindet (Abb. 274), die Vermehrung der Fühlerglieder, die Bildung neuer und Rückbildung alter Drüsen, die Verwandlung von Grabbeinen in gewöhnliche Schreitbeine (Cicadiden), die progressive Entwicklung der Atemorgane der Wasserwanzen, alles das ist mit ähnlichen, meist weit weniger komplizierten Faltungsvorgängen zu erklären, als wir sie bei den Psylliden feststellten. Auch die Bildung der Flügel, die bei den Chermesiden, wie gesagt, bis zum letzten Larvenstadium hinausgeschoben ist, ist genau der gleiche Vorgang, denn die Flügel sind ja nichts anderes als sackartige, also doppelwandige Ausstülpungen der Körperwand, die innerhalb ihrer Scheiden ähnlich wie das neue Bein der *Psylla*-Larve (Abb. 277), nur viel enger, in Falten gelegt sind.

Noch weiter als bei den Chermesiden wird die Flügelbildung bei den Aleurodiden hinausgeschoben, deren Entwicklung überhaupt einen der eigenartigsten Metamorphosefälle darstellt, die Allometabolie (Abb. 279). Die Junglarve der Aleurodiden ist beweglich, aber insofern sehr imaginifugal, als ihr Körper sehr platt ist. Diese flache Form behält die Larve während ihrer ganzen Entwicklung bei. Schon bei der ersten Häutung verliert sie aber die Beine bis auf kurze Stummel, die bei den folgenden beiden Häutungen noch kürzer werden. Da außerdem auch keine Flügelanlagen sich bilden, sind die *Aleurodes*-Larven der Imago so unähnlich wie nur möglich; im Gegensatz zu den Psylliden wird der Gegensatz im Lauf der mit Rückbildungen verbundenen, also rückschreitenden Entwicklung immer schärfer.

Die damit notwendig werdenden, sehr tiefgreifenden Umwandlungen finden unter der Haut des vierten Larvenstadiums statt, das anfangs kaum anders aussieht, als das vorhergende Stadium, ganz platt ist und keine Spur von Flügelanlagen zeigt. Unter der Wachshülle, die dieses Stadium wie die vorhergehenden um sich abscheidet, vollziehen sich die Änderungen, die aus einem stummelbeinigen, platten, blinden Geschöpf eine geflügelte, langbeinige, mit Facettenaugen und Ocellen versehene Imago machen. Zunächst bilden sich dabei unter der ventralen Körperdecke Höhlen (*H*), in denen die Beine und die Flügel sich anlegen. Letztere bilden erst längliche, schmale Säcke, die sich an der Dorsalseite entlang unter der Cuticula nach hinten schieben und später, indem sie sich in feine Falten legen, den seitlichen Raum der an Höhe zusehends zunehmenden Larvenhaut einnehmen (*d*). Dabei drängen sie die lappenartigen, mit Fettzellen angefüllten seitlichen Teile des Larvenkörpers nach vorn bzw. hinten. Es entstehen so zwei Paare von Lappen, die

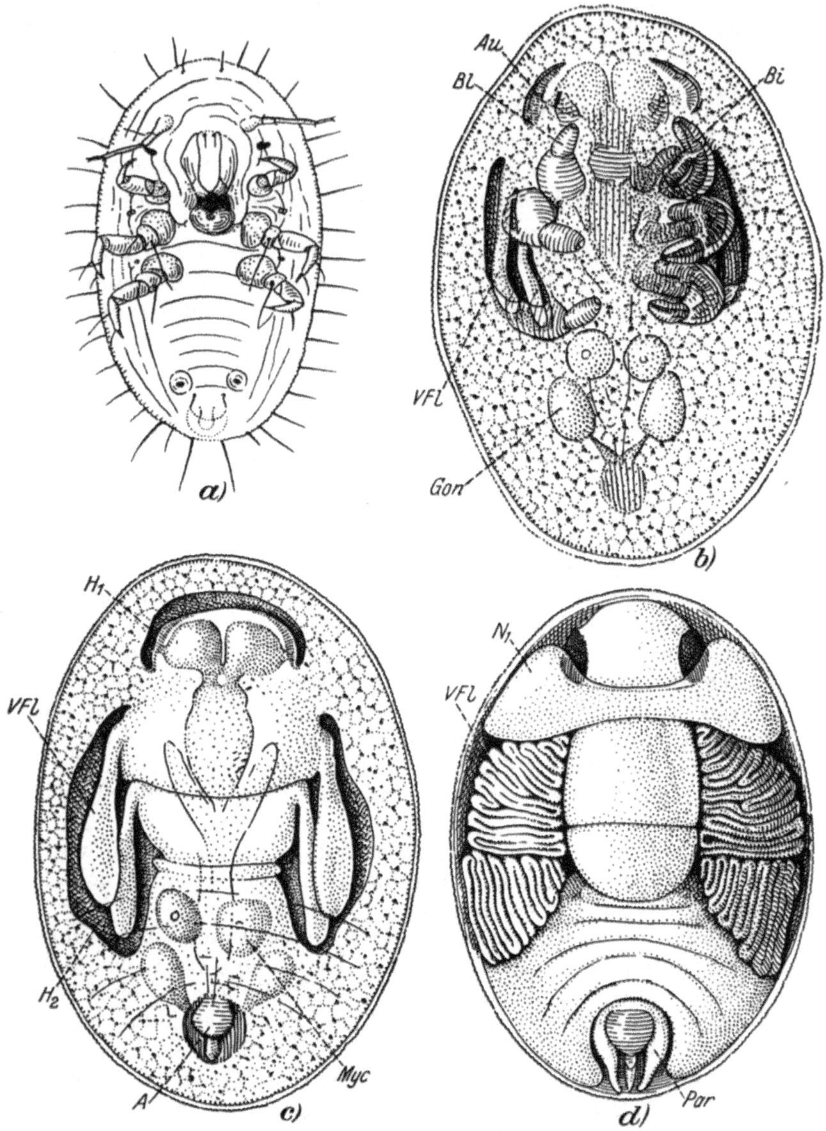

Abb. 279. a) Junglarve von *Aleurodes proletella*, ventral nach BÖRNER; b), c) und d) Entwicklung der vierten Larve der Aleurodiden, an drei Stadien gezeigt; b) und d) *Trialeurodes vaporariorum*, Beginn der Flügel- und Beinbildung, Ventralansicht; c) *Aleurodes brassicae*, Dorsalansicht; d) annähernd schlüpfreif; b) bis d) sind nach durchsichtigen, karmingefärbten Totalpräparaten gezeichnet. *A* Afterapparat, *Au* Augen, *Bl* Larvenbein, *Bi* Beinanlage der Imago, *Gon* Gonadenanlage, H_1 H_2 Höhlen, in denen die Gliedmaßen sich bilden, *Myc* Mycetom, *Par* Paramere, *VFl* Vorderflügel.

vom Prothorax, bzw. von der Hinterleibsbasis der in den Umrissen nun schon erkennbaren Imago nach den Seiten gehen und Reservestoffe enthalten. Je weiter die Flügelbildung fortschreitet, desto mehr schrumpfen diese Lappen zusammen, ihr Inhalt wird offenbar zum Aufbau der imaginalen Organe verwendet. Schließlich sieht man die Imago mit nach der Bauchseite umgebogenem Kopf, gefalteten Flügeln und stark gestauchtem Hinterleib so innerhalb der ovalen Larvenhaut liegen, daß sie diese ganz ausfüllt. Die äußeren Geschlechtsorgane, besonders die des Weibchens, finden in der Larvenhaut nur Platz, weil der Hinterleib so stark verkürzt ist. Daß das letztere auch für die Psylliden gilt und daß in dieser Stauchung des Abdomens die Ursache für die erst während des Imaginallebens erfolgende Reifung der inneren weiblichen Geschlechtsorgane zu suchen ist, wurde oben schon erwähnt.

Das eigentümlichste an der Metamorphose der Aleurodiden ist die Tatsache, daß die Flügel erstmals bei der Imago auftreten und daß nur eine Häutung aus einer völlig flügellosen, platten, beinlosen Larve die Imago macht. Ermöglicht wird das durch eine Reihe komplizierter innerer Verwandlungsvorgänge, die teilweise geradezu an die Embryonalentwicklung gemahnen und die nur deshalb möglich scheinen, weil die inneren Organe, Darm, Nervensystem, Herz und Tracheensystem sich so gut wie gar nicht zu ändern brauchen. Die Nahrungsaufnahme wird daher auch nur für kurze Zeit, während der zweiten Hälfte des vierten Larvenstadiums unterbrochen, beweglich sind die späteren Larvenstadien ohnehin nicht; die tiefgreifenden Umformungen, die die Epidermis der letzten Larve ebenso wie ihre Muskulatur mitmacht, können sich daher ganz ungestört vollziehen.

Die letzte Larve der Aleurodiden als Puppe zu bezeichnen, wie das vor allem in der amerikanischen Literatur häufig geschieht, wäre völlig unrichtig, denn als Puppe sollte man nur solche Entwicklungsstadien bezeichnen, die ganz oder zeitweise ruhen, keine Nahrung zu sich nehmen und als erstes Stadium Flügelscheiden tragen. Da die beiden letzten Merkmale für die letzte Aleurodidenlarve nicht zutreffen, können wir sie zwar ein Puparium, aber ebensowenig eine Puppe nennen wie die letzte Larve der Chermesiden, für die nur das letzte Merkmal zutrifft, oder wie das letzte (sechste) Larvenstadium der Singzikaden, das für kurze Zeit ruht und für das daher das erste Merkmal zutrifft.

Auch der Ausdruck Nymphe ist nicht passend, denn diesen verwenden wir in HANDLIRSCHS Sinn nur für Larvenstadien, für die das dritte der obigen Merkmale zutrifft, also z. B. für das letzte Larvenstadium der Chermesiden (Homometabola, BÖRNER). Wohl aber können wir mit BÖRNER annehmen, daß die Aleurodiden einstmals ein Nymphenstadium hatten, das ähnlich wie bei der Tönnchenpuppe der Dipteren von der letzten Larvenhülle eingeschlossen wurde. Die heutige Form der Aleurodidenmetamorphose müßte dann durch Unterdrückung der Bildung einer nymphalen Chitinhülle entstanden sein.

Einige Ähnlichkeit mit der Allometabolie der Aleurodiden hat die Parametabolie mancher Cocciden insofern, als bei ihnen wie bei jenen eine rückschreitende Metamorphose stattfindet.

Bei den Männchen der primitiven Schildlausgruppen ist allerdings von einer rückschreitenden Entwicklung nicht die Rede. Bei ihnen (*Pseudococcus*, *Orthezia*, *Icerya* usw.) sind die ersten beiden Stadien wie die weiblichen Larven gebaut, beim dritten Stadium (Abb. 280a) zeigen sich die ersten Spuren von Flügelanlagen, die beim vierten Stadium ziemlich groß werden (Abb. 280b), das fünfte Stadium ist die Imago. Die beiden mit Flügelscheiden versehenen Stadien, die übrigens, wie Abb. 280 zeigt, meist die Exuvien der vorhergehenden Häutungen mit sich schleppen, unterscheiden sich von den ersten beiden Stadien dadurch, daß ihre Mundwerkzeuge rückgebildet sind. Um ihre Sonderstellung zu kennzeichnen, wollen wir sie in Übereinstimmung mit sämtlichen Schildlausforschern als Nymphen bezeichnen.

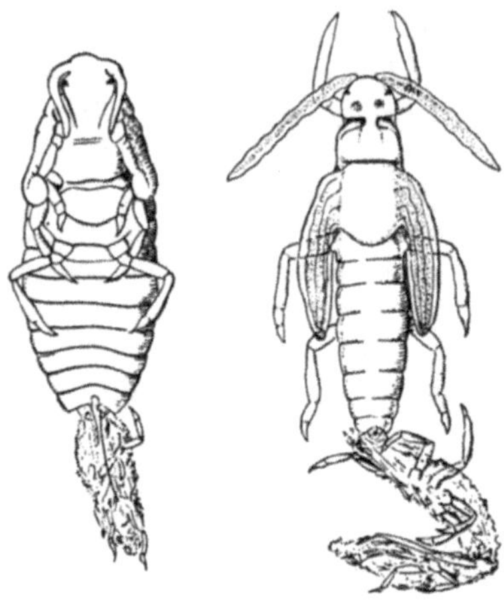

a b

Abb. 280. *Pseudococcus citri* ♂, erste und zweite Nymphe, nach BERLESE; a) erste Nymphe ventral; b) zweite Nymphe dorsal.

Bei den Männchen der Diaspidinen wird, wie Abb. 281 an *Parlatorea zizyphi* zeigt und wie BÖRNER an *Aulacaspis rosae* nachwies, aus der beweglichen ersten Larve eine unbewegliche, beinlose, dem reifen Weibchen ähnliche Gestalt. Auf dieses Stadium folgt bei *Aulacaspis* noch ein fast gleiches, dann kommt eine mit Flügel- und Beinstummeln versehene erste Nymphe, der eine der Imago schon sehr ähnelnde zweite Nymphe und schließlich die Imago folgt. Hier ist tatsächlich eine rückschreitende Entwicklung zu verzeichnen und außerdem ist festzustellen, daß die beiden Nymphenstadien, insofern sie unbeweglich, zur Nahrungsaufnahme unfähig und mit Flügelscheiden versehen sind, den Puppen der Holometabolen in allen Punkten entsprechen. Bei den höheren Cocciden kann man also die Metamorphose der Männchen geradezu als Holometabolie bezeichnen.

Metamorphose verschiedener Cocciden.

Orthezia urticae nach SIKES		*Pseudococcus citri* n. BERLESE mod.		*Eriopeltis lichtensteini* nach HERBERG		*Lecanium oleae* nach BERLESE		*Aulacaspis rosae* nach BÖRNER	
♀	♂	♀	♂	♀	♂	♀	♂ ?	♀	♂
1.		1.		1.		1.		1.	
2.		2.	2.	2.		2.		(2.)	(2.)
3.	N_1	3.	N_1	3.		[3]		(2.)	[N_1]
I	N_2	*I*	N_2	[4.]	[4.]	[*I*]		(*I*)	[N_2]
	I		*I*	(*I*)	[N_1]				*I*
					[N_2]				
					[N_3]				
					I				

1.—4. = Larvenstadien. *N* = Nymphenstadien. *I* = Imago. () = Beinlose Stadien. [ ] = Unbewegliche, aber mit Beinen versehene Stadien.

Zwischen den *Pseudococcus*-Arten und den genannten Diaspidinen gibt es, was die geschilderte rückschreitende Entwicklung anlangt, allerlei Übergänge. Bei *Eriopeltis lichtensteini* z. B., die nach HERBERG auffallend zahlreiche Stadien hat (Tabelle), sind die ersten drei Larvenstadien mit Beinen versehen, das vierte hat nur Beinstummel, Flügelscheiden gibt es erstmals beim fünften Stadium.

Die Entwicklung der Schildlausweibchen, die stets mindestens eine Häutung weniger umfaßt als die der zugehörigen Männchen, hat in der

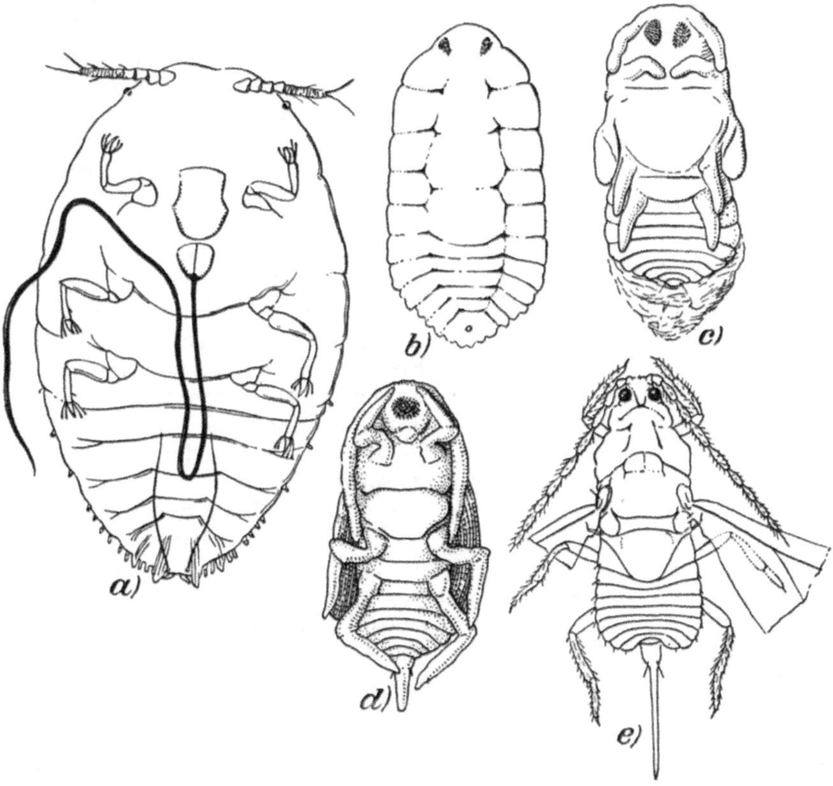

Abb. 281. *Parlatorea zizyphi*, Entwicklungsstadien des ♂. a) und b) Larven; a) sehr stark vergrößert; c) und d) Nymphen; e) ♂, nach BERLESE.

Regel keinerlei Ähnlichkeit mit der Holometabolie. Im einfachsten Falle (*Pseudococcus*) besteht sie in einer ganz primitiven Paurometabolie, in einem durch mehrere Häutungen (siehe obige Tabelle) ermöglichten Wachstum. Flügel werden nicht gebildet, die Häutungen sind daher sehr einfacher Art. In anderen Fällen, z. B. bei *Eriopeltis*, werden, ähnlich wie bei den Aleurodiden, die Beine im Verlauf mehrerer Häutungen stummelförmig, um beim Weibchen ganz zu verschwinden. Bei *Tachardia* (Abb. 201) schwinden die Beine schon bei der ersten Häutung, der Körper macht eine sehr tiefgehende Veränderung durch, die Stigmen und der Analkegel werden relativ zu den Mundwerkzeugen verschoben, bleiben aber im Verhältnis zu den Öffnungen der Lackhülle unverändert (S. 276). Bei den Lecanien werden die Beine nicht rückgebildet, die Larve nimmt (bei *Lecanium hesperidum* nach Dingler) sogar zu einer bestimmten Zeit als Wandertier die Fortbewegung wieder auf, das erwachsene Weibchen verändert aber durch Ausbildung des Brutraumes seinen Körper so sehr (siehe S. 358), daß es nicht mehr von der Stelle kann. Die Diaspidinenweibchen sind schon vom zweiten Larvenstadium an beinlos und bleiben es bis zu ihrem Tode.

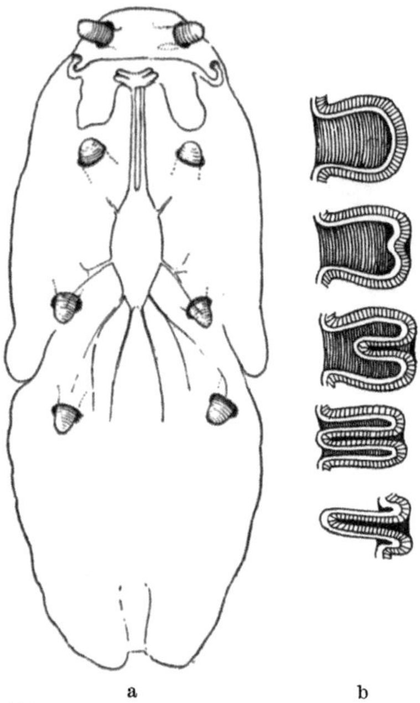

Abb. 282. Gliedmaßenbildung bei einer männlichen Diaspidinenlarve (*Lepidosaphes pinniformis*). a) Gesamtansicht; b) Entwicklung eines Beines in schematischen Längsschnitten, verändert, nach Berlese.

Abweichend von diesen Typen verhalten sich die unterirdisch lebenden Weibchen der Porphyrophorinen und Margarodinen *s.str.* (nach Handlirsch), deren freilebende Junglarven mit Beinen, Fühlern und Labium versehen sind. Auf diese Stadien folgen andere, die sich einkapseln und die Gliedmaßen rückbilden. Ihr Rüssel wird funktionslos, der Darm erleidet unter histolytischen Vorgängen eine Reduktion. Erst nach der letzten Häutung werden die Weibchen wieder beweglich, mit Füßen und Fühlern ausgestattet, nur die Mundorgane bleiben verschwunden.

In diesem Falle haben wir also auch bei Coccidenweibchen eine an die Holometabolie insofern anklingende Metamorphose, als ein eigenes ruhendes, nicht fressendes Stadium den Übergang von der Larve zur Imago vermittelt.

Im allgemeinen ist jedoch die Metamorphose der Coccidenweibchen viel einfacher oder vielmehr viel kürzer als die der Männchen und zwar deshalb, weil bei den Weibchen das Imaginalstadium und das zweite Nymphenstadium unterdrückt ist. Der scheinbar fundamentale Unterschied zwischen der der Holometabolie ähnlichen Metamorphose der Männchen und der meist so einfachen Verwandlung der Weibchen erklärt sich, wie Reh und Börner bei den Diaspidinen nachwiesen, daraus, daß die Männchen und die Weibchen die ersten Entwicklungsstadien gemeinsam haben, daß die Männchen sich aber dann durch zwei Nymphenstadien zur Imago fortentwickeln, während die Weibchen in dem dem ersten Nymphenstadium entsprechenden Zustand geschlechtsreif werden, ohne die imaginale Form zu erreichen. Die Coccidenweibchen sind demnach nichts anderes als geschlechtsreif gewordene Larven; ihre Metamorphose ist eine typische Neotenie.

Es ist nicht ganz sicher, ob Neotenie auch bei den ungeflügelten Aphidinen vorkommt. Die Tatsache, daß sie, soweit wir wissen, die gleiche Zahl von Häutungen durchmachen wie die Blattlausfliegen, spricht nach Börner dagegen. Sie sollen vielmehr das Ziel formaler Vereinfachung zugunsten beschleunigter Fortpflanzungstätigkeit durch Beibehaltung larvaler Charaktere erreicht haben. Man darf dabei aber nicht vergessen, daß die Zahl der Häutungen bei den geflügelten wie bei den ungeflügelten Blattläusen meist unter der Normalzahl 5 liegt und daß man daher (im Sinne Handlirschs) die Möglichkeit der Neotenie bei den Aphidinen nicht ganz von der Hand weisen sollte.

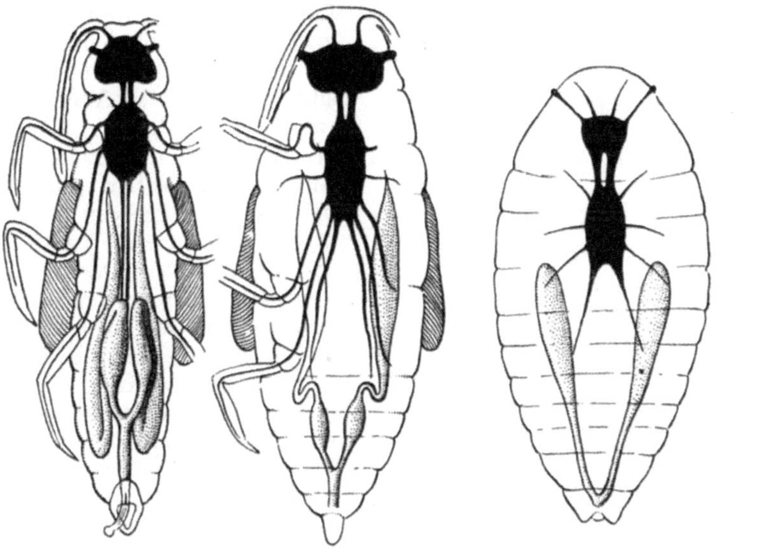

c b a

Abb. 283. Entwicklung des Nervensystems (schwarz) und der Geschlechtsorgane (punktiert) beim ♂ von *Pseudococcus citri*. a) Larve; b) zweite Nymphe jung; c) zweite Nymphe kurz vor der Häutung zur Imago, nach Berlese verändert. Vgl. Abb. 280.

Die Entwicklungsvorgänge bei den Coccidenmännchen, die wir oben nur im ganzen betrachtet haben, bieten im einzelnen noch viele interessante Probleme, die nur zum geringsten Teil schon gelöst sind. Die Gliedmaßenbildung z. B., die bei den paurometabolen Formen sehr einfach ist, ist bei den parametabolen Arten eigentümlich kompliziert. Die beinlose zweite, bzw. dritte Larve (Abb. 281b) bildet nämlich, wie es Abb. 282 zeigt, die Beinanlagen in Form von eingestülpten Epithelsäcken. Erst aus den Einstülpungen heraus wachsen die Beinstummel, indem sich die Säcke, ähnlich wie die Imaginalscheiden der Holometabolen, nach außen wie Handschuhfinger umstülpen. Auch in solchen Einzelheiten ähnelt die Entwicklung der Coccidenmännchen also der echten Holometabolie. Zum Unterschied von dieser vollzieht sich aber wie bei den Aleurodiden die Coccidenmetamorphose ohne tiefgreifende Veränderungen der inneren Organe. Die Geschlechtsorgane wachsen

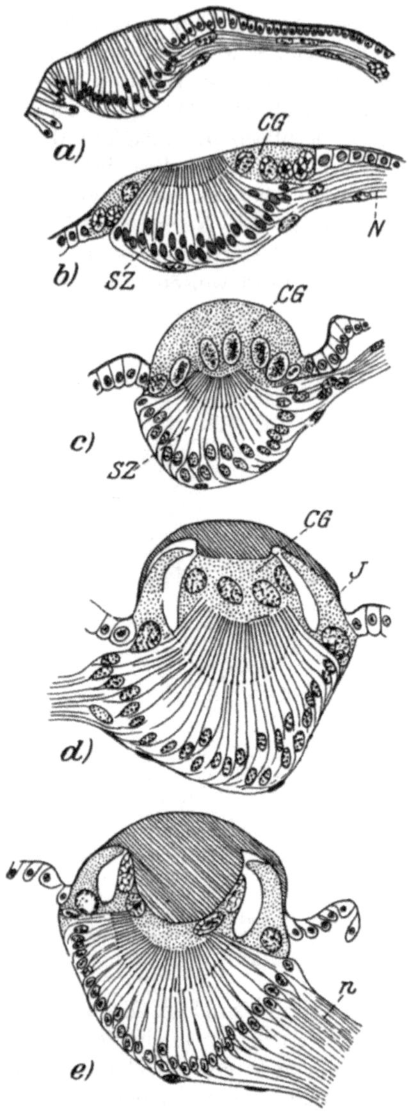

Abb. 284. Entwicklung des akzessorischen, ventralen Ocellus des ♂ von *Pseudococcus citri*. Querschnitte durch den Kopf der Entwicklungsstadien, nach KRECKER. a) Beginn der Differenzierung der Sehzellen und der Sehnerven *N*; b) Differenzierung der Corneagenzellen *CG* und Überschieben derselben über die Retinazellen *SZ*; c) Bildung der Corneagenschicht ist vollendet; d) Abspaltung der Iriszellen *I*, Bildung der Cornea beginnt; e) annähernd fertiges Auge. Pigment nicht dargestellt, Cornea schraffiert, Corneagen- und Iriszellen punktiert. Vgl. Abb. 105.

allmählich heran, der Darm bleibt, trotzdem er funktionslos wird, ziemlich unverändert, das Nervensystem ändert sich, wie Abb. 283 zeigt, in seiner Gliederung gar nicht, nur das Größenverhältnis der einzelnen Knoten verschiebt sich etwas zugunsten des Cerebralganglions. Die Vergrößerung des Gehirns hängt natürlich damit zusammen, daß die Sinnesorgane der Larven schwach ausgebildet sind, während das Männchen wohlentwickelte Antennen und Augen besitzt. Wie bei den Aphidinen entstehen die lateralen Augen der Männchen an der Stelle, die die Einzelaugen der Larve einnahmen, bei den Pseudococcen persistieren sogar einfach die Larvenaugen (nach KRECKER). Dagegen bilden sich die ventralen und dorsalen großen Einzelaugen des Männchens neu und zwar, wie Abb. 284 zeigt, aus der larvalen Haut, indem zunächst die Epidermiszellen höher werden und sich in Sehzellen differenzieren (*a*). Über die Sehzellen schieben sich dann die ebenfalls aus Epidermiszellen entstandenen Corneagenzellen (*b*, *c*), die im Lauf der Nymphenentwicklung die mächtige, kugelige Linse abscheiden (*d*, *e*), nach der die Sehzellen konvergieren. Durch Bildung der Iriszellen und durch Ausbau der nervösen Verbindung mit dem Gehirn wird dann das Auge fertiggestellt.

II. Andere Formen der Fortpflanzung.

1. Hermaphroditismus und Parthenogenese.

a) Die getrenntgeschlechtliche Fortpflanzung (Gonochorismus), von der im vorhergehenden Kapitel die Rede war, bildet bei den Hemipteren die Regel. Hermaphroditismus, d. h. Fortpflanzung durch Zwitter, durch Individuen, die beiderlei Geschlechtsprodukte bilden, ist bis jetzt nur bei einer Schildlausart als normale Einrichtung bekannt geworden, bei *Icerya purchasi*. In kalifornischen Stämmen dieser Art fand HUGHES-SCHRADER nämlich neben reinen Männchen (Abb. 7) nicht Weibchen, sondern nur Hermaphroditen, die in der Jugend Hoden enthielten, welche später zu hohlen, dicht mit Spermatozoen angefüllten Organen umgebildet wurden. Von den Wandungen dieser Organe aus entwickelten sich dann Eifollikel. Die Eier wurden in der Regel durch die eigenen Spermatozoen des vermeintlichen Weibchens befruchtet, häufig wurden aber auch Kopulationen zwischen Hermaphroditen und Männchen festgestellt.

Eingehende Beobachtungen der Nachkommenschaft kopulierter und nicht kopulierter Hermaphroditen deuten daraufhin, daß Männchen, die stets sehr in der Minderzahl sind, nur aus unbefruchteten Eiern entstehen.

b) Viel häufiger als der Hermaphroditismus ist bei den Hemipteren die eingeschlechtliche Fortpflanzung, die Parthenogenese, die aus der normalen Fortpflanzungsform, der getrenntgeschlechtlichen Amphigonie, durch Ausfall des Befruchtungsvorganges entstanden ist. Die Parthenogeneseerscheinungen sind gerade bei den Hemipteren so verschiedenartig, daß man sich nur über sie orientieren kann, wenn man sie in ein System bringt. Aufbauen kann man dieses System auf rein fortpflanzungsbiologischer Grundlage; dann hat es folgende Gestalt (THOMSEN):

I. exzeptionelle Parthenogenese.
II. normale Parthenogenese.
  1. obligatorische Parthenogenese.
    a) konstante P.
    b) zyklische P. (verbunden mit Heterogonie)
  2. fakultative Parthenogenese (Ei kann auch befruchtet werden).

Man kann aber auch das Hauptgewicht auf die Geschlechtsbestimmung legen und dann folgendermaßen einteilen:

I. Arrhenotokie: Die unbefruchteten Eier werden zu Männchen, in allen bekannten Fällen werden die befruchteten Eier zu Weibchen.
II. Thelytokie: Die unbefruchteten Eier werden zu Weibchen.
III. Amphitokie: Beide Geschlechter können aus unbefruchteten Eiern entstehen.

Exzeptionelle Parthenogenese ist von den Hemipteren nicht bekannt, wohl aber fakultative. Diese kann entweder als Arrhenotokie oder als Thelytokie auftreten. Fakultative Thelytokie findet sich z. B. bei *Lecanium hesperidum* und *L. hemisphaericum* (nach THOMSEN), bei denen sich unbefruchtete Eier zu Weibchen, befruchtete zu beiden Geschlechtern entwickeln. Das gilt aber nicht für alle Individuen der beiden Arten, sondern nur für eine Rasse derselben. Eine andere Rasse ist obligatorisch thelytok, d. h. bei ihr treten überhaupt keine Männchen auf. Es ist nicht unmöglich, daß ähnliche Verhältnisse auch bei anderen

Cocciden vorliegen, bei denen Männchen noch gar nicht oder nur sehr selten gefunden wurden.

Die Aufspaltung einer Art in mehrere Rassen, die sich ihrer Fortpflanzung nach verschieden verhalten, kommt auch bei den Aleurodiden vor. So umfaßt die Art *Trialeurodes vaporariorum* zwei Rassen, eine mit Thelytokie und eine andere mit arrhenotoker, fakultativer Parthenogenese. Die thelytoke Rasse, die ursprünglich auf England beschränkt schien, besteht so gut wie ausschließlich aus Weibchen; ausnahmsweise scheinen jedoch auch Männchen aus den Eiern thelytoker Weibchen entstehen zu können. Offenbar ist also die Thelytokie in diesem Falle nicht ganz streng obligatorisch. Die fakultative Parthenogenese der arrhenotoken (amerikanischen) Rasse gleicht der bei der Bienenkönigin und bei vielen anderen Hymenopteren vorkommenden Arrhenotokie vollkommen, d. h. die Weibchen können nach der Copula befruchtete und unbefruchtete Eier ablegen; befruchtete entwickeln sich stets zu Weibchen, unbefruchtete zu Männchen.

Derselbe Typ der Parthenogenese findet sich als einziger bei zahlreichen Aleurodidenarten, z. B. bei der amerikanischen *Dialeurodes citri* (nach MORILL) und bei unserer einheimischen *Aleurodes proletella* (THOMSEN). Seltener ist bei den Aleurodiden rein thelytoke Parthenogenese. Nach THOMSEN kennt man sie bis jetzt nur von *Aleurotulus nephrolepidis*.

Bei den Aphidinen, bei denen Parthenogenese sehr verbreitet ist, tritt sie ursprünglich in Gestalt eines zyklischen Wechsels zwischen obligatorischer Thelytokie, Amphitokie und Amphigonie auf. Aus einem befruchteten Ei entsteht ein Weibchen, das sich ovipar (Chermesiden, Phylloxeriden) oder vivipar (Aphididen, Pemphigiden) fortpflanzt und zwar durch rein thelytoke Parthenogenese. Diese setzt sich dann Generationen hindurch fort, ohne daß je Männchen auftreten, bis in einer durch äußere und innere Faktoren bestimmten Generation die Thelytokie durch Amphitokie ersetzt wird, d. h. parthenogenetische Weibchen, bringen amphigone Weibchen und Männchen zur Welt. Bei den einzelnen Aphidinengruppen sind die Beziehungen zwischen den letzten parthenogenesierenden Generationen (Virgines) und der amphigonen Generation verschieden, wie am besten das folgende Schema nach BÖRNER zeigt:

1. migrierende Aphididen — 2. Pemphigiden, manche Chermesiden und Phylloxeriden. Nicht migrierende Aphididen. — 3. Phylloxeriden mit virgino-sexuparen Mischformen.

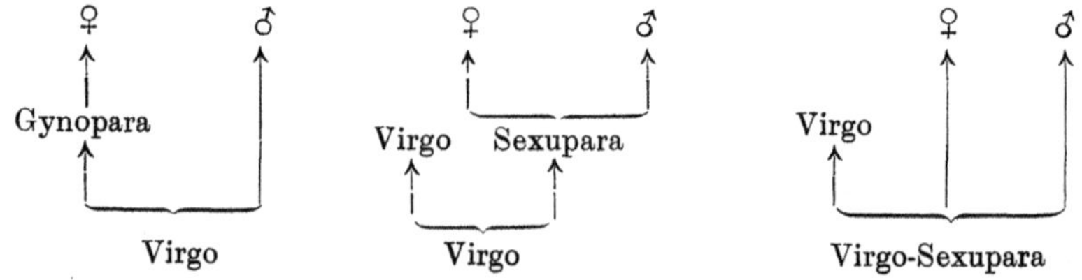

Man sieht, daß im ersten Falle die ♂ und ♀ verschiedenen Generationen angehören, daß die ♂ Brüder der in diesem Falle Gynoparen genannten Mütter der ♀ sind, daß im zweiten Falle die Sexupara nur amphigone Tiere hervorbringt, während im dritten Falle virgo-sexupare Mischformen bestehen.

Fallen die sexuparen und amphigonen Generationen bei einzelnen Stämmen oder bei der ganzen Art fort, was bei manchen Blattläusen vorkommt, so entstehen rein thelytoke Rassen oder Arten, denen ähnlich, die wir bei den Aleurodiden und Cocciden kennen lernten. Die Tendenz zur Bildung biologischer Rassen (Biotypen, speziell Sexualrassen) ist überhaupt für parthenogenesierende Arten bezeichnend. Vielfach scheinen diese Rassen zunächst geographisch getrennt zu sein (*Trialeurodes vaporariorum*), um sich erst später ineinander zu schieben oder sich gegenseitig zu verdrängen. Es ist nicht unmöglich, daß aus solchen, anfangs nur biologisch unterschiedenen Rassen sich im Lauf der Zeit auch morphologisch getrennte Arten herausbilden können.

Die phylogenetische Entstehung der Parthenogenese selbst, die, wenigstens in ihrer thelytoken Form, eine außerordentliche Vereinfachung des ganzen Fortpflanzungsgeschäftes und die Möglichkeit einer viel schnelleren Vermehrung mit sich bringt, hängt, wie Mordwilko nachwies, mit den besonders günstigen Ernährungsbedingungen zusammen, die sich den Pflanzenparasiten bieten. Speziell bei den Aphidinen steht die parthenogenetische Fortpflanzungsweise auch heute noch in kausalem Zusammenhang mit der Qualität und Quantität der Nahrung. So kann man gewisse Blattlausarten, die an sich den typischen Entwicklungszyklus haben, jahrelang in rein parthenogenetischen Generationen weiterziehen, wenn man dafür sorgt, daß sie immer gleich reichlich Nahrung haben. Läßt man sie jedoch dauernd auf einer und derselben Wirtspflanze, so treten gegen Ende der Vegetationsperiode oder vor dem Absterben der Pflanze Sexuparen auf. Die Entwicklung der amphigonen Weibchen und der Männchen hängt also mit ungünstigen Ernährungsbedingungen zusammen. Günstige Ernährungsbedingungen geben dagegen die Grundlage für die (thelytoke) Parthenogenese, die sich (nach Mordwilko) nur herausbilden konnte, wenn die betreffenden Tiere durch eine enge Bindung an die Pflanze die Möglichkeit einer vollkommenen Ausnützung der von dieser gebotenen reichlichen Nahrungsstoffe haben. Je rascher die Generationen aufeinander folgen, je größer die Zahl der wiederum Nachkommen erzeugenden Jungtiere ist, desto gründlicher wird die zu einer bestimmten Zeit gebotene Nahrung ausgenützt. Beides, die rasche Folge der Generationen und die Erhöhung der Zahl reproduktionsfähiger Nachkommen, wurde natürlich am vollkommensten durch die Thelytokie erreicht, die sich also als eine Anpassung an die temporär besonders günstigen Nahrungsverhältnisse des Pflanzenparasiten erweist. Die Amphitokie dagegen ermöglicht die Rückkehr zur Amphigonie, die ihrerseits wohl ursprünglich jeweils durch Verschlechterung der Nahrungsbedingungen herbeigeführt wurde.

Die Arrhenotokie läßt sich auf diese Weise nicht erklären, ihr Ursprung liegt im Dunkeln.

Daß auf das Auftreten der parthenogenetischen Generationen, der Sexuparen und der Geschlechtstiere im Entwicklungszyklus der Aphidinen nicht nur die Qualität und Quantität der Nahrung Einfluß hat, sondern auch zahlreiche Außenfaktoren abiotischer Art, geht schon daraus hervor, daß das Pflanzenwachstum und damit die Nahrungsmenge und -qualität von Außenfaktoren völlig abhängig ist. Licht, Temperatur, Luftfeuchtigkeit, Wind, Regen und Boden wirken so mittelbar auf das Auftreten der Parthenogenese ein. Die Abhängigkeit des Erscheinens der Sexualtiere von der Jahreszeit erklärt sich zum Teil aus derartigen mittelbaren Zusammenhängen. Für sich allein reicht diese Erklärung aber nicht aus, denn man kann auch ganz unmittelbare Einwirkungen von Außenfaktoren beobachten. So läßt sich z. B. bei der schwarzen Blattlaus *Aphis fabae* (*rumicis*) nach DAVIDSON die parthenogenetische Reihe nur unter ganz bestimmten Bedingungen ununterbrochen weiterzüchten. Bei bestimmten Temperaturen (14,5^0 C) erscheinen Sexuales im Lauf des Winters bis zum folgenden Mai, bei höheren Temperaturen (20,5^0) erscheinen sie seltener, bei etwas niedrigen Temperaturen kommen in jeder Generation einige amphigone Weibchen, aber keine Männchen zustande.

Auch die Dauer der täglichen Belichtung übt einen sehr merklichen Einfluß auf das Erscheinen der amphigonen Generation, die z. B. durch elektrische Beleuchtung während des Winters ganz verhindert und andererseits durch Verkürzung der Belichtungszeit während des Sommers herbeigeführt werden kann. Es ist nach den Versuchen von SHULL äußerst unwahrscheinlich, daß dieser Einfluß des Lichtes nur mittelbar, über die Assimilationstätigkeit der Pflanze, auf die Tiere einwirkt; es ist vielmehr wahrscheinlich, daß gerade die Belichtungszeit mehr als andere Faktoren, bei der den Jahreszeiten entsprechenden zyklischen Heterogonie wenigstens mancher Aphidinen mitspricht. Ob es sich dabei um eine unmittelbare Einwirkung der Lichtstrahlen auf die Stoffwechselvorgänge und nicht etwa um eine erblich festgelegte, reflex- oder instinktartige Reaktion auf eine bestimmte Reizsumme handelt, läßt sich heute noch nicht entscheiden.

Sicher ist, daß auch im Freiland bei manchen Aphididenarten die parthenogenetischen Generationen über den Winter ausdauern. So kann *Aphis fabae* in mildem Klima (vielleicht schon im Mittelmeergebiet nach BÖRNER) sich den Winter über auf krautigen Pflanzen rein parthenogenetisch fortpflanzen, während sie in Mitteleuropa als Ei an *Evonymus* überwintert. Die Tatsache, daß in dieser Hinsicht verschiedene Blattlausarten bei gleichem Klima verschieden sein können, weist darauf hin, daß sich die einzelnen Arten quantitativ nicht gleich verhalten, wenn auch die Reaktion auf äußere Einflüsse im Prinzip bei allen gleich ist. Als Beispiel mögen hier zwei amerikanische Blattlausarten des Apfelbaumes genannt sein, deren eine, *Rhopalosiphum prunifoliae* (apple grain aphis), den Sommer auf Gräsern zubringt, während die andere, *Anuraphis roseus* (*Aphis malifolii*, rosy apple aphis), auf *Plantago* übersommert. Nur die erstere Art bleibt auch in kälteren Teilen Nordamerikas teilweise den Winter über parthenogenesierend an Gräsern, die zweite Art bleibt nur in wärmeren Gegenden auf *Plantago* (LATHROP). Es sind also offenbar bei den einzelnen Arten verschieden starke Schwankungen der Außenfaktoren und der Ernährungsbedingungen zur Hemmung der parthenogenetischen Vermehrung und zur Bildung der Sexualtiere nötig. Wenn einzelne Arten im Gewächshaus leichter als andere sich ununterbrochen parthenogenetisch fortzupflanzen vermögen, so liegt das demnach sicher daran, daß sie gegenüber solchen Schwankungen relativ unempfindlich sind, besonders gegenüber Schwankungen in der Belichtungsdauer und Lichtintensität (*Myzoides persicae*).

2. Viviparie.

Normalerweise werden die Eier der Hemipteren gleich nach der Befruchtung, also vor Einsetzen der Embryonalentwicklung abgelegt.

Ist beim frisch gelegten Ei der Embryo schon mehr oder weniger weit entwickelt, so spricht man von Ovoviviparie; ist der Embryo schon zur lebensfähigen Larve geworden, wenn er abgesetzt wird, so handelt es sich um Viviparie.

Ovoviviparie gibt es z. B. bei *Cimex lectularius* (nach BUCHNER), denn bei ihr entwickeln sich die Eier noch im Verband der Ovarialröhren bis zum Stadium des S-förmig gekrümmten Keimstreifens. Die Umrollung findet dann beim abgelegten Ei statt.

Alle Übergänge von der Oviparie über Ovoviviparie zur Viviparie sind bei den Cocciden festzustellen. Die allermeisten Arten unter ihnen legen normale Eier ab. Einige Arten, z. B. *Chrysomphalus dictyospermi* (nach TEODORO), *Lecanium hesperidum* (nach DINGLER), *Tachardia lacca* (nach PRATAP SINGH NEGI), legen die Eier in so vorgeschrittenem Entwicklungsstadium ab, daß die Junglarven entweder sofort nach der Ablage (*Tachardia*) oder innerhalb ganz kurzer Zeit (*Lecanium*) die Eischale abstreifen können. Die leeren Eischalen dienen, wie oben schon erwähnt wurde, als Polstermaterial für den Brutraum, den die Larven noch nicht gleich verlassen.

Als vivipar im strengen Sinn führt TEODORO *Aspidiotus hederae* und *unguiculatus*, *Aonidiella perniciosa* und noch eine Reihe minder wichtiger *Targionia*-, *Dinaspis*-, *Protargionia*-, *Aonidia*- und *Chionaspis*-Arten an. Da andere Arten derselben Gattungen ovipar sind, ist es schwer zu sagen, was der Anlaß für die polyphyletische Entstehung der Viviparie war. Sicher ist nur, daß mit der Viviparie gewisse Eigentümlichkeiten des Körperbaues der viviparen Arten zusammenhängen. Man denke an *Lecanium hesperidum*, dessen Brutraum im Gegensatz zu dem der rein oviparen Arten *L. oleae* und *corni* auf den Hinterleib beschränkt ist (S. 359, 278).

Bei den Aphididen und Pemphigiden kommt die Viviparie stets zusammen mit der Parthenogenese, also wie diese zyklisch vor. Die parthenogenetischen Weibchen gebären sowohl ihre wieder parthenogenetischen Nachkommen wie auch (im Falle der Sexuparen oder Gynoparen) die Geschlechtstiere lebend. Entsprechend der Lage des Embryos im Ei kommt die Junglarve stets mit dem Hinterende voran aus der Geschlechtsöffnung heraus, die Geburt unterscheidet sich im übrigen in nichts von der Eiablage der Aphididen (Abb. 285), nur das Sekret der akzessorischen Drüse fehlt, da die Drüse selbst bei den viviparen Weibchen nicht vorhanden ist.

Eine Beschleunigung des Fortpflanzungsgeschäftes bedeutet gerade bei den Aphididen die Viviparie insofern, als die Eibildung sehr vereinfacht wird. Eine Eischale braucht nicht angelegt zu werden, und die Ernährung des heranreifenden Embryos erfolgt in der Hauptsache nicht von einem Dotter aus, sondern direkt vom weiblichen Organismus aus, durch die dünne Hülle des die Embryonen enthaltenden Ovarialschlauches hindurch. Ein bei den oviparen Hemipteren recht lange dauernder Teil der Entwicklung, die Aufhäufung des Dotters in der Eizelle, fällt also hier weg. So wird es möglich, daß schon der Körper der älteren Larven der parthenogenetischen Weibchen von halbfertigen Embryonen erfüllt ist und daß gleich nach der letzten Häutung die Geburt von Junglarven beginnen kann.

Viviparie und Parthenogenese vereinigen sich also bei den Aphididen und Pemphigiden zur Herbeiführung einer möglichst beschleunigten Vermehrung. So kommt es, daß gerade sie mehr als irgendeine andere Insektengruppe, mehr auch als die zwar ebenfalls obligatorisch zyklisch parthenogenetischen, aber durchweg oviparen Chermesiden und Phylloxeriden, die von der Pflanze in der Vegetationsperiode gebotenen Nahrungsmengen zur Massenvermehrung auszunützen vermögen. Es scheint übrigens (nach TEODORO), daß auch bei den Schildläusen vielfach Viviparie und Parthenogenese zusammentreffen.

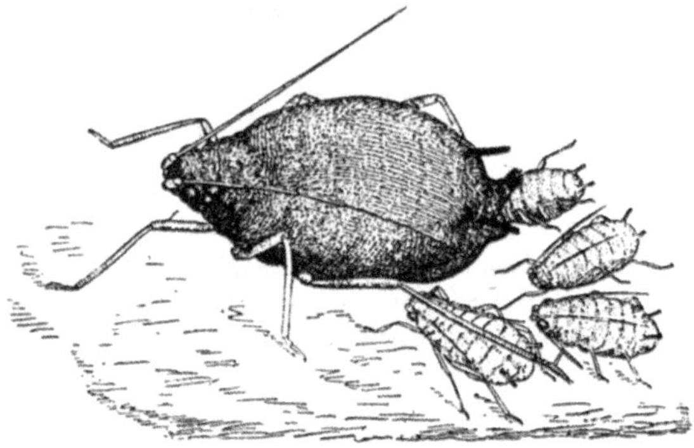

Abb. 285. Vivipares apteres ♀ von *Aphis scabiosae* beim Geburtsakt, nach BUCKTON.

Was die Einwirkung innerer und äußerer Faktoren betrifft, so folgt die Viviparie den gleichen Gesetzen wie die Oviparie. Die Gesamtzahl der Geburten eines Individuums hängt von denselben Faktoren ab wie die Eizahl, die tägliche Geburtenziffer wird wie die Eiziffer vom Alter des Tieres, von seinem Ernährungszustand, von der Temperatur, der Feuchtigkeit und anderen Außenfaktoren beeinflußt. Allerdings ist dabei zu bemerken, daß die Reaktionen auf all diese Einflüsse bei den viviparen Blattläusen viel ausgeprägter sind als bei oviparen Formen. Ist die Entwicklungsdauer der ersteren an sich, dank der Parthenogenese und Viviparie, schon gering, so kann sie durch günstige Umweltbedingungen noch so verkürzt werden, daß in einem Sommer sehr zahlreiche Generationen aufeinander folgen können. Besonders wirkt sich auf die Entwicklung neben der Temperatur, deren Einfluß qualitativ gleich wie bei der Eientwicklung ist, die Luftfeuchtigkeit aus. Wie Temperatur und Feuchtigkeit hier ineinander spielen, läßt sich am besten beurteilen, wenn man den Einfluß der mit dem Evaporimeter gemessenen, von der Luftfeuchtigkeit, der Temperatur und dem Wind abhängigen Verdunstungsmenge auf die Entwicklung prüft. Man bekommt dabei nach Lathrop, der diese Dinge bei *Aphis pomi* sehr eingehend untersucht hat, zwar keine ganz glatten Kurven, immerhin aber kann man, unter Berücksichtigung der Ungenauigkeit der Meßinstrumente, soviel sagen, daß eine hohe Verdunstungsziffer mit einer Beschleunigung der Entwicklung Hand in Hand geht. Wenn man bedenkt, was oben über den unmittelbaren Einfluß der Belichtungsdauer auf das Eintreten der Parthenogenese oder besser auf die Hemmung der Bildung von Sexuparen gesagt wurde, muß man zu dem Ergebnis kommen, daß die Beschleunigung der Entwicklung, die durch die Viviparie und die Parthenogenese erreicht wird, ganz besonders unter Umständen zur Geltung kommt, die auch für das Pflanzenwachstum günstig sind. Damit wird wiederum der Zusammenhang klar, der zwischen der zeitweise ungewöhnlich intensiven Massenvermehrung der typischen Pflanzenparasiten unter den Homopteren und den von der Pflanze zu bestimmten Zeiten gebotenen, günstigen Ernährungsbedingungen besteht.

Es ist aber dafür gesorgt, daß die Bäume nicht in den Himmel wachsen. Die Vermehrungsziffer von

17 000 000 000 000 000 000 000 000 000 000

in 300 Tagen, die Buckton für eine parthenogenetische Blattlaus errechnet hat, wird in Wirklichkeit nie erreicht, denn die Vermehrung schreitet, auch unter gleichen äußeren Bedingungen, nicht immer gleichmäßig fort. Wie das einzelne Weibchen am Schluß seines Lebens eine niedrigere tägliche Geburtenziffer hat als am Anfang (Lathrop), so nimmt auch von Generation zu Generation die Reproduktionsfähigkeit der parthenogenetischen Weibchen ab. Bei *Macrosiphum rosae* kann z. B. (nach Heymons) die Fundatrix, das aus dem Winterei geschlüpfte parthenogenetische Weibchen, 77 Junge haben, die parthenogenetischen Weibchen der neunten Generation bringen es nur noch auf 12 Junge. Rechnet man dazu, daß kaum eine Tiergruppe so zahlreiche Feinde hat wie die Blattläuse, bedenkt man, daß die Blattläuse gegen Außenfaktoren auch im negativen Sinne außerordentlich empfindlich sind, so sieht man ein, daß ihrer ungehemmten Vermehrung genügend Schranken gesetzt sind (siehe S. 441).

3. Polymorphismus und Heterogonie.

Unter Polymorphismus versteht man das regelmäßige Auftreten von verschieden gefärbten oder geformten Individuen innerhalb einer Art, sofern die Verschiedenheit nicht innerhalb der als normal zu betrachtenden Variationsbreite liegt.

Die einfachste Form des Polymorphismus, die gewöhnlich nicht mit diesem Namen bezeichnet wird, haben wir bereits in Gestalt des Geschlechtsdimorphismus kennen gelernt. Auch die Farbabänderungen, die bei manchen Hemipteren vorkommen und auf Umweltseinflüsse zurückzuführen sind, wurden oben schon in anderem Zusammenhang besprochen. Es gibt aber noch eine andere Form von Färbungsunterschieden innerhalb einer Spezies, die mit Außenfaktoren nichts zu tun hat und auf die wir daher hier eingehen müssen. Die kausale Analyse eines solchen Falles hat A. F. SHULL versucht: Bei *Macrosiphum solanifolii*, einer Kartoffelblattlaus, treten zwei Farbvarietäten auf, eine grüne und eine fleischfarbene, deren Färbung aber nicht auf dem Vorhandensein von Hautpigmenten beruht, sondern auf dem Auftreten entsprechend gefärbter Körner in der Hämolymphe. Parthenogenetische Weibchen der blaßroten Varietät bringen stets nur blaßrote Nachkommen, parthenogenetische grüne Weibchen nur Nachkommen von der grünen Varietät. Auch die Nachkommenschaft amphigoner Weibchen der beiden Varietäten, die mit Männchen der gleichen oder der anderen Varietät kopuliert hatten, verhält sich im ganzen entsprechend, daß man eine Vererbbarkeit der die Färbung bestimmenden Faktoren annehmen muß. Dabei ist von Interesse, daß die blaßrote Varietät sich einer etwas niedrigeren täglichen Geburtenziffer erfreut als die grüne Varietät und daß diese Eigenschaft sich stets zusammen mit der Färbung vererbt. Scharf trennbar sind allerdings nur die parthenogenetischen (reinen) Linien der beiden Farbvariationen, die zweigeschlechtlichen Generationen geben in der Regel eine allerdings nach bestimmten Gesetzen gemischte Nachkommenschaft. So ergibt dieser Fall wieder einen Hinweis darauf, daß die Parthenogenese eine Rassenbildung begünstigt. Während wir oben diese Feststellung nur mit Bezug auf Sexualrassen machen konnten (S. 397), können wir sie jetzt auf die Bildung morphologisch unterschiedener Rassen ausdehnen.

Dem eben beschriebenen Farbdimorphismus, der übrigens in ähnlicher Form auch bei anderen Blattlausarten vorkommt, gleicht der Flügelpolymorphismus vieler Wanzen und Zikaden insofern, als der Grad der Flügelreduktion von Erbfaktoren abhängt, nicht aber von Außenfaktoren. Daß bei vielen Wanzenarten die Flügel ganz oder fast schwinden können, wurde oben schon erwähnt; hier kommen nur die Fälle in Betracht, in denen nicht alle Individuen einer Art von der Reduktion betroffen werden. Bei einigen Arten, z. B. bei *Pyrrhocoris apterus*, kommen vollflüglige Individuen nur sehr selten vor, bei anderen gibt es zwei oder mehr Formen regelmäßig nebeneinander. Derartige Fälle sind unter den Wasserwanzen, den Wasserläufern, den Aradiden, den Lygaeiden und auch unter den Fulgoriden bei den Delphaciden sowie unter den Jassiden nicht selten. Daß die Flügelreduktion in einem erkennbaren Zusammenhang mit der Lebensweise steht, kann man nicht immer behaupten. Kann man sich allenfalls vorstellen, daß die Wasserläufer und die Wasserwanzen nicht so sehr auf den Flug angewiesen sind wie reine Landtiere und daß den Aradiden bei ihrem versteckten Leben Flügel eher hinderlich als nützlich sein mögen, so treffen diese Überlegungen doch weder auf die Feuerwanze noch auf die Delphaciden zu. Auch die Tatsache, daß die Flügel den Aradidenmännchen bei der Kopula lästig sein könnten, wie TEISO ESAKI vermutet, kann um so weniger als Erklärung der Kurzflügligkeit ausreichen, als bei der Art *Aradus cinnamomeus*, wie Abb. 286 zeigt, gerade die Weibchen meist kurzflüglig sind, während bei den Männchen Stenopterie, d. h. Verschmälerung der Flügel, vorherrscht. Das Männchen muß denn auch bei der Kopula, wie die Abb. 286 zeigt, seine Flügel etwas zur Seite schieben. Übrigens sind die meisten Cicadinen sowie alle Psylliden und Aleurodiden, die in ganz der gleichen Weise kopulieren wie die Aradiden, durchaus nicht kurzflüglig.

Aradus cinnamomeus bildet ein Beispiel dafür, daß innerhalb einer Art die Flügelreduktion verschieden weit gehen kann. Abb. 287 zeigt an einem anderen Beispiel, der nordamerikanischen Lygaeide *Blissus leucopterus*, verschiedene Abstufungen der Reduktion. Bei *Gerris asper* findet Ekblom eine makroptere, eine mikroptere und eine aptere Form; nach Poisson kann man mit der Einteilung sogar noch weiter gehen und (bei *Gerris lacustris*) eine makroptere, eine subbrachyptere, eine brachyptere, eine submikroptere, eine mikroptere und eine aptere Form unterscheiden je nach Länge der Hemielytren und der Hinterflügel.

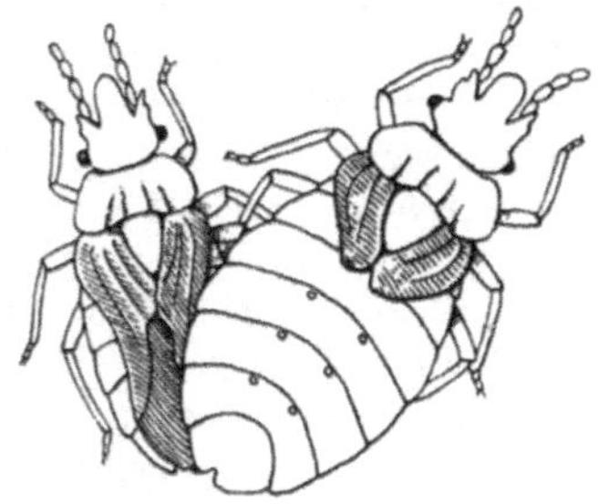

Abb. 286. Kopulierendes Paar von *Aradus cinnamomeus*, nach Teiso Esaki.

Außerdem zählt Poisson Fälle von Asymmetrie auf, die gerade bei den pterygopolymorphen Formen häufig vorkommen.

Die Analyse dieser Form des Flügelpolymorphismus, die allerdings nur für die Cryptoceraten und die Wasserläufer von Poisson und Ekblom durchgeführt ist, ergab zunächst die eigentümliche Feststellung, daß mit der Flügelreduktion bei den verschiedenen Arten auch eine Reduktion der Flügelmuskulatur aufzutreten pflegt, daß aber durchaus nicht immer

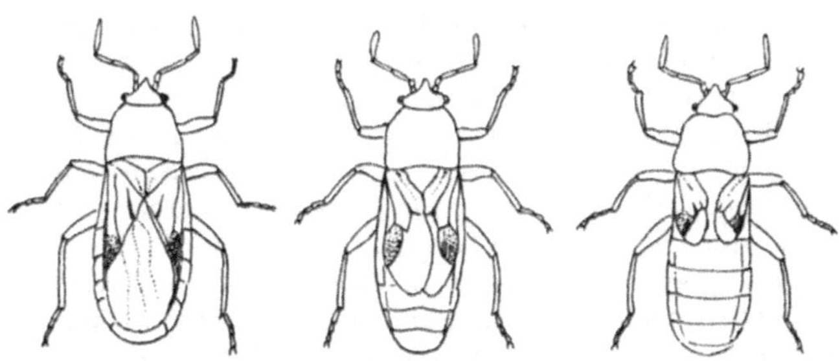

Abb. 287. Flügelpolymorphismus bei *Blissus leucopterus* (Lygaeiden), nach Berlese.

beide zusammentreffen. Bei den Wasserläufern z. B., bei denen die Reduktion der angelegten Flugmuskeln im Verlauf der Larvenentwicklung plötzlich und vollständig einzutreten pflegt, findet man gelegentlich aptere Individuen mit normalen Flugmuskeln (*Velia currens*) und andererseits macroptere Individuen ohne Flugmuskeln (*Limnotrechus lacustris, Hygrotrechus najas*). Bei *Ranatra* und *Nepa* werden die Flugmuskeln vielfach nicht ganz rückgebildet, sondern vor ihrer endgültigen Differenzierung in die oben geschilderten (S. 289) tracheendurchzogenen Organe verwandelt, die vielleicht bei der Atmung eine Rolle spielen. Daß bei diesen Arten, sowie bei *Naucoris* und den Rückenschwimmern, bei denen die Hemielytren als Deckel über der abdominalen dorsalen Luftkammer dienen, die Reduktion sich außer auf die Flugmuskeln nur auf die Hinterflügel erstreckt, kann vielleicht als Hinweis darauf betrachtet werden, daß die Flügelreduktion doch mit dem Nichtgebrauch der Flügel in irgendeinem Zusammenhang steht.

Jedenfalls aber ist sie nicht mit der von Dewitz u. a. bei gewissen Insekten experimentell erzeugten Flügellosigkeit zu verwechseln; es handelt sich vielmehr hier um echte Mutationen, also um vererbbare Charaktere. Die Reduktion läßt sich denn auch durch Ernährung, Temperatur und andere Außenfaktoren in ihrem Auftreten nicht unmittelbar beeinflussen. Poisson spricht sogar auf Grund der Beobachtung, daß bei *Gerris lacustris* Paarung zwischen verschiedenen Individuen derselben Form häufiger ist als zwischen Individuen verschiedener Formen und daß die kurzflüglige Form von *Hydrometra stagnorum* bei Paarung mit der langflügligen Form keine Nachkommen ergibt, die Vermutung aus, die verschiedenen Formen seien nichts anderes, als entstehende Arten; der Flügelpolymorphismus bedeute also eine Aufspaltung der betreffenden Spezies. Diese Aufspaltung wäre natürlich um so weiter fortgeschritten, je deutlicher die Amixie zwischen den verschiedenen Formen wäre.

Mit der Feststellung des mutativen Charakters der Reduktionen ist auch die fehlende Korrelation zwischen Muskel- und Flügelreduktion nicht mehr so erstaunlich, wie sie wäre, wenn die Abänderungen auf Außenfaktoren zurückgeführt werden könnten.

Die Tatsache, daß keine unmittelbare Einwirkung von Außenfaktoren auf das Auftreten der verschiedenen Formen stattfindet, verhindert aber nicht das Bestehen mittelbarer Zusammenhänge. Nach Ekblom sind nämlich die einzelnen Formen von *Gerris asper* verschieden resistent gegen Witterungseinflüsse. Die aptere Form ist wenig empfindlich gegen Kälte und dringt denn auch weiter nach Norden vor als die makroptere Form. Genau dasselbe erwähnt auch Sahlberg von einer Lygaeide, *Stygnocoris rusticus* und Uhler beobachtete bei *Rhagovelia obesa* im nördlichen Teil des Verbreitungsgebiets, nämlich in Maryland, Massachussets, Virginia und Canada, sowie in höheren Lagen von Carolina und Tennessee ausschließlich ungeflügelte Exemplare, während in Haïti, Cuba und in tieferen Lagen von Carolina und Tennessee hauptsächlich geflügelte Exemplare vorkommen. Es scheint sich also hier um eine allgemein gültige Regel zu handeln. Daß diese Regel sich nicht nur in der geographischen Verbreitung der Formen, sondern auch in einem verschieden starken Auftreten im Lauf des Jahres und im Verlauf verschiedener, der Witterung nach für die eine oder die andere Form mehr oder weniger günstiger Jahre auswirkt, ist wiederum von Ekblom für *Gerris* festgestellt. Selbstverständlich kann diese verschiedene Resistenz, indem sie die geographische Verbreitung der Formen beeinflußt, auch ihre allmähliche Wandlung in neue Arten durch örtliche Isolierung begünstigen.

Flügelpolymorphismus gibt es auch bei manchen Cocciden. So kommen bei *Chionaspis salicis* geflügelte und ungeflügelte Männchen vor

(Abb. 228), und *Tachardia lacca* zeigt sogar einen mit Flügelpolymorphismus verbundenen Generationswechsel. In der ersten Generation dieser Lackschildlaus gibt es nach Imms und Chatterjee geflügelte und ungeflügelte Männchen, die zweite Generation hat nur ungeflügelte. Dieser regelmäßige Wechsel erinnert etwas an die bei den Aphidinen vorliegenden Verhältnisse, wenn wir auch nicht sicher sagen können, ob diese Ähnlichkeit nicht nur oberflächlich ist, ob die Flügelreduktion bei den Cocciden nicht in Wirklichkeit nach den bei den pterygopolymorphen Wanzen gültigen Regeln eintritt.

Im Gegensatz zum Flügelpolymorphismus der Wanzen und Zikaden beruht der der Aphidinen nicht oder nicht allein auf Erbfaktoren, er steht vielmehr unmittelbar unter dem Einfluß bestimmter Außenfaktoren. Das Auftreten von flügellosen parthenogenetischen Weibchen in der Generationenfolge der Aphidinen hängt, phylogenetisch betrachtet, unstreitig mit der parasitischen Lebensweise zusammen. Es kommt bei der engen Bindung an die Pflanze, wie wir oben bei der Viviparie und der Parthenogenese schon feststellten, vor allem auf die möglichst vollkommene Ausnützung der wenigstens zu gewissen Zeiten sehr günstigen Ernährungsbedingungen für die Produktivität an. Ein flügelloses Weibchen, das nicht nötig hat, einen Teil des plastischen Materials auf die Bildung der Flügel und der mit ihnen verbundenen Brustmuskulatur zu verwenden, kann unzweifelhaft eine größere Nachkommenschaft hervorbringen als ein geflügeltes Weibchen von selbst annähernd gleicher Größe (Mordwilko). Dazu kommt, daß durch den Wegfall der Flügel die Entwicklung erheblich vereinfacht wird und rascher vor sich gehen kann. So wirken Parthenogenese, Flügellosigkeit und — bei den Aphididen — Viviparie zusammen zu einer Beschleunigung und Steigerung der Produktivität.

Während aber bei den Schildläusen sämtliche Weibchen flügellos und die Tiere daher auf Gedeih und Verderb mit ihrer Wirtspflanze verbunden sind, wahren sich die Aphidinen eine gewisse Freizügigkeit durch Beibehaltung geflügelter Formen neben den ungeflügelten.

Die einzelnen Aphidinengruppen verhalten sich in dieser Hinsicht etwas verschieden. Die Aphididen gleichen insofern den Cocciden, als bei ihnen die Männchen meist Flügel haben, bei den Pemphigiden sowie bei den Chermesiden und Phylloxeriden sind dagegen auch die (stets zwerghaften oder wenigstens kleinen) Männchen flügellos. Außer den nur bei den Aphididen vorkommenden geflügelten Männchen sind die bei den Aphidinen auftretenden geflügelten Tiere stets parthenogenetische Weibchen; die Weibchen der amphigonen Generation sind stets flügellos. (Ausnahmen: *Neophyllaphis, Tamalia, Cervaphis.*)

Eine Vererbung der Flügelreduktion in dem Sinne, daß etwa ein flügelloses Weibchen ausschließlich oder wenigstens vorzugsweise flügellose Nachkommen hätte, findet hier nicht statt, obwohl die parthenogenetische Fortpflanzung die beste Voraussetzung dafür geben würde. Als erblichen Charakter kann man also den Flügelpolymorphismus der Aphidinen nur insofern bezeichnen, als die einzelnen Arten in verschiedenem Grad Neigung zur Flügelreduktion zeigen. *Drepanosiphum plata-*

noides z. B., die große grüne Ahornlaus, hat überhaupt nur geflügelte parthenogenetische Weibchen, einzig die amphigonen Weibchen sind ungeflügelt. Bei anderen Arten treten im Gegenteil geflügelte Individuen nur selten auf. Die Regel ist aber innerhalb der parthenogenetischen Generationen ein scheinbar ganz oder fast ungeordneter Wechsel zwischen geflügelten und ungeflügelten Weibchen, sowie verschiedenartigen Zwischenformen mit längeren oder kürzeren Flügelstummeln (Abb. 289, *D*). Die Regellosigkeit der Aufeinanderfolge, die aus dem Stammbaumdiagramm (Abb. 288) ersichtlich ist, geht so weit, daß niemals innerhalb der parthenogenetischen Generationenfolgen bezüglich der Flügelbildung reine Linien vorkommen. Die Fundatrigenien, die Nachkommen der aus dem Winterei gekrochenen, bei weitaus den meisten Arten (Ausnahme: *Drepanosiphum platanoides*) stets flügellosen Fundatrix, sind gewöhnlich schon in der ersten Generation teils geflügelt, teils ungeflügelt; unter den Nachkommen der ungeflügelten Tiere sind stets geflügelte oder wenigstens stummelflüglige und vice versa.

Regellos ist die Aufeinanderfolge in Wirklichkeit aber nur, wenn man sie allein vom Standpunkt des tierischen Organismus betrachtet. Sowie man die Umwelt mit in die Betrachtung zieht, wird eine Fülle von Zusammenhängen offenbar, die einen gewissen Rhythmus in den Wechsel der Gestalten bringen.

Daß unter den Faktoren, die die Flügelbildung der Aphididen beeinflussen, die Länge des Tages, also die Dauer der täglichen Belichtung die Hauptrolle spielt, ist durch Marcovitchs und Shulls Experimente gesichert: Flügellose Weibchen von *Macrosiphum solanifolii*, die ständig unter elektrischem Licht gehalten wurden, erzeugten fast ausschließlich flügellose Nachkommen; wurde die flügellose Elterngeneration abwechselnd Licht und Dunkelheit unterworfen, so enthielt die Nachkommenschaft einen wechselnden Prozentsatz von geflügelten Individuen, der von der Länge der Hellperiode abhing. Bei 2 Stunden Licht, die mit 22 Stunden Dunkelheit regelmäßig abwechselten, waren ungefähr drei Viertel der Nachkommen geflügelt. Bei 5 Stunden Licht und 19 Stunden Dunkelheit waren fast alle Nachkommen geflügelt. Bei 8 Stunden Licht resultierte gleichfalls eine fast durchgehend geflügelte Nachkommenschaft, bei 12stündiger täglicher Belichtung war jedoch nur eine geringe Menge flügelloser Individuen darunter. Bei geflügelten Weibchen, die, wenn sie nicht kurz vor der geschlechtlichen Phase des Zyklus standen, ähnlich reagierten wie die ungeflügelten, war immerhin in allen Fällen eine stärkere Tendenz zur Flügellosigkeit zu bemerken. Von besonderem Interesse ist die Tatsache, daß nur durch Einwirkung auf die Elterngeneration das Licht die Flügelbildung beeinflußte. Wenn somit die Blattlaus nach der Geburt nicht mehr durch Licht zu verändern war, so ist das wohl so zu erklären, daß vor dem Ende der Entwicklung (während der letzten 2 Tage vor der Geburt nach Shull) die Determination der Flügel stattfindet. Das geht unter anderem daraus hervor, daß Weibchen, die anfänglich bei ständiger Helligkeit gehalten und dann in eine 8-Stunden-Hellperiode versetzt wurden, im Mittel noch 50 Stunden lang fortfuhren, flügellose Nachkommen zu erzeugen.

Man könnte natürlich gegen die vorstehenden Experimente einwenden, der unmittelbare Einfluß des Lichtes sei durch sie nicht nachgewiesen, vielmehr könnte das Licht mittelbar die Stärkebildung der Pflanze, damit den Ernährungszustand der Läuse und zuletzt die auf

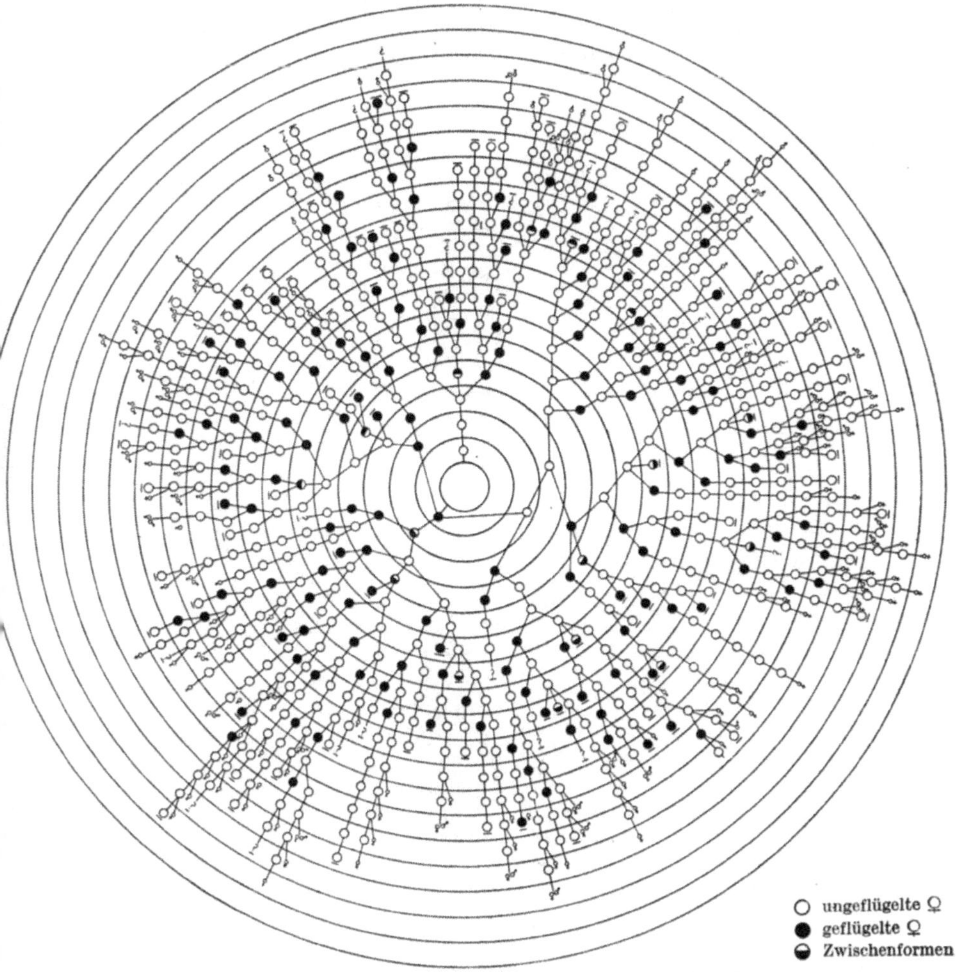

Abb. 288. Schema der während eines Sommers beobachteten Nachkommenschaft einer Fundatrix von *Aphis malifolii* (*Anuraphis roseus*), nach Baker und Turner. Der innerste Kreis stellt die Fundatrix dar, von den einzelnen Generationen (konzentrische Kreise) ist jeweils nur ein Vertreter der bezüglich der Flügel verschiedenen Formen berücksichtigt.

dem Ernährungszustand basierende Flügelbildung verändern. Da es sich aber bei anderen Versuchsreihen herausstellte, daß Blattläuse, die ständig im Hellen waren, aber an Pflanzen gefüttert wurden, die täglich nur 8 Stunden im Licht standen, genau die gleiche flügellose Nachkommenschaft hatten wie jene Läuse, die ständig an der Pflanze im Licht gehalten wurden, und daß Aphididen mit achtstündiger Lichtperiode, an dauernd hellstehenden Pflanzen gefüttert, meist geflügelte Nachkommen hatten, kann dieser Einwand nicht aufrechterhalten werden. Die Periodizität des Lichtes wirkt unmittelbar auf die Aphiden, nicht auf dem Umweg über die Photosynthese der Wirtspflanze (SHULL).

Ein gewisser Einfluß der Ernährung ist aber doch nicht zu verkennen. Hungern im Dunkeln führt allerdings keine beträchtliche Ver-

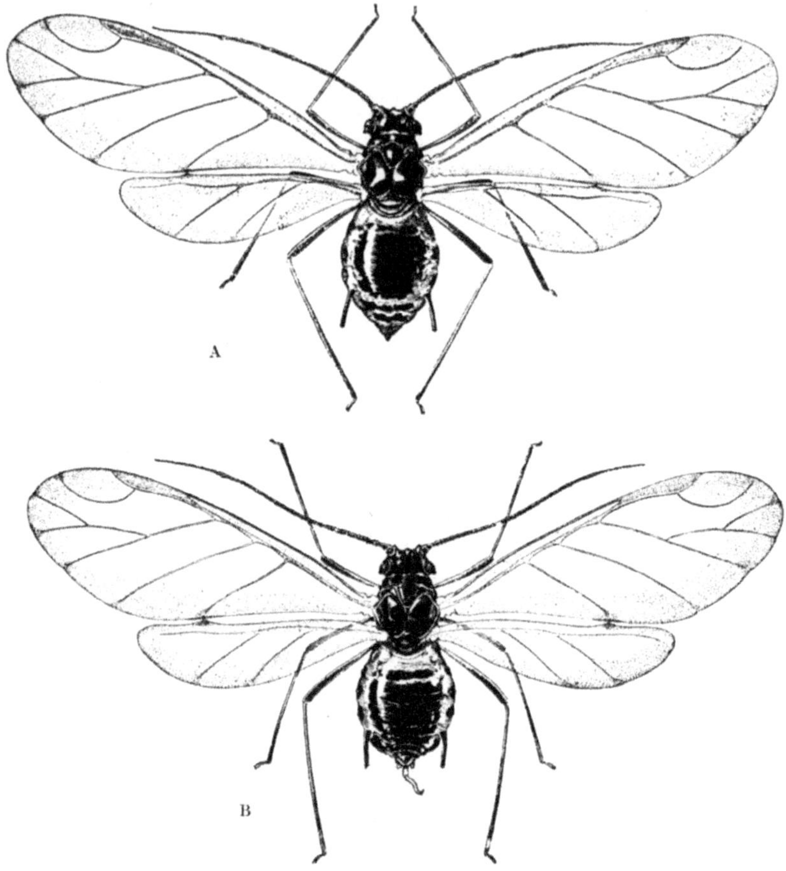

Abb. 289. *Aphis malifolii* (*Anuraphis roseus*), nach BAKER und TURNER. A) Sexuparafliege; B) ♂.

änderung der Flügelproduktion herbei; Hunger im Licht verursacht aber nicht nur die Erzeugung vieler geflügelter Nachkommen, sondern beschleunigt sie auch.

Aus diesen recht verwickelten und im einzelnen Falle schwer übersichtlichen Zusammenhängen erklären sich wohl die zahlreichen, die Erklärung der Flügelbildung betreffenden widersprechenden Angaben der Literatur. Da die Belichtungsdauer und die Temperatur zusammenhängen, da Luftfeuchtigkeit, Niederschläge, Pflanzenwachstum und die ersten beiden Faktoren untrennbar miteinander verkettet sind, wird jede Verschiebung des einen Faktors eine des anderen mit sich bringen. In diesem Sinne ist es unbedingt richtig, daß alle diese Außenfaktoren

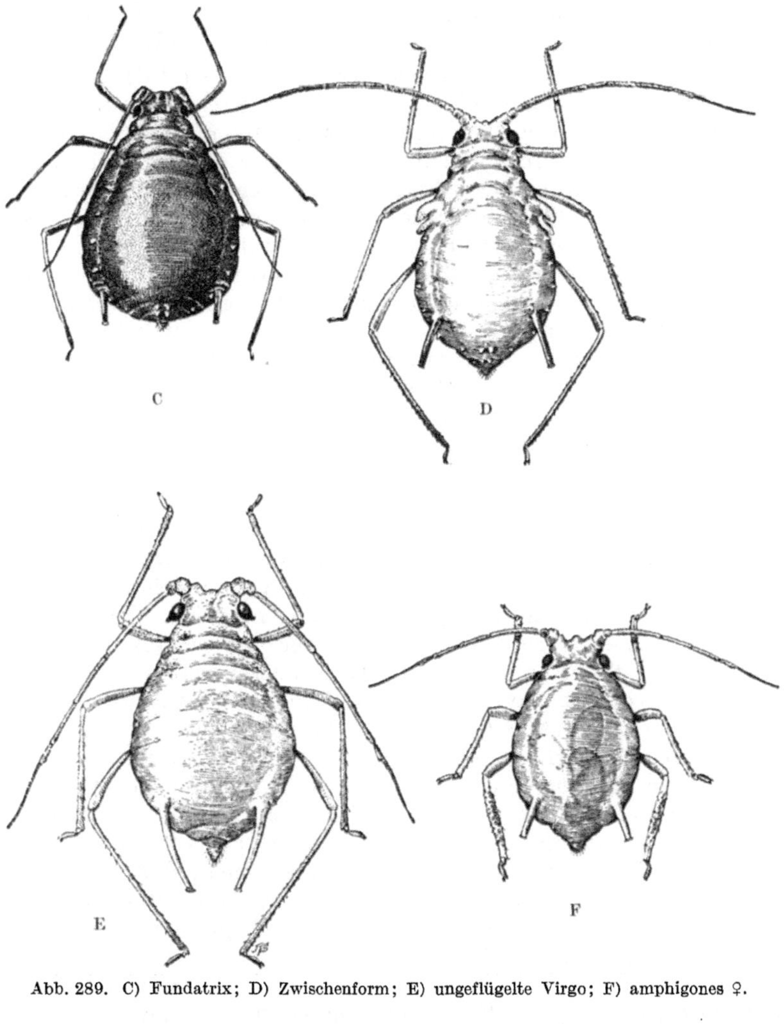

Abb. 289. C) Fundatrix; D) Zwischenform; E) ungeflügelte Virgo; F) amphigones ♀.

gleichmäßig auf die Flügelbildung einwirken. MORDWILKOS Annahme, daß die Flügelbildung in erster Linie vom Ernährungszustand bestimmt wird, daß Nahrungsmangel die Bildung geflügelter, zum Aufsuchen anderer Nahrungsquellen befähigter Individuen herbeiführt, ist nach dem, was oben über Hunger bei Licht gesagt wurde, berechtigt, man darf aber nicht vergessen, daß neben dem physiologischen Zustand der Wirtspflanze andere, teils mittelbar, teils unmittelbar auf den Organismus der Blattlaus wirkende Faktoren für die Flügelbildung verantwortlich gemacht werden müssen und daß außerdem eine erblich fixierte Tendenz zum Wechsel zwischen geflügelten und ungeflügelten Nachkommen nicht zu verkennen ist.

Es besteht allerdings kaum ein Zweifel darüber, daß primär, in der phylogenetischen Entwicklung, der Zustand der Wirtspflanze das Auftreten von flügellosen seßhaften und geflügelten migrierenden Formen bestimmte, daß Saftstockungen oder Vertrocknen der Pflanze zuerst in jedem einzelnen Falle zur Bildung von Wanderformen führte. Im Lauf der Entwicklung hat sich aber, wenigstens in unserem gemäßigten Klima, ein gewisser, den Jahreszeiten mit ihrer immer gleichen Wirkung auf die Pflanzen entsprechender Rhythmus festgelegt, dessen Ablauf durch eine Reaktion des Blattlauskörpers auf die unter natürlichen Bedingungen von der Jahreszeit abhängige Belichtungsdauer geregelt wird.

Den verschiedenen Aufgaben der flügellosen und der geflügelten Formen entsprechen übrigens auch gewisse Baueigentümlichkeiten, die nicht unmittelbar mit dem Flug zusammenhängen. Die Sinnesorgane der Geflügelten sind stets besser ausgeprägt als die der Flügellosen, die Antennen sind länger, die Rhinarien zahlreicher, die Facettenaugen größer, Ocellen sind nur bei den Geflügelten vorhanden. Andererseits sind die ungeflügelten Tiere entsprechend ihrer größeren Reproduktionsfähigkeit dickleibiger und auch in der Schreitbewegung gewöhnlich plumper als die geflügelten.

Schärfer erkennbar sind die Unterschiede, wenn man nicht nur die parthenogenetischen Generationen, sondern auch die Geschlechtsgenerationen heranzieht. Bei den Aphididen allerdings ähnelt das fast stets aptere amphigone Weibchen den parthenogenetischen Weibchen, den Virgines, ist aber meist beträchtlich kleiner und schlanker, seiner geringen Eizahl (6—8) entsprechend. Auch die verdickten und mit zahlreichen Sinnesorganen versehenen Hinterschienen bilden ein gutes Unterscheidungsmerkmal (Abb. 289F). Die Männchen der Aphididen ähneln den geflügelten parthenogenetischen Weibchen, im Gegensatz zu den Pemphigiden, Phylloxeriden und Chermesiden mit ihren stets flügellosen, bei den Pemphigiden und Phylloxeriden sogar zur Nahrungsaufnahme unfähigen und zwerghaften Geschlechtstieren. Die außerordentlich geringe Größe des Weibchens hängt damit zusammen, daß es nur ein Ei ablegt, das allerdings so groß ist, daß es den Körper des Weibchens ganz (*Schizoneura*) oder zum größten Teil (*Phylloxera*, Chermesiden) anfüllt (siehe Abb. 254 und 296, *20*).

Die Entstehung der Geschlechtstiere im Generationenzyklus der Blattläuse ist, nach den Versuchen von Davidson und Marcowitch, ebenso wie das Entstehen geflügelter und ungeflügelter Virgines in erster Linie von der Belichtungsdauer abhängig. Daß außerdem die Temperatur und der Zustand der Nährpflanze eine Rolle spielt, und daß durch geeignete Abänderungen dieser Außenfaktoren der Zeitpunkt des Auftretens der sexualen Generation fast unbeschränkt verschoben werden kann, wurde oben schon erwähnt (S. 398).

Dadurch, daß auch die parthenogenesierenden Generationen einer Aphidinenart sich biologisch verschieden verhalten können, ist die Grundlage für eine (auch morphologische) Weiterdifferenzierung gegeben, die schließlich in einem noch viel weiter gehenden Polymorphismus, in einem von Außenfaktoren nur zum Teil beeinflußten rhythmischen, mehrfachen, mit Wirtswechsel verbundenen Generationswechsel gipfelt.

III. Die Entwicklungszyklen der Aphidinen.

Die Entwicklungszyklen der Aphidinen, deren einzelne Komponenten wir im Vorstehenden größtenteils schon kennen lernten, verlaufen in den verschiedenen Familien höchst ungleich und sind auch innerhalb der einzelnen Familie ziemlich weitgehenden Abänderungen unterworfen.

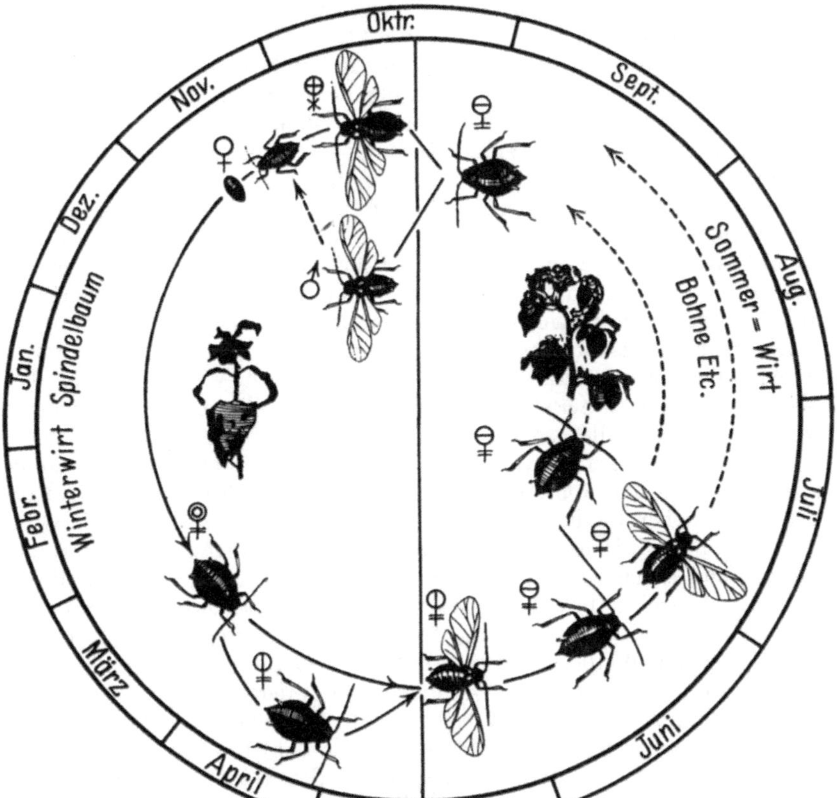

Abb. 290. Entwicklungszyklus von *Aphis fabae*, nach DAVIDSON verändert, s. Text und Abb. 291.

1. Bei den **Aphididen**, für die wir als typisches Beispiel die schwarze Bohnenlaus *Aphis fabae* (*rumicis*) heranziehen, verläuft die Entwicklung etwa im Sinne des Schemas (Abb. 290), das sich auf englische Verhältnisse bezieht, folgendermaßen (nach BÖRNER, JANISCH, DAVIDSON u. a.): Aus dem Winterei, das in den Knospenwinkeln des Spindelbaumes

(*Evonymus*[1]) sitzt, kriecht im Frühjahr, wenn die Knospen sich entfalten, eine Larve, die sich zu einem ungeflügelten, parthenogenetischen Weibchen, der Stammutter oder Fundatrix, entwickelt. Schon in der ersten Tochtergeneration treten neben ungeflügelten Weibchen in wechselnder Zahl geflügelte auf; in den folgenden Generationen verschiebt sich das Zahlenverhältnis immer mehr zugunsten der Geflügelten. Die Geflügelten wandern, offenbar einem ihnen innewohnenden Trieb folgend und in erster Linie nach Geruchsreizen sich richtend, auf Krautpflanzen ab und zwar vor allem auf Ackerbohnen, Rüben, Mohn, *Chenopodium*, *Chrysanthemum*, *Carduus* und *Urtica*. Unter günstigen Umständen, wenn sich nämlich die Ausreifung des Frühjahrstriebes des Spindelbaumes bis zum Einsetzen des Johannistriebes verzögert, kann die Nachkommenschaft der Fundatrix (die fundatrigene Serie) sich auf dem Spindelbaum bis tief in den Sommer hinein fortsetzen und immer wieder geflügelte Wandertiere (Migrantes) entsenden. Normalerweise erlischt aber die fundatrigene Serie auf dem Spindelbaum viel früher und zwar nicht etwa deshalb, weil alle Individuen der Kolonien abwanderten, sondern weil die Ernährungsverhältnisse an den verholzenden Trieben zu ungünstig werden und die Entwicklungsdauer so sehr verlängern, die Zahl der Geburten so sehr herabsetzen, daß Parasiten und Feinde mit dem Ausrotten der Kolonien leichtes Spiel haben. Unterdessen vermehren sich die Virgogenien (Alienicolae), die Nachkommen der Wandertiere, auf den krautigen Pflanzen lebhaft, da sie ja nicht unter solch ungünstigen Ernährungsverhältnissen zu leiden haben. Geflügelte und ungeflügelte Tiere werden in scheinbar unregelmäßigem Wechsel, in der Tat aber nach den oben gekennzeichneten Gesetzen geboren, vermehren sich wieder, die Geflügelten sorgen für die weitere Ausbreitung der Kolonien, andere Wirtspflanzen werden besiedelt, mitunter finden sich auch einige Exemplare auf den Spindelbaum zurück und vermehren sich dort. Normalerweise aber bleiben krautige Pflanzen die Sommerwirte, die Vermehrung hält auf ihnen bis in den Herbst hinein an, im September bilden sich Geflügelte, die, nur zum Teil aus Weibchen, zu einem anderen Teil aus Männchen bestehend, nach dem Spindelbaum abwandern. Die Weibchen (Gynoparen) bringen dort lebende Junge zur Welt, die sich zu amphigonen Weibchen entwickeln und mit den unterdessen auf dem Spindelbaum eingetroffenen Männchen kopulieren. Die befruchteten Weibchen legen dann schon 1 Tag nach der Kopula ihre anfangs gelben, später schwarz werdenden Eier in geringer Zahl (6—12) einzeln in die Knospenwinkel des Spindelbaumes, wo sie den Winter überdauern und im anderen Frühjahr die Fundatrixlarve entlassen.

Als Zusammenfassung dieses ziemlich komplizierten Lebenslaufes möge Abb. 291 dienen, die nicht nur, wie Abb. 290, den Normalfall, sondern auch die Ausnahmefälle erfaßt und, im Verein mit der vorstehenden Schilderung, die folgenden Kreisschlüssel ohne langen Kommentar verständlich machen wird.

---

[1] Nach FRANSSEN kommen, mindestens in Holland, noch andere Winterwirte in Frage (*Philadelphus*, *Viburnum*, *Deutzia*).

Nicht bei allen Aphididen vollzieht sich die Entwicklung in der eben geschilderten Weise. Einerseits ist nicht in allen Fällen ein regelmäßiger Wirtswechsel entwickelt, andererseits kann ein solcher, in höherem Grad als bei *Aphis fabae*, obligatorisch werden. Von obligatorischem Wirtswechsel im strengen Sinn kann nur dann die Rede sein, wenn die fundatrigene Serie auf dem Winterwirt jedes Jahr völlig erlischt und wenn die auf dem Sommerwirt hausenden Tiere nicht zur Ansiedlung auf dem Winterwirt gezwungen werden können. Von dieser obligatorischen Migration bis zur fakultativen Migration gibt es alle Übergänge; *Aphis fabae* ist eine

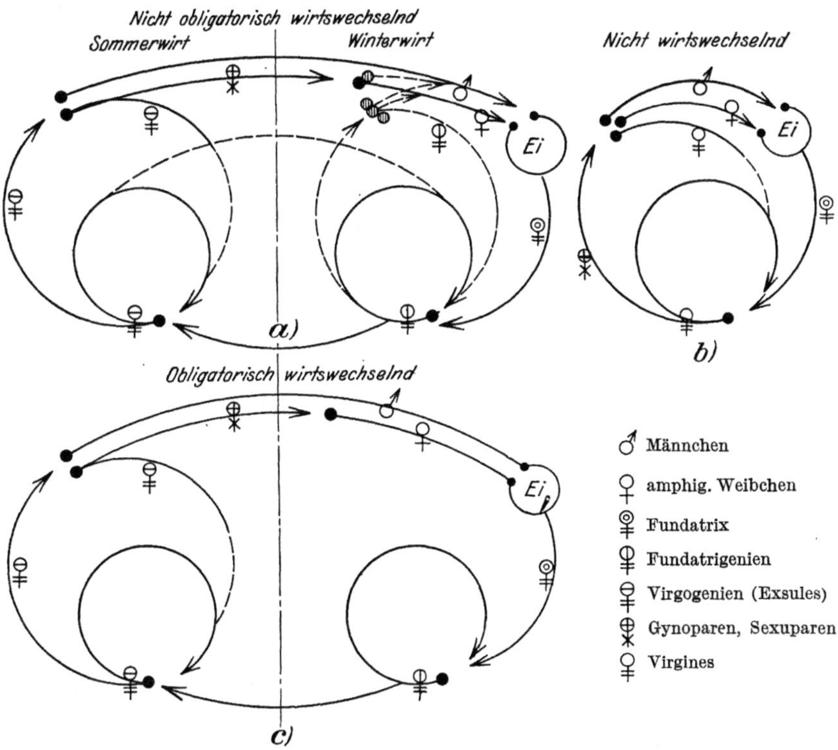

Abb. 291. Kreisschlüssel für die verschiedenen Entwicklungszyklen der Aphididen, nach BÖRNER.

solche Zwischenform, da bei ihr meist die fundatrigene Serie auf dem Winterwirt erlischt. Ein regelmäßiges Fortbestehen dieser Serie gibt es dagegen z. B. bei der Art *Hyalopterus pruni*, die fakultativ von *Prunus* auf Schilf wandert.

Nicht wirtswechselnde Arten gibt es vor allem unter den Callipterinen und Lachninen. *Drepanosiphum platanoides* z. B. bringt das ganze Jahr auf dem Ahorn zu, ebenso lebt die Buchenblattlaus *Phyllaphis fagi* immer auf der Buche. Schon bei *Aphis fabae* wurde darauf hingewiesen, daß die Vermehrungsfähigkeit der fundatrigenen, nicht wandernden Serie von der Reife des Frühjahrstriebes bzw. vom Beginn des Johannistriebes abhängt. Bei *Phyllaphis fagi* prägt sich die Tatsache, daß die holzigen Gewächse im Sommer, wenn der Saftstrom, vor allem der Strom der in den Siebröhren geleiteten organischen Substanzen, nachzulassen beginnt, weniger günstige Ernährungsverhältnisse bieten als im Frühjahr, besonders deutlich aus. Im Sommer ist nämlich auch auf Buchen, die im Frühjahr alljährlich stark besiedelt sind, kaum etwas von dieser Art zu bemerken, weil die Vermehrung stark herabgesetzt ist und nur wenige Exemplare diese ungünstige Jahreszeit überdauern, um im Herbst Sexuparen zu liefern (Schema Abb. 291 b). Manche Aphididenarten haben, in Anpassung an diese Nahrungsschwierigkeiten, eine besondere Art von Sommerruhe entwickelt, die sich am besten an den verschiedenen, an Ahorn lebenden *Chaithorinella*-Arten demonstrieren läßt (nach KESSLER). *Chaithorinella lyropicta* scheint, ähnlich wie *Drepanosiphum platanoides*, dem Nachlassen des Nahrungsstromes gegenüber wenig empfindlich zu sein, wenigstens vermehrt sie sich das ganze Jahr über. Bei *Ch. aceris* dagegen scharen sich die Larven der Sommergeneration, die von ihren geflügelten oder ungeflügelten Müttern an der Unterseite der Ahornblätter abgesetzt werden, zusammen und bleiben, dicht aneinander gedrängt, ohne Bewegung, ohne Nahrung und daher auch ohne Wachstum bis Ende August sitzen. Während die Tierchen kurz nach ihrer Geburt beim Zerdrücken eine Menge Flüssigkeit ergeben, wird später der Leibesinhalt breiig und schließlich trocken teigig. Trotzdem bleibt die Lebensfähigkeit voll erhalten; wenn die Tiere gestört werden, vermögen sie sich sogar zu bewegen. Wenn Ende August die Lethargie ihr Ende erreicht, teilen sich die Gesellschaften, die Larven lassen sich einzeln in den Blattrippenwinkeln nieder und wachsen zu sexuparen, flügellosen Weibchen heran.

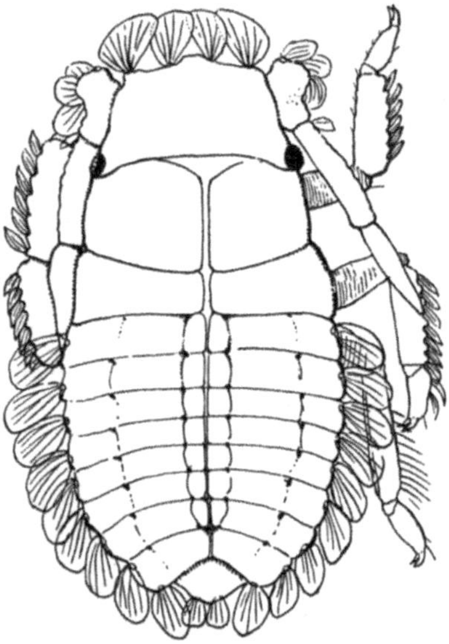

Abb. 292. *Chaithorinella testudinata*, ruhende Sommerlarve, rechts Beine und Fühler ausgebreitet, links in der natürlichen Ruhelage.

Auch bei *Chaithorinella testudinata* verfällt die Sommergeneration im Larvenstadium in einen Starrezustand, die Tierchen verteilen sich aber vorher auf dem Blatt und bleiben, an die Blattrippenwinkel gepreßt, als flache, winzige, lebhaft grüne Schildchen einzeln in ihrer Starrestellung. Diese ist dadurch besonders merkwürdig, daß die Larven, wie Abb. 292 links zeigt, ihre Beine und Fühler eng an den Leib legen können und so, da ihr Körper seitlich scharf gerandet und an der Bauchseite völlig platt ist, den schildförmigen Aleurodidenlarven sehr ähneln. Diese Ähnlichkeit wird dadurch noch erhöht, daß der Körper mit einem Kranz von schuppenförmigen Haaren versehen ist, die zusammen wie der Wachsring der Aleurodidenlarven aussehen und wahrscheinlich auch wie dieser funktionieren, d. h. ein Vordringen von Wasser unter den Körper und damit zu den Stigmen verhindern.

Bei *Ch. aceris* und *testudinata* ist also die Entwicklungsdauer einer Generation weit mehr, als das durch die Umweltfaktoren bedingt wäre, vergrößert, so sehr vergrößert, daß die Generationenzahl ganz erheblich sinkt. Durch die Bewegungslosigkeit wird aber andererseits der Stoffwechsel derart herabgesetzt, daß die Hungerperiode ohne Steigerung der Sterblichkeit überwunden wird, daß sogar ganz ohne Nahrungsaufnahme die zahlreichen Individuen, die der Vermehrungstätigkeit der Frühjahrsgeneration ihren Ursprung verdanken, ohne große Verluste den Spätsommer erleben und dann unter den günstigeren Bedingungen dieser Jahreszeit die Bildung der Geschlechtsgeneration herbeiführen können. Wahrscheinlich ist die Zahl der Individuen, die bei den beiden Arten den Herbst erlebt, nicht geringer als bei *Ch. lyropicta,* bei der die Vermehrung zwar den Sommer über fortgeht, bei der aber die Sterblichkeit infolge der ungünstigen Ernährungsverhältnisse bei hoher Temperatur ungleich größer sein muß als bei der einen, ruhenden Generation der beiden anderen Arten.

Der Kreisschlüssel für diese dauernd auf einem Holzgewächs lebenden Arten ist (Abb. 291 b) derselbe, wie für die dauernd auf einer krautigen Pflanze lebenden Arten. Auch solche kommen unter den Aphididen vor. So lebt nach JANISCH *Aphis rumicis,* im Gegensatz zu den Angaben der älteren Autoren, die sich in Wirklichkeit auf *Aphis fabae* und andere, damals nicht voneinander trennbare Arten beziehen, das ganze Jahr über am Ampfer und legt im Herbst auch an dieser Pflanze, und zwar an den Unterseiten der grundständigen Blätter, Eier ab.

Es ist, da solche Fälle zwar nicht häufig, aber immerhin mehrfach vorkommen, nicht ganz einfach, zu entscheiden, welches die ursprünglichen Wirtspflanzen der migrierenden Aphididenarten sind. Wir werden auf diese Frage unten nochmals zurückkommen und wollen hier nur soviel bemerken, daß die fakultativ wandernden Arten phylogenetisch als Vorläufer der obligatorisch wandernden sowie der Arten zu betrachten sind, die, demnach sekundär, dem Leben auf Krautpflanzen ausschließlich angepaßt sind. Es ist wohl möglich, daß die Entstehung der Migration einer Bildung biologischer Rassen Vorschub leistete, die später zu Arten sich entwickelten. Man braucht hier nur an BÖRNERS *Aphis rumicis*-Gruppe zu denken, deren einzelne Arten morphologisch nur schwer voneinander zu trennen sind, biologisch aber sich so wohl unterscheiden, daß für eine Art (*Aphis fabae*) das Schema Abb. 291 a, für einige andere b (*A. hederae, rumicis, podagrariae*) und für noch andere (*Aphis mordwilkoi*) c gilt. Man kann sich hier sogar des Eindruckes nicht erwehren, daß auf dem europäischen Festland, wo BÖRNER, JANISCH und FRANSSEN ihre im wesentlichen übereinstimmenden Beobachtungen anstellten, die Spaltung der Gruppe weiter fortgeschritten ist als in England, wo DAVIDSON heute noch an der LINNÉschen Art *Aphis rumicis* festhält und weder morphologische noch biologische Unterschiede anerkennt.

Statt der Abwanderung auf krautige Pflanzen kann übrigens auch eine Abwanderung von den oberirdischen Teilen der holzigen Gewächse nach den Wurzeln krautiger oder holziger Pflanzen stattfinden. Ein Beispiel dafür bildet *Aphis piri*, die vom Apfelbaum an die Wurzeln von *Rumex* wandert.

2. Besonders häufig ist diese Erscheinung bei den *Pemphigus*- und *Schizoneura*-Arten, bei manchen **Pemphigiden** also. So bringt *Pemphigus bursarius* den Sommer an Salatwurzeln, das übrige Jahr an Pappeln zu, und *Schizoneura lanuginosa* wandert von der Ulme an die Wurzeln des Birnbaumes. Welche Ursachen diese Formen gerade an die Wurzeln treiben, hat Marchal zu ergründen versucht. Bei *Schizoneura lanuginosa* konnte er feststellen, daß die unterirdische Lebensweise durchaus nicht unbedingt nötig ist, daß man vielmehr auch die Sommergenerationen an Birnbäumchen über der Erde ziehen kann, wenn man sie in einem mäßig warmen und gleichmäßig feuchten Raum hält. Nur wenn die Außenbedingungen wie im Freiland schwankend sind, sucht *Sch. lanuginosa* die Wurzeln auf und kann dann bis an die feinsten Würzelchen gelangen. Es scheint also, daß, was auch in der phylogenetischen Entwicklung die Ursache für das Aufsuchen von Wurzeln gewesen sein mag, unter den jetzigen Verhältnissen nicht die Ernährungsbedingungen es sind, die die Laus in die Erde treiben, sondern vielmehr klimatische Faktoren. Marchal hält es nicht für unmöglich, daß dieser Drang nach gleichmäßiger Feuchtigkeit und Temperatur damit zusammenhängt, daß die Art zu den gallenbildenden Läusen gehört und daß innerhalb der Gallen (S. 498) dieselben konstanten Bedingungen gegeben sind wie unter der Erde. In diesem Zusammenhang ist es von Interesse, daß die keine geschlossenen Gallen bildende Blutlaus, *Sch. lanigera*, viel weniger derartigen Bindungen verfallen ist. Daher kann sie in der Natur sowohl an unter- wie an oberirdischen Teilen ihrer Wirtspflanze leben, wenn auch der erste oder der zweite Fall je nach dem Klima, dem Boden und den meteorologischen Bedingungen des Jahres die Hauptrolle spielen kann.

Daß die Generationsfolge der meisten Pemphigiden von der der Aphididen in einem Punkt abweicht, daß die geflügelten Sexuparen eine zwerghafte und nicht der Nahrungsaufnahme fähige Geschlechtsgeneration hervorbringen, daß die amphigonen Weibchen nur ein Ei legen, wurde oben schon erwähnt und geht auch aus Abb. 293 hervor, deren oberer Teil den Entwicklungsgang der Blutlaus so zeigt, wie er sich in ihrer Heimat Nordamerika abspielt. Im ganzen verläuft er, abgesehen von den eben erwähnten Einzelheiten, wie der der Aphididen. Der Wirtswechsel erfolgt allerdings zwischen zwei Holzgewächsen, doch kann das nach dem, was oben über die teilweise unterirdische Lebensweise der Sommergenerationen gesagt wurde, nicht verwundern.

Besonders interessant ist gerade bei der Blutlaus die Tatsache, daß sie aus Amerika nach Europa verschleppt wurde und daß in Europa ihr Winterwirt *Ulmus americanus* so gut wie vollständig fehlt. Eine Anpassung an diese neuen Verhältnisse hat aber nur insofern stattgefunden, als die Art in Europa nach Marchal die Fähigkeit zur Besiedlung von *Ulmus americanus* eingebüßt hat, nicht aber insofern, als ein neuer Wirt für die Geschlechtsgeneration und die Fundatrigenien gesucht und gefunden wurde. Sexuparen und Geschlechtstiere werden allerdings, nach SCHNEIDER-ORELLI und LEUZINGER (siehe Abb. 293 unten), noch ge-

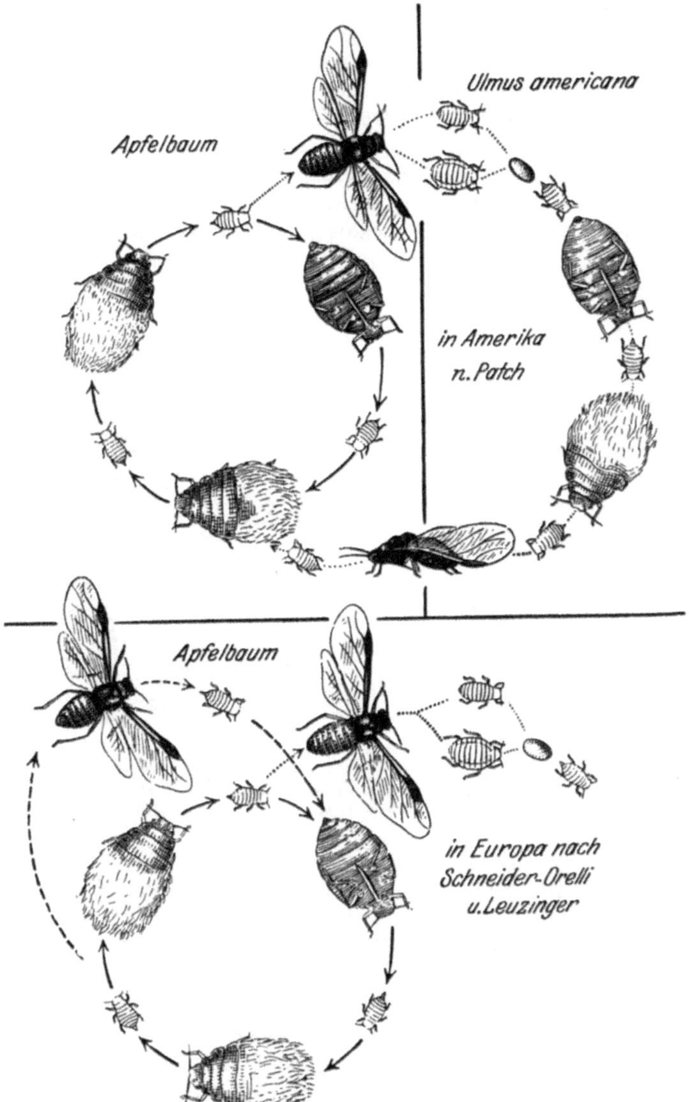

Abb. 293. Entwicklungszyklus der Blutlaus (*Schizoneura lanigera*) in Amerika und Europa, nach SCHNEIDER-ORELLI und LEUZINGER.

bildet und zwar auf dem Apfelbaum, der somit zur einzigen Wirtspflanze geworden ist. Die aus dem Winterei kriechende Fundatrixlarve vermag sich aber auf dem Apfelbaum nicht zu entwickeln, die fundatrigene

Reihe endet stets mit der Fundatrixlarve blind. Neben den geflügelten Sexuparen werden aber stets geflügelte Weibchen gebildet, deren Junge langrüsselig sind und, erwachsen, sich parthenogenetisch vermehren. Es ist sogar nicht einmal eine scharfe Grenze zwischen solchen geflügelten Weibchen und den Sexuparen gezogen, denn einzelne Geflügelte können neben langrüsseligen rüssellose Nachkommen erzeugen. Es scheint also, daß die virgoparen Geflügelten nichts anderes sind, als biologische Zwischenstufen zwischen den (bei *Schizoneura* stets ungeflügelten) Sommervirgines und den Sexuparen. Ihre Entstehung hängt mit dem Fehlen des Zwischenwirtes und mit der dadurch bedingten ausschließlich parthenogenetischen Fortpflanzung zusammen. Bei dem Wegfall der Frühlings-Migrans und der Bedeutungslosigkeit der Sexuparen ist eben nur durch Verwandlung der Sexupara in eine geflügelte Virgopara eine Ausbreitung der Art möglich.

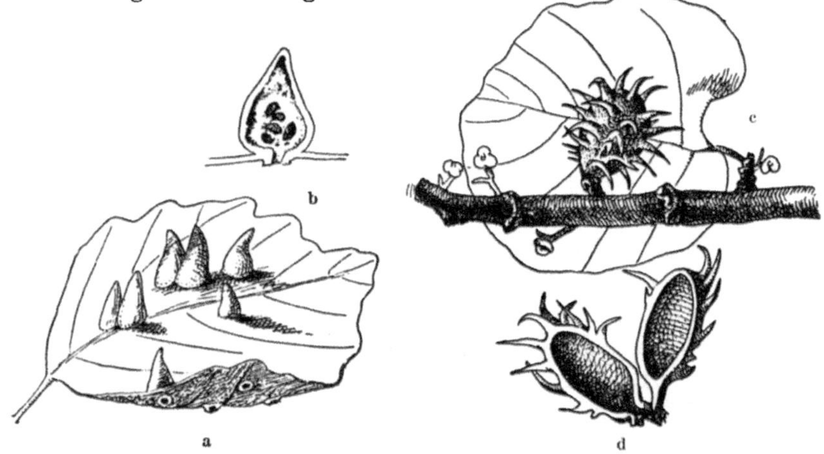

Abb. 294. a) und b) Blattgallen von *Hormaphis hamamelidis* an *Hamamelis virginica*; in b) ist eine einzelne Galle durchgeschnitten; c) und d) Knospengallen von *Hamamelistes spinosus* an *Hamamelis virginica*; in d) sind zwei Gallen durchgeschnitten, nach PERGANDE.

Wenn hier die virgoparen Geflügelten sich morphologisch nicht von den sexuparen unterscheiden, so kommen doch derartige Unterschiede bei den Aphididen vor. So ist z. B. bei *Aphis malifolii* (= *Anuraphis roseus*?) nach BAKER und TURNER die Frühjahrs-Migrans deutlich gedrungener gebaut als die im Herbst wandernde Gynopara. Ebenso ist bei derselben Art wie überhaupt bei den Aphididen die flügellose Fundatrix morphologisch deutlich von ihren ebenfalls ungeflügelten, schlankeren und langbeinigen Nachkommen zu unterscheiden.

Noch ausgeprägter wird der Polymorphismus bei den zu den Pemphigiden zählenden Gattungen *Hamamelistes* und *Hormaphis*: Aus den auf der Zaubernuß, *Hamamelis virginica*, überwinternden Eiern der amerikanischen Art *Hormaphis hamamelidis* schlüpfen im Frühjahr Fundatrixlarven aus, welche an den Blättern sackartige Gallen hervorrufen (Abb. 294a, b). Im Innern der Gallen entwickelt sich eine zweite, geflügelte Generation, die auf die Blätter der Birke (*Betula nigra*) hinüberfliegt. Hier bringen die geflügelten Weibchen (Migrantes) Larven hervor, aus denen sich ungeflügelte Weibchen, Alienicolae, (Virgogenien), entwickeln, die eine auffallende Ähnlichkeit mit Aleurodidenlarven haben (Abb. 295h, i). Diese Weibchen geben einer gleichfalls ungeflügelten Generation den Ursprung, später entwickeln sich geflügelte Sexuparen, die zur Zaubernuß zurückwandern und auch die sexuale Generation hervorbringen. Die geschlechtlichen Individuen ähneln insofern denen der meisten Aphididen, als sie mit Rüsseln versehen sind, erinnern aber insofern an die Pemphigiden, als beide Geschlechter ungeflügelt sind. Die

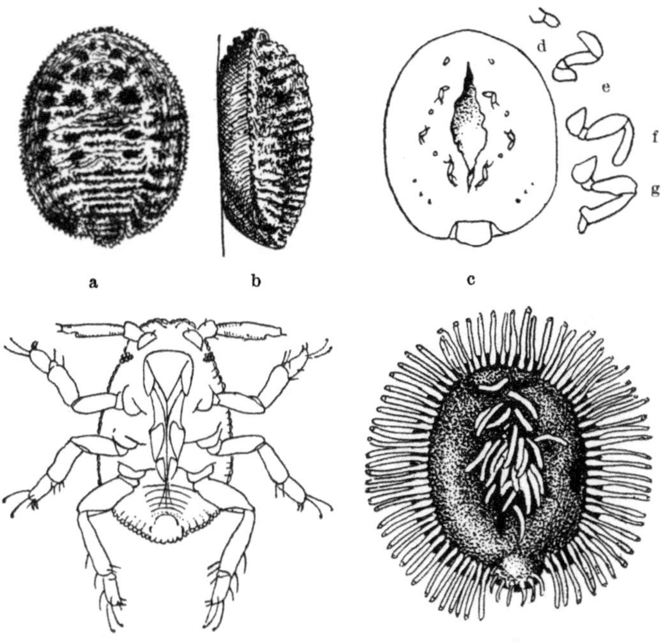

Abb. 295. a) bis g) *Hamamelistes spinosus*, schildlausförmiges ♀ der dritten Generation; a) dorsal; b) lateral; c) ventral; d) bis g) Gliedmaßen; h) und i) *Hormaphis hamamelidis*, erstes und viertes Stadium der dritten Generation, nach PERGANDE.

Bildung der unbeweglichen Sommertiere (Aestivales) erinnert etwas an die *Chaithorinella*-Arten, bei denen aber mit der Unbeweglichkeit eine Entwicklungshemmung verbunden ist. Die Tatsache, daß gerade bei der Sommerform von *Hormaphis* die Nahrungsaufnahme und damit die Entwicklung nicht unterbunden ist, geht unter anderem auch daraus hervor, daß sie durch ihr Saugen an der Birke Beutelgallen hervorruft. Wie die nachstehenden Arten gehört also *Hormaphis* zu den unter den Aphidinen sonst nicht vorkommenden Formen, die an zwei Wirtspflanzen Gallen bilden.

Bei *Hamamelistes spinosus*, deren Fundatrix an den Blütenknospen der Zaubernuß dornige Gallen erzeugt (Abb. 294c, d), fliegen die Migrantes ebenfalls auf die Birke über und legen dort aleurodesähnliche Larven ab. Die Larven überwintern aber an der Birke und entwickeln sich erst im Frühjahr zu schildlausähnlichen Weibchen (Abb. 295a—g) mit kurzen Stummelbeinen. Sie gebären wiederum ungeflügelte Weibchen. Die im Juli gebildeten Sexuparen fliegen dann wieder auf die Zaubernuß über. Bei dieser Art ist also das Prinzip der Latenzlarve zu noch höherer Ent-

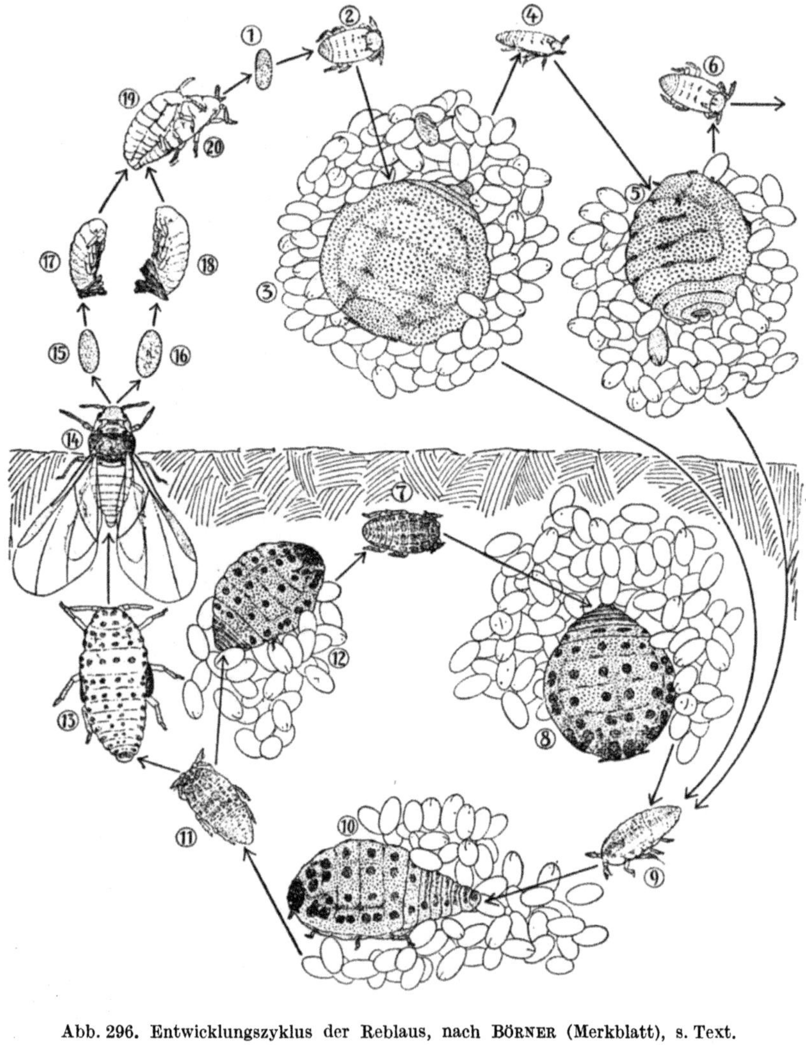

Abb. 296. Entwicklungszyklus der Reblaus, nach BÖRNER (Merkblatt), s. Text.

wicklung gebracht als bei *Chaithorinella aceris* und *testudinata*, die Latenzlarve ist zur Hiemalis geworden und verursacht durch ihr Überwintern eine sonst bei den Aphididen und Pemphigiden nicht vorkommende zweijährige Dauer des Entwicklungszyklus.

Von unseren auf der Birke lebenden einheimischen Arten *Hamamelistes betulinus* und *tullgreni*, sowie von *Hormaphis betulae* kennt man den Winterwirt nicht, bei *H. betulinus* soll nach BÖRNER überhaupt nur parthenogenetische Vermehrung auf der Birke vorkommen, was, wenn man an *Schizoneura lanigera* denkt, auf Einschleppung schließen lassen könnte.

3. Die höchste Komplikation erreichen die Entwicklungszyklen bei den Chermesiden und Phylloxeriden. Bei der bekanntesten **Phylloxeride**, der Reblaus, *Phylloxera vastatrix*, findet, ähnlich wie bei vielen Aphididen und Pemphigiden, eine regelmäßige Migration statt, doch führt diese Migration nicht von einer Pflanzenart auf die andere, sondern von den unterirdischen Teilen einer Art auf die oberirdischen derselben Art oder wenigstens Gattung. Unter günstigen Bedingungen verläuft der Zyklus der Reblaus, im Sinne der Abb. 296, wie folgt: Aus dem oberirdisch

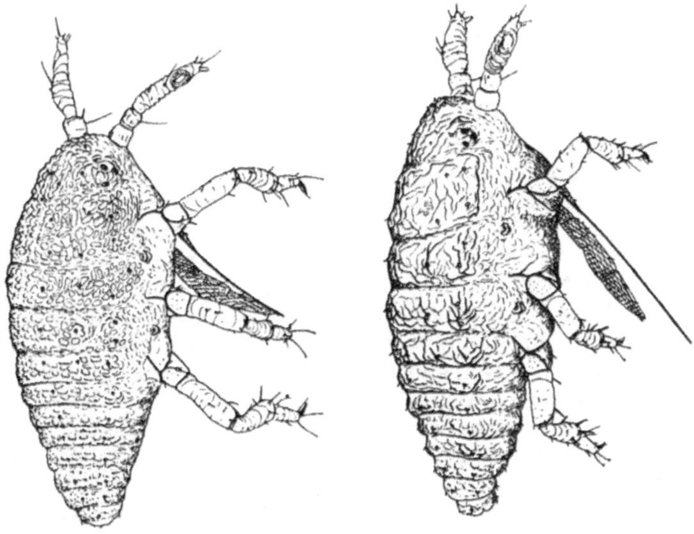

a b

Abb. 297. a) Neogallicole gallicole; b) Neogallicole radicicole von *Phylloxera vastatrix*. Seitenansichten nach BÖRNER. Beachte die Antennen, die Rückendecke und die Länge der Stechborsten.

an den Trieben der Rebe sitzenden Winterei (*1*) schlüpft eine Larve (*2*), die sich zur flügellosen Fundatrix (*3*) entwickelt. Diese erzeugt durch ihr Saugen an den Rebenblättern beutelförmige Gallen mit reusenartig behaartem Eingang und legt eine Menge (bis zu 500) Eier ab, aus denen wiederum Larven parthenogenetischer Weibchen schlüpfen. Unter diesen fundatrigenen Larven, die auch als Neogallicolen bezeichnet werden, findet man zwei morphologisch deutlich verschiedene Typen, einen neogallicolen-gallicolen (*4*) und einen neogallicolen-radicicolen Typ (*9*). Die Larven des ersten Typs, die sich durch kürzere Stechborsten und andere, in Abb. 297 erkennbare Merkmale vor denen des zweiten Typs auszeichnen, bleiben in den Gallen (*5*) und geben wiederum Larven von beiderlei Typen das Leben. Die Larven des zweiten Typs wandern dagegen aus den Gallen aus und suchen die Wurzeln auf, an denen sie sich zu flügellosen, parthenogenetischen Radicicolen (*10*) entwickeln und Gallen verschiedener Form (Nodositäten und Tuberositäten) erzeugen. Da die Bildung von Gallicolen an den Blättern im Lauf des Sommers zugunsten von Radicicolen immer mehr abnimmt, erreichen schließlich alle im Spätsommer noch lebenden Nachkommen der Fundatrix die Wurzeln und vermehren sich dort parthenogenetisch weiter. Gegen den Herbst hin bringen die Wurzelläuse außer flügellosen Weibchen (*12*) auch geflügelte hervor, die Sexuparen (*14*), die die Wurzeln verlassen und die oberirdischen Teile der Rebe aufsuchen, dort zweierlei Eier ablegen, aus denen sich flügellose, zwerghafte, der Nahrungsaufnahme unfähige Weibchen (*20*) und Männchen (*19*) entwickeln. Nach der Kopulation legen diese Weibchen je ein Winterei an die Rinde ihrer Wirtspflanze ab (*1*).

Der Verlauf dieses Zyklus kann sich unter verschiedenen klimatischen Bedingungen recht erheblich verschieben. Einerseits können gelegentlich Wurzelläuse sich unmittelbar in Galläuse verwandeln, andererseits kann der oberirdische Teil des Kreislaufes ganz wegfallen oder wenigstens blind auslaufen. Die Wurzelläuse vermehren sich schon im Normalfalle auch im Herbst unter der Erde weiter, wandern tiefer in den Boden und überstehen den Winter als dunkelbraune Hiemalislarven (*7*), die erst im Frühjahr sich weiter entwickeln und den rein parthenogenetischen Kreislauf der Wurzelläuse schließen. Dieser rein parthenogenetische, unterirdische Zyklus spielt bei uns weitaus die Hauptrolle, es können Jahre hindurch parthenogenetische Generationen von Wurzelläusen erzeugt werden, ohne daß überhaupt migrierende Fliegen[1] gebildet werden. Werden dennoch, was in günstigen Jahren und Lagen vorkommt, Fliegen erzeugt, so kommen ihre Eier nicht zur Entwicklung. Selbst im Gewächshaus konnte BÖRNER nur unter besonders günstigen Bedingungen einige wenige Wintereier erhalten, im Freien kommen in Deutschland weder Wintereier noch die ausschlüpfenden Fundatrices und ihre gallicolen Nachkommen vor. Es ist demnach bei der Reblaus ein ähnliches Verhalten wie bei der ebenfalls eingeschleppten Blutlaus zu verzeichnen, eine rein parthenogenetische Vermehrung, die aber nicht auf das Fehlen eines geeigneten Zwischenwirtes, sondern auf die von der Heimat des Tieres abweichenden klimatischen Bedingungen zurückzuführen ist. Dieses Verhalten der Reblaus macht es verständlich, daß sie sich in Deutschland weniger rasch ausgebreitet hat als in Ländern mit wärmerem Klima, in Südfrankreich und Italien. Es ist dabei aber noch zu berücksichtigen, daß verschiedene Rebsorten gegen die Reblaus verschieden empfänglich sind und daß die morphologische und biologische Variabilität der Reblaus bedeutend ist. Nach BÖRNER kommen sogar an der Rebe zwei verschiedene, ursprünglich von ihm als Rassen bezeichnete Arten vor, deren eine, *Ph. vastatrix*, die gefährlichere sein soll, während *Ph. vitifolii*, da sie nur an einjährigen Wurzeln saugen und sie im Herbst größtenteils verlassen soll, die ungefährlichere sei.

---

[1] Der Einfachheit halber wird hier und im Folgenden anstatt geflügeltes Weibchen Fliege gesetzt, wie das durch BÖRNER eingebürgert wurde.

Da diese ganze Frage noch keineswegs geklärt ist, können wir hier nicht auf weitere Einzelheiten eingehen und haben nur noch zu erwähnen, daß BÖRNERS Angaben lebhaften Widerspruch von seiten deutscher und ausländischer Forscher hervorgerufen haben, die zwar den Unterschied im biologischen Verhalten der Läuse bestätigten, das Vorhandensein zweier getrennter Rassen oder gar Arten aber ablehnten.

Von anderen Phylloxeriden mögen hier noch die einheimischen Eichenphylloxeren genannt werden, die (nach BÖRNER) nicht wandern, sondern einhäusig auf Eichen leben. Bei ihnen sind im Gegensatz zu anderen monoecischen Blattläusen die virgoparen Sommerfliegen völlig unterdrückt, es entwickeln sich mehrere Generationen hindurch neben ungeflügelten Weibchen geflügelte Sexuparen. Außer diesen gibt es aber auch ungeflügelte Sexuparen, die nicht etwa neotenisch sind, sondern die volle Zahl von Häutungen haben. Es vollzieht sich also hier innerhalb der Sexuparen eine ähnliche Verwandlung, wie sie innerhalb der sommerlichen virgoparen Fliegenformen zur Entstehung des flügellosen Virgotypus geführt hat (BÖRNER).

In einem Punkt weichen die Sexuparen der Eichenphylloxeren deutlich von denen der Reblaus ab. Die ersteren sind nämlich nicht sexuell verschieden, während die letzteren in der Regel entweder nur weibliche oder nur männliche Eier ablegen.

Die Verwischung des Unterschiedes zwischen Virgoparen und Sexuparen, die auch bei der Reblaus durch das Auftreten von Zwischenformen bereits eingeleitet ist, kommt am deutlichsten bei der Rindenlaus der Weide, *Phylloxerina salicis*, zum Ausdruck. Bei ihr erweist sich nach BÖRNER ein Teil der im August und September reifen Weibchen als virgo-sexupar, d. h. sie legen sowohl eingeschlechtliche Virgoeier wie auch männliche und weibliche Sexualiseier. Merkwürdig ist bei dieser Art das völlige Fehlen von geflügelten Formen.

4. Die **Chermesiden** ähneln in ihre Entwicklung zum Teil mehr den Pemphigiden, zum Teil mehr den Phylloxeriden. Bei ihnen allen lebt die Fundatrix auf der Fichte und erzeugt dort verschiedenartige Gallen. In diesen Gallen entwickelt sich auch die II. Generation, die daher als Generation der Gallicolae (Fundatrigenia) bezeichnet wird und die aus durchweg geflügelten Weibchen besteht. Im einfachsten Falle, bei den Arten der Gattung *Pineus*, sind die Gallicolen durchweg Wandertiere (Gallicolae migrantes, Fundatrigenia dioeca) und fliegen, indem sie die Galle verlassen, nach dem Zwischenwirt, einer Kiefer. Dort legen sie auf den Nadeln ihre Eier ab, aus denen ungeflügelte Weibchen (III. Generation, Virgogenien, Colonici oder Exulantes, auch Hiemales) hervorgehen, die auf der Zwischenkonifere überwintern und im nächsten Frühjahr Eier ablegen. Aus diesen gehen zum Teil wiederum ungeflügelte Weibchen hervor, die sich parthenogenetisch weiter vermehren, zum Teil entstehen aus ihnen geflügelte Sexuparen (IV. Generation), die ihren Großmüttern, den Gallicolae migrantes, gleichen, aber kleiner sind und auf die Fichte zurückfliegen, wo sie auf Nadeln ihre Eier ablegen. Diesen entschlüpfen die kleinen, aber mit Rüssel versehenen Sexuales (V. Generation), die ungeflügelt sind und kopulieren. Das Weibchen legt ein Ei

ab, aus dem die Fundatrixlarve entsteht, die überwintert und im nächsten Frühjahr, erwachsen, den Gallicolen ihren Ursprung gibt (Abb. 298c).

Der Generationenfolge der meisten Pemphigiden gleicht dieser einfache Fall insofern, als zwei Wirtspflanzen zur Erfüllung des Zyklus nötig sind, als die Sexuales ungeflügelt sind und als der ganze Zyklus eine pentagenetische Heterogonie darstellt, d. h. fünf verschiedene Typen umfaßt. Der Unterschied gegenüber den meisten Pemphigiden besteht darin, daß die Sexuales Nahrung aufnehmen können, ferner darin, daß die Fundatrix überwintert, und schließlich darin, daß der ganze Entwicklungszyklus 2 Jahre in Anspruch nimmt. In diesem Punkt gleichen

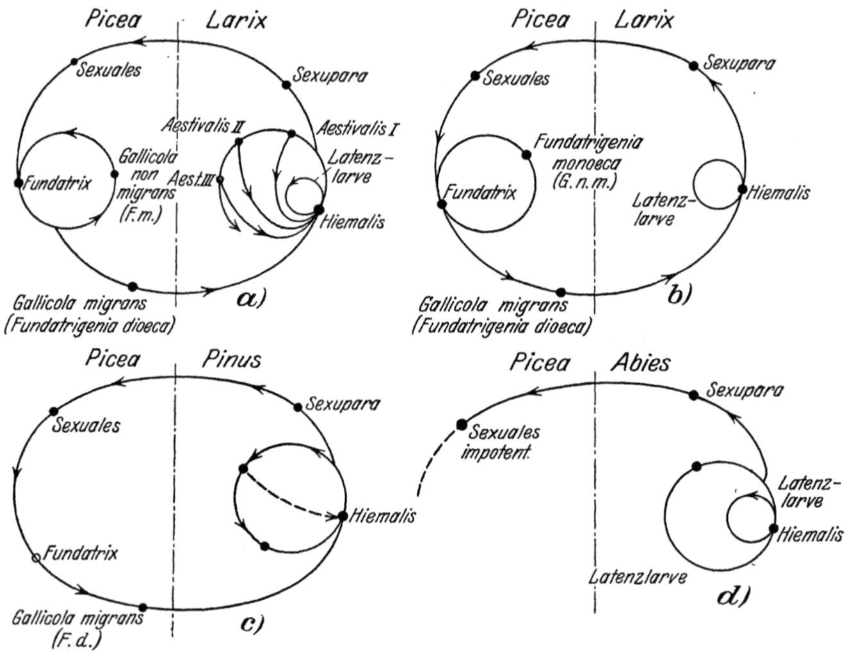

Abb. 298. Kreisschlüssel verschiedener Chermesiden, teils nach BÖRNER, teils nach NÜSSLIN-RHUMBLER. a) *Cnaphalodes strobilobius*; b) *Chermes viridis*; c) *Pineus sibiricus*; d) *Dreyfusia Nuesslini*.

den Chermesiden nur die *Hamamelistes*- und *Hormaphis*-Arten unter den Pemphigiden, bei denen ebenfalls eine Generation sich fast ein ganzes Jahr hindurch ohne Vermehrung auf dem Zwischenwirt hält. Zum Unterschied von diesen Pemphigiden bilden aber die Chermesiden auf dem Zwischenwirt nie Gallen.

Mit *Phylloxera* stimmt das Verhalten der *Pineus*-Arten insofern überein, als auf der Zwischenpflanze wie bei jener auf der Wurzel ein rein parthenogenetischer Zyklus neben dem Hauptzyklus bestehen bleibt (Abb. 298c). Dieser Zyklus erreicht, gerade wie bei *Phylloxera*, bei *Pineus* öfter eine solche Selbständigkeit, daß einzelne Arten die Sexuparen und Sexuales und damit auch die ihnen normalerweise folgenden Generationen (Fundatrix, Migrans alata) völlig unterdrücken (*P. strobi, pini*) und zwar offenbar unter dem Einfluß eines ihnen nicht ganz zusagenden Klimas.

Bei den übrigen Chermesiden verläuft, wie Abb. 298 zeigt, der Entwicklungszyklus stets komplizierter als bei den *Pineus*-Arten. Den Höhepunkt bildet *Cnaphalodes strobilobius*, deren Polyzyklie, wie BÖRNER schon betont hat, von keinem anderen Tier übertroffen wird (Abb. 288a). Drei Hauptparallelreihen wetteifern hier miteinander, von denen die Dioecareihe mit den fünf Generationen

Fundatrix,
Migrans alata = Fundatrigenia dioeca,
Colonicus (Exsulans) = Virgogenia hiemalis,
Sexupara,
Sexuales,

jedenfalls die ursprünglichste ist. Von ihr spaltet sich auf dem Hauptwirt, der Fichte, eine Reihe ab, die von nicht migrierenden, spät reifenden, geflügelten Töchtern der Fundatrix (Fundatrigenia monoeca) gebildet wird. Sie legen im Herbste Eier ab, aus denen überwinternde Fundatrixlarven schlüpfen.

Ein weiterer Parallelzyklus spielt sich auf dem Nebenwirt, der Lärche, ab. Dort entschlüpfen im Spätsommer den von den migrierenden Töchtern der Fundatrix abgelegten Eiern Larven, die, ohne sich weiterzuentwickeln, also als Latenzlarven, den Winter überdauern. In der Entwicklung dieser stark gepanzerten Latenzlarven liegt der Hauptunterschied gegenüber *Pineus*, bei der die Hiemalis schon vor der Überwinterung heranreift, wenn sie auch im Frühjahr erst Eier ablegt.

Die überwinterten Hiemalislarven von *C. strobilobius* legen ebenfalls im Frühjahr nach ihrer Reifung Eier, denen zweierlei Larven entkriechen. Die eine Serie, deren Zahl verschwindend klein ist, wird von Latenzlarven gebildet, die, ohne zu wachsen oder andere Veränderungen durchzumachen, sich verkriechen, um das kommende Frühjahr zur Weiterentwicklung abzuwarten. Die andere Serie besteht aus Larven der ersten Aestivalisgeneration, die auf die jungen Nadeln wandern und dort zu saugen beginnen. Sie geben, wenn sie nach wenigen Wochen herangereift sind, zum Teil einer neuen Aestivalisgeneration den Ursprung, und so können drei oder mehr solche Generationen aufeinander folgen. Unter den Eiern der Aestivales gibt es aber gegen den Herbst hin immer mehr Hiemaliseier, die letzte Generation legt wohl in der Regel ausschließlich Hiemaliseier. Der andere Teil der Aestivales der ersten Generation entwickelt sich zu Sexuparen und leitet den diözischen Entwicklungszyklus ein, indem er zur Fichte zurückfliegt.

Die beiden Parallelreihen, die neben diesem diözischen Zyklus bestehen, sind demnach auf die beiden Wirtspflanzen verteilt und bestehen ausschließlich aus parthenogenesierenden Weibchen. Verbunden sind die zwei Reihen mit der diözischen Reihe an zwei Stellen, am Fundatrix- und Hiemalisknoten; hier können also die Reihen ineinander übergehen. Mit anderen Worten: eine der aus nicht migrierenden Alatae hervorgegangenen Fundatrices verhält sich genau gleich wie eine aus dem Ei des amphigonen Weibchens geschlüpfte Fundatrix; die aus einer Aestivalisgeneration stammende Hiemalis unterscheidet sich nicht von der aus einer Migrans alata-Generation stammenden. Während also hier eine Rückkehr der aus rein parthenogenetischen Zeugungskreisen stammenden Formen zur amphigonen Fortpflanzung immer möglich ist, scheint bei anderen bezüglich des Vorhandenseins von Latenzlarven *Cnaphalodes* ähnelnden Chermesiden eine völlige Loslösung der parthenogenetischen Zyklen sich vollzogen zu haben. Bei *Dreyfusia Nuesslini* entstehen nach NÜSSLIN-RHUMBLER zwar jährlich noch vereinzelte Sexuparen und Sexuales (Abb. 298d), die letzteren sind jedoch unfähig zur Erzeugung befruchteter Eier, die Art verhält sich also in dieser Beziehung genau wie die oben erwähnten *Pineus*-Arten. Daß in solchen Fällen wie bei den Pemphigiden (*Schizoneura lanigera*) und Phylloxerinen (*Phylloxera vastatrix*) Einschleppung eine Rolle spielen kann, zeigt *Gillettia cooleyi*, die sich in England wie *Dreyfusia Nuesslini* verhält, in ihrem Stammland Amerika aber noch einen vollständigen Zyklus aufweist (NÜSSLIN-RHUMBLER).

Zuletzt mag noch die Gattung *Chermes* erwähnt werden mit dem Vertreter *Chermes viridis*, der, wie Abb. 298c zeigt, sich von *Cnaphalodes* nur durch das Fehlen der Aestivalis-Generationen unterscheidet, die offenbar rückgebildet sind.

Besonders charakteristisch für die Chermesiden ist also, wenn wir das Vorstehende zusammenfassen, einerseits eine Entwicklung, die zwei Jahre in Anspruch nimmt und bis zu drei Parallelreihen umfaßt, andererseits ein Wirtswechsel, der stets zwischen zwei Koniferen stattfindet, und schließlich die Tatsache, daß nur auf dem Hauptwirt, der Fichte, Gallen gebildet werden. Wenn wir hier und im vorstehenden die Ausdrücke Hauptwirt und Zwischenwirt gebrauchen, so ist dazu zu bemerken, daß heute noch ein Widerspruch zwischen BÖRNERs Ansicht und den Ansichten zahlreicher anderer neuerer und älterer Autoren besteht. Während diese nämlich die Begriffe Haupt- und Nebenwirt auch im phylogenetischen Sinne entsprechend verstanden wissen wollen, sieht BÖRNER wenigstens bei den Chermesiden die Exsules als Stammvolk, ihre Wirtspflanze als die ursprüngliche, als den Hauptwirt, an. BÖRNER kehrt also die Wirtsrelationen gerade um, er glaubt, daß die Diözie von der Sexupara-Fliege und nicht von der Virgopara ausgegangen ist. Die Gründe, die BÖRNER zu dieser Meinung brachten, sind großenteils morphologischer Natur und können hier im einzelnen nicht aufgeführt werden. Es sei nur noch erwähnt, daß BÖRNER mit MORDWILKO eine polyphyletische Entstehung der Diözie der Aphidinen annimmt und daß daher seine Schlüsse sich jedenfalls nicht auf die Aphididen und Pemphigiden zu beziehen brauchen. Ob diese Schlüsse für die Chermesiden zu Recht bestehen, läßt sich heute nicht entscheiden. Der ganze Komplex der Aphidinenwanderungen ist eben auch heute noch, trotz der zahlreichen einschlägigen Arbeiten der letzten Jahrzehnte, voller Rätsel. Ganz besonders gilt das, wenn man versucht, neben der Phylogenese der Migrationen ihren alljährlichen Ablauf zu analysieren, ihren kausalen Zusammenhang mit Umweltsfaktoren zu klären.

5. **Entwicklungszyklen und Außenfaktoren.** Daß die Entwicklungszyklen von den Jahreszeiten abhängen, braucht nach den vorstehenden

Ausführungen nicht mehr besonders betont zu werden. Durchweg kann man zwischen günstigen und ungünstigen Jahreszeiten unterscheiden. Die günstigen werden durch lebhafte, parthenogenetische Vermehrung ausgenützt, ungünstige durch besondere Dauerformen, Latenzlarven, Wintereier oder wenigstens durch ruhende Normaltiere überbrückt, die Sexualgeneration hat ihren bestimmten Platz im jährlichen oder zweijährigen Ablauf des Zyklus.

Man darf dabei aber nicht vergessen, daß die günstigen oder ungünstigen Zeiten nicht bei allen Arten auf die gleichen Monate fallen. Ihre Lage hängt vielmehr erstens von den Eigenschaften der Wirtspflanze ab, auf der die betreffende Art oder Generation lebt, zweitens von dem Grad der erblich festgelegten Beeinflußbarkeit der Blattlausart und schließlich von den klimatischen Verhältnissen des Standortes.

Was den letzten Punkt betrifft, so fand BAKER, daß in tropischen Ländern, die einen regelmäßigen Wechsel zwischen Regen- und Trockenzeit haben, vielfach die Blattläuse sich diesen Bedingungen anbequemen und ihre Wanderungen so einrichten, daß die Eier der Sexuales vor der Trockenzeit abgelegt werden und so die Art über diese ungünstige Zeit wegbringen. Je nach der Lage der Trockenzeit kann also bei solchen Arten die Zeit der Eiablage eine ganz andere sein wie bei uns. In anderen Fällen sollen allerdings tropische Aphididen die amphigone Generation ganz einbüßen (nach VAN DER GOOT in Java), was ein interessanter Parallelfall zu den oben erwähnten Fällen der Unterdrückung der Sexualgeneration ist und BÖRNERS Ansicht bestätigt, daß diese Unterdrückung in erster Linie eine Frage des Klimas ist. In diesem Zusammenhang ist es auch von Interesse, daß die regelmäßig in Gewächshäusern lebenden Blattläuse sich rein parthenogenetisch vermehren können.

Der zweite Punkt, der Grad der Beeinflußbarkeit der Blattlausart, hängt mit dem zusammen, was unten noch über die Reaktionsnorm gesagt werden wird (S. 444). Keineswegs alle Arten sind nämlich, was die Generationenzahl anbelangt, so unbeschränkt abänderungsfähig wie manche *Aphis*-Arten. So gibt es unter den Pemphigiden wie unter den Aphididen Arten, deren Generationenzahl feststeht, und bei den Chermesiden ist das, wenigstens für den diözischen Zyklus, sogar die Regel. Als Beispiele für die Pemphigiden seien *Mindarus abietinus* und *Pemphigus spirothecae* genannt, beides monözische Arten, die nur die drei Generationen Fundatrix, Sexuparae und Sexuales erzeugen (trimorpher Zyklus). Wenn derartige trimorphe Arten ihre Sexuales schon im Sommer bilden, wird sich das daraus erklären lassen, daß die Generationenfolge unverrückbar erblich festgelegt ist und daß der mittelbare oder unmittelbare Einfluß der Jahreszeit, der bei labileren Arten so wesentlich ist, bei ihnen keine Abänderung des Zyklus hervorrufen kann.

Wenn wir den mittelbaren Einfluß der Jahreszeiten auf die Entwicklung, d. h. den Einfluß der Witterung und des Klimas auf die Wirtspflanzen und damit auf die Nahrung der Blattläuse, übersehen wollen, so müssen wir zunächst daran erinnern, daß normalerweise hohe Temperaturen den Nahrungsbedarf steigern. Es läßt sich daher denken, daß ungünstige Nahrungsverhältnisse im Sommer viel einschneidender wirken als im Winter, und es ist nicht verwunderlich, wenn MORDWILKO die Entstehung der Migrationen auf im Sommer eintretende Nahrungsschwierigkeiten zurückführt. Man kann sich die fakultativ und obligatorisch wandernden Arten im Sinne MORDWILKOs aus polyphagen Arten derart entstanden denken, daß die Sommergenerationen sich auf Krautpflanzen spezialisierten und daß außerdem eine Anpassung der Frühjahrs- und Herbstgenerationen an Holzgewächse stattfand, wenn nicht etwa eine solche von vornherein bestand und daher die Migrationen polyphyletisch entstanden zu denken sind. Die Fähigkeit zur Parthenogenese und zur Unterdrückung der Flügelbildung müßte man natürlich als zur Zeit der Spezialisierung schon bestehend voraussetzen. Geht man zunächst von einem ganz einfachen Falle aus, so kann man sich bei einer einhäusigen Art das Auftauchen von geflügelten Weibchen im Zyklus und damit, da die Sexuparen in der Regel ebenfalls geflügelt sind, auch die Entstehung der zweigeschlechtigen Generation derart erklären, daß wenigstens primär Verschlechterung der Nahrungsverhältnisse die Flügelbildung begünstigte. Soweit kann man MORDWILKO unbedingt folgen. Man darf dann aber nicht übersehen, daß nach der heutigen Lage der Dinge die gedachte Regel nicht immer zutrifft, daß man vielmehr in zahlreichen Fällen das Auftreten von geflügelten Tieren durch Verschlechterung der Ernährungsbedingungen nicht zu einer Zeit erzwingen kann, da sie nicht auch unter normalen Bedingungen scheinbar spontan entstehen. BÖRNER hat schon verschiedene Beispiele für solche, einer allgemeinen Anwendung von MORDWILKOs Hypothese auf die heutigen Verhältnisse entgegenstehende Fälle veröffentlicht, wir brauchen hier bloß auf die Sommerlarven der *Chaithorinella*-Arten zu verweisen, sowie auf die Tatsache, daß in Gewächszuchten geflügelte Individuen im Lauf des Sommers bei vielen Blattlausarten zur selben Zeit auftreten wie im Freien, ohne Rücksicht auf den Zustand der Wirtspflanze. Wir haben in einem vorhergehenden Abschnitt erfahren, daß in diesem Punkt meist die Dauer der täglichen Belichtung ausschlaggebend ist und nicht der Ernährungszustand der Pflanze. Man kann sich demnach wohl vorstellen, daß im Lauf der phylogenetischen Entwicklung der migrierenden und der einhäusigen Arten sich anstatt einer unmittelbaren Beeinflussung des Zyklus durch den Zustand der Wirtspflanze eine unmittelbare Abhängigkeit von den den Zustand der Wirtspflanze mit bedingenden Außenfaktoren, in erster Linie von der Länge des Tages, einstellte. Die Tatsache, daß diese Abhängigkeit besonders deutlich ist bei streng spezialisierten, also bei monözischen und obligatorisch wandernden Arten und am wenigsten erkennbar bei polyphagen Arten, bei denen MORDWILKOs Deutung auch heute noch am besten zutrifft, spricht für die Richtigkeit dieses Schlusses. Arten, deren Generationenzahl erblich festliegt, sind natürlich nicht nur vom Ernährungszustand der Pflanze unabhängig, sondern auch in hohem Grad von den Außenfaktoren. Bei ihnen, so etwa bei der Gattung *Acanthochermes*, bei der nach BÖRNER in regelmäßigem Wechsel Sexuales und sexupare Fundatrices aufeinander folgen, oder bei den trimorphen *Mindarus*- und

Pemphigus-Arten (siehe oben), ist eine Abänderung des Zyklus durch irgendwelche Außenfaktoren unmöglich geworden.

Wir können also bei den Entwicklungszyklen der Aphidinen drei Hauptstufen der Differenzierung unterscheiden:

1. Primitiver Typ. Polyphage Formen, die nicht regelmäßig migrieren, sondern nur von Pflanze zu Pflanze sich fliegend oder kriechend ausbreiten und bei denen die Flügelbildung in erster Linie von den Ernährungsbedingungen, also vom Zustand der Wirtspflanze, beeinflußt wird. Das Optimum der Entwicklung der Sexuparen hängt hier offenbar von einem bestimmten „Reifezustand" der Wirtspflanze ab, nicht oder nicht allein von der Quantität der Nahrung.

2. Fakultativ migrierende, obligatorisch migrierende und einhäusige Formen, bei denen die Bildung geflügelter Tiere, also mittelbar auch die Bildung der Sexualisgeneration von den jahreszeitlich bedingten Außenfaktoren, in erster Linie von der Länge des Tages abhängt.

3. Obligatorisch migrierende oder streng einhäusige Formen, bei denen die Generationenfolge erblich unbedingt festliegt und von Außenfaktoren nur im Sinne einer Hemmung der Gesamtentwicklung beeinflußt werden kann.

Natürlich gibt es zwischen diesen Stufen alle möglichen Übergänge, so z. B. wenn bei polyzyklischen Formen (Chermesiden) eine Parallelreihe im Sinne von 2., eine andere im Sinne von 3. reagiert. Auch müssen wir solche Formen erwähnen, die durch Einschaltung eines Dauerstadiums (Winterei, Latenzlarve) sich der Einwirkung von Außenfaktoren für eine bestimmte Zeitspanne entziehen. In solchen Fällen soll dann nach Börner der Wiederbeginn der Entwicklung durch besondere, im Innern der Wirtspflanze sich abspielende physiologische Vorgänge ausgelöst werden. Die Temperatur soll dabei nur mittelbar eine Rolle spielen, insofern sie über die Zeitdauer der Entwicklung nach Auslösung der letzteren entscheidet, vorher aber ganz unwirksam ist. Wir hätten es also hier nicht mit einer Wirkung der Nahrungsquantität, sondern mit der Folge einer Qualitätsänderung zu tun, und es kann hier noch erwähnt werden, daß Börner solche Änderungen der Qualität des Nahrungssaftes auch als Ursachen für das Auftauchen der Sexuales bzw. Sexuparen in Anspruch nimmt. Es ist sehr wahrscheinlich, daß es auch in diesem Sinne Übergänge zwischen 1. und 2. gibt (*Chaithorinella aceris* nach Börner).

Schließlich muß auch noch auf gewisse migrierende Formen hingewiesen werden, die ebenfalls Übergangsstufen zwischen 1. und 2. bilden, da sie, wenigstens bezüglich des Sommerwirtes, noch ziemlich polyphag sind und da bei ihnen neben der direkten Einwirkung der Belichtungsdauer und der Temperatur auch der Ernährungszustand für die Bildung der geflügelten Formen und der Sexuales maßgebend ist (*Aphis fabae* nach Davidson). Kurz, es ist unmöglich, für alle Aphidinen eine Art der Einwirkung der Außenfaktoren zur Erklärung der Migration und des Auftretens der verschiedenen Formen des Zyklus heranzuziehen.

Wohl aber kann man für alle Aphidinen wie für die Hemipteren überhaupt das festhalten, daß die Umweltfaktoren, in erster Linie die

Nahrung, die Temperatur und die Feuchtigkeit bei der Vermehrungsgeschwindigkeit und der Nachkommenzahl den Ausschlag geben. Wieweit in diesem Sinne auch der Einfluß der Wirtspflanze geht, erhellt aus der von DAVIDSON festgestellten Tatsache, daß nicht allein das Alter der Wirtspflanze, sondern auch ihr von der Düngung abhängiger innerer Zustand auf den Massenwechsel von *Aphis fabae* einwirkt. So wurden Bohnen, die stark mit Kali gedüngt waren, stärker befallen als Kalimangelpflanzen, mit Magnesiumsulfat stark gedüngte Bohnen zeigten ebenfalls einen besonders heftigen Befall.

Die Veränderung in der Reproduktionsfähigkeit der Blattläuse, die durch verschiedene Belichtungsdauer hervorgerufen werden und die DAVIDSON in Übereinstimmung mit BÖRNER auf eine Abänderung der Assimilationstätigkeit der Pflanze zurückführt, können, wie SHULL gezeigt hat, mindestens in vielen Fällen nicht in diesem Sinn erklärt werden. Trotzdem gibt es aber sicher auch Zusammenhänge jener Art, neben Zusammenhängen zwischen Belichtungsdauer und Reproduktion (siehe S. 398, 429).

Haben wir es in diesen Fällen mit Abänderungen der umweltbedingten Eigenschaften der Pflanze zu tun, so können wir in anderen Fällen auch Sorteneigentümlichkeiten, also erblich festgelegte Eigenschaften der Wirtspflanze, als Ursache für eine gesteigerte oder verminderte Vermehrungsfähigkeit der Blattläuse feststellen. Die Tatsache, daß nach DAVIDSON auf verschiedenen Bohnensorten die Nachkommen einer Fundatrix von *Aphis fabae* nach 14 Tagen und anfangs gleicher Besetzung bei sonst gleichen Bedingungen zwischen 37 und 1037 Individuen schwankten, mag als Hinweis darauf dienen, daß innerhalb einer Wirtspflanzenart selbst bei einer nicht streng monophagen Blattlaus einzelne Sorten günstiger für die Vermehrung sind als andere. Auch bei der Reblaus hat BÖRNER eine Entwicklungshemmung auf gewissen „immunen" Rebsorten festgestellt. Ob dabei die Qualität der Nahrung ausschlaggebend ist, wie BÖRNER vermutet, oder ob vielleicht andere Dinge hineinspielen, läßt sich bis jetzt noch nicht sagen. Es wäre immerhin möglich, daß bei manchen Sorten den Läusen die Nahrungsaufnahme durch mechanische oder chemisch-physikalische Hindernisse erschwert wäre und daß dadurch die Sterblichkeit heraufgesetzt bzw. die Entwicklung verzögert würde (vgl. S. 499). Möglicherweise sind derartige Dinge auch bei den auf verschiedener Düngung der Pflanzen beruhenden Unterschieden in der Vermehrung der Blattläuse mit im Spiel.

D. Der Massenwechsel, die unbelebte Umwelt und die geographische Verbreitung.

I. Der Massenwechsel.

Wir haben im vorstehenden in chronologischer Ordnung alle die Einzelvorgänge kennen gelernt, aus denen die Fortpflanzung und Entwicklung der Hemipteren besteht, wir haben auch schon den Einfluß von Außenfaktoren auf die einzelnen Vorgänge studiert; eine Frage, eine Grundfrage sogar, haben wir aber bis jetzt nur beiläufig behandelt. Es ist dies die Frage nach dem endlichen Erfolg der ,,Vermehrung", die Frage nach der Ursache der zahlenmäßigen Verteilung der Individuen einer Art im Raum und in der Zeit, die Frage nach der Mechanik des Massenwechsels. Unter Massenwechsel versteht man nichts anderes als den Wechsel der Individuenzahl einer bestimmten Art in einem bestimmten Raum. Er ist bald sehr auffallend, bald kaum merklich, bildet aber immer ein Problem, das nicht nur von theoretischer Bedeutung, sondern auch von außerordentlicher Tragweite in praktischer Hinsicht ist.

Aus all dem, was wir im vorstehenden ausführten, können wir schon den Schluß ziehen, daß dieses Problem nicht einfach gelagert ist. Wir haben bei den Entwicklungsvorgängen schon die verschiedensten Beziehungen kennen gelernt, haben gesehen, daß jeder innere Vorgang von anderen inneren Vorgängen beeinflußt wird und andere innere Vorgänge beeinflußt. Wir haben ferner gesehen, daß zahlreiche Außenfaktoren den Ablauf der inneren Vorgänge hemmen, auslösen oder fördern können. Daß der Massenwechsel von zwei Faktoren hauptsächlich abhängt, von der Sterblichkeit und von der möglichen Nachkommenzahl (Vermehrungspotential), braucht wohl nicht besonders betont zu werden. Daß diese beiden Faktoren nicht für sich allein existieren, daß sie in einem Netz der verschiedensten Wirkungen und Einflüsse verfangen sind, dürfte nach dem Vorstehenden ebenfalls klar sein. Es wird unsere erste Aufgabe sein, dieses Netz zu entwirren, indem wir es in seine Bestandteile zu zerlegen versuchen. Dabei halten wir uns zunächst an die inneren Vorgänge und ihre gegenseitige Verkettung.

1. Die Verkettung der inneren Faktoren.

Das Vermehrungspotential setzt sich aus verschiedenen Komponenten zusammen. Geht man von einer bestimmten Anzahl von Individuen einer Art aus, so kann man sich ihre im Lauf einer bestimmten Zeit mögliche Vermehrung nur dann errechnen, wenn man das normale Zahlenverhältnis zwischen den Geschlechtern, die Dauer der Ei- und

Larvenentwicklung, die zur Erlangung der Geschlechtsreife erforderliche, bzw. die bis zur Brunst und Kopula verstreichende Zeit, sowie die Generationenzahl kennt.

Auch die Sterblichkeit ist ein zusammengesetzter Begriff, den man allerdings im Sinne BODENHEIMERS derart zusammenziehen kann, daß man das Zahlenverhältnis zwischen einer Anzahl abgelegter Eier und der Anzahl der aus diesen Eiern zur Fortpflanzung gelangten Individuen aufstellt und als Mortalitätsquote bezeichnet. Man muß dabei aber im Auge behalten, daß die Sterblichkeit im Lauf der ontogenetischen Entwicklung sich sehr zu verschieben pflegt und daß dabei auch die Ursachen für die Sterblichkeit nicht immer die gleichen sind.

Außer der Sterblichkeit und dem Entwicklungspotential kommt für den Massenwechsel einer Art noch ein Faktor in Betracht, der in der Regel zu sehr vernachlässigt wird. Es ist dies die Beweglichkeit der Stadien. Ob es sich dabei um aktive oder passive Bewegung handelt, ist gleichgültig, wesentlich ist nur, daß die Individuenzahl in einem bestimmten Raum dadurch erheblich vermindert werden kann, daß regelmäßig eine Anzahl der in dem Raum zur Welt gekommenen Tiere ihn vor völliger Erledigung der Fortpflanzungsgeschäfte verläßt. Praktisch kommt dieser Verlust, wenn er nicht etwa durch Zuwanderung ersetzt wird, dem Verlust durch Tod gleich.

Die Lebhaftigkeit der Bewegung, die demnach den Massenwechsel direkt zu beeinflussen vermag, kann auf ihn aber auch indirekt insofern einwirken, als sie, wenn sie gesteigert ist, das Eintreten der Kopula fördert. Sie kann andererseits bei gegebener Nahrungsmenge die Sterblichkeit erhöhen, da lebhafte Beweglichkeit mit lebhaftem Stoffwechsel Hand in Hand geht und da infolgedessen eine bestimmte aufgenommene Nahrungsmenge rascher verbraucht ist, wenn das Insekt sich lebhaft bewegt. Aber auch gesteigerter Stoffwechsel allein kann verfrühte Alterserscheinungen und erhöhte Sterblichkeit hervorrufen.

Die Beweglichkeit, die durch Förderung oder Hemmung der Kopula auf das Vermehrungspotential einen Einfluß gewinnen kann, hängt mit diesem auch insofern zusammen, als die Dauer der Larvenentwicklung unter anderem davon abhängt, ob das Individuum geflügelt wird oder nicht. Außerdem wird das Vermehrungspotential von der Intensität des Stoffwechsels beeinflußt, die ihrerseits in einem reziproken Verhältnis zur Nahrungsaufnahme steht. Die Brunst und die Kopula, die Zahl der befruchteten Eier, das Zahlenverhältnis der Geschlechter in der Nachkommenschaft, die Entwicklungsdauer der Eier und der Larven, das Auftreten von Parthenogenese und vielleicht (bei den Blattläusen) das Auftreten von geflügelten und ungeflügelten Exemplaren hängt zum Teil von diesen beiden miteinander verkoppelten Phänomenen ab. Die Nahrungsaufnahme kann außerdem die Mortalität unmittelbar beeinflussen, Hunger kann einerseits Starrezustände, andererseits Suchbewegungen hervorrufen.

In Abb. 299 ist der Versuch gemacht, all diese verwickelten Beziehungen graphisch darzustellen. Mit Hilfe dieses Schemas wird es möglich sein, einerseits die oben nicht erwähnten Zusammenhänge zu finden und andererseits die Komplikation der ganzen Frage zu überschauen. Es ist, selbst wenn man nur die innere Grundlage des Massenwechsels beurteilen will, nicht damit getan, Mortalitätsquote und Vermehrungspotential zu vergleichen; man muß alle die im Schema aufgeführten Glieder, all ihre Verkettungen kennen. Daß diese Verkettungen nicht bei allen Arten gleich sind, geht schon daraus hervor, daß einige der im Schema eingetragenen Glieder nicht für alle Arten in Betracht kommen (Parthenogenese, Flügelpolymorphismus).

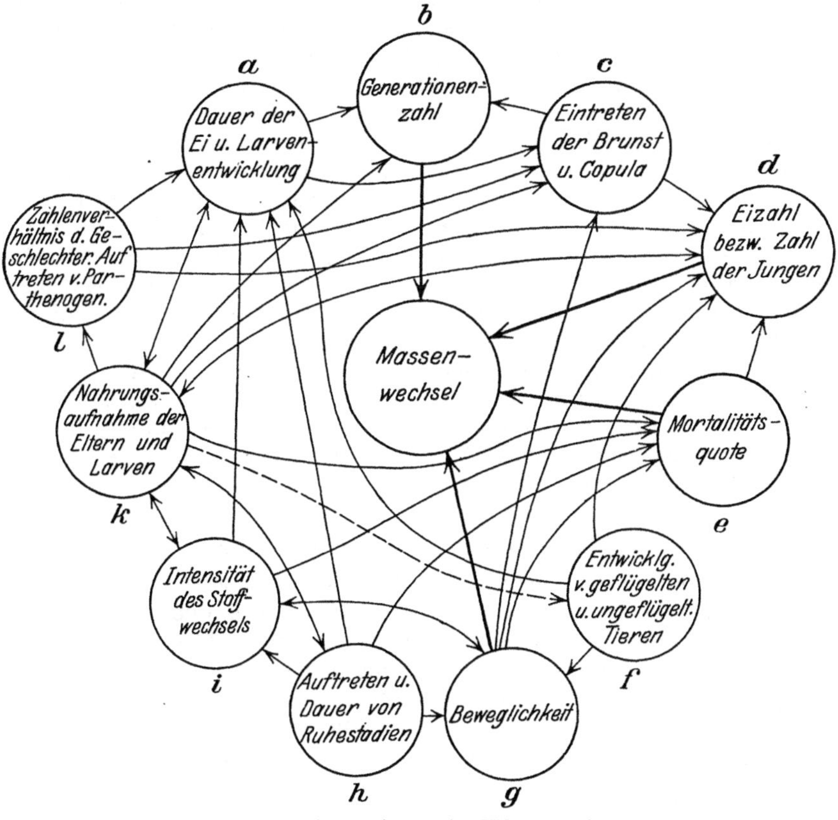

Abb. 299. Die Reaktionsbasis. Näheres s. Text.

Selbst wenn man davon absieht, so ist doch die Art der Verkettung, der Grad der Einwirkung des einen auf den anderen Faktor bei den verschiedenen Arten ungleich. In unserem allgemein gültigen Schema kommt nur eine derartige Ungleichheit zum Ausdruck (*h*). Das Auftreten von Ruhe- und Dauerstadien (Latenzstadien), das als Glied in den äußeren Kreis des Systems eingeschaltet ist, beeinflußt natürlich das Vermehrungspotential und die Mortalitätsquote insofern sehr, als solche Formen sich bezüglich der Beweglichkeit, der Nahrungsaufnahme und des Stoffwechsels vielfach ganz abnorm verhalten. Je nach der

Dauer solcher Stadien, dem Zeitpunkt ihres Auftretens und ihrem speziellen Verhalten können sie also verschiedene, recht erhebliche Verschiebungen im ganzen System hervorrufen.

Doch auch ohne das gibt es schon genug Unterschiede zwischen den einzelnen Arten. So beeinflußt, um nur ein Beispiel zu nennen, nicht bei allen Arten der Ernährungszustand das Auftreten von Brunst und Kopula so deutlich wie bei gewissen Wanzen (*Dysdercus*, S. 330). Wenn man für einzelne Arten Schemata im Sinne der Abb. 299 aufstellen wollte, so könnte man die verschiedene Intensität der Einwirkungen durch verschieden dicke Pfeilstriche angeben und würde dann ein klares Bild von der Tatsache bekommen, daß die Zusammenhänge im Sinne des gedachten Schemas zwar bei allen Arten vorhanden, aber quantitativ verschieden sind.

Wenn wir diese Zusammenhänge, im Gedanken daran, daß sie die Grundlage für die Reaktionen auf äußere Einflüsse bilden, als *Reaktionsbasis* bezeichnen, so können wir demnach feststellen, *daß jede Art ihre spezifische, zu den erblichen Eigenschaften zählende, im Bau und in der Konstitution begründete Reaktionsbasis hat.* Für die Kennzeichnung der Art ist die Reaktionsbasis genau so wichtig wie der Bau und die Konstitution, die chemisch-physikalische Eigenart des Plasmas (im Sinne HANDLIRSCHS); sie kann allerdings, im Gegensatz zu diesen beiden, ohne Umwelt nicht als etwas wirklich existierendes, in sich ruhendes, gedacht werden, sie ist in der Form, wie sie in Abb. 299 auf dem Papier steht, eine Fiktion, die nur Sinn bekommt, wenn durch Einschaltung in eine bestimmte Umwelt das Räderwerk in Bewegung kommt.

2. Die Verkettung der Außenfaktoren.

Beim Studium der Umwelt und ihrer Einwirkungen auf Fortpflanzung und Entwicklung trifft man insofern auf eine ähnliche Verkettung wie bei den inneren Faktoren, als niemals ein Außenfaktor für sich allein sich ändern kann, ohne eine Verschiebung im ganzen System der Außenfaktoren, im Gesamtzustand der Umwelt herbeizuführen.

Greifen wir als Beispiel die Temperatur heraus, so finden wir, daß sie im Sinne des folgenden, von LATHROP stammenden Schemas von einer Anzahl anderer Faktoren abhängt:

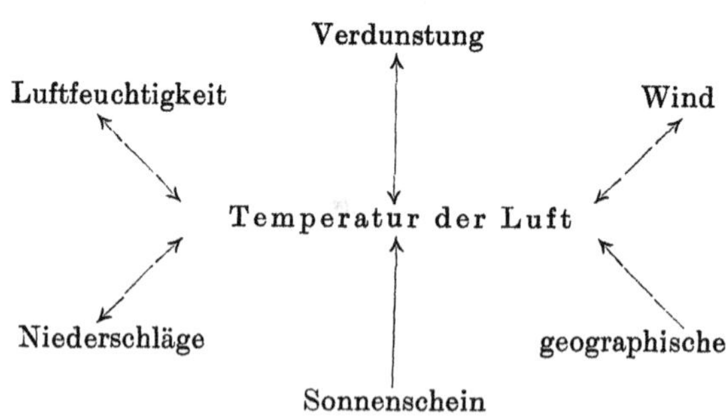

Man sieht, daß diese Beziehungen in einigen Fällen sogar reziproker Natur sind; die relative Luftfeuchtigkeit hängt ebenso gut von der Temperatur ab, wie umgekehrt die Temperatur von der Feuchtigkeit. Natürlich bestehen auch unter den auf die Temperatur einwirkenden Faktoren wiederum Beziehungen: die Dauer und Intensität der Besonnung hängt von der geographischen Lage, die Verdunstung vom Wind und von der Luftfeuchtigkeit ab usw.

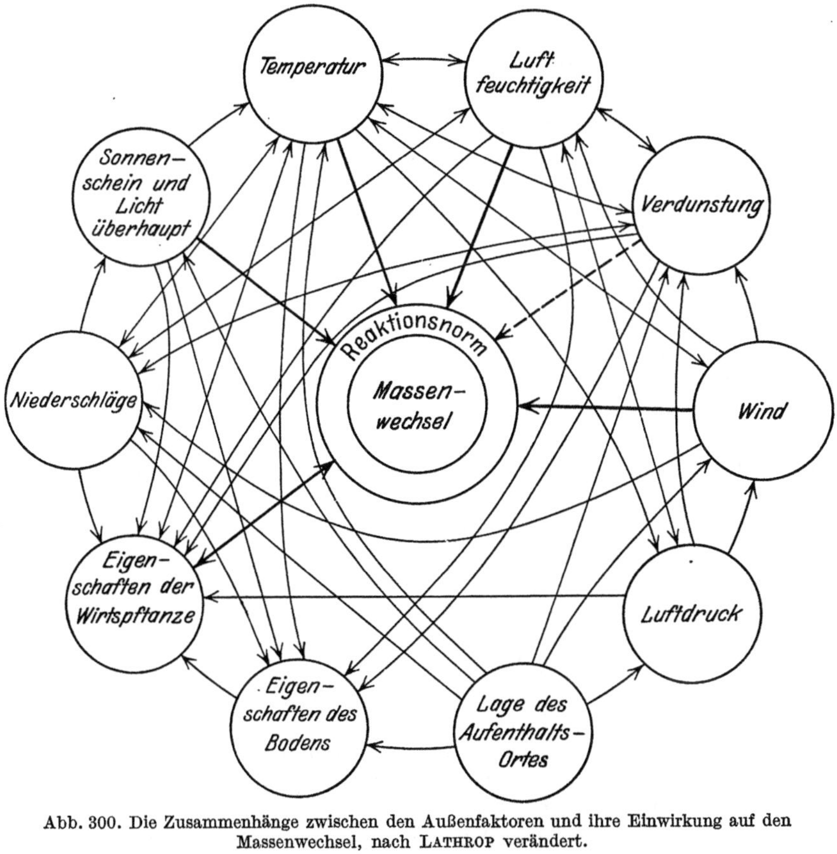

Abb. 300. Die Zusammenhänge zwischen den Außenfaktoren und ihre Einwirkung auf den Massenwechsel, nach LATHROP verändert.

Im Schema Abb. 300 sind die wichtigsten Außenfaktoren mit diesen ihren gegenseitigen Beziehungen dargestellt und zwar für eine phytophage Art. Nur die Feinde, Parasiten und symbiotischen Organismen, deren Einwirkung auf den Massenwechsel wir erst im nächsten Abschnitt kennen lernen werden, sind weggelassen, um das Bild nicht allzu kompliziert zu machen. Man sieht aber auch so schon, wie unendlich verwickelt die Zusammenhänge sind und wie in der Tat jede Veränderung eines einzelnen Faktors Verschiebungen des ganzen Komplexes herbeiführen muß.

Theoretisch kann jeder von diesen im Schema aufgezeichneten Außenfaktoren sich unmittelbar auf den Massenwechsel auswirken, in Wirklichkeit ist eine solche direkte Wirkung aber nur einigen Außenfaktoren vorbehalten. Die wichtigsten sind unstreitig Temperatur, Feuchtigkeit (Verdunstung) und Ernährung, von denen in erster Linie einerseits das Vermehrungspotential, andererseits die Mortalitätsquote abhängt. Daneben gibt es aber noch eine Reihe von minder auffallend wirksamen, aber nicht unwichtigen direkt wirkenden Faktoren. Man denke etwa an den Wind, der die Flugweite und damit die örtliche Verteilung der Nachkommenschaft erheblich beeinflussen kann, man denke an den Regen, der z. B. Blattläuse abschwemmen kann und dabei die Mortalitätsquote erhöht, man denke an die Besonnung, deren Dauer bei vielen Aphididen das Eintreten der Parthenogenese und der Migration beeinflußt.

Viel wichtiger als diese direkten Wirkungen sind oft die indirekten, wie z. B. der Einfluß der Besonnung auf die Pflanze und damit auf die Qualität der Nahrung, der Einfluß des Windes auf die Temperatur, der Einfluß der Niederschläge auf den Boden und damit auf die Pflanze. So wirkt auch jeder der wichtigen direkt wirksamen Faktoren nebenbei noch auf die anderen, die Temperatur auf die Pflanze, die Feuchtigkeit auf die Verdunstung usw.

Die Umweltfaktoren bleiben niemals längere Zeit gleich, selbst nicht in Ländern, in denen die Jahreszeiten sich kaum voneinander unterscheiden, selbst nicht unter künstlichen Bedingungen, im Gewächshaus oder im Zimmer. Zwei Arten von Schwankungen kann man, allerdings ohne die Möglichkeit einer scharfen Trennung, unterscheiden: die rhythmischen, jahreszeitlich bedingten Schwankungen und die unregelmäßigen oder jedenfalls nicht mit erkennbarem Rhythmus eintretenden Schwankungen der Witterung.

Gewaltsame Eingriffe der Menschen können wir dabei zunächst noch außer acht lassen, müssen sie aber als praktisch äußerst wesentlichen Faktor in einem späteren Abschnitt erwähnen. Auch auf außergewöhnliche Elementarereignisse, Überschwemmungen, Waldbrände usw., brauchen wir uns hier zunächst nicht einzulassen.

Rhythmisch mit der Jahreszeit wechseln in Abhängigkeit von der geographischen Lage des Standortes die Temperatur, die Feuchtigkeit, die Niederschläge und die Länge des Tages; rhythmisch wechseln infolge dieser Änderungen der Außenfaktoren auch die Eigenschaften der Pflanze. Rhythmisch kann schließlich, wenn eine Art regelmäßig wandert, innerhalb gewisser Grenzen auch die geographische Lage des Standortes und damit der Boden, die Wirtspflanze usw. gewechselt werden.

Ohne erkennbaren Rhythmus treten daneben Änderungen der Witterung ein, Luftdruckschwankungen, Niederschläge, Winde, die sich natürlich so gut wie die jahreszeitlich bedingten Schwankungen auf die Wirtspflanze auswirken können. Auch unregelmäßige Änderungen der geographischen Lage des Standortes können sich im Verlauf von nicht rhythmischen Wanderungen vollziehen und unter Umständen die Art ganz neuen Verhältnissen gegenüberstellen.

Die Umwelt bildet also ein System von veränderlichen, unter sich aber in gesetzmäßiger Weise verketteten Komponenten, ein Widerspiel zu dem oben als Reaktionsbasis bezeichneten, ebenfalls gesetzmäßig geordneten Komplex der inneren Faktoren, den sie in Bewegung setzt und damit den Massenwechsel veranlaßt.

3. Die Abhängigkeiten.

Wenn wir die Abhängigkeit des Massenwechsels von der Umwelt analysieren wollen, werden wir gut daran tun, zunächst einen Außenfaktor herauszugreifen und an ihm die qualitative Seite der verschiedenen Einflüsse zu untersuchen. Wählen wir zu diesem Zweck die Temperatur, so können wir, als Ergebnis der vorhergehenden Abschnitte, ihre Wirkung folgendermaßen zusammenfassen:

Im einfachsten Falle, bei einer oviparen, nicht zur Parthenogenese befähigten Art kann die Temperatur die Gesamteizahl (S. 345) beeinflussen, ferner die Dauer der Entwicklung (S. 350), die Zahl der mit Erfolg schlüpfenden Larven, die Dauer jedes einzelnen Larvenstadiums und damit die Zahl der jährlich möglichen Generationen (S. 373), die Erlangung der Geschlechtsreife, den Zeitpunkt und den Erfolg der Kopulation (S. 330), die Beweglichkeit der Larve und Imago und damit die Ausbreitungsfähigkeit der Art (S. 151), die Nahrungsaufnahme (S. 249), die Verdauungsgeschwindigkeit (S. 250), den Gaswechsel (S. 293), die Exkretion und Pigmentierung (S. 370), die Sterblichkeit der verschiedenen Stadien (S. 374), die tägliche Eiziffer (S. 345) und die Reaktionen auf Licht- und andere Reize (S. 139). Schließlich kann die Temperatur selbst als richtender Reiz wirken. Bei Arten mit weniger einfacher Entwicklung kann sie außerdem auf das Auftreten der Parthenogenese, auf die Entstehung und Weiterentwicklung von Dauerformen, auf die Bildung geflügelter und ungeflügelter Individuen und damit auf das Einsetzen von Migrationen einen mehr oder weniger ausgesprochenen Einfluß ausüben.

Der allergrößte Teil dieser Veränderlichen ist, wie wir oben sahen, von Bedeutung für den Massenwechsel; jede Veränderung eines einzigen Außenfaktors kann, wie ein Vergleich der vorstehenden Aufzählung mit Abb. 299 zeigt, fast alle Komponenten der Reaktionsbasis verschieben. Wir haben wenigstens in einem Falle versucht, die Temperaturabhängigkeit mathematisch zu erfassen, indem wir im Sinne Janischs die Zusammenhänge zwischen Entwicklungsdauer und Temperatur als Kettenlinie darstellten. Es ist durch Janischs Untersuchungen wahrscheinlich gemacht worden, daß es sich auch bei den meisten, wenn nicht bei allen anderen Abhängigkeiten um exponentiale Funktionen handelt. Wenn auch gerade für die Hemipteren noch bei weitem nicht genügend experimentelle Untersuchungen vorliegen, um diese Vermutung zum Gesetz erheben zu können, so kann man doch wenigstens so viel behaupten, daß man in jedem einzelnen der oben aufgezählten Fälle optimale, überoptimale und unteroptimale Temperaturzonen unterscheiden kann. Mit anderen Worten: genau wie bei der Entwicklungsdauer, so ist auch bei der Beweglichkeit, der Sterblichkeit usw. eine bestimmte Temperaturzone besonders günstig, die darüber und darunter liegenden Zonen sind in gesetzmäßig steigendem Maße ungünstig. Als Beispiel greifen wir die Temperaturabhängigkeit der Sterblichkeit heraus, die wir bis jetzt nur gestreift haben und die zusammen mit der der Entwicklungsdauer die Hauptrolle beim Massenwechsel spielt.

Im Halbruhezustand befindliche und daher keine Nahrung aufnehmende Exemplare der ägyptischen Baumwollwanze *Oxycarenus hyalinipennis* wiesen nach 200stündigem Aufenthalt in verschiedenen Temperaturen nach KIRKPATRICK folgende Mortalitätsziffern auf:

	40° C	100 vH	relative Luftfeuchtigkeit konstant 90 vH
	35° C	45 vH	
	30° C	47 vH	
	25° C	12 vH	
im Durchschnitt	17° C	etwa $2^1/_2$ vH	
	11° C	2 vH	

Bei 0° C und 70—90 vH Luftfeuchtigkeit war nach 120 Stunden erst 1 vH tot, bei — 12° C nach 30 Minuten 100 vH. Man kann nach diesen Angaben die Lage des Optimums zwar nicht genau ermitteln, kann aber wenigstens so viel sagen, daß es für diese Zeit der Einwirkung zwischen 0° und 17° liegen muß (siehe auch Abb. 303). Wenn man bedenkt, daß das Entwicklungsoptimum um 35° C liegt, kann man das wieder bestätigt finden, was oben schon einmal festgestellt wurde, daß nämlich die Lage der einzelnen Optima für einen und denselben Außenfaktor sehr verschieden sein kann. Diese Verschiedenheit der Optima ist unstreitig tief in der Reaktionsbasis begründet. Da Temperaturerhöhung die Intensität des Stoffwechsels erhöht, ruft sie, wie wir auf S. 346 sahen, früh Alterserscheinungen hervor und erhöht daher die Sterblichkeit. Das gilt natürlich in ganz besonders hohem Maße dann, wenn Nahrungsaufnahme aus irgendeinem Grund unmöglich ist, wenn daher die Reservestoffe nach einer je nach der Temperatur verschiedenen Zeit erschöpft sein müssen. Es ist also besonders in diesem, aber auch in jedem anderen Falle geradezu unmöglich, daß das Vitalitätsoptimum mit dem Entwicklungsoptimum zusammenfällt. Ein hohes Vermehrungspotential wird also stets mit einer hohen Mortalitätsquote zusammenfallen, wenn auch selten die Spanne zwischen den beiden Optima so groß sein wird, wie in dem obigen Beispiel, wo das Vitalitätsoptimum unter dem Entwicklungsnullpunkt (14° C) liegt (siehe Abb. 303).

Eben dieses Beispiel zeigt auch, daß der obige Satz nicht umkehrbar ist, denn das Halbruhestadium von *Oxycarenus* zeigt keine Vermehrung und Entwicklung; mit einer hohen Mortalitätsquote ist also nicht notwendigerweise eine lebhafte Vermehrungstätigkeit verbunden. Das Aktivitätsoptimum liegt, im Gegensatz zum Vitalitätsoptimum, meist in der Nähe des Entwicklungsoptimums, da Beweglichkeit und Entwicklung im wesentlichen eine Funktion des Stoffwechsels sind und daher von diesem in annähernd gleicher Weise beeinflußt werden. Absolut gleichförmig ist aber auch diese Abhängigkeit nicht, da, wie wir im zweiten Hauptteil sahen, nicht immer Hunger sofort eine Herabsetzung der Aktivität mit sich bringt, sondern vielfach zuerst Suchbewegungen auslöst. Es ist, mit anderen Worten, nicht einfach, eine Reaktion in ihre Bestandteile zu zerlegen, sie sozusagen als Kräfteparallelogramme aufzuzeigen oder sie in eine mathematische Formel zu bringen. Selbst dann ist das nicht einfach, wenn es wirklich gelingt, einen Außenfaktor für sich zu ändern. Betrachten wir von diesem Gesichtspunkt aus nochmals die Temperaturabhängigkeit der Mortalität, so können wir zunächst feststellen, daß das Ansteigen der Mortalitätsquote vom Temperaturoptimum nach oben keine einfache Reaktion ist. Es wirken dabei vielmehr offenbar zweierlei Einflüsse ineinander, die Beschleunigung des Stoffwechsels und die direkt schädigende Wirkung hoher Temperaturen. Die letztere setzt nicht plötzlich, mit einer bestimmten Temperaturstufe ein, sie beginnt vielmehr ungefähr mit dem Entwicklungsoptimum und steigt allmählich an (Kurve, Abb. 303, oben). Dann allerdings, wahrscheinlich von dem Punkt an, wo die Entwicklung aufhört, macht sie sich plötzlich in sehr verstärktem Maße geltend. Wir haben oben (S. 374) schon betont, daß eben, weil auch die Temperaturabhängigkeit der Entwicklungsdauer keine einfache Reaktion ist, die Kettenlinie Janischs nur ein unvollkommenes Bild gibt. Bei den Mortalitätskurven wird das noch deutlicher, denn das Bild wird vor allem dadurch verwickelt, daß unterhalb des Vitalitätsoptimums ein Temperaturfall gleichzeitig den Stoffwechsel herabsetzt und direkt schädigend auf den Organismus wirkt. Unterhalb des Optimums wird also eine Entfernung der Temperatur vom Optimum weniger schnell schädigend wirken können als oberhalb des Optimums, weil oberhalb die Wirkung der Temperatur auf den Stoffwechsel und ihre unmittelbare Wirkung auf die Lebensfähigkeit gleiches Vorzeichen haben, sich also summieren, während sie unterhalb ungleiches Vorzeichen haben, sich also zum Teil gegenseitig aufheben. (Vergleiche hierzu auch die Untersuchungen Bachmetjews S. 150). Wenn trotzdem der untere absolute Vitalitätsnullpunkt nicht immer weiter vom Optimum entfernt ist als der obere, so liegt das offenbar daran, daß die direkt schädliche Wirkung tiefer Temperaturen in solchen Fällen rascher ansteigt als die hoher Wärmegrade. Dem allem nach können wir keinesfalls erwarten, daß die Temperaturabhängigkeit der Mortalität sich in eine einfache Kettenlinie wird fassen lassen, sie wird, die Gültigkeit von Janischs Exponentialgesetz vorausgesetzt, sicher durch eine Kurve höherer Ordnung ausgedrückt werden müssen, eine Kurve, die man sich vielleicht durch Addition mehrerer Kettenlinien oder einfacher Exponentiallinien entstanden denken kann.

Illustriert wird diese Tatsache durch den oberen Teil der Abb. 303, deren Zustandekommen weiter unten näher erklärt werden soll. Man sieht, die einzelnen Kurven verlaufen nicht parallel und zum Teil nicht glatt, bei einer 100stündigen Einwirkung verschiedener konstanter Temperaturen hat die Mortalitätskurve z. B. zwei Tiefpunkte, bei 20stündiger Einwirkung zeigt sich der unmittelbar schädigende Einfluß von Temperaturen über 40^0 an einem ganz plötzlichen Ansteigen der Kurve.

Die Schwierigkeiten, die demnach schon bei alleiniger Berücksichtigung eines Außenfaktors groß genug sind, häufen sich naturgemäß, wenn man mehrere Außenfaktoren zugleich in ihrer Wirkung zu erfassen sucht. Bleiben wir zunächst bei der Mortalität und nehmen zur Temperatur als weitere Veränderliche noch die Luftfeuchtigkeit:

Daß die Feuchtigkeit, gleichzeitig mit der Temperatur verschoben, die Mortalität beeinflußt, hat, wie wir oben sahen (Abb. 268), Henke

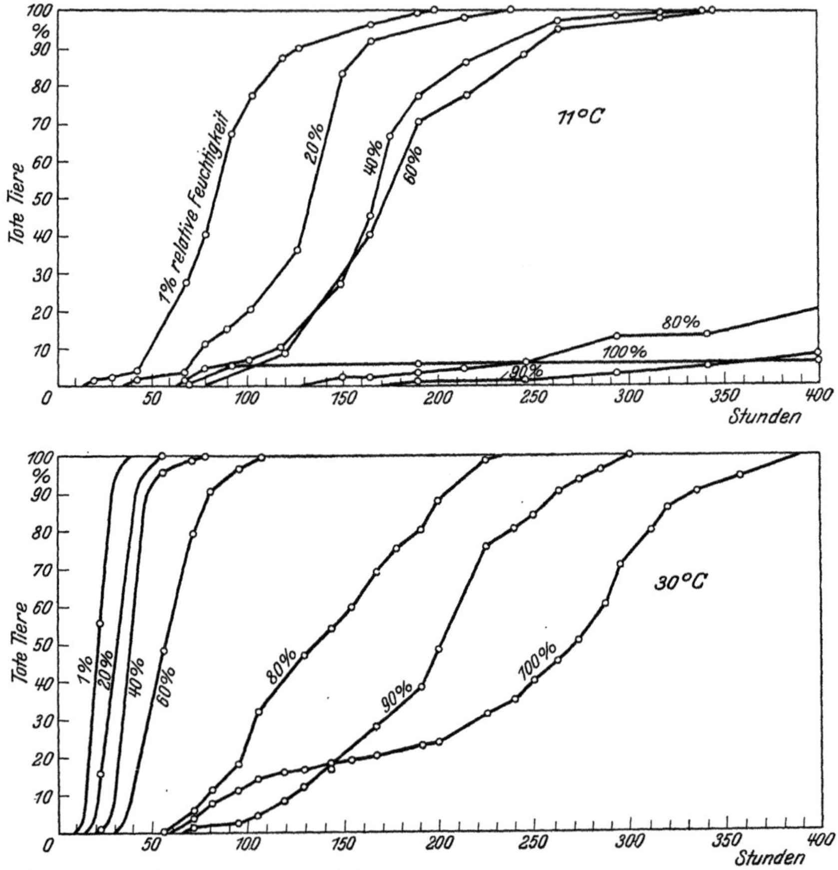

Abb. 301. Sterblichkeit des Halbruhestadiums von *Oxycarenus hyalinipennis* bei 11° C und 30° C sowie bei verschiedener Luftfeuchtigkeit, nach Kirkpatrick. Abszisse: Stunden Einwirkung, Ordinate: Prozent toter Tiere.

schon an *Pyrrhocoris apterus* gezeigt. Genauere Werte hat Kirkpatrick am Halbruhestadium von *Oxycarenus* gewonnen, indem er zugleich mit verschiedenen konstant bleibenden Temperaturen verschiedene Grade von Luftfeuchtigkeit auf die Wanzen einwirken ließ und in bestimmten Zeitabständen die Toten auszählte. Er hat seine Ergebnisse in Kurven niedergelegt, von denen zwei Gruppen in Abb. 301 wiedergegeben sind. Dadurch, daß in diesen Kurven die Temperaturstufen getrennt sind, ist die Möglichkeit gegeben, zunächst die Wirkung der Feuchtigkeit für sich zu beobachten. Man kann als Grundlage dieser Betrachtung die interessante Wahrnehmung machen, daß bei gegebener Temperatur und gegebener Feuchtigkeit die Zahl der Toten in gesetzmäßiger Weise zunimmt. Die einzelnen Kurven, die diese Zunahme bezeichnen, entsprechen ziemlich genau den Reziproken von Kettenlinien, d. h. den Kurven, die man erhält, wenn man in der Formel der Kettenlinie (S. 374) $\frac{1}{y}$ statt y setzt. Daraus ersieht man, daß die Sterblichkeit bei gegebener Nahrungsmenge und bei gleichbleibenden Außenfaktoren vorbestimmt, in der Reaktionsbasis begründet ist. Die einzelnen Kurven, die bei verschiedener konstanter Feuchtigkeit und Temperatur entstehen, unterscheiden sich qualitativ voneinander nicht oder nicht erheblich, die Außenfaktoren ändern an ihren Formeln nur die Richtungskonstante a und den Wert m (Reaktionskonstanten). Bei der Temperatur haben wir gesehen, daß das Gesetz, nach dem diese Werte sich ändern, kompliziert und noch nicht ganz zu durchschauen ist; bei der Feuchtigkeit können wir, wenn wir die Kurven von Abb. 301 vergleichen, eher zu einer befriedigenden Lösung kommen. Greift man z. B. in Abb. 301 a eine Mortalitätsziffer heraus, etwa 50 vH, und trägt auf einer Abszisse die Prozent Luftfeuchtigkeit, auf einer Ordinate die Zeiten ein, nach denen bei einer bestimmten Luftfeuchtigkeit die betreffende Mortalitätsziffer erreicht ist, so erhält man eine zunächst langsam, dann sehr rasch bis zu einem Maximum ansteigende und dann (nicht immer) wieder abfallende Kurve. Symmetrisch ist diese Kurve nicht, sie ist aber, trotz geringer Unregelmäßigkeiten, als Reziproke einer asymmetrischen Kettenlinie nicht zu verkennen, deren Formel (nach JANISCH) folgendermaßen lautet:

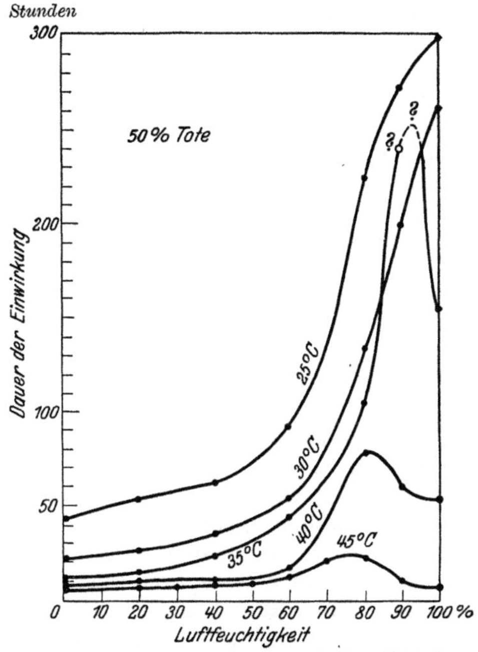

Abb. 302. Verschiedene Kurven, die Sterblichkeit des Halbruhestadiums von *Oxycarenus hyalinipennis* bei verschiedener Temperatur darstellend. Abszisse: Luftfeuchtigkeit, Ordinate: Dauer der Einwirkung der betreffenden Temperatur- und Feuchtigkeitsstufen zur Erzielung von 50 vH Toten. Nach Versuchen KIRKPATRICKS zusammengestellt.

$$\frac{1}{y} = \frac{m}{2}\left(a_1^x + a_2^{-x}\right)$$

(Abb. 302). Es scheint also, daß die Mortalität wenigstens von der Feuchtigkeit im Sinne einer exponentialen Funktion einfacher Art abhängt. Jedenfalls ist auch hier wieder ein Optimum bzw. ein Maximum festzustellen und ein gesetzmäßiges Abfallen der Kurve nach beiden Seiten. Zeichnet man solche Kurven für verschiedene Temperaturen auf, wie das in Abb. 302 geschah, so erkennt man klarer als aus Abb. 301, daß die Wirkungen von Temperatur und Feuchtigkeit ineinanderspielen. Mit anderen Worten: Wie die Feuchtigkeit und die Temperatur je für sich die Reaktionskonstanten der Mortalitätskurve ändern, so ändert die Temperatur an der die Abhängigkeit der Sterblichkeit von der Feuchtigkeit bezeichnenden Formel die Konstanten a_1, a_2, m. Die Folge ist, daß bei verschiedener Temperatur die Steile des Anstiegs der Kurve (a_1, a_2) und die Lage des Optimums (m) sich ändert, daß z. B. bei 35° C höchste Feuchtigkeitsgrade mit minimaler Sterblichkeit verknüpft sind, daß dagegen bei 35 und 40° C die geringste Sterblichkeit bei etwas niedrigeren Feuchtigkeitsgraden zu verzeichnen ist. Je höher die Temperatur steigt, desto tiefer kommt also das Feuchtigkeitsoptimum zu liegen. Bei niedrigen Temperaturen (30° und darunter) liegt es bei 100 vH, der ganze rechte Schenkel der Kurve wird also hier irreal.

Wir haben bisher bei unseren Versuchen, die Feuchtigkeits- und Temperaturabhängigkeit der Mortalität graphisch zu analysieren, noch nicht alle Veränderlichen in einem Bild vereinen können. Schwierig ist das deshalb, weil es sich um mehr als drei Veränderliche handelt, nämlich um die Expositionszeit, die Mortalitätsziffer, die Temperatur und die Feuchtigkeit. Ihre gegenseitige Abhängigkeit wird sich daher nicht durch eine Serie von Kurven, sondern nur durch eine Serie von gekrümmten Flächen ausdrücken lassen, deren graphische, übersichtliche Darstellung nur dadurch zu bewerkstelligen ist, daß man die Spurkurven, die Schnittlinien der gekrümmten Flächen mit mehreren (mindestens zwei) aufeinander senkrecht stehenden Projektionsebenen aufzeichnet. Abb. 303 zeigt eine solche Darstellung, die, auf Kirkpatricks Zahlenwerten aufgebaut, die Mortalität des Halbruhestadiums von *Oxycarenus* wiedergibt. Die untere Hälfte des Bildes gibt die bei den amerikanischen Ökologen gebräuchlichen Mortalitätskurven wieder, die in ähnlicher Weise bereits Bodenheimer für die Baumwollwanze aufgestellt hat. Sie kommen zustande, indem man für eine bestimmte Temperatur (Abszisse) und eine bestimmte Expositionsdauer den Feuchtigkeitsgrad feststellt (Ordinate), bei dem 100 proz. Mortalität eingetreten ist. Die so erhaltenen Kurven scharen sich um einen Mittelpunkt, der das Temperatur-Feuchtigkeitsoptimum darstellt. Man sieht, daß diese Kurven, deren Verlauf aus Kirkpatricks Daten mit genügender Schärfe zu ermitteln ist, nicht ganz parallel laufen, es kommt an ihnen die oben gemachte Feststellung zum Ausdruck, daß das Feuchtigkeitsoptimum sich mit der Temperatur verschiebt. Die Kurven sind nichts anderes als die Spuren der oben erwähnten gekrümmten Flächen auf die vertikale Projektionsebene und erlauben nur einen unvollkommenen Einblick in die Abhängigkeiten, da nur 100 proz. Sterblichkeit erfaßt wird. Vollkommener wird dieser Einblick, wenn man für möglichst zahlreiche Feuchtigkeitsgrade auf zur Vertikalebene senkrechten horizontalen Projektionsebenen die verschiedenen Mortalitätsquoten für die gleichen Expositionszeiten einträgt. In Abb. 303 ist das, allerdings nur für einen Feuchtigkeitsgrad, nämlich für 100 vH, durchgeführt, die Horizontalebene ist um 90⁰ in die Senkrechte umgeklappt und bildet die obere Hälfte der Abbildung. Die erhaltenen Kurven sind die Spuren der gekrümmten Flächen auf der höchsten Horizontalebene und zeigen uns wieder das oben schon mehrfach erwähnte komplizierte

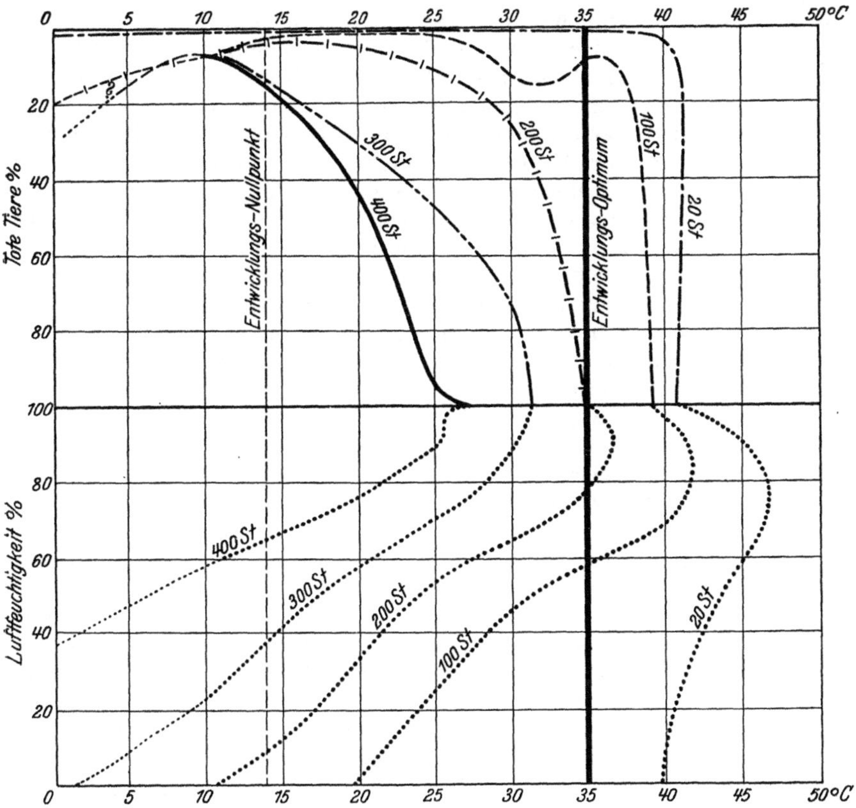

Abb. 303. Mortalitätskurven des Halbruhestadiums von *Oxycarenus hyalinipennis*, nach Versuchen KIRKPATRICKs zusammengestellt. Nähere Erklärung im Text.

Bild der Temperaturabhängigkeit der Mortalität: sie sind noch viel weniger parallel als die Kurven auf der senkrechten Ebene. Sie erlauben eben deshalb eine Feststellung, die die letzteren nicht erlaubten, sie zeigen nämlich ziemlich scharf die Lage des Vitalitätstemperaturoptimums. Fast sämtliche Kurven schneiden sich ungefähr bei 10⁰, hier ist also das Optimum, für das als zugehöriges Feuchtigkeitsoptimum aus der unteren Abbildung 100 vH abgelesen werden kann.

Natürlich kann man auch noch weitergehen und einerseits für sämtliche Feuchtigkeitsgrade ähnliche Kurven wie für 100 vH aufzeichnen, andererseits aus Luftfeuchtigkeit und Mortalitätsquote ein drittes Koordinatensystem in einer zu den beiden anderen Ebenen senkrechten Vertikalebene errichten. Man wird so aus sehr zahlreichen Kurvenbildern ein vollkommenes Abbild der die Abhängigkeit unserer vier Veränderlichen bezeichnenden Flächen bekommen. Die mathematische Auswertung dieser Ergebnisse würde uns hier zu weit führen, um so mehr als in dieser Richtung noch gar keine Voruntersuchungen vorliegen, wir verzichten daher auch auf die Wiedergabe anderer Kurvenbilder als der in Abb. 303 gezeigten, die den in darstellender Geometrie Geschulten eine einigermaßen genügende Vorstellung geben. Die Forschungen über den Massenwechsel werden aber — soviel können wir hier noch sagen — unzweifelhaft in dieser Richtung weitergehen müssen, wenn wir je zu exakten, mathematisch erfaßbaren Vorstellungen über die Grundlagen der Umweltabhängigkeit der Vermehrung kommen sollen. Ob wir dies Ziel je erreichen werden? Rufen wir uns die Schemata Abb. 299 und 300 ins Gedächtnis zurück, bedenken wir, daß die Abb. 303 nur zwei Außenfaktoren und nur eine Komponente der Reaktionsbasis erfaßt, bedenken wir ferner die Verkettung der äußeren und der inneren Faktoren, so wird uns die ungeheure Komplikation des Problems klar. Demgegenüber scheint der Umfang der bereits geleisteten Arbeit winzig klein, ein Schritt nur auf dem Weg zur Erkenntnis. Soweit aber hat dieser Schritt immerhin geführt, daß wir einzelne Außenfaktoren — Temperatur, Feuchtigkeit, Qualität und Quantität der Nahrung — als besonders wichtig erkennen lernten, daß wir ihre Wirkung auf den Stoffwechsel, das Vermehrungspotential und die Mortalitätsquote als ausschlaggebend, die drei letzten Begriffe als voneinander abhängig erkannten.

Wenn wir nun das Schema Abb. 299 an Stelle des inneren Kreises von Abb. 300 gesetzt denken, wenn wir uns an das erinnern, was oben über die Schwankungen der Umweltsfaktoren gesagt wurde, so wissen wir, daß von diesen Schwankungen die jeweils vorhandene Individuenzahl abhängt, daß der Massenwechsel eine Funktion der Umwelt ist, eine Funktion allerdings, deren ungeheure Komplikation eine Analyse außerordentlich erschwert. Jeder Außenfaktor kann, wenn er überhaupt direkt einwirkt, jede Komponente der Reaktionsbasis beeinflussen und so eine Verschiebung in dem von den inneren Faktoren gebildeten elastischen System herbeiführen. Von der Art der Verkettung der inneren Faktoren, von dem Grad ihrer Beeinflußbarkeit durch äußere Faktoren hängt die Größe der von der Art ertragenen Schwankungen ab, hängt es ab, ob die Mortalität das Vermehrungspotential überwiegt oder nicht.

4. Die Reaktionsnorm.

Wir kommen damit auf die bisher vernachlässigte Tatsache, daß verschiedene Arten meist nicht in gleicher Weise auf Umweltfaktoren reagieren, daß der Einfluß der letzteren auf die einzelnen Komponenten der Reaktionsbasis wenigstens quantitativ sehr verschieden sein kann. Handlirsch hat die Fähigkeit eines Organismus, gesetzmäßig in einer für ihn spezifischen Weise auf Außenfaktoren zu reagieren, als Reaktionsnorm bezeichnet und damit schon der Auffassung Ausdruck gegeben, daß neben dem Bau und der Konstitution sowie der auf beiden beruhenden Reaktionsbasis auch der Grad der Umweltsabhängigkeit eine arteigene, erbliche Eigenschaft ist. Das gilt natürlich nicht nur für die Reaktionen, die auf der Tätigkeit des Nervensystems und der Sinnesorgane beruhen, sondern auch für die den Massenwechsel unmittelbar bedingenden Abhängigkeiten. Beide Gruppen von Reaktionen stehen, wie wir bereits oben zeigten, unter sich in engstem Zusammenhang, in dem Sinne, daß die Reaktionen der ersten Gruppe bezüglich der Art der Auslösung, der Lage der Reizschwelle und bezüglich der Reaktionsgeschwindigkeit von denen der zweiten Gruppe beeinflußt werden.

Bei den einzelnen Arten kann die Reaktionsnorm in mehrfacher Hinsicht verschieden sein:

a) Als Reaktionsbreite bezeichnet man im Sinne BODENHEIMERS die Weite der Schwankung eines Außenfaktors, die von einer Art ertragen wird. Je nach dem Außenfaktor, um den es sich handelt, je nach dem inneren Vorgang, den man ins Auge faßt, wird dieser Begriff verschieden aufzufassen sein. Wählt man z. B. die Temperatur und ihren Einfluß auf das Entwicklungspotential, so wird man dann von einer großen Reaktionsbreite reden können, wenn das Entwicklungsoptimum weit vom Entwicklungsnullpunkt entfernt ist, wenn also die Schenkel der die Abhängigkeit bezeichnenden Kurve langsam ansteigen. Man kann in diesem Sinne, einen Ausdruck HESSES gebrauchend, eurytherme und stenotherme Arten unterscheiden, Arten, bei denen innerhalb einer breiten Temperaturspanne Entwicklung möglich ist, und Arten, bei denen diese Spanne nur sehr klein ist. Man muß dabei aber schon berücksichtigen, daß in den HESSEschen Ausdrücken noch etwas anderes enthalten ist, nämlich die Abhängigkeit der Sterblichkeit von der Temperatur. In diesem Sinne sind Arten, bei denen der obere und der untere kritische Wärmepunkt, die Übergangsstellen von der Temperaturstarre in den Temperaturtod sehr weit auseinander liegen (viele Schildläuse nach REH), eurytherm, Arten, bei denen beide Punkte einander sehr genähert sind, stenotherm. Außerdem spielen, wie wir wissen, beim Massenwechsel noch verschiedene Faktoren herein, die alle von der Temperatur beeinflußt werden. Man wird also mit dem Gebrauch der beiden Bezeichnungen vorsichtig sein müssen und sie am besten ergänzen durch Anhänge, in denen wenigstens der Abstand zwischen dem Vitalitätsoptimum und dem Entwicklungsoptimum zum Ausdruck kommt. Die außerordentliche Wichtigkeit gerade dieses Abstandes für den Massenwechsel und die geographische Verbreitung der Arten, auf die neuerdings BODENHEIMER mit Recht hingewiesen hat, rechtfertigt die Prägung neuer Bezeichnungen. Es mögen also etwa stenotherme Arten, deren Vitalitätsoptimum über dem Entwicklungsnullpunkt liegt, als brachystenotherm bezeichnet werden, eurytherme Arten, bei denen das Vitalitätsoptimum unter dem Entwicklungsnullpunkt liegt, als makroeurytherm. In diesen Bezeichnungen kommen zwar längst nicht alle die inneren Verkettungen zum Ausdruck, die wir in Abb. 299 zusammenstellten, aber doch die wichtigste von ihnen, die Beziehung zwischen Mortalität einerseits und Vermehrungspotential andererseits. Da das Optimum für die Beweglichkeit und für die Intensität des Stoffwechsels dem für die Entwicklung nahe zu liegen pflegt, genügen diese Bezeichnungen für den praktischen Gebrauch.

Faßt man außer der Temperatur noch andere Außenfaktoren ins Auge, so wird man bei ihnen mutatis mutandis dieselben Feststellungen machen und demnach überhaupt von euryöken und stenöken, von (im engsten Sinne) anpassungsfähigen und spezialisierten Arten reden können. Man wird Arten, die lange hungern können (*Cimex*), von solchen unterscheiden müssen, die nur kurze Zeit ohne Nahrung zu leben vermögen; Arten, die bei sehr verschiedenen Feuchtigkeitsgraden leben und sich entwickeln, von solchen, die einer bestimmten Feuchtigkeit bedürfen usw.

Auch hier wird man wieder an die Verkettung der inneren und der äußeren Faktoren denken müssen, z. B. an den Einfluß der Temperatur auf den Stoffwechsel und auf die Lage des Feuchtigkeitsoptimums (Abb. 302 und 303). Trotz dieser Verkettung wird nicht immer eine Art jedem Außenfaktor gegenüber quantitativ gleich reagieren; es gibt vielmehr Mischtypen, die sich z. B. der Temperatur gegenüber als euryök (eurytherm), der Nahrung gegenüber als stenök, als ausgesprochene Spezialisten und zu längeren Hungern unfähig erweisen.

b) Haben wir bis jetzt nur die Reaktionsbreite berücksichtigt, so müssen wir nun auch noch daran denken, daß die Lage der Optima bei verschiedenen Arten auch absolut verschieden sein kann. Vergleicht man z. B. die Abb. 257 und 303, so sieht man, daß die beiden Arten *Dysdercus sidae* und *Oxycarenus hyalinipennis* zwar ungefähr gleiche Reaktionsbreite haben, daß der Abstand des Entwicklungsnullpunktes vom Entwicklungsoptimum bei beiden etwa 20° C beträgt, daß sie sich aber bezüglich der Lage der Optima verschieden verhalten. *Oxycarenus* hat als Entwicklungsoptimum etwa 35° C, *Dysdercus* etwa 30° C (85° F). Auch in dieser Hinsicht kann also die Reaktionsnorm verschieden sein.

c) Der Reaktionstyp. Bei manchen Hemipterenarten sind alle Einzelvorgänge des Entwicklungsablaufes unbeschränkt von Außenfaktoren abhängig; ununterbrochen können, sobald die Außenfaktoren es erlauben, Eiablage, Larvenentwicklung, Eireifung, Kopula und wiederum Eiablage aufeinanderfolgen, nur von den Außenfaktoren hängt es ab, wieviel Generationen im Jahr auftreten. Zu diesen Arten mit nicht fixiertem Reaktionstyp zählen z. B. die weltweit verbreiteten *Trialeurodes vaporariorum*, die weiße Fliege der Gewächshäuser, und wahrscheinlich noch sehr viele andere Aleurodidenarten, selbst solche, die in unseren Breiten im Freiland überwintern (*Aleurodes proletella, brassicae*). Bei ihnen trifft man das ganze Jahr nebeneinander alle Entwicklungsstufen, Eier, Larven und Imagines; die Entwicklung setzt ein und hört auf, je nach der Witterung. Für solche Arten bieten natürlich Gewächshäuser mit ihren geringen Temperaturschwankungen oder tropische Länder geradezu ideale Lebensbedingungen, ihre Massenvermehrung würde hier ins Ungemessene steigen, wenn nicht ein beschränkender Faktor dazwischen träte, auf dessen Bedeutung BODENHEIMER aufmerksam gemacht hat, wenn nämlich solche Arten nicht in der Regel makroeurytherm oder sogar makrostenotherm wären (siehe unten).

Was man unter fixiertem Reaktionstyp zu verstehen hat, mögen einige Beispiele zeigen: Die schon oft erwähnte Baumwollwanze wird, wie aus Abb. 301 und 303 zur Genüge hervorgeht, von Außenfaktoren in ihrer Entwicklung erheblich beeinflußt. Dieser Einfluß macht aber an einem Punkte Halt, an der Zahl der unmittelbar aufeinanderfolgenden Generationen. Wenn nämlich drei Generationen abgelaufen und die Imagines der vierten geschlüpft sind, so muß (nach KIRKPATRICK) eine längere Pause eintreten, die die Imagines an der Pflanze oder in verschiedenen Schlupfwinkeln verbringen und zwar in einem Zustand, den KIRKPATRICK als Halbruhezustand bezeichnet. Während dieser Zeit nehmen die Tiere keine Nahrung auf und sind nicht zur Fortpflanzung fähig, bleiben aber beweglich. Da infolgedessen der Stoffwechsel nicht oder nicht erheblich gehemmt ist, ist die Sterblichkeit während dieser Zeit enorm hoch; in der Regel gelangen nicht mehr als 5 vH der Tiere zur Fortpflanzung. Äußere Faktoren haben auf die Dauer dieses Halbruhestadiums nur wenig Einfluß, nur abnorm hohe Temperaturen können es unterbrechen. Wie wenig die Lage des Halbruhestadiums von klimatischen Faktoren abhängt, geht am deutlichsten daraus hervor, daß es auf den verschiedenen Wirtspflanzen der Art in ganz ver-

Die Entwicklung von *Oxycarenus hyalinipennis* von November 1921 bis Oktober 1922 an verschiedenen Wirtspflanzen. Nach Angaben KIRKPATRICKS zusammengestellt.

Wirtspflanze	Nov.	Dez.	Jan.	Febr.	März	April	Mai	Juni	Juli	Aug.	Sept.	Okt.
Baumwoll-	Ha	Ha	Ha	Ha	Ha	(Hp)	Hp	Hp	Hp F	F	F	F
staude	Ha	Ha	Ha	Ha	Ha	Ha	Ha	(Ha)	(Ha) F	F	F	(Ha)
Hibiscus	Ha	Ha	Ha	Ha	Ha	Ha	(Hp)	F	F	F	(Hp)	Hp
esculentus	Ha	Ha	Ha	Ha	Ha	Ha	Ha	(Ha)	F	F	F	F
Althaea	Ha	Ha	Ha	Ha	Ha	(Hp) F	F	F	F (Hp)	Hp	(Hp)	(Hp)
rosea	Ha	Ha	Ha	Ha	Ha	(Ha) F	F	F	F (Ha)	Ha	Ha	Ha
Sida	(Ha)	(Ha)	(Ha)	[(Ha)]	Hp (F)	F	F	F	F	(Ha)	(Ha)	(Ha)
mollis	Hp	Hp	Hp	Hp	Hp (F)	F	F	F	Hp	Hp	Hp	Hp
Hibiscus	(Ha)	F	F	F Ha	Ha	Ha	Ha	Ha	Ha	Ha	(Ha)	(Ha)
mutabilis	Hp	F	F	F (Hp)	(Hp)	(Hp)	(Hp)	(Hp)	(Hp)	Hp	Hp	Hp
Sterculia	(F)	(F)	Hp	Hp	Hp	Hp	Hp	Hp	Hp	F	F	F
diversifolia	Hp	Hp	Hp	Hp	Hp	Hp	Hp	Hp	Hp	F	F	Hp

Hp = Wanzen im Halbruhezustand an der Wirtspflanze.
Ha = Wanzen im Halbruhezustand in Verstecken.
F = Wanzen in der Fortpflanzung begriffen (drei Generationen), eingeklammerte Buchstaben bedeuten seltenes Vorkommen.

schiedene Monate fällt. Daraus darf man aber nicht den Schluß ziehen, daß das Eintreten dieses Stadiums unmittelbar von der Menge oder Qualität der Nahrung abhängt, denn die Fortpflanzungsperiode fällt zwar in die

Monate, in denen die betreffende Wirtspflanze Samen zur Reife bringt, sie kann aber nicht verlängert werden, indem man den Imagines der vierten Generation reichlich Nahrung zur Verfügung stellt. Es bleibt also nur der einzige Schluß übrig, daß die Fortpflanzungsperiode von drei Generationen erblich fixiert ist. Die Eigenschaften der Nährpflanze können, wie wiederum die Tabelle zeigt, nur insofern direkte Wirkung haben, als die ruhenden Imagines auf einigen Nährpflanzen bleiben, von andern aber abwandern. Dabei handelt es sich nicht etwa um biologische Rassen, denn man kann einzelne Exemplare durch Überführen auf andere Nährpflanzen zu einem anderen Verhalten bringen. *Oxycarenus* zeigt also eine Fixierung des Reaktionstypes insofern, als nach einer erblich bestimmten Zahl von Generationen die Fortpflanzung und Entwicklung für eine durch Außenfaktoren in ihrer Dauer einigermaßen verschiebbare Periode stockt. Jahreszeitlich bedingt ist diese Periode nicht, sie tritt, wenn einmal drei Generationen abgelaufen sind, unter allen Umständen ein. Die Wiederaufnahme der Fortpflanzung ist allerdings vom Auffinden geeigneter Nahrung abhängig.

Daß die Mortalität bei den verschiedenen Generationen sehr ungleich ist, die Quote bei den drei ersten Generationen etwa $^1/_2$, bei der vierten Generation etwa $^{19}/_{20}$ (50 bzw. 95 vH tote Tiere) beträgt, liegt wohl nicht so sehr an einer verschiedenen erblichen Fixierung der Mortalität, wie an der längeren Lebensdauer und der lange aussetzenden Nahrungsaufnahme der vierten Generation. Sicher läßt es sich aber nicht sagen, ob nicht doch die Reaktionsnorm der verschiedenen Generationen auch in dieser Hinsicht ungleich ist[1].

Andere Fälle des fixierten Reaktionstypes haben wir in den vorhergehenden Abschnitten schon kennen gelernt, es sei nur an die Latenzlarven mancher Chermesiden erinnert, die auf den gleichen Pflanzenteilen ohne Weiterentwicklung verharren, auf denen ihre Geschwister als Ästivales leben, wachsen und sich vermehren (S. 425), oder an die Sommerlarven von *Chaithorinella aceris* und *testudinata*, die zur selben Zeit, da die Sommergenerationen von *Ch. lyropicta* sich weiter vermehren, jede Fortentwicklung hemmen. Im letzteren Fall haben wir es mit einer vielleicht durch die Nahrungsqualität ausgelösten, aber in der Fähigkeit zu dieser Reaktion erblich fixierten Hemmung des Entwicklungsablaufes zu tun, der alle Individuen der Art betrifft, also in dieser Beziehung der bei *Oxycarenus* eintretenden Hemmung ähnelt. Im ersteren Fall dagegen betrifft die Entwicklungshemmung nur einen Teil der Individuen einer Generation, ist also insofern nur partiell fixiert. Daß es hier tatsächlich nur auf die Reaktionsnorm ankommt, zeigen die *Chaithorinella*-Arten deutlich, die unter annähernd gleichen Bedingungen so verschieden sich verhalten. Sie zeigen offenkundig auch

[1] Anmerkung bei der Korrektur: Darauf läßt auch die erst durch eine soeben erschienene Arbeit von SAREL-WHITFIELD bekannt gewordene Tatsache schließen, daß die Pentatomide *Agonoscelis versicolor*, die (im Sudan) eine Ruheperiode von mindestens 9 Monaten Dauer im Imaginalzustand durchmacht, während dieser Zeit eine ganz minimale Sterblichkeit aufzuweisen hat, trotzdem keine Nahrung aufgenommen wird.

die Herabsetzung der Sterblichkeit durch Herabsetzung des Stoffwechsels und damit der Bewegungen (S. 415).

Ein fixierter Reaktionstyp kann auch in dem Sinne vorliegen, daß die Eiruhe eine vorbestimmte Zeit dauert, daß eine bestimmte, durch Umweltfaktoren nicht veränderliche Zahl von gleichen oder verschiedenartigen Generationen (Chermesiden *a.p.*) auf ein Jahr verteilt ist oder daß eine Generation eine bestimmte Anzahl von Jahren in Anspruch nimmt. Das bekannteste Beispiel für den letzten Fall ist die amerikanische *Tibicen septendecim*, die periodische Zikade, die in zwei biologisch, aber nicht morphologisch verschiedenen Formen oder Rassen auftritt. Die eine, mehr im Norden lebende hat eine 17jährige, die andere, mehr im Süden lebende eine 13jährige Entwicklungsdauer. Da die Verbreitungsgebiete der beiden Rassen nicht streng getrennt sind, kann eine rein klimatische Bedingtheit der verschiedenen Entwicklungsdauer wenigstens unter den heutigen Verhältnissen nicht in Frage kommen.

Haben wir hier schon eine rassenmäßig verschiedene Art der Fixierung bei Individuen einer und derselben Art vor uns, so können wir in anderen Fällen sogar den fixierten und den nicht fixierten Reaktionstyp bei einer Art nebeneinander vorkommen sehen. Wenn wir solche Fälle als Übergangsstufen vom nicht fixierten zum fixierten Typ ansehen können, so müssen wir in anderen Fällen von Mischtypen reden, wenn nämlich die verschiedenen Fixierungsstufen regelmäßig in bestimmten Generationen nebeneinander oder nacheinander auftreten. Die schönsten Beispiele für solche Mischtypen liefern die Blattläuse. Bei den Aphididen gehören z. B. die parthenogenetischen Generationen bezüglich der Entwicklungsdauer, der Mortalität und der Beweglichkeit fast unbeschränkt dem nicht fixierten Typ an, während man in dem regelmäßigen, nur innerhalb gewisser Grenzen jahreszeitlich bedingten Auftreten von Geschlechtsgenerationen den fixierten Reaktionstyp zu erblicken hat. Von den Aphididen führen alle möglichen Übergangsstufen zu denjenigen Chermesiden, deren Generationszyklus völlig fixiert ist (siehe oben). Auch bei ihnen kann aber, wenn auch die Aufeinanderfolge der Generationen nicht veränderlich ist, durch Außenfaktoren doch wenigstens eine teilweise Hemmung und daher doch eine Modifikation des Gesamtablaufes herbeigeführt werden. Wir können hier nicht weiter ins einzelne gehen und müssen es dem Leser überlassen, die vorstehenden Ausführungen im Zusammenhang mit denen der vorhergehenden Abschnitte weiter auszuspinnen. Wir stellen hier fest, daß eine Fixierung der Reaktionsnorm durch erbliche Festlegung der Dauer einer Generation ohne Rücksicht auf die Außenfaktoren, durch Einschaltung von Dauer- und Ruhestadien (Ei, Larve, Imago) in den Ablauf jeder Generation oder in den einer bestimmten Generation des Gesamtablaufes erfolgen kann, daß Übergänge zwischen dem fixierten und dem nicht fixierten Typ bestehen und daß es Mischtypen gibt. Als Grundlage des Ganzen haben wir uns die quantitative Verschiedenheit der Umweltsabhängigkeit sämtlicher Komponenten der Reaktionsbasis vorzustellen. So entsteht das Bild, das wir in den Abb. 299 und 300 zu zeichnen versuchten, das Bild der Reaktionsbasis, auf deren einzelne miteinander verkettete Komponenten die ebenfalls voneinander abhängigen Umweltfaktoren durch die Reaktionsnorm hindurch, von ihr sozusagen gesiebt, in einer für die Art spezifischen Weise einwirken und so den Massenwechsel bestimmen.

5. Reaktionsbasis, Reaktionsnorm und Umwelt.

Das folgende Schema zeigt die Generationsfolge zweier in Washington heimischen Jassidenarten, *Alebra albostriella* und *Erythroneura maculata* (nach Ball):

Winter	April	Mai	Juni	Juli	August	Septbr.
E E E	E E E	(E)		*Alebra albostriella*		
	(L)	L L L	(L)			
		(I)	I I I	I (I) (I)		
			E	E E E	E E E	E E E
I I I	I I I	I I I	I	*Erythroneura maculata*		
		L	L L L	L L L		
			(I) I	I I I	I I	
E = Ei, L = Larve, I = Imago				(L)	L L L	L L (L)
					I I	I I I

Alebra lebt auf Hickorynußbäumen, auf Buchen und japanischem Ahorn, die sämtlich ihr Laub auf einmal, im ersten Frühjahr entwickeln. Sie saugt als Larve ausschließlich an jungen Blättern, ihre Larven schlüpfen mit der Entfaltung der Knospen aus den überwinterten Eiern und wachsen mit den Blättern heran. Die Eiablage erfolgt schon von Ende Juni ab, 10 Monate des Jahres bringt die Art im Eizustande zu.

Die Sykomore, die Wirtspflanze von *Erythroneura*, entwickelt dagegen den ganzen Frühsommer über neue Blätter. Außerdem bevorzugt *Erythroneura* Blätter mittleren Alters zum Saugen. Die Larven der Art, die aus den im Frühjahr von überwinterten Imagines abgelegten Eiern schlüpfen, zeigen sich denn auch erst von Ende Mai ab, die ersten Imagines erscheinen Mitte Juni, legen gleich wieder Eier ab, die Larven der zweiten Generation entwickeln sich noch im selben Sommer und überwintern als Imagines.

Klarer als mit diesem Beispiel kann man kaum die Abhängigkeit der Reaktionsnorm von der Umwelt zeigen. Bei der ersten Art ist die einzige Generation als solche fixiert und möglichst früh gelegt, offenbar im Zusammenhang mit der den Wirtspflanzen eigenen Zeit der Blattbildung und der Spezialisation auf junge Blätter. Bei der anderen Art, die ältere Blätter bevorzugt, wird durch zwei wahrscheinlich ebenfalls fixierte Generationen, deren erste recht spät erscheint, die Zeit ausgenützt, in der passende Blätter vorhanden sind. Damit im Zusammenhang steht die Art der Überwinterung. Trotz hoher Sommertemperaturen bleibt das Ei von *Alebra* bis zum nächsten Frühjahr in Ruhe, während in derselben Zeit *Erythroneura* eine ganz neue Generation zu bilden imstande ist. Natürlich ist es durchaus möglich, daß das verschiedene Verhalten im einzelnen aus Reaktionen auf bestimmte Außenfaktoren sich erklären läßt, daß z. B. die Qualität der Nahrung, die

Luftfeuchtigkeit und anderes als Auslöser von Teilvorgängen in Frage kommen. Das ändert aber nichts an der Tatsache, daß die Reaktionsbasis sowie die Reaktionsnorm bei beiden Arten verschieden sind und daß diese Verschiedenheit im Zusammenhang mit der Gesamtlebensweise, vor allem mit den Ernährungsgewohnheiten, steht, also in ähnlichem Sinne „planmäßig" ist, wie wir das oben bei den Reflexen und verwandten Reaktionen feststellten. Die Beispiele, die zeigen, daß derartige Zusammenhänge allgemein verbreitet sind, ließen sich ins Ungemessene vermehren; besagt der Ausdruck „Planmäßigkeit" doch nichts anderes, als daß das Tier in seiner Umwelt heimisch scheint, daß es an diese „angepaßt" ist, daß seine Reaktionen „zweckmäßig", lebens- oder wenigstens arterhaltend sind. Wir brauchen hier nur nochmals auf *Oxycarenus* zu verweisen, deren drei fixierte Fortpflanzungsgenerationen unter natürlichen Verhältnissen mit dem Vorhandensein von passender Nahrung verknüpft sind, brauchen bloß an die zahllosen Fälle zu erinnern, in denen Ruhestadien, Dauereier oder Latenzformen das Überstehen von ungünstigen Jahreszeiten ermöglichen, an das Zusammenpassen des nicht fixierten Reaktionstypes von *Trialeurodes vaporariorum* mit den Verhältnissen im Gewächshaus, an die parthenogenetische Vermehrung der Blattläuse, die ein gründliches Ausnützen günstiger Nahrungsverhältnisse gestattet, usw.

Ein kausaler Zusammenhang zwischen Umwelt und Organismus besteht, darüber gibt es keinen Zweifel. Ob man ihn mit dem Ausdruck Planmäßigkeit umschreibt (v. Uexküll), oder ob man ihn Anpassung benennt, ist an und für sich gleichgültig, wesentlich ist nur, wie man sich sein Zustandekommen erklärt. Hier hat man die Wahl zwischen drei Möglichkeiten: Entweder nimmt man eine prästabilisierte Harmonie an und verzichtet damit auf eine Erklärung, oder man stellt sich auf den Standpunkt des klassischen Darwinismus und Lamarckismus und erklärt, die Arten reagieren so, weil sie in der bestimmten Umwelt leben; oder schließlich man sagt, die Arten leben in der bestimmten Umwelt, weil sie in dafür passender Weise reagieren. Der richtige Weg zur Erklärung liegt, wie Handlirsch schon gezeigt hat, in der Mitte zwischen den beiden letzten Möglichkeiten.

Nehmen wir zunächst einmal an, eine bestimmte Art lebte in einer zu ihr passenden Umwelt. Jede Schwankung der Außenfaktoren muß dann nach Maßgabe der Reaktionsnorm das elastische System der inneren Faktoren (Abb. 299) in Schwingungen versetzen, die Schwingungen können aber, wenn die Umwelt wirklich zu der Art paßt, niemals so groß werden, daß die Mortalitätsziffer das Vermehrungspotential erreicht. Das An- und Abschwellen der Individuenzahl richtet sich nach dem Auftreten und der Größe der Schwankungen; wären diese vollkommen rhythmisch, so müßte auch der Massenwechsel rhythmisch sich vollziehen. Mit anderen Worten: das System der Außenfaktoren müßte sich dann mit dem der inneren Faktoren in einen Gleichgewichtszustand eingespielt haben, die Art müßte, wenn nicht eine Generation mehrere Jahre dauerte, in jedes Frühjahr mit gleicher Individuenzahl hineingehen wie in das vorhergehende. Daß das nur annähernd stimmt, dafür sorgen die nicht rhythmischen Änderungen der Umwelt, die niemals in zwei Jahren ganz gleich sind und die daher das eine Mal eine Massenvermehrung, das andere Mal eine knappe Vermehrung gestatten. Dabei darf man nicht übersehen, daß selbst an sehr nahe beieinander gelegenen Orten niemals alle Individuen ganz gleichen Bedingungen ausgesetzt sind, daß die „mikroklimatischen" Verhältnisse recht verschieden sein können. Es sei nur darauf hingewiesen, daß z. B. im Winterquartier die Feuchtigkeitsverhältnisse verschieden sein können, daß bei phytophagen Arten der physiologische Zustand der Wirtspflanzen ungleich sein kann, daß bei Räubern oder Blutsaugern ein Individuum mehr Nahrung findet als das andere usw. Auch diese Verhältnisse müssen in die arhythmischen Schwankungen der Umwelt einbezogen werden.

Nimmt man nun weiter an, daß die Umwelt eines Tages, sei es durch Wanderung, sei es durch Verschleppung der Art, eine grundlegende dauernde Veränderung erleidet, so wird der Gleichgewichtszustand, von dem wir sprachen, in Gefahr kommen, es wird von der Reaktionsnorm, vor allem von der Reaktionsbreite der Art abhängen, ob sich auch in der neuen Umwelt wieder ein Gleichgewichtszustand einstellt und zu welchem Maß die Vermehrung ansteigen kann.

Daß die Reaktionsnorm einer Art ebensowenig unveränderlich ist wie der Bau, die Konstitution und die Reaktionsbasis, ist sicher. Übergänge vom nicht fixierten zum fixierten Reaktionstyp haben wir oben kennen gelernt. Die Reaktionsbreite variiert bei einer und derselben Art oft beträchtlich, und auch Veränderungen der Färbung und des Baues (Flügelpolymorphismus S. 402) haben wir feststellen können. Besonders in Verbindung mit Ortswechsel werden solche Änderungen artbildend wirken können; handelt es sich nur um Änderungen der Reaktionsnorm, so werden sie zunächst wenigstens Anlaß zur Bildung von biologischen Rassen geben. Daß diese Änderungen in ihrem endlichen Verlauf nur in einer Richtung sich auswirken können, die der Arterhaltung gemäß ist, dafür sorgt die Ausmerzung der Untauglichen. In diesem Sinne, durch geographische Isolierung, kann die natürliche Zuchtwahl DARWINS bei der Bildung neuer Rassen und neuer Arten mitwirken (siehe S. 404), in diesem Sinne kann die Einpassung der Organismen in die Umwelt mit dem Kampf ums Dasein in Beziehung gebracht werden. So können wir auch ein gewisses Verständnis für die Tatsache aufbringen, daß die Reaktionsnorm der Arten mit *ihrer* natürlichen Umwelt übereinstimmt, daß, mit anderen Worten, die Reaktionsnorm „zweckmäßig" zu sein pflegt. Die Arten können sich eben nur in einer Umwelt halten, der ihre Reaktionsnorm entspricht; ihre Verbreitung reguliert sich demgemäß. Änderungen der Reaktionsnorm erweisen sich entweder als lebenserhaltend oder als gleichgültig und können dann erblich festgelegt werden, oder sie erweisen sich als der Arterhaltung nicht gemäß und schwinden mit ihren Trägern oder deren Nachkommen, wenn diese nicht etwa durch Ortswechsel eine der abgeänderten Reaktionsnorm besser entsprechende Umwelt finden.

Damit ist natürlich die Änderung selbst noch nicht erklärt. Was ihre Ursache betrifft, so spielen sicher verschiedene Dinge, orthogenetische Prozesse (das biologische Trägheitsprinzip ABELS), Mutationen und direkte Wirkung von Außenfaktoren ineinander und tragen zur Entstehung des Gleichgewichtszustandes zwischen dem tierischen Organismus und seiner Umwelt bei, den wir nun, im Sinne v. UEXKÜLLS, am besten mit Einpassung bezeichnen. Daß jede Verschiebung dieses Gleichgewichtes wieder Änderungen begünstigen kann, ist selbstverständlich; daß solche Verschiebungen bei Wanderungen und bei ungewöhnlicher Massenvermehrung sowie bei Verschleppungen von Arten vorkommen, ist sicher. So können wir denn gerade im letzten Falle Änderungen der Lebensweise unmittelbar beobachten. Wir brauchen bloß an die Generationenfolge der Blutlaus in Amerika und Europa zu erinnern (S. 417) oder an die Feststellungen, die REUTER an den koniferenbewohnenden Hemipteren gemacht hat (S. 175).

Bei alledem dürfen wir nicht außer acht lassen, daß auch in der Biologie das biogenetische Grundgesetz HÄCKELS nach unserer heutigen Anschauung nur insoweit gilt, als die Auslöser der Teilvorgänge der ontogenetischen Entwicklung zwar dieselben sein *können*, die in der phylogenetischen Entwicklung die entsprechenden Vorgänge verursachten, daß sie aber durchaus nicht dieselben sein müssen.

So brauchen wir nicht anzunehmen, daß die Bildung von geflügelten Weibchen und damit das Eintreten der Migrationen bei den Aphididen in der Phylogenese durch Lichtverhältnisse bedingt war, weil, wenigstens bei manchen Arten, ihr Auftreten in der jährlichen Generationenfolge mit der Dauer des Tageslichtes zusammenhängt. Es können vielmehr in der Phylogenese Nahrungsverhältnisse die erste Ursache der Migration gewesen sein, es kann sich der Zusammenhang mit der Belichtungsdauer erst im Laufe der Stammesentwicklung als eine Änderung der Reaktionsnorm erblich festgelegt haben (siehe S. 428). Mit anderen Worten: Bei einem Zusammentreffen von zwei regelmäßig miteinander verbundenen Außenfaktoren mit einem bestimmten Entwicklungsvorgang kann der eine als Auslöser festgehalten werden, wenn auch der andere die eigentliche Ursache des Vorganges war, wobei Ursache nur in dem aus dem obigen hervorgehenden Sinne zu verstehen ist.

II. Reaktionsnorm und geographische Verbreitung.

Es ist eine bekannte Tatsache, daß die Verbreitungsgebiete verschiedener Insektenarten sehr ungleich ausgedehnt sind, daß neben regelrechten Kosmopoliten Arten vorkommen, die auf einen engsten Raum beschränkt sind.

Entscheidend für die Verbreitung ist natürlich zunächst die Fähigkeit zur aktiven und passiven Ausbreitung. Die *aktive Ausbreitung* hängt mit den im ersten Hauptteil besprochenen Problemen aufs engste zusammen und kann daher hier nur noch gestreift werden: Keine Art ist ganz und gar unfähig zur Ausbreitung, selbst bei den Schildläusen, deren Weibchen stets flügellos und meist unbeweglich sind, ist immer wenigstens das erste Larvenstadium bewegungsfähig und macht von dieser Bewegungsfähigkeit Gebrauch. Bei geflügelten Formen kann die Beweglichkeit sogar zu ausgedehnten Wanderungen führen: ,,Vor etwa

60 Jahren, sagt HANDLIRSCH, erschienen plötzlich im Häusermeere Wiens enorme Mengen der Wasserwanze *Corixa hieroglyphica*, einer hauptsächlich ostmediterranen Art". Ähnliches wird von anderen Wasserwanzen (*Notonecta*), von Cercopiden und anderen Hemipteren berichtet. Von den mehr oder weniger regelmäßigen Wanderungen gewisser pflanzensaugender Hemipteren, besonders der Blattläuse, war oben schon die Rede (S. 174 und S. 411). Daß in all diesen Fällen nicht allein die Beweglichkeit ausschlaggebend ist, sondern auch die Art, wie von ihr Gebrauch gemacht wird, ist selbstverständlich und geht besonders klar aus einem wiederum von HANDLIRSCH angeführten Beispiel hervor: „Auf einer Wiese nächst Wien (Dornbach) stehen mehrere ganz gleiche Eichenbäume unter denselben Bedingungen nicht weit voneinander. Auf einem dieser Bäume lebt die Wanze *Phytocoris Handlirschi* REUTER in Menge. Ich fand sie durch eine Reihe von Jahren immer wieder und außerhalb dieses Baumes höchstens ganz vereinzelt. Verscheuchte man die Tiere durch Klopfen, so flogen sie ein Stück weg, auch zu den nächsten Bäumen, kamen aber schleunigst zu ihrem Lieblingsbaum zurück". Außer der Beweglichkeit, die in diesem Falle die Ausbreitung geradezu hemmt, muß also noch ein Grund zur aktiven Ausbreitung vorliegen, der entweder in Nahrungsmangel oder einem anderen äußeren Anlaß oder in einem der Art innewohnenden Wandertrieb zu suchen ist. Für beides haben wir im vorstehenden schon genügend Beispiele kennen gelernt, es sei nur nochmals an die Schildlauslarven erinnert, die erst nach Zurücklegen einer bestimmten Strecke sich an einem passenden Ort niederlassen, gleichgültig ob sie vorher schon geeignete Nahrung gefunden hätten oder nicht (DINGLER).

Passive Ausbreitung kann durch den Wind, durch strömendes Wasser, durch andere Tiere und schließlich durch den Menschen und seine Verkehrsmittel veranlaßt werden. Selbst schwache Flieger, wie die Blattläuse, können, wie BÖRNER nachwies, vom Wind getragen 50 km und mehr auf einmal zurücklegen. Daß vom Hochwasser alljährlich mit toten Pflanzenteilen zahllose überwinternde Wanzen und anderes Getier flußabwärts geschleppt werden, zeigt jede Untersuchung des angeschwemmten Genists; daß Säugetiere an ihrem Fell und ihren Hufen mit Pflanzenteilen zusammen festsitzende Insekten auf weite Strecken verschleppen, ist sicher. HERBERG hat z. B. für eine Schildlaus — *Eriopeltis lichtensteini* — nachgewiesen, daß sie im Potsdamer Wildpark mit Blättern ihrer Nährpflanze von Damwild oft verschleppt wird.

Absichtliche Verschleppung von Insekten durch Menschen ist selten (S. 471), um so häufiger ist dafür eine unabsichtliche Verfrachtung. Die Bettwanze hat ihre weltweite Verbreitung sicher nur durch Mitnahme an Hausgerät erlangt, die weiße Fliege *Trialeurodes vaporariorum* ist wahrscheinlich erst in der Mitte des vorigen Jahrhunderts aus Mittelamerika nach England gekommen. Heute fehlt sie in Europa wohl nirgends, wo es überhaupt Gewächshäuser gibt. Bei derartigen Formen, die, wenigstens in gewissen Stadien, an Kulturpflanzen festsitzen und die zudem zu parthenogenetischer Vermehrung befähigt sind, vollzieht sich natürlich eine Verschleppung besonders leicht. Schildläuse werden nur zu leicht mit Pflanzen, an Propfreisern, Stecklingen oder mit Sendungen von Baumschulen verfrachtet und vermögen so ohne Schwierigkeiten bedeutende Strecken zurückzulegen. Daneben gibt es natürlich zahlreiche Fälle, in denen Insekten rein zufällig in Eisenbahnwagen oder Schiffsräume sich verlieren und so als blinde Passagiere die Reise mitmachen. Bei *Dialeurodes citri* haben MORRIL und BACK auf die Bedeutung der Ausbreitung durch Eisenbahnzüge neben der durch aktive Wanderung und Verschleppung mit Pflanzen auf Grund entsprechender Beobachtungen hingewiesen.

In solchen Fällen der künstlichen passiven Ausbreitung gibt es so gut wie keine Schranken für die Verbreitung. Unter natürlichen Umständen dagegen werden für die aktive wie die passive Ausbreitung Meere und Hochgebirge Barrièren bilden, die nur unter besonders günstigen Bedingungen überschritten werden können. Schmale Meeresarme bilden allerdings keine genügende Grenze für fliegende Arten, denn diese können durch eigene Kraft oder, wenn es sich um schwache Flieger handelt, vom Wind getragen, weite Strecken auch ohne Pause zurücklegen. Dafür spricht unter anderem die Beobachtung BÖRNERS, wonach auf Helgoland, das immerhin 60 km vom nächsten Festland entfernt ist, alljährlich Zuzug von geflügelten Blattläusen stattfindet.

Wenn man von der künstlichen passiven Ausbreitung absieht, so gibt es also für jede Art zunächst eine Einschränkung der Ausbreitung durch bestimmte geographische Schranken. Diese Schranken sind nicht unveränderlich; im Laufe der geologischen Entwicklung wechselte bekanntlich die Erdoberfläche sehr oft und gründlich ihr Gesicht; wo einstmals Landverbindungen bestanden, dehnt sich heute das Meer und umgekehrt. Die Folgerungen, die sich daraus ergeben, sind einfach: Wir können nirgends mit völlig reinen Faunengebieten rechnen, immer wird in mehr oder weniger entlegener Zeit unbeschränkte Zuwanderung von außen stattgefunden haben. Doch das können wir hier beseite lassen, da wir nicht die Absicht haben, uns allzu tief in die Abgründe der Phylogenie unserer Untersuchungsobjekte zu verlieren. Wichtiger ist die Frage, was außer den geographischen Grenzen der Ausbreitung der Arten Schranken setzt, weshalb nicht alle Arten gleichmäßig über die Kontinente verteilt sind. Die Beantwortung dieser Frage ist nicht ganz einfach. Der englische Botaniker WILLIS ist auf Grund von statistischen Methoden zu der Überzeugung gekommen, daß die weitestverbreiteten Genera und Arten die ältesten sind, daß also die Verbreitung einer Art eine Funktion ihres Alters ist (abgesehen von ausgesprochenen Relikten, denen er nur einen Anteil von 1—2 vH an den Floren und Faunen zubilligt). Damit hängt (nach WILLIS) auch der Umfang der Gruppen zusammen: der Bereich einer Gruppe artenreicher Genera ist z. B. innerhalb eines gewissen Verwandtschaftskreises größer als der einer Gruppe artenarmer Genera. Die Grundlagen dieser beiden Theorien (Age- and Area-Gesetz; Size- and Space-Gesetz) hat neuerdings BODENHEIMER an Hand der Verbreitung der Schildläuse geprüft und richtig befunden, die Schlußfolgerungen WILLIS vermag er aber nicht in vollem

Umfang zu teilen. Folgen wir seinen Darlegungen (1927) und den Ansichten HESSES (1924), so haben wir als Grundlage für die mögliche Ausbreitung einer Art wohl ihr Alter zu berücksichtigen. Wir können wohl sagen, daß bei sonst gleichen Bedingungen das Alter einer Art für ihren Bereich gegenüber nahverwandten Arten wesentlich ist, daß in solchen Fällen, in denen jüngere Formen Landbrücken oder günstige Klimaverhältnisse nicht mehr benutzen konnten, die den älteren zur Verfügung standen, der Einfluß des Alters besonders bei nicht leicht verschleppbaren Arten oft entscheidend ist. Im übrigen aber ist als die Verbreitung entscheidender Faktor die Reaktionsnorm der Arten anzusehen.

Wenn eine Art sich, langsam oder schnell, ausbreitet, so wird es auf ihre Reaktionsnorm ankommen, ob sie sich an den erreichten Punkten einbürgern kann oder nicht. Was die Reaktionsnorm betrifft, so haben wir oben verschiedene Reaktionsbreiten und verschiedene Reaktionstypen kennen gelernt. Die Reaktionsbreite einer Art entscheidet zunächst darüber, ob sie sich in neue Verhältnisse zu finden weiß. Euryöke Arten im weitesten Sinne, Arten, die z. B. großen Temperaturschwankungen gegenüber unempfindlich sind, die polyphag oder wenigstens polyphytophag sind, werden eher in andersartige Temperatur- oder Nahrungsverhältnisse sich finden als stenöke Arten im weiten Sinne.

Wenn trotzdem enger Bereich — Stenökie — besonders bei Arten und Gattungen häufiger ist als weiter Bereich, so liegt das daran, daß genaue erbliche Einpassung in eine bestimmte Örtlichkeit, Spezialistentum also, wenigstens für die gegebene Zeit, genügend Vorteile bietet, um im Kampf ums Dasein erhalten zu bleiben. ,,Euryöke Organisation ist ihr nicht notwendig überlegen, deren Vorteil besteht zunächst hauptsächlich in der Möglichkeit weiterer Ausbreitung. Aber das Verhängnis eines hohen Grades der Spezialisierung ist die Einbuße an Anpassungsfähigkeit. Die Nachteile der Stenökie liegen in der Zukunft und machen sich erst geltend bei Änderung der Lebensverhältnisse am Wohnort des Tieres. Dann erst zeigen sich die Vorzüge der Euryökie; denn gerade in der Unempfindlichkeit gegen Einflüsse, die andere Tiere schädigen müssen, besteht die Anpassung der euryöken Tiere“ (HESSE).

Daß die euryöken Gattungen viele Arten zu haben pflegen, liegt eben an ihrer Fähigkeit zu weiter Ausbreitung, die im Sinne des vorhergehenden Abschnittes die Artbildung begünstigt. Daß stenöke Arten in der Tat regelmäßig jünger sind als euryöke, liegt daran, daß sie aus euryöken durch Beschränkung der Reaktionsbreite entstehen.

War eben von Spezialistentum die Rede, so ist die Anwendung dieses Begriffes auf den Reaktionstyp nur ein Schritt. Arten mit nicht fixiertem Reaktionstyp werden, wenn sie nicht allzu empfindlich gegen Außenfaktoren sind, leichter sich unter veränderten Bedingungen halten als Arten, deren Reaktionstyp starr und an bestimmte äußere Reize gebunden ist. Ganz besonders hemmend wird in solchen Fällen das in Erscheinung treten, was auf S. 453 dargelegt wurde, nämlich die Bindung eines Entwicklungsvorganges an einen Außenfaktor, der in der Phylogenese nicht als Anlaß für die betreffende Spezialanpassung auftrat, sondern den veranlassenden Faktor nur regelmäßig begleitete. Bleibt unter veränderten Bedingungen diese Begleitung aus, so kann damit die Entwicklung unterbunden werden, auch wenn sie an sich, wegen der Reaktionsbreite, durchaus möglich wäre. Besonders kompliziert wird das natürlich bei Arten mit gemischtem Reaktionstyp. Hier kann ein Teil des Entwicklungsablaufes unter veränderten Bedingungen sich erhalten, ein anderer aber ganz unterdrückt werden. Man braucht hier nur an die Aphididen Javas zu denken, bei denen VAN DER GOOT keine Geschlechtsgenerationen feststellen konnte, die sich also nur parthenogenetisch vermehren, vielleicht im Zusammenhang mit der fehlenden Schwankung der täglichen Belichtungsdauer. Weitere Beispiele liefern *Schizoneura* (S. 417), die Reblaus (S. 422) und manche Chermesiden (S. 426). Wenn man berücksichtigt, wie verschiedene Kombinationen bei den Reaktionstypen auftreten können, wird man über das im folgenden durch einige Beispiele illustrierte verschiedene Verhalten der Arten bei der Ausbreitung, über die Verschiedenartigkeit ihrer Verbreitungsgrenzen, nicht erstaunt sein.

Bei manchen Arten ist es offenbar die Temperatur, die im Norden und im Süden weitere Ausbreitung verhindert. Dabei kann in beiden Fällen die Mortalitätszone von 100 vH maßgebend sein, wie bei *Oxycarenus hyalinipennis*, die an der Südgrenze ihres Verbreitungsgebietes (Sudan) Orte mit mehr als 32,5^0 Monatsdurchschnitt nicht überschreitet und im Norden von der Zone regelmäßiger Winterfröste aufgehalten wird (KIRKPATRICK). In anderen Fällen ist die Nordgrenze wohl auch eine Temperaturgrenze, sie ist aber nicht durch die Mortalität, sondern durch den Entwicklungsnullpunkt bestimmt. Das gilt z. B. von der mediterranen Schildlausart *Guerinia serratulae*, deren Entwicklungsnullpunkt nach BODENHEIMER bei 10—12^0 liegt und die daher über Südfrankreich nach Norden nicht hinauskommt. Die Südgrenze ist bei dieser Art nicht durch die Temperatur, sondern durch die Niederschläge bestimmt; die Art überschreitet die Isohypse von 350 mm (jährlich) nach Süden nicht[1].

Es wird in allen Fällen, sei die Temperatur, sei die Feuchtigkeit der hauptsächliche beschränkende Faktor, auf den Kampf ankommen, der zwischen Vermehrungspotential und Mortalität immer geführt wird, und der je nach den Außenfaktoren zugunsten des einen oder des anderen entschieden wird. Liegt das Entwicklungsoptimum nahe dem Vitalitätsoptimum, so wird auf der nördlichen Halbkugel in der Regel der Entwicklungsnullpunkt es sein, der die Art nach Norden hin abgrenzt, die Südgrenze wird, wenn nicht andere Dinge hineinspielen, durch die 100proz. Mortalitätszone gegeben sein. Sind dagegen die beiden Optima weit voneinander entfernt, wie das bei *Oxycarenus* der Fall ist und wie es BODENHEIMER für alle Tropeninsekten vermutet, so wird der Kampf zwischen Entwicklungspotential besonders heftig, die Grenzen werden beiderseits durch 100proz. Sterblichkeit bedingt sein. Die Zahl der in dem Kampfe fallenden Opfer wird in diesem Falle besonders groß wer-

[1] In derselben Weise reguliert sich auch die vertikale Verbreitung.

den. Der Gedanke BODENHEIMERS, daß das hohe Entwicklungspotential der Tropeninsekten dadurch, daß die Tiere sich unter konstant ungünstigen vitalen Bedingungen befinden, kompensiert, ja überkompensiert wird und daß infolgedessen die tropischen Arten trotz hoher Generationenzahl in der Regel keine Massenvermehrung zeigen, daß sie durchweg individuenarm sind, verdient alle Beachtung. Wir können zur Bestätigung der Richtigkeit dieses Gedankens *Trialeurodes vaporariorum* heranziehen, ein ursprünglich tropisches Gewächshaustier, dessen Entwicklungspotential durch hohe Temperaturen außerordentlich gesteigert wird, dessen Massenvermehrung im Gewächshaus aber im Sommer durch Erhöhung der Mortalität trotzdem stärker gehemmt ist als im Winter. Im kleinen haben wir hier dasselbe wie bei *Oxycarenus*. Die Sommertemperaturen gestatten im Freien die Entwicklung mehrerer Generationen und man findet die Tiere daher vor den Gewächshäusern im Sommer zahlreicher als im Innern der Häuser. Im Winter aber ist die Mortalität im Freien 100 vH, die Art kann sich also für die Dauer hier nicht ansiedeln. Nicht der Entwicklungsnullpunkt ist es also, der die Verbreitung der Art bestimmt, sondern das Temperaturminimum, das, mit Nahrungsmangel verbunden, in unseren Breiten im Freien immer 100 proz. Sterblichkeit herbeiführt.

Gerade diese Aleurodide, die, ein typisches Tropentier, heute über die ganze Welt verbreitet ist, legt uns den Gedanken nahe, daß es sehr auf die Art der Ausbreitung, auf die Lebensgewohnheiten und im Zusammenhang damit auf die mikroklimatischen Bedingungen ankommt, inwieweit sich die Außenfaktoren überhaupt auswirken können. Wenn man das bedenkt, wird man sich nicht darüber wundern, daß manche Arten, die durchaus nicht in jeder Beziehung euryök sind, weltweite Verbreitung gefunden haben. *Cimex lectularius* z. B., streng spezialisiert auf Warmblüterblut und äußerst empfindlich gegen Feuchtigkeit (S. 151), ist mit dem Menschen gewandert und hat daher, als Folge der Art ihrer Verschleppung, überall passende Nahrung und trockene Wohnung gefunden, wobei ihr allerdings ihre geringe Empfindlichkeit gegen Hunger und Temperaturschwankungen zustatten kam. *Trialeurodes* ist immer mit Gewächshauspflanzen verschleppt worden und hat daher trotz ihrer Empfindlichkeit gegen Kälte immer passende Temperaturverhältnisse angetroffen, wobei ihr ihre Polyphagie zustatten kam. Mutatis mutandis gilt dasselbe von monophagen Pflanzenparasiten, die mit ihren Nährpflanzen in Gegenden verschleppt werden, wo diese in Kultur gehalten waren, und die daher ganz selbsttätig wenigstens passende Nahrung fanden (*Icerya purchasi*, Reblaus).

Man muß dem allem nach BODENHEIMER recht geben, wenn er WILLIS' Versuch, die Bedeutung der inneren ökologischen Verschiedenheit der Arten durch den rein mechanischen Faktor des Alters zu verdrängen, als mißglückt bezeichnet. Wenn das Alter der Genera bei der Verbreitung Erklärungswert hat, so liegt das neben den oben schon genannten Gesichtspunkten (S. 456) daran, daß die Reaktionsnorm so wenig wie die Reaktionsbasis unveränderlich ist. Alte Genera werden natürlich mehr Zeit gehabt haben, sich in verschiedenartig reagierende

Arten aufzuspalten und werden daher größere Areale besiedelt haben können als jüngere Genera. Allein vom Alter hängt aber auch das nicht ab. BODENHEIMER hat schon darauf hingewiesen, daß „die um ein vielfaches erhöhte Entwicklungsgeschwindigkeit der heißen Länder die Generationenfolge, mit deren Zahl fraglos die Entstehung neuer Merkmale und Arten verknüpft ist, ungeheuer vermehrt und daß wir hierin einen wesentlichen Grund des Artenreichtums solcher Gegenden anzusehen haben". Daß mit diesem Artenreichtum eine geringe Individuenzahl verbunden ist und daß diese möglicherweise damit zu begründen ist, daß die Tropeninsekten makrostenotherm oder wenigstens makroeurytherm sind, wurde oben schon erwähnt.

Was die Zusammenhänge zwischen Artbildung und Verbreitung betrifft, so können wir zunächst sagen, daß sie reziproker Natur sind, insofern als Ortswechsel die Steigerung neuer Eigenschaften durch Ausmerzung des Ungeeigneten begünstigt (geographische Isolierung, S. 404) und als andererseits neue Eigenschaften unter Umständen Ortswechsel, Aufenthalt unter veränderten Bedingungen, erst gestatten. Wir werden ferner vermuten können, daß im allgemeinen von euryöken stenöke, von nicht fixierten fixierte Arten sich abspalten werden. Damit werden dann auch rückschreitende Arten, Arten mit rezessivem Bereich sich erklären lassen, denn „stenöke Arten mit verminderter Plastizität unterliegen schon bei leichten ungünstigen Veränderungen ihres Bereichs einer rezessiven Wanderung (BODENHEIMER).

Die Möglichkeit einer umgekehrten Entwicklung ist natürlich nicht von der Hand zu weisen, sie ist sogar, bezüglich der Fraßgewohnheiten, nachweisbar vorhanden (siehe S. 176).

Wenn wir bedenken, daß die Veränderung der Eigenschaften, die zur Bildung neuer Arten führt, die Reaktionsnorm wie den Bau und die Reaktionsbasis betreffen kann, daß jede Komponente dieser komplizierten Systeme sich für sich oder zusammen mit anderen desselben oder eines anderen Systems ändern kann, daß jede Änderung den Keim zu neuen Möglichkeiten in sich trägt, wenn wir uns jede Art als einen Kern vorstellen, von dem aus, strahlig sich verzweigend, in so vielfacher Hinsicht abgeänderte Geschlechterfolgen ausgehen, wenn wir uns diese sich ausbreitend, unter neuen Bedingungen sich haltend und weiterverändernd oder untergehend vorstellen, so werden wir wenigstens einiges Verständnis aufbringen können für die unendliche Mannigfaltigkeit der Formen und der Lebensgewohnheiten, sowie für die so verschiedenartige Verbreitung der Arten.

E. Wechselbeziehungen zur belebten Umwelt, Biocönosen.

I. Beziehungen der Hemipteren zu Tieren.

Schon mehrfach war in den vorhergehenden Abschnitten die Rede von Beziehungen der Hemipteren zu anderen Organismen, zu Tieren und Pflanzen. Diese Beziehungen übersichtlich zu ordnen und sie in ihrer Wirkung auf das Leben unserer Untersuchungsobjekte aufzuzeigen, wird die Aufgabe der folgenden Kapitel sein.

Ganz einfach ist solch eine systematische Darstellung freilich nicht. Einmal sind die einzelnen zu den Hemipteren in Beziehung tretenden Organismen sehr ungleich bearbeitet, dann sind die Beziehungen sehr verschiedener, vielfach noch strittiger Natur, und schließlich hängen die einzelnen biologischen Gruppen, die Parasiten und Feinde, die Symbionten und die Wirtspflanzen, die Wirts- und Beutetiere unter sich wieder in so mannigfaltiger Weise zusammen, sind so eng an die unbelebten Elemente des Lebensraumes gebunden, daß eine Isolierung der Einzelformen für das Verständnis der Zusammenhänge innerhalb der Lebensgemeinschaften nicht günstig ist. Eine Betrachtung all der einzelnen Biozönosen würde aber den Rahmen dieses Buches bei weitem überschreiten. Es bleibt daher nur ein Weg: eine möglichst gleichmäßige Behandlung der verschiedenen biologischen Gruppen, die am Schluß durch eine eingehende Besprechung einiger komplizierten Lebensgemeinschaften zusammengefaßt werden soll.

1. Beziehungen zwischen den Individuen einer Art.

Jedes Individuum einer Art steht natürlich zunächst in Beziehung zu anderen Individuen derselben Art. Soweit diese mit dem Geschlechtsleben, mit der Fortpflanzung und Entwicklung unmittelbar zusammenhängen, soweit sie die Arterhaltung bezwecken, haben wir sie in den vorstehenden Kapiteln schon kennen gelernt. Es sei hier nur an das Auffinden des Geschlechtspartners, an die Liebesspiele, die Kopulation, die Eiablage, die Brutfürsorge und die allerdings nur selten auftretende Brutpflege erinnert. Niemals führen die Beziehungen dieser Art bei den Hemipteren zur Bildung von Staaten, wie sie bei anderen Insekten, bei den Termiten und den Hautflüglern, in so hoher Vollendung vorkommen.

Wohl bilden aber Hemipteren oftmals Ansammlungen, Kolonien, Herden, oder wie man das nennen will. Die Ursachen für die Bildung derartiger Gesellschaften sind sehr verschiedener Natur.

Teilweise hängen sie sicher mit dem Geschlechtsleben zusammen. Die Schwarmgesellschaften, in denen Männchen und Weibchen zusammen auftreten und die daher das Zusammentreffen der Geschlechter erleichtern, sind hier zu nennen. Sie kommen z. B. bei *Plea minutissima* und bei manchen Enicocephaliden (S. 305) vor.

Liegt in diesem Falle der Wert der Vergesellschaftung in ihr selbst, und kann man daher im Sinne DEEGENERS von Sozietäten reden, so hat in anderen Fällen, bei den Assoziationen, das Individuum von der geselligen Lebensweise keinen unmittelbaren Vorteil.

Hier kann man an die Wandergesellschaften denken, wie sie bei den Corixiden und anderen Wasserwanzen vorkommen, an die oft riesigen Scharen von Individuen, die sich aufmachen und in neue Wohngebiete einfallen. Man kann ferner die Fälle anführen, in denen junge Larven in der Nähe des Geleges oder gar auf den leeren Eihüllen noch eine Zeitlang beisammen bleiben, wie das z. B. bei vielen Pentatomiden vorkommt (Abb. 259n). In anderen Fällen, so etwa bei *Cimex lectularius*, scharen sich Larven ohne Rücksicht auf ihre Herkunft unter dem Einfluß ihres negativen Phototropismus zusammen (S. 143); die sudanesische Pentatomide *Agonoscelis versicolor* sucht während ihrer Ruheperiode in großen Gesellschaften im Schatten von Bäumen Schutz vor starker Besonnung (SAREL-WHITFIELD). Auch die Sommerlarven von *Chaithorinella aceris* sind in diesem Zusammenhang zu erwähnen, denn sie bilden an der Unterseite der Ahornblätter kleine Kolonien und finden sich, wenn sie gewaltsam auseinander getrieben werden, nach kurzer Zeit mit den gleichen oder anderen Artgenossen wieder zusammen (KESSLER).

In den letzten Fällen ist es klar, daß die Nahrungssuche keinen Einfluß auf die gesellige Lebensweise hat und daß kein erkennbarer Nutzen für das einzelne Individuum aus der Geselligkeit entspringt. In anderen Fällen bleiben die Jungen aus einem oder aus mehreren benachbarten Gelegen mehr oder weniger lange Zeit an einer günstigen Nahrungsquelle beisammen. Diese Art der Kolonienbildung hängt mit dem Bestreben des Weibchens zusammen, die Eier an Orten unterzubringen, an denen die Jungen ohne langes Suchen Nahrung finden können. Bei den räuberischen Arten ist das Leben in Gesellschaften für die Arterhaltung nicht vorteilhaft, weil es den weit verbreiteten kannibalischen Gelüsten der Imagines und der älteren Larven Vorschub leistet. Besonders bei den Wasserläufern, die mit Vorliebe in „Schulen“ zusammenleben, kommt das klar zum Ausdruck (S. 165). Auch bei Blutsaugern kommt es, wie wir oben sahen, manchmal zu einer eigentümlichen Form des Kannibalismus, indem ein Individuum des anderen gefüllten Magen ansticht und aussaugt. Selbst phytophage Art verführt allzuenges Beisammenleben gelegentlich zu Kannibalentum. Von den Pentatomiden haben wir das oben schon gehört, ebenso wie von den Pyrrhocoriden.

Gerade bei den letzteren sehen wir den Einfluß der Ernährung auf die gesellige Lebensweise aufs deutlichste. Regelrechte Fraßgesellschaften sind die Ansammlungen der Feuerwanze, die bekanntlich am Fuß alter Linden oft zu Tausenden auftritt. Ganz dasselbe gilt von den *Dysdercus*-Arten, die in hellen Scharen an Baumwollkapseln leben, von *Oxycarenus* usw. Diese Beispiele zeigen aber auch, daß man Assoziationen und Sozietäten nicht immer scharf trennen kann; denn man könnte hier auch von Schwarmgesellschaften reden, da die Tiere bis zur Geschlechtsreife beisammen bleiben und an den Versammlungsorten auch kopulieren.

Fraßgesellschaften sind vielfach auch die Kolonien, die bei den Homopteren so häufig vorkommen. Unter den Zikaden sind es vor allem die Jassiden und die Membraciden, die häufig geselliges Verhalten zeigen: FUNKHOUSER unterscheidet unter den Membraciden des Cayuga-See-Gebietes Arten, die stets einsam leben (*Smilia camelus*), Arten, die nur als Larven (*Ceresa bubalus*) oder nur als Imagines (*Carynota mera*), und solche, die das ganze Leben über gesellig sind (*Entylia bactriana*). Nicht bei allen diesen Gruppen kann es sich um einfache Fraßgesellschaften handeln, denn die Tiere scharen sich auch in der Ruhe zusammen; vielleicht sind hier ähnliche Einflüsse am Werk, wie wir sie bei *Cimex* kennen lernten, vielleicht spielen die Beziehungen zu Ameisen, die gerade bei den geselligen Formen besonders ausgeprägt sind, eine Rolle.

Hier zeigt sich schon, daß einfache Fraßgesellschaften für das Geschlechtsleben Bedeutung gewinnen können, wenn sie bis zum Imaginalstadium ausgedehnt oder gar, wie bei *Carynota mera*, auf das Imaginalstadium beschränkt werden. Das erstere findet man besonders häufig bei den Aleurodiden. Bei ihnen sind meist alle Stadien, Eier, Larven und Imagines, auf einem Blatt versammelt, wobei allerdings die beweglichen Imagines nicht örtlich gebunden sind. Es ist kein Zweifel, daß solche gemischten Kolonien aus reinen Larvenkolonien, wie sie sich z. B. bei manchen Psylliden (*Psylla mali*) finden, entstanden sind. Je nach der Stärke des den Imagines innewohnenden Wandertriebes werden diese sich von dem Wohnort der Larven entfernen oder nicht, wobei es natürlich auch auf die Nahrungswahl der Imago ankommt. Bei den Schildläusen z. B., deren Weibchen infolge ihrer geringen Beweglichkeit sehr volkreiche Kolonien zu bilden pflegen (Abb. 309a), sind die ausgewachsenen Männchen in keiner Weise an die Wirtspflanze gebunden, da sie keine Nahrung aufnehmen können; ihrem Bewegungstrieb legt sich also gar kein Hindernis in den Weg; Inzucht wird bei diesen Formen daher kaum vorkommen. Bei den Psylliden und den Aleurodiden wird diese in den meisten Fällen dadurch vermieden werden, daß die Tiere nicht gleich nach dem Schlüpfen kopulationsfähig sind und daher bei ihrer Flüchtigkeit in der Regel vor der Kopula ihren Geburtsort und damit ihre Geschwister verlassen haben werden.

Reine Fraßgesellschaften (Assoziationen) sind natürlich die Kolonien der parthenogenesierenden Aphidinen, in denen die Mütter neben den Töchtern sitzen. Die Jungen entfernen sich hier in der Regel nicht weiter von der Mutter, als nötig ist, um eine geeignete Nahrungsquelle zu finden. Je nach der Pflanzenart und je nach dem Entwicklungszustand der Pflanze können demnach die Tiere mehr oder weniger eng zusammensitzen. Daß z. B. die Blattlaus des Holunders (*Aphis sambuci*) je nach der Jahreszeit mehr oder weniger dichte Kolonien bildet, daß im Frühjahr an jungen Trieben die Läuse so eng aufeinandersitzen, daß viele von ihnen nur mit dem Rüssel die Rinde berühren, während sie im Sommer an den Blättern verteilt sind, beweist einwandfrei, daß die Koloniebildung hier nur eine Funktion der Ernährung ist. Natürlich ist dabei auch zu berücksichtigen, daß die Vermehrungstätigkeit von der Art der Nahrung abhängt und daß demnach bei reichlicher Nahrung jedem einzelnen Tier der Raum spärlicher zugemessen ist. Ferner ist die Zahl der geflügelten Individuen von Bedeutung, die in der Regel bald die Nährpflanze verlassen, auf die Suche nach neuen Nahrungsquellen gehen und so die Kolonien kleiner werden lassen.

Daß indessen auch bei den Aphidinen nicht nur die Nahrung für die Form und Dichte der Kolonien maßgebend ist, zeigt das gelegentlich vorkommende verschiedene Verhalten zweier gleichzeitig an einer und derselben Wirtspflanze lebenden Blattlausarten. Die Form der Kolonien ist demnach, in manchen Fällen wenigstens, ein Teil der Reaktionsnorm.

2. Beziehungen zu anderen Tierarten.

Bisher war nur von homotypischen Gesellschaften die Rede, d. h. von Gesellschaften, die sich aus Individuen e i n e r Art zusammensetzen. Von ihnen zu unterscheiden sind die heterotypischen Assoziationen und Sozietäten, Gesellschaften, an deren Zustandekommen neben einer Hemipterenart Individuen einer anderen Tierart beteiligt sind. Zunächst mögen hier die marinen *Halobates*-Arten erwähnt werden, die in ein einseitiges Verhältnis zu Wasservögeln und zu schwimmenden Schneckenarten (*Janthina*) treten, indem sie ihre Eier an das Gefieder der Vögel bzw. an das Schaumfloß der Schnecken anheften.

Nicht selten kommt im Tierreich der Fall vor, daß eine Spezies sich abgestorbener Körperbestandteile einer anderen Art für sich bedient. Auch manche Hemipteren müssen anderen Tieren in dieser Weise dienen: Die Larven von *Hemerobius*- und *Chrysopa*-Arten z. B. verwenden vielfach die leergesogenen Häute von Blattläusen zur Bildung einer ihren Körper umgebenden Hülle (Abb. 305), und DINGLER beobachtete, wie in einem Falle die durch Parasitenbefall geleerten und geblähten Hüllen von Schildläusen der Art *Lecanium hesperidum* von Larven der Schildlaus *Pseudococcus adonidum* bewohnt waren, die bei ihrer Suche nach einem dunklen Schlupfwinkel (S. 143) die günstige Gelegenheit benützt hatten.

Handelt es sich im letzten Fall auch um ein zufälliges Zusammentreffen von für die eine Art günstigen Umständen, so kann man doch das Nebeneinandervorkommen der beiden Schildlausarten nicht einfach mit dem Wort Zufall abtun. Beziehungen bestehen stets zwischen nebeneinander vorkommenden Tierarten, seien es auch nur mittelbare, Ähnlichkeiten in der Reaktionsnorm, Bindung an die gleiche Wirtspflanze, an gleiche Feuchtigkeit, Temperatur oder Besonnung.

Schon in diesen Fällen gibt es neben den mittelbaren Zusammenhängen oft unmittelbare, die allerdings nicht immer leicht erklärbar sind. Wenn z. B. *Piesma quadrata*, die Rübenwanze, in der Regel (nach SCHUBERT) Rübenpflanzen, die von *Aphis fabae* besetzt sind, meidet[1], wenn die drei auf der Pferdebohne vorkommenden Blattlausarten *Rhopalosiphum viciae*, *Macrosiphum pisi* und *Aphis fabae* wohl häufig auf einem Feld, selten aber auf einer Pflanze anzutreffen sind, so können wir für dies Verhalten keinen Grund angeben. Wenn manche Arten von eingewanderten oder eingeschleppten Verwandten gar völlig verdrängt werden, ohne daß eine direkte Einwirkung der einen auf die andere Art vorkäme, so kann man mit BODENHEIMER kaum eine andere Erklärung finden, als daß die verdrängten Arten hart an der Grenze der 100proz. Mortalität lebten und daß die geringe Nahrungskonkurrenz, die sie von den neuen Arten erfuhren, zu ihrer völligen Vertilgung ausreicht. Vielleicht spielen analoge Vorgänge, auf eine Pflanze angewandt, auch bei den vorgenannten Fällen herein.

Wie hier die Grundlage für die Verdrängung von der Wirtspflanze geliefert wird, so wird diese in anderen Fällen die Grundlage für ein geselliges Nebeneinander verschiedener Arten abgeben. So leben nach FUNKHOUSER an der Robinie die beiden Membracidenarten *Thelia bimaculata* und *Vanduzea arquata* in dichten Gruppen herdenweise zusammen. Daß dieses Zusammenleben aber nicht nur von der gleichen Ernährungsweise, sondern außerdem noch von einem besonderen „Herdentrieb" bedingt ist, zeigt die Art *Enchenopa binotata*, die wohl auf dem gleichen Wirt, aber selten oder nie in Gesellschaft mit den beiden anderen Arten angetroffen wird. Daß der Herdentrieb irgendeinen Vorteil für die geselligen Arten mit sich bringt, ist nicht anzunehmen, es sei denn, daß, wie oben schon angedeutet wurde, die Membracidengesellschaften von Ameisen leichter aufgefunden werden können als einzelne Individuen.

Klarer treten die Beziehungen in den Fällen zutage, in denen eine Art unmittelbar auf eine andere einwirkt, sei es zu beider Arten Nutzen, sei es zum Schaden der anderen Art.

a) Symbiose und verwandte Erscheinungen.

Von Symbiose pflegt man zu reden, wenn zwei verschiedene Organismen zu beiderseitigem Vorteil miteinander in Beziehung treten.

Die oben schon ausführlich besprochene Eigenschaft gewisser Homopteren, die aufgenommenen Pflanzensäfte nur sehr unvollkommen auszunützen, bildet die Grundlage für das Freundschaftsverhältnis zwischen diesen Formen und manchen Ameisen, auf das die obige Definition der Symbiose vollständig paßt; denn die Ameisen lassen den Homopteren dafür, daß sie deren zuckerhaltigen Kot als Nahrung verwenden, ihren Schutz angedeihen.

Es ist schwer zu sagen, wie dies Abhängigkeitsverhältnis, das in manchen Fällen sehr weit geht, zustande kam. Man kann vermuten, daß die Ameisen, so wie es Wespen und Fliegen noch heute tun, anfangs nur den weggespritzten Kot der Homopteren aufleckten und erst im Lauf der Entwicklung dazu kamen, zur Quelle vorzudringen. Wie dem auch sei, die Regel ist jetzt jedenfalls die, daß die Ameisen ihre „Milchkühe" aufsuchen und sie durch vorsichtiges Betasten und Betrillern

---

[1] WILLE konnte diese Feststellung nicht machen.

mit den Fühlern zur Abgabe eines Tropfens des erwünschten Saftes veranlassen (Abb. 304). Niemals beantworten die Homopteren, auch wenn es sich um sehr flüchtige Arten (Psylliden, Membraciden) handelt, diese Reize mit Abwehr- oder Fluchtreaktionen, es scheint sich vielmehr im Laufe der Entwicklung eine reflexmäßige Verbindung zwischen den von den Ameisen ausgeübten Tastreizen und der Kotabgabe herausgebildet zu haben, sowie eine Hemmung der normalen, auf ähnliche Reize eintretenden Reaktionen. Die Reflexnatur jener Reaktion steht bei den Arten außer Zweifel, die auf Betasten mit einem Haar mit Kotabgabe antworten, ist aber auch bei Arten, bei denen das nicht gelingt, kaum abzulehnen. Es ist möglich, daß im letzteren Fall das Unterscheidungsvermögen feiner ist oder daß ein anderer Reiz neben den Tastreizen mitspielt.

Abb. 304. *Carynota stupida* (Membraciden), Imago *d*, Larve *k*, von Ameise *m* besucht. *l* Folge der Eiablage, nach Osborn.

Am mannigfaltigsten sind die Beziehungen zu den Ameisen bei den Blattläusen, die wir daher als Beispiel ausführlich behandeln wollen.

Nicht alle Aphidinen kommen für Ameisenbesuch in Frage. Von vorn herein scheiden natürlich die Phylloxeriden aus, deren After geschlossen ist und die daher gar keine Exkremente von sich geben. Bei den übrigen Blattläusen kommt es auf die Zusammensetzung der Exkremente an. Mordwilko hat als erster erkannt, daß offenbar ein Zusammenhang zwischen der Beschaffenheit des Honigtaus und der Wachsproduktion besteht, daß Aphidinenarten, die reichlich Wachs produzieren, von Ameisen gemieden werden (*Schizoneura lanigera* z. B.) und daß es nicht das Wachs an sich ist, das die Ameisen zurückhält. Wir haben oben schon auf die mögliche Bedeutung des Wachssekretes als Exkret hingewiesen (S. 263) und können uns hier damit begnügen festzustellen, daß der Grad der Ausnützung des Nahrungssaftes mit der Menge des Wachssekretes Hand in Hand geht und daß dementsprechend mit der letzteren die auf Ameisen ausgeübte Anziehung abnimmt.

Ob es auch Eigenschaften der Afterflüssigkeit sind, die darüber entscheiden, ob eine Blattlausart regelmäßig, häufig oder selten von Ameisen besucht wird, ist nicht zu entscheiden. Sicher ist aber, daß der Grad der gegenseitigen Abhängigkeit von Blattlaus und Ameise im Bau der ersteren und in den Lebensgewohnheiten der letzteren deutlich zum Ausdruck kommt.

MORDWILKO stellte fest, daß die von Ameisen gemiedenen Blattläuse ein großes „Schwänzchen" (Cauda) haben, das den Zutritt zur Afteröffnung erschwert. Bei den regelmäßig von Ameisen besuchten Arten ist das Schwänzchen in der Regel kleiner, der Kot wird von ihnen nur dann in der auf S. 240 geschilderten Weise weggeschleudert, wenn gerade keine Ameisen vorhanden sind. Werden die Läuse dagegen von Ameisen betrillert, so lassen sie die Kottröpfchen langsam austreten, so daß sie von den Ameisen bequem aufgeleckt werden können. Manche Arten, wie z. B. der auf Kiefern lebende *Lachnus taeniatoides*, die Arten der Gattung *Stomachis*, *Aphis farfarae*, *Pemphigus caerulescens* und andere, besitzen sogar einen um den After angeordneten Haarkranz, der die Flüssigkeit für die Ameisen zurückhält. Kommt dazu noch, wie das bei einigen dieser Arten der Fall ist, eine völlige Aufgabe des Kotspritzens, so sind die betreffenden Arten von den Ameisen ganz abhängig geworden. Bei solchen Arten begnügen sich die Ameisen denn auch nicht mit gelegentlichen Besuchen, sondern gehen zu regelrechter Pflege und Fürsorge über und machen so aus den Blattläusen wohlgehegtes Nutzvieh.

Diese Fürsorge beginnt damit, daß die lichtscheuen Ameisen, wie MORDWILKO und EIDMANN an *Lasius niger*, *alienus* usw. beobachteten, Erdgalerien bis an den Fuß der von den Läusen bewohnten Pflanzen führen. Sitzen die Blattläuse in der Nähe des Bodens, so werden die Erdgalerien über sie weggebaut und zu kleinen Hütten erweitert, die gleichzeitig als Wohnort für die Blattläuse und als Raum für das Aufziehen der Ameisenlarven dienen, die von den Ameisen zu gewissen Stunden des Tages hierher getragen werden. Der ausschließlich auf Kosten der der Gattung *Stomachis* angehörenden Blattläuse lebende *Lasius brunneus* isoliert seine Blattläuse stets auf sehr vollkommene Weise von der Außenwelt, indem er über sie, die an der Rinde verschiedener Bäume in Bodennähe leben, Gewölbe aus faulem Holz aufbaut, die den Rindenrissen folgen und mit dem Nest der Ameisen in Verbindung stehen. Legt man die Gänge frei, so tragen die Ameisen die Blattläuse sofort nach unzerstörten Teilen des Baues. Können die Läuse nicht schnell genug die langen Stechborsten herausziehen, so unterstützen sie die Ameisen auch darin.

Nicht in Bodennähe sich aufhaltende Blattlausarten werden von ihren Ameisen nur selten überbaut. Trotzdem kann auch hier die Fürsorge sehr weit gehen, so weit sogar, daß die Ameisen die Wintereier der Läuse einsammeln und sie in frostfreie Teile ihres Baues bringen. In anderen Fällen schleppen sie ausgewachsene Weibchen in ihren Bau und ermöglichen diesen so das Überwintern (*Stomachis*). In beiden Fällen sind natürlich die Läuse der Einwirkung von Außenfaktoren entzogen, die Wirkung auf den Massenwechsel der betreffenden Art wird immer bedeutend sein, um so mehr als auch im Frühjahr die neugeborenen bzw. aus den Eiern gekrochenen Larven oft noch sorgfältig beaufsichtigt werden. EIDMANN hat neuerdings an einer (unbestimmten) Blattlaus des Apfelbaumes, die von *Lasius niger* besucht wird, sehr eingehende Beobachtungen gemacht und gefunden, daß die jungen Läuse auf ihren ersten Ausflügen ins Freie von Ameisen begleitet, gegebenenfalls wieder ins Nest zurückbugsiert oder, wenn es den Ameisen an der Zeit scheint, unter gehöriger Bewachung tagsüber an der Pflanze belassen werden. Solange die Nächte kalt sind, werden die Läuse des Nachts immer wieder in das Nest zurückgebracht. Im Sommer dagegen, wenn die Blattlauskolonien groß geworden sind, findet des Nachts der Ameisenbesuch statt, und tagsüber bleibt nur ein Wächter bei jeder „Herde“ zurück, der sich nur dann von seinen Schützlingen entfernt, wenn er längere Zeit gereizt wird. Er läuft dann in das Nest zurück, um zu alarmieren.

Naturgemäß sind aber derart enge Bindungen häufiger bei wurzelbewohnenden Blattläusen, die zum Leben in Ameisennestern geradezu prädestiniert sind. Bei ihnen, z. B. bei der an den Wurzeln von *Artemisia* lebenden *Trama radicis*, ist denn auch besonders deutlich der Transport der Läuse durch Ameisen zu beobachten. Man kann dabei sehen, daß die Läuse, wenn sie von den Ameisen gefaßt werden, die Beine an den Körper legen und bewegungslos verharren. Ja, bei einer Blattlausart soll die Abhängigkeit so weit gehen, daß sie von den Ameisen nicht nur an die Nahrungsquelle gesetzt, sondern sogar, indem sie auf dem Rücken liegt, regelrecht gefüttert wird. Hier kann naturgemäß von einer Symbiose nicht mehr die Rede sein, wenn auch die Ameisen den Kot der Läuse fressen. Man kann vielmehr hier geradezu von Parasitismus reden, allerdings von einem ganz eigentümlichen Sonderfall, der nur dadurch erklärbar ist, daß die Ameisen ursprünglich aus ihrem Gast Nutzen zogen und daß sozusagen dieses ursprüngliche Verhältnis allmählich in Vergessenheit geriet. Allerdings besteht die Möglichkeit, daß die Ameisen das der Laus gereichte Futter nicht selbst aufzuschließen vermögen und daß insofern die Laus doch für die Ameise unentbehrlich ist.

Von derartigen Sonderfällen abgesehen, ist aber der Nutzen, den die Ameisen von den Läusen haben, unbestreitbar und geht bei einigen Arten (*Lasius flavus, brunneus*) sogar so weit, daß die Ameisen ausschließlich von den Exkrementen der Läuse leben.

Als Entgelt erhalten die Blattläuse dafür den Schutz, den die wehrhaften Ameisen ausüben und der nach übereinstimmenden Aussagen aller Beobachter sehr bedeutsam ist. Nicht allein Raubinsekten, Coccinelliden, Blattlauslöwen und Syrphidenlarven werden von den Ameisen ferngehalten, sondern, wenigstens in vielen Fällen, auch parasitische Schlupfwespen, unter denen die Blattläuse sehr zu leiden haben. Als besonders wirksam erweist sich natürlich der Schutz bei den Läusen, die von den Ameisen in ihren Bauten untergebracht werden.

Wenn man noch berücksichtigt, daß wenigstens manche Blattlausarten durch das Überwintern in Ameisennestern auch Schutz vor Witterungseinflüssen genießen, ist der Einfluß der Ameisen auf den Massenwechsel der von ihnen besuchten Blattläuse als höchst bedeutsam nachgewiesen. Abhängig ist die Wirksamkeit dieses Schutzes natürlich von dem Grad der Bindung.

Außer den Aphidinen werden auch gewisse Cocciden, Membraciden und Psylliden von Ameisen besucht. Auch hier ist es wohl in erster

Linie die Beschaffenheit der Exkremente, die darüber entscheidet, ob Ameisenbesuch vorkommt. Daß daneben vielleicht die Verteilung der Individuen eine Rolle spielt, wurde oben schon angedeutet. Homopteren, die Kolonien bilden, werden für die Ameisen immer günstiger sein als einzeln lebende Arten, die relativ wenig Honigtau liefern und schwer zu finden sind.

Daß auch bei manchen Cocciden eine sehr enge Bindung an gewisse Ameisen vorkommt, zeigt der südamerikanische *Pseudococcus bromeliae*, der in den Nestern verschiedener Ameisen lebt und von ihnen wie die oben erwähnten Blattlausarten gepflegt, transportiert und verteidigt wird (S. 511).

Gerade diese Art lebt aber auch in den Nestern gewisser sozialer Käfer [*Coccidotrophus socialis* und *Enausibius wheeleri* (Silvanidae)], die allerdings nicht so ganz von der Schildlaus abhängig sind wie die genannten Ameisen, da sie außer den Exkrementen der Läuse noch andere Nahrung zu sich nehmen. Immerhin halten sie aber wie die Ameisen die Läuse in ihren Nestern, betrommeln sie mit den Fühlern, um ihnen Kottröpfchen zu entlocken, und verteidigen sie nötigenfalls gegen Feinde.

Welch verwickelte Verhältnisse sich aus der Konkurrenz der Käfer und der Ameisen ergeben, werden wir weiter unten bei Besprechung der Biozönose sehen, deren Mittelpunkt der *Pseudococcus* bildet.

Anschließen können wir an diese echten Symbiosefälle das Vorkommen gewisser Hemipteren in Ameisennestern, das wahrscheinlich mit Symbiose deshalb nichts zu tun hat, weil die Ameisen von den betreffenden Tieren keinen Vorteil haben. Hier sind z. B. die *Microphysa*-Arten unter den Wanzen zu nennen, deren Weibchen regelmäßig in Ameisennestern leben. Bei ihnen prägt sich die Bindung an Ameisennester in der Flügellosigkeit und im Bau des breiten, flachen Hinterleibes der Weibchen aus.

Auch bei den in Termitennestern lebenden amerikanischen *Termitaphis*-Arten, die man auf den ersten Blick für Schildläuse halten könnte, die aber tatsächlich in die Nähe der Pentatomiden gehören, hängt die Flügellosigkeit, die platte Körperform und die Kurzbeinigkeit sicher mit der Lebensweise zusammen.

Im Gegensatz zu solchen synöken Formen, die regelmäßig in den Bauten anderer Tiere vorkommen, sind Gelegenheitsgäste, wie die Tingidide *Dictyonota crassicornis*, die schon wiederholt in Nestern von *Lasius niger* angetroffen wurde, durch keine besonderen Baumerkmale ausgezeichnet.

b) Feinde und Parasiten der Hemipteren.

Manche Fälle von Synökie, ja sogar manche Symbiosefälle stehen schon auf der Grenze zu feindlichem Verhalten. So konnte z. B. Mordwilko beobachten, daß gewisse Ameisen (*Lasius flavus, niger, umbratus*) den geflügelten Weibchen der von ihnen gehegten Blattläuse (*Trama troglodytes, Schizoneura corni* und andere) die Flügel abbissen und sie so einerseits am Abwandern verhinderten, andererseits die Honigtauquelle sich leichter zugänglich machten. Die Ameisen scheinen dieser offenbar weit verbreiteten Gewohnheit zwar nur zu frönen, wenn sehr viel mehr geflügelte als ungeflügelte Tiere vorhanden sind, richten aber damit, indem sie die Ausbreitung der Art behindern, dennoch sicher Schaden an, der den Nutzen aufhebt, den sie den betreffenden Blattlausindividuen durch ihren Schutz bringen.

Viel einfacher als derartige Sonderfälle ist das Verhältnis des Verfolgers zum Verfolgten, des Parasiten zum Wirt oder des Räubers zum Beutetier. Betrachten wir zunächst die Hemipteren als den passiven Teil und behandeln ihre Feinde, ohne Rücksicht darauf, ob es sich um Räuber oder um Parasiten handelt, in systematischer Reihenfolge:

Unter den Wirbeltieren sind es hauptsächlich die insektenfressenden Vögel, die auch Hemipteren nachstellen. Besonders haben die Zikaden unter ihnen zu leiden. OSBORN, der sehr viele Magenuntersuchungen an amerikanischen Vögeln durchgeführt hat, fand besonders häufig Jassiden, aber auch Cercopiden und Fulgoriden in Vogelmagen. Auch Singzikaden werden von Vögeln verfolgt, wogegen Membraciden meist verschont werden. FUNKHOUSER glaubt, daß die harten, vielfach scharfen und spitzen Fortsätze des Pronotums die Vögel von den Imagines der Membraciden fernhalten, und beobachtete in der Tat, daß Vögel in der Gefangenschaft vorgeworfene Membraciden nicht annahmen. Derartige Versuche müssen indessen mit Vorsicht gedeutet werden, da ihr Ergebnis allzusehr von den Fraß- und Fanggewohnheiten der einzelnen Vogelarten und von dem Sättigungsgrad der meist überfütterten Käfigvögel abhängt.

Auch Wanzen und andere Hemipteren werden von den Vögeln nicht verschont; doch ist kein Anzeichen dafür vorhanden, daß die Vögel auf den Massenwechsel irgendwelcher Hemipteren bedeutenden Einfluß haben. Dasselbe gilt sicher auch von den gelegentlich oder regelmäßig insektenfressenden Arten unter den Säugetieren, den Reptilien, den Amphibien (Frösche, Kröten) und den Fischen.

Daß unter den Würmern Arten vorkommen, die in Insekten schmarotzen, ist bekannt. Über Würmer als Hemipterenparasiten ist jedoch nur ganz wenig bekannt geworden. GRUNER fand z. B. in der Leibeshöhle von Larven der Schaumzikade *Aphrophora salicis* sehr zahlreiche Nematoden, die offenbar eine Verkümmerung der Geschlechtsorgane bewirkten, denn es gelang nicht, von derart infizierten Zikaden Eier zu bekommen. Daß massenhaftes Auftreten eines Parasiten, der, wie dieser Nematode eine „parasitäre Kastration“ bewirkt, den Massenwechsel einer Insektenart ebensowohl beeinflussen kann wie das Auftreten von Raubtieren, ist selbstverständlich.

Spinnentiere im weitesten Sinne sind als Feinde und Parasiten von Hemipteren wohl bekannt. In Spinnennetzen fangen sich neben anderen Insekten oft Zikaden, Psylliden, Aleurodiden und geflügelte Blattläuse; Larven von Wassermilben saugen sich an Wasserwanzen wie an anderen Wasserinsekten fest, und auch Landmilben sind als Schmarotzer an Cicadinen und anderen Homopteren festzustellen. Besonders häufig sind in manchen Jahren die kleinen, roten Trombidiidenlarven der Spezies *Allotrombidium fuliginosum* an verschiedenen Blattlausarten anzutreffen. Ripper hat sich mit diesen, von ihm Blattlausquäler genannten Parasiten neuerdings eingehend befaßt und sie an Arten der Gattungen *Aphis*, *Myzus*, *Siphonophora*, *Macrosiphum* und *Eucallipterus* nachgewiesen. Nach eigenen Beobachtungen kommen sie außerdem an *Drepanosiphum* und einer ganzen Reihe von anderen Gattungen vor, ja sie sind sogar nicht einmal streng auf Blattläuse beschränkt, sondern werden gelegentlich an Capsiden gefunden.

Alle Stadien der Blattläuse werden von ihnen befallen, bestimmte Körperabschnitte werden nicht bevorzugt, irgendwo saugt sich die Milbenlarve fest, bleibt einige Tage sitzen, läßt sich dann fallen, vollendet im Boden ihre Entwicklung und saugt als erwachsenes Tier, räuberisch lebend, höchstens gelegentlich Aphidinen an. Eine wesentlich schädigende Wirkung scheinen auch die Larven auf die Aphidinen nicht auszuüben, die Blattläuse überleben in der Regel den Parasitenbefall, auch wenn, was gelegentlich vorkommt, mehr als eine Milbe an einer Blattlaus saugt.

Eine einschränkende Wirkung auf die Vermehrung der Läuse haben die in Europa vorkommenden Milben also auch dann nicht, wenn sie in so großen Massen auftreten, wie das z. B. 1929 im Rheinland der Fall war. Etwas anders verhält sich nach Howard eine amerikanische *Allotrombidium*-Art, die die Wintereier von Blattläusen anfällt und zerstört.

Eine viel bedeutsamere Rolle als alle anderen tierischen Feinde und Parasiten spielen räuberische und parasitische Insekten.

Unsicher ist noch die Bedeutung gewisser Schmetterlingsraupen (Epipyropiden), die auf australischen und südamerikanischen Zikaden, vor allem auf Fulgoriden, aber auch auf Cicadiden leben. Genaueres ist von den Lebensgewohnheiten der hawaiischen *Agamopsyche*-Arten bekannt: Der kleine, mottenähnliche Falter legt seine Eier an abgestorbenen Pflanzenteilen ab, die jungen Räupchen erklettern auf noch nicht ganz klargestellte Weise den Rücken vorbeikommender Zikaden (*Delphax*-Arten), setzen sich dort fest, werden mit der ersten Häutung flach und kurzbeinig und bedecken sich mit einer wolligen, wachsartigen Masse, deren Herkunft unsicher ist. Die Raupe sitzt so auf der Zikade, daß ihr Kopf in der Nähe von deren Afterkegel liegt. Ob sie sich mit den Ausscheidungen der Zikade als Nahrung begnügt oder ob sie, wie das von manchen Beobachtern angenommen wird, ein echter Parasit ist, der von den Körpersäften der Zikade zehrt, ist nicht einwandfrei entschieden. Sicher ist aber, daß die Raupe zur Verpuppung die Zikade verläßt. Dasselbe scheint bei einer kolumbischen Epipyropidenraupe (unbestimmt) nicht der Fall zu sein, deren Puppengespinst, auf einer Fulgoride (*Amantia combusta*) festgeheftet, von W. Stichel gefunden wurde.

Unter den Käfern gibt es zwar keine Parasiten, wohl aber eine ganze Reihe von räuberischen Feinden der Hemipteren. Besonders wichtig sind die Coccinelliden, die im Volksmund als Marienkäferchen bezeichnet werden und deren zahlreiche Arten großenteils räuberisch in Blatt- und Schildlauskolonien, seltener von Kleinzikaden leben. Bedeutsam sind diese Käfer, weil sie als Larven wie als Vollkerfe eine außerordentliche Gefräßigkeit aufweisen. Unsere einheimische *Coccinella septempunctata* vertilgt z. B. während der Larvenzeit (12—19 Tage) im ganzen durchschnittlich 660 Blattläuse von verschiedener Größe, als Jungkäfer frißt sie täglich gegen 10, als Altkäfer im folgenden Jahr täglich bis 40 Läuse (nach Jöhnssen). Wenn sie, ebenso wie die nah verwandte Art *Adalia bipunctata*, trotzdem keinen nennenswerten Einfluß auf den Massenwechsel der Blattläuse hat, so liegt das daran, daß in unseren Breiten auch bei günstiger Witterung jährlich nie mehr als eine Generation zur Entwicklung kommt und daß daher die Fraßtätigkeit der Käfer nicht als Gegengewicht gegen die durch günstige Außenfaktoren ins Ungemessene gesteigerte Vermehrungsfähigkeit der Blattläuse ausreicht. Es kommt dazu, daß die genannten Coccinelliden ihrerseits wieder unter Feinden und Parasiten zu leiden haben (Tachinen, Braconiden, Chalcididen, Anthocoriden, Vögeln).

Während also diese Arten nur als verhältnismäßig wenig bedeutende Glieder in der Kette der die Vermehrung der Blattläuse einschränkenden Faktoren anzusehen sind, liegen bei anderen Arten die Verhältnisse beträchtlich anders. Wir brauchen hier nur an *Novius cardinalis* zu denken, jene australische Coccinellidenart, die Koebele aus Australien nach Kalifornien brachte und deren Fraßtätigkeit es gelang, die verheerende *Citrus*-Schildlaus *Jcerya purchasi* innerhalb weniger Jahre zum Verschwinden zu bringen. Dies ist einer der nicht gar so häufigen Fälle, in denen es nicht die Witterungsfaktoren, sondern feindliche Organismen sind, denen die Hauptrolle bei der Beschränkung der Vermehrung einer Tierart zufällt. Erklärbar ist die Übernahme der Hauptrolle durch die außergewöhnliche Freßgier des monophagen Räubers, durch seine Vorliebe für die Eipakete der Schildlaus, durch die Ähnlichkeit seiner Reaktionsnorm mit der des Beutetieres, dadurch, daß der Käfer keine bedeutsamen Feinde und Parasiten hat, und durch die Bewegungsunfähigkeit der Schildlaus. Es muß also schon eine ganze Reihe günstiger Faktoren zusammentreffen, wenn eine Coccinellide über eine Homopterenart soll völlig Herr werden können.

Neben den Coccinelliden und ihren plumpen, langsamen, borstigen Larven trifft man in Blatt- und Schildlauskolonien, gelegentlich auch bei Zikaden, die Larven gewisser Neuropteren, der Chrysopiden, Hemerobiiden und Coniopterygiden, die wegen ihrer Gefräßigkeit und Raublust als „Blattlauslöwen" bekannt sind. Die langgestreckten Tiere, die mit hohlen, als Saugzange entwickelten Kiefern ausgestattet sind, saugen ihre Opfer aus, wenn sie kleiner als sie selbst sind, oder dringen, wie das bei den kleinen *Conwentzia*-Arten unter den Coniopterygiden beobachtet wurde, in den Körper des größeren Opfers ein, so daß sie den Anschein von Parasiten erwecken. Manche *Hemerobius*- und *Chrysopa*-Larven machen von den ausgesogenen Häuten ihrer Opfer noch Gebrauch, indem sie dieselben mit anderen Fremdkörpern zusammen zu einer Art Gehäuse verspinnen und sich unter dieser Hülle geradezu unsichtbar machen (Abb. 305). Als wirklich bedeutsame einschränkende Faktoren kommen auch die Blattlauslöwen nur in einzelnen Fällen in Betracht. So erhofft BODENHEIMER von der Hemerobiide *Sympherobius amicus*, die in Palästina von *Pseudococcus citri* lebt, eine beträchtliche Wirkung auf den Massenwechsel dieser Schildlausart, weil sie die gleiche Generationenzahl und eine höhere Eizahl hat als die Laus, weil sie eine mindestens gleiche Widerstandsfähigkeit gegen klimatische Einflüsse hat wie ihr Beutetier und weil sie frei von Parasiten ist.

Auch die Larven mancher Arten der Dipterenfamilie Syrphidae (Syrphus) sind Blattlausfeinde. Sie sind, wie alle Fliegenlarven, beinlos und haben statt der normalen Kopfbewaffnung der Insekten einen doppelhakenförmigen Mundapparat, mit dem sie Blattläuse anstechen und, indem sie den ganzen Mundapparat in den ersten Leibesring einziehen und dabei die Blattläuse mitziehen, sie wehrlos machen. Sitzt das Opfer dann, wie ein Kork auf einer Flasche, in der durch das Einziehen gebildeten Vertiefung des Vorderendes der Larve, so wird sein Leibesinhalt durch schluckende und pumpende Bewegungen des eingezogenen Mundapparates gemächlich ausgeschlürft (MEIGEN nach HEYMONS). Die Syrphidenlarven sind zwar für einzelne Blattlauskolonien fürchterliche Gegner, praktisch aber von geringer Bedeutung, da sie in der Regel nicht in großen Massen auftreten und da sie keinen großen Aktionsradius haben.

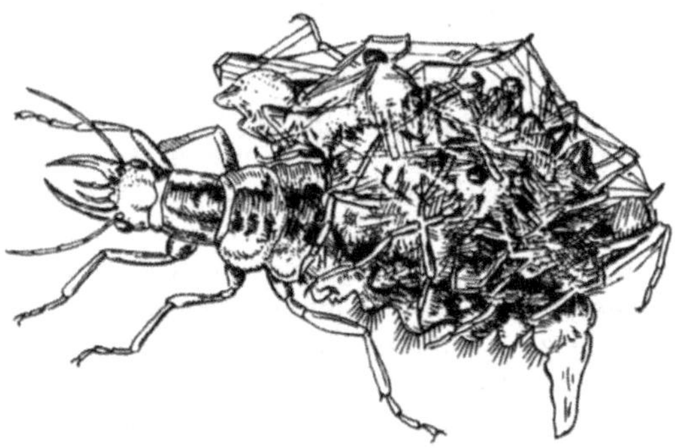

Abb. 305. *Chrysopa*-Larve, von den Häuten ihrer Opfer umhüllt, nach BERLESE.

Unter den Dipteren kommen außer ihnen als Hemipterenfeinde noch gewisse Raubfliegen in Betracht, die neben anderen Insekten auch Hemipteren annehmen, ferner gewisse Cecidomyiden, die als Larven räuberisch (oder selten parasitisch; *Endaphis perfidus* in *Drepanosiphum platanoides*) von Hemipteren (besonders Aphiden, BARNES) oder deren Eigelegen leben, und schließlich gewisse parasitische Fliegen, deren Larven im Innern von Hemipteren leben.

Cicadinenparasiten sind die Pipunculiden, kleine, lebhaft bewegliche, düster gefärbte Tiere, die ihre Eier in Kleinzikaden legen. Im Innern des Opfers entwickelt sich die Larve des Schmarotzers, die im Laufe ihrer Entwicklung den ganzen Körper der Zikade leer frißt und schließlich zwischen Thorax und Abdomen hervortritt, um sich im Boden zu verpuppen. Die Schonung, die die Parasiten stets ihrem Opfer angedeihen lassen, dauert hier, wie auch bei den meisten folgenden Gruppen, nur so lange, wie der Schmarotzer den Wirt braucht — er nützt diesen aus bis zum letzten und versetzt ihm schließlich, durch Auffressen lebenswichtiger Organe, den Todesstoß.

Die Larven gewisser Tachinen (Raupenfliegen) leben in verschiedenen Wanzen. Vor allem unter den Pentatomiden kann man vielfach tachinierte Exemplare beobachten, die dadurch kenntlich sind, daß an ihrem Körper das länglichrunde Ei des Parasiten klebt. Genauere Feststellungen hat DRAKE an *Nezara viridula* gemacht, die in Amerika von zwei Tachiniden, *Trichopoda pennipes* und *T. lanipes*, parasitiert wird. Die Tachinen legen ihre Eier an die Imagines der Wanzen; die auskriechenden Larven bohren sich in deren Körper ein und leben zunächst von den nicht lebenswichtigen Organen (Fett, Geschlechtsorganen usw.). Erst wenn sie annähernd ausgewachsen sind, machen sie sich auch an andere Organe, z. B. an die Muskeln und zwar offenbar zunächst an die Flugmuskeln. Man kann nämlich beobachten, daß tachinierte Wanzen zwar noch sehr gut gehen, aber nicht mehr die Flügel bewegen und dementsprechend auch nicht mehr in der gewohnten Weise (S. 128) sich umdrehen können.

Zuletzt bricht die Larve aus der sterbenden Wanze hervor und zwar stets am Hinterende, dicht neben der Afteröffnung, läßt sich zu Boden fallen und bildet sich dort zu einer braunen, runden Tönnchenpuppe

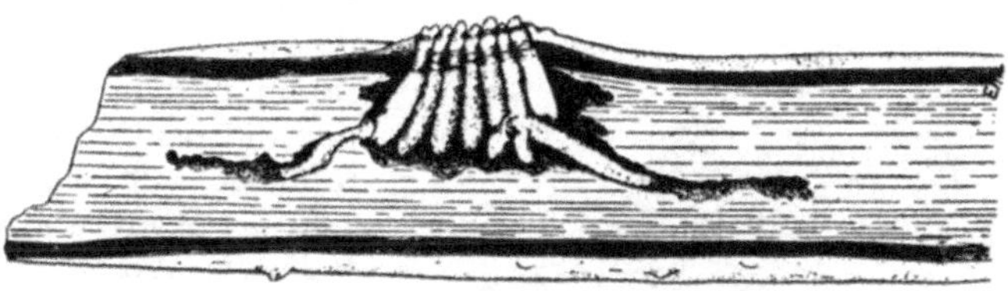

Abb. 306. Larven von *Cirrospilus ovisugus*, Eier von *Poecilocapsus lineatus* im Stengel von *Weigelia* angreifend.

um. Wenn man von DRAKE hört, daß Imagines von *Nezara viridula* zu 31 vH von der erstgenannten Tachinenart befallen sein können, ist man geneigt, den Tachinen eine sehr bedeutende Rolle bei der Vermehrungsbeschränkung dieser und anderer Wanzen zuzuschreiben. Man darf aber nicht vergessen, daß die angegebene Prozentzahl sich nur auf das Imaginalstadium bezieht, daß die Larven tachinenfrei, dafür aber relativ empfindlich gegen Witterungseinflüsse sind und daß der Anteil der Tachinen an der Mortalitätsziffer daher in Wirklichkeit viel geringer ist, als er nach dem Prozentsatz der tachinierten Imagines scheinen möchte.

Als Endoparasiten kommen bei den Wanzen neben Tachinen noch Sarcophagiden in Betracht, die z. B. bei *Nezara viridula* mit der Art *Sarcophaga sternodontis* vertreten sind (DRAKE). In großen Wirtstieren können von dieser Art mehrere Larven leben (so z. B. bei der Coreide *Corecoris confluenta*), im übrigen ähnelt sie aber biologisch den Tachinen ungemein.

Besonders zahlreich und besonders mannigfaltig in biologischer Hinsicht sind die Hemipterenfeinde, die es unter den Hymenopteren gibt. Da sind zunächst räuberische Arten, wie z. B. die in Abb. 306 dargestellte Larve der Chalcidide *Cirrospilus ovisugus*, die, ähnlich wie die oben erwähnten Cecidomyiden, die Gelege einer Capside (*Poecilocapsus lineatus*) anfällt. Das Besondere ist dabei, daß die Larve im Innern der Pflanzenstengel miniert, in denen die Wanzeneier versenkt liegen. Den Übergang von derartigen Formen zu echten Parasiten bilden die Sphegiden, die ihren in selbstgegrabene Erdhöhlen abgelegten Eiern durch Stiche gelähmte Insekten beigeben, von denen die auskriechenden Larven leben. Ein Teil der Sphegiden ist wenig wählerisch, eine ganze Anzahl von Gattungen ist aber streng spezialisiert, und einige von ihnen nehmen nur Hemipteren an. *Stizus*, *Gorytes*, *Alyson*, *Psenulus*, *Dahlbomia* und *Mimesa* füttern mit Kleinzikaden, *Astatus* mit Wanzen, *Dinetus* mit Wanzenlarven, andere Arten mit Blattläusen usw. Die riesigen *Sphecius*-Arten sind in Nordamerika als Feinde der Singzikaden bekannt. RILEY, der die Art *Sphecius speciosus* genau beobachtet hat, beschreibt ihr Gehaben beim Eintragen von Beute wie folgt: Die Wespe überfällt ihre ahnungslosen Opfer — Zikaden der Arten *Cicada tibicen* und *Tibicen septendecim* — und lähmt sie mit ihrem Giftstachel so plötzlich, daß der Gesang der Überfallenen mit einem jähen, schrillen Schrei erstickt. Nun faßt die Wespe die ihr an Größe fast ebenbürtige Zikade und trägt sie in schwerfälligem Gleitflug zu ihrer Erdhöhle (Abb. 307). Die Höhle besteht aus mehreren zusammenlaufenden, in je einer Erweiterung endenden Stollen, in jede Erweiterung wird neben einem Ei eine Zikade untergebracht. Die auskriechende Larve dringt nicht in ihr Opfer ein, sondern nagt nur an einer weichen Stelle ein Loch in seinen Körper und fängt von da aus an, seinen Leibesinhalt auszufressen. Vor dem Verderben ist dieser dadurch geschützt, daß die gelähmte Zikade noch lange am Leben bleibt. Rasch wächst die Larve heran, frißt ihr Opfer vollends aus und verpuppt sich dann neben seiner Leiche in einem selbstgesponnenen Kokon.

Abb. 307. ♀ von *Sphecius speciosus*, eine *Cicada tibicen* abschleppend, nach RILEY aus BERLESE.

Nur ein Schritt ist es von den Grabwespen mit ihrer eigentümlichen Brutpflege bis zu den Schlupfwespen, die darauf verzichten, ihr Opfer zu lähmen, die ihm vielmehr mit dem Stachel ein Ei in die Leibeshöhle legen und so den auskriechenden Jungen den Vorteil eines völlig lebensfrischen Nährbodens verschaffen. Hier haben wir es also mit Parasiten zu tun, allerdings mit solchen, die, wie die Tachinen, ihren Wirt nur solange am Leben lassen, wie sie ihn brauchen. Das heißt natürlich nichts anderes, als daß sie lebenswichtige Organe des Wirtes erst angreifen, wenn sie annähernd ausgewachsen sind, sie aber, ehe sie sich verpuppen, vollends aufbrauchen und daher als einzigen Rest des Wirts eine leblose Hülle zurücklassen. Tatsächlich unterscheiden sie sich also von den Sphegiden nur dadurch, daß sie ganz im Innern des Opfers leben und daß sie dieses zu ihrem eigenen Nutzen bis zu seinem Tod in Freiheit lassen.

Keine Hemipterengruppe bleibt ganz verschont von Schlupfwespen. Nicht nur Larven und Imagines, sondern auch Eier werden von ihnen angefallen. Unter Eiparasiten haben z. B die Singzikaden viel zu leiden, trotzdem sie ihre Eier so sorgfältig in Pflanzenteile versenken; Wanzeneier werden ebenfalls von kleinen Wespen (z. B. von den zu den Proctotrypoidea gehörigen Scelioniden) heimgesucht. Nicht einmal die untergetauchten Eier der Wasserwanzen sind vor Schlupfwespen sicher, lebt doch eine ganze Anzahl von diesen wenigstens zeitweise im Wasser. Die Chalcidide *Prestwichia aquatica* kann sogar mit Hilfe der Beine, die sie als Ruder gebraucht, gewandt schwimmen und tagelang unter Wasser verweilen, ohne aufzutauchen. So vermag sie ohne Schwierigkeiten die Eier von *Ranatra* und anderen Wasserwanzen zu erreichen, die sie (n. HEYMONS) mit Vorliebe ansticht und mit mehreren (bis zu 35) Eiern belegt.

Die große Mehrzahl der Hemipteren anfallenden Schlupfwespen lebt indessen in Larven und Vollkerfen. Es ist aus Raummangel nicht möglich, eine auch nur einigermaßen genügende Darstellung der oftmals sehr komplizierten, jedenfalls aber äußerst mannigfaltigen Lebensgewohnheiten der verschiedenen bekannten Arten zu geben. Wer dafür Interesse hat, mag in BISCHOFFS Biologie der Hymenopteren (Biol. Studienbücher, Bd. V) die einschlägigen Abschnitte nachlesen; wir müssen uns hier damit begnügen, einige Formen herauszugreifen und wählen als Beispiel die bei den Blatt- und Schildläusen vorkommenden Formen.

Beide Hauptgruppen der Schlupfwespen, die Superfamilien *Ichneumonoidea* und *Chalcidoidea*, sind unter ihnen vertreten und zwar mit den Familien der Braconiden und der Eulophiden. Außerdem kommen unter den Figitiden (*Cynipoidea*) und den Ceraphrioniden (*Proctotrypoidea*) Aphidinenparasiten vor.

Unter den Braconiden sind es die Aphidiinen, die als Blattlauswespen bekannt sind und deren Vorkommen in einer Blattlauskolonie sich dem Kundigen dadurch verrät, daß unter den gesunden Läusen einzelne, oft auch recht zahlreiche Exemplare eigentümlich gedunsen, glasig durchscheinend und verfärbt aussehen.

Charakterisiert sind die Aphidiinen durch ihre außerordentlich biegsame Hinterleibsbasis. Diese Eigenschaft kommt ihnen beim Stich zustatten, den sie ihren Opfern in der aus Abb. 308a ersichtlichen Stellung beibringen. Nicht alle Arten sind allerdings so gut für diese Art des Stichs ausgerüstet, wie die hier dargestellte *Trioxys*-Art, deren Hinterleibsende eine regelrechte Zange bildet, die den Körper des Opfers fest umfaßt. Durch diese Einrichtung wird es der Wespe möglich, den Körper des Opfers genau abzutasten und festzustellen, ob er bereits ein Parasitenei enthält. Ist das der Fall, so läßt sie von ihrem Opfer ab. Die Zange gibt außerdem dem Stachel, der sichelförmig gebogen ist, eine bestimmte Richtung, so daß er immer in der Hüftgegend der Laus einsticht. Bei anderen Aphidiinen, die keine solche Zange besitzen (*Lysiphlebus* z. B.), kommt es öfters vor, daß eine Wespe eine schon einmal belegte Blattlaus ansticht und daß für die auskriechenden Larven Nahrungsschwierigkeiten entstehen.

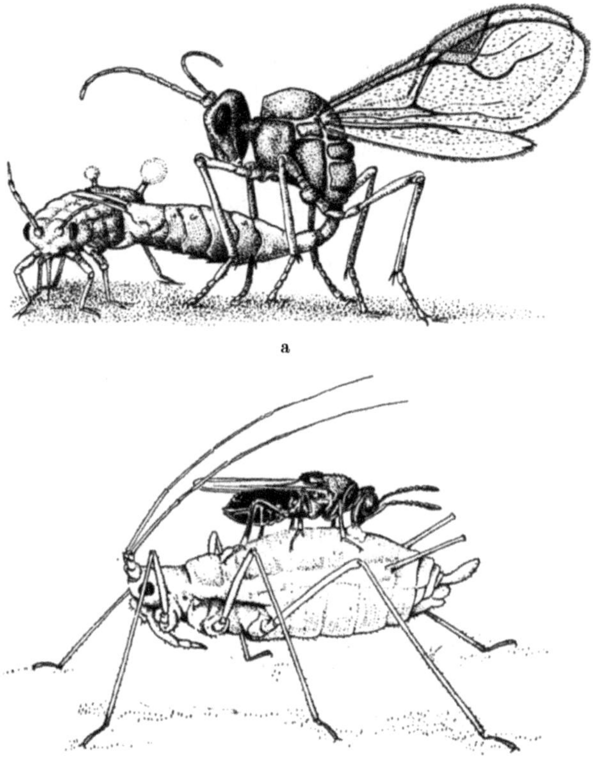

Abb. 308. a) ♀ von *Trioxys speciosus* beim Stich, nach EIDMANN; b) ♀ von *Aphidencyrtus inquisitor* beim Fraß an dem durch den Legestachel verursachten Loch im Abdomen von *Macrosiphum cornelli*, nach GRISWOLD.

Normalerweise ist in einer Blattlaus aber stets nur eine Parasitenlarve vorhanden, die sich, wenn sie ihr Opfer leergefressen hat, in seiner Haut (*Aphidius* und andere) oder in einem besonderen, die leere Hülle des Opfers mit dem Boden verbindenden Kokon *(Praon)* verpuppt und nach einiger Zeit durch ein kreisrundes Flugloch als Wespe zum Vorschein kommt.

Während die Aphidiinen meist größer sind als die von ihnen angestochenen Opfer, sind, wie Abb. 308b zeigt, die Eulophiden, unter denen vor allem die Gattungen *Prospaltella* und *Aphelinus* als Schild- und Blattlausparasiten bekannt sind, vielfach viel kleiner als ihre Wirtstiere. Sie stechen sie denn auch gewöhnlich in der aus Abb. 309a links (*11*) ersichtlichen Weise an, d. h. sie sitzen über ihnen und stoßen ihnen von oben den Legebohrer in den Leib. Weit verbreitet ist unter diesen Arten die in Abb. 308b dargestellte Gewohnheit der Weibchen, die aus der gestoßenen Wunde austretende Körperflüssigkeit des Wirtstieres zu lecken. Daß diese Kost wenigstens für die Weibchen der in der Abb. 308 dargestellten Art nicht ohne Bedeutung ist, geht daraus hervor, daß diese ganz ohne Nahrung im Durchschnitt $3^1/_2$ Tage lebten, daß sie aber, wenn sie mit Blattläusen zusammen gehalten wurden, bis zu 40 Tagen am Leben blieben (GRISWOLD). Hier profitiert also auch die Imago vom Wirtstier.

Über die Wirkung der hierhergehörigen Wespchen auf ihre Wirte orientiert am besten Abb. 309, die *Prospaltella berlesei*, die in Italien zur Bekämpfung der Maulbeerschildlaus *Diaspis pentagona* verwendet wird, samt ihren Opfern zeigt. Man sieht links die Eiablage (*11*) des Parasiten, sieht gesunde (*1*) und infizierte (*3*) weibliche Schildläuse, sowie solche, aus denen der Parasit bereits ausgeflogen ist (*4*, *8*). Stärker vergrößert sieht man in Abb. 309b und c die Larve und die Puppe der Wespe innerhalb der leergefressenen Haut des Schildlausweibchens.

Über die Wirtswahl der verschiedenen Blattlausparasiten, deren Kenntnis für eine Beurteilung der Wirkung der Parasiten unerläßlich ist, unterrichtet besser als lange Darlegungen die tabellarische Übersicht Abb. 310, die einige amerikanische Blattlausarten samt ihren Schlupfwespen und Hyperparasiten, d. h. den Parasiten der Schlupfwespen, zeigt. Die im Inneren des Wirtes lebenden Larven können nämlich ihrerseits wieder von Schlupfwespenarten angestochen, mit Eiern belegt und ausgefressen werden. Der Wirkung der Parasiten stellt sich also diejenige der Hyperparasiten entgegen und, wenn man bedenkt, daß weder Raubinsekten noch Vögel parasitierte Tiere verschonen, auch noch die Tätigkeit der letzteren, im Falle der Blattlausparasiten besonders der Coccinelliden, der Blattlauslöwen und Syrphidenlarven. Auch das muß naturgemäß in Rechnung gezogen werden, wenn man die Bedeutung der Schlupfwespen für den Massenwechsel des Wirts beurteilen will. Von größtem Interesse ist die Tatsache, daß die Hyperparasiten ebenso wie die Parasiten selbst meist mehrere Wirtsarten angehen. Sie folgen dabei, wenn man mehrere Parasiten vergleichend betrachtet, meist keiner erkennbaren Regel (Abb. 310), d. h. bestimmte Hyperparasiten sind nicht etwa, wie man vermuten könnte, an bestimmte Blattlausarten gebunden, zwei Parasitenarten, die an einer Blattlausart vorkommen, gehen durchaus nicht immer zusammen an eine andere Art usw. Unendlich kompliziert und in ihren Ursachen kaum durchsichtig sind also diese Zusammenhänge zwischen Wirten, Parasiten und Hyperparasiten.

Verlassen wir die Blattlausfeinde, so haben wir noch eine Gruppe parasitischer Hymenopteren zu erwähnen, die an Cicadinen schmarotzen. Es sind dies die Dryininen, kleine Wespen, deren Weibchen sich durch eigentümlich scherenförmig ausgestaltete Vordertarsen auszeichnen. Mit Hilfe dieser Scheren halten sie Nymphen verschiedener Cicadinen,

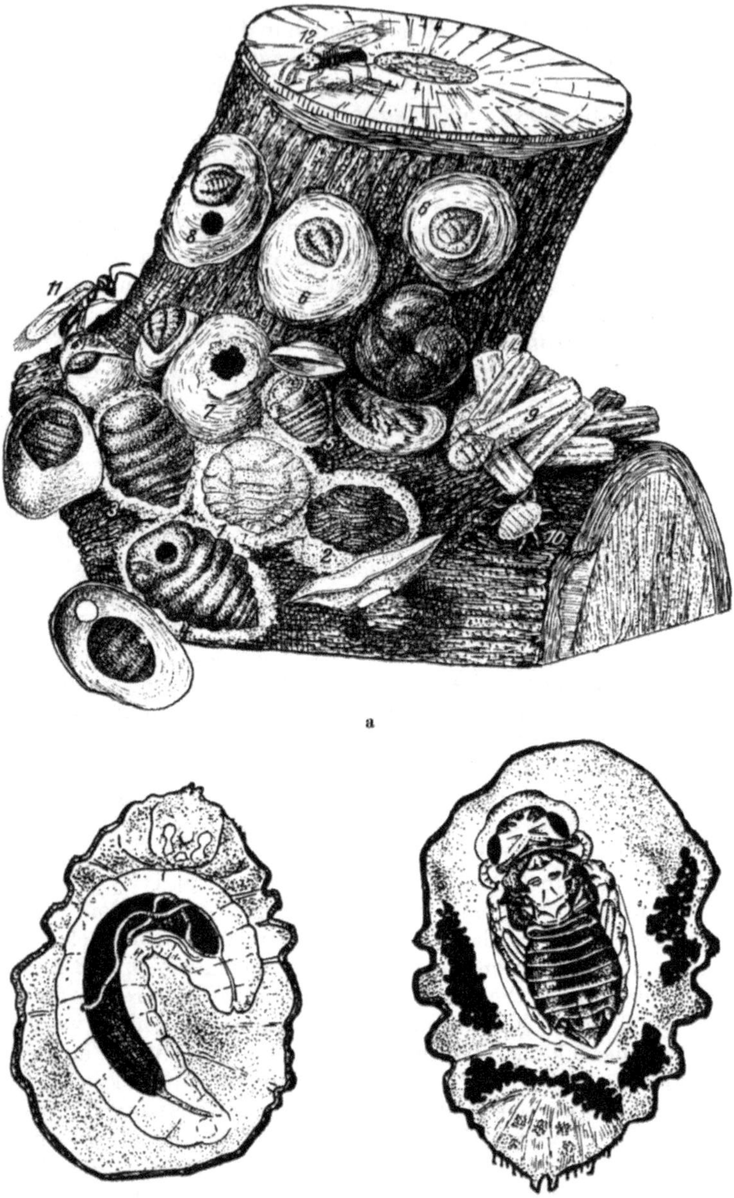

Abb. 309. a) Kolonie von *Diaspis pentagona* an Maulbeerzweig mit parasitischen Schlupfwespen (*Prospaltella Berlesei*), nach BERLESE; b) und c) Larve und Puppe der *Prospaltella* im Inneren des *Diaspis*-♀. *1* gesundes Schildlausweibchen nach Entfernung des Schildes; *2* abgestorbenes Schildlausweibchen nach Entfernung des Schildes; *3* parasitiertes Schildlausweibchen nach Entfernung des Schildes; *4* parasitiertes Schildlausweibchen nach Entfernung des Schildes mit Schlupfloch; *5* Schildlausweibchen nach Entfernung des Schildes; *6* gesundes Schildlausweibchen; *7* abgestorbenes Schildlausweibchen; *8* parasitiertes Schildlausweibchen mit Schlupfloch; *9* männliche Nymphenschilde; *10* Junglarve der *Diaspis*; *11* und *12* *Prospaltella*.

vor allem Fulgoriden, Cercopiden, Membraciden und Jassiden fest und belegen sie mit einem, seltener mit mehreren Eiern. Die aus dem Ei kriechende Larve lebt ektoparasitisch an der Zikade, d. h. sie frißt an

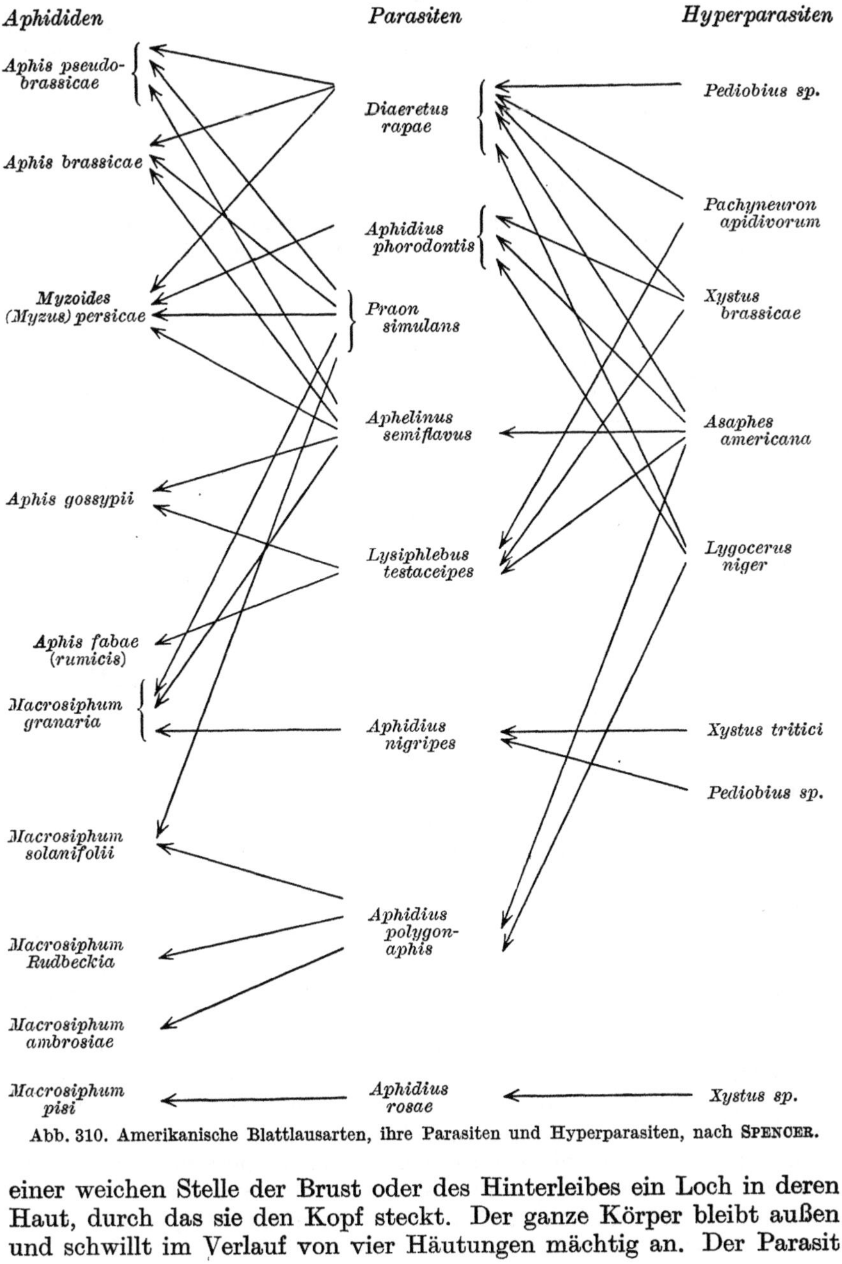

Abb. 310. Amerikanische Blattlausarten, ihre Parasiten und Hyperparasiten, nach SPENCER.

einer weichen Stelle der Brust oder des Hinterleibes ein Loch in deren Haut, durch das sie den Kopf steckt. Der ganze Körper bleibt außen und schwillt im Verlauf von vier Häutungen mächtig an. Der Parasit sieht, oberflächlich betrachtet, sehr eigentümlich aus, da bei jeder Häutung die in der Mitte geplatzten Exuvien hängen bleiben und wie Muschelschalen den Körper des Tieres umgeben (nach HAUPT, siehe Abb. 311a). Je größer das Tier wird, um so tiefer steckt es seinen mit kräftigen Kiefern bewaffneten Kopf in den Körper der Zikade, den es aber erst, wenn es ganz herangewachsen ist, also kurz vor der letzten Häutung steht, ernstlich beschädigt und zuletzt völlig leer frißt (HAUPT), um sich dann im Boden zu verpuppen.

Eine sehr eigentümliche, neben Hymenopteren auch Kleinzikaden (Fulgoriden und andere) und seltener Baumwanzen anfallende Parasitengruppe sind die Strepsipteren, die im System wahrscheinlich in die Nähe der Käfer gehören. Die lebhaft beweglichen „Triungulinus"-Larven dieser Tiere gelangen auf eine noch nicht sicher aufgeklärte

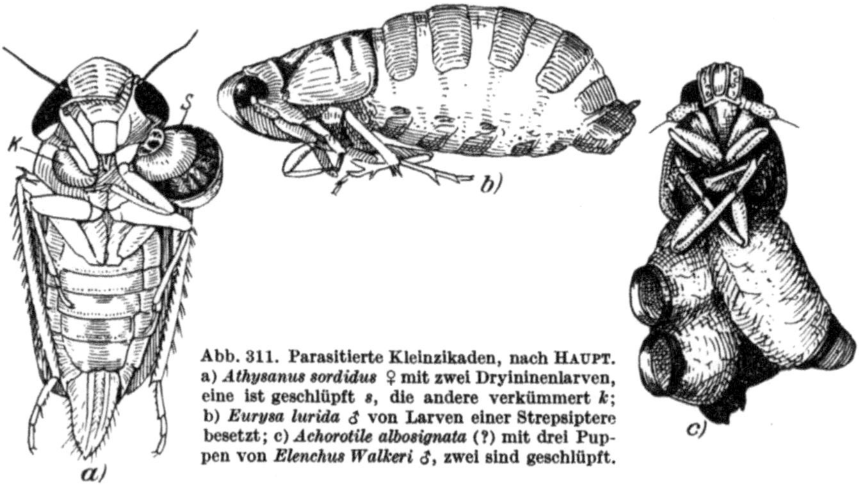

Abb. 311. Parasitierte Kleinzikaden, nach HAUPT. a) *Athysanus sordidus* ♀ mit zwei Dryininenlarven, eine ist geschlüpft *s*, die andere verkümmert *k*; b) *Eurysa lurida* ♂ von Larven einer Strepsiptere besetzt; c) *Achorotile albosignata* (?) mit drei Puppen von *Elenchus Walkeri* ♂, zwei sind geschlüpft.

Weise auf das Wirtstier und bohren sich in dessen Hinterleib ein. Hier verwandeln sie sich in beinlose Maden, die einzeln oder zu mehreren in einem Wirt sich entwickeln und je nach ihrer Zahl eine mehr oder weniger deutliche Blähung des Hinterleibes des Wirtstieres, später auch eine Hemmung der Entwicklung der äußeren und inneren Geschlechtsorgane desselben herbeiführen (Abb. 311b). Diese parasitäre Kastration, die wir oben schon bei Befall durch andere Parasiten kennen lernten, braucht nicht vollständig zu sein, mitunter bleiben befallene Tiere sogar kopulationsfähig.

Die Entwicklung der männlichen und der weiblichen Larven ist verschieden. Die ersteren durchbrechen, wenn sie erwachsen sind, die Haut des Wirts mit dem Vorderende und verpuppen sich in dieser Stellung (Abb. 311c). Aus der Puppe kriecht ein geflügeltes, sehr bewegliches Männchen, das sich sofort auf die Suche nach einem Weibchen macht. Die weiblichen Larven durchbrechen zwar wie die männlichen die Haut des Wirts, verwandeln sich aber nur zu einem sackartigen, gliedmaßenlosen Wesen, dessen Vorderende, der Cephalothorax, ins Freie ragt.

Nach der Kopulation entwickeln sich im Innern des Weibchens die Eier zu den erwähnten Triungulinuslarven, die in einem von der letzten Larvenhülle gebildeten Brutraum sich ansammeln und von da aus durch eine am Cephalothorax befindliche Öffnung ins Freie gelangen.

Zuletzt haben wir als Hemipterenfeinde noch einige räuberische Hemipteren zu erwähnen, so manche Nabiden, die Cicadinen nachstellen, Anthocoriden, die Blattläuse aussaugen, Reduviiden und Asopiden, die andere Wanzen verfolgen usw. Auch die Wasserläufer *Gerris* und *Velia*, die aufs Wasser gefallene Zikaden töten, sind hier zu nennen, sowie die räuberischen Wasserwanzen, die auch über ihresgleichen herfallen.

c) Schutzmittel.

Wenn auch das Gros der Hemipteren aus friedfertigen Pflanzenfressern besteht, so sind sie doch meist nicht ganz wehrlos den Angriffen ihrer Feinde ausgesetzt. Ihre Reaktionen auf Angriffe oder Störungen sind allerdings außerordentlich verschieden, je nach ihrer Beweglichkeit, ihrer Bindung an die Wirtspflanze, ihrer gesamten Lebensweise. Mit anderen Worten: wie die Reaktionen auf abiotische Faktoren, so sind auch die auf Angriffe von Tieren erfolgenden Antworten ein Teil der arteigenen Reaktionsnorm, die mit der Reaktionsbasis einerseits und mit der Umwelt andererseits in bestimmten, oben mit dem Wort „Einpassung" bezeichneten Beziehungen steht.

Das einfachste Schutzmittel, die Flucht, kommt natürlich den völlig oder fast unbeweglichen Schildlausweibchen, den Aleurodiden- und Psyllidenlarven nicht zu, wird aber auch nicht von allen bewegungsfähigen Formen angewandt. Der Unterschied, der in dieser Hinsicht z. B. zwischen den trägen Nepiden einerseits und den Rückenschwimmern und Corixen andererseits besteht, wurde oben schon erwähnt, ebenso wie die Tatsache, daß manche Blattlausarten (*Macrosiphum, Drepanosiphum*) schon auf Schattenreize durch Fallenlassen oder Abflug reagieren, während andere sich auch durch gröbste Reize nicht aus ihrer Ruhe bringen lassen. Selbst unter den sonst sehr flüchtigen Cicadinen und Psylliden gibt es einzelne Arten, die nicht oder schwer zur Flucht zu bewegen sind (z. B. *Psylla rhois* nach Löw). Nicht immer läßt sich eine Ursache für die verschiedenartige Flüchtigkeit von im übrigen einander ähnlichen Formen angeben. Bei Pflanzensaugern scheint vielfach die Art der Stechborstenbewegung maßgebend zu sein, da die Borsten sich nicht bei allen Formen gleich leicht und schnell aus dem Pflanzengewebe ziehen lassen. Wir haben oben bereits darauf hingewiesen, daß die große Flüchtigkeit der Aleurodiden-Imagines sich durch das Vorhandensein eines eigenen, zum Herausreißen der Stechborsten bestimmten Apparates erklärt (S. 210) und daß die besonders flüchtigen *Drepanosiphum*-Arten vermittels ihrer sehr kräftigen Vorderbeine ihre Stechborsten aus dem Pflanzengewebe stemmen.

Sprungfähigkeit ist vielfach mit großer Flüchtigkeit verbunden, so bei den Aleurodiden, den Psylliden, den meisten Kleinzikaden und manchen Wanzen (Saldiden, *Halticus*arten). Da die Voraussetzung für einen raschen Absprung eine bestimmte Stellung der Sprungbeine ist, kann es nicht verwundern, wenn gerade bei den genannten Formen, insbesondere bei den Psylliden, vielfach zwei Reize nötig sind, um die Fluchtreaktion auszulösen, ein Reiz, der die Beine in „Alarmzustand" versetzt, und ein zweiter, der den Absprung veranlaßt.

Genauere Untersuchungen über die Auslösung der Fluchtreaktionen liegen leider nicht vor, wir können daher auch nicht sagen, ob sie mit den natürlichen, für die betreffenden Arten in Betracht kommenden Feinden in erkennbarem Zusammenhang stehen oder gar spezifisch auf sie berechnet sind.

Schwierig ist es auch, über die Reaktionen zu urteilen, die man als „Totstellen" zu bezeichnen pflegt. Ihre Auslösung, Dauer und Hemmung wurde in anderem Zusammenhang schon besprochen (S. 152), ihre biologische Bedeutung, ihren „Zweck" kann man aber nicht so leicht durchschauen, da diese Gruppe von Reaktionen in das heute so umstrittene Gebiet der Trachthypothesen hinübergreift.

Vielfach tritt das Totstellen nämlich an Stelle einer Fluchtreaktion und ist dann meist mit einer unscheinbaren Färbung oder Körperform verbunden, die nach der landläufigen Anschauung geeignet ist, etwaige Verfolger zu täuschen bzw. von dem leblos dasitzenden oder liegenden Tier abzulenken. Diese Schutztrachthypothese, die in der Tat absonderliche Blüten getrieben hat, wird neuerdings von verschiedenen Seiten, vor allem von HEIKERTINGER angegriffen, man könnte sagen, mit vollem Recht, wenn nicht die Gegner jener Hypothese allzu geneigt wären, das Kind mit dem Bad auszuschütten und auch den richtigen Kern, die relative Wirksamkeit mancher Schutztrachten, abzulehnen. Ein krasses Beispiel möge für sich sprechen: Die bunte Schutzbemalung, mit der wir im Kriege unsere Lafetten, Schutzschilde, Stahlhelme und sonstigen Geräte versahen, bot gewiß keinen Schutz gegen Granatsplitter oder Gasbeschuß. Trotzdem wäre es unrichtig gewesen, aus der Tatsache, daß es auch hinter bemalten Schutzschilden, an bemalten Lafetten Tote gab, den Schluß zu ziehen, jene Bemalung sei ganz unwirksam gewesen.

So ist auch die Schutztrachthypothese noch keineswegs vernichtet, wenn man „geschützte" Formen im Vogelmagen findet, denn kein Schutzmittel ist für alle Fälle ausreichend oder auch nur einem Gegner gegenüber absolut wirksam. Wie die Bemalung gegen Fliegersicht einen relativen Schutz gewährte, so können die Schutztrachten gegen manche Feinde relativ wirksam sein.

Man braucht deswegen natürlich nicht jede langgestreckte Wanze als einen Nachahmer von Grashalmen zu erklären, man darf auch nicht in den Fehler verfallen, schützende Ähnlichkeit in den Glasschränken der Sammlungen festzustellen. Wenn aber z. B. eine Wanze in dem Grad ihrer natürlichen Umgebung ähnelt, wie das bei den brasilianischen *Phloea*-Arten der Fall ist, deren papierdünner, seitlich stark ausgezogener, flügelartig verbreiterter Körper wirklich auf der fleckigen Rinde ihrer Nährpflanze selbst bei aufmerksamem Suchen nicht zu erkennen ist (Abb. 312), so kann man schwerlich leugnen, daß diese täuschende Ähnlichkeit wenigstens manche Verfolger irre führen, manchem Individuum das Leben retten kann. Selbstverständlich gilt das nicht von Verfolgern, die, wie z. B. die Schlupfwespen, mit Hilfe des Geruchssinnes ihre Beute finden; selbstverständlich wird man den Schutz, den die Verbergtracht gewährt, nicht im selektionistischen Sinne für das Zustandekommen eben der Trachtmerkmale verantwortlich machen können; aber, genau wie bei den Eigenschaften der Reaktionsbasis und der Reaktionsnorm, wird man auch die Trachtmerkmale als in einer bestimmten Umwelt mehr oder weniger lebenserhaltend betrachten können, um so mehr als sie oft mit gewissen anderen Eigentümlichkeiten der Art, mit träger Bewegung (*Nepa*), Neigung zum Totstellen (*Ranatra*) usw. zusammentreffen.

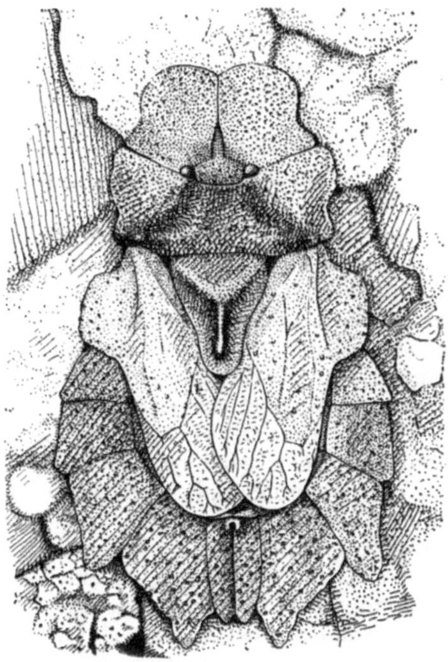

Abb. 312. *Phloea subquadrata* (Brasilien) an der Rinde ihrer Wirtspflanze, nach einem Präparat von Prof. Reichensperger.

Im letzteren Fall, bei räuberischen Arten, deutet man die Verbergtracht vielfach als Hilfsmittel beim Beutefang, als „aggressive" Verbergtracht. Besonders die Larve von *Reduvius personatus* ist in dieser Hinsicht bekannt, sie bedeckt ja, wie oben (S. 90) schon erwähnt wurde, ihren Körper mit einer Staubschicht und soll, so maskiert, ihre Opfer (Fliegen, Dermestiden, angeblich auch Bettwanzen) beschleichen. Gegen diese Deutung spricht aber die rein nächtliche Lebensweise des Räubers, die einen Schutz gegen Sicht illusorisch machen muß. Daß das „Maskieren" ganz ohne Rücksicht auf etwaige Schutzwirkung geschieht, geht übrigens daraus hervor, daß die Wanze ebenso gern grellfarbigen wie gewöhnlichen Staub nimmt und sich um die Farbe der Unterlage nicht im mindesten kümmert. Biologisch ist diese Eigenschaft von geringer Bedeutung, da in der natürlichen Umwelt des Tieres grellfarbiger Staub nicht vorkommt, physiologisch ist sie aber, im Vergleich zu anderen Tieren mit Verbergtrachten insofern von Interesse, als offenbar der Gesichtssinn bei *Reduvius* nicht am Zustandekommen der Maskierung beteiligt ist.

Mehr noch als bei den Verbergtrachten spielen Zufälligkeiten, orthogenetische Prozesse und undurchsichtige Umwelteinflüsse beim Zustandekommen täuschender Ähnlichkeit zwischen verschiedenen oft systematisch einander ganz fernstehenden Tierarten eine Rolle.

Wie weit hier oft Zufälle mitspielen, beweisen manche Membraciden, deren Thoraxanhang einer Ameise ähnelt. Daß die Entstehung dieser Ähnlichkeit sicher nicht mehr als Zufall ist, zeigen die anderen Membraciden, deren Thoraxanhänge bald Dornen, bald Ankern, Blasen, Schlüsselbärten oder Haken ähneln (Abb. 10). So wenig wie die betreffenden Arten von dieser Ähnlichkeit Vorteil haben, so wenig braucht die „ameisenähnliche" Art von dieser Eigenschaft Vorteil zu ziehen. Ob solche zufällig entstandenen, „atelischen" Merkmale ihrem Eigentümer dennoch einmal von Nutzen sein können, hängt von der Umwelt ab, in der das Tier lebt oder in die es gerät, bleibt also, wie HANDLIRSCH sehr richtig sagt, wieder dem Zufall überlassen.

Die Hemipteren bieten bei weitem nicht die Fülle von Beispielen für gegenseitige „Nachahmung", wie sie z. B. die Schmetterlinge aufzuweisen haben, immerhin gibt es aber doch einige Fälle, die nicht so offenkundig wie der oben angeführte biologisch bedeutungslos sind. Manche Wanzen, insbesondere aus den Familien der Nabiden und Capsiden, ähneln, wie Abb. 313a, b an zwei Beispielen zeigt, Ameisen so sehr, daß man sich selbst als geübter Entomologe im ersten Augenblick täuschen läßt. Die Ähnlichkeit kommt entweder (Abb. 313a) dadurch zustande, daß helle Flecken an den Körperseiten die „Ameisentaille" vortäuschen, oder dadurch, daß der Körper in der Thoraxgegend wirklich eingeschnürt ist (Abb. 313b). Es läßt sich nicht leugnen, daß derart ameisenähnliche, „myrmekoide" Formen sich großenteils wirklich unter Ameisen aufhalten. Eine Deutung dieser Ähnlichkeit, die sich bis auf die Bewegungsform erstreckt, wurde in zwei Richtungen versucht. Man sprach von einer schützenden Ähnlichkeit, wobei man die Ameisen und damit auch die myrmekoiden Wanzen als geschützt ansah. Man sprach andererseits von einer aggressiven Ausnützung der Ähnlichkeit und nahm an, daß die Nachahmer ihre Modelle unter ihrer Maske anfallen. Wenn man sich diese Deutungen noch mit selektionistischen Gedankengängen verquickt denkt, wird man sich nicht wundern, daß HEIKERTINGER sie ablehnt, und wird ihm recht geben, wenn er eine exaktere Begründung ökologischer Deutungen verlangt. Wie vorsichtig man in der Tat bei der „Erklärung" von Insektentrachten sein muß, zeigt an einem Beispiel Abb. 313c, die eine äußerst ameisenähnliche südamerikanische Nabide darstellt. Diese Art lebt aber nach MYERS nicht unter Ameisen, sondern in Spinnennetzen. Ihre Klauen sind, dieser Lebensweise entsprechend, ganz eigentümlich gebaut, ihr Hinterleib ist auf der Bauchseite stärker chitinisiert als auf der Rückenseite, was wohl für das Tier, da es in der Regel mit dem Rücken nach unten hängt, von Vorteil ist. So wissen wir denn auch nicht, ob die Ähnlichkeit, die n. STÄGER zwischen der Capside *Campyloneura virgula* und ihrem Beutetier *Stenopsocus stigmaticus* besteht und die sich bis auf die eigentümlich huschende Bewegungsform der Psociden erstreckt, biologisch von irgendwelcher Bedeutung ist.

Alles zusammengenommen, können wir die „mimetischen" Trachten heute so wenig einwandfrei deuten wie die sogenannten Warntrachten oder „Trutzfärbungen", jene bunten, auffälligen Trachten, die Verfolger darauf aufmerksam machen sollen, daß das Tier durch Ekelgeschmack oder Gift geschützt ist, oder die wenigstens, infolge ihrer Auffälligkeit, dem Verfolger ein Lernen aus übler Erfahrung erleichtern und somit arterhaltend wirken sollen. Eine der unter den Wanzen nicht seltenen, angeblich „trutzfarbigen" Formen, *Pyrrhocoris apterus*, hat HEIKERTINGER experimentell untersucht und festgestellt, daß man bei ihr zwar von einer „Ungewohnttracht" reden kann, insofern als Vögel (Hühner), ehe sie die ungewöhnlich gefärbte Wanze aufpicken, stutzen und zögern, manchmal die Wanze sogar liegen lassen, daß aber der Schutz, den die Ungewohnttracht verleiht, wenig wirksam ist, weil ein Lernen aus Erfahrung nicht in Betracht kommt. Wenn die Vögel nämlich die Wanze einmal aufgepickt haben, verschlingen sie sie ohne Mißbehagen und gewöhnen sich nach einigen Versuchen an das grellfarbige Futter recht gut. Wie ungenügend die Warntrachthypothese gerade bei den Wanzen gestützt ist, geht übrigens daraus hervor, daß gerade die warnfarbigen Arten, z. B. *Pyrrhocoris*, am wenigsten auffallend riechen (S. 256), daß die typischen Stinkwanzen unter den Pentatomiden (*Palomena*, *Tropicoris* usw.) eher Verbergtrachten haben und daß auch die für die menschliche Nase abscheulichen Arten durchaus nicht als durch ihren Geruch geschützt betrachtet werden dürfen, da sie von Vögeln ebenso wie von insektenfressenden Säugetieren (Igel) mit Behagen verzehrt werden (HEIKERTINGER).

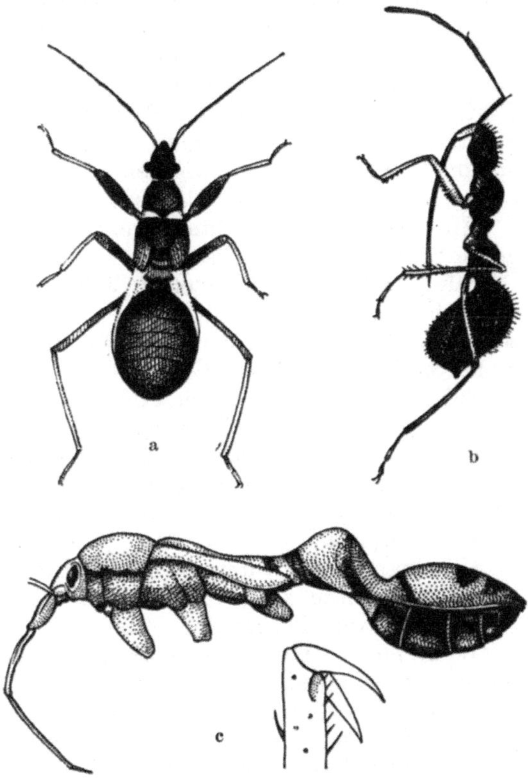

Abb. 313. Myrmekoide Wanzen. a) *Nabis lativentris*-Larve, nach BUTLER; b) *Myrmoplasta myra* (Ostafrika), nach GERSTÄCKER aus HEIKERTINGER; c) *Arachnocoris albo-maculatus*-Larve (Südamerika), nach MYERS, darunter Beinspitze.

Allerdings wissen wir nicht, ob es nicht mit dem Wanzengeruch zusammenhängt, daß die Wanzen mit Ausnahme ihrer nicht stinkenden Eier im Gegensatz zu anderen Hemipteren wenig unter Schlupfwespen zu leiden haben. Diese Frage kann freilich nicht durch das Experiment gelöst werden, denn es handelt sich hier nicht um einen Schutz gegenüber bereits an Wanzen als Beutetiere gewöhnte Verfolger, sondern um die Änderung der Reaktionsnorm, die nötig ist, um z. B. aus einem Zikadenparasiten einen Wanzenparasiten zu machen.

Wir können uns auf die mit den Schutztrachthypothesen zusammenhängenden Fragen nicht weiter einlassen und müssen daher auch darauf verzichten, auf die recht komplizierte Nomenklatur HEIKERTINGERS (1919), die HERING in Bd. III der Biologischen Studienbücher ausführlich behandelt, einzugehen. Wir stellen zum Schluß fest, daß auf diesem Gebiet nach keiner Richtung hin ein endgültiger Abschluß erzielt ist und daß die Zukunft neben exakten Fütterungsversuchen vergleichende Prüfungen „der Feind- und Parasitenreihen" geschützter und ungeschützter Formen bringen muß. Ganz von selbst wird man dann auch auf die Zusammenhänge zwischen Vermehrungspotential, Sterblichkeit, Schutzmitteln und Feindtätigkeit kommen.

Ein vor allem gegen Räuber, nach manchen Beobachtern aber auch gegen Schlupfwespen wirksames Schutzmittel besitzen die Aphididen in Gestalt der Rückenröhren oder Siphunculi, deren Bau oben (S. 261) schon besprochen wurde. Das aus den Röhren austretende Sekret beschmiert, da sich die Röhren im Fall eines Kontaktreizes auf die gereizte Stelle richten, dem Gegner die Kiefer bzw. den Legstachel. Da es sich um eine zähe, rasch erhärtende Masse handelt, braucht das beschmutzte Tier einige Zeit, um sich zu reinigen, die Blattlaus kann unterdessen entkommen. Vielleicht ist auch durch die Behinderung, die der Gegner in seinen Bewegungen erfährt, den Ameisen, die die Blattläuse besuchen, Zeit und Gelegenheit geboten, ihn zu überwältigen oder zu verjagen.

Von besonderem Interesse ist die Tatsache, daß die Blattläuse auf von den Ameisen ausgeübte Kontaktreize hin niemals ihre Rückenröhren in Tätigkeit setzen.

Während die bisher besprochenen Schutzmittel, deren Bedeutung teilweise recht zweifelhaft ist, ebenso wie die bei manchen Wanzen vorkommende Verteidigung durch Stiche mit den Saugborsten (*Notonecta*, Belostomiden usw.) oder durch besondere Geräusche (Cicadiden S. 81, Reduviiden S. 74) nur gegen feindliche Lebewesen Anwendung finden, ist eine Reihe anderer Mittel in der Hauptsache unzweifelhaft gegen Witterungsfaktoren, daneben zum Teil aber auch gegen tierische Feinde wirksam.

Hier kann man an das, allerdings, wie wir oben sahen, nicht immer erfolgreiche Verbergen und Versenken der Eier denken, das z. B. bei den Cicadiden, den Capsiden und vielen Wasserwanzen vorkommt, ferner an die Brutpflege, die die Belostomiden, manche Pentatomiden und Coreiden ausüben (S. 358). Unstreitig sind solche Vorsichtsmaßregeln ebenso geeignet, die Sterblichkeit der Eier durch Ausschaltung mancher Außenfaktoren herabzusetzen, wie die bei vielen Aphidinen und Cocciden vorkommende Bedeckung des Körpers und der Eier mit Wachs, Lack oder Seidenkokons, wie das Leben in Gallen geeignet ist, die Sterblichkeit der Imagines zu vermindern. Daneben kommt aber auch der Schutz der Brut und des eigenen Körpers vor Feinden in Betracht. Absolut wirksam sind allerdings diese Schutzmittel nicht, denn Capsideneier werden von im Innern der Stengel minierenden Larven angefressen (Abb. 306), Pemphigiden in ihren Gallen von Anthocoriden, Wachsbedeckung schützt die *Pseudococcus*-Arten nicht vor Coccinelliden- und Hemerobiidenlarven, die Eier von *Icerya* nicht vor *Novius cardinalis*, die Weibchen der Blutlaus nicht vor *Aphelinus*-Wespen. Auch die Schaumhülle, in der die Cercopidenlarven leben und die ihnen gegen Austrocknung sowie gegen manche Feinde (Ameisen) ausreichenden Schutz verleiht, ist nicht absolut wirksam. So wissen wir durch HAUPT, daß gewisse Raubwespen der Gattung *Gorytes* sich nicht scheuen, die Larven aus dem Schaum herauszuholen, um sie als Futter für ihre Brut einzutragen, und durch EKBLOM, daß manche Nabiden die Larven durch den Schaum hindurch anstechen (S. 160).

Zusammenhänge (Korrelationen) zwischen verschiedenartigen, bei einer Gruppe vorkommenden Schutzmitteln bestehen insofern, als z. B. gallenbewohnende Blattläuse, die der Benässung durch ihren eigenen Kot ausgesetzt sind, reichlich Wachs zu bilden pflegen, wie das auch vielfach bei in sehr dichten Kolonien lebenden Homopteren (Aleurodiden) der Fall zu sein pflegt. Vielleicht kann man eine Korrelation auch darin erblicken, daß Blattläuse, die sehr viel Wachs absondern, in der Regel kleine (*Hyalopterus*, *Phyllaphis*) oder gar keine Rückenröhren besitzen ebenso wie unterirdisch oder in Gallen lebende, also vor Feinden ohnehin schon relativ sichere Arten (LÜSTNER).

Wenn wir den vorstehenden Abschnitt zusammenfassen, können wir sagen: Kein Schutzmittel vermag eine Hemipterenart vor allen Feinden und Verfolgern zu retten, immer wird diesen ein gewisser Prozentsatz von Individuen zum Opfer fallen. Das wichtigste Mittel, mit dem sich die Arten, nicht die Individuen, ihrer erwehren, ist daher die in ihrer Wirkung allerdings von Außenfaktoren abhängige Vermehrungsfähigkeit. Sie kämpft nicht nur ununterbrochen, wie wir oben sahen, gegen die schädigende Wirkung der abiotischen Faktoren an, von ihr hängt es auch in erster Linie ab, ob eine Art sich unter der Einwirkung ihrer Feinde und Parasiten, die ihrerseits wieder von denselben abiotischen Faktoren abhängen wie ihre Opfer, halten kann oder nicht. Mit anderen Worten: in geeigneter Umgebung ist in dem allerdings labilen Gleichgewichtszustand zwischen Mortalität und Entwicklungspotential auch die Wirkung der Räuber und Parasiten einbegriffen (siehe S. 513).

d) Hemipteren als Räuber und Tierparasiten.

Auf die Hemipteren als Räuber brauchen wir hier nicht mehr einzugehen, da wir sie bereits im zweiten Hauptteil eingehend gewürdigt haben. Nur so viel ist über sie noch zu sagen, daß sie durchweg sich weder durch besonders große Gefräßigkeit (etwa im Verhältnis zu den Coccinelliden) noch durch ungewöhnliche Vermehrungsfähigkeit auszeichnen und daß sie daher auf den Massenwechsel ihrer Beutetiere keinen sehr erheblichen Einfluß auszuüben vermögen. Das gilt um so mehr, als sie nur in seltenen Ausnahmefällen streng auf bestimmte Beutetiere spezialisiert sind.

Im Bau der räuberischen Arten prägt sich die Lebensweise häufig insofern aus, als die Vorderbeine vielfach zu Greifwerkzeugen umgewandelt sind, der Rüssel besonders beweglich ist und die Stechborsten mit Haken versehen sind. Einen ungewöhnlichen Fall stellt die in Abb. 314 dargestellte kleine Wanze dar, die in Niederländisch Indien vorkommt und von Ameisen lebt. Sie stellt sich an Ameisenstraßen auf und spießt mit ihrem Rüssel einzelne Exemplare aus dem Zug heraus. Die befiederten Fühler dienen ihr gewissermaßen als Schild, indem sie ein hartes Zugreifen der Artgenossen der Angespießten verhindern. Der Räuber gleitet diesen sozusagen aus den Fingern.

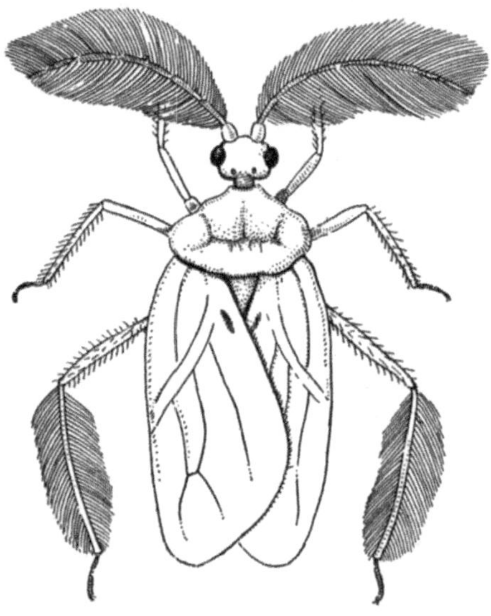

Abb. 314. *Holoptilus agnellus* aus Penang, nach WESTWOOD.

Noch deutlicher als bei den Räubern prägt sich die Lebensweise im Bau der Parasiten aus. Wenigstens gilt das von den einzelnen permanenten Parasiten unter den Hemipteren, den Polycteniden. Sie ähneln als echte Fellparasiten den unter gleichen Bedingungen lebenden Flöhen sogar in Einzelheiten des Körperbaues. Man braucht hier (Abbild. 315) bloß an den eigentümlich vorgewölbten, quergeteilten Kopf, das kurze Labium, den glatten, mit rückwärts gerichteten Borsten versehenen Körper, die kräftigen Beine mit den ganz ähnlich wie bei den Flöhen gebauten Krallen (Abb. 315 b, c) zu denken.

Schließlich müssen wir noch auf eines zu sprechen kommen: außer der unmittelbaren Wirkung des Stichs der blutsaugenden Parasiten (Cimiciden, *Conorhinus*-Arten) gibt es in manchen Fällen noch eine sekundäre Stichwirkung, die in einer Übertragung von parasitischen Kleinlebewesen besteht. Derartige Krankheitsübertragung kommt allerdings bei den Hemipteren längst nicht so häufig vor wie bei den blutsaugenden Dipteren. Immerhin übertragen nach TRIGNAULT Wanzen gewisse Fledermaustrypanosomen; an der Übertragung des „Kala-Azar" des Menschen sollen (nach MARTINI) *Cimex lectularius* und *rotundatus* beteiligt sein, und als Überträger einer von einem *Schizotrypanum* hervorgerufenen, den Menschen und verschiedene Säugetiere befallenden, im tropischen Südamerika bis Panama heimischen Seuche, der CHAGASschen Krankheit, sind *Conorhinus*-Arten (*megistus*, *vitticeps*, *sordidus*, *infestans*) nachgewiesen. Daneben kommen wahrscheinlich auch Bettwanzen in Betracht, in denen der Flagellat ebenfalls zu leben vermag.

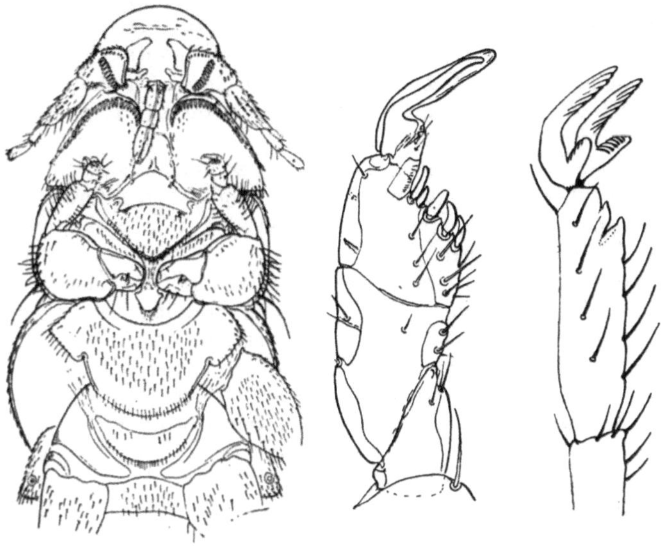

a b c

Abb. 315. a) *Androctenus horvathi* ♀, Ventralansicht; b) Hinterbein, Spitze; c) Beinspitze des Flohes *Ischnopsillus octactenus*.

II. Beziehungen zu pflanzlichen Organismen.

Abgestorbene Pflanzenteile, abgefallene Blätter, Rinde, rissiges Holz, hohle Stengel usw., dienen den Hemipteren öfters als Unterschlupf, als Winterquartier oder als Jagdgebiet (manche Anthocoriden, Aradiden). Lebende Pflanzen sind auch räuberischen Arten häufig unentbehrlich, entweder weil ihre Beutetiere auf ihnen leben (Blattlausfeinde unter den Anthocoriden) oder weil sie ihre Eier in Blätter oder Stengel ablegen. Das letztere ist z. B. auch bei vielen räuberischen Wasserwanzen der Fall, bei denen außerdem im Winter die Abhängigkeit von dem durch die Pflanze ausgeschiedenen Sauerstoff hinzukommt (siehe S. 293).

Viel wichtiger und mannigfaltiger als diese Dinge sind jedoch die Beziehungen zwischen den phytophagen Arten und ihren Wirtspflanzen.

1. Hemipteren als Pflanzenfeinde.

Während wir seither dies Verhältnis rein vom Standpunkt des Zoologen aus betrachteten, stellen wir nun die Pflanze in den Mittelpunkt und fragen uns zunächst nach den ihr aus den Angriffen der Hemipteren erwachsenden Folgen.

Auf zwei Arten können Hemipteren Pflanzen beeinträchtigen: durch Eiablage und durch Entnahme von Nahrungssaft mit dem Saugrüssel. In der ersten Hinsicht schaden natürlich nur solche Arten, die ihre Eier mehr oder weniger tief in lebendes Pflanzengewebe versenken. Die

Einwirkung bleibt dabei in der Regel ganz lokal, d. h. das gestoßene Loch bleibt die einzige Beschädigung, die durch die Eiablage hervorgerufen wird. In manchen Fällen allerdings kommt es vor, daß als Folge des Stichs mit dem Legebohrer Gallenbildung oder wenigstens Verkräuselung an Blättern eintritt (manche Psylliden) oder daß an verholzten Zweigen bei der Vernarbung der durch die Eiablage von Zikaden verursachten Wunden Verkrüppelungen auftreten (*Tibicen septendecim*, manche Membraciden, siehe Abb. 3041).

Schon hier ist es deutlich, daß die einzelnen Pflanzenarten auf die Angriffe verschiedener Hemipterenarten ungleich reagieren. Noch viel deutlicher wird das bei den Reaktionen der Pflanzen auf die Saugtätigkeit der Hemipteren.

Hier können nicht nur verschiedene Pflanzenarten oder sogar -sorten auf die Saugtätigkeit einer und derselben Hemipterenart verschieden reagieren, es kann auch eine Pflanzenart die Angriffe verschiedener, selbst nah verwandter Hemipterenarten sehr ungleich beantworten.

Wie verschieden im letzteren Falle die Reaktionen sein können, das zeigen K. M. SMITHs Untersuchungen an den in England vorkommenden Apfel-Capsiden *Plesiocoris rugicollis*, *Atractotomus mali*, *Orthotylus marginalis* und *Psallus ambiguus*. Trotzdem daß alle diese Arten an den Blättern und Früchten des Apfelbaumes saugen und von ihnen allein leben können, verursacht nur eine Art, nämlich *P. rugicollis*, sichtbaren Schaden. Die jungen Larven bringen ganze Triebe zum Absterben, an den Früchten bleibt jede Saugstelle als roter Fleck sichtbar, Korkbildung tritt auf, der Apfel verkrüppelt, wird rissig und fällt oft frühzeitig ab. All diese Erscheinungen treten bei den anderen Arten nicht auf.

Geht man der Ursache dieses auffallend verschiedenen Verhaltens nach, so findet man, daß die in der Umgebung der Stichstelle von *Plesiocoris* befindlichen Zellen abgestorben und mit einem braunen Farbstoff, der nach SMITH gefälltes Tannin darstellt, gefüllt sind. Genau dasselbe Bild erzielt man, wenn man die Speicheldrüsen der Wanze in frisches Pflanzengewebe verpflanzt, während Drüsen der anderen Arten nicht entsprechend wirken. Da die mechanischen Verletzungen, die von den annähernd gleich gebauten Mundteilen der verschiedenen Wanzenarten hervorgebracht werden, nicht verschieden sind, bleibt also nur die Annahme übrig, daß es die chemischen Eigenschaften des Speichels sind, die eine so verschiedenartige Reaktion der Pflanze verursachen.

Wir sehen also, es gibt außer denjenigen Reaktionen der Pflanzenzelle, die für den Saugvorgang unentbehrlich sind, noch andere Reaktionen, die offenbar nicht unbedingt nötig für das Tier sind — da ja alle die genannten Arten an Apfel zu leben vermögen — die also entweder rein zufällige Nebenwirkungen des Speichels sind oder die für die Pflanze selbst irgendwelche Bedeutung haben.

Die Bedeutung der verschiedenartigen Reaktionen für die Pflanze ersehen wir besser als aus den Untersuchungen von SMITH aus ZWEIGELTS Forschungen über das Saugphänomen der Blattläuse. Bei diesen ist die Menge des in die Pflanzengewebe injizierten Speichels (S. 225) meist sehr groß, die Wirkung des Speichels plasmolytisch, hydrolytisch und giftig. Auch hier führt die Giftwirkung nicht immer oder wenigstens nicht sofort zu einer Abtötung des Plasmas, wie das z. B. bei von *Aphis sambuci* befallenem Holunder der Fall ist. Beim Spindelbaum (*Aphis fabae*) erfolgt vielmehr zunächst „ein aktives Hinwandern des Zellkernes mit einem Teil des Protoplasmas in die unmittelbare Gefahrzone und erst in weiterer Folge ein Absterben der Zellen unter Ausbildung von Zellenkappen". Bei *Artemisia absinthium* kommt es unter dem Einfluß von *Siphonophora absinthii* sogar gar nicht zum Absterben von Zellen, sondern zur Hypertrophie der in die Gefahrzone gewanderten Zellkerne. Können wir in diesem Verhalten der Pflanze schon den Versuch einer aktiven Abwehr erblicken, so wird dasselbe noch deutlicher bei *Lonicera xylosteum*, die in den Epidermiszellen Zellulosescheiden um die Einstichstelle bildet, oder bei der Rose, die im ganzen Kollenchym um die Stichkanäle von *Siphonophora rosae* solche Schutzscheiden ablagert.

Den inneren Vorgängen entsprechen in der Regel äußere Veränderungen an der Pflanze. Oft sind diese für die sie verursachenden Arten sehr charakteristisch.

Das gilt z. B. für die weißen Flecken, die an den Saugstellen von Zikaden auftreten und die bei starkem Befall oft die ganzen Blätter auch auf der Oberseite gesprenkelt erscheinen lassen. Das Gewebe ist an den Saugstellen chlorophyllfrei und offenbar lufthaltig, niemals aber in der Lagerung gestört.

Auch bei den blattsaugenden Eichenphylloxeren ist Verfärbung der Stichzellen zu verzeichnen. Die entstehenden Flecken sind aber hier nicht weiß, sondern anfangs vergilbt, später werden sie braun und nekrotisch.

Viele Capsiden (*Plesiocoris, Lygus*) verursachen ebenfalls braune Flecken auf jungen Blättchen, die sogar so weit sich ausbreiten können, daß ganze Blättchen absterben (*Lygus pratensis* an Wein). Entwachsen die Blättchen dem Angriff, so treten in den Stichstellen Löcher auf, die sich im weiteren Verlauf des Wachstums der Blätter vergrößern und zuweilen zu Zerreißungen der Blattspreite bis zum Blattrand hinaus führen. Im Gefolge der Capsidenstiche treten, wahrscheinlich als Folge von Wachstumshemmungen, ferner oft Zerknitterungen und unregelmäßige Kräuselungen der Blattflächen auf. Wachstumshemmungen und damit Verkrüppelungen verursachen, wie wir schon oben sahen, manche Capsiden auch an Trieben und Früchten. In diesem Zusammenhang kann man auch die Wirkungen nennen, die die Larven von *Psylla mali* auf Apfeltriebe ausüben. Wenn sie nämlich an jungen, Blütenknospen tragenden Zweigen so wie in Abb. 316 in großen Mengen auftreten, verhindern sie teils durch ihr Saugen, teils durch ihre klebrigen Exkremente und ihr Wachssekret das Aufblühen der Knospen und den Fruchtansatz.

Andere Psylliden (*Ps. buxi*) und vor allem zahlreiche Aphidinen bewirken Verkrümmungen von Blattflächen, die sicher nicht allein aus Wachstumshemmungen, sondern vielmehr als Folgen von nebeneinander hergehenden hypertrophischen, hyperplastischen und hypoplastischen Prozessen anzusehen sind[1]. Vielfach ist mit der Verkräuselung eine Stauchung der Sproßachse und damit eine Schopfbildung an befallenen Triebspitzen verbunden. Derartige Deformationen werden, wie FRIEDRICHS feststellte, auch von gewissen Cercopidenlarven hervorgerufen und zwar besonders an Holunder von einer gesellig lebenden, auch an der Weide vorkommenden Art, vermutlich also von *Aphrophora salicis*.

Besonders charakteristisch sind aber die von *Myzus ribis* an Johannisbeere verursachten Aufbeulungen der Blätter, oder die Kräuselungen, die *Ceruraphis viburnicola* am Schneeball, *Aphis fabae* am Spindelbaum hervorruft. Im letzten Falle ist es besonders bemerkenswert, daß an anderen Pflanzen von der gleichen Art keine Mißbildungen verursacht werden.

Abb. 316. Apfeltrieb mit einer Kolonie von *Psylla mali*. Man sieht außer den Tieren ihr Wachssekret und Honigtautropfen.

Verkrümmungen und Verkräuselungen der Blätter und Triebe, wie sie oben genannt wurden, kann man mit einem gewissen Recht schon als Gallen bezeichnen, denn Gallen sind nach KÜSTERS Definition nichts anderes, als die durch einen fremden Organismus veranlaßten Bildungsabweichungen, die eine Wachstumsreaktion der Pflanze auf die vom Fremdorganismus ausgehenden Reize darstellen und zu denen der Erzeuger in irgendwelchen ernährungsphysiologischen Beziehungen steht.

In unseren Breiten sind besonders Aphidinengallen reich vertreten. Viele unter ihnen sind nichts anderes als die oben schon geschilderten Verkrümmungen der Blattspreite, die, mit ausgesprochen hypertrophischen Prozessen verbunden, zur Bildung von Blattrollen führen können, wie sie z. B. von *Schizoneura ulmi* an Ulmenblättern hervorgerufen werden, oder zur Bildung von Beutelgallen, die, wenn sie sich aus einer Knospe, d. h. also aus mehreren Blattanlagen, herausbilden, so merkwürdige, oft komplizierte Form annehmen können, wie sie z. B. die von *Schizoneura lanuginosa* an *Ulmus campestris* gebildeten Gallen haben (Abb. 317, siehe auch Abb. 294c, d). Auch gestielte Gallen können durch Ausstülpung eines Teiles der Blattspreite entstehen (*Tetraneura ulmi*, siehe auch Abb. 294a, b). Je nach dem Grad der Ausbeulung oder Einstülpung sind solche Gallen mehr oder weniger dicht verschlossen. Die durch einfache Kräuselungen an Johannisbeere entstandenen blasen-

[1] Hypertrophie = abnorme Vergrößerung der Zellen, Hyperplasie = abnorme Vermehrung derselben, Hypoplasie = Hemmungsbildung.

förmigen Auftreibungen sind unten völlig offen, die genannten Ulmengallen sind dagegen vollständig geschlossen. Da aber auch die vollständig abgeschlossenen Hohlräume nur durch Ausstülpung entstehen, ist ihre Innenwand stets von einer allerdings oft abgeänderten Epidermis überzogen. Dasselbe gilt natürlich von der Außenwand, die morphologisch der Oberseite der Blätter entspricht, in manchen Fällen aber trotzdem Spaltöffnungen hat.

Haarbildungen kommen an Blattlausgallen öfters vor, so z. B. bei der von *Schizoneura pallida* verursachten Galle der Ulmenblätter und bei den Reblausblattgallen. Bei den letzteren ist der enge, an der Unterseite der Blätter befindliche Eingang in die Gallenhöhle durch einen Haarkranz verschlossen.

Abb. 317. Galle von *Schizoneura lanuginosa* an *Ulmus campestris.*

Blattstielgallen, wie sie z. B. an der Pappel von den Fundatrices verschiedener *Pemphigus*-Arten hervorgerufen werden, entstehen entweder durch Verbreiterung und beutelförmige Hochwölbung des Blattstieles (*P. bursarius*) oder durch Abflachung und spiralige Rollung desselben (*P. spirothecae*). In beiden Fällen entsteht ein von normaler Epidermis ausgekleideter Hohlraum, der nach außen hin durch dichten Zusammenschluß der die Galle bildenden Teile abgeschlossen ist (Abb. 318). Die Stielgallen unterscheiden sich also prinzipiell nicht von den Blattgallen; sie ähneln ihnen auch insofern, als sie wie jene später im Jahr sich öffnen und die geflügelten Insekten entlassen.

Blatt-, Stiel- und Triebgallen können übrigens auch kombiniert auftreten. Es entstehen dann nestähnliche Gebilde, wie sie z. B. *Pemphigus nidificus* an der Esche hervorruft.

Auch Blüten können von Blattläusen in Gallen verwandelt werden. So erzeugt nach Tschirsch *Astegopteryx styracophila* auf dem Benzoebaum (in Java) außer Sproßspitzengallen sonderbare, lang taschenförmige Blütengallen, die in Büscheln zusammenstehen.

Gallbildungen an Wurzeln ruft die Wurzelreblaus hervor, auch die Blutlaus kann an Wurzeln, Zweigen und Stämmen gallenähnliche, vielfach mit dem Ausdruck „Krebs" belegte Anschwellungen bilden, deren charakteristisches Kennzeichen die aufgesprungene Oberhaut bzw. Rinde ist. In diesem Punkt unterscheiden sich die Rindenknoten, die die Hiemales von *Chermes picea* an *Abies nobilis* und *glauca* hervorbringen, von jenen, da bei ihnen die Haut nicht aufspringt[1].

Nicht zu verwechseln sind diese Knoten mit den charakteristischen Gallen, die die Chermesiden an Fichten hervorbringen. Wie bei den Pappelstielgallen und den Ulmengallen, so ist auch hier stets die Fundatrix der Gallenerzeuger, ihre Jungen werden aber bei der Chermesidengalle nicht in einer gemeinsamen Gallhöhle untergebracht, sondern in einzelnen Gallenkammern. Wie Abb. 319 zeigt, sind die Chermesidengallen recht verschieden gebaut, ihrer Entstehungsursache nach sind sie aber alle gleich. Immer beruht nämlich die Gallenbildung auf einer schuppenartigen Verbreiterung des basalen Teiles der Nadelanlagen und zwar, nach BÖRNER, desjenigen Teiles, der morphologisch zur Rinde gehört. Die Chermesidengallen sind also nach BÖRNER Rindengallen, nach anderen Autoren gemischte Rinden- und Nadelgallen. Verschieden wird der Bau der Gallen dadurch, daß die Umwandlung bald so rasch erfolgt, daß die Triebachse kurz bleibt (Abb. 319a, b, c), bald aber langsamer, so daß der Trieb Zeit hat, sich in die Länge zu strecken und die Galle mehr oder weniger aufzulockern (*Pineus orientalis* u. a.). Außerdem ragt bald ein unveränderter Spitzenteil des Triebes über die Galle hinaus (Abb. 319a, b), bald sitzt die Galle am äußersten Ende des Triebes. Sie ist ferner bald einseitig, bald ringsum gleichmäßig entwickelt, bald ragen über die verfärbten Gallenschuppen grüne Nadeln von ziemlicher Größe hervor (Abb. 319b), bald ist die Nadelbildung ganz oder fast gehemmt (Abb. 319c).

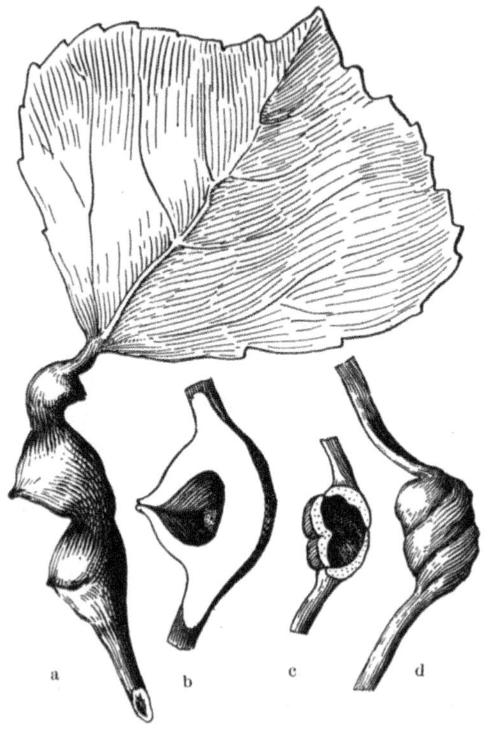

Abb. 318. a) Stielgalle von *Pemphigus bursarius* an Pappel; b) dieselbe durchgeschnitten; c) und d) Stielgalle von *Pemphigus spirothecae* an Pappel.

Stets schließt sich aber die schuppenartige Verbreiterung der Nadelbasis nach dem Trieb (bei lockeren Gallen) oder nach den benachbarten Nadeln zu ab, so daß in jeder Schuppenachsel eine eigene Gallenkammer

[1] Nach NÜSSLIN und nach BÖRNER sollen weder die Blutlauswucherungen noch diese Rindenknoten echte Gallen sein.

entsteht. „Diese Gallenkammern bilden sich unter der saugenden Mitwirkung der Nachkommen der Fundatrix. Diese war im Frühjahr rasch herangewachsen, hatte alsbald zahlreiche Eier abgelegt, deren ausschlüpfende Jungen sofort in die Achseln der sich eben schuppenartig entwickelnden Nadelbasen kriechen, bald eine, bald mehrere Jungläuse pro Nadel. Die Galle paßt sich jetzt gleichsam den Jungläusen an, indem sie geschlossene Zellen um diese entwickelt. Insbesondere verwachsen die Schuppenränder fest miteinander" (NÜSSLIN-RHUMBLER). Auch die einzelnen Schuppen können unter sich wieder in verschiedener Weise verwachsen sein (Abb. 319a).

Wie die Blatt- und Stielgallen der Pemphigiden springen auch die Chermesidengallen später an den Verwachsungsrändern auf und entlassen ihre Insassen. Auch das haben sie mit manchen anderen Aphidinengallen gemein, daß in den Gallenwandungen rötliche Farbstoffe abgelagert werden. Derartige Färbungen kommen übrigens auch bei den von *Myzus ribis* und anderen Blattläusen hervorgerufenen Kräuselungen vor.

Abb. 319. a) und b) *Chermes abietis*, ältere und jüngere Sproßgallen; c) *Cnaphalodes strobilobius*, Sproßspitzengalle an der Fichte, nach ROSS.

Unter den einheimischen Cocciden gibt es nur sehr wenige Gallenbildner. Sie erzeugen in der Regel Grübchen in den besogenen Pflanzenteilen, die, wie das z. B. bei *Asterolecanium variolosum* der Fall ist, zuweilen von einem Ringwulst umgeben sind. Einen seltenen Fall stellt die von LÖW entdeckte Schildlaus *Xylococcus filiferus* (Abb. 320) insofern dar, als sie von dem wachsenden Pflanzengewebe rings überwallt wird. Um eine Gallenbildung handelt es sich aber hier nicht, da das Tier in den Holzkörper bis zur Markröhre geradezu einsinkt, wobei das Pflanzengewebe, sei es durch den Stich der Schildlaus, sei es durch andere, unbekannte Einflüsse unter ihrem Körper schwindet, während es sich ringsum normal weiter entwickelt. Zahlreich und interessant sind nach RÜB-

SAAMEN die Gallenbildner unter den Cocciden der südlichen Länder. Insbesondere Australien zeichnet sich in dieser Hinsicht aus (z. B. *Brachyscelis*-Arten an *Eukalyptus*).

Wie die Cocciden, so sind auch die Psylliden Europas nicht bedeutend als Gallenbildner. Bekannt ist *Livia juncorum*, der Binsenblattfloh, der die Blüten von Binsen in sehr verschiedenartiger Weise verbildet (Abb. 321a), im übrigen gibt es aber nur Formen, die mehr oder weniger ausgeprägte Verkrümmungen von Blattflächen hervorrufen und zwar in vielen, wenn nicht in den meisten Fällen (Löw) nicht durch das Saugen, sondern durch die Eiablage.

Zahlreicher und interessanter sind die Psyllidengallen der wärmeren Länder. Da gibt es Blattgallen, die gewissen gestielten Aphidinengallen ähneln (*Pachypsylla celtidis mamma* auf *Celtis mamma* in Nordamerika), und andere, die wie die Reblausblattgallen gebaut sind (*Phytolyma lata* auf dem ostafrikanischen Mwulebaum). Im letzten Falle kommen auch wie bei gewissen Aphidinengallen Stauchungen der Sproßachse und Schopfbildung vor.

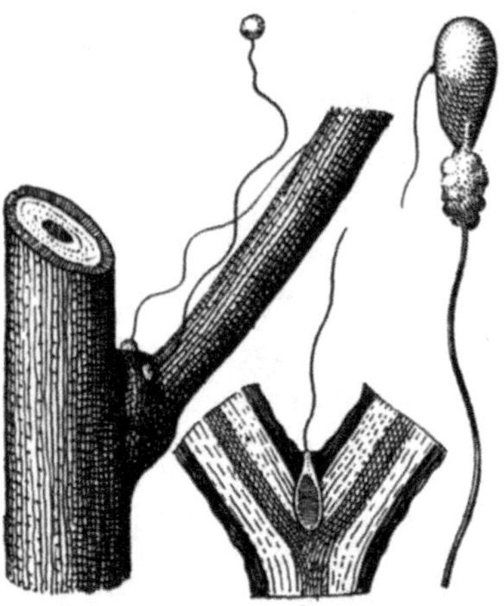

Abb. 320. *Xylococcus filiferus* ♀, nach Löw. a) zwei ♀ in situ im Lindenzweig; b) Längsschnitt; c) herauspräpariertes ♀.

Sehr wenig Bedeutung haben die Zikaden und Wanzen als Gallenbildner. Unter den letzteren sind es vor allem zwei *Copium*-Arten, die an Blütenständen verschiedener *Teucrium*-Arten Gallen hervorrufen. Die Gallen finden sich zu einer oder mehreren in einem Blütenstand und entstehen (Abb. 321b) durch hochgradige blasige Verdickung der Blumenkrone. Andere Tingididen bilden Gallen an Birnbaumblättern (*Stephanitis pyri*), an *Anchusa officinalis* (*Monanthia echii*), und an *Artemisia vulgaris* (*Tingis crispata*) [SCHUMACHER 1912].

Was die biologische Bedeutung der Gallen betrifft, so ist zunächst klar, daß die im Innern von Gallen lebenden Tiere sowohl vor tierischen Feinden als auch vor Witterungseinflüssen besser geschützt sind als freilebende (siehe S. 487). Die Temperaturschwankungen sind im Innern der Gallen nicht so groß wie im Freien, die Feuchtigkeit ist gleichmäßig hoch, Regen und Wind können ihre oft unheilvolle Tätigkeit hier nicht entfalten. Bedenkt man noch, daß die Gallen zu einer bestimmten Zeit durch Aufreißen oder durch Klaffen der anfangs eng aneinander liegenden Wandteile ihre Insassen entlassen, die nun für die Verbreitung der Art sorgen oder die regelmäßigen, zyklischen Wanderungen aufnehmen können, so ist man geneigt, die Gallen als eine Einrichtung zu erklären, die für ihre Insassen äußerst zweckmäßig, für die Pflanze, die auf die Gallenbildung recht viel Stoff verwenden muß, wenn nicht schädlich, so doch jedenfalls nicht von Nutzen ist. Diese Ansicht ist in der Tat diejenige, die man heute in den Lehr- und Handbüchern, die sich mit der Gallenkunde befassen (z. B. RÜBSAAMEN in SCHRÖDERS Handbuch), immer wieder zu hören bekommt. Sie diente auch zur Grundlage weitreichender philosophischer Spekulation, hat sie doch E. BECHER zur Aufstellung einer Theorie von der fremddienlichen Zweckmäßigkeit veranlaßt.

Erst in neuester Zeit erheben sich vereinzelt Stimmen, die, auf unsere höchst bescheidenen Kenntnisse von der Physiologie der Gallbildung verweisend, sich gegen jene teleologischen Deutungen wenden. Nachdem bereits COCKERELL derartige Gedanken geäußert hatte, trat neuerdings besonders ZWEIGELT gegen die BECHERsche Theorie auf, der er vorwirft, die kausalgenetische Erkenntnis und den Einblick in die mit der Vergallung zusammenhängenden Prozesse der Anpassung und Spezialisation bis heute verhindert zu haben.

Abb. 321. a) Blütengalle von *Livia juncorum* an Binse, nach ROSS; b) drei Blütengallen von *Copium clavicorne* an *Teucrium montanum*, nach HOUARD.

Die Schutzfunktion der Galle erscheint, wie ZWEIGELT im Hinblick auf die Pemphigidengallen sehr richtig sagt, in dem Augenblick problematisch, in dem wir die zahlreichen freilebenden Blattläuse zum Vergleich heranziehen. Sie wird noch problematischer, wenn man von ZWEIGELT hört, daß in skalpierten Gallen Kolonien von *Tetraneura ulmi* ohne Verlust weiterlebten. „Die Frage des Öffnungsmechanismus wird ohne teleologische Spekulation verständlich aus der Entwicklungsmechanik des Blattes, das aus dem Gleichgewicht geworfen worden war. Das Blatt kämpft um seine Blattnatur, um sein dorsoventrales Gleichgewicht auch in der Galle weiter. Und wenn diese Galle aufreißt, dann steht einer dorsalen Nekrose bereits erschöpfter Elemente eine erst jetzt zur Geltung kommende Hypertrophie ventraler Gewebe gegenüber.“ Dasselbe gilt wohl mutatis mutandis für Stielgallen und für die Chermesidengallen, in allen Fällen kommt beim Nachlassen des fremden Reizes die ursprüngliche Natur der die Galle zusammensetzenden Teile zum Durchbruch — „die Galle öffnet sich also nicht, weil die Läuse herauswollen, sondern die Läuse kommen heraus, weil die Galle sich öffnet".

Das Gallenproblem ist, darin können wir ZWEIGELT wohl recht geben, ein Kampfproblem. Die Pflanze vermag sich, wie wir oben sahen, gegen die Wirkung des Blattlausstiches durch Zellulosescheiden oder auch durch Kernhypertrophien zu wehren. Die letzteren führen unmittelbar zur Gallbildung, deren histologische Kriterien ja Hypertrophie und Hyperplasie sind. Daß gerade das Gallgewebe den Kampf gegen die Wirkung des Parasitenstiches mit besonderem Erfolg aufnimmt, geht daraus hervor, daß in nicht gallenbildenden Geweben die Stiche immer groß, reichlich verzweigt und lange nachweisbar sind. Je weiter abgeleitet Gallengewebe ist, desto mehr erscheinen in ihm Blattlausstiche vereinzelt, desto kürzere Zeit lassen sie sich nachweisen. Nach Maßgabe der Befähigung zur Gallbildung findet nämlich in den Geweben ein Abbau der fremden Stoffe, eine Art Verdauung statt, während unmittelbare Nekroseprozesse unterbleiben. Die hierin zum Ausdruck kommende Beeinflussung des Speichels durch die Pflanzenzelle muß, wie ZWEIGELT annimmt, eine Umstellung des Parasiten in ernährungsbiologischer Hinsicht zur Folge haben, es entsteht ein Wechselspiel zwischen Aktion und Reaktion, das den Parasiten immer mehr von seiner ursprünglichen Bahn abdrängt. In mehr als einer Hinsicht wird durch die immer enger werdende Bindung des Parasiten an die Galle seine Reaktionsbreite verringert, er wird empfindlicher gegen Schwankungen in der Luftfeuchtigkeit (siehe S. 416), die Beweglichkeit der Fundatrix geht vielfach vorzeitig verloren, und die ernährungsphysiologische „Anpassung" geht sogar so weit, daß die Fundatrix nur in der allerersten Phase ihres Lebens aus nicht vergalltem Gewebe saugen kann, wenige Stunden hernach ist sie wie die Fundatrigenen überhaupt ohne Gallen verloren. „Die Gallenbewohner werden zu Sklaven ihrer Gallen" (ZWEIGELT).

Für die Pflanze hat dieser mit der Gallbildung erreichte Zustand folgende Konsequenz: „Bei bestimmten Arten, ja selbst Unterarten werden die Parasiten durch das im Erbgut derselben verankerte Spezifikum der Gallbildung zu extremen Spezialisten (stenök in mehr als einer Hinsicht). Da ferner nur ganz bestimmte Organe (Blätter, Blattstiele usw., je nach der Parasitenart) und diese nur zu ganz bestimmter Zeit bzw. nur von ganz bestimmten Entwicklungsstadien der Parasiten befallen werden können, gelangen alle anderen Organe und die infizierbaren nach einem gewissen Differenzierungsstadium zur Immunität. Die Pflanzen beschränken damit ihre Parasiten nach Ort und Zeit."

Auch für den Parasiten ergeben sich aus der Gallbildung bestimmte Folgerungen: Indem er durch die einseitige Anpassung an das spezifische Gallengewebe aus einem Oligophagen zum extremen Spezialisten, aus rinem relativ euryöken zum stenöken Lebewesen im strengsten Sinne wird, zergliedern sich, im Sinne der Darlegungen von S. 459, früher einheitliche Formen von relativ großer Reaktionsbreite in biologische Rassen von, in verschiedenem Sinne, geringer Reaktionsbreite, deren Eigentümlichkeiten zunächst bloß ernährungsphysiologisch zum Ausdruck kommen, später aber auch morphologische Veränderungen nach sich ziehen können. Man mag hier an die von BÖRNER aufgestellten Reblausarten (Rassen?) denken, die wir oben schon erwähnten und die auf gleichem Rebenmaterial im Sinne der Abb. 322 ganz verschiedene Wirkungen hervorrufen. Man kann ferner an *Tetraneura ulmi* denken, die nach ZWEIGELT sich im Stadium beginnender Rassendifferenzierung befindet.

Macht man sich diese Gedankengänge zu eigen, so erscheint auch die auf den ersten Blick überraschende Tatsache, daß die Reaktion der Pflanze auf den Stich verschiedener, selbst nah verwandter Arten (Abb. 318) so ungleich sein kann, nicht mehr fremdartig. Im Speichelsekret jeder Art haben wir einen spezifischen chemischen Körper vor uns, dessen Eigenschaften sich im Lauf des Kampfes zwischen Pflanze und Parasit herausgebildet haben. Vielleicht waren sogar gerade diese Eigenschaften vor anderen, morphologischen, Spezifika der in der Entstehung begriffenen Arten.

ZWEIGELT hat übrigens auch schon erkannt, daß nicht alle, auch nicht alle gallenbildenden Blattläuse so streng wie die bisher genannten

a b

Abb. 322. Blätter einer Rebsorte (Rip × Rup 3309) nach Infektion mit verschiedenem Reblausmaterial. a) mit BÖRNERS *Phylloxera vitifolii*: Gallenbildung; b) mit BÖRNERS *Phylloxera vastatrix*: „Stiche" (Nekrosen) nach BÖRNER aus STELLWAAG.

Formen spezialisiert sind. Die Reblaus z. B. kann wenigstens vorübergehend gallenfrei saugen und zwar nach BÖRNER an den nicht gallenbildenden Rebensorten. In solchen Fällen treten aber mit der Lupe feststellbare Nekroseprozesse im Bereich der Stichstelle auf. Diese Nekrosen sind nichts anderes als die Zeichen der aus dem „unsichtbaren Kampf zwischen Pflanze und Tier" herausgezüchteten gesteigerten Giftwirkung des Blattlausspeichels. „Die reaktive Rebensorte, die wir als anfällig zu bezeichnen pflegen, hat im Wechselspiel zwischen Aktion und Reaktion die heutige Aktivität des Speichels verursacht, durch Gallengewebe paralysiert sie aber die Prozesse, die bei der ‚resistenten' Rebe letal wirken. Freilich kann sich auf dieser die Laus nicht dauernd halten, da sie immerhin soweit an das Gallengewebe gebunden ist, daß sie ohne dieses ihre Entwicklungsenergie einbüßt." Damit sind wir aber bei dem Gebiet angelangt, das wir oben schon betraten und daher hier beiseite lassen können, nämlich bei dem Einfluß des Zustandes der Pflanze auf die Entwicklungsfreudigkeit und Entwicklungsdauer des Parasiten (S. 430).

Es bleiben, nachdem wir die lokalen Wirkungen von Hemipteren auf die Pflanze kennen gelernt haben, noch die Fälle zu erwähnen, in denen Hemipteren ganze Pflanzen oder große Teile von solchen zum Absterben bringen. Derartiges kommt z. B. bei gewissen Schildläusen vor (San-José-Schildlaus), aber auch bei der Reblaus. Im letzteren Falle erklärt sich das Absterben vermutlich mit der geringen Widerstandsfähigkeit der Europäerrebe gegenüber dem Stich der im Kampf mit der Amerikanerrebe (siehe oben) hochaktiv gewordenen Laus. Im Falle der Schildläuse ist es wohl eine außerordentlich starke Massenvermehrung derselben, die unter klimatisch und überhaupt ökologisch besonders günstigen Bedingungen einsetzt und die in der Folge einen übermäßig starken Saftentzug, eine Entwicklungshemmung und schließlich den Tod der Pflanze herbeiführt. Wir werden unten auf das Problem der Massenvermehrung nochmals zurückkommen.

Eine schon bei den blutsaugenden Hemipteren erwähnte Begleiterscheinung des Saugens ist die Übertragung von Krankheiten. Auch Pflanzenkrankheiten — und gerade sie besonders häufig — können von Hemipteren übertragen werden, und zwar handelt es sich entweder um gelegentliche Übertragungen, wie sie z. B. bei der bakteriellen Fleckenkrankheit des Blumenkohls durch die Wanze *Euryophthalmus convivus* erfolgen soll (nach Goldworthy), oder um regelmäßige, gesetzmäßige Übertragungen, die in der Natur nur durch Insekten besorgt werden können, analog der Übertragung der Malaria durch *Anopheles*-Mücken, des gelben Fiebers durch *Stegomyia*-Arten.

Bei der folgenden Zusammenstellung dieser mehr oder weniger obligatorischen Krankheitsüberträger halten wir uns an eine Arbeit von Böning, in der dieser selbst um die Erforschung einiger hierher gehörigen Pflanzenkrankheiten verdiente Autor die außerordentlich reichhaltige und infolge ihrer Verstreuung kaum mehr übersehbare Literatur zusammenfassend dargestellt hat.

Eine genaue Parallele zu den Protozoenkrankheiten des Menschen (Malaria, Schlafkrankheit) bildet die Flagellose der Euphorbien, deren Erreger, *Leptomonas davidi*, von Hemipteren mit der Nahrung aus dem Milchsaft in den Darm aufgenommen wird, dort eine Konjugation mit nachfolgender Schizogonie durchmacht und dann in die Speicheldrüsen wandert, von wo aus dann die Neuinfektion erfolgt.

Eine andere, weitaus bedeutendere Gruppe von durch Hemipteren übertragenen Pflanzenkrankheiten sind die sogenannten Viruskrankheiten, die bis jetzt fast nur an Kulturpflanzen nachgewiesen, sicher aber sehr viel weiter verbreitet sind, und deren Erreger bis heute nicht nachgewiesen werden konnte. Man weiß zwar aus zahllosen Übertragungsversuchen, daß in den kranken Pflanzen ein infektiöses Agens, ein „Virus", vorhanden ist, konnte sich über dessen Natur aber bis jetzt nicht ins Klare kommen. Sicher ist nur, daß das Virus in den Leitbahnen durch die ganze Pflanze transportiert wird und daß es vorzugsweise in den Siebröhren enthalten ist. Es ist daher, um so mehr als es sich um sehr kleine, vielleicht unter der Grenze der Sichtbarkeit stehende Teilchen handeln muß, nicht verwunderlich, wenn Hemipteren, die ja mit Vorliebe ihre Stiche nach dem Siebteil (Phloem, S. 226) richten, mit der aufgenommenen Nahrung das Virus sich einverleiben. Ganz besonders geeignet sind in dieser Hinsicht die Blattläuse, die in der Tat unter den Virusüberträgern die Hauptrolle spielen. Daneben kommen aber auch Zikaden und Wanzen in Betracht.

So überträgt die amerikanische Jasside *Eutettix tenella* eine Blattrollkrankheit der Zuckerrübe (Abb. 323), und *Piesma quadrata*, die Rübenwanze, ist, wie neuerdings WILLE nachwies, nicht der Erreger, sondern nur der Überträger der mit ihrem Auftreten verbundenen „Wanzenkrankheit" der mitteldeutschen Rübenbaugebiete. In diesen Fällen wie im Falle der von *Cicadula sexnotata* übertragenen Gelbsucht der Aster *Callistephus chinensis* und der von *Balclutha mbila* (südafrikanische Zikade) übertragenen Strichelkrankheit des Maises und des Zuckerrohres ist nur eine bestimmte Art zur Übertragung fähig. In anderen Fällen ist die Bindung zwischen Überträger und Erreger weniger streng. So kann beispielsweise die Blattrollkrankheit der Kartoffel durch Blattläuse, Kleinzikaden und Capsiden übertragen werden, die Übertragung der Mosaikkrankheit der Rübe kann wenigstens durch mehrere Blattlausarten erfolgen, ebenso wie die des Kartoffelmosaik und anderer Mosaikkrankheiten.

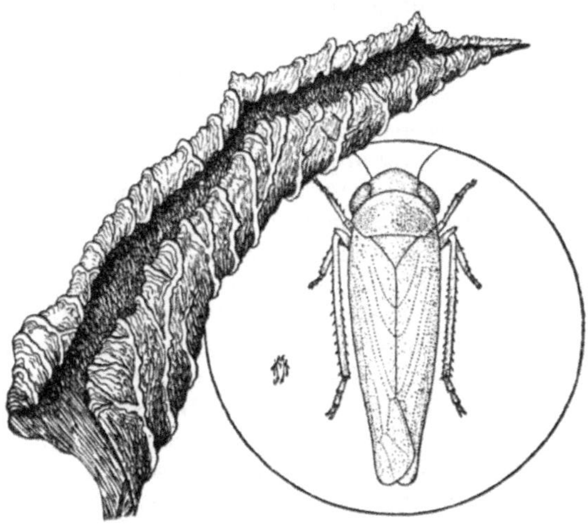

Abb. 323. *Eutettix tenella* (Jassiden) nebst einem stark rollkranken Rübenblatt, nach BALL aus KNOWLTON.

Während in diesen Fällen künstliche Übertragung durch Injektion von krankem Preßsaft in gesunde Pflanzen nicht oder nur schwer gelingt, ist sie in anderen Fällen, z. B. bei der Mosaikkrankheit des Tabaks und der Tomate, ebenso leicht zu erreichen wie Übertragung durch Blattläuse.

Es scheint also, daß wir bei diesen Krankheiten eine immer enger werdende Bindung des Virus an einen Überträger feststellen können, die in extremen Fällen sogar zu einer obligaten Insektenübertragung führt. Daß wir in solch extremen Fällen, bei der Asterngelbsucht, bei der Rübenblattrollkrankheit und der Wanzenkrankheit der Rübe, aber auch bei dem durch verschiedene Blattlausarten übertragenen Rübenmosaik die Überträger ebenso wie die Malariamücken als regelrechte Zwischenwirte ansprechen dürfen, geht aus der Tatsache hervor, daß der Überträger nach der Nahrungsaufnahme an einer erkrankten Pflanze nicht sofort imstande ist, die Krankheit weiter zu verbreiten. Erst nach einer Inkubationsperiode, die im Einzelfall verschieden ist und 24 Stunden (Rollkrankheit) bis 10 Tage (Asterngelbsucht) betragen kann, ist das Tier imstande, das Virus auf neue Wirte zu übertragen. Die ziemlich lange Dauer der Inkubationszeit legt den Schluß nahe, daß in diesen Fällen der Erreger im Insektenkörper entweder eine Vermehrung oder eine Verwandlung erfährt. Jedenfalls lassen diese Feststellungen kaum eine andere Deutung zu, als daß das „Virus" ein organisierter Erreger ist, der vielleicht einmal durch besondere Hilfsmittel auch optisch im Tier- oder im Pflanzenkörper nachgewiesen werden kann.

Eine Besprechung der Folgen der Viruskrankheiten für die Pflanze geht natürlich über den Rahmen dieses Buches hinaus. Nur soviel soll erwähnt werden, daß auch in verhältnismäßig harmlosen Fällen die Ertragseinbuße groß ist, in ernsteren Fällen aber die Krankheiten zum Tode der Pflanze führen (Wanzenkrankheit der Rübe). Da vom Vorhandensein der Überträger die Ausbreitung der Krankheiten abhängt, ist der Versuch ihrer Einschränkung identisch mit der Bekämpfung der Überträger.

2. Andere Beziehungen zu pflanzlichen Organismen (Symbiose usw.).

In gewissem Sinne schließen sich an die im vorstehenden besprochenen Übertragungen von Pflanzenkrankheiten diejenigen Fälle an, in denen im Gefolge der Besiedelung von Pflanzenteilen durch bestimmte Hemipteren regelmäßig andere Organismen sich einstellen, die unter Umständen die Pflanze mehr belästigen können als ihre Vorgänger. Hier sind z. B. die Schleimflüsse zu nennen, die auf Buchenrinde, die von *Cryptococcus fagi*, der Buchenwollaus, stark besiedelt sind, vom zweiten oder dritten Jahr der Verlausung an aufzutreten pflegen (NÜSSLIN-RHUMBLER). Es handelt sich dabei um gemischte Pilzinfektionen, um Organismengesellschaften (Bakterien, Eumyceten), die die Schleimflüsse hervorrufen und denen sich im weiteren Verlauf des Prozesses allerlei andere Pilze und sogar Insekten zuzugesellen pflegen. Zwischen der Laus und den Schleimflußflecken besteht insofern ein Abhängigkeitsverhältnis, als beide sich gegenseitig fördern. In besonders schlimmen Fällen vermag die gemeinsame Wirkung der verschiedenen beteiligten Organismen den Baum zu töten, in weniger schlimmen wenigstens durch die Förderung holzzerstörender Insekten und Pilze das Holz zu entwerten.

Hier haben wir also ein ganz typisches Beispiel der sehr verwickelten Beziehungen zwischen nur mittelbar aufeinander einwirkenden Gliedern einer Lebensgemeinschaft.

Eine einseitige Beziehung besteht zwischen den Honigtau absondernden Homopteren und den auf ihren Exkrementen gedeihenden Rußtaupilzen. Die Pilze leben ähnlich wie die Ameisen von den im Honigtau enthaltenen Zuckern, gewinnen aber auf dessen Erzeuger keinen Einfluß oder höchstens einen sehr mittelbaren, indem sie dunkle, rußartige Überzüge über die Wirtspflanzen bilden, die diese in der Assimilation hindern können.

Bei manchen unterirdisch lebenden Pflanzenläusen, so z. B. bei *Pseudococcus vitis* vertritt ein anderer Pilz, *Bornetina corium*, die Rußtaupilze. Er bildet schwammige polsterartige Massen um die von den Läusen besetzten Wurzeln (STELLWAAG).

Die Grenze zwischen solchen für die Hemipteren gleichgültigen saprophytischen Formen und pflanzlichen Parasiten der Hemipteren ist nicht ganz scharf zu ziehen. Parasitische Pilze können oft auch saprophytisch leben und infizieren dann vom Honigtau aus dessen Produzenten. Das kann man z. B. in Aleurodidenkolonien nicht selten beobachten, die, besonders wenn der Honigtau aus irgendwelchen Gründen in den Kolonien zurückbleibt, leicht verpilzen. Es gibt aber auch rein parasitisch lebende Pilze, die entweder auf zahlreichen Insektenarten oder als Spezialisten auf bestimmten Formen leben (LAKON). Besonders die Aphidinen, aber auch die Aleurodiden haben unter solchen Parasiten viel zu leiden. In der Regel richten die Pilze allerdings nur dann größere Verheerungen unter ihren Wirten an, wenn große Luftfeuchtigkeit herrscht. Diese Erfahrung hat man vor allem mit den verschiedenen die *Citrus*-Aleurodiden Amerikas befallenden Pilzarten gemacht, auf deren Wirksamkeit die amerikanischen Entomologen anfangs große Hoffnungen setzten. Klimatische Einflüsse sind hier noch mehr als bei den tierischen Parasiten für die Wirkung auf den Massenwechsel des Wirtes ausschlaggebend.

Ein unendlich weites Gebiet voll der interessantesten Aufschlüsse eröffnet sich uns, wenn wir an die symbiotischen Beziehungen zwischen Hemipteren und Pflanzen gehen. Durchweg handelt es sich hier um Mikroorganismen, um Pilze und zwar in erster Linie um Bakterien und hefenartige Organismen, die im Innern des Hemipterenkörpers leben, streng an ihn angepaßt sind und ihm offenbar gewisse Dienste leisten.

Diese Dienste liegen, soweit wir wissen, auf dem Gebiet des Stoffwechsels, jedenfalls kommen die Symbionten regelmäßig bei gewissen, ernährungsbiologischen Gruppen der Hemipteren (und anderer Tiergruppen) vor. Als erste sind hier die Blutsauger zu nennen, die Cimiciden und die *Conorhinus*-Arten, als zweite Gruppe die typischen Pflanzensauger unter den Wanzen und die Homopteren.

Im einfachsten Falle leben die Symbionten frei flottierend in der Hämolymphe ihrer Wirte (Cocciden) oder im Lumen des Darmtraktus (phytophage Wanzen). Im letzteren Falle sind sie allerdings meist schon in bestimmten Abschnitten des Darmes konzentriert, nämlich in den oben beschriebenen und abgebildeten Darmkrypten (S. 228), die den räuberischen Wanzen völlig fehlen (Abb. 324a). Meist leben die Symbionten jedoch intrazellulär. Sie können, wie z. B. bei manchen Fulgoridengenera (*Conomelus*, *Liburnia* nach ŠULC) ausschließlich, bei anderen Cicadinen (Cicadiden, Cercopiden) und den Cocciden nebenher, in den Fettzellen verteilt sein oder in besonderen, allerdings aus dem Fettkörper stammenden Organen, den Mycetomen, ihren Sitz haben. Solche Mycetome kommen nicht nur bei den meisten Homopteren vor, wo sie unter dem Namen „Pseudovitellus“ längst bekannt sind, sondern auch bei den blutsaugenden Wanzen, wo sie BUCHNER erst in neuester Zeit entdeckt hat. Bau und Lage der Mycetome sind verschieden. Bald handelt es sich um ovoide geschlossene Massen (Cocciden), bald um paarige, hinten zusammenhängende Stränge (Aphididen, Pemphigiden), bald um spindelförmige Körper (manche Fulgoriden), bald um traubige

Massen von kugeligen oder ovoiden Einzelmycetomen (Cicadiden). Auch der feinere Bau der Mycetome ist recht verschiedenartig. Bei den Aleurodiden bestehen sie z. B. aus einkernigen, großen Zellen, ebenso bei den Aphididen, bei denen aber eine Schicht von platten Zellen als Hülle um die eigentlichen Mycetocyten entwickelt ist. Dasselbe ist bei den Cicadiden der Fall, bei denen aber die Mycetocyten zu Syncytien, vielkernigen Zellmassen, vereinigt sind. Bei den Psylliden, sowie bei den Cercopiden kommen in einem Mycetom Mycetocyten und Syncytien nebeneinander vor. Was die Lage der Mycetome betrifft, so sind sie bald ohne deutliche Beziehungen zu anderen Organen frei im Hinterleib gelegen, wie z. B. bei *Pseudococcus* oder beim Weibchen von *Cimex*, bald schließen sie sich mehr oder weniger eng an den Darm oder die Geschlechtsorgane an. Bei manchen Fulgoriden gibt es z. B. Rectalmyce-

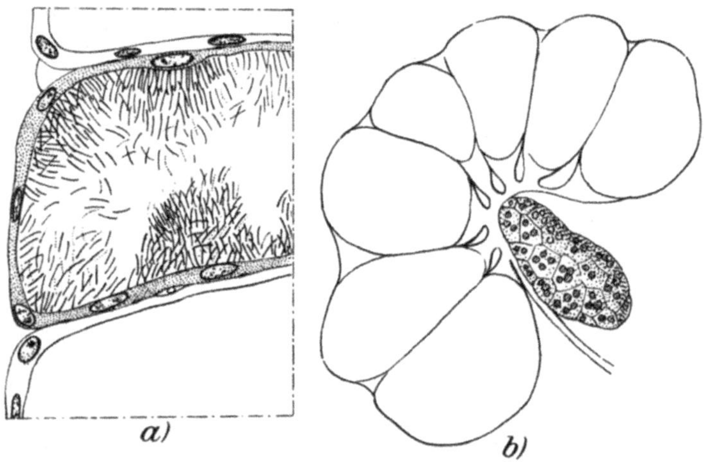

Abb. 324. a) Querschnitt durch Darmkrypten von *Pentatoma rufipes* mit Symbionten, nach KUSKOP. b) ein Hoden von *Cimex lectularius* mit Mycetom, nach BUCHNER.

tome (nach ŠULC), die von der Darmwand teilweise umhüllt sind. Bei *Margarodes* schließen sich die beiden paarigen Mycetome eng an die Oviducte an, bei den Aleurodidenweibchen umhüllen sie die Oviducte und die Basen der Eiröhren sogar allseitig (Abb. 272), bei den Aleurodidenmännchen legen sie sich, ebenso wie beim Männchen von *Cimex*, (Abb. 324b) eng an die Hoden.

Auch eine größere Zahl von Mycetomen kommt vor; so unterscheidet ŠULC bei manchen Fulgoriden nicht weniger als fünf verschiedene Mycetomformen von sehr ungleichem Bau. Oft wechseln Bau und Lage der Mycetome im Lauf der Entwicklung des Individuums. So haben z. B. die Aleurodidenlarven frei in der Leibeshöhle liegende, ovoide Mycetome (Abb. 279b, c), im Gegensatz zu den Aleurodidenimagines (Abb. 272). Auch die Syncytien bilden sich oft erst im Lauf der Larvenentwicklung.

Manche Hemipteren haben nur eine Symbiontenform in ihrem Körper (Aleurodiden, phytophage Wanzen), während andere zwei oder gar drei streng getrennte (Psylliden, Cicadinen, Aphididen) Formen haben. In manchen Fällen, so bei *Cimex*, sind zwei ineinander übergehende Formen vorhanden, deren eine wohl eine Art Wanderform darstellt.

Am besten erkennt man die enge Bindung, die zwischen den Hemipteren und ihren Symbionten besteht, wenn man sieht, auf welche Art die Infektion der Eier bzw. der Jungen erfolgt. In allen Fällen ist nämlich bereits das Ei oder, im Falle der Viviparie, der Embryo Symbiontenträger, die Symbionten kommen also nicht von außen in das Tier herein, sondern werden vom mütterlichen Organismus den Nachkommen auf verschiedene Weise mitgeteilt.

Im einfachsten Falle, so, nach KUSKOP, bei den phytophagen Wanzen, wandern die Symbionten aus den sie beherbergenden Darmkrypten in den Enddarm und gelangen von dort auf noch nicht genügend aufgeklärte Weise an das Ei, in das sie vermutlich auf demselben Weg wie die Spermatozoen eindringen. Etwas komplizierter liegt die Sache schon bei *Cimex*. Hier bedienen sich, wie Abb. 325b zeigt, die aus den Mycetomen auswandernden Bakterien der die Eizellen mit der Endkammer verbindenden Nährzellstränge, um in die außerdem schon vorher durch die Eiröhrenwand hindurch infizierten Eizellen (Abb. 325a) einzudringen. Die Infektion ist durch dies doppelte Verfahren besonders gesichert.

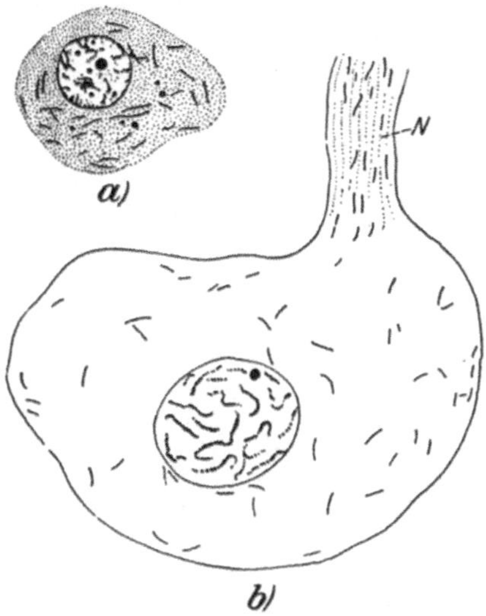

Abb. 325. *Cimex lectularius*, nach BUCHNER. a) junge Eizelle vor dem Anschluß an die Nährzellen, bereits infiziert; b) junge Eizelle mit Nährstrang *N*, durch den weitere Symbionten einwandern.

Auch bei den Homopteren gelangen die Symbionten auf verschiedene, oft geradezu raffinierte Art in das werdende Ei. Bei *Margarodes* z. B., bei der die Mycetome eng an den Ovidukten liegen, erscheinen die Symbionten im Lumen derselben, dringen in eine vom Ei gebildete kugelige Höhle des einen Eipols ein und besiedeln von dort aus die bei der Furchung gebildeten neuen Mycetocyten blastodermalen Ursprunges (ŠULC). Bei den Cicadinen, die zwei oder gar drei Symbiontenformen besitzen, dringen diese zu gleicher Zeit und an derselben Stelle in das Ei und bilden dort (*Cicadidae* nach BUCHNER) durcheinander gewürfelt einen rundlichen Pilzballen. Besonders kompliziert und interessant wird die Übertragung bei den Fulgoriden mit ihren zahlreichen Mycetomen, die in einem wechselseitigen Abhängigkeitsverhältnis stehen.

Bei den viviparen Aphidinen findet das Eindringen der Symbionten erst statt, wenn bereits die Embryonalentwicklung begonnen hat. Das Blastoderm wird nach BUCHNER von Anfang an am hinteren Pol nur mangelhaft ausgebildet, so daß die vom Dotter durchsetzte Plasmaschicht hier bis zur Oberfläche reicht. An diese Stelle legen sich dann die zugleich mit den Urgeschlechtszellen, also sehr früh, angelegten Mycetocyten, die zunächst ein Syncytium bilden und mit dem Follikelepithel verlötet werden. Damit ist die Wohnstätte und der Weg für die Symbionten geschaffen, die nun aus dem mütterlichen Mycetom in geschlossenem Strom durch jene Lötstelle in das embryonale Mycetom einwandern.

Während hier also beim Einwandern der Symbionten schon das Mycetom fertig angelegt ist, müssen sich in den anderen Fällen, in denen die Besiedelung der Eier vor Beginn der Embryonalentwicklung stattfindet, die Gäste noch eine Zeitlang frei im Dotter (*Cimex*) oder in den oben erwähnten besonderen Höhlen halten. Einen weiteren Übertragungstyp verkörpern die Aleurodiden, bei denen die Symbionten nicht wie in allen

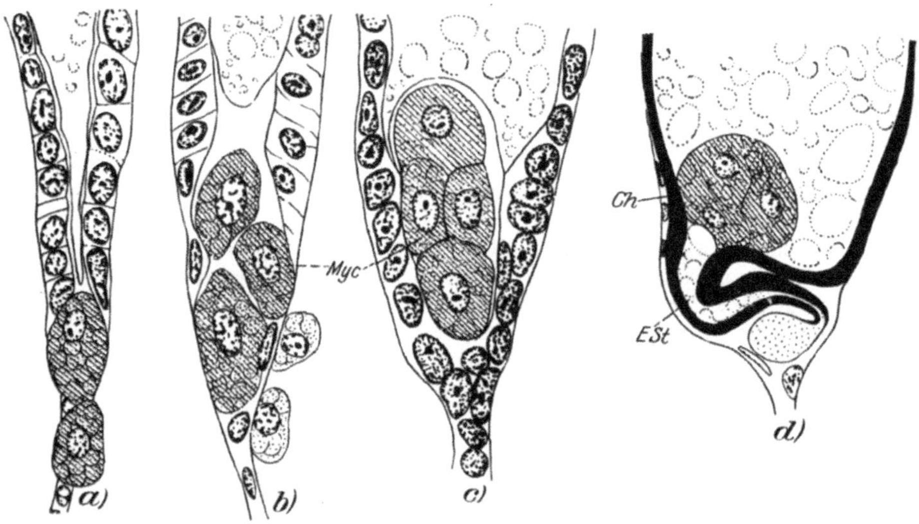

Abb. 326. Vier Stadien der Infektion des Eies von *Aleurodes aceris*, nach BUCHNER. *Ch* Chorion, *ESt* Eistiel, *Myc* Mycetocyten.

seither beschriebenen Fällen die Mycetocyten zur Eiinfektion verlassen, sondern vielmehr mit den sie enthaltenden Zellen ins Ei eindringen. Dieser einzig dastehende Vorgang, den BUCHNER genau verfolgt hat, verläuft in folgender Weise: Im weiblichen Körper werden die die Ovarien umgebenden Mycetome zur Zeit der Geschlechtsreife merklich aufgelockert, die nun kugeligen Mycetocyten dringen in alle Zwischenräume zwischen den strangförmigen, dünnen Basen der Eiröhren (Abb. 272b) ein, und mit dem Beginn der Dotter- und Fettbildung im Ei hebt der Prozeß der Infektion der einzelnen Eier an. Hintereinander drängen sich einzelne Mycetocyten durch die Follikelwand in den Raum zwischen Eizelle und Follikel (Abb. 326a), ballen sich zu einem länglichen Klumpen zusammen (b) und dringen nach der Eizelle vor, die vor ihnen zurückweicht und eine Nische bildet (c). Der von dem Mycetocytenpaket verlassene Raum des Follikels, der Infektionskanal, wird, wenn nun das

Chorion von der Follikelwand ausgeschieden wird, zum Eistiel (d), der, wie wir oben sahen, als Mikropyle und zum Befestigen des Eies dient.

Das Ei von *Aleurodes* besteht also nicht wie das aller anderen Insekten nur aus einer Eizelle, es enthält in seinem Innern noch ein Paket intakter somatischer Zellen des mütterlichen Körpers, die auch während der Embryonalentwicklung noch lange Zeit als geschlossene Masse erhalten bleiben. Erst nach der Umrollung werden sie zerstört und durch frische embryonale Zellen ersetzt, die die freigegebenen Symbionten in sich aufnehmen.

Wir können auf die außerordentlich interessanten Vorgänge, die mit dieser Zerstörung der alten Mycetocyten verbunden sind, so wenig näher eingehen, wie wir die Eiinfektion der anderen Homopteren ausführlich besprechen konnten. Wer sich dafür interessiert, mag in Buchners reichhaltigem Buch „Tier und Pflanze in intrazellulärer Symbiose", sowie in den neueren Arbeiten von Šulc und Uichanco das Nähere nachlesen; wir begnügen uns hier mit der Feststellung, daß der mütterliche Organismus der Symbiontenträger unter den Hemipteren aufs ängstlichste bemüht ist, jedem Ei, jedem Jungen seine Ration Symbionten zuzuteilen und daß demgemäß die Bedeutung der Symbionten für den tierischen Organismus groß sein muß.

Worin besteht aber diese Bedeutung? Oben haben wir schon die Vermutung geäußert, daß sie auf ernährungsphysiologischem Gebiet zu suchen ist. Es wäre sonst kaum verständlich, daß gerade Pflanzensauger und Warmblüterparasiten mit Symbionten ausgerüstet sind, Räuber aber nicht. Bei den Blutsaugern hat Schaudinn die Vermutung geäußert, die Symbionten, die z. B. bei den Stechmücken in den Ösophagusblindsäcken hausen, könnten vielleicht bestimmte Stichreaktionen verursachen. Diese Ansicht hat sich aber nicht halten lassen, denn die Mycetome der Bettwanze ergaben zwar, in die menschliche Haut geimpft, Quaddeln, die den nach Wanzenstichen auftretenden völlig ähnlich waren, die gleichen Ergebnisse ließen sich aber erzielen, wenn man Speicheldrüsen, Fettgewebe und Hoden von *Cimex* und von ganz anderen Insekten in die Haut impfte. Die Quaddelbildung ist also eine Reaktion auf die Einführung von artfremdem Eiweiß bzw. von toxischem Speichel, nicht eine spezifische Wirkung der Symbionten. Es bleibt demnach kaum eine andere Möglichkeit, als daß die Symbionten der blutsaugenden Tiere irgendwie an deren Stoffwechsel beteiligt sind. Vermutlich sind die Mycetome nichts anderes als eine Art inkretorischer Organe, die nicht eigene Sekrete, sondern von den Mikroorganismen ausgeschiedene Fermente in die Umgebung diffundieren lassen und mit Hilfe dieser Fermente in den Stoffwechsel eingreifen.

Dasselbe gilt wahrscheinlich von den Symbionten der Pflanzensauger. Bei den Darmbakterien der phytophagen Wanzen konnte allerdings Glasgow, dem es gelang, die Symbionten von *Anasa tristis* (Coreiden) zu kultivieren, in den Reinkulturen kein Auftreten von Fermenten feststellen. Er greift daher auf die Beobachtung zurück, daß parasitische und saprophytische Mirkoorganismen wohl im Darm der räuberischen und in den Speicheldrüsen der phytophagen Wanzen in Mengen auftreten, niemals aber im Darmtraktus der Wanzen, die im Besitz von Darmsymbionten sind. Die letzteren sind also, so schließt er, nicht an der Verdauung der Nahrung beteiligt, wohl aber halten sie den Darm von Fremdorganismen frei, dienen also der Autosterilisation des Wirtes.

Man kann an dieser interessanten Deutung nicht ganz vorübergehen, man wird aber, wenn man bedenkt, daß phytophage Wanzen Viruskrankheiten und Flagellosen zu übertragen vermögen, ihr doch nicht unbedingt zustimmen können. Allerdings wissen wir nicht, wieweit einzelne Mikroorganismen sich der Wirkung der Symbionten zu entziehen vermöchten, wir wissen auch gar nichts über etwaige Beziehungen zwischen dem sogenannten Virus und den Symbionten. In letzterer Hinsicht hat neuerdings RAMBOUSEK Vermutungen geäußert, allerdings in so mysteriöser Form, daß man nicht zu erkennen vermag, wie er sich solche Beziehungen denkt.

Für die Homopterensymbionten, die ja allerdings nicht im Darm stationiert sind, gilt jedenfalls GLASGOWS Deutung nicht, denn SCHWARTZ, der die Symbionten der Lecanien in Reinkultur prüfte. fand in den Kulturen Amylase, Saccharase, Emulsin, Trypsin, Lecithinase, Lipase, Urease und ein Hippursäure spaltendes Ferment. Er glaubt auf Grund seiner Befunde, daß wenigstens bei den Schildläusen das Wesen der Symbiose darin liegt, daß die Pilze die Endprodukte des Eiweißstoffwechsels der Wirte abbauen müssen. Vermutlich gilt dasselbe auch für die anderen Homopterensymbionten, wenn auch vielleicht in einzelnen Fällen Sonderaufgaben hinzukommen, wenn auch z. B. bei den Cercopidenlarven vielleicht, im Sinne von HAUPT, die Symbionten an der bei der Schaumbildung auftretenden Verseifung des Wachses (S. 245) beteiligt sind.

Jedenfalls aber gibt es keinen Zweifel darüber, daß die Symbionten ihren Wirten Nutzen bringen. Soll der Ausdruck Symbiose voll berechtigt sein, so müßten auch die Pilze aus dem Verhältnis Nutzen ziehen. Dieser Nutzen erscheint aber, genau betrachtet, einigermaßen zweifelhaft: Die Pilze befinden sich in völliger Abhängigkeit vom tierischen Organismus, die sogar den Tod des Wirtes überdauert und ein Übergehen zu freier, saprophytischer Lebensweise verhindert. Da auch der Ernährungszustand der Pilze vermutlich im Zusammenhang mit den ihnen allein zugänglichen Stickstoffquellen meist ungünstig ist, kann von einem Vorteil auf seiten der Pilze eigentlich keine Rede mehr sein (SCHWARTZ). Trotzdem kann man die Berechtigung des Ausdruckes Symbiose verteidigen, da ja die Pilze unleugbar von den Stoffwechselprodukten der Tiere leben.

Im Grunde ist dieses ganze Verhältnis ein Analogon zu den oben besprochenen Beziehungen der Gallenbildner zu ihren Wirtspflanzen. Wie hier ein anfangs oligophager Parasit in eine äußerst enge Reaktionsbreite hineingezwängt wird, so sind auch die „Symbionten", die wohl ursprünglich Parasiten ihrer heutigen Wirte waren, im Wechselspiel von Aktion und Reaktion in zunehmende Abhängigkeit von ihrem Wirt hineingedrängt worden. Anfangs sicher noch imstande, saprophytisch und polyparasitisch zu leben, ist ihnen im Lauf der Zeit, wie den Gallenbildnern, ein bestimmter Nährboden zum Bedürfnis geworden.

Während aber bei den Gallenbildnern damit die Entwicklung ihren heutigen Stand erreicht hat, ging sie bei den Symbionten weiter. Der tierische Organismus lernte die Eigenschaften seiner Gäste ausnützen und machte sie, indem er sie auf gewisse Organe beschränkte und ihnen bestimmte Nahrungsquellen einräumte, völlig von sich abhängig. Den Gipfel der Entwicklung bildet dann die Übertragung der nunmehr zum integrierenden Teil des tierischen Organismus gewordenen Symbionten durch die Kette der Geschlechterfolgen.

Ein Teil des großen Kampfes zwischen Pflanze und Tier ist es also, den wir hier vor uns sehen, ein Teil, der fraglos mit dem Sieg des Tieres, mit der völligen Versklavung der Pflanze geendet hat. Es ist ein Gleichgewichtszustand, der so entstand, ein Gleichgewicht, dem auch Störungen nicht ganz fehlen. So konnte BUCHNER an Aleurodiden, SCHWARTZ an Schildläusen ein Überhandnehmen der Pilze aus unbekannten inneren Gründen beobachten.

Auf einem anderen Gebiete der vielverschlungenen Beziehungen zwischen Tier und Pflanze, auf dem Gebiet der Blütenbestäubung, spielen die Hemipteren nur eine kümmerliche Rolle. Blütenbesucher gibt es zwar unter ihnen, vor allem unter den Wanzen (*Graphosoma*, *Carpocoris*, *Eurydema*) in großer Zahl, nur wenige von ihnen gewinnen aber merkbaren Einfluß auf die Bestäubung, so die Capsiden *Hoplomachus thunbergi* auf *Hieracium pilosella* und *Oncotylus pilosus* auf *Tanacetum vulgare*. Solche Arten tragen nach SCHUMACHER ein ausgeprägtes Haarkleid, das bei der Beerenwanze *Dolycoris baccarum* sogar ausgesprochen klebrig ist. Völlig abhängig von der Bestäubung durch die Wanze *Cantao ocellatus* soll der indische Mondbaum, *Macaranga Roxburghii*, nach DIXON sein. Die Pollenübertragung soll hier mittels des Rüssels, der Beine und der Brustdornen stattfinden. Auch die Bestäubung der Sagopalme und gewisser afrikanischer und asiatischer Akazien wird von Wanzen, und zwar von *Aspongopus*-Arten, besorgt; eine andere Capside, *Parmeridea* sp., ist durch REUTER als Vermittler der Bestäubung von *Roridula gorgonias* bekannt geworden (Südafrika). Wenn wir noch erwähnen, daß der kleine Wasserläufer *Mesovelia furcata* in Italien an der Befruchtung der Wassernuß *Trapa natans* beteiligt sein soll, so haben wir aber schon alle wesentlichen, aus der Literatur bekannten Fälle von Blütenbestäubung aufgezählt, eine minimale Zahl, wenn wir an die Bedeutung der Hautflügler, Zweiflügler und Schmetterlinge als Blütenbestäuber denken.

III. Die Biocönosen und ihre Störung.

In der Einleitung zu diesem Hauptteil haben wir schon darauf hingewiesen, daß die einzelnen zu den Hemipteren in Beziehung tretenden Organismen unter sich in so vielfach verschlungenen Beziehungen stehen und daß sie von den unbelebten Elementen des jeweiligen Lebensraumes ebenso wie die Hemipteren selbst derart abhängig sind, daß man durch eine systematische Darstellung der einzelnen biologischen Gruppen keinen vollen Einblick in die Gesamtheit der Zusammenhänge gewinnt. Diese systematische Darstellung ergänzen wir nun, indem wir zunächst eine verwickelte Lebensgemeinschaft schildern, ohne dabei die Hemipteren mehr als nötig in den Vordergrund treten zu lassen.

Wir wählen die von WHEELER (1921) gründlich beschriebene *Tachigalia*-Biocönose (Abb. 327, 328).

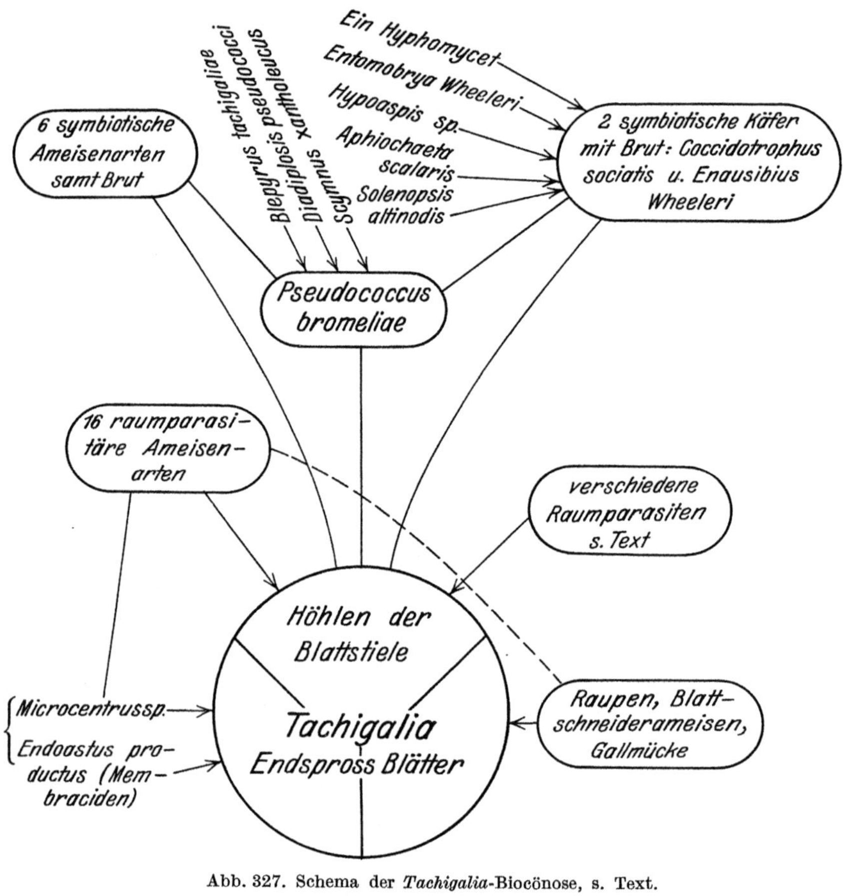

Abb. 327. Schema der *Tachigalia*-Biocönose, s. Text.

Ihr erstes Glied ist *Tachigalia paniculata*, eine Leguminose des tropischen Südamerikas. Sie wächst als schlankes, zartes Bäumchen im Schatten des Urwaldes oder als kräftiger, 30 Fuß hoher Baum an sonnigen Stellen. Den Mittelpunkt der Biocönose bilden die dicken, hohlen Blattstiele der Pflanze. An ihren Innenwänden entlang ziehen sich Stränge von Nährparenchym, ihre Höhlung enthält außerdem eine flockige Masse, die den einzigen Rest des ursprünglich den Stengel füllenden, saftigen Gewebes darstellt. Ein Insekt braucht also bloß ein Loch in die Wand der Höhle zu nagen, um einen geschützten Raum als Wohnung und reichlich Nahrung zur Verfügung zu haben. Solcher Insekten gibt es auch eine nicht geringe Zahl:

Als erste Gruppe, als zweites Glied der Biocönose also, können wir diejenigen Formen zusammenfassen, die alle von den Blattstielen gebotenen Vorteile ausnützen, die also nicht nur Wohnung, sondern auch Nahrung in ihnen finden. Es sind dies zwei Arten sozialer Käfer (*Coccidotrophus socialis* und *Enausibius Wheeleri*), sechs Ameisenarten (*Azteca traili*, *A. foveipes*, *Pseudomyrma damnosa*, *P. maligna*, *P. cholerica* und *P. crucians*) und schließlich eine Schildlausart, *Pseudococcus bromeliae* (Abb. 328). Letztere nimmt insofern eine Sonderstellung ein, als ihre Exkremente von den Käfern und den Ameisen als Nahrung aufgenommen werden (siehe S. 468). Sie ist in tropischen und subtropischen Gegenden weit verbreitet und durchaus nicht streng an *Tachigalia* gebunden. Da sie selbst unfähig ist, Löcher in die Stengel zu bohren, muß sie entweder, den Ameisen und Käfern folgend, von außen durch vorhandene Öffnungen eindringen oder durch die genannten Formen in die Stengel eingeschleppt werden. Jedenfalls wird ihr Vorkommen in den Höhlen durch die Käfer oder Ameisen erst ermöglicht. Zwischen den Käfern und Ameisen einerseits, den Schildläusen andererseits besteht also eine echte Symbiose, die Schildläuse setzen sich in Längsreihen an den Nährparenchymsträngen fest und sondern, reichlich ernährt, wie sie sind, große Mengen von Honigtau ab, der den Käfern und Ameisen als Nahrung dient. Die Ameisen leben ausschließlich von dem Honigtau, sind also ganz auf die Schildläuse angewiesen, die Käfer nehmen daneben noch die von der Pflanze gebotenen Stoffe auf.

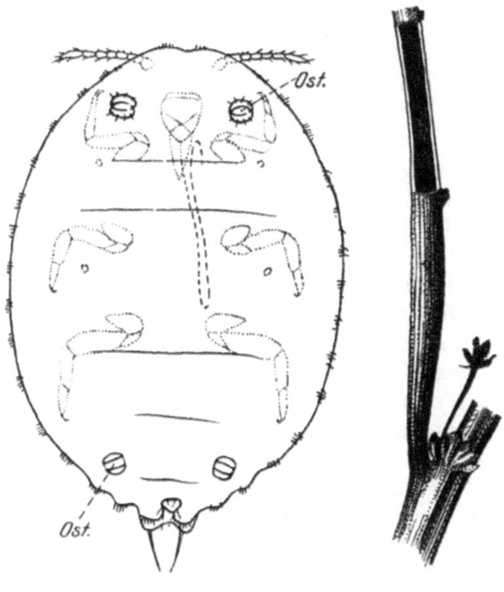

Abb. 328. a) Blattstiel von *Tachigalia*, aufgeschnitten; b) *Pseudococcus bromeliae* ♀ nach Entfernung des Wachssekretes, dorsal, nach WHEELER. Ost. Ostiolen.

Eine zweite Gruppe von Mitgliedern der Biocönose besteht aus Raumparasiten, die die Stengelhöhlen nur als Aufenthaltsort benützen. Hier handelt es sich um Eier einer Heuschreckenart, um Termiten, eine solitäre Wespe, einen Tausendfüßler, einige Spinnen, 16 Ameisenarten usw. Besonders wichtig sind die Ameisen, die sich von den oben genannten symbiotischen Arten dadurch unterscheiden, daß sie niemals in Gesellschaft von Cocciden auftreten.

Eine dritte Gruppe umfaßt Formen, die an Blättern und Triebspitzen der *Tachigalia* fressen. Hier gibt es Blattschneiderameisen, die gleichzeitig in den Stengelhöhlen hausen, also auch zur dritten Gruppe gezählt werden können, ferner Raupen, eine Gallmücke und schließlich zwei verschiedene Membracidenarten, die insofern wieder eine Sonderstellung einnehmen, als von ihren Exkrementen mehrere der Ameisenarten leben, die in den Blattstielen wohnen, aber nicht Cocciden züchten. Diese Membraciden sind auch für die Mitglieder der ersten Gruppe insofern von Bedeutung, als sie nach dem Saugen an den Blattstielen Löcher hinterlassen, die den Käfern und Ameisen das Eindringen in die Stiele erleichtern.

Die letzte Gruppe umfaßt solche Formen, die als Feinde und Parasiten der regelmäßigen Bewohner der *Tachigalia* diese ebenfalls als Aufenthalt wählen. Neben einigen parasitischen Pilzen gibt es da eine Diebesameise *Solenopsis altinodis*, die zwar die Blattstengel nicht dauernd bewohnt, aber doch in sie eindringt, um in den Käfer- und Ameisenkolonien der jungen Brut nachzustellen. Dazu kommt eine Coccinellide (*Scymnus xantholeucus*) und eine Cecidomyide (*Diadiplosis pseudococci*), die den Schildläusen nachstellen, und eine in den Läusen parasitierende Chalcidide (*Blepyrus tachigaliae*). Die Feinde und Parasiten der Käfer sind aus Abb. 327 ersichtlich.

In diese an sich schon recht verwickelte Biocönose kommt dadurch noch mehr Leben, daß die Ameisen und Käfer der ersten Gruppe miteinander ständig im Kampfe liegen und daß sie sich außerdem noch gegen die Diebesameisen zu wehren haben. Dazu kommen noch Kämpfe mit den Raumparasiten, die allerdings weniger häufig und bedeutend sind. In all diesen Schlachten spielen, wie WHEELER sagt, die armen Schildläuse die Rolle des wehrlosen Viehes, dessen Herren Krieg führen. Sie wechseln die Herren, werden verschleppt, aufgefressen oder vom Sieger weiterhin als Honiglieferanten gehütet, wenn sie nicht von ihren speziellen drei Feinden dezimiert werden.

Dezimiert werden sie wohl, vernichtet werden sie nicht, so wenig wie Käfer und Ameisen sich gegenseitig vernichten, so wenig wie die *Tachigalia* ihren vielen Feinden erliegt, so wenig wie andererseits das Symbioseverhältnis die Zahl der Schildläuse ins Ungemessene steigen läßt.

Aus Kampf und gegenseitiger Hilfe, aus Parasitismus, Raumparasitismus und Räubertum erwächst vielmehr in der Biocönose, in der Gemeinschaft der einen einheitlichen Abschnitt des Lebensraumes bewohnenden Organismen ein Gleichgewichtszustand, der trotz aller Labilität immer nur um einen Mittelzustand schwankt.

An dem Zustandekommen dieses Gleichgewichtszustandes sind also nicht nur die abiotischen Faktoren beteiligt, denen wir allerdings eine sehr bedeutsame Rolle zuteilen müssen (siehe den Abschnitt über Massenwechsel), sondern daneben auch die anderen lebenden Glieder der Biocönose, von der Nährpflanze angefangen bis zu den Räubern und Parasiten. Der Kampf zwischen lebenerhaltenden oder wenigstens arterhaltenden und lebenzerstörenden Momenten spielt sich also nicht nur zwischen einem klimatisch bedingten Vermehrungspotential und einer klimatisch bedingten Mortalität ab, es greifen vielmehr in ihn auch biotische Faktoren entwicklungsfördernd, entwicklungshemmend, mortalitätsfördernd und mortalitätshemmend ein. Was die Förderung der Entwicklung betrifft, so brauchen wir bloß an die Qualität und Quantität der Nahrung zu denken, mit anderen Worten an den Zustand des Wirtsorganismus, ferner an die intrazellulären Symbionten. Was die Entwicklungshemmung betrifft, so genügt es, auf Nahrungsmangel und para-

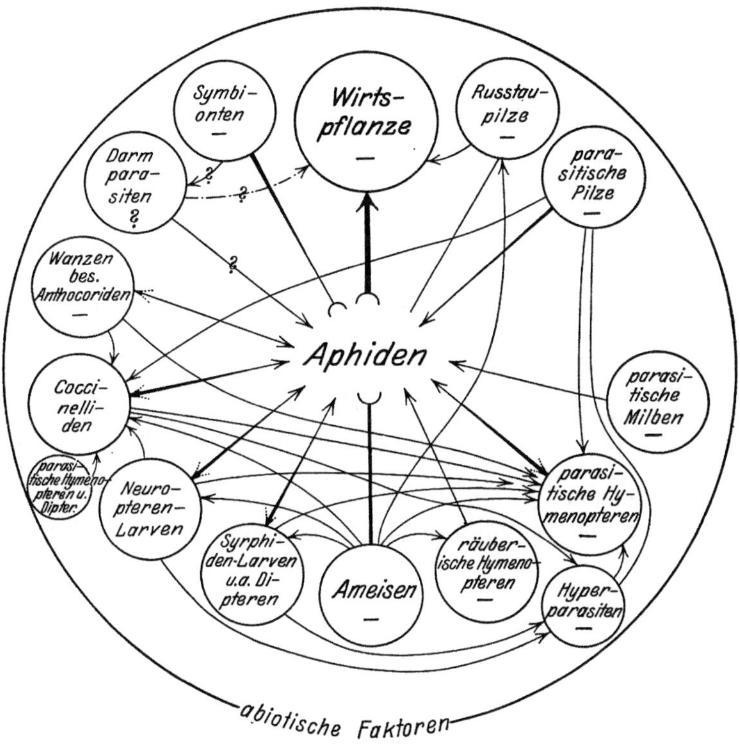

Abb. 329. Die Aphiden und der Komplex der mit ihnen in unmittelbarer Beziehung stehenden Lebewesen.

sitäre Kastration hinzuweisen. Mortalitätshemmend wirken z. B. symbiotische Organismen (Ameisen bei Pflanzenläusen), mortalitätsfördernd Räuber und Parasiten.

Die abiotischen Faktoren werden aber durch solche Überlegungen nur für einen Augenblick in den Hintergrund geschoben, denn sowie man versucht, zahlenmäßig die eben genannten Einflüsse zu belegen, erkennt man, daß das ohne Berücksichtigung der gesamten Umwelteinflüsse unmöglich ist.

Betrachten wir daraufhin den in Abb. 329 dargestellten Komplex, die Aphidinen und die unmittelbar mit ihnen in Beziehung stehenden

Lebewesen. Wieder sehen wir hier die mannigfache Verflechtung der Beziehungen, sehen wir, wie z. B. die Existenz der Rußtaupilze von dem Fehlen symbiotischer Ameisen abhängt, wie die Hyperparasiten der parasitischen Schlupfwespen von den Räubern mitgefressen werden, wie parasitische Pilze der Blattläuse auch ihre Feinde, die Coccinelliden, befallen und wie deren Tätigkeit von Parasiten gehemmt wird. Wir müssen ferner an die in der Abbildung nicht mit dargestellten Wirkungen der Wirtspflanze auf die Blattlaus denken, an die Gallenbildung, die die Angriffe der Feinde und Parasiten behindert usw.

Und um diesen ganzen Komplex herum legt sich nun der Ring der abiotischen Faktoren, wie sie in Abb. 300 dargestellt sind. Auf jeden einzelnen der eingezeichneten Organismen wirken diese Faktoren ein, so gut wie auf die Aphidinen selbst; jeder einzelne dieser Organismen reagiert auf sie nach Maßgabe seiner Reaktionsbasis und seiner Reaktionsnorm. Die Einwirkung der verschiedenen Organismen auf den Massenwechsel der Blattläuse, sei es nach der positiven, sei es nach der negativen Seite hin, wird davon abhängen, ob die Reaktionsbreite groß oder klein, der Reaktionstyp fixiert oder nicht fixiert ist, wird vor allem davon abhängen, wie weit die Reaktionsnorm und die Reaktionsbasis des betreffenden Organismus und der Blattlausart miteinander übereinstimmen. Greifen wir ein Beispiel heraus: Bei den Coccinelliden (*Coccinella septempunctata*) übt zwar nach JÖHNSSEN die Temperatur einen bedeutsamen Einfluß auf die Fraßtätigkeit aus, insofern als erhöhte Temperatur die tägliche Fraßmenge der Imago und der Larve steigert, die Gesamtfraßmenge des einzelnen Individuums wird aber durch hohe Temperatur eher erniedrigt als erhöht. Das kommt daher, daß das letzte Larvenstadium dasjenige Entwicklungsstadium des Käfers ist, das am meisten Nahrung zu sich nimmt. Da erhöhte Temperatur die Larvenentwicklung verkürzt, wird sie also vermindernd auf die Fraßmenge wirken. Wenigstens gilt das in unserem Klima, in dem auch unter günstigen Bedingungen niemals mehr als eine Generation zur Entwicklung kommen kann. Temperatursteigerungen, die für die Massenvermehrung der Blattläuse innerhalb gewisser Grenzen unter allen Umständen günstig sind, sind, ebenfalls unter allen Umständen, für die Fraßtätigkeit von *Coccinella* ungünstig. Gerade wenn die Vermehrung der Blattläuse sehr stark ist, wird also die Tätigkeit der Käfer kaum ins Gewicht fallen, wohl aber können die Käfer, wenn die Umweltsbedingungen zu irgendeinem Zeitpunkt die Massenvermehrung der Blattläuse ohnehin schon eindämmen, durch ihre wenig gestörte oder sogar geförderte Fraßtätigkeit vollends unter den sich nur schwach vermehrenden Blattläusen aufräumen und so zu dem oft so auffallenden plötzlichen Verschwinden derselben beitragen. Will man die Gesamtwirkung der einheimischen Coccinelliden beurteilen, so muß man noch die geringe Widerstandsfähigkeit der Jungkäfer gegen Nahrungsmangel berücksichtigen. Diese erklärt nämlich die Tatsache, daß in manchen Jahren im Frühling sehr wenige Altkäfer auftreten, während in anderen Jahren, denen ein gutes Blattlausjahr vorausging, Altkäfer schon in den ersten Frühlingstagen in großen Massen sich einstellen. Die Mortalität und damit auch die Vermehrung der Käfer hängt also nicht nur unmittelbar von den abiotischen Faktoren ab, sondern auch mittelbar von den klimatischen und Ernährungsverhältnissen des vorigen Jahres. Findet also in diesem Falle schon eine Rückwirkung des Massenwechsels der Blattläuse auf den des Käfers statt, der uns an das erinnert, was wir oben von der Wirkung der Ernährung auf den Massenwechsel phytophager Arten hörten, so gilt dasselbe viel weniger mittelbar für die Parasiten. Die klimabedingte Mortalität der von Parasiten besetzten Entwicklungsstadien des Wirtes muß die Mortalität des Parasiten beeinflussen, der mit dem Wirt abstirbt, wenn er nicht schon vor der Verpuppung steht. Andererseits kommt bei Parasiten, deren Larven ja stets höchstens ein Wirtsindividuum töten, einer etwaigen Steigerung der Fraßtätigkeit durch Außenfaktoren keine Bedeutung zu, wohl aber wie bei den Räubern der Beeinflussung des Entwicklungspotentials durch abiotische Umweltseinflüsse. In der Beziehung können sich Parasiten oft sehr viel anders verhalten als ihre Wirte, so z. B. *Lysiphlebus tritici*, eine *Toxoptera graminum*, die amerikanische Getreideblattlaus, befallende Aphidiine, deren Entwicklungsoptimum wesentlich höher liegt als das der Blattlaus. Ein kühles Frühjahr, das immerhin noch den Blattläusen ungehemmte Vermehrung erlaubt, hemmt die Wespen in ihrer Entwicklung und gibt den Blattläusen einen Vorsprung, der erst nach einiger Zeit wieder ausgeglichen werden kann.

Die Entwicklung eines Parasiten wird demnach immer abhängig sein von seinem Vermehrungspotential und von seiner Mortalität; beim Räuber kommt noch die Fraßtätigkeit als ausschlaggebender Faktor hinzu. All diese Faktoren sind natürlich umweltbedingt wie die entsprechenden Funktionen der Hemipteren selbst. Denkt man sich einmal die Umwelt unveränderlich, so kann der Parasit nur wesentlichen Einfluß auf den Massenwechsel gewinnen, wenn er, auf eine Hemipterenart beschränkt, dieser an Generationenzahl und an Eizahl ungefähr gleichkommt und sie an Mortalität nicht allzusehr übertrifft. Wenn wir nun bedenken, daß die Umwelt sich ständig ändert, daß periodische und nicht periodische Schwankungen der abiotischen Faktoren ständig die Sterblichkeit, das Entwicklungspotential und die Fraßtätigkeit des Parasiten und des Wirtes ändern, wenn wir ferner bedenken, daß diese Änderungen bei Parasit und Wirt, bei Räuber und Opfer durchaus nicht immer im gleichen Tempo auftreten, dann brauchen wir uns nicht darüber zu wundern, daß das Gleichgewicht in der Biocönose beständig in ziemlich weiten Grenzen schwankt.

Wir brauchen uns vor allem aber nicht darüber zu wundern, daß besonders tiefgehende Störungen des Gleichgewichtes in dem Augenblick erfolgen, in dem eine Art aus ihrer natürlichen Umgebung heraustritt und in eine Biocönose gerät, die vielleicht in vielen Punkten der alten entspricht, in der aber einzelne Glieder fehlen, seien es biotische, seien es abiotische. Dann kann es zu Massenvermehrungen kommen, die die neue Biocönose mit dem Untergang bedrohen.

Es ist kein Zufall, daß solche Massenvermehrungen besonders in den künstlichen Biocönosen auftreten, die Menschenhand schafft und pflegt, im Forst, im Weinberg, im Obstgarten und auf dem Acker. Je weiter sich die Kultivierung von den ursprünglichen Verhältnissen entfernt, je größer die von einer Kulturpflanze bestandenen Flächen werden, um so besser wird der Boden für Massenvermehrung einzelner Schädlinge dieser Pflanzen bereitet.

Da kommt es dann vor, daß ganz plötzlich Insektenarten von Wildpflanzen, an denen sie bis dahin in bescheidener Anzahl lebten, auf die Kulturpflanze übergehen und daß hier ihre Vermehrungsziffer unter den günstigen Bedingungen, den gleichmäßigen Nahrungsverhältnissen, ins Ungemessene emporschnellt. So lebte die Rübenwanze *Piesma quadrata* bis vor kurzem auf wildwachsenden Chenopodiaceen und ging von da auf die Rübe über, die sie heute in manchen Gegenden Mitteldeutschlands in Massen besiedelt. Als Ursache für den Übergang kann man wohl, im Sinne REUTERS (S. 176), eine in einem klimatisch günstigen Jahr erfolgte Übervermehrung betrachten, die unter normalen Verhältnissen in kürzester Zeit wieder ausgeglichen gewesen wäre, die aber mit der Annahme der neuen, in so riesigen Mengen vorhandenen Nährpflanze ein Dauerzustand blieb. Eine andere Möglichkeit wurde oben ebenfalls schon angedeutet.

Noch krasser liegen die Fälle, in denen es sich nicht um ein einheimisches Insekt, sondern um einen eingeschleppten Schädling handelt. Hier sind der Beispiele Legion; wir erwähnen hier nur die *Citrus*-Schildlaus *Icerya purchasi* und die Reblaus.

Man ist nach dem Vorgang der amerikanischen Entomologen heute leicht geneigt, derartige Fälle von Übervermehrung einfach damit zu erklären, daß der eingeschleppte Schädling in der neuen Biocönose nicht die Feinde und Parasiten vorfindet, die ihn in seinem Heimatland „in Schach halten", und daß er sich daher ungehemmt vermehren kann. Der Fall von *Icerya purchasi* war sehr geeignet, diese Anschauung zu stabilisieren, denn hier war es tatsächlich der eine Feind der Schildlaus, *Novius cardinalis*, von dessen Einfuhr ihre Vernichtung abhing. Man darf aber nicht vergessen, daß das ein Einzelfall war, in dem zahlreiche günstige Umstände zusammentrafen (siehe S. 471), und daß, wie BODENHEIMER neuerdings mit Recht betont hat, derartige Fälle, selbst wenn man nicht nur einen Feind, sondern die ganze Feind- und Parasitenreihe in Rechnung zieht, Grenzfälle sind. Schon der Fall „Reblaus" muß uns zeigen, wie vielfältig die Gründe für die Massenvermehrung eines eingeschleppten Schädlings sind. Bei der Reblaus ist es nicht einmal so sehr ihre Massenvermehrung, wie die geringe Widerstandsfähigkeit der Europäerrebe, die ihr Auftreten in Europa so katastrophal machte. Jedenfalls aber ist es hier nicht das Fehlen der natürlichen Feinde, das den Ausschlag gibt, sondern das Fehlen der im jahrhundertelangen Kampf gegen den Parasiten immunisierten Wirtspflanzenform. In anderen und sicher in den zahlreichsten Fällen sind es die abiotischen Faktoren, die über die Massenvermehrung des Schädlings entscheiden, das Klima, das für ihn günstig, für seine Feinde und Parasiten im Sinne der obigen Ausführungen ungünstig oder weniger günstig ist und daher dem Schädling einen Vorsprung gibt, den jene nicht einholen können.

Je nach den Ursachen der Massenvermehrung, die nur eingehendes Studium der Umweltsabhängigkeit des Schädlings, seiner Parasiten und Feinde klarlegen kann, müssen sich die Bekämpfungsmaßnehmen richten. Je nach diesen Ursachen kommt biologische Bekämpfung durch Zucht oder Einfuhr der natürlichen Feinde oder durch Immunisierung der Wirtspflanze in Frage (Amerikanerunterlagen gegen Reblaus) oder technische Bekämpfung durch verspritzte, verstäubte oder vergaste Gifte. Für die Beurteilung der Giftwirkung ist aber die Kenntnis der Physiologie des Schädlings unerläßlich, deren Grundlage die Kenntnis der Anatomie ist. Kurz — rationelle, kostspieliges Probieren sparende Schädlingsbekämpfung ist undenkbar ohne intensivste, allseitige Forschung; Schädlingsbekämpfung ist angewandte Schädlingsbiologie.

Literaturverzeichnis.

Das folgende Verzeichnis, das leider aus Raummangel bei weitem nicht vollständig sein kann, enthält außer der im vorstehenden zitierten Literatur vor allem solche neueren Arbeiten, von denen aus eine weitere Orientierung möglich ist. Arbeiten mit umfangreichen Literaturverzeichnissen sind mit *Lit.* bezeichnet.

Ackermann, L.: The physiological basis of wing production in the grain aphid. J. of exper. Zool. **44** (1926). — **Alverdes, F.:** *Notonecta* nach einseitiger Blendung. Z. wiss. Zool. **124** (1925). — **Amans, P. C.:** Comparaisons des organes du vol dans la série animale. Ann. Sci. nat. Zool., Sér. 4, **19** (1885). — **Arnhard, L.:** Österreichischer Lärchenhonigtau, Lärchenmanna und Lärchenhonig. Z. angew. Entomol. **12** (1926). — **Awati, P. R.:** The mechanism of suction in *Lygus pabulinus* L. Proc. Zool. Soc. Lond. **1914**. — The apple sucker, with notes on the pear sucker. Ann. appl. Biol. Cambridge **1** (1914/15).

Bachmetjew, P.: Experimentell-Zoologische Studien. I. Temperaturverhältnisse bei Insekten. II. Einfluß der äußeren Faktoren auf Insekten. Leipzig 1901 und Sofia 1907. (*Lit.*) — **Bacot, A. W.:** The influence of temperature, submersion and burial on the survival of eggs and larvae of *Cimex lectularius*. Bull. entomol. Res. **5** (1914/15). — **Baer, G. A.:** Note sur une Membracide myrmécophile. Ann. Soc. entomol. France **52** (1903). — **Baker, A. C.:** The practical significance of the revolution of the embryo in aphids eggs. Science (N. Y.) **54**, No 1389. — **Baker, A. C. u. Turner:** Morphology and biology of the green apple aphis. J. agricult Res. **5** (1916). — Rosy apple aphis. Ebenda **7**, No 7. — **Balachowsky:** Contribution à l'Etude des Coccides de l'Afrique mineure. 3. *Chrysomphalus conidum* L. Biologie, Traitement. Bull. Soc. Afr. Nord **19** (1928). — **Ball, E. D.:** The life cycle in Hemiptera. Ann. entomol. Soc. Amer. **13** (1920). — The life histories of two leafhoppers, a study in adaption (*Alebra albostriella, Erythroneura maculata*). J. econ. Entomol. **19** (1926). — **Ballard, E. a. M. G. Evans:** Dysdercus sidae Monts in Queensland. Bull. entomol. Res. 18 (1928). — **Bare, C. O.:** Life histories of some Kansas „Backswimmers". Ann. entomol. Soc. Amer. **19** (1926). — **Barnes, H. F.:** Gall midges (Dipt. Cedidomyidae) as enemies of Aphids. Bull. Ent. Res. **20** (1929). — **Baunacke, W.:** Statische Sinnesorgane bei den Nepiden. Zool. Jb., Abt. Anat. **34** (1912). — **Bayer, C. G. F. H.:** Over de biologie van *Pseudococcus adonidum* (Linn.) Westw. Diss. Leiden 1929. — **Bemis, Fl. E.:** The Aleyrodids, or mealy winged flies, of California, with reference to other American species. Proc. U. S. Nat. Mus. **27** (1904). — **Berlese, A.:** Le cocciniglie italiane vivante sugli agrumi parte 1, Riv. di pat.-veget. **2**, parte 2 (1893); **3**, parte 3 (1894); **4** (1895); **5** (1896). — Gli Insetti. Soc. Editrice Libraria. Milano, **1/2** (1909) und später. — **Bethe, A.:** Über die Erhaltung des Gleichgewichts. Biol. Zbl. **14** (1894). — **Blanchard, R.:** Les coccides utiles. Bull. Soc. Zool. France 8 (1883). — **Blochmann, F.:** Über den Generationszyklus von *Chermes abietis*. Biol. Zbl. **9** (1889). — **Bodenheimer, F. S.:** Über die Ausnutzung des durch Pflanzenneueinführungen entstandenen freien Nahrungsraums durch einheimische Insekten. Ebenda **44**, H. 12 (1925). — Über die Voraussage der Generationenzahl von Insekten. 3. Die Bedeutung des Klimas für die landwirtschaftliche Entomologie. Z. angew. Entomol. **12** (1926). — Über die für das Verbreitungsgebiet einer Art bestimmenden Faktoren. Biol. Zbl. **47**

(1927). — Les frontières écologiques d'une Cochenille, le *Guerinia serratulae* Fab. Bull. Soc. entomol. France **1927**. — Welche Faktoren regulieren die Individuenzahl einer Insektenart in der Natur? Biol. Zbl. **48** (1928). — **Bodenheimer, F. S.** u. **Schenkin, D.:** Über die Temperaturabhängigkeiten von Insekten. 1. Über die Vorzugstemperatur einiger Insekten. Z. vergl. Physiol. **8**, H. 1 (1928). — **Bodenheimer, F. S.** u. **Guttfeld, M.:** Über die Möglichkeiten einer biologischen Bekämpfung von *Pseudococcus citri* Risso (*Rhy. Cocc.*) in Palästina. Eine epidemiologische Studie. Z. angew. Entomol. **15**, H. 1 (1929). — **Bodenheimer, F. S.:** Über das Tamariskenmanna des Sinai (im Druck). — **Bolle, J.:** Die Schildlaus des Maulbeerbaumes (*Diaspis pentagona* T. T.) und deren biologische Bekämpfung. Z. angew. Entomol. **1** (1914). — **Bollweg, W.:** Beitrag zur Faunistik und Ökologie der aquatilen Rhynchoten usw. Verh. naturhist. Ver. Rheinland u. Westfalen **71** (1914). — **Böning, K.:** Insekten als Überträger von Pflanzenkrankheiten. Z. angew. Entomol. **15**, H. 1 (1929) (*Lit.*) — **Börner, C.:** Über Chermesiden. Zool. Anz. **33/34** (1908/09). — Eine monographische Studie über die Chermiden. Arb. biol. Reichsanst. Land- u. Forstw. **6** (1908). — Zur Biologie und Systematik der Chermesiden. Biol. Zbl. **29** (1909). — Die Verwandlungen der Insekten. (Vorläufige Mitteilung.) Sitzgsber. Ges. naturforsch. Freunde Berl. **1909**, Nr 5. — Die Flügeladerung der *Aphidina* und *Psyllina*. Zool. Anz. **36**, Nr 1 (1910). — Parametabolie und Neotenie bei Cocciden. Ebenda **35** (1910). — Blattlausstudien. Abh. nat. Ver. Bremen **23**, H. 1 (1914). — Über Fernflüge von Blattläusen nach Beobachtungen auf Memmert und Helgoland. Verh. dtsch. Ges. angew. Entomol., 3. Versammlung 1921. — Züchtung der Homopteren. In: E. Abderhaldens Handbuch der biologischen Arbeitsmethoden, Abt. IX, Teil I/II. — Über den Einfluß der Nahrung auf die Entwicklungsdauer von Pflanzenparasiten nach Untersuchungen an der Reblaus. Nebst allgemeinen Bemerkungen über Anfälligkeit, Resistenz und Immunität. (Vorläufige Mitteilung). Z. angew. Entomol. **13** (1927). — **Branch, H. E.:** Morphology and biology of the Membracidae of Kansas. Kansas Univ. Sci., Bull. 8 (1913). — **Brandes, E. W.:** Mechanics of inoculation with sugar-cane mosaic by insect vectors. J. Agricult. Res. **23** (1923). — **Brandt, E.:** Vergleichend anatomische Untersuchung über das Nervensystem der Hemipteren. Horae Soc. entomol. Ross. **14** (1879). — **Braun, K.:** Der Apfelsauger im Obstbaugebiet der Unterelbe (*Psylla mali*). „Die Landwirtschaft" **1926**, Nr 1, Sonderbeilage des „Stader Tageblattes". — **Breddin:** Nachahmungserscheinungen bei Rhynchoten. Z. Naturwiss. **69**. Leipzig 1896. — **Brenner, W.:** Die Wachsdrüsen und die Wachsausscheidungen bei *Psylla alni* L. Z. wiss. Insektenbiol. **11** (1915). — **Brittain, W. H.:** The morphology and synonymy of *Psyllia mali* Schmidberger. Proc. Acad. entomol. Soc. N. Brunsw. **1922**. — The adult habits of the apple sucker. Sci. Agricult. **3** (1922). — Injuries, life history and control of the apple sucker. Ebenda **3** (1923). — **Britton, W. E.** u. zahlreiche Mitarbeiter: The Hemiptera or sucking insects. Hartford 1923. — **Brocher, F.:** Recherches sur la respiration des insectes aquatiques adultes. Bull. Soc. zool. Genève **1**, H. 9 (1908). — Recherches sur la respiration des insectes aquatiques adultes. La Notonecte. Ann. biol. Lac. **4** (1909). — Sur l'organe pulsatile observé dans les pattes des Hémiptères aquatiques. Ebenda **4** (1909). — Recherches sur la respiration des insectes aquatiques adultes. La Notonecte (2. article). Zool. Jb. **33**, H. 2 (1913). — L'appareil buccal des larves de *Psylla pyrisuga* Tstr. Étude anatomique et physiologique. Ann. Soc. entomol. France **94** (1925). — La Nèpe cendrée. Étude anatomique et physiologique du système respiratoire, chez l'imago et chez la larve; suivie de quelques observations biologiques concernant ces insectes. Archives de Zool. **55**, H. 11 (1916). — **Buchner, P.:** Tier und Pflanze in intrazellulärer Symbiose. Berlin 1921 (*Lit.*). — Studien an intrazellulären Symbionten. IV. Die Bakteriensymbiose der Bettwanze. Arch. Protistenkde **46** (1923). — **Buckton, G. B.:** Ants and

Membracidae. Monograph of the Membracidae **1903.** — **Buckton:** A monograph of the British Aphids. Ray Soc. **1876—83.** — **Bueno:** Life histories of North-American water-bugs. Canad. Entomol. **38** (1906). — Aquatic Hemiptera. A study in the relation of structure to environment. Ann. entomol. Soc. Amer. **9** (1916). (Andere Arbeiten siehe bei Hungerford.) — **Bugnion, E.** et **N. Popoff:** Les glandes cirières de *Flata* (*Phromnia*) *marginella.* Bull. Soc. Vaudoise Sci. Nat., 5. Sér., **43** (1907). — Les glandes cirières de *Flata marginella,* Fulgorelle porte-laine des Indes et de Ceylon. Ebenda **63** (1907). — Le système nerveux et les organes sensoriels du Fulgore tacheté des Indes et de Ceylon (*Fulgora maculata*). J. Psychol. u. Neur. (Festschrift für Forel). Leipzig 1908. — L'appareil salivaire des Hemiptères. Archives d'Anat. microsc. **10** (1908); **11** (1909). — Les pièces buccales des Hemiptères. Archives de Zool. Exper., 5. Sér., **7** (1911). — **Burkhardt, F.:** Die Zwergcikade (*Iassus sexnotatus* Fall.) und ihre Bekämpfung. Landw. Zbl. f. Posen **1915,** Nr 10. — **Burmeister, H.:** Genera Insectorum. Bd. I: Rhynchota. Berlin 1838. — **Büsgen, M.:** Der Honigtau, biologische Studien an Pflanzen und Pflanzenläusen. Jena 1891. — **Butler, E. A.:** A biology of the British Hemiptera-Heteroptera. London 1923 (*Lit.*). — **Buys, L. I.:** The Cicadellidae of the vicinity of Ithaca, New York, with special reference to the structure of the gonapophyses. New York Cornell Stat. Mem. **80** (1924). —

Carlet, G.: Mémoire sur l'appareil musical de la Cigale. Ann. des Sci. natur. (6) **5** (1887). — **Cary, L. R.:** Plant house Aleyrodes. Maine agricult. Exper. Stat., **1903,** Bull. 96. — **Chatterjee, N. C.:** A note on *Oxyrhachis tarundus* (Membracidae) Indian Forester **40** (1914). — **Childs:** The anatomy of the Diaspinine Scale insect *Epidiaspis piricola* (del Guer.). Ann. entomol. Soc. Amer. **7** (1914). — **China, E.:** Notes on the biology of *Aepophilus Bonnairei* Lig. (Hemiptera-Heteroptera). Entomol. Month. Mag. **63** (1927). — **Cholodkowsky, N.:** Über den männlichen Geschlechtsapparat von Chermes. Biol. Zbl. **20** (1900). — Über die Speicheldrüsen von *Chermes.* Z. wiss. Insektenbiol. **1** (1905). — Die Coniferen-Läuse *Chermes,* Feinde der Nadelhölzer. Berlin 1907. (Siehe dort auch die zahlreichen anderen Arbeiten des Verfassers.) — **Christophers, S. R.** a. **Cragg, F. W.:** On the so-called penis of the bed bug (*Cimex lect.*) and on the homologies generally of the male and female genitalia of this insect. Indian J. med. Res. **9** (1922). — **Clark, L. B.:** A note on tropisms of *Plea striola* Fieber. Bull. Brooklyn entomol. Soc. **1925.** — **Cole:** An exper. study of the image forming powers of various types of eyes. Proc. amer. Acad. Arts a. Sci. **42** (1907). — **Comstock, J. H.:** Note on the respiration of aquatic bugs. Amer. Naturalist **21** (1887). — Reports on scale insects. Agricult. Exper. Stat. New York State Coll. of Agricult. Dept. of Entomol. **1916,** Bull. 372. — **Crawford:** A monograph of the jumping plant-lice or Psyllidae of the New World. U. S. Nat. Bull. 85, **1914.** — **Crosby** a. **Leonard:** The tarnished plant-bug. Cornell Univ. Agricult. Exper. Stat. Bull. 346, **1914.** — **Cutright, C. R.:** Subterranean aphids of Ohio. Ohio State Bull. 387, **1925.**

Davidson, J.: The structure and biology of *Schizoneura lanigera* Hausm. Quart. J. microsc. Sci. **58** (1913). — On the mouthparts and mechanism of suction in *Schizoneura lanigera* Hausm. J. Linnean Soc. (Zool.) **32** (1914). — Biological studies of *Aphis rumicis* Linn. Bull. entomol. Res. **12** (1921/22). — Biological studies of *Aphis rumicis* Linn. Reproduction on varieties of *Vicia faba.* Ann. appl. Biol. **9** (1922). — Biological studies of *Aphis rumicis* Linn. Factors affecting the infestation of *Vicia faba* with *Aphis rumicis.* Ebenda 12 (1925). — Biological studies of *Aphis rumicis* Linn. The Penetration of plant tissues and the source of the food supply of aphids. Ebenda **10** (1923). — Factors which influence the appearence of the sexes in plant-lice. Science N. S. **59** (1924). — The bean aphis. J. Ministry Agricult. Lond. **32** (1925). — On the occurrence of intermediates in *Aphis rumicis* L. and their relation to the alate and apterous viviparous females. J. Linnean Soc. (Zool.) **36** (1927). — On the occurrence of the parthenogenetic and sexual forms in *Aphis rumicis* L., with special reference to the influence of environmental factors. Ann. appl. Biol. **16** (1929). — **Davis, W. T.:** The cicadas or harvest flies of New-Jersey. New-Jersey Dept. Agricult. Circ. **97** (1926). — **de Geer, Ch.:** Mémoires pour servir à l'histoire des insectes. Stockholm. **3** (1773). — **Demoll, R.** u. **Scheuring, L.:** Die Bedeutung der Ocellen der Insekten. Zool. Jb., Abt. Allg. Zool. u. Physiol. **31** (*Lit.*). — **Dewitz, J.:** Über Hämolysine bei Pflanzenläusen. Zool. Anz. **48** (1917); **49** (1918). — Über die Entstehung rudimentärer Organe bei den Tieren. Zool. Jb., Abt. Physiol. **37** (1920). — **Dingler, M.:** Beiträge zur Kenntnis von *Lecanium hesperidum* L., besonders seiner Biologie. Z. angew. Entomol. **9** (1923). — Biologische Notizen über verschiedene Cocciden. Ebenda **10** (1924). — Die Darstellung der Generationenfolge bei den Pflanzenläusen. Forstwiss. Zbl. **48** (1926). — **Dogs, W.:** Metamorphose der Respirationsorgane bei *Nepa cinerea*. Diss. Greifswald 1908. — **Dozier, H. L.:** The fulgoridae or plant hoppers of Mississippi, including those of possible occurrence; a taxonomic, biological, ecological, and economic study. Mississippi Agricult. Exper. Stat. Techn. Bull. **14** (1928). — **Drake, C. J.:** The southern green stinkbug. Quart. Bull. State Plant Board Florida **4** (1920). — **Dreyfus, L.:** Zu J. Krassiltscheks Mitteilungen über die vergleichende Anatomie und Systematik der *Phytophthires* mit besonderer Bezugnahme auf die Phylloxeriden. Zool. Anz. **17** (1894). — **Dufour:** Recherches anatomiques et physiologiques sur les Hémiptères. Mém. Savants. Étrang. Acad. Sci. Paris **4** (1833). — **Duggar, B. M.:** On a bacterial disease of the squash bug (*Anasa tristis*). Bull. Illinois State Labor. Nat. Hist. **4**, Article 12.

Edwards: The Hemiptera-Homoptera of the British Islands. London 1896. — **Eggers, F.:** Die stiftführenden Sinnesorgane. Zool. Bausteine **2**, H. 1. Berlin 1928. — **Eidmann, H.:** Die Eiablage von *Trioxys* Hal. (Hym., Braconidae) nebst Bemerkungen über die wirtschaftliche Bedeutung dieses Blattlausparasiten. Z. angew. Entomol. **10** (1924). — Ameisen und Blattläuse. Biol. Zbl. **47**, H. 9 (1927). — **Ekblom, T.:** Morphological and biological studies of the Swedish families of Hemiptera Heteroptera. Part I. Zool. Bidrag Uppsala **10** (1926). — Morphological and biological studies of the Swedish families of Hemiptera Heteroptera. Part II. Ebenda **12** (1928). — Vererbungsbiologische Studien über Hemiptera-Heteroptera. I. Hereditas (Lund) **10** (1927/28). — **van Emden, F.:** Zur Kenntnis der Eizähne der Arthropoden, insbesondere der Coleopteren. Z. wiss. Zool. **126**, H. 4 (1925). — **Emeis, W.:** Über Eientwicklung bei den Cocciden. Zool. Jb., Abt. Anat. **39** (1915). — **Enock, F.:** On the oviposition of *Ranatra*. Entomol. Month. Mag. **11** (2) (1900). — **Enslin, E.:** *Gargara genistae* F. und *Formica cinerea* Mayr. Z. wiss. Insektenbiol. **7** (1911). — **Escherich, K.** u. **Baer, W.:** Tharandter zoologische Miszellen. 7. Über ein Massenvorkommen von *Palaeococcus fuscipennis* (Brm.) Ckll. (Coccide). Naturwiss. Z. Forst- u. Landw. **11**, H. 2 (1913). — **v. Essig, E.:** The tomato and laurel psyllids. J. econ. Entomol. **10** (1917). — **Exner:** Physiologie der facettierten Augen. Leipzig-Wien 1891.

Fabre, J. H.: Souvenirs entomologiques. Paris: Delagrave. — **Fauré-Fremiet:** Contribution à l'étude des glandes labiales des Hydrocorises. Ann. des Sci. natur. (Zool.), 9. Sér., **12** (1910). — **Fenton, F. A.** a. **Hartzell, A.:** Bionomics and control of the potato leafhopper, *Empoasca mali* Le Baron. Agricult. Exper. Stat. Iowa State Coll. of Agricult. a. Mech. Arts. Res. Bull. 78, **1923**. — **Fenton, F. A.:** Notes on the biology of the leafhopper *Eutettix strobi* Fitch. Proc. Iowa Acad. Sci. **31** (1925). — **Fernald:** Catalogue of Coccidae of the world. Hatch. Exper. Stat. Mass. Bull. 88, **1903**. — **Ferrière, Ch.:** Un parasite de *Psylla pyrisuga*. Ann. Soc. entomol. France **95** (1926). — **Fieber, Fr. X.:** Die europäischen Hemiptera. Wien 1861. — **Flögel, I. H. L.:** Monographie der Johannisbeerblattlaus, *Aphis ribis* L.

Allg. Z. Entomol. Neudamm **9** (1904). Z. wiss. Insektenbiol. **1** (1905). — **Frank** u. **Krüger:** Schildlausbuch. Berlin 1900. — **Franssen, C. J. H.:** *Aphis fabae* Scop. en aanverwante soorten in Nederland. Diss. Wageningen 1927 (siehe Röpke). — **Friederichs, K.:** Die Schaumzikade als Erregerin von Gallbildungen. Z. wiss. Insektenbiol. **5** (1909). — **Fulmek, L.:** Schäden durch Wiesenwanzen auf dem Weinstock. Z. Pflanzenkrkh. **26**, H. 6/7 (1916). — **Funkhouser, W. D.:** Life history of *Thelia bimaculata* Fab. Ann. Entomol. Soc. Amer. 8 (1905). — Life history of *Vanduzea arquata* Say (Membracidae). Psyche (Lond.) **22** (1915). — Biology of the Membracidae of the Cayuga Lake basin. Corn. Agricult. Exper. Stat. Mem. **11** (1917).

Gabritschevsky, E.: Postembryonale Entwicklung, Parthenogenese und „Pedogamie" bei den Schildläusen (Coccidae). (Mit deutscher Zusammenfassung der Hauptergebnisse.) Rev. Zool. Russe **3**, H. 3/4 (1923). — **Gadeau de Kerville, H.:** Accouplement des Hémiptères. Bull. Soc. entomol. France **1902**. — **Garrey, W. C.:** Light and the muscle tonus of insects. J. gen. Physiol. **1** (1918). — **Geise, O.:** Mundteile der Rhynchoten. Arch. Naturgesch. **49**, Bd. 1 (1883). — Entwicklungsgeschichte der Aphiden. Z. wiss. Zool. **40** (1884). — **Gilette, C. P.:** American leafhoppers of the subfamily Typhlocybinae. Proc. N. S. Nat. Mus. **20** (1898). — **Gimmingham, C. T.:** On the presence of an egg-burster in Aphididae. Trans. Entomol. Soc. Lond. **1926**. — **Glasgow:** The gastric coeca and coecal bacteria of the Heteroptera. Biol. Bull. **26** (1914). — **Glenn, P. A.:** Influence of climate on the green bug and its parasite. Bull. Univ. Kansas **9** (1909). — **van der Goot, P.:** Beiträge zur Kenntnis der holländischen Blattläuse. Haarlem-Berlin 1915. — **Gossard, H. A.:** The white fly; *Aleyrodes citri* Riley and Howard. Florida (Lake City), Agricult. Exper. Stat. Bull. 67, **1903**. — **Graber, V.:** Bemerkungen über die Gehör- und Stimmorgane der Heuschrecken und Cicaden. Sitzgsber. Akad. Wiss. Wien, Math.-naturwiss. Kl. **66** (1872). — Die abdominalen Tympanalorgane der Cicaden und Grylloden. Wien. Denkschr. math.-naturwiss. Klasse **36** (1876). — Die Insekten. München 1877. — **Grassi, B.:** Contributo alla conoscenza delle Filloserine. Roma 1912 (*Lit.*). — **Green, E. E.:** Note on the attractive properties of certain larval Hemiptera. Entomol. Month. Mag. **37** (1900). — **Grenacher, H.:** Untersuchungen über das Sehorgan der Arthropoden insbesondere der Spinnen, Insekten und Crustaceen. Göttingen 1879. — **Grove, A. I.:** The anatomy of the head and mouth parts of *Psylla mali*, the apple sucker, with some remarks on the function of the labium. Parasitology **11** (1919). — **Gruner, M.:** Biologische Untersuchungen über Schaumcikaden. Diss. Berlin 1901. — **Gulde, I.:** Die Dorsaldrüsen der Larven der Hemiptera. Abh. senckenberg. naturforsch. Ges. **1902**. — Die Larvenstadien der Asopiden. Dtsch. entomol. Z. **1919**.

Hagemann, I.: Beiträge zur Kenntnis von *Corixa*. Zool. Jb., Abt. Anat. **30** (1910). — Zur Biologie von *Sigara minutissima*. Aus der Natur **14** (1918). — **Handlirsch, A.:** Monographie der Phymatiden. Ann. naturhist. Hofmus. Wien **12** (1897). — Wie viele Stigmen haben die Rhynchoten? Ein morphologischer Beitrag. Verh. zool.-bot. Ges. Wien **1899**. — Zur Kenntnis der Stridulationsorgane bei den Rhynchoten. Ann. naturhist. Hofmus. Wien **15** (1900). — Neue Beiträge zur Kenntnis der Stridulationsorgane bei den Rhynchoten. Verh. zool.-bot. Ges. Wien **50** (1900). — **Hargitt, C. W.:** The digestive system of the periodical cicada. II. Physiology of the adult insect. Biol. Bull. **45** (1923). — **Hargreaves, E.:** The life history and habits of the greenhouse white fly (*Aleyrodes vaporariorum*). Ann. appl. Biol. 1 (1915). — **Harvey, G. W.:** A ferocious water bug. Canad. Entomol. **39** (1907). — **Hase, A.:** Die Bettwanze (*Cimex lectularius* L.), ihr Leben und ihre Bekämpfung. Monogr. angew. Entomol. Nr 1. Berlin 1917 (*Lit.*). — Beobachtungen über den Kopulationsvorgang bei der

Bettwanze (*Cimex lectularius*). Sitzgsber. Ges. naturforsch. Freunde Berl. **1918**. — Über die Stiche der Wasserwanze *Notonecta glauca*. Zool. Anz. **59** (1924). — **Haupt, H.:** Cicadinenfeinde. Z. wiss. Insektenbiol. **12** (1916). — Biologie und Systematik der europäischen Schaumcikaden. Aus der Natur **35** (1922). — Die Mechanik des Zikadenflügels und ihre Bedeutung für den Flug (Hem., Hom.). Z. wiss. Insektenbiol. **24** (1929). — **Heeger, E.:** Naturgeschichte der *Aleurodes immaculata* Steph. Sitzgsber. Akad. Wiss. Wien, Math.-naturwiss. Kl. **18** (1856). — **Heidemann, O.:** Some remarks on the eggs of North American species of Hemiptera-Heteroptera. Proc. Entomol. Soc. Washington **13**. — **Heikertinger, F.:** Züchtung von Rhynchoten. I. *Hemiptera heteroptera*, Wanzen. In: Abderhaldens Handbuch der biologischen Arbeitsmethoden, Abt. IX, Teil I/II. — Kritisches über Schutzeinrichtungen und Nachahmungserscheinungen bei Rhynchoten. Z. wiss. Insektenbiol. **13** (1917). — Zur Lösung des Trutzfärbungsproblems. Der Fall *Pyrrhocoris apterus* und das Prinzip der Ungewohntfärbung. Wien. entomol. Ztg **37** (1918). — Die metöke Myrmekoidie. Biol. Zbl. **39** (1919). — Exakte Begriffsfassung und Terminologie im Problem der Mimikry und verwandter Erscheinungen. Z. wiss. Insektenbiol. **15** (1919). — Die Stinkdrüsen der Wanzen in ihrer Bedeutung als Schutzmittel. Naturwiss. Wschr. **20** (1921). — Sind die Wanzen (Hemiptera-Heteroptera) durch Ekelgeruch geschützt? Biol. Zbl. **42** (1922). — Die Ameisenmimese. Ebenda **45** (1925); **46** (1926). — **Henke, K.:** Die Färbung und Zeichnung der Feuerwanze *Pyrrhocoris apterus* L. und ihre experimentelle Beeinflußbarkeit. Z. vergl. Physiol. **1** (1924). — **Herberg, M.:** Die Schildlaus *Eriopeltis lichtensteini* Sign. Arch. Naturgesch. **1916**, H. 10. — Coccidenstudien. I—III. Ebenda **87**, H. 10 (1921). — Coccidenstudien. IV. Dtsch. entomol. Z. **1922**. — **Herold, W.:** *Pyrrhocoris apterus*. Z. wiss. Insektenbiol. **27** (1922). — **Herrick, G. W. a. J. W. Hungate:** The cabbage aphis. Cornell Univ. Dept. Entomol. Bull. 300, **1911**. — **Herter, K.:** Untersuchungen über den Temperatursinn der Feuerwanze (*Pyrrhocoris apterus* L.). Biol. Zbl. **43** (1923). — **Heymons, R.:** Beiträge zur Morphologie und Entwicklungsgeschichte der Rhynchoten. Nova Acta **74** (1899). — Über einen Apparat zur Öffnung der Eischale bei den Pentatomiden. Z. wiss. Insektenbiol. **2** (1906). — **Heymons, R.** u. **H.:** Hymenoptera. In: Die Süßwasserfauna Deutschlands. Herausgeg. von A. Brauer, H. 7. Jena 1909. — Vielfüßler, Insekten und Spinnenkerfe. In: Brehms Tierleben. Leipzig u. Wien 1915. — Über Eischalensprenger und den Vorgang des Schlüpfens aus der Eischale bei den Insekten. Biol. Zbl. **46** (1926). — **Hickernell, L. M.:** The digestive system ofthe periodical cicada, *Tibicen septendecim* Linn. I. Morphology of the system in the adult insect. III. Morphology of the system in the nymph. Ann. Entomol. Soc. Amer. 8 (1920) und Biol. Bull. **45** (1923). — **Hofmänner, B.:** Die Hemipterenfauna des Schweizer Nationalparks. Denkschr. Schweiz. naturforsch. Ges. **60**, Abh. I (1924). — Beiträge zur Kenntnis der Ökologie und Biologie der schweizerischen Hemipteren (Heteropteren und Homopteren). Rev. suisse Zool. **32** (1925). — **Hollrung, M.:** Beiträge zur Kenntnis der Eichen-*Phylloxera*. I. Die Entwicklungsgeschichte der Laus. Kühn-Archiv **5** (1914). — **Holmes, S. I.:** The reactions of *Ranatra* to light. J. comp. Neur. a. Psychol. **15** (1905). — Death-feigning in *Ranatra*. Ebenda **16** (1906). — Observations on the young of *Ranatra quadridentata*. Biol. Bull. **12** (1907). — **Homann:** Zum Problem der Ocellenfunktion. Z. vergl. Physiol. **1** (1924). — **Hoppe:** Die Atmung von *Notonecta*. Zool. Jb., Abt. Physiol. **31**. — **Hori, M.:** Studies on *Rhopalosiphum avenae* Fab. Hokkaido Agricult. Exper. Stat. Bull. 17, **1926**. — Studies on *Macrosiphum matsumuraeanum* n. sp. Ebenda **1927**, Bull. 17. — **Horne, A. S.:** The occurrence of fungi on *Aleurodes vaporariorum* in Great Britain. Ann. appl. Biol. **2** (1915). — **Horsfall, I. L.:** The life history and bionomics of *Aphis rumicis*. Univ. Iowa Stud. Nat. Hist. **11** (1925). — **Horvath, G. v.:** Über die Mimikryerscheinungen bei den Hemipteren Ungarns. Math.-naturwiss. Ber.

Ungarns **21** (1907). — **Houard, C.:** Modifications histologiques produites par des Copium dans les fleurs des Teucrium. „Marcellia" Avellino. — **Hough, W. S.:** The internal anatomy of the clover root mealy-bug, *Trionymus trifolii* Forbes (Homoptera, Coccidae). Bull. entomol. Res. **16** (1925). — **Howard, L. O.:** A note on the Indian enemies of *Aleyrodes citri*, with description of a new species of *Prospaltella*. J. econ. Entomol. **4** (1911). — **Hughes-Schrader, S.:** Cytology of hermaphroditism in *Icerya purchasi*. Z. Zellforschg. **2** (1928). — **Hungerford, H. B.:** The biology and ecology of aquatic Hemiptera. Kans. Univ. Sci. Bull. **11** (1919) (*Lit.*). — The life history of the toad bug. Ebenda **14** (1922). — Notes on the giant water bugs. (*Lethocerus* and *Benacus* — Belostomatidae Hemiptera.) Psyche **32** (1925). — The life history of the creeping water bug, *Pelocoris carolinensis* Bueno (Naucoridae). Bull. entomol. Soc. **22** (1927). — **Hunter, S. J.:** The green bug and its enemies. Kans. Univ. Science Bull. **9** (1909).

Jacobi, A.: Studien über Cercopiden. Mitt. Zool. Mus. III (1). Berlin 1905. — Ein Schrillapparat bei Singzikaden. Zool. Anz. **32** (1907). — **Jancke, O.:** Zur Frage der Überwinterung der Blutlaus und ihres Parasiten *Aphelinus mali* Hald. Nachr.bl. dtsch. Pflanzenschutzdienst **9**, Nr 10 (1929). — **Janet, C.:** Rapports des animaux myrmécophyles avec les fourmies. Limoges 1897. — **Janisch, E.:** Das Exponentialgesetz als Grundlage einer vergleichenden Biologie. Berlin 1927 (*Lit.*) — Lebensweise und Systematik der schwarzen Blattläuse. Arb. biol. Reichsanst. Land- u. Forstw. **1926**. — **Jensen-Haarup, A. C.:** Taeger. Denmarks Fauna. Kopenhagen 1912. — **Imms, A. D.:** A general textbook of entomology, London **1924**. — **Johnston:** The internal anatomy of *Icerya purchasi*. Ann. Entomol. Soc. Amer. **5** (1912). — **Jordan:** On vivipary in Polyctenidae. Trans. 2. Entomol. Congr. **2**, (1913). — Contribution to our knowledge of the morphology and system of the Polyctenidae, a family of *Rhynchota* parasitic on Bats. Novit. Zool. **18** (1913). — **Jungner, J. R.:** Die Zwergzikade (*Cicadula sexnotata* Fall.) und ihre Bekämpfung. Arb. dtsch. landw. Ges. **1906**, H. 115.

Kaltenbach: Monographie der Familien der Pflanzenläuse (*Phytophthires*) **1843**. — **Karawaiew, W.:** Zur embryonalen Entwicklung von *Pyrrhocoris apterus*. Nachr. naturforsch. Ges. Kiew **13** (1893). — **Kemper, H.:** Die Tracheenanordnung bei der Bettwanze (*Cimex lectularius* L.). Zool. Anz. **78** (1928). — **Kessler, H. F.:** Die Entwicklungs- und Lebensgeschichte von *Chaitophorus* (*Aphis*) *aceris*. Nova acta **51** (1886). — **Kirkaldy, C. W.:** The stridulating organs of water-bugs especially of Corixidae. J. Quekett Mic. Club. **8** (1901). — On the parental care of Cimicidae. Entomologist **35** (1902). — Upon maternal solicitude in *Rhynchota*. Ebenda **36** (1903). Ann. Rep. Smithson Inst. **1904**. — **Kirkpatrick, T. W.:** The egyptian cotton seed bug (*Oxycarenus hyalinipennis* Costa). Ministry of Agricult. Egypt. Technic. a. Sci. Service. **1923**, Bull. Nr 35. — **Klevenhusen, F.:** Beiträge zur Kenntnis der Aphidensymbiose. Z. Morph. u. Ökol. Tiere **9** (1927). — **Klodnitski, J.:** Beiträge zur Kenntnis des Generationswechsels bei einigen Aphididen. Zool. Jb., Abt. Syst. **33** (1912). — **Knight:** Studies on the life history and biology of *Perillus bioculatus* Fabr. 19. Rep. Stat. Entomol. Minnesota **1922** (1923). — **Knowlton, G. F.:** The digestive tract of *Longistigma caryae* (Harris). Ohio J. Sci. **25**, Nr 5 (1925). — The beet leafhopper and curly-top situation in Utah. Utah Agricult. Exper. Stat. Circ. 65, **1927**. — **Kochs, J.:** Beiträge zur Einwirkung der Schildläuse auf das Pflanzengewebe. Jb. Hamburg. Wiss. Anst. **17**, 3. Beih. (1899). — **Kornhouser, S. J.:** The sexual characteristics of the membracid *Thelia bimaculata*. J. of Morph. **37** (1919). — **Korschelt, E.:** Über die Bildung der Eihüllen, Mikropylen usw. bei den Insekten. Nova Acta. **51** (1887). — **Krausse, A.:** Zur Systematik und Naturgeschichte der Psylliden (Springläuse) und speziell von *Psyllopsis fraxini* L. Zbl. Bakter. II **46** (1916). — Über *Aradus cinnamomeus* Panz., die Kiefernrindenwanze. Z. angew. Entomol. **5** (1919). — **Krecker:** The eyes of

Dactylopius. Z. wiss. Zool. **93** (1909). — **Kuhlgatz, Th.:** Beiträge zur Kenntnis der Metamorphose geflügelter Heteropteren. Zool. Jb., Suppl. 8 (1905). — *Rhynchota*. In: A. Brauer, Die Süßwasserfauna Deutschlands, H. 7. Jena 1909. — **Kuhn, O.:** Die Facettenaugen der Landwanzen und Zikaden. Z. Morph. u. Ökol. Tiere **5**, H. 3 (1926). — **Kuskop, A.:** Bakteriensymbiosen bei Wanzen. Arch. Protistenkde **47** (1924).

Lakon, G.: Die Insektenfeinde aus der Familie der Entomophthoreen. Z. angew. Entomol. **5** (1919) (*Lit.*). — **Lamborn, W. A.:** Ants and Membracidae. Trans. Lond. Entomol. Soc. **1913**. — **Landois, L.:** Zur Anatomie der Bettwanze mit Berücksichtigung verwandter Hemipterengeschlechter. Z. wiss. Zool. **18/19** (1868 u. 1869). — **Lathrop, F. H.:** Influence of temperature and evaporation upon the development of *Aphis pomi* de Geer. J. agricult. Res. **23** (1923). — The biology of apple aphids. Ohio J. Sci. **28** (1928). — **Lawson, P. B.:** The cicadellidae of Kansas. Kansas Univ. Sci. Bull. **12** (1920). — **Lees, A. H.:** Some observations on the egg of *Psylla mali*. Ann. appl. Biol. Lond. **2** (1916). — **Lehmann, H.:** Biologische Beobachtungen an *Notonecta glauca*. Zool. Jb., Abt. Syst. **46** (1923). — **Lemoine:** Sur le système nerveux du *Phylloxera*. C. r. Acad. Sci. Paris **101** (1885). — Sur le cerveaux du *Phylloxera*. Ebenda **106** (1888). — **Léon, N.:** Beiträge zur Kenntnis der Mundteile der Rhynchoten. Jena 1888. — **Leonardi, G.:** Monografia delle Cocciniglie Italiane (publicata a cura del prof. Silvestri). Portici 1920. — **Leydig, F.:** Zur Anatomie von *Coccus hesperidum*. Z. wiss. Zool. **5** (1854). — **Licent, R.:** Recherches d'anatomie et de physiologie comparées sur le tube digestiv des Homoptères supérieures. Cellule **1912**. — **Lindinger, L.:** Eine Variation des sogenannten Minierens bei den Schildläusen. Z. wiss. Insektenbiol. **1** (1905). — Die Schildläuse. Stuttgart: Verlag Ulmer 1912. — Die Schildläuse der mitteleuropäischen Gewächshäuser. Entomol. Jb. **1924/25**. — **Link, E.:** Über die Stirnaugen der hemimetabolen Insekten. Zool. Jb., Abt. Morph. **27** (1908/09). — **List:** *Orthezia cataphracta* Shaw. Z. wiss. Zool. **45** (1887). — **Lloyd, Cl.:** Notes on a colour tropism of *Asterochiton* (*Aleurodes*) *vaporariorum* Westwood. Bull. entomol. Res. **12** (1921). — **de Long, D. M.:** The distribution of the leafhoppers of Presque Isle, Pa and their relation to plant formations. Ann. Entomol. Soc. Amer. **16** (1923). — The leafhoppers or *Jassoidea* of Tennessee. Tenn.-Bd. Entomol. Bull. **17** (1916). — **Löw, F.:** Zahlreiche Arbeiten über Psylliden in den Verh. zool.-bot. Ges. Wien **1873—1887**. — Eine neue Coccidenart (*Xylococcus filiferus*). Ebenda **1882**. — **Lubbock, J.:** On the digestive and nervous system of *Coccus hesperidum*. Ann. a. Mag. Nat. Hist., Ser. III, **3** (1859). — **Ludwig, W.:** Untersuchungen über den Copulationsapparat der Baumwanzen. Z. Morp. u. Ökol. Tiere **5** (1926). — **Lundie, A. E.:** A biological study of *Aphelinus mali* Hald., a parasite of the wolly apple aphid, *Eriosoma lanigera* Hausm. Cornell Univ. Agricult. Exper. Stat. Mem. **79** (1924). — **Lüstner, G.:** Über die Bedeutung der Rückenröhren der Aphiden. Ber. kgl. Lehranst. Wein-, Obst- u. Gartenbau. Geisenheim 1903.

MacCalloch, I. W.: Further data on the life economy of the chinch bug egg parasite. J. econ. Entomol. 8 (1915). — **MacGillivray:** The Coccidae. Urbana, Illinois 1921. — **Mammen, H.:** Über die Morphologie der Heteropteren- und Homopterenstigmen. Zool. Jb., Abt. Anat. **34** (1912). — **Marchal, P.:** Contribution à l'étude de la biologie des Chermes. Ann. des Sci. natur. **1913**. — Sur les conditions de la vie aerienne on souterraine des Aphides et en particulier de l'*Eriosoma lanuginosum* Hartig. C. r. Acad. Sci. **182** (1926). — **Marcovitch, S.:** The migration of the Aphidae and the appearence of the sexual forms as affected by the relative length of daily light exposure. J. agricult. Res. **27**. — **Mark:** Beiträge zur Anatomie und Histologie der Pflanzenläuse, besonders der Cocciden. Arch. mikrosk. Anat. **13** (1877). — The nervous system of *Phylloxera*. Psyche **2** (1879). — **Marlatt, C. L.:** The periodical *Cicada*. U. S. Bur. entomol. Bull. 71 (1907). — **Martini:** Lehrbuch der medizinischen Entomologie. Jena 1923. — **Marshall, W. S. a. H. Severin:** Some points in the anatomy of *Ranatra fusca* P. Beauv. Trans. Wisc. Acad. Sci. Arts a. Letters **14** (1904). — **Maskell, W. M.:** How do coccids produce cavities on plants? Entomol. Monthly Mag., Sec. Ser., **1, 26**. London 1890. — Contributions toward a monograph of the Aleurodidae, a family of Hemiptera-Homoptera. Trans. a. Proc. New-Zealand Inst. **28** (N. s. **11**) (1895). — **Maxwell, S. S.:** The effect of light and of darkness on the sign of the heliotropismus of the water-boatman, *Corisa*. Amer. J. Physiol. Baltimore 1924. — **May, W.:** Über das Ventralschild der Diaspinen. Jb. Hamburg. wiss. Anst. **16**, 2. Beih. (1899). — **Mayer, P.:** Der Tonapparat der Cikaden. Z. wiss. Zool. **28** (1877). — Anatomie von *Pyrrhocoris apterus*. Arch. Anat. u. Physiol. **1874/75**. — Zur Kenntnis von *Coccus cacti*. Mitt. Zool. Stat. Neapel **10** (1891—93) — **Meek, W. S.:** On the mouth-parts of Hemiptera. Kansas Univ. Sci. Bull. 1903, whole ser., **12**. — **de Meijere:** Zur Kenntnis von *Hamamelistes betulae* Mordw. Z. wiss. Insektenbiol. 8 (1912). — **Meisenheimer:** Geschlecht und Geschlechter im Tierreich **1**. Jena 1921. — **Melichar, L.:** Cikadinen von Mitteleuropa. Berlin 1896. — **Menozzi, C.:** Notizie sul maschio dell'*Icerya purchasi* Mask. Redia. Florenz **16** (1926). — **Menzel, R.:** Über Teeschädlinge in Niederländisch-Indien und ihre Bekämpfung. III. *Euphorus helopeltidis* Ferrière (Hym. Braconidae) als Larvenparasit der Tee-Capside *Helopeltis antonii* Sign. Z. angew. Entomol. **12**, 2 (1926). — Über Teeschädlinge in Niederländisch-Indien und ihre Bekämpfung. IV. Zur weiteren Kenntnis des Capsidenparasiten *Euphorus helopeltidis* Ferrière. Ebenda **1928**. — **Merrill, D. E.:** The grape leafhopper. New Mexico Coll. of Agricult. a. Mech. Arts, Bull. Nr 94. — **Metcalf, Z. B. a. H. Osborn:** Some observations on insects of the between tide Zone of the North Carolina Coast. Ann. Entomol. Soc. Amer. **13** (1920). — **Minkiewicz, St.:** A study in the morphology and biology of *Psylla mali* Schmidb. Verh. 3. internat. Entomol.-Kongr. 1925 (1926). — **Mjöberg, E.:** Über *Systellonotus triguttatus* L. und sein Verhältnis zu *Lasius niger*. Z. wiss. Insektenbiol. **2** (1906). — **Molas, C.:** Sur la manière, dont se comporte *Ranatra* décapitée. Ann. Sci. Univ. Jassy **1925**. — **Mordwilko, A.:** Zur Faunistik und Anatomie der Aphiden. Warschauer Univ. Nachrichten **1894/95** (Russisch). — Beiträge zur Biologie der Pflanzenläuse, *Aphididae* Passerini. Biol. Zbl. **27** (1907); **28** (1908). — Evolution des cycles et origine de l'héteroecie chez les Aphidines. Défense des plantes **2** (1926). — **Morrill, A. W.:** Life history and description of the strawberry *Aleyrodes*, *Al. Packardi*. Canad. Entomologist **35** (1903). — The greenhouse *Aleyrodes* (*Al. vap.*) and the strawberry *Aleyrodes* (*Al. Packardi*). Mass. Stat. Tech. Bull. Nr 1. — **Morrill, A. W. a. E. A. Back:** White flies injourious to citrus in Florida. U. S. Dept. Agricult. Bur. Entomol., Bull. 92. — **Morrison, H.:** A classification of the higher groups and genera of the coccid family Margarodidae. U. S. Dept. Agricult. Techn. Bull. **52** (1928). — **Morstatt, H.:** Intercorticale Schildbildung und Entwicklungsreihe von *Diaspis fallax*. Zbl. Bakter. II. **20** (1907). — Untersuchungen an der roten, austernförmigen Schildlaus, *Diaspis fallax* nov. nom. Horvath. Ebenda **21** (1908). — **Muir, F. a. I. C. Kershaw:** On the homologies and mechanism of the mouth parts of Hemiptera. Psyche 18 (1911). — On the later embryological stages of the head of *Pristhesancus papuensis*. Ebenda 18 (1911). — The development of the mouth parts in the Homoptera, with observations on the embryo of *Siphanta*. Ebenda **19** (1912). — **Müller, G.:** Die Heteropteren der *Juniperus*-Sträucher in Nordthüringen. Internat. entomol. Z. **12**, Nr 22 (1919). — Beiträge zur Rhynchotenfauna Thüringens. Entomol. Mitt. 8, Nr 7/9 (1919). — Über einige Mißbildungen bei Heteropteren. Z. wiss. Insektenbiol. **21** (1926). — **Mundinger, F. G.:** The life history of two species of Nabidae (Hemip.-Heterop.): *Nabis roseipennis* Reut. and *N. rufusculus* Reut. Techn. Publ. Nr 16, New York Stat. Coll. of Forest Syrac. Univ. **22** (1922). —

Myers, I. G.: Biol. Notes on *Arachnocoris albomaculatus* Scott (Hemiptera, Nabidae). J. N. Y. Entomol. Soc. **33** (1925). — The morphology of the cicadidae (Homoptera). Proc. Zool. Soc. Lond. **1928.**

Nagel, W. A.: Die niedrigen Sinne der Insekten. Tübingen 1892. — Vergleichende physiologische und anatomische Untersuchungen über den Geruchs- und Geschmackssinn und ihre Organe. Zoologica **1894**, H. 18. — **Newstead, R.:** On scale insects (Coccidae) etc. from the Uganda protectorate. Bull. entomol. Res. **1** (1910/11); **2** (1911/12). — On a new genus of Psyllidae from Nyassaland. Ebenda **2** (1911/12). — Monograph of the Coccidae of the British Isles. Ray. Soc., 2 Bde. (1901—3). — **Nietsch, V.:** Die Mundteile der Rhynchoten. Mitt. nat. Ver. Steiermark **44.** Graz 1907. — **Nüsslin:** Zur Biologie der Schizoneuridengattung *Mindarus*. Biol. Zbl. **20** (1900). — **Nüsslin-Rhumbler:** Leitfaden der Forstinsektenkunde. Berlin 1928.

Oguma, K.: A new scale insect *Xylococcus alni* on alder, with special reference to its metamorphosis and anatomy. J. Coll. Agricult. Sapporo 8 (1919). — **Osborn, H.:** Leafhoppers affecting cereals, grasses and forage crops. Bull. Nr 108 d. Bur. of Entomol. Washington 1912. — Leafhoppers of Maine (*Iassoidea*). Maine Stat. Bull. 238 (1915). — Studies of life histories of leafhoppers of Maine. Ebenda 248 (1916). — Studies of the life histories of froghoppers of Maine. Ebenda 254 (1916). — Life history notes on Cranberry Lake Homoptera. Techn. Publ. Nr 16, New York Stat. Coll. of Forest Syrac. Univ. **22** (1922). — **Osborn, H.** a. **C. J. Drake:** An ecological study of the Hemiptera of the Cranberry Lake region, New York. Techn. Publ. Nr 16. Ebenda **22** (1922). — **Oshanin:** Verzeichnis der paläarktischen Hemipteren mit besonderer Berücksichtigung ihrer Verteilung im Russischen Reiche. Ann. Mus. Zool. Acad. Imp. Sci. St.-Pétersbourg **11—15** (1906—10).

Palmer, M. A.: Life history studies of seven described species of the genus *Lachnus*. Ann. Entomol. Soc. Amer. **19** (1926). — **Parker, W. B.:** The hop aphis in the Pacific region. U. S. Dept. of Agricult. Bur. of Entomol., Bull. Nr 111. Washington 1913. — **Pascoe, F. F.:** Maternal solicitude in Hemiptera. Trans. Entomol. Soc. Lond. Pr. **1888.** — **Patch, Edith:** Homologies of the wing veins of the Aphididae, Psyllidae, Aleurodidae and Coccidae. Ann. Entomol. Soc. Amer. **2** (1909). — Elm leaf curl and wooly apple aphid. Maine Agricult. Exper. Stat., Bull. Nr 203. Orono 1912. — Wooly aphids of the elm. Ebenda Bull. Nr 220. Orono 1913. — Elm leaf rosette and woolly aphid of the apple. Ebenda Bull. Nr 256. Orono 1916. — Potato aphids. Ebenda, Bull. Nr 323. Orono 1925. — The melon aphid. Ebenda, Bull. Nr 326. Orono 1925. — **Peacock, A. D.:** Entomological pests and problems of southern Nigeria. Bull. entomol. Res. **4** (1913/14). — **Peal:** The function of the vasiform orifice of the Aleyrodidae. J. Asiatic Soc. Bengal **72**, part 2. — **Pergande, T.:** The life-history of two species of plant-lice, inhabiting both the witch hazel and birch. U. S. Dept. Agricult. Div. Entomol. Techn. Ser., Bull. Nr 9. — **Peterson, A.:** Studies on the morphology and susceptibility of the eggs of *Aphis avenae* Fab., *Aphis pomi* De G. and *Aphis sorbi* Kalt. J. econ. Entomol. **10** (1917). — Some studies on the eggs of important apple plant lice. New Jersey Agricult. Exper. Stat., Bull. 332. — Some studies on the influence of environmental factors on the hatching of the eggs of *Aphis avenae* Fabricius and *Aphis pomi* de Geer. Ann. Entomol. Soc. Amer. **13.** — **Petherbridge, F. R.** a. **M. A. Husain:** A study of the capsid bugs found on apple trees. Ann. appl. Biol. **4**, Nr 4 (1918). — **Petherbridge, F. R.** a. **Thorpe:** The common green capsid bug (*Lygus pabulinus*). Ebenda **15** (1928). — **Pierantoni, U.:** Ulteriore osservazione sulla simbiosi ereditaria degli omotteri. Zool. Anz. **36** (1910). — Struttura ed evoluzione del organo simbiotico di *Pseudococcus*. Arch. Protistenkde **31** (1913). — **Plateau, F.:** Recherches expérimentales sur les mouvements respiratoires des insectes. Bruxelles 1884. — **Poisson, R.:** Contribution à l'étude des Hémiptères aquatiques. Bull. biol. France et Belg. **58** (1924) (*Lit.*). — **Poppius, B.** u. **E. Bergroth:** Beiträge zur Kenntnis der myrmekoiden Heteropteren. Ann. Mus. Nat. Hungarici **1920/21**. — **Pratap Singh Negi:** A contribution to the life history of the lac insect *Laccifer* (*Tachardia*) *lacca* (Coccidae). Bull. entomol. Res. **19** (1929). — **Puri, I. M.:** Studies on the anatomy of *Cimex lectularius*. Parasitology **16** (1924).

Quaintance, A. L.: Contributions toward a monograph of the American Aleyrodidae. Div. of Entomol., Techn. Ser., Bull. 8 (1900). — The more important Aleyrodidae infesting economic plants, with description of a new species infesting orange. Techn. Ser., Bull. 12, Bur. of Entomol. Washington 1907. — Genera insectorum. Fasc. 87 (1908). — **Quaintance, A. L.** a. **Baker:** Classification of the Aleyrodidae, Part I/II. U. S. Dept. Agricult. Bur. Entomol., Techn. Ser. Nr 27 (1913/14) (*Lit.*). — Aleyrodidae, or white flies attaking the orange, with description of three new species of economical importance. J. agricult. Res. **6** (1916). — A contribution to our knowledge of the white flies of the subfamily Aleyrodinae (Aleyrodidae). Proc. U. S. Nat. Mus. **51** (1917).

Ràdl: Untersuchungen über den Phototropismus der Tiere. Leipzig 1903.— **Reh, L.:** Die Beweglichkeit der Schildlauslarven. Jb. Hamburg. wiss. Anst. **17**, Beih. 3 (1899). — Periodizität bei Schildläusen. Illustr. Z. Entomol. **5** (1900). — Über postembryonale Entwicklung der Schildläuse und Insekten-Metamorphose. Allg. Z. Entomol. **6** (1901). — **Reuter, O. M.:** Til Känedomen om mimeska Hemiptera. Öfers Finsk. Vetensk. Soc. Förh. **21** (1879). — *Parmeridea* nov. sp., eine Capside, die in Südafrika die Bestäubung von *Roridula gorgorias* besorgt. Zool. Anz. **30** (1906). — Charakteristik und Entwicklungsgeschichte der Hemipterenfauna der paläarktischen Coniferen. Helsingfors 1910 (*Lit.*). — Lebensgewohnheiten und Instinkte der Insekten. Berlin 1913 (*Lit.*). — **Rhumbler, L.:** Die Buchenrinden-Wollaus (*Cryptococcus fagi*) und ihre Bekämpfung. Neudamm 1914. — **Ribagà, C.:** Sopra un organo particolare delle cimici dei letti. Rev. Pat. veg. **5** (1897). — **Riley, C. V.:** The song notes of the periodical cicada. Proc. Amer. Assoc. Adv. Sci. **34** (1885). — **Riley, C. V.** a. **L. O. Howard:** The orange *Aleyrodes*. Insect Life **5**, Nr 4 (1893). — **Roepke, W.:** Über die Franssenschen Untersuchungen an schwarzen Blattläusen der *Aphis fabae*-Gruppe in Holland. Stettin. entomol. Ztg **89** (1928). — **Rudow:** Die Schmarotzer der wanzenartigen Insekten. Internat. entomol. Z. Frankfurt a. M. 1915/16. —

Sarel-Whitfield, F. G.: The Sudan millet bug, *Agonoscelis versicolor* F. Bull. entomol. Res. **20** (1929). — **Saunders, E.:** The Hemiptera-Heteroptera of the British Islands. London 1892. — **Schander** u. **Kaufmann:** Einführung des Blutlausparasiten *Aphelinus mali* (Hald) nach Deutschland. Z. angew. Entomol. **11** (1925). — **Schmidt, O.:** Metamorphose und Anatomie des männlichen *Aspidiotus nerii*. Arch. Naturgesch. **51** (1885). — **Schneider, H.:** Über das Zirporgan von *Piesma quadrata* Fieb. Zool. Anz. **75** (1928). — **Schneider-Orelli, O.** u. **H. Leuzinger:** Untersuchungen über die virginoparen und sexuparen Geflügelten der Blutlaus des Apfelbaumes. Vjschr. naturforsch. Ges. Zürich **71**, Beibl. 9 (1926). — **Schoenichen, W.:** Praktikum der Insektenkunde. Jena 1918. — **Schrader, F.:** Sex determination in the white-fly (*Trialeurodes vaporariorum*). J. of Morph. **34** (1920). — Notes on the English and American races of the greenhouse white-fly (*Trialeurodes vap.*). Ann. appl. Biol. **13** (1926). — Experimental and cytological investigations of the life-cycle of *Gossyparia spuria* (Coccidae) and their bearing on the problem of haploidy in males. Z. wiss. Zool. **134** (1929). — **Schubert, W.:** Die Rübenwanze, *Piesma capitata*. Z. angew. Entomol. 8 (1922). — Biologische Untersuchungen über die Rübenblattwanze *Piesma quadrata* Fieb., im schlesischen Befallgebiet. Ebenda **13** (1927). — **Schulze, P.:** Bemerkungen zur Lebensgeschichte von *Pyrrhocoris apterus*. Dtsch. entomol. Z. **1918**. — **Schumacher,**

F.: Beiträge zur Kenntnis der Verbreitung und Biologie der einheimischen *Poeciloscytus*-Arten (Fam. Capsidae). Z. wiss. Insektenbiol. **5** (1909). — Beiträge zur Kenntnis der Biologie der Asopiden. Ebenda **6** (1910); **7** (1911). — Über einige Heteropterocecidien. Ebenda 8 (1912). — **Schumacher, F.** u. **P. Schulze:** Über die Herbstfärbung von Wanzen (*Piezodorus lituratus*). Dtsch. entomol. Z. **1915**. — **Schumacher, F.:** Über Psocidenfeinde aus der Ordnung der Hemipteren Z. wiss. Insektenbiol. **13** (1917). — Brutpflege bei einer Wanze *Clinocoris griseus* L. Entomol. Mitt. Berlin 1917. — Eisprenger bei Wanzen aus der Gruppe der Pentatomiden. Sitzgsber. Ges. naturforsch. Freunde Berl. **1917**. — Die Bedeutung der Hemipteren als Blütenbestäuber. Ebenda **1917**. — Über das Drüsensekret der Hemipteren. Dtsch. entomol. Z. **1918**. — *Leucopis nigricornis* Egg. (Dipt.) als Parasit bei *Pulvinaria betulae* L. (Cocc.). Z. angew. Entomol. **5** (1919). — **Schwartz, W.:** Untersuchungen über die Pilzsymbiose der Schildläuse. Biol. Zbl. **44** (1924). — **Seidel, F.:** Die Geschlechtsorgane in der embryonalen Entwicklung von *Pyrrhocoris apterus* L. Z. Morph. u. Ökol. Tiere **1** (1924). — **Severin, H. P.** u. **H. C. Severin:** An experimental study on the death feigning of *Belostoma flumineum* Say and *Nepa apiculata* Uhler. Behaviour Monographs **1**, Nr 3 (1911). — **Shelford, V. E.:** The relation of abundance of parasites to weather conditions. J. econ. Entomol. **19** (1926). — **Shull, A. F.:** The life cycle of *Macrosiphum solanifolii* with special reference to the genetics of colour. Amer. Naturalist **59** (1925). — Duration of light and the wings of the aphid *Macrosiphum solanifolii*. Roux' Arch. **113**, H. 1 (1928). — **Signoret, V.:** Essai monographique sur les *Aleyrodes*. Ann. Soc. entomol. France (4) 8 (1867). — **Silvestri, F.:** Notizie sulla *Cicala grigiastra* (*Tettigia orni* L.) sulla *Cicala maggiore* (*Cicada plebeja* Scop.) sui loro parassiti e descrizione della loro larva neonata e della ninfa. Boll. Labor. Zool. Gen. Agrar. Portici **15** (1921). — **Singh-Pruthi, Hem.:** The morphology of the male genitalia in *Rhynchota*. Trans. entomol. Soc. Lond. **1925**. — **Sirrine** a. **Fulton:** The cranberry toad-bug. N. Y. Agricult. Exper. Stat. New York 1914. — **Slater, F. W.:** The egg-carrying habit of *Zaitha*. Amer. Naturalist **33** (1899). — **Slingerland, M. V.:** The four-lined leaf-bug. Cornell Univ. Agricult. Exper. Stat. Entomol. Div. Bull. 58 (1893). — **Smith, Kenneth M.:** Investigation of the nature and cause of the damage to plant tissue resulting from the feeding of capsid bugs. Ann. appl. Biol. **7** (1920). — A comparative study of the feeding methods of certain Hemiptera and of the resulting effects upon the plant tissue, with special reference to the potato plant. Ebenda **13** (1926). — **Snodgrass, R. E.:** The seventeen year locust. Smithsonian report for 1919, S. 381—409 (1921). — The head and mouth parts of cicada. Proc. entomol. Soc. Washington **29** (1927). — **Speiser:** Die Hemipterengattung *Polyctenes* Gigl. und ihre Stellung im System. Zool. Jb., Suppl. **7** (1904). — **Spencer, H.:** Biology of the parasites and hyperparasites of Aphids. Ann. Entomol. Soc. Amer. **19** (1926). — **Speyer, E. R.:** A contribution to the life-history of the larch chermes (*Cnaphalodes strobilobius* Kalt.). Ann. appl. Biol. **6** (1919). — An important parasite of the greenhouse white-fly (*Trialeurodes vaporariorum* Westwood). Bull. entomol. Res. **17** (1927). — **Speyer, W.:** Der Apfelblattsauger (*Psylla mali* Schmidberger). Monogr. Pflanzenschutz **1** (1929) (*Lit.*). — **Spooner, C. S.:** A note on the mouthparts of the Aradidae. Ann. Entomol. Soc. Amer. **13** (1920). — **Stäger, R.:** *Stenopsocus stigmaticus* (Imh. et Labr.) und sein Erbfeind. Z. wiss. Insektenbiol. **13** (1917). — **Stellwaag, F.:** Die Weinbauinsekten der Kulturländer. Berlin 1928 (*Lit.* über *Phylloxera*). — Neuere Erfahrungen in der biologischen Bekämpfung schädlicher Insekten. Verh. dtsch. Ges. angew. Entomol., E. V., 7. Mitgliedervers. München 1928. 1929. — **Štepànek, O.:** Beiträge zur heteropterologischen Teratologie. Z. wiss. Insektenbiol. **22** (1927). — **Steven:** Contributions to the knowledge of the family Chermesidae. Proc. roy. Soc. Edinburgh **37** (1917). — **Stough:** The hackberry psylla, *Pachypsylla celtidis*-

mamma. Kansas Univ. Sci. Bull. **5** (1910). — **Strawiński, K.:** Historja naturalna korowca sosnowego. *Aradus cinnamomeus*, Pnz. (Hemiptera-Heteroptera). Cześć I. Odbidka z. R. N. R. i. L. **13** (1925). — *Picromerus bidens* (L.) (Hemipt.-Heteroptera, Pentatomidae). Polskiego Pisma Entomologicznego **6** (1927). — **Strindberg, H.:** Zur Entwicklungsgeschichte der oviparen Cocciden. Zool. Anz. **50** (1919). — **Šulc, K.:** Über Respiration, Tracheensystem und Schaumproduktion der Schaumzikadenlarven. Z. wiss. Zool. **99** (1911). — Intracellulare heriditäre Symbiose bei *Margarodes* (Coccidae). Publ. Biol. école hautes études vétérin. Brno ČSR (1923). — Intracellulare Symbiose bei den Fulgoriden (Homoptera). Tschechisch mit deutscher Zusammenfassung. Ebenda **3** (1924). — De la symbiose intracellulaire chez les Fulgorides. C. r. Soc. Biol. Paris **92** (1925). — Die Wachsdrüsen und ihre Produkte bei den Larven der Cixiinen (Homoptera). (Tschechisch mit deutscher Zusammenfassung.) Publ. Biol. école hautes études vétérin. Brno. Čsr. **7** (1928). — Die Wachsdrüsen und ihre Produkte bei den Imagen der S. F. Cixiinae (Homoptera). Ebenda **8**, 1929. (Im Text nicht mehr berücksichtigt.)

Takahashi, R.: The life history of *Macrosiphum formosanum* Takah. Trans. Nat. Hist. Soc. Formosa **16** (1926). — **Tannreuther, G. W.:** History of the germcells and early embryology of certain aphids. Zool. Jb., Abt. Anat. **24** (1907). — **Taylor:** The thoracic sclerites of Hemiptera and Heteroptera. Ann. Entomol. Soc. Amer. **11** (1918). — **Teiso Esaki:** Einige Beispiele von anormaler Fühlerbildung bei Wanzen (Hemiptera-Heteroptera). Z. wiss. Insektenbiol. **20** (1925) (*Lit.*). — **Teodoro, G.:** Osservazione sulla ecologia delle cocciniglie con speciale riguardo alla morfologia e alla fisiologia de questi insetti. Redia **11** (1916). Florenz. (*Lit.*). — **Teyrovský, V.:** Das Ei und die Eiablage von *Cymatia coleoptrata* F. (Tschechisch). Jubilejné storněk csl. entomol. společn. Prag 1924. — **Thomas, Fr.:** Über das Heteropterocecidium von *Teucrium capitatum* und anderen *Teucrium*-Arten. Abh. bot. Ver. Prov. Brandenburg. — **Thomsen, M.:** Studien über die Parthenogenese bei einigen Cocciden und Aleurodiden. Z. Zellforschg **5** (1927). — **Titschack, E.:** Der Fühlernerv der Bettwanze, *Cimex lectularius* L. und sein zentrales Endgebiet. Zool. Jb., Abt. Allg. Zool. u. Physiol. **45** (1928). — Ein noch nicht publiziertes Manuskript über *Cimex*. — **Tornier, G.:** Das Entstehen von Käfermißbildungen, besonders Hyperantennie und Hypermelie. Arch. Entw. mechan. **9** (1900). — **Tower, D. G.:** The external anatomy of the squash bug *Anasa tristis* Deg. Ann. Entomol. Soc. Amer. **6** (1913). — The mechanism of the mouthparts of *Anasa tristis* de Geer. Psyche **21** (1914). — **Trägardh, I.:** Zur Kenntnis der postembryonalen Entwicklung der Aleurodiden. Z. wiss. Insektenbiol. **4** (1908). — **Tschirsch, A.:** Über durch *Astegopteryx*, eine neue Aphidengattung, erzeugte Zoocecidien auf *Styrax Benzoin* Dryand. Ber. dtsch. bot. Ges. **8** (1890). — **Tullgren, A.:** Über einige Arten der Familie Aleurodidae. Ark. Zool. (schwed.) **3**, Nr 26. Stockholm 1907.

v. Uexküll, I.: Umwelt und Innenwelt der Tiere, 2. Aufl. Berlin 1921 (*Lit.*). — **Uhler, P. R.:** Notices of the Hemiptera-Heteroptera in the collection of the late F. W. Harris M. D. Proc. Soc. Nat. Hist. **19** (1878). — **Uichanco, L.:** The rice bug, *Leptocorisa acuta* Thunberg, in the Philippines. Philippine Agricult. Rev. **14**, Nr 1 (1921). — Musculature and mechanism of movement of the tarsi in Aphids. Psyche **28**, Nr 3 (1921). — Biological notes on parthenogenetic *Macrosiphum tanaceti* Linnaeus (Aphididae, Homoptera). Ebenda **29**, Nr 2 (1922). — Studies on the embryogeny and postnatal development of the Aphididae with special reference to the history of the „symbiotic organ“ or „Mycetom“. Philippine J. Sci. **24** (1924).

Vayssière, P.: Contribution à l'étude biologique et systematique des Coccides. Ann. Epiphyties **12** (1926). — **Vogel, R.:** Über ein tympanales Sinnesorgan, das mutmaßliche Hörorgan der Singzikaden. Z. Anat., 1. Abt., **67**, H. 1/3 (1923).

Wagner, W.: Über die Biologie der *Conomelus limbatus* Fabr. Z. wiss. Insektenbiol. **9** (1913). — **Watson, I. R.:** White fly control 1914. Florida Stat. Bull. 123 (1914). — **Weber, H.:** Skelett, Muskulatur und Darm der schwarzen Blattlaus *Aphis fabae Scop.* Zoologica **28**, H. 76 (1928). — Zur vergleichenden Physiologie der Saugorgane der Hemipteren. Z. vergl. Physiol. 8 (1928). — Kopf und Thorax von *Psylla mali* (Hemiptera-Homoptera). Z. Morph. u. Ökol. Tiere **14** (1929). — **Webster, F. M.:** The chinch bug: its probable origin and diffusion, its habits and development. Div. Entomol., N. s., Nr 15 (1898). — **Weed, Cl. M. a. H. Conradi:** The white-fly of green houses. Agricult. Exper. Stat. of New Hampshire (Durham), Bull. Nr 100 (1903). — **Wefelscheid:** Über die Biologie und Anatomie von *Plea minutissima.* Zool. Jb., Abt. Syst. **32**. — **Wesenberg-Lund, C.:** Über die Respirationsverhältnisse bei unter dem Eis überwinternden, Luft atmenden Wasserinsekten usw. Internat. Rev. d. Hydrobiol. **3** (1910/11). — Fortpflanzungsverhältnisse: Paarung und Eiablage der Süßwasserinsekten. Fortschr. naturwiss. Forschg. 8/**9** (1913). — **Westwood, I. O.:** A new *Aleyrodes* of the greenhouse. Gardeners Chronicle **1856**. — **Wheeler, W. M.:** Über drüsenartige Gebilde im ersten Abdominalsegment der Hemipterenembryonen. Zool. Anz. **1889**. — A study of some social beetles in British Guayana and of their relations to the ant plant *Tachigalia.* Zoologica **3**. New York 1921. — **White, B.:** Report on the pelagic Hemiptera. „Challenger". Rep. Zool. **7**, pt. 19 (1883). — **Will, L.:** Bildungsgeschichte und morphologischer Wert des Eies von *Nepa cinerea* und *Notonecta glauca* L. Z. wiss. Zool. **43**, H. 1. — **Wille, J.:** *Margarodes Brasiliensis.* Egatea **7**, Nr 2 (1922). — *Curinus zonatus* Mul. (Coccinellidae), ein Feind der Schildlaus am Orangenbaum. Beitrag zu seiner Morphologie, Biologie und bekämpfungstechnischen Bedeutung. Z. angew. Entomol. **12** (1926). — Die durch die Rübenblattwanze erzeugte Kräuselkrankheit der Rüben. Arb. biol. Reichsanst. Land- u. Forstw. **16**, H. 1 (1928). — Die Rübenblattwanze *Piesma quadrata.* Monogr. Pflanzenschutz **2**. Berlin, Julius Springer 1929. — **Withycombe, C. L.:** Studies on the aetiology of sugarcane froghopper blight in Trinidad. I. Annals Applied Biol. **13** (1926). — **Witlaczil, E.:** Zur Anatomie der Aphiden. Arb. zool. Inst. Wien **4** (1882). — Zur Anatomie der Psylliden. Z. wiss. Zool. **42** (1885). — Zur Morphologie und Anatomie der Cocciden. Ebenda **43** (1886). — Der Saugapparat der Phytophtiren. Zool. Anz. **9** (1886). — **Witmarsh, R. D.:** The green soldier bug. Ohio Agricult. Exper. Stat., Bull. 310 (1917). — **Woodworth:** Note on the respiration of *Aleyrodes citri.* Canad. Entomologist **33** (1901). — **Wrede, F. u. H. Kramer:** Beiträge zur Atmung der Insekten. 2. Über den Gasstoffwechsel bei der Wasserwanze *Naucoris cimicoides.* Pflügers Arch. **212** (1926).

Zacher, F.: Die Literatur über die Blattflöhe und die von ihnen verursachten Gallen, nebst einem Verzeichnis der Nährpflanzen und Nachträgen zum „Psyllidarum Catalogus". Zbl. Bakter. II **46** (1916) (*Lit.*). — **Zweigelt, F.:** Beiträge zur Kenntnis des Saugphänomens der Blattläuse und der Reaktionen der Pflanzenzellen. Ebenda **42** (1914). — Gallenbildung und Spezialisation. Verh. dtsch. Ges. angew. Entomol., E. V., 7. Mitgliedervers. München 1928.

Verzeichnis der Gattungen.

Die kursiven Zahlen verweisen auf Abbildungen.

Sachverzeichnis.